진화와
인간 행동

Evolution
and
Human Behaviour

진화와
인간 행동

Evolution
and
Human Behaviour

인간의 조건에 대한
다원주의적 전망

존 카트라이트 지음 · 박한선 옮김 · 박순영 감수

에이도스

일러두기

1. 본문에 나오는 각주는 모두 옮긴이가 단 것이다.

2. 용어는 가급적 공식 용어로 옮기려 했다. 공식적인 용어가 없거나 경합하는 경우에는 더 의미가 잘 드러나는 용어로 옮겼다. 애매한 경우에는 풀어서 적거나 옮긴이 주를 달았다. 옮긴이 주 일부는 같은 책의 2판의 내용을 참고했다. 주요 사전에 없는 용어는 학계에서 통용되는 용어 위주로 옮겼고, 국내에 없는 용어 등은 최대한 문맥에 맞게 옮기고 원어를 함께 적었다. 따옴말이 경합하는 경우에는 가급적 우리말 위주로 옮겼다. 예를 들어 두발걷기와 네발걷기 관련 용어의 경우 '네발'만 표준어로 등재되어 있다. 그러나 '두 발 걷기'와 '네발 걷기'로 옮기는 것이 어색하고 기존의 양발 보행이나 이족 보행, 직립 보행, 양각 보행 등의 용어도 적당하지 않다. 중요한 진화인류학 용어이며, 두발짐승과 네발짐승이 모두 표준어로 인정되는 점을 감안하여 '두발걷기'와 '네발걷기'로 통일하여 옮겼다.

3. 예상되는 독자층을 고려하여 다소 어색한 번역 투의 문장이 되더라도 내용의 왜곡이 없도록 가급적 직역을 원칙으로 하였다. 그러나 의미가 잘 드러나지 않거나 직역이 오히려 오해를 일으킬 수 있는 경우에는 적절한 수준에서 의역하였다. 이해를 돕기 위해 필요한 곳에는 원어도 최대한 함께 적었다. 본문 내용은 가급적 내용을 그대로 살렸으나 명백한 오류나 실수로 보이는 부분은 적절히 수정해서 옮겼다. 그림과 표는 새로 다시 그렸다.

4. 참고문헌은 본문 뒤에 실었다. 본문에는 연구자의 성과 참고문헌의 연도만 표기했으나, 필요한 경우에는 성과 이름을 모두 표기했고, 일부 저작이나 논문의 제목은 문맥에 맞게 풀어 옮겼다.

5. 각 장에서 제시된 더 읽을거리는 본문 뒤에 별도로 제시했다. 핵심 용어와 요약, 용어 설명은 중복된 설명이거나 역서의 성격에 맞지 않아 옮기지 않았다. 진화생물학 용어에 대해 따로 알고 싶은 경우에는 Keller, E. F. and E. A. Lloyd (eds.) (1994) *Keywords in Evolutionary Biology*. Cambridge, MA, Harvard University Press를 참고하는 것이 좋겠다.

6. 책과 관련된 보조 자료는 다음의 웹사이트에서 찾을 수 있다. [https://www.macmillanihe.com/companion/Cartwright-Evolution-And-Human-Behaviour-3e/]

한국의 독자들에게

한국의 독자를 위한 『진화와 인간 행동』 발간을 아주 기쁘게 생각합니다. 저와 박한선 선생님은 2판을 한국어로 옮기는 문제로 서로 연락했고, 그러면서 한국의 성비(性比)에 대한 이야기도 나누었습니다. 책과 관련된 자료를 공유하기도 했습니다. 그런데 시간이 좀 더 흘러 결국 3판을 옮겨 출간하게 되었다는 연락을 받았습니다. 영어 외에는 거의 어떤 언어도 하지 못하는 사람으로서 하나의 언어를 다른 언어로 옮기는 아주 복잡한 기술적 재능을 보여준 박한선 선생님의 재주와 역량을 깊이 존경합니다.

국가 간의 언어적 차이에도 불구하고 과학은 세대를 초월하는 아이디어와 규칙, 이론, 원리를 다루는 보편적 언어이자 진정한 의미의 전 지구적 작업이라고 할 수 있을 것입니다. 다윈주의의 연구를 통해서 이제 모든 인류가 공통의 기원을 가지고 있다는 사실이 밝혀지고 있으며, 또한 모든 인간이 겪는 신체적, 정신적 발달의 기저에 일군의 진화적 원리가 존재한다는 기본적인 전제도 점점 확실해지고 있습니다.

200여 년 전에 태어난 위대한 영국인 찰스 다윈의 생각을 현대 유럽인의 언어로 옮기고 적용하고 확장했습니다. 그리고 이제 그 이야기가 기나긴 역사와 독창적인 문화, 고유의 언어를 가진 한국의 언어로 다시 옮겨졌다는 사실이 저를 아주 겸손하게 하면서도 동시에 매우 흥분되게 합니다.

끝으로 한국뿐 아니라 세계적으로 훌륭한 명성을 자랑하는 연구기관인 서울대학교에서 이 책이 교재로 쓰인다니 아주 기쁘다는 말을 꼭 전하고 싶습니다.

2019년 1월 25일
존 카트라이트

추천의 글

    찰스 다윈이 『종의 기원』을 펴낸 지 백오십 년이 넘게 지났지만, 진화에 관한 여러 논쟁은 여전히 진행형이다. 진화에 대해 의심하는 사람들이 아직 남아 있지만, 진화론의 학문적 지위는 이미 공고하다. 또한, 인간이 언제, 어디서, 어떻게 진화했는지에 대해서, 세부적인 사항에 대한 논쟁은 여전히 이루어지고 있지만 큰 논란들은 꽤 잠잠해진 상태다. 백 년 넘게 수없이 많은 과학적 사실이 축적되면서 점점 분명하게 인류진화사의 윤곽이 그 모습을 드러내고 있다.

    그러나 여전히 격렬한 논쟁이 벌어지는 전장(戰場)이 있다. 사실 논쟁의 장이라기보다는 시끄러운 시장통이라고 하는 것이 더 적합한지도 모르겠다. 물건을 팔러 각지에서 몰려온 시장 상인처럼, 수많은 가설들이 모두 자신의 목소리를 드높이고 있기 때문이다. 바로 인간의 마음과 행동에 관련된 여러 진화적 주제들, 즉 사고와 감정, 짝짓기와 가족, 친족과 비친족의 협력, 사회와 문화, 도덕과 종교, 성격과 정신장애의 진화를 다루는 학문적 시장이다.

    짧지 않은 세월 동안 마음의 진화와 관련한 수업과 강의를 했다. 학생 대부분은 수업을 좋아했지만 혼란스러워하는 학생도 적지 않았다. 수업의 난이도가 너무 높기 때문은 아니었다. 마음의 진화를 공부하면서 겪는 어려움 중 일부는 경합하는 가설이 너무 많기 때문에 생긴다. 지난 수십 년 사이에 수많은 가설이 생겨났다 사라지기를 반복하고 있다. 적응방산이라는 진화적 현상을 연상시키는 흥미진진한 상황이지만, 자칫하면 길을 잃고 헤매기 딱 좋다.

이뿐 아니다. 마음은 누구나 가지고 있지만, 직접 보거나 만질 수 없다. 조작적 연구를 하기도 어렵다. 이는 진화 연구도 공유하고 있는 난점이다. 진화 과정은 눈에 잘 드러나지 않는 데다가 실험적 접근도 아주 어렵다. 그래서 마음의 진화에 관한 과학적 연구 상당수는 간접적이고 추론적인 방식으로 이루어진다. 덕분에 연구의 해석과 적용에 관한 오해가 늘 끊이지 않는다. 길잡이가 필요한 두 번째 이유다.

이 책이 좋은 길잡이의 역할을 할 수 있을 것이다. 저자가 십여 년간 영국 체스터 대학에서 직접 자신의 강의 교재로 사용했고, 이미 두 번의 개정 작업을 마쳤다. 호주국립대 인류학과에서도 진화행동학 교재로 쓰고 있다. 서울대에서도 이미 '진화와 인간 사회' 수업에 원서를 활용한 바 있다. 이제 역서가 더 유용하고 편리하게 쓰일 것이다.

저자의 의도와 상관없이 나름대로 책의 내용을 묶어 보자면, 크게 네 부분으로 나눌 수 있다. 첫째, 진화적 이론의 기본 개념에 관한 내용은 1부와 2부, 4부에 해당한다. 둘째, 인류의 오랜 진화사에 관한 3부다. 첫째와 둘째 부분은 이미 출간된 여러 책에서도 많이 다루고 있다. 진화 이론의 기본 내용이나 인류진화사, 생애사 등에 대해 이번 기회에 체계적으로 정리할 수 있을 것이다. 셋째, 가장 핵심적인 부분이라고 할 수 있는 5, 6, 7, 9부다. 인간의 인지와 감정, 협력, 짝짓기, 문화, 윤리에 관한 내용이다. 셋째 부분이 물론 가장 큰 비중을 차지하고 있는데, 진화심리학이나 인간행동생태학, 진화인류학의 뜨거운 이슈가 쏟아지고 있는 영역이다. 아마 신나게 읽어나갈 수 있을 것이다. 넷째, 진화의학에 관한 8부다. 이는 국내에 아직 잘 알려지지 않은 우리의 진화사와 질병들의 관계에 관한 이야기다. 마음에 관한 진화적 연구의 최전방이라 할 수 있는 진화정신의학에 대해서도 약간 다루고 있다.

책의 분량이 방대하고 내용도 가볍지 않아 적잖이 어색한 번역이 있으리라 생각한다. 그러나 진화신경인류학을 전공한 연구자가 제법 열심히 옮겼으므로 중대한 오류가 있지는 않을 것이다. 또한, 역자 및 여러 명의 교정자가 수 차례에 걸쳐 교정을 본 것으로 알고 있다. 바쁜 시간을 쪼개어 책을 옮긴 역자 의 열정을 기쁘게 생각한다. 앞으로 많은 대학교에서 인간의 진화와 관련한 여 러 강좌가 개설되고, 이 책도 널리 쓰일 수 있기를 바란다. 또한, 인류의 진화 에 관한 대중의 과학적 관심을 북돋고 올바른 이해를 돕는 데도 크게 이바지 할 수 있기를 기대한다.

박순영(서울대학교 인류학과 교수)

3판 서문

　새로운 판을 내면서 몇몇 장을 새로 쓰고, 일부는 재구성하고, 꼭 필요하지 않은 부분은 삭제했다. 물론 완전히 새로운 내용도 추가했다. 끊임없이 새로운 가설이 쏟아지는 분야이기 때문이다. 전체적인 내용을 고치고, 다루는 범위도 조정하면서 부제도 바꾸게 되었다. 원래는 '인간의 본성(Nature)에 대한 다윈주의적 전망'이었는데, 이를 '인간의 조건(Condition)에 대한 다윈주의적 전망'으로 바꾼 것이다. 아무래도 역사적인 문구인 '인간의 조건'이 자칫하면 본질주의적 오해를 살 수 있는 '인간의 본성'보다는 낫다는 생각이 들었다. 자연선택과 성선택이라는 피할 수 없는 힘에 의해 진화하고 동시에 끊임없이 변화하는 환경적 상황에 의해 빚어지는 유전적 프로그램을 다룬 책의 부제로 적합할 것이다. 게다가 '인간의 조건'이라는 용어는 도무지 이해하기 어려우며 마음대로 다룰 수도 없는 우리의 진화적 유산을 두고 악전고투하는 현재의 상황을 설명하기에도 적당한 용어다. 그래서 새로운 판은 어느 정도 이론적인 성숙이 이루어졌고, 경험적인 증거가 충분히 쌓인 진화 관련 학문 영역, 특히 폭력이나 범죄와 같은 사회적 문제나 질병이나 불량한 건강, 노화와 같은 누구나 겪는 건강상의 문제에 대해 보다 많은 분량을 할애하였다.

　1부(역사적 이슈와 방법론)는 동물과 인간의 행동에 대한 다윈주의적 접근의 역사 및 현대 인간 행동 연구의 몇몇 (경쟁) 학파에 대해 다루고 있다. 최근 경향을 다루기 위해서 유전자-문화 공진화 모델 및 인간행동생태학의 원칙과 방법론에 좀 더 많은 분량을 할애했다.

2부(다윈주의 패러다임의 두 기둥: 자연선택과 성선택)는 기존의 판에서 제시한 대로 인간 및 동물의 행동과 형태에 영향을 미치는 자연선택과 성선택에 대해 다루고 있다. 단일 뉴클레오타이드 다형성에 관한 내용을 보강했는데 최근 이에 대한 연구가 많이 이루어지고 있기 때문이다. 유전성에 관한 개념은 더 명확하게 제시했고, 집단 선택에 대한 논란도 다시 정리했다. 4장에서는 성비 및 몇몇 문화에서 일어나는 현실적인 이슈(상자 4.1 '사라져버린 아시아 여성들' 참조)를 언급했다. 성내 혹은 성간 선택 개념은 비인간 동물의 짝짓기 행동을 설명하는 첩경이지만, 인간의 성선택에 대해서는 아직 연구가 부족한 실정이다. 핵심적인 개념을 잘 전달하기 위해서 남성과 여성의 짝 선택에 미치는 요인과 상황을 더 명확하게 설명했다. 13장에서도 비슷한 주제를 다루고 있다.

3부(인류 진화 및 그 결과)는 진화심리학 관련 책에는 잘 등장하지 않는 내용이다. 무엇이 인류의 신체적 변화를 일구어냈는지, 어떻게 우리가 지금과 같은 모습으로 진화했는지, 우리를 지구의 지배적 종으로 만든 종 특이적 형질이 무엇인지 다루고 있다. 최근 갱신된 '아웃오보아프리카' 가설의 관련 연대를 담았고, 호모 날레디(Homo naledi)에 대한 이야기도 더했다. 가장 핵심적인 변화는 뇌 크기 증가에 치우친 과거의 설명에서 조금 벗어나서 두발걷기와 체모의 상실, 느린 생애사 등에 대해 보다 자세히 다룬 것이다. 또한 인간이 언제부터 옷을 입었는지에 대한 기발한 연구를 상자 6.1에 실었다. 미리 말하자면 약 72,000년 전(상당히 오차 범위가 넓긴 하지만)이다. 그리고 대뇌화와 관련된 원인으로 기후 변화에 대해 더 강조했다.

4부(적응과 발달적 가소성)는 완전히 새로 쓴 중요한 장이다. 과거 및 현재의 인간 행동이 가진 적응적 본성에 대해 언급하면서 적응이 무엇인지 그리고 어떻게 적응이 일어나는지에 대해 다루었다. 7장에서 적응의 여러 의미에 대해 논하면서 목적론적 용어 사용을 피하는 것이 왜 중요한지 강조하려고 노력했다. 발달적 가소성의 중요성도 언급했다. 또한 단기간의 환경 변화에 적응하는 방법으로서 최근 각광받고 있는 후성유전학에 대해서 깊이 다루었다. 인간 정신 연구에 후성유전학적 접근이 가지는 영향력에 대해 이야기하고자 했다. 아울러 생애사 이론을 더 자세히 언급했고, 개인차에 대한 문제도 다루었다. 인간 행동에 대한 진화적 접근의 초창기에는 인간의 보편성에 천착하는 경향이 있었는데, 이제는 다시 균형추를 바로 잡을 때다. 일반적인 예측 가능한 프레임으로서 개인의 생애사를 다루려는 움직임이 활발하게 진행되고 있으며, 유전자 서열에 대한 기술적 혁신은 개인의 차이에 대한 연구의 새로운 지평을 열고 있다(물론 아무리 그래도 개인차는 그리 크지 않다). 또한 신석기 혁명 이후 중요한 적응적 변화가 일어났을 가능성에 대한 이야기도 다루었다.

5부(인지와 감정)의 분량은 조금 줄였다. 사기꾼 탐지와 관련된 뇌 구조 및 인지적 적응에 대한 설명을 줄이고, 대신 오류 관리 이론 및 편향된 의사 결정과 관련된 새로운 이론을 보강했다. 또한 인지의 성차에 대한 새로운 자료를 더했고, 환경에 따른 차별적인 학습 기전에 대한 이야기도 실었다(환경 및 기후 변화가 인류진화사에 미친 영향의 중요성에 대한 학계의 각성이 점점 커지고 있다).

6부(협력과 갈등)는 이타성의 잠재적 기전으로서 비싼 신호 가설에 대한 새로운 내용을 실었다. 구경꾼 효과 및 평판, 다윈주의적 조부모 양육 등에 대해서도 다루었다. 10장에서 갈등과 범죄를 다루면서 연령-범죄 곡선을 자세하게 언급했다. 아울러 성선택이 어떻게 범죄의 성차를 설명할 수 있는지 이야기했다.

7부(짝짓기와 짝 선택)는 인간 행동에 대한 다윈주의적 접근이 상당한 결실을 본 분야다. 진화심리학에 관심이 있는 독자라면 이미 친숙하겠지만, 테스토스테론이 짝 선택에 어떤 영향을 미치는지, 그리고 성선택 이론이 인간의 짝짓기 과정에서 과시 현상 및 까다로운 선택 현상에 어떤 영향을 미치는지에 관해 다시 정리했다. 또한 유형성숙 대해서 더 많은 분량을 할애했다. 물론 가장 중요한 변화는 (남성) 동성애에 관한 장이다. 전 세계적으로 게이 권리 운동이 큰 호응을 얻고 있는 상황에서, 다윈주의적 심리학이 이성 간의 행동에 대해서만 연구하는 것은 과학적으로나 사회적으로 적절하지 않은 일이다. 최근 몇 년 사이에 동성애, 최소한 남성 동성애에 한해서는 적응적 기전에 대한 연구가 더 많이 이루어지고 있다. 민감한 영역이지만, 여러 가지로 뒤엉킨 이슈를 올바르게 바라볼 수 있기를 희망한다.

8부(건강과 질병)는 3판의 가장 핵심적인 변화다. 다윈 의학에 관한 장을 만들어 긴 분량을 할애했고, 질병과 고통의 원인을 이해할 수 있는 진화적 프레임을 제시했다. 19장에는 세 가지 증례 연구를 제시했는데, 각각 식이와 암, 정신장애다. 특히 정신장애의 핵심적인 역설을 정면에서 다루려고 하였다. 말하자면 적합도를 심각하게 떨어뜨림에도 불구하고 유전성이 높게 유지되며, 해당 대립유전자가 유전자 풀 안에서 없어지지 않는 모순적 현상을 이야기할 것이다. 돌이켜보면 정신장애에 대한 진화적 연구는 (2판을 낸 이후 지금까지는) 그리 큰 발전이 없었다. 아마도 정신장애는 개체적합도와 포괄적합도 모두를, 실제로 그리고 항상, 치명적인 수준으로 떨어뜨리는데, 아마도 그 기저 원인은 해로운 변이가 아닐까 하는 주장이 조금씩 목소리를 높이고 있다.

마지막 9부(더 넓은 맥락)는 유전자-문화 공진화에 대해 더 많은 분량을 할애했고, 종교적 믿음이라는 수수께끼 같은 현상에 대해서도 언급했다. 또한 마지막 장에서 윤리의 문제로 돌아오며, '트롤리학'에 대해 자세히 다루고 하이트와 조지프의 도덕 기반 이론에 대해서도 설명했다.

2판의 서문에서 지식의 통합이라는 계몽주의적 목표를 주장한 바 있다. 2판이 나온 이후 세계는 여러 면에서 점점 더 어두워지고 있다. 다른 시대를 살았던 알렉산더 포프(Alexander Pope)였지만, 그의 단언이 지금처럼 절실한 때는 없는 것 같다. '인류의 가장 중요한 연구 대상은 인간이다.'

/ CONTENTS /

표 차례

그림 차례

어야 한다

상자 차례

Evolution
and
Human Behaviour

1부

역사적 이슈와
방법론

Evolution
and
Human Behaviour

역사적 배경

PART 1

마음과 행동에 대한 진화적 이론, 다윈과 그 이후

> 가까운 미래에 나는 보다 더 중요한 연구를 위한 장이 열리는 것을 보게 될 것이다.
> 심리학은 여러 정신적 힘과 능력이 점진적인 진화 과정을 통해
> 획득된 것이라고 보는 새로운 토대 위에 서게 될 것이다.
> 인간의 기원과 역사에 빛이 드리울 것이다.
> 다윈, 1859b, p. 458

찰스 다윈(그림 1.1)은 1859년에는 『종의 기원』을, 1871년에는 『인간의 유래와 성선택』이라는 위대한 책을 썼다. 다윈은 심리학에서 혁명이 곧 일어날 것으로 확신하고 있었다. 그러나 20세기 첫 사반세기 동안의 상황은 이런 확신을 비껴갔다. 생물학이 진화적 토대 위에 점점 튼튼한 학문을 세우는 동안, 심리학은 참 한탄스럽게도 다윈의 생각을 자신의 분야에 거의 이용하지 못하고 있었다. 윌리엄 제임스(William James) 같은 예외도 있었지만, 심리학자 대부분은 다윈주의를 무시하거나 혹은 오해하고 있었다. 결과적으로 심리학의 입지는 더 나빠졌다.

토머스 쿤(Thomas Kuhn)의 용어를 빌리자면, 심리학은 공통된 패러다임(paradigm)이 부족하다. 다시 말해서 해당 분야의 모든 연구자가 동의하는 공통된 방법 및 가정, 과정, 기저 이론 등을 하나로 묶는 일단(一團)으로서의 패러다임이 부족한 것이다. 진화심리학을 연구한다는 것은 바로 이러한 패러다임

을 구성하는 데 일조하는 것이며, 이 책의 목표도 역시 그러하다. 마고 데일리(Margo Daly)는 이렇게 말한 바 있다.

심리학자들이 그렇게 많이 헤매고 있는 이유는 심리학자들의 연구대상이 과학적 방법에 적합하지 않기 때문이 아니라, 자연선택에 대해서 잘 알지 못하기 때문이다. 프로이트가 다윈에 대해서 알고 있었다면, 오이디푸스 콤플렉스나 죽음을 향한 본능[01]과 같은 환상적인 설명을 하지는 않았을 것이다(Daly, 1997, p. 2).

그림 1.1 찰스 다윈(1809~1882). 1854년 마울과 폭스(Maull and Fox)가 찍은 사진. 출처: Wikipedia

인간에 대한 다윈주의적 접근은 단지 심리학 분야에만 국한된 현상은 아니다. 동물행동학, 행동생태학, 체질인류학이나 문화인류학, 유전학, 의학의 영역에서도 찾을 수 있다. 이 책은 이러한 다양한 학문 영역에서 이룬 포괄적이고 폭넓은 접근 방법을 두루 담고 있다.

다윈이 50세 되던 해, 즉 1859년에 마침내 『종의 기원』을 펴내면서 드디어 다윈주의가 시작되었다. 사실 이 책은 더 큰 분량을 가진, 원래 의도하던 책의 적요(摘要)에 불과했다. 출간 15년 전부터 다윈은 이미 핵심적인 주장과 개념을 정립하고 있었지만, 책의 출간을 계속 미루고 있었다. 그러던 중 1858년, 다윈이 다급하게 적요라도 얼른 출간해야만 하는 사건이 일어났다. 그러면 일단 1858년으로 돌아가 보자.

---

01 타나토스(Thanatos)

1. 종의 기원

1858년 6월 18일, 다윈은 말레이제도의 테르나테섬에서 일하고 있던 앨프리드 러셀 월리스(Alfred Russel Wallace)라는 젊은 박물학자로부터 한 통의 편지를 받는다. 월리스의 편지를 읽은 다윈은 세상이 무너져 내리는 것 같은 충격을 받았다. 편지는 '원형으로부터 무한히 떨어져서 다양한 형태로 나아가는 경향'이라는 제목을 단 에세이 형태의 긴 논문이었다. 아이러니하게도, 월리스는 자신의 논문이 중요한 것인지, '논문의 개념이 다윈에게도 새로운 것인지, 그리고 종의 기원을 설명해 줄 수 있는 것인지에 대해' 다윈의 의견을 듣고 싶어 했다(Wallace, 1905, p. 361).

월리스의 개념은 다윈에게 별로 새롭지 않았다. 사실 다윈이 인생의 절반을 바친 것이었다. 다윈과는 별개로, 월리스는 다윈이 14년 전에 도달한 것과 같은 결론에 이른 것이다. 월리스의 논문이 결국 출판되리라는 것을 직감한 다윈은 가족의 열병과 자신의 질병이 악화된 고통스러운 상황에서 친구이자 동료이며 지질학자인 찰스 라이엘 경(Sir Charles Lyell)에게 다음과 같은 한탄 섞인 편지를 보냈다. "나는 이보다 더 큰 충격적인 우연의 일치를 본 적이 없네… 나의 독창성은 가늠할 수 없을 정도로 큰 타격을 입었네"(Darwin, 1858).

다행히 다윈의 영향력 있는 친구들은 월리스 주장의 중요성을 인정하면서도 같은 주제에 대한 다윈의 기존 업적을 인정해주는 타협안을 내놓았다. 곧이어 열린 1858년 린네 학회(Linnean Society)에서 다윈과 월리스의 논문이 같이 발표되었다.[02] 청중은 침묵으로 응답했다. 학회장은 강단 앞으로 걸어 나와 "말하자면 과학을 즉시 변혁할 만한 어떤 놀라운 발견도 없는 한 해였다"라고 말하기까지 했다(Desmond and Moore, 1991, p. 470). 그 무렵 다운하우스[03]에 있던 다윈은 여생을 괴롭힌 원인 미상의 질병과 싸우며, 자신이 월리스로부터

---

02 다른 사람이 대독했다.

03 다윈의 집이자 연구실.

명예를 훔친 것으로 보이지 않을까 하는 걱정에 사무쳐 거의 절망적인 상태에 빠져 있었다. 또한 며칠 전 죽은 자신의 어린 아들 찰스 와링(Charles Waring)을 애도하고 있었다. 린네 학회가 진행되고 있을 때, 다윈은 아내 엠마(Emma)와 함께 죽은 아들의 장례를 치르는 중이었다. 자연선택 방법에 의한 진화 이론이 공식적으로 세상에 발표되던 그날 오후 다윈은 자식을 땅에 묻고 있었다.

린네 학회 이후, 다윈은 오랫동안 구상하던 거대한 저술 작업의 적요(摘要)를 쓰기 시작했다. 적요는 책으로 분량이 늘어났고, 출판업자 머리(Murray)는 제목에서 적요라는 말을 빼자고 제안했다. 여러 번의 수정을 거친 후 제목은 『자연선택 방법에 의한 종의 기원(On the Origin of Species by Means of Natural Selection)』으로 다듬어졌고, 머리는 초판으로 1250부를 찍기로 계획했다.

심한 구토 증상과 싸우면서도 다윈은 1859년 10월 1일 마지막 교정쇄를 넘겼고, 곧 요크셔의 일클레이 수치료(水治療) 병원으로 요양을 하러 떠났다. 11월에 다윈은 친구와 동료에게 선 인쇄본을 보냈고, 월리스에게는 "대중이 어떻게 생각하는지는 신만이 아신다"라며 두려움을 고백하기도 했다(Darwin, 1859a). 하지만 너무 과도한 불안이었다. 11월 22일이 출간일이었는데, 책은 이미 매진된 상태였다. 즉각적인 센세이션이 일어났고, 이듬해 1월 2판이 발간되었다. 인간이 자연에서 누렸던 위치가, 말 그대로, 뒤바뀌는 순간이었다.

1) 새로운 토대

『종의 기원』에서 다윈은 자신의 아이디어를 인간에게 적용하는 것을 의도적으로 피하려고 한 것으로 보인다. 그러나 그 함의는 충분히 명확했다. 몇 년 후 다윈과 헉슬리는 인간의 유래와 진화적 조상을 밝히는 작업에 들어갔다. 『종의 기원』 말미에 다윈은 심리학의 미래에 대해 대담한 예언을 내놓았다. 심리학에 새로운 토대가 형성될 것이고, 인간의 기원과 역사에 빛이 드리울 것이라 장담했다(Darwin, 1859b, p. 458). 인간의 기원에 대한 연구에서라면 다윈이 옳았다. 인간의 기원에 대한 진실은 새로운 화석의 발견과 더불어서 많이 밝혀지고 있다. 이에 비해서 다윈이 예견한 심리학의 새로운 토대는 인간 기원에 대한 연구에 비해서 아주 더디게 세워지고 있었다. 그러나 지난 20년간 강력한 진화적 토대, 즉 인간 본성의 이해를 위한 총체적인 다윈적 접근을 약속하는 기반이 만들어지고 있다. 이 책의 대부분은 이러한 토대에 관한 것이다. 그러나 솔직히 말하자면 초기 단계의 진화적 이론은 비인간 동물의 행동 연구에서 더 성공적인 편이었다.

2. 동물 행동에 대한 연구

동물의 행동을 연구하는 여러 학문 분야가 있다. 예를 들면 동물행동학(ethology), 비교심리학, 행동생태학(behavioral ecology), 그리고 1970년대 이후 대두된 사회생물학(sociobiology) 등이다. 과학사학자를 괴롭히는 문제는 이들 용어가 항상 명확하게 정의되지 않으며 서로의 영역이 흔히 겹친다는 것이다. 일단 동물행동학과 비교심리학을 같이 다루어 보는 것이 좋겠다.

2) 동물행동학 1900∼1970년

20세기 동물행동학의 거장 중 한 명으로 빼놓을 수 없는 학자가 오스트리아의 콘라트 로렌츠(Konrad Lorenz)이다(그림 1.2). 로렌츠는 원래 의학을 공부했으나, 베를린동물원에서 새의 행동을 연구하던 오스카 하인로스(Oscar Heinroth)의 영향을 많이 받았다. 하인로스는 인간과 동물의 공통점을 양방향에서 연구하였다. 인간의 정신적 삶에서 유추된 개념으로 동물을 이해하려고 했고, 또한 여기서 얻은 동물에 대한 이해를 다시 재적용하여 인간을 이해하려고 했다. 이를 로렌츠는 종종 하인로스의 접근법(Heinroth's approach)이라고 하였다.

그림 1.2 콘라트 로렌츠(오른쪽)와 니콜라스 틴베르헌(왼쪽). 콘라트 로렌츠와 네덜란드 동료 틴베르헌은 동물행동학을 창시했다. 출처: Wikipedia

로렌츠는 빈 외곽의 자신의 집에서 주로 연구했다. 여러 가지 동물의 행동을 관찰하고 명명했는데, 이 연구를 통해서 저명한 학자의 반열에 오르게 된다. 이미 고전이 된 한 연구에서, 그는 새로 부화한 거위 새끼는 처음 본 움직이는 물체에 '각인'된다는 사실을 알아냈다. 새끼 거위는 로렌츠를 어미로 생각하고 따라다니고는 했다. 로렌츠는 한 종의 행동을 다른 종의 행동과 비교하는 것이 중요하다고 생각했다. 이를 통해서 종간의 진화적 관계에 대한 주장을 펼쳤다. 이러한 측면에서 로렌츠는 인간과 동물의 행동을 나란히 비교하는 것에 거리낌이 없었다. 로렌츠는 유명한 저작인 『솔로몬의 반지』에서 이렇게 말했다. "수컷 투어(fighting fish)의 전투 춤(war dance)은 호머의 서사시에 나오는 이야기 혹은 알프스 농부의 말과 정확히 같은 의미를 지닌다. 사실 오늘날 동네 선술집에서 벌어지는 주먹다짐의 원조라고 할 수 있을 것이다"(Lorenz, 1953, p. 46).

로렌츠의 초기 개념 중 하나로 고정 행위 패턴(fixed action pattern)이 있는데, 이는 어떤 외부 자극에 의해서 유발되는 일단의 행위를 말한다. 이러한 용어를 사용해서 훗날 동물행동학에서 문제가 되기는 했지만, 로렌츠는 고정 행위 패턴을 자연선택에 의한 '본능'으로 간주했고 종의 각 개체에게 공통적이라고 여겼다. 고정 행위 패턴은 다음과 같은 특징을 가진다.

* 형태가 일정하다. 같은 근육을 사용하고 행위의 순서가 동일하다.
* 학습이 필요하지 않다.
* 종의 특징이다.
* 학습으로 제거될 수 없다.
* 자극에 의해서 유발된다.

고정 행위 패턴의 증거로 종종 회색기러기(graylag goose, *Anseranser*)가 제시된다. 회색기러기는 둥지에서 굴러 나온 알을 부리의 아랫부분을 이용해서 다시 둥지로 굴려 넣는다. 로렌츠는 이런 행위가 일단 시작되면, 실험자가 알을 제거하여도 끝까지 지속된다는 사실을 알아냈다. 한번 시작되면, 효과 여부와 무관하게 행위는 지속되었다. 고정 행위 패턴을 유발하는 자극을 '신호 자극 (sign stimuli)'이라고 하고, 이러한 자극이 같은 종의 다른 개체에 의해서 유발되는 경우 '해발인(releaser)'이라고 한다. 재미있는 사례가 영국 조류학자 데이비드 라크(David Lack)가 1940년경에 기록한 유럽 울새(the European robin, *Erithacus rubecula*)의 행동사례이다. 라크는 유럽 울새 수컷의 공격성을 자극하는 것이(즉 자신의 영역권에 들어온 다른 수컷을 공격한다) 가슴에 난 빨간색 털이라는 사실을 알아냈다. 그러나 유럽울새는 박제된 죽은 울새도 가리지 않고 공격할 뿐만이 아니라, 심지어는 붉은색으로 칠한 깃털 다발도 공격했다(Lack, 1943).

자극의 핵심을 파악하고 나면 이 핵심 특징을 과장하여 정상보다 더 큰 자극을 만들어 내는 것도 가능해진다. 예를 들어 암컷 검은머리물떼새(oyster catcher, *Haemotopus ostalegus*)에게 부화기 동안 알을 고르게 하면, 보다 큰 알을 선택한다. 가짜로 실제보다 두 배나 큰 알을 주어도 검은머리물떼새의 어미는 그 알을 품기로 결정한다. (외부인이 보기에는) 상식적으로 그렇게 큰 알이 진짜 알일 리 없음에도 불구하고 말이다.

로렌츠는 같은 종 내 다른 개체가 보이는 개체 간 변이(지금은 행동생태학자들이 주로 연구하고 있다)에 대해서는 별로 관심이 없었다. 이에 대해 부르크하르트(Burkhardt)는 로렌츠가 자신을 동물 심리학자들과 구분하고 싶었기 때문이라고 주장했다. 로렌츠는 인공적인 실험실 환경에서 사육 동물을 가지고 실험하던 동물 심리학자들의 연구 방법을 좋아하지 않았고 그 결과도 신뢰하지 않았다. 사육 동물의 경우 학습되는 행동에서 큰 변이를 보이는데 로렌츠는 이러한 변이가 동물 행동 연구에 방해가 될 뿐이라고 생각했다(Burkhardt, 1983).

로렌츠의 제자 중 하나인 니콜라스 틴베르헌(Nikolaas Tinbergen, 1907~1988)은 동물행동학을 발전시켜서 중요한 과학적 분야로 정립한 인물이다. 틴베르헌은 1939년에 로렌츠를 만나 야생상태에서 행동을 연구하는 방법을 발전시켰다.

1949년에는 옥스퍼드로 자리를 옮겨 동물 행동 연구에 전념하는 연구 집단을 이끌었다. 그곳에서 틴베르헌은 고정 행위 패턴이 어떻게 상호작용하여 행동 반응의 연쇄를 일으키는지 연구했다. 큰가시고기의 구애 의식 연구를 통해 암컷의 행동이 선행하는 수컷의 행동에 의해 어떻게 유발되는지, 그리고 그 반대는 어떻게 일어나는지 보여주었다(Tinbergen, 1952). 이러한 행동의 연쇄 반응이 정점에 이르면 암수가 생식세포를 동시에 배출하고 뒤이어 수정이 일어난다.

틴베르헌과 로렌츠는 자신들이 관찰한 행동의 패턴을 개념화했다. 로렌츠는 이를 수력본능모델(psychohydraulic model)로 해석했는데 이 모델은 종종 '수세식 변기 모델'로 폄하되기도 했다. 만약 행동이 물통에서 물이 나오는 것으로 해석된다면, 유출 밸브에 미치는 힘은 유발 인자(trigger)로 해석될 수 있다. 사실 수세식 양변기에 비유되기에는 좀 더 복잡한데, '행위-특정 에너지(action-specific energy)'의 누적이 핵심적이기 때문이다. 프로이트는 비슷한 비유를 욕동(drive)과 억압(repression)을 설명하는 데 사용한 바 있다. 정신적 기전의 정확한 비유로는 부족한 것이 분명하지만, 여전히 우리는 일상 용어에서 같은 비유를 사용하고 있다. '분노가 폭발한다'는 말이나 '울화가 터진다'는 말 등은 로렌츠와 프로이트가 사용한 모델을 연상하게 한다.

틴베르헌은 에너지 누적이 행동을 유발한다는 개념을 설명할 수 있는 다른 모델을 발전시켰다. 이른바 순서대로 활성화되는 본능의 위계적 구조화 모델이었다. 하지만 로렌츠와 틴베르헌의 모델에 비판이 이어졌다. 이를테면 뇌 내 구조에 관한 신경생물학적 연구 결과와 잘 들어맞지 않는다는 비판이었다.

틴베르헌의 가장 큰 업적 중 하나는 동물행동학자들이 던지는 질문을 분류한 것이다. 1963년 발표한 '동물행동학의 목표와 방법에 관하여'라는 논문에서 그는 동물 행동과 관련하여 네 가지 '질문'이 있다고 제안했다(Tinbergen, 1963).

1. 행동을 유발하는 기전이 무엇인가? (원인, causation)
2. 행동이 각 개체 내에서 어떻게 발달하는가? (발달 혹은 개체 발생, development or ontogeny)
3. 행동이 어떻게 진화해왔는가? (진화, evolution)
4. 행동의 기능 혹은 생존적 가치는 무엇인가? (기능, function)

이는 ABCDEF(Animal Behavior, Cause, Development, Evolution, Function)로 하면 쉽게 외울 수 있다.

여기서 예를 하나 들면 이해가 쉬울 것이다. 북반구의 많은 지역에서 철새들은 겨울이 다가오면 남쪽으로 떠난다. 흰머리딱새(Wheatear, *Oenanthe oenanthe*)도 역시 그런 철새 중 하나이다. 흰머리딱새 무리는 겨울이 되면 아프리카로 떠나는데, 일부는 유럽에서 출발하고, 일부는 아시아나 캐나다에서 출발한다. 이렇게 질문할 수 있을 것이다. 새들을 이동하게 하는 것은 무엇일까? 새들은 이동할 때가 되었다는 사실을 어떻게 '알'까? 행동의 근연 원인(proximate cause)을 묻는 이런 질문이 바로 틴베르헌의 첫 번째 질문이다. 이 질문의 답은 낮의 길이나 기온, 태양의 각도 같은 환경적 신호에 의해 유발되는 생리적 기전과 관련이 있을 것이다.

좀 더 나아가 보자. 우리는 그렇게 광대한 거리를 여행하는 능력을 종 특이적으로 각 개체가 어떻게 획득하게 되었는지를 질문할 수 있다. 어디로 날고 얼마나 멀리 가야 하는지를 본능적으로 알고 있는 것일까? 아니면 부모나 다른 나이 많은 새에게서 배우는 것일까? 이는 발달 및 개체 발생에 대한 틴베르헌의 두 번째 질문에 해당하는 예다.

또한 우리는 철새의 행동이 현재의 형태로 어떻게 진화한 것인지 질문할 수 있을 것이다. 같은 행동이 관련된 종에서도 발견되는가? 만약 그렇다면, 공통의 조상에게서 획득된 것인가? 이러한 질문은 왜 아시아나 캐나다의 흰머리딱새도 아프리카까지 날아가는가에 대한 질문일 수도 있다. 단지 남쪽으로 가는 것이 목표라면 아시아나 캐나다의 흰머리딱새가 아프리카까지 갈 이유는 없다. 그렇다면 이것은 흰머리딱새가 유럽에서만 서식하던 때의 유물인가? 행동의 진화적 기원과 관련한 이러한 질문은 세 번째 질문에 속할 것이다.

마지막으로, 아프리카까지 이동하는 것에 대해 우리는 궁극 원인(ultimate causation)을 질문할 수 있을 것이다. 왜 딱새는 그렇게 힘들고 고된 여정을 가는 것일까? 아프리카로의 여행이 생존 확률을 높여주는 것일까? 철새의 여행이 이득이 되지 않는다면, 점차 이동하지 않는 개체가 늘어나고 아마 텃새화될 것이다. 여기서 먹이의 확보와 교미의 안전에서 얻는 이득이 위험과 에너지 소모에서 오는 손해를 상회한다고 하면, 이는 틴베르헌의 네 번째 질문, 즉 '기능적' 원인에 대한 질문의 답이 될 것이다. 궁극적으로, 우리는 자손 번식에 있어서 한곳에 머무르는 것보다 멀리 이동하는 것이 좋은 선택이라는 것을 보여

주어야 한다. 그래야만 이동의 기능 혹은 적응적인 의미에 대해서 이야기할 수 있을 것이다.

틴베르헌의 네 가지 방법론, 즉 네 가지 '왜'에 대해서 심리학자는 어떤 입장을 가지고 있을까? 일반적으로 보면, 심리학은 진화나 적응적 의미보다는 주로 근연 원인과 개체 발생에 더 많은 관심을 가진다. 사회생물학과 진화심리학은 이러한 심리학의 경향을 정면으로 거스르며 발전해왔다. 즉 궁극 원인에 대한 이해 및 진화적 기능에 기초한 행동과학의 통합적 패러다임을 만들어 간 것이다(Barkow et al., 1992).

로렌츠와 틴베르헌의 작업은 보통 고전 동물행동학의 핵심적 전통으로 간주된다. 고전적 동물행동학은 1950년대와 60년대에 비교심리학자들의 비판에 직면하면서 근본적인 입장을 수정해야만 했다. 솔직하게 말하면, 이들 비판은 동물행동학자들의 연구 결과로부터 나온 것이었다. 특히 러만은 동물행동학에서 이야기하는 '본성(innate)'이라는 용어에 비판적이었다(Lehrman, 1953). 행동을 본성에 의한 것과 양육(learnt)에 의한 것으로 나누고자 하는 시도는 곧 너무 단순한 접근이라는 사실이 드러났다(Archer, 1992). 로렌츠가 제안한 격리 실험(isolation experiment)은 개체를 온도, 채광, 영양과 같은 요소들이 아니라 단순히 개체가 속한 사회적 환경으로부터 격리하는 것이었다. 이를 통해서 학습의 원천에서 개체를 배제한다는 순진한 전략이었다. 격리 실험은 곧 다음과 같은 의문에 봉착했다. 동물을 과연 무엇으로부터 격리시키는 것인가? 북경 오리(Peking duckling, *Anasplatyrhynchos*)는 알 안에서 부화하는 중에도 같은 종의 소리를 인지해 낼 수 있다(Gottlieb, 1971). 게다가 개체는 자신의 행동을 통해서 환경을 만들어 나가고는 한다. 공격적이거나 폭력적인 사람은 수줍음을 많이 타는 사람과는 다른 주변 환경을 만들어 내고 이는 다른 형태의 되먹임을 유발한다. 결국, 모든 행동은 본성과 양육이라는 두 가지 영향을 모두 받은 결과라는 깨달음에 이르게 된다.

소프의 되새(chaffinches) 연구, 즉 새소리에 대한 중요한 연구에 의하면 유전과 환경은 상호의존성(mutual interdependence)을 갖는다(Thorpe, 1961). 되새의 노래는 어느 정도 '타고나는' 것이지만, 어린 새의 발달과정 중 결정적 시기에 어른 새의 노래에 노출되어야만 정확한 노래 패턴이 학습될 수 있다. 또한 자신의 노래 소리를 듣는 능력에 따라서 소리의 형태가 결정된다. 그러나 다른 종류의 새 소리는 태어날 때부터 노출된다 하더라도 학습되지 못한다. 게다가 일단 어떤 형태로 새소리가 발달하고 나면, 다른 변이는 학습되지 않는다. 이러한 연구는 행동의 타고난 형태와 환경의 상호작용이 지금까지 생각하던 것보다 더 복잡하다는 사실을 말해준다.

결국 고전적 동물행동학자들은 자신들이 선천적이라고 분류한 행동이 경험에 의해서 수정될 수 있다는 사실을 받아들였다. 물론 일부 행동주의자들이 암시하는 것처럼, 모든 행동이 학습될 수 있다든가 혹은 유전적 요인에 의해서 속박되지 않는다고 생각한 것은 아니다. 이제 살펴볼 비교심리학도 근본적인 가정을 수정해야만 했던 역사를 가진 학문이다.

2) 비교심리학 1900~1970년

비교심리학과 관련한 초기 실험방법을 제안한 인물은 바로 이반 페트로비치 파블로프(Ivan Petrovich Pavlov, 1849~1936)이다. 사제의 아들로 태어나 처음에는 의학을 전공했던 파블로프는 소화에 관한 업적을 인정받아서 1904년 노벨상을 받았다. 파블로프는 개에게 음식과 벨 소리를 같이 들려주면, 개가 음식을 소리와 연관 지어서 학습한다는 사실을 보여 주었다. 결국, 개는 음식이 없더라도 소리만 들려주면 침을 흘리게 된다. 이 사실은 나중에 '고전적 조건화(classical conditioning)'로 불리게 된다. 마음에서 무슨 일이 일어나고 있는지를 미리 짐작하지 않고 동물의 행동에만 초점을 맞춤으로써, 파블로프는 이러한 방법의 객관성과 엄격함을 강조했다. 이는 마음속의 내적 경험을 추정하려던 기존의 심리학과는 정반대 방법이었다. 1906년을 전후하여, 조건화와 관련한 파블로프의 방법론은 서구 심리학(western psychology)으로 알려지게 되었다. 새로운 뇌과학을 수립하고자 했던 파블로프의 더 야심찬 주장은 무시되었지만, 그럼에도 불구하고 연구방법론만큼은 매우 효과적인 것으로 입증되었다.

통제된 환경하에서 동물과 인간의 관찰 가능한 반응에 초점을 두는 연구 방법은 비교심리학의 핵심으로 간주되었고, 이는 후에 행동주의(behaviorism)라고 알려지게 되었다. 20세기 심리학에서 행동주의의 영향을 과대평가하는 경향이 있다. 스미스의 주장에 의하면, 1910년대부터 60년대까지 심리학을 지배한 행동주의적 독재 체제는 60년대 인지심리학자의 격렬한 해방 운동을 불러오게 되었다(Smith, 1997, 1.4.4 참조). 그러나 넓은 의미에서 전반적인 경향은 이미 변화하고 있었다. 20세기 중반, 미국에서는 여전히 실험적 방법을 이용한 동물 연구가 주류를 이뤘지만, 동물 행동 및 이를 인간에게 외삽(外揷)하는 유럽의 접근법은 동물행동학 주도로 이미 적용되고 있었다.

존 브로더스 왓슨(John Broadus Watson, 1878~1958)은 초기 행동주의적 접근법의 상징으로 여겨지는 인물이다. 학문적 생애 후반기에 그는 동물행동학자에 의해 행동 연구에 관한 생경한 접근법의 설계자라고 매도되기도 하였다.

왓슨은 지식에 관한 한 실증주의자였다. 관찰할 수 없는 마음과 정동의 영역에 집착한다면, 심리학은 더디게만 발전할 것이다. 같은 맥락에서 동물과 인간의 심리학 모두 의식(consciousness)에 관한 어떤 논의도 다 던져버려야 한다. 내적 심리 현상을 다루는 심리학은 종교에 가까운 것으로, 과학의 시대에는 설 자리가 없다. 뇌는 자극과 반응을 연결하는 중계국에 불과하다. 1913년 컬럼비아 대학교에서 열린 일련의 강연에서 왓슨은 이렇게 주장했다.

제1차 세계 대전 이전에는 왓슨의 주장에 대한 반응이 뜨뜻미지근했다. 일각에서는 왓슨의 객관적 접근법을 환영하면서도 다소 지나친 면이 있다면서 우려했다. 인간의 의식은 소홀히 하고 행동적 현상에만 집중하는 방법은 심리학을 생물학의 하위분야로 전락시킬 것이라는 이야기였다. 세계 대전이 끝난 후 행동주의는 미국의 학계 분위기에 깊이 파고들었다. 객관적인 검사를 통해 군인들을 분류하는 것이 얼마나 유용한지를 알리기에 전쟁만큼 좋은 기회는 없었다. 1930년대, 행동주의는 실험심리학의 주류가 되었다. 환경적 조건화의 중요성을 강조했던 왓슨의 전반적인 접근법은 분명 반진화적이면서 반유전적이었다. 왓슨에게 있어서 재능과 기질 혹은 정신의 구성성분은 유전되는 것이 아니었다. 다음의 인용문은 아마도 환경적 조건화의 효과를 언급한 왓슨의 가장 유명한 발언일 것이다. 어린이의 사회적 조건화에 대한 환경결정론(environmentalism)의 가장 신랄하고 극단적인 언급이다.

> 나에게 12명의 건강한 어린이 그리고 잘 설계되어 내가 조종할 수 있는 특화된 세상을 제공해 준다면, 나는 그들 중 아무라도 택하여 훈련시켜서 내가 원하는 유형의 전문가, 이 아이들의 재능이나 기호, 성향, 능력, 소질, 그리고 인종에 관계없이 의사, 법률가, 예술가, 상인, 장관뿐 아니라 거지, 도둑까지도 만들어 낼 수 있다고 장담한다(Watson, 1930, p. 104).

이러한 면에서 행동주의는 미국의 문화와 잘 맞아떨어진다. 행동주의는 아이들을 양육하고 능력 있는 시민으로 길러내는 데 사회적으로 가치 있는 대답을 해줄 수 있는 실용적인 과학으로 간주되었다. 또한 1차 세계대전 동안의 반독일 정서는 (독일과는 정반대의) 보다 미국적인 심리과학에 힘을 실어주었다.

행동주의는 철학적으로는 비엔나 서클이라고 알려진 철학자 집단이 주도한 이른바 논리 실증주의에 토대를 두었다. 논리 실증주의자에게 어떤 진술은 기능적으로 정의될 때만 의미를 가지며, 그럴 때만 비로소 과학의 범위에 속할 수 있다. 세계에 대한 진술은 그 진술이 확인 가능할 때만 의미가 있다. 이런 접근법은 지식에서 종교적 혹은 형이상학적 주장을 배제하려는 데 목적이 있었다. 미국의 행동주의 심리학은 경험적이고, 측정 가능하며 확인할 수 있는 관찰에 중점을 두었기 때문에 논리 실증주의의 인식론적 접근법과 자연스럽게 서로 입장을 같이했다.

1960년대 행동주의의 쇠락은 과학철학으로서 논리 실증주의(logical positivism)의 퇴조와 같이 일어났다. 철학자 포퍼와 역사가 쿤은 비엔나 서클이 주장하는 의미의 실증 가능성이 이론적 측면에서나 과학이 실제로 작동하는 방법에 대한 기술적 측면 모두에서 지지받을 수 없음을 보여주었다. 행동주의와 실증주의가 연결되는 역설적 측면에 대해 스미스는 이렇게 말했다. "행동주의자의 시도는 그 자체가 신기루에 불과한 과학의 이미지를 추구하기 위해서 심리학의 알맹이를 모두 제거해 버리고 말았다"(Smith, 1997, p. 669).

행동주의와 관련해서 동물심리학 쪽 움직임으로는 벌허스 스키너(B. F. Skinner)의 '조작적 심리학(operant psychology)'을 들 수 있다. 스키너는 1958년부터 1974년까지 하버드대에서 심리학 교수로 있었는데 특히 왓슨과 파블로프의 연구에서 많은 영향을 받았다. 스키너의 프로그램은 몇 가지 핵심 원칙이 있었다. 일단 과학은 추론적 이론보다는 경험적 관찰 사이의 관계라는 공고한 기반 위에 자리해야 한다고 믿었다. 스키너에게 쾌락, 통증, 배고픔, 사랑과 같은 이론적 범주는 무의미했다. 이런 것들은 실험 과학에서 제거되어야 한다. 이렇게 볼 때 스키너는 왓슨과 맥락을 같이했다. 또 다른 특징은 모든 행동이 분해될 수 있으며, 강화라는 기본적인 원칙으로 환원될 수 있다는 것이다. 스키너가 고안한 전형적인 강화 실험 설계는 곡식을 넣은 상자 속의 비둘기에게 보상을 제공하는 것이었다. 특정한 행동에 보상을 주어, 그 행동의 빈도를 늘릴 수 있었다. 이러한 접근법은 조작적 조건화(operant conditioning)로 불린다.

미국 행동주의자가 심리학이라는 배에서 형이상학적인 무거운 짐을 던져버리려고 한창 열을 올리고 있을 무렵, 유럽에서 프로이트는 콤플렉스, 감정 그리고 전의식적 힘과 같은 호화롭고 다채로운 실을 가지고 심리학이라는 옷감을 짜고 있었다. 스키너는 프로이트를 찬양하면서 동시에 비난했다. 스키너가 보기에 프로이트의 가장 큰 업적은 인간의 행동이 무의식적인 힘에 의해 지배받는다는 사실을 밝힌 것이었다. 이는 의식적인 사유가 행동을 조종하는 것이 아니라고 하는 행동주의자들의 생각과 일치했다. 하지만 프로이트가 자신의 이론을 자아, 초자아, 이드와 같은 불필요한 정신 장치들과 연결한 것은 큰 실수라고 생각했다. 스키너는 그러한 것들은 관찰될 수 없는 것이기 때문에 과학적 질문에 합당한 것이 아니라고 여겼다.

1960년대 무렵 미국 심리학자들은 스키너의 방법론을 연구했고, 이들의 연구는 수많은 사회 영역에 영향을 주었다. 이를테면 아이들을 키우면서 바람직한 습관을 심어주는 방법과 같은 것들이 고안되었다. 하지만 인간이 빈 상자와 같다고 생각한 스키너의 극단적인 행동주의를 따른 학자는 거의 없었다. 언어발달을 조작적 조건화로 해석하고자 시도했던 책 『구어적 행동(Verbal behavior)』(1957)에서 스키너는 많은 어려움에 봉착했다.[04] 언어는 행동주의자의 '워털루 전투'가 되고 말리라는 것을 이미 많은 행동주의자가 직감하고 있었다. 그러나 스키너는 언어도 특별할 것이 없다고 주장하면서 인간과 하등 동물의 언어적 행동의 근본적 차이를 부정했다. 행동주의를 너무 과도하게 밀어붙였던 스키너는 결국 그 약점을 처참하게 보여주고야 말았다.

1959년 언어학자(나중에는 언어학자라고 하기에는 모호해지긴 했다) 노엄 촘스키(Noam Chomsky)는 스키너의 『구어적 행동』을 논평하며, 행동주의가 언어와의 씨름에서 애통하게 패배하면서 행동주의의 기본적 기반도 허물어지게 되었다고 지적했다. 촘스키가 보기에 언어습득에 행동주의가 고려될 가능성은 거의 없었다. 자극과 반응의 언어를 구어 행동에 적용하려 한 스키너의 시도는 너무 애매했고 결국 혼란에 빠지게 되었다는 얘기였다. 촘스키에게 행동주의는 개

---

04 스키너는 언어(language)라는 말 대신 의도적으로 구어적 행동(verbal behavior)이라는 말을 사용했다.

선되거나 수정될 전망이 없었다. 행동주의는 처음부터 잘못된 것이었고 사라질 운명이었다. 마음이라는 개념이 관찰될 수 없다고 본 행동주의자들은 이를 피하고자 심리학적 용어를 달리 명명하였다. 이를테면 기억(memory)은 학습화(learning), 인식(perception)은 분별화(discrimination), 그리고 언어(language)는 구어적 행동(verbal behavior)이라는 식이었다. 촘스키는 이런 식으로 심리학을 규정하는 것은 마치 물리학을 단지 계량 장치의 측정치를 읽는 과학으로 규정하는 것과 다름이 없다고 지적했다. 촘스키는 서평에서 언어의 창조성과 유전적으로 깊은 곳에 단단히 자리한 언어의 심적 구조를 강조했다. 이는 행동주의가 결국 종말을 고하고 말 것이라는 강력한 비판이었다. 때마침 동물학자들은 조작적 조건화를 통해서 학습된 동물의 행동이 종종 본능적인 것으로 보이는 행동으로 되돌아가는 관찰 사례를 점차 많이 보고하고 있었다.

3. 진화심리학과 사회생물학의 발흥

1) 사회생물학에서 진화심리학까지

1970년대와 80년대에 접어들면서 자연과학에 대한 동물행동학의 기여가 인정을 받기 시작했다. 1973년 로렌츠와 틴베르헌 그리고 카를 폰 프리슈(Karl von Frisch)가 동물 행동에 대한 업적으로 노벨상을 받았다. 1981년에는 로저 스페리(Roger Sperry), 데이비드 허블(David Hubel), 토르스튼 위즐(Torsten Wiesel)이 신경동물행동학에 대한 연구업적으로 노벨상을 받았다. 로렌츠에서 시작한 동물행동학의 고전적인 접근방법은 독일에서 이레나우스 아이블-아이베스펠트(Irenaus Eibl-Eibesfeldt)로 계승되었다. 영국, 네덜란드 및 스칸디나비아에서는 틴베르헌의 영향력이 더 우세한 편이었고, 동물의 행동을 연구하는 방법에서 더 유연한 편이었다. 케임브리지에서는 1950년대의 윌리엄 소프(William Thorpe)를 필두로 한 동물행동학자들이 행동 기전과 개체 발생에 특별한 관심을 가졌고, 옥스퍼드에서는 틴베르헌이 행동 기능과 진화에 더 집중하는 연구 집단을 이끌고 있었다. 이렇게 볼 때 두 집단은 틴베르헌이 제시한 네 가지 '왜(whys)'를 나누어 가지고 있는 셈이었다(Durant, 1986).

그 무렵 이론생물학에서 몇 가지 아이디어를 빌려온 이른바 '사회생물학(sociobiology)'이 등장해 동물과 인간의 사회적 행동에 진화론의 개념을 적용하기 시작했다. 행동생태학과 마찬가지로 사회생물학은 틴베르헌이 이야기한 행동의 기능적 측면에 관심이 있었다. 이 분야는 이타적 행동과 같은 골치 아픈 문제를 풀려고 한 생물학자들의 성공적인 시도에서 영감을 받았다. 다윈이 직면한 많은 문제 중에서 가장 당혹스러웠던 문제 두 가지 중 하나는 바로 이타성, 좀 더 구체적으로 말하면 일부 곤충에 불임 계급이 있다는 사실이었다.[05] 다윈은 집단선택 개념으로 문제를 해결하려고 했는데, 가까운 친척으로 구성된 집단에서는 때로 이타적 행동의 생존적 가치가 향상될 수 있다는 주장을 하면서 현대적 개념의 이론을 슬쩍 내비치기도 했다. 홀데인은 1932년 『진화의 원인(Cause of Evolution)』에서 이타성이 자손이나 가까운 친척의 생존 확률을 높여준다면 이는 자연선택에 의해 선택받을 것이라고 주장했다.

버래쉬와 같은 사회생물학자들은 동물행동 연구에서 사회생물학이 새로운 패러다임을 열 것이라고 주장했다(Barash, 1982). 힌데는 이미 행동생태학이 같은 분야를 다루고 있어서 '사회생물학'이라는 용어는 불필요하다고 지적했다(Hinde, 1982, p. 152). 행동생태학은 동물 행동의 적응적인 의미를 연구하는 사람에게는 이미 정립된, 이론의 여지가 없는 명칭이었다. 그러나 '사회생물학'을 '행동생태학'과 서로 바꾸어 쓸 수 있는 용어로 생각하는 것은 잘못이다. 행동생태학자들은 인간보다는 동물에 더 집중하는 경향을 보이고 자원 문제, 게임 이론 및 최적화 이론에 특별한 관심을 보인다. 그에 반해 사회생물학

---

05 다윈을 당혹스럽게 했던 또 다른 문제는 수컷 공작의 꼬리에 관한 것이었다.

은 동물과 인간의 행동을 모두 다루며, 비록 포괄적합도(inclusive fitness)에 대한 특별한 관심에서 시작했지만 행동생태학, 집단생물학(population biology) 및 사회동물행동학(social ethology) 간의 융합을 꾀한다. '인간행동생태학'이라는 말이 '사회생물학'과 가장 가깝다고 할 수 있다.

1962년에 출간된 윈-에드워즈(V. C. Wynne-Edwards)의 『사회적 행동과 관련한 동물의 확산(Animal Dispersion in Relation to Social Behaviour)』은 이러한 새로운 시도의 씨앗을 뿌린(적어도 반대자들을 흥분시켰다는 의미에서는) 책이었다. 이 책에서 윈-에드워즈는 별로 새로울 것이 없는 견해를 전개하는데, 이른바 각 개체가 자신의 (유전적) 이득을 집단을 위해서 희생한다는 주장이다. 사실 이러한 입장은 이전에도 몇몇 문헌에서 보이지만 그동안 큰 반발을 부르지는 않았다. 아무튼 윈-에드워즈의 주장과 각을 세우면서, 행동을 개체 단위에서 유전자-중심적으로 바라보는 시각이 뚜렷이 드러나게 되었다.

집단선택주의자에 대한 반격은 1964년 해밀턴(W. D. Hamilton)이 포괄적합도 이론과 관련한 획기적이고 결정적인 논문을 내어놓으면서 시작되었다(3장 참조). 1966년 윌리엄스(G. C. Williams)는 『적응과 자연선택』이란 영향력 있는 책에서 자연선택 기전은 집단보다는 개체적 수준에서 작동한다고 주장하면서, 진화 이론을 잘못 적용하고 있는 몇 가지 흔한 사례를 지적했다. 1960년대와 70년대에 영국의 생물학자 존 메이너드 스미스(John Maynard Smith)는 특정 개체와 경쟁하는 다른 개체의 행동과 관련해 개체의 이득을 적합도 측면에서 수학적 게임 이론으로 분석했다. 아울러 1970년대 초반 미국 생물학자 로버트 트리버스(Roberts Trivers)는 호혜적 이타성(reciprocal altruism) 및 부모 투자(parental investment)와 관련해 몇 가지 생각을 전개했다(3장, 11장 참조). 그러나 생명과학에서 이와 같은 혁명이 일어나고 있는 동안 사회과학은 아직 통합되지 못한 채 분파를 만들어가고 있었으며, 심리학은 애석하게도 생물학의 아이디어에 대해 여전히 냉담한 태도를 보이고 있었다.

1975년 출판된 에드워드 윌슨(E. O. Wilson)의 『사회생물학: 새로운 통합』은 생물학 분야의 새로운 아이디어를 정립하고 구체화한 책이었다. 이 책은 추종자에게는 고전으로 여겨졌지만, 비판자에게는 분노의 핵이었다. 이 책에서 윌슨은 동물행동학과 비교심리학이 한쪽에서는 신경생리학에 의해서, 그리고 다른 쪽에서는 사회생물학과 행동생태학에서 의해서 궁극적으로 사라질 것으로 예상했다. 해당 분야의 연구자들로서는 심기가 불편할 수밖에 없었다(그림 1.3). 일부에서는 윌슨이 생물학 이론을 인간 행동 영역으로 확장했다고 비판했다. 총 27장으로 구성된 『사회생물학』에서 인간과 관련된 장은 단 하나임에도 불구하고, 윌슨의 접근법을 사회적, 정치적으로 적용하는 것을 놓고 격렬한 논쟁이 촉발되었다. 생물학의 공격을 막아내기 위해서 사회과학자가 지난 40년 이상 견고하게 구축한 요새를 윌슨이 사실상 완전히 뒤흔들었기 때문에 이러한 격렬한 논쟁은 예상할 수 있는 반응이었다.

이런 일도 있었다. 1978년 2월 윌슨이 미국 과학진흥회(AAAS)에 참석해 발표를 준비하고 있을 때였다. 10여 명의 사람이 단상을 점거하고 윌슨에게 인종학살주의자라며 욕설을 퍼부었다. 한 명은 그의 머리에 물을 끼얹었다.

사회생물학이 이론적인 도구를 정립해 나가는 동안 《심리학 리뷰(Psychological Review)》나 《심리학 연보(Psychological Bulletin)》로 대표되는 주류 이론 심리학은 이 신생 학문에 거리를 두면서 엮이기를 꺼렸다. 이런 와중에, 일부 인류학자가 자신의 영역에 사회생물학적인 개념을 적용하기 시작했다. 1979년, 아이언즈와 샤농의 획기적인 저작 『진화생물학과 인간의 사회 행동: 인류학적인 관점』이 출판되었다. 이 책에는 리처드 알렉산더(Richard Alexander), 윌리엄 아이언즈(William Irons) 및 나폴레옹 샤농(Napoleon Chanon)의 논문이 실려 있었다.

윌슨의 책에 뒤이어서, 《행동생태학과 사회생물학》 및 《동물행동학과 사회생물학》과 같은 새로운 저널이 등장하면서 이 새로운 학문과 길을 같이했다.

그림 1.3 미국의 생물학자 에드워드 윌슨. 윌슨은 사회적 곤충에 대한 선구적인 연구를 진행하고 있었다. 1975년 『사회생물학』을 펴내면서 엄청난 비판과 논란의 주인공이 되었다. 진화적 사고에 미친 그의 영향은 심대하다. 출처: Beth Maynor Young in the Red Hills, Alabama, in 2010. By kind permission of Kathleen Horton (assistant to E. O. Wilson).

언급한 저널 중 후자는《진화와 인간 행동》으로 이름이 바뀌었는데, 이는 인간 행동 연구에 대한 접근법의 새로운 다양성을 반영한다. 사실 '사회생물학'은 윌슨의 초기 저작을 둘러싼 고통스러운 논쟁을 상기시키는 점도 있다. 이제는 사회생물학이라는 용어를 거의 사용하지 않는데, 한편으로는 독설로 가득했던 1980년대의 논쟁과 결별하기 위한 것이고, 다른 한편으로는 새롭게 대두되고 있는 주장과 다양한 접근 방법을 강조하기 위한 것이다.

　사회생물학의 유산은 아직도 변형된 형태로 남아있는데, 이를 '진화심리학'이라고 부른다. 진화심리학자는 기나긴 과거 동안 이른바 진화적 적응 환경(environment of evolutionary adaptedness, EEA)에서 인간이 가지고 있는 적응적인 정신 기제에 주목한다. 솔직하게 말해서 사회생물학도 플라이스토세로 알려진 지질학적 시기 동안에 구축된 적응적 기제의 중요성을 강조한다. 진화심리학과 사회생물학이 주장하는 것은 정확히 같다. 로버트 라이트(Robert Wright)는 『도덕적 동물: 진화심리학과 일상의 삶』(1994)에서 사회생물학은 단지 (정치적인 이유로) 이름이 없어졌을 뿐이며, 지금은 다른 이름으로 통용되고 있다고 주장했다.

　사회생물학에 무슨 일이 일어난 것일까? 답부터 말하자면, 사회생물학이 지하에 숨어 활동하고 있다는 것이다. 은밀하게 기존의 학문적 통설을 잠식해 나가고 있다(Wright, 1994, p. 7).

진화심리학의 부상은 심리학 분야에서의 인지 혁명에 의해 촉진되었다. 인지 혁명을 유발한 요인 중 하나는 제2차 세계 대전이었다. 전쟁이 진행되는 동안 기계에 의한 정보처리 혹은 기계와 관련해 인간에 의해 이루어지는 정보처리 연구가 이루어졌다. 인지심리학은 정신적 현상을 뇌 내 구조물의 정보처리 과정으로 인식했다. 세계적인 진화심리학자인 투비와 코스미데스는 이렇게 썼다.

> 뇌의 진화적 기능은 계산이다. 신체와 행동을 적응적으로 조절하기 위해서 정보를 사용한다. … 뇌는 단순히 컴퓨터와 비슷한 것이 아니다. 뇌는 정보를 처리하기 위해서 고안된 물리적 시스템, 즉 컴퓨터 자체이다(Tooby and Cosmides, 2004, pp. 14~16).

좋은 컴퓨터는 서로 분리된 많은 응용프로그램과 서브루틴[06]을 가지고 있다. 예를 들면 문서 프로그램, 음악 플레이어, 그림판 등이다. 이와 마찬가지로 뇌도 다양한 모듈 기반성 능력(Modular-based capabilities)으로 구성되어 있다. 가임기 배우자를 찾는 데 이용되는 뇌의 특정 부분은 영양가 높은 음식을 찾는 과업에 사용될 수 없다.

2) 진화심리학의 영향

진화심리학이 주류 심리학에 많은 영향을 주고 있는지는 흥미로운 질문이

---

06 한 프로그램 내에서 필요할 때마다 되풀이하여 사용할 수 있는 부분적 프로그램.

다. 왜냐하면 다윈과 윌슨은 진화적 접근이 종국에는 심리학을 변화시킬 것이라고 주장했기 때문이다. 1992년 코스미데스 등이 진화심리학이 '심리학의 여러 분리된 분파들을 한 데로 모아서 하나의 지식 체계로 통합할 것'이라고 주장할 때도 역시 다윈처럼 자신만만했다(Cosmides et al., p. 3). 그러나 이 책을 쓰고 있는 이 시점에도, 진화적 접근은 심리학을 하나로 통합하지 못하고 있으며 심리학 영역에서 주인공 역할은 단지 희망사항일 뿐 주류 심리학은 관대하게 말해서 '개념적 다양성' 상태에 머물러 있다.

진화심리학이 얼마나 영향력이 있는지 확인하기 위해서 콘웰 등은 1975년부터 2004년까지 출간된 262개의 심리학 개론서를 조사했다(Cornwell et al., 2005). 진화심리학의 영향력은 여러 범주에서 조사되었는데, 책의 표지, 묘사의 정확성 및 논의된 주제의 종류 등도 포함되었다. 그림 1.4를 보면 지난 30년간 진화심리학에 대한 관심이 커지고 있음을 알 수 있다.

관심이 늘어나면서 설명도 더 정확해졌고, 보다 우호적인 평가가 많아졌다. 비판은 줄어들었다. 그러나 문제는 진화심리학을 단지 짝짓기 전략에 국한해서 다루는 책이 많다는 것이다.

인간에 관한 진화적 이론의 일부 측면에 냉소적인 평가를 내린 과거 역사를 돌이켜보면, 이번 장에서 언급한 몇몇 이슈에 대한 다윈주의적 패러다임의 입장을 다시 언급하는 것이 좋겠다. 사회생물학자와 진화심리학자 대부분이 인류의 정신적 동질성을 주장한다. 이는 정치적 올바름에서 기인한 것이 아니라, 단지 지금까지의 생물학적 증거가 그런 사실을 보여주고 있기 때문이다. 인간의 진화적 과거는 현재의 우리 상태에 아무런 영향을 미치지 않는다고 주장하는 '양육주의자(nurturist)'의 의견은 다윈주의자와는 매우 결이 다르다.

또한, 양육주의자는 인간의 행동과 마음이 오로지 문화에 의해서만 빚어질 수 있으며, 문화는 인간의 유전적 선조와 전혀 무관하다고 말한다. 즉 인간의 행동과 마음은 오직 문화에 의해서만 설명될 수 있다는 것이다.

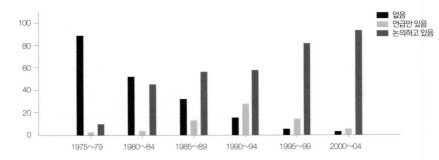

그림 1.4 1975년부터 2004년까지 심리학 개론서에서 진화심리학을 다룬 비중. (Cornwell, R.E., Palmer C., et al. (2005) 'introductory psychology texts as a view of sociobiology/evolutionary psychology's role in psychology.' Evolutionary Psychology 3: 355-74.)

이에 반해서 다윈주의자들은 인간의 보편성이 존재하고 인간이 핵심적인 동일성을 가지고 있다고 주장한다. 문화는 이러한 보편성 중 일부를 강화하고 또 일부는 억제할 수도 있다. 또한 문화 그 자체가 인간 유전자 풀 내에 존재하는 동일성을 아직 잘 알려지지 않은 방식으로 반영하는지도 모른다. 중요한 점은 이러한 보편성이 계통발생학적 적응을 반영하며, 적응적인 중요성을 가지고 있다는 것이다. 특정한 행동을 결정하는 '유전자'가 있다는 이야기가 아니다. 유전자는 행동이 아닌 단백질을 지정한다. 유전자는 다른 유전자 혹은 환경과 협력하여 (즉 세포 내 및 세포 외 환경과 협력하여) 인간 보편성의 궁극적 기반을 형성하는 뇌 내 신경 하드웨어를 규정하는 것으로 보인다. 게다가 인간의 보편성과 더불어, 인간은 행동적 가소성[07]을 가진다는 증거가 점점 많아지고 있다. 이는 발달 과정 중에 적합도를 증진시키는 기능적 적응을 달성하는 현상을 말한다(7, 8장).

돌이켜보면 아마 사회생물학의 역사적 지위는 계통발생학에서 쓰는 용어

---

07 plasticity는 가소성 혹은 유연성을 뜻한다.

로 더 잘 설명할 수 있을 것이다. 사회생물학은 인간행동생태학이나 진화심리학, 유전자-문화 진화 이론의 선조라고 할 수 있다. 비유를 계속하자면 사회생물학은 다양한 종으로 분화하면서, 여러 분야의 과학자를 모으고, 진화적 연구의 서로 다른 측면을 연구하며, 모델과 이론, 방법론 구축을 위한 다양한 도구함을 갖춰 나가고 있다. 이러한 다양성의 기저에, 이 모든 분야가 동일한 속(genus)에 속하며 일치된 포괄적 목표를 공유하고 있다는 것이다. 다원주의적 패러다임의 우산 밑에 있는 다양한 학문 영역에 대해서는 다음 장에서 더 자세히 다루도록 하겠다.

다윈 심리학의 기초

> 종과 품종이라는 개념의 유일한 차이는
> 후자는 현재 우리가 관찰할 수 있는 중간형에 의해서 서로 연결된다는 것이고
> 전자는 과거에 그러한 중간형에 의해서 연결된 적이 있었다는 것뿐이다.
> 다윈, 『종의 기원』, 1859b, p. 485

1장에서 언급한 것처럼 심리학 분야에서의 진화론적 사상이 재등장한 것은 인지 혁명과 연결되어 있다. 이는 생물학 분야에서의 이론적 발전과 함께 발맞춰서 나갔다. 생물학에서의 행동 연구는 행동생태학과 사회생물학으로 이어졌다. 다윈주의의 교리 아래 다양한 교파가 존재하고 있으며, 서로 약간은 불편한 관계를 맺고 있다. 여기서는 다윈주의적 접근법의 다양한 갈래를 돌아보고, 각각의 방법론적 문제점에 대해서 이야기하고자 한다.

1. 적응적 의미의 검증

진화심리학은 인간의 행동이 적응의 소산이라는 전제에 기반하고 있다. 행동적 형질이나 형질이 적응적이라는 것은 번식적 성공을 촉진하거나 혹은 과거에 촉진한 적이 있었다는 의미다. 이를 효과적으로 설명하려면, 특정 형질

이 번식적 이득을 어떻게 높이는지에 대해 규명해야 한다. 절대 쉬운 일이 아니다. 긴 목을 가진 기린은 아마 짧은 목을 가진 기린보다 더 높은 나무의 잎을 먹는 데 유리했을 것이다. 그러나 포식자의 목표가 될 가능성도 높아진다. 물론 동성 간의 경쟁에서 우위를 점할 가능성도 커진다. 너무 일찍 결론을 내리면 곤란하다. 주어진 형질은 해당 종에 다양한 방식으로 이득을 줄 수도 있고, 다른 종에서 다른 방식으로 이득이 될 수도 있다. 토끼의 긴 귀는 포식자를 보다 쉽게 알아차리기 위한 것으로 보이지만, 아프리카코끼리의 큰 귀는 소리보다는 열을 조절하기 위한 것으로 보인다.

존재하지 않는 적응을 가정하는 실수도 벌어진다. 남성에게 흔한 대머리를 생각해보자. 적응적인 이득이 무엇일까? 햇빛의 노출을 증가시켜서 비타민 D의 합성을 돕는 기능을 할까? 아니면 테스토스테론의 높은 수치를 과시하여 남성성을 보여주려는 것일까? 아프리카 사바나에서 열을 보다 쉽게 방출하기 위한 것인지도 모른다(최소한 체모가 없어진 이유일 수는 있다). 사실 이런 우스운 설명을 만들기에 대머리는 참 적당한 형질이다. 물론 대부분은 말도 안되지만. 굴드는 이를 꼬집어 키플링의 '그저 그럴듯한 이야기(Just so stories)'식 설명이라고 하였다. 이 함정에 대해서 좀 더 살펴보자.

1) 적응주의자적 패러다임의 함정: '그저 그럴듯한 이야기'와 팡글로스주의

러디어드 키플링은 『그저 그럴듯한 이야기』에서 동물이 왜 지금과 같은 모습을 하게 되었는지에 대해 재미있는 설명을 한다(Kipling, 1967). 여러 동물이 어떻게 지금과 같은 모습으로 빚어졌는지에 대한 일화를 엮은 이 책은 동물의 조상에게 있었던 어떤 일 때문에 지금 우리가 보는 동물의 모양이 되었다고 말한다. 예를 들어 코끼리의 코는 원래 짧았다. 그런데 악어가 잡아당긴 이후로 지금처럼 길어졌다는 식이다(그림 2.1). 어떤 형질에 대해 진화론적으로 설명하는 것은 손쉽게 할 수 있지만, 이를 검증하는 것은 대단히 어렵다. '그저 그럴듯한 이야

그림 2.1 어떻게 코끼리는 긴 코를 가지게 되었나. 원래 코끼리의 코는 짧았는데, 악어의 조상이 최초의 코끼리 코를 잡아당기면서 길어졌다. 출처: Kipling, R.(1967), 『그저 그럴듯한 이야기』, London, Macmillan

기'는 진화생물학적 설명이 지니는 한계에 대한 훌륭한 유비라고 할 수 있다.

스티븐 제이 굴드와 리처드 르원틴은 이런 식의 해석을 '팡글로스주의(Panglossianism)'라고 부른다. 볼테르의 책 『깡디드』에 나오는 팡글로스 박사는 이 세계가 존재 가능한 최상의 세계라고 믿는 대단한 낙관주의자다. 팡글로스에게 모든 현상은 특별한 목적이 있다. 이를테면 인간의 코는 안경을 올려놓기 위해 존재한다. 팡글로스주의는 동물의 형태와 생리, 행동의 모든 측면에 적응적 이유를 갖다 붙이려는 시도를 일컫는다. 물론 팡글로스적 설명은 창조적인 상상력을 훈련하는 데 도움이 될 수도 있다. 예를 들어보자. 피는 왜 붉을까? 상처가 눈에 확 들어오도록 도와줄 것이다. 혹은 상한 고기와 신선한 고기를 구분해주려는 목적일 수도 있다. 하지만 피가 붉은 것은 사실 헤모글로빈 때문이다. 헤모글로빈의 색깔이 선택의 결과일 가능성은 작다. 행동적 현상을 적응적으로 설명하려는 시도의 문제점은 라마찬드란의 논문, '왜 신사는 금발 머리를 좋아하는가?'에서 잘 알 수 있다(Ramachandran, 1997). 논문에서는 금발 머리(그리고 밝은 피부)가 남성으로 하여금 여성의 연령과 건강 상태를 잘 알 수 있게 해주는 기능이 있다고 주장한다. 하얀 피부는 빈혈이나 피부 감염, 황달을 감출 수 없고, 노화의 증거도 더 분명하게 나타난다는 것이다(주근깨와 기미가 잘 보인다). 이 논문은 《의학 가설(Medical Hypotheses)》이라는 저널에 실렸는데, 상당히 도전적인 가설을 장려하는 저널이다. 상당수가 잘못된 것으로 드러났지만, 만약 입증된다면 아주 흥미로울 가설이 가득하다. 라마찬드란은 일부 진화심리학자들이 이런 논문에 얼마나 잘 속아 넘어가는지 보여주기 위해서 가짜 논문을 보낸 것이다(상자 2.1).

<table>
<tr><td>상자 2.1</td><td>유전적인 행동이지만 적응적이지 않은 것, 적응적 행동이지만
유전적이지 않은 것</td></tr>
</table>

모든 행동을 유전적 적응이라고 해석하는 것을 경계해야 한다. 어떤 현상은 비적응적일 수도 있고, 비유전적인 설명이 가능할 수도 있다. 대표적인 예를 다음에 들었다.

1) 유전적이지만 적응적이지 않은 것

① 계통발생학적 관성(phylogenetic inertia)
유기체는 더 이상 적응적이지 않은 유산을 선조로부터 물려받는 경우가 있다. 예를 들어 자동차가 다가올 때 공처럼 몸을 마는 고슴도치의 행동은 최적화된 것이라고 하기는 어렵다. 인간의 골격 구조도 직립 자세에 완전히 최적화되어 있지는 않다. 아마 허리 통증이 있는 사람이라면 수긍할 것이다(18장).

② 유전적 표류(genetic drift)[01]
일부의 유전적 다형성은 돌연변이의 결과로 개체군 내에 유지된다. 이러한 다형성은 적응적으로 이득이 되지도, 손해가 되지도 않는 경우가 있다. 혹은 자연선택에 의해서 아직 제거되지 못한 경우도 있다. 유전적 표류의 특별한 예가 바로 창시자 효과(founder effect)이다. 새로운 집단이 소수의 개체로부터 시작한다면, 전체 인구 집단에서는 소수에 불과하던 대립형질이 개체군에 고착될 수 있다. 따라서 새로운 개체군은 원래 집단과 다른 모습을 보이겠지만, 적응적인 이유로 그렇게 변한 것은 아니라고 할 수 있다. 예를 들어 북미 인디언에서 B형의 혈액형을 가진 사람은 없지만 이는 적응

---

01 흔히 유전적 부동으로 불린다. 부동(浮動)은 물이나 공기 중에 떠다닌다는 뜻이다. 그러나 한자의 뜻을 모르면 '멈추어 움직이지 않음'이라는 의미의 부동(不動)과 혼동될 수 있어 여기서는 모두 유전적 표류로 옮겼다.

적인 것이 아니라 유전적 표류에 의한 것이다.

③ 돌연변이

유전형 유기체는 세대를 지나 여행하는 유전자의 연속된 스냅숏 중 하나다. 일부는 최근에 획득한 돌연변이다(부적응적 행동을 유발한다). 따라서 자연선택에 의해 제거되는 중이다. 일반적으로 새로운 돌연변이의 축적률과 제거율 사이에 어떤 균형이 존재한다.

④ 적응적 지형

유기체의 어떤 특징은 가능한 최적 수준에 도달하지 못했을 수 있다. 국소적인 적응적 최대화에 도달한 후, 그보다 더 높은 적합도를 달성하기 위해 일시적으로 더 낮은 적합도의 단계를 거치는 것이 불가능하기 때문이다. 대표적인 사례가 바로 인간의 눈이다(18장).

2) 적응적이지만 유전적이지 않은 것

① 표현형 가소성

종종 개체 발생이 진행되는 동안 주변 환경의 조건에 맞추기 위해서 유기체의 표현형이 변화하는 현상이 있는데, 이를 표현형 가소성(phenotypic plasticity)이라고 한다. 예를 들어, 뼈는 주어진 압력에 적절하게 저항하는 방향으로 성장한다. 산호나 나무는 물이나 바람의 흐름에 따라 성장의 방향이 정해진다. 이러한 적응의 기전 자체는 유전적이지만, 적응 자체는 유전적이라고 할 수 없다.

② 학습

인간은 다른 사람이나 경험, 혹은 문화로부터 학습할 수 있는 독특한 능력을 가지고 있다. 여러 문화권에 산개한 인간이 비슷한 행동 패턴을 보인다면, 물론 공유하는 유전자에 의한 것일 수도 있다. 하지만 병행하는 사회적 학습에 의해서 최적의 행동이 어떤 것인지에 대해 동일한 결론에 도달했기 때문일 수도 있다.

③ 문화적 적응

여러 면에서 문화는 사회적 학습의 표현이다. 유전자-문화 공진화 이론에 의하면, 문화 자체는 선택압의 영향을 받으며 생물학적 진화와 평행하게, 종종 조화를 이루며 진화한다(20장). 그래서 직접적인 유전적 기반을 갖추고 있지 않은 문화적 관습이 시간이 흐르면서 진화할 수 있는 것이다. 예를 들어 요리, 복식, 도구 제작 등 문화적 관습은 인간 적응의 최종 형태다.

1966년 윌리엄스는 적응의 의미에 대해서 명확하게 설명했다. 적응 (adaptation)이란 자연선택이나 성선택을 통해서 정해지는 형질이다. 동일한 종의 구성원에서 일정하게 나타나는데, 유기체의 진화적 조상에서 생존과 번식의 문제를 해결하는 데 도움을 주었기 때문이다. 따라서 적응은 유전적 기반을 갖추고 있어야만, 세대를 관통하여 전달될 수가 있다. 윌리엄스는 어떤 특징이 정말 적응인지 아닌지 확인하려면 다음의 세 가지 기준을 만족해야 한다고 주장했다. 첫째, 신뢰성, 둘째, 경제성, 셋째, 효율성이다(Williams, 1966). 신뢰성(reliability)은 종의 모든 구성원이 정상적인 환경 조건에서 해당 형질을 일정한 정도로 발현하고 있어야 한다는 이야기다. 경제성(economy)은 적응적 문제를 해결하기 위해서 유기체에게 너무 큰 비용을 요구하지 않아야 한다는 것이다. 마지막으로 효율성(efficiency)은 적응적 문제에 대한 좋은 해결책이어야 하며, 잘 작동해야 한다는 것이다. 이 세 가지 기준을 만족하면, 해당 형질이 우연히 발생했을 가능성은 떨어진다고 할 수 있다.

적응의 문제를 연구할 때는 팡글로스주의의 함정을 늘 유의해야 한다. 연구의 대상이 되는 형질이 경쟁적 이득을 가져오는지를 정확히 예측하는 것이 필요하다. 다음에서 가설을 검증하는 구체적인 방법을 제시하기로 한다.

2) 적응과 적합도: 과거와 현재

'적응'과 '적합도(fitness)'는 문제가 많은 용어다. 분명 적응적인 형질은 해당 개체의 생존 및 번식 가능성을 높여 줄 것으로 간주되겠지만, 실제로는 그리 간단한 문제가 아니다. '적합도'라는 용어도 역시 마찬가지이다. 아마 거세되거나 혹은 남성 호르몬이 적게 나오도록 진화한 남성은 보다 수명이 길고 질병에 대한 감수성도 낮아질 것이다. 즉 더 '적합'해질 것이다. 그러나 자손 생산을 위해서 좋은 방법은 아니다(Badcock, 1991). 일부 연구에 의하면, 자녀가 없는 부부는 기대 수명이 더 길어지는 것으로 보인다(Westendorp and

Kirkwood, 1998). 그러나 이는 소위 다윈주의적 적합도를 증가시키는 현명한 전략이라고 하기는 어렵다. 다윈주의는 유전자 운반자(gene carrier)의 적합도 보다는 궁극적으로 유전자 자체의 선택적 생존에 관한 것이다.

다윈과 팡글로스를 혼동해서는 곤란하다. 팡글로스주의에 의하면 모든 적응은 완벽하다. 어떤 경우에는 환경이 너무 급작스럽게 변하여 자연선택이 충분히 일어나지 못한 때도 있다. 그래서 마치 적응이 불완전한 것으로 보이기도 한다. 또한 일부 큰 변화는 적응적이지만, 수반되는 작은 변화는 오히려 번식적합도를 낮출 수도 있다. 이런 경우 마치 유기체는 부적합한 적응적 형질을 가진 것처럼 보일 수 있다.

적응은 다양한 생존과 번식적 요구 사이의 치열한 타협의 결과이다. 커다란 몸은 포식자를 상대하여 싸우는 데 유리하겠지만, 유지비용도 많이 들고 성장에 필요한 시간도 길다. 특정한 행동이 전체 생애사를 통해서 어떤 적합도 향상을 가져오는지도 중요하다. 동물은 성장, 회복, 번식을 위해서 자원을 투자하여야 한다. 짧은 기간에는 부적합한 행동이 전체 생애 기간을 통해서 보면 유리할 수도 있다. 이러한 자원의 선택적 할당을 종종 '생애사 전략(life history strategy)'이라고 하는데, 8장에서 자세히 다룰 것이다.

역공학과 적응적 사고

진화심리학의 두 가지 중요한 사고 실험을 적응적 사고와 역공학(reverse engineering)이라고 일컫는다. 이를 뭉뚱그려서 '적응주의(adaptionism)'라고 할 수도 있다(Griffiths, 2001). 간단히 설명하면 다음과 같다. 적응적 사고란 문제로부터 해결책을 추론하는 것이고, 역공학은 해결책에서부터 문제를 추론하는 것이다. 예를 들어 수컷은 늘 부성 확실성에 대한 문제에 직면하게 되는데, 따라서 우리의 마음 회로는 배우자를 지키고, 수컷 경쟁자가 있으면 질투심을 느끼도록 진화했을 것이라고 추론할 수 있다. 바로 적응적 사고의 예이다

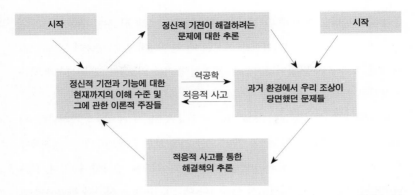

그림 2.2 역공학과 적응적 사고. 역공학은 인간의 마음과 행동에 대해서 알고 있는 사실로부터 시작하여, 인간의 적응적 문제가 어떻게 해결되었는지 추론한다. 반대로 적응적 사고는 우리 선조가 당면했던 문제에 대한 지식으로부터 시작하여, 어떤 방법이 이를 해결할 수 있었는지에 대해 추론한다.

(여기에 대해서는 뒤에서 더 자세히 다룰 것이다). 그런데 이와 정반대로 생각할 수도 있다. 인간은 체모가 사라지도록 진화했다. 아마도 건조하고 더운 초원의 사바나에서 더 쉽게 열을 발산하도록 하기 위한 진화적 적응이었을 것이다. 즉 역공학적 사고의 예이다(6장 참조).

그러나 역공학적 사고는 중요한 단점을 지니고 있다. 엔지니어는 보통 문제를 해결하는 사람이다. 문제를 해결하는 인공물이나 시스템을 설계한다. 그러나 생물학의 문제는 일단 너무 많은 해결책이 존재하며, 또한 당시의 유기체가 가진 생리적 혹은 행동적 반응에 대한 정보는 가변적이다. 선조들이 당면한 환경의 특성에 대해 수많은 가설이 제시될 수 있지만, 상당수는 부족한 정보로 인해서 기각되기조차 어렵다. 대표적인 예가 바로 인간의 뇌다. 지난 200만 년간 인간의 뇌는 급격하게 커졌다(대뇌화, 6장 참조). 왜 호미닌의 뇌는 그렇게 급격하게 커져야 했을까? 이를 설명하기 위해 수많은 경쟁 가설이 제시되었지만, 어떤 것이 옳은지 판단하기는 극도로 어렵다.

적응적 사고와 관련된 위험성은 바로 특정 형질이 적응적인 것 같으면 마치 존재해야 한다고 여기게 된다는 것이다. 물론 적응적 사고는 아주 유용하다. 연구할 만한 가치가 있는 형질을 선정할 때 연구자에게 큰 도움이 된다. 그러나 적응적 가설은 잘 들어맞지 않는 경험적 증거를 의도적으로 무시하게 하는 부정적인 효과를 유발할 수도 있다(Griffiths, 2001).

다른 문제는 역사성(historicity)이나 긴급성(contingency) 등과 관련된다. 적응주의를 오해하면, 마치 자연선택이 모든 것을 보는 눈처럼 가능한 해결책을 전부 스캔하고 그중 최선의 방법을 선택한다는 식으로 생각할 수 있다. 그러나 자연선택은 다양한 비의도적 상황이나 예측할 수 없는 사건과 관련되어 있다. 유기체는 앞으로 나아가면서 점점 많은 짐을 지고 가게 된다. 새로운 문제에 대한 해결책은 지금까지의 진화적 결과에 의해서 제한되며, 앞으로의 장기적 최적성을 고려하는 것도 아니다.

2. 다윈주의적 방법론: 진화심리학, 인간행동생태학, 다윈인류학, 유전자-문화 공진화 이론

체모의 상실 혹은 특정 배우자 선호와 같은 인간의 신체적 혹은 행동적 특징에 대해서 연구한다고 해보자. 아마 우리는 이런 형질이 어떤 적응적 의미(adaptive significance)를 가지고 있으며, 자연선택 혹은 성선택에 의해서 일어났다고 간주할 것이다. 여기서 중요한 것은 '과연 현재 혹은 과거의 무엇에 대한 적응'이냐는 것이다. 이는 인간이나 동물의 진화를 연구하는 데 있어서 공통된 문제라고 할 수 있다. 환경은 오랜 세월 동안 많이 변화했고 우리가 연구하고자 하는 형질의 적응적 의미는 이제 불확실하다. 어떤 경우에는 부적응적인 상태로 변하기도 한다. 인간의 아기는 출생하자마자 손에 닿는 것을 꼭 움켜쥐는 강한 본능을 보인다. 아마 어머니의 털을 움켜쥐어서 떨어지지 않으려는 목적을 가진 적응일 것이다. 그러나 현대 사회에서는 아무런 도움이 되지 않는다.

이러한 문제는 지난 1만 년 사이에 더 두드러지게 나타났다. 그 사이에 인류의 환경은 급격하게 변화했다. 우리가 매일같이 접하는 다양한 생존상의 과제는 우리의 게놈이 빚어지던 시대와는 아주 다른 양상으로 나타난다. 우리의 게놈은 달리고, 던지고, 경쟁자를 넘어서고, 아기를 만드는 목적을 위해 빚어졌다. 그러나 읽고, 쓰고, 놀고, 비행 시차를 이기는 목적에는 적합하지 않다. 즉 인간의 마음이 과거 진화적 적응 환경(EEA)에서 주로 겪던 문제에만 특정하게 설계되었다는 실로 심각한 문제를 낳는다(진화적 적응 환경이라는 말은 존 볼비가 처음 제안했다). 우리의 마음이 대략 200만 년 전부터 40,000년에 이르는 문화의 탄생 이전의 환경에만 적응되어 있는지, 아니면 현재 환경에서도 여전히 번식적 적합도를 최대화시킬 수 있는 가소성을 가졌는지는 아직 모른다. 다른 골치 아픈 문제가 또 있다. 문화가 행동에 미치는 영향에 대한 것이다. 문화는 번식적 이익을 제공하는 것일까? 문화 자체가 진화적 추동력을 가지고 있을까? 문화 자체가 우리 게놈에 선택압을 행사할 수 있을까?

이러한 문제와 관련하여, 인간 행동에 진화적 이론을 적용하는 입장에 따라 몇몇 학파로 나눌 수 있다. 진화심리학에서는 인간의 마음이 가진 영역 특이적 정신 모듈(domain specific mental module)을 강조한다. 즉 인간의 행동은 과거에 설계된 심리적 하드웨어가 현시대의 환경적 자극에 반응한 결과라고 생각한다. 따라서 현시대의 맥락으로는 인간의 행동 중 일부는 부적응으로 나타날 수도 있을 것이다. 하지만 일군의 학문 분야, 즉 다윈인류학, 인간사회생물학, 생물인류학, 인간행동생태학에서는 인간 행동이 동시대의 맥락에서 여전히 적합도를 최적화하는 방향으로 작동한다고 간주한다. 이러한 입장은 흔히 유전자-문화 공진화 이론으로 불리는 또 다른 학파를 낳았는데, 여기서는 유전자와 문화의 상호작용에 대해 연구한다. 현대 문화 진화 이론은 문화적 인공물이 어떻게 퍼지고 변화하는지, 사회적으로 전파되는 정보가 어떻게 선택, 통합, 변형, 전파되는지, 문화적 변화가 유전자 변화에 어떻게 영향을 주는지, 그리고 더 일반적인 수준에서 문화가 인간 행동의 다양성을 어떻게 만들어내는지에 대해 연구한다. 이에 대해서는 20장에서 다시 다룰 것이다. 이 책은 이러한 세 가지 접근 방법이 상호배타적인 것이 아니라, 상호보완적이라는 관점을 견지하고 있다. 물론 특정한 주제에는 특정한 방법이 더 효과적일 수는 있다. 표 2.1에서 이러한 접근방법을 요약하였고, 이어서 이에 대해 자세히 다룰 것이다.

3. 진화심리학

진화심리학자는 인간의 행동을 과거에 설계된 심리적 하드웨어가 현시대의 환경적 자극에 반응한 결과라고 생각한다. 따라서 지금은 인간의 행동 중 일부가 부적응으로 나타날 수도 있다. 정신적 기전은 아마도 우리의 먼 선조에게 작용했던 선택압에 의해서 만들어진 것임을 감안해야 한다. 인간의 위를 예로 들어보자. 우리의 위는 모든 음식물을 다 소화하지는 못한다. 즉 일반 목적 소화기관이 아니다. 마음도 마찬가지이다. 우리의 정신은 일반적인 과제를 처리하기 위해서 설계된 빈 서판이 아니다. 플라이스토세에는 일반적인 정신적 과제 같은 것은 있지도 않았다. 오직 사냥, 짝짓기, 이동 등과 관련된 특정 과제만이 있었을 것이다.

흔한 예가 바로 우리의 음식 선호에 관한 것이다. 인간은 짜고 기름진 음식을 아주 좋아한다. 구석기 시대 동안 우리의 혀는 이러한 음식에 더 큰 기쁨을 느끼도록 진화해왔을 것이다. 그러나 이러한 입맛은 최소한 선진국에서는 더 이상 적응적이지 않다. 짜고 기름진 음식, 가공된 탄수화물과 같은 패스트푸드는 동맥경화를 일으킬 뿐만 아니라, 충치도 발생시킨다.

이런 점에서 행동적 적응과 인지적 적응을 구분하는 것이 필요하다. 인지적 요소를 고려하지 않아도, 행동의 패턴 자체는 적응적일 수 있다. 1장에서 언급

표 2.1 인간진화 행동과학의 몇몇 접근법의 가정과 방법 비교

특징	다윈인류학 (인간사회생물학, 다윈사회과학, 인간행동생태학, 인간동물행동학)	진화심리학	유전자-문화 공진화 이론
기본적 접근법과 가정	행동주의적(behaviourism) 접근. 인간은 유연한 기회주의자이며 최적화 모델(optimality model)을 사용할 수 있다(예를 들면 수렵채집이나 출산 간격 등). 행동의 결과나 전략에 집중하며, 믿음, 가치, 감정, 동기에는 그다지 관심을 기울이지 않는다. 행동의 적합도가 유전자에 의한 것인지 혹은 사회적으로 전파된 정보에 의한 것인지에 대한 정해진 가정은 없다.	인지주의적(cognivist) 접근. 마음 기전은 플라이스토세, 즉 진화적 적응 환경의 문제를 해결하기 위해서 진화했다. 동시대의 환경이 아니다. 핵심 개념은 적응적 지연이다. 자연선택에 의한 설계는 심리적 수준에 영향을 미치지만, 행동 수준에는 영향을 주지 않는다.	상호작용주의적(interactionist) 접근. 문화는 다윈주의적 원리에 따라서 유전적 진화와 발맞추어 진화한다. 문화적 진화는 종종 적합도의 극대화(예를 들면 복식, 도구, 사회적인 온 전파로 유용한 지식과 관습에 기여하지만, 일부 문화는 독립적으로 진화할 수 있다.
무엇을 연구하고 무엇을 측정하는가	특정 환경에서 개인의 생애 번식 성공률을 측정한다. 현재 생존한 아기의 수를 확인한다. 행동생태학의 연구방법을 적용한다. 에너지와 같은 프록시를 사용하여 번식 성공률을 확인한다.	설문조사(설문지) 혹은 주로 심리학과 같은 실험에 집중한다. 대상은 주로 대학교 학생이다.	문화적 인공물이 진화나 밈의 전파를 조사한다. 수학적 모델링을 사용한다. 유전적 변이와 문화적 관습 사이의 관계를 확인한다(예를 들면 유당과 탄수화물을 소화, 20장 참조).
적응에 대한 견해	선호의 적응은 영역 일반적 기전을 진화시켰을 것이다. 선호 혹은 문제 해결의 경우와 같은 영역 일반적 기전에 대한 주장을 펼친다.	선호의 적응은 영역 특이적 모듈을 진화시켰을 것이다. 마음은 매개이며 칼과 같아서, 분명한 도구 혹은 문제 해결에 알고리즘을 포함하고 있어, 신체의 기관에 대한 유비를 사용하는데, 뇌는 정신 기관으로 간주한다. 이러한 모듈은 한 대 사회에서 부적응적으로 작동할 수도 있다.	마음은 문화의 진화를 받아내는 영역 일반적 편향(예를 들면 순응 편향)을 가지고 있다. 문화적 학습과 진화에 의해 새로 나타나는 적응무 문제를 해결할 수 있다.
유전적 다양성에 대한 견해	유전적 변이는 여전히 존재하며, 배우자 선택에 특히 큰 영향을 준다. 다양한 생태적 환경에 행동을 맞추는 행동적 가소성에 많은 관심을 가진다.	진화한 정신적 기전은 유전적 변이가 거의 관철되지 않으며, 보편적인 인간 본성을 반영한다. 인간의 보편성에 주목한다.	문화는 유전적 변화를 유발하므로, 인간의 개체에 는 문화가 내재되어 있을 뿐 아니라(예를 들면 여러 진화에 따른 크기의 감소), 유전 집단 사이의 유전적 다양성의 원인이 되었다(예를 들면 아밀라아제 유전자 복제수나 유당 불내성)

한 회색기러기는 자신의 알을 둥지로 굴려 넣는 행동을 보인다. 이와 같은 행동은 아주 적응적이지만, 사실 알을 몰래 옮겨 놓아도 이런 행동은 반복된다. 다시 말해 행동 양상이 아주 단순한 패턴을 가지고 있으며, '깊이 생각한 결과'라고 하기는 어렵다. 반대로 인지적 적응은 다음과 같은 특징을 가지고 있다 (Tomasello and Call, 1997).

- 다양한 행동 과정 중 하나를 선택하는 의사결정 절차
- 목적 혹은 결과 지향성
- 감각을 통해서 즉각적으로 느껴지는 정보의 수준을 넘는 정신적 표상

적응이란 고정된 해결방법이 아니라 각 유기체의 판단에 의한 행동의 결과가 최적화되도록 하는 진화적 과정의 결과라고 할 수 있다. 따라서 유기체는 (의식적 혹은 무의식적으로) 어떤 목적을 위해 자신의 생애 경험과 맥락에 따라 가장 적합한 전략을 계산하고 이 결괏값에 따라서 행동을 결정한다.

진화심리학이라는 용어가 인간에게만 사용되기 때문에, 불필요하게 종을 구분하는 문제를 낳았다는 비판이 있다(Daly and Wilson, 1999). 이러한 구분은 사실상 근거가 없는데, 인간의 행동을 설명하는 데 동물행동학자의 연구 결과가 많이 인용되고 있을 뿐만 아니라, 인간종에 대한 연구 결과로 동물의 행동을 설명하는 일도 적지 않기 때문이다. 그래서 '인간진화심리학(human evolutionary psychology)'이라는 말을 선호하기도 한다.

1) 투비와 코스미데스의 모듈적 접근

심리학의 진화적 접근은 투비와 코스미데스의 업적에 상당 부분 빚을 지고 있다. 이들은 『적응된 마음(The Adapted Mind)』(1992)이라는 책에서 진화심리학 선언문이라고 해도 무리가 없는 강력한 주장을 한 바 있다. 뇌가 서로 다

른 문제를 해결하기 위한 모듈로 구성되어 있다는 주장은 다소 논란의 여지가 있지만, 이러한 접근 방법은 상당한 성공을 거둔 유용한 모델이다. 투비와 코스미데스는 심리학이 뇌의 정보 처리 및 행동 기전에 대해서 다루는 생물학의 한 분과라고 생각했다. 진화심리학자들은 주로 미국에서 많이 활동하는데, 영역 특이적 정신 모듈을 강조한다. 투비와 코스미데스가 이들을 이끄는 대표 주자이며, 이 무리를 흔히 '심리학의 산타바바라 교파'라고 칭한다(Laland and Brown, 2002).

영역 특이적 모듈의 잠재적 후보들

인간의 정신적 도구 상자를 이루는 모듈로 제시되는 후보에는 친족 혹은 비친족 간의 협력적 행동 혹은 사기꾼 탐지를 위한 수단, 양육, 질병 회피, 대상 항상성과 운동, 안면 식별, 언어 학습, 타인의 반응과 감정의 예측(마음 이론), 자기 개념화 및 최적의 수렵채집 활동 등이 있다. 모두 언급하려면 책을 하나 더 써야 할지도 모른다. 즉 이러한 모듈 이론의 난점은 목록이 도대체 언제까지 계속되느냐는 것이다. 더 이상 나눌 수 없는 모듈의 수준이 존재할까? 이에 대해, 비록 추정에 불과하지만, 기어리(Geary, 1998)는 모듈을 위계적 체계로 나눈 바 있다(그림 2.3). 이 분류에 따르면 입력값은 크게 두 가지, 즉 사회적 정보와 생태적 정보로 나뉜다. 생태적 정보는 다시 통속 생물학과 통속 물리학으로 나뉜다. 세상에 대한 상식적인 해석을 신속하게 제공하는 사고 체계다. 물론 이러한 체계는 과학적 기준에서는 잘못된 것으로 판명 날 수도 있다. 예를 들어 통속 물리학은 아리스토텔레스적 직관인데, 힘을 계속 주어야 물체가 이동을 지속한다는 식이다. 그러나 뉴턴 물리학에 의하면, 힘을 계속 가할 때 물체는 점점 가속이 붙는다.

이러한 입장에서 보면 개체 발달은 지역적인 사회적, 생물학적, 물리적 환경에 각 모듈이 (초기 설정값으로부터) 조율되는 과정이라고 할 수 있다. 모듈은

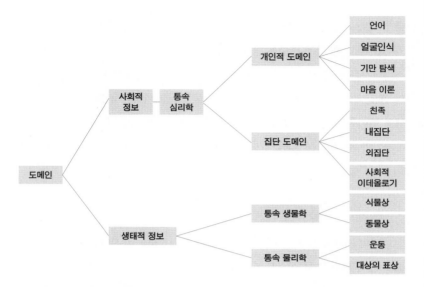

그림 2.3 몇몇 가능한 마음의 진화적 모듈 분류. 출처: Geary, D. C. (1998) Male, Female: The Evolution of Human Sex Differences. Washington, DC, American Psychological Association, Figure 6.4, p. 180.

성장하는 아이가 겪는 경험의 종류를 제한하기도 하지만, 경험의 결과로 타고난 기능적 기전의 미세한 조정이 일어나기도 한다. 예를 들어 우리는 음성을 내고 발화할 수 있는 타고난 소인이 있다. 그러나 우리가 최종적으로 사용하는 언어는 외부 세계로부터 학습한 문법과 어휘에 의한 인지적 편향의 결과이다. 국소적 환경과의 관련 속에서 발달하는 모듈의 개체적 발생론을 '열린 유전적 프로그램'이라고 한다. 즉 환경에 따라 결정되는 임무를 수행하는 개방형 프로그램이라는 것이다(Geary, 1998, p. 205).

다윈 심리학은 모듈의 존재, 혹은 영역 특이성이나 모듈의 독립성에 대해 정해진 입장을 가지고 있지 않다. 투비와 코스미데스의 선언 이전에, 데이비드 마르는 뇌가 행동을 추동하는 과정의 층위에 대한 유용한 구분을 한 적이 있다(David Marr, 1982). 표 2.2에서 볼 수 있듯이, 전산 시스템과 문제 해결 알고

표 2.2 진화적 신경생리학에 대한 진화적 설명의 층위

층위	해당 층위의 연구 목적	관련 분야
높은 층위	시스템이 설계된 목적을 이해한다	다윈심리학
중간 층위	시스템이 정보를 처리하여 과업을 수행하는 과정을 이해한다	인지심리학
낮은 층위	회로가 뇌 안에서 구축되는 방식을 이해한다	신경생리학

출처: Marr, 1982

리즘을 강조하는 전통적인 인지심리학은 신경생리학의 근연 층위(배선 도식)와 선택압에 의한 적응이라는 궁극 층위의 중간 지점에 위치하고 있다.

9장에서 이러한 진화적 모듈 접근법을 통해서 인간의 추론, 즉 표 2.2에 제시한 '높은 층위'의 인간 사고가 '중간 층위'에 놓인 인간 정신의 이해에 어떤 도움을 주고 있는지 알아볼 것이다.

2) 진화심리학의 모듈적 시각에 대한 도전과 EEA 개념

1980년대 진화심리학의 창시자들은 보편적 인간 본성이라는 전제의 중요성을 강조했다. 이러한 시각은 몇몇 논쟁에 기반하고 있다. 첫째, 인간 게놈 대부분은 플라이스토세 동안 이루어진 적응의 결과다. 둘째, 다른 유인원과의 잘 정리된 과학적 비교를 통해서 볼 때, 인간의 유전적 다양성은 상대적으로 아주 적다. 셋째, 지난 10,000년 혹은 플라이스토세가 끝난 이후의 시간은 너무 짧아서 의미 있는 유전적 변화가 일어나기 어렵다. 이는 게놈 지연 현상을 일으키는데, 즉 플라이스토세의 적응이 동시대 환경에 잘 들어맞지 않는다는 것이다. 그런데 보편적 본성(혹은 남녀로 나뉘어진 두 개의 본성)이라는 전제를 깔면, 보편적 인지 체계하에서 어떻게 인간 행동의 다양성이 나타날 수 있는지 설명하

기 어려워진다. 그래서 맥락 의존적 전략을 가정했는데, 상당히 성공적이었다. 다시 말해 우리의 마음은 특정한 환경적 입력값이 들어오면, 이전에 프로그램화된 여러 행동적 산출물 중 하나를 골라 반응한다는 것이다. 그러나 이러한 진화심리학의 중심 전제는 늘 비판의 대상이 되고 있다.

EEA: 잃어버린 자족의 땅

진화심리학적 접근에 대한 비판은 바로 이 미스터리한 EEA의 정체를 과녁으로 삼고 있다. EEA는 과연 어땠을까? 그리고 얼마나 오래전으로 거슬러 올라가야 할까? 약 6,500만 년 전부터의 기간, 즉 우리의 선조가 아직 일군의 포유류에 머무르던 시기 전체가 인간의 정신에 대한 선택압이 작용하던 시기였을까?(Betzig, 1998). 아니면 인간이 호미닌의 한 종으로 살던 약 600만 년 전부터의 시기만을 고려해야 할까?(5장 참조) 옛 호모 사피엔스(archaic *Homo sapiens*)와 그 아종인 호모 사피엔스 사피엔스(*Homo sapiens sapiens*)가 살던 20만 년 전부터의 시간을 더 주목해야 할까? 수렵채집 사회는 지금도 일부 존속하고 있지만, 다양한 수렵채집 사회는 배우자 선택 행동, 부성 투자 및 식이 등에서 서로 큰 차이를 보인다.

지난 200만 년 동안, 단 하나의 EEA만 존재했던 것은 아니다. EEA는 사실 단 하나의 꾸며진 상태로 간주되고는 하지만, 투비와 코스미데스는 다양한 EEA가 존재했다고 주장한다. EEA란 '적응과 관련해 우리의 선조들이 직면했던 환경적 특성을 그 빈도와 결과적인 적합도에 의해 가중 처리한 통계적 조합'이라는 것이다(Tooby and Cosmides, 1990, p. 386). 이론적으로 보면 명쾌한 정의이지만, 이러한 요인을 시간 변화에 따라서 인간의 진화과정에 과연 어떻게 적용할 것인가 하는 대단히 어려운 숙제가 남아 있다.

EEA에 대해서 단지 추정만 할 수 있고, 그래서 실제 EEA의 특성을 재구성하는 것이 몹시 어려울 수도 있다. 그렇다면 인간의 본성에 대해 정확히 이해하는 것은 아주 요원한 일이 될 것이다. 게다가 인간은 자신의 마음에 대해서 어느 정도 알고 있으므로, 이미 예상되는 결과에 들어맞는 EEA를 상정하는 유혹에 빠지기 쉬울 것이다(Crawford, 1993). 따라서 고생물학자나 고지질학자의 도움을 받아서 과거 EEA의 환경을 정확하게 재구성하거나, 침팬지에 대한 행동 연구를 참고하는 것이 필요하다.

또 다른 주요한 문제가 있다. EEA라는 개념은 인간의 게놈에 장기간의 지속적 선택압을 부여한 안정적 환경을 가정한다는 것이다. 그러나 최근 고생태학적 증거에 따르면 180만 년 전부터 10,000년까지 기후는 상당히 급격한 변화를 보였다. 이러한 기후 변화가 대뇌 크기에 미친 잠재적 영향에 대해서는 5장에서 다시 다룰 것이다. EEA와 플라이스토세에 너무 주목하면, 인간의 지능이나 인지의 한 부분을 무시하는 위험에 빠진다. 비유를 들어보자. 인간의 골격에 대해서 적응적 차원에서 이해하려면, 플라이스토세 이전 시기에 대해 고려해야 한다. 두발걷기를 이해하려면, 펜타닥틸(다섯 개의 손가락, 발가락이 있는)로 된 다리 및 척추 등 기본 구조에 대해 알아야 한다. EEA를 마치 인간의 게놈이 환경과 완전한 조화를 이루던 시기의 '잃어버린 자족의 땅' 같은 것으로 생각해서는 대단히 곤란하다. 현실에서 그 어떤 유기체도 환경에 완전하게 적응할 수 없다. 적응은 동물의 생애 동안 서로 다른 요구조건 사이의 타협적 결과일 뿐이다.

게놈 지연과 모듈성

인간 유전학의 발전은 게놈 지연 가설도 위태롭게 하고 있다. 1980년대에 인간의 게놈을 열심히 그려가던 분자유전학자들은 최근 선택압을 받은 부분이 어디인지 알아낼 수 있었다. 이 주제는 책의 범위를 넘는 것이지만, 몇몇 연구 결과를 간단하게 요약해보도록 하겠다. 약 300만 개의 SNP를 조사한 한 연구(상자 3.1)에서 그중 약 300개가 최근에 강력한 선택압을 받았다는 사실을 알게 되었다(Sabeti et al., 2007). 바이러스 감염이나 피부색소 침착, 모발낭 등과 관련된 유전자는 양성 선택을 받았다는 것도 밝혀졌다. 약 120만 개의 SNP를 조사한 다른 연구에서는 색소 침착의 경로, 후각 수용체, 면역계, 열충격 단백질(heat shock protein)과 관련된 유전자가 최근 선택된 증거가 확인되었다(Williamson et al., 2007). 연구자는 '최근의 적응이 놀라울 정도로 광범위하게 일어났다'고 하였는데, 대략 인간 유전자의 10% 정도가 지난 50,000년 사이에 유전적 변화를 겪었다는 것이다. 이런 맥락에서 랠런드 등은 지난 10,000년 동안(홀로세)의 여러 문화적 변화, 예를 들면 가축화나 작물재배, 높은 인구밀도를 가진 정착지 등이 인간 게놈에 선택압으로 작용했을 것이라고 주장했다(Laland et al., 2010). 최근에 밝혀지고 있는 이러한 유전적 증거는 유전자-문화 공진화 모델 혹은 '적소 구성(niche construction)' 개념의 발달과 발맞추어 나가고 있다. 적소 구성이란 인간이 농경이나 도시, 건물, 사회적 제도 등을 통해서 세계를 변화시키는 방법으로, 인간 진화의 방향을 상당한 수준으로 결정 짓는다는 주장이다(Bolhuis et al., 2011). 많은 연구자가 이제 진화심리학이 단일한 보편적 인간 본성이라는 전제를 포기하고, 진화적 이론의 활용 및 인간 행동의 다양성 연구를 위한 발달적 과정에 대해 보다 열린 자세를 가져야 한다고 생각하고 있다.

마음이 영역 특이성 모듈 체계로 가득하다는 주장도 흔들리고 있다. 비교심리학 연구에 의하면, 많은 동물에서 영역 일반적 사고 및 학습 기전이 밝혀지고 있다. 연합 학습(associative learning)이 그중 하나인데, 경험 속의 패턴과 규칙성을 찾아서 유용한 결론에 이르는 능력을 말한다. 대표적으로 레스콜라-와그너 모델은 동물과 인간의 행동에 성공적으로 적용되고 있다(Siegel and Allan, 1996).

모듈적 시각으로 보면, 적응적 행동은 인지적 과정의 결과로 보인다. 그러나 꼭 그래야 할까? 행동이 복잡한 문제를 해결하고 적응적 해결책을 제시한다고 해서, 전적으로 정신적 과정에 의해 추동된다고 볼 이유는 없다. 생리적 시스템으로도 충분하다. 예를 들어 심장은 유기체의 활동에 따라서 혈압과 맥박을 조절하여 다양한 문제를 해결하는 고도로 적응적인 기관이다. 그러나 심장의 움직임은 인지와 무관하다.

논란은 지속되겠지만, 모듈성 테제는 모듈과 표현형 가소성 간의 절충을 통해서 지속될 것이다. 단일 유전형은 발달 과정 중에 유입되는 환경의 신호를 받아 다양한 종류의 표현형을 발현시킬 수 있다. 사실 경험을 통해서 구조화되는 발달과정을 통해, 국소적인 환경에 적합한 적응을 이루는 편이 더 효율적이고 적응적인 기전일 것이다. 인간 사이의 유전적 다양성에 대한 실증적 증거가 점점 쌓이고 있다. 진화심리학이 이를 고려해야 할 필요도 점점 커지고 있다. 이와 관련한 주제는 7장과 8장에서 다시 자세하게 다루도록 하겠다.

4. 다윈인류학과 인간행동생태학

1) 표현형의 수(手)

편의상, 여기서는 인간사회생물학, 인간행동생태학 및 인간동물행동학을 '다윈인류학(Darwinian anthropology)'으로 묶고자 한다. 다윈인류학자들은 선조의 적응이 그리 특이적이지 않았으며, 우리는 다양한 환경에서 적합도를 최대화할 수 있는 '일반 목적(domain-general)' 기전을 가지고 있다고 생각한다. 다양한 현대의 환경은 다양한 적합 최대화 전략을 유발한다는 것이다. 적응을 연구하고자 한다면 단지 원시의 환경에 맞추어진 정신적 기전에 국한되지 말고 지역적인 환경 상황에 걸맞는 현재의 행동까지 연구해야 한다는 것이다. 이런 의미에서 비인간 동물(non-human animal)을 연구하는 행동생태학자의 입장과 비슷한 면이 있는데, 현대인의 행동이 여전히 적합도 최대화라는 단단한 논리에 지배된다는 가정에 따라 연구한다.

다윈인류학자는 상이한 환경에서의 '적응성(adaptiveness)'에 주목하는데, 이는 인간이 주어진 상황에서 번식 성공률을 최대화하려는 경향이 있다는 뜻이다. 반대로 진화심리학자는 '적응'에 주목하는데, 여기서 적응은 과거의 선택압 결과로 유기체가 가지게 된 고정된 기전이나 형질을 의미한다. 그러나 진화심리학자의 생각과는 달리, 행동생태학의 연구에 의하면 비인간 동물도 적응성을 가지고 있는 것으로 보인다. 다시 말해 동물은 다양한 환경조건에 부합하는 다양한 전략을 구사할 수 있다. 모든 환경에서 단일 전략만을 구사하는 이른바 '비다윈적' 동물을 가정하는 것은 어리석은 일이다. 대표적인 예가 바로 남성이 사정하는 정자의 숫자다. 남성은 정자 경쟁의 양상에 따라 사정하는 정자의 수를 조절할 수 있다(Baker and Bellis, 1989, 13장 참조). 진화심리학의 시각으로도 맥락에 따른 행동의 조절은 있을 수 있다. 그러나 환경의 역할은 이미 적응한 행동적 산출물을 선별하는 데 그친다. 1960년대 유행하던 주크박스를 기억할 것이다. 통 안에 들어있는 다양한 레코드 판이 선택을 기다리고 있는 것이다.

다윈인류학이나 인간행동생태학의 핵심적 특징은 행동생태학자에게서 빌려온 연구 방법이라고 할 수 있다. 행동생태학은 동물 행동 분야의 하위분야로 번성해왔다. 행동생태학자는 환경 내에서 일생 동안 개체가 얻는 번식 적합도가 최대화되는 방향으로 행동이 빚어진다고 생각한다. 그들은 다양한 최적화 모델을 만들어 다양한 환경에서 행동에 어떻게 최적화된 결과를 낳는지 연구한다. 인류학 분야에서 소규모로 시작된 학문인 인간행동생태학은 지금은 다윈인류학으로 알려져 있다. 나폴레옹 샤농이나 윌리엄 아이언즈, 리처드 알렉산더 등 초기 개척자들은 동시대 환경 내에서도 인간이 여전히 번식적합도를 최대화하기 위해 행동한다는 주장을 입증하려고 애썼다. 대표적인 경우가 사냥을 위한 최적의 집단 크기, 혼인 시스템(예를 들면 가용 자원량에 따른)의 종류, 출산 간격 등에 관한 것이다. 어떤 의미에서 인간행동생태학자들은 적응적 반응 혹은 표현형과 환경의 일치가 유전적 전략의 산물인지 혹은 사회적으로 전파된 정보에 의한 것인지에 대해서 불가지론을 고수하고 있다. 그들에게 중요한 것은, 비록 한계가 있지만, 결국 적응적 결과가 빚어진다는 사실이다.

인간행동생태학자는 이것을 '표현형의 수(phenotypic gambit)'라고 부른다. 인간은 의사 결정에 대한 상당한 표현형 가소성을 가지고 있고, 서로 다른 행동적 표현형이 쉽게 알 수 있는 간단한 유전적 체계와 대응한다는 것이다. 물론 이에 대해서는 제법 논란이 있다(van Oers and Sinn, 2011). 표현형의 수란 다양한 환경에 대해 적합한 행동을 유발하는 유전적 기반이 모든 인간에게 존재하며, 인간의 유전적 변이는 작고, 행동상의 변이에 의미있는 영향을 끼치지 못한다는 주장을 함축한 표현이다. 이런 면에서 행동생태학자는 유전자 결정론자라기보다는 환경 결정론자라고 할 수 있다. 대표적인 예가 있다. 미시간 대학의 보비 로(Bobbi Low)는 각 사회의 종류에 따라서 적합도를 최대화하는 방향으로 어린이에 대한 교육이 이루어진다고 주장했다(Bobbi Low, 1989). 일부다처성이 강한 사회일수록, 사내아이는 보다 공격적이고 야심적으로 키워진다. 그 사회에서는 성공한 남자가 많은 배우자를 얻을 수 있기 때문이다. 즉 성인 남성의 행동은 어린 시절 교육의 영향을 받으며, 이는 그 사회의 지역적 혹은 생태적 환경에 의해 결정된다는 것이다(Low, 1989). 물론 표현형이나 행동적 수(手)라는 개념은 그에 해당하는 내적 기전에 무관심하며, 행동적 가소성이 무제한적이라는 순진한 생각에 빠져 있다는 비판을 받는다. 하지만 최적성 가정으로 예측되는 결과와 실제 결과를 비교하면서 흥미로운 근연적 제한 조건, 게놈 지연 혹은 밝혀지지 않은 트레이드오프를 찾아낼 수 있다는 장점이 있다. 또 다른 장점은 인간행동생태학이 사회 내 혹은 사회 간에 관찰되는 행동의 변이에 대한 예측을 해줄 수 있다는 것이다. 또한 인간 이외에 다른 종에 적용되는 행동생태학의 연구 방법이나 이론을 통섭할 수 있다는 장점도 있다. 인간행동생태학의 핵심은 생애사 이론인데, 이에 대해서는 8장에서 자세히 다룬다.

2) 적합도 측정의 문제

인간행동생태학이 당면한 난제 중 하나는 인간이 여전히 적합도를 최대화하려 한다는 전제와 산업 사회의 많은 부부가 아이를 적게 낳거나 혹은 전혀 낳지 않는 현상과의 괴리다. 20세기 후반에 남성이 적합도를 최대화할 수 있는 방법은 무엇일까? 사이먼스는 이에 대해서 재미있고 유익한 시나리오를 다음과 같이 제시하고 있다.

> 포괄적합도를 최대화시키기 원한다면, 정자를 정자은행에 맡기는 것이 가장 확실한 방법일 것이다. 물론 정자은행에서 일하는 남자 직원이 무슨 짓을 하고 있는지에 대한, 영원한 의문과 논란이 있기는 하지만 말이다(Symons, 1995, p. 155).

2014년 영국에서 최초의 국립 정자은행이 설립되었지만, 첫 한 해 동안 겨우 9명의 공여자를 찾았을 뿐이다. 심지어 한 번 공여할 때마다 35파운드를 주었는데도 말이다.

물론 자연선택이 우리에게 직접 적합도를 최대화하라고 강요하는 것은 아니다. 적합도 최대화는 무의식적 욕구를 통해서 일어난다. 예를 들면 맥박과 같은 것이다. 이런 것을 의식의 지배에 두기에는 너무 소중하다. 그래서 남성과 여성은 주변 상황에 따라 성욕을 느끼는 것이다.[02] 정자은행 앞에 늘어선 대기자의 수는 적합도를 측정하는 좋은 방법이 아니다. 사실 성적 파트너의 수나 실질적인 성교 가능성을 파악하는 것이 보다 효과적이다. 만약 정자은행에서 정자를 기부하는 '보다 자연적인(in vivo)' 방법을 제공한다면, 정자은행 앞의 줄이 훨씬 길어질 것이다. 우리 선조를 지배하던, 유전자 유발성 원시 정동

---

02 의식적으로 하는 것이 아니라는 의미이다.

의 대표적인 예가 질투다. 남성의 질투는 부성 확실성을 보장하는 방법의 하나로 나타났을 것이다. 배우자를 감시하고, 경쟁자에게 공격성을 보이고, 여성의 행동을 강압하는 효과가 있다. 현대 사회에서는 어떨까? 질투하는 대신, 아내에게 바람을 피우되, 경구용 피임약을 먹으라고 타협할 수도 있을 것이다. 부성 확실성의 문제는 아예 일어나지 않겠지만 그렇게 하는 남편은 없을 것이다.

현대 사회에서 최적 적합도를 구하는 과제는 광범위한 피임에 의해서 점점 어려워지고 있다. 점점 떨어지는 출산율, 즉 인구학적 천이는 인간행동생태학의 급소를 찌르고 있다. 이에 대해서는 8장에서 다시 언급할 것이다.

5. 유전자-문화 공진화 이론

유전자-문화 공진화 이론은 종종 이중 유전 이론으로 불리는데, 1980년대에 처음 각광을 받기 시작했다. 다양한 기념비적인 책이 쏟아졌다. 럼스덴과 윌슨의 『유전자, 마음 그리고 문화(Genes, Mind and Culture)』(1981)와 카발리-스토르자와 펠트만의 『문화적 전달과 진화(Cultural Transmission and Evolution)』(1981)가 나왔다. 아마 가장 영향력 있는 책은 보이드와 리처슨의 『문화와 진화적 과정(Culture and the Evolutionary Process)』(1985)일 것이다. 공진화 이론은 비교적 일찍 관심을 받았지만, 진화심리학이나 인간행동생태학에 비하면 위세가 약했다.

유전자-문화 공진화 이론은 다음의 세 가지 가정에 기반하고 있다.

1. 문화를 생산하는 인간의 능력은 특이적으로 진화한 생물학적 적응이다. 번식 성공률을 증진시키므로 선택되었다.
2. 인간은 문화를 생산, 획득, 변형, 전파하기 때문에, 생물학적 진화와 나란히 작동하는 (유전과 진화를 일으키는) 2차 시스템이 작동할 수 있다.

3. 두 가지 유전 시스템(생물학적 시스템과 문화적 시스템)은 서로 상호작용
한다. 학습과 인지에 편향된 심리적 진화는 문화의 전파를 일으키는데, 문
화적 변화는 유전적 변화를 유발하는 새로운 선택압을 형성한다(20장 참
조). 문화는 비버의 댐과 같은데, 우리 본성의 표현이자 우리가 살고 있는
환경 자체다.

진화심리학에서는 마음이 영역 특이적 기전으로 가득하다고 주장하지만,
유전자-문화 공진화 이론가들은 타고난 본성에 대해 보다 유연한 입장을 가
지고 있다. 문화 진화주의자는 종종 인간의 마음에 명성 편향(높은 지위를 가진
사람을 모방)이나 순응 편향(가장 흔한 행동을 모방)과 같은 '편향'이 있다고 주장하
는데, 이러한 맥락 기반의 편향(종종 사회적 학습 전략으로 불린다)은 다양한 영역
에 걸쳐 작용하며 진화심리학에서 말하는 특이적 규칙보다는 영역 일반적 규
칙에 더 가까운 것으로 보인다.

유전자-문화 이론과 인간행동생태학 사이의 핵심적 차이는 이렇다. 후자에
속하는 학자는 행동이 최적성을 향해 있으며, 주어진 상황에서 최고의 적합한
결과를 추구한다고 생각하지만, 전자에 속하는 학자는 문화적 단위(인공물, 아
이디어 등)가 생물학적 적합도와 관련될 수도 있고 아닐 수도 있다고 주장한다.
유전자-문화 공진화 이론에 대해서는 20장에서 더 자세히 다룰 것이다.

6. 전망

이 책에서는 진화심리학과 인간행동생태학, 유전자-문화 공진화 이론의 방
법론 모두를 다룰 것이다. 인간의 뇌는 학습하거나 혹은 심지어 학습하지 않
은 행동도 빚어낼 정도로 충분히 복잡하고 강력하다. 행동은 단단하게 고정될
수도 있고, 느슨하게 묶여 유연할 수도 있다. 국소적 환경에 맞춰질 수도 있고,

변함없이 공고할 수도 있다. 유연한 적응적 행동의 중요성은 최근 후성유전학의 발전으로 인해 다시금 주목받고 있다(7장 참조). 더욱이 자연선택의 논리는 DNA뿐 아니라 아주 넓은 범주의 변화를 추동하는 보편적 기전이다(20장 참조). 다음 장에서 이러한 세 가지 대표적 학파의 중요한 연구 결과와 성공적인 예측에 대해 논의할 것이다(Sherman and Reeve, 1997; Daly and Wilson, 1999). 이러한 여러 견해는 경쟁적 패러다임으로 볼 것이 아니라, 보다 넓은 의미로 발전하고 있는 진화적 통합 과정의 이정표이자 경계석으로 보는 것이 바람직하다.

그렇다면 다윈의 예측, 즉 '심리학은 (이전과 달리) 여러 정신적 힘과 능력이 점진적인 진화 과정을 통해 획득된 것이라고 보는 새로운 토대 위에 서게 될 것'이라는 예측은 어떻게 된 것일까? 이 장에서 언급한 여러 진화적 개념과 견해에도 불구하고, 주류 심리학은 여전히 인지심리학이나 발달심리학, 행동주의, 비교심리학, 사회심리학 등 수많은 하위 분야가 할거하고 있다. 하지만 진화적 원칙은 이러한 하위 분야 모두에 영향을 미치고 있는데 궁극적으로 진화심리학 혹은 유관 학문은 심리학을 더 일관성 있게 만들어줄 통합된 프레임을 제공해줄 것이다(Fitzgerald and Whitaker, 2010). 이미 인지신경과학이나 진화심리학은 서로 융합하여 진화인지신경과학이라는 새로운 학문 분야를 낳았다. 기능적 자기공명영상(fMRI) 등의 뇌 영상 기법을 사용하여 뇌가 어떻게 경험에 반응하는지 밝히고 있다. 예를 들면 성간 인지 차이 등의 가설을 수립하고 검증하는 메타 이론으로 진화론을 적용하고 있는 중이다. 발달심리학에서 진화론은 행동유전학에 영향을 미치고 있으며, 특히 생애사이론은 적응적 행동 가소성이라는 개념을 통해 소아 발달, 사춘기, 청소년기, 성인기의 건강을 연구하는 데 큰 성과를 내고 있다. 사회심리학은 이미 진화생물학이나 행동생태학에 관심을 보인 지 수십 년이나 되었다. 사회생물학자는 학문의 초창기부터 환경, 특히 자신과 타인의 관계가 사회적 행동을 이해하는 열쇠라고 생각해왔다. 1960년부터 사회생물학과 행동생태학은 어떻게 친족선택이나 성선택과 같은 생물학적 개념이 사회적 행동에 영향을 미치는지 연구해왔다. 안타깝게도 사회심리학 교과서는 친족선택과 이타성에 대한 잘못된 설명으로 가득하다(Park, 2007). 임상심리학에서 진화적 접근은 종종 잘못 적용되곤 한다. 지금까지 진화심리학은 정신장애의 새로운 치료법에 대한 어떤 제안도 하지 못했고, 과연 유용한 학문인지 의심스럽다는 의견이 많다. 반면에 임상심리학은 수많은 상호모순적인 이론들에 시달리고 있다. 정신장애의 상당수가 높은 유전성을 보인다. 정신장애의 이해를 위해서는 진화유전학적 접근이 필요하다는 이야기다. 이에 대해서는 19장에서 다시 다룰 것이다. 분명 정신장애는 진화적 패러다임으로 설명하기 어려운 문제지만, 다윈주의적 접근법을 통해서 임신성 오심과 같은 현상을 성공적으로 풀어낸 사례도 있다. 임신성 오심, 즉 입덧은 치료가 필요한 질병이 아니라 자연적으로 모체와 태아를 보호하기 위한 건강한 적응적 반응이라는 것이다(18장 참조).

학계 전체를 둘러보면 진화적 접근이 전체 학문 분야에 파고들어 영향을 미치고 있으며, 심지어 학문의 방향을 바꾸고 있는 조짐이 보인다. 그중 일부는 행동에 대해 오직 사회문화적 설명만을 고수하던 요새, 몇 가지 예를 들면 경제학(Hoffman et al., 1998; Friedman, 2005), 범죄학(Walsh and Beaver, 2009), 문학이론(Carroll, 2004; Gottschall and Wilson, 2005), 의학(Trevathan et al., 2008, 18장 참조), 신경과학(Webster, 2007), 윤리학(Richards, 1993; Ruse, 1993), 정치학(Rubin, 2002), 법학(Masters and Gruter, 1992), 여성학(Browne, 2002), 미학(Voland and Grammer, 2003), 심지어는 경영관리학(Nicholson, 2000) 등이다.

이러한 다양한 분파는 모두 유기체의 다윈주의적 진화라는 동일한 뿌리에서 시작하기 때문에, 모든 영역에서 공통적으로 적용될 수 있는 진화적 과정에 대해 살펴보는 것이 좋겠다. 다음 두 장에서 다윈주의의 두 기둥, 즉 자연선택과 성선택에 대해 알아보자.

2부

다윈주의 패러다임의 두 기둥

: 자연선택과 성선택

Evolution
and
Human Behaviour

자연선택과 포괄적합도, 이기적 유전자

> 유기적 혹은 비유기적 삶의 조건과 관련하여, 매일 아니 매시간 단위로 전 세계에서
> 일어나는 모든 변이, 심지어 가장 작은 변이라도 나쁜 것은 버리고 좋은 것은 보존,
> 축적하여 각 유기체의 개선을 도모하는 은밀하고 조용한 과정이 바로 자연선택이다.
> 다윈, 『종의 기원』, 1895, p. 84

    이번 장에서는 다윈주의의 핵심적인 사상과 다윈이 직면했던 몇 가지 난제들을 다루려고 한다. 19세기에 다윈이 맞닥뜨린 많은 문제는 지난 75년 동안 대부분 해결되었다. 다윈의 성공적인 이론은 경험적인 증거를 설명해 나가고, 종종 다른 경쟁 이론과 싸워가며 승리해 나갔다. 이번 장에서는 이를 염두에 두고 다윈주의와 라마르크주의를 비교할 것이다. 또한, 포괄적합도 개념으로 확장된 다윈주의가 다윈의 난제들을 어떻게 해결해 나갔는지 알아보려고 한다. 끝으로 진화와 자연선택의 유전자적 시각에 대해 모종의 결론을 내릴 것이다. 행동의 유전적 기반과 자연선택의 전체 과정에 대한 이해는 자연선택의 단위를 분명히 하면서 비로소 확실해졌다. 즉 복제자(유전자)와 운반자(신체)를 구분하면서 가능해진 것이다. 이기적 유전자라는 개념은 한때 모든 사람이 이기적으로 행동해야 한다는 식으로 곡해되기도 했지만 개념을 제대로 이해하는 사람이라면 그런 경멸적인 주장이 아님을 잘 알 것이다. 이 장에서는 이기적

복제자의 세계에서 이타성이 어떻게 꽃필 수 있는지도 알아볼 것이다.

1. 다윈주의 진화의 기전

다윈주의의 핵심은 생명체와 그들의 번식 경향에 대한 다음과 같은 진술로 요약될 수 있다.

- 각 개체는 모양, 해부학적 구조, 생리, 행동 등과 같은 특징을 기반으로 하여 종으로 묶인다. 이러한 묶음은 전적으로 인위적인 것이 아니며 같은 종에 속한 구성원은 — 유성생식하는 경우 — 서로 교배하여 생식력이 있는 자손을 낳을 수 있다.
- 한 종 내에서 각 개체는 완전히 동일하지 않다. 신체적 특성이나 행동특성에서 다를 수 있다.
- 이러한 차이 일부는 이전의 세대에서 물려받은 것이며, 또한 다음 세대로 전해진다.
- 변이는 자연적이면서 무작위적인 창발에 의해서 증가한다. 이러한 특징은 이전 세대에는 없었던 것이거나 다른 정도로 나타났을 수 있다.
- 번성하고 번식하는 데 필요한 자원은 무한하지 않다. 경쟁은 불가피하고 일부 유기체는 다른 유기체보다 더 자손을 남긴다.
- 일부 변이는 자원에 대한 접근이나 자손 번식의 영역에서 해당 개체에 이득을 줄 수 있다.
- 이러한 변이는 많은 자손에게 전해지고 점차 표준이 되어간다. 원래의 종에서 많은 변이가 일어난 경우 새로운 종이 나타날 수 있고 자연선택이 진화적 변화를 유발할 수 있다.
- 자연선택의 결과로 유기체는 먹이를 구하고 포식자를 피하며 배우자를 찾고

제한된 자원을 두고 경쟁자와 경쟁하는 등 삶의 핵심적인 과정에 적용하면서 환경에 적응해 나간다.

우리는 '다윈의 생명환(Darwinian wheel of life)'을 통해 이 과정의 핵심 요소를 파악할 수 있다(그림 3.1). 여기서 유기체 혹은 유전자는 번식, 변이 및 상이한 생존율이라는 멈추지 않는 사이클을 반복한다.

다윈주의적 사고에서 중요한 점은 진화가 방향성을 가진 목적을 가지고 있지 않다는 것이다. 유기체는 절대적인 차원에서 더 나아지는 것이 아니다. 유기체가 염원하는 목적 같은 것은 있지 않다. 생물은 그들의 조상이 자신의 복제물(완전한 복제물은 아니지만)을 남겼기 때문에 존재한다. 다윈의 큰 성과는 어떤 목적론적인 설명을 꺼내지 않고도 생명체의 구조와 행동에 대해 설명했다는 점이다. 목적론(Teleology, 끝을 의미하는 그리스어의 telos에서 어원)은 사물이 목적을 가지고 존재하며 어떤 결과를 나타내기 위해서 설계되었다는 믿음이다. 19세기에 만연하던 생각으로 어떤 자연 현상이나 생명체는 마음속의 특정한 목적이나 동기를 위해서 설계된 것이라는 믿음이었다. 심지어 약 반세기 전에도 비평가 러스킨(Ruskin)은 산은 인간에게 기쁨을 주기 위한 구조로 생겼으며, 산의 등고선은 '인간의 복리를 우선적으로 고려해서' 만들어졌다고 주장

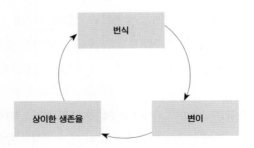

그림 3.1 다윈의 생명환. 수많은 개체의 생존과 죽음은 상이한 생존율로 인해서 유전자의 점진적인 변형을 유발한다. 이러한 결과로 새로운 종과 적응의 출현이 점진적으로 달성되는데 이는 다윈 심리학의 핵심적인 부분이다.

했다. 목적론적인 사고방식은 영국 국교회 부주교였던 윌리엄 페일리(William Paley)에 의해서 체계화되어 많이 알려졌다. 페일리는 『자연신학(Natural Theology)』(1802)에서 — 다윈도 알고 있었고 찬양하기도 했던 — 유명한 시계공의 비유를 전개했다. 시계는 우연히 생겨날 수 없으며, 즉각적으로 시계설계자와 시계공의 존재를 시사한다. 따라서 너무나도 복잡한 생명체는 우주 설계자의 존재를 시사할 수밖에 없다. 모든 창조는 하나님의 '작업서'에 있으며 이러한 책은 친절한 창조자의 존재에 대한 충분한 증거이다. 우리가 하나님이라는 지고의 조물주에 의해서 설계되었기 때문에 생명체는 각자의 삶의 방식에 적합하게 태어난다.

목적, 목적론 및 이미 준비된 설계라는 개념은 다윈의 '위험한 생각'에 의해서 모두 휩쓸려 가버렸다. 다윈에게는 위대한 계획도, 생명체가 창조자에 의해서 지구에 나타났다는 증거도, 어떤 목적을 향한 피할 수 없는 진보나 궁극적인 목적 같은 것도 있지 않았다. 다윈에게 창조자는 눈먼 시계공이었다.

1) 라마르크의 유령
다윈 이전에 종의 변이 가능성을 먼저 제기한 인물이 있었는데, 바로 프랑스의 사상가 장 바티스트 라마르크(Jean Baptiste Lamarck, 1744~1829)이다. 그의 입장은 현재 완전히 폐기되었지만 한때는 진화적 변화의 적응적 성질을 설명할 수 있는 다윈의 대안으로서 인정받기도 했었다. 라마르크는 생애 동안에 개체에 의해서 획득되는 특징(표현형, Phenotype)이 생식 세포 계열(유전형, Genotype)을 통해 다음 세대로 전해진다고 주장했다. 대장장이의 큰 근육이 일생에 걸쳐 발달하면, 그 아들도 평균 이상의 (그리고 아마 딸도) 큰 근육을 가지게 된다는 얘기였다. 다윈이 라마르크주의를 대부분 거부했다고 알려져 있지만, 사실 그가 거부한 것은 생명체가 보다 더 큰 복잡성을 향해서 나아가는 타고난 경향이 있다는 라마르크의 주장이었다. 현명하게도 다윈은 라마르크가 주장한 적응의 기전에 대한 것보다는 목적론적인 아이디어를 공격했던 것이다. 사실 이 책을 읽는 독자들도 다윈이 다음 세대로 특성이 전해지는 기전으로서 '용불용설(the effects of use and disuse)'을 하나의 가능성으로 받아들였다는 것에 대해서는 많이 놀랄 것이다.

라마르크주의의 유령은 오거스트 바이스만(August Weismann, 1839~1914)에 의해서 사실상(그러나 편안하지는 않게) 잠들었다. 바이스만은 생물의 생식 세포 계열(germ line)과 신체(soma)를 구분했다. 개체에 의해서 획득된 형질은 체세포(정자나 난자를 제외한 모든 신체의 세포)에 영향을 주지만 생식 세포 계열에는 영향을 주지 못한다. 바이스만의 핵심 주장은 정보가 생식 세포 계열을 따라 전해지고 또한 체세포로도 전해질 수 있지만 체세포에서 세포 계열로 전해지지는 못한다는 것이다(그림 3.2).

그림 3.2 바이스만에 따른 생식 세포 계열과 정보 전달

자신의 연구를 증명하기 위해서 바이스만은 대략 1875년부터 1880년까지 많은 세대에 걸쳐서 쥐의 꼬리를 잘랐다. 그런데 이러한 손상이 유전된다는 어떤 증거도 관찰되지 않았다. 이 실험은 라마르크에게나 쥐에게 공정하다고 할 수는 없다. 엄격한 라마르크주의에 의한다면 이 쥐는 자신의 꼬리 길이를 줄이려고 어떤 노력도 하지 않았다. 사실 이 실험은 개의 꼬리를 짧게 자른 경우에 종종 강아지의 꼬리가 없어진다고 주장했던 사람을 반박하기 위해서 수행된 실험이었다(Maynard Smith, 1982). 비슷한 강제 실험으로는 유대인이 오랜 역사

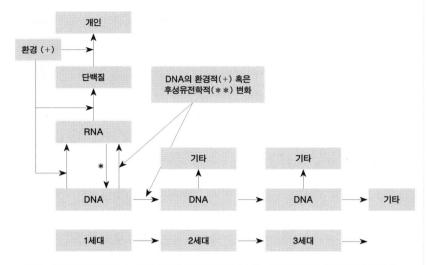

그림 3.3 유전의 분자적 기초. ✱: DNA와 RNA 간의 역방향의 흐름은, 숙주 내의 DNA 안에 RNA를 집어넣는 효소를 코딩하는 RNA를 가진 바이러스가 일으킬 수 있다. (+): 환경은 DNA에 대한 세포적 환경일 수도 있고, 유기체가 살아가는 환경일 수도 있다. (✱✱): 후성유전학적 변형은 특정 환경이 DNA 부위를 각인(꺼버리는 것)시킬 수 있으며, 이러한 변형이 유전될 수 있다는 것이다. 7장에서 자세하게 다룬다.

동안 할례를 받았음에도 불구하고 여전히 많은 유대인 남자 아기는 할례를 받아야만 하는 상태로 태어난다는 점을 들 수 있다.

최근 라마르크의 주장은 후성유전학적 기전이 발견되면서 다시 주목받고 있다. 이 복잡한 변형적 발달 과정에 대해서는 7장에서 다시 다루도록 하겠다. 간단히 말하면 생애 동안에 개체가 겪은 경험은 특정 DNA 부분의 발현이나 억제를 유발할 수 있다는 것이다. 그리고 이는 후손에게 전해진다. 물론 유전형의 기본 정보는 환경의 영향에서 자유롭지만, DNA에 코딩된 정보의 발현은 다음 세대에서 다르게 바뀔 수 있다. 유전이란 거대 분자에 의해서 세대 간에 전달되는 개체 내 정보 흐름이다. 이를 그림 3.3에 나타냈다. 그림에 제시된 후성유전학적 변형에 대해서는 7장에서 다시 다룰 것이다.

2) 다윈의 난제들

다윈의 이론이 직면했던 네 가지 문제는 다음과 같았다.

- 유전의 기전
- 새로운 형질이 생식 세포 계열에 유입되는 방법
- 이타적 행동의 존재
- 생존 투쟁에 명백하게 불리한 것으로 보이는 일부 형질의 존재(예를 들면 공작새의 꼬리)

앞의 두 문제와 관련해 이야기하자면, 다윈은 그림 3.3에서 보는 도식을 전혀 모르고 있었다. 그의 유전에 대한 이론—판게네시스(pangenesis)나 혹은 몸을 돌아다니는 자기증식성 인자인 게뮬(Gemmules) 등—은 너무 흠이 많아서 언급할 가치도 없다. 뒤의 두 문제는 대해서는 다윈이 좀 더 잘 설명하고 있다. 그러나 이에 대한 자세한 내용은 4장과 11장에서 각각 자세하게 다루기로 한다. 현대 유전학은 어떻게 자연적인 돌연변이가 일어나고 자연선택이 가능한지 잘 알려주고 있다. 그러한 새로운 변화는 감수 분열 동안 일어나는 유전자 섞임이나 유성생식을 통해서 한 세대 내에서 일어날 수 있다. 그러나 DNA의 염기 서열의 변화에 의한 보다 근본적인 변화도 있다. 고에너지 방사선 조사와 같은 물리적 방법이나 화학적 방법은 DNA의 변이를 유발하는 힘이 있고, 구조의 변형을 가져올 수도 있다. 변이는 복제 동안의 오류에 의해서 자연적으로 일어날 수도 있다. 아마 유성생식은 이러한 자연적 오류를 줄이려는 목적으로 시작되었는지도 모른다. 특히 단일 염기 변이(single nucleotide polymorphisms, SNPs)도 중요한 변이 중 하나다(상자 3.1).

SNPs는 단일한 염기 쌍 변화가 일어날 때(레퍼런스 샘플 대비)를 말한다. SNPs는 비코딩 영역에 제일 흔한데, 이는 부분적으로는 그 영역에 DNA가 제일 많으며, 또한 적합도 상으로 중립이 유지되므로 자연선택에 의해 제거되지 않기 때문이다. 이는 거의 수백 염기 쌍마다 하나씩 존재한다(인간 게놈 기준). SNPs는 DNA 복제의 오류에 의해서 일어나기도 하고, 이온화 방사선 조사나 돌연변이원에 의해 일어나기도 한다. 두 종의 비코딩 영역의 염기 순서가 얼마나 다른지 조사하면 변이율을 추정할 수 있다. 인간 DNA와 침팬지의 DNA를 비교하면, 세대마다 염기 치환율은 약 1.3×10^{-8}과 3.4×10^{-8} 사이에서 일어난다는 것을 알 수 있다. 앞서 언급한 것처럼, 인간 게놈은 약 63억 개의 염기 쌍을 가지고 있다. 따라서 매 세대마다 82~214개의 돌연변이가 일어난다. 그중 1~2개가 단백질 코딩 영역에서 일어난다(Nachman and Crowell, 2000). 코딩 영역에서 발생한 SNPs는 다음 두 종류로 나눌 수 있다. 동일 효과 SNPs(synonymous SNPs)는 아미노산 서열에 영향을 주지 않는다(동일한 아미노산을 지정하는 여러 개의 코돈이 있기 때문이다). 그러나 비동일 효과 SNPs(non-synonymous SNPs)는 아미노산의 변화를 통해서 단백질 구조에 영향을 미치거나 혹은 유전자 발현 조절에 영향을 주어 더 큰 영향을 미칠 수도 있다. SNPs의 세 가지 예로 유당 불내성과 낭포성 섬유증, 겸상적혈구성 빈혈을 들 수 있다(18장, 20장 참조).

만약 전 인구 중에서 무작위로 두 명의 동성 개체를 선발한다면 염기 쌍의 패턴은 약 99.9% 동일할 것이다. 한 유전자의 변이형이 전체 인구 집단 내에서 1%를 넘으면, 관습적으로 대립유전자(allele)라고 칭한다. 이는 allelomorph, 즉 다른 형태라는 의미의 단어를 줄인 것이다. 다형성(polymorphism)이라는 말이 더 일반적인데, 이는 인구 집단 내에서 어느 비율로 변이형이 나타나든지 간에 붙일 수 있다.

3) 유전자, 행동, 유전성

유전과 유전자 발현 및 유전적 질환에 대한 분자적 지식은 이미 상당한 수준이다. 그러나 위에서 언급한 혈우병이나 겸상적혈구증과 같은 질환은 행동보다는 생리적인 상태이다. 유전자와 행동 간의 일대일 대응은 생각하기 어렵다. 왜냐하면 대개의 행동적 특징은 다요인성이며, 하나의 유전자가 아닌 여러 유전자의 발현에 의해서 결정되기 때문이다.

사실 우리가 '~의 유전자'라고 할 때, 유전자와 형질이 단순히 일대일 대응한다는 의미는 아니다. 대상이 되는 형질은 그것이 형태에 관한 것이든 혹은 행동에 관한 것이든 간에 많은 유전자가 환경과 상호작용하여 일어난 결과이다. 따라서 어떤 행동은 유전적 기반을 가지고 있으며, 이러한 형질이 발현되는 개인 간의 유전적 차이가 존재한다고 하는 편이 더 나을 것이다.

행동은 신경계의 지배 아래에 있고, 신경계는 DNA에 쓰인 정보에 따라 만들어진다. 하지만 여전히 특정 행동을 지시하는 유전자가 존재하는 것은 아니라고 해야 하는데, 이는 어떤 면에서 조금 놀라운 일이다.

일란성 쌍둥이 연구는 종종 행동의 잠재적인 유전적 기초를 밝히는 데 유용하다. 이란성 쌍둥이(dizygotic twin)는 두 개의 정자에 의해서 두 개의 난자가 수정되어 일어나지만, 일란성 쌍둥이(monozygotic twin)는 단일 정자에 의해서 단일 난자가 수정되어 발생한다. 일란성 쌍둥이에서 왜 접합체(zygote)가 둘로 나뉘는지는 확실하지 않지만, 아무튼 이런 과정을 통해서 발생한다. 평균적으로 이란성 쌍둥이는 게놈의 절반을 공유하지만, 일란성 쌍둥이는 전체 게놈이 동일하다. DNA 지문 검사를 통해서 이러한 접합체의 구조를 확인하는 것이 가능하다. 연구에 의하면 환경적인 요인이 행동에 영향을 주고는 있지만 일란성 쌍둥이가 이란성 쌍둥이보다 신체적으로나 행동적으로 더 흡사하다. 게다가 일란성 쌍둥이는 다른 환경에서 길러진 경우에도 이상할 정도의 유사성을 보이곤 한다(Plomin, 1990).

이런 맥락에서 중요한 개념이 바로 유전율이다(상자 3.2 참조). 유전율 예상치란 게놈의 차이에 의해서 설명될 수 있는 개인 간의 변이를 일컫는 말이다. 진화심리학자에게 낮은 유전율을 보이는 형질은 관심의 대상이다. 왜냐하면 낮은 유전율이란 구조적이거나 혹은 행동적인 유사성을 의미하며 따라서 적응적인 용어로 설명될 수 있기 때문이다. 시간이 지나면서 자연선택은 이득이 되는 유전자를 선택하게 될 것이고 인구 집단은 점차 동일하게 되어갈 것이다.

다시 말해서 유전적 변이는 사라질 것이다. 유전율은 유전자나 형질 자체의 특성이 아니라 특정 시점 특정 환경에서 어떤 인구 집단 내 대립형질의 분포를 의미한다는 것이 중요하다. 유전적으로 높은 동질성을 보이는 인구 집단, 예를 들면 많은 심리적 적응을 공유하는 인간집단에서 표현형의 차이는 거의 환경의 영향에 의한 것이며 따라서 유전율은 낮다. 그러나 인구 집단이 노출된 환경이 같을수록 환경의 영향은 비슷해진다. 따라서 개인 간의 차이는 유전적 차이에 크게 의존하게 되고 유전율은 높아진다. 유전율 예측치의 해석은 많은 주의를 기울여야만 한다(Bailey, 1998). 특정한 인간 행동의 차이가 높은 유전율에 기인한다면, 신체적 질환이나 정신장애가 관련되었을 가능성도 커진다. 이에 대해서는 18장과 19장에서 다시 다룰 것이다.

상자 3.2 유전율

기술적인 측면에서 유전율을 이해하려면 분산의 개념을 적용해야 한다. 분산이란 데이터의 '확산성'을 말하는데, 엄밀하게 말하면 측정값과 해당 모집단의 평균 값 사이의 차이가 평균적으로 얼마나 퍼져 있는지 측정한 것이다. 만약 표현형상의 특정(P)이 분산(V_p)을 가진다고 하면, 이는 두 가지 요소로 나뉠 수 있다. 유전자에 의한 분산(V_g)과 환경 요인에 의한 분산(V_e)이다. 예를 들어 신장을 보자. 당신과 당신의 또래 집단의 키 차이는 부모로부터 물려받은 유전자의 차이, 그리고 서로 다른 환경에 의한 차이에 기인한다(어떤 사람은 영양 공급이 원활하고, 어떤 사람은 그렇지 못하다). 즉 일란성 쌍둥이는 유전자가 동일하지만, 환경의 차이에 의해 신장이 다를 수 있다. 이를 다음과 같이 정리하자.

$$V_p = V_g + V_e$$

형질의 유전율(h)은 유전적인 분산의 분율을 말한다. 이는 다음과 같이 쓸 수 있다.

$$h^2 = V_g/(V_g + V_e)$$

그런데 유전율이 환경에 따라 차이가 크게 난다면, 과연 이런 개념이 유용하게 쓰일 수 있을까? 물론 그렇다(Visscher et al., 2008). 유전적 요인과 환경적 요인의 상대적인 영향력을 확인하려면, 질병의 유전성을 확인하는 것이 아주 중요하다. 또한 인공 번식 프로그램을 위해서는 신뢰할 수 있는 유전율 추정치가 필요하다. 신장이나 체중은 높은 유전율을 가지고 있으며, 측정하는 것도 쉽다. 번식 프로그램의 결과를 예측하는 가장 좋은 방법은 번식 쌍의 표현형을 확인하는 것이다. 높은 유전성은 표현형과 유전형의 강한 상관성을 의미한다.

환경에 따라 유전율이 어떻게 변하는지 알아내는 것은 진화적 변화를 이해하는 좋은 방법이다. 예를 들어 환경의 변화가 심해져 표현형과 유전율의 관련성이 떨어지게 되면 자연선택의 힘도 같이 감소할 것이다. 유전율 예측치는 아주 흥미로운 과학적 사실을 알려주는데, 체구의 유전율은 거의 모든 종에서 놀랍도록 비슷하다는 것이다.

유전율이 높다고 해서 해당 형질이 주로 유전자에 의해 유발된다는 뜻은 아니다. 예를 들어 손가락 개수는 유전자에 의해 지배되지만, 그렇다고 유전율이 높은 것은 아니다. 대부분의 사람은 손가락이 다섯 개이며, 아주 일부의 사람은 유전적 원인에 의해 여섯 개의 손가락을 가지지만, 다섯 개 미만의 손가락을 가진 경우는 대부분 환경적 요인에 의한 것이다. 따라서 환경의 기여도가 훨씬 크고, 유전율은 아주 낮다. 같은 원리가 진화심리학에도 적용된다. 보편적이고 종 특이적인 혹은 성 특이적인 형질은 낮은 유전율을 가진다. 모든 사람은 비슷한 유전적 조성을 가지고 있으므로, 차이의 대부분은 환경 요인에 의해 일어난다. 그러나 유전 질환이나 피부색 등은 높은 유전성을 보이는

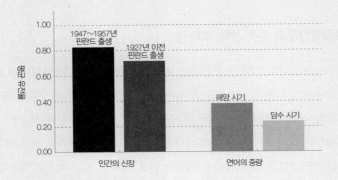

그림 3.4 환경에 따른 유전율 변화.
인간의 신장과 연어의 중량에 대한 유전율은 양호한 환경에서 보다 늘어난다. 양호한 환경 내에서 유전적 요인은 최종 결과의 분산에 더 큰 영향력을 행사하기 때문이다. 출처: Salmon data from Visscher et al. (2008); human data from Silventoinen (2003).

것이다.

진화심리학은 보편적인 인간 본성(성별에 따른 차이는 있지만)을 가정하고, 공통적인 유전적 구조는 보편적인 적응에 의한 것이라고 전제한다. 그럼에도 불구하고 적응은 유전성을 가진 차이를 일으킬 수 있다. 예를 들어 달리기는 인류의 보편적 적응이지만, 각각의 사람은 기술과 효율성의 차이에 따라 다른 속력으로 달리게 되는 것이다.

유전율의 영향력이 환경에 따라 달라지므로, 일반적으로 낮은 스트레스와 양호한 환경은 유전율을 증가시킨다. 좋은 환경은 유전형이 잠재력을 충분히 발휘하도록 하기 때문에 인구 집단 내의 차이는 유전적 요인에 주로 기인하게 된다. 그림 3.4는 이런 현상을 잘 보여 주고 있다.

비슷한 현상이 인간의 지능지수에서도 나타난다. 12세 학령기 아동 중 87명의 일란성 쌍둥이와 126명의 이란성 쌍둥이에 대한 지능 연구가 있었다(Siv Fischbein, 1980). 연구자는 높은 사회경제적 수준을 가진 부모의 자녀와 낮은 사회경제적 수준을 가진 부모의 자녀로 나누어 보았는데, 높은 수준의 집단에서 높은 유전율이 나타났다. 그러나 두 집단의 차이가 오직 환경적인 요인에 의한 것으로 속단해서는 안 된다. 사회경제적 수준 자체가 유전적 요인에 의해 영향받을 수도 있기 때문이다(Turkheimer et al., 2003).

2. 포괄적합도과 친족 선택, 이타성

생존을 보장받기 위해서 유전자는 운반자의 생존율을 향상시키려고 하며, 이는 궁극적으로 유전자 자신을 복제하기 위함이다. 이는 유전자형과 표현형 간의 강한 연관 때문인데, 그래서 막시목(개미, 벌, 혹은 말벌 등)의 행동은 꽤나 미스터리 하다. 각 개체는 여왕의 자손을 돌보고, 군락을 지키고 청소한다. 자신의 일생을 군락의 다른 개체를 위해서 전부 바치고, 정작 자신은 자손을 남기지 않는 것이다. 이러저러한 이유로 인해서 다윈은 이 곤충들에 대해서 '도저히 넘을 수 없고, 실제로 내 전체 이론에 치명적인, 특히 어려운' 문제라고 하였다(Darwin, 1859b, p. 236). 운반자와 복제자의 용어로 설명한다면, 이는 어떻게 각 개체가 이타적으로 행동하면서 스스로 번식하지 않는데 복제자가 존재할 수 있는지에 대한 문제이다. '적자생존'의 세계에서 왜 어떤 개체는 다른 이를 위해서 자신의 번식적 이익을 포기하는가? 생식력이 없는 벌과 말벌은 여왕의 자식을 위해서 노예처럼 일하면서 자손도 남기지 않는데, 어떻게 진화할 수 있었을까? 왜 꿀벌은 침을 쏘고 나서 죽어버리는 것일까?

이러한 문제에 대해서는 크로닌이 말한 '더 큰 호의주의(greater goodism)'로 설명하고 싶은 유혹을 받을 것이다. 더 큰 호의주의란 개체가 자신에게 비용이 전가됨에도 불구하고 전체를 위해서 더 큰 호의를 베푼다는 주장이다. 이에 따르면 곤충의 이타적 행동은 벌집이나 집단 혹은 전체 종에 이익을 주기 때문에 일어난다. 그런 점에서 어떤 집단의 최종 밀도는 먹이 공급수준에 따라서 집단에 가장 최적화된 정도에 수렴한다고 주장한 윈-에드워즈는 같은 연속선 상에 있다(Wynne-Edwards, 1962). 이런 입장에 따르면, 방목되어 사는 각 개체의 이기적 경향을 집단의 장기적 이득을 위해서 제한하는 어떤 기전을 그 집단이 가지고 있다는 것이다. 윈-에드워즈의 저서 『사회 행위와 관련된 동물의 분산』은 생물학자들에게 큰 영향을 미치지는 못했지만, 조지 왈든(George Walden)이나 조지 윌리엄스(George Williams), 존 메이너드 스미스와 같은 몇몇 유력한 다윈주의자를 자극했다. 집단 선택이라는 개념은 생물학계에서 거의 인정받지 못하지만, 그럼에도 불구하고 주기적으로 회자되고 있다(상자 3.3).

상자 3.3 집단 선택 논란

집단 선택에 대한 윌리엄스의 위세 당당한 비판 이후(Williams, 1966), 대부분의 생물학자는 집단 수준의 사고의 설명력에 대해 비판적인 입장을 견지하고 있다. 하지만 최근 집단선택설이 다시 주목받고 있다.

다윈 자신도 도덕적 덕목의 진화를 논의하면서 개체 선택과 집단 선택 사이의 명백한 불일치에 대해 고민했다는 것은 의미심장한 사실이다. 자신의 목숨을 바치면서 집단을 위해 싸우는 용감한 사람이 어떻게 존재할 수 있느냐는 것이다. 집단의 적합도를 향상시키지만, 정작 본인은 자손을 남기지 못하기 때문이다.

최근 이 논쟁이 다시 회자되었는데(Nowak, Tarmita and Wilson, 2010), 윌슨은 곤충의 진사회성 출현에 대해 설명하며 과거의 포괄적합도 모델을 철회하고 집단 수준의 설명을 제안한 것으로 보인다. 이 논문이 출판된 이후 《네이처》에는 저자의 집단 선택적 입장을 공격하는 논문이 쏟아져 나왔다(Abbot et al., 2011).

원래 윌슨의 전향은 곤충 사회를 설명하려는 의도였지만, 1년 후 같은 생각을 인간 사회에 적용한 책 『지구의 정복자(The Social Conquest of the Earth)』가 출간되었다(Wilson, 2012). 이에 대한 논쟁이 점점 가열되었다. 리처드 도킨스는 이 책을 일컬어, '독자는 진화 이론에 대한 명백하게 잘못되고 오류가 넘치는 여러 페이지를 그냥 넘겨야만 할 것'이라고 평했다.(Dawkins, 2012). 한편 윌슨은 친족 선택이 제한적인 영향력을 가질 뿐이라고 암시했는데, 많은 학자들은 이를 부정하고 친족 선택의 힘을 다시 강조하였다(Bourke, 2011).

집단 선택 이론은 그 개념이 주기적으로 일신되는 변화무쌍한 이론이다. 사실 알고 보면 새로운 집단선택론은 기존의 기본적이고 수학적으로 강건한 친족선택이나 포괄적합도 이론을 개념화하는 새로운 방법에 불과하다. 예를 들어 확산 제한(limited dispersal)은 집단을 돕는 개체의 출현을 유발할 수 있는데, 이는 새로운 개체가 단지 높은 r값을 가지기 때문이다(11장 참조, 3장 '근연도' 항목 참조, West et al., 2011). 집단 선택이 일어날 수 있는 아주 드문 상황은 집단 내의 선택이 중단되고 오직 집단 간의 경쟁만이 일어날 때다. 이는 집단 구성원의 번식이 동일한 수준으로 억제되거나 혹은 모든 개체가 동일한 클론일 경우에 한정된다.

외견상 전혀 이기적이지 않은 행동의 미스터리는 유기체가 자신이 가진 유전자와 동일한 유전자를 가진 다른 개체를 도우려고 한다는 사실로 풀릴 수 있다. 위대한 통계학자이자 유전학자인 피셔(R. A. Fisher, 1890~1962)는 1930년에 펴낸 고전 『자연선택의 유전적 이론(The Genetical Theory of Natural Selection)』에서 이러한 아이디어를 처음 제시했다. 또한 홀데인(J. B. S. Haldane, 1892~1964)도 1955년 펭귄 출판사에서 출간된 『신 생물학(New Biology)』에 실린 '집단유전학'이라는 논문에서 비슷한 주장을 짧게 소개한 바 있다. 홀데인은 물에 빠진 아이를 바라보는 두 명의 부모 이야기를 들었다. 한 부모는 뛰어들어서 자신의 아이를 구하고, 다른 부모는 그러지 않았다. 구조 중에 죽을 위험이 10분의 1이라고 하자. 이타적 유전자를 가진 부모의 경우, 유전자 하나를 잃을 때마다 동일한 유전자를 가진 아이 다섯을 구할 것이다(Haldane, 1955, p. 44). 왜냐면 자녀가 자신과 동일한 유전자를 가질 확률은 절반이기 때문이다. 이러한 주장은 윌리엄 해밀턴(William Hamilton, 1936~2000)에 의해 보다 엄격한 수학적 형태로 제시되었다.

1) 해밀턴의 법칙과 포괄적합도

1964년 해밀턴은 사회적 혹은 이타적 행위를 퍼지게 하는 유전자가 존재 가능한 조건에 대해서 제시하였다. 이 이론을 포괄적합도 이론(inclusive fitness)이라고 한다. 해밀턴의 원래 논문에 제시된 수학은 대단히 난해하다. 웨스트-에버하드(West-Eberhard)는 1975년 해밀턴의 규칙(Hamilton's rule)이 더 단순하게 정리될 수 있다는 것을 증명했고 이 단순화된 형태가 현재 통용되고 있다.

두 개체 X와 Y를 가정하자. 이들은 서로 근친이며, X는 Y를 돕는다. 이타적인 행위는 공여자(X)의 비용에 의해서 수혜자(Y)의 번식 성공률이 높아지는 것으로 정의된다.

> b=수혜자의 이득
> c=공여자의 비용
> r=공여자에 대한 수혜자의 근연도

r은 '도움을 주는 행동 유전자'가 공여자와 수혜자에게서 공통적으로 발견될 확률을 의미한다. 해당 유전자가 퍼지기 위해서는 다음과 같은 조건이 성립해야 한다. 'rb − c>0을 만족하면 도와라.' 말하자면 rb>c여야 한다. 그림 3.5

에 이러한 예를 제시하고 있다. 이타적 유전자를 가진 X의 번식 성공률이 낮아짐에도 불구하고, 해당 유전자를 가진 Y의 자손이 충분히 많이 퍼져 나감으로써 이는 보상된다.

해밀턴의 연구는 적합도가 과연 무엇을 의미하는 것인지 돌아보게 한다. 다윈에 의하면 적합도는 유기체가 남기는 자손의 숫자로 평가된다. 그러나 해밀턴은 유기체가 간접적인 적합도를 가질 수 있다고 하였다. 즉 다른 유기체가 번식하도록 돕는 것은 '돕는 경향'의 유전자를 늘리므로, 포괄적합도라는 새로운 개념을 도입할 수 있는 것이다. 다시 말해 포괄적합도는 직접적인 자손의 수에, 간접적 자녀의 수와 근연도를 곱한 값을 합한 값이다. 이에 대해서 그림 3.6에 제시했다.

2) 근연도

그림 3.5는 아주 단순화된 경우를 나타내고 있다. 그림 3.7은 두 개의 배수체성(diploid) 개체 I와 J에 대해서 다루고 있는데, 각각 aA와 mM 유전자를 가지고 있다. 따라서 이들을 교배하면 네 가지(am, aM, Am, AM) 종류의 자손이 가능하다.

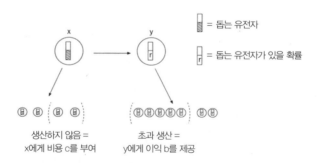

그림 3.5 이타적인 유전자가 확산될 수 있는 경우. 공통적으로 공유하는 유전자가 아니라, 이타적 유전자에 초점을 두어야 한다. 여기서 논의할 것은 바로 이타적 유전자의 확산이기 때문이다.

근연도(coefficient of relatedness)는 여러 가지로 이해될 수 있다. 중요한 것은 두 개체가 얼마나 닮았는지가 아니라 얼마나 가까운지이다. 다음과 같이 개념화할 수 있다.

1. r(근연도)은 한 개체의 어떤 유전자를 다른 개체와 평균적으로 공유하는 확률(일반 인구 집단 내 유전자의 평균 빈도) 이상으로 공유하는 확률을 의미한다.

2. r은 I에게서 무작위로 선택한 유전자가 J의 유전자와 조상으로부터 물려받아 동일(identical by descent)할 확률이다.

3. r은 한 개체에서 보이는 유전자 중에서 다른 개체의 유전자와 조상으로부터 물려받아 동일한 유전자의 비율이다. 여기서 '조상으로부터 물려받아 동일한'이나 '평균 이상의 확률'이라는 말을 쓰는 것은 두 개체가 같은 유전자를 공유할 때 인구 집단에 공통된 유전자이기 때문에 공유하는 경우와 부모가 같아서 형제자매가 공통된 유전자를 물려받은 경우를 구분할 필요가 있기 때문이다. 후자가 r의 계산에 중요하다.

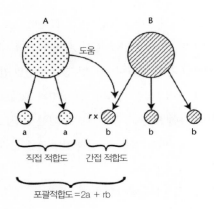

그림 3.6 포괄적합도는 직접 적합도와 간접 적합도의 합. 유기체 A와 B는 r이라는 유전적 근연도만큼 관련성을 가진다. 간접 적합도는 유전적 근연도와 이타성을 통해서 추가로 확보되는 자손의 숫자를 곱한 값이다. 따라서 A의 포괄적합도(B를 도운 대가로 얻는)는 2a+rb다.

그림 3.7은 두 명의 서로 관계가 없는 부모가 평균적으로 r=0.5의 근연도를 가지는 형제자매를 가진다는 것을 보여주고 있다. 이타적인 유전자의 빈도가 증가하는 경우 형제자매는 서로를 도울 것이다.

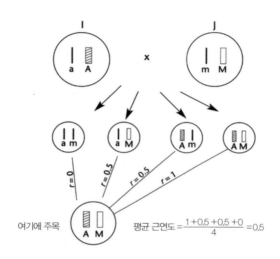

$$평균 근연도 = \frac{1 + 0.5 + 0.5 + 0}{4} = 0.5$$

그림 3.7 동기 간의 근연도

가족 구성원은 유전적으로 더 가까운 경향이 있지만, 이는 그들이 높은 근연도를 가지는 유일한 이유는 아니다. 한 집단 안에 있는 개체가 집단 내에서만 번식하는 경우, 즉 확산이 제한된 경우, 시간이 지나면 집단 구성원 간의 근연도는 점점 높아진다. 번식 전에 오직 1%만 확산하는 100명의 개체로 구성된 집단을 가정할 경우 시간이 지나면 모든 개체의 서로에 대한 근연도는 3분의 1에 다다르게 된다(West et al., 2011). 물론 두 친척 간의 표준 근연도는 이보다 훨씬 더 높아질 것이다.

배수체성 종에서 근친 간의 근연도를 표 3.1에 제시했다.

표 3.1 인간 친족에서 근연도 r

근연도 r: 배수체성 생물(예: 인간)	r
부모 ↔ 자식	0.5
같은 부모를 둔 동기(full-siblings)	0.5
반 동기(half-siblings, 아버지 혹은 어머니가 다른 경우)	0.25
일란성 쌍둥이	1.0
조부모 ↔ 손주	0.25

유전형과 유전자 변이

유전적 근연도를 논의할 때 흔히 '공통 유전자'라는 말은 혼란을 야기하곤 한다. 인간과 침팬지가 98%의 DNA와 유전자를 공유한다는 대중적인 믿음이 있다. 그런데 유전학을 공부한 학생이라면 아마 동기가 절반의 유전자를 공유한다는 사실(r=0.5)을 확신에 차서 이야기할 것이다. 그렇다면 98%와 50%라는 숫자 중 하나는 틀린 것일까? 좀 더 명확하게 살펴보자. 인간이 침팬지와 같은 종류의 유전자를 98% 공유하고 있다는 말은 다양한 효소나 단백질에 관련된 유전자에 관한 것이다. 똑같은 방법으로 비교하면, 같은 종에 속하는 형제자매의 유전자는 100% 일치할 것이다(물론 남녀 간에 아주 약간의 차이가 있을 수 있다). 동기 사이의 유전자가 50% 동일하다는 것은 부모로부터 똑같은 염기쌍 패턴을 물려받은 것이 절반가량이라는 말이다. 후자의 개념은 해밀턴의 방정식에 이용된다.

3) 해밀턴의 법칙과 친족 선택의 적용

진사회적(eusocial) 곤충의 극단적인 자기 희생에 관한 다윈의 문제에 대해, 해밀턴에 이어서, 이제 우리가 답을 해야 할 것 같다. 포식자가 공격해오면 자신의 침을 쏘고 죽어버리는 일벌의 행동은 벌집 안의 다른 구성원이 그 일벌과 충분히 가까운 친족이라면 이해할 수 있는 일이다. 이러한 자기 희생의 극단적인 형태는 유전자의 생존이 군체 내 나머지 개체의 존재를 통해서 보장받을 수 있으므로 자연선택 앞에서 행동적, 형태적 특징으로 지속된다.

인간의 이타성에 대해서는 9장에서 더 자세히 다루겠지만, 관련이 없는 사람보다는 친족에 대해서 더 이타적으로 행동하는 경향이 있다는 점을 미리 말해 두는 것이 좋겠다. 인간의 친족은 우리의 정서적 삶에 강력한 영향을 미친다. 세계의 주요 종교나 노동운동과 같이 '인류의 형제애'나 집단의 결속을 추앙하는 곳에서는 친족과 관련된 언어를 많이 사용한다. 노동조합장은 보통 조합원들을 '형제자매(brothers and sisters)'라고 부른다.

4) 친족 인지와 친족 식별

친족 선택이 작동하기 위해서는 친족과 비친족을 식별해 낼 수 있어야 한다. 친족 식별 혹은 '근연도의 해독'은 내적 과정이기 때문에 간접적인 증거밖에는 없다. 그러나 비친족과 친족을 다르게 취급하는 동물을 관찰한다면, 이러한 친족 식별(kin discrimination)이 친족 인지(kin recognition)의 증거로 사용될 수 있을 것이다. 척추동물의 이타성에 대한 광범위한 메타 분석 연구에 의하면, 친족 식별은 많은 동물 집단에서 능동적인 과정으로 이루어지며 같은 종에 속하는 다른 개체를 향한 이타성의 수준을 결정하는 역할을 한다.

동물이 왜 친족을 식별하려고 하는지는 두 가지 기본적 이유가 제시될 수 있다. 첫째, 친족 선택은 해밀턴의 공식 rb>c에 따라서 이타적 행동이 결정되어야 가능하다. 이는 비용과 이득 및 근연도의 평가가 필요하다. 둘째, 가까운 친족과는 짝짓기하지 않는 것이 중요하다. 그렇지 않으면 유전자의 치명적인 조합으로 인해 심각한 결과가 초래될 것이다. 물론 친족 차별의 증거가 자동으로 이타적 유전자의 존재를 의미하는 것은 아니다. 몇 가지 친족 인지 기전과 그러한 기전이 이득을 가진다는 증거를 살펴보고, 이 문제를 다시 살펴보자.

동물 종에는 다음과 같은 최소한 네 가지 기전이 가능하다. 지역, 친숙함(familiarity), 표현형 합치(phenotype match) 및 식별 대립유전자(recognition alleles). 지역(location)에 따른 기전에는 가족 중심적인 집단을 이루고 사는 동물들이 해당된다. 예를 들면 굴을 파고 살거나 혹은 둥지 무리를 만들어 사는 경우다. 이런 경우에는 '집 안에 있는 누구나 친족이다'와 같은 기전이 적용된다. 뻐꾸기는 물론 이를 악용하는 새다.

많은 동물이 근친교배를 피하는데, 이는 가까운 친척이 치명적인 열성 대립인자를 공유할 가능성이 있기 때문이다. 각 개인은 대략 3~5개의 치명적 열성 유전자를 가지고 있는 것으로 추정된다. 가까운 친척과 짝짓기하면 같은 좌위에 결함이 있는 열성 유전자 두 개가 만나는 동형접합 염색체를 가지게 될 가능성이 커진다. 많은 인간사회에서 근친상간은 강력한 금기다. 근친상간 금기는 아마 이런 유전학적 원인과 관련이 있을 것이다.

후각적 신호도 인간의 짝짓기에서 어느 정도 중요성을 가지고 있다. 스위스에서 클라우스 베데킨트(Claus Wedekind)와 동료들이 진행한 연구에 의하면 여성은 게놈상의 주요 조직적합도 복합체(major histocompatibility complex, MHC) 부위가 자기와 다른 남성의 체취를 선호하는 경향이 있다. 이 부위는 자기 식별과 면역 반응에 깊이 관계된 부분이다. 체액에서 생산되는 항체를 측정하여 이 부분의 개인차를 평가할 수 있다. 여성이 다른 MHC 부위를 가진 남성을 선택하는 이유는 이것이 유전적 관련성에 대한 단서를 제공하기 때문이다. 가까운 친족은 이 부위가 비슷할 것이다. 게다가 남성과 여성이 서로 상이한 MHC 부위를 가지면 그 자손은 기생충에 대해 보다 유연한 반응을 보일 수 있게 된다. 남성의 체취가 MHC 부위와 관련되어 있음은 이미 밝혀졌다. 통제된 조건하에서 여성은 남성이 다른 MHC 부위를 가지고 있을 때 남성의 체취를 유쾌하게 느끼는 경향이 있었다. 흥미롭게도 여성이 경구용 피임약을 복용하고 있을 때는 이러한 효과가 반전되었다(Wedekind et al., 1995). 근친교배 회피는 17장에서 더 자세히 다룰 것이다.

3. 이타성의 수준

1) 이기적 유전자와 온정적 운반자

지금까지 우리는 암묵적으로 이타성을 '공여자의 비용을 들여서 수혜자의 번식 적합도를 증진하는 행동'으로 규정했다. 그러나 공여자가 유전자인지 혹은 운반자인지는 규정하지 않았다. 유전자 수준에서 정의할 경우, 유전자 자신을 희생하여 다른 유전자를 돕는 경우를 생각해야 한다. 친족 선택이나 친족 이타성에서 유전자는 단지 자기 자신의 복제율을 높이려고 할 뿐이다. 다른 운반자 안에 그 유전자가 존재한다는 사실은 상관없는 일이다. 진정한 이타적 유전자는 있을 수 없다는 것이 자명하다. 자신을 희생해서 남을 돕는 유전자는 단지 자신만을 위한 유전자 변이가 일어나면 바로 사라져버릴 것이다. 이런 면에서 볼 때, 친족 이타성은 오직 운반자 수준에서만 진정한 이타성이라고 말할 수 있다. 그러나 다른 운반자로 자기 자신을 전파하는 유전자라면 정의상 다른 운반자를 위해서 자신을 담고 있는 운반자를 희생한다.

이 장에서 언급한 환원적인 접근에도 불구하고, 이타성이 존재한다고 확신할 수 있다. 유전자는 물론 의식적이거나 경멸적인 의미에서 '이기적인' 것은 아니다. 단지 겉으로 드러난 행동을 간결하게 비유하기 위해서 사용한 용어일 뿐이다. 유전자는 생존과 경쟁, 복제라는 가차없는 논리에 의해서 지배되고 있지만, 그 운반자인 우리는 다른 사람에게 동정과 공감을 표시하는 복잡한 감정적 삶을 살고 있다. 이는 친족을 식별하여 도움으로써 유전자의 생존을 돕는 시스템으로 시작되어 서로 관계가 있든 없든 간에 다른 이에 대한 공감을 가지는 능력으로 발전했다.

포괄적합도 이론을 통해 알 수 있는 통찰 중 하나는 진화에서 일어나는 주요한 전이 과정 중 복제자의 역할에 대한 것이다(Maynard Smith and Szathmary, 1995). 아주 대략적이고 간단하게 말해서 지구의 생명(복잡성과 사회성 기준으로)은 다음과 같은 주요한 전이를 겪었다.

- 자유 유영 복제자(예를 들면 RNA 다발)
- 세포 내 복제(예를 들면 원핵 세포 내의 DNA)
- 보다 복잡한 세포(진핵 세포) 내의 복제
- 클론에 의한 번식 및 이후 나타난 유성생식
- 개별적인 다세포성 유기체의 번식(식물, 동물, 진균)
- 군체와 진사회성 유기체 집단 내 번식(예를 들면 개미)
- 문화에 의한 생각의 번식(언어와 밈)

포괄적합도의 관점에서 보면, 다세포성 유기체는 동일한 DNA를 가진 세포의 집단이다. 다만 공통의 유전적 이익을 위해서 결합하고 있을 뿐이다. 그들은 마치 임신 능력이 없는 카스트로 구성된 진사회성 집단처럼 행동한다. 모든 세포는 번식, 즉 생식 세포의 생산이라는 공통의 관심사가 있으나 실제로 대부분의 세포(간, 신장, 뇌 세포 등)는 번식 능력이 없다. 다양한 체세포는 성선(gonads)이 그들 대신 번식을 할 수 있도록 도와주는데, 이런 방법을 통해서 자신의 유전자가 재생산될 수 있다는 것을(비유를 들자면) 잘 알고 있다.

2) 유전자의 어리석음

여기서는 유전자가 이기적이라는 비유를 든 것처럼, 유전자가 '어리석다'고 비유를 들어서 설명하는 것이 좋겠다. 친족 중심적 이타성은 운반자가 이타적으로 행동하게 하는 유전자를 영속시킴으로써 가능해진다. '사랑이 없는 A'와 '사랑의 B'라는 두 개의 유기체를 가정하고 그들이 형제자매가 물에 빠진

광경을 목격했다고 생각해보자. 도움을 주러 가는 경우 10분의 1의 확률로 둘 다 익사한다고 가정하자. 사랑이 없는 A(즉 이타적 유전자가 없는 유기체)는 자신은 죽지 않아서 다행이라고 여기며 형제나 자매가 익사하는 장면을 지켜볼 것이다. 사랑의 B는 물에 뛰어들어서 자신의 형제나 자매를 구하려고 할 것이다. 종종 B는 물에 빠져 죽겠지만 이타적 유전자는 살아남을 것이다(형제자매가 이타적 유전자를 가지고 있을 확률은 50%이고 본인과 형제자매가 사망할 확률은 10%다). 시간이 지나면 B가 보여준 사랑의 행동이 A의 이기적 행동보다 더 좋은 효과를 보일 것이다. 여기서 A형(形)이 다 죽고 B형이 정상(norm)이 되는 때가 중요하다. 이는 물론 이타적 유전자가 유전자 풀 안에서 정상이 되고 그 종의 모든 개체가 이타적 유전자를 가지게 되는 것을 의미한다. 여기에 바로 유전자의 '어리석음(stupidity)'이 있다. 이타적 유전자는 모든 개체가 다 가지고 있음에도 불구하고, 여전히 그 유전자로 인해서 자신의 친족을 비친족보다 잘 대해주는 경향을 보이게 된다. 만약에 우리의 이타성이 유전자 빈도에 대한 극단적인 합리성에 근거하고 있다면, 우리는 우리의 자식보다 번식 연령에 있는 불쌍한 타인에게 도움을 주는 것이 더 유리하다. 왜냐하면 타인도 나와 같은 이타적 유전자를 가지고 있을 것이 분명한데, 내가 도우면 그 유전자가 증식할 것이기 때문이다. 유전자 중심적인 시각에서 보면 우리가 가까운 친족을 더 사랑하는 경향이 남아있는 것은 비이성적인 일이다. 그러나 인간 중심적인 시각에서 보면 가까운 친족을 더 사랑하는 것, 그것이 바로 우리 자신이다.

다윈은 자연선택만으로는 식물과 동물의 형태와 행동을 모두 설명할 수 없다는 것을 깨달았다. 다윈이 성선택이라고 부른 또 다른 강력한 선택압을 통해서 이러한 일이 일어날 수 있다. 이는 다음 장에서 살펴보자.

성과 성선택

시간의 낫을 견딜 수 있는 것은 아무것도 없다. 자식을 남기는 것 이외에는…
셰익스피어, 『소네트』, 12

　유성생식을 하는 개체에게 짝짓기 상대를 찾는 것은 필수적인 일이다. 짝짓기, 즉 생식 세포의 결합을 통해서 유전자는 다음 세대로 전해질 수 있다. 짝짓기가 없다면 '불멸의 복제자'로서의 유전자는 더 이상 '불멸'이 아니다. 동물의 삶에서 성이 종종 비합리적일 정도로 필사적인, 매우 강력한 욕동이라는 것은 놀랄 일이 아니다. 기본적으로 성은 간단하다. 정자가 난자를 만나는 것이다. 그러나 이는 여러 가지 복잡한 형태의 행동 양상을 낳는다. 인간의 성을 이해하기 위해서 우선 동물의 성적 활동의 원인과 결과, 그리고 파급효과에 대한 기본적인 질문을 해야 할 것이다.

　우선 짝짓기 체계에 의한 성적 행동을 분류해보고, 몇 가지 용어를 소개하는 것으로 시작하려고 한다. 그러나 전체 집단의 추정적 행동보다는 각 개체의 전략에 초점을 두는 것이 더 나은 방법이다. 이러한 개별적 접근은 성이 협력이자 동시에 갈등이며, 각각의 성적 전략은 개체의 이익을 최대화하는 방향으로 발전한다는 것을 보여줄 것이다.

1. 짝짓기 행동: 체계와 전략

짝짓기 행동의 패턴을 분류하는 널리 공유된 방법은 아직 없다. 이는 하나의 범주는 하나의 짝짓기를 설명하는 데 사용된다는 사실에서 주로 기인한다. 대개 다음의 두 가지 범주를 사용하는데 하나는 짝짓기의 배타성(mating exclusivity), 다른 하나는 짝 결합 특징(pair bond characteristics)이다. 짝짓기의 배타성이란 한 성의 개체당 다른 성의 몇 개체가 짝을 이루는지에 대한 것이다. 짝 결합 특징이란 협력적인 양육을 위해서 개체간에 형성되는 사회적 '짝 결합'의 형태와 기간을 의미한다.

짝짓기 연구를 살펴보면 소위 '짝 결합'에는 성간 협력만큼이나 갈등이 만연하다는 것이 드러난다. 많은 종에서 짝 결합은 마지못해서 맺는 휴전(grudging truce)과 유사하게 일어난다. 이에 대해서 표 4.1에 정리해 두었다.

박물학자들은 짝짓기 체계를 정확하게 정의하고 분류하는 데 어려움을 겪고 있다. 이는 매우 중요한 문제이다. 어떤 한 종이 특정한 짝짓기 체계를 가진다고 간주해 버리는 것은 근본적인 문제를 내포하고 있다.

1) 짝짓기 체계라는 개념의 문제
짝짓기를 어떤 체계로 접근하는 것은 여러 가지 이유로 적당하지 않다.

- 성별 특이적인 라벨: 일부다처제의 경우, 암컷과 수컷은 같은 종임에도 불구하고 다르게 행동한다. 바다코끼리의 경우, 일부 수컷이 수많은 암컷과 교미하지만 반면에 암컷은 오직 한 수컷과 교미한다.
- 종 자체가 단일 범주로 묶여서 행동하지 않는다. 개체의 행동은 진화를 위

표 4.1 짝짓기 체계의 특성

체계	짝짓기의 배타성 및 짝 결합 특징	예
단혼제(monogamy)	오직 한 파트너와 짝을 짓는다. 사회적 단혼제(이성의 한 개체와 생활), 유전적 단혼제(실제로 DNA 증거에 의하면, 배타적으로 관계로 나돈다. 배조를 바꾼 많은 종은 사회적, 유전적으로 단혼제라고 여겨졌으나, 나중에 혼외관계를 가지며 유전적으로 단혼제를 유지하지 않는다는 사실이 밝혀졌다.	90% 이상의 조류가 사회적 단혼제를 유지하지만, 유전적 단혼제를 유지하는 조류는 드물다(10% 미만으로 추정된다. 포유류에서는 단혼제가 드물다(3% 수준). 선엽화 이전 인간사회의 19%가 단혼제를 유지했다.
다혼제(polygamy)	특정 성의 한 개체가 상대 성의 많은 개체와 관계한다. 아래의 두 가지 형태이 있다.	
다처제(Polygyny)	한 수컷이 여러 암컷과 짝짓기를 한다. 암컷은 오직 한 수컷과 짝을 짓는다.	포유류 대부분이 일부다처제를 보인다. 고릴라, 사자, 바다코끼리 등. 약 80%의 산업화 이전 인간 사회가 이를 허용했다.
다부제(Polyandry)	한 암컷이 여러 수컷과 짝짓기를 한다. 수컷은 오직 한 암컷과 짝을 짓는다.	인간 사회에서는 매우 드물다. 극소수의 사회에서 일처다부제가 보고되었다. 조류(갈라파고스 매, 노던 자카나 (northern jacana, 드물게 물뱀과의 한 종류), 영장류(마멋셋 marmosets), 곤충(중원 귀뚜라미 crickets, *Gryllus bimaculatus*)
다부다처제(Polygynandry) 혹은 난혼제(promiscuity)	안정적인 짝 결합이 존재하지 않는다. 암컷 다수가 수컷 다수와 짝을 짓는다. 난교제 혹은 난혼제(promiscuity)라는 말 이러한 행동을 잘 설명해주지만, 도덕적인 함의가 있으므로 생물학에서는 잘 사용하지 않는다.	침팬지, 일부 인간 사회(히피 공동체). 인류학자들은 '집단 혼인(group marriage)'이라는 말을 선호한다.

한 원재료이다. 자연선택은 개체 수준에 작용하며 성공적이지 못한 개체는 가차 없이 제거된다. 성공적인 개체만이 유전자를 다음 세대로 넘겨줄 수 있다. 행동을 이해하기 위해서는 그 행동이 개체의 번식에 어떤 기여를 하는지 알아보아야 한다.

- 같은 종, 같은 성별 속의 개체도 다른 전략을 취하고는 한다. 다형성 (polymorphism)이라고 부르는 현상은 혈액형이나 주근깨의 유무뿐 아니라 성적 전략에도 작용한다. 따라서 한 종의 유전자 풀 안에서 일부 유전자는 단혼제를, 그리고 다른 유전자는 다혼제를 지시할 수도 있다.

일부 동물행동학자들은 개체의 성과 그 수에 따라서 짝짓기를 촉진하는 사회적 형태를 기술하기 좋아한다. 표 4.2는 이를 보여주고 있다. 이에 따르면 고릴라의 짝짓기 행동은 단자다웅(uni-male, multi-female)이며, 하나의 수컷이 암컷의 하렘을 소유하는 일부다처제 집단을 이루며 산다. 또한 침팬지는 다자다웅(multi-male, multi-female)이며 암컷과 수컷 모두 복수의 성적 파트너를 가지는 짝짓기 패턴을 보인다고 할 수 있다.

표 4.2 네 가지 기본적 짝짓기 체계들

	단일 수컷	복수 수컷
단일 암컷	일부일처제	일처다부제
복수 암컷	일부다처제	난혼제

2. 성비: 피셔와 그 이후

1) 수컷은 왜 이렇게 많은가?

지구상 최초의 생명체는 무성생식을 하는 단세포 생물이었을 것이다. 최초로 유성생식을 한 유기체는 아마 체외 수정을 통해서 다른 생식 세포와 만나는 생식 세포를 만들어냈을 것이다. 이 최초의 생식 세포는 서로 크기가 같았을 것이다. 이른바 동형 배우자 생식(isogamy)이다. 그러나 오늘날에는 유성생식을 하는 유기체의 생식 세포는 암수에 따라 크기 차이가 확연하다. 수컷의 생식 세포는 작고 유동적이며 수가 많고, 암컷의 생식 세포는 크고 덜 유동적이며, 수가 적다. 이를 이형 배우자 생식(anisogamy)이라고 한다. 그림 4.1은 정자와 난자의 크기가 얼마나 차이 나는지 보여주고 있다.

파커는 이에 대해서 그럴듯한 설명을 제안했는데, 아마 최초로 유성생식을 한 종의 암컷과 수컷은 두 가지 전략 중 하나를 택할 수밖에 없었을 것이라는 주장이다(Parker et al. 1971). 하나는 제공자(provider), 다른 하나는 탐색자(seeker)의 전략이다. 이 전략은 한번 채택하면 안정적인 지속이 가능하다. 원시의 암컷은 세포 안에 영양소를 듬뿍 안고서, 수정이 되기만 하면 번식하는

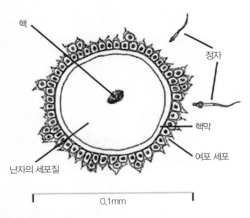

그림 4.1 수컷 정자와 암컷 난자의 상대적인 크기.

전략을 취했다. 반대로 원시의 수컷은 여러 개의 작은 세포를 만들어서 그중 하나라도 수정에 성공할 수 있도록 하는 전략을 취했다. 생명의 역사 초기에 수컷과 암컷은 각각의 전략에 고착되어 버렸다.

인간 이형생식의 수준은 전형적인 포유류의 수준과 대략 비슷하다. 인간 남성은 1회 사정할 때 약 2억 8천만 개의 정자를 배출하는데 이를 잘 나누면 미국 전체의 여성을 모두 임신시킬 수 있을 것이다. 게다가 초당 3,000개의 정자를 계속 만들어내고 있다(Baker and Bellis, 1995). 반대로 여성은 30~40년의 전 가임 기간 동안 400개의 난자를 생산할 뿐이다. 물론 정자를 나누는 것은 불가능하며, 단 한 번의 관계로 임신이 되는 일도 흔하지 않다. 그러나 남성의 긴 생식 기간 및 여성의 긴 임신 및 수유 기간을 감안해 보면, 한 남성이 여러 여성을 임신시킬 수 있도록 설계된 것이 분명하다.

그렇다면 다음과 같은 궁금증이 생기게 된다. 왜 자연은 이렇게 많은 수컷을 만들어낸 것일까? 암컷을 더 많이 만들고 수컷은 적게 만드는 것이 유리할 것 같은데, 실제로 그런 일은 일어나지 않는다. 모든 포유류에서 출생 시 성비 (sex ratio)는 대략 1:1이다. 일부다처제 짝짓기 체계는 낭비가 심한 것으로 보인다. 일부 수컷이 암컷 대부분을 수정시키기 때문에 다른 수컷은 전혀 번식에 참여하지 못하게 되기 때문이다. 진화적 관점에서 보면, 이들 수컷의 삶은 무의미하다. 이들을 낳은 부모도 헛수고한 것이다. 피셔가 이 난제에 도전했다.

2) 피셔의 주장

위의 질문에 대한 간단한 대답은 다음과 같다. 즉 난자는 모두 X염색체를 가지고 있음에 반해서, 정자는 X와 Y염색체를 동수로 가지고 있으므로 결과적으로 암컷과 수컷이 절반씩 나올 수밖에 없다는 것이다. 이는 모든 포유류와 조류에서 동일하다(단 조류는 XY가 암컷이고, XX가 수컷이다).

그러나 온전한 대답은 아니다. XY염색체 체계는 성을 결정하는 근연 기전이지만 일부에서 변이가 존재한다는 사실이 알려져 있다. 인간의 경우 임신 3개월 무렵 남녀 비는 1.2:1이다. 태반 내 사망률이 남아 배아에서 더 높으므로 출생 시에는 이 비율이 1.06:1로 떨어진다. 15~20세경에는 거의 1:1로 성비가 일치하게 된다. 따라서 근연 기전의 적응적 중요성을 설명해줄 만한 궁극 원인이 있으리라 예측할 수 있을 것이다. 가장 널리 받아들여지는 이론은 피셔가 『자연선택의 유전적 이론』에서 처음 제시했다(Fisher, 1930). 이 이론은 음성 피드백으로 설명할 수 있다. 우선 우리는 더 적은 수컷을 가질 경우, 종이 더 유리해진다는 식의 종 수준의 사고를 버려야 한다. 종에게 유리할 수는 있을 것이다. 그러나 선택은 종 수준에서 일어나지 않는다. 선택은 개체의 유전자 수준에서 일어난다. 집단 수준에서는 불필요한 유전자도 개체 수준에서는 충분히 의미 있을 수 있다.

암컷의 수를 더 늘리는 식의 돌연변이가 일어났다고 상정해 보자. XY 접합자의 수정이나 생존에 영향을 주는 유전자, 혹은 수컷이 생산하는 X 혹은 Y 생식 세포의 수를 조절하는 유전자 등을 생각할 수 있을 것이다. 이러한 유전자에 의해서 남녀 비가 1:2가 된 경우를 생각할 수 있다. 그리고 어떤 성별을 가진 자손을 낳을지 '결정'을 내려야 하는 부모의 입장(물론 진화적 시간을 통해서 가능성의 선택이라는 의미에서)을 고려해보자. 손주의 수를 감안하면 아들을 낳는 것이 유리하다. 왜냐하면 수컷이 암컷보다 두 배나 더 많은 수정을 할 수 있기 때문이다. 따라서 점차 수컷의 수를 늘리는 방향으로 진화하게 된다. 이제 오히려 수컷의 수가 증가하는 방향으로 나아가게 된다.

반대도 역시 성립한다. 만약 수컷의 수가 더 증가하게 되면 이제는 암컷, 즉 딸을 낳는 것이 더 유리해지게 된다.

이 주장의 논리는 다혼제 짝짓기를 하는 경우에도 역시 성립한다. 한 수컷이 열 개체의 암컷과 번식하는 경우를 생각해보자. 그럼에도 아들을 낳는 것은 여전히 포기할 수 없는 전략이다. 비록 10분의 1의 확률이지만, 성공하면 큰 번식상의 이득을 취할 수 있기 때문이다. 성공만 하면 아들은 딸을 낳는 것보다 열 배나 유리하게 된다. 성비가 1:1에서 벗어나는 인간 사회가 물론 있지만, 그 원인에는 또 다른 보다 어두운 요인[01]이 있다(상자 4.1 참조).

상자 4.1 사라져버린 아시아 여성들

아시아와 중동, 북아프리카의 여성과 소녀는 다른 지역의 여성이나 소녀에 비해서 더 많이 유기되고, 학대받으며, 죽는다. 그래서 이 지역의 성비는 강한 남성 편향성을 가진다. 이러한 사실의 원인과 결과, 그리고 진화적 관점에서 이 문제를 해결할 가능성을 살펴보도록 하겠다.

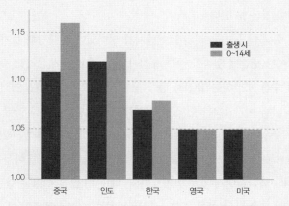

그림 4.2 영국 및 미국 대비 아시아 3개국의 성비. 출생 시 자연 성비는 대략 105~106 이다. 중국과 인도의 높은 성비는 선택적 임신 중절 혹은 다른 방법을 통해서 아기의 성을 인위적으로 조절했다는 것을 의미한다. 출생 이후 성비가 높아지는 것은 소녀가 소년보다 더 많이 유기되었다는 것을 의미한다. 출처: CIA world factbook, https://www.cia.gov/library/publications/the-world-factbook/fields/2018/html, accessed November 2014. By permission of CIA (2013). The World Factbook 2013-2014, Washington, DC, Central Intelligence Agency, https://www.cia.gov/library/publications/the-world-factbook/, accessed 2 February 2016.

---

01 영아 살해를 뜻함.

사실

성 편향성 낙태가 없는 사회에서 성비는 대략 105〜107수준(중간값은 105.9)[02]이다(CIA, 2010). 전 연령에서 소년은 보다 높은 사망률을 보이기 때문에(12장 3절 참조), 모든 연령을 포함한 성비(남성의 수/여성의 수)는 1.016으로 떨어진다. 남아 선호사상이 있는 사회와 남녀가 비슷하게 대우받는 국가의 성비를 비교한 연구에 의하면, 인도에서 대략 2,700〜3,900만 명, 그리고 중국에서 대략 3,400〜4,100만 명의 여아가 사라져 버렸다(Hesketh and Xing, 2006). 그림 4.2에 일부 국가의 성비를 그렸다. 출생 시 남성 편향의 성비를 보면, 여아에 대한 출생 신고 누락, 선택적 임신 중절 및 영아 살해의 수준을 짐작할 수 있다. 0〜14세 동안의 변화는 출산 이후의 소외 및 시간에 따른 성비의 변화를 의미한다.

원인

지역과 시간에 따른 성비의 변이는 지난 수십 년 동안 광범위한 연구가 시행된 분야다. 부성 연령이나 모성 연령, 출생 순서, 인종, 기후, 화학적 오염, 경제적 압박 등 다양한 요인이 작용하는 것으로 보인다(James, 1987; Rosenfeld and Roberts, 2004; Mathews and Hamilton, 2005). 질병도 성비에 강한 영향을 미치는 것으로 알려져 있다. B형 간염을 앓는 어머니의 성비는 대략 1.5에 이르고, 톡소플라스마 곤디(Toxoplasma gondii)에 감염되면 성비는 2.6까지 높아진다(Kankova et al., 2007). 그러나 아시아 국가의 높은 성비는 남아 선호와 여아 기피에 의한 것이다. 근연 기전은 성 편향적 낙태 및 여아 유기와 살해다. 1970년대 양수천자법의 개발과 1980년대 초음파 진단법의 보급을 통해 임신 중 성 감별이 가능해졌고, 성별에 따른 선택적인 임신중절이 가능해졌다(Hesketh and Xing, 2006). 남아가 여아보다 선호되는 이유로는 다음과 같은 것이 제시되었다.

1. 아들이 돈을 더 많이 번다.
2. 아들은 대를 이을 수 있는데, 딸은 시집가버리면 남편 가문의 사람이 된다.
3. 중국과 인도, 한국의 여러 지역은 완고한 부계성(patrilineality)과 부계거주성(patrilocality)을 보이는데, 이는 아들이 토지와 재산을 물려받고 부모 곁에 머무른다는 뜻이다.
4. 지참금 제도가 있는 사회에서 여아를 가진다는 것은 경제적 부담이 커진다는 것

---

02 남성 100명당 여성 숫자로 표기한 성비.

을 뜻한다.

5. 딸이 결혼 후 가족을 떠나면, 늙거나 병든 부모에 대한 봉양 의무가 사라진다.

진화적 관점

지금까지 여성에 대한 태아 살해 혹은 영아 살해, 방임의 근연적 원인에 대한 연구가 여럿 진행되었다. 독자는 1:1의 성비가 유지되는 기전에 대한 피셔의 강력한 가설을 알고 있으므로, 이러한 비율이 깨지는 현상을 적응적으로 설명하는 것이 과연 가능할지 의문스러울 것이다. 그동안 이 주제를 놓고 다양한 주장이 제기되었다. 예를 들어 1989년 메이너드 스미스가 제안한 가설에 따르면, 아들과 딸을 낳아 키우는 데 상이한 비용이 들 경우 1:1의 성비가 깨질 수 있다. 아들과 딸의 비용이 다르다면, 어머니 입장에서는 보다 값싼 성을 가진 자녀를 낳는 것이 유리할 것이다. 물론 더 비싼 성을 가진 개체가 드물어지면 역균형적 선택이 일어나겠지만, 여전히 전체적으로는 값싼 성을 가진 개체가 더 많은 상태를 유지할 것이다(Maynard Smith, 1989). 아시아에서 일어나는 성비 문제에 대해, 로버트 브룩스는 이와 비슷한 주장을 제기했다(Robert Brooks, 2011). 그는 몇 가지 접근 방법을 제시했는데, 그중 하나가 '국소적 자원 증진 가설(local resource enhancement hypothesis)'이다. 양육에 대한 기본적인 진화적 전제는 부모가 가장 큰 전체 적합도 이익을 주는 자녀에게 투자하려는 경향이 있다는 것이다. 유소성(philopatry, 거주지 근처에 머무르는 경향)을 보이는 성을 가진 자녀가 부모를 돕는다면(자원을 지키거나 미래의 동생을 돌보는 등), 해당 성이 선호될 것이다. 유소성을 보이지 않고, 부모는 자신을 떠나가는 성을 가진 자식을 더 적게 낳거나 차별할 것이다. 딸을 방임하는 현상은 이러한 가설로 잘 설명되지만(아들이 주로 부모와 같은 집에 계속 머무르기 때문에), 아들과 딸의 정확한 적합도 평가가 필요하다. 또한 이러한 궁극 원인은 생물학적 진화보다는 문화적 진화를 통해서 일어나는 것으로 보인다. 실제 성비의 관찰 가능한 변화를 유발하기 위해서 모체가 자신의 생물학적 형질을 선택적으로 변형할 가능성은 작기 때문이다. 대신 지역적 조건에 따른 동기 의존성 관습의 진화가 선택적인 태아 살해나 방임을 통해서 아들 편향의 성비를 만들어 낼 수 있을 것이다.

또 다른 가능성 있는 가설 중 하나가 트리버스-윌라드 효과다. 로버트 트리버스와 댄 윌라드는 수컷이 하렘을 유지하고 복수의 번식 기회를 보장하는 영토를 가지기 위해 공격적으로 경쟁하는 포유류의 경우 좋은 조건의 암컷은 아들을 많이 낳고 나쁜 조건의 암컷은 딸을 많이 낳는다고 주장했다.

좋은 조건의 어머니는 아들에게 자원을 몰아주어, 아들이 많은 짝을 만날 수 있도록 도울 수 있다. 그러나 나쁜 조건의 어머니는 충분히 경쟁력을 가진 아들을 가지기 어렵게 때문에, 아들을 낳으면 전혀 손주를 가지지 못할 위험이 있다. 대신 최소한의 손주를 보장하는 딸을 낳는 것이다(Trivers and Willard, 1973). 이러한 효과를 지지하는 다양한 포유류 대상의 연구가 발표되었지만, 인간 사회를 연구한 결과는 아직 명확하지 않다(Almond and Edlund, 2007 및 Keller et al., 2001 참조). 하지만 기본적으로 이 가설은 식민지 시대 초기의 인도에서 관찰된 여아 살해 현상을 잘 설명해준다. 여아 살해는 주로 가장 높은 카스트에서 광범위하게 일어났다. 심지어 현대 인도 사회에서도 부유함과 아들의 존재와는 상관관계가 관찰된다(Brooks, 2011).

이러한 전반적인 효과는 앙혼(hypergyny)에 의해서 촉진된다. 앙혼이란 여성이 더 부유하고 높은 사회적 지위를 가진 집안으로 시집가는 현상을 말한다. 이런 경우 부유한 집단의 여성은, 자신 위로 몇 층 안 되는 더욱 부유한 계층의 남성을 두고 극심한 경쟁을 벌이게 된다. 반면에 사회적 사다리의 가장 바닥에 있는 여성의 경우, 어떤 계층의 남성을 만나도 무관하다. 하지만 가난한 집안의 남성은 아내를 구하기가 쉽지 않다. 따라서 가난한 집안에서는 딸을 선호하고 부유한 집안에서는 아들을 선호할 수밖에 없다. 앞서 언급한 것처럼, 도시 지역의 지주 가문은 가난한 시골 가문에 비해서 보다 남성 편향의 성비를 가진다(George and Dahiya, 1998). 한 가지 문제점은 부유한 가족이 성 감별이나 임신 중절을 위한 의료적 접근도가 높다는 것이다(George, 2006).

결론

남성 편향성 성비는 결국 아내를 찾아 가족을 꾸미려는 남성들을 좌절시킬 수밖에 없다. 따라서 어떤 경우에는 지위와 자원을 향한 경쟁이 격화되어 남성 간의 폭력과 살인을 낳을지도 모른다. 실제로 인도와 중국에서 도박, 약물 남용, 여성 납치와 매춘 관행이 생긴다는 증거가 있다. 중국에서 1988년부터 2004년 사이에 증가한 재산 관련 범죄나 폭력 범죄 증가 현상의 약 6분의 1은 16~24세경 인구 집단의 남성 편향 성비에 의한 것이라는 연구도 있다(Edlund et al., 2013).

성비의 교정을 위한 방법

특정 지역의 여성 태아와 여아 살해, 방임 등은 경제적 상황이나 문화적 전통, 양육과 혼인 전략의 진화적 결과와 편향 등 다양한 요인에 의해 발생하는 비극적 결과다. 한가지 희망은 한국에서 찾을 수 있다. 1990년대 한국의 성비는 성 감별과 임신 중절 등의 여파로 인해 1.18까지 치솟았다. 한국 정부는 1987년 이러한 문제를 인식하고 자녀의 성을 선택하기 위한 임신 중절을 금지했다. 성 감별을 행하는 의사의 면허를 박탈했는데, 곧 효과가 나타났다. 이러한 강력한 조치는 대중 인식 캠페인('당신의 딸을 사랑하세요') 및 여성 고용의 확대, 여성의 법적 지위 향상, 노후를 위한 대비 독려(노년에 아들에게 경제적으로 의지할 필요가 없도록 하려는 목적) 등과 병행하여 진행되었다. 결과적으로 2007년 성비는 1.07까지 떨어졌다(Hesketh e tal., 2011). 캠페인의 효과로 인해, 비슷한 기간 동안 남아 선호사상을 가진 여성의 숫자가 점점 줄어들었다(그림 4.3).

그림 4.3 1985~2013년 한국의 성비 및 남아 선호사상의 감소. 1990~2013년 사이에 대중 인식 캠페인과 여성의 지위 향상에 힘입어 한국의 성비는 유럽 국가와 비슷한 수준으로 감소한 것으로 추정된다. 보건복지부에서 시행한 조사에 따르면 '남아 선호사상(must have a son)'은 점점 약해진 것으로 보인다. 출처: Chung and Gupta (2007), Figures 2 and 3, www.nationmaster.com/countryinfo/profiles/South-Korea/People/Sex-ratio (accessed 30 October 2014).

3. 성선택

1) 자연선택과 성선택 비교

자연선택에 대한 다윈의 생각은 주로 경쟁하는 개체에 비해서 먹이를 더 잘 구하고 포식자를 피하며 배우자를 얻는 신체적, 행동적 특징에 관한 것이었다. 수많은 우리 선조의 삶과 죽음을 통해서 우리의 특징은 성장, 생존, 번식에 적합하도록 최적화되어 왔다는 것이다. 자연은 어떤 사치스러움이나 무익함도

그림 4.4 벌새(*Sparthuro underwoodi*)의 성선택. 다윈은 『인간의 유래와 성선택』 제2판에 이와 같은 그림을 실었다. 수컷 벌새는 길고 장식이 화려한 꼬리를 가지고 있다. 다윈은 이렇게 자란 꼬리는 다른 수컷과의 짝 경쟁에서 유리하게 작용하리라 추정했다.

허용하지 않는다. 그러나 공작의 꼬리 깃털은 어떻게 설명할 수 있을까? 공작의 꼬리는 비행을 돕는 기능이 없다. 경쟁자와 싸우거나 혹은 포식자를 피하는 기능도 없다. 사실 공작의 주 포식자인 호랑이는 꼬리 깃털을 물어 당기는 데 매우 능숙하다. 아름다운 것은 사실이지만, 자연선택에 의해서 제거되었어야 마땅하다. 많은 동물(특히 수컷)은 형형색색의 장식을 하고 있는데, 대개는 분명한 기능이 없고 종종 역기능적이기도 하다. 이에 비하면 아무런 꼬리 장식이 없는 공작새 암컷이 더 잘 설계된 것으로 보아야 할 것이다. 언뜻 보면, 자연선택으로 동물의 행동을 설명하는 것은 문제가 있는 것처럼 보인다.

다윈 자신은 이러한 역설에 대해서 스스로 해답을 제시했다. 『인간의 유래와 성선택』(1871)에서 지금도 여전히 통용되는 유력한 설명을 내놓았다. 다윈은 자연선택의 힘이 성선택의 힘에 의해서 보완된다는 것을 깨달았는데, 개체가 다른 동성의 경쟁자보다 이성에게 더 매력적으로 보이는 특징을 가지는 것이 짝짓기 경쟁에서 유리할 것이라는 생각이었다. 즉 수컷 공작의 꼬리는 암컷 공작에게 기쁨을 주었기에 선택되었다는 것이다(그림 4.4).

성간 선택과 성내 선택

성선택은 이성 간 선택과 동성 내 선택 이 두 종류로 나눌 수 있다. 다혼제를 유지하는 종에서도 성비는 대개 1:1이다. 다시 말해서 암컷과 수컷은 거의

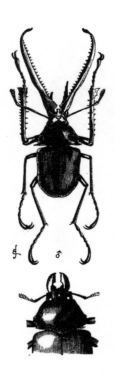

그림 4.5 그란티사슴벌레(*Chiasognathus Grantii*)의 성적 이형성. 수컷(위)은 긴 아래턱을 가지고 있으며 다른 수컷을 공격하거나 위협하는 데 사용한다. 암컷(아래)은 이러한 특징이 없다. 다윈은 이런 특징이 싸움을 위해서 선택되었음에도 불구하고 그러한 목적만으로는 너무 크다고 생각했다. 그는 '이것이 장식의 기능도 가지고 있을 것이라는 의심이 마음을 떠나지 않는다'고 하였다. 출처: Darwin, C. (1874) The Descent of Man and Selection in Relation of Sex. London, John Murray.

숫자가 같다. 일부다처제를 선호하는 상황이라면 수컷은 다른 수컷과 경쟁하여야만 한다. 한 수컷이 여러 암컷을 독점하기 때문에 암컷의 수는 늘 모자란다. 이를 동성 내 선택, 즉 성내 선택(intrasexual selection)이라고 한다. 동성 내 경쟁은 짝짓기 전에 이루어지기도 하고, 정자 경쟁(sperm competition)으로 일어나기도 한다. 반면에 많은 종에서 암컷은 양육에 엄청난 자원을 투자해야 하며 일생 혹은 번식기 동안 소수의 자손만 가질 수 있으므로 신중한 선택을 해야만 한다. 암컷을 유혹하려는 수컷은 늘 넘치지만, 자칫 잘못된 파트너를 만나면 그 피해는 암컷에게 고스란히 돌아간다. 이러한 상황에서 암컷은 최선의 수컷을 고르기 위해서 까다로워질 수밖에 없다. 이를 이성 간 선택, 즉 성간 선택(intersexual

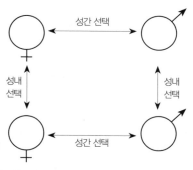

그림 4.6 이성 간 성선택과 동성 내 성선택

selection)이라고 한다.

그림 4.6은 이성 간 성선택과 동성 내 성선택을 구분해서 보여주고 있다. 이러한 개념은 인간의 성적 행동을 이해하고, 어떤 종류의 선택이 각 종의 생물상과 관련하여 일어나는지 파악하는 데 도움을 줄 것이다.

2) 성간 선택과 성내 선택의 방향 예측

수컷과 암컷 간의 성적 행동의 차이를 설명하는 중요한 아이디어는 영국의 유전학자 앵거스 베이트만에 의해서 처음 제시되었다. 그는 과일초파리 연구를 통해서 이른바 베이트만의 원리를 제시했다.

1. 수컷은 암컷보다 번식 성공률의 분산이 더 크다.
2. 수컷은 암컷보다 짝 숫자의 분산이 더 크다.
3. 수컷은 암컷보다 짝 숫자와 자손 숫자의 상관도가 더 높다. 즉 짝이 많을수록 더 많은 자손을 가지는 정도는 수컷에서 더 두드러진다.

초파리 연구에서 나온 결과를 일반화하는 것은 성급해 보이지만 포유류의 행동에서도 비슷한 현상이 성공적으로 확인되었다. 사실 이는 성선택 이론의 기본에서 시작한 것으로 성간 선택과 성내 선택에 대한 다윈의 주장이 가진 빈틈을 메꿔주었다.

대략적으로 말해서, 성적 파트너를 결정하는 요인은 양측의 결속과 투자가 어느 정도 수준인지에 따라서 결정된다. 수컷 뇌조는 암컷 뇌조와 조금이라도 비슷하게 생긴 물체라면, 바로 짝짓기를 하려고 한다. 그러나 수정과 임신, 그리고 이후의 양육에 필요한 투자에 대해서 잘 알고 있는 암컷 뇌조는 파트너를 정하는 데 신중할 수밖에 없다. 인간의 경우, 남성과 여성은 모두 신체적 아름다움에 민감하며 이는 모성 및 부성 투자의 정도와 밀접하게 관련되어 있다.

더 많은 투자를 해야 할수록 선택은 보다 더 신중해진다. 나쁜 결과(불임 혹은 건강하지 못한 개체)를 유발하는 선택은 가능한 한 피해야 한다. 이 모든 의사 결정은 이성 간 선택의 선택압을 유발한다. 성별에 따른 투자 정도의 차이가 심한 경우, 투자를 적게 하는 성별의 개체들은 반대 성별의 선택을 받기 위해서 치열한 경쟁을 벌이게 된다. 이러한 현상에 대해서 로버트 트리버스는 양육 투자 (parental investment)라는 개념으로 설명한다(Trivers, 1972).

양육 투자의 개념은 성선택, 짝짓기 행동과 양육 투자 간의 관계에 대해서 잘 설명해준다. 투자를 많이 하는 쪽은 잘못된 선택에 의해서 많은 것을 잃게 되기 때문에 보다 까다로운 태도를 취하게 된다. 트리버스는 이를 다음과 같이 정의했다.

> 특정한 자손에 대한 부모의 투자는 다른 자손에 대한 투자를 희생하여 이루어지는 것이다. 이를 통해서 그 특정한 자손에 대한 생존과 번식의 가능성을 높이게 된다(Trivers, 1972, p. 139).

이 정의를 이용해서 트리버스는 각 부모에게 이상적인 자손의 숫자가 다르다고 결론지었다. 많은 포유류 수컷은 암컷에 비해서 적은 투자를 하며, 단일 암컷이 낳을 수 있는 자손보다 더 많은 자손을 생산할 수 있는 잠재력을 가지고 있다. 수컷은 교미의 횟수를 늘리는 방식으로 번식 성공률을 증가시킬 수 있다. 반면에 암컷은 양보다 질을 더 중요하게 여긴다.

이 논리는 명백해 보이지만 실제로 증명하기는 쉽지 않다. '자손의 생존 가능성 증가'나 '부모의 비용'과 같은 것을 계산하는 것이 매우 어렵기 때문이다. 무엇보다도 더 많이 투자하는 성별이 어느 쪽인지 결론 내리는 것조차 쉬운 일이 아니다. 이 문제를 해결하기 위해서는 잠재적 번식률이라는 개념을 사용하여야 한다.

잠재적 번식률(potential reproductive rates): 인간 및 다른 동물

클루톤 블록과 빈센트는 잠재적 자손 생산율이라는 개념을 사용해서 동물의 번식 행동을 이해하는 데 큰 성과를 보았다(Clutton-Block and Vincent, 1991). 이를 통해서 양육 투자나 짝짓기 노력을 평가할 필요가 없어졌다. 이 개념은 이른바 '번식적 병목' 역할을 하는 성별이 어느 쪽인지 알 수 있도록 해준다. 인간의 예를 들어보면, 남성과 여성의 잠재적 번식률에는 큰 차이가 있다. 하렘은 고대 문명에서 매우 흔했지만, 여성이 남성을 번식용 종마 혹은 '노리개'로 거느리고 있었던 예는 없다. 생물학적으로 볼 때, 이는 어떤 의미일까?

한 남성이 낳은 자식의 숫자는 역사상 888명이 기록임에 반해서, 여성은 69명에 지나지 않는다. 이 남성은 1646년부터 1727년까지 재위한 모로코의 황제였다. 그는 '피에 굶주린 이스마일'이라는 별명을 가진 강력한 군주였다. 그리고 기록적인 출산을 한 여성은 1725년부터 65년 사이에 27번을 임신한 러시아 여인이었다. 많은 수가 쌍둥이 혹은 세쌍둥이였다. 대부분은 이스마일의 기록보다는 러시아 여인의 기록을 보고 더 놀란다. 물론 두 숫자는 모두 정확하게 확인된 것은 아니며, 약간의 논란이 있다(Einon, 1998; Gould, 2000).[03]

진화적 과거를 볼 때, 남성 대부분은 이스마엘과 같은 호사를 누리지는 못했을 것이다. 그러나 호모 사피엔스에게 있어서 번식상의 제한 요소(limiting factor)가 여성인 것은 확실하다. 이는 남성과 남성 간의 경쟁, 그리고 성간과 성내 선택(intrasexual selection and intersexual selection)을 통해서 인간의 정신에 영향을 주었을 것이다.

---

03 888이라는 숫자는 일반적인 아버지의 경우를 볼 때, 매우 이례적인 일이지만 불가능해 보이지는 않는다. 이스마일은 82세를 향유했는데, 가임 기간만 적어도 약 55년에 달했다. 스티븐 제이 굴드에 의하면, 정자가 6일까지 생존하였다고 가정하고 82세까지 생식력을 유지하였다고 보면 약 62년간 매일 1.2회의 관계를 유지하는 것으로 888명의 자식을 가질 수 있을 것이라고 계산했다.

유효 성비

잠재적인 번식률과 유효 성비(operational sex ratio, OSR)는 매우 가까운 개념이다. 포유류 대부분의 성비는 전체적으로 거의 비슷한 편이지만, 성적으로 활동적인 개체의 성비는 다를 수 있으며 지역에 따른 국소적인 성비 차이도 가능하다. 이는 유효 성비라는 다음과 같은 개념으로 정리할 수 있다.

유효 성비 = 임신 가능한 암컷/성적으로 활동적인 수컷

이 비율이 높아지면, 번식적 병목이 수컷에게 일어나서 암컷은 가용한 수컷을 두고 경쟁해야 한다. 반대의 경우에는 수컷이 소수 암컷의 관심을 끌기 위해서 경쟁해야 한다.

언뜻 생각하면 보통 암컷이 제한 자원(limiting resource)인 것처럼 보인다. 이렇게 생각해 보자. 만약 당신이 젊은 남성이라면, 이 책을 읽고 있는 동안 초당 3,000개의 정자를 생산하고 있을 것이다. 그러나 만약 당신이 젊은 여성이라면, 일생 동안 오직 400개의 난자를 공급할 수 있을 뿐이다. 더욱이 남성은 매일매일 다른 여성을 임신시킬 수 있으나, 여성은 1년에 한 번 정도만 가능하다. 하지만 이러한 식의 추론은 다음과 같은 맹점을 가지고 있다. 1년 동안 100명의 여성과 관계한 남성, 그리고 같은 기간 동안 100명의 남성과 관계한 여성을 생각해 보자. 아마 여성은 임신도 하고 아기도 낳을 수 있을 것이다. 그러나 남성의 경우는 다소 다르다. 정자는 여성의 생식기관에서 최대 6일을 생존할 수 있는데 월경 기간을 제외하면 26%의 확률로 임신이 가능하다(23일 중 6일). 또한 여성의 난소 주기의 70%만이 수정이 가능하며, 착상이 가능한 기간은 50%에 불과하다. 따라서 여성이 관계한 100명의 남성 중 실제로 임신이 가능한 시기에 관계한 남성은 9명에 불과하다(100×0.26×0.7×0.5). 여전히 여성이 제한 자원인 것은 사실이지만, 생식 세포의 숫자 차이만큼 큰 차이가 나

는 것은 아니다.

인간 사회처럼 남녀의 비율이 거의 같은 집단에서는 유효 성비(암컷/수컷)가 약 1:1보다 낮아지게 된다. 그런데도 성적으로 활동적인 개체의 수는 남성이 더 많다. 왜냐하면 남성의 가임 기간이 여성보다 길기 때문이다. 이는 남성의 높은 사망률에 의해서 약간은 보정될 수 있다.[04]

대부분의 문화에서 남성은 여성보다 경쟁적 구애에 더 많이 개입하고, 보다 위험한 행동을 추구하는 경향이 분명하게 나타난다. 성관계에 더 큰 비용을 지불하는 것도 남성인데, 이는 제한 자원의 공급을 늘리려는 방법으로 볼 수 있다.

일반화 모델(generalized model)

다윈과 베이트만, 트리버스, 파커의 주장을 두루 섞어서 이른바 '다윈-베이트만-트리버스-파커 패러다임(Darwin-Bateman-Trivers-Parker paradigm)'이라고 한다(Tang-Martinez, 2010). 그림 4.7을 보면, 수컷끼리는 경쟁하고 암컷은 선택하는 포유류에서 어떤 결과가 일어나는지 알 수 있을 것이다.

표 4.3은 각 성에서 성선택의 힘이 어떻게 달리 작용하는지에 대해 개괄하고 있다. 하지만 브라운 등은 이러한 결론이 너무 성급한 것이며, 복잡성의 다른 층위를 고려해야 한다고 주장한다(Brown et al., 2009). 공급이 달리는 쪽 개체는 더 까다로운 선택을 하는 경향이 있는데, 예를 들면 상대 성에 바라는 최소 요구 수준의 최저치가 올라가는 식이다. 그러나 높은 자질을 가진 짝이 흔

---

04 구텐탁과 세코드는 이러한 현상이 사회적 관습을 낳게 한 요인이라고 주장했다. 1965년부터 1970년까지 미국은 전후 베이비붐 현상으로 인해서 다소 연령이 많은 남성에 비해서 여성의 수가 과다 공급(oversupply)되는 현상이 발생했다. 이는 남성 간 경쟁을 줄여주고 여성 간 경쟁을 격화시켰다. 남성은 자신이 원하는 번식적 취향을 추구할 수 있었고, 특히 파트너의 숫자를 늘리는 것이 가능했다. 구텐탁과 세코드는 이로 인해서 성적인 자유주의의 확산과 낮은 부성 투자도, 성에 대한 유연한 태도 등이 유발되었다고 생각했다. 물론 성비 자체가 사회 변화를 위한 충분조건은 아니지만, 최소한 하나의 요인이 될 수는 있다고 강조했다(Guttentag and Secord, 1983).

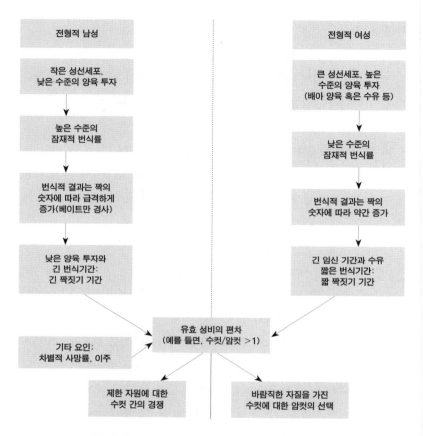

그림 4.7 성선택에 대한 다윈-베이트만-트리버스-파커 패러다임.

할 리 없으므로, 이는 또 다른 비용을 유발하게 된다. 이러한 트레이드오프 문제는 탐색 비용, 잠재적 짝을 조우하는 빈도, 짝 자질의 분산 등에 의해 좌우된다. 예를 들어 짝 자질의 분산값이 낮고 탐색 비용이 높다면, 완벽한 짝을 기다리는 것은 현명한 일이 아니다. 이러한 점을 고려하면 각 성의 까다로운 정도에 대한 일반적인 예측이 가능해진다(표 4.3). 인간의 짝 선택에 대한 더 자세한 내용은 13장에서 다룰 것이다.

표 4.3 성선택의 방향에 영향을 미치는 요인

암컷이 까다로워지는 경우	수컷이 까다로워지는 경우	양성이 모두 까다로워지는 경우	양성이 모두 까다로워지지 않는 경우
수컷 편향의 유효 성비 (M/F>1)	암컷 편향의 유효 성비 (M/F<1)	잦은 조우 가능성	낮은 개체군 밀도 및 낮은 조우 가능성
낮은 부성 양육 투자 (암컷의 번식 비용을 증가시킴)	높은 부성 양육 투자 (암컷의 번식 비용을 감소시킴)	양성의 높은 양육 투자	균형 유효 성비 (M/F=대략 1)
수컷 자질의 높은 분산도	암컷 자질의 높은 분산도	짝 자질의 높은 분산도	짝 자질의 낮은 분산도

4. 성선택의 결과

자연선택을 통해서 인간의 신체와 두뇌가 식량 획득 및 포식자 회피 능력, 질병에 대한 저항성 등을 가질 수 있었던 것처럼, 성선택도 우리의 몸과 성적 취향의 변화를 유발했다고 할 수 있다. 성선택의 기본적 개념을 다시 살펴보면서 인간의 성적 행동 패턴이 인간에게 전형적이라고 할 수 있을지 알아보자.

1) 신체 크기의 성적 이형성

다윈은 성간 선택이 무기, 방어 기관, 크기와 모양의 성적 차이, 경쟁자를 위협하거나 억지하는 모든 종류의 장치와 같은 특정 적응의 다양한 진화에 관여했다고 주장했다. 크기의 중요성은 바다표범에서 특히 두드러진다. 번식기가 되면 북방코끼리물범(northern elephant seals, *Mirounga angustirostiris*) 수컷은 서로에게 달려들어서 머리를 부딪치는 싸움을 벌인다. 이러한 싸움에서는 크기가 큰 개체가 절대 유리한데, 결과적으로 수컷은 암컷의 몇 배의 크기를 가지도록

진화하게 되었다.[05]

인간도 다양한 형질에서 성적 이형성을 보인다. 예를 들어 남성은 신체적 힘이 더 강하고, 얼굴과 몸에 털이 더 많다. 목소리가 더 굵고, 보다 늦게 성적 성숙에 도달하며 높은 유아 사망률을 보인다. 남성과 여성의 지방 분포도 역시 차이를 보인다. 여성은 엉덩이와 허벅지에 더 많은 지방이 축적되는 경향을 보인다. 물론 이는 평균적인 경향을 말하는 것이다. 인간의 성적 이형성의 상당 부분은 성선택에 의한 것으로 보인다. 이러한 차이가 인간의 짝짓기 행동에 미치는 영향에 대해서는 14, 15장에서 다시 다룰 것이다.

2) 교미 후 동성 내 경쟁: 정자 경쟁

언뜻 생각하면, 한번 교미가 일어나면 동성 내 경쟁은 중단되는 것처럼 보인다. 어떤 수컷이 경쟁에서 분명 이겼을 것이기 때문이다. 그러나 자연에는 이보다 더 놀라운 일이 일어난다. 일부 암컷은 여러 수컷과 관계를 한 뒤에 자신의 생식관에 정자를 저장한다. 따라서 두세 개체의 수컷이 그 안에서 다시 난자를 두고 경쟁을 벌여야 한다. 보통 제프 파커(Geoff Parker)와 로버트 나보르스(Robert Nabours), 외빈드 윙게(Ojvind Winge) 등이 이른바 정자 경쟁이라는 현상을 밝히고 연구한 학자로 여겨지고 있지만(Magurran, 2005), 가장 유력한 후보는 1917년부터 1919년 사이 코펜하겐의 칼스버그 연구실에서 구피의 정자 저장과 경쟁을 연구한 요하네스 슈미트다(Schmidt, 1920).

정자 경쟁이라는 개념은 사실 많은 동물의 해부학적 구조에서 미루어 짐작할 수 있다(인간은 제외). 수컷 곤충은 이미 암컷의 몸으로 들어간 정자를 무력화하거나 혹은 제거하기 위한 여러 가지 장치를 고안했다. 예를 들면 수컷 실

---

05 사실 코끼리물범은 모든 동물 중에서 가장 성적 이형성이 심한 축에 속하는데, 평균적인 수컷은 평균적인 암컷 크기의 세 배에 달한다. 강력한 경쟁으로 인해서 많은 수컷은, 교미를 한번도 해보지 못한 채, 성체에 이르지 못하고 사망한다.

잠자리(*Calopteryx maculate*)의 성기는 정자를 전달하는 기능 외에도, 성기의 끝에 있는 밖으로 향한 털이 경쟁 수컷의 정자를 밖으로 닦아내도록 진화했다.

많은 동물이 정자 경쟁을 위한 다른 방식의 전략을 진화시켰다. 수컷 가터뱀은 암컷과 교미하며 끈적한 분비물을 남겨 둔다. 이는 '교미 마개(copulatory plug)'라고 불리는데, 다른 수컷으로부터 암컷의 생식관을 봉하는 역할을 한다. 수컷 늑대의 성기는 사정 후에도 지속적으로 발기를 유지해서 수정 후 약 30분 후까지 암컷의 질에 꽉 긴 상태를 유지한다. 따라서 수컷과 암컷은 이러한 과정 동안 고통스럽게 서로 붙어있어야 한다. 하지만 이러한 기전은 다른 수컷이 끼어드는 것을 막아주는 기능을 한다.

정자 경쟁에서 암컷이 늘 수동적인 위치를 유지하는 것만은 아니다. 암컷은 자신의 안으로 정자가 들어올 때, 받아들일지 여부를 선택할 수 있다(Wirtz, 1997). 많은 암컷은 생식관을 따라 난자가 내려가 자리를 잡는 것, 즉 산란(oviposition) 후 수정을 위해 정자를 저장할 수 있다. 여성의 오르가슴은 정자를 질 경부에 유지하도록 돕기 위한 것이라는 가설도 제기되었다(Baker and Bellis, 1995). 랜디 손힐(Randy Thornhill)은 남성의 신체적 대칭성이 여성의 오르가슴 경험을 예측할 수 있는 인자인지 조사했다. 어떤 개체의 대칭성이 높다는 것은 그 개체의 유전적 적합도가 높고 좋은 면역 체계를 가졌다는 것을 의미한다(Thornhill et al., 1996). 오르가슴을 통해서 여성은 멋지고 바람직한 남성으로부터 정자를 확보할 수 있다. 즉 유전적으로 적합하고 질병을 옮기지 않는 남성의 정자가 자신의 난자와 잘 만날 수 있도록 돕는다는 것이다. 이런 면에서, 여성은 교미 이후에도 여전히 선택권(정자를 받아들일지 말지)을 가지고 있다(Baker and Bellis, 1995).

더 많은 정자가 나올수록 난자를 만날 가능성이 커진다. 5천만 마리의 정자는 2천5백만 마리의 정자보다 두 배 효과적인 것이다. 정자 경쟁이 치열한 종일수록 정자의 수가 많아지는 경향을 보인다. 정소의 크기로 가늠한 정자의 수를 비교하면 이러한 점이 확실해진다. 강한 정자 경쟁을 보이는 종일수록 정소의 크기가 커진다(13장 참조).

1995년, 베이커와 벨리스는 정자 경쟁의 가능성에 따라서 사정하는 정자의 수가 달라질 것이라는 가설을 세웠다(Baker and Bellis, 1995). 연구에 따르면 한 커플이 계속 함께 시간을 보낸 경우에는 속행하는 성관계에서 389×10^6의 정자가 사정되었다. 그러나 단지 5%의 시간만을 같이 보내는 경우에는 712×10^6의 정자가 사정되었다. 이는 파트너가 충실하지 않을 가능성에 대비해서, 경쟁하는 남성보다 많은 정자를 사정하려는 것으로 해석되었다. 그러나 이러한 연구 결과를 발표하자마자, 연구 방법상의 상당한 제한점과 윤리적 문제를 놓고 수없이 많은 이의가 제기되었다.

사정 후 성간 경쟁이라는 '정자 전쟁'에서 수컷은 다양한 전략을 구사한다. 많은 양의 정자를 생산하고, 경쟁자의 정자를 밀어내고, 교미 마개를 삽입하고 심지어는 경쟁자의 정자를 찾아내어 적극적으로 파괴하는 정자를 만들어낸다. 베이커와 벨리스는 마지막 전략에 대해서 '가미가제 정자 가설'이라고 하였는데, 실제로 인간을 포함한 많은 동물은 경쟁자의 정자를 무력화시키는 정자를 생산한다. 베이커와 벨리스는 사정 후 남는 기형 정자 숫자를 가지고 이러한 가설의 근거로 삼았다. 즉 이러한 기형의 정자 중 일부는 사실 경쟁자의 정자를 찾아내어 파괴하는 역할을 하고 있다는 주장이다. 그러나 하코트는 이에 대한 증거를 면밀히 분석해본 결과, 소위 가미가제 정자는 존재할 가능성이 전무하다고 결론지었다(Harcourt, 1991).

정자 경쟁은 정자의 크기나 유영 속도에 의해서도 좌우되는데, 이는 13장에서 다시 다룰 것이다. 하지만 정자 경쟁이 일어나기 한참 이전부터, 일단 암컷과 수컷은 서로에게 받아들여져야만 한다. 즉 정자 경쟁은 부수적인 과정이라고 할 수 있다. 이러한 '질 관리 과정'을 오랜 세월 동안 겪으면서 인간의 해부학적 구조 및 행동에 관련된 진화적 흔적이 남았다. 물론 현재의 우리도 이러한 과정을 여전히 반복하고 있다.

3) 좋은 유전자와 정직한 신호

다윈은 왜 암컷이 특정한 매력 형질을 추구하는지에 대해서 적응적인 설명을 하는 데 큰 곤란을 겪었다. 암컷 공작은 수컷 공작이 보다 더 긴 꼬리를 자랑하도록 강요하지만, 사실 기능적으로나 궁극적으로 긴 꼬리가 무슨 이득인지 설명하기는 어려웠다. 다윈주의가 우리에게 말하는 바와 같이, 아름다움이 유전자의 눈 안에 있는 것이라면 어떤 유전적 이득이 있기에 길고 화려한 꼬리가 더 아름답게 보이도록 한 것일까? 이 문제를 풀 수 있다면, 인간의 신체적 아름다움이 어디에 기반하는지 알아낼 수 있을 것이다. 이 어려운 질문에 대한 대답은 두 개로 나눌 수 있는데, 각각 '좋은 분별력(Good Sense)' 학파와 '좋은 취향(Good taste)' 학파라고 해보자(Cronin, 1991).

좋은 취향 학파는 1930년 피셔의 아이디어로 거슬러 올라간다. 꼬리 길이가 암컷에게 일단 매력적인 것으로 간주된 상황을 가정해 보자. 수컷의 종이나 성별의 표지, 그런 긴 꼬리를 가질 만한 좋은 건강, 먹이를 쫓거나 비행에 유리한 점 등 여러 가지 다양한 진화적 이유가 가능할 것이다. 피셔는 이러한 상황에서 '달음박질 효과(runaway effect)'가 발생한다고 주장했다. 가면 갈수록 긴 꼬리가 선택되는 것이다. 처음에는 집단 내 암컷의 취향이 임의적으로 표류한다. 그러다가 우연히 보다 많은 암컷이 긴 꼬리를 선호하게 된다. 한번 이러한 경향이 자리 잡으면 자기 강화에 의해서 점점 심화된다. 이런 흐름을 거부하는 암컷은 짧은 꼬리를 가진 수컷과 짝짓기를 하겠지만, 아마 다른 암컷에 비해 매력적이지 못한 아들을 낳을 가능성이 클 것이다. 이런 경향에 순응하는 암컷이 '섹시한 아들'을 낳고, 또한 자신과 비슷한 취향을 가진 딸을 낳을 것이다. 이로 인해서 수컷은 점점 더 긴 꼬리를 가지게 되고, 긴 꼬리의 비용이 암컷을 유혹하는 이득을 초과하기 직전까지 지속된다. 즉 암컷의 선택에

의해 추동되는 성선택은 자연선택에 의한 최적치를 초과하는 수준까지 확장될 수 있다.[06]

'좋은 분별력' 학파는 이와 다른 주장을 하는데 짝짓기하기 전에 상대가 주는 신호를 통해서 향후 파트너의 유전형의 질을 평가한다는 것이다.[07] 게다가 상대가 제공할 수 있는 자원의 수준에 기반을 둔 평가도 병행한다. 상대가 제공하는 자원의 양은 사실 일부 형질 자체의 우수성을 반영한다고 할 수도 있다. 이러한 주장은 현재 성선택 이론의 가장 유망한 질문이며 인간의 배우자 선택을 연구하는 데도 많이 응용된다(표 4.4).

'좋은 의미' 차원에서 이른바 좋은 유전자(good gene)라는 것은 일부다처제, 즉 하나의 수컷이 여러 암컷을 거느리는 일이 어떻게 일어날 수 있는지 잘 설

표 4.4　성간 경쟁의 기전

범주	기전
좋은 취향 (피셔의 달음박질 효과)	암컷의 초기 선호가 자기 강화된다. 달음박질 효과는 종종 너무 강화되어 역기능적(자연선택의 의미에서)이 되기도 한다. 대표적인 예가 공작의 꼬리.
좋은 분별력 (유전자와 자원)	한쪽의 성은 다른 쪽의 파트너로부터 게놈의 질에 대한 신호를 판단하려고 한다. 이러한 신호는 병원체로부터의 저항력이나 일반적인 대사 능력과 같은 것을 포함한다. 상대방에게 매력을 느낀다는 것은, 상대방이 현재 가진 자원뿐 아니라 미래의 가능성까지 포함한다.

06　이러한 기전이 작동하는 조건은 매우 복잡하지만, 진화생물학자들은 피셔의 달음박질 효과를 인정하고 있다. 이 모델에 의하면 긴 꼬리와 같은 형질을 선택한 개체는 사실 그 형질을 결정하는 유전자 세트를 선택한 것이지만, 그러한 유전자가 다른 장점을 가지고 있을 필요는 없다. 이런 점에서 각 개체가 매력적이라고 생각하는 것은 사실 임의적인 방향성에 의한 것이다. 피셔의 생각을 확장하여, 보다 최근에 제안된 이러한 주장을 '감각편향모델(Sensory Bias Model)'이라고 한다(Kirkpatrick and Ryan, 1991). 이 모델에 의하면 어떤 특정한 색의 음식을 좋아하는 동물의 성향 등은 다른 영역에도 영향을 미친다고 본다. 녹색 과일이나 적색 과일을 좋아하는 등의 취향은 녹색 수컷을 좋아하는지 적색 수컷을 좋아하는지에도 영향을 미치는 것이다.

07　암컷은 수컷의 형질을 보고 그가 좋은 자질을 가졌는지 판단한다는 것이다.

명해준다. 이런 시스템에서는 수컷은 거의 부성 투자를 하지 않으며, 많은 수컷은 전혀 파트너를 가지지 못한다. 수컷이 사실상 원하는 암컷 모두에게 유전자를 제공한다는 사실은 암컷에게 그리 중요하게 작용하지 않는다. 여기서 중요한 것은 암컷이, 수컷이 보여주는 소위 '정직한 신호(honest signal)'로부터 수컷의 유전자형의 질을 평가할 수 있다는 것이다. 이러한 관점에서 보면 크기, 신체 상태, 대칭성, 사회적 위치는 성적 파트너의 잠재성을 평가하는 정보로 작용한다.

유전적 능력의 신호로 작용할 수 있는 다양한 특징이 있다. 수컷과 암컷은 자신의 건강과 생식능력을 다양한 방식을 통해서 뽐내려고 노력한다. '네가 가지고 있는 것은 뽐내고, 가지지 못한 것은 숨겨라'라는 오래된 서양 속담이 있다. 이는 옷차림이나 화장품 등에서 잘 적용되는 원칙이다. 그러므로 정직한 신호와 부정직한 신호를 구분해야 할 필요성이 생기게 된다. 유전적 취약성을 숨기거나 허위 광고를 하는 것이 부정직한 신호에 속하는데, 인간을 제외한 동물에서는 흔하지 않은 일이다. 그러나 인간은 영리한 두뇌와 정교한 문화를 가지고 있으므로 자신에 대한 정직한 신호와 부정직한 신호를 모두 보내는 특징이 있다.

이와 관련하여 최근에 비싼 신호 이론(Costly Signaling Theory, CTS)이라는 유력한 가설이 제시되었다. 이 이론에 따르면 정직한 신호는 다음과 같은 두 가지 조건을 만족할 때, 비로소 상대방에게 받아들여진다.

* 신호는 반드시 특정 형질의 질과 직접적 관련이 있어야 한다. 보다 열등한 개체가 흉내 내는 것이 불가능하다면, 이를 시도하는 것은 자신의 열등감을 광고하는 것밖에 되지 않기 때문이다.
* 신호는 핸디캡(불리한 조건), 즉 신호를 보내는 자에게 비용을 유발하는 것이어야 한다. 이런 점에서 오직 우수한 개체만이 이러한 핸디캡을 이기고 광고할 수 있는 것이다.

미국에서 활동한 인류학자, 스미스와 블레이지 버드는 이 가설을 입증하기 위해서 호주 토레스 해협에 사는 미리암 원주민(The Meriam people)의 거북이 사냥에 대해서 조사했다(Smith and Bleige Bird, 2000). 미리암 원주민은 뉴기니에서 약 100마일 정도 떨어진 산호섬 머레이에 살고 있다. 다양한 축제 기간 동안 남성들은 춤과 사냥, 다이빙, 보트 경주 등을 하면서 경쟁한다. 축제 중의 하나는 장례와 관련되어 있는데, 많은 양의 거북이 고기가 필요하다. 이를 충당하기 위해서 거북이를 사냥하는데, 이 거북이 사냥 능력이 바로 비용이 들면서도 정직한 신호로 기능할 것으로 추정했다.

1. 사냥을 위해서는 작은 배를 타고 바다로 나가야 한다. 그리고 거북이가 많은 곳에 가서 작살을 들고 바다속으로 뛰어들어야 한다. 강인함과 민첩함이 필요할 뿐만 아니라 신체적으로 위험한 작업이다.
2. 이렇게 얻은 거북이는 공적 축제에서 공동으로 배분된다. 사실 사냥꾼은 고기를 전혀 얻지 못하는데, 이는 사냥 행위가 전부 비용으로 계산될 수 있다는 뜻이다.
3. 축제 동안 주민들은 누가 큰 거북이를 가져왔는지, 그리고 누가 작은 거북이, 혹은 전혀 가져오지 못했는지에 대해서 관심을 보인다.

간단히 말해서 큰 거북이를 가져와서 공동체에 증여할 수 있는 능력은 신체적 강인함과 정력 그리고 부를 광고하는 정직한 신호이다. 신체적으로 결함이 있거나 자원이 부족한 남성이 큰 거북이를 사냥하는 것은 거의 불가능하다. 실제로 거북이 사냥은 경제적 필요에 의한 것이 아니다. 너무 위험하기 때문에 공공의 축제를 위한 것이 아니면, 사냥은 잘 행해지지 않는다. 다시 말해서 젊은 남성이 그들의 우수함을 보여주기 위한 장치라는 것이다(Smith and Bleige Bird, 2000).

다윈이 성선택에 대한 자신의 주장을, 인간의 진화에 대한 책(『인간의 유래와 성선택』)에 함께 묶은 것은 아주 의미심장한 일이다. 이제 다음 장에서 우리 인간종의 진화에 대해 자세히 살펴보는 것이 좋겠다.

Evolution
and
Human Behaviour

3부

인류 진화 및 결과

Evolution
and
Human Behaviour

호미닌의 진화

즉, 기아와 죽음이라는 대자연의 전쟁을 겪어내며,
우리가 상상할 수 있는 가장 고귀한 대상,
이름하여 고등 동물이 나타나게 되었다.
조물주가 처음 숨결을 불어넣은 소수의 존재가
지구가 중력의 법칙에 따라 우주를 운행하는 동안,
아주 단순한 형태에서 시작하여 수많은 형태의
가장 아름답고도 경이로운 생명체들로 진화해 왔다는
생명관은 실로 장엄하고도 강력하다.
다윈, 1895b, p. 491

   이 장에서는 다윈이 '고등 동물(higher animal)'이라고 이름 붙인 인류의 진
화에 대해서 살펴볼 것이다. 호모 사피엔스를 정의하는 특징, 그리고 그동안의
적응 과정에 대해서 살펴보면 현생 인류에 대해서도 더 잘 이해할 수 있을 것
이다. 인류의 진화 과정은 아직 세부적인 부분이 수수께끼에 싸여 있지만, 대
략적인 과정은 이미 꽤 명확하게 밝혀졌다. 하지만 언제 새로운 화석이 발굴되
어, 모두를 놀라게 할지 모르는 일이다. 그러면 일단 명칭과 분류에 대해서 살
펴보자.

1. 계통분류학

   계통분류학(systematic)은 생명의 분기 및 각 유기체가 속한 범주 사이의 관
계를 다루는 학문이다. 분류군(分類群, taxon)은 분류 계통의 한 범주를 일컫

표 5.1	인간종의 전통적 분류학, 그리고 린네의 위계적 분류 원칙에 따른 자동차 분류학(가상)	
	인간	**자동차**
계	동물	기계
문	척삭동물	자가 동력
강	포유	사륜
목	영장	휘발유 엔진
하목	안스로포이드	외산 자동차
상과	호미노이드	쿠페
과	호미니드	볼보
속	호모	S60
종	호모 사피엔스	S60 GT

는다. 대략적인 얼개는 18세기 박물학자 칼 린네(Carl Linneus)가 도입한 방법을 따르고 있다. 각각의 범주를 속(genus)과 종(species)으로 나누어 부르는 방식이다. 예를 들어 호모 에렉투스(*Homo erectus*)와 호모 네안데르탈렌시스(*Homo neanderthalensis*)는 모두 호모속(genus Homo)에 속한다. 속 위에는 과(family)가 있다. 인간은 호미니드과(*Hominidae*)에 속하는데, 호미니드과에는 침팬지와 고릴라도 포함된다. 표 5.1에서 이러한 위계를 정리했다. 위로 올라갈수록 점점 더 많은 종을 포함하는 집단이다.[01] 예를 들어 동물계(the kingdom Animalia)는 지렁이부터 인간에 이르기까지 백만에 달하는 종을 포함하고 있다. 라틴어가 많이 나와서 좀 어지러울 것이다. 이러한 그룹 짓기가 실제 현실을 잘 반영하면 좋겠지만, 이 또한 사람이 고안한 체계에 불과하므로 너무 복잡하게 생각하

---

01 차례대로 호모노이드상과(Hominoidea, superfamily), 안스로포이드하목(Anthropoidea, infraorder), 영장목(Primate, order), 포유강(Mammalia, class), 척삭동물문(Chordata, phylum), 동물계(Animalia, kingdom)으로 올라간다.

지 않아도 좋다. 이해를 돕기 위해서 표 5.1에 자동차를 분류하는 방법에 대해 같이 정리하고 있다. 엔진 하위 체계에 있는 목록을 바꾸어도 상위 체계에는 영향을 미치지 못한다. 물론 이런 비유를 너무 심각하게 받아들이지 않았으면 좋겠다. 자동차가 서로 만나 번식하는 일은 없으니까.

1) 인류와 인류의 친척을 어떻게 분류할 것인가?

종을 분류할 때는 먼저 그 명확한 기준을 정해야만 한다. 18세기 린네가 분류법을 고안할 때는 진화적인 변화에 대한 고려는 없었으며, 단지 신체적인 유사성에 기반해서 종을 나누었다. 그러나 다윈은 어떤 종이 비슷한 것은 같은 조상을 공유하기 때문이며, 따라서 분류는 계통학에 의거해서 이루어져야 한다고 생각했다. 놀랍게도 분류 방식에 대한 이러한 논쟁은 아직도 현재진행형이다. 분류를 어떻게 할 것인지에 대한 세 학파가 있다. 표형학(Phenetics)과 분기학(Cladistics), 진화적 계통학(Evolutionary systematics). 표형학은 적응의 결과에 중점을 두고, 형태적, 해부학적 유사성에 따라 분류한다. 이 학파의 지지자들은 실제로 관찰 가능한 특징에 따라서 분류해야 한다고 주장한다. 반면에 분기학(그리스어로 klados는 '가지'라는 의미)에서는 유기체의 계통을 따라 종을 분류한다. 즉 공통된 선조로부터 어떻게 분기해 왔는지를 중요하게 생각한다(그림 5.1). 분기학적 접근은 1950년, 독일의 계통학자 빌리 헤니히(Willi Hennig)에 의해서 고안되었다. 분기학은 전통적인 분류학(taxonomy)에 비해서 몇 가지 장점을 가지고 있다. 분기점에 대해서 보다 주목하기 때문에, 형태학적 유사성에 보다 덜 의존하며 따라서 주관적인 해석이나 관점에 대해서 더 열린 입장을 견지할 수 있다. 보다 객관적인 체계이지만, 분기된 시점과 순서를 어떻게 추론할 것인지에 대한 어려움이 있다. 진화적 계통학은 이 두 가지 요소를 통합한 것이다.

이 책에서 우리는 분기학적 체계나 계통학적 체계를 인간과 다른 유인원의

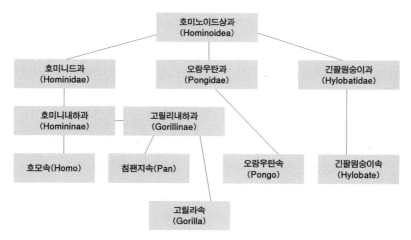

그림 5.1 분기학적 정보에 기초한 인간과 유인원의 분류. 이 그림에서 인간과 침팬지, 고릴라는 같은 과에 속한다(Hominidae). 인간은 호미니내하과(Hominidae)에 속하고 침팬지와 고릴라는 고릴리내하과(Gorilinae)에 속한다.

관계를 바라보는 가장 좋은 방법으로 간주했다. 따라서 다음과 같이 정리한다. '호미노이드'라는 용어는 인간, 침팬지, 고릴라, 오랑우탄, 긴팔원숭이 및 이들의 조상(약 2,500만 년 전까지)을 의미한다. '호미니드'라는 용어는 인간, 침팬지, 고릴라 및 이들의 조상(약 1,500만 년 전까지)을 의미한다. '호미닌'이라는 용어는 인간과 인간의 멸종한 선조(약 700만 년 전, 침팬지와 분기한 이후)를 의미한다. 이러한 분류가 모두에게 지지를 받는 것은 아니다. 일부는 침팬지와 인간을 호미니내하과에 같이 묶기도 하고, 일부는 침팬지와 인간이 모두 호모속에 속해야 한다고 주장한다.

표 5.1에서 알 수 있듯이 인간은 영장목에 속하며 영장류에는 200종이 넘는 현생 종이 있다는 것을 알 수 있다. 작은 것은 80그램에서 큰 것은 150kg까지 나간다. 영장류 대부분은 조숙성을 보이는데, 이는 상대적으로 성숙한 상태에서 출생하여 바로 어느 정도 독립할 수 있다는 뜻이다. 단 인간은 예외인

데, 만숙성(altriciality)을 보인다. 이는 출생 시에 매우 미숙하여 긴 기간의 양육과 보호가 필요하다는 뜻이다. 이러한 특징은 인간 진화에 아주 중요한 역할을 한 것으로 보인다. 호미닌이 진화하면서 이런 경향은 점점 심화되었다.

2. 호미닌의 기원

1) 종 분화와 지구의 역사

1871년, 다윈은 인류와 대형 유인원(Greater apes)의 공통 조상이 아프리카에서 진화했을 것이라고 예상하였다. 지질학과 기상학적인 재구성, 유전학과 화석학의 발견 등을 통해서 다윈의 추정은 옳았던 것으로 밝혀졌다. 아직 풀리지 않은 퍼즐 조각이 많지만, 영장류가 어떻게 진화했는지에 대해서 대략의 그림을 그릴 수는 있다. 표 5.2는 지구에서 생명의 역사에 대해서 개괄하였다.

2) 호미닌 종 분화

인간과 침팬지, 고릴라는 모두 아프리카에서 유래하며, 서로 공통점을 가지고 있다. 그러나 분명하게 다른 종이다. 종이라는 개념은 명백한 생물학적인 정의인데, 동일한 종에 속하는 유기체는 번식이 가능한 자손을 가질 수 있어야 한다. 당나귀나 말과 같이 가까운 종은 둘 사이에서 새끼를 가질 수 있지만 이렇게 낳은 새끼는 불임이다. 그러나 분명히 당나귀와 말은 최근에 공통의 선조를 공유했을 것이다(늑대와 말보다는 최근에). 번식 가능한 자손을 가질 수 있다는 측면에서 현생 인류는 모두 호모 사피엔스(현명한 인간이라는 뜻)라는 동일 종에 속한다.

시간이 지나면, 종 분화(speciation)에 의해서 하나의 종은 다른 종을 낳는다. 다윈은 이를 변환(transmutation)이라고 불렀다. 종 분화는 개체군이 섬이나 산과 같은 지리적 장벽 혹은 다른 시기에 번식하는 등의 시간적 장벽 등에 의해

표 5.2 생명의 연표[02]

대	세	연도	사건
신생대	홀로세	1859	다윈의 『종의 기원』
		2,600 BCE	기자의 대피라미드 건설.
		3,000 BCE	이집트와 서아시아에서 청동이 석기를 대체함.
		4,000 BCE	서유럽에서 농경 시작.
		7,000 BCE	신석기 시대 시작. 촌락에 거주. 식물을 경작하고 동물을 가축화.
	플라이스토세	10,300 BP	마지막 빙하기 종료.
		30,000 ~12,000 BP	호모 사피엔스가 북미대륙에 성공적으로 이주.
		30,000 BP	네안데르탈인 멸종.
		40,000 BP	호주에 호모 사피엔스 이동.
		70,000 BP	마지막 빙하기 시작.
		74,000 BP	인도네시아 수마트라의 토바 화산 대폭발. 6년 동안 이어진 핵 겨울(nuclear winter)로 인해서 호모 사피엔스의 인구가 2,000명까지 감소.
		90,000 BP	호모 사피엔스 아시아로 이동.
		200,000 BP	아프리카에서 호모 사피엔스 출현.
		1 million BP	호모 에렉투스 아프리카 밖으로 이동.
	플라이오세	1.8 million BP	호모 에렉투스 등장.
		2.3 million BP	호모 하빌리스의 석기 사용
		3.6 million BP	두발걷기(오스트랄로피테신)의 발자국 화석이 탄자니아, 라에톨리 지역의 화산재에 남음.
	마이오세	7 million BP	침팬지와 인간의 마지막 공통 조상이 아프리카에 거주.
		15 million BP	동부 아프리카가 동부 대지구대를 따라 아프리카의 다른 지역으로부터 고립 시작.
		35 million BP	신세계 원숭이의 선조가 남미에 도착.
		65 million BP	혜성이 지구에 충돌. 공룡이 멸종하고 포유류의 시대가 열림. 최초의 영장류 등장.
		100 million BP	쥐와 인간의 공통 선조가 등장.
		125 million BP	최초의 태반 포유류: *Eomania scansoria*. 현재 겨울잠쥐(dormouse)와 흡사.
		300 million BP	파충류 등장.
		480 million BP	최초의 턱뼈를 가진 물고기 등장.
		600 million BP	최초의 다핵 생물. 스폰지와 흡사.
		1,200 million BP	유성생식 시작.
		1,300 million BP	최초의 식물.
		1,600 million BP	청녹 광합성하는 조류 등장.
		3,900 million BP	지구상에서 생명이 등장.
		4,500 million BP	지구의 탄생.
		13,500 million BP	우주의 탄생.

1 대: Era
2 세: Epoch– (홀로세: 충적세, Holocene, 10,000 BP; 플라이스토세: 홍적세, Pleistocene, 175만 년 BP; 플라
   이오세: 선신세, Pliocene; 마이오세: 중신세, Miocene)
3 연도: 예수 시대 이전(Before Christian era, BCE) 혹은 현재부터 이전(before present, BP)

서 번식적으로 서로 단절될 때 일어난다. 점진적인 변이나 유전자 표류에 의해
서, 한때 동일한 종에 속했던 두 개체군 사이의 유전자 흐름이 중단되고, 장벽
이 제거된 후에도 유전자 흐름은 복원되지 않는다(그림 5.3).

　종 분화가 완전하게 이루어지기 전에는 이른바 아종 상태가 될 수 있다. 시
간이 지나면 아마 다른 종으로 표류가 일어날 것이다. 최근까지 네안데르탈인
과 호모 사피엔스가 완전히 다른 종인지 혹은 둘 간의 교배가 있었는지에 대
해 논쟁이 있었다. 네안데르탈인은 호모 플로레시엔시스(*Homo floresiensis*)를 제

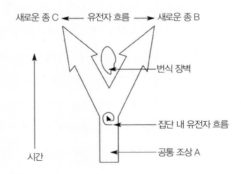

그림 5.2　번식 장벽에 의한 종 분화

02　2009년 7월 국제층서위원회에서 신생대 일부 시기를 조정했다. 과거에 175만 년 전부터 시작된 플라이
스토세는 258만 년 전으로 정정되었다. 정확하게 정리하면 마이오세는 230만 년 전부터 533만 2000년 전까
지, 플라이오세는 533만 년 전부터 258만 8천 년 전까지, 플라이스토세는 그 이후부터 11700년 전까지다. 원
서에는 2009년 이전 기준으로 표가 제시되어 있다. 참고로 신생대는 6600만 년 전부터 시작되며, 마이오세 이
전에 올리고세와 에오세, 팔레오세가 있었다. 이 셋을 묶어 팔레오기라고 한다. 플라이오세와 마이오세도 따로
묶어 네오기라고 한다. 홀로세와 플라이스토세는 신생대 제4기로 통칭한다. 최근에는 산업혁명 이후를 인류세
(Anthropocene)로 칭하자는 움직임이 있는데, 아직 공식적으로 인정받지는 못했다.

외하고는 멸종한 마지막 호미닌이다(5.3.2 참조). 그들은 약 30,000년 전까지 유럽에서 살았으며, 적어도 일부 기간은 호모 사피엔스와 공생했던 것으로 보인다. 최근 연구에 따르면 네안데르탈인은 현생 인류와 확실히 교배한 바 있는데, 비아프리카계 현생 인류가 약 100kb의 네안데르탈인 유전자를 가지고 있는 이유다. 연구에 따르면 네안데르탈인으로부터 물려받은 유전자에는 특히 케라틴 색소 형성과 관련된 유전자가 많은데 아마도 네안데르탈인과의 교배를 통해 비아프리카계 호모 사피엔스가 아프리카 밖의 환경에 적응하는 데 도움을 받았던 것으로 추정된다(Sankararaman et al., 2014).

3. 호미노이드상과의 계통학

1) 분기 순서와 시기

초기 호미닌은 모두 사라지고 지금은 오직 한 종만이 남았다. 바로 우리, 즉 호모 사피엔스이다. 그러나 대형 유인원 몇 종이 아직 남아있다. 우리가 그들과 얼마나 가까운지 그리고 언제 그들과 갈라졌는지 알아보자. 이를 위해서는 먼저 영장류 진화에 대한 계통수를 그려야 한다. 계통수를 그리는 방법은 두 가지가 있는데, 하나는 비교해부학적 방법이고 다른 하나는 분자생물학적 방법이다. 비교해부학에서는 기본적인 신체 구조에 의거해서 영장류의 유사성을 조사한다. 꼬리가 동그랗게 말려 올라간 여우원숭이보다는 인간이 침팬지와 더 비슷하게 생긴 것이 분명하다. 따라서 여우원숭이보다는 침팬지와 더 근연종이라고 가정하는 것이 합리적이다. '더 가깝게 연관'되었다는 것은 최근에 공통 조상을 공유했다는 뜻이다. 이런 방법을 이용하여 1943년 인간과 다른 네 종의 대형 유인원을 호미노이드상과(Hominoidae superfamily)로 분류하였다(그림 5.1). 아직도 유효한 분류이다. 그러나 이러한 형태학적 증거는 질적 분석이기 때문에, 호미노이드 간의 순서에 대해서 명백하게 결론 내리기가 어려웠다. 분자생물학적인 증거를 통해서, 이 분류군 내의 유전적 유사성에 대한 더 명확하고 확실한 정보를 얻을 수 있었다. 사실 형태적인 유사성은 유전적인 유사성의 산물이기 때문에, 분자생물학적인 해석이 편향을 줄일 수 있는 보다 근본적인 접근방법이다.

종 사이의 유전적 유사성은 DNA를 직접 비교하거나, 혹은 단백질의 구조를 비교하는 방식으로 이루어진다. 상이한 종 간의 DNA나 단백질의 유사성 정도를 평가하는 다양한 방법이 개발되어 있다. 단백질 간의 유사성은 항체 반응을 통해서 측정되거나, 해당하는 아미노산의 직접적인 시퀀싱을 통해서 이루어진다. 1960년대에 분자생물학적인 방법이 도입된 이후, 기존 비교해부학적 계통 분석을 지지하는 결과가 많이 발표되었다. 혈액 단백질의 아미노산 시퀀싱을 통해서, 인간의 혈액 단백질이 침팬지와 동일하고, 긴팔원숭이와는 약간 다르며, 구세계원숭이와는 상당히 다르다는 것이 밝혀졌다.

분자적 비교는 유망한 방법이지만, 어려움도 많다. 화석 증거를 통해 보정된 분자시계에 의거하여 호미노이드의 계통수를 그릴 수 있다. 그림 5.3은 다양한 연구에서 확인된 데이터를 취합해서 보여주고 있다.

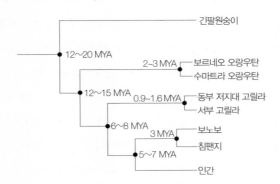

그림 5.3 대형 유인원의 계통수. MYA는 백만 년 전(millions of years ago)의 줄임말. 출처: Friday (1992) and Robson and Wood (2008) 등.

그림 5.3은 중요한 사실을 보여준다. 첫째, 침팬지가 인간의 가장 가까운 친척이라는 것이다. 사실 침팬지는 고릴라보다는 우리와 더 가깝다. 침팬지와 인간의 DNA 차이는 고작 1.6%에 지나지 않는다. 즉 98.4%의 DNA는 동일하다. 예를 들어, 침팬지의 헤모글로빈은 인간의 헤모글로빈과 287개 아미노산이 모두 동일하다. 헤모글로빈만 보면 우리는 침팬지라고 할 수 있다. 그러나 1.6%의 차이에 대해서 보다 주목할 필요가 있다. DNA정보는 선형적으로 코딩되지 않기 때문에, 1.6%의 차이는 심대한 변화를 일으킬 수 있다. DNA의 작은 변화는 측정한 형질의 발달 시점에 영향을 주는 방식으로 형태의 엄청난 변화를 유발할 수 있다. 인간과 침팬지의 가장 명백한 차이는 바로 대뇌의 크기이다. 수백만 년 전의 인류의 조상도 현생 침팬지보다 더 큰 뇌를 가지고 있었다. 또한 DNA는 네 개의 염기가 선형으로 이어진 구조이므로, 사실 어떤 종과(이를테면 수선화와 민달팽이) 비교해도 25%는 동일할 수밖에 없다.

2) 초기 호미닌

최초의 인간 화석은 1856년, 뒤셀도르프 근처의 네안데르 계곡에서 발견되었다. 발견된 화석은 곧 네안데르탈인으로 이름 붙여졌다. 이 화석이 호모 사피엔스의 조상일 것으로 추정되었는데, 최근 분자생물학적 증거에 의하면 인간의 조상이라기보다는 사촌에 가까운 것으로 보인다. 호모속으로부터 약 500,000년 전에 갈라졌고, 약 35,000년 전에 멸종했다(표 5.3).

1920년대, 최초의 호미닌 화석이 아프리카에서 발견되었다. 1925년, 레이먼드 다트(Raymond Dart)가 오스트랄로피테쿠스 아프리카누스(*Australopithecus africanus*)를 처음으로 발견했다. 그는 남아프리카 타웅 지역의 동굴에서 발견된 이 화석에 타웅아이(Taung child)라는 이름을 붙였다. 뇌는 약 410cc 정도로 작았지만, 대공(foramen magnum)의 위치로 보아 두발걷기를 한 것으로 추정되었다. 그러나 이러한 다트 교수의 입장이 받아들여지는 데는 약 20년이 걸렸다. 기존의 입장은 큰 뇌의 진화가 두발걷기에 선행해서 일어났다는 것이었다. 그리고 아시아가 인류의 요람이라는 널리 퍼진 선입관도 있었다.

더 오래된 호미닌을 도널드 요한슨(Donald Johanson)과 톰 그레이(Tom Gray)가 발견한 것은 1974년 11월 24일이었다. 발견을 축하하는 저녁, 캠프에서 비틀즈의 인기곡 '루시 인 더 스카이 위드 다이아몬드(Lucy in the sky with Diamonds)'가 흘러나오고 있었다. 화석의 이름은 '루시'로 붙여졌고, 가장 유명한 초기 호미닌 표본이 되었다. 오스트랄로피테쿠스 아파렌시스(*A. afarensis*)의 뇌 크기는 약 400cc였고, 종종 현생 고릴라나 침팬지와 비슷한 크기로 언급되고는 한다. 하지만 초기 오스트랄로피테신의 뇌는 현생 고릴라보다 작았다. 오스트랄로피테쿠스 아파렌시스와 공존하던 시기, 즉 300만 년 전 고릴라 선조의 뇌도 현재보다 작았다. 말하자면 뇌의 팽창은 오스트랄로피테쿠스 아파렌시스 시기부터 시작되었다.

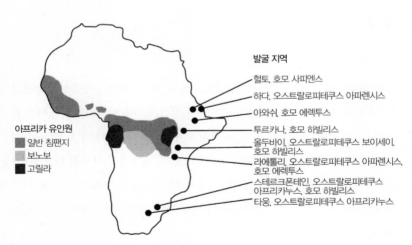

발굴 지역

헐토, 호모 사피엔스
하다, 오스트랄로피테쿠스 아파렌시스
아와쉬, 호모 에렉투스
투르카나, 호모 하빌리스
올두바이, 오스트랄로피테쿠스 보이세이, 호모 하빌리스
라에톨리, 오스트랄로피테쿠스 아파렌시스, 호모 에렉투스
스테르크폰테인, 오스트랄로피테쿠스 아프리카누스, 호모 하빌리스
타웅, 오스트랄로피테쿠스 아프리카누스

아프리카 유인원
일반 침팬지
보노보
고릴라

그림 5.4 아프리카 유인원의 분포와 초기 호미닌의 발견 장소

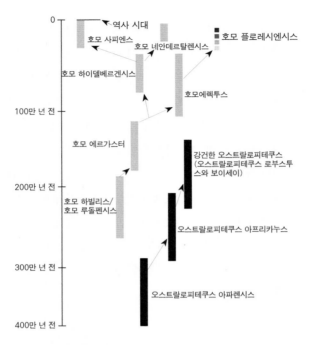

그림 5.5 초기 호미닌의 시간대별 차트. 정확한 족보는 아직 불명확하며, 논쟁이 진행 중이다.

1920년 이후, 수많은 화석이 발굴되었고 호미닌의 족보를 추측하기에 충분한 양이 모였다. 그림 5.4는 초기 호미닌의 발견 위치와 아프리카 유인원의 분포를 함께 보여주고 있다. 표 5.3과 5.4는 이를 요약해서 보여주고 있고, 그림 5.5은 가장 유력한 분기 순서를 제시하고 있다. 표 5.3에 제시된 EQ(지능 측정 방법의 한 가지)에 대해서는 다음 장에서 다시 설명할 것이다. 새로운 발견과 이를 지지하는 발견이 누적되어가며 이러한 개략적인 족보가 점점 확고해지고 있다.

표 5.3 초기 호미닌의 데이터

종	시기	평균 뇌 용적 (cc)	EQ[01]	분포	일반명	체구: 신장과 체중		성적 이형성[02]
						남	여	
오스트랄로피테쿠스 아파렌시스	4.0~2.9 mya	380~450	2.3	동아프리카 (에티오피아)	루시(Lucy)	1.51 / 44.6	1.05 / 29.3	1.52
오스트랄로피테쿠스 아프리카누스	4.0~2.9 mya	457	2.7	동아프리카 및 남아프리카	타웅 아이 프리스 부인 (Mrs Ples)	1.38 / 40.8	1.15 / 30.2	1.35
호모 날레디	2.5mya 추정, 아직 정확한 연대는 미상	560(남), 465(여)	2.8	2015년 요하네스버그 북서쪽 30마일 지역 라이징 스타 동굴군에서 몇 개체 발견	.		1.5 / 45	.
호모 하빌리스	2.3~1.6 mya	552	3.3	남아프리카 및 동아프리카 (탄자니아, 케냐)	핸디맨 (Handyman)	1.57 / 37	1.25 / 31.5	1.17
호모 에르가스터	2.0~0.5mya	854	3.5	.	나리오토코메 소년(the Nariokotome boy)	63	52	1.21
호모 에렉투스	1.8 mya~300,000 ya	1,016	4.1	아프리카, 아시아, 유럽	자바 원인(Java man), 베이징 원인(Peking man)	1.8 / 63	1.55 / 52	1.20
호모 네안데르탈렌시스	150,000 ya~30,000ya	1,512	5.7	유럽, 아시아, 중동	네안데르탈인	1.7 / 73.7	1.6 / 56.1	1.31
호모 플로레시엔시스	?~13,000 ya	380	2.5~4.6	플로레스섬, 동부 인도네시아	호빗(Hobbit)	? / ?	1.06 / 16~28.7	?
호모 하이델베르겐시스	500,000~250,000	1,198	4.6	아프리카, 유럽	복스글로브 맨 (boxgrove man)	1.8 / 62	? / ?	?
호모 사피엔스 (평균값)	200,000~현재	1,198	5.4	아프리카, 아시아, 신세계	크로마뇽인, 서유럽	1.64 / 60.9	1.54 / 50	1.21

출처: Collard(2002) and McHenry(1991), 호모 플로레시엔시스에 대해서는 Brown, P. et al. (2004), 호모 날레디에 대해서는 Berger et al.(2015).

주
01 용적/0.058 × 체중$^{0.76}$
02 체중의 성적 이형성 (남/여)

화석을 명명하는 것은 늘 많은 논쟁과 이견을 불러오고는 한다. 화석이 속한 종을 확인하는 것은 쉬운 일이 아닌데, 발견되는 화석들은 조각에 불과한 경우가 흔하기 때문이다. 더욱이 화석을 가지고는 '번식을 통해서 생식력이 있는 자손을 가진다'는 종의 일반적인 기준을 적용하는 것이 불가능하다. 따라서 가능한 한 종으로 많은 표본을 묶으려는 분파(lumper)와 작은 차이로 새로운 종을 규정하려는 분파(splitter) 간의 논쟁이 있다. 예를 들어 아프리카에 사는 호모 에렉투스는 호모 에르가스터로 분류해야 한다는 주장이 있는데 이 주장은 아마도 성공한 듯하다. 조지아에서 발견된 호모 에렉투스를 호모 조지쿠스라고 불러야 한다는 주장도 있다.

표 5.4 일부 호미닌의 특징

종	시대	특징
초기 호미닌		
아르디피테쿠스 라미두스 *Ardipithecus ramidus*	5.5~ 4.4 mya	가장 원시적인 형태의 호미닌. 1994년 에티오피아에서 발견. 일부 조각만 발견되었으며, 두발걷기를 했을 것으로 추정됨. 그러나 당시 환경은 축축한 숲이었을 것으로 추정.
오스트랄로피테신		
오스트랄로피테쿠스 아파렌시스 *Australopithecus afarensis*	3.7~ 2.9 mya	에티오피아와 탄자니아에서 발견. 유인원과 비슷한 뇌의 용적. 확실한 두발걷기의 증거. 1974년 도널드 요한슨이 하다르 지역에서 루시를 발견. 발자국 화석에서 두발걷기의 증거를 확인. 상당한 정도의 성적 이형성을 보임. 손 발가락이 굽어 있는 것으로 보아, 나무 위에서도 상당히 생활했을 것으로 추정됨.
오스트랄로피테쿠스 아프리카누스 *Australopithecus africanus*	3.5~ 2.5 mya	호미닌이 아프리카에서 유래한다는 것을 밝힌 화석. 1924년 남아프리카공화국의 타웅 지역에서 레이먼드 다트 교수가 발견. 침팬지나 오스트랄로피테쿠스 아파렌시스보다 작은 견치를 가진 것으로 보아 어금니로 식물을 갈아서 먹었을 것으로 추정. 두발걷기를 했으나, 나무타기도 잘했을 것으로 보임. 뇌내 주형(Brain endocast)으로 보아 브로카 영역은 없었을 것으로 보이며, 언어능력은 취약했을 것으로 추정됨. 오스트랄로피테쿠스 아파렌시스와 오스트랄로피테쿠스 아프리카누스는 연약한 오스트랄로피테신으로 분류되는데, 가볍고 가는 체구를 가지고 있음.
강건한 오스트랄로피테신		

오스트랄로피테쿠스 로부스투스 (Australopithecus robustus) 오스트랄로피테쿠스 보이세이 (Australopithecus boisei)	2.3~ 1.0 mya	각각 남아프리카와 동아프리카에 살던 매우 유사한 종. 식물성 음식을 먹는 데 적합한 큰 어금니(리키는 한 개체에 '호두까기 인간'이라는 이름을 붙인 바 있음)를 가지고 있음. 멸종되기 전 다른 호모속과 공존했다는 점이 주목. 일부 고인류학자는 오스트랄로피테쿠스대신 파란스로푸스(Paranthropus)로 분류하고 있음.

이행형

호모 하빌리스 (손쓴사람) Homo habilis 호모 루돌펜시스 Homo rudolfensis	2.3~1.7 mya	오스트랄로피테신과 동시대에 살았으나, 보다 큰 뇌와 작은 치아를 가지고 있었음. 호모 하빌리스는 1964년, 루이스 리키가 처음으로 발견. 탄자니아와 투르카나 호수 연안에서 발견. 도구를 만든 최초의 호미닌으로 간주됨. 그러나 일부에서는 오스트랄로피테신과 다른 종인지에 대한 논란이 있으며, 호모 하빌리스와 호모 루돌펜시스를 하나의 종으로 보는 의견도 있음. 뇌내 주형에서는 브로카 영역이 다소 튀어나온 것으로 보여, 언어가 시작되었을 것으로 추정하고 있음.

고 호모속(Archaic Homo species)

호모 에렉투스(곧선사람, 직립원인) Homo erectus 호모 에르가스터 Homo ergaster	1.9~ 0.10 mya	주로 아시아 지역에서 많이 발견됨. 1891년 자바에서 첫 발견. 남아프리카와 탄자니아, 케냐, 이탈리아, 독일, 인도, 중국 등 넓은 지역에서 발견되고 있음. 가장 오래된 화석은 동부 아프리카에서 출토되었으며, 아프리카를 나와 구세계 전역에 걸쳐서 지역적으로 상이한 인구 집단을 만들어 진화했을 것으로 추정됨. 아시아에서 나온 화석은 호모 에렉투스로, 그리고 아프리카와 조지아에서 나온 화석은 호모 에르가스터로 부르는 경향이 있음. 일부는 호모 에렉투스의 분포와 고고학적 증거로 보아 다른 동물을 잡아먹었을 것으로 추정하고 있음. 약 260만 년 전. 올두바이 협곡에서 규암과 화산암으로 도구를 제작한 것으로 확인. 아슐리안 손도끼는 그 정교함으로 보아, 정신능력을 시사하는 것으로 추정됨. 아프리카를 벗어난 최초의 호미닌. 불을 사용하고 체계적인 사냥을 한 최초의 증거. 육류 의존도가 높아졌고, 약취나 수렵을 통해서 얻었을 것으로 추정. 뇌의 크기와 골반의 크기로 보아, 유아는 보다 긴 기간 동안 양육을 받아야 했을 것으로 보임.
옛 호모 사피엔스(옛 슬기사람) 혹은 호모 하이델베르겐시스 Archaic Homo sapiens or Homo heidelbergensis	0.60 mya ~250,000 ya	옛 호모 사피엔스는 호모 사피엔스와 네안데르탈인(Homo sapiens neanderthalensis)으로 분기한 초기 인류로 간주되었음. 그러나 최근 증거에 따르면 네안데르탈인은 별도의 종(Homo neanderthalensis)로 추정되어 더 이상 이런 용어를 사용하지는 않음. 대신 호모 하이델베르겐시스라는 말로 통칭한다. 아프리카와 유럽에서 발견되며, 손도끼 기술과 관련된 뇌의 발달이 두드러짐.
호모 네안데르탈렌시스 Homo neanderthalensis	200,000~ 30,000 ya	1856년 네안데르 계곡에서 뼈 일부가 발견된 이후, 명명됨. 현재까지 서유럽부터 우즈베키스탄에 이르는 영역에서 70개 이상의 발굴지, 그리고 275표본 이상의 화석이 출토. 뇌가 크고, 뼈가 두꺼우며 건강한 몸을 하고 있었기 때문에, 한랭한 기후에 적응했던 것으로 보임. 불과 석기를 사용하고 매장 풍습이 있었음. 현생 호모 사피엔스와 동 시대에 거주했으며, 두 종간의 교차 교배에 대해서는 논란이 있음. 미토콘드리아 DNA 증거를 통해서 보면, 그렇지 않을 것으로 추정.[03] 호모 사피엔스와는 약 600,000년 전에 분기함.

호모 플로레시엔시스 *Homo floresiensis*	?~ 15,000 ya	가장 최근에 발견된 종이며, 인도네시아 플로레스섬의 리앙 부아 지역 동굴에서 발굴된 여성의 화석으로부터 확인함. 2004년에 명명되었으며, 호모 에렉투스(자바 원인)의 난쟁이 후손으로 추정됨. 약 1미터 정도의 작은 키와 작은 뇌(350cc)를 가지고 있음. 호미닌 중 가장 작은 종.
현생 인류		
호모 사피엔스 (슬기사람) *Homo sapiens*	약 15만 년 전부터 현재까지	현생 인류는 약 15만 년 전에 아프리카에서 처음 나타났다. '아웃 오브 아프리카' 가설에 의하면, 인류는 아프리카를 나와 유럽과 아시아에 각각 100,000년 전과 60,000년 전에 도착했다. 신세계에는 약 12,000년 전에 도착했다. 대뇌화가 고도로 진행되었고, 정교한 문화와 기술을 가지고 있다. 성인의 뇌 용적은 1,350cc에 달한다. 일반적인 영장류였다면, 신생아의 뇌 용적은 725cc에 달했을 것이다. 그러나 실제로는 385cc에 불과한데, 이는 인간의 뇌가 출생 이후에 급속하게 성장한다는 것을 의미한다.

4. 호모 사피엔스의 우월성

1) 아웃오브아프리카 혹은 다지역기원설

약 200만 년 전부터 5만 년 전 사이에 여러 종의 호미닌, 즉 호모 에렉투스, 호모 하이델베르겐시스, 호모 사피엔스가 아프리카를 벗어나 유럽과 아시아로 퍼져나갔다. 그러나 30,000년 전에는 이러한 분기학적 다양성이 사라지고 (아마도 호모 플로레시엔시스를 제외하면) 오직 호모 사피엔스만 살아남아서 동아시아, 동남아시아, 아프리카, 유럽 등으로 퍼져나갔다. 그리고 나중에는 미대륙까지 건너갔다. 이를 설명하기 위해서 여러 가설이 제시되었는데, 다양한 종 분화 모델, 대체 모델 및 유전적 혼합(상호 교배) 등이다. 여러 주장이 복잡하게 있지만, 정리하면 두 가지로 나눌 수 있다. 하나는 '아웃오브아프리카 가설(Out of Africa hypothesis)', 즉 호모 사피엔스의 단일한 종이 아프리카에서 기원하여 모든 다른 호모종을 대체했다는 것이다(Stringer and Andrews, 1988). 다른 하나는 '다지역기원설(multiregional model)'인데, 다양한 지역에 살던 호모 에렉투

---

03 최근에는 유전자 교환이 일어났을 것으로 추정하고 있음.

스가 모두 호모 사피엔스로 각각 진화해 나갔다는 것이다(Wolpoff et al., 1984). 다지역기원설의 변형으로 아프리카에서 유래한 호모 사피엔스가 비록 가장 유력했지만, 다른 지역의 호모 종과 유전적 교배를 이루면서 인구 집단이 섞였다는 주장도 있다.

한 가지 흥미로운 증거는 아웃오브아프리카 가설을 강하게 지지하고 있다. 두 인구 집단의 지리적 거리 및 분자적, 유전적 차이에 대한 연구인데, 이를 통해서 단일한 기원을 가진 집단이 세계에 퍼져나간 시간의 단위를 추정할 수 있다. 서로 떨어진 지역에 사는 인구 집단은 서로 분리된 시간만큼만 각각 독립된 유전적 변화가 일어났을 것이다. 미토콘드리아 DNA를 사용한 증거에 의하면 사하라 이남에 위치한 인구 집단에서 가장 큰 다양성이 관찰된다(그림 5.6).

스테판 오펜하이머는 최근의 유전적 증거를 정리하면서 현생 인류는 홍해 근처의 단일한 루트를 따라서 아프리카를 떠났을 것으로 결론지었다(Stephen

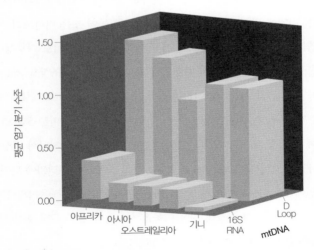

그림 5.6 지역에 따른 분기적 다양성. Y축은 두 미토콘드리아 DNA 대립유전자 다양성 즉, 동일 인구 집단 내에서 각 DNA 염기가 서로 분기한 정도의 평균값을 나타낸다(D loop는 가장 변이가 심한 부분이고, 16S 영역은 가장 변이가 적은 부분). 데이터에 의하면 아프리카 집단이 가장 높은 수준의 다양성을 보여주는데, 이는 아웃오브아프리카 가설을 지지하는 증거다. 출처: Cann et al., 1987.

Oppenheimer, 2012). 이른바 밥 엘-만델(Bob el-Mandeb) 해협을 72,000년 전에 건넜다는 것이다(그림 5.7). 유전적 변이를 통해 아프리카를 떠난 인구 집단의 크기를 계산할 수 있다. 범위가 넓기는 하지만, 대략 1,000명에서 20,000명 사이의 출산 가능 인구를 포함하는 총 50,000명 수준의 인구로 추정된다. 이러한 '유전적 병목(genetic bottleneck)'의 원인 중 하나는 약 73,000년(±4,000년) 전에 일어난 토바 화산의 폭발이다. 지금까지 있었던 가장 큰 화산 폭발 중 하나다. 폭발에 의한 화산 겨울이 6~10년 동안 지속되었는데, 포유류의 많은 개체 집단이 심각한 수준으로 쪼그라들었다(Williams et al., 2009, 그림 5.7).

아프리카를 떠나 디아스포라한 호모 사피엔스 집단에 대해서는 아는 것보다 모르는 것이 더 많다. 심지어 토바 화산의 폭발이 호모 사피엔스의 엑소더스에 선행하는지 혹은 뒤에 일어난 일인지도 확실하지 않다. 그러나 유전적 증거에 의하면 이 집단은 아프리카인이 가진 유전적 다양성의 작은 부분만을 반영하고 있다. 상당히 작은 규모였을 것이라는 뜻이다. 이는 아프리카를 제외한, 지구 전 지역에 창시자 효과를 일으켰다. 예를 들어 모든 비아프리카계 원주민의 Y염색체에는 M168이라고 알려진 단일 뉴클레오타이드 다형성(single nucleotide polymorphism, SNP)이 관찰된다. 이 SNP를 가진 조상을 거슬러 올라가면, 이른바 '유라시아 아담'이라는 공통 조상에 도달한다(모든 인류 남성의 조상을 뜻하는 'Y염색체 아담'과는 다른 개념이다). 유라시아 아담은 아마도 5만 년 전에 아프리카에 살았을 것으로 보인다. 그의 후손은 홍해 어귀를 지나서 행성 전체에 퍼져 나갔을 것이다(Underhill et al., 2001). 물론 일부는 아프리카에 남았는데, 아프리카인에게도 M168 변이가 발견된다. 호모 사피엔스의 작은 집단만이 이동했다는 사실은 집단간 경쟁에 의한 이동을 시사한다. 물론 토바 화산 대폭발에 의한 기후 변화도 원인 중 하나였을 것이다.

아메리카 대륙은 비교적 최근에야 인간의 발길이 닿았다. 아마도 시베리아에 살던 작은 집단이 베링기아 대륙을 거쳐서 알래스카로 이동했을 것이다. 약

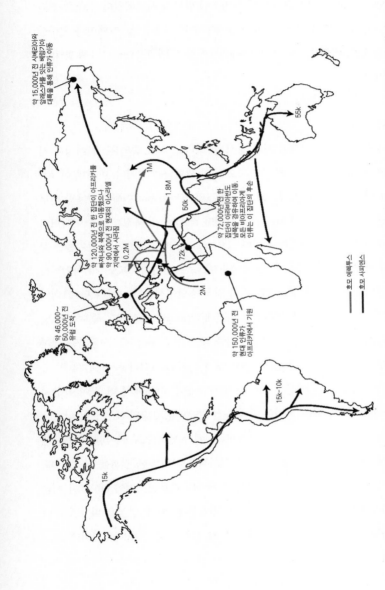

그림 5.7 호모 에렉투스와 호모 사피엔스의 아프리카 밖으로의 이동. 약 2백만 년 전에 호모 에렉투스는 아프리카를 떠나 구세계(인도, 중국, 자바, 스페인) 등에 이동한 것으로 보인다. 약 10만 년 전에 호모 사피엔스는 15만 년 전에 아프리카에서 나타났다. 약 10만 년 전에 아프리카를 처음 떠났는데, 중동 지역까지 이동했지만 긴 년 전에 사라졌다. 이후 한 번 혹은 두 번의 이동이 있었는데 약 72,000년 전이었다. 이들은 세계의 거의 모든 지역으로 이동했다. 출처: Harcourt (2012); and Oppenheimer (2012), Figure 1.

15,000년 전 북미 빙하가 녹으면서 본격적인 남하가 시작되었다. 최초의 집단은 아주 작았을 것으로 보이는데(아마도 100명 수준으로 추정), 아메리카 원주민의 유전적 변이가 아주 작은 이유다(예를 들어 아메리카 원주민에게는 B형 혈액형을 가진 사람이 거의 없다).

2) 여성 족외혼

호모 사피엔스의 특징적인 생활 방식 중 하나는 바로 족외혼, 즉 여성이 자신의 집을 떠나 남성 배우자의 주거지로 옮겨 생활하는 것이다. 이러한 현상은 현대에도 여전히 유지되고 있는데, 미토콘드리아 DNA(mtDNA)를 사용한 연구에 따르면 수천 년 이상 지속된 것으로 보인다. mtDNA의 특징은 바로 어머니로부터 딸로만 전해 내려간다는 것이다(그림 5.8). 그러나 mtDNA의 변이율은 상염색체의 변이율과 비슷하다. 상염색체와 미토콘드리아의 DNA에서 확인되는 모든 변이의 80~85%가 평균적인 지역 인구 집단에서 모두 관찰된다. 그러나 Y염색체 DNA의 변이는 각 지역 인구 집단에서 36%만 발견된다. 즉 여성은 남성보다 더 많이 이동했다는 의미이다. 집을 떠나 이웃 부족으로 시집가는 것이 수백 세대 반복되며 DNA를 전 지구적으로 확산시킨 것이다(Pennisi, 2001).

최근 연구에 의하면 여성의 이동은 비채집 농경 사회에서 더 많이 관찰되며, 수렵채집 사회에서는 분명하지 않다. 이는 아마도 땅의 소유권이 남성을 통해 내려가기 때문으로 보인다. 수렵채집인에게 땅의 소유권이란 개념은 존재하지 않는다(Marlowe, 2004). 따라서 지역적으로 다양한 결과를 낳게 된다. 예를 들어 퍼 하게와 제프 마크는 태평양 제도의 미토콘드리아 DNA 이동 속도가 Y염색체 이동보다 느렸다는 연구를 발표한 바 있다. 남성은 바다를 건너 널리 퍼졌지만, 여성은 고향 인근에 머물러 있었기 때문이라는 것이다(Hage and Marck, 2003).

3) 미토콘드리아 이브 가설

미토콘드리아 이브 개념은 대중에게 잘 알려져 있지만, 사실 많은 오해를 받고 있다. 일단 mtDNA가 무엇인지 살펴보자. 미토콘드리아는 세포 내 소기관으로 주로 에너지 대사를 담당한다. 세포 하나에는 수백 개의 미토콘드리아가 있는데, 다음과 같은 특징이 있어서 인간 진화를 연구하는 데 아주 유용하다.

* 미토콘드리아는 자체적인 게놈을 가지고 있다. 약 16,500염기쌍으로 이루어진 원형 DNA이다(핵 DNA는 30억 쌍이다). 각각의 미토콘드리아에 이 게놈의 여러 복제가 있다.
* 미토콘드리아 DNA는 37개의 유전자를 코딩하며, 핵 DNA보다 변이율이 10배 빠르다. 그리고 DNA는 반수체로 존재한다(즉 오직 한 복제만 있다).
* mtDNA는 오직 모계를 통해서만 내려간다. 왜냐하면 어머니의 난자는 25,000개의 미토콘드리아를 가지고 있지만, 정자의 미토콘드리아는 난자로 들어가지 못하기 때문이다(몇 개 있는 정자의 미토콘드리아는 정자의 운동을 위해 쓰이고 버려진다(그림 5.8).
* mtDNA는 성적 재조합을 통해서 섞이지 않는다. 따라서 DNA의 다양성이 증폭되며, 인구 집단의 병목 현상을 가늠할 수 있게 해준다. 언제 가계가

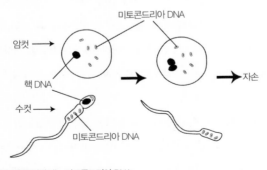

그림 5.8 오직 모체로부터만 전달되는 미토콘드리아 DNA

갈라졌는지, mtDNA 내의 정크 DNA 변이율을 통해 짐작할 수 있다(정크 DNA는 자연선택에 의해 영향을 받지 않는다).

미토콘드리아 이브 가설은 1980년대에 처음 제안되었다(Cann et al. 1987). 147명의 현대인 미토콘드리아를 조사하여, 모든 사람의 mtDNA가 약 20만 년 전, 아프리카에 살았던 한 여성에서 시작되었다는 결론을 내렸다. 미토콘드리아 이브라는 이름은 금세 유명해졌고, 다음과 같은 여러 오해를 낳았다. 미토콘드리아 이브는 그 당시에 살던 유일한 여성이었다든가, 혹은 현재 살고 있는 모든 사람은 그 여성의 자손이라는 등의 잘못된 이해이다. 물론 당신의 mtDNA는 당신 어머니에게서 시작했다. 그리고 당신 어머니의 mtDNA도 외할머니에게서 유래했다. 그런 식으로 계속 거슬러 올라갈 수 있을 것이다. 그리고 결국 한 명의 공통 조상으로 귀결될 것이다. 그러나 그렇다고 해서 단 한 명의 사람이 모두의 조상이라는 것은 아니다. 현대인은 무수하게 많은 조상을 공유하고 있다. 20만 년 전에도 많은 여성이 있었지만, 이브만이 지금까지 '모계로' 이어진 끊어지지 않은 족보를 가지고 있다는 말이다. 다른 여성들도 많은 자손을 가지고 있었고, 이들은 모계와 부계를 거쳐 가면서 현재까지 이어졌다.

사실 이 연구가 발표된 후에 학계에서는 논쟁이 좀 있었다. 예를 들면 147명의 대상 중에서 오직 두 명만이 사하라 남쪽 아프리카인이라는 등의 한계점이 있다는 것이다. 곧 더 정교하게 설계된 연구가 재현되었다. 보다 긴 mtDNA 조각을 사용했고, 아프리카인을 더 많이 포함했다. 하지만 비슷한 결과를 얻었는데, 아프리카 미토콘드리아 이브는 약 172,000년에서 50,000년 사이에 살았다는 결론이 나왔다(Ingman et al. 2000).

최근의 연구에 의하면, mtDNA의 변이는 낮은 편으로 침팬지나 고릴라의 mtDNA 변이율의 십 분의 일에 지나지 않는다. 따라서 지구상에서 서로 가장 다른 두 사람이라도 mtDNA의 차이는 서아프리카의 한 숲에 사는 저지대 고릴라 두 마리의 mtDNA 차이보다 작다(Ruvolo et al.). 이렇게 낮은 변이율은 과거 어느 때인가 인류의 조상이 병목 상황에 부닥친 일이 있었다는 것을 시사한다. 또한 아프리카인은 mtDNA의 변이율이 가장 높다. 이는 이들이 가장 오래된 인구 집단이라는 것을 의미한다. 아직 분기를 어떻게 설정하고, 데이터를 어떻게 해석해야 하는지 모호한 부분이 있다. 하지만 증거를 종합하면 미토콘드리아 이브는 약 200,000년 전, 즉 호모 사피엔스가 다른 대륙으로 이동하기 이전에 아프리카에 살았던 것으로 보인다.

결론적으로 말해서, 화석 증거나 유전적 증거를 종합하면 호모 사피엔스는 약 15만 년 전 아프리카에서 일어난 종 분화의 결과로 나타난 것으로 추정된다. 앞으로 확인해야 할 사실은 호모 사피엔스가 구세계의 다른 종을 완전히 대체하고, 기존의 종은 멸종한 것인지 혹은 그들 사이의 유전적 교배가 있었는지에 대한 것이다. 교배율이 아주 낮았다면 정확하게 확인하기는 어려운 문제지만, 비아프리카 호모 사피엔스와 호모 네안데르탈렌시스 사이의 교배가 있었다는 강력한 증거가 이미 제기되고 있다.

5. 호미닌 진화와 체구 변화

1) 절대적인 체구

비인간 영장류를 포함한 많은 포유류는 인간보다 작다. 포유류는 진화해가면서 체구를 증가시키는 방향으로 진화해왔다. 약 4,000만 년 전, 에오세에 살았던 말의 조상은 조그마한 개의 크기밖에 되지 않았다. 이러한 현상은 비록 보편적인 것은 아니지만, 대략의 경향을 가지고 있다. 이를 코프의 법칙(Cope's law)이라고 한다. 초기 호미닌의 체구를 측정하는 것이 쉬운 일은 아니지만, 대략 다음과 같이 정리할 수 있다. 초기 오스트랄로피테신, 즉 오스트랄로피테쿠스 아프리카누스는 18kg에서 43kg 정도로 작았다. 호모 하빌리스에서 호모 에렉투스로 진화하면서 체중이 늘었다. 네안데르탈인의 체구는 현대인보다 더 컸다. 호모 사피엔스의 키와 체중은(신석기 혁명 이후, 건강과 섭식에 의한 문화적인 효과를 무시하면) 지난 80,000년 전부터 조금씩 감소해왔다. 앞서 언급한 것처럼, 호모 플로레시엔시스는 이러한 전반적 경향에서 벗어난 예외다. 섬에 고립된 경우처럼 포식자가 없는 때에는 크기가 작아지기도 한다.

점진적인 체구 증가의 원인을 밝히는 것은 쉬운 일이 아니다. 숲에서 나와 보다 평평한 거주지로 이동하면서 체구에 대한 제한요소가 사라진 것일 수도 있고, 개활지에서 거주하게 된 초기 호미닌이 포식자와 경쟁하기 위해서 그랬을 수도 있다(Foley, 1987). 이유야 어찌 되었든 이는 생태학적으로나 진화적으로 큰 영향을 미쳤다. 가장 중요한 효과 중 하나는, 바로 다음과 같이 잘 알려진 방정식으로 설명할 수 있다.

$$M = KW^{0.75}$$
[M = 대사율, W = 체중, K = 특정 상수]

호미닌의 크기가 커지면서 섭취해야 하는 총 열량은 늘었지만, 단위 무게당 필요한 열량의 양은 줄었다. 실제로 쥐는 하루에 거의 자기 체중의 절반에 해당하는 먹이를 먹고, 하루 대부분의 시간을 먹이를 찾으면서 보낸다. 그러나 인간은 고작 체중의 12분의 1만 먹을 뿐이고, 따라서 남는 시간에 진화에 관련된 책을 읽을 수 있는 것이다. 물론 절대적인 필요 식량의 양이 늘었기 때문에, 거주 영역도 늘어났다. 그러나 이러한 변화는 필연적인 것은 아니다. 고릴라도 역시 크기가 커졌지만, 낮은 열량의 식물을 많이 먹는 식으로 적응했다. 식물성 먹이를 소화하기 위해서는 긴 소화기관이 필요한데, 소와 같은 초식동물에서도 비슷한 적응이 관찰된다. 그러나 침팬지와 인간은 고열량의 잡식성 섭식을 선택했고, 따라서 보다 현명한 수렵채집 전략이 필요했다.

체구의 증가는 생태학적 요인에 의한 반응이었지만, 이는 복잡한 되먹임 기전을 통해서 다양한 효과를 낳았다. 앞서 언급한 것처럼, 크기가 증가하면 절대적인 대사 비용이 늘어난다. 따라서 수렵채집의 반경이 늘어난다. 큰 동물은 체적에 비해서 상대적으로 표면적이 좁으므로 열대 지역에서는 과열에 따른 문제가 발생하게 된다. 따라서 물에 대한 의존성이 높아진다. 호미니드가 직립보행을 선택하게 된 것은 이에 대한 반응인데, 직립보행은 태양광에 대한 노출이 줄어들기 때문이다. 체모의 감소도 역시 체온 조절에 도움을 주었다. 큰 동물일수록 성적 성숙이 늦어지는데, 따라서 자손을 낳거나 키우는 데 비용과 시간이 많이 소모된다. 결과적으로 호미닌은 K선택을 하게 되었다(8장 참조). 양육과 보호를 위해 친족집단이나 더 큰 사회적 집단을 형성했다(Foley, 1987).

3) 성적 이형성

조산으로 인한 양육 부담의 증가는 단일 남성 위주의 오스트랄로피테신 집단과는 다른 형태의 사회적 조직을 진화시켰다. 뇌의 크기가 커지면서 영아는 부모의 양육에 더 의존해야만 했다. 여성은 남성으로부터 양육 부담을 끌어낼 전략을 진화시켰다. 일부일처제에 더 가까운 짝짓기 경향이 진화했고, 많은 여성을 거느리기는 어려워졌다. 오스트랄로피테신은 남성이 여성보다 약 50% 정도 더 큰 체구를 가지고 있었다. 이러한 성적 이형성은 동성 내 선택(intrasexual selection)에 의해서 선택되었을 것이다(4장 참조). 즉 다른 남성을 압도하는 남성이 여럿의 여성을 거느리는 것이다. 호모 사피엔스에 이르러서는 성적 이형성이 15~20% 정도로 줄어들었다. 이는 일부다처제가 점차 일부일처제로 변했다는 의미이다(그림 5.9). 여성은 배란 은폐를 통해서 남성의 보호와 식량 공급을 보장받았다. 지속적인 성적 수용성과 낮은 임신 확률로 인해서 남성이 지속적으로 여성 곁에 머무르게 되었다.

우리 종은 약 15만 년 전에 아프리카에서 나타나, 이후 전 지구로 뻗어 나갔다.

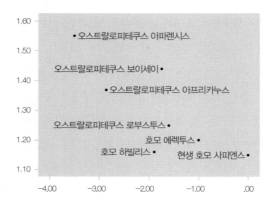

그림 5.9 일부 호미닌 종의 성적 이형성. 지난 사백만 년간 이형성은 점점 감소했다. 이는 일부다처성이 점차 약한 수준의 일부다처성 혹은 일부일처성으로 변했다는 것을 뜻한다. 출처: Ruff, 2002.

그래서 우리가 살고 있는 지질학적 시대를 인류세(Anthropocene)라는 새로운 이름으로 부르자는 주장이 대두되고 있다. 다음 장에서 우리 종이 가진 특징, 즉 호미닌 전체를 규정하는 독특한 특징에 대해서 자세히 살펴보자.

먼지에서 시작하여

PART 6

호미닌

> 인간은 실로 엄청난 작품이구나! 고귀한 이성과 무한한 능력!
> 형태와 행동은 얼마나 명확하고 얼마나 경탄스러운지!
> 움직임은 천사를 닮고, 지혜는 신을 닮았도다! 세상에서 가장 아름다운 존재!
> 백수 중에 으뜸! 물질의 정수라고 할까?
> 하지만 아직 나에겐 한낱 먼지 덩어리에 불과한 것을.[01]
> 셰익스피어, 『햄릿』, 2막 2장에서

앞 장에서 논의한 바대로 인간은 호미노이드상과에 속하는 영장류다. 호미노이드상과에는 침팬지와 고릴라, 오랑우탄, 긴팔원숭이 등이 포함된다. 인간은 독특한 종이지만, 사실 독특하지 않은 종은 하나도 없다. 인간은 다양한 특징을 가지고 있는데, 각각이 모두 독특하다고 볼 수만은 없다. 다만 이들이 모두 모여서 아주 특별한 종을 만든 것이다. 어떤 특징이 인간을 규정하는지에 대해서는 아직도 열린 토론이 지속되고 있다. 표 6.1에 자주 제안 되는 목록을 나열했다.

---

01 셰익스피어의 『햄릿』 2막 2장에서 햄릿은 인간의 위대함을 칭송한 뒤에, 그럼에도 불구하고 인간은 '흙먼지의 정수(Quintessence of Dust)'에 불과하다고 탄식하고 있다. 흙먼지라는 하찮음과 정수라는 위대함을 대비시킨 구절인데, 저자는 이를 들어 이번 장의 제목을 흙먼지의 정수라고 붙인 것으로 보인다. 여기서는 '먼지에서 시작하여'로 옮겼다.

표 6.1   호모 사피엔스의 특징들

특징	참고 문헌
음경골(baculum, os penis)의 소실 인간은 다른 구세계 영장류나 유인원과 달리 음경골이 전혀 없다. 거미원숭이와 공유하는 특징이다. 두발걷기를 하면서 부상의 위험을 줄이기 위해 퇴화했을 가능성이 있다. 유압식 발기를 위해서 없어졌다는 주장도 있는데, 발기는 적합도의 정직한 신호로 기능하기 때문이다.	Gilbert and Zevit, 2001 Martin, 2007
상대적인 털 없음 인간은 다른 유인원과 비슷한 밀도의 모낭을 가지고 있지만, 체모는 보다 짧고 약하다. 체온 조절을 위해 사라졌다는 주장, 기생충을 줄이기 위해 감소했다는 주장 등 다양한 이론이 제안되었다.	Pagel and Bodmer, 2003 Ruxton and Wilkinson, 2011
느린 생애사 모든 대형 유인원은 느린 생애사를 가지고 있지만, 인간은 특히 느리다(8장 참조). 다른 대형 유인원과 비교할 때, 인간은 더 오래 살고, 성인기 사망률이 더 낮고, 번식 시작 연령이 더 늦다. 출산 간격은 짧고, 보다 높은 만숙성을 지닌 자녀를 낳는다. 이렇게 복잡하게 얽힌 형질들은 협력적 번식과 빠른 뇌 성장, 문화적 학습 등의 이익과 관련된다.	Robson and Wood, 2008 Bogin, 2010
지방이 많은 큰 신생아 인간의 아기는 다른 유인원 새끼에 비해서 상대적으로 큰 편이다. 특히 체중 대비 지방의 비율이 아주 높다. 에너지 소모가 많은 큰 뇌에 영양을 공급하는 저장소로 보인다.	Kuzawa, 1998 Cunnane and Crawford, 2003
연장된 출생 후 뇌 성장 포유류 대부분은 출생 이후, 신체 성장에 비해 뇌 성장이 느린 편이다. 그러나 인간은 출생 이후에도 빠른 뇌 성장을 보이는 기간이 있는데, 따라서 신생아는 부모의 양육에 크게 의존해야 한다.	Martin, 2007
많은 양의 월경혈 월경을 하는 포유류는 구세계 영장류와 일부 나무두더지에 국한된다. 그러나 인간은 특히 많은 양의 월경혈을 보인다. 이 현상의 적응적 기능에 대해서는 아직 정설이 없다(8장 3절 참조).	Strassman, 1996 Martin, 2007
가장 큰 뇌 인간은 어떤 영장류보다도 큰 뇌를 가지고 있다. 체중을 보정하면, 어떤 동물보다도 크다. 뇌 조직은 에너지 소모량이 아주 크고, 이러한 뇌 크기는 호미닌 진화 과정에서 급속하게 일어났으며, 뇌 크기는 다른 종과 인간을 구분해주는 가장 중요한 단일 요인이므로, 뇌 성장(대뇌화)의 진화적 기능에 대한 다양한 이론이 제기되어 왔다.	Walker et al., 2006 Herculano-Houzel, 2009
뇌 편측화 다른 영장류에 비해서 인간의 대뇌 피질은 기능적으로 상당히 편향되어 있다. 예를 들어 대부분의 인간은 오른손잡이이며(90%), 언어 기능 대부분은 좌반구에 위치한다.	Sherwood, Subiaul and Zawidzki, 2008 Alba, 2010

언어 인간 언어의 진화는 인류학에서 가장 논쟁적인 주제 중 하나다. 다른 동물도 의사소통 체계를 가지고 있지만, 인간의 언어는 소리나 몸짓, 이미지 등으로부터 즉각적이고 상징적 의미를 구성하는 능력에서 아주 유별한 특징을 보인다.	Dunbar, 1996b Sherwood, Subiaul and Zawidzki, 2008
두발걷기 두 발로 걷는 다른 동물(영장류의 일시적 두발걷기, 캥거루, 새)도 있지만, 팔다리를 추처럼 사용하는 직립 보행(orthograde)은 호미닌 특유의 형질이다. 다른 어떤 현존 혹은 멸종 분류군에서도 이러한 직립 보행을 한 사례가 없다. 지난 100여 년간 두발걷기의 진화 및 기능을 설명하는 최소 30개의 가설이 제안되었다.	Niemitz, 2010

여기서는 표 6.1에 나열된 특징 중 일부에 대해서 설명할 것이다. 다 설명하기에는 공간이 부족하다. 두발걷기와 털 없음, 뇌 크기, 언어 등에 대해서 알아보자. 다른 특징에 대해서는 다른 장에서 조금씩 다루고 있는데, 특히 8장을 참고하는 것이 좋겠다.

1. 두발걷기

인간 외의 어떤 영장류도 두 발로 걷지 않는다. 즉 두발걷기는 인간의 가장 큰 특징 중 하나다. 두발걷기는 대뇌화 이전에 일어났으며, 그 기원과 적응적 이득에 대한 다양한 이론이 있다. 다른 영장류는 네발걷기를 하거나 혹은 간헐적인 주먹 걷기(knuckle walking)를 한다. 일상적인 두발걷기의 특징은 왜 인간이 다른 비인간 영장류보다 34%나 긴 다리를 가지고 있는지 잘 설명해준다. 다리의 길이가 전체 신장의 약 50% 정도 되어야, 기계적인 측면 및 에너지 효율성의 측면에서 두발걷기가 일어날 수 있다. 표 6.2는 두발걷기의 기원에 대한 유명한 가설을 요약하고 있다. 하지만 유력 가설에 대한 공감대는 없는 실정이다.

표 6.2 두발걷기의 기원에 대한 대표 가설들

이론	설명	참고문헌
기술적 조작	다윈은 1871년 『인간의 유래』라는 책에서 두발걷기가 양팔을 자유롭게 해주었다고 하였다. 이를 통해서 도구와 무기 제작 등, 손을 사용한 작업이 가능해졌다는 것이다. 두발걷기는 도구와 장신구를 만들 수 있는 손을 제공했다. 이 가설의 첫 번째 제한점은 진화의 시기다. 두 발걷기는 석기가 본격적으로 등장하기 전 약 150만 년 전에 진화했다. 게다가 영장류가 물체를 조작할 때 반드시 두 발로 서지 않는다는 점도 이 주장의 단점이다.	Darwin,1871
투석	두발걷기를 통해서 초기 인류는 포식자와 먹잇감을 향해서 효과적으로 돌을 던질 수 있었다는 것이다. 이 주장이 가진 문제는 두발걷기의 진화가 석기의 발명이나 급격한 뇌 성장의 진화에 선행하여 일어났다는 것이다. 충분한 대뇌 기능이 있어야만, 정확한 투석을 위해 필요한 손과 눈의 정교한 조율이 가능하다.	Fifer, 1987 Young, 2003
체온 조절	직립 자세는 열대 기후에 살던 호미닌의 열 노출을 줄여주었다는 것이다. 직립 보행은 태양광 노출을 약 3분의 1로 줄여 준다(Wheeler, 1991). 그러나 최근 연구에 따르면, 체온 상승의 가장 중요한 원인은 간헐적인 태양광 노출이 아니라 체내 대사 에너지로 알려져 있다. 또한 두발걷기는 사바나의 더운 기후가 아니라, 아직 초기 인류가 숲이 우거진 환경에서 살 때 일어났다는 것도 모순점이다.	Wheeler, 1984 Wheeler, 1991 Ruff, 2002
아기 혹은 물건 운반	후기 마이오세 무렵 호미노이드의 먹잇감은 넓은 곳에 산포되어 있었기 때문에, 물건의 장거리 운반 능력이 유리했다는 주장이다. 이는 두 발걷기가 아기를 안고 가야 하는 여성의 에너지 소모량을 줄여 주었다는 주장으로 발전했다. 그러나 왓슨 등의 연구에 의하면, 포대기를 사용하지 않을 경우, 엉덩이 위에 아기를 업고 가는 여성의 에너지 하중은 아주 높았다(Watson et al., 2008). 더욱이 개코원숭이 등 다른 구세계 원숭이는 두발걷기를 하지 않고도 새끼를 효과적으로 운반하는 것이 관찰되었다. 가장 중요한 문제는 따로 있다. 아기를 효율적으로 운반하는 이익은 두발걷기 및 (보조 도구의 고안을 위한) 뇌 발달이 일어난 이후에만 발생한다는 것이다. 따라서 보다 나은 운반 능력이 주는 이익은 두발걷기에 선행할 수 없다. 물론 식량을 채집하고, 두 손으로 채집한 식량을 운반하는 이익이 있었을 것이라는 다소 완화된 주장은 좀 더 많은 지지를 받고 있다.	Rodman and McHenry, 1980 Zihlman, 1980 Watson et al., 2008 Niemitz, 2010
장거리 주행	인간은 중간 속도(조깅 수준)의 주행에 매우 효율적인 몸을 가지고 있다. 더운 한낮에도 오래도록 달릴 수 있다. 두 발 달리기는 먹잇감을 추적하는 데 유리하다. 그러나 초기 호미닌은 채식을 주로 했다는 점이 이 가설의 단점이다.	Bramble and Lieberman, 2004
사바나에서의 보행 효율성 (나무 위 거주지에 대비)	라인 이사벨과 트루먼 영은 인류 집단의 크기가 증가하면서 큰 집단을 유지하기 위해 식량 요구량이 늘어났고, 이로 인해 장거리를 효율적으로 돌아다닐 수 있는 능력이 선택되었다고 주장했다.	Isbell and Young, 1996

직립 탐색 가설	이 가설은 오랑우탄이 직립할 때 체중을 지탱하기 위해 종종 나뭇가지를 이용한다는 사실에서 유추되었다. 주로 나무 위에서 설 때 이용하지만, 땅바닥에서도 사용한다. 아마 이러한 형태의 이동이 두발걷기의 초기 방식이며, 호미닌 진화 과정을 통해서 지금의 형태로 발전하였다는 주장이다. 그러나 오랑우탄 계통군은 인간이나 고릴라, 침팬지 계통군과 이미 1200~1500만 년 전에 갈라졌고, 이후 수백만 년이 지나서야 인간이 나타났다는 점이 이 가설의 단점이다.	Thorpe and Crompton, 2006
양서류 만능 이론(the Amphibian Generalist Theory)	최근 이론 중 하나로, 물살을 헤치는 행동이 두발걷기를 촉발했다는 주장이다. 헤엄을 치면 체중이 감소하는데, 깊은 물에서는 자연스럽게 몸을 직립하게 된다. 후기 마이오세 동안 아프리카는 식량 자원이 풍부한 강과 호수, 계곡이 포함된 숲이 조각조각 분포하고 있었다. 이 가설을 주창한 카스텐 니미츠에 의하면, 헤엄이 주된 선택압이었고, 두발걷기는 단지 잠정적인 수준에서 여러 이익을 제공했다. 그러나 이행 과정을 거치면서 두발걷기가 확고해졌다는 것이다.	Niemitz, 2010

2. 체모 감소

호모 사피엔스의 대표적 특징 두 가지를 들면, 하나는 두발걷기이고 하나는 체모가 없는 것(hairlessness)이다. 이 두 가지 특징은 어떤 식으로든 서로 관련되었을 것으로 오랫동안 생각되어 왔다(Wheeler, 1984). 정확하게 말해서 인간의 몸에 있는 모낭의 밀도는 다른 영장류와 비슷한 수준이다. 그러나 털은 더 가늘고 짧다. 소위 솜털이라고 하는데, 눈에 잘 보이지 않는다. 193종의 영장류 중 '털 없는' 종은 오직 인간뿐이다. 체모의 상실이 어떻게 진화했는지에 대해 다양한 가설이 제기되어 왔는데, 이 중 몇 가지를 살펴보자(Rantala, 2007).

1) 체온 조절 가설(cooling hypothesis)

이 가설은 체모 감소에 대한 가장 그럴듯한 주장인데, 다양한 아류 이론이 제안되어 왔다(Morris, 1967; Mount and Mount, 1979). 피터 휠러는 두발걷기를 하는 털 없는 영장류의 열 손실과 획득에 대한 수학적 모델을 제시한 바 있다(Peter Wheeler, 1984). 요약하면 다음과 같다. 초기 호미닌은 밀림의 그늘을 나와서 사바나의 개활지에서 더 많은 시간을 보내기 시작했다. 사바나는 전에 살던 곳보다 더웠다. 따라서 체모의 소실과 직립 자세를 통해 이득을 볼 수 있었다. 두 발을 사용한 이동을 통해 사냥과 채집을 위한 주간 이동 시간 동안 태양광 노출을 줄였다는 것이다(그림 6.1).

체모 소실은 땀샘을 발달시켜서 증발을 통한 냉각을 가능하게 해 주었다. 또한 직립 자세는 머리 등 상반신을 강풍에 보다 많이 노출시키므로 체온 조절에 유리하다. 공기의 흐름은 지표면에서 떨어질수록 빨라지기 때문이다. 또한 솜털은 작은 심지처럼 작동하여 땀방울의 기화를 돕는 역할을 한다.

그러나 모든 사람이 이러한 주장에 동의하는 것은 아니다. 예를 들어 도 에이마랄은 24시간 내내 맨살을 노출하는 것은 털이 많은 피부에 비해 손해가 더 크다고 주장했다(Do Amaral, 1996). 또한 털은 더위를 막아주는 훌륭한 단열 기능이 있고, 뜨거워진 털은 피부를 통해 체내로 열을 전도하기보다는 복사와 대류를 통해서 밖으로 더 신속하게 전달한다. 따라서 더운 환경에 적응하려는 호미닌은 털을 줄이기보다는 늘리는 것이 더 유리했을 것이다. 실제로 초기 호미닌이 나타난 것으로 보이는 남부 및 동부 아프리카에서 살고 있는 사바나 원숭이(벨벳 원숭이, *Cercopithecus aethiopspygerythrus*)의 여러 아종은 주로 낮에 활동하는데도 불구하고 숲에서 사는 영장류보다 더 빽빽한 모피를 가지고 있다 (Mahoney, 1980). 게다가 맨살은 직사광선에 의해 쉽게 손상될 수 있고, 밤에는 체온 손실을 막지 못하는 단점도 있다.

이러한 상반된 논쟁을 해결하려면 여러 요인을 감안한 대략적인 수학적 모델을 상정해야 한다. 초기 주장에서 경시된 요인 중 하나가 바로 신체적 활동이다. 걷기나 달리기 활동 중 발생하는 열은 배출되지 않으면 온열 질환이 유발될 수 있다. 최근 럭스톤과 윌킨슨 등은 휠러의 초기 작업을 확장하여, 더운 사바나 개활지 환경에서 하루 중 다양한 때의 두발걷기와 네발걷기의 열 균형에 대한 그럴듯한 수학적 모델을 제안하였다. 제안된 전형적 모델 중 하나에 따르면, 덥고 화창한 날 초속 1.2미터의 속도로 이동하는 영장류는 섭씨 40도

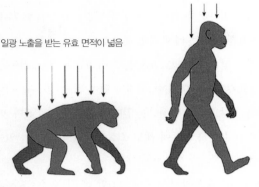

일광 노출을 받는 유효 면적이 좁음

일광 노출을 받는 유효 면적이 넓음

그림 6.1 대낮 동안 두발걷기의 이득. 적도 인근에서는 정오 무렵 태양이 머리 위에 위치한다. 따라서 두발걷기를 하는 동물은 태양광 노출 면적을 줄일 수 있다. 그러나 체모는 태양광을 통한 외부 에너지 흡수를 줄여줄 수 있으므로 이러한 주장은 오류다.

에 이르게 된다.

　모델에 의하면 털이 많은 경우, 두발걷기를 하거나 네발걷기를 하거나 하루 중 열 균형 수준은 큰 차이가 나지 않았다. 왜냐하면 열 균형의 가장 중요한 요인은 신체적 활동이기 때문이다(대략 200와트). 온종일 걷는다고 가정하면 큰 차이를 보이지 않는다. 심지어 정오 무렵에도 외부 환경에서 유입되는 열의 양은 상대적으로 미미했다. 체모가 훌륭하게 외부 열을 차단해 주기 때문이다. 기온은 올라도 복사와 대류를 통해서 열 방출도 늘어난다. 하지만 털이 없는 경우, 두발걷기와 네발걷기는 하루 중 열 부하 수준에서 상당한 차이를 보였다. 모피가 제공하는 완충 효과가 줄기 때문이다. 오전에는 음의 열 부하, 즉 열 손실이 일어난다. 정오 무렵에는 네발걷기를 할 경우 열 방출의 필요성이 더 늘어났다. 직사광선에 노출되는 수준이 높기 때문이다(Ruxton and Wilkinson, 2011).

　이 모델에 의하면 두발걷기는 체온 조절의 목적으로 선택된 것이 아니다.

털이 없으면, 땀을 통해 배출되어야 하는 열 부하 변동 수준은 두발걷기나 네발걷기 모두에서 비슷하다. 하지만 일단 두발걷기가 진화한 후에는 체모가 없는 편이 열 부하를 견디는 데 유리한 것으로 보인다. 발한을 통한 체온 조절이 진화해야 뜨거운 정오 무렵에도 맨살을 드러내고 두 발로 걷는 것이 가능해진다(물론 물 공급이 된다는 전제하에서). 하지만 털이 많은 경우에는 발한을 통한 열 방출이 용이하지 않으므로, 발생하는 열이 체내에 쌓이게 된다. 만약 이 모델이 옳다면, 두발걷기의 진화 이후에 체모 소실과 땀샘의 진화가 일어났다고 보아야 한다.

화석 증거에 의하면 두발걷기는 약 400만 년 전, 오스트랄로피테신 무렵에 진화했다. 털이 사라진 시점을 추정하는 것은 어려운 일이지만(털은 광물 화석에 남지 않는다), 호미닌의 피부와 체외 기생충에 대한 진화적 연구에 의하면 약 300만 년 전으로 추정된다(Weiss, 2009). 피부와 털 색깔에 관여하는 멜라노코르틴 I 수용체 유전자(melanocortin I receptor)의 숨은 돌연변이(silent mutation)를 사용한 다른 연구에 의하면, 체모의 소실은 최소한 120만 년 전에 진화한 것으로 보인다(Rogers, 2004).

2) 체모의 상실과 사냥

체모가 없어져서 초기 인류의 사냥 활동에 적응적 이득을 제공했다는 주장이 오래전부터 있었다. 루시처럼 채식하던 영장류는 먹잇감을 쫓을 이유가 없으므로 체온 조절은 큰 문제가 되지 않았다. 그러나 데즈먼드 모리스는 자신의 베스트셀러 『털 없는 원숭이』에서 만약 털이 퇴화하지 않았다면, 육식을 하던 영장류는 사냥하는 동안 체열이 과도하게 상승했을 것이라고 주장했다. 럭스톤 윌킨슨 모델에 의하면 초속 1.2미터로 걸어갈 때도(이는 시간당 2.9마일의 속도인데, 느릿느릿 걷는 수준이다), 털이 없는 것이 체온 조절에 도움이 된다. 그러니 사냥을 위해 달릴 때는 이러한 경향이 더 가속화될 것이다. 사냥 가설의 단점은 남성이 사냥에 더 많은 시간을 사용하지만 털은 여성에게서 더 많이 사라졌다는 것이다. 사실 정반대여야 한다. 현대 서구 여성은 일부러 제모하곤 하지만, 제모를 하지 않더라도 남성보다는 털이 적다.

3) 체모의 상실과 체외 기생충, 성선택

발한을 통한 냉각은 체모의 상실에 관한 가장 강력한 이론이다. 그러나 다른 이론도 만만치 않다. 흥미로운 대안 가설 중 하나는 1874년에 벨트에 의해 처음 제안되었지만, 다윈에 의해 반박되었다가 최근에 란탈라와 페이즐, 보드머에 의해서 부활했다(Belt, 1874; Darwin, 1899; Rantala, 1999; Pagel and Bodmer, 2003). 바로 인간의 몸에 서식하는 체외 기생충(이, 벼룩, 진드기 등)에 관한 이론이다. 최신 이론에 의하면, 인류는 집단 수렵을 하는 영장류로 진화한 이후 도구 제작이나 불 관리, 음식 공유 등 적응적 전략의 진화를 통해 전보다 안정적인 주거 생활을 하게 되었다. 그러나 집이나 집단 주거지는 기생충에게도 번성의 기회를 제공했다. 실제로 193종의 영장류 중, 벼룩이 기생하는 종은 오직 인간뿐이다(Rantala, 1999). 벼룩의 생애 주기를 감안하면 일상적으로 거주하는 굴이나 움막이 필요하다(벼룩의 유충은 몸 밖에서 서식하는 기간이 있다). 따라서 체모가 사라지면 기생충이 살기 어려워진다. 또한 서로의 감염 여부를 판단하는 형질도 진화하였다. 이러한 체외 기생충은 단지 근질거리며 가려운 단점만 있는 것이 아니다. 다양한 종류의 치명적인 바이러스성 혹은 세균성 질환을 매개하는데, 심지어 오늘날에도 공공 보건의 큰 장애물이다(Cutler et al., 2010).

이 가설은 왜 남성이 털 없는 여성을 더 선호하는지 잘 설명해준다. 여러 연구에 의하면 젊은 서구 여성은 다리나 겨드랑이털을 깎는 경향이 있는데, 이는 여성성이나 매력과 관련되기 때문이다(Tiggeman and Lewis, 2004; Tiggeman and Hodgson, 2008). 약국이나 화장품 숍에는 수많은 종류의 제모 상품이 진열되어 있는데, 대부분은 여성용이다. 이러한 경향은 물론 문화적 현상으로 전해 내려왔고(남성의 수염도 종교나 문화적 이유에 의해서 길어지기도 하고, 면도 되기도 했다), 그러면서 성적 이형성의 과장된 형태로 굳어졌을 것이다. 하지만 이런 궁금증이 생긴다. 왜 처음에 여성이 (남성보다) 더 털이 적어졌고, 남성은 왜 그런 특징을 매력으로 간주했을까? 이에 대해 란탈라는 초기 호미닌의 경우 여성은 보다 많은 시간을 집에 머무르지만 남성은 사냥을 위해 밖으로 돌아다니는 시간이 길었으므로 털이 없는 것이 체외 기생충 감염을 막는 효과는 여성에게서 더 두드러졌을 것이라고 하였다(Rantala, 2007). 이러한 생태적 이익에 의한 자연선택의 효과는 곧 더욱 강력한 성선택의 힘에 올라타게 되었을 것이다. 그 결과 털이 적은 여성을 선호하는 남성이 더 높은 번식 성공률을 얻었을 것이다. 게다가 털 없음은 그 자체로 여성성의 지표로 기능한다. 프로콥 등의 주장에 의하면, 병원체가 많은 지역에서 사는 여성은 그렇지 않은 경우보다 남성의 체모에 대한 선호가 덜 분명할 것이다. 그러나 터키(병원체가 많은)의 대학과 슬로베니아(병원체가 적은)의 대학에서 시행된 한 연구에 따르면, 남성의 가슴 털에 대한 여성의 비선호성은 차이를 보이지 않았다. 이러한 결과를 보면 털 없음, 체외 기생충, 짝 선택 기준 간의 관련성에 대한 의문이 제기된다. 하지만 의료 시설에 대한 접근성이 높으며 체모에 대한 다른 입장을 가진 지역의 인구 집단은 연구에 적합하지 않았는지도 모른다.

상자 6.1   이와 인간: 의복의 기원을 찾아서

체모의 상실은 초기 호미닌이 대낮에도 개활지를 마음껏 활보할 수 있도록 해준 탁월한 선택이었다. 그러나 밤과 새벽의 추위를 감수해야만 했다. 더욱이 두 발로 걷는 맨살의 호미닌이 아프리카 적도 지역을 벗어나면서 문제가 더 심각해졌다. 물론 신체적 적응보다는 문화적 방법, 즉 의복의 발명으로 이러한 문제는 해결되었다. 언제 옷이 발명되었는지 알아내는 것은 쉬운 일이 아니다. 뼈바늘과 같은 고고학적 유물은 약 4만 년 전으로 거슬러 올라간다. '긁개(scraper)'로 알려진 석기는 이보다 더 오래되었는

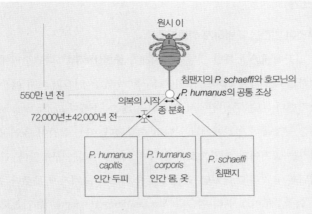

그림 6.2 이의 종 분화. 인간이 침팬지와 갈라진 550만 년 전, 원시 이도 *P. humanus*와 *P. schaeffi*로 분화하였다. 인간의 이는 약 72,000년 전 무렵에 몸니와 머릿니로 분화하였다. 인간이 옷을 입기 시작한 때는 대략 72,000년 전으로 추정된다.

데, 짐승의 가죽에서 살과 조직을 떼어낼 때 사용되었다. 사람의 몸니와 머릿니 분석을 통해서 의복이 발명된 때를 추정하는 기발한 방법이 제안되었다. 머릿니(*Pediculus humanus captis*)와 몸니(*Pediculus humanus corporis*)는 오직 인간에게만 기생한다. 이름을 보면 알 수 있듯이, 머릿니는 두피에서 산다. 그런데 몸니는 몸에 살지만, 알은 옷에 낳는다. 생애 주기를 이어가려면 옷이 반드시 필요하다. 형태가 동일하고 서식 장소만 다른데, 인간이 옷을 사용하면서 분화가 일어난 것이다. 독일 막스 플랑크 연구소 랄프 키틀러 등은 두 종류의 이가 언제 분화했는지 알아내면, 인간이 옷을 언제부터 입었는지 추정할 수 있다고 생각했다(Ralf Kittler et al., 2003). 이들은 분자시계를 이용하였는데, 즉 다양한 지역에 사는 40마리의 머릿니와 몸니의 핵 DNA 및 미토콘드리아 DNA를 구하여 서로 비교하였다. 분자시계의 보정을 위해서 침팬지에 기생하는 이(*Pediculus schaefft*)를 이용하였다. 인간과 침팬지는 약 550만 년 전에 분기하였으니, 숙주 특이성을 가진 인간의 이와 침팬지의 이가 분기한 시점도 비슷할 것이다. 이러한 분자적 분석을 통해서 머릿니와 몸니의 종 분화는 대략 72,000±42,000년에 일어났다고 결론지었다. 상대적으로 넓은 범위에도 불구하고, 이 시점은 인간이 아프리카를 떠난 시점과 일치한다. 즉 인간이 더 추운 지역으로 이동하면서 의복을 발명했다는 것이다(그림 6.2).

3. 뇌 크기

1) 무엇이 인간을 특별하게 하는가?

뇌는 인간에게만 독특한 것일까? 19세기 중반(1858년), 다윈주의에 강력하게 반대하던 해부학자 리처드 오언(Richard Owen)은 인간의 뇌가 아주 특별하다고 생각했다. 그는 유인원에서 발견되지 않는 '소해마(hippocampus minor)'라고 하는 구조물이 인간에게만 있다고 주장했다. 이는 인간이 유인원의 후손이 아니라는 증거이자, 인간으로서의 차별성을 부여하는 구조였다. 인간의 특별한 지위를 유지하고 싶었던 오언의 바람은 그리 오래가지 못했다. 1863년, 다윈의 '불독', 토머스 헨리 헉슬리(Thomas Henry Huxley)는 유인원도 동일한 구조물이 있다고 하면서 오언을 공박했다. 이러한 논쟁은 대중에게 널리 회자되었는데, 1863년에 출판된 찰스 킹슬리의 『물의 아이들(Water Babies)』이라는 동화에는 대해마(hippocampus major)에 대한 이야기가 실려 있다(Gross, 1993 참조).

오언과 헉슬리의 논쟁 이후에도, 인간의 뇌가 가진 특징을 밝히려는 수많은 시도가 있었다. 인간은 다른 포유류보다 더 큰 뇌를 가지고 있다고 생각할지도 모르지만, 사실이 아니다. 코끼리는 인간보다 네 배나 큰 뇌를 가지고 있고, 다섯 배나 큰 뇌를 가진 고래도 있다. 물론 큰 신체를 관장하려면 큰 뇌가 필요할 것이다(표 6.3). 그러면 상대적인 뇌의 크기를 비교해볼 수 있을 것이다. 그러나 결과는 다소 실망스러울 수 있다. 인간의 상대적인 뇌 크기는 쥐여우원숭이(mouse lemur)나 박쥐, 다람쥐 등과 같은 부류에 속한다.

표 6.3 몇몇 동물의 체중과 뇌 중량, 뇌 중량과 체중의 비

동물	신체 중량(체중)	뇌 중량	뇌 중량과 체중의 비(%)
아프리카코끼리	6,654	5,712	0.086
둥근머리돌고래	3,178	2,670	0.084
인도코끼리	2,547	4,603	0.181
기린	529	680	0.129
말	521	655	0.126
소	465	423	0.091
고릴라	207	406	0.196
돼지	192	180	0.094
큰돌고래	154	1,600	1.039
인간	62	1,320	2.129
양	55.5	175	0.315
침팬지	52.2	440	0.844
붉은털원숭이	6.8	179	2.632
고양이	3.3	25.6	0.776
토끼	2.5	12.1	0.484
마운틴 비버	1.35	8.1	0.600
기니피그	1.04	5.5	0.529
쥐(rat)	0.28	1.9	0.679
두더지	0.122	3.0	2.459
생쥐(mouse)	0.023	0.4	1.739

출처: Jerison (1973) and Sacher (1959).

2) 상대생장계수

인간의 특별한 지위를 변호하기 위해 상대생장계수(allometry)라는 개념을 꺼내 보자. 이는 신체의 크기가 각 부분에서 상대적으로 어떤 비율을 가지는지 비교하는 것이다. 예를 들어 생쥐를 코끼리 크기까지 확대시켜도 생쥐의 다리

는 코끼리의 다리보다 훨씬 가늘 것이다. 이는 영장류에서도 비슷하다. 큰 영장류의 뼈는 보다 굵은데, 이는 기계 역학적인 이유에 기인한다.

상대생장계수의 기본 변수 Y(뇌 크기 혹은 재태 기간, 수유 기간)는 기본 변수 X(주로 체중)와 다음과 같은 관계를 이룬다.

$$Y = CX^k$$

여기서 C와 k는 상수다. 비례 축소 변수 a는 로그 값을 취하면 얻을 수 있다.

$$\text{Log } Y = k\text{Log } X + \text{Log } C.$$

만약 뇌 중량과 체중을 비례 축소, 즉 스케일링하면 다음과 같다.

$$뇌의 크기 = C(신체 크기)^k$$

혹은

$$뇌의 크기 = C(체중)^k$$

여기서 C와 k는 상수이고, W는 그램 단위의 체중(공식 1).

상수 C는 해당 분류 군에서 성체의 체중이 1g 늘어날 때마다, 상대적으로 증가하는 뇌의 무게를 비율로 나타낸 것이다. 선구적인 연구에 의하면, 거의 대부분의 포유류에서 k=0.67이고 C=0.12이다(Jerison, 1973). 정확한 값에 대한 논란이 있기는 하지만, 영장류에서는 대개 k값이 0.66에서 0.88 사이이다. 마틴의 수정된 식에 의하면, k=0.76, C=0.058이다(Martin, 1981).

체중 대비 뇌 중량을 그래프로 그리면, 약간의 곡선을 보인다. 즉 체중보다 뇌 중량은 더 느리게 늘어난다(그림 6.3).

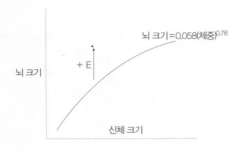

그림 6.3 포유류의 체중 대비 뇌 중량의 증가. 선 위에 위치한 동물은 대뇌화가 더 많이 일어난 것이고, 체중에 비해 큰 뇌를 가지고 있다고 할 수 있다. 이는 상대적인 뇌 성장의 결과(양성 대뇌화, +E)일 수 있다(Deacon, 1997).

　　포유류에 대한 상수 값을 적용하여 공식 1의 양측에 로그를 취하면, 다음과 같이 된다.

$$예상\ 체중 = 0.058(W)^{0.76}$$

$$Log(뇌\ 중량) = 0.76log(W) + log(0.058)$$

　　따라서 뇌 중량과 체중의 로그 값에 대한 그래프를 그리면, 기울기는 0.76이 되는 것이다.

　　그림 6.4를 보면 인간의 뇌가 어떤 독특한 점을 가지고 있는지 알 수 있다. 다른 포유류의 상대생장계수 위에 인간이 놓여 있다. 공식을 사용하면 체중 65kg의 사람이 가진 뇌의 중량은 264g이어야 한다. 그러나 실제 값은 1,300g이다. 인간은 다른 포유류보다 상대적으로 다섯 배나 큰 뇌를 가지고 있다. 다른 영장류에 비해서도 세 배나 크다.

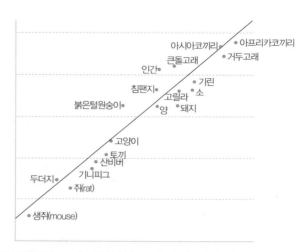

그림 6.4 체중 대비 뇌 중량의 로그 그래프. 선 위에 있는 동물은 체중을 통해 예상되는 수준보다 더 큰 뇌를 가지고 있다. Log(뇌 중량)＝0.76log(체중)＋log(0.058). 출처: Sacher (1959); and Jerison (1973).

3) 선조들의 뇌와 대뇌화 지수

우리 선조들의 뇌 크기에 대한 신뢰할 만한 값은 화석화된 두개골의 두개 내 주형(endocast)을 통해서 얻을 수 있다. 주형을 어떻게 해석할 것인지에 대해서는 늘 논쟁이 있다. 특히 뇌 표면의 주름에 대한 해석에 대해서는 더욱 그렇다. 하지만 대략 다음과 같은 결론을 내릴 수 있다. 약 200만 년 전, 호미닌의 뇌가 급속도로 커졌다(그림 6.5). 오스트랄로피테신은 다른 영장류와 비슷한 정도의 뇌 크기(신체 크기 대비)를 가졌지만, 호모 사피엔스는 세 배나 더 큰 뇌를 가지고 있다. 상대생장계수에서 벗어난 정도를 대뇌화 지수(encephalization quotient, EQ)라고 한다. EQ는 다음과 같이 정의된다.

EQ＝실제 뇌 중량/상대생장계수선(allometric line)을

통해서 예측된 뇌 중량

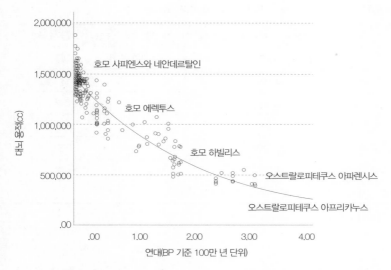

그림 6.5 인간의 진화적 역사 동안 뇌 크기의 성장. 175개의 호미닌 화석 두개골에서 대뇌 용적과 시기를 추정.
출처: Shultz, Nelson and Dunbar (2012)

대뇌화를 해석하는 것은 쉽지 않다. 지능은 EQ와 비례하지 않는다. 이를 '치와와 오류'라고 하는데, 치와와나 페키니즈와 같은 작은 품종의 개는 고도로 대뇌화되어 있다. 따라서 육식 동물에 비해 상대생장계수선에서 보다 좌측에 위치하게 된다. 이는 인위적으로 작은 개로 육종하면서 신체 크기에 비해서 변이도가 낮은 뇌의 크기는 충분히 줄이지 못했기 때문에 일어난 현상이다. 즉 치와와의 높은 EQ는 뇌가 커져서 그런 것이 아니라, 체구가 작아져서 그런 것이다(Deacon, 1997). 중요한 점은 치와와도, 그리고 왜소증 환자도 높은 지능을 보이지는 않는다는 것이다. 증거를 종합해 볼 때, 인간의 높은 EQ가 체구의 왜소화(negative somatization) 때문은 아닌 것으로 보인다. 사실 지난 400만 년간 인간의 신체는 계속 커져 왔다. 다만 뇌가 훨씬 더 빨리 커졌을 뿐이다.

EQ를 계산하면, 종종 이상한 결과를 얻기도 한다. 예를 들어 체중이 5g인

표 6.4 몇몇 유인원과 호미니드의 체중, 뇌 중량, 대뇌화 지수

종	일반적인 체중(그램)	일반적인 뇌 중량(그램)	대뇌화 지수(EQ)
오랑우탄	53,000	413	1.83
고릴라	126,500	506	1.16
일반 침팬지	36,350	410	2.42
호모 하빌리스	40,500	631	3.43
호모 에렉투스	58,600	826	3.39
호모 사피엔스	65,000	1,250	4.74

EQ = 실제 뇌 중량 ÷ 0.058(체중)$^{0.76}$에서 산출된 예상 뇌 중량

출처: Boaz and Almquist (1997); and Lewin (2005).

동물과 50kg인 동물의 뇌 중량이 상대생장계수보다 50% 높다고 가정하자. 그러면 두 동물의 EQ는 1.5로 같다. 그렇다면 동일한 인지기능을 가지고 있을까? 그렇지 않다. 당연히 더 큰 뇌가 신경 조직을 많이 가지고 있으므로, 더 나은 인지능력을 가지고 있을 것이다.

EQ가 뇌의 절대 질량보다는 지능을 가늠하는 더 나은 지표인 것은 사실이지만, 완벽하다고 하기는 어렵다. EQ에 대한 비판은 참고문헌에서 찾을 수 있을 것이다(Holloway, 1996; Roth and Dicke, 2005).

여기까지 읽은 독자라면 인간의 뇌에 뭔가 특별한 것이 있음을 짐작할 것이다. 왜 위험한 기관이 지금처럼 커진 것인지 알아 보자.

4) 뇌의 에너지 요구량

아마 영장류의 큰 뇌도, 높은 지능이 가진 생존 가치로 인해서 진화했을 것이다. 자연선택이라는 신은 큰 뇌를 가진 생물을 편애하여, 결국 신이 누구인지 궁금해하게 만들고 싶었던 것일까? 그러나 큰 뇌는 결코 필연적인 결과는

아니다. 자연선택은 각 개체의 지능에는 별로 관심이 없다. 작은 뇌가 유전적 복제에 더 유리하다면, 작은 뇌가 진화한다. 멍게는 적당하게 붙어 있을 돌을 찾고 나면, 뇌를 몸속으로 흡수시켜서 없애 버린다(보통 교수들도 종신 계약을 하고 나면, 비슷한 일이 일어난다). 뇌뿐만 아니라 원시적인 척추와 눈에서도 같은 일이 일어난다.

대뇌화를 설명하기 어려운 이유는 인간의 뇌가 에너지 소모량 측면에서 볼 때 정말로 비싸다는 것이다. 뇌는 제작비도 비싸고 운영비도 비싼 대표적인 기관이다. 뇌는 고작 체중의 2%를 차지할 뿐이지만, 전체 에너지의 20%를 소모한다. 우리가 뇌의 단지 일부분만을 사용한다는 유명한 도시 전설이 있다. 하지만 뇌는 대단히 비싼 기관이고, 따라서 뇌의 대부분을 사용하지 않고 내버려 둔다는 것은 자연선택의 관점에서 도무지 있을 수 없는 일이다. 휴식 중에는 16에서 20와트 정도 되는 에너지를 사용한다. 그런데 열심히 생각하고 있을

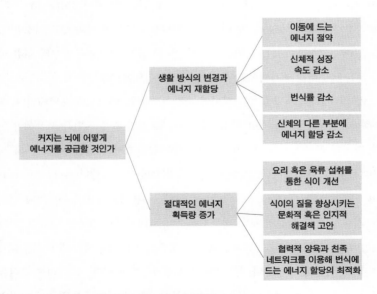

그림 6.6 뇌의 에너지 요구량을 맞추기 위한 진화적 방법. 출처: Navarrete et al. (2011).

때도 비슷한 정도의 에너지를 사용한다. 따라서 공부를 열심히 해서 살을 뺀다는 것은 불가능하다.

인간의 계보를 거치며 뇌가 커진 현상을 설명하려면, 어떻게 뇌가 요구하는 에너지 요구량을 채워줄 수 있었는지 살펴보아야 한다. 두 가지 간단한 전략이 가능하다. 체구에 비해 에너지를 많이 획득하는 것 혹은 다른 장기나 신체 기능을 희생하여 에너지를 재할당하는 것이다(그림 6.6).

그러나 인간은 이러한 경로를 따라 진화하지는 않은 것 같다. 65kg 정도 되는 젊은 남녀의 기초대사율(BMRs)은 약 81와트와 70와트 수준이다. 체중과 기초대사량 간의 관계를 통해서 추정한 값이다. 그러나 이러한 관계에 대한 논란이 지속되고 있다(더 자세한 것은 White and Seymour, 2013 참조). 더욱이 인간의 체중은 다른 영장류에 비해 비정상적으로 과도한 지방 세포를 감안하여 보정하여야 한다. 이런 점을 고려하면 인간은 체중으로 추정한 값보다 더 큰 기초대사량을 가진다. 즉 인간과 다른 영장류의 공통 조상보다 인간은 더 큰 뇌, 더 높은 지방량, 더 높은 합계 에너지 섭취량을 가지도록 진화했다. 이것을 그림 6.6에 요약했다. 예를 들어 식이 개선은 더 영양가가 높은 골수의 섭취 증가 혹은 날음식을 조리해 먹는 등의 방법으로 이루어졌다.

요리의 잠재적인 중요성은 식이와 시간의 타산을 따져보면 분명해진다. 대뇌화를 겪는 동물은 음식을 찾고, 섭취하는 데 점점 많은 시간을 사용해야 한다. 카리나 폰세카-아제베도와 수잔나 허큘라노-휴젤은 영장류의 체구와 뇌용적을 비교하여 얼마나 긴 식이 시간이 필요한지 조사했다(Karina Fonseca-Azevedo and Suzana Herculano-Houzel, 2012). 결론적으로 오랑우탄이나 고릴라, 침팬지 등 유인원의 경우 하루 8시간이 최대치라는 결론을 내렸다. 만약 인간이 큰 뇌를 유지하기 위해 날음식에 의존했다면, 하루에 9시간 동안 음식을 찾고 먹는 데 써야 한다. 생태학적으로 불가능한 값이다. 즉, 요리는 음식물의 획득과 섭취에 필요한 시간에서 생태학적 한계를 넘어서지 않고도 양질의 고열량 영양 섭취를 가능하게 해주는 핵심 요인이다.

또한 협력적인 양육과 대행 부모(인간 사회에는 흔하지만, 다른 동물에는 극히 드물게 관찰된다) 현상은 독립생활이나 핵가족으로 살아가는 경우보다 더 많은 에너지 섭취를 가능하게 해준다(8장 참조). 마지막으로 인간은 놀랍도록 많은 종류의 음식을 먹는데, 이는 인지적 능력에 기초한 생물문화적 기술을 통해 가능했다. 이러한 기술적 혁명은 신석기 혁명을 가능하게 해주었을 뿐 아니라, 기아를 막아주고 안정적인 식량 공급을 가능하게 해주었다.

에너지 할당에 관한 계통학적 변화에 대해서는 몇 가지 가능성이 있다. 이번 장에서 언급한 것처럼 네발걷기가 두발걷기로 진화하면서 초기 호미닌의 개활지 이동 효율성이 증가했다. 또한 전보다 느린 생애사가 진화했는데, 성장과 번식 속도를 줄이면서 뇌 성장을 위한 에너지를 확보할 수 있었다. 그런데 아이슬러와 샤이크는 낮아진 자연 사망률과 길어진 수명이 번식상의 이익을 제공하지만, 결국 뇌 용적은 한계에 도달한다고 하였다. 이를 '회색 천장(gray ceiling)'이라고 불렀다. 인구 집단이 스스로 지탱하기 어려운 한계를 말한다 (Isler and Schaik, 2012b). 영장류의 경우 상한치는 약 600~700cc 수준인데, 이는 오늘날 대형 유인원의 대뇌 용적이나 멸종한 오스트랄로피테신과 비슷한 수준이다. 인간은 협력적 양육을 통해서 이 한계를 극복한 것으로 보인다. 호모 에렉투스 시절(약 180만 년 전)에 나타난 남녀 간의 강력한 짝 결합은 고기를 공유하는 행동을 통해서 진화한 것으로 보인다. 또한 이러한 양육 동맹은 친족(특히 할머니)의 양육 지원과 함께, 출산 간격을 줄여주는 역할을 했다. 출산 간격이 줄어들어도 여전히 뇌 성장을 위한 에너지 할당이 가능했기 때문인데, 결국 인구 성장이 지속되는 결과를 낳았다.

뇌 성장을 위한 에너지 공급의 병목 현상은 주로 재태 기간 및 초기 유아기에 집중되어 일어난다. 앞서 말한 가설은 이러한 현상과 일맥상통한다. 출생 전 뇌는 기저 대사량의 60%를 사용하는데, 이런 경향은 출생 후 수년간 지속된다(Aiello et al., 2001). 즉 이 시기의 모자는 엄청난 양의 에너지가 필요하다. 사회 구조의 변화 및 아버지와 할머니의 지원과 비친족 성인과의 음식 공유 등을 통해서 해결한 것으로 보인다.

다른 가능성도 있다. 위장관 에너지 할당량의 감소를 통한 뇌 성장 가설은 다른 포유류나 영장류에서 잘 관찰되지 않는 현상이지만, 최근의 인류 진화를 일으킨 독특한 현상이었을 가능성이 있다(Navarrete et al., 2011).

이른바 '비싼 조직 가설'은 호미닌의 뇌 크기가 다른 기관의 에너지 소모량 감축을 통해서 달성되었을 것이라는 아이디어에서 시작한다(Aiello and Wheeler, 1995). 전체 에너지 소모량은 정해져 있으므로, 뇌의 크기가 커지면 다른 기관의 에너지 소모량은 그만큼 줄어들 수밖에 없다. 그림 6.7에 몇몇 기관의 실제 중량과 기대 중량을 비교하였다.

그림 6.7에서 제시된 뇌와 위장관 간 에너지 사용량 재분배는 인간 진화에

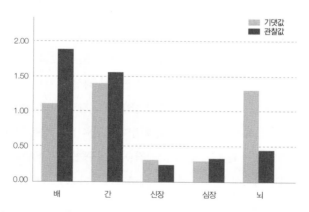

그림 6.7 인간의 내장 기관의 기대 중량 및 실제 중량. 기대 중량은 65kg의 영장류를 상정하여 계산하였다. 인간은 기대 중량보다 작은 위장관과 기대 중량보다 큰 뇌를 가지고 있다. 출처: Aiello, L. C. and P. Wheeler (1995) 'The expensive-tissue hypothesis: the brain and the digestive system in human primate evolution,' Current Anthropology 36: 199-221 ; Aiello, L. C., N. Bates and T. Joffe (2001) In defence of the expensive tissue hypothesis. In D. Falk and K. R. Gibson (eds.), Evolutionary Anatomy of the Primate Cerebral Cortex. Cambridge, Cambridge University Press.

서 중요한 역할을 하였다. 여기서 반드시 기억해야 할 것은 이런 재분배가 번식 성공률을 높였기 때문에 가능했다는 사실이다. 즉 뇌가 이렇게 많은 에너지를 사용할 수밖에 없었던, 강력한 선택압이 있었던 것이다. 에너지 변화는 뇌 크기 증가를 통해서 이러한 선택압에 대응할 수 있도록 해주었다. 그러면 도대체 뇌 성장을 이끈 선택압은 무엇이었을까?

5) 뇌 크기 증가에 관한 가설들

인간을 다른 종과 구분시켜 주는 다양한 형질로는 두발걷기나 체모 상실, 문화, 언어, 배란 은폐, 높은 지능 등이 있다. 이를 설명하는 다양한 이론이 있음에도 불구하고, 어떤 것이 핵심 선택압인지에 대한 정설은 아직 없다. 흥미로운 일이다. 표 6.5는 호모 속의 뇌 크기 증가에 대한 몇몇 유명한 이론을 요약하고 있다. 좀 더 자세하게 살펴보자.

6) 사회적 이론과 생태적 이론 비교

단일 요인 모델은 필연적으로 예외와 변칙을 만나게 된다. 다요인 접근법이 더 나은 이유다. 예를 들어 사회적 복잡성의 경우를 보자. 침팬지 사회는 카푸친 사회와 비슷하다. 하지만 카푸친의 경우 다른 카푸친보다 우월하면 그만이다. 다른 침팬지보다 똑똑할 필요가 없다. 침팬지의 직전 조상은 이미 카푸친보다 높은 수준의 대뇌화를 이루었고, 따라서 이 둘은 출발점부터 다르다. 즉 분류군 간의 사회 조직과 대뇌화 수준을 바로 연결지어 생각하는 것은 무리다.

인간 뇌의 진화에 미친 사회적, 생태적, 기후적 요인의 상대적인 기여도를 계산하는 것은 대단히 어렵다. 물론 각 요인은 상호배타적인 것도 아니다. 거친 환경에서는 제한된 환경 자원에 대한 사회적 경쟁이 격화되고, 생태적 문제와 사회적 문제를 모두 해결하는 뇌가 바람직하다. 그러나 이러한 요인의 상대적인 영향력은 시간에 따라 변화한다. 향상된 인지적 능력으로 생태적 혹은

표 6.5 뇌 크기 증가와 관련된 몇몇 이론들

이론	요약	참고 문헌
잡식 (dietary complexity)	잡식을 하려면, 다양한 식량을 확보하기 위한 향상된 인지 능력이 필요했다.	Milton (1988) Kaplan and Gangestad (2004) Previc (2009)
도구 사용	도구의 사용과 발전은 뇌 성장을 위한 자극이 되었고, 이는 보다 복잡한 도구 발명을 가능하게 했다.	Oakley (1959) Wynn (1988)
탄도 가설	정확하게 물체를 던지는 능력은 엄청난 생존상의 이익을 제공한다. 따라서 정교한 인지적 조율 능력이 진화했다.	Calvin (1982)
성선택	인간의 지능은 생태적 생존에 필요한 수준 이상으로 진화했다. 이는 지능이 성적으로 선택된 형질이라는 뜻이다. 지능은 남녀 모두에게 비싸고 정직한 신호로 작동했다. 여성의 선택은 남성 지능의 향상을 유발했지만, 높은 지능의 결과물(예술, 언어, 음악 등)을 평가하려면 여성의 지능도 같이 향상되어야 했다.	Miller (2000)
게놈 각인	잘 발달된 신피질을 가진 어머니와 더 본능에 충실한 변연계를 가진 아버지가 주는 이점은 게놈 갈등을 유발하였고, 결국 두 부분의 크기가 모두 증가하게 되었다.	Badcock (2013)
마키아벨리 지능과 사회적 뇌 가설	외부의 생태적 요인으로 인해 인간 집단의 크기가 증가했다. 이는 집단 내에서 관계를 유지하고 확인해야 하는 긴장을 유발했다. 대인 관계를 추적하고, 타인의 의도를 평가하며, 조작과 기만을 해야 한다. 이와 관련한 가설은 사회적 교환에 관한 것인데, 인간은 호혜적 이타주의와 비 제로섬 게임의 이익을 취하기 위해서 높은 지능이 필요했다는 것이다. 물론 사기꾼을 간파하기 위해서도 지능이 필요하다.	Byrne and Whiten (1988) Cosmides et al. (2010) Dunbar (1993) Dunbar and Shultz (2007)
기후 변화	지난 400만 년간 지구의 기후는 여러 번의 극적인 변화를 겪었다. 지난 75만 년간 기후는 아주 급격하게 요동쳤다. 기온과 식생, 자원 가용도의 변화에 적응하기 위해서는 향상된 인지적 능력이 필요했다.	Ash and Gallup (2007) Maslin (2013)

환경적 문제(음식이나 집)를 해결할 수 있지만, 이는 다른 사회적 문제를 야기할 수도 있다. 물론 점점 더 큰 뇌가 필요해진다(Holloway, 1975).

생태적, 식이적, 사회적 요인의 상대적 기여도를 구하려는 시도가 여러 차례 있었다. 고도의 식량 획득 기술 및 복잡한 집단 내 기능을 학습하기 위한 시간을 벌기 위해서는 청소년기의 연장이 필요하다. 일련의 다중 회귀 모델을 적용하여, 월커 등은 영장류의 뇌 크기와 청소년기 기간의 관련성에 대한 여러 요인의 상대적 비중을 계산했다(Walker et al., 2006). 67종의 영장류를 대상으로 암컷의 첫 번식 연령과 뇌 중량, 수명, 체구, 거주지 영역, 집단 크기, 식이 형태 등에 관한 자료를 모아 회귀분석을 시행했다. 세 가지 중요한 사회생태학적 변수를 골라냈는데, 바로 청소년기의 기간과 상대적 뇌 용적, 신피질 비율이다. 청소년기의 기간은 식이 및 수명과 관련성이 높았고, 상대적 뇌 용적(체구 대비 전체 뇌의 크기)은 거주지 영역과 높은 관련성이 있었으며, 신피질 비율(신피질과 그 밖의 뇌의 상대적 비)은 집단 크기와 관련성이 높았다. 결론적으로 집단의 크기(즉 사회적 복잡성)는 모든 영장류의 신피질 팽창 및 높은 실행 뇌-뇌간 비(executive-to-brain stem ratio)[02]를 가장 잘 예측해준다(표 6.6). 그러나 영장류의 독특한 생애사, 즉 적은 수의 한배 새끼 및 긴 청소년기, 긴 수명에 관해서는 단일한 핵심 요인을 찾아낼 수 없었다. 다양한 영장류 집단에 작용하는 상이한 강도의 사회적, 생태적 압력이 복합적으로 영향을 준 결과로 추정하였다.

표 6.6 신피질 비율에 미치는 다양한 요인에 대한 다중 회귀 분석

요인	베타 값	P	유의성 여부
체구	0.267	0.013	유의함
집단 크기	0.405	0.001	유의함
수명	0.285	0.007	유의함
거주지 영역	0.086	0.412	유의하지 않음
식이 내 과일 및 씨앗의 비율	0.067	0.547	유의하지 않음

베타 값은 각 요인이 독립 변수(신피질 비율)에 얼마나 강하게 영향을 미치는지 수치로 표현한 값. 예를 들어 신피질 비율에 가장 큰 영향을 미치는 요인은 집단의 크기인데, 집단 크기가 1 표준편차만큼 변화하면 신피질 비율은 0.405 표준편차만큼 바뀐다는 뜻이다.

출처: Walker et al., 2006a, Table 3, p. 484.

---

02 실행 기능을 담당하는 뇌와 원시적 기능을 담당하는 뇌의 상대적 비

표 6.7	175개의 두개골 용적에 미치는 다양한 요인들의 상관계수

요인	상관계수
위도	0.61
인구 밀도	0.79
평균 기온	−0.41
기온 변동	0.30
기생충 유병률	−0.47

출처: Bailey and Geary, 2009

　　베일리와 기어리 등은 175개의 화석화된 호미닌 두개골과 인구 집단의 밀도, 위도, 기생충 유병률, 평균 기온 및 기온 변동 등의 데이터를 종합하여 다양한 선택압의 상대적 강도를 분석하였다(Bailey and Geary, 2009). 생태적 요인(위도, 기생충 유병률, 기온 및 기후)과 사회적 요인(인구 밀도)의 상대적 영향력을 비교하였는데, 모든 요인이 두개강 내 용적의 유의한 예측인자라고 결론지었다(표 6.7).

　　표 6.7에서 알 수 있듯이, 높은 위도와 높은 기온 변동성은 보다 큰 두개강 용적과 관련된다(양의 상관관계). 이는 앞서 언급한 애쉬와 갤럽의 연구와 맥을 같이 한다. 기생충 유병률과 두개골 용적 간의 음의 상관관계는 낮은 기생충 부하가 보다 많은 에너지를 뇌 성장에 할당할 수 있도록 해주기 때문에 나타난다. 특히 두개강 용적의 일차적 예측 요인은 바로 인구 밀도인데, 아마도 사회적 경쟁이 촉발하는 것으로 추정된다. 그러나 몇 가지 의문이 남는다. 기온 변동은 현재의 기상 자료를 토대로 추정한 것인데, 과거의 기후를 정확하게 반영할 수 없다. 또한 인구 밀도는 두개골 화석의 발굴 개수로 추정한 것인데, 사실 인구 밀도 외에도 다양한 요인이 영향을 미쳤을 수 있다.

시너지 접근

사회적, 생태적, 기후적 요인은 대뇌화에 모두 관여한 것으로 보인다. 아마도 다양한 요인이 시너지 효과를 냈다고 보는 것이 합당하다. 그림 6.8은 사회적 요인과 생태적 요인이 시너지 효과를 통해서 뇌 성장을 촉발하고, 뇌 성장을 제한하는 장애를 제거했는지 보여주고 있다.

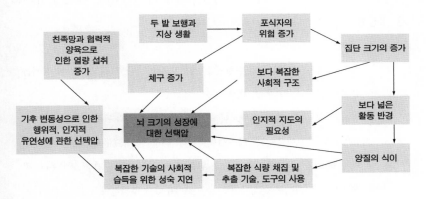

그림 6.8 호미닌에서 뇌의 크기에 선택압을 유발한, 다양한 요인의 시너지 효과에 대한 대략적인 추정

4. 언어

인간 언어의 기원에 대한 진화적 이론들은 항상 논쟁에 휩싸여 있다. 19세기 무렵 언어의 기원에 대한 논쟁이 너무 과열되자, 1866년 파리 언어학회(Société de linguistique de Paris)는 언어의 역사에 대한 어떤 논의도 금지한다는 결정을 내렸다. 약 140년이 지난 지금도 언어가 시작된 시점, 심지어는 언어가 자연선택의 결과인지 혹은 뇌 크기의 증가에 따른 창발적 결과인지에 대해서 의견의 일치를 보이지 못하고 있다. 약 35,000년 전 후기 구석기 시대에 언어가 처음 등장했다는 주장부터, 200만 년 전 호모 에렉투스가 나타날 무렵

언어가 진화했다는 주장까지 다양하다. 언어의 진화에 대해서는 전부 다룰 수
없으므로 주요한 논쟁만 정리하고자 한다.

1) 자연선택과 언어의 진화

언어가 자연선택이라고 주장하는 대표적인 인물은 MIT의 언어학자 스티븐
핑커(Steven Pinker)이다.[03] 그는 언어가 선택압에 의한 결과라는 다양한 주장
을 개진했는데, 대략 다음과 같다(Pinker, 1994).

* 일부 사람은 언어의 문법적 장애를 가지고 태어난다. 그리고 이러한 장애는
  유전된다(Gopnik et al., 1996).
* 언어는 뇌의 특정 영역, 즉 베르니케 영역과 브로카 영역과 관련된다(아래 참조).
* 유기체의 복잡한 특징은 자연선택되는데, 예를 들어 포유류의 눈이나 새의
  날개 등이다. 이는 특화된 기능을 위한 명백한 설계의 증거를 보여준다. 핑
  커는 언어도 이러한 설계상의 특징을 보여준다고 주장한다.
* 아이들은 언어를 놀랍도록 신속하게 획득한다. 부모들은 문장 구성 원칙에
  대해 알려주지 않고, 처음부터 완전한 문장을 들려주지만 아이들은 금세 규
  칙을 추론하고 자동적으로 이 규칙을 적용한다.
* 인간의 성도(vocal tract)는 발화를 위해 적합한 물리적 구조로 되어 있다.
  특히 침팬지와 달리, 인간은 목의 하부에 후두가 위치하는데 이는 인간이 침
  팬지보다 훨씬 풍부한 범위의 조음이 가능하다는 것을 말한다.
* 인간의 귀는 유입되는 청각 신호를 발화 신호로 분리하는 데 특화되어 있다.
* 언어가 문화의 산물이라면, 문화의 수준과 언어의 문법적 복잡성 간에 관련
  성이 있을 것이다. 그러나 그러한 관련성은 없으며, 수렵채집인의 언어도 문

---

03 현재는 하버드 대학 소속이다.

법적으로 아주 복잡하다.

눈이나 날개, 언어와 같은 복잡한 구조의 기원과 발달을 진화적으로 이야기할 때 겪는 어려움은 중간 단계의 구조가 어떤 적응적 이득을 가지는지 설명하기 어렵다는 것이다. 눈이나 날개, 언어는 한꺼번에 갑자기 진화했을 리없다. 한 번에 모든 변이가 동시에 등장했을 가능성은 제로에 가깝다. 그렇다면 5%의 형질이 가지는 이득이 과연 무엇일까? 5%의 언어 능력이 별 이득이되었을 리 없으며, 설령 변이를 가진 첫 번째 사람이 언어를 사용했다고 해도누구와 대화를 했을 것이냐는 주장이다. 핑커와 블룸은 이에 대해서 초기 언어 유발성 유전적 변이가 가까운 친족 내에서 일어났으며, 언어를 공유함으로써 이득을 얻었을 것이라고 주장한다(Pinker and Bloom, 1990). 게다가 피진어(pidgin)나 아이들의 언어, 혹은 외국을 여행하는 여행객의 언어는 비록 완전하지 않지만, 그래도 상당한 가치를 가지고 있다. 제한된 언어능력으로도 이득을 취하는 동물들도 있다. 버빗 원숭이(vervet monkey)는 표범, 독수리, 뱀에 대해 각기 다른 경고의 울음소리를 낸다. 언어가 적응이라면, 아마 뇌의 특정 영역에서 발견될 것이다. 그리고 실제로 언어만을 담당하는 특정한 뇌의영역이 있다. 19세기 후반 언어의 신경학적 기반을 이해하는 데 중요한 두 건의 학문적 개가가 일어났다. 바로 브로카 영역(Broca's area)과 베르니케 영역(Wernicke's area)이다. 각각의 영역을 발견한 피에르 파울 브로카(Pierre Paul Broca, 1824~1880)와 칼 베르니케(Karl Wernicke, 1848~1905)의 이름을 따서 명명되었다. 모두 좌반구에 위치하는데 좌측 관자놀이에 손가락을 가져다 대면바로 그 두개골 밑이 브로카 영역이다.[04] 왼쪽 귀의 후상부에 손가락을 가져다

---

04 파울 브로카는 신경해부학자이자, 파리 대학의 신경외과 교수였다. 1861년 그는 '탄'이라는 이름의 환자를 부검했는데, 탄은 '탄'이라는 말 외에는 어떤 말도 하지 못하는 환자였다. 브로카는 탄이 좌반구의 앞부분에 손상(매독으로 인한)을 입었다는 사실을 밝혔고, 곧 이 영역은 브로카 영역이라고 이름 붙여졌다.

대면, 베르니케 영역이 바로 그 아래다.[05]

2) 언어는 언제 기원했는가? 해부학적 증거

언어가 진화된 본능인지 혹은 문화적 결과인지 여부에 대한 논란이 있다면, 당연히 언제 언어가 시작되었는지에 대한 논쟁도 있을 것이다. 핑커의 주장, 즉 언어가 인간의 생물학적 특성이라는 주장에 동의한다면, 아마 언어는 호모 사피엔스가 등장했던 20만 년 전 이후에 진화했을 가능성은 없다. 아마 그 이전의 초기 호미닌에서 진화했을 것이다. 그러나 만약에 문화적 창달이라는 주장에 동의한다면, 언어의 기원은 상징적 문화의 기원 시기와 비슷할 것이다. 대략 35,000년 전이다. 이러한 점에서 해부학적 증거는 상당히 유용하다.

뇌 크기의 갑작스러운 팽창은 약 200만 년 전, 호모 하빌리스 시절부터 일어났다. 약 100만 년 전 호모 에렉투스의 뇌 용적은 1,100㎤였지만, 현생 인류의 1,300㎤와 큰 차이가 나는 것은 아니다. 만약 언어가 급격한 뇌 팽창과 더불어 진화했다면, 호모 에렉투스나 호모 하빌리스는 언어를 사용했을 것이다. 물론 언어가 시작되기 위한 최소 뇌 용적에 대해서 알려진 바는 없다. 만약 최소 용적이 1,300㎤라면, 약 20만 년 전 호모 사피엔스가 등장할 무렵에야 언어가 시작되었을 것이다. 언어는 브로카 영역이나 베르니케 영역과 관련되는데, 화석화된 두개골 뇌내 주형을 조사하면 호모 하빌리스도 브로카 영역이 있었던 것으로 추정된다(Falk, 1983; Leakey, 1994). 그렇다면 200만 년 전으로 거슬러 올라간다. 또한 화석화된 두개골의 비대칭을 통해서 언어의 기원을 추정하려는 시도도 있다. 대부분의 사람의 언어 영역은 좌반구에 위치한다. 즉

---

05 칼 베르니케는 폴란드의 의사였는데, 브로카 영역과는 다른 부분에 손상을 입은 환자가 언어를 이해하지 못한다는 사실을 알아차렸다. 브로카 실어증은 비문법적인 문장을 중얼거리는 것으로 나타나는데, "젖소가 말을 발로 찼다"라는 말과 "말이 젖소를 발로 찼다"는 말을 구분하지 못한다. 반면에 베르니케 실어증 환자는 유창하게 문법적으로 바른 말을 하지만, 막상 아무 내용이 없는 말만 한다. 게다가 다른 사람이 그들의 말을 이해하지 못한다는 사실도 인식하지 못한다.

언어 회로가 뇌의 절반에 몰려 있으므로, 인간의 좌반구는 우반구보다 약간 크다. 홀로웨이는 호모 하빌리스의 두개골이 이러한 비대칭의 흔적을 보인다고 주장했다(Holloway, 1983). 그러나 이를 반박하는 증거도 있다. 오스트랄로피테신의 일부 두개골도 비대칭을 보이는데, 그렇다면 이렇게 작은 뇌를 가진 선조가 언어를 사용했다는 믿기 어려운 결론에 도달하기 때문이다.

가장 강력한 해부학적 증거는 물론 인간과 유인원, 그리고 우리 선조의 목을 비교하는 것이다. 인간의 소리 상자(vocal box)는 후두(larynx) 및 연골(아담의 사과 혹은 후두 융기)로 이루어져 있다. 후두 융기는 목 중간에 튀어나온 돌기를 말하는데, 인간의 경우 입에서 멀리 떨어져 있다. 말하자면 인간의 후두는 목의 아랫부분에 있고 따라서 소리의 방(sound chamber), 즉 성대 위에 위치하는 인두의 크기가 충분히 크다. 동물 대부분이 후두가 목의 윗 부분에 위치하는데, 그렇기 때문에 물을 마시면서도 동시에 숨을 쉴 수 있다. 인간도 태어날 때는 이와 비슷하게 높은 곳에 후두가 위치하기 때문에, 숨을 쉬면서 젖을 빨 수 있다. 그러나 18개월이 지나면서 후두는 아래로 내려오기 시작하고, 14세 무렵에 성인의 위치에 도달한다.

인간 성인의 경우, 혀는 인두의 전방 벽을 형성한다. 따라서 혀를 움직이면 인두의 크기를 조절할 수 있다. 침팬지나 인간 영아의 경우 후두가 높으므로 혀가 공기 방의 크기를 조절하지 못한다. 즉 후두의 상대적인 높낮이 차이로 인해서 침팬지와 인간이 낼 수 있는 소리의 범위가 달라지는 것이다.

언뜻 생각해보면, 과거 조상의 화석에서 후두의 위치를 확인하여 언제 언어 능력을 갖춘 큰 후두가 진화했는지 판단하는 것은 그리 어려운 일이 아닌 것처럼 보인다. 문제는 인간의 조음 기관이 연부 조직으로 이루어져 있어 화석화되지 않는다는 것이다. 그러나 두개골의 하부, 즉 두개저(basicranium)에서 증거를 찾을 수 있다. 인간의 두개저는 특화된 발성 기능을 위해서 둥근 아치 모양을 하고 있지만, 다른 포유류는 그렇지 않다. 라이트만은 완전히 모양을 갖춘 두개저가 약 35만 년 전에 나타났다고 주장했다(Laitman, 1984). 약 200만 년 전의 초기 호모 에렉투스 화석은 살짝 휘어진 두개저를 가지고 있는데, 현생 6세 소년의 후두 위치와 비슷한 수준이다.

진화는 우리 종에게 일련의 적응(두발걷기, 털 없음, 큰 뇌, 언어 등)을 제공했다. 이를 통해 인류사에서 맞닥뜨린 다양한 삶의 방식과 환경을 극복할 수 있었다. 또한 우리 주변의 조건에 따라 개체 수준의 표현형을 맞출 수 있는 능력도 제공했다. 이러한 형질이 주로 작동한 시기 및 지속되는 적응의 다양한 형태에 대해서는 다음 장에서 다룰 것이다.

4부

적응과 발달적 가소성

Evolution
and
Human Behaviour

적응과 진화적 설계 PART 7

> 모든 자연적 유기체는 생존과 번식을 돌보는 창조주의 목적을 간증하는 것이다.
> 윌리엄 페일리, 『자연 신학』, 1836, p. 486

> 선택의 과정은 비록 느리지만…
> 자연선택의 힘에 의해 긴 시간 동안 일어나는, 생명체 간 혹은
> 생명체의 물리적 조건과의 공적응에 의한 변화, 아름다움,
> 그리고 복잡성에는 한계가 없다.
> 다윈, 『종의 기원』, 1859b, p. 109

1. 목적론적 법칙

생물학의 핵심적 문제 중 하나는 적응 현상이다. 즉 어떻게 유기체 및 유기체의 부분이 마치 어떤 목적을 위해 설계된 것처럼 보이는지에 관한 것이다. 다윈에 앞서 윌리엄 페일리는 자연 세계를 논평하면서 살아있는 유기체의 형태와 외양, 행동 등을 목적론의 언어를 사용하여 설명했다. 모든 것은 목적을 향해 설계되었으며, 심지어 자연은 그 자체로 목표와 목적을 내재하고 있다는 것이다. 이는 결과적으로, 예술가를 배제한 예술품이 없듯이, 설계의 증거는 창조의 존재를 암시한다는 주장으로 이어졌다.

지금은 생명체의 형태가 어떻게 기능에 적합하도록 만들어지는지 과학적 설명을 할 수 있지만, 여전히 목적론적 언어를 배제하는 것은 어려운 일이다. 생물학자는 글을 쓰거나 강연을 할 때, 목적성을 암시하지 않는다고 강조하기

위해 수시로 따옴표를 사용해야만 한다. 예를 들어, 식물은 벌을 유혹하기 '위해서' 꽃을 만든다고 표현하는 식이다. 마치 꽃이 어떤 의식적인 계획을 세운 것처럼 들린다. 곤충의 취향을 알고 있는 식물이 의도적으로 과즙이 흐르는 향기롭고 화려한 꽃을 만든다는 것이다. 만약에 이렇게 표현하면 어떨까? 오랜 시간 동안 우연히 곤충을 끌어들인 부속 기관을 가졌던 식물이 더 성공적으로 번식에 성공했기 때문에 식물이 꽃을 가지게 되었다고 말하면, 너무 학문적이고 장황한 표현으로 들릴 것이다. 목적론적 법칙(Teleonomy)이라는 새 용어는 어떤 궁극적인 목적도 가정하지 않는 과학적 패러다임 내에서, 여전히 목적론적인 언어를 사용해야만 하는 딜레마에서 유래했다. 목적론적 법칙은 적응이 순수한 자연적 원인, 즉 자연선택이나 성선택에 의해서 일어나며, 어떤 선행하는 목적이 없어도 목표 지향적 기능을 할 수 있다는 것이다.[01]

아마도 인간은 자연 현상에 대해서 목적론적인 스타일로 설명하려는 인지적 경향을 가진 것 같다. 과학을 가르치는 선생에게는 큰 도전 과제다. 이러한 경향은 행위자를 상정하는 인지 경향과 관련된다(9장 참조). 데버러 케레멘과 이블린 로제트의 연구에 의하면, 우리는 목적론적 설명에 기대는 경향이 있다. 그들은 시간제한을 주고 몇 가지 명제를 제시했는데, 예를 들면 '지구는 자외선으로부터 자신을 보호하기 위해 오존층을 가지고 있다'거나 '지렁이는 토양에 공기를 통하게 하려고 땅을 판다', '벌은 식물의 수분을 돕기 위해서 꽃에 달려든다'는 등이었다. 어른이나 어린이나 마찬가지였는데 대학 수준의 과학 교육을 받은 성인도 손쉽게 목적론적 견해로 빠져들었다. 연구자는 이를 '마구잡이 목적론(promiscuous teleology)'이라고 칭했다. 흥미롭게도 신앙의 유무와 목적론적인 견해를 받아들이는 정도는 별 관련이 없었다.

인간 행동의 진화적 연구에는 적응의 개념이 매우 중요하다. 하지만 적응

---

01 페일리가 말한 목적론(teleology)과는 정반대의 개념이다.

이라는 용어가 다양한 의미와 용례를 가진다는 점이 문제다. 초기 사회생물학과 진화심리학에서는 성인의 인지와 행동이 어떻게 적합도 관련 목표를 촉진하는지에 대해 연구했다. 2장에서 논의한 것처럼, 인간행동생태학자들은 동시대의 인간이 여전히 적응적인 방법으로 살아가는 표현형의 수(手)를 만들었다. 즉 행동과 번식적 적합도를 연결한 것이다. 더욱 광범위한 진화적 틀 내에서, 체질인류학자는 생물체의 특정한 삶의 방식에 대한 적응이라는 측면에서 인간의 몸을 연구했다. 물론 일상적인 대화에서 적응은 인간이 점진적으로 지역적 조건에 적응하고 순응한다는 의미로 사용된다. 이 장에서는 무엇이 적응인지, 그리고 어떻게 그런 현상이 일어나고 유전되는지에 대해 자세히 밝히도록 하겠다.

적응을 획득하는 과정은 시간의 흐름에 따라 바라볼 수 있다. 그림 7.1은 시간에 따른 적응의 개념을 나타낸 것이다. 스펙트럼의 한쪽 끝은 몇 초부터 며칠까지의 시간 단위로 작동하는 내적 되먹임 기전을 보여주고 있다. 기온과 같은 외적 변수 혹은 혈당 등의 내적 변수 등 환경 변수에 반응하는 것인데, 변화하는 조건에 대응하여 항상성을 유지하는 신속한 적응이다. 스펙트럼의 반대쪽 끝에는 수백 년에서 수천 년에 이르는 긴 시간 단위로 작동하는 자연선택과 성선택이 있다. 세대를 거듭하면서 유전자의 빈도가 변화해 가는 것이다. 한쪽 끝에는 개체가 변화하는 환경을 극복하는 적응이 있고, 다른 끝에는 종특이적 형질의 발달과 종 분화의 과정이 있다.

이 장에서는 두 극단에 위치한 적응에 대해 살펴볼 것이다. 좀 긴 시간적 단위로 보면, 인류는 보편적인 형질을 공유하고 있다. 하지만 좀 짧은 시간적 단위로 보면, 인류는 일정 범위의 생태계에 적응하면서 다양성을 진화시켰다. 기후나 지역적 생태계에 대한, 지역 인구 집단의 적응은 유전자 다양성에 기여했다. 유당 불내성이나 녹말 흡수 능력과 같은 식이적 적응이 대표적인 예다(20장 참조). 피부색이나 체형도 물론이다. 그러나 최근에 보다 짧은 시간 단위에서

기전	항상성 순화 습관화	순응	발달적 순응 가소성	세대 간 후성유전학적 효과	자연선택과 성선택	
					인구 집단 수준의 유전적 다양성 (최근)	인류 보편성 (고대)
과정	신체적 안정성을 유지하기 위한 단기간의 변화. 유전자 기반의 생리적 기전을 사용한다. 해당 기전은 인류 보편적이다. 예를 들면 혈당을 조절하는 인슐린이나 체온을 조절하는 발한과 몸 떨기 등이다.	환경적 조건 변화에 대해 한 일시적인 적응. 예를 들면 고산 지방을 여행할 때 나타나는 적혈구 수의 증가, 운동을 하면 늘어나는 근육량, 자외선 노출에 따른 멜라닌 색소 조절 등 이러한 변화는 대개 가역적이다.	예상되는 사회적, 물리적 환경과 삶의 조건에 대응하여 일어나는 성장 및 발달 과정 중 유기체의 표현형 변화 혹은 변화 능력. 예를 들면 기후 변화에 따른 명선의 조기 활성화, 생애사적 전략에 영향을 미치는 종 변화(8장 참조). 대개는 비가역적이다.	히스톤 단백질의 변형을 통한 혹은 유전 정보 침묵(silence). 부모가 경험한 환경은 DNA의 후성유전학적 변형을 유발하고, 이는 자녀에게 전달되고, 이는 유전적 표현과 선택 압 간의 일치를 돕는다. 예를 들면 세대 간 전달(7장 3절 참조).	지역적인 조건과 생태 환경에 따른 유전적 적응이 유발한 인구 집단 간의 차이. 예를 들면 피부색이나 체형.	장기간의 종 특이적 형질의 선택. 예를 들면 두발걷기, 체모 상실, 정보 처리를 위한 보편적 인지 기전, 감정의 보편적 체계, 일반적인 종 특이적 행동.
시간 단위	몇 초에서 며칠	며칠, 몇 달, 몇 년	몇 달에서 몇 년	한 세대에서 여러 세대	많은 세대: 수백에서 수천 년	많은 세대: 수만 년 수준

시간대

그림 7.1 인간의 적응. 좌측으로 갈수록 내적 혹은 외적 환경이 급속한 변화에 따른 개체의 적응과 관련된 생리적 세계의 진화, 우측으로 갈수록 장기간에 걸친 종종 비가역적인 표현형이나 유전자 간 공유적으로는 유전자 빈도 변화의 진화

일어나는 적응에 대한 관심이 높아지고 있다. 개체 수준의 발달 혹은 세대 간 후성유전학적 변형이다.[02]

2. 적응의 종류

1) 단기간의 가역적 변화: 항상성, 순화, 습관화, 순응

항상성(homeostasis)은 '일정한 상태'를 뜻한다. 동물이 비교적 일정한 내적 환경을 유지하는 현상이다. 예를 들어 인간의 경우 혈류 내 당 수치는 혈액 100mL당 70~100mg 수준이며, 산도는 7.4 ± 0.1, 체온은 37℃ 내외다. 이는 호르몬을 통한 되먹임 기전에 의해 달성된다. 체온의 경우는 발한이나 행동(몸 떨기)으로 조절할 수 있다. 순화(acclimation)는 이와 비슷한 용어인데, 실험적으로 조작한 환경적 스트레스에 대한 반응을 언급할 때 주로 쓰인다. 예를 들어 뜨거운 방에 사람을 넣고 체온 조절 양상을 실험할 경우다.

습관화(habituation)는 반복된 자극으로 인해 반응이 점점 감소하는 것을 말한다. 항상 적응적인 것은 아니다. 예를 들어 소음에 대한 습관화는 심각한 결과를 낳을 수도 있다. 하지만 엄밀히 말하면, 운동 혹은 감각 피로에 의해 유발되는 습관화를 제외하면, 습관화는 반응의 빈도와 강도를 줄여서 비용을 낮추는 효과가 있다. 이를테면 프레리도그는 연구자가 가까이 오면 주변에 경고 신호를 보낸다. 하지만 연구자가 별 위협이 되지 않는다는 사실을 깨달으면, 경고 신호의 빈도는 줄어든다. 프레리도그는 에너지를 절약할 수 있다.

순응(acclimatization)의 적응적 기능은 더 분명하다. 순응은 보다 긴 시간적 단위(인간의 경우는 며칠에서 몇 년 수준) 동안 일어나는 유기체의 신체적, 심리적 변화를 말한다. 예를 들어 높은 고도로 이동하면 혈액의 산소 이동 능력이 증

---

02 후성유전학 혹은 후생유전학이라는 두 용어가 엇비슷한 빈도로 사용되고 있다. 여기서는 모두 후성유전학으로 옮겼다.

가한다. 혈중 산소 농도가 떨어지면 신장은 에리스로포이에틴(erythropoietin)이라는 호르몬을 분비하는데, 이는 적혈구의 생산을 증가시킨다. 적혈구는 산소의 흡수와 이동을 담당하는 세포다. 다시 낮은 고도로 이동하여도 몇 주 동안은 높은 적혈구 수치가 유지된다. 그래서 운동선수는 종종 고산지대에서 훈련한다. 또 다른 예로는 더운 기후에 대한 순응이 있다. 더운 지방에 오래 있으면 땀에 포함된 염분이 줄어든다. 태양에 노출되면 피부가 타는 현상도 마찬가지다.

2) 발달적 순응과 발달적 가소성

발달기 동안의 순응은 비가역적인 변화를 유발한다. 또한 뒤에 나타나는 발달적 순응은 선행하는 발달적 순응에 의해 좌우된다. 대표적인 예가 고산지대에서 성장한 경우 나타나는 흉곽 크기의 증가 현상이다(Frisancho, 1993). 이러한 변화는 문화적으로도 일어날 수 있다. 19세기 후반, 서양 여성 사이에는 잘록한 허리가 유행했다. 그래서 꽉 끼는 코르셋을 성장기 소녀들이 입곤 했는데, 이로 인해 하부 흉곽의 모양이 변형되었다. 지금은 법으로 금지하고 있지만, 중국의 전족도 비슷한 예다. 중국 남부 광저우 노동자 계급의 가정에서는 장녀의 발을 꽁꽁 묶는 관습이 있었다. 부유한 남성에게 시집을 보내려는 의도였다. 작고 뾰족한 발이 더 아름답다고 생각했기 때문이다. 발한도 좋은 예다. 출생 시에는 모두 비슷한 수의 땀샘을 가지고 있다. 그러나 처음부터 땀샘이 기능하는 것은 아니다. 약 3년이 지나야 기능을 시작한다. 더운 지방에서 태어나면 더 많은 땀샘이 기능하게 된다.

오늘날 발달적 가소성은 진화적 적응의 핵심으로 간주되고 있다. 다양한 환경에서 최적의 적합도를 가진 표현형을 발현시키기 때문이다. 물론 이러한 과정 자체가 더 높은 수준에서 일어난 자연선택의 결과이며, 다양한 가소성은 조상들이 겪었던 여러 환경에 대한 반응으로 선택된 것임을 잊지 말아야 한다.

다양한 환경에 반응하여 표현형이 나타나는 현상을 '반응 규준(reaction

norm)'이라고 부르는데, 흔히 이러한 형질은 연속적인 경향으로 나타난다. 물론 불연속적인 결과로 나타날 수도 있다. 예를 들어 여러 종의 파충류 알은 온도에 따라 성별이 결정된다. 일반적으로 환경적 신호에 따른 표현형의 변화는 유기체의 생애 초기에 나타나며, 전체 과정은 결정적 시기에 의해 좌우된다. 가장 극적인 예는 태내 테스토스테론 노출에 의해 결정되는 남성화 현상이다. 혹은 유충 단계에서 먹는 먹이에 따라 여왕벌 혹은 일벌로 성장하는 꿀벌의 사례도 있다. 상이한 형태가 나타나는 현상을 다면발현성(polyphenism)이라고 한다.

인간의 경우 초기 발달적 조건에 따라 성인기 건강 상태가 어떻게 달라지는지에 대한 흥미롭고 심도 있는 연구가 이루어졌다. 여기서는 두 개의 경쟁 이론, 즉 절약 유전자 가설과 절약 표현형 가설을 알아보자.

절약 유전자

절약 유전자(thrift genotype) 가설은 제II형 당뇨병을 설명하기 위해서 제안된 가설이다. 제II형 당뇨병은 과거에 기아를 겪었던 경우에 유병률이 높아진다. 아메리카 원주민과 남태평양 원주민, 이누이트족, 호주 애버리지니 등 여러 인구 집단을 대상으로 연구가 시행되었다(Eaton, Konner, Shostak, 1988). 기본적인 아이디어는 유전학자 제임스 닐이 처음 제안했다(James Neel, 1962). 당뇨병은 유전성을 가진 심각한 질병인데, 질병원성 유전자는 지금도 지속되고 있다. 닐은 당뇨병을 일으키는 유전자가 인슐린으로 하여금 당을 지방으로 바꾸게 한다고 가정했다. 음식이 풍부한 상황에서 지방을 축적하여, 음식이 부족할 때 견딜 수 있게 해준다는 것이다. 그런데 현대 사회에서는 음식이 늘 풍부하기 때문에, 당은 끊임없이 지방으로 축적되고 따라서 인슐린에 대한 민감도가 떨어지며, 혈당이 높아진다는 것이다.

만약 기아를 자주 겪는 인구 집단에서 이른바 '절약 유전자'가 선택된다면, 인구 집단에 따라서 당뇨병의 유병률이 다르게 나타날 것이다. 즉 지역적인 유전적 다양성의 사례로 인정받을 수 있다. 그러나 주류 학계의 의견은 좀 다르다. 당뇨와 비만의 주요 요인으로 인정하지 않는 분위기인데, 몇 가지 모순이 있기 때문이다. 첫째, 제II형 당뇨병은 유럽인에서 많이 발병하는데, 이들은 주기적인 기아에 노출되지 않는다. 둘째, 당뇨 및 비만과 관련된 최근의 유전자 연구에 따르면, 해당 유전자가 자연선택된 것으로 보이지 않는다(Southam et al., 2009). 게다가 현생 수렵채집인에 대한 연구에 의하면, 이들은 풍요로운 환경에서도 비만에 잘 걸리지 않는다. 음식이 풍부한 상황에서도 수렵채집인의 체중이 늘어나지 않는다면, 절약 유전자가 기능하지 않는 것이다. 또한 플라이스토세의 수렵채집인은 주기적인 기아를 겪지 않았던 것이 거의 확실하다. 기아는 신석기 이후 몇몇 종류의 곡류에 의존하게 된 이후에 많이 일어났다. 일부 곡물에 의존하면서 기후 변화나 주기적인 흉작이 식량 공급의 심각한 차질을 일으켰기 때문이다(19장 참조).

절약 표현형

절약 유전자 가설은 좀 의심스럽지만, 절약 표현형(thrifty phenotype) 가설은 승승장구 중이다. 이 가설은 영국의 관상동맥 심질환의 발병률에 대한 데이비드 바커의 연구에 크게 빚지고 있다(David Barker, 2007). 1911년부터 1979년까지 영국 전역의 데이터를 수집 연구한 바커는 생활 습관은 관상동맥 질환의 가능성을 제한적으로 예측해줄 뿐이라는 결론을 내렸다. 대신 출생 당시의 저체중이 생애 후반 심질환의 위험성과 강한 상관관계가 있다고 주장했다. 이런 현상을 발달적 가소성으로 설명해야 한다고 결론 내렸는데, 바커는 처음에 '발달적 기원 이론(developmental origin theory)'이라고 이름을 붙였다. 태아는 앞으로 겪을 환경에 맞추어, 태중에서 이미 프로그램화된다는 것이다. 모체의 불량한 영양 상태(저출생체중)는 태아에게 인슐린 저항성 증가나 지방산 혈중 농도 상승, 성장 지연 등 보상적 전략을 프로그램화한다. 즉 태중에서 겪은 부족

그림 7.2 절약 표현형 가설의 모식도. 출처: Frisancho, A .R. (2010). The study of human adaptation. In M. P. Muehlenbein (ed.), Human Evolutionary Biology. Cambridge University Press (adapted with permission); and Walker et al. (2012).

한 에너지 자원에 맞추어, 출생 후에도 이에 적합한 방식으로 성장하도록 전략을 수정한다. 그런데 출생 이후 영양이 풍족한 환경을 만나면, 이른바 '절약 표현형'은 체중을 불리고, 제II형 당뇨병과 심질환의 위험성을 높이게 된다(그림 7.2).

이 모델이 옳은지 여부는 예측대로 들어맞을 때 해당 기전이 세대를 거쳐 선택될 수 있는지에 달려 있다. 다시 말해서 태아가 보통 경험하는 조건이 미래의 환경에 대한 믿을 만한 힌트가 되느냐는 것이다. 만약 그렇다면 발달적 가소성이 유전되고, 실질적인 적합도 이익을 누릴 수 있을 것이다.

바커의 연구 이후 수백 건이 넘는 연구에서 비슷한 현상이 재확인되었다. 저출생체중은 고혈압, 인슐린 저항성, 당뇨병, 지방 축적의 위험성, 심혈관 장애의 위험성과 관련된다(Kuzawa and Quinn, 2009).

어떻게, 그리고 왜 신체는 초기 생애 조건에 반응하여 발달을 조절하는 능력을 갖추게 된 것일까? 사실 초기 영아기 몇 년간의 경험이 성인기 삶의 조건과 별 관련이 없다면 문제가 심각해진다. 하지만 이에 대해서 기발한 주장이 제기되었다. 태아기의 프로그램화는 지금 당장 겪고 있는 지역적 변동에 대한 방어 역할을 한다는 것이다. 태아가 발달하는 도중, 모체는 단기간의 환경 변화(며칠에서 몇 달)에 대해 완충 역할을 제공한다. 모체의 적응은 이미 오랫동안의 생물학적 경험을 통해서 이루어진 것이다. 혈압이나 모유의 질 등에 반영

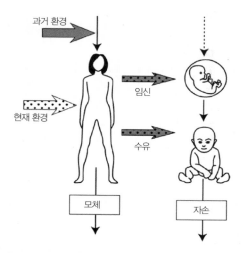

그림 7.3 어머니를 통해 태아에게 취합, 전달되는 생태적 정보, 모체는 임신과 수유를 통해서 과거 및 현재의 환경에 대한 정보를 아이에게 전달한다. 누적된 환경적 경험은 발달 중인 태아에게 미래에 대한 믿음직한 정보를 제공해준다. 단지 당장의 국소적 환경 정보에 대한 적응이 아니다. 출처: Kuzawa and Quinn, 2009

되는데, 태아로 전달되는 영양소의 수준을 결정한다. 이는 태아가 겪을 환경에 대한 믿음직한 예측 신호로 작동한다. 이러한 방식으로 오랜 기간 모체가 겪은 경험은 태아에게 전달되어 미래를 대비하도록 해주는 것이다(그림 7.3).

출생 당시 체중과 모체의 영양 상태를 연구한 결과는 위의 모델을 지지한다. 수세대 동안 영양 상태가 불량하던 인구 집단의 경우 출생 체중이 낮은 경향을 보인다. 임신부에게 영양 보조제를 공급해도 출생 체중에 미치는 영향은 거의 없다. 장기간의 환경적 조건이 단기간의 식이 변동보다 더 중요한 것이다(Kramer, 2000; Kuzawa, 2005). 자궁 내 초기 경험이 미치는 발달적 가소성과 세대 간 효과의 증거는 1944~45년 사이 네덜란드의 '굶주린 겨울(Hunger Winter)' 사례에서도 드러난다(상자 7.1).

네덜란드의 굶주린 겨울, 1944~1945년

제2차 세계대전은 엄청난 비극이었지만, 발달적 가소성 및 생애사 프로그램화에 대한 이론을 검증할 수 있는 데이터를 제공했다. 1944년 연합군은 노르망디 상륙 작전에 성공했으나 같은 해 9월경 아른헴 지역 라인강 부근에서 진격을 중단했다. 이른바 마켓 가든 작전이 실패했기 때문이었다. 영화 〈머나먼 다리〉(1977)가 바로 이 작전의 실패를 다루고 있다. 연합군을 도우려는 네덜란드 레지스탕스는 철도 파업을 일으켰다. 독일군의 이동을 저지하려는 것이었다. 독일은 야만적인 보복 조치를 취했는데, 네덜란드 지역 식량 운송을 중단했다. 더욱이 1944년에는 맹추위가 몰려왔고, 네덜란드 시민은 심각한 기아에 시달렸다. 1945년 5월 연합군이 네덜란드에 진격하면서 식량 공급이 재개되었지만, 이미 2만 명이 넘게 죽은 후였다.

이 끔찍한 시기에도 임신부에 대한 의료는 제공되었고, 신생아의 출산 기록도 남았다. 이때 태어난 아이들의 성인기 건강을 추적 관찰하여, 다른 시기의 인구 집단과 비교하였다. 연구 결과는 영국인에 대한 바커 등의 연구와 일치했는데, 임신 중 산모의 영양 결핍으로 인해 저출생체중을 보인 아이들은 나중에 고혈압과 당 불내성을 더 많이 겪었다(Roseboom et al., 2011). 비슷한 연구에 의하면 임신 초기 기아에 노출된 경우, 나중에 관상 동맥 질환을 앓을 확률이 훨씬 높았다. 게다가 기근 중에 태어난 아이는 나중에 또다시 평균보다 작은 아기를 낳는 경향이 있었다. 후성유전학적 효과를 암시하는 증거다(Painter et al., 2008). 재태 기간 중 기아에 노출된 여성은 더 많은 수의 아이를 낳았고, 쌍둥이도 더 많이 낳았다. 아기를 낳은 후 보다 빨리 다음 아기를 낳는 경향도 보였다. 이는 불량한 영양 상태가 빠른 생애사 전략과 관련된다는 것을 보여준다. 게다가 재태 기간 중 기근을 겪은 아이는 인지 기능도 더 일찍 떨어지기 시작한다는 보고가 있다(de Rooij et al., 2010). 이러한 연구 결과는 태아기 후성유전학적 프로그램화의 직접적 증거다. 수태 직후 기아를 겪으면 각인된 인슐린 유사 성장 인자 2 유전자(insulin-like growth factor 2 gene, IGF2)의 DNA 메틸화가 덜 일어난다. 이러한 경향을 동성의 형제자매 사이에서 비교했는데, 그 효과는 무려 60년이 지나도 유지되었다. 각인이 사라지면 IGF2가 합성되며, 이는 성장을 촉진하는 발달상의 후성유전학적 적응을 일으킨다.

인간은 다양한 생태계에 정착할 수 있는데, 이는 영구적인 유전적 변화나 순응, 적응적 표현형 가소성 등에 힘입은 것이다. 하지만 우리가 전 지구에 정착할 수 있는 가장 중요한 이유는 바로 환경적 어려움에 대한 문화적 해결책이었다. 불, 의복, 건축, 중앙난방, 에어컨 등은 우리를 둘러싼 미소 기후(microclimate)를 스스로 만들어낸 예다. 이를 문화 발달적 순응이라고 하는데, 21장에서 자세하게 다룰 것이다.

3) 후성유전학과 각인, 세대 간 효과

각인

앞서 언급한 연구는 여러 발달적 가설, 즉 초기 환경이 후기 발달을 프로그램화한다는 가설을 지지하고 있다. 게다가 이런 효과는 세대를 거쳐서 유지된다는 수많은 증거가 있다. 이를 간단히 살펴보자. 3장에서 언급한 것처럼 현대 생물학의 핵심적 교리 중 하나는 획득 형질이 유전되지 않는다는 것이다. 정보는 유전형에서 표현형으로만 흐르며, 반대 방향으로는 흐르지 않는다. 이런 면에서 라마르크 유전은 일어날 수 없다. 그러나 절약 표현형 등 여러 발달적 가설은 환경의 변화에 반응하여 일어난 변화가 다음 세대(심지어 손주나 증손주까지)로 이어질 수 있음을 시사하고 있다. 물론 DNA의 서열이 바뀌는 것은 아니다. 이러한 형태의 정보 전달을 두고 '후성유전학(epigenetics)'이라고 한다. 여기서 'epi'라는 접두사는 그리스어로 '위'라는 뜻이다. 후성유전학은 이제 막 싹트기 시작하여 무궁무진한 발전 가능성을 가진 학문 분야다.

이런 기전이 어떻게 작동하는지를 이해하는 열쇠는 유전적 스위치(genetic switching)라는 아이디어다. 인체의 거의 모든 유전자는 동일한 유전 정보를 가지고 있다. 따라서 신체의 각 부위에서 적절하게 작동하려면, 그에 맞춰서 유전자를 끄고 켤 수 있어야 한다. 예를 들어 간 세포는 간의 기능을 하고, 심장 세포는 심장 기능을 해야 한다. 1980년 무렵 유전자가 각인될 수 있다는 사실이 밝혀졌다. 즉 아버지로부터 물려받은 유전자가 꺼지는 현상(반대도 가능하다)이다. 이에 대해서는 쥐 실험을 통해서 각인 현상을 증명한 바턴 등의 연구를 참조하는 것이 좋겠다(Barton et al., 1984). 원래는 생식 세포에서 일어나는 후성유전학적 효과지만, 체세포에서도 여전히 유지된다. 두 가지 핵심 기전이 관여하는데, DNA의 메틸화를 통한 비활성화, 그리고 DNA가 감는 히스톤 단백질의 변형이다. 따라서 기본적인 유전적 암호는 변하지 않는다.

성 특이적 각인과 출생 체중

유전자 각인(genomic imprinting)은 비교적 최근에 발견된 현상이다. 전통적인 멘델 유전학(Mendelian genetics)에 따르면 양 부모에게서 물려받은 염색체는 기능적으로 대등하다(성염색체 제외). 물론 유전자 자체는 우성과 열성으로 나눌 수 있지만, 정상적으로 기능하는 유전자의 작동이 어머니 혹은 아버지 유래라는 이유로 인해서 영향 받는 일은 있을 수 없다. 사실 배수체 생물에서 어떤 유전자가 작동할지 여부가 그 유전자의 부성 유래 혹은 모성 유래에 의해서 좌우된다는 것은 있기 어려운 일이다. 자손의 유전자는 감수 분열 시의 재조합에 의해서 결정되기 때문이다. 어머니로부터 전해 받은 유전자도, 사실 그 전 세대에서는 어머니 혹은 아버지 중 누구로부터 유래했는지 알 수 없다. 그리고 어머니의 유전자는 아들에게 갈 수도 있고, 딸에게 갈 수도 있다. 하지만 유전자 각인은 이러한 큰 그림을 벗어나는 예외적 현상이다.

성 특이적 게놈 각인이란 특정 유전자가 특정 부모로부터 유래했을 때, 유전자의 작동을 중지시키는 현상, 즉 봉인 도장을 찍어 버리는 것이다. 어떻게 이런 현상이 일어날 수 있을까? 이는 자녀에 대한 부모의 양육 투자 수준과 친자 확실성의 차이에서 기인한다(소위 '부모 갈등 가설(parental conflict hypothesis)'이라고 한다). 이러한 견해에 따르면 부성 유래의 유전자는 배아의 빠른 발달을 촉진한다. 왜냐면 다음에 모체가 낳을 아이는 부성 유전자와 아무 관련이 없을 수도 있기 때문이다. 반대로 모체는 태아에게 마냥 자원을 제공하려고 하지는 않는다. 모체도 살아야 하고, 다음에 낳을 자식도 고려해야 하기 때문이다.

따라서 모체는 배아의 성장 속도를 줄이기 위해 모성 유래의 성장 유전자 일부를 '각인'시킨다. 물론 다른 대안적 주장도 있다. 모성 유래의 유전자와 부성 유래의 유전자를 각인시킬지 여부는 배아가 접합체 단계를 지날 때, 이미 모체의 통제 하에 있다는 것이다(Keverne and Curley, 2008).

부모 유전자의 각인 현상이 비대칭적 양육 투자에서 기인한다면, 수정 후에 자녀를 거의 돌보지 않는 종에서는 각인 현상이 잘 나타나지 않을 것이다. 즉 접합자가 생긴 이후에는 생물학적 모성 투자가 이루어지지 않는 종이다. 실제로 물고기나 양서류, 파충류에서는 각인의 증거가 거의 관찰되지 않는다(Killian et al., 2000). 반대로 수정 이후 자원 요구량이 높고, 태반을 통해서 자원이 전달되는 태반 포유류에서는 이러한 게놈 각인이 흔히 발견된다. 조류와 단공류(오리너구리 등의 난생 포유류)의 경우 수정 후 자원 할당이 낮은 편인데, 물론 각인 현상도 발견되지 않는다(Bartolemei and Ferguson-Smith, 2011).

성 특이적 각인은 단상부족(haploinsufficiency)의 위험성이 있다. 이배체 생물에서 게놈 각인이 일어나면, 유전자 쌍 중 하나만 기능한다는 뜻이다. 그 하나에 문제가 생기면 질병이 생길 수 있다. 각인 현상에 대해서는 아직 모르는 것이 많지만, 이런 현상이 일어난다는 것은 단상부족을 초과하는 선택압이 있었다는 의미다.

출생 체중에 대한 연구도 각인 현상을 지지해준다. 이복 동기나 이부(異父) 동기를 비교해보면, 이부 형제 혹은 자매 간의 출생 체중의 상관성이 더 높다. 게다가 출생 크기는 아버지보다는 어머니의 출생 체중과 더 강한 관련성을 가진다(표 7.1).

출생 체중에 미치는 모성 요인이 부성 요인보다 크다는 사실은 인간뿐 아니라 다른 많은 포유류 종에서 잘 밝혀져 있다. 그러나 성체 체중은 0.4에서 0.6 정도 수준에서 서로 비슷하다(Luo et al., 1998). 이를 감안하면, 마치 태아 발달은 아버지의 통제권에서 기어이 벗어나려는 것처럼 보인다. 그리고 출생 후에는 다시 부성 통제 아래에 놓인다는 것이다. 물론 이런 현상은 적응적인 측면에서 바람직한 일이다. 모체는 환경 조건이나 가용 영양소 수준, 모성 양육 능

표 7.1 출생 체중과 몇몇 인자의 관련성 정리

가족 관계	출생 체중의 상관성	연구 대상자 수	참고 문헌
이부 동기	0.581	30	Gluckman and Hanson, 2005
이복 동기	0.102	168	Gluckman and Hanson, 2005
이종 사촌	0.135	554	Gluckman and Hanson, 2005
고종 사촌	0.015	288	Gluckman and Hanson, 2005
자녀와 어머니	0.226	67,795	Magnus et al., 2001
자녀와 아버지	0.126	67,795	Magnus et al., 2001

출생 체중은 아버지보다 어머니와 더 깊은 관련이 있다.

력, 산도의 크기 등에 대해서, 아버지가 제공하는 유전적 혹은 후성유전학적 정보보다 훨씬 유용한 정보를 제공해주기 때문이다.

후성유전학 : 라마르크주의의 부활?

처음 각인 현상이 발견될 무렵, 물리적 각인이 유전자 발현을 매 세대마다 차단하지만 게놈은 감수분열 중 새로 초기화된다고 당시 과학자 거의 모두가 생각했다. 사실 부성 혹은 모성 유래의 유전자가 각인되려면, 정자나 난자가 발생하는 과정에서 매번 새로운 각인이 일어나야만 한다. 하지만 스웨덴의 의학자 라스 오로브 비그렌 등이 스웨덴 북부 노르보텐 지역 주민의 건강 자료를 통해서 후성유전학적 효과가 세대를 거쳐 지속될 수 있다는 것을 제시하면서 상황이 바뀌기 시작했다(Lars Olov Bygren et al., 2001). 북극권에 속하는 이 지역은 19세기 무렵 다른 지역으로부터 고립되어 있었다. 그런데 당시 흉년이 찾아오자 많은 주민이 기아에 시달리기 시작했는데, 1800년 및 1812년,

1821년, 1836년, 1856년에는 거의 작황이 없는 수준이었다. 하지만 1801년 과 1822년 1828년, 1844년, 1863년에는 대풍이 있었다. 이러한 극적인 흉풍이 반복되면서 굶주림과 과식이 지속되었다. 이런 상황이 건강에 어떤 영향을 주는지 확인하기 위해서, 비그렌 연구팀은 노르보텐 지역 위베르칼릭스 읍에 사는 99명의 주민을 무작위로 추출하여 건강 상태와 부모 및 조부모 시절의 식량 공급 수준을 비교 분석했다. 아주 놀라운 결과를 얻었는데, 사춘기 무렵 한 계절 내에 정상적인 식이를 하다가 과식을 한 소년의 손자는 흉년으로 인해서 제대로 먹지 못한 소년의 손자에 비해서 평균 6년을 일찍 죽었다. 비슷한 데이터를 사용한 후속 연구에 의하면, 주된 사망 원인은 심혈관 질환과 당뇨병이었다(Kaati et al., 2002). 아버지가 사춘기를 겪을 무렵 음식이 풍부하지 않았다면, 자녀의 심혈관 사망률은 더 낮았다. 그러나 친할아버지가 사춘기 무렵 과도한 영양을 섭취한 경우 손주는 당뇨병으로 인해 보다 많이 죽었다. 한 후속 연구에서 연구팀은 할아버지의 초기 사춘기 무렵 식량 공급 상황이 성 특이적으로 세대를 거쳐 손주에게 영향을 미친다는 사실을 확인했다(Kaati et al., 2007).

요약하면 비그렌과 카티 등의 연구에서 환경적 스트레스에 의한 반응이 유전적 코드에 의존하지 않고도 세대를 거쳐 내려갈 수 있다는 사실을 확인한 것이다. 이러한 경천동지할 연구 결과는 후성유전자(epigenome), 즉 유전자 발현에 영향을 미치는 일종의 마커가 존재한다는 사실을 시사할 뿐 아니라, 이들이 생식 세포 내의 DNA처럼 아래 세대로 내려간다는 사실을 암시한다. 이 최초의 연구 결과가 발표된 이후, 원핵생물, 식물 및 동물 등에서 세대 간 후성유전학적 유전의 예가 최소한 100개 이상 확인되었다(Jablonka and Raz, 2009).

비그렌은 어떤 기전이 작동하여 이런 현상이 일어나는지 잘 몰랐고, 비슷한 스트레스 반응이 다른 인구 집단에서도 비슷한 결과를 낳을지에 대해서도 확신이 없었다. 이후 유니버시티 칼리지 런던의 유전학자 마커스 펨브레이

(Marcus Pembrey)를 만나, 영국 브리스톨 시 및 인근에 사는 부모와 자녀의 건강에 대한 연구, 이른바 아본 부모 자식 종적 연구(the Avon Longitudinal Study of Parents and Children, ALSPAC)의 데이터를 손에 넣었다. 연구에 참여한 어린이는 1991년과 1992년에 태어났는데, 매년 수많은 신체적 형질이 측정되었다. 사춘기에 막 접어들 무렵인 11살 이전에 담배를 피운 아버지의 아들은 9세 무렵에 더 높은 BMI를 가질 가능성이 컸다. 11세 무렵에는 소년의 생식 세포가 형성되기 시작하기 때문에 생식 세포가 외부 스트레스의 영향을 받을 수 있는 때다. 이러한 효과는 오직 부계를 통해서만 전해졌다(Pembrey et al., 2006). 연구팀은 또한 노르보텐 주민에 대한 스웨덴 데이터를 조사했는데, 할아버지의 건강 상태는 손주 중에 오직 손자의 사망 위험률에만 영향을 미치고, 반대로 할머니의 경우는 손녀에게만 영향을 미쳤다(표 7.2 참조).

언급한 후성유전학전 현상은 성 특이적으로 일어나기 때문에, 연구자들은 X 및 Y염색체를 의심했다.

우리는 성 특이적인 부계성 세대 간 반응이 인간에게 존재하며, 이러한 전달

표 7.2 느린 성장기 동안 조부모의 식량 섭취 수준에 따른 손녀 및 손자의 사망률 상대 위험도

	어린 시절 잘 먹은 조부모		어린 시절 잘 먹지 못한 조부모	
	손녀의 상대 위험도와 유의도	손자의 상대 위험도와 유의도	손녀의 상대 위험도와 유의도	손자의 상대 위험도와 유의도
친할머니	**2.13 (p=0.001)**	1.02 (p=0.93)	0.72 (p=0.12)	1.23 (p=0.27)
친할아버지	0.81 (p=0.32)	**1.67 (p=0.009)**	1.17 (p=0.43)	**0.65 (p=0.025)**

사망률 상대 위험도는 집단의 기대 사망률로 실제 사망률을 나눈 값이다. 유의하게 차이가 나는 상대 위험도는 굵은 글씨로 표시했다. 높은 상대 위험도는 기대 사망률보다 더 많이 죽는다는 뜻이다.

후성유전학적 영향은 두 가지 방법으로 이루어진다. 하나는 히스톤을 통한 유전자 발현의 조절이다. 히스톤은 DNA가 감겨 있는 '실패' 단백질을 말한다. 다른 하나는 메틸화를 통해 이루어지는데, 이는 시토신의 화학적 변화를 뜻한다(시토신은 네 가지 염기, 아데노신, 구아닌, 시토신, 티민의 하나다. 각각 A, G, C, T로 표기한다). DNA는 크로마틴을 형성하는 히스톤 주변을 둥글게 감싸는 일종의 클러스터를 형성한다. DNA는 이러한 히스톤 단백질에서 풀려나야만 발현이 가능한데, 그래야만 RNA 중합 효소가 달라붙을 수 있기 때문이다. 이러한 히스톤 과정은 아직 잘 알려져 있지 않지만, 히스톤 단백질을 구성하는 아미노산의 변화에 의해 변형된 히스톤은 DNA와 함께 새로운 세포로 이동하여, 추가적인 히스톤의 표본 역할을 하는 것으로 보인다. 유명한 프리온 단백질은 단백질 자체가 감염원으로 기능하는 경우인데, 특정한 상태의 단백질이 다른 자연 상태의 단백질을 자신과 동일한 상태로 변형시키는 예다.[03] 메틸화는 시토신을 5-메틸시토신으로 변형한다. 이렇게 변형된 염기는 여전히 시토신의 기능을 하며, 구아닌과 결합한다. 그러나 메틸화가 너무 많이 일어난 DNA 영역은 전사 활성도가 낮아지는 것으로 알려져 있다. 다시 말해서, 메틸화된 유전자는 침묵하게 되거나 함께 꺼져버린다. 흥미롭게도 메틸화가 자주 일어나는 부분은 전사가 시작되는 위치보다 상위의 조절 유전자 부분이다. 게다가 이러한 메틸화 경향은 안정적이므로 세포 분열을 거치면서도 살아남는다. 아마 세포 분화는 이러한 후성유전학적 변형의 도움을 받아 일어나는 것으로 추정된다(메틸화는 DNA 메틸전이효소, 즉 메틸화된 DNA의 한쪽 가닥이 다른 가닥의 메틸화를 일으키도록 돕는 효소에 의해서 세대를 거쳐 내려가는 것으로 보인다).

증거에 따르면 메틸화는 히스톤 변형보다 더 안정적이다. 시토신이 메틸화되면, 5-메틸시토신으로 바뀌는데 이는 DNA 가닥의 3차원적 구조를 변형시킨다. 그런데 특정한 DNA의 구조는 단백질과 히스톤이 달라붙기 위해서 필요하다. 특정한 DNA의 영역에 메틸기 및 단백질, 히스톤이 누적되면 크로마틴이 더욱 단단한 구조를 만들게 된다. 그 결과 전사 인자와 RNA 중합 효소가 접근하지 못하게 되고, 해당 유전자는 발현에 실패하게 되는 것이다(Gluckman et al., 2009). 이러한 후성유전학적 변화는 보통 특정 유전자 자체에 나타나는 것이 아니라, 유전자 '상류'에 있는 유전자 프로모터에 더 많이 작용한다. 지금까지 최소 4종류의 후성유전학적 기능이 알려져 있다. 성 특이적 각인, 세포 분화, 발달적 가소성, 암컷의 X염색체 불활성화 등이다(그림 7.4).

---

03 프리온 단백질은 광우병을 유발하는 단백질이다.

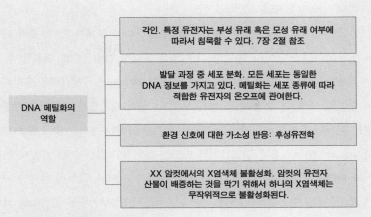

그림 7.4 DNA 메틸화의 중요한 역할

다음은 그림 안의 내용이다.

DNA 메틸화의 역할

각인. 특정 유전자는 부성 유래 혹은 모성 유래 여부에 따라서 침묵할 수 있다. 7장 2절 참조

발달 과정 중 세포 분화. 모든 세포는 동일한 DNA 정보를 가지고 있다. 메틸화는 세포 종류에 따라 적합한 유전자의 온오프에 관여한다.

환경 신호에 대한 가소성 반응: 후성유전학

XX 암컷에서의 X염색체 불활성화. 암컷의 유전자 산물이 배증하는 것을 막기 위해서 하나의 X염색체는 무작위적으로 불활성화된다.

인간의 후성유전자 지도를 그리려는 프로젝트가 진행되고 있다. 국제 인간 후성유전학 컨소시엄(the International Human Epigenetic Consortium, IHEC)이 2010년 파리에서 발족했다(http://ihec-epigenomes.net/). 인간 게놈 프로젝트에 비하면, 실로 엄청난 사업이라고 할 수 있다. 개인의 게놈은 모든 조직에서 동일하지만, 후성유전자는 각각의 세포에서 모두 다르기 때문이다. 게다가 생애사를 겪으며 계속 변화한다.

은 성 염색체, 즉 X와 Y염색체가 매개한다는 가설을 세웠다(Pembrey et al., 2006, p. 159).

펨브레이와 비그렌의 흡연 효과 연구 이후, 부계를 통한 세대 간 효과의 사례가 많이 발견되었다. 예를 들면 약물, 알코올 및 독(toxin) 등이다(Curley et al., 2011). 이후 DNA가 각인되는 두 가지 기전에 대한 후속 연구가 진행되었다. 시토신 염기의 화학적 변화와 활성 유전자 주변의 단백질 클러스터링이다(상자 7.2).

후성유전학적 효과와 부모 양육: 쥐와 인간

인간의 후성유전학적 효과를 연구할 때 봉착하는 문제가 있다. 종적 데이터가 부족하다는 것이다. 하지만 쥐 실험을 통해서 간접적으로 해결할 수 있는 문제다. 예를 들어 롱-에반스 쥐에 모성 양육이 어떤 자연선택을 유발하는지 확인할 수 있다. 롱-에반스 쥐는 1915년 롱과 에반스가 시궁쥐를 개량해 만든 실험용 쥐의 일종이다. 쥐가 태어나자마자 어미는 새끼를 핥고 털을 고른다(Lick and Groom, LG). 털고르기의 빈도는 개인적인 차이가 있는데, 이를 수치화 하면 LG 행동을 저, 중, 고로 나눌 수 있을 것이다. 그런데 새끼가 나중에 보이는 LG 행동은 어미에게 받은 LG 행동의 빈도와 높은 상관도를 보였다. 이는 단순한 유전적 변이가 아니다. 높은 LG 어미의 새끼도, 낮은 LG 어미의 양육을 받으면 나중에 낮은 LG 행동을 보였다. 반대로 낮은 LG 어미의 새끼가 높은 LG 어미의 양육을 받으면 나중에 높은 LG 행동을 보였다. 왜 이런 현상이 일어나는지 그동안 많은 사람이 연구했는데, 그 효과는 아주 복잡하다(Champagne, 2008). 핵심만 요약하면, 낮은 모성 양육은 모성 행동이나 스트레스 반응과 관련된 신경생물학적 기전에 영향을 미쳐서, 이러한 결과가 여러 세대를 거쳐 전해 내려간다는 것이다.

이러한 현상은 인간의 양육 행동에서도 일어날까? 학대를 받은 영아의 20~30%가 나중에 학대를 하게 된다는 사실, 그리고 학대를 하는 부모의 70%가 소아기에 학대받은 경험이 있다는 사실이 알려진 것은 벌써 수십 년 전 일이다(Chapman and Scott, 2001). 비슷한 효과는 애착(8장 3절 참조)에서도 나타난다. 어머니가 받았던 애착 수준과 자녀에게 주는 애착 수준이 상관성을 보였다(Benoit and Parker, 1994). 게다가 영아기에 받은 학대의 경험은 뇌의 후성유전학적 변화를 가져온다는 사실도 최근 밝혀졌다(McGowan, 2009).

쌍둥이는 후성유전학적으로 다른가?

일란성 쌍둥이는 동일한 게놈을 가지고 있으므로 아주 흥미로운 연구 대상이다. 일란성 쌍둥이는 표현형의 차이를 보인다고 알려져 있는데, 특히 조현병이나 양극성 장애의 취약성에 대한 차이를 보인다(Cardno et al., 2002). 다른 환경에서 자란 일란성 쌍둥이는 서로 후성유전학적 차이를 보이게 될까? 이러한 '표현형 불일치(phenotypic discordance)'는 아직 제대로 밝혀지지 않았지만, 서로 후성유전학적 차이를 보일 가능성은 있다(Fraga et al., 2005; Poulsen et al., 2007). 일란성 쌍둥이의 후성유전학적 차이의 수준을 평가하기 위해서, 마리오 프라가 등은 80명의 스페인 자원자를 모집했다(Mario Fraga et al., 2005). 자원자는 모두 코카서스인이었는데, 쌍둥이가 나이를 먹을수록 게놈의 후성유전학적 변화 경향이 점점 달라지는 현상을 찾아냈다(그림 7.5). 연령 효과도 있었지만, 서로 떨어져 지낸 시간이 길수록 이러한 차이가 두드러졌다. 이유는 알 수 없지만, 아마 생활 습관의 차이(흡연, 식이, 운동 등)나 후성유전학적 표류에 의한 것으로 추정된다. 미래의 후성유전학은 같은 유전자가 다른 표현형을 낳는

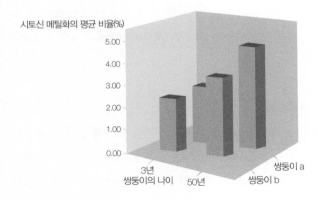

그림 7.5 나이에 따른 쌍둥이의 DNA 메틸화 차이. 3세경에는 메틸화의 차이가 거의 없지만, 50세경에는 메틸화의 차이가 벌어진다. 물론 절대적인 메틸화 수준도 나이에 따라 높아진다. 출처: Fraga et al. (2005), Figure 1C, p. 10606.

현상을 밝히는 데 큰 기여를 할 것으로 보인다(Wong et al., 2005).

불균형 X염색체 불활화에 의해 여성에게도 차이가 나타날 수 있다. 남성은 어머니로부터 물려받은 하나의 X염색체를 가지고 있는데, 여성은 부모 양쪽으로부터 두 개의 X염색체를 받는다. X염색체에서 코딩되는 단백질의 양이 과도해지면 안되므로, 배아 발달 초기에 X염색체 하나가 불활화된다. 여성의 몸 전체를 고려하면, 어머니로부터 온 X염색체의 절반과 아버지로부터 온 X염색체의 절반이 불활화되는 셈이다. 이러한 과정은 열성 유전자의 단점을 보상해주는 장점이 있다. 예를 들어 아버지로부터 색맹 유전자를 포함한 X염색체를 받았다고 가정하자. 유전자의 절반은 불활화되겠지만, 어머니로부터 받은 유전자가 멀쩡하기 때문에 정상적인 시각을 가질 수 있다. 하지만 만약 이러한 불활화가 한쪽으로 쏠리면, 열성 형질이 나타날 수도 있다. 일란성 여성 쌍둥이의 경우, 수정된 난자는 수태 직후 불활화 전에 나뉘기 때문에 불균형 불활화가 한쪽에서만 일어난다면 일란성 쌍둥이임에도 불구하고, 표현형의 불일치를 보일 수 있다. 이러한 현상의 예로는 헌터 증후군(Hunter syndrome), 혈우병, 색맹, 레쉬-니한 증후군(Lesch-Nyhan syndrome), 듀케네 근무력증(Duchenne muscular dystrophy) 등이 알려져 있다(Winchester et al., 1992; Bennett et al., 2008; Jorgensen et al.,1992; De Gregoria et al., 2005; Richards et al., 1990).

세대 간 후성유전학적 유전과 진화론

인간은 고작 25,000개의 유전자를 가지고 있는데, 어떻게 엄청난 수의 다양한 표현형을 구현할 수 있는지에 대한 질문은 후성게놈(epigenome)이 해결해 줄 수 있다. 사실 인간의 유전자는 물고기나 쥐의 유전자 수와 같다. 심지어 1밀리미터에 지나지 않는 예쁜꼬마선충(Caenorhabditis elegans)도 무려 2만개의 유전자를 가지고 있다. 여러 비유를 할 수 있을 것이다. 게놈은 컴퓨터 하드웨어이며, 후성게놈은 소프트웨어라는 비유 혹은 게놈은 책이고 후성게놈은 책을 얼마나 어떻게 읽을 것인지를 결정한다는 비유 등이다. 아무튼 후성게놈은 복잡성의 새로운 장을 열었다.

물론 이러한 세대 간 후성유전학적 유전이 지난 20세기 동안 생물학의 단단한 주춧돌이었던 현대적 종합(the modern synthesis) 혹은 핵심 도그마(central dogma)를 흔드는 것이 아닌지에 대한 의문이 들 것이다(Pigliucci, 2007). 예를 들어 마커스 펨브레이는 자신을 '신라마르크주의자'라고 하면서 논란을 불러일으켰다. 물론 대답은 '아니오'다. 후성유전학을 통해 게놈이 어떻게 작동하는지 더 잘 알게 된다고 해도 말이다. 어떤 층위에서 보면, 후성유전학은 표현형 가소성의 예다. 인간이 가진 25,000개의 유전자는 인구 집단에 따른 차이가 아주 작다. 그럼에도 불구하고 사람들은 아주 다양한 생태적 조건에 적응하며 살아간다. 이 장에서 설명한 다양한 적응적 과정을 포함해서, 후성유전학도 발달적 반응을 달성하는 하나의 방법으로 간주할 수 있을 것이다.

더 중요한 질문은 후성유전학적 반응이 적응적인지 아닌지에 관한 것이다. 만약 세대 간 후성유전학(Transgenerational epigenetics, TGE)이 적응적 결과를 유발한다면, 적합도 관련 환경 변화라는 시간적 틀에서 이해할 수 있다. 아마 짧은 기간 내의 변화라면 DNA가 담고 있는 조절적 혹은 기능적 반응 체계(순화)로 충분할 것이다. 예를 들어 운동을 하면 근육이 붙는다. 단순하게 생각하면, 운동은 근육을 마모시켜야 하지만 그 반대의 현상이 일어난다. 운동을 많이 하는 상황이란, 근육이 더 필요한 상황이기 때문이다. 수백만 년이 흐르면 자연선택은 유전자 빈도를 변화시키고, 종 분화를 일으킬 수 있다. 마치 호미닌이 종 분화를 일으킨 것처럼 말이다. 종은 스스로를 변화시키면서 새로운 환경에 적합한 유전자를 남기게 된다. 이러한 체계에 뇌가 중개하는 학습과 문화가 더해졌다. 개인은 일생 동안 새로운 전략을 학습하며, 짧은 기간 동안 일어나는 변화를 극복한다. 집단적인 사회적 학습은 공통의 문제에 대한 문화적 해결책을 제시한다. 의복을 발명하면서 더 추운 지역으로 이동할 수 있었듯이 말이다.

이런 관점에서 보면 TGE는 중간 수준의 시간 단위에서 작동하는 기전인지도 모른다. 환경이 너무 빨리 변화하면, 후성유전학적인 반응을 후대에 전달해 봐야 무익하다. 자연선택을 통한 유전자 빈도 변화가 일어나기에도 짧기 때문에 개인적 혹은 사회적 학습이 가장 효과적인 방법이다(뇌 크기 증가에 대한 선택압은 6장에서 다뤘다). 보다 긴 시간 단위에서는 자연선택을 통해서 DNA 수준의 적응이 일어날 수 있다. 그러나 중간 수준의 시간 단위, 즉 개체가 자신의 부모 혹은 조부모와 비슷한 환경에서 살아가는 정도의 변화 속도라면 적합도를 향상시키는 세대 간 후성유전학적 체계가 선택될 수 있다. 아마도 후성유전학은 신다윈주의에 대한 도전이 아니라, '자연선택에 의해서 진화된, 유전자에게 조건화된 행동을 유발시키는 스위치'로 보는 것이 적절할 것이다(David Haig, 2007, p. 420). 후성유전학적 과정은 학습 체계와 기능적으로 동일하다. 가치 있는 생태적 정보를 취득하고 전달시켜주는 적응이기 때문이다(Scott-Phillips et al., 2011).

거의 모든 유기체에서 세대 간 후성유전학적 효과가 관찰되고 있다. 증거는 아주 많다. 그러나 이러한 현상이 과연 적응적인지에 대한 의문은 남아있다. 후성유전학적 유전의 몇몇 예는 적응적인 것처럼 보인다. 각인 현상에서 나타나는 모성 혹은 부성 염색체에 대한 차별적 메틸화가 대표적인 예다. 그러나 앞서 언급한 것처럼, 이러한 효과는 단 한 세대만 지속된다. 이에 대한 연구는 대부분 현상 자체에 초점을 두고 있고, 그 기능에 대한 관심은 적은 편이다. 이러한 현상이 진화심리학적으로 어떤 의미를 가지는지는 아직 명확하지 않다. 적응적인 차원에서 생애 후반기에 미치는 초기 경험이 주는 잠재력에 대해서는 다음 장에서 좀 더 살펴볼 것이다.

4) 보편적 적응과 지역적 생태 환경에 대한 적응

정상적으로 기능하는 인간이 가진 특징, 즉 보편적인 적응은 유전적으로 결정되며, 적합도 관련 문제를 해결하기 위한 자연선택의 과정에 의해 빚어졌다. 이는 그림 7.1에 제시한 스펙트럼의 우측에 위치한다. 예를 들면 두발걷기에 적응하기 위한 골격의 적응과 같은 신체적 수준이나 발한 등 체온 조절을 위한 생리적 수준의 적응이다. 심리적인 수준에서는 감각 데이터를 처리하기 위한 기전, 친족 식별, 동기 시스템, 잠재적인 짝을 평가하는 기전, 즉 인간 뇌 안의 종 특이적 구조물이다. 행동에 미치는 이러한 적응의 총합이 바로 인간의 본성이다. 전통적으로 진화심리학에서는 주로 인간의 보편성에 관심을 많이 가졌다. 인간 행동의 기능적 기반(틴베르헌의 주장 참조)을 검증하는 핵심적 틀이었기 때문이다. 특히 이러한 적응은 인구 집단 내 혹은 집단 간의 유전적 분산이 거의 없다. 앞서 언급한 예를 든다면, 모든 인간은 두발걷기를 위한 골격을 가지고 있으며, 체온 조절을 위한 시스템 그리고 친족을 식별하고 감각 정보를 처리하며, 짝을 고르는 동기 및 정동 시스템을 가지고 있다. 물론 이 책의 대부분은 이러한 인간의 보편성을 다루고 있다.

그러나 약 72,000년 전 작은 집단이 아프리카를 빠져나와 전 세계로 이동하며 다양한 기후 환경 속에서 살아나가기 시작했다. 결과적으로 지역적 생태 환경에 적응한 인구 집단 간에는 유전적 차이가 발생하게 되었을 것이다 (Harcourt, 2012). 이런 측면에서 보면 다윈은 완전히 틀렸다. 다윈은 세계 여러 곳에 사는 집단 간의 신체적 차이가 환경에 의한 적응의 결과가 아니라고 생각했다. 다윈의 말을 들어보자.

> 세계 각지에 사는 인종을 보더라도, 그들의 특징적인 차이가 다른 삶의 조건에 의한 직접적인 영향 때문일 수 없다고, 심지어 영겁의 시간 동안 다른 환경에 노출되었다고 하더라도 그렇게 간주해야 한다(Darwin, 1871, p. 246).

다윈의 편을 들자면, 이러한 문장은 인간이 단일 종이라는 것을 강조하려고 했던 장에 등장한다고 덧붙이는 것이 좋겠다. 그러나 지역적인 환경에 따라서 유전적 적응이 일어났다는 증거는 아주 많다. 72,000년 전 아프리카를 떠난 뒤에 획득한 것이다. 이러한 차이는 셀 수 없이 많은데 몇 개만 적어보자면, 유당 불내성, 피부색 변이, 체형 변이, 두개골 모양의 변이, 유전 질환의 발병률(유전 장애는 그러한 변이가 지역적 이익을 가져오는 인구 집단에 더 많이 발생한다. 18장 참조), 높은 고도에 대한 적응 등이다. 여기서는 유전적 다양성에 기반을 둔 지역적 적응의 두 가지 예를 언급할 것이다. 바로 체구와 체형, 그리고 피부색이다.

체구와 체형의 변이

아프리카에서의 디아스포라(diaspora), 즉 인류는 아프리카를 떠나면서 다양한 생태 시스템 및 기후 변화에 노출되었다. 대표적인 예가 바로 기후와 체구 및 체형의 관계다. 신체 형태와 기온과의 관계에 대해서는 잘 알려진 두 개의 법칙이 있는데, 바로 베르그만의 법칙(Bergmann's rule, 1847)과 알렌의 법칙(Allen's rule, 1877)이다. 이에 대해서는 상자 7.3에 요약하였다.

상자 7.3 동물의 형태에 관한 법칙: 베르그만의 법칙과 알렌의 법칙

베르그만의 법칙

독일의 생물학자 카를 베르그만(Carl Bergmann)이 1847년에 처음 제시했다. 그는 넓은 지역에 산포된 분류군(예를 들면 속) 내에서 따뜻한 기후에는 보다 작은 종이 발견되고, 추운 기후에는 보다 큰 종이 발견된다는 가설을 세웠다. 오늘날 이 법칙은 같은 종 혹은 개체군 내에서 개체 크기의 변이를 설명하는 데 폭넓게 활용되고 있다. 포유류와 같은 온혈 동물은 표면적(surface area, SA)에 비례하여 외부로 열을 빼앗긴다는 사실에 기초한 법칙이다. 단위 세포 중량당 열 손실률은 표면적을 체적으로 나눈 값에 비례한다(전신의 temperature stress를 의미). 구형의 동물을 가정하면 표면적 SA는 $4\pi r^2$이고, 체적은 $4/3\pi r^3$다. 따라서 단위 중량당 열 손실은 $(4\pi r^2)/(4/3\pi r^3)$, 즉 $1/3r$

이다. 요약하면 길이가 긴 동물일수록, 조직의 단위 중량당 열 손실률은 낮아진다. 동물이 생산하는 열은 중량에 비례하기 때문에, 추운 기후에서는 큰 동물(높은 r)이 작은 동물보다 열을 더 잘 보존한다. 이는 온혈 동물의 최소 체구가 존재하는 이유를 잘 설명해준다. 가장 작은 온혈 척추동물은 아마도 꿀벌 벌새(the bee hummingbird, *Mellisuga helenae*)인데, 체중은 고작 1.8그램에 지나지 않는다. 높은 표면적/체적 비를 유지하는 것이 가능한 이유는 벌새가 고에너지 식이(높은 열량), 즉 수액을 먹기 때문이다. 이보다 작은 온혈 동물은 도저히 체온을 유지할 수 없다.

그러나 베르그만의 법칙의 일부 예외가 있다. 그래서 법칙이 아니라, 효과(effect)라고 불러야 한다는 제안도 있다(Harcourt, 2012). 그럼에도 불구하고 94종의 조류 중 75%, 그리고 149종의 포유류 중 65%가 이 효과를 만족했다(Meiri and Dayan, 2003). 베르그만의 법칙 혹은 효과는 조류 혹은 포유류의 생태학적 일반화에 잘 들어맞는다고 할 수 있다.

알렌의 법칙

미국의 동물학자이자 조류학자인 조지프 에이삽 알렌(Joshep Asaph Allen, 1838~1921)이 제안한 법칙이다. 알렌은 추운 기후에 사는 동물이 좀 더 짧고 통통하며, 따뜻한 기후에 사는 동물은 길고 날씬하다고 주장했다. 같은 중량일 때 길고 가는 모양이 보다 큰 표면적/중량 비를 가진다는 사실에서 비롯한 것이다. 즉 짧고 통통한 체형은 추운 기후에서 열을 더 잘 보존할 수 있다.

중량=1
표면적=6
표면적/중량=6

중량=8
표면적=24
표면적/중량=3

그림 7.6 크기가 변할 때 표면적/중량 비 간의 관계에 대한 모식도. 두 정육면체의 밀도는 모두 1g/cc다. 그러나 크기가 커질수록 표면적/중량의 비는 작아진다.

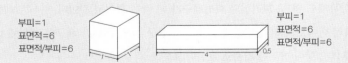

부피=1
표면적=6
표면적/부피=6

부피=1
표면적=6
표면적/부피=6

그림 7.7 알렌의 법칙. 두 물체는 동일한 체적과 중량을 가지고 있다. 그러나 길고 가는 모양을 가진 물체의 표면적/중량 비가 더 높다. 따라서 추운 기후에서 열을 더 쉽게 빼앗긴다.

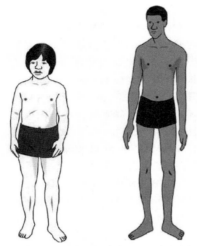

A) 극지방 이누이트족 체형   B) 열대지방 수단인 체형

그림 7.8   서로 다른 두 기후 영역에 사는 사람의 전형적인 체형. 더운 지방에 사는 사람은 보다 날씬한 팔다리를 가지고 있다. 이는 보다 높은 표면적/체중 비를 가능하게 해주어서 열 방출을 돕는다.

D. F. 로버트는 이 법칙들을 인류 집단에 적용하는 선구적인 연구를 시행했다(Robert, 1953). 로버트는 10개의 다른 지리적 영역에서 총 116명의 남성 표본을 조사했다. 그리고 베르그만의 법칙과 알렌의 법칙이 적용된다는 사실을 밝혔다. 45년 후, 좀 더 많은 남성 및 여성을 포함한 표본을 대상으로 로버트의 연구를 검증했는데 동일한 결론을 내릴 수 있었다(Katzmarzyk and Leonard, 1998).

두 연구 결과를 비교해 보는 것이 좋겠다. 두 연구 모두 베르그만의 법칙과 알렌의 법칙이 실제 적용된다는 사실을 확인했다. 더운 지방에 사는 사람은 좀 더 가볍고, 날씬하다. 지역적인 기온이 높아질수록, 원주민의 체중은 감소했고, 표면적/체적 비(날씬한 정도)는 증가했다(그림 7.8 참조).

그런데 카츠마직과 레오나드(Katzmarzyk and Leonard)의 최근 연구에서 흥미로운 사실이 관찰되었다. 로버트의 연구보다 기온에 대한 체중과 표면적/체적 비의 상관계수 및 두 회귀선의 회귀계수가 더 작게 확인된 것이다. 다시 말해서 데이터의 변이도가 더 심했는데, 로버트의 연구 이후 45년간 체구와 체형에 대한 기후의 영향이 감소한 것으로 보인다(표 7.3).

표 7.3 인구 집단에 대한 두 연구의 체중과 기온 간의 회귀 방정식 및 표면적/체중
비와 기온 간의 회귀 방정식

체중 =k×기온 +C

	k 값 (회귀계수)	C 값	r (상관계수)	유의성
로버트의 연구(1953)	−0.55	65.8	−0.59	p<0.001
카츠마직과 레오나드의 연구 (1988)	−0.26	66.86	−0.27	p<0.001

표면적 =k×기온 +C

	K 값 (회귀계수)	C 값	r (상관계수)	유의성
로버트의 연구(1953)	1.15	267.55	0.59	p<0.001
카츠마직과 레오나드의 연구 (1988)	0.49	267.00	0.29	p<0.001

두 개의 방정식은 베르그만의 법칙과 알렌의 법칙이 인간에게도 적용된다는 사실을 알려준다. 두 방정식이 다
르다는 사실은 기후가 체구에 미치는 영향이 지난 45년간 변했다는 것을 시사한다. 1953년과 1998년 사이에
상관계수는 감소했는데, 이는 다른 요인이 체구 및 체형에 더 많이 영향을 미치고 있다는 것을 암시한다. 출처:
Roberts (1953); and Katzmarzyk and Leonard (1998).

두 가지의 요인이 제시되었다. 첫째, 지난 45년간 일어난 체구 변화는 부분
적으로 열대 지역 집단에 영양 공급이 개선되면서 일어난 전반적인 체구 증가
에 의한 것이다. 둘째, 더 개선된 기술 문명의 확산으로 발달 단계에서 극도로
높은 기온에 노출되는 일이 줄어들었다. 후자는 체구와 체형에 관한 발달적 가
소성이 일어날 가능성을 시사한다.

피부색

피부색은 기본적으로 피부 세포에 있는 멜라닌의 양으로 결정된다. 아마도
최초의 호미닌은 현생 침팬지와 피부색이 비슷했을 것이다. 현생 침팬지는 진

한 털로 뒤덮인 백색 혹은 연한 빛의 피부를 가지고 있다. 짙은 털은 더운 기후에서도 열 노출을 줄여주는 기능을 한다. 만약 살갗도 짙은 색이었다면, 피부에 도달하지 못하고 털에 흡수된 짧은 파장의 빛이 적외선의 형태로 피부에 흡수되었을 것이다. 따라서 털은 많지만, 멜라닌화되지 않은 피부가 모든 영장류의 원시적 조건이다. 현생 인류도 침팬지와 단위 면적당 동일한 수의 모낭을 가지고 있다. 그러나 인간의 털은 더 가늘고, 덜 발달되어 있다. 두발걷기와 먹이 획득을 위한 장거리 이동 등 직사광선이 내리쬐는 개활지에서의 활동이 늘어나면서 과열은 점점 큰 문제가 되었다. 우리는 땀샘의 증가와 체모의 감소를 통해 이러한 상황에 진화적으로 적응했다. 하지만 자외선이 피부에 닿는 문제가 생겼다. 자외선으로부터 피부를 보호하기 위해서 멜라닌 세포를 통한 색소화가 일어났다. 인간의 피부는 피부색과 무관하게, 1mm^{2}당 약 1,000~2,000개의 멜라닌 세포를 가지고 있다.

얼핏 보기에도 세계 여러 지역의 원주민은 서로 상이한 멜라닌 양을 가진다는 것을 알 수 있다. 적도 지역에 사는 원주민은 더 짙은 피부를 가지고 있고, 고위도 지역(남쪽이든 북쪽이든 상관없다)에 사는 원주민은 더 밝은 피부를 가지고 있다. 학계 권위자 대부분은 이러한 변이가 환경에 대한 생물학적 적응에 기인한다는 사실을 인정한다. 그러나 놀랍게도, 구체적으로 어떤 선택압이 작용했는지는 논란이 많다. 멜라닌은 분명 빛의 투과를 막는다. 하지만 그래서? 오늘날에는 과도한 햇빛 노출이 피부암을 일으킨다는 사실이 잘 알려져 있다. 주로 생애 후반에 발병하기 때문에, 피부암이 번식 적합도를 감소시키는 요인인지는 의문이다. 혹시 자외선이 땀샘을 손상시켜서 체온 조절을 어렵게 만드는 것인지도 모른다(Roberts and Kahlon, 1976).

지구를 둘러싼 자외선의 수준과 멜라닌의 흡수 성질을 감안한 더 그럴듯한 시나리오가 있다. 멜라닌은 두 가지 효과를 가지고 있는데, 첫째, 빛의 투과를 막는다. 이런 효과는 특히 545nm 파장에서 두드러진다. 둘째, 피부에서 광화학 반응을 통해 생성된 독성 물질을 흡수한다. 이러한 동반 효과를 통해서 특히 멜라닌은 피부 바로 밑을 지나는 혈관 내 비타민 B9(엽산)의 파괴를 막을 수 있다. 자블론스키와 샤플린은 바로 이것이 지구상에 다른 피부색이 존재하는 적응적 이유라고 주장했다(Jablonski and Chaplin, 2000). 이를 지지하는 두 가지 증거가 있다. 첫째, 엽산은 다양한 필수적 생리 기능(DNA 합성, 세포 분열 및 성장)에 관여하는 엄청나게 중요한 비타민이다. 엽산 결핍은 배아 손상이나 남성 불임을 유발한다. 둘째, 피부 반사율과 자외선 조사 수준 간의 상관도는 545nm 주파수에서 가장 크게 나타난다. 이 파장은 산소와 결합한 헤모글로빈에 최대로 흡수되는 주파수와 일치한다. 다시 말해 피부색소화의 중요한 기능은 피하 혈관에 들어 있는 내용물, 즉 혈액을 보호하는 것이라는 주장이다(표 7.4).

이러한 상관관계는 아주 흥미롭지만, 모든 것을 설명하는 것은 아니다. 엽산의 파괴 및 땀샘의 손상을 막기 위해서 열대 지방에서 짙은 피부가 진화했다면, 왜 이들이 고위도 지방으로 갔을 때 밝은 피부가 선택되어야만 했을까? 그것은 이른바 UVB(280~350nm의 파장을 보이는 자외선)가 비타민 D를 합성하는 데 필요하기 때문이다. 고위도 지방으로 갈수록 UVB의 강도가 급격히 떨어진다. 태양 빛은 고위도 지방을 내리쬘 때 대기권을 비스듬히 지나므로, 더 오랫

표 7.4 피부 반사율과 UVMED 및 피부 반사율과 위도의 상관계수

	최소 홍반량(UVMED, Ultraviolet Minimal Latitude Erythemal Dose)	위도
545nm에서의 반사율	−0.964	+0.957

최소 홍반량(UVMED)이란 피부를 붉게 만드는 최소의 자외선 조사량을 말한다. 전 세계 최소 홍반량은 미항공우주국 데이터로 구할 수 있다. 반사율이란 특정 파장에서 피부가 튕겨내는 빛의 양을 말한다. 이 둘의 상관계수는 모두 높다. 고위도에 사는 사람은 높은 반사율을 가지고 있고(피부가 밝다). 따라서 반사율과 위도의 관계는 높은 양의 상관관계를 보인다. 그러나 피부 반사율과 최소 홍반량의 관계는 높은 음의 상관관계를 보이는데, 이는 낮은 반사율을 보이는 피부(짙은 피부)는 보다 높은 최소 홍반량을 보이기 때문이다(즉 피부가 붉게 변하게 되기까지 상당히 오랫동안 자외선을 견딜 수 있다). Jablonski and Chaplin (2000), Table 4, p. 72.

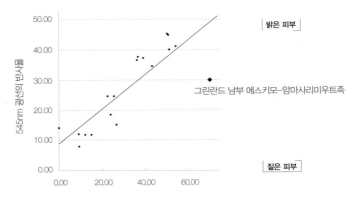

그림 7.9 다양한 위도(남반구 및 북반구 무관)에서 거주하는 원주민의 피부 반사율.
강한 상관관계로 보아 위도, 즉 자외선 조사량은 피부색을 결정하는 가장 중요한 요인으로 추정된다. 높은 반사율은 창백한 피부를 뜻한다. 이러한 경향에서 많이 벗어난 예외는 바로 그린란드 남쪽에 사는 에스키모인이다. 이들은 위도에 비해서 짙은 피부색을 하고 있는데, 이유에 대해서는 본문에 기술했다. 출처: skin reflectance from Jablonski and Chaplin (2000); latitudes from standard world atlas.

동안 대기를 통과해야 하는데 그러면서 UVB가 대기(특히 오존층)에 상당히 흡수되어 버린다. 짙은 피부를 가진 인류는 북쪽으로 이동하면서 비타민 D 결핍에 시달리는 일이 많았을 것이다. 물론 비타민 D가 많은 음식으로 보충할 수는 있다. 실제로 북아메리카나 북동아시아 극지방에 사는 에스키모-암마사리미우트인(Eskimo-Ammassalimiut)의 경우는 고위도에 살고 있음에도 불구하고 피부가 상당히 짙다(그림 7.9). 이에는 몇 가지 요인이 있다. 일단 에스키모인은 주로 생선이나 순록, 해양 포유류(물개 등)를 주식으로 한다. 모두 비타민 D가 풍부한 음식이다. 사실 이들은 UVB가 낮은 지역에서 살고 있으므로, 이런 음식이 없었다면 생존할 수 없었을 것이다. 또 다른 요인이 있다. 이들은 비교적 최근에 저위도 아시아 지역에서 이주했다. 따라서 새로운 환경과 최적의 피부색 간의 진화적 지연이 일어났을 수도 있다. 끝으로 다소 짙은 피부색이 UVA로부터 피부를 보호하는지도 모른다. 이들은 직접 UVA에 노출될 뿐 아니라, 눈이나 얼음에 반사된 UVA에도 노출된다(Jablonski, 2004).

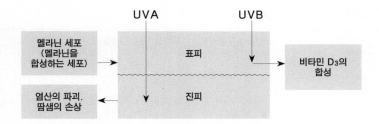

그림 7.10 피부색은 자연선택을 통해 자외선 조사의 장단점과 멜라닌의 양이 미묘한 균형을 찾은 결과다. 만약 UVA가 진피층을 투과하면, 소중한 엽산이 파괴되고 땀샘도 손상된다. 따라서 멜라닌 세포는 이를 막기 위해서 멜라닌을 생산한다. 그러나 비타민 D를 합성하기 위해서는 UVB가 진피 직전까지 들어가야만 한다. 만약 음식으로 비타민 D를 보충할 수 있다면, 더 많은 멜라닌으로 자외선 손상을 막는 쪽으로 적응할 것이다.

피부색은 두 가지 상반된 선택압의 산물로 보인다. 첫째, 엽산의 광분해를 막고 피부를 지켜주는 멜라닌화, 둘째, UVB의 투과를 촉진하고 비타민 D의 합성을 돕는 탈멜라닌화다(그림 7.10). 오랜 시간이 흐르면서 자연선택을 통해서 이러한 상반된 경향은 최적의 피부 톤으로 수렴했을 것이다.

피부색의 성간 차이

여성이 남성보다 더 밝은 피부를 가지고 있다는 사실은 수십 년 전부터 알려져 있었다(Robins, 1991). 이에 대한 그럴듯한 적응적 설명은 임신과 출산 중에 여성이 보다 많은 칼슘을 요구하는 현상과 관련된다. 보다 밝은 피부는 비타민 D 합성을 촉진한다. 자블론스키와 샤플린은 다양한 원주민 인구 집단의 남성 및 여성 피부의 반사율을 조사했다(Jablonski and Chaplin, 2000). 서로 다른 세 파장에 대한 반사율은 여성이 남성보다 유의미하게 높았다(표 7.5).

피부색의 성적 이형성은 성선택 효과에 의해서 복잡하게 나타난다.

많은 문화에서 남성은 보다 밝은 피부를 가진 여성을 더 선호한다(Dixson et al., 2007). 자연선택에 의해서 일어난 특징이 성선택에 의해 강화되면서 여성의 피부는 성선택과 광 보호, 비타민 D 합성 사이에서 복잡한 균형점을 찾아

　남성과 여성 피부의 반사율

파장(nm)	여성의 평균 반사율	남성의 평균 반사율	p값
425	19.20	16.88	p<0.001
545	23.93	22.78	p<0.01
685	47.20	45.09	p<0.001

여성은 남성보다 피부가 밝다. 출처: Jablonski and Chaplin (2000), Table 3, p. 72.

야 했다. 따라서 비타민 D가 풍부한 식이를 하는 지역에서 피부색의 성적 이형성이 더 두드러질 가능성이 있을 것이다.

3. 개체의 차이: 유전율과 유전적 다양성

앞서 언급한 것처럼, 진화심리학은 인간의 보편성에 깊은 관심이 있으며, 개인에 따른 차이를 설명하는 것에는 다소 소홀한 편이다. 하지만 개인차는 미미하거나 혹은 보편적 심리 기전의 잡음에 불과하다는 주장은 더 이상 설득력이 없다. 첫째, 유전학적 증거에 의하면, 자연선택의 결과로 나타나는 인구 집단 내 혹은 집단 간 유전적 차이는 분명 존재한다. 둘째, 데이비드 버스가 지적한 대로, 어떤 맥락에서 보면 개인차는 아주 중요하다(Buss, 2009). 대표적인 예가 짝 선택이다. 우리는 같은 종이라는 범주를 만족하는 아무나 만나서 짝을 이루는 것이 아니다. 상냥함, 지능, 의존성, 부 등 짝 선택의 차별을 유발하는 요인은 헤아릴 수 없이 많다. 셋째, 차이 심리학(differential psychology)이라고 부르는 심리학의 한 분과가 있다. 주로 개인 간의 차이를 연구하는데, 얼마나 많은 성격 요인이 강한 유전율(50% 이상)을 가지고 있으며, 일생 동안 안정적으로 지속되는지에 대해서 잘 밝혀내었다(Plomin et al., 1999). 서로 다른 성격이 강한 유전율을 가진다는 것을 볼 때, 단지 시스템의 잡음은 아닌 것으로 보

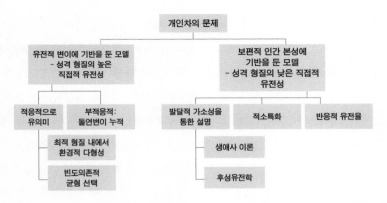

그림 7.11 개인 간 차이 문제를 해결하는 접근 방법. 기본적인 두 가지 방법은 개인 간의 유의미한 유전적 차이를 상정하는 방법(좌측) 혹은 낮은 유전적 다양성을 가진 보편적 인간 본성이 환경이나 후성유전학적 유전의 영향에 따라 다르게 나타난다고 상정하는 방법(우측)이다.

인다. 자연선택은 최적의 유전자를 선호하므로 잡음은 점점 줄어들 수밖에 없기 때문이다. 인간 행동에 대한 모든 진화적 설명의 가장 시급한 과제는 종 특이적 심리학이라는 넓은 틀 안에 개인 간의 차이를 포섭하는 일이다.

그림 7.11은 이러한 문제를 해결하는 다양한 접근 방법을 요약하고 있다. 넓은 의미에서는 두 가지 접근법이 가능하다. 하나는 기저에 유전적 변이(성격 특성의 높은 유전율)를 상정하는 방법이다. 다른 하나는 높은 수준의 인간 보편성을 전제한 모델인데, 다만 다양한 환경에서 여러 양상으로 발현하는 특징으로 인해 마치 높은 유전율을 가진 것처럼 보일 수 있다. 이를 반응적 유전율(reactive heritability)이라고 하는데, 뒤에서 더 자세하게 다루도록 하겠다.

1) 유전적 변이를 상정한 모델들

적응적으로 유의미한: 최적 적합도 내에서 환경적 다형성

삶의 문제를 항상 간단한 하나의 해결책으로 풀 수 있는 것은 아니다. 더욱이 다양한 환경은 다양한 해결책을 낳는다. 진화적으로 긴 시간 동안 인간은 다양한 환경에 노출되었고, 다양한 유전자 기반의 해결책이 유전자 풀 내에서 지속되었다. 일부 환경에서는 외향성과 위험 추구 경향이 더 적합했지만, 다른 환경에서는 정직과 조심스러움이 적당했다. 진화의 역사가 진행되는 동안 인간이 서로 다른 환경에 맞닥뜨렸다면, 유전자 풀에는 서로 다른 두 환경에 적합한 두 가지 유전자가 선택되었을 것이다. 다른 환경에서는 다른 성격이 나타났을 것이다. 그런데 사람은 자주 돌아다니므로 같은 환경 내에서 다른 성격을 가진 사람이 같이 살기도 했을 것이다. 이를 '최적 적합도 내의 환경적 다형성'이라고 한다(Buss, 2009).

적응적으로 무의미한: 돌연변이 부하

모든 유전자에는 돌연변이가 일어날 수 있다. 인간이 가진 25,000개의 유전자 중 약 절반이 인간 뇌에서 일정 부분 발현한다. 돌연변이(타고난 혹은 새로 생긴)에 취약할 수밖에 없다. 켈러와 밀러는 평균적으로 한 사람이 뇌 기능에 영향을 미치는 약 500개의 돌연변이를 가지고 있다고 하였다(Keller and Miller, 2006). 여기서 주목할 점은 통계적인 분산 효과로 인해서 어떤 사람은 다른 사람보다 더 많은 돌연변이를 가지고 있을 수밖에 없다는 것이다. 아마 뇌 기능에 영향을 미치는 돌연변이 개수의 표준 편차는 22개로 추정된다. 만약 이러한 변이가 성격이나 행동에 영향을 미친다면, 개체 간의 성격 차이가 나타날 수밖에 없다. 특히 아주 높은 돌연변이 부하를 보이는 경우에는 정신장애에 걸린 것으로 분류될 것이다(19장).

적응적으로 유의미한: 빈도의존적 균형 선택

균형 선택의 다른 형태를 빈도의존성 선택이라고 한다. 이는 다양한 행동 전략이 인구 집단 내에서 너무 높지도 너무 낮지도 않은 비율로 오랫동안 공존할 수 있다는 것이다. 예를 들어 기만 및 착취 전략을 구사하는 정신병질자가 인구 집단 내에서 낮은 빈도로 유지될 경우, 그들의 평판이 알려지지 않은 새로운 집단으로 들어갈 때 유리할 수 있을 것이다. 이 가설은 손잡이 경향도 설명할 수 있는데, 집단 내에 모든 사람이 오른손잡이라면 왼손잡이의 적합도가 상대적으로 높아진다는 것이다(상자 7.4).

상자 7.4 손잡이 경향과 빈도의존성 균형 선택

아직 진화적으로 설명하지 못한 수수께끼 중 하나는 손잡이 경향이다. 여러 연구에 의하면 오른손잡이는 광범위한 문화에서 가장 흔한 형질이다. 대략 63~97%에 이른다. 진성 양손잡이는 극히 드물다(Faurie et al., 2005). 두 가지 의문이 들 것이다. '왜 대부분의 인간은 오른손잡이인가?' 그리고 '왜 모든 인구 집단에서 왼손잡이는 적은가?'이다. 사실 왜 편측성의 손잡이 경향이 생겼는지 여부를 알아내는 것은 어렵지 않다. 비싼 신경 조직을 효율적으로 활용하려면, 정교한 운동 조절과 관련된 신경은 뇌의 한 부분에서 주로 담당하는 것이 적합할 것이다. 양쪽 모두 정교한 동작을 다룰 필요는 없다. 그러나 왜 하필 오른쪽인가? 이에 대한 정설은 없다. 많은 이론은 주로 언어를 좌측 뇌에서 다루기 때문이라고 주장한다. 좌측이 오른손도 담당하기 때문이다(6장 참조). 그러나 이 주장은 허점이 있다. 만약 그렇다면 왼손잡이의 경우에는 언어 기능을 오른쪽에서 담당할 것이다. 하지만 95%의 오른손잡이와 50%의 왼손잡이는 모두 좌측 반구가 언어 기능을 담당한다. 그리고 왼손잡이의 25%는 양쪽 반구를 모두 사용한다(Santrock, 2008). 다른 이론도 있다. 초기 인간은 아기를 주로 왼쪽으로 안았는데, 그러면 아기의 머리가 어머니의 심장 박동을 들으며 더 편안해한다는 것이다. 따라서 아기를 안지 않은 어머니의 오른손을 주로 쓰게 된다는 것이다(Hopkins et al., 1993). 그러나 이 이론은 왜 모든 사람이 오른손잡이가 아닌지를 설명해 주지 못하는 단점이 있다.
여러 연구에 의하면 왼손잡이 경향은 적합도상의 비용이다. 오른손잡이보다 왼손잡이는 자식을 적게 낳고, 성인기 신장도 작으며, 체중도 적다. 사춘기도 늦게 오고, 수명도 짧다(Aggleton et al., 1993; Faurie et al., 2006). 왜 이런 현상이 일어나는지는 아직 확실하지 않다. 왼손잡이 경향에 대해서는 높은 출생 전 테스토스테론 노출(Geschwind, 1984)이나 왼손잡이 경향과 관련된 열성 유전자의 존재(Annett, 1964) 등 다양한 근연 이론이 제시되어 있다.
왼손잡이 경향은 상당히 높은 유전성을 가지고 있는데, 대략 후기 구석기 시대로 거슬

러 올리간다(35,000년 전부터 10,000년 전까지). 이는 아마도 다형성 형질이 빈도의존성 선택 과정을 통해서 유지되었을 가능성을 시사한다(Faurie and Raymond, 2004). 여기서 이런 의문이 들 것이다. '왼손잡이로 살아가는 것이 무슨 이득이 있단 말인가?' 정답은 초기 인류 간의 공격적인 대인관계에서 찾을 수 있다.

온통 오른손잡이 남자끼리 서로 싸우는 세상이라면 왼손잡이가 이익을 얻는다. 그러나 왼손잡이의 빈도가 높아지면 왼손잡이도 다른 왼손잡이를 만날 가능성이 커지고 따라서 이득은 감소한다. 다른 요인이 없다면, 상대 빈도는 1:1로 수렴할 것이다. 만약 왼손잡이 경향과 관련된 다른 비용이 있다면(앞서 언급한 여러 단점), 최종적인 빈도는 오른손잡이 경향으로 수렴할 것이다. 그리고 다른 비용을 감수한 왼손잡이의 적합도와 그렇지 않은 오른손잡이의 적합도가 동일해질 것이다.

왼손잡이의 다양한 비용(낮은 생식률, 기대 수명의 감소, 사춘기 지연 등)은 다양한 사회생태학적 맥락에서도 큰 차이가 없다. 그러나 남성 간의 신체적인 전투가 잦은 곳에서는 왼손잡이가 더 유리할 것이다. 그래서 샬럿 파울리와 마이클 레이먼드(Charlotte Faurie and Michael Raymond)는 전통사회에서 왼손잡이 경향이 신체적 공격성과 양의 상관관계를 가지는지 조사했다. 왼손잡이의 비율과 관련된 다양한 자료를 찾고, 신체적 공격성의 지표로 살인율을 조사해서 비교했다(Faurie and Raymond, 2005). 그림 7.12는 이러한 결과를 잘 보여주고 있다. 왼손잡이는 살인율과 양의 상관관계를 보

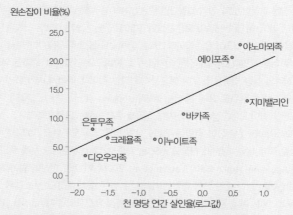

그림 7.12 여덟 개의 전통문화에서 살인율과 왼손잡이 빈도 간의 상관관계. (Spearman rho=0.83, p=0.01 (two tailed)). 출처: Faurie and Raymond (2005).

였는데, 이는 '싸움 가설(fighting hypothesis)'을 통해 손 사용의 편측성이 가지는 다형성을 설명할 수 있다는 증거다.

아주 설득력 있는 주장이지만, 제한점이 없는 것은 아니다. 예를 들어 남성의 테스토스테론 수준과 같은 다른 요인이 손잡이 경향 및 폭력성 모두에 영향을 미쳤을 가능성도 있다.

그런데 싸움 가설을 지지해주는 증거가 또 제시되었다. 펜싱이나 테니스 등 일대일로 상대하는 스포츠를 생각해보자. 오른손잡이 선수가 다른 오른손잡이 선수를 상대하기 위한 훈련을 하다 보면, 왼손잡이 선수가 어부지리를 얻게 된다. 그러나 수영이나 다이빙, 사이클 등 상대 선수와 상대하지 않는 스포츠에서는 왼손잡이 선수의 이득이 없다. 따라서 일대일로 서로 상대하는 스포츠 분야에는 왼손잡이 선수가 더 많으리라고 추정할 수 있을 것이다. 1,000명의 A급 그리스 운동선수에 대한 분석에 의하면 이를 지지하는 결과가 도출되었다(Grouios et al., 2000). 왼손잡이의 비율은 상대와 일대일로 상대하는 운동 경기에서 더 높았고, 특히 남성 선수에서 두드러졌다.

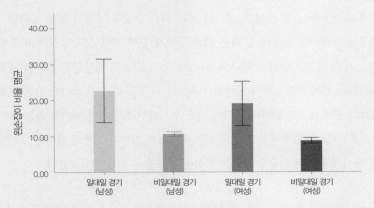

그림 7.13 운동 경기의 종류와 성별에 따른 왼손잡이의 빈도. 복싱이나 펜싱, 테니스 등 일대일로 상대하는 경기와 다이빙이나 수영, 역도, 육상 등 그렇지 않은 운동 경기에서, 남성과 여성 선수 모두 왼손잡이 비율의 차이를 보였다(각각 $\chi^2 = 11.4$, $p < 0.001$, $\chi^2 = 10.2$, $p < 0.001$). 출처: Grouios et al. (2000), Table 3, p. 1278.

2) 낮은 유전적 변이를 가정하는 모델

반응성 유전율

개체의 차이는 투비와 코스미데스가 이야기한 '반응성 유전율'에 의해 설명할 수 있다(Tooby and Cosmides, 1990). 이 아이디어는 적응적 문제에 대한 다양한 해결책을 제시해 줄 수 있다. 예를 들어 협력이나 공격성 문제를 들어보자. 모든 인간은 공격적 혹은 협력적 전략 중 하나를 선택할 수 있다. 모두 보편적인 인간 본성에 기인한 것이다. 그러나 어떤 전략을 택할 것인지는 맥락에 따라 달라지는데, 특히 행위자의 신체적 정신적 능력에 따라 좌우될 수 있다. 만약 자신의 근육이 집단 평균보다 더 강력하다면, 공격적인 전략을 취하는 쪽으로 기울 것이다. 인간의 신체는 높은 유전율을 보이기 때문에, 성격 타입도 높은 유전율을 보일 것이다. 그러나 이는 다른 유전적 자질의 등에 올라탔기 때문에 나타나는 현상이다. 다른 예를 들면 인간의 외향성은 약 50%의 유전율을 가진 것으로 알려져 있다(Jang et al., 1996). 그런데 외향성은 종종 신체적 매력이나 신체적 강건함과 관련된다(Lukaszewski and Roney, 2011). '당신이 평균보다 신체적 강건함이나 매력이 나은 편이라면 외향적이 되어라'라는 식의 규칙을 만들 수 있을지도 모른다. 이는 외향성의 정도가 개체별 차이를 보이면서, 동시에 높은 유전율을 보이는 현상을 설명할 수 있을지도 모른다.

적소 특화

인간의 성격 차이를 설명하는 다른 유망한 방법이 있다. 인간은 다른 이와 경쟁을 피하기 위해서 행동적인 적소를 찾아내는 방법으로 공통의 생물학적 목적을 추구하려고 하며, 이를 달성하기 위해서 서로 다른 전략 혹은 성격 스타일을 적용한다는 것이다. 대표적인 예가 프랭크 설로웨이(Frank Sulloway)의 출생 순서에 관한 이론이다. 아이들은 부모로부터 자원을 최대한 많이 끌어내는 방법을 발달시키게 된다. 맏이는 초기의 유리한 고지를 지키기 위해 부모와 연합하려고 한다(부모의 가치관을 따른다)는 것이다. 동생보다는 더 보수적이고 완고한 태도를 취하게 된다. 이미 적소를 맏이에게 점령당한 동생은 다르게 행동한다. 부모의 가치관과는 다른 입장을 취하게 된다. 게다가 종종 손위 동기에게 지배당하거나 괴롭힘을 당하기도 한다. 설로웨이는 이러한 경험이 사회의 약한 구성원에 대한 더 큰 공감 능력으로 이어지고, 권위에 도전하며, 현재 상태를 유지해야만 하는지에 대해 의문을 품게 된다고 지적한다. 간단히 말해서 맏이보다 도전적이다(Sulloway, 1996). 설로웨이의 연구 이후 다양한 후속 연구가 행해졌는데, 혼란 변수가 너무 많았기 때문에 일관적인 결과가 나오지는 않았다. 하지만 비록 작은 효과라고 해도, 분명 존재하는 현상으로 보인다 (Healey and Ellis, 2007). 설로웨이의 모델은 가족 관계에 관해서 그리 좋은 예측력을 보여주지 못했지만, 유전적 변이가 없이도 어떻게 성격 차이가 지속될 수 있는지 보여주었다는 점에서 의미가 있다.

생애사 이론과 후성유전학

앞서 우리는 어떻게 발달적 가소성이 초기 경험에 따른 개체 간 차이를 유발할 수 있는지 살펴보았다. 후성유전학은 유전적 수준에서 이를 설명할 뿐 아니라, 심지어 세대 간 전달의 가능성도 설명할 수 있다. 아직 후성유전학은 초기 수준에 머무르고 있으며, 적응적인 후성유전학적 변화가 어떻게 일어나는지 밝혀야 할 것이 많다. 환경적 경험과 미래에 관한 예측이 다양한 행동적 결과와 관련된 에너지 할당에 영향을 미칠 수 있다는 것은 확실하다. 이러한 생애사 이론에 대해서는 다음 장에서 다루도록 하겠다.

생애사 이론 PART 8

> 숲은 시들어가고, 시들어간 나무는 잎을 떨어뜨리며,
> 수증기도 결국 자신의 몸을 땅으로 떨어뜨리며,
> 인간도 태어나 땅을 일구고 다시 그 밑에 몸을 뉘이고,
> 숱한 여름이 지나면 아름다운 백조도 숨을 거둔다.
> 알프레드 테니슨, 〈티토너스(Tithonus)〉, 1859

삶의 기본적인 과정, 즉 출생, 성장, 번식, 사망은 모든 동물에게 공통된 과정이다. 그러나 서로 다른 종은 각각의 과정을 서로 다른 속도로 진행한다. 지역적 조건이나 개체 변이에 따라서 종 내에서도 이러한 과정은 상이하게 나타난다. 생애사 이론은 이런 현상을 설명하는 특별한 이론이다. 테니슨이 노래한 티토너스의 비극이란, 영원한 젊음이 보장되지 않는 영원한 생명을 말한다. 이번 장에서 영원한 젊음은 다윈주의의 관점에서 불가능하다는 것을 말하고자 한다. 또한 진화 이론의 견지에서 노화와 죽음에 대해서도 다루고자 한다.

1. 생애사 변수

생애사 이론(Life History Theory, LHT)은 유기체가 자신의 시간과 에너지 예산을 어떻게 맞추어 사용하는지에 대한 것이다. 이 관점에 의하면, 유기체는

환경으로부터 식이를 통해 에너지를 획득하고 이를 다음과 같은 세 가지 종류의 활동으로 전환한다(Gadgil and Bossert, 1970).

- 성장: 유기체는 스스로 자립할 수 있고, 또한 이성을 유혹하기에 충분할 정도로 크고 성적으로 성숙할 수 있을 때까지 성장해야 한다. 성장을 위한 투자는 미래의 번식 가능성에 영향을 준다.
- 회복과 유지: 모든 유기체는 매일 내외부의 환경으로부터 손상과 충격을 받으며 살아간다. 에너지의 일부는 이러한 감염, 기생체 등과 싸우기 위해서 사용되고, 일부는 손상된 조직을 회복시키기 위해서 사용된다. 이런 투자 역시 미래의 번식 가능성에 영향을 미친다.
- 번식: 모든 유기체는 직접 혹은 간접적으로 자손을 낳아야 한다. 물론 이러한 형태의 투자는 당장의 번식과 관련이 있다. 자손의 양 혹은 질에 대한 선택, 그리고 번식 시기에 대한 결정을 내려야 한다.

주어진 시간과 에너지를 위의 세 가지 활동에 어떻게 할당하는지에 따라서 현재와 미래의 번식 가능성 간의 트레이드오프 문제를 해결할 수 있다. 에너지를 세 가지 영역에 할당할 때, 생명체는 타협을 할 수밖에 없다. 성적 성숙을 지연하는 것과 같이, 단기적으로 역기능적인 활동이 전 생애의 측면에서는 유리할 수 있을 것이다.

자연의 세계에서는 이러한 할당이 어떻게 나타날까? 헤아릴 수 없이 많은 다양성이 존재한다. 예를 들어 새는 생애의 번식기에 지속적으로 알을 낳는다. 연어나 일년생 초목은 단 한 번 번식을 하고 죽는다. 인간은 상대적으로 적은 수의 몸집이 큰 자손을 낳지만, 곤충이나 굴, 식물은 엄청난 수의 작은 자손을 남긴다.

생애사 이론은 이러한 다양성을 설명하는 최적의 접근 방법이다. 성장과 번식 시기 및 생애 주기에 따른 행동을 통해서 포괄적합도가 어떻게 최대화 되는지 살펴보는 방법이다. 이를 통해서 왜 생애사적 전략이 종간 차이를 보이는지를 설명할 수 있을 뿐 아니라, 종 내에서도 사회적, 생태적 조건에 따라서 개체에 따른 행동 차이가 보이는지 알아낼 수 있다.

성장, 회복, 생존, 번식과 같은 핵심적인 생애사적 기능 간의 자원 할당은 단기간, 중기간, 장기간의 영향에 따라 살펴볼 수 있다(그림 8.1). 긴 시간이 흐르면서 자연선택은 주요한 생애사적 단계의 시점을 어느 정도의 여유를 두고 선택한다. 영아기, 소아기, 청소년기, 사춘기, 성체기, 폐경, 노화, 죽음 등이다. 이는 종 특이적인 경향을 가지고 있지만, 지역적인 생태 환경에 따른 인류 집단간의 차이도 존재한다(유전적 다양성). 물론 자연선택은 아주 엄격하게 할당량을 정하지는 않는다. 발달적 가소성을 통해, 국소적 정보는 할당 수준의 미세한 적응적 조정을 위해 활용될 수 있다. 중간 수준의 기간이라는 측면에서 보면, 이러한 현상은 세대 간 후성유전학적 기전에 의해 일어날 수 있다(7장). 짧은 시간 단위에서는 지역적 영향이나 영양 혹은 양육에 관한 초기 경험이 심리적 혹은 생리적 반응에 관여할 수 있다.

생애사 이론을 진화심리학적 관점에서 보자. 인간은 자원의 할당을 위해서 복잡한 결정을 내려야 할 것이고, 아마도 이러한 과업을 위한 심리적 적응을 진화시켰을 것이다. 유기체에서 나이에 따른 상이한 자원 할당을 위한 중앙집중식의 의식적 계산 기능이 필요하지는 않다. 그보다는 이러한 역할을 위한 내분비계의 진화가 일어났다. 예를 들어 사춘기에 일어나는 호르몬의 분비는 수년간 에너지 할당 방식의 변화를 야기한다. 남성과 여성 모두에서 성장은 정체되고 에너지는 번식 기능 및 이차 성징을 위해서 재할당된다. 더 세부적으로 말하자면 여성호르몬은 지방을 축적시키고 정기적인 월경 주기를 유발한다. 남성호르몬은 근육을 증가시키고 경쟁적인 짝짓기용 과시를 유발한다. 남녀 모두 면역계를 위한 투자는 감소한다. 이미 중년에 도달하여 번식이 끝난 경

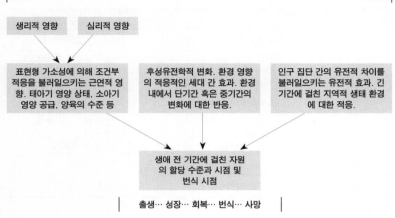

```
생리적 영향        심리적 영향
```

표현형 가소성에 의해 조건부 | 후성유전학적 변화. 환경 영향 | 인구 집단 간의 유전적 차이를
적응을 불러일으키는 근연적 영 | 의 적응적인 세대 간 효과. 환경 | 불러일으키는 유전적 효과. 긴
향. 태아기 영양 상태, 소아기 | 내에서 단기간 혹은 중기간의 | 기간에 걸친 지역적 생태 환경
영양 공급, 양육의 수준 등 | 변화에 대한 반응. | 에 대한 적응.

생애 전 기간에 걸친 자원
의 할당 수준과 시점 및
번식 시점

| 출생··· 성장··· 회복··· 번식··· 사망 |

그림 8.1 생애사적 할당. 성장과 회복, 번식 간의 자연 할당은 종 특이적인 장기 효과, 개체나 직속 조상과 관련된 중기 혹은 단기 효과에 의해 좌우된다.

우에는 성적 과시를 위한 투자는 뒤로 밀려난다. 예를 들어 아버지가 된 남성의 테스토스테론은 감소하는데, 이는 짝짓기를 위한 에너지를 부성 돌봄을 위해 할당하도록 해준다(Gray et al., 2002). 다른 간단하고 전형적인 예가 있다. 수유는 배란을 억제한다. 적응적인 차원에서 보면 어린 영아에게 수유를 하는 동안, 번식에 에너지를 할당하는 것은 바람직하지 않다. 다음 절에서 인간의 삶과 관련된 몇 가지 수수께끼를 생애사 이론을 통해 어떻게 설명할 수 있는지 살펴보도록 하자.

2. 양과 질, 짝짓기와 양육

K 혹은 r선택

앞서 이야기한 '번식을 향한 에너지 할당'이라는 범주 내에서 두 가지 선택

K 혹은 r선택의 몇 가지 특징

	r선택	K선택
기후	변동이 심함, 예측하기 어려운 기후	일정하고 안정적인 기후
개체군 크기	변화가 심함. 종종 환경이 허용하는 수준 이하로 줄어듦. 주기적으로 주거지를 새로 형성함.	상당히 안정적이거나 평형상태에 도달함. 환경의 최대 허용 수준에 가까움.
수명	대개 짧음. 거의 1년 이하.	1년 이상.
번식	다수의 많은 자손을 낳음. 대개 체구가 작고 성적 성숙이 빨리 진행됨.	수가 적고 체구가 큼. 번식이 지연되며, 성적 성숙까지 많은 시간이 걸림.
사망률	높음	낮음
대표 종	쥐, 개구리, 굴	고릴라, 코끼리, 인간

(개체 혹은 계통발생학적 수준에서)이 가능해진다. 개체는 소수의 우수한 자손에게 자원을 집중하는 것이 좋을까? 아니면 낮은 수준의 많은 자손을 가지는 것이 유리할까? 물고기나 개구리와 같은 일부 종은 이른바 r선택을 하는데, 에너지를 적게 소모하는 자손을 최대한 많이 가지는 것이다. 반면에 인간이나 코끼리와 같은 종은 이른바 K선택을 하는데 에너지가 많이 소모되는 소수의 자손을 가진다(표 8.1).

r-K 연속체는 동물이 내려야만 하는 두 가지 결정을 반영하고 있다. 첫째, 현재의 자손에게 투자하며, 번식 및 미래의 자손에 대한 투자를 지연할 것인지에 대한 것이다. 둘째, 낮은 질의 자녀를 많이 낳을 것인지 혹은 높은 질의 자녀를 적게 낳을 것인지에 대한 것이다. 이러한 결정을 내리기 위해 고려할 사항은 바로 외부 위험 및 사망률이다. 만약 성체 사망률이 높다면 가급적 얼른 짝짓기하고 현재의 자손에게 자원을 할당하는 것이 현명할 것이다. 그렇지 않으면 자식을 전혀 낳지 못한 채 죽을 수도 있기 때문이다. 청소년기 사망률이 높다면 낮은 질의 자손을 많이 낳아서, 그중 일부라도 살아남는 쪽을 택하는

것이 현명할 것이다. 일반적으로 외부 위험이 클 경우, 회복보다는 번식에 더 많은 자원을 할당하며, 또한 양육보다는 짝짓기에 더 많은 자원을 할당한다. 후자는 고위험 환경(예측하기 어려우며, 높은 사망률을 보이는 환경)에서는 자손의 적합도를 증가시키기 위한 양육 투자가 바로 중단되는 현상과 관련된다(Quinlan, 2007).

매일매일 삶에 대한 결정을 내리는 복잡한 유기체는 국소적인 조건에 따라서 최적 적합도를 추구하는 방향으로 r전략 혹은 K전략으로 번식적 자원 할당을 조절할 가능성이 있다. 인간은 발달적 가소성을 가지고 있는데, 따라서 생태적 맥락에 따라 빠른 생애사 혹은 느린 생애사적 전략을 채택하여 r-K 연속체의 특정 지점을 선택할 것이다(표 8.2). 이러한 주장은 사춘기 시점과 관련하여 다음 절에서 다루도록 하겠다.

표 8.2　빠른 생애사적 전략과 느린 생애사적 전략

발달적 특징	빠른 생애사 전략 (r선택 쪽)	느린 생애사 전략 (K선택 쪽)
잠재적 이득을 위한 위험 감수	높음	낮음
발달 속도	빠름	느림
사춘기 시점	일찍	늦게
생물학적 노화	빠름	느림
첫 번째 성관계	빠름	느림
성적 파트너의 수	많음	적음
번식 연령	일찍	늦게
자손의 숫자	많음	적음
각 자손에 대한 투자	적음	많음
즉각적인 만족	충족	지연

출처: Ellis, B. J. et al. (2012). 'The evolutionary basis of risky adolescent behavior: implications for science, policy, and practice.' Developmental Psychology 48(3): 598–623. fig 1, p. 608.

3. 인간의 노화 : 생애사적 관점

> 전 세계는 하나의 무대,
>
> 그리고 모든 남녀는 그저 배우일 뿐.
>
> 그들은 등장하고 퇴장하며,
>
> 무대에 선 배우는 여러 가지 배역을 연기한다.
>
> 일곱 개의 배역.
>
> 셰익스피어, 〈뜻대로 하세요〉

셰익스피어의 희곡 〈뜻대로 하세요〉의 주인공 자크는 인생을 총 일곱 단계로 나누었다. 유아, 학생, 연인, 군인, 중년의 '정의', 노인, 그리고 죽음과 망각이다. 현대 인류학에서 나누는 생애 단계와 크게 다르지 않다. 여기서는 남성과 여성의 생애 단계를 생애사적 관점에서 다루도록 하겠다.

1) 출생과 유아기

신생아 지방 : 왜 아기는 통통하게 태어나는가

인간의 신생아는 다른 종보다 지방이 많은 상태로 태어난다(그림 8.2). 신생아 지방은 체온을 보존하는 단열재의 역할을 하여, 호미닌의 부족한 털을 보상하는 기능을 한다고 알려져 있다(Prechtl, 1986). 그러나 단열재로서의 지방의 기능은 아주 약한 편이다. 북반구 고위도 지방에 사는 사람은 에너지원으로 지방을 선호하지만, 피하지방의 수준은 열대 지방에 사는 사람과 큰 차이를 보이지 않는다(Stini, 1981). 크리스토퍼 쿠자와(Christopher Kuzawa)는 이에 대한 더 그럴듯한 설명을 제시했는데, 신생아 지방은 에너지원이라는 것이다(Kuzawa, 1998). 6장에서 언급한 대로, 인간의 뇌는 에너지 측면에서 비싼 기관이다. 성인의 경우 기초대사량의 22%를 뇌가 사용한다. 심지어 신생아는 첫 1년간 약

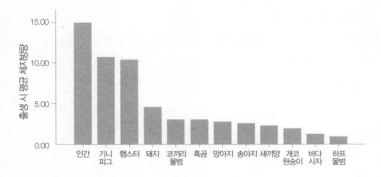

그림 8.2 일부 포유류의 체지방률. 지금까지 알려진 바에 의하면, 인간 신생아의 체지방률이 가장 높다. 심지어 체중으로 보정한 후에도 신생아의 체지방 수준은 다른 포유류의 3.75배에 이른다. 출처: Kuzawa, C. W. (1998). 'Adipose tissue in human infancy and childhood: an evolutionary perspective.' *American Journal of Physical Anthropology* 107(s 27), 177–209. Table 1, p. 181.

70%의 에너지를 뇌 성장과 유지에 사용한다. 사정에 따라 줄일 수도 없다. 충분한 에너지를 공급하지 못하면, 심각한 손상이 야기된다. 따라서 지방 조직은 뇌가 충분한 열량을 확보하도록 도와주는 에너지 저장소로 기능한다는 것이다. 이유 직후 아기는 에너지 일부를 다른 곳에 할당해야 한다. 어머니의 면역 시스템에 기댈 수 없으므로 병원체 방어를 위해 에너지를 나누어야 한다. 감염을 통해서 항체 생산을 자극하고, 이를 통해서 '순수한' 면역계를 훈련시켜야 하기 때문에, 소아기 감염은 불가피한 현상이다. 감염의 결과로 나타나는 설사나 고열은 에너지를 앗아가는 또 다른 요인이다. 소아는 저장된 지방에서 에너지를 꺼내 써야 한다. 이러한 점을 고려하면 생애 첫 1년 동안 아기가 지방 축적을 증가시키는 것은 전혀 놀라운 일이 아니다. 이러한 경향은 이후 점점 감소한다.

2) 소아기와 출산 간격

일반적으로 다른 종과 비교하면, 인간은 느린 생애사 경향을 보인다.

* 늦은 번식
* 긴 수명
* 긴 번식적 미성숙기
* 부모 양쪽의 양육
* 높은 수준의 부모 양육과 학습의 전달

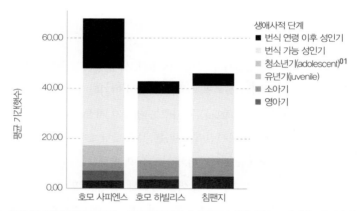

그림 8.3 호미니드 세 종의 암컷이 보이는 생애사적 단계의 상대적 차이. 침팬지와 호모 사피엔스의 생애사는 현생 종을 기준으로 추정하였다. 호모 하빌리스의 생애사는 화석 증거를 통해 유추하였다. 그림에서 알 수 있듯이, 폐경은 현생 인류에서 두드러지는 현상이며, 여성의 긴 수명은 폐경 전 기간보다는 폐경 후 기간의 증가에 주로 기인한다. 침팬지는 소아기와 청소년기를 구분할 수 없다는 점도 주목할 만한 사실이다. Bogin, B. (1999). Patterns of Human Growth (Vol. 23). Cambridge University Press. Fig. 4.9, p. 185, and Fig 4.13, p. 219; and Robson, S. L. and B. Wood (2008). 'Hominin life history: reconstruction and evolution.' Journal of Anatomy 212(4), 394–425. Table 2, p. 398.

---

01 청소년기(adolescent period)와 유년기(juvenile period)는 비슷한 의미이지만, 맥락에 따라 조금 뜻이 다르다. 여기서는 사춘기 이후 청소년기(생물학적으로 번식이 가능한 시기), 사춘기 이전 유년기(생물학적으로 번식이 불가능한 시기)로 나누었다. 종종 영아기(infancy), 초기 소아기(early childhood), 중기 소아기(middle childhood), 청소년기(adolescence)로 나누기도 하는데, 이 경우 중기 소아기가 유년기에 해당한다.

그러나 인간의 생애사가 보이는 이상한 점은 위의 특징 모두가 낮은 출산율을 예측한다는 점이다. 하지만 인간과 가까운 다른 영장류에 비해서, 인간은 더 짧은 출산 간격을 가지고 있다. 다른 수수께끼도 있다. 인간은 침팬지와 달리, 소아기와 사춘기라는 생애사적 단계를 가진다는 점이다(그림 8.3). 생애사 이론은 이러한 퍼즐을 설명해 줄 수 있다.

출산 간격

양과 질의 타협의 결과로 출산 간격(Inter-birth interval, IBI)이 결정되는데, 이는 아주 중요한 생애사적 결정이라고 할 수 있다. 예를 들어 긴 출산 간격은 모체가 더 많은 자원을 각각의 자손에게 투자한다는 의미다. 보츠와나의 !쿵산족에 대해서 출산 간격이 적응적인 전략인지에 대한 연구가 진행되었다. 이 연구에 의하면 !쿵산족의 어머니는 보통 4년마다 아기를 낳았고, 평생 3.8명의 아이를 가지는 것으로 조사되었다. 이 사회에서 출산 간격을 결정하는 요인은 건기 동안 부족의 주식인 음공고 너트(Mgongo nuts)를 채집하기 위해서 먼 거리를 돌아다녀야만 하는 가혹한 현실이었다. 4살 이하의 아이는 어머니의 등에 업혀서 힘겨운 채집 여행에 동반해야만 한다(Lee, 1979). 출산 간격과 여성의 부담이 어떤 관계를 가지는지에 대한 모델이 제안되었다(Blurton Jones and Sibly, 1978). 이 모델에 따라 출산 간격을 10년부터 4년까지 줄여나가도 여성이 경험하는 부담이 일정한 수준을 유지하였다. 그러나 4년 이하로 줄어들면서 가파르게 상승하는 것으로 나타났다. 즉, 4년 이하의 출산 간격을 가지는 경우 여성이 경험하는 스트레스가 상당하여 모체의 건강을 해치는 것으로 보인다. 단순하게 적용하면, !쿵산족의 최적 출산 간격은 4년이다. 물론 이는 다른 요인을 무시한, 너무 단순화한 결론으로 다소 논란이 있다(Pennington, 1992).

소아기

소아기는 종종 인류의 특징으로 간주된다. 포유류 대부분은 영유아기, 즉 모성 의존의 시기가 지나면 바로 독립적인 식이가 가능하다. 그러나 인간은 약 4년(3~7세) 동안 이유 후 의존기를 가진다. 흔히 소아기로 불린다. 생물학적으로 소아기는 다음과 같은 특징을 가진다.

- 다른 영장류의 성장 곡선과 비교할 때 상대적으로 작은 연령 대비 체구
- 5세 무렵 빠르게 성장하는 뇌는 대략 전체 에너지의 44%를 소모. 이는 다른 영장류보다 높은 비율
- 미성숙한 치아
- 운동 기능과 인지의 미성숙
- 6~8세 무렵, 중간 성장 급등

배리 보긴(Barry Bogin)의 연구에 의하면, 소아기의 진화를 통해서 인간은 다른 작은 체구를 가진 영장류보다 번식적 이익을 얻을 수 있었다(Bogin, 2010). 많은 포유류의 영아기는 첫 번째 영구 대구치(M1)가 맹출하면서 종결된다. 이유가 일어나는 시기에 맞추어, 독립적인 식이가 가능한 영구치가 나타나는 것은 있을 법한 일이다. 첫 번째 큰 어금니가 나기 전까지의 기간, 즉 영유아기는 출산 간격과 아주 밀접한 관련이 있다. 체구가 큰 영장류는 현재 새끼를 위한 수유와 양육을 진행하면서, 또 다른 새끼를 임신할 만큼 충분한 에너지 할당을 하기 어렵기 때문이다.

그러나 그림 8.4에서 볼 수 있듯이, 인간은 이러한 원칙의 예외다. 전통 사회에서 출산 간격은 약 3년이다. 그러나 제1 대구치가 맹출하는 시기는 6세경이다. 이는 어머니가 자식에게 음식을 공급하고, 형제자매나 할머니 등 다른 친족의 도움을 받기 때문에 가능하다. 이를 '공용 에너지 예산 가설(pooled

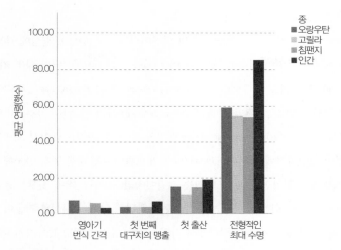

그림 8.4 네 종류의 영장류에서 초기 생애사의 핵심적 발달. 다른 대형 유인원과 비교할 때, 인간은 상당히 긴 수명, 짧은 출산 간격, 늦은 제1 대구치 맹출 연령 등의 특징을 보인다. 출처: Bogin (2010), Figure 22.6, p. 390; and Robson and Wood (2008), Table 2, p. 398.

energy budget hypothesis)'이라고 하는데, 번식을 위해 공용화한 공동체의 자원 할당을 수량화한 것이다(Reiches et al., 2009). 이러한 공용 에너지의 순 효과로 인해, 인간은 침팬지나 오랑우탄보다 두 배나 빠른 속도로 자식을 낳을 수 있는 것이다. 할머니의 도움이 특히 중요한데, 이에 대해서는 다음 장에서 자세히 다룬다.

소아기를 인류만의 독특한 현상으로 정의 내릴 것인지 혹은 비정상적인 상태로 보는 것이 옳은지는 추가적인 연구가 필요할 것이다. 예를 들어 T. M. 스미스 등은 우간다 키발레 국립공원의 야생 침팬지를 연구했는데, 제1 대구치의 맹출과 이유, 그리고 모성 생리의 복원이라는 현상이 같이 일어나는 현상을 확인하지 못했다(T. M. Smith et al., 2013). 초기 호미닌의 다양한 생애 주기와 관련된 화석 복원을 통해서 제1 대구치 맹출 연령을 연구해야 이러한 관계를 더 명확하게 밝힐 수 있을 것으로 보인다.

3) 청소년기, 사춘기 및 초경의 시점

만약 청소년기가 독특한 인간만의 현상이라면(그림 8.3), 이 현상에 대한 진화적 설명은 무엇이 있을까? 보긴은 이 시기를 두고, 젊은 성인이 삶의 기술을 연마하는 단계라고 주장했다(Cameron and Bogin, 2012; Bogin, 2010). 영장류 사망 통계를 보면 그 증거를 찾을 수 있다. 노랑개코원숭이(yellow baboon)나 토크마카크 원숭이(torque macaque), 침팬지의 경우, 첫 번째로 태어난 새끼는 대략 절반이 영아기에 숨진다. 그런데 야생 개코원숭이에 대한 밀착 연구에 따르면, 사망률은 점점 떨어진다. 맏이는 절반이지만, 둘째는 38%, 셋째는 25%다 (Altmann, 2001). 이러한 차이는 출산을 거듭하면서 어미의 지식과 기술이 점점 향상되고, 더 넓은 사회적 집단에서 지원을 끌어내는 능력도 높아지기 때문으로 보인다(Altmann, 2003). 이러한 점을 인간에 적용하여 보긴은 청소년기의 소녀는 어머니로부터 아기를 키우는 기술을 배우고, 다른 형제자매의 양육을 돕는다고 주장했다. 이런 결과로 인해서 인간의 영아는 더 높은 생존율을 가질 수 있었다는 것이다. 전통 사회의 영아 사망률은 제각각이지만, 28개의 수렵 채집 사회를 연구한 프랭크 말로위(Frank Marlowe)의 연구에 의하면 사망률은 대략 10~41% 수준으로 평균값은 21%였다. 이는 선진국의 영아 사망률보다는 높지만, 침팬지보다는 확실히 낮은 수치다(Marlowe, 2005).

청소년기 소년의 경우는 좀 애매하다. 예를 들어 소년은 대략 13~14세 무렵에 정자를 생산하기 시작한다. 다양한 문화를 통틀어, 20세 이전에 아버지가 될 수 있는 경우는 아주 드물다(Hill and Kaplan, 1988). 아마 부분적으로는 필요한 사회적, 성적 기술을 습득하고 연마하는 데 시간이 필요하기 때문일 것이다. 말로위는 또한 성인 및 청소년기 소년이 보다 많은 식량을 집단에 제공할 경우 이유 시간이 줄어들고 출산율이 높아진다고 생각했다. 그러나 영아 사망률이 감소하지는 않았다(Marlowe, 2005). 짝짓기와 양육에 대한 남성의 투자 수준은 아마 테스토스테론에 의해 좌우되는 것으로 보인다.

테스토스테론과 생애사 할당의 분포

번식의 비용이 남성과 여성에게 다르다는 사실은 잘 알려져 있다. 여성이 번식을 위해 투자하는 생리학적 비용에 비해서, 남성이 정자 생산을 위해서 사용하는 비용은 아주 미미하다. 대략 기초 대사량의 1%에 불과하다(Elia, 1992). 더욱이 정자의 질과 양은 남성의 에너지 투입량과 큰 상관이 없다. 즉 정자 생산과 다른 목적 간의 트레이드오프는 별로 발생하지 않는다(Bagatell and Bremner, 1990). 그러나 남성이 에너지를 많이 사용하는 곳은 따로 있다. 짝 경쟁과 식량 확보, 배우자와 자식의 보호 등이다. 테스토스테론과 다른 남성 호르몬이 중요한 역할을 한다. 테스토스테론은 근육의 발달을 돕고, 골 피질을 두껍게 하여 더 튼튼한 뼈를 만들고, 적혈구의 숫자를 늘린다. 테스토스테론 유도성 대사 에너지 전용이 일어나면, 일상적인 회복과 기능에 할당되는 에너지가 줄어들게 된다. 게다가 테스토스테론은 위험을 추구하는 활동의 증가 및 공격성 증가로 인한 부상의 증가, 면역 기능의 감소 등 다양한 부정적 효과를 낳는다(Muehlenbein and Bribiescas, 2005). 테스토스테론은 전립선암의 위험성을 높인다. 아직 그 관계가 완전히 밝혀진 것은 아니지만, 테스토스테론 억제 요법은 전립선암의 표준 치료법이다(Soronen et al., 2004).

남성은 또한 짝짓기와 양육 간의 트레이드오프를 해야만 한다. 이를 지지하는 직접적인 증거가 있다(Mascaro et al., 2013). 연구진은 70명의 생물학적 아버지를 대상으로 테스토스테론의 혈중 농도와 고환의 크기를 측정했다. 이를 통해서 짝짓기에 할당한 에너지를 추정했고, 양육에 할당한 에너지는 설문으로 평가했다. 결과적으로 고환의 크기와 혈중 테스토스테론 수준은 양육 투자와 비교했을 때, 유의미한 음의 상관관계를 보였다. 다시 말해서 큰 고환을 가지고 있고, 테스토스테론 수준이 높은 남성은 양육에 별로 관심이 없었다는 것이다.

테스토스테론이 위험 추구 활동 및 신체 성장에 미치는 영향을 고려하면,

적응적인 차원에서 개인 및 집단 간의 테스토스테론 수준의 차이가 나타날 것으로 예측할 수 있다. 예를 들어 병원체가 적은 환경(고산 지대 등)이라면 테스토스테론이 더 높아져도 괜찮을 것이다. 그러나 병원체가 득실거리는 지역이라면, 높은 테스토스테론 수준과 관련된 면역 억제가 심각한 결과를 낳을 수도 있다. 또한 자원이 풍부한 환경에서는 테스토스테론 수준이 높아질 것이다. 에너지를 근육이나 뼈에 할당해도 괜찮을 만큼 자원이 풍부하기 때문이다.

인간이 아닌 다른 동물에서 테스토스테론과 생애사적 트레이드오프 간의 관계에 관한 심층적인 연구가 진행되었다. 일부 연구는 검은눈방울새(*Junco hyematis*)라는 명금류를 대상으로 이루어졌다. 북미 전역에서 서식하는 갈색의 참새와 비슷한 종이다. 수컷에게 테스토스테론 패치를 붙였는데, 해당 수컷은 성적 과시를 더 많이 하였고, 혼외 관계도 더 많이 하였으며, 더 넓은 서식지를 가지는 경향이 있었다. 그러나 양육에는 소홀했고, 면역 반응이 억제되었으며, 생존율도 더 낮았다(Reed et al., 2006). 비슷한 결과는 다른 조류 연구에서도 확인되었다(Ketterson et al., 1999).

마이클 뮈렌바인과 리처드 브리비에스카스는 테스토스테론이 보이는 이러한 종류의 적응적, 조건적 발현을 통해서, 왜 자원이 적은 지역에 사는 남성에게 테스토스테론 수준이 낮은지를 잘 설명할 수 있다고 하였다. 예를 들어 파라과이의 아체족과 나미비아의 !쿵산족 남성과 자원이 풍부한 유럽이나 미국에 사는 남성의 테스토스테론 수준은 다를 수밖에 없다는 것이다(Muehlenbein and Bribiescas, 2005).

보다 최근에 라섹과 가울린 등은 1988년부터 1994년까지 진행된 제3차 미국 국가 건강 및 영양 상태 조사(USA National Health and Nutrition Examination Survey, NHANES III)의 데이터를 이용해서 테스토스테론의 손익에 대한 연구를 시행했다. 조사 데이터는 영양 상태(에너지 소비)와 전반적인 근육량(18~59세 남성 5,000명)을 포함하고 있었다. 첫 번째 성관계 연령과 성적 파트너의 숫자에 대한 인터뷰 자료를 추가하였다. 테스토스테론은 측정하지 않았지만, 근육량을 통해서 추정하였다(Griggs et al., 1989). 남성과 여성의 근육량의 성적 이형성은 사춘기 무렵 테스토스테론 수준이 높아지면서 나타난다. 또한 C 반응 단백질(CRP)과 백혈구 수치를 통해서 면역 기능을 추정했다. 이 수치가 높으면 면역 기능이 양호하다고 할 수 있다. 연구에서는 더 높은 근육량(즉 더 높은 테스토스테론)이 보다 많은 성적 파트너, 더 낮은 첫 성관계 연령과 관련될 것으로 예측했다. 또한 에너지 섭취량과는 양의 관계를, 면역 기능과는 음의 관계를 보일 것으로 추정했다. 표 8.3에 이러한 데이터 일부 및 근육량과 성적 성공, 에너지 섭취량, 면역 기능과의 회귀계수(LMV, FFM)를 제시했다. 결론적으로 연구자의 예측과 들어맞았다. 근육량은 성적(性的) 성공이라는 이득과 관련되었지만, 더 많은 에너지 소비 및 보다 약한 면역 기능이라는 비용과도 관련되었다.

테스토스테론을 연구한 결과는 개인 혹은 집단이 달성하는 적응의 수준이 자연선택과 성선택 간의 균형에 의해 결정된다는 사실을 알려준다. 성선택은 근육량을 늘리고 남성 간의 경쟁을 촉발하는 방향으로 간다(성내 선택). 또한 근육량을 늘려서 여성을 유혹하고, 테스토스테론에 의한 성적 욕동의 증가를 유발한다(성간 선택). 그러나 자연선택은 에너지 소모를 줄이고, 위험을 회피하며,

표 8.3　근육량과 성적 성공, 에너지 섭취량, 면역 반응 간의 회귀계수

	성적 파트너의 숫자	첫 번째 성관계 연령	에너지 섭취량	CRP	백혈구 수치
팔다리 근육의 체적 (Limb muscle volume, LMV)	0.079 (p<0.001)	−0.046 (p<0.01)			
지방 제외 체적(Fat-free mass, FFM)			0.246 (p<0.0001)	−0.061 (p<0.01)	−0.160 (p<0.0001)

출처: Lassek and Gaulin (2009), Tables 3 and 4, p. 326.

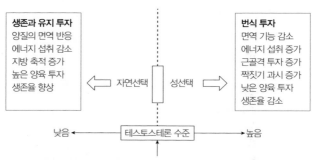

그림 8.5 생존과 번식 간의 자원 이동에 기여하는 호르몬으로서 테스토스테론의 역할. 테스토스테론은 생애사적 전략을 수행하는 근연 기전이다. 환경적 신호를 통해 생존과 번식에 투자되는 상대적인 이익을 예측하여, 두 가지 생애사적 기능 간의 자원 이동을 중개한다. 게다가 남성의 성선택은 짝짓기를 위해 테스토스테론을 높이는 방향으로 진행하지만, 자연선택은 생존율을 높이기 위해서 반대 방향으로 진행하게 된다.

양호한 면역 기능을 선택한다. 테스토스테론이 낮아지는 방향이다. 테스토스테론이 생존과 생식이라는 두 가지 과업에 대한 자원을 할당하는 양상을 보면, 생물은 사회적 혹은 생태적 정보를 이용하여 생애사적 전략을 조정한다는 추정을 할 수 있을 것이다. 그림 8.5는 이 개념을 도식화하고 있다. 분명 이러한 기전은 작동하는 것으로 보이지만, 세부적인 기전은 아직 제대로 정립되지 못한 상태다(Hau, 2007 참조).

초경과 사춘기, 영양

번식적 성숙 시점은 동물에게 아주 중요하다. 인간의 경우에는 사춘기의 시점이 다양한 요인에 의해 영향을 받는다는 많은 증거가 있다. 다양한 인구 집단 내외의 국소적 조건에 따라 적응적인 방법으로 반응한다.

초경은 인간 여성의 첫 번째 월경이 일어나는 시점을 말한다. 사춘기 및 수태력을 알리는 신호다. 문화에 따라서 초경 연령은 상이하지만, 선진국의 경우 대개 12~13세경이다. 월경의 기능은 무엇일까? 놀랍게도 이 분명한 현상이 가지 월경은 진화생물학의 미스터리 중 하나다. 명백한 두 가지 현상이 있다. 첫째, 자궁의 내막(endometrium)은 주기적으로 재생된다. 만약 착상과 임신이 일어나지 않으면 월경이 일어나거나 재흡수된다. 둘째, 질 출혈이다. 첫 번째 현상은 포유류에게서 보편적으로 일어나는 현상이다. 반면에 두 번째 현상은 구세계 영장류와 일부 나무두더지 종에서만 관찰된다. 월경은 흔히 출혈을 의미하는데, 왜 이런 불필요한 과정이 일부 포유류에게만 일어나고 다른 포유류에서는 일어나지 않는지 수수께끼다. 이에 대한 가설 중 하나는 수태력의 신호라는 가설이다. 그러나 개코원숭이나 침팬지 등 몇몇 영장류는 성기 팽창과 월경이 모두 일어난다. 즉 배란이 은폐되지 않는다. 이러한 경우에는 월경이 수태력의 신호라고 하기 어렵다. 다른 신호가 이미 충분히 확실하기 때문이다. 1993년 마지 프로펫(Marge Profet)은 월경을 통해서 정액이 담고 있는 병원체가 씻겨 내려간다고 주장했다. 그렇기 때문에 경구용 피임약 등으로 월경을 억제하면, 신체의 자연적 방어기능이 약해진다고 하였다. 그러나 이러한 주장은 근거가 미약하다. 몇몇 연구에 의하면 월경은 오히려 감염을 악화시킨다. 더욱이 설령 그러한 기능이 있다고 해도 그 효과는 미미할 수밖에 없다. 전산업 사회에서는 월경이 없는 기간, 즉 임신이나 수유, 폐경 후 기간에 아주 자주 성관계가 일어나기 때문이다(Strassmann, 1996b). 게다가 월경은 문란한 성관계를 하는 집단이라고 해서 더 눈에 띄게 많아지는 것도 아니다. 다른 주장도 있다. 주기적으로 자궁 내막을 제거하는 것이, 쓰일지도 모르는 단 며칠을 위해 한 달 내내 자궁 내막을 착상 가능한 상태로 계속 유지하는 것보다 더 효율적이라는 주장이다. 베버리 스트라스만(Beverley Strassmann)은 이러한 이론을 지지하면서, 질 출혈은 자궁 내막 제거 과정의 부산물에 불과하다고 주장했다(Strassmann, 1996b). 아직은 월경이 일어나는 이유에 대한 명확한 공감대는 없는 실정이다.

는 기능에 대해서는 아직 잘 알려져 있지 않다(상자 8.1).

생애사 이론의 견지에서 보면, 초경 연령은 언제 번식을 시작할 것인가에 관한 '결정'이다. 번식 적합도를 최대화하려는 것이다. 만약 이런 주장이 옳다면, 초경 연령은 특정한 지역적 맥락, 즉 번식 기회나 생존 가능성을 시사하는 신호 여부에 따라 달라질 것이다.

사춘기의 시작에 영향을 미치는 두 가지 영양학적 요인은 자궁 내에 있었을 무렵 어머니의 식이와 초기 소아기 영양의 질이다. 1970년대 초반 로즈 프리쉬와 로저 르벨은 이른 초경이 무거운 체중과 관련된다는 사실에 관한 일련의 논문을 발표했다(Rose Frisch and Roger Revelle, 1970 and 1971). 이는 프리쉬의 '핵심 체중-초경 가설(critical weight-menarche hypothesis)'로 알려져 있다. 이 가설은 지역에 따라 초경 연령이 다르다는 사실을 잘 설명할 수 있다. 또한 오랫동안 향상된 생활 수준과 보다 나은 영양을 공급받은 국가에서 초경 연령이 점점 앞당겨지고 있다는 사실도 잘 설명한다. 지난 백 년간 선진국의 초경 연령은 17세에서 12.5세까지 상당한 수준으로 떨어졌다(Gluckman and Hanson, 2006). 이론적으로는 아주 깔끔한 가설이지만, 내분비 기능을 교란하는 환경 유래의 화학물질의 영향과 관련된 논란으로 인해서 조금 퇴색한 경향이 있다(Parent et al., 2003).

그러나 번식 시점은 모든 여성에게 번식적 결과에 엄청난 영향을 미치는 요인이다. 따라서 예상되는 환경에서 번식을 최적화시키기 위해, 환경적 정보에 따라 조건적으로 조절되지 않는다면 그게 더 이상한 일이다. 물론 어떤 기전이 이러한 과정을 미세하게 조정하는지는 아직 베일에 가려져 있다(Sloboda et al., 2007).

사춘기 시작 연령이 빨라지는 데 영향을 미치는 요인들의 복잡한 인과 관계에도 불구하고, 후기 소아기에 경험한 에너지 결핍이 지연된 사춘기를 유발한다는 사실은 아주 잘 알려져 있다. 예를 들면 과도한 운동이나 신경성 식욕부진증 등이다. 이러한 상황에 빠지면 생애사적 전략은 사춘기, 즉 번식을 지연하는 방향으로 전환된다. 에너지가 부족한 상황에서 임신하면 산모와 아기의 생명 모두가 위험해지기 때문이다. 비록 프리쉬의 가설에 몇몇 논란이 있기는 하지만, 영양 공급이 좋은 환경이라면 사춘기를 앞당겨서 보다 긴 번식 기간을 통한 이익을 취하는 편이 유리할 것이다.

후기 소아기 영양 수준에 의한 효과와 달리, 출생 전에 경험한 영양 상태는 정반대의 영향을 미치는 것으로 보인다. 저출생체중아로 태어난 경우 초경은 더 앞당겨진다. 불량한 초기 환경은 향후 거친 환경이 기다리고 있으며 기대여명도 짧을 것이라는 정보를 전달한다는 것이다. 발달적 가소성 기전을 통해서 이러한 경우에는 보다 이른 초경을 촉발하여 얼른 번식하는 쪽으로 발달한다(Sloboda et al., 2009).

사춘기와 신장, 환경적 위험성

생애사 이론은 포유류의 한배 규모와 체구, 수명 등의 관계를 설명해준다. 쥐는 코끼리보다 작고, 보다 높은 상대 대사율을 보이며, 더 짧은 수명을 가진다. 쥐는 작은 포유류이므로, 피식될 가능성도 높다. 따라서 성체 쥐는 가능한 한배 새끼의 숫자를 늘리고 출산도 자주 하여, 그중 일부라도 성체가 될 수 있도록 적응할 것이다. 반면에 코끼리는 아주 크기 때문에 다른 동물에게 잡아먹힐 가능성이 낮다. 따라서 소수의 새끼를 낳아도 괜찮다. 새끼가 대부분 잘 커서 번식할 것이기 때문이다.

이미 언급한 것처럼, 생애사 이론은 번식과 생존 간의 자원 할당 경향이 종에 따라 달라지는 이유를 잘 설명해준다. 게다가 생애사 이론은 종 내 변이에 대해서도 설명해 줄 수 있다. 예를 들면 인간의 체구가 집단에 따라 다른 이유 등이다. 일부 인류 집단은 작은 신장을 가지고 있는데, 흔히 피그미로 알려져 있다. 피그미의 기준은 성인 남성의 키가 155센티미터에 미달하는 경우를 말한다. 흔히 아프리카 열대 지방에 사는 아카, 에페, 음부티족이 가장 유명하지만, 아프리카 밖에도 피그미와 비슷한 신장을 가진 인구 집단이 있다. 작은 신장에 대해서는 다양한 가설이 제시되었는데, 그중 하나는 열악한 환경에서 기아를 피하기 위해 체구를 줄였다는 가설이다(Mann et al., 1987). 하지만 온난한 환경에 사는 피그미도 있고, 추운 지방에 사는 경우도 있다. 또한 식량이 부족한 지역에 사는 부족의 키가 모두 작은 것도 아니다. 이렇게 골치 아픈 문제를 생애사 이론으로 해결할 수 있을까? 미글리아노 등은 인구학적 데이터를 면밀히 조사한 후, 높은 소아기 사망률(기생충이나 병원체 등에 의해서)이 더 이른 임신과 번식이라는 생애사적 전략으로 이어져서 작은 신장이라는 결과를 낳는다고 결론 내렸다(Migliano et al., 2007). 따라서 피그미는 생애사적 연속체의 '빠른 쪽' 끝에 위치한다. 일찍 성적 성숙에 도달하고, 더 작은 체구를 가진다. 또한, 더 일찍 죽는다. 죽을 가능성이 큰 환경에서 지연된 성적 성숙과 번식 전략을 취한다면, 번식을 해보지도 못하고 죽을 가능성이 커질 것이다. 이러한 경향은 열악한 영양 상태에 의한 것이 아니라, 유전적으로 결정되는 것으로 보인다. 왜냐하면 피그미 아이의 성장률은 놀랍도록 빨라서, 심지어 미국 아이보다도 빠르기 때문이다(Perry and Dominy, 2009). 페리와 도미니는 생애사적 이론이 옳다면, 더 큰 체구는 더 긴 수명과 관련될 것으로 추정했다. 피그미족의 데이터를 모아본 결과, 이러한 추론은 어느 정도 뒷받침되는 것으로 보였다. 그러나 연구자들이 인정했듯이 고려가 필요한 수많은 혼란 변수가 있다. 예를 들면 열악한 영양은 신장과 수명을 모두 낮출 수 있다. 마치 신장과 수명이 서로 관련된 것처럼 보이지만, 사실은 영양 상태가 두 가지 상태를 모두 유발한 것이다. 더욱이 피그미족의 사망률을 조사하는 것은 대단히 어려운 일이다.

그림 8.6 아프리카 피그미 가족과 코카서스 남성의 사진(1920년대). 피그미족의 작은 신장에 대한 설명 중 하나는 그들이 생애사 연속체의 빠른 쪽 끝에 위치하고 있다는 것이다. 출처: Colliers New Encyclopaedia (1921), p. 58.

월커 등은 22개의 작은 규모의 사회(농경 사회와 수렵채집 사회 포함)에 대한 인류학적 데이터를 조사해서 사망 위험과 체구, 성장률, 번식 연령에 대한 관계를 제안했다(Walker et al., 2006b). 여러 결과를 제시했지만, 주목할 것은 초경 연령과 15세까지 소녀가 살아남을 가능성과의 관련

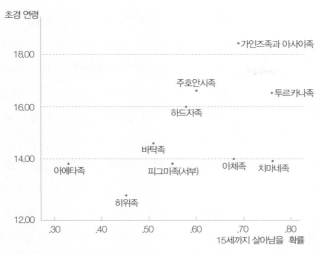

초경 연령

18.00 ·가인즈족과 아사이족

주호안시족

16.00 ·투르카나족

하드자족

바탁족

14.00

아에타족   피그미족(서부)   아체족   치마네족

히위족

12.00
    .30   .40   .50   .60   .70   .80
                                    15세까지 살아남을 확률

그림 8.7 총 10개의 작은 규모의 사회에서 소녀가 15세까지 살아남을 확률과 초경 연령 간의 관계. 사망 위험이 크고 및 성인기까지 생존할 가능성이 낮은 문화에서는 초경을 앞당기는 것이 적응적일 것이다. 출처: Walker et al. (2006b), Table 2, p. 300.

성이다. 즉 높은 사망률이 이른 초경과 관련되는 이유는 고위험 사회에서 죽기 전에 번식을 달성하려는 방법일 수 있다는 것이다(그림 8.7).

애착과 초경 시점

다른 대부분의 포유류와 달리 인간은 분명 느린 생애사를 보인다. 그러나 인간은 아주 다양한 환경적 도전에 노출되었고, 이는 지금도 마찬가지다. 열대 지방에서 나온 이후로는 환경의 변화가 격심했고, 또한 세대를 거치면서 심한 등락을 반복했다. 단일하고 고정된 전략을 고집하는 것은 현명한 일이 아니었을 것이다. 많은 연구자가 소아기를 지역적인 환경과 대인 관계에 대한 정보를 획득하는 시기로 간주하고 있다. 이로써 미래에 예상되는 생태적, 사회적 조건에 가장 적합한 행동 패턴으로 성격을 발달시킬 수 있을 것이다. 이러한 주장의 핵심이 바로 존 볼비(John Bowlby)가 창시한 애착 이론이다. 1930년대 볼

비는 런던의 한 소아 정신과 병동의 정신과 의사였다. 그는 만나는 여러 아이들이 둔화된 정동을 보인다는 사실에 충격을 받았다. 그리고 다음과 같은 경향을 찾아냈다. 정서적인 반응이 부족한 아이, 특히 권위상(어른과 같은 권위적 인물)과의 갈등이 심한 아이는 어린 시절에 어머니와 분리된 경험을 한 적이 많다.

볼비가 이러한 주장을 할 무렵, 인간의 정동이나 대인관계에 관한 연구는 프로이트 학파가 주도하고 있었다. 동물 연구는 미국에서 많이 행해졌는데, 왓슨과 스키너 및 그들의 추종자가 정립한 행동주의에 크게 영향을 받았다. 볼비는 자신이 관찰한 애착의 문제를 설명하기에는 프로이트주의와 행동주의 모두가 적합하지 않다고 느꼈다. 운 좋게도 볼비는 두 연구자의 연구를 접하게 되었는데, 한 명은 케임브리지 대학의 비교심리학자였던 로버트 힌데(Robert Hinde)였고, 다른 한 명은 오스트리아 동물행동학자였던 콘라트 로렌츠였다. 이들은 모두 동물 행동을 설명하는 데 진화적 이론이 중요하다는 것을 잘 알고 있었다. 존 볼비는 이들의 연구에 힘입어 진화적 틀을 사용하여 애착 이론을 만들어 나가기 시작했다.

1969년 볼비는 모든 영장류가 어머니처럼 가까운 성체에 친밀한 정서적 연결을 형성하도록 이미 프로그램화되어 있다고 제안했다. 성장하는 아이는 초기 영아기의 경험에 기반하여 사회적 관계를 인식한다고 주장했다. 볼비에 따르면, 애착 결합은 2세 반 이전에 형성되어야 하고, 그 시기를 놓치면 애착을 형성하는 것이 어렵다. 애착이 일어나지 않으면, 영구적인 정서적 손상이 발생하여 이후 인간 관계 문제나 우울, 슬픔 등의 문제가 발생한다(Bowlby, 1980). 볼비는 또한 애착을 형성하는 과정이 부모나 자식 모두에게 적응적이라고 하였다. 아기는 생애 초기에 자신을 돌봐주는 어른에게 애착을 느끼도록 프로그램화되어 있다. 물론 아이를 보호하고 양육하는 어른은 대부분 부모다. 아이가 어머니의 웃음과 얼굴에 이끌리는 것처럼, 아기의 얼굴과 목소리도 어머니의 양육 반응을 자극, 유발한다.

볼비의 업적은 이후 생애 첫 몇 년간 부모와 아이의 관계에 대한 생각에 엄청난 영향을 미쳤다. 애착 이론의 중심 교리는 주류 심리학 이론으로 스며들었고, 애착이 성장하는 아이의 장기간의 정신 건강에 중요한 역할을 한다는 공감대가 형성되었다. 하지만 이론의 단점도 있다. 왜 방임에 대한 소아의 회복탄력성이 서로 상이한지는 잘 설명하지 못한다.

애착 이론을 생애사적 관점에서 적용하려고 한 최초의 체계적 시도는 벨스키 등에 의해 이루어졌다(Belsky et al., 1991). 연구자들은 소아가 일차적 양육자와 맺는 관계가 세상이나 사람, 관계 등에 대한 믿음 그리고 기대에 대한 내적 작동 모델을 만든다고 생각했다. 그래서 편안하고 공감적인 양육자와 안정적인 애착을 맺은 아이는 미래에 만날 사람도 믿을 만하고, 미래의 세상은 상대적으로 안정적일 것이라고 간주하게 된다. 그러나 비공감적인 양육자로부터 거절과 방임을 겪은 아이는 불안정한 애착을 형성하게 되는데, 사람은 신뢰할 수 없으며 관계는 지속되지 않을 것이고 자원은 예측하기 어려울 것이라는 예상을 하게 된다고 주장했다. 이러한 두 극단은 이후의 삶에서 두 가지 상이한 번식 스타일로 이어진다(그림 8.8).

치스홀름도 비슷한 주장을 내놓았는데, 높은 사망률과 불안정한 자원 상태

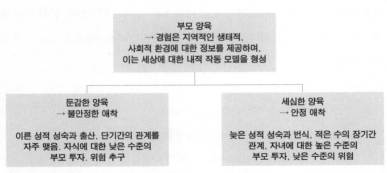

그림 8.8 애착과 번식 스타일 간의 관계. 양육 스타일은 성장하는 아이에게 미래의 삶의 기회에 대한 예측 인자로 사용된다. 이는 짝짓기와 양육에 투자할 적당한 자원 할당량을 결정할 때, 필요한 정보다.

를 보이는 문화는 보다 조기에 번식하려는 최적 짝짓기 전략, 불안정한 애착 및 높은 수준의 사회성적 지수를 보인다는 것이었다(Chisholm, 1996). 반대로 풍족한 환경 덕분에 스트레스가 적은 문화에서는 보다 늦게 번식하는 경향, 그리고 낮은 사회성적 지수를 보일 것이라는 주장이다. 이는 환경이 거칠고, 예측하기 어려우며, 스트레스가 심하고 자원이 부족하면 높은 투자 전략을 사용하기 어려워진다는 논리이다. 얼른 많은 자녀를 낳고 투자를 최소화하여, 그중 하나라도 생존하기를 기대하는 전략으로 방향을 바꾸게 된다.

그간 벨스키·치스홀름 모델을 지지하는 수많은 연구가 발표되었다. 예를 들어 아버지가 없는 집에서 자란 소녀는 더 이른 사춘기를 보인다(Surbey, 1990; Wierson et al., 1993). 엘리스와 그래버는 어머니의 정신 병리와 의붓아버지(혹은 어머니의 남자 친구)가 87명의 미국 소녀의 사춘기 시점에 미치는 영향을 연구했다(Ellis and Graber, 2000). 그 결과 벨스키·치스홀름 모델과 동일하게, 아버지가 없는 집안에서 스트레스를 많이 받은 소녀는 이른 사춘기를 경험하는 경향이 있었다. 또한 이 연구에서는 어머니의 정신 병리도 이른 사춘기에 영향을 준다는 것이 밝혀졌다. 이 연구의 중요한 점은 어머니의 정신 건강이 이른 초경과 관련된다는 것이다.

다른 연구에서 제임스 치스홀름 연구팀은 100명의 여성을 대상으로 생애 사적 스트레스의 효과를 조사했다. 스트레스가 심하고 위험하며 불확실한 환경은 이른 출산을 촉진한다는 것이 기본 전제였다(Chisholm et al., 2005). 생애 사적 관점에서 다음과 같은 네 가지 가설을 제안했다.

* 초기 스트레스는 이른 초경과 관련된다.
* 초기 스트레스는 이른 첫아기 출산 연령과 관련된다.
* 초기 스트레스를 경험한 여성은 성인이 되었을 때, 불안정 애착을 보일 가능성이 크다.

● 초기 스트레스는 수명에 대한 더 짧은 기대 수준으로 나타난다.

네 번째 가설은 실제 수명이 아니라 수명에 대한 기대 수준이라는 점에 주목해야 한다. 수명에 대한 주관적인 기대가 번식 행동에 어떤 식으로든 영향을 미치거나 관련되기 때문이다. 100명의 여성 데이터는 수입과 교육 수준을 모두 보정하였다. 연구 결과 초기 스트레스 수준은 모두 네 가지 변수와 관련이 있었다. 초경 연령(음의 관계), 첫 번째 출산 연령(음의 관계), 기대 수명(음의 관계), 불안정한 애착(양의 관계). 예를 들어 20세 이상의 어머니 중에는 82%가 안정 애착을 보였지만, 이보다 어린 어머니 중에는 오직 58.3%만이 안정 애착을 보였다. 그림 8.9에 20세 미만의 어머니와 20세 이상의 어머니로 나눈 데이터의 일부를 요약했다.

이러한 결과는 번식 시점에 대한 생애사적 조절이 이루어지며, 위험한 환경은 이른 출산을 촉진한다는 핵심 주장을 지지하고 있다. 스트레스에 대한 소아 시절의 경험이 초경이나 애착 관계와 같은 다른 기능으로 이어지는 기전은 아

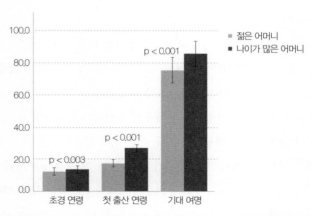

그림 8.9 젊은 어머니(20세 미만)와 나이가 많은 어머니(20세 초과) 집단에서 번식 전략의 두 클러스터. 20세 미만에 어머니가 된 경우, 보다 이른 초경을 보였고, 첫 출산도 빨랐으며, 기대 수명도 더 짧았다. 오차 막대는 1 표준편차다. 출처: Chisholm Feature et al. (2005), Table 5, p. 247.

직 명확하지 않다. 정신신경내분비학에서 해결해야 할 과제다.

최근 대니얼 네틀(Daniel Nettle)은 벨스키의 주장을 검증했다. 부정적인 초기 생애 경험(낮은 부모 투자 및 가족 스트레스)가 번식 전략 가속화(보다 이른 초경과 임신)를 촉진한다는 주장을 영국 국가 소아발달 연구(UK's National Child Development Study, NCDS)의 종단 연구 결과를 통해서 확인한 것이다. NCDS는 1958년 3월 3일부터 9일 사이에 태어난 모든 소아에 대해 광범위한 의학적, 사회적 데이터를 수집하는 연구로 지금도 계속되고 있다. 출생 당시 및 7세, 11세, 16세, 23세 무렵에 다양한 변수를 수집했다(Daniel Nettle et al., 2013a). 네틀은 어린 나이에 어머니가 된 여성(예를 들면 십대 임신)은 아마 생애 초기에 성장이 느렸고, 소아기 중반에 체중 증가가 빨랐으며, 성장이 일찍 중단되고, 더 이른 사춘기를 겪었을 것이라고 예측했다. 이러한 데이터의 장점은 사회경제적 수준을 통제할 수 있다는 것이다. 이른 임신은 보통 낮은 사회경제적 수준과 관련되기 때문에, 이는 아주 중요한 장점이다. 연구 결과 빠른 생애사적 전략과 관련된 지표는 이른 임신(20세 미만)을 경험한 여성에서 더 높게 나타났다. 이른 임신은 또한 7세와 11세경의 보다 높은 행동 문제(성인으로 치면 우울이나 공격성에 해당)와 유의미한 상관관계가 있었다.

이 연구는 십대 임신에 대한 아주 신선한 시각을 제공해준다는 점에 흥미롭다. 종종 십대 임신은 원인으로 간주된다. 하지만 십대모와 그렇지 않은 여성에 있어서 성교육에 노출된 정도를 비교하면 별 차이가 없다. 실제로 십대 임신을 한 어머니는 그렇지 않은 경우보다 아이를 가지기 위한 이상적인 연령을 보다 낮게 말하는 경향이 있었다. 이는 십대 임신이 피임에 대한 지식이 부족해서 생기는 잘못에 따른 결과가 아니라, 더 긴 생애사적 차원에서 벌어지는 일이라는 것이다. 따라서 출생 이후의 환경을 개선하는 것이, 성교육보다 십대 임신을 막을 수 있는 더 효과적인 방법이다.

애착 이론과 생애사 이론은 가설과 예측 수립에 아주 성공적이었다. 한 가지 의문이 있다면, 미래의 세계에 대해 예측하는 기전이 정말 유용한지에 관한 것이다. 말하자면 왜 아이는 부모와의 관계에서 얻은 경험을 모든 사람에 대해 일반화하느냐는 것이다. 인간의 뇌는 아주 크고 정교하다. 아이들이 만나는 각각의 사람에 대해서 서로 다른 모델을 만들지 못할 이유가 없다. 또한 구석기 시대에도 20년이면 여러 환경이 바뀌기에 충분한 시간이다. 따라서 소아기의 경험으로 20년 후의 번식 전략을 정하는 것은 좀 위험한 결정일 수 있다. 추정되는 적응적 기전이 실제로 작동하는지에 대해서 더 많은 연구가 필요하다. 예를 들면 불안정한 애착을 경험하고, 위험하며 예측하기 어려운 세계에서 자란 아이는(여기서 예측이 들어맞았다고 할 때) 풍족한 환경에서 자라 안정적인 애착을 형성한 아이가 나중에 험난한 환경을 만난 경우보다 더 잘 살아가는가?

이 문제에 대해서는 가나자와의 연구에서 해답을 찾을 수 있다(Kanazawa, 2000). 그는 아버지 부재가 일부다처제를 의미한다고 주장했다(연속 일부다처제 혹은 동시 일부다처제 모두). 연속 일부다처제의 경우, 높은 이혼율로 인해서 아이는 아버지 부재를 경험하기 쉽다. 동시 일부다처제의 경우, 일부일처제에 비해 아버지는 아이에게 충분한 시간을 할애하기 어렵다. 따라서 이러한 혼인 제도가 지배적인 문화에서 소녀는 얼른 사춘기에 도달하는 편이 유리하다. 소녀는 소년보다 일찍 성숙하기 때문에, 일부일처제 문화의 12세 소녀는 짝을 찾을 가능성이 낮다. 왜냐하면 성적으로 성숙한 남성은 대부분 이미 짝을 맺었을 것이고, 12세 소년은 아직 미성숙하기 때문이다. 그러나 일부다처제 문화에서는 막 사춘기에 접어든 소녀도, 이미 결혼한 (혹은 막 이혼한) 높은 지위의 남성의 새 아내가 될 가능성이 있다. 가나자와는 이러한 가정을 지지하는 두 가지 증거를 찾아냈다. 첫째, 남성과 여성의 결혼 연령의 차이는 일부일처제 사회보다 일부다처제 사회에서 더 심할 것이다. 실제로 일부일처제 사회의 남편과 아내 연령 차이는 평균 3세인데 반해서, 일부다처제 사회의 경우는 평균 4.5세였다. 둘째, 한 문화의 일부다처제 수준은 결혼 연령과 음의 상관관계를 보인다(따라서 초경도 빨라져야 한다). 즉 일부다처제가 심할수록, 초경은 빨라진다는 것이다.

4) 고령과 폐경, 조부모의 기능

인간이 노년기를 가지는 진화적인 목적은 아직 확실하지 않다. 사실 60세 이후는 퇴행이 지속되는 비기능적인 기간이며, 단지 종결까지 좀 시간이 걸리기 때문에 노년기가 존재하는 것일 수 있다. 하지만 노년기도 자연선택에 의해서 선택된, 즉 적합도 이득을 위한 기간이라는 주장도 있다. 이 두 가지 가설은 서로 다른 예측 결과를 낳는다(Hill, 1993). 고령이 단지 신체적 파국을 준비하는 기간이라면, 모든 기능 영역이 동시에 급격히 퇴행할 것이다. 예를 들어 더이상 독소를 제거하지 못하는 늙어버린 간을 가진 개체가 건강한 심장을 유지해야 할 이유는 없는 것이다. 반면에 노인도 어떤 역할(예를 들어 기술이나 지식의 전수)을 하고 있는 것이라면, 지적 기능은 다른 신체적 기능보다 더 느리게 퇴행할 것이다. 그런데 두 번째 예측 결과를 지지하는 여러 증거가 있다. 예를 들어, 노화에 따른 신경 병리는 인간에서 마카크원숭이보다 훨씬 느리게 일어난다(Finch and Sapolsky, 1999).

50세경에 도달하면, 여성은 폐경을 맞는다(선진국의 평균 폐경 연령은 50.5세). 반면에 남성의 수태력은 이후에도 여전히 유지되며, 갑자기 수태력이 중단되는 여성에 비해서 천천히 감소한다. 침팬지와 고릴라를 포함한 포유류 대부분은 노화에 따라서 수태력이 점진적으로 감소하지만, 폐경과 같은 일은 일어나지 않는다. 왜 인간종의 여성만이 이러한 급작스러운 변화를 겪는 것일까?

폐경에 대한 한 가지 가설은 여성의 수명이 늘어나면서 생긴 인공적인 부산물에 불과하다는 것이다. 이러한 주장에 따르면 대부분의 초기 인류는 50~55세경에 사망했다. 따라서 여성의 가임기 이후 기간에 대해 설명할 필요도 없었다. 반대로 '할머니 가설(Grandmother hypothesis)'에서는 초기 인류의 수명도 길어서 충분히 긴 번식기 이후의 기간을 보냈다고 주장한다. 그리고 그 기간은

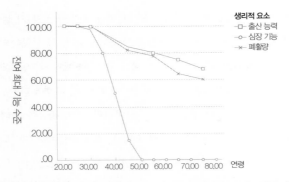

그림 8.10 연령에 따른 생리적 기능의 저하. 출산 능력은 급격하게 떨어지지만, 다른 생리적 기능(심장 기능이나 폐활량)은 보다 느리게 저하된다. 이는 폐경이 일반적인 노화 과정의 결과가 아니라는 것을 말한다. 출처: Mildvan and Strehler (1960); Wood (1990); and Hill and Hurtado (1991).

개인적인 적합도 향상에 기여했다는 것이다. 실제로 현생 수렵채집 사회의 여성이 60~70세까지 살아가는 것을 보면, 두 번째 가설을 더 지지하는 것으로 보인다. 게다가 번식 중단이 노화와 관련된 손상의 결과 중 하나라면, 50세 무렵의 여성의 여러 생리적 기능도 비슷한 저하를 보일 것이다. 그림 8.10은 번식적 기능과 다른 기능의 저하가 일어나는 경향을 도시한 것이다. 임신과 관련된 기능은 다른 기능의 저하가 일어나기 이전에 발생한다. 이는 가임기 이후의 삶에 어떤 목적이 있다는 것을 말한다.

아마도 출산에 동반해서 일어나는 사망위험도와 관련이 있을 것이다. 인간 영아의 출생 체중은 고릴라나 침팬지에 비해서 상당하다. 인간의 아기는 평균 3.18kg(모체는 평균 45.5kg)이지만, 고릴라는 평균 1.8kg(모체는 약 91kg)에 불과하다. 결과적으로 출산에 따른 모성 사망의 위험은 인간에게서 훨씬 높게 나타난다. 인간의 영아는 미숙한 상태에서 태어나기 때문에(만숙성), 부모(특히 어머니)에게 상당한 시간을 의존해야만 한다. 이미 아이를 가지고 있는 여성에게, 번식 성공률을 높이기 위한 목적의 추가적인 출산은 사실상 아기를 돌볼 수 있는 여력(출산 시 살아남을 가능성)을 거는 도박에 가깝다. 나이가 들면 모성 사망률이 더 높아지는데, 추가적인 출산을 통해서 얻는 번식 성공률의 증가와 기존에 성취한 번식적 이득에 미치는 잠재적인 위험률 증가가 일치하는 시점이 발생하게 된다. 이 지점(경제학적 용어로 말하면 한계 효용이 한계 비용과 일치하는 지점)을 넘어서면, 아기를 더 낳는 것은 무의미하다. 이미 출산한 자녀에 대한 안정적인 투자를 유지하기 위해 여성의 수태 능력의 중단이 자연선택된 것이다. 그러나 출산이 아버지의 사망위험률을 높이지는 않으므로, 남성은 다른 파트너를 통해서 번식 성공률을 지속적으로 증가시킬 수 있다. 이는 남성에게 폐경이 일어나지 않는 이유를 설명해준다(Diamond, 1991). 아이가 어렸을 적 부모 양육 투자에서 성별 차이가 있으므로, 나이 많은 아버지를 가졌지만 젊은 엄마에게 태어난 아이는 나이 많은 어머니를 가진 아이보다 더 높은 생존 가능성을 보인다.

폐경에 의한 번식 중단이 모체의 투자를 보호해주는 역할을 한다면, 여성이 폐경 이후에도 오랫동안 살아서 자녀가 독립할 때까지 돌봐야 한다는 것을 의미한다. 사실 엄격한 의미에서 여성은 필요 이상으로 오래 산다. 다른 포유류는 대개 마지막 출산 이후, 수명의 10%만 더 살고 사망한다. 그러나 인간의 여성은 마지막 출산 이후에도 전체 수명의 약 3분의 1을 더 생존한다. 이러한 관찰 결과는 할머니의 진화적 기능에 대한 추정을 가져왔다. 사실 할머니가 아니라고 하더라도, 여성은 생애 후반기에 낳은 아이를 돌보기 위해서 이후에도 더 살아야 한다는 합리적인 가설이 있다. 폴란트와 엥겔은 이 가설을 지지하는 증거를 제시했다. 현대의 의학 기술은 이러한 가설을 입증하는 데 방해가 되기 때문에, 연구진은 1700년부터 1750년까지 독일의 농촌지방에서 태어난 811명의 여성에 대해 조사했다(Voland and Engel, 1989). 연구에 의하면 마지막 아이를 낳은 연령이 높아질수록, 여성의 기대 수명도 증가했다. 또한 아이를 낳는 것은 여성의 기대 수명을 줄였고, 결혼을 했으나 아이가 없는 여성이 가장 오래 살았다. 그러나 일단 어머니가 된 후에는 늦게 아이를 낳을수록 더 오래 사는 경향을 보였다.

19세기와 20세기 퀘벡과 유타 주의 정착민 세 집단에 대한 건강 기록을 사용한 연구에 의하면, 어머니가 마지막 아기를 늦게 낳았을수록 가임기 이후 수명이 더 길었다(Gagnon et al., 2009). 막내를 낳은 나이가 1세 많아질 때마다 사망률은 2.2~3.6%씩 낮아졌다. 이러한 효과는 세 집단 모두에서 일관되게 나타났다. 이 결과는 마지막 출산 연령이 늦을수록 더 오래 살아야만 적합도를 높일 수 있다는 적응적 설명과 잘 들어맞는다. 늦게 아기를 낳았다는 것은 노화가 천천히 일어난다는 뜻일 수도 있다. 아니면 임신과 양육이 더 건강한 행동을 촉진하는 것인지도 모른다.

같은 연구에 의하면, 아이를 많이 가질수록 기대 여명은 감소했다(Gagnon et al., 2009). 이에 대해서는 종종 '마모설(disposable soma)'로 설명하는데, 회복과 생존을 위한 에너지를 번식에 할당하기 때문이라는 것이다. 그래서 출산을 많이 하면 수명이 짧아지는 것이다. 연구에 의하면 한 명의 아이를 더 가질 때마다, 대략 1.6~3.2% 감소했다. 이러한 결과는 '길항적 다면발현(antagonistic pleiotropy)'으로 설명할 수 있다(18장). 생애 후반기에 효과를 나타내는 돌연변이는 더 이른 임신과 출산을 촉진하는 효과를 가질 수도 있다는 것이다.

그러나 여성의 폐경은 보통 50세경에 일어나고, 이후에도 여성은 약 20년 이상을 더 산다. 20년은 마지막으로 낳은 아이가 성적 성숙에 도달하고도 지나치게 많이 남는 시간이다. 이러한 점에 착안하여 이른바 '할머니 가설'이 제안되었다. 즉 여성은 자신의 손주에 대한 투자를 통해서 생애 후반기에도 여전히 적합도를 유지할 수 있다는 주장이다. 그럴듯한 주장이지만 검증하기는 어렵다. 그러나 번식이 끝난 여성도 유전적 적합도를 유지하고 있다는 간접적인 증거가 있다. 만약 고령의 여성이 어떤 번식적 가치도 가지지 못한다면, 자연선택을 통해서 노화와 죽음에 이르는 열성 대립 인자의 축적을 막는 것은 불가능하다(Hill and Hurtado, 1997). 그렇다면 50세 이후에도 번식이 가능한 남성이 보다 오래 생존하여야 한다. 이는 분명한 사실과 반대되는 결과이며, 여성은 남성보다 조금 더 오래 사는 경향을 보인다. 따라서 고령의 여성도 분명한 적합도의 향상을 가져온다고 할 수 있다. 직접적으로 자녀를 출산하지는 못하지만, 다른 친족에게 양성 효과를 가져올 수 있을 것이다.

만약 할머니 가설이 옳다면, 기존에 개별적인 여성만 고려한 생애사 이론을 통해서 도출된 최적 출산 간격보다 더 짧은 간격이 관찰될 것이라는 주장이 있다(Blurton Jons et al., 1999). 할머니가 도와주기 때문에, 여성은 혼자서 육아를 전담하지 않아도 되기 때문이다. 잠비아에서 2000명의 아이를 대상으로 한 연구는 이러한 주장과 부합하는 결과를 보여주었다(Sear et al., 2000). 25년간의 종적 연구에 의하면, 할머니와 같이 사는 아이는 더 양호한 영양상태와 높은 생존 확률을 보였다. 흥미롭게도 이러한 효과는 외할머니를 둔 경우에만 관찰되었으며, 친할머니는 별로 도움이 되지 않았다. 이는 아마 부성 확실성과 관련한 할머니의 차별적 배려에 근거한 것으로 보인다(11장 참조).

폐경에 대한 다른 설명에 따르면, 상대적으로 짧은 출산 간격이 원인일 수 있다. 앞서 설명했듯이 수렵채집 사회에서 출산 간격은 약 3년이다(그림 8.4). 이는 후기 신석기 전 근대 농경 사회에 비하면, 높은 수치지만, 침팬지(4~5년)나 오랑우탄(약 8년)에 비하면 여전히 짧다. 아마 강력한 남녀 짝 결속으로 인해, 즉 남성의 도움에 힘입어 가능한 것인지도 모른다. 그러나 인류학적 연구에 의하면 남성이 주로 획득하는 사냥을 통한 열량은 여성이 주로 획득하는 채집을 통한 열량에 비해 상당히 낮은 수준이다(Hawkes et al., 2001). 할머니의 존재가 폐경 및 짧은 출산 간격을 설명해줄 수 있지 않을까? 이에 대해서 레베카 시어와 루스 메이스(Rebecca Sear and Ruth Mace)는 각 친족이 아이에게 주는 도움의 수준을 측정했다. 친족(아버지, 어머니, 할머니 등)이 없는 것이 아이의 생존에 얼마나 영향을 미치는지 확인한 것이다. 이를 통해서 친족이 아이의 생존에 얼마나 긍정적 혹은 부정적 영향을 미치는지 조사했다(Sear and Mace, 2008). 짐작할 수 있는 것처럼, 어머니의 존재는 아이의 생존에 긍정적인 영향을 미쳤다. 그러나 흔히 생각하는 것과 달리, 친할머니나 외할머니의 존재는 아버지의 존재보다 아이의 생존에 더 중요했다. 할머니 가설을 지지하는 또 하나의 증거였다. 할머니나 손위 동기가 양육을 보조하여, 더 짧은 출산 간격을 가능하게 해준다는 예전의 주장도 지지하는 결과였다. 이는 폐경 현상을 모두 설명할 수 있는 것은 아니다. 번식을 중단하는 다른 이유가 있을 수도 있고, 할머니에 의한 양육 보조는 폐경 현상이 나타난 이후에 선택된 것인지도 모르기 때문이다. 그래서 (50세 무렵) 폐경을 통해 임신을 중단하는 번식적 비용이 자식이나 손주에 대한 투자를 통해서 보상될 수 있는지에 대한 수학적 모델이 수립되었지만, 아직 결론은 나지 않았다(Grainger and Beise, 2004).

5) 나이 듦과 노화 및 사망

죽음의 불가피성

생애사 이론의 견지에서 보면 나이 듦과 노화, 사망은 당연한 일이다. 물론 원하는 사람은 없겠지만. 나이 듦과 노화는 조금 헷갈리는데, 나이 듦이란 시간이 지나면서 연령이 올라가는 현상을 말하고, 노화는 유성생식을 하는 모든 종에서 일어나는 연령과 관련된 신체적 퇴행을 말한다.

아마 이런 질문을 할 수 있을 것이다. 왜 자연선택은 유기체가 영생하거나 혹은 일정한 간격으로 유기체 자체를 복제(유성생식을 통한 유전자 복제가 아닌)하게 하지 않았을까? 리처드 로(Richard Law)는 이를 '다윈주의적 악마(Darwinian demon)'라고 하였다(Law, 1979). 즉 모든 다른 생명체를 물리치고, 지구상의 생명을 독식하는 유기체를 말한다. 다행스럽게도 지난 35억 년 동안 그런 유기체는 진화하지 않았다. 왜냐하면 한정된 대사 에너지를 성장, 회복, 번식상의

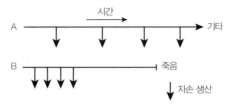

그림 8.11 대안적인 성장과 번식, 회복 전략. 유기체 A는 성적인 성숙을 지연시키고 회복과 유지를 위해 많은 투자를 한다. 그러나 유기체 B는 신속하게 자손을 낳고 일찍 사망한다. 시간이 지나면 B의 자손이 더 많아지므로, B의 전략이 널리 퍼지게 된다. 이러한 면에서 볼 때, 노화와 죽음은 피할 수 없다.

트레이드오프를 통해 할당해야만 하기 때문이다.

간단히 설명해보자. 번식을 포기하고 회복과 유지에 모든 에너지를 투자하는 유기체를 가정해 보자. 그런데 경쟁자는 생애의 초기에 번식하고 늙어서 죽는 것을 선택했다. 아마 경쟁자는 빠른 속도로 자손을 남기고, 자손은 또 다른 자손을 낳을 것이다. 빠른 속도로 수를 불리면서 생태적 적소를 금방 채울 것이고, 표준적인 전략으로 자리 잡을 것이다(그림 8.11).

비슷한 이유로, 자연선택은 번식기 이후에 발생하는 질병이나 퇴행성 변화를 제거하기 어렵다. 윌리엄스는 길항적 다면발현을 표현하는 유전자를 상정했다(Williams, 1957). 다면발현 유전자란 한 가지 이상의 효과를 나타내는 유전자를 말하는데, 젊을 때는 긍정적인 효과를 보이지만 나이가 들면 부정적인 효과를 보일 때 길항적 다면발현이라고 한다. 핵심을 말하자면 번식 후의 죽음은 번식과 회복 간의 트레이드오프 갈등에 대한 자연선택의 결과라는 것이다. 즉 몸은 일회용이다.

얼마나 오래 살아야 하는가?

불사의 다윈주의적 악마는 존재하지 않지만, 자연선택은 생애(수명)를 통해서 번식 성공률을 최대화할 것이라고 예상할 수 있다. 그러면 수명을 결정하는 것은 무엇인가?

이에 대해서는 두 가지 접근이 가능하다. 첫째는 '생명 활동 속도 이론(rate of living theory)' 및 유관 가설이고, 다른 하나는 생애사 이론에 뿌리를 둔 진화적 최적화 이론이다.

생명 활동 속도 이론

노화에 대한 생명 활동 속도 이론은 1908년 독일의 생리학자인 막스 루브너(Max Rubner, 1854~1932)가 처음 제안하였다. 그는 높은 대사율을 보이는 동물이 그렇지 않은 동물보다 일찍 죽는다는 사실, 즉 '빨리 살면, 일찍 죽는' 사실을 찾아냈다. 대사 과정이나 부산물에 의해서 세포 손상이 일어나는데, 동물은 회복할 수 없는 한계를 가지고 있다는 것이다. 즉 이 이론은 아주 명백한 예측을 제시한다. 기대 수명은 대사율과 반비례할 것이다. 예를 들어 매일 29kJ의 에너지를 사용하는 40g의 쥐의 대사율은 961kJ/kg/day에 해당한다. 반면에 매일 9,680kJ을 사용하는 70kg의 인간의 경우 대사율은 138kJ/kg/day이다. 단위 체중당 대사량, 즉 대사율은 쥐가 인간보다 더 높다. 그리고 쥐의 수명은 2년이고, 인간의 수명은 70년이다. 여기까지는 좋다. 이 이론은 모든 종이 단위 생애 동안,[02] 조직의 단위 중량당 동일한 에너지를 사용한다는 것이다. 164종의 포유류를 대상으로 이를 검증하는 연구가 이루어졌다(Austad and Fisher, 1991). 그러나 생애 동안 사용하는 에너지의 양은 코끼리의 경우 39kcals/g/lifetime부터 박쥐의 경우 1,102kcals/g/lifetime에 이르기까지 상이했다. 결과적으로 생명 활동 속도 이론은 지지 받지 못했다.

---

02 한 번 사는 동안

진화적 최적화

나이 듦에 대한 진화적 접근은 적어도 이론적으로 더 그럴듯하다. 몇 가지 접근법이 있다. 하나는 치명적인 돌연변이가 유전자 풀에 쉽게 쌓일 수 있지만, 이 돌연변이가 어떤 문제를 일으키기 전에 충분한 숫자의 자손이 이미 태어난다는 것이다. 따라서 자연선택에 의해서 돌연변이는 제거되지 못하게 되며, 이는 이른바 번식 후 '선택 그늘(selection shadow)'로 남게 된다는 얘기다. 생애 초기에는 번식을 돕지만, 생애 후반에는 노화를 일으키는 다면발현 유전자가 있을 수 있다. 다른 견해에 의하면, 생명체는 사고나 포식자에 의해 죽을 위험이 지속되기 때문에 치명적인 사건이 일어날 가능성은 단지 시간 문제에 불과하다. 따라서 너무 늦기 전에 자손을 낳는 것이 유리하다는 것이다. 앞서 언급한 일회용 신체(disposable soma) 주장과 일맥상통한다.

이러한 가능성을 고려해보면, 수명과 번식 시점 간에는 어떤 관련성이 있을 것이다. 예를 들어 초기에 번식적 노력을 기울이면 수명은 더 짧을 것이다. 회복을 위한 에너지를 희생하여 번식에 할당했기 때문이다. 또한 이른 번식은 생애 후반에 나타나는 해로운 유전자의 효과를 피하는 방법일 수도 있다. 따라서 다양한 환경 조건 내에서 번식 시점과 수명 간의 트레이드오프가 일어나게 된다. 위험한 환경에서 살고 있다고 가정하면, 즉 끊임없이 생명의 위협을 받고 있다면, 얼른 번식을 해야 할 것이다. 이는 앞서 15세경 생존 가능성과 초경 연령 간의 관계에 대한 결과와 맥을 같이 한다(그림 8.7). 이러한 주장은 비인간 동물 연구에서 상당히 많이 입증되었다. 예를 들어 버지니아주머니쥐(Virginia opossums)의 두 집단, 즉 높은 생태적 사망률을 보이는 위험한 환경에서 늘 포식의 위험에 시달리는 집단과 포유류 포식자가 없는 고립된 섬에 살면서 낮은 수준의 생태적 스트레스를 받는 집단을 비교해보았다(Austad, 1993). 예상할 수 있듯이 섬에 사는 주머니쥐가 더 오래 살았다. 의미심장하게도 섬에 사는 주머니쥐 암컷은 매 번식기마다 보다 작은 한배 새끼 수를 보였다. 다시말해 더 느린 번식률을 보였던 것이다. 그러나 이러한 접근은 인간 연구에서는 분명하지 않다. 인간의 경우 수태력과 번식, 노화의 관계는 훨씬 더 복잡하게 나타난다 (Helle et al., 2005).

4. 생애사 이론과 인간행동생태학, 인구학적 천이

인간행동생태학(자손의 숫자로 실제 적응적 이득을 평가한다)의 난제 중 하나는 바로 인구학적 천이다(그림 8.12). 경제 발전으로 과거보다 더 많은 아기를 가질 여력이 생겼음에도 불구하고, 점점 아기를 적게 낳는 현상이 일어나는 상황에서 인간에게 과연 적합도를 최대화하려는 경향이 있다고 할 수 있을까? 수렵 채집 사회의 출산율이나 출산 간격은 농경 사회나 현대 사회의 데이터와 상당한 차이가 있다(표 8.4). 선진국에 사는 현대인은 늦게 번식을 시작하고, 더 적게 낳고, 더 이른 초경을 보이며, 늦은 폐경을 보이고, 수유 기간은 줄어들었다.

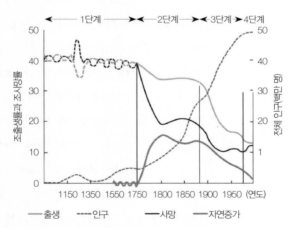

그림 8.12 영국의 인구학적 천이. 1700년 이전, 중세 시대의 영국 인구는 천천히 증가했다. 출생률과 사망률은 모두 아주 높았다. 주기적인 감염병(흑사병 등)이 인구를 감소시키곤 했다. 산업화와 공공 보건의 향상으로 인해서 사망률은 줄어들고, 인구가 늘어났다. 그러나 다른 많은 선진국처럼, 영국은 낮은 사망률, 낮은 출생률로 특징지어지는 인구학적 천이를 겪으면서 인구 증가율은 다시 정체되었다.

표 8.4	수렵채집 사회와 농경 사회, 현대 사회에서 출산 간격과 생식력 및 다른 변수들					

문화	초경 연령	결혼 연령	수유에 사용 하는 기간	자손의 숫자	폐경 연령	출산 간격
수렵채집 사회	15	16	20년	5	40	3
농경/ 전 산업 사회	14	18	20년	10	45	1.5
현대/ 도시 사회	12~13	24	5년	2	50	4

수치는 문화에 따라 매우 다르지만, 이 표가 주는 메시지는 명확하다. 현대 여성은 조상들보다 더 일찍 초경을 경험하고, 수유에 사용하는 기간은 상당히 짧다. 일부 인자는 영양 공급이나 건강 관리와 같은 생활 습관 및 환경 요인과 관련된다. 그러나 현대 여성이 조상보다 더 적은 아기를, 더 늦게 가지려는 것은 분명하다. 이러한 결정의 적응적 의미를 찾는 것은 쉽지 않은 과제다. 출처: Zihlman, A. L. (1982). The Human Evolution Colouring Book, Harper Resource, Section 6.9.

이와 관련한 생애사 이론은 적은 아이, 심지어는 단 한 명의 아이에게 최대한의 투자를 할 것인지 혹은 다수의 아이에게 각각 적은 투자를 할 것인지에 관한 질문에서 시작한다. 이성에게 매력적으로 보이기 위해서는 그 문화에서 유용한 기술을 익히기 위한 광범위한 훈련을 거쳐야 한다. 그렇다면 많은 투자를 받은 소가족의 아이는 비록 형제자매는 적겠지만, 적은 투자를 받은 대가족의 아이보다 결과적으로 더 많은 자손을 가질 수 있을 것이다. 즉 상류 계급의 성인은 저소득층보다 더 많은 자손을 가지고 있을 것으로 예상할 수 있다. 그러나 이러한 아이디어에 기반을 둔 연구는 많은 문제점에 봉착했다. 카플란 등은 뉴멕시코, 앨버커키 거주 남성의 손주 숫자를 조사했다(Kaplan et al., 1995). 그러나 결과는 예상과 달랐다. 실제로 많은 연구 결과는 낮은 교육수준과 경제적 수준이 오히려 더 높은 출산율과 관련이 있다는 것을 보여주고 있다. 즉 수입이 줄어도 출산율은 줄지 않았다. 게다가 일부 연구에 의하면, 전산업단계의 사회에서 지위와 자원은 번식 성공률과 양의 상관관계를 가지고 있다(Barkow, 1989; Voland, 1990). 그러나 근대화를 이룬, 낮은 출산율을 보이는 국가에서는 이러한 상관관계가 없거나 오히려 음의 상관관계를 보였다(Kaplan et al., 1995).

생애사 이론과 인간행동생태학적 접근이 겪는 이러한 난제를 설명하기 위해서 기발한 이론들이 수없이 제안되었다. 사실 진화심리학적 관점에서는 이러한 현상이 별로 문제가 되지 않는다. 현재의 삶의 방식이나 활동이 적합도를 최대화하는 것이라고 가정하지 않기 때문이다. 물론 우리가 성관계하고 싶은 마음이 드는 것은 자연선택의 결과이다. 그러나 성관계로 인해서 벌어지는 불가피한 결과는 피임을 통해서 막을 수 있다. 이에 대해서 지금까지 제기된 여러 가지 설명을 아래에 제시했다.

* 남성의 심리는 자원을 확보하려는 쪽으로 적응해왔다는 가설이 있다. 과거에는 자원의 축적이 자연스럽게 번식 가능성 및 자손의 수를 늘리는 방향으로 작용했지만, 피임을 통해서 이런 결과 없이 부의 축적만을 추구할 수 있게 되었다는 주장(Perusse, 1993).

* 비슷한 맥락에서 인간이 적합도를 향상시킬 수 있는 문화적 성취를 추구하도록 적응했다는 주장이 있다. 그러나 현대 사회에서 그러한 성공을 거두는 데 드는 비용이 증가(성공적인 직업을 가지는 데 걸리는 시간 등)하여 잠재적인 자손의 수에 부정적으로 작용한다는 주장(Iron, 1983; Turke, 1989).

* 자녀가 결혼 시장에서 더 경쟁력을 가질 수 있게 하려고, 자녀의 숫자를 포기하고 적은 자녀에게 투자를 늘린다는 주장(Lancaster, 1997).

* 카플란과 랭커스터는 자녀가 획득해야 할 기술의 중요성을 강조한 모델을 제시했다(Kaplan and Lancaster, 1999). 앞서 언급한 대로, 인간은 적응해야 할 생태학적 적소에 적합하게 기능하는 데 필요한 복잡한 기술을 익히기 위해 긴 시간이 필요하다. 이 모델에 의하면, 부모의 심리는 자녀에 대한 투자와 투자를 통한 보상 간의 관계를 평가하도록 적응해왔다. 현대화된 사회에서는 더 복잡한 기술을 익히기 위해 많은 자원(학비 등)이 필요하고, 따라

서 전체적인 출산율이 떨어질 수밖에 없다는 것이다. 피임도 이를 위해서 고
안된 것이라고 주장한다. 이 모델이 옳다면 피임은 낮은 출산율의 원인이 아
니라 결과다.

* 현대화된 사회에서 핵가족이 보편화되고 확장 가족 네트워크가 무너지면서
  출산율이 떨어졌다는 주장이 있다(Turke, 1989). 사회적, 물리적 이동성이
  증가하면서 친족 지원의 네트워크가 무너지고, 부모(특히 어머니)의 육아 부담이
  증가하면서 최적 자손 수가 줄어들었다는 것이다.

이러한 다양한 주장에도 불구하고 인간행동생태학적 측면에서 인구학적 천
이 현상은 심각한 난점을 가지고 있다. 동물 연구에 의해 지지되는 한 주장에
따르면, 낮은 출산율을 통해 경쟁적인 환경에서 자녀의 질과 양의 트레이드오
프를 택할 경우 문제에 봉착할 수 있다. 1915년부터 2009년 사이 14,000명
의 스웨덴인의 출산율을 조사한 굿맨 등은 낮은 출산율과 높은 사회경제적 수
준이 자손의 사회경제적 성공을 증진한다고 밝혔다(Goodman et al., 2012). 그
러나 부모의 높은 출산율은 자손의 낮은 생존률이나 낮은 번식 성공률과 관련
되는 것은 아니었다. 질과 양의 트레이드오프 가설에서 제시하는 이론적 예측
에 반하는 결과다. 더 중요한 것은 낮은 출산율과 높은 사회경제적 수준은 장
기간에 걸친 번식 성공률을 예측하지 못했다는 것이다. 따라서 선진국에서 나
타나는 낮은 출산율이, 복잡한 기술을 획득하여 사회적 지위를 높여야만 번
식 성공률이 높아지는 경쟁적인 환경에서 장기간의 번식 성공률을 최대화하
려는 전략이라는 주장은 설득력이 떨어진다. 선진국에서 나타나는 낮은 출산
율의 진정한 원인이 무엇이든 간에, 인간행동생태학적 견지의 적응적 최적화
모델과는 들어맞지 않는다. 심지어 인간행동생태학의 열렬한 지지자인 네틀
도, 인구학적 천이는 '일종의 부적응 혹은 현대 환경과 과거 환경에서 진화한
의사 결정 시스템 간의 불일치'에 의한 것이라고 주장했다(Nettle et al., 2013b,

p.1038).

　'불일치' 현상은 다음 장의 주제와도 일부 관련된다. 다음 장에서는 우리의 추론이 왜 실수를 막지 못하는지, 인간이 가지고 있는 다양한 인지적 오류와 편향에 대해서 다루고자 한다.

Evolution
and
Human Behaviour

5부

인지와 감정

Evolution
and
Human Behaviour

인지와 모듈성

플라톤은 『파이돈』에서 우리의 '상상적 사유'가 경험을 통해서 얻어지는 것이 아니라,
선재(先在)하는 영혼에서 유래한다고 하였다.
나는 선재하는 영혼을 원숭이로부터 찾으려고 했다.
찰스 다윈, 1838, 그뤼버의 책 『다윈의 노트』에서, p. 460

1. 모듈적 마음

1) 인식론적 딜레마: 합리주의 혹은 경험주의

플라톤은 『파이돈』에서 인간의 마음이 경험을 구조화하는 방법 혹은 생각
을 이미 가지고 세상에 나온다고 주장했다. 그의 스승 소크라테스는 지식이
본질적으로 이전의 삶을 통해서 영혼이 전생에서 이해한 보편적 진리를 다시
수집하는 것에 불과하다고 주장했는데, 플라톤을 이를 더욱 발전시켰다. 플
라톤과 소크라테스는 생득적 사고, 즉 인간은 어떤 것을 이미 알고 태어난다
는 신념을 가지고 있었다. 이러한 견해를 '합리주의(rationalism)' 혹은 생득설
(nativism)이라고 한다. 합리주의는 '경험주의(empiricism)'의 반대말이다. 생득
적 사고라는 주장은 아주 긴 역사를 가지고 있다(표 9.1).

표 9.1   유럽 사상사의 경험주의와 합리주의의 전통

합리주의자의 전통 (어떤 사고는 생득적이다)	경험주의자의 전통 (마음은 오직 경험을 통해서 지식을 형성한다)	진화적 인식론 (합리주의와 경험주의의 잡종, 우 리는 선조들이 겪은 선택의 효과 에 의해서 구조된 마음을 가지고 태어난다)
· 소크라테스(469~399 BC) · 플라톤(428~348 BC) · 데카르트(1596~1650) · 스피노자(1632~1677) · 라이프니츠(1646~1716) · 칸트(1724~1804)	· 존 로크(1637~1704) · 조지 버클리(1685~1753) · 데이비드 흄(1711~1776)	· 허버트 스펜서(1820~1903) · 찰스 다윈(1809~1882) · 윌리엄 제임스(1842~1910)

합리주의의 대척점에 경험주의가 있다. 영국 철학자 존 로크(John Locke)는 우리의 마음이 형태가 없는 매질에서 시작하여, 전적으로 경험하는 감각을 통해서 구조가 만들어진다고 주장했다. 로크는 플라톤이 말한 선험주의를 비판했는데, 이와 똑같은 방법으로 다윈은 로크를 비판했다. "개코원숭이를 이해하는 사람은 로크보다는 형이상학에 더 근접했다고 할 수 있다"(Darwin, 1838, quoted in Gruber. 1974, p. 243).

합리주의 대 경험주의의 논쟁은 아주 오랜 철학적 역사가 있지만(Kenny, 1986), 여기서 그 이야기를 다 소개할 수는 없다. 하지만 아마도 다윈의 주장, 즉 출생 시의 뇌는 형태가 없는 조직 덩어리도 아니지만 불멸의 영혼이 영원한 진리를 모으는 것도 아니라는 주장이 옳을 것이다. 뇌는 이미 수백만 년 동안 영장류 및 호미닌 선조에게 가해진 자연선택의 결과로 구조가 결정되어 세상으로 나온다. 이미 형태가 결정되어 세상으로 나오지만, 경험을 통해서 세상에 맞게 조율되고 조정된다. 아이블-아이베스펠트는 이를 다음과 같이 간결하게 설명했다.

감각적 데이터로부터 실제 세계를 재구성하는 능력은 이 세계에 대한 지식을

상정하고 있다. 이 지식은 부분적으로는 개인적 경험에 기반을 둔 것이고, 부분적으로는 계통학적 적응의 일환으로 전해져 내려오는 데이터 처리 기전의 성취에 기반을 둔 것이다. 후자의 경우, 세상에 대한 지식은 진화적 과정을 통해서 획득된다. 말하자면 개인적 경험 이전의 선험적 지식이다. 그러나 모든 종류의 경험에 선행하는 지식은 아니다(Eibl-Eibesfeldt, 1989, p. 6).

진화적 인식론

도널드 캠벨은 이러한 주장에 대해서 진화적 인식론(evolutionary epistemology)이라는 이름을 붙였다(Campbell, 1974). 그가 사용한 용어는 약간 불분명한 점이 있지만, 대략 다음의 세 층위로 나누어서 그 의미를 살펴볼 수 있다. 각각 계통적, 발달적, 그리고 문화적 층위다. 계통적 층위의 인식론이란 주로 이 책에서 다루고 있는 주제와 관련된다. 진화를 통해서 종의 정신적 회로, 즉 개체가 경험을 처리하는 방법이 뇌 속에서 자리를 잡아가는 과정이다. 발달적 층위의 진화적 인식론이란 개체가 성장해 나가며 자신의 적합도 이득에 따라 신경연접을 선택해 나가는 도중에 일어나는 변이와 선택의 과정을 말한다. 바로 윌리엄 제임스(William James)가 이러한 입장을 지지했다. 그는 1880년 10월《월간 애틀랜틱(Monthly Atlantic)》이라는 잡지에 개체의 정신 안에서 다양한 종류의 사고가 선택되는 과정에 대한 독창적인 글을 발표한 바 있다. 그러나 아쉽게도 이러한 제임스의 생각은 1974년 도널드 캠벨이 재발견할 때까지 오랫동안 묻혀 있었다. 문화적 층위의 인식론이란 진화생물학에서 사용하는 은유와 이론들이 문화 전체에 대한 과학적 이론으로 적용, 발전되어가는 것을 말한다. 예를 들어 카를 포퍼(Karl Popper)는 『추측과 논박』이라는 책에서, 과학적 사유가 부정되고 기각되는 과정을 과학이라는 성소에 최적자만 살아남고 나머지는 멸종하는 진화적 개념을 적용하여 설명한 바 있다. 최근에는 대니얼 데닛(Daniel Dennett)과 리처드 도킨스가 이에 대해서 '보편적 다윈주의(Universal

Darwinism)'라는 말을 붙였다. 즉 자연선택이라는 개념을 종 분화나 계통 발생 외의 세계 현상에 적용하려는 것을 말한다. 여기에 대해서는 20장에서 좀 더 자세히 다룰 것이다. 아무튼 이 세 층위는 비슷하면서도 서로 다르다는 것을 분명히 해야 한다. 물론 세 층위를 통합하려는 시도는 지속되고 있지만, 어느 한 층위에서는 진실이라고 해도 다른 층위에서는 그렇지 않을 수 있다. 계통적 층위는 종종 정신의 모듈성에 대한 생각과 관련된다. 즉 인지적 활동을 위해 진화해 온 생물학적 기판이 '모듈(module)'이라고 불리는 뇌의 특별한 전용 영역에 있다는 주장이다.

학습에 대한 생득적 편향

영역 특이적 학습 편향이 존재한다는 증거는 1980년대, 앨런 레슬리(Alan Leslie)의 영아 연구에서 입증되었다. 레슬리는 아이들에게 움직이는 물체의 사진을 보여주었다(Leslie, 1982, 1984). 그 사진은 A라는 공이 B라는 공으로 굴러가다가 갑자기 멈추고, B라는 공은 부딪히지 않았는데 자동으로 움직이는 등 비현실적인 내용을 담고 있었다. 그런데 6개월 무렵의 영아는 실제로 공이 부딪혀서 움직이는 경우보다, 비현실적인 사진에 더 큰 관심을 보였다. 비슷한 실험은 또 있었다. 르네 벨라르종(René Baillargeon) 등은 19주경의 여아에게 물리적으로 불가능한 사진들을 보여 주었다. 예를 들면 쌓아놓은 블록의 아래 조각을 빼내어도 위의 조각이 공중에 둥둥 떠 있는 사진이었다. 아이들은 이러한 사진을 보고 깜짝 놀랐다(Baillargeon et al., 1985; Baillaigeon, 1987; Baillargeon and DeVos, 1991). 이러한 결과로 미루어 보아, 인간은 선험적으로 직관적 물리학에 대한 지식을 가지고 태어나는 것으로 보인다. 즉 아기들에게 이미 '신체 이론(theory of body)'이 프로그램된 것이다.

2) 뇌 기능의 국재화(局在化)

간단하게 말해서 모듈성 뇌란 특정한 뇌의 부분이 특정한 기능을 수행한다는 것이다. 이러한 주장을 처음 한 사람은 두 명의 골상학자 골과 스푸루자임(Gall and Spuruzeim)이었다. 이들은 1810년 펴낸 책『신경계의 해부학과 생리학(The Anatomy and Physiology of the Nervous System)』에서 대뇌 피질과 뇌량의 기능에 대해서 기술하였다. 골상학자들은 두개골의 모양이나 혹의 위치가 지능이나 성격과 관련된다고 주장하는데, 물론 잘못된 학문이다.

19세기 이후 질병이나 사고로 인해서 뇌의 특정한 부분이 손상된 환자들에 대한 연구를 통해서 뇌의 각 부분의 기능에 대한 지식이 축적되기 시작했다. 계획을 세우거나 계획을 실행하기 위한 행동을 개시하는 등의 추상적인 기능도 특정한 뇌 부위에 있는 것 같다는 증거들이 발표되었다.

안타깝게도 이렇게 쌓인 뇌의 각 부위의 기능에 대한 연구는 악명높은 '뇌 절제술(lobotomy)'을 낳게 되었다. 1930년 무렵 전전두엽을 제거하면 계획을 세우고 그 계획에 따라서 작업을 수행하는 능력이 없어진다는 사실이 밝혀졌다. 이러한 연구 결과는 전전두엽 절제술의 이론적 근거가 되었는데, 50~60년대 정신증 환자들에게 광범위하게 시행되었다.『뻐꾸기 둥지 위로 날아간 새』라는 책과 영화는 뇌 절제술을 아주 비판적으로 다루었는데, 실제로 이 수술은 질병의 원인과도 별 관련이 없었을 뿐 아니라 치료라고 할 수도 없었다. 그저 망상에 시달리는 환자의 행동 능력을 제거한 것에 불과했다. 이 수술법의 선구자 중 한 명이 리스본 의대의 안토니오 에가즈 모니스(Antonio Egaz Moniz)였다. 아직도 그 결정에 의문이 가시지 않지만, 아무튼 노벨 위원회는 1949년 그에게 노벨의학상을 수여했다. 하지만 노벨상을 받을 무렵, 모니스는 이미 1939년 자신이 시행한 뇌 절제술에 분노한 환자의 총탄에 맞아 전신 마비가 된 지 오래였다.

보다 최근에는 언어학자이자 철학자 제리 포더(Jerry Fodor)가 마음을 설명하기 위해서 모듈성(modularity)이라는 용어를 사용하였다. 포더는 대표작『마음의 모듈성(The Modularity of Mind)』(1983)에서 시각, 청각, 언어, 발화 등 많은 지각 및 인지 과정이 전용 모듈 혹은 '입력 시스템(input system)'에 의해서 조직화되어 수행된다고 주장했다. 포더에 따르면 이러한 모듈은 독립적으로 작용하며, 환경으로부터 입력 정보를 가공하여 받아들인다. 즉 다른 말로 하면 '영역 특이적'이다. 포더의 인식 모듈 개념에서 중요한 점은 모듈이 신속하게 작동할 뿐 아니라 기억이나 경험, 반추 등에 의해서 방해 받지 않는다는 것이다. 이는 착시라는 흥미로운 현상에서 잘 드러난다(상자 9.1). 관찰자는 자신이 보는 착시를 자로 직접 재서 실제 현상에 대해서 의식적, 그리고 합리적으로 이해할 수 있게 되어도, 여전히 착시에서 벗어날 수 없다. 지식과 이해는 뇌의 이미지 처리 과정을 방해할 수 없는 것이다.

상자 9.1 두 가지 착시

착시	설명
	아델손 바둑판(the Adelson cheaquered square) 착시: 모든 착시 중에 가장 기이한 착시로 꼽힌다. 사각형 A는 사각형 B와 같은 색깔이다. 전혀 그렇게 보이지 않지만, 두 개의 사각형을 잘라서 비교하면 동일한 색깔이라는 것을 알 수 있다. 그러나 여전히 다른 색으로 보인다. 출처: Adrian Pickstone based on an original by Edward H. Adelson. From Wikipedia.
	하얀 직사각형(the white rectangle) 직사각형으로 보이는 하얀색 음영은 사실 배경의 하얀색과 같은 색이다. 그러나 배경보다 더 하얗게 보이며, 마치 실제 물체가 있는 것처럼 도드라져 보인다.

이러한 착시는 인간의 시각 시스템에 문제가 있다는 것이 아니라 오히려 잘 작동한다는 증거다. 시각 체계는 빛을 객관적으로 계량하려는 목적이 아니라, 이미지의 정보로부터 의미를 만들고 사물의 시각적 속성을 인지하려는 목적으로 진화했다.

인간의 지각 체계는 오류를 경험해도 잘 조정될 수 없는 단점이 있어 보인다. 그러나 상대적으로 고정 배선된 모듈은 우수한 적응적 가치를 가지고 있다. 그 신속성 덕분이다. 위험이나 위협에 처한 인간은 재빠른 반응을 보여야만 한다. 잘못된 호들갑이라고 해도 일단 조심해서 나쁠 것은 없다는 이야기다. 그러나 포더는 추론과 같은 고위 기능은 모듈성을 보이지 않는다고 주장했다. 중추적인 인지 과정은 느리며, 자동으로 일어나지 않는다는 것이다. 즉 무조건적으로 지각되는 착시와 달리, 지적 문제를 생각할지 말지 자유롭게 선택할 수 있지만, 상자 9.1에서 제시한 착시에서는 여전히 벗어날 수 없다. 시각체계가 착시에 취약한 모듈인 것처럼, 인간의 합리성은 착각이나 오류, 인지적 편향에 취약하다는 증거가 점점 늘어나고 있다.

2. 합리적 사고의 문제점

1) 최적화 문제

인류는 자신의 합리적 사고 능력에 큰 자부심을 가지고 있다. 그래서 수학자들이 인간의 행동을 모델링할 때 인간이 합리적인 관점에서 최적화된 행동을 한다고 간주하는 것도 무리는 아니다. 1960년대 합리적 최적화라는 개념이 경제학, 심리학, 동물행동학 등 다양한 학문 분야에 도입되었다. 이 분야의 학자들은 실험에 참여한 행위자들이, 인간이든 혹은 동물이든 간에 해당 맥락에서 자신에게 돌아오는 보상을 최대화하는 방식으로 행동한다고 가정했다. 예를 들어 경제학자들은 인간이 전체적 이득과 이윤, 유용성을 최대화하려한다고 가정했고, 심리학자들은 인간의 인지 체계가 최적의 의사 결정을 하도록 작동한다고 생각했으며, 행동생태학자들은 최적 먹이 획득 이론이나 열량 섭취 등을 다룰 때 동물들이 번식 적합도를 최대화하는 방향으로 행동한다고 믿었다.

그러나 이런 가정은 거의 제한이 없는 인지 능력, 그리고 방대한 정보 접근성을 전제하고 있다. 기거렌처와 셀텐은 이 모델을 '무제한 합리성(unbounded rationality)'이라고 하면서, 이러한 전제는 현실에서 있을 수 없다고 폄하했다 (Gigerenzer and Selten, 2001). 필요한 모든 정보를 가용할 수 없다면, '제한 조건 최적화(optimisation under constraint)' 모델이 더 적합할 것이다. 예를 들어 동물 A를 생각해보자(당신 자신이라고 해도 괜찮다). A는 성적 파트너 B의 가치를 판단해야 한다. 만약 B가 적합한 대상인지 파악하려면, 일단 외모나, 자원, 건강 상태, 사회적 지원, 나이, 미래의 가능성 등 다양한 요인을 계산에 넣어야 한다. 그리고 자기 자신의 추정 가치와 비교해야 한다. 만약에 A가 자신의 번식적 가치(모든 가용한 정보를 적절하게 가중하고 평균한 가상의 값)가 B보다 크다고 판단했다면, B를 거절하고 새로운 대상을 찾는 것이 바람직할 것이다. 하지만 B를 거절할 때는 더 좋은 대상이 나타날 가능성이나 추가적인 탐색에 드는 비용도 고려해야 한다. 추가 탐색 비용에는 시간이나 자원, 기회 비용 등이 포함된다. 따라서 A는 그냥 B에 만족하면서 그와 보다 직접적인 다원주의적 목표에 돌입하는 것이 나을 수도 있다. 더욱이 의사 결정 및 비용과 이득의 판단은 시간을 필요로 한다. 이 모든 과정이 과연 전부 고려되어 계산되고 처리되는 것일까? 혹은 더 신속한 경로가 있는 것일까?

최적화 모델이 이러한 문제점에 봉착하자, 1970년 무렵 에이머스 트버스키 (Amos Tversky)와 노벨상을 받은 대니얼 카너먼(Daniel Kahnemann)은 인간은 논리적 판단의 오류를 범할 수밖에 없으며, 이러한 오류는 불확실한 상황에서 문제를 해결하기 위해 실제로 사용하는 정신적 전략에서 아주 흔히 관찰된다고 천명하였다.

2) 사고와 추론의 오류: 추단적 경험칙과 인지적 착각

확률적 추론의 오류

심리학에서는 고전이 된 실험이 있다. L. G. 험프리는 눈앞에서 켜지는 전구에 대한 인간의 예측 능력을 평가하는 실험을 진행했다(L. G. Humphrey, 1939). 전구는 무작위적으로 켜졌는데, 다만 전구 A와 전구 B가 켜지는 전체 빈도는 약 2:8로 고정되어 있었다. 많은 사람이 금세 이 빈도를 파악했다. 그리고 연구자는 참가자에게 다음에 어떤 전구가 켜질 것 같은지 물었다. 참여자는 전구 A를 20% 전구 B를 80%의 비율로 골랐다. 직관적으로 생각하면 참가자들은 합리적인 판단을 한 것으로 보인다. 그러나 이러한 방법은 최적화된 전략이라고 할 수 없다. 전구는 무작위로 켜지기 때문에 전구 B를 80%의 비율로 선택하고 전구 A를 20%의 비율로 선택하면, 답을 맞힐 확률은 $0.8 \times 0.8 = 0.64$, 그리고 $0.2 \times 0.2 = 0.04$가 되어 총 68%의 확률로 성공할 수 있다. 그렇다면 그냥 무조건 전구 B만 선택하면 어떻게 될까? 정답률은 80%이다. 험프리는 이러한 잘못된 판단이 일어나는 이유로, 인간은 수동적인 결정을 내리는 것보다 능동적인 결정을 통해서 더 많은 것을 보상받는다고 간주하기 때문이라고 하였다.

왜 인간이 부적합한 추론을 하는지를 놓고 여러 주장이 있다. 이들 주장은 '위험 회피(risk aversion)'와 '프레임 효과(framing effect)'로 나눌 수 있다. 전구 실험의 경우, 많은 사람이 수동적으로 있는 것보다는 가능한 정보를 확인하여 이를 적용하려고 노력했다. 버래쉬는 이러한 이유 때문에, 우리는 더 많은 이득을 보장하는 주요 지수 연동 펀드 상품보다 직접 투자를 선호한다고 주장했다(Barash, 2003). 투자자들은 자신이 다른 사람보다 더 큰 수익을 낼 수 있다고 믿으며, 자신이 가진 정보가 유용한 도움을 줄 것이라고 믿었다. 아무것도 모르는 상태를 선호하는 투자자는 없었다.

비슷한 것으로 '출처 의존성(source dependence)'이라는 효과도 있는데 이는 불확실성을 뛰어넘어 지식을 구축하려는 경향을 말한다. 대표적인 예가 바로 '엘스버그의 단지(Ellsberg's jar)' 실험이다. 한번 직접 해보자.

단지에 50개의 붉은 공과 50개의 흰 공이 들어 있다. 다른 단지에도 역시 100개의 공이 있지만, 붉은 공과 흰 공의 개수는 알지 못한다. 100달러를 걸고 단지에서 공을 뽑아서, 색을 맞히면 돈을 딴다고 해보자. 당신은 어떤 단지에서 공을 꺼낼 것인가? 대부분의 사람은 첫 번째 단지를 선택했다. 그러나 확률은 어느 단지를 고르든 동일하게 50 대 50이다.

1970년대 무렵 확률적 추론이 필요한 문제를 해결하는 데 일반인들이 어려움을 보인다는 증거가 쌓이기 시작했다. 수학자는 어렵지 않게 문제를 해결할 수 있었지만, 일반인의 수행능력은 한심한 수준이었다. 더욱이 우려스럽게도 의사 같은 전문가의 실력도 좋지 않았다. 검사의 위양성 및 위음성을 알려주고 환자가 질병을 앓을 확률을 물어보는 과제에서 상당수의 의료진은 엉뚱한 판단을 하였다(상자 9.2). 많이 저지르는 오류는 대략 '결합 편향(conjunction fallacy)'과 '기저율 오류(base rate fallacy)', '과신 편향(overconfidence bias)' 등으로 나눌 수 있다. 카너먼과 그의 동료들의 공로로 인해, '인지적 오류'는 주류 심리학의 반열에 올랐다(Kahneman et al., 1982). 전형적인 사례가 바로 '결합 편향'이다.

상자 9.2 기저율 오류

기저율 오류는 교육 수준이 높은 전문직, 특히 의사들도 흔히 헷갈리기 때문에, 주목을 많이 받는 오류 중 하나이다. 다음과 같은 예를 들어보자.

어떤 질병의 유병률은 1/1,000이다. 그리고 이 질병의 진단법은 위양성 확률이 5%다. 그렇다면 다른 증상이나 징후에 대한 정보가 전혀 없을 때, 검사상 양성으로 나온 환자가 실제 질병을 앓고 있을 가능성은 몇 %인가?

하버드 대학의 의대생과 의사들, 60명을 대상으로 한 연구에서 거의 절반의 참가자가 0.95(즉 95%)라고 대답했다(Casscells et al., 1978). 평균값은 0.56이었고, 오직 18%의 응답자만이 0.02라고 대답했다(Gigerenzer, 1994). 베이지안 추론에 의한 정답은 물론 0.02다. 어떤 환자가 검사에서 양성으로 나타났을 때, 실제 질병에 걸렸을 가능성이 2%임에도 불구하고, 의사가 95%라고 생각한다면 심각한 문제가 생길 수도 있을 것이다.

베이지안 추론

이러한 종류의 데이터를 이용해서 가장 그럴듯한 가설을 추론하는 방법은 토머스 베이즈 목사(Reverend Thomas Bayes, 1702~61)가 처음 제시했다. 베이즈의 원래 공식은 약간 다르지만, 위양성 형태의 문제를 해결하는 현대적 방법을 아래와 같이 설명하겠다.

    H=질병에 걸린 사람
    H'=질병에 걸리지 않은 사람
    X=검사상 양성으로 나온 사람

라고 하자. 여기서

    $p(H)$= 무작위로 고른 사람이 질병을 앓고 있을 확률=0.001

    $p\left(\frac{X}{H'}\right)$ = 주어진 H'에 대해서 X의 확률. 즉 질병에 걸리지 않은 사람이 검사상 양성으로 나올 확률=0.05

    $p(H')$= 무작위로 고른 사람이 질병을 앓고 있지 않을 확률=0.999

    $p\left(\frac{X}{H}\right)$ = 주어진 H에 대한 X의 확률. 즉 질병을 앓고 있는 사람이 검사상 양성으로 나올 확률≒1

    $p\left(\frac{X}{H}\right)$ = 검사상 양성일 경우 그 사람이 질병을 앓고 있을 확률

따라서 베이지안 추론에 의하면 다음과 같다.

$$p\left(\frac{X}{H}\right) = \frac{p(H)p\left(\frac{X}{H}\right)}{p(H)p\left(\frac{X}{H}\right) + p(H')p\left(\frac{X}{H}\right)}$$

값을 대입하면

$$p\left(\frac{X}{H}\right) = \frac{0.001}{0.05095} = 0.02(즉, 약 2\%).$$

결합 편향

트버스키와 카너먼이 사용한 전형적인 문제는 다음과 같다(Tversky and Kahneman, 1983).

> 린다는 31세의 독신 여성이며, 외향적이고 아주 영리하다. 그는 철학을 전공했다. 학생 때는 차별과 사회적 정의의 문제에 깊게 빠지기도 했고, 반핵 데모에 참여하기도 했다.
> 다음 진술 중 더 사실에 가까운 것은?
> * 린다는 은행원이다.
> * 린다는 은행원이며, 페미니스트다

트버스키와 카너먼의 실험에 참여한 참가자 중 85%는 2번을 골랐다. 물론 오류이다. 두 가지 사건이 모두 옳을 확률은 한 가지 사건만 옳을 확률보다 높을 수 없다. 예를 들어 주사위를 던지면 하나의 주사위 숫자만 맞히는 것이 두 개 모두 맞히는 것보다 훨씬 쉬운 것과 같은 이치이다. 합리적으로 생각하면, 린다가 페미니스트이자 은행원일 확률은 단지 은행원일 확률보다 더 높을 수 없다. 트버스키와 카너먼은 이러한 효과에 대해서, '대표성 경험칙(representativeness heuristic)'이라고 설명했다. 이후 수많은 문헌에서 이러한 효과가 관찰되었다. 쉽게 말해서 처음에 린다에 대해서 페미니스트에 가깝게 설명했기 때문에, 이러한 설명이 올바른 판단을 왜곡시킨다는 것이다.

3. 인지적 착각과 적응적 마음

도대체 200만 년간 진화를 해온 인간의 뇌가 이런 간단한 확률 계산에도 쩔쩔매는 이유가 무엇일까? 베이지안 추론을 사용해서 겨우 정확한 답을 찾아낼 수 있었다는 데 위안을 삼아야 할까? 하지만 교육을 많은 받은 전문가가 이렇게 간단한 계산도 제대로 하지 못하는 것은 문제가 아닐 수 없다. 고작 2%의 질병 가능성을 보이는 환자를 95% 가능성으로 질병을 앓고 있다고 착각하는 것은 파국적인 결과를 낳을 수도 있을 것이다.

기거렌처는 단일 사건에 기반을 둔 질문을 통해서 확률적 추론을 평가하는 것은 적절하지 않다고 주장하면서, 이른바 '인지적 오류'라고 불리는 것들에 대해 공격했다. 실수는 인지적 오류라기보다는 질문 자체가 잘못된 전제를 유도하고 있으므로 일어난다는 이야기였다. 은행원 사례에서 응답자들은 린다가 이미 은행원이며, 단지 페미니스트인지 아닌지를 묻는 질문으로 오해한다는 것이다.

인지적 착각 현상에 대해 진화심리학자들은 다음과 같은 두 가지 전제를 깔고 시작한다.

- 인간의 마음은 문제를 해결하기에 적합하게 적응되었지만, 그 대상은 주로 EEA에서 직면하는 문제들에 대한 것이며 추상적인 수학 문제가 아니다.
- 인지적 착각을 야기하는 종류의 문제를 보다 생태적 그리고 사회적으로 있을 법한 형식으로 바꾸면 수행능력이 향상된다.

그럼 이러한 전제를 적용하여 앞서 기술한 오류에 대해서 다시 들여다보자.

1) 제한적 합리성과 적응적 사고

무제한적 합리성과 제한적 조건하에서의 최적화 사이의 논쟁이 심화되면서, 허버트 사이먼은 이른바 제한적 합리성(bounded rationality)이라는 경쟁 가설을 제시했다(Herbert Simon, 1956). 사이먼의 주장이나 그의 후속 주장이 전부 정확한 것은 아니지만, 그는 전반적으로 실제 많은 사람이 결정을 내리는 현실적 맥락에 방점을 두려고 했다. 즉 인지적 판단이 완전히 비합리적인 것은 아니지만, 인지적 능력의 제한 혹은 정보의 불완전성으로 인해서 최적의 판단을 내리기 어렵다는 것이다. 이러한 개념은 기거렌처가 인간의 이성을 도구 상자에 비유하면서 더욱 발전했다(Gigerenzer, 2001). 도구 상자의 기능은 각 개체가 포식자 회피, 배우자 탐색, 식량 획득, 집단 내 지위 추구 등 즉각적 목표를 달성하는 것을 가능하게 한다. 주장의 핵심은 도구 상자가 최적화를 추구하지 않는다는 것이다. 왜냐하면 유기체가 내려야 하는 결정의 수가 너무 많아서 이를 모두 계산하는 것이 불가능하기 때문이다. 게다가 완전한 정보도 대개는 얻을 수 없기 때문에, 최적화 전략을 추구한다고 해도 결국 심각한 오류에 봉착할 수밖에 없다. 도구 상자에 대해 설명하면서 기거렌처는 자연에 대한 윔살트(Wimsalt)의 구절을 인용했다. 도구 상자는 "중고 부품을 사용해야 하는 벽지의 정비공"과 같다(Gigerenzer, 2001, p. 30).

벽지에서 일하는 정비공은 모든 차량을 수리할 수 있는 도구 세트도 없고, 다양하게 적용할 수 있는 일반 목적의 도구도 없다. 부품도 다 있는 것이 아니다. 무엇이든 사용할 수 있는 도구와 부품을 가지고 차량이 움직일 수 있도록 해야 한다. 만약 정말 마음이 이러한 도구 상자를 가지고 있다면, 다음과 같은 특징을 가지고 있을 것이다.

* 심리학적 타당성: 인간의 인지적 능력에 대한 모델은 신적인 지능이나 순수한 논리를 가정해서 만들면 안 된다. 인간은 불가피하게 결함이 있는 존재이다.
* 영역 특이성: 도구 상자의 규칙과 장비는 특이성을 가진다.
* 생태적 (혹은 사회적) 합리성: 영역 특이적 추단법은 순수한 논리에 따라 판단을 내리지 않는다. 이런 면에서 일관성이나 최적성과 같은 규칙이 위반되는 것은 당연한 일이다. 제한적 합리성의 성공 여부는 사회적 그리고 생태적 맥락에서 해당 추론의 능력에 따라 결정된다. 특히 인간은 (집단의 관습을

따른다는 점에서) 공정하고 윤리적인 결정을 내리려는 경향이 있다. 따라서 논리적으로 잘못된 결론도, 집단 내에서는 합리적일 수 있다.

도구 상자는 추단적 경험칙(heuristic)을 가지고 있는데, 이는 문제에 대한 해결책을 제시하는 전략이다. 이 전략들은 판단을 돕는 간단하고 경제적인 규칙으로 이루어져 있다. 기거렌처는 다음 두 가지 예를 들었다. 규칙 탐색과 규칙 중단.

탐색 원칙

탐색은 제공된 선택지를 평가하는 단서의 다양한 대안 중에서 최적의 결정을 고르는 것이다. 탐색 원칙은 통계학자들이 많이 다루고 있는 이른바 '비서 문제'에서 잘 드러난다(Todd and Miller, 1999). 당신이 100명의 비서 지원자를 면접한다고 생각해보자. 면접 순서는 무작위이며, 합격 혹은 탈락만이 있다. 그리고 한 번 탈락한 지원자는 다시 고용할 수 없다. 이 선발 과정의 딜레마는 너무 일찍 선발하면 평균 이하의 실력을 갖춘 비서를 선발하게 될 수 있고, 너무 늦게 선발하면 잠재적으로 적합한 후보자의 수가 너무 줄어든다는 점이다. 수학적인 면에서 최고의 전략은 정해진 숫자의 후보를 면접한 후에, 그중 최고의 자질을 갖춘 비서의 수준을 기억해두는 것이다. 그리고 이후에 그 후보보다 더 괜찮은 후보가 나타나면 바로 합격시키는 것이다. 최적의 정해진 숫자는 $1/e$, 즉 약 37%다(여기서 e는 자연수 2.718···). 하지만 37%의 원칙이란, 최적의 결과를 가져올 확률이 37%라는 것은 아니다.

중단 원칙

탐색은 결국 멈춰야 할 때가 있다. 탐색과 중단 원칙의 간단한 조합은 12번의 탐색을 한 후에 최고를 선택하는 것이다(서양 속담). 중단 규칙은 인지적일 필요가 없다. 감정 시스템도 이 과제를 담당할 수 있다. 이러한 면에서 성적 파트너에 대한 사랑과 애정은 정서적인 중단 원칙으로 작용할 수 있다. 즉 자신의 배우자와 자식 곁에 머무르면서, 더 나은 결과를 가져올 수 있는 옵션에 대한 고려를 아예 하지 않는 것이다. 이러한 시스템은 전체 생애의 측면에서 볼 때, 남편이나 아내, 자식을 버리고 새로운 대상을 계속 탐색하려는 전략보다 훨씬 적합할 수 있다. 중단 원칙의 또 다른 예는 좋은 조건으로 새 차를 사려는 경우에서도 볼 수 있다. 같은 모델의 차량도 대리점에 따라 가격 차이가 난다. 따라서 진정한 가격은 광범위한 지역에 산재한 쇼룸을 모두 방문하여, 딜러와 가격을 협상해야만 확인할 수 있다. 현실적으로 불가능하다. 따라서 이를 해결하는 방법은 '유보 가격(reservation price)'과 한계 비용(marginal costs)을 미리 정하는 것이다. 여기서 한계 비용은 들이는 시간과 노력, 교통비 등을 말한다. 그래서 탐색 비용이 한계 비용을 넘는 순간, 그때까지 가장 좋은 조건을 제시한 차량을 계약하는 것이다. 예를 들어 300달러의 비용을 감수하기로 했다면 지금까지 본 차량보다 300달러 저렴한 차를 발견하는 순간 탐색을 중단하는 것이 상식적이다.

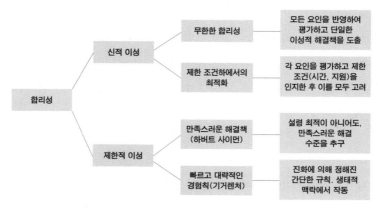

그림 9.1 합리성(논리)의 몇 가지 대안적 방법들

허버트 사이먼은 '만족화'에 기반을 둔 전략을(그림 9.1), '그동안의 경험을 통해서 합리적으로 달성할 수 있는 전략적 이득의 예상치를 정한 후, 해당 해결책이 예상치에 도달하는 순간 탐색을 중단하는 것'으로 정의했다(Simon, 1990, p. 9). 이러한 탐색 원칙은 단순해 보인다. 과연 수많은 변수가 난무하는 현실 세계에서 무리없이 작동할까? 예를 들어 배우자 선택의 경우, 유기체는 만나는 배우자의 자질을 평가하고 자기 자신의 자질과 탐색 비용, 기회비용(남녀의 생물학적 시계의 초침은 망설이는 중에도 계속 움직인다), 잠재적 파트너의 예상 반응도 계산한다. 여기서 중요한 것은 우리의 마음이 비서 문제나 한계 비용의 비용과 이득에 대한 분석을 수학적, 형식적으로 풀어내지 않는다는 것이다. 자연선택이 우리를 위해서 이러한 문제를 해결해 주었지만, 전지전능한 컴퓨터를 주어 문제를 풀도록 한 것이 아니다. 대신 합리적인 시간 내에 작동할 수 있는 신속하고 간단한 규칙을 제공해 주었을 뿐이다.[01]

기거렌처 연구팀의 연구 프로그램은 대략 세 방향으로 진행되었다. 첫째, 작동이 가능한 추단적 경험칙의 식별, 둘째, 이러한 경험칙이 가상 및 실제 세계의 환경에 적용되는지 여부, 셋째, 많은 사람이 실제로 이러한 경험칙을 사용하는지 여부이다. 추단적 경험칙에 대한 기거렌처의 생각은 다른 심리학 문헌에 등장하는 동일 용어(heuristic)의 쓰임과 완전히 다르다. 트버스키와 카너먼의 '경험칙과 편향' 연구 프로그램에서는 경험칙이 흔히 오류를 유발하는 엉성한 정신적 기전으로 취급된다(아래 참조). 그러나 기거렌처는 경험칙을 '합리적인 결론에 도달하기 위해서 환경 내 정보 구조의 이득을 취하는 방법'이라는 보다 긍정적인 입장을 취했다. 다시 말해서 경험칙은 유기체의 즉각적인 요구에 기여하는 보다 효율적인 방법이라는 것이다.

---

01 체스 게임이 이러한 만족화 전략의 전형적인 예이다. 체스의 한 턴마다 말을 움직일 수 있는 30개의 선택지가 있다. 그리고 한 게임에서 각 선수는 40번의 턴을 가지게 된다. 따라서 한 게임에서 가능한 경우의 수는 30^{40}, 즉 10^{120}개다. 참고로 우주에 존재하는 원자의 총 수는 10^{80}개다.

추단적 경험칙의 기능은 논리적 정합성을 추구하는 것이 아니다. 그보다는 제한된 시간과 정보하에서, 실제의 사회적 그리고 물리적 세계에 대해 더욱 합리적이고 적합한 추론을 하려는 것이다(Gigerenzer et al., 1999, p. 22).

인간이 물려받은 경험칙의 잠재적 후보의 두 가지 예는 집단의 명망가 모방하기와 유행 순응 편향이다.

집단의 명망가 모방하기

여러 연구에 의하면 모든 인간은 집단 내에서 명망이 높은 사람을 흉내 내려는 경향을 가지고 있다. 이를 명망 편향적 전파(prestige-biased transmission)라고 한다(Heinrich et al., 1999). 명망의 신호는 겉으로 과시하는 부나 타인의 관심 등을 통해서 쉽게 알아차릴 수 있다. 예를 들어 많은 사람은 어떤 모임에서 높은 지위의 개체가 하는 말을 더 주의 깊게 청취하며, 말을 중간에 끊지도 않고, 반박하지도 않는 경향을 보인다. 이러한 행동의 적응적 기능은 아주 분명하다. 성공적인 개체를 흉내 내서, 성공으로 이끈 행동적 패턴에 대한 가치 있는 정보를 얻으려는 것이다. 이러한 형태의 학습은 상당히 시간 효율적이다. 최고의 사냥꾼을 모방하여 사냥 기술을 익히는 것이 시행착오를 통해서 처음부터 시작하는 것보다 훨씬 효율적일 것이다. 이러한 기전은 명성의 자기 충족 현상(self-perpetuating phenomenon)도 설명해준다. 현대 서양 문화에서 미디어의 주목을 받는 인물은 다른 이유가 아니라 단지 미디어의 주목을 받았다는 이유로 지속적인 주목을 받는 경향이 있다.

유행에 순응하기

순응주의자 전파 현상도 인구 집단에서 가장 흔한 행동이 선택적으로 복제되는 경험칙 중 하나이다. 이러한 행위의 적응적 가치는 분명하다. 성공적이지 못했거나 혹은 적합도를 깎아 먹는 행동이 집단 내에서 가장 흔한 행동으로 살아남을 수는 없다. 예를 들어 굶주림을 견디며 낯선 곳을 지나가고 있다고 가정해보자. 다른 사람은 모두 자주색 과일을 먹고, 붉은색 과일은 피하고 있다. 당신은 무엇을 먹겠는가? 이론적 모델에 의하면 환경에서 오는 단서가 애매하거나 불분명할 경우, 많은 사람은 이 유행 순응하기 경험칙에 크게 의존하는 경향을 보인다(Henrich and Boyd, 1998). 비둘기나 쥐, 구피 물고기 등의 종에서 관찰되는 사회적 학습에 대한 수많은 연구에 의하면, 이들은 '다수가 하는 대로 따라하기' 전략을 취하는 것으로 보인다(Laland et al., 1996).

4. 편향과 오류 다시 보기

1) 결합 오류 다시 보기

허트윅과 기거렌처는 은행원 문제를 빈도 기반의 형태로 재구성할 경우, 결합 오류가 사라진다고 주장했다(Hertwig and Gigerenzer, 1999. p.170). 이러한 수정을 통해서 다음과 같이 다시 질문하였다.

기술한 조건에 부합하는 100명의 사람이 있다.

a) 이 중 몇 명이나 은행원인가?

b) 이 중 은행원이면서 페미니스트인 사람은 몇 명인가?

연구 결과 결합 오류를 저지른 참여자의 숫자는 트버스키와 카너먼의 실험에서 80%에 이르던 것이, 10~20% 수준으로 떨어졌다 (Hertwig and Gigerenzer, 1999).

2) 기저율 오류 다시 보기

질병 검사법에 대한 질문이 가지는 오류는 부분적으로, 기저율을 명확하게 알려주지 않기 때문이 일어난다. 정확하게 대답하려면 검사에 응한 사람이 1,000분의 1의 유병률을 가진 인구 집단에서 무작위로 선택된 것이라는 사실을 알고 있어야 한다. 그렇다면 0.95 같은 대답은 나올 리가 없다.

이 문제를 빈도 형식으로 바꾸자, 수행도가 비약적으로 향상되었다. 표 9.2는 두 확률 문제를 서로 다른 연구진이 빈도 형식으로 바꾼 것이다.

표 9.2   확률 문제를 표현하는 대안적 방법들

베이지안 확률로 표현	빈도 형식으로 재구성
질병 진단 문제	
'1/1000의 유병률을 보이는 질병의 진단법이 5%의 위양성률을 보인다고 할 때, 증상이나 징후에 대한 정보가 전혀 없을 경우, 검사에서 양성으로 나온 환자가 실제 질병을 앓을 확률은?' (Casscells et al., 1978, p. 999)	'1,000명의 미국인 중 1명이 질병 X를 앓고 있다. A 검사는 질병 X를 앓는 사람을 진단하기 위해서 개발되었다. 질병이 있는 사람에게 시행될 경우, 매번 검사 결과가 양성으로 나온다. 그러나 완전히 건강한 사람에게 시행될 때도 가끔은 양성으로 나온다. 정확히 말하면, 1,000명의 건강한 사람을 대상으로 할 경우, 50명에게서 검사 결과가 양성으로 나오게 된다.' '1,000명의 미국인을 추첨을 통해서 무작위로 뽑는다고 가정하자. 추첨자는 이들의 건강 상태에 대한 어떤 정보도 알지 못한다. 이 검사에서 양성으로 나온 사람 중, 정말 질병을 앓고 있는 사람은 몇 명이나 될까?' (Cosmides and Tooby, 1996, p. 24)
유방조영술 문제	
'정기 검사를 받은 40세 여성 중 1%가 유방암을 앓을 확률이 있다. 만약 한 여성이 유방암을 앓고 있다면, 유방조영술에서 양성을 받을 확률은 80%다. 유방암을 앓고 있지 않을 경우에도 유방조영술에서 양성으로 나올 확률은 9.6%다.' '이 연령의 여성 한 명이 정기 검사에서 유방영술을 시행하여 결과가 양성으로 나왔다. 실제로 유방암을 앓고 있을 확률은 어떻게 되는가? _____ %.'	'정기 검사를 받는 40세 여성 1,000명 중 10명 꼴로 유방암을 가지고 있다. 유방암을 가진 여성 10명 중 8명이 유방조영술 검사에서 양성 결과를 얻는다.' '유방암이 없는 990명의 여성 중 95명이 유방조영술 검사에서 양성 결과를 얻는다.' '여기서 새로운 40세 여성 집단을 대상으로 정기 검사를 하여, 유방조영술에서 양성이 나온 사람을 모았다. 이들 중 실제로 유방암을 가지고 있는 사람은 몇 명인가?' ___명 중 ___명 (Gigerenzer and Hoffrage, 1995, p. 9)

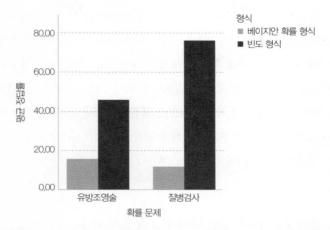

그림 9.2 문제를 보다 '마음 친화적(mind-friendly)' 빈도 형식으로 바꿀 경우 나타나는 확률 추론 능력의 향상.
출처: Gigerenzer and Hoffrage (1995); data on disease test from Cosmides and Tooby (1996).

결론적으로 말해서 인지심리학자가 밝혀낸 오류와 편향 일부는 경험칙에 따라 설명할 수 있고, 일부는 단지 실험 방법상의 잘못으로 인해서 일어난다고 할 수 있다. 마음에 대한 진화적 입장에 의하면, 우리는 통계학자가 즐겨 사용하는 분수로 표현되는 확률보다는 실생활에서 익숙한 빈도로 표현될 때 더 문제를 잘 해결할 수 있다. '이 고기를 먹은 열 사람 중 두 사람이 다음날 구토를 했다'는 말이 '이 고기를 섭취할 경우 유발되는 구토의 확률은 약 0.2로 추정된다'는 말보다는 마음에 더 잘 와 닿는 것이다.

경험칙과 오류는 마치 착시처럼, 종종 '인지적 착각'을 유발할 수 있다. 마음은 실제 현상과 다른 무엇인가를 '볼' 수 있는 것이다. 이러한 은유는 아주 교훈적이다. 눈은 '외부 세계'의 객관적이고 확실한 모양을 제시하기 위해서 설계된 기관이 아니다. 데이비드 마르는 우리의 시각 시스템이 획득 가능한 유용성을 최대화하기 위해서 현실을 증강해서 지각한다고 하면서 시각 관련 과학연구에 활기를 불어넣었다(David Marr, 1982). 상자 9.1에서 알 수 있듯이, 우리는 실제로 존재하지 않는 사각형을 볼 수 있다. 그리고 직사각형 안의 흰색이 배경의 흰색과 다르다고 믿는다. 이는 사실은 아니지만, 합리적 추정이다. 워크맨과 리더는 긴 수풀 속에 숨어 있는 호랑이를 알쏭달쏭한 호랑이 색을 가진 여러 조각의 이미지로 보는 것보다는 보이지 않는 부분을 증강하여 호랑이를 제대로 식별하는 것이 생태적으로 훨씬 유용하다고 지적했다(Workman and Reader, 2004). 이러한 추론은 명백한 이익을 주지만 종종 오류를 일으킬 수 있다. 이에 대해 이야기해보자.

5. 불확실성 속에서 결정 내리기: 오류 관리 이론

지난 수십 년간 불확실성 속에서 인간이 결정을 내리는 방법에 관한 많은 연구가 있었다. 특히 마티 헤이즐턴(Martie Haselton)과 데이비드 버스(David Buss)는 다양한 편향을 이른바 오류 관리 이론(error management theory, EMT)이라는 하나의 틀로 통합하는 데 큰 기여를 했다. EMT의 기본적 접근 방법은 이렇다. 당신이 밤에 숲 속을 혼자 걷는다고 가정하자. 나뭇가지가 부러지는 소리를 들었다. 소리의 원인에 대한 당신의 심적 믿음과 실제 일어난 물리적 현실을 연결하는 네 가지 기본적 가능성이 있다. 이를 전통적인 통계학적 개념인 제I종 오류와 제II종 오류로 이해해보자. 만약 그 소리가 어떤 행위자(무서운 포식자 등)에 의해 일어났다고 믿지만, 실제로는 자연적인 현상(나무에서 나뭇가지가 떨어지는 등)이라면, 당신은 위양성 혹은 제I종 오류를 저지른 것이다. 반대로 자연적인 현상에 불과하다고 추정했지만, 실제로는 당신을 잡아먹으려는 포식자에 의해 일어난 것이라면, 당신은 위음성, 즉 제II종 오류를 저지른 것이다. 이러한 오류에 따른 비용은 각각 다르다. 만약 제I종 오류를 범했다면, 아마 당신은 스스로 어리석다는 겸연쩍은 느낌이 들 것이고, 또한 공연히 도망치느라 열량과 아드레날린을 낭비했을 것이다. 그러나 제II종 오류를 저지를 경우에는 그냥 죽는다. 만약 제I종 오류를 더 많이 저지르도록 편향되어 있다면, 즉 조금 불안이 심하고, 약간 편집적이라면(다시 말해 아무도 없는데도, 누군가 있다고 느낀다면), 장기적으로 보면 진화적으로 유리할 것이다(Haselton and Nettle, 2006). 솥뚜껑과 자라의 비유를 들어 보자. 어차피 시스템은 완벽할 수 없으니, 자라를 보고 솥뚜껑이라고 착각하는 것보다는 차라리 솥뚜껑을 보고 자라라고 착각하는 편이 더 유리할 것이다.

그림 9.3은 이를 분할표로 정리했다. 일반화하기 위해서 세상에 대한 가설(H1)을 생각하고, 이 가설을 채택 혹은 기각한다고 생각해보자. 가설 검증을 위한 형식적 언어로 바꾸면, 우리는 다음의 두 가설 사이에서 갈등한다고 할 수 있다.

H0: 소리는 무해한 자연적 현상이다(예를 들면 나무에서 가지가 떨어진 것이다).

H1: 나뭇가지 소리는 무서운 행위자의 존재를 의미한다.

당신의 믿음	현실	
	H1이 옳음. 사나운 포식자가 낸 소리.	H1은 틀리고, H0이 옳음. 자연 현상임.
H1이 옳다고 믿음. 행위자를 가정.	정확. 진양성 	위양성. 제I종 오류 
H1이 틀렸다고 믿음. 자연적 현상을 가정.	위음성. 제II종 오류 	정확. 진음성 

그림 9.3 판단의 제II종 오류와 제종 오류. 각 오류의 결과는 상이하다. 따라서 인간의 인지는 비용이 더 적게 드는 오류를 저지르도록 편향된다.

이러한 시나리오에 의거하여 인지상의 편향을 그림 9.3에 요약했다. 잘못된 믿음과 관련된 이득과 손해의 불균형을 보여주고 있다. 오류 관리 이론에 의하면 제II종 오류에 의한 비용(자를 솥뚜껑으로 착각하는 비용이나 나뭇가지가 나무에서 떨어진 것이라고 착각하는 비용)이 제I종 오류(솥뚜껑을 자로 착각하는 비용이나 나뭇가지 소리를 포식자의 존재로 착각하는 비용)보다 훨씬 크다. 다시 말해서 증거가 미약한 경우에도 우리는 H1 가설을 받아들여야 한다.

여러 생명 과학 분야에서 가설을 검정하는 일은 핵심적인 작업이다. 이런 견지에서 보면 제I종 오류(위양성), 즉 귀무 가설을 배제하고, 연구 가설이 옳다고 판단하는 것은 제II종 오류, 즉 좋은 연구 가설을 기각하는 것보다 보다 더 심각한 문제를 야기한다. 그래서 통계 검정 과정이나 유관 확률 추정은 제II종 오류를 저지르는 한이 있어도 가급적 제I종 오류를 최소화하는 방향으로 이루어진다. 가설을 수립하고, 데이터를 모으고 통계적으로 검증(카이 검정이나 스튜던트 t 검정 등)한 후, 가설이 틀릴 경우의 통계값을 얻는 확률(P)을 평가한다. 만약 P값이 어느 수준(흔히 0.05) 이하일 경우, 가설이 틀리지 않고 옳을 만한 충분한 사실을 얻었다고 말하거나, 최소한 가설이 지지된다고 하는 것이다. 즉

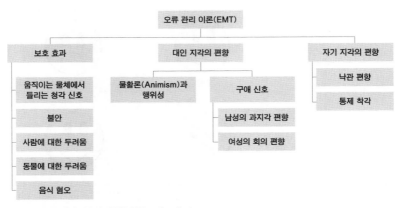

그림 9.4 오류 관리 이론의 적용을 위한 모식도. 출처: Haselton and Nettle, 2006.

제I종 오류가 일어날 가능성이 5% 이하라는 것이다.

인간 심리의 차원에서 보면, 불확실성 속에서 의사 결정을 내려야 할 경우 두 종류의 오류 비용이 서로 다르다(즉 위양성과 위음성의 비용이 다르다). 따라서 우리는 보다 비용이 적게 드는 오류를 저지르는 쪽으로 편향될 것이다.

그러면 오류 관리 이론이 다양한 인지적 편향과 추론의 오류, 행동 경향(이 세 가지가 어떻게 다른지는 일단 접어두자)을 어떻게 설명할 수 있는지 알아보자. 그림 9.4에 나타낸 구조로 하나하나 살펴볼 것이다.

1) 보호를 제공하는 편향

이 절의 모든 예는 위양성(false positive, FP) 비용이 위음성(false negative, FN) 비용보다 훨씬 작은 경우다(FP<<FN). 따라서 위양성 제I종 오류를 받아들이는 쪽으로 편향이 일어날 것이다. 이는 '유비무환'이라는 금언과 일맥상통한다.

움직이는 물체

소음을 내는 물체가 다가온다면 소리는 점점 커질 것이다. 반대로 소리가 작아진다면 점점 멀어지는 것이다. 인간은 이러한 효과를 이용해서 물체의 접근 속도와 이탈 속도를 계산한다. 노이호프는 움직이는 케이블에 스피커를 달아 실험의 참여자에게 얼마나 빠르게 물체가 다가오는지 예측하도록 하였다(Neuhoff, 2001). 피험자는 접근 속도와 거리를 과지각하는 경향이 있었다. 이는 적응적으로 합당한 편향이다. 위양성, 즉 물체가 너무 빠르게 접근한다고 생각하는 편이, 그 반대의 경우에 비해서 더 유리하다. 그렇지 않으면 포식자나 습격자를 피할 수 없을 것이다. 후속 연구에 의하면, 이러한 편향은 여성에게 더 두드러졌다(Neuhoff, 2009). 이런 결과를 보고 여성은 열악한 청각 처리 능력을 가지고 있다고 해석하는 것보다는 여성의 느린 주행 능력과 약한 힘으로 인해서 적응적 편향이 보다 더 강력하게 일어난다고 보는 편이 옳을 것이다(여성은 보다 더 일찍 도주를 시작해야 한다).

불안

화재 감지기는 위양성 오류가 일어나도록 편향되어 있다. 실제로 집이 불에 타고 있는데, 작동하지 않는 것보다는 큰 불이 나지 않아도(토스트가 타고 있다든가) 작동하는 편이 유리하다. 랜돌프 네스(Randolf Ness)는 인간의 방어 시스템의 상당수가 바로 과도한 불안과 같은 방식으로 작동한다고 주장했다(18장 참조).

동물에 대한 두려움

이는 '준비화 이론(preparedness theory)'에 해당한다. 사람은 뱀이나 거미 등에 대해서 신속하게 공포 반응을 획득한다. 뱀이나 거미의 사진을 보여주면서 약한 전기적 자극을 주면, 이 두 자극에 대한 연관이 과도하게 일어난다. 이는 오류 관리 이론으로도 설명할 수 있다. 원시의 환경에서 뱀이나 거미와 같이 독이 있는 동물에 물려 죽는 것보다는 이 동물에 대해 과도한 불안을 느끼는 편이 유리했을 것이다. 이는 왜 우리가 뱀을 막대기로 착각하는 경우보다 막대기를 뱀으로 착각하는 경우가 많은지 잘 설명해준다.

사람에 대한 두려움

동물에 대한 두려움처럼 잠재적으로 위험한 사람에 대한 두려움도 비슷하게 편향될 것이다. 실제로 사람은 큰 동물이다. 초기 인류에게 가장 큰 폭력적인 존재론적 위협은 바로 타인이었다. 그러나 동물에 대한 두려움과 달리, 같은 무리에 속한 사람에게 과도한 두려움을 느끼면, 위양성의 비용이 만만치 않을 것이다. 협력의 기회를 잃기 때문이다. 하지만 다른 집단의 사람에 대해서는 과도한 두려움을 느껴도 위양성에 따른 비용이 별로 발생하지 않는다. 어차피 상호 협력을 할 가능성이 작기 때문이다. 따라서 위음성에 따른 비용이 더 커지게 된다. 이는 왜 우리가 외집단보다 같은 인종이나 민족에 속한 사람에게 더 자애롭거나 덜 공격적인지 설명해 줄 수 있다(Brewer, 1979; Quillian and Pager, 2001).

위험의 원인은 다르겠지만, 질병이 있는 사람에 대한 두려움도 비슷한 논리로 설명할 수 있다. 전염병에 대한 집단적인 공황은 제법 흔하게 일어난다. 아주 미약한 증거만으로도 타인의 전염병 감염을 추정하곤 한다(Faulkner et al., 2004). 신체적 질병에 대한 낙인이 얼마나 오랫동안 지속되는지에 대한 연구도 있다(Bishop et al., 1991). 또한 폴크너 등은 질병 전파에 대한 두려움이 외국인 혐오의 기저를 이룬다고 주장했다(Faulkner et al., 2004).

음식 혐오

특정한 음식에 대한 혐오는 독소나 미생물에 대한 방어 반응일 수 있다. 어린아이가 채소를 싫어하고, 음식을 가려 먹는 이유는 아마 어린이의 간이 미성숙하여 음식의 독소를 제대로 제거하기 어렵기 때문인지도 모른다(Cashdan, 1998). 임신부가 특정 음식을 꺼리는 이유도 잠재적으로 해로운 음식을 피하려는 것일 수 있다(18장, Fessler, 2002). 이런 맥락에서 보면 '혐오' 반응은 유익한 반응이며, 일종의 직관적 미생물학이라고 할 수 있을 것이다. 아주 작은 양이라도 해로울 것 같다면 피한다는 것이다. 맛있는 음식을 혐오스러운 모양(예를 들어 개똥 모양의 초콜릿)으로 제공하면, 실제로 그 음식이 해롭지 않다는 것을 이성적으로 알고 있다고 해도 사람들은 잘 먹지 않으려고 한다(Rozin and Fallon, 1987). 오류 관리 이론에 의하면 오염된 음식은 아주 적은 양이라고 해도 무척 해롭기 때문에 위양성이 일어나는 쪽으로 편향이 일어나게 된다.

2) 대인 지각의 편향

물활론

이미 고전이 된 실험이 있다. 프리츠 하이데르와 메리-앤 짐멜은 기하학적 모양의 사진(큰 삼각형과 작은 삼각형, 작은 원)이 화면에서 어떻게 서로 관계하는지를 보여 주었다.[02] 많은 사람은 작은 삼각형이 작은 원과 사랑에 빠졌으며, 큰 삼각형은 거칠게 행동한다고 대답했다. 즉 사람의 마음은 행위성 혹은 물활론적 관점을 기본으로 하여 작동한다는 것이다. 오류 관리 이론의 관점에서 보면, 행위자가 없다고 간주하는 것(위음성)보다는 행위자가 있다고 간주하는 것(위양성)이 보다 유리하다. 행위자(자체적인 목적과 선호성을 가진 사람이나 동물)를 가정하는 것은 적합도에 큰 영향을 미칠 수 있으며, 가급적 행위자가 존재한다고 추정하는 편이 더 적응적이다. 거스리는 이런 관점을 확장해서 인간은 종교적 믿음을 가지는 보편적인 경향이 있다는 주장을 뒷받침했다(Guthrie, 2001).

구애 신호

낭만적인 관계를 기대하는 남녀는 아주 어려운 판단을 내려야 하고, 또 그 판단에 맞는 행동을 해야 하는 과제를 안게 된다. 일단 상대가 잠재적인 연인 관계를 추구하려고 하는지를 분명하게 확인해야 한다. 그리고 그에 걸맞는 행동도 해야 한다. 또한 상대도 나에게 그런 관심을 가지고 있는지도 알아내야 한다. 애매함으로 가득한 상황이며 잠재적인 오해의 가능성이 가득하다. 희비극이 연출될 수 있다. 헤이즐턴과 버스는 오류 관리 이론이 짝짓기 신호 해석에 대한 성간 차이를 설명할 수 있다고 주장했다(Haselton and Buss, 2000).

---

02 www.youtube.com/watch?v=n9TWwG4SFWQ, last accessed 29 January 2016

성적 의도에 대한 남성의 과지각

여성은 그럴 생각이 없는데도 남성의 입장에서 여성이 성적 관심을 가지고 있다고 판단하는 것은 위양성 오류를 저지르는 일이다. 진실을 알게 되면 당혹과 실망이라는 비용을 치르게 된다. 반대로 위음성, 즉 여성이 자신에게 호감이 있는데도 그렇지 않다고 오해하는 경우라면, 남성의 번식 성공률에 큰 타격을 주게 된다. 번식 기회를 놓치기 때문이다. 따라서 헤이즐턴과 버스는 남성이 위음성 오류를 피하고, 위양성 오류를 늘리는 방식으로 편향되었을 것으로 추정했다.

이러한 효과를 지지하는 수많은 경험적 연구 결과가 발표되었다. 예를 들어 프랭크 사알과 캐서린 존슨, 낸시 웹스터는 남성과 여성이 실제 삶에서 짧게 마주치는 장면을 찍어, 남성 및 여성 피험자에게 보여주었다(Frank Saal, Catherine Johnson and Nancy Webster, 1989). 모든 상황에서 남성은 여성보다 화면에 나온 여성이 성적 관심을 가지고 있다고 더 많이 응답했다. 실험실이

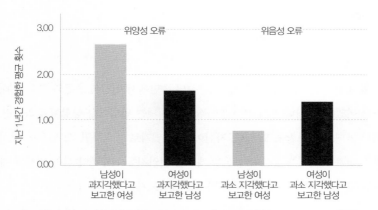

그림 9.5 남성의 성적 의도(여성이 보고)와 여성의 성적 의도(남성이 보고)에 대한 오해의 숫자. 과지각: 보고자의 친근한 태도를 성적인 의도로 해석하는 경우. 과소 지각: 보고자의 성적인 관심을 단순한 친근함으로 해석하는 경우. 남성은 성적 의도에 대한 위양성 오류를 위음성 오류에 비해서 훨씬 많이 보였다(p<0.001). 남성은 여성이 위음성 오류보다는 위양성 오류를 약간 더 많이 보인다고 답했지만, 통계적인 유의성은 없었다(p>0.05). 출처: Haselton, 2003, Figure 2, p. 40.

아니라, 피험자의 실제 경험에 기반을 둔 연구에서도 비슷한 결과가 나왔다. 102명의 여성과 114명의 남성 학부생에게 반대 성을 가진 구성원이 성적인 의도를 오해한 적이 있는지 물었다(Martie Haselton, 2003). 그런데 여성이 남성보다 위양성(성적인 의도가 없었는데, 남성이 자신의 의도를 오해한 경우)을 더 많이 보고했다. 남성도 위양성을 위음성보다 더 많이 보고했지만, 통계적인 유의성은 없었다(그림 9.5). 이 가설을 지지하는 다른 문헌의 증거도 많다(Farris et al., 2008).

이러한 연구는 인간 행동에 대한 과학적이고 이론적인 관심사를 반영하는 것이지만, 또한 실용적인 함의도 있다. 헤이즐턴은 세이프웨이 슈퍼마켓의 방침, '미소로 서비스하자'를 예로 들었다. 세이프웨이 슈퍼마켓의 종업원은 고객과 눈을 맞추고 미소를 짓도록 교육받는다. 이 정책은 1990년대 중반에 각 지점에서 시행되었는데, 곧 여성 종업원의 비난 세례에 직면하게 되었다. 남성 고객이 이를 자신에 대한 추파로 여겼고, 수많은 성희롱이 일어났기 때문이었다(Mendell and Bigness, 1998). 이러한 연구는 부적절한 행동이 잘못 일어날 수 있는 맥락에 대한 통찰을 제공하고 적절한 방침을 세우는 데 도움이 될 수 있을 것이다.

남성의 의도에 대한 여성의 회의 편향

앞서 제시한 예시의 상당수는 위양성의 측면에서 인간의 추론과 행동에 대한 것이었다. 그러나 초기 가정과 가설이 세워지는 방법이나 상황이 달라지면, 이와 반대로 작동할 수도 있다. 자신이 짝을 맺기로 동의하면, 그 남성이 번식 후 자신과 자식에게 충분한 헌신을 제공할 것인지를 판단해야 하는 원시의 여성이 있다고 해보자. 다음과 같이 가설을 세워보자.

H_1: '남성의 의도는 진정성이 있으며, 그는 내 곁에 오래 머무르면서 돌봄과 지원을 제공할 것이다'

여기서 비용의 비대칭성은 성적 의도에 대한 남성의 지각에 따라 달라진다. 위양성(여성이 남성과 짝을 맺었지만, 아이를 임신하자 남자가 그냥 떠나버리는 경우)의 비용은 위음성(자신을 돌봐줄 남성과 짝을 맺을 기회를 잃는 경우)의 비용보다 훨씬 크다. 게다가 번식률의 생물학적 비대칭을 고려하면, 위음성을 저질러도 자신에게 앞으로 관심을 보일 남자가 부족할 가능성은 별로 없다. 더불어 전통 사회에서 남성의 도움 없이 아이를 임신하는 것은 그 아이가 일찍 죽을 가능성을 고려하면 두 배로 위험하다(Hurtado and Hill, 1992). 더욱이 아이를 가진다는 것은 미래에 만날 남성을 고려하면, 잔여 번식 가치를 삭감당하는 행동이다. 요약하면, 여성에게는 버림을 받을 때 치르는 비용이 짝 기회를 잃는 것에 비해 아주 크다. 즉 위음성 오류를 저지르는 편이 위양성 오류를 저지르는 것보다 더 유리하다.

이러한 시나리오에서 위험의 균형은 이른바 '헌신 회의(commitment skepticism)'로 귀결된다(Haselton and Nettle, 2006). 남성이 진정한 의도를 가지고 전달하려는 헌신의 약속을 여성이 과소평가한다는 여러 편의 연구가 발표되었다. 예를 들어, 헤이즐턴과 버스는 217명의 학부생에게 다양한 진술을 보여주고, 그 의미를 해석하는 질문지를 작성하도록 하였다. 남성이 여성에게 보인 관심에 대한 기술을 보고, 여성은 남성보다 그러한 진술을 믿기 어렵다고 대답하는 비율이 더 높았다. 여성의 행동에 대한 평가는 남성과 여성이 별로 다르지 않았다. 그러나 이러한 연구는 상당히 간접적인 방법을 이용했을 뿐 아니라, 좁은 연령대의 피험자를 대상으로 했으며, 단순히 질문지에 대한 대답으로 평가했다는 단점이 있다. 실제 삶의 맥락에서도 이런 효과가 관찰되는지에 대한 연구가 필요하다.

3) 자신에 대한 편향

낙관 편향

1980년대 후반까지 주류 심리학은 정신적으로 건강한 사람은 자신과 세계에 대해 정확한 평가를 내릴 수 있다고 보았다. 현실에 대해서 왜곡된 시각을 가진 사람은 뭔가 문제가 있거나 정신적으로 병든 사람으로 간주했다. 물론 극단적인 경우에는 이런 견해가 옳다(자신을 나폴레옹 보나파르트라고 생각하는 사람은 뭔가 문제가 있을 것이다). 그러나 1988년, 자기-지각에 대해 광범위하게 조사한 셜리 테일러와 조너선 브라운의 기념비적인 연구가 발표되면서 상황이 달라졌다. 이들은 '정신적으로 건강한 사람은 미래에 대한 낙관적 견해를 촉진하고, 개인적 효능에 대한 믿음을 유지하며, 자존감을 증진시키는 방향으로 현실을 왜곡하는 부러운 능력을 가진다'고 결론지었다(Taylor and Brown, 1988, p. 201). 연구자들은 이런 착각에 대해 적응적 설명을 덧붙였지만, 보다 정돈된 설명은 대니얼 네틀이 발표했다(Nettle, 2004a). 테일러와 브라운의 결론은 오류 관리 이론의 견지에서도 해석할 수 있다. 일종의 '화재 경보기 원칙', 즉 위양성의 비용이 적고, 위음성의 비용이 크다면 위양성 오류는 저지를 만한 가치가 있다는 것이다. 일단 '미래는 장밋빛이고, 나는 내 이득을 위해서 상황을 조절할 수 있는 능력 있는 사람이다'라는 추정에서 시작해보자. 위음성의 비용(비관주의자의 입장)은 적합도를 떨어뜨리는 소극성이다. 위양성의 비용은 성공할 수 없는 행동을 벌이는 것이다. 그러나 만약 성공의 대가가 높다면(마음에 드는 배우자 혹은 좋은 직장), 낙관적으로 편향된 자기-신뢰 시스템은 경쟁적인 상황에 그 균형을 유지할 수 있을 것이다. 완벽하게 정확한 자기 평가보다 나을 것이다. 예를 들어 보자. 종종 객관적인 스포츠 데이터 분석으로는 불가능한 일, 즉 삼류 야구팀이나 축구팀이 일류 팀을 격파하는 일이 일어나곤 한다(그들이 자기-신뢰를 가지고 이길 수 있다고 믿는 한 말이다). 이러한 효과는 이미 잘 알려져 있는데, 이를 '낙관 편향(optimism bias)'이라고 한다. 우리가 자동차 사고의 가능성을 과소평가하고, 자신의 운전 실력을 과대평가하며, 이혼당할 가능성을 과소평가하고, 통계적인 수준보다 더 오래 살 것이라고 예상하고, 자신의 아이가 실제보다 더 특출하다고 믿는다는 증거는 무수히 많다. 사실 심리학과 행동 경제학에서 가장 활발히 연구되고 있는 잘 정립된 편향 중 하나다(Sharot, 2011).

행동학적 미신과 통제 착각

정상적이고 이성적인 사람인데도 불구하고, 종종 괴상한 미신과 믿음, 행동학적 틱에 물든 경우를 본다. 예를 들어 셰익스피어의 희곡 『맥베스』를 일컫는 것을 꺼리는 한 배우는 대신 '스코틀랜드 희곡'이라고 돌려 말하곤 했다. 연기하기 전에 어떤 사람에게 '굿 럭(good luck)'이라고 하는 것도 금기였다. 대신 '브레이크 어 레그(break a leg)'라고 해야 했다.[03] 운동선수도 이러한 미신적 행동이 많기로 악명이 높다. 이를 단지 인간적인 기벽 정도로 치부할 수도 있을 것이다. 하지만 이미 1948년 행동주의 심리학자 B. F. 스키너는 "비둘기의 '미신'"이라는 논문을 발표한 바 있다(Skinner, 1948). 스키너는 사육 비둘기에게 자동 급양기로 모이를 주었다. 새가 뭔 짓을 하든 상관없이 규칙적인 주기로 모이가 공급되었다. 완전히 예측할 수 있는 기계적인 방식으로 모이를 공급했음에도 불구하고, 비둘기는 잘못된 믿음에 기반하여 (스키너의 판단에 따르면) 일종의 의례(ritual)를 발달시켰다. 그리고 그런 행위는 모이가 제공될 때마다 반복되었다. 스키너는 이러한 행동을 미신이라고 명명했는데, 비둘기가 스스로 자신이 상황을 통제하고 있다는 착각을 한다는 것이었다. 인간도 비슷한 통제 착각에 빠진다는 증거가 점점 많아지고 있다(Rudski, 2001, 2004). 인간이 미신

---

03 break a leg는 good luck과 같은 뜻이다.

과 의례로 위안을 얻는 경향은 보상의 수준에 따라 달라진다. 제프리 러드스키(Jeffrey Rudski)와 애슐리 에드워즈(Ashleigh Edwards)는 대학생들에게 과제의 난이도와 중요성에 따라서 부적과 의례, 미신적 행동을 얼마나 보이는지 조사했다. 준비를 하지 않았거나 능력이 부족하다고 느낄 때, 미신에 가장 많이 의존한다고 답했다. 과제의 중요성이 높아질수록 미신에 의지하는 정도도 더 높아졌다. 연구자들은 이러한 행동을 통해서 상황을 통제하고 있다고 느끼고(착각이지만), 상황을 전혀 통제할 수 없다고 느낄 때 일어나는 '학습된 무기력'과 내적 타성을 막아준다고 지적했다(Rudski and Edwards, 2007).

오류 관리 이론을 적용하면, 과거의 환경에서는 예측과 통제가 필요한 규칙과 경향을 수립하는 것이 유리했을 것으로 추정할 수 있다. 위양성의 비용이 들지 않는다면, 가보지 않은 곳(즉 가야 할 만한 실질적인 근거가 없는 곳)을 가는 것도 손해볼 일은 아니다. 사냥을 하기 전에 어디로 가야 할지 찾기 위해서 창을 던져 창끝이 향하는 방향을 선택하는 사냥꾼을 생각해보자. 기계적인 측면에서 비용이 아주 약간 들기는 할 것이다. 하지만 환경이 어떤 경향성과 규칙성을 가지고 있으므로 이해할 수 있고 통제할 수 있다는 믿음이 주는 보상에 비해서는 무시해도 좋을 비용이다. 시인 토머스 그레이(Thomas Gray)는 '모르는 것이 축복인 곳에서는 똑똑한 것이 더 바보다'라고 말했다.

지금까지 오류 관리 이론에 따라서 가끔은 위양성 오류를 저지르는 것이 이득이며, 어떤 경우에는 위음성 오류를 저지르는 것이 이득이 된다는 사실을 이야기했다. 물론 이는 주어진 상황의 손해와 이익의 균형에 의해서 결정된다. 오류 관리 이론의 일반 원칙은 전반적인 비용을 최소화한다는 것이다. 그런데 비용과 보상은 문화적인 차원에서 좌우될 수도 있다. 예를 들어 자신에 대한 긍정적인 편향은 문화적 맥락에 의해서 빚어진 것일 수도 있다. 문화는 특정한 기술이나 능력에 가치를 부여하기 때문이다. 이를테면 서구 개인주의 문화에서 인정받는 가치는 동양의 집단주의적 문화에서는 별로 박수를 받지 못할 수도 있다(Haselton and Nettle, 2006).

오류 관리 이론의 장점 중 하나는 새로운 예측을 해줄 수 있다는 점이다. 즉 진화적 시간 동안 적합도에 영향을 미칠 수 있는 일련의 문제에 대해 가용 정보가 불확실하므로 빠르고 정확한 해결책을 얻기 어려운 진화적 환경에서 두 종류의 오류 간에 비대칭적인 비용을 유발하는 상황이 무엇인지 안정적으로 추정할 수 있다는 것이다. 헤이즐턴과 네틀은 이러한 조건이 잘 일어나는 상황을 제안하며 더 많은 연구가 이루어져야 한다고 주장했다. 예를 들면 외부인이 자신의 배우자에 대해 성적 관심을 가지고 있는지에 대한 판단 및 배우자 방어에 대한 상황, 혹은 뱀이나 거미 외에 다른 위험한 동물이 있는 상황, 질병과 오염 상황 등이다.

어떤 의사 결정 상황에서 위양성 오류와 위음성 오류의 비용이 정확히 동일할 가능성은 낮다. 따라서 오류 관리 이론은 심리학의 중요한 도구로 활용되면서 넓은 분야에 적용될 수 있을 것이다. 또한 적합도 최대화 편향(진실 추구 기전과 달리)은 인간 혹은 다른 동물에서 아주 흔한 기전일 수도 있다. 오류 관리 이론은 주류 인지심리학이 밝혀낸 인지적 편향이 어떤 기능을 가지는지에 대해서 해답을 줄 수 있을지도 모른다(Johnson et al., 2013). 오류 관리 이론의 시급한 과제는 행동 편향에서 인지를 떼어내는 일이다. 비용 비대칭의 논리에 의하면, 행동 편향이든 인지 편향이든 유기체는 득을 보게 된다. 다시 말해서, 곰곰이 생각해서 저지르는 행동 편향이든, 아예 생각부터 편향되어 있든 간에 결과는 같다는 것이다. 오류 관리 이론에 대한 이러한 낙관적 전망(아마 낙관 편향에서 기인했는지도 모른다)은 비용 비대칭 상황이 시간에 따라 바뀌거나 반전될 수도 있다는 사실과 균형을 잡는 것이 필요할 것이다. 양성 간 생물학적 차이와 관련된 몇 가지 예를 제외하면, 비용 비대칭 상황은 늘 변화하므로 편향이 나타나기 어려울 수도 있기 때문이다. 그러나 어쨌든 이 이론은 새로운 예측을 이끌어 낼 수 있을 것이다. 즉 예측하기 어려운 요인과 변동의 영향을 받는 상황에서는 아마 다른 인지적 기전(편향 탄력적인)이 역할을 할 수도 있을 것이다. 이번 장 3절과 4절에서 논의한 지능에 대한 생태학적 이론이 이러한 간극을 메꿀 수 있을지 살펴보는 것도 좋을 것이다.

6. 모듈

신경과학자 대부분은 뇌가 정보를 수집, 처리하는 능력에 한계가 있다는 사실을 인정한다. 뇌도 유전자가 코딩하기 때문이다. 현재 학계는 신피질이 구성될 때 어느 정도 수준의 가소성이 일어날 수 있는지에 대한 양극단의 논쟁을 벌이고 있다. 한쪽에서는 대량 모듈성 가설(massive modularity hypothesis)을 주장하며 가소성은 어려운 일이라고 강변한다(Tooby and Cosmides, 1992; Caruthers, 2006). 반대 편에서는 신피질이 몇 가지 유전적 제약을 받긴 하지만, 대부분은 발달적인 경험에 의해 빚어진다고 주장하고 있다(Finlay et al., 2001).

물론 두 시스템이 어느 정도 공존할 수도 있다. 아마 그럴 것이다. 서로 다른 종에서 두 체계의 균형점, 즉 영역 특이성 체계와 학습에 의해 조절되는 영역 일반성 체계의 균형점은 변화하는 환경 및 지역적 생태에 따라 각 체계의 이득과 손해에 작용하는 선택압에 의해 결정될 것이다. 예를 들어 장기간에 걸쳐 변화하지 않는 안정된 환경, 즉 유입되는 정보가 일정하고 세대를 거듭해도 별로 변화가 없다면 상대적으로 불변하는 인지 체계가 선택될 것이다. 이러한 '빠른 해결책'은 국소적 문제에 대해서 신속한 해결을 가능하게 해줄 수 있다. 이렇게 잘 변하지 않고, 제법 단단히 고정된 체계는 입력된 정보에 대해서 큰 비용을 들이지 않고 빠르게 반응한다. 정확성을 희생하여 신속성을 추구하는 것이다(착시 등). 이런 범주에 속하는 빠르고 비용 절약적인 경험칙은 이미 언급했듯이 기거렌처와 카너먼의 연구가 있다(Gigerenzer, 2000 and Kahneman,

2011). 이러한 유형의 신경 하드웨어와 소프트웨어는 세 가지 문제 영역의 정보를 주로 처리한다. 자기와 타인, 생물체, 물체의 행동 등이다. 이 영역의 정보를 처리하는 빠르고 신속한 경험칙을 흔히 통속 심리학, 통속 생물학, 통속 물리학이라고 한다(2장 참조). 반대로 불안정하며 예측하기 어려운 생태 환경에서는 더 유연한 학습 시스템이 선택될 수 있다. 표 9.3은 이러한 두 가지 대척점이 비용-이득의 차원에서 어떻게 개념화될 수 있는지 요약했다.

얼굴의 인식은 바로 두 시스템이 모두 작동한다는 증거일 수도 있다. 얼굴을 인식하여 부모와 동료, 적을 알아차리는 것은 아주 중요하다. 그러나 영장류의 안면(두 개의 눈과 하나의 입과 코 등)은 수백만 년 동안 동일했다. 따라서 인간은 고정된 얼굴 인지 신경 하드웨어를 다른 영장류와 공유할 것이다. 그러나 앞에 있는 물체가 얼굴이라는 것을 인식하는 것 이상으로, 개개의 얼굴을 인식

표 9.3 문제 해결 및 학습 시스템의 종류

환경	불안정하고 예측하기 어려운 환경	장기간 변화하지 않는 안정되고 예측 가능한 환경 및 규칙성
선호되는 학습 시스템	· 높은 가소성 · 낮은 인지적 제약	· 낮은 가소성 · 높은 인지적 제약
해당 시스템의 비용	· 관련 정보를 잘 구분하지 못함. · 적합도와 관련된 패턴을 느리게 학습함.	· 정보 패턴의 예기치 못한 변화에 적응하는 능력이 제한됨. · 부정확할 수 있음.
해당 시스템의 이득	· 새로운 환경이나 예기치 못한 정보 패턴에 적응하는 능력이 우수함.	· 적합도 관련 정보의 빠른 취합과 처리
예	· 상징적 문화나 언어의 창조. · 문법의 유연한 법칙은 아주 다양한 의미와 결론을 표현할 수 있게 도와줌.	· 연합 학습. 예를 들면 음식을 맛보는 것과 질병과의 관련성 학습. · 깊이와 비율, 차원의 인식 (착시를 유발). · 통속 물리학, 통속 심리학, 통속 생물학. · 동종 개체의 인지, 종간 상동성 추론.

하고 기억하는 유연한 체계가 필요해졌다. 기어리와 허프만은 이러한 단단하면서도 유연한 반응을 가진 시스템을 '부드러운 모듈성(soft modularity)'이라고 칭했다(Geary and Huffman, 2002). 이들은 자신의 견해를 종합해서 다음과 같이 말했다.

> 제약과 가소성은 불변의 정보 패턴과 변화하는 정보 패턴에 대한 진화적 결과다. 종 진화의 역사가 진행되는 동안 일어난 생존 및 번식 결과에 따라, 이들은 서로 동반하여 움직였다(Geary and Huffman, 2002, p. 691).

7. 인지의 양성 간 차이

현대인의 인지 및 관련 능력의 성차가 우리 조상이 겪었던 선택압의 결과인지 알아보는 것은 아주 흥미로운 일이다. 만약 그렇다면 현대에 존재하는 전통 사회에서 남성과 여성이 하는 과업의 차이는 그러한 선택압에 의한 결과일 것이다. 이는 진화적으로 미개한 사회라는 뜻이 아니라, 과거 수렵채집 사회를 이루고 살던 조상이 겪었던 생태적 압력과 비슷한 문제를 직면하고 있으므로 타고난 성 특이적인 기술이나 편향을 가지고 이러한 문제를 해결하려고 할 것이기 때문이다.

이에 대한 중요한 자료는 미국의 인류학자 조지 피터 머독(George Peter Murdock)의 민족지 연구에서 찾을 수 있다. 그는 이른바 민족지적 아틀라스(Ethnographic Atlas), 즉 1962년부터 1980년까지 《에스놀로지(Ethnology)》에 연재된 1167개의 사회에 대한 데이터베이스를 만드는 업적을 이루었다. 다양한 연구자가 노동의 성적 분업에 대한 믿음직한 경향을 찾기 위해서 이 데이터베이스를 활용했다. 표 9.4에 몇몇 대표적인 결과를 요약했다.

표 9.4 표준 횡문화 표본 중 185개 전통 사회의 성별에 따른 노동 분업

남성이 독점하는 과업 (남성 지표 93~100%)	거의 남성이 하는 과업(남성 지표 70~92.3%)	문화에 따라 남성이 하거나 혹은 여성이 하는 과업	거의 여성이 하는 과업(남성 지표 5.7~27.2%)
· 큰 육상 혹은 해양 동물의 사냥 · 철광석 제련 및 금속 가공 · 벌목 및 나무 가공 · 악기 제작 · 보트 건조 · 채광, 채석, 석기 제작	· 도살 및 정육 · 야생 꿀 채집 · 토지 개간 · 대형 가축 관리 · 밧줄과 그물 제작	· 불 피우기 · 가죽 연마 · 작은 육상 동물 채집 · 곡식 재배 · 추수 · 젖 짜기 · 옷 짓기	· 연료 채집 · 음료 만들기 · 식물성 음식의 채집과 가공 · 방적 · 물 떠오기 · 요리

남성 지표(male index)는 각 문화에서 남성이 해당 과업을 수행하는 비율을 구한 후, 전체 문화의 평균값을 구하였다. 낮은 값(5~27%)은 주로 여성이 해당 과업을 수행한다는 뜻이다.

　전통 사회의 성적 분업에 대한 것 외에도, 현대 사회에서 관찰되는 다양한 능력의 성차에 대한 현대 심리학적 지식이 축적되어 있다. 인지의 성차를 주로 연구한 캐나다 심리학자 도린 기무라(Doreen Kimura)의 연구 결과를 표 9.5에 요약했다.

표 9.5 남성과 여성의 인지 및 관련 능력의 몇 가지 차이(잘 정립된 예)

남성보다 여성이 월등한 문제 해결 과업	여성보다 남성이 월등한 문제 해결 과업
· 비슷한 사물을 연결하거나 차이를 찾아내는 지각 속도와 관련된 과업 · 물체의 위치: 물체의 위치를 회상하고, 물체가 이동했는지 여부를 기억하는 능력 · 개념적 유창성: 예를 들면 같은 색을 가진 물체의 목록을 만드는 것 · 언어적 유창성과 언어적 기억: 예를 들면 같은 문자로 시작하는 단어의 목록을 만드는 것 · 손과 손가락의 정교한 운동 협응이 필요한 정교한 수작업 · 지형지물을 이용한 지리적 위치 탐색 · 수학적 계산 능력	· 공간적인 물체 표상 및 정신적 회전 과업(상자 9.3) · 지향성 운동 능력: 예를 들면 물체를 정확하게 던지는 것 · 수선(水線) 결정(상자 9.3) · 수학적 추론 · 방향과 거리를 이용한 지리적 위치 탐색

출처: Kimura (1999).

그렇다면 전통 사회의 성적 노동 분업과 인지에서의 성차에 대한 정보를 어떻게 연결할 수 있을까? 문제는 '그저 그럴듯한 이야기(Just So Stories)'류의 설명을 만들기가 너무 쉽다는 것이다. 성공적인 수렵 능력은 지도 읽기나 미로 학습, 길 찾기, 머릿속에서 물체를 변형하는 능력과 관련된다(아래 참조). 반대로 성공적인 채집은 복잡한 식생 환경 속에서 특정 식물의 위치를 식별하고 기억하는 능력과 관련된다. 이러한 인지 능력은 물체의 공간적 구성을 상기하

상자 9.3 인지적 능력의 성적 차이를 평가하는 세 가지 검사

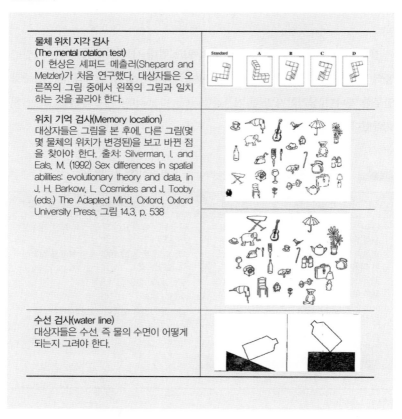

물체 위치 지각 검사 (The mental rotation test) 이 현상은 셰퍼드 메츨러(Shepard and Metzler)가 처음 연구했다. 대상자들은 오른쪽의 그림 중에서 왼쪽의 그림과 일치하는 것을 골라야 한다.	
위치 기억 검사(Memory location) 대상자들은 그림을 본 후에, 다른 그림(몇몇 물체의 위치가 변경됨)을 보고 바뀐 점을 찾아야 한다. 출처: Silverman, I. and Eals, M. (1992) Sex differences in spatial abilities: evolutionary theory and data, in J. H. Barkow, L. Cosmides and J. Tooby (eds.) The Adapted Mind, Oxford, Oxford University Press, 그림 14.3, p. 538	
수선 검사(water line) 대상자들은 수선, 즉 물의 수면이 어떻게 되는지 그려야 한다.	

는 능력과 연관된 것으로 보인다. 현대 환경에서 남성은 첫 번째 기술들에 더 우수한 능력을 보일 것이고, 여성은 두 번째 기술에 더 좋은 능력을 보일 것으로 예측할 수 있다. 많은 연구자가 이를 검증했고, 이제는 정설로 받아들여진다(상자 9.3). 그러나 채집 활동을 위해서는 위치 탐색 기술과 방향 및 위치 감각이 필요하다. 게다가 남성보다 여성이 보다 빠른 지각 속도와 정확한 분별력을 가지고 있다는 것은 어떻게 설명할 수 있을까?

어원 실버먼과 매리언 이얼스는 이러한 차이가 호미닌의 진화과정 중 남성과 여성의 선택압(노동 분업을 통한) 차이에 기인하여 일어난다고 주장했다(Silverman and Eals, 1992). 실버먼과 이얼스는 남성과 여성에게 심상 회전 검사와 공간 위치 검사, 공간 관계 검사, 위치 기억 검사 등을 수행했다(Silverman and Eals, 1992). 그리고 실버먼 등은 또한 수선 검사 및 야외 길 찾기 과제도 시행하였다(Silverman et al., 2000). 두 번째 연구에서 대상자들은 나무가 우거진 장소에 가서, 원래의 길로 돌아오는 능력 및 현재 위치를 파악하는 능력을 평가받았다. 남성의 수행능력이 여성보다 월등했다. 몇몇 지필 인지 검사의 결과는 표 9.6에 요약했다.

데이터에서 짐작할 수 있듯이, 남성과 여성은 각각 수렵과 채집에 관련된 인지 검사에서 월등한 수행능력을 보였다. 이는 영역 특이적 능력의 성적 차이가 있다는 증거라고 할 수 있다. 하지만 또 다른 해석도 있다. 공간적 능력은 타인 중심적 지각 능력이라는 보다 큰 영역의 인지기능에 의해서 좌우된다는 주장이다. 다시 말해서 뿌리 깊은 자기 중심적 지각 모드에서 탈피하여 자신을 떼어놓을 수 있는 능력을 말한다. 이 능력에도 성적 차이가 있을 수는 있지만, 수렵채집과 관련된 직접적인 인지기능의 성차보다는 차이가 작다. 또한 직선과 각을 많이 포함하는 장난감을 주로 가지고 노는 남자아이의 초기 경험이 공간 지각 능력의 발달에 영향을 미칠 수도 있다. 더욱이 젊은 남성은 어린 시절부터 집 밖에서 놀기를 좋아한다(Gaulin and Hoffman, 1988). 이러한 초기 경

표 9.6	인지 검사에서 성적 차이에 대한 두 개의 독립적 연구 결과 요약				
Silverman and Eals (1992)	남성	여성	수행능력	유의도
위치 기억 검사[1]	83	134	F>M	P<0.01
Silverman et al. (2000)	남성	여성	수행능력	유의도
수선 검사[2]	9.91	7.68	M>F	P<0.01
공간 지각 검사[3]	25.07	16.50	M>F	P<0.01

일러두기:
1 정해진 시간 내에 물체의 정확한 위치를 파악하면, 파악한 개수당 1점
2 12개의 수선을 3분 동안 그려야 함. 정확하게 그린 수선의 개수.
3 10분 동안 24개의 과제를 부여받음. 정답의 개수에서 오답의 개수를 뺀 숫자.

출처: Silverman, I. and Eals, M. (1992) Sex differences in spatial abilities: evolutionary theory and data, in J. H. Barkow, L. Cosmides and J. Tooby (eds) The Adopted Mind. Oxford, Oxford University Press; Silverman, I., Choi, J. et al. (2000) 'Evolved mechanisms underlying wayfinding: further studies on the hunter-gatherer theory of spatial sex differences', Evolution and Human Behaviour 21(3): 201–15.

험이 길 찾기 능력이나 타인 중심적 인식 능력의 향상을 촉진했을 수도 있을 것이다.

이러한 지적에도 불구하고 성차에 대한 연구 결과는 공고하다. 앞선 연구 이후 실버먼 등은 40개국, 7개 민족을 아우르는 데이터를 이용하여 심상 회전 능력 및 물체 위치 과제에 대한 성간 능력 차이를 조사했다. 데이터는 행동의 성차에 대한 보다 광범위한 BBC 인터넷 조사의 일환으로, 약 200,000명으로부터 수집되었다. 예측은 전반적으로 들어맞았고, 심상 회전 능력은 40개국 모두에서 남성이 여성보다 월등했다. 반면 물체 위치 과제에서는 40개국 중 35개국에서 여성이 남성보다 월등한 수행능력을 보였다.

실제 생태학적 맥락에서의 채집 능력

남성보다 여성의 물체 위치 기억 능력이 우수한 현상은 원시의 성적 분업과 관련된다는 주장을 이른바 채집 가설(gathering hypothesis)이라고 한다. 그

럴듯한 가설이지만, 실제로 수렵채집 생활을 하는 사람을 대상으로 관련된 생태학적 상황에서 검증해보면 검증하기가 쉽지 않다. 즉 물체 위치 기억 능력의 차이가 정말 채집 능력의 차이와 관련되는지는 확실하지 않다. 엘리자베스 캐쉬단 등은 이러한 문제를 해결하기 위해서 하드자족을 대상으로 공간적 인지의 성차에 대한 연구를 시행했다(Elizabeth Cashdan, et al., 2012). 수선 검사에서 남성은 여성에 비해 더 높은 정답률을 보였다. 그러나 올바른 방향을 묻는 질문에는 여성의 정답률이 더 높았다(그림 9.6).

하드자족 피험자를 대상으로 다른 검사도 하였다. 안쪽 면에 동물이나 식물의 사진이 있는 카드를 이용해서 물체 위치 기억 검사를 하였는데, 남성이 여성보다 더 높은 점수를 보였다. 놀라운 결과였다. 또한 해당 과제에서 여성의 점수는 연령에 따라 감소했지만, 남성의 경우는 그렇지 않았다. 게다가 부족원

수선 그림	선택한 남성의 수	선택한 여성의 수	정답
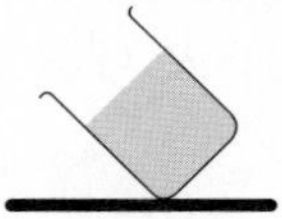	9	5	오답
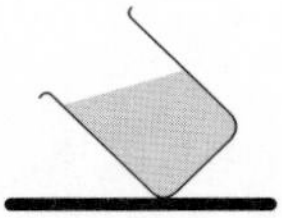	21	38	중간 수준의 오답
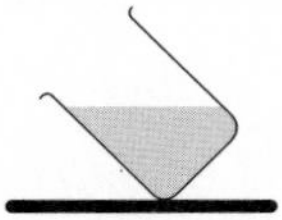	22	8	정답
수	52	51	

그림 9.6 51명의 여성과 52명의 남성 하드자족 수렵채집인을 대상으로 한 수선 검사의 결과. 남성의 정답률이 더 높았지만, 거의 정답을 맞힌 경우까지 포함하면 여성의 정답률이 더 높았다. 이 연구는 성간 인지 능력의 차이가 생태적 상황과 관련된다는 것을 시사한다.

이 덤불 음식을 특히 잘 모은다고 입을 모은 여성이 물체 위치 과제에서 집단 평균 점수보다 더 좋은 점수를 받지는 못했다.

실버먼과 이얼스의 초기 연구는 여성이 더 나은 물체 위치 기억 능력을 보여준다고 하였지만, 크라스노우 등의 연구에 의하면 정적 물체 위치 검사는 채집 능력을 평가하는 가장 좋은 방법이 아니다(Silverman and Eals, 1992; Krasnow et al., 2011). 크라스노우는 실버먼과 이얼스의 원래 검사가 평가하는 상대적인 위치 기억 능력의 이점뿐 아니라, 지리적 위치 탐색을 돕기 위해 절대적인 위치에 있는 물체를 기억하는 것이 여성에게 더 도움이 되었을 것이라고 주장하며, 이른바 채집 탐색 이론(gathering navigation theory)을 제안하였다.

이는 실험실 기반의 인지 능력 평가 결과로 수렵채집 사회에 필요한 인지적 기술을 바로 연결하기 전에 많은 연구가 선행되어야 한다는 것을 뜻한다.

인간은 자신의 인지적 능력, 즉 유입된 정보로부터 의사 결정을 내리고, 결론을 내리는 능력에 대한 마땅한 자부심을 가지고 있다. 하지만 이러한 전체적인 인지 과정은 오직 목적과 욕망이라는 맥락 안에서만 의미를 가진다(그렇지 않다면 왜 신경을 쓰겠는가?). 즉 우리 삶의 감정적 속성 말이다. 그러면 다음 장에서 인간의 정서라는 까다로운 주제를 다루어 보자.

감정 PART 10

이성은 열정의 노예이다. 노예여야만 한다.
열정에 봉사하고 순종하는 것 외에 이성에 부여된 다른 임무는 없다.
흄, 『본성론』, 1739, p. 460

이성에 따라 행동하도록 요구받을 때마다
화를 내는 이성적 동물로 인간을 정의하고 싶은 유혹을 느낀다.
오스카 와일드, 『예술가로서의 비평가』, 1891

감정과 이성의 관계는 오랜 세월 동안 철학자와 심리학자, 그리고 최근에는 신경과학자를 괴롭히는 주요 주제이다. 문화적으로 오랫동안 사용된 은유는 주인과 노예의 관계이다. 위험한 야수 같은 감정적 삶의 충동을 이성의 훈련을 통해서 통제한다는 것이다. 최근까지도 감정을 깎아내리는 경향이 지배적이었다. 행동학자 스키너는 자신의 유토피아적 소설 『월든 투(Walden Two)』에서 '우리는 모두 감정이 얼마나 무익하며, 마음의 평화 그리고 혈압에 나쁜지 잘 알고 있죠'라고 언급한 바 있다(Skinner, 1976, p. 92).

시계의 추는 왔다갔다 하는 법이지만, 감정과 이성에 대한 이분법적인 시각은 아직 여전하다. 심지어 지금은 감정이 더 큰 칭찬을 받고 있는 입장으로 바뀌었음에도 불구하고, 이 둘을 나누어 보려는 입장은 여전하다. 대략 1790년경에 시작된 낭만주의 문예 사조의 영향으로, 계몽주의적 합리성이 너무 오랫동안 감정을 억눌러왔다는 주장이 득세하기도 했다. 감정에 숨겨진 오래된 지혜와 진정성, 창조성을 다시 찾아서 꽃피워야 한다는 움직임이었다. 사실 사고와 감정, 이성에 관한 전반적인 서양 전통은 양극단에 치우쳐진 경향이 있다. 마치 쌍성계의 두 태양이 서로에게 끌려 공전하듯이, 문화적 합의에 따라서 하나씩 무대 앞으로 나왔다가 퇴장하기를 반복했다. 머리와 가슴, 아폴론과 디오니소스, 계몽주의적 합리주의와 낭만주의적 정서주의 등이다. 그래서 이 장의 앞 머리에 기술한 흄의 말은 상당히 의외라고 할 수 있다. 이성과 감정의 상대적인 지위에 대한 일반적인 생각과 정반대이기 때문이다. 그런데 현대 과학의 연구에 따르면 흄의 주장이 옳을지도 모르겠다. 사실 감정과 이성을 구분하는 명백한 경계도 찾기 어렵다.

과연 무엇이 감정인가? 이 성가시고 짜증 나는 질문은 백 년 넘게 과학자들을 괴롭히고 있다. 일단 관찰할 수 있는 현상이 분명하지 않다. 심리학자는 과연 무엇을 연구해야 할까? 내적인 기분? 측정 가능한 생리학적 상태? 혹은 감정이 어딘가 묻혀 있을지도 모르는 자극과 맥락, 반응의 전체 과정? 혹은 얼굴 표정?

일반적인 접근방법으로, 감정은 다음과 같은 세 가지 종류의 반응과 연관되는 것으로 간주할 수 있다(Eysenck, 2004).

* 행동적 반응: 표정과 같이 표현되는 형태의 원형
* 생리적 반응: 자율 신경계의 일관적인 변화 패턴
* 인지적 자기 보고 반응(언어 등을 통한): 명백한 주관적 상태

예를 들어, 공포의 감정을 겪으면 동공이 커지고 입술과 눈썹이 올라간다(행동). 그리고 심박수가 빨라지고 땀이 난다(생리). 마지막으로 대상이 두렵고 걱정스럽다며 자신의 기분을 표현한다(언어화된 자기 보고).

문제는 이러한 세 가지 요소가 항상 같이 나타나지 않는다는 것이다. 사실 이들은 약한 연관성을 가지고 있을 뿐이며, 어떤 사람에게는 잘 표현되지도 않는

다. 누구에게 표현하느냐에 따라서 표현 정도가 달라지기도 한다. 아마도 각 하위 시스템은 서로 다른 기능을 하는 것으로 보인다. 각 반응의 활성화 및 표현은 미세한 맥락적 상황에 따라 좌우된다. 예를 들어 행동 시스템의 기능 중 하나는 다른 사람에게 감정을 전달하는 것으로 보인다. 생리적 시스템의 기능은 신체가 도주나 싸움 등의 특정한 행동을 하도록 준비시키는 것이다. 경우에 따라서는 꼼짝하지 않고 있도록 준비하는 것일 수도 있다. 끝으로 내적인 자기 보고 반응은 자신에게 행동의 방향을 변경 혹은 지속하거나, 아니면 보다 흔하게는 적절한 선택을 할 수 있는 기분을 이끌어 내도록 동기를 끌어 내는 것이 아마 그 목표일 것이다.

1. 감정에 대한 초기 이론: 다윈, 제임스, 랑게

다윈

1884년 윌리엄 제임스의 『감정이란 무엇인가(What is an emotion)』라는 유명한 에세이 이후, 감정에 관한 긴 연구의 역사는 수많은 심리학적 이론으로 점철되어 있다. 그러나 사실 제임스의 생각은 다윈이 1872년에 쓴 책 『인간과 동물의 감정 표현에 대하여』를 좀 더 수정, 발전시킨 것에 불과하다. 다윈은 몇 가지 문제들과 씨름했는데, 이는 다음과 같다. 왜 감정이 표현되는지, 왜 감정은 특정한 형태의 얼굴 표정과 관련되는지(예를 들어 웃을 때는 입꼬리가 올라간다. 내려가는 일은 없다), 왜 감정이 보편적인 표정으로 표현되고, 모든 인종이 이를 다 인지할 수 있는지 등이다.[01]

---

01 다윈은 다음의 세 가지 원칙을 적용했다. 1. 유용한 습관(Serviceable habits): 감정의 표현은 한때 유용하던 행동에서 유래했을지도 모른다. 2. 대립 동작(antithesis): 다윈은 특정한 마음의 프레임이 어떤 반응을 유발한다면(유용한 습관 등으로 인해서), 반대되는 마음의 프레임이 반대의 반응(유용하지 않더라도)을 유발할 것이라고 생각했다. 3. 신경계의 직접적인 움직임(direct action of the nervous system): 다윈의 시대에는 생리학이 아직 충분히 여물지 않은 수준이었다. 그래서 다윈은 신경의 힘이 의지에 반하여 신체에 작용할 수 있고, 이로 인해 아무런 기능적 목적이 없는 움직임, 예를 들어 아주 두렵거나 기쁘거나 흥분되었을 때 일어나는 전신의 떨림 등이 일어날 수 있다고 생각했다.

다윈에게 표정은 표정은 보편적이고, 생득적이며, 우리 영장류 선조로부터 물려받은 유산이었다. 이런 논리에 따라 다윈은 감정이 보편적이라는 사실이 감정의 생득성을 시사하는 것으로 추정했다. 물론 논리적으로 볼 때, 반드시 그래야 할 이유는 없다. 사실 보편적 형질이라는 것도 세계 어디서나 발견되는 공통의 문제에 대한 공통의 해결책을 사회적으로 학습한 결과로 발현될 수 있다.[02]

다윈의 추종자가 약간 관심을 보이긴 했지만, 이후 이 책은 오랫동안 묻혀 있었다. 동물행동학자들과 심리학자들은 1970년이 되어서야 이 책에서 다시 영감을 얻기 시작했다. 이렇게 오랫동안 학계의 주목을 받지 못했다는 것은 좀 이상한 일이다. 다윈은 아주 유명한 과학자일 뿐 아니라, 이 책은 대중에게 아주 인기있는 베스트셀러였기 때문이다.

제임스-랑게 이론

다윈의 뒤를 이어서 1884년 윌리엄 제임스, 그리고 1885년 덴마크 과학자 칼 랑게(Carl Lange)가 서로 독립적으로 중요한 이론을 발표했다. 이른바 제임스-랑게 이론이라는 것인데, 사실 제임스의 공헌이 더 크다. 제임스는 특히 신체적 반응을 동반하는 감정에 대해서 관심을 가지고 있었다. 그래서 그의 이론은 감정에 대한 당시의 일반적 상식(사실 지금도 상식이다)과 정반대의 이론을 구축했다. 예를 들어 우리가 두려움을 느끼거나 위협을 감지했을 때, 우리의 심장은 놀라서 뛰기 시작한다. 그러나 제임스는 이러한 시각을 바꾸었다(James, 1884, p. 189).

신체는 존재하는 사실의 지각에 직접 반응한다.
그리고 그로 인해 일어나는 신체의 변화에 대한 우리의 느낌이 감정이다.

---

02 다윈이 자신의 책에서 특히 강조한 것은 다음의 두 가지다. 첫째, 인간과 다른 동물과의 연속성, 둘째, 인간의 감정 표현의 보편성이다.

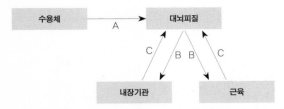

그림 10.1 감정에 대한 제임스-랑게의 이론. 이 이론에 의하면 A, B, C의 순서로 반응이 일어난다. 감정은 고통스러운 기관과 근육에서 유입되는 피드백일 뿐이다.

제임스는 다음과 같은 간단한 도식을 통해서 설명했다. '곰을 보았다. 두려움을 느꼈다. 나는 달아났다'가 아니다. 그보다는 '곰을 보았다. 나는 달아났다. 나는 두려움을 느꼈다'이다. 제임스-랑게의 이론에 대한 다이어그램을 그림 10.1에 실었다.

뒤를 이은 연구에 의하면, 현실은 제임스가 생각한 것처럼 간단하지 않았다. 예를 들어 1927년 월터 캐넌은 신체와 중추 신경계의 단절(척추 손상 등으로 인해)을 경험하는 환자들도 여전히 감정을 느낀다는 사실을 밝혀냈다. 문제는 또 있었다. 특정한 감정 상태에 부합하는 개별적인 자율 신경 반응을 찾을 수 없었고, 자율 신경에서 나오는 신경 신호를 차단하는 약물을 사용해도 감정 반응은 여전히 일어났다.

이런 이유로 이른바 '흥분 해석 이론(arousal-interpretation theory)'이나 '평가 이론(appraisal theory)' 등의 다른 이론이 대두되었다. 이 두 가지 이론은 수용체가 획득한 정보의 평가 및 인지적 처리에 방점을 두고 있다. 어쨌든 우리는 수풀 속에 있는 곰을 보면 즉시 달아나겠지만, 동물원 창살 밖에서는 곰을 보아도 도망치지 않기 때문이다. 하지만 제임스의 이론은 감정의 경험에 생리적 기전이 얼마나 중요한지 지적했다는 점에서 큰 가치가 있다. 탁월한 신경과학자인 안토니오 다마지오(Antonio Damasio)는 제임스가 감정의 이해를 위한 아주 중요한 기전을 밝혔지만, 인지적 평가의 기능에 대해서 충분히 고려하지 못한 것이 아쉽다고 이야기한 바 있다(Antonio Damasio, 2000).

2. 감정은 적응적인가?

이런 질문은 감정에 대한 수많은 심리학적 문헌을 조사해보아도 여전히 답하기 어렵다. 진화생물학적 차원에서 과연 적응이란 무엇인지, 그리고 어떤 형질이 적응적이라는 것은 과연 어떤 의미인지 다시 살펴보는 것이 좋겠다. 가장 간단한 수준에서 보면 적응은 생존과 번식을 위해 자연선택이 표현형을 빚어내는 긴 과정의 결과다. 따라서 마치 적응적인 형질은 어떤 목적이 있는 것처럼 보일 수 있다(7장). 이를 확장해서 몇 가지 기준을 만들 수 있을 것이다. 가장 기본적인 세 가지 기준은 다음과 같다.

* 번식 성공률을 향상시키는 형질 혹은 행동. 물론 적응적이지 않으면서도 번식 성공률을 높이는 행동(예를 들면 정자은행에 정자를 기부하는 것)이 있을 수 있지만, 적응은 지금 혹은 과거 어느 시점에 번식 성공률을 높인 적이 있어야 한다. 그렇지 않으면 자연선택에 의해서 빚어질 수가 없었을 것이다.
* 적응은 유전되는 형질이다. 생물학적(문화의 반대 개념으로)인 적응에 초점을 두고 있다면, 자연선택은 유전적 방법으로 유전되는 형질상의 특징에만 작동한다.
* 보통 형질은 초기 형태의 변형이다. 자연선택이 작동하려면 그 이전에 뭔가가 있어야 한다. 느닷없이 어떤 것을 설계할 수는 없다. 예를 들어 사족 동물의 다리는 지느러미에서 진화했고, 인간의 두발걷기는 네발걷기에서 진화했으며, 포유류의 눈은 광 민감성 세포에서 진화했고, 고래의 지느러미는 육상에 살던 네발 선조의 다리에서 진화했다(물에서 나왔다가 다시 들어간 것이다). 감정의 경우에는 복잡한 감정 체계가 공포와 같은 단순한 반응에서 진

화했다고 추정할 수 있다.

보다 상세한 수준에서 몇몇 생물학자는 적응에 대해 다음과 같이 여러 기준을 제시했다(예를 들면 Williams, 1966; Dawkins, 1986).

* 정확성: 적응은 특정한 원인과 결과로 나뉘어야 한다. 감정은 특정한 생리적 구조와 기전에 기반해야 하며, 특정한 결과를 촉발해야 한다.
* 신뢰성과 불변성: 적응은 정상적으로 기능하는 인간 모두에게서 안정적으로 나타나야 하고, 인구 집단 간에도 비슷한 방식으로 일어나야 한다. 감정과 결과 사이에는 강한 동시발생성이 있어야 한다.
* 복잡성: 복잡한 특질은 우연의 결과는 아닐 것이다.
* 경제성과 효율성: 적응이 긴 기간의 자연선택에서 기인한 것이라면, 아마 시간 및 자원을 절약하는 효율적인 방법으로 그 기능을 달성할 것이다. 예를 들어 만약 감정이 적응이라면 학습된 반응보다 더 효율적이고 신속하게 의도한 결과를 얻어낼 것이다.
* 기능성: 적응은 생존이나 번식적 목적을 증진해야 한다. 물론 게놈 지연 현상으로 인해서 현대 사회의 인간에게는 적용하기 어려울 수 있다.

그림 10.2에 이러한 몇 가지 요점을 정리했다.

감정에 대해서 이러한 기준을 모두 적용하는 것은 어렵지만, 렌치 등의 연구에 의하면 최소한 슬픔이나 불안, 분노의 감정은 신경생리학적 기전과 안정적으로 관련되며, 표현형적 발현이 일어난다는 측면에서 정확성이라는 기준을 만족하는 것으로 보인다(Lench et al., 2015). 렌치 등은 또한 이러한 감정이 생리학적 변화와 행동 변화를 동반하며, 일관된 방식으로 작동한다는 점에서 일관성과 신뢰성을 충족한다고 결론을 내렸다. 그러나 경제성과 효율성은 입

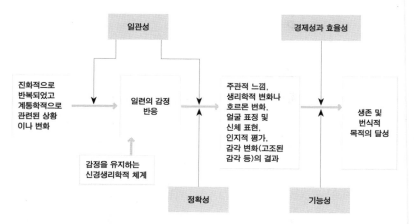

그림 10.2 시스템의 적응 여부를 평가하는 기준에 부합하는 감정 시스템의 몇 가지 특징을 간결하게 도식화. 만약 감정이 적응이라면, 분명 감정의 결과는 기능성을 가지고 있을 것이다. 이는 경제성과 효율성을 기반으로 움직일 것이다. 또한 신경학적 체계에 의해서 정확성을 유지할 것이다. 그리고 자극에 비례하여 일정한 정도로 활성화고 촉발되는 주관적인 느낌이나 생리적 변화 면에서 일관성이 있을 것이다.

중하기가 쉽지 않았다. 적용과 관련된 가장 중요한 기준은 기능성인데, 이는 바로 아래에서 자세하게 다루도록 하겠다.

3. 감정의 기능성

1) 기능성 논거

다른 연구도 마찬가지긴 하지만 특히 감정 연구가 어려운 이유는 얼마나 많은 종류의 감정이 존재하는지 그리고 어떤 감정을 일차적 감정, 어떤 감정을 (일차적 감정으로부터 만들어진) 이차적 감정이라고 간주해야 하는지에 대한 정설이 없다는 것이다. 행동학자 왓슨은 아이가 오직 세 가지 감정, 즉 두려움, 분노, 사랑만을 가지고 태어난다고 주장했다. 폴 에크먼은 초기 저작에서 여섯 가지 기본적 감정이 존재하며, 이는 각각 여섯 종류의 얼굴 표정과 관련된다고 보았다(Ekman, 1973). 기쁨, 경악, 분노, 슬픔, 공포, 혐오. 존슨-레어드와 오틀리는 에크먼의 감정에서 경악을 제외한, 단 다섯 가지의 감정이 있을 뿐이라고 하기도 했다(Johnson-Laird and Oatley, 1992).

얼마나 많은 종류의 감정이 존재하는지는 불분명하지만, 다음과 같은 특징을 가지고 있는 것으로 미루어 보아 다양한 감정은 적응적 기능을 하는 것이 분명하다.

* 감정은 자율 신경계나 내분비 반응과 관련되어 일어난다.
* 감정은 행동의 동기가 된다.
* 감정은 의사소통 기능이 있으며, 사회적 유대를 유발한다.
* 즐거운 감정은 양성 강화된다.
* 감정은 사건과 기억에 대한 인지적 평가에 영향을 미친다.
* 감정은 특정한 방향으로 기억의 저장에 영향을 미친다.

긍정적인 감정이 가진 기능성은 금세 알 수 있을 것이다. 자연선택을 통해서 우리는 좋은 음식, 안전한 환경, 성, 지지적 친구 등 번식적 이득에 도움이 되는 것들에 대해 따뜻한 감정을 느끼도록 진화했을 것이다. 하지만 우리는 왜 감정적 상태를 다른 사람과 (종종 무의식적으로) 교환하는 것일까? 스티븐 핑커는 감정적 상태를 정직하게 드러내는 것이 분명한 진화적 이유가 있다고 주장했다(Pinker, 1997). 감정 표현은 종종 얼굴이 달아오르거나 빨갛게 되고 혹은 창백해지고 부들부들 떨리는 등의 양상으로 나타난다. 이는 의식적으로 통제할 수 없는 영역이다. 진화적인 면에서 인간의 감정 표현이 불수의적인 생리 반응과 관련된 이유를 설명할 수 있을 것이다. 예를 들어 대중 앞에서 잘못한 행동에 대해 수치스러워서 얼굴이 달아오른다면, 이는 다른 사람에게 자신이 잘못했다는 것을 인정하며 양심에 찔려 후회하고 있다는 신호를 전달하는 효과가 있다는 것이다. 즉 미래에는 올바른 행동을 할 것이라는 정직한 신호로 기능할 수 있다. 다윈은 정직한 신호로서의 감정의 중요성에 대해서 다음과 같이 평가한 바 있다.

> 감정 표현을 통해서, 우리의 언어는 생생한 에너지를 얻게 된다. 말은 거짓일 수 있지만 감정은 사람의 의도와 생각을 더 진실하게 보여준다(Darwin, 1872b, p. 359).

2) 기능성의 증거

우리는 감정이 기능적 요구를 충족시킬 뿐 아니라, 적응의 결과라는 점을 이야기하였다. 이에 대한 믿을 만한 증거를 제시하자면, 크게 나누어 다음의 세 가지로 정리할 수 있다.

* 상동성(Homology): 영장류의 경우 가까운 친족 사이에서 감정 표현의 공유가 일어난다.
* 보편성(Universality): 아주 다양한 문화권에서도 인간은 같은 감정에 대해 같은 얼굴 표정을 보인다. 또한 비슷한 방식으로 감정을 느낀다. 이는 감정이 범 인류적인 생물학적 기원을 가지고 있다는 뜻이다.
* 신경생리학적 연관성(Neurophysiological correlates): 뇌의 특정한 부분이 감정을 처리한다면, 이러한 하드웨어는 자연선택에 의해서 만들어졌을 것이다. 즉 감정의 유전적, 그리고 기능성 기반에 대한 강력한 증거이다.

그러면 이 세 가지 핵심 증거에 대해서 좀 더 살펴보자.

3) 상동성

다윈은 인간과 다른 영장류의 감정과 관련한 소리와 표현이 강한 유사성을 가지고 있다고 주장한 최초의 인물이다. 다윈은 이렇게 썼다.

> 기쁨과 즐거움의 신호로서 웃음은 오랜 옛날 인간의 선조로부터 물려받은 것임이 분명하다. 많은 종류의 원숭이가 기쁨을 느끼면 반복적인 소리를 내는데, 이는 인간의 웃음소리와 아주 비슷하다. 게다가 흔히 턱과 엉덩이도 같이 떨곤 한다(Darwin, 1872, p. 356).

다윈은 웃음과 같은 일부 감정을 인간의 가까운 친척인 영장류와 공유한다고 믿었다. 그러나 얼굴이 달아오르는 등의 반응은 인간의 조상이 다른 영장류의 조상과 갈라진 이후, 즉 보다 최근에 진화했다고 생각했다.

인간과 다른 영장류의 얼굴 표정 간의 상동성에 대한 연구는 아직 초보적 수준이다. 그림 10.3에서 미소와 웃음을 구분해 보자. 인간의 경우 미소와 웃음은 비슷한 맥락에서 느껴지는 감정 반응이다. 웃음의 작은 형태가 미소인 경우가 많다. 침팬지의 경우 미소와 웃음에 해당하는 표정은 '조용히 치아를 드러내는 표정(silent bared teeth display, SBT)'과 '입을 이완하여 벌리는 표정(relaxed open mouth display, ROM)'이다. 그러나 반 후프는 SBT와 ROM이 다른 행동학적 맥락과 관련된다고 주장했다(Van Hoof, 1972). ROM은 놀이와 관련되고, SBT는 친근함이나 우정과 관련된다는 것이다. 반 후프는 웃음의 원형이 원원류(原猿類, prosimians)나 원숭이의 '싱글거림(grin)'이라고 생각했다. 유인원이 진화하면서 이러한 싱글거림이 세 가지 형태로 진화했다. SBT1, 즉 두려움과 복종의 신호, SBT2, 즉 두려움과 안심시키기, 달램의 신호 그리고 SBT3, 즉 정감의 신호이다. 인간으로 진화하면서 싱글거림의 첫 번째 기능, 즉 SBT1은 사라졌고 두 번째 기능, 즉 SBT2에서는 두려움의 기능이 탈락했다.

그래서 인간은 두 개의 감정 표현, 즉 미소와 웃음만이 남게 되었다는 것이다. 양쪽 모두 정감과 기쁨의 신호이다(그림 10.3 참조). 프로이쇼프트는 이러한 감정 표현 전후의 행동 변화를 통해서, 바바리 마카크원숭이(Barbary macaques, *Macaca sylvanus*)에게서 SBT가 복종의 의사표시와 관련된다는 결론을 내렸다(Preuschoft, 1992). 왈러와 던바도 침팬지의 SBT와 ROM이 서로 다른 맥락에서 관찰된다는 사실을 알아냈다(Waller and Dunbar, 2005). 간단히 말해서 친근한 행동을 하면 SBT가 증가하고, 즐거운 놀이를 하면 ROM이 증가한다는 것이다. 특히 두 개체가 서로 ROM을 보여주면 놀이 시간이 길어지는 양상을 보였다. ROM 뒤에는 친근한 행동도 늘어나는 경향을 보였다. 이런 사실로 미루어 보아 두 가지 감정 표현은 모두 사회적 유대를 증진시키는 것으로 보이며, 인간에게서 두 표현이 수렴한 이유를 설명해줄 수 있다.[03]

얼굴 및 맥락 설명	SBT 1. '소리 없이 씩 웃음(grin)' 복종	SBT 2. '소리 없이 씩 웃음' 달램	SBT 3. '소리 없이 씩 웃음' 정감	ROM. 유쾌한 얼굴 즐거움
인간의 상동성 및 맥락	?		· 미소(smile) · 행복 · 기쁨	· 소리내어 웃음(laugh) · 즐거움 · 행복

그림 10.3 침팬지와 인간의 감정 표현 상동성. SBT2와 SBT3는 모두 인간의 미소로 진화한 것으로 추정된다. ROM은 인간의 웃음과 상동성을 가진 것으로 보인다. 인간으로 진화하면서 SBT1이 퇴화한 것인지 혹은 다른 표현으로 변형된 것인지는 확실하지 않다. 조용히 치아를 드러내는 표정(SBT), 입을 이완하여 벌리는 표정(ROM). 출처: Gavin Roberts, based on a series of photographs and description in Van Hooff, J.A.R.A.M. (1971) Aspects of the Social Behavior and Communication in Human and Higher Primates. Rotterdam. Bronderoffset.

---

03 인간과 다른 영장류의 유사성을 검증하는 또 다른 방법이 있다. 바로 인간의 영아와 어린 침팬지의 사회적 발달 과정을 비교하는 것이다. 아기의 행동을 평가하는 틀로, '신생아 행동 평가 척도(neonatal behavioural assessment scale, NBAS)'가 가장 널리 사용되고 있다.

그림 10.3에 의하면, 침팬지의 표정은 인간의 미소나 웃음과 그리 닮지 않은 것 같다. 하지만 침팬지의 얼굴 근육이 인간보다 훨씬 강력하다는 점을 고려해야 한다. 지난 200만 년간 인간은 도구와 불을 사용하여 음식을 가공, 조리하면서 얼굴 근육의 필요성이 많이 줄어들었다.

프로이쇼프트는 인간의 미소와 침팬지 등 비인간 영장류의 SBT가 다르다고 하면서, 이는 상동 근육이 서로 다르게 생긴 입 부분에 붙어 이완되기 때문이라고 주장했다(Preuschoft, 2000). 얼굴 표정에 대한 유인원과 인간의 계통 발생학을 더 자세하게 이해하려면, 표정 근육에 대한 정교한 분석이 필요하다(Chevalier Skolnikoff, 1973; Schmidt and Cohn, 2001; and Vick et al., 2006).

4) 보편성

사실 인간의 감정, 그리고 몸짓과 표정을 통한 감정의 표현이 문화적으로 결정되는지(사회구성주의적 입장) 아니면 보편적인지에 대한 문제는 아주 중요하다. 간단히 말해서 입꼬리를 올리는 표정이 모든 문화권에서 행복과 친근함의 표현(미소)인지 혹은 어떤 문화에서는 이러한 표정이 '나는 역겹다' '나는 화났다' 혹은 '나는 두렵다'라는 뜻일 수 있는지에 관한 문제이다. 다윈은 보통 사람, 그리고 배우의 감정 표현에 대한 사진을 사용해서 중요한 점을 밝혀냈다. 특히 배우들은 타인에게 감정을 잘 드러내기 위해 여러 단계의 감정적 제스처를 사용한다. 그리고 자신의 광범위한 서신 네트워크를 이용하여 서양 문화를 접하지 못한 사람도 역시 비슷한 감정을 표현한다는 것을 알아낼 수 있었다.

최근 폴 에크먼이 이러한 전통을 잇고 있다. 에크먼은 감정 표현의 보편성과 본능적 본성을 검증하기 위한 실험이 다양한 방법적 문제를 안고 있는 것을 알아냈다. 가장 큰 문제 중 하나는 현대인이 이미 만들어진 감정과 그 표현에 대한 이미지로 가득한 대중문화에 너무 노출되어서 자연적인 감정과 그 표현을 골라 내기 어렵다는 것이다. 또 다른 문제는 감정 상태를 다른 언어로 통역하려고 할 때 일어난다. 이를 극복하기 위해서 에크먼은 다양한 문화권에서 많은 사람을 면접하고 실험했다. 연구 대상 중 하나는 뉴기니 고지대에 사는 포어족(Fore)이었다. 포어족은 문자 언어가 없을 뿐 아니라, 아직 석기 시대의 삶의 방식을 유지하고 있는 부족이다. 상대적으로 서양 문화의 영향에도 별로 휘둘리지 않았다. 부족민 상당수는 거울로 자신의 얼굴을 본 적도 없었다. 에크먼은 기발한 실험을 설계했다. 피험자들은 멧돼지에게 불시에 공격을 당하는 남자의 이야기를 듣고, 등장인물의 얼굴에 감정표를 붙이도록 주문 받았다. 포어족 피험자들은 주인공이 두려움을 느낀다고 응답했다. 그러자 에크먼은 피험자에게 그 감정을 표현해 달라고 하고, 이를 동영상으로 촬영했다. 그러고는 이 영상을 미국으로 가져갔다. 실험에 참여한 미국인들은 어렵지 않게 두려움에 관한 감정 표현이라는 사실을 알아 냈다. 에크먼은 이후에 이와 비슷한 실험을 총 21개국에서 시행하였다(Ekman, 1973). 아주 의미있는 결과가 도출되었다. 각 문화의 언어, 경제적 발전 수준, 종교적 가치의 상당한 차이에도 불구하고, 행복감, 슬픔, 혐오의 감정에 대해서는 압도적인 의견 일치가 관찰되었다. 에크먼은 모든 문화에서 여섯 가지 기본적 감정, 즉 기쁨, 경악, 분노, 슬픔, 공포, 혐오가 공통적으로 발견된다고 결론지었다.

이러한 연구를 보면 인간의 감정적 삶(최소한 얼굴 표정에 한해서는)은 표준적인 발달적 프로그램의 산물인 것으로 보인다. 모든 문화권에서 이러한 발달 프로그램이 일관적으로 확인되므로, 이는 자연선택의 결과라고 보는 것이 합리적이다. 트레이시와 마츠모토의 연구에 의하면, 태어났을 때부터 앞을 보지 못했던 유도 선수들도 승리하거나 패배했을 때 비슷한 얼굴 표정을 보였다(Tracy and Matsumoto, 2008). 선수들은 다른 사람의 표정을 보고 배울 기회가 없었기 때문에, 분명 타고난 생물학적 기전이 있을 것이다.

그러나 감정의 범문화적 본성에 대해 반박하는 주장도 있다. 즉 감정의 표현(다시 말해서 반응의 출력)과 감정을 유발하는 자극(입력)을 구분해야 한다는 것이다. 에크먼 등의 연구는 횡문화적인 보편적 감정(기쁨, 경악, 분노, 슬픔, 공포, 혐오 등)이 있다는 사실을 밝혀냈다(Ekman et al., 1987). 그러나 그러한 감정과 관련된 상황은 개인의 생애사 및 각기 다른 상황과 감정에 대한 문화적 가치와 경험과 관련될 수 있다. 다시 말해서 출력 시스템은 범문화적이지만, 입력 시스템은 유연하게 획득된다는 것이다. 행동주의자들의 연구에 의하면(많은 면에서 오해받고 있지만), 인간은 '큰 송곳니를 가진 동물에 대한 공포' 혹은 '뱀에 대한 공포'를 생득적으로 가지고 태어나기 때문에, 이들 동물을 만났을 때 즉시 공포 반응이 일어나는 것이 아니다. 우리는 '공포'나 '슬픔'과 같은 생득적인 감정 반응을 가지고 태어나지만, 이러한 감정을 일으키는 단서는 사회적으로 학습된다는 이야기다. 아기는 처음부터 '뱀에 대한 공포'를 가지고 태어나는 것이 아니다. 하지만 신속하게 학습할 수 있을 뿐 아니라, 어른들의 반응을 보는 것만으로도 뱀에 대한 '공포'를 배울 수 있다(Klinnert et al., 1982). 이런 시스템은 변화하는 세계에 대한 적응(주된 위협 대상은 대를 거듭하면 변화한다)과 시행착오를 통해 모든 것을 새로 배우는 시간 낭비 사이의 절묘한 타협이라고 할 수 있다. 시스템이 준비할 수 있도록 알리는 내적인 공포 반응, 그리고 이를 경험과 관찰을 통해서 학습되는 입력 자극과 연결하는 것은 가장 효과적인 절충안일 것이다.

에크먼의 저작에도 이러한 점이 반영되었다. 사실 어떤 감정을 느낄 때, 우리는 감정 표현을 숨길 수도 있고 혹은 대놓고 드러낼 수도 있다. 에크먼에 따르면 이른바 감정의 '전시 규칙(display rules)'이라는 것이 있으며, 이는 사회적으로 조건화된다(Ekman, 1973). 그는 중립적인 영상, 그리고 스트레스를 주는 영상을 보여줄 때, 미국 학생과 일본 학생이 어떻게 반응하는지 실험하였다. 감독관이 없을 때는 모두의 표정이 대략적으로 비슷했다. 그러나 감독관이 방으로 들어와서 영상을 다시 틀며 학생들에게 어떤 감정을 느꼈는지 묻자 일본 학생들은 얼굴 표정을 드러내지 않으려고 하였다. 에크먼은 이러한 현상에 대해서, 권위상이 있을 때는 부정적인 감정을 드러내지 않도록 하는 일본의 문화적 전시 규칙에 의한 결과라고 해석했다. 그러나 에크먼은 일본 학생들이 '누수(leakage)'를 보인다는, 즉 감정을 완전히 숨기지 못했다는 사실도 파악했다. 그러면서 두 종류의 신경 회로가 있다고 주장했다. 1973년 에크먼은 다음과 같은 결론을 내렸다.

> 우리의 신경-문화 이론은 얼굴 표정 정서 프로그램이 모든 인간의 신경계에 위치할 것이라고 가정한다. 말하자면 특정한 감정에 특정한 얼굴 근육의 움직임이 유발된다고 본다. 하지만 얼굴 근육의 움직임을 설명할 수 있는 다른 방법(완전히 배타적인 이론은 아니다)도 있다. 우리의 이론은 일종의 유발자 (elicitor), 즉 정서 프로그램을 활성화하는 특정한 사건이 사회적 학습이나 문화적 변수에 의해서 가장 크게 좌우된다고 간주하고 있다. 하지만 특정 감정에 의해서 움직이는 얼굴 근육은 정서 프로그램의 독재를 받고 있으며 보편성을 보인다(Ekman, 1973, p. 220).

얼굴 표정 프로그램 혹은 행동생태학 이론?

특정한 얼굴 표정이 보편적인 특정 감정에 의해 좌우된다는 에크먼의 주장을 이른바 얼굴 표정 프로그램(Facial Expression Program, FEP)이라고 한다. 만약 이 주장이 옳다면, 기본적인 감정과 얼굴 표정은 늘 같이 일어날 것이다. 대표적인 예가 바로 뒤셴 드 블로뉴(Duchenne de Boulogne)의 이름을 딴 뒤셴 미소다. 뒤셴 드 블로뉴는 프랑스의 신경과 의사였는데, 다윈의 『인간과 동물의 감정 표현에 대하여』(1872)에 나오는 표정을 유도한 사진을 선보였다. 이 미소를 지으려면 두 개의 얼굴 근육이 필요하다. 하나는 입꼬리를 올리는 것이고, 하나는 뺨을 올리는 근육이다. 오랫동안 행복감과 관련이 있다고 간주된 표정이다. 예를 들어 폴 에크먼은 이 두 근육을 일부러 한 번에 움직이는 것은 쉽지 않기 때문에 자연스럽고 불수의적인 미소로 이 뒤셴 미소를 제시했다.

그러나 1990년대 이후 얼굴 표정 프로그램에 대한 회의론이 고개를 들었다. 놀랍게도 얼굴 표정과 감정에 대한 증거들은 서로 혼재되어 있었다. 감정과 표정에 대한 자연주의적 연구(실험실 환경이 아닌 실제 환경에서의 연구)에 의하면, 뒤센 미소와 행복감 사이에는 아주 약한 상관관계만이 관찰되었다 (Fernandez Dols and Crivelli, 2013). 최근의 연구에 의하면 미소는 근본적인 정서 상태보다는 다른 사람과의 상호 작용에 의해서 더 잘 설명되는 것으로 나타났다(Crivelli et al., 2015). 메달을 획득한 유도 선수는 분명 행복했겠지만, 다른 사람과 만나고 있을 때 더 많이 미소를 짓는 것으로 나타났다. 혼자 있을 때나 남이 쳐다보고 있지 않을 때는 미소를 보다 덜 지었다. 물론 얼굴 표정 프로그램 가설을 주장하는 사람이라면, 이는 단지 남에게 보여주기 위해서 표정의 빈도가 약간 수정된 것에 불과하다고 주장할 것이다. 하지만 비슷한 현상이 감정 자극과 얼굴 표정의 관계에 대한 실험실 기반의 연구에서도 나타났다. 한 리뷰 연구에 의하면, 오직 즐거움만이 적절한 표정과 높은 상관도를 보였다 (Reisenzein et al., 2013). 그러나 실험실이라는 상황은 적절한 전시적 행동을 이끌어내기에는 충분한 강도의 감정을 유발하지 못할 수도 있다. 혹은 맥락이나 (에크먼이 말한) 전시 규칙으로 인해서 표정이 억제될 수도 있을 것이다.

표정에 대한 대안적 설명 이론을 행동생태학 이론이라고 한다. 이 이론은 얼굴 표정이 일종의 신호 도구로 활용된다고 본다. 예를 들어 얼굴 표정이 무의식적으로 내면의 감정적 상태와 관련될 경우, 얼굴 표정을 통해 자신의 내적 상태를 타인에게 정확하게 알리는 것이 당사자에게 늘 도움이 되지는 않을 것이다. 이 모델에서는 미소가 사회적 지위를 표시하거나 성적인 수락 혹은 협력과 자원 공유의 의향을 전달하는 것이라고 주장한다. 이러한 주장은 프리드룬드의 영향력 있는 책 『인간의 얼굴 표정: 진화적 견해』(1994)에 잘 드러나 있다. 여기서 프리드룬드는 얼굴 표정이 단지 대인 관계에서 감정을 밖으로 흘려보내는 신호로 작동한다는 것은 잘못된 생각이라고 주장한다. 얼굴은 행동상의 의도를 드러내는 기능을 하며, 표정은 주변 사람에 의해서 영향을 받는다. 프리드룬드의 견해에 따르면, 감정과 표정 사이의 일대일 관계는 존재하지 않는다. 왜냐하면 동일한 감정은 여러 가지 사회적 의도와 동반될 수 있기 때문이다. 예를 들어 분노의 감정은 공격적 행위와 관련될 수 있지만, 사회적 위축이나 복수를 위한 냉담한 계획과도 관련될 수 있다. 그렇다면 소위 분노의 표정이란 단지 하나의 동기에 관한 표현에 불과할지도 모른다. 즉 공격적 의도에 관한 것이다. 일반적으로 프리드룬드의 이론은 에크먼의 이론보다 얼굴 표정이 사회적 상황에 따라 달라지는 이유를 더 잘 설명한다. 물론 얼굴 표정에 미치는 사회적 영향이 과연 무엇인지, 그리고 그런 영향이 있다면 그 방향이나 기간, 강도 등은 어떤지에 관한 확실한 증거는 아직 없다.

그러나 행동생태학 이론의 문제는 사람은 혼자 있을 때도 감정에 가득한 표정을 짓곤 한다는 것이다. 사실 회사에 있을 때보다 집에 있을 때 더 자주 울 수도 있다. 우리는 아무도 보고 있지 않을 때도 웃고 운다. 따라서 얼굴 표정이 단지 의사소통을 위한 것이라면, 혼자 표정을 짓는 것은 이상한 일이다. 일반적으로 얼굴 표정과 사회적 동기, 감정이라는 복잡한 상황을 모두 아우르는 만족스러운 단일 이론은 아직 없는 형편이다(Parkinson, 2005).

5) 신경생리학적 관련성

최근까지 특정한 감정 상태와 관련된 생리적 활성에 대한 연구는 주로 자율신경계와 내분비계(혈액으로 호르몬을 방출하는 기관)에 초점이 맞춰져 있었다. 이는 부분적으로는 뇌를 직접 연구하는 것보다 수행하기가 용이했기 때문이기도 하고, 감정 반응에 의해서 변화하는 맥박이나 호르몬 수치의 변화를 객관적으로 측정할 수 있기 때문이기도 했다. 그러나 여기에는 중요한 문제점이 있었다. 바로 이러한 두 시스템은 일반적인 신체 기능(에너지 대사, 조직 재건, 항상성 유지 등)도 함께 담당하므로 감정 시스템의 활동에 대한 이상적인 신호라고 하기에는 단점이 많았다.

더 직접적인 방법으로 뇌의 특정 부위의 손상을 입은 환자를 조사하여 손상 부위의 감정 및 인지 기능의 변화를 확인할 수도 있다. 대표적인 경우가 바로 피니어스 게이지(Phineas Gage)라는 미국 철도 감독의 사례이다. 1848년 게이지는 바위에 드릴로 구멍을 내어 다이너마이트 막대를 집어넣고 있었다. 쇠 막대기로 다이너마이트를 구멍 안에 다져 넣던 중 폭발이 일어나고 말았다. 쇠막대기는 게이지의 좌측 뺨을 뚫고 들어가 뇌의 앞부분을 관통하였다. 막대기는 무려 백 미터 밖에서 발견되었다. 놀랍게도 게이지는 살아남았다. 그러나 완전히 다른 사람이 되었다. 원래는 사려 깊고 성실한 사람이었으나 사고 이후 어린아이처럼 변하여 무책임한 행동을 남발했다. 이후의 연구에 의하면, 쇠막대기는 게이지의 안와전두엽(Orbitofrontal cortex)이라고 불리는 부분을 날려버린 것으로 분석되었다. 비극적인 사건이었지만, 이를 통해서 신경해부학자들은 뇌의 이 부분이 아래의 감정 중추(편도핵)에서 유래하는 신호를 피질의 다른 부분 및 감각계를 통해 유입되는 감각 정보와 통합하는 부분이라는 것을 알게 되었다.

최근에는 보다 통제된 환경에서 뇌를 연구할 수 있게 되었다. 대략 두 가지 방법이 있다.

1. 신경영상학적 기법: 기술의 발전으로 신경해부학자는 뇌의 활성을 연구하는 모든 방법을 다 동원할 수 있게 되었다. 일반적으로 이러한 기법을 통해서 특정한 상황에서 활성화되는 뇌의 부분을 확인할 수 있다. 원칙적으로는 언제 어디서 인지적 과정이 일어나는지도 결정할 수 있다. 대표적인 두 기법은 양전자 단층 촬영(positron emission tomography, PET)과 기능적 자기 공명 영상(functional MRI, fMRI)이다.

   • 양전자 단층 촬영이란 몇몇 방사성 동위원소에서 튀어나오는 양전자를 검

출하여 뇌 활성을 약3~4밀리미터 간격으로, 공간적으로 그려내는 방법이다.

* 자기 공명 영상(MRI 혹은 기능적 MRI)은 자기장을 발생시키는 자석 통 안에 환자의 머리를 넣고, 고주파를 이용하여 뇌 안의 원자를 공명시켜 각 부위에서 나오는 자기장 변화를 측정하여 영상화한다.

2. 약물 사용: 약물이 행동과 기분의 변화를 유발한다는 것은 잘 알려진 사실 이다. 하지만 약물은 뇌의 특정 부위에만 작용하는 것이 아니라는 단점이 있다. 해당 영역이 직접적인 관련 영역인지 혹은 이차적으로 영향을 받는 영역인지가 불확실하다.

이러한 기법을 사용해서 감정 상태가 뇌의 서로 다른 여러 영역과 어떤 관 련이 있는지에 대한 지식이 폭증했다. 다음 절에서는 감정과 뇌의 구조에 대한 기본적인 사실을 정리하고자 한다.

4. 감정, 몇 가지 구체적 기능

지금까지 감정이 적합도를 향상시키는 적응적 기능이 있다는 강력한 증거 들을 제시했다. 인간의 감정은 보편적이며, 다른 영장류와 공유하고 있으며, 뇌의 특별 하드웨어 중추와 관련되어 있다. 이제 그러한 기능성이 구체적으로 어떻게 나타나는지 알아보자.

1) 감정과 헌신, 의사 결정

지난 장에서 의사 결정을 위해 무제한적인 이성 능력을 동원하는 것은 불가 능하다고 하였다. 대신에 인간은 일상적인 문제를 해결하기 위해 더 알뜰하고 신속한 경험칙을 사용한다. 이런 점에서 보면 감정도 의사 결정에 도움을 줄 지 모른다. 경제학자 로버트 프랭크는 이런 입장을 강력하게 지지한다(Frank,

1988). 프랭크는 사랑과 죄책감을 예로 들었다. 그는 사랑의 기능이 짝의 결속을 강화하고 협력적인 양육을 위한 안정적 구성 단위를 유지하는 것이라고 가정했다. 이러한 면에서 사랑은 양성이 다른 이성의 유혹을 거절하거나 무시하면서, 안정적인 관계를 통한 장기적인 보상을 수확할 수 있도록 하는 헌신의 기능을 가지고 있을 것이다. 만약 이 주장이 옳다면 배우자를 향한 사랑의 감정은 매력적인 잠재적 성적 파트너에 대한 성욕을 억제하는 효과가 있을 것이다(Gonzaga et al., 2008). 반면에 배우자에 대한 성욕 자체는 사랑의 감정보다는 타인에 대한 성적 욕망을 억제하는 효과가 적을 것이다. 이를 확인하기 위해서 곤자가 등은 타인에 대한 생각을 억제하려고 노력하는 동안, 배우자에 대해서 글을 쓰도록 주문하였다. 글의 내용을 통해서 배우자를 사랑하는 피험자와 배우자에게 성욕을 느끼는 집단을 나누어 분석했다. 실험 결과는 곤자가의 예상과 일치했다.

죄책감의 동기 유발 효과에 대해서는 최후 통첩 게임(ultimatum game)을 통한 연구가 있었다. 참여자들은 제안자 혹은 수용자의 역할을 부여 받았다. 최후 통첩 게임의 세부적인 규칙은 아주 다양하지만, 일반적으로 다음과 같다. 제안자는 어느 정도의 돈(가령 10달러)을 받는다. 그리고 이 돈을 수용자와 나누라는 지시를 받는다. 어떤 비율로 나눌 것인지는 제안자가 결정하지만, 수용자는 이를 받아들일 수도 혹은 거절할 수도 있다. 만약에 거절하면 둘 다 돈을 얻지 못하게 된다. 따라서 수용자는 공평하지 않은 분배(가령 제안자는 9달러, 수용자는 1달러)를 거절하고는 한다. 물론 경제학적으로 보면 단 1달러라도 받는 것이 모든 것을 포기하는 것보다 이익이다. 케텔라르와 오(Ketelaar and Au, 2003)의 연구에 의하면, 공평하지 않게 돈을 분배하여 죄책감을 느낀 제안자는 일주일 후의 실험에서 더 너그럽게 돈을 나누려는 경향을 보였다. 그러나 일부 제안자는 공평하지 않게 돈을 나누고도 죄책감을 표하지 않았는데, 이들은 일주일 후의 실험에서 자신의 결정을 바꾸려고 하지 않았다. 이를 통해서 죄책감이 행동에 영향을 미친다는 결론을 내릴 수 있고, 특히 협력과 상리공생을 통한 장기적 이득의 획득에 중요한 역할을 할 것으로 추정할 수 있다.

2) 상위 인지 프로그램으로서의 감정

컴퓨터에 비유하는 것을 정말 좋아하는 투비와 코스미데스는 감정을 일종의 상위 인지 프로그램(superordinate cognitive programme)으로 생각했다(Tooby and Cosmides, 2005). 즉 감정이 다른 하위 프로그램을 지휘하여 최선의 반응을 일으키도록 한다는 것이다.

이들은 마음 안의 다양한 영역 특이성 프로그램 간의 갈등을 조율하기 위해서 이러한 상위 프로그램이 필요하다고 주장했다. 이런 시각은 왜 감정을 독립적으로 분리해서 연구하는 것이 어려운지를 잘 설명해준다. 투비와 코스미데스의 말을 들어보자.

> 감정은 생리적 반응이나 행동 경향, 인지적 검증 혹은 기분 상태 등 하나의 범주만으로 환원할 수 없다. 왜냐하면 감정은 이 모든 것을 포함하는 진화적 기구이기 때문이다(Tooby and Cosmides, 2005, p.53).

투비와 코스미데스는 이에 대해서 공포를 예로 들었다. 이 상위 프로그램의 '최전방'에는 공포 상황에 대한 탐지 능력이 자리한다. 예를 들어 밤에 혼자 걷는 경우, 뒤에서 들리는 소음은 일단 누군가가 나를 쫓아온다는 쪽으로 지각하게 된다. 공포에 대한 감정 프로그램이 작동하면서 다음과 같은 반응이 순차적으로 일어난다.

* 고조된 지각 및 시각과 청각 신호에 대한 주의: 역치가 변하며 작은 증거에도 감각 신호를 위협으로 해석한다.

- 목표 및 동기의 변화: 허기나 갈증, 배우자 탐색과 같은 다른 목표는 안전 추구라는 목표를 위해서 일단 뒷전으로 물러난다.
- 의사 소통 과정의 개시: 맥락에 따라서 공포에 대한 얼굴 표정의 변화 혹은 울음과 같은 반응이 유발된다.
- 생리학적 변화의 개시: 소화기관에서 혈액이 빠져나가고, 아드레날린이 유리되며, 맥박이 변화한다(도주 반응 시에는 증가, 부동 반응 시에는 감소).
- 행동 결정 규칙의 가동: 은신, 도주, 자기 방어 등의 행동이 일어난다.

이런 틀에서 볼 때 공포 이외의 다른 감정 프로그램은 단기적인 행동 반응을 위해서 작동하는 것으로 보이지 않는다. 그보다는 타인과 자신의 관계에 대한 주기적인 재평가와 재조정이 목적인 것으로 보인다. 죄책감이 전형적인 예인데, 자신과 타인에게 자원을 분배하는 경향을 재조정해서, 호의가 보상받을 수 있도록 하는 기능을 한다. 우울은 현재 추구하는 목표를 중단하고, 효과가 없는 전략에 대해서 재고하도록 하는 기능을 할 수도 있다(19장 참조). 표 10.1에 몇몇 특정한 감정이 진화적인 (적합도 관련) 기능과 어떻게 연결되는지 요약했다.

3) 감정의 역설에 관해

헤이즐턴과 케텔라르는 감정이 역설적 측면을 가지고 있다고 지적한다 (Haselton and Ketelaar, 2006). 지난 수십 년간의 연구를 종합하면, 감정은 보편적인 인간의 특징이자 영장류에서도 관찰되는 형질이고 특정한 뇌의 활동과도 깊은 관련이 있다. 아마 감정은 적응의 결과일 것이다. 그러나 감정이 적응이라면, 왜 많은 사람이 종종 중요한 문제에 대한 판단이나 의사 결정을 감정에 의해서 그르치곤 하는지 설명하기 어렵다. 아마 이 책을 읽는 독자들도 비합리적이고 조절되지 않는 들끓는 감정과 싸우면서, 객관적이고 냉철하게 판단하려고 노력했던 경험을 가지고 있을 것이다. 이러한 감정의 역설은 인간과 벌컨인의 혼혈로 태어난 스포크 박사의 주된 고민이다. 말하자면 명백한 논리와 제멋대로의 열정 간의 싸움이다.

이 역설에 관해서는 두 가지 면을 주목해야 한다. 첫째, 우리의 감정 시스템은 현대 환경과 전혀 다른 환경에 대해서 설계되었다는 것이다. 결과적으로 감정 시스템은 현대인의 삶에 적합하지 않거나 혹은 비이성적일 수 있다. 이는 진화심리학에서 자주 반복되는 후렴 같은 개념인데, 18장에서 다시 다룰 것이다. 둘째, 진화는 우리의 번식 적합도를 최대화하는 방향으로 진행했으며, 우리의 행복(well-being)을 위해서 작동하지 않는다는 것이다(물론 종종 이 두 목표가 일치하기도 한다). 따라서 쉽게 활성화되는 급성 공포 반응, 지속적인 불안, 주기적인 질투와 같은 불편한 안장에 올라타고 가는 것이 더 적응적일 수 있다는 것이다(9장 화재경보기 원칙 참조). 게다가 의식을 가진 고등 유기체로서 인간은 주관적인 개인적 목표(만족, 안전, 마음의 평화 등)를 가지고 있는데, 이는 우리의 감정 시스템과는 잘 어울리지 않는 목표이다. 이러한 역설의 핵심에는 아마도 원시의 감정, 개인적 목표 그리고 현대의 삶의 방식이라는 삼국 갈등이 자리하고 있을 것이다.

이런 이유 때문에 행복을 얻기 어려운 것이다. 자연선택은 '행복'이라는 상태를 오랫동안 경험하도록 우리의 마음을 설계하지 않았다. 일시적인 행복(자족감, 만족감)은 추가적인 번식 적합도를 향상시키는 목표의 달성과 관련된다. 수렵채집 사회에서는 안정적인 식량 자원, 안전한 보금자리, 포식자의 위협으로부터의 자유, 지지적 사회 집단의 형성, 높은 사회적 지위의 획득, 짝짓기 가능성, 건강하고 사랑스러운 자녀 등이 행복과 관련된다. 그러나 이 모든 것을 다 가진 사람이라고 해도 곧 불만족이 쌓이게 된다. 더 많은 아내, 더 좋은 남편, 더 안전한 환경 등을 찾게 되는 것이다. 사실 이렇게 불만족을 느끼는 사람이 작은 일에 자족하는 사람보다 더 높은 번식 성공률을 가질 수도 있다. 이러한 진화적 설명을 통해서, 왜 행복은 이내 사라지는지, 돈과 관련되지만 왜 반드시 그런 것만은 아닌지, 그리고 왜 무지개처럼 쫓아갈수록 점점 달아나는지

표 10.1 감정의 몇몇 기능에 대한 가설

감정	추정 기능	참고 문헌
공포	즉각적인 행동을 할 수 있도록 준비한다. 공황 혹은 광장 공포증의 경우, 근육으로 혈류가 쏠리고 정신은 도주로 탐색에 에너지를 집중한다. 비이성적이거나 과도한 두려움을 '공포증'이라고 한다. 공포증은 적합도와 관련된 대상이나 유기체와 관련하여 선조로부터 물려받은 고정된 발달적 경향으로 인해 일어날 수 있다.	Marks and Nesse (1994) Nesse (2005) Ohman and Mineka (2001) Seligman (1971)
분노	극단적인 형태의 파괴 반응을 유발한다. 심지어 악의적인 행동이라고 해도, 분노를 유발하면 어떤 대가를 치르게 되는지 타인에게 알리는 역할을 할 수 있다. 분노를 일으키면 단기적으로 상당한 비용이 들지만, 장기적으로는 타인의 향후 행동을 조절하는 적응적 효과가 있다. '무관용' 접근법. 분노는 죄수의 딜레마와 같은 상황에서 사기꾼을 징벌하는 효과도 있다.	Fehr and Caechter (2002)
슬픔과 우울	현재 행동을 지속하고자 하는 동기가 감소한다. 그리고 타인에게 현재 전략을 중단하고, 불필요한 자원 소모를 중단하라는 신호를 보낼 수도 있다. 도움이 필요하다는 신호일 수도 있다.	Hagen (1999) Watson and Andrews (2002) Price et al. (1997)
질투	파트너가 바람피우는 증거에 더 많은 주의를 기울이게 한다. 바람을 피우는 상대에게 공격적인 행동을 유발하여, 원래의 관계를 회복하거나 혹은 새로운 관계의 진전을 중단시키는 효과가 있다.	Buss et al. (1992) Harris (2003) Haselton et al. (2005) Daly et al. (1982)
사랑	가족에 대한 사랑은 포괄적합도의 확실한 향상을 가져온다. 열정적인 사랑은 짝과의 결속을 강화하여 양육에 도움을 주며, 이를 통해서 번식적 목적을 달성할 수 있다.	Frank (1988) Ketelaar and Goodie (1998) Nesse (2001)
혐오	혐오는 보편적 감정이지만, 혐오의 대상은 사회적으로 결정된다. 간단히 말해서 혐오는 안 좋은 물질을 먹을지도 모른다는 두려움이다. 아이들은 성장하면서 혐오스러운 것이 무엇인지에 대해서 학습한다. 무엇을 먹을 수 있고, 무엇은 먹을 수 없는지에 대한 부모의 가르침을 보고 배우게 된다. 혐오는 종종 불쾌한 대상이 먹을 수 있는 것에 닿는 것만으로도 유발된다. 예를 들어 사람은 완전히 깨끗한 변기에 담긴 오렌지 주스나 개똥 모양의 초콜릿을 먹을 때 역겨움을 느끼곤 한다. 그래서 핑커는 '혐오는 본능적인 미생물학이다'라고 한 바 있다. 성적 혐오(가까운 친족과의 성관계에 대한 역겨움)는 근친상간을 막는 역할을 한다.	Pinker (1997) Fessler and Navarrete (2004) Lieberman et al. (2003)
죄책감	후회의 감정은 공정하지 못했다는 자기 인식에서 유발된다. 이는 미래에 더 협력적이고 너그러운 행동을 하도록 유도한다.	Ketelaar and Goodie (1998) Ketelaar and Au (2003)

알 수 있을지도 모른다. 토머스 제퍼슨(Thomas Jefferson)은 미국 독립선언문에 국민의 권리에 대해서 다음과 같이 썼다. '삶, 자유 그리고 행복 추구의 권리.' 행복권이 아니라, 행복 추구권이라고 한 것은 정말 정확한 표현이다.

거의 모든 사람에게서 관찰되는 한 가지 감정은 바로 친지와 친족에 대한 공감과 사랑이다. 생물학적인 말로 바꾸면, 인간은 친족 지향적 이타주의를 보여준다. 다음 장에서 다룰 내용이다.

6부

협력과 갈등

Evolution
and
Human Behaviour

이타성과 협력 PART11

그는 무겁지 않아요. 그는 나의 형제니까요.

《키와니 매거진(kiwani's magazine)》에
로 풀커슨(Roe Fulkerson)이 기고한 칼럼의 제목(1924) 및
홀리스(The Hollies)의 베스트 앨범 제목(1969).

3장에서 윌리엄 해밀턴 등이 다윈의 주장을 포괄적합도라는 개념으로 확장한 이야기를 하였다. 즉 번식 성공률은 직간접적으로 자손에게 전달되는 유전자의 증식 정도로 평가해야 한다는 것이다. 이러한 개념은 이타성도 부분적으로 설명할 수 있다. 유전자 수준의 '이기성'을 추구하다 보면, 운반체의 이타적인 희생쯤 감수할 수 있다는 것이다. 간단히 말해서 해밀턴의 원칙(Hamilton's rule)이란 타인과의 근연도(r값)가 높으면, 그 타인에게 더 친절하게 대한다는 원칙이다. 이 장에서는 일단 전통 사회와 현대 사회에서 친족 지향성 인간 행동에 대해 살펴보도록 하겠다. 하지만 비친족에게도 이타적인 행동을 하는 것이 또한 인간이다. 이런 행동을 이해하려면 또 다른 개념과 설명들이 필요하다. 공생주의, 호혜성, 게임 이론 등 다양한 이론을 통해서 비친족 지향성 이타성의 정체가 밝혀지고 있다. 이 장의 뒷부분에서는 이러한 이론들에 대해서 다

루도록 하겠다.

1. 협력의 개념

과학적 용어의 엄격한 의미가 일상생활에서는 좀 대충 쓰이는 경우가 자주 있다. 대개는 그냥 그렇게 사용해도 대수롭지 않지만, 이타성의 의미에 대해서는 확실하게 짚고 넘어가는 것이 좋겠다. 가장 큰 문제는 이기적으로 행동하지 않는 동물을 이타적이라고 칭하는 것이다. 대부분의 경우에 이러한 행동이 전적으로 이타적이라고 할 수는 없다. 다만 페이오프가 눈에 잘 드러나지 않거나 혹은 지연되는 것뿐이다. 또한 도킨스가 자신의 책에 붙인 제목 '이기적 유전자'에 대해서도 과도한 의인화라는 비판이 있기도 했다. 아무튼 이러한 개념적 혼란을 정리하기 위해 명확한 분류가 필요할 것이다. 그림 11.1은 이타성 (altruism)과 상리공생(mutualism), 이기주의(selfishness) 및 악의(spite)에 대해서 정리한 것이다. 각 용어에 대해서 뒤에서 자세히 설명하도록 하겠다.

이기성, 기생

기생충은 숙주에게 비용을 전가하여 이익을 취하는 유기체를 말한다. 종종

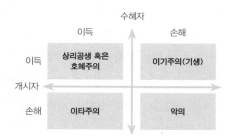

그림 11.1 상리공생, 이타성, 이기주의 및 악의의 관련성에 대한 매트릭스. 출처: Barash, D. (1982) Sociobiology and Behaviour. New York, Elsevier.

어떤 유전자는 다른 유기체의 행동을 조종하여 이익을 취하는 방식으로 작동하기도 한다. 예를 들어 감기 바이러스는 우리 몸에 침범하여 자신을 복제할 뿐 아니라, 기침하도록 조종하여 다른 사람에게 바이러스가 전파되도록 한다. 도킨스는 이러한 효과를 '확장된 표현형(the extended phenotype)'이라고 하였다. 둥지 기생의 경우, 뻐꾸기는 둥지를 만든 다른 새를 조종하여 자신의 알을 품고 키우도록 한다. 이런 경우 공여자의 '이타성'을 강요하는 것과 마찬가지라고 할 수 있다. 뻐꾸기의 유전자가 뻐꾸기의 몸, 즉 운반체를 벗어나 둥지를 만든 새에게 작용한다. 도킨스는 이에 대해서 '확장된 표현형의 핵심 정리'를 다음과 같이 요약했다.

> 동물의 행동은 유전자의 생존을 최대화하는 방향으로 빚어지는데, 그 유전자는 해당 동물의 몸에 있을 수도 있고 아닐 수도 있다(Dawkins, 1982, p. 233).

상리공생

상리공생이란 용어가 공생(symbiosis)이라는 용어보다 더 선호되는 추세이다. 상리공생적 행동을 다음의 두 가지로 구분할 수 있다. 종 간 상리공생(두 종 이상의 공생)과 종 내 상리공생(단일 종 내의 공생). 일부 종은 다른 종과 같이 상리공생적 협력관계를 구축하는데, 각각 서로에게 도움이 되는 특화된 기술을 가지고 있기 때문이다. 진딧물(Aphid)은 식물의 수액 빨기에 고도로 특화된 입을 가지고 있다. 진딧물의 일부 종은 섭취한 수액이 미처 다 흡수되지 않고, 꽁무니로 나온다. 개미의 일부 종은 진딧물이 분비하는 이 소화가 덜된 수액을 받아먹는 대신 진딧물을 외적으로부터 지켜주고, 진딧물의 알을 돌보고, 어린 진딧물을 먹이며 심지어 진딧물을 방목지로 옮겨준다. 마치 소떼를 돌보고, 대신 우유를 짜 먹는 것과 비슷하다. 실제로 개미는 진딧물의 뒷부분을 때려서 당분이 풍부한 체액이 잘 나오도록 '젖을 짠다.' 이를 통해서 모두 이익을 얻는다. 개미는 진딧물이 없으면 수액을 쉽게 빨아먹을 수 없다. 진딧물은 개미의 사랑을 받아 포식자로부터 안전을 지킬 수 있다.

종 내 공생주의도 비슷하다. 둘 이상의 개체가 전체 이득을 위해서 각기 협력하고 기여하는 경우가 있다. 두 마리의 암사자가 협력하면, 혼자서는 불가능한 먹이도 사냥할 수 있다. 따라서 각각에 돌아가는 몫도 커지게 된다. 사실 사자 무리의 암사자들은 서로 근연도가 높고 암사자 무리를 차지하려는 경쟁에서 서로를 돕는 숫사자들도 서로 근연도가 높다. 이러한 협력은 친족 선택과 상리공생을 통해서 점점 강화된다.

이타성

친족에 대한 이타성은 3장에서 다룬 바 있다. 일반 이타성과 호혜적 이타성에 대해서는 아래에서 다시 자세하게 이야기하겠다. 그러나 그림 11.1에 제시한 정의는 문제가 좀 있다. 투비와 코스미데스는 이러한 정의가 행동의 기능에 대해 충분히 강조하지 못한다고 지적했다(Tooby and Cosmides, 1996). 예를 들어 파리지옥(Venous fly trap, *Dionaea muscipula*)은 곤충을 유혹하는 식충식물인데, 끌려들어간 곤충은 곧 식물에 의해 소화된다. 분명 식물에게 이득을 준 것이다. 그러나 곤충의 유전자는 식물에게 이득을 주도록 '설계'된 것이 아니므로, 이는 이타성이라고 볼 수 없다. 이에 대한 더 정확한 정의는 다음과 같다. 공여자가 비용을 지불해 수혜자가 적합도상의 이득을 얻도록 자연적으로 선택된 행동. 이는 행동이 자연선택의 결과여야 한다는 점을 강조하고 있다.

악의

악의는 자연 세계에서 쉽게 찾아보기 힘든 현상이다. 사실 이러한 행동을 하는 유전자가 번성할 경우, 결국 유전자를 가진 개체 자체도 손해를 보게 되므로 당연히 악의를 가진 유전자는 널리 퍼지기 어렵다. 해밀턴의 정리(rb>c)에 의하면, '어떤 행동의 전체적인 이득(rb)이 비용(c)을 초과하면' 해당 유전자는 번성하게 된다(r은 비용의 계수, 종종 근연도를 말한다). 여기서 결국 비용은 유전자의 빈도가 줄어드는 것이고, 이득은 유전자의 빈도가 늘어나는 것이다. 악의의 경우에는 이익이 없고, 비용만 있다. 타인을 해치기 위해서는 에너지가 들기 마련이다. 따라서 자연의 세계에서 순수한 의미의 악의적 행동이 관찰될 가능성은 거의 없다. 처음에는 악의적 행위로 간주되던 것도, 사실 오래된 이기주의였음이 밝혀지고는 한다. 수컷 바우어 새는 종종 다른 수컷이 잘 만들어 놓은 둥지를 부수곤 한다.[01] 이는 언뜻 악의적 행동 같지만, 해밀턴은 그렇지 않다고 말한다. 실제로는 다른 수컷의 번식 성공률을 떨어트려서 자신이 더 많은 기회를 가지려는 전략이라는 것이다(Hamilton, 1970). 그러나 윌슨과 해밀턴은 악의적 행동이 진화할 수 있는 두 가지 가능성을 제안했다. 윌슨은 모방꾼과 같은 제삼자가 다른 두 당사자의 비용에서 이익을 취하는 상황이라면, 악의가 일어날 수 있다고 주장했다. 사실 이는 정확히 말하면, 간접적 이타성에서 관찰되는 현상이다(Wilson, 1975). 반대로 해밀턴은 r이 0 이하일 경우, 유전자 풀에서 악의가 퍼져 나갈 수 있다고 주장했다. 즉 rb>c에서 r과 b가 모두 음수라면, 식이 성립한다는 것이다(음수에 음수를 곱하면 양수가 된다). 여기서 r값이 음수가 되려면, 악의적 행동의 피해자가 가해자의 유전자를 인구 집단의 평균보다 더 적게 가지고 있어야 한다. 그러나 이러한 일은 보통 일어나기 어렵다. 왜냐하면 음의 유전적 연관도가 일단 있어야 하고, 그것을 식별할 수 있어야 하기 때문이다. 포유류 사회에서는 거의 발견되지 않지만, 일부 곤충 사회에서는 드물게 이러한 조건이 들어맞을 수 있다. 이를 흔히 해밀턴 악의(Hamiltonian spite)라고 하는데, 논란이 많지만 불가능하지는 않다(Foster et

---

01 바우어 새는 예쁜 둥지로 암컷을 유혹한다.

al., 2001).

인간 사회에서 악의가 존재하는 이유에 대해서는 더 높은 층위의 설명이 필요하다. 일단 특정한 행위의 결과를 제대로 계산해내지 못했기 때문에 부적응적인 결과를 낳는 악의적 행동이 생긴다는 주장이다. 악의적 위협은 '내가 원하는 대로 하지 않는다면, 우리 둘 다 괴로워질 거야'라는 식으로 행동을 강제하여 보상을 줄 수도 있다. 그러나 위협을 당하는 사람이 이 말을 단지 허세로 받아들이면 부적응적인 결과를 낳게 된다.[02]

더 넓은 관점에서 그림 11.1에 나타나는 행동이 자연에 나타나는 이유를 설명해보자. 만약에 이것이 자연선택의 산물이라면, 행위자의 이득이라는 관점에서 행동의 근원을 탐구할 수 있을 것이다. 이러한 접근방법을 통해 보면, 참여자에게 직접적으로 발생하는 이득과 포괄적인 적합도상의 이득을 통한 간접적인 이익이라는 두 가지 이득으로 나누어 볼 수 있다. 그림 11.2는 이러한 견지에서 협력을 분류하고 있는데, 여기서 제시된 다양한 종류의 이타주의에 대해서 계속 알아보자.

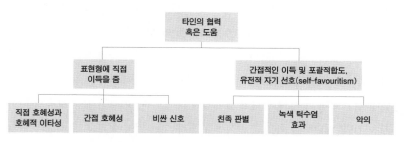

그림 11.2 협력과 이타성 이해를 위한 모식도. 악의는 (상식 밖이겠지만) 포괄적합도상의 이득을 제공한다. 단 악의의 대상은 공여자가 개체군의 다른 개체와 맺는 평균 근연도보다 낮은 근연도를 가질 경우에 한한다(즉 공여자와 가까운 타인을 돕는 것이다).

---

02 타인이 악의적 위협에 굴복할 것이라는 정확한 예측이 보장되지 않으면, 악의적 행동은 결국 손해를 유발한다는 뜻.

2. 포괄적합도를 촉진하는 협력

1) 친족과 부모 확실성

해밀턴은 친족 지향성 이타성이 서로 가까운 개체 사이에서 일어난다고 하였다(즉 높은 근연도). 그런데 누군가가 자신의 형제나 자매, 자손인지 어떻게 알아차릴 수 있을까? 형제자매의 신원을 확인하는 방법은 두 가지이다. 일단 간단한 원칙으로 '누구와 같은 가정에서 어린 시절을 같이 보냈으면, 아마 형제나 자매일 것이다'가 있다(17장 참조, 이러한 현상은 어린 시절에 함께 사회화 과정(co-socialization)을 겪은 개체는 성적 매력을 느끼지 못하는 현상도 설명해 줄 수 있다). 또 다른 해결책은 후각 신호이다. 유전적 유사성 혹은 차이성에 대한 신호로 후각 신호를 이용한다는 증거가 점점 많아지고 있다(17장 참조). 하지만 자식이 겪는 가족 관계의 핵심적 문제는 다른 것이다. '엄마의 아기죠. 하지만 아빠의 아기인지는…'라는 말처럼, 바로 부모 확실성(parental certainty)의 불균형이 가장 중요한 문제다.[03] 어머니는 아이가 자신의 자식임을 확신할 수 있지만, 아버지는 자신이 정말 아버지인지 여부를 단지 추정할 수 있을 뿐이다. 실제로 비친부성의 수준은 문화 및 사회적 집단에 따라 아주 상이하다. 이 주제에 대한 앤더슨의 조사 결과에 의하면 일반적으로 자신이 아버지라고 믿는 경우에도 비친부성은 약 1.9%에 달했다(Anderson, 2006).

부모 확실성의 불균형으로 인해서 아마 자식에 대한 아버지의 투자 수준은 배우자의 정절이나 자식이 자신의 외모를 닮은 정도에 의해서 영향받을 수 있을 것이다. 수많은 연구에서 이러한 추정이 입증되었다(Platek et al., 2003). 최근 아피셀라와 말로위는 아이를 가진 남성을 대상으로 연구를 수행하였는데, 자식에 대한 투자 정도, 외모의 유사성, 그리고 배우자에 대한 믿음 정도를 질문했다(Apicella and Marlowe, 2004). 남성은 아이가 자신을 닮았다고 생각할 때,

---

03 미국 남부의 속담.

더 많은 투자를 하는 것으로 나타났다. 또한 배우자에 대한 믿음이 강할수록 더 많은 투자를 하였다. 부모 확실성이라는 개념은 자식이 자신과 닮았는지에 대해서 남성이 여성보다 더 집착하는 이유를 잘 설명해준다. 연구자는 어린아이의 얼굴을 연구 참여자와 닮도록 조작하였다. 그리고 이 사진을 닮지 않은 다른 사진과 함께 제시하였다. 그리고 다음과 같은 두 가지 종류의 질문을 했다. 긍정적 질문으로 '어떤 아이를 입양하고 싶나요?' 그리고 부정적 질문으로 '가장 키우고 싶지 않은 아이가 누구인가요?'를 제시하였다. 짐작할 수 있듯이, 남성은 여성보다 자신과 닮은 아이에게 더 긍정적인 답변을 많이 하였다. 하지만 부정적 질문에 대해서는 남녀의 차이가 없었다.[04]

2) 다원주의적 조부모의 사랑

> 내 딸의 자식은 내 손주라네
> 내 아들의 자식은 그럴 수도 있고, 아닐 수도 있고

이 오래된 포르투갈 속담은 진리를 담고 있다. 진화적인 의미에서 조부모가 오랫동안 살아남는 이유는 손주에 대한 투자를 보장하기 위해서이다. 남성과 여성의 부모 확실성이 다르기 때문에, 조부모의 사랑도 이러한 기준에 의해서 차별적으로 베풀어질 것이라고 예상할 수 있다. 조상의 혈통을 거슬러 올라가보면, 부계 쪽 혈통은 항상 어느 정도의 불확실성을 내포하고 있다. 내 딸의 자식은 확실히 내 손주지만, 내 아들의 자식이 손주인지는 불분명한 것이다. 즉 확실성 순

---

04 다른 연구도 있다. 레베카 버치와 고든 갤럽은 55명의 남성을 대상으로 배우자 학대에 관한 연구를 하였다. 여성이 입은 신체적 손상의 정도는 아버지와 자식의 유사성과 역의 상관관계를 보였다. 흥미롭게도 입양아를 둔 가정에서는 여성의 손상이 가장 심했지만, 막상 아버지와 입양아의 외모 유사성과는 별 관련이 없었다(Rebecca Burch and Gordon Gallup, 2000).

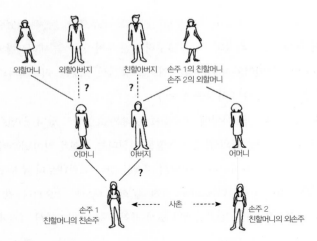

외할머니 외할아버지 친할아버지 손주 1의 친할머니
? ? 손주 2의 외할머니

어머니 아버지 어머니

?

손주 1 ←------ 사촌 ------→ 손주 2
친할머니의 친손주 친할머니의 외손주

그림 11.3 조부모 확실성의 정도와 투자의 선택지
친할아버지는 손주 불확실성이 두 대에 걸쳐 일어난다. 하지만 외할아버지나 친할머니는 한 대에서만 불확실성
이 일어난다. 그런데 친할머니는 외손주보다 친손주에게 더 많은 투자를 하는 경향을 보였다. 즉 손주 1에게 손
주 2보다 더 많은 투자를 한다. 외할머니는 가장 낮은 조부모 불확실성을 보인다.

서는 MGM＞(MGF 혹은 PGM)＞PGF이다(그림 11.3 참조).[05]

여기서 말하는 '투자(investment)'는 감정적인 친근함, 접촉의 빈도, 선물의
가치, 유산의 가치 등을 포괄하는 개념이다. 토드 디케이는 120명의 대학생을
대상으로 한 연구에서, 친근함의 정도와 같이 보내는 시간, 선물 등을 기준으로
조부모의 투자 순위에서 외조모가 가장 높고 그다음이 외조부, 친조모, 친조부
순이라는 사실을 밝혔다(Decay, 1995). 흥미로운 것은 조부모 확실성은 거의 동
일함에도 불구하고, 외조부가 친조모보다 더 많은 투자를 한다는 것이다. 디케이는
이에 대해서 조부모 세대보다 부모 세대에서 정절을 지키는 경향이 더 약해졌기
때문이라고 설명했다. 부성 확실성을 점점 더 기대하기 어려운 시대라는 것이다.

하랄 오일러와 바바라 바이트젤은 독일인을 대상으로 비슷한 연구를 진행

---

05 MGM-외조모, MGF-외조부, PGM-친조모, PGF-친조부

했다(Euler and Weitzel, 1996). 7살 무렵까지 모든 조부모가 생존해 있었던 자원자 603명을 대상으로 각각의 조부모로부터 받은 투자 수준, 즉 내리사랑의 정도를 추정하였다. 오일러와 바이트젤은 연구를 통해서, 조부모 거주지와의 거리는 별로 중요하지 않다는 사실을 밝혔다.

그러나 조부모의 내리사랑에 영향을 주는 다른 요인들도 있다. 샐먼은 출생 순서가 조부모와 손주 간의 관계에 영향을 미친다는 사실을 알아냈는데, 동기 중 중간으로 태어난 아버지나 어머니의 자식은 맏이나 막내보다 조부모의 사랑을 덜 받는 경향이 있었다(Salmon, 1999). 문화적 태도도 중요하다. 알렉산더 파쇼스는 조부모와 손주 간의 관계가 도시 지역과 농촌 지역에서 다르게 나타난다고 주장했다(Pashos, 2000).

그리스 농촌 지역에서는 친가 쪽에서 더 많은 내리사랑하는 경향을 보이는데, 이는 그리스 도시 지역이나 다른 연구에서는 찾아볼 수 없는 소견이다. 이런 결과만 보면 과연 부모 확실성 가설이 옳은지 의심스럽다. 파쇼스는 전반적인 그리스 농촌 지역 남성이 여성들에 비해서 조부모의 내리사랑에 대해 높은 평가를 했다는 사실을 알아냈다. 즉 그리스 농촌 지역은 남아를 선호하는 경향이 있으며, 이러한 전통이 손주에게도 적용되었다는 것이다. 그리스 농촌 지역은 부계 거주성(patrilocality)이 두드러지는 지역인데, 따라서 친조부모가 외조부모보다 더 가까이 사는 경우가 많다. 이러한 연구를 종합해 보면, 가족 관계를 예측하기 위해서는 친족성이나 부성 확실성(paternity certainty) 외에도 다양한 사회적 요인을 고려해야 한다는 것을 알 수 있다.

조부모 양육에 대한 초기 연구에 뒤이어, 편향된 조부모 투자에 대한 다양한 가설이 제시되었다(Danielsbacka et al., 2011). 표 11.1에 가장 대표적인 연구를 요약했다.

표 11.1 손주에 대한 조부모의 행동에 대한 다섯 가지 가설

가설	차별적 조부모 내리 양육 가설	선호 투자 가설	성 효과 가설	외가 가설	호혜적 교환 가설
주요 주장	유전적 확실성의 순서에 따라서 투자가 결정된다.	유전적 확실성과 자원의 여력에 따라 투자가 결정된다.	생물학적 및 문화적 요인으로 인해 여성이 자식 및 손주를 더 많이 돌본다.	여성은 남성보다 양육 투자를 더 많이 하므로 조부모는 딸을 돕는 방법으로 손주에게 더 큰 이득을 제공할 수 있다. 따라서 외손주를 더 많이 돌본다.	조부모가 자식으로부터 돌려받은 도움에 따라 손주를 돕는 정도가 결정된다.
몇몇 예측	투자의 우선순위는 MGM > (MGF, PGM) > PGF 순이다. 그러나 MGF > PGM은 부성 확실성의 세대 간 차이로 설명할 수 있다.	만약 PGM에게 외손주가 있다면, 투자의 우선순위는 MGM > PGM > MGF > PGF이다. 그러나 PGM에게 다른 외손주가 없다면, PGM과 PGF는 거의 동일한 자원을 제공한다.	(MGM, PGM) > (MGF, PGF). 즉 할머니는 할아버지보다 항상 더 많은 투자를 한다.	만약 PGM에게 외손주가 없어도, MGF는 PGM보다 더 많은 투자를 할 것이다.	투자는 양육과 호혜적 교환에 대한 지역적인 문화적 관습에 의해 결정된다.

표 11.1에 제시한 잠재적 가설 중 일부는 서로 배타적인 것이 아니다. 그러나 몇몇 다른 예측을 검증할 수 있다. '성 효과(sex effect)' 가설은 다양한 생물학적, 문화적 이유로 인해서 여성은 남성보다 자손에게 더 많은 투자를 공여한다는 것이다. 예를 들어 서구 문화권에서 여성은 종종 '가족 지킴이(kin keepers)'로 사회화된다. 즉 가족의 유대를 강화하며, 가족 관계를 공고하게 한다. 따라서 손주의 어머니를 통해서 손주에게 제공되는 자원 할당이 더 많은 이유는 남성보다 여성이 자신의 부모 및 자식과 더 끈끈하게 연결되어 있기 때문이다

(Kaptijn et al., 2013).

이는 외조부보다 외조모가 더 많은 지원을 제공하는 이유를 잘 설명해준다. 그러나 친조모와 외조모 사이의 차이는 설명하기 어렵다. 외가 효과(matrilateral effect)는 이를 설명할 수 있는데, 여성은 자녀를 돌보는 일차적 책임을 지고 있으므로 할머니는 아들보다는 딸을 돕는 방법으로 손주의 적합도를 더 많이 향상시킬 수 있다는 것이다. 따라서 친조모보다 외조모가 더 많은 도움을 줄 것이라고 예측할 수 있다. 또한, 차별적 내리 양육 가설(discriminating grandparental solicitude hypothesis)과는 달리 외조부가 친조모보다 더 많은 도움을 줄 것을 시사하고 있다.

호혜적 교환 가설(reciprocal exchange hypothesis)에 의하면, 조부모는 자신이 나중에 늙어 병들었을 때 딸이 자신을 도와줄 가능성이 크기기 때문에 외손주를 더 많이 돌본다. 몇 가지 혼란 변수를 보정한 후, 카프티진 등은 상이한 두 문화(네덜란드와 중국)에서 손주에 대한 조부모의 자원 제공 수준(손주를 돌볼 의향으로 평가)을 비교하였다(Kaptijin et al. 2013). 연구에 따르면 네덜란드에서는 부모에게 정서적 지원을 제공한 경우에 자신의 자식이 조부모로부터 더 많은 도움을 받았다. 물질적인 지원(자원)은 큰 의미가 없었다. 하지만 중국에서는 부모에게 물질적인 지원을 제공한 경우에 자신의 자식이 조부모로부터 더 많은 양육적 도움을 받는 경향이 있었다.

흥미롭게도 네덜란드의 할머니는 할아버지보다 더 많은 자원을 제공했는데, 부성 확실성 및 조부성 확실성에 관한 논리와 일치한다. 그러나 중국에서는 친손주에 대한 편향이 관찰되었는데, 이는 부성 확실성 가설과 배치되는 것이었다. 중국의 문화는 부계성을 띠는데 반해서, 네덜란드 문화는 강한 모녀 유대를 보이기 때문이다. 이러한 결과는 의미심장하다. 조부모와 손주의 관계에서 부성 확실성이 중요한 역할을 함에도 불구하고(이는 아마 중국의 개별 가족 수준에서도 예외가 아닐 것이다. 말하자면 중국이라 해도 부성 확실성이 예외적으로 높을 리는 없다), 높은 층위의 문화적 효과가 이를 덮어버린다는 것이다. 일반적으로 말해서 부성 확실성이 높을 경우(안델슨의 연구에 의하면 1.9%의 아버지가 생물학적 친부가 아니었지만, 이는 상당히 낮은 수치다), 부성 불확실성 효과는 다른 요인에 의해서 휩쓸려 사라질 수 있다. 그리스 농촌 사회도 마찬가지였다.

라함 등은 왜 흔히 외할아버지가 친할머니보다 더 많은 도움을 주는 현상이 관찰되는지에 대해, 할머니와 할아버지가 쓸 수 있는 선택지에 초점을 둔 색다른 설명을 제시했다. 이를 이른바 '선호 투자 가설(preferential investment hypothesis)'이라고 한다. 할아버지는 손주에게 자원을 제공하는 두 가지 루트를 가지고 있다. 하나는 딸을 통한 것이고, 다른 하나는 아들을 통한 것이다(그림 11.3 참조). 그런데 외할아버지의 경우에는 딸을 통해 투자하는 것이 가장 확실하다. 단 한 단계의 불확실성을 가지기 때문이다. 그러나 친할머니의 경우는 다르다. 친손주를 돌볼 경우, 한 단계의 불확실성을 감수해야 하지만 외손주의 경우에는 불확실성에 노출될 가능성이 전혀 없다. 즉 불확실성은 영이다. 따라서 할머니는 (만약 딸이 있다면) 친손주에 대한 지원을 철회하고, 그 자원을 외손주에게 할당하려고 할 것이다. 이는 흥미롭게도 조부모 내리 양육 가설과 다른 예측 결과를 낳는다. 말 그대로 만약 친할머니에게 외손주가 없다면, 투자 수준은 외할머니와 비슷해질 것이다. 반면에 친할머니에게 외손주가 있다면(그림 11.3에 제시된 손주 2), 친손주가 친할머니로부터 받는 자원은 외할아버지로부터 받는 자원보다 적어질 것이다. 대안적인 투자 전략에 의한 편향 효과가 발생하기 때문이다.

이러한 여러 주장은 모두 검증 가능하다. 최근에 대니얼스박카 등은 2006~2007년까지 진행된 유럽 건강, 노화, 은퇴 조사 프로젝트(Survey of Health, Ageing and Retirement in Europe)의 데이터를 통해서, 33,281명의 유럽인에 대한 자료를 수집했다. 조부모가 손주를 일주일에 몇 번 돌보는지에 대한 데이터를 거리, 건강, 교육, 고용 등 다른 혼란 변수를 보정하여 연구에 사용했다(Danielsbacka et al., 2001).

　그림 11.4에 의하면 외할머니가 가장 높았고 다음으로는 외할아버지, 친할머니, 친할아버지 순이었다. 차별적 조부모 내리 양육 가설 및 모계 가설과 부합하는 결과다. 그러나 만약에 친손주를 가진 친할머니가 외손주도 있다면 어떻게 될까? 연구에 의하면, 이런 경우에는 친할머니가 친손주에 대한 투자를 줄이는 경향이 있었다. 아마도 유전적으로 보다 확실한 외손주, 즉 대안적인 대상으로 자원을 우회시키는 것으로 보인다. 그림 11.5에서 두 가지 다른 상황에서 외할아버지와 친할머니 투자를 비교했다. 첫 번째 상황은 친할머니가 오직 친손주만 있는 경우다(그림 11.3의 손주 1). 두 번째 상황은 친손주와 외손주가 모두 있는 경우다(그림 11.3에서 손주 1과 2). 전자의 경우 외할아버지와 친할머니의 투자 수준은 비슷하다. 이는 차별적 조부모 내리 양육 가설과 부합한다. 그러나 성 효과 가설이나 모계 효과 가설과는 배치된다. 후자에서는 친할머니의 투자가 보다 낮았다. 선호 투자 가설에 의해 대안적인 손주에게 자원이 재할당된다는 뜻이다. 이는 기존의 차별적 조부모 내리 양육 가설로는 설명하기 어려운 현상이다.

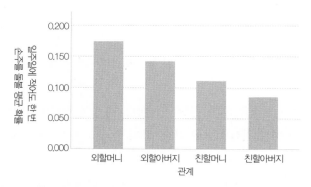

그림 11.4　20,769명의 유럽 조부모 조사 데이터에 기반을 둔 조부모 지원 수준 비교. 손주에 대한 투자는 유전적 확실성에 따라 결정된다. 이는 차별적 조부모 내리 양육 가설 및 외가 효과 가설에 부합하는 결과다. 그러나 성 효과 가설과는 배치된다. 출처: Danielsbacka et al. (2011).

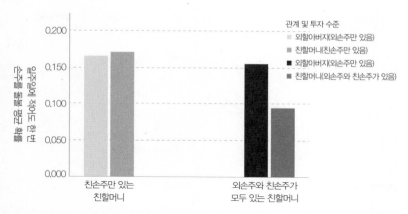

그림 11.5 친조모가 오직 친손주만 있을 경우 및 친손주와 외손주를 모두 가지고 있을 경우, 조부모에 의한 투자 수준의 비교. 두 번째 경우 친손주에 대한 친할머니의 투자 수준은 감소했다. 이는 외손주로 자원을 재할당했기 때문이다. 친손주만 있는 경우, 외할아버지와 친할머니의 투자 수준은 큰 차이가 나지 않았다(p = 0.689). 그러나 친손주와 외손주가 모두 있을 경우 외할아버지의 투자 수준이 친할머니보다 유의하게 높았다(p<0.001). 출처: Danielsbacka et al. (2011), Figures 3 and 4, pp. 15 and 16.

3) 친족 식별

앞서 언급한 연구에 따르면 협력과 지원은 친족 편향적으로 나타난다. 따라서 논리적으로 보면, 친족을 식별하고 친족성의 수준을 평가하는 안정적인 기전이 있어야 한다는 뜻이다. 사실 친족을 식별하는 것은 이타성뿐 아니라 근친상간을 피하기 위해서도 중요하다. 리버만과 투비, 코스미데스는 이른바 '친족 식별' 회로 혹은 모듈이 인간의 뇌에 존재한다고 주장했다(Lieberman, Tooby and Cosmides, 2007). 친족성을 추정하는 두 가지 기본적 기전이 있다는 것이다. 첫 번째 기전은 '모성 주산기 연관(maternal perinatal association, MPA)'에 기반을 둔 기전이다. 다시 말해서 출생 직후 어머니와 아기가 일차적이고 가까운 관계를 경험하면서 친족성 추정이 이루어진다는 것이다. 두 번째 기전은 '부모 양육을 받는 전체 기간을 넘어서서, 공동 거주기간 전체의 누적 효과'이다. 두 번째 기전이 필요한 이유는 손위 동기가 태어났을 때 손아래 동기는 아직 태어나

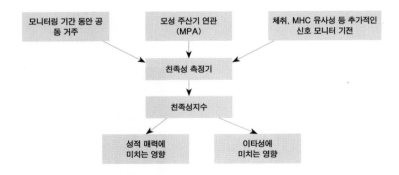

그림 11.6 리버만과 투비, 코스미데스의 모델에 따른 뇌 내 친족성 탐지 시스템(2007).

지 않은 상태이기 때문이다. 즉 손위 동기는 손아래 동기와 모성 주산기 연관을 맺을 방법이 없다. 그 외에 후각이나 외모의 닮음 등 추가적인 신호를 사용한 다른 기전의 가능성도 있다(그림 11.6).

연구자는 약 600명의 피험자를 대상으로 형제자매와 같이 사는지 여부, 어머니와의 관련성, 친족에 대한 이타적 경향, 남매와 성관계를 맺는다고 생각했을 때 느껴지는 혐오감 등에 대한 설문조사를 시행했다. 피험자는 18개의 다른 도덕 관련 질문에 대한 혐오감을 순서 척도로 답해야 했는데, 1점이 가장 극심한 혐오의 느낌을 뜻하고 19점은 가장 밋밋한 느낌을 뜻한다(표 11.2). 이러한 결과를 바탕으로 연구자는 모성 주산기 연관(MPA)이 가장 핵심적인 시스템이라고 결론 내렸다. 게다가 모성 주산기 연관과 공동 거주 경험을 모두 가진 경우, 모성 주산기 연관이 공동 거주 경험의 효과를 제거하는 현상이 밝혀졌다. 이는 친족 관계의 단서를 알아채고, 이에 걸맞은 행동을 하는 과정 중간에 일종의 기능성 중개 기전, 즉 '친족성 측정기'와 '친족성 지수' 모듈이 존재한다는 것을 시사한다(그림 11.6).

표 11.2 다양한 상황을 가정했을 때, 느껴지는 거부감에 대한 데이터

관련된 상황	그런 행동에 대한 혐오 정도 (19점이 최대, 1점이 최소)	응답한 점수와 공동 거주 여부와의 상관도	
		모성 주산기 연관이 없을 경우	모성 주산기 연관이 있을 경우
아내를 살해한 남성	14.92 ± 3.89	−0.06 NS	0.05 NS
남매간의 성관계 (서로 합의한)	11.53 ± 3.08	0.27 (p<0.05)	−0.19 NS
남매간의 결혼	10.65 ± 3.01	0.39 (p<0.01)	0.16 NS
고속도로에서 과속 주행	2.60 ± 2.97	−0.02 NS	0.05 NS

친족 탐지와 관련된 상황은 남매 근친상간과 관련된 두 번째 및 세 번째 상황이다. 다른 두 상황(첫 번째 및 네 번째)은 비교를 위해 제시하였다. 모성 주산기 연관이 없을 경우, 공동으로 거주한 기간은 근친상간에 대한 혐오도와 관련되었다. 이는 그림 11.6에서 제시한 것처럼 두 개의 친족 식별 기전이 존재한다는 것을 시사한다. 모성 주산기 연관이 주된 기전으로 보이는데, 이 기전이 작동할 경우에는 공동 거주 효과가 사라졌기 때문이다. 출처: Lieberman, Tooby and Cosmides (2007).

3. 직접적인 표현형 적합도 이득을 촉진하는 협력

해밀턴의 법칙(rb>c)에 따르면, 이타적 유전자가 동일한 유전자를 보호할 때 이타성이 퍼져나간다. 물론 동일한 협력-촉진 유전자를 가지고 있지만, 자신과 다른 표현형을 보이는 경우라면, 서로 다른 표현형끼리도 이타성을 보일 수 있다. 또한 협력은 상리공생에서 흔히 관찰되는 것처럼 자신에게 직접적인 적합도 이득을 가져올 수도 있다(그림 11.1과 11.2). 이런 경우 협력적 표현형과 반드시 높은 근연도를 가져야 할 필요는 없다. 협력은 성공적인 전략이 될 것이고, 협력적 유전형은 다른 협력자를 돕기 위해 서로 협력하는 한 번성할 것이다. 이러한 현상의 가장 명백한 예가 호혜적 이타성이다.

1) 호혜적 이타성과 시간 지연 이산 상리공생

이타적 행동은 종종 충분히 긴 시간을 고려하지 않았기 때문에, 이타적인

것처럼 보이는 것인지도 모른다. 트리버스는 이타성이 비친족 사이에서도 일어날 수 있다고 최초로 주장한 두 명의 학자 중 한 명이다. '호혜적 이타성'이라는 말을 사용했는데, 사실 다음 격언이 그 주장을 더 잘 설명해주고 있다. '당신이 내 등을 긁어주면, 나도 당신의 등을 긁어주겠다.' 유전자는 서로 협력해야만 운반체, 즉 신체를 통한 생존율과 번식 성공률을 높일 수 있으므로 협력한다. 친족 선택의 경우 상대에게 동일한 유전자(정확히 말하면 도움을 주는 유전자)가 있을 것이라는 믿음 하에 상대를 돕는다. 호혜적 이타성의 경우, 자신이 사용한 비용이 되갚아질 것이라는 믿음 하에 상대를 돕게 되는 것이다.

일단 여기서 상리공생과 호혜적 이타성이 어떻게 다른지 짚고 넘어가야 하겠다. 가장 유용한 구분 방법은 상리공생이 일련의 지속적인 협력을 전제로 한다는 것이다. 가장 극단적인 예가 지의류이다. 지의류는 하나의 생물이 아니라, 조류(藻類)와 곰팡이류의 떼려야 뗄 수 없는 공생 관계이다. 우리 장 속의 박테리아도 소화를 도와주고, 영양분을 나누어 가진다는 측면에서 상리공생의 관계라고 할 수 있다. 그에 반해서 호혜적 이타성은 시간 지연 상리공생(time-delayed mutualism)이라고 할 수 있다. 그림 11.1에서 볼 수 있는 것처럼 서로 이익을 얻는 것은 동일하다. 하지만 그 이익은 한참 뒤에 찾아온다. 게임 이론은 이러한 호혜적 이타성과 상리공생을 구분할 수 있는데, 각각의 경우 보상과 처벌(기만 행위에 대한)이 서로 다른 가치를 가지기 때문이다.

호혜적 이타성이 일어날 수 있는 조건
호혜적 이타성은 다음과 같은 조건을 만족할 때 일어날 수 있다.

* 이타적 행동을 하는 동물이, 이득을 얻는 동물을 나중에 다시 만날 수 있는 가능성이 충분해야 한다. 따라서 수명이 길고 반복적으로 서로 접촉하는 안정적 집단을 유지하는 동물에게서 관찰된다.

- 이익만 취하고 되갚지 않는 사기꾼을 탐지하고, 도움을 준 개체를 식별할 수 있어야 한다. 사기꾼을 탐지하지 못하면 호혜적 이타성 집단은 아주 불안정해지게 된다. 수많은 인간 집단에서 보이는 신분 코드, 예를 들면 합당한 억양이나 옷차림, 신고식, 비밀 결사의 신호 등이 바로 이러한 기능을 한다.
- '공여자의 비용/수혜자의 이익' 비율이 낮아야 한다. 이 비율이 높아지려면, 호혜성의 확실성이 더 강화되어야 한다. 이를 경제학자들은 '교역의 이득'이라고 한다. 공여자에게는 값싼 것이 수혜자에게는 귀한 것일 수도 있다. 이 대가로 다시 수혜자는 (자신에게는 흔하지만) 공여자에게 상대적으로 가치있는 것을 제공할 수 있다.

이러한 조건을 만족시키는 후보는 바로 인간이지만, 그렇다고 호혜적 이타성을 위해서 높은 지능이 필요한 것은 아니다.

호혜적 이타성의 예

가장 유명한 예가 바로 흡혈 박쥐(*Desmodus rotundus*)이다. 윌킨슨은 흡혈 박쥐가 홰로 돌아가면 종종 먹은 피를 다시 토해서 다른 동료에게 먹인다는 사실을 알아냈다(Wilkinson, 1984, 1990). 흡혈 박쥐는 친족 및 비친족으로 구성된 안정된 집단을 이루고 살아간다. 흡혈을 할 만한 대상은 그리 쉽게 찾을 수 없다. 일반적으로 하룻밤에 7%의 성체 박쥐와 33%의 2세 미만의 청소년기 박쥐가 아무 수확도 없이 돌아와야 한다. 2~3일만 지나도 박쥐는 기아 상태에 빠지게 된다. 이들의 구토 행위는 처음에 친족 선택으로 일어난다고 생각되었다. 물론 친족끼리 일어나는 것도 사실이다. 그러나 기아가 발생하기 전 엄청난 속도로 박쥐의 체중이 줄어드는 것을 보면, 호혜적 이타성의 제반 조건이 성립할 것으로 추정할 수 있다.

그림 11.7에서 시간에 따른 체중 감소를 나타냈다. 공여자가 손해 보는 시

간(기아 상태까지의 시간)은 수혜자가 얻는 시간보다 더 적다. 박쥐의 생활을 볼 때, 그들은 늘 지속적으로 만나게 된다. 윌킨슨은 두 개의 자연적 무리를 하나로 합쳐서 만든 큰 집단에 실험을 해보았다. 거의 모든 구성원은 서로 친족관계가 없었다. 이들에게 14일 동안 밤마다 먹이를 주면서 매일 밤 한 마리를 임의로 골라 먹이를 주지 않았다. 이들은 새장으로 돌아가면 원래의 자연적 집단에 속하는 다른 박쥐로부터 먹이를 전달받을 수 있었다. 박쥐 쌍 사이의 호혜적 협력 관계를 확인할 수 있었다.

최근 흡혈 박쥐가 정말 호혜적 이타성을 보인 것인지에 대해 의문이 제기되고 있다. 예를 들어 혹시 친족 지향의 식량 공유 행위가 일어날 때, 자칫 친족이 아닌 박쥐를 친족인 것으로 오인했을 가능성이 있다는 것이다. 혹은 굶주린 박쥐가 괴롭혔기 때문인지도 모른다(Clutton-Brock, 2009). 하지만 카터와 윌킨슨은 무려 2년 동안 박쥐를 사육하면서 행동을 조사하여 이러한 비판에 대응

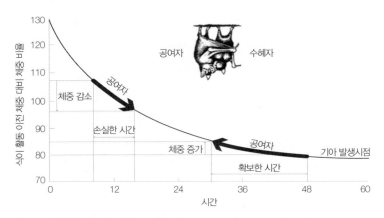

그림 11.7 비용―이득 분석을 통한 흡혈 박쥐의 먹이 공유. 그림에 의하면 공여자는 체중의 12%를 잃는데, 이는 기아 시점까지 6시간을 손해 보는 것이다. 그러나 수혜자는 5%의 체중 증가를 통해서, 기아 시점까지 18시간의 이득을 얻을 수 있다. 즉 공여자의 비용이 수혜자의 이득을 크게 초과하며, 이는 호혜적 이타성을 가능하게 해주는 요인이 된다. 출처: Patricia Wynne in Wilkinson, G. S. (1990) 'Food sharing in vampire bats.' Scientific American 262: 76–82.

했다. 괴롭힘의 증거가 거의 없었던 것이다. 게다가 놀라운 발견을 하였는데, 다른 박쥐로부터 먹이를 나누어 받았던 경험은 다시 먹이를 나누어 주는 행동의 가장 강력한 예측 인자였다. 근연도에 비해서 무려 8배나 높은 연관성을 가지고 있었다.

호혜적 이타성은 젤라다개코원숭이(Gelada baboon)에게서도 보고되었다. 던바는 한 암컷 젤라다개코원숭이가 다른 원숭이에게 주는 지원량이 이후 돌려받는 지원과 양의 상관관계를 가진다는 사실을 발견했다(Dunbar, 1980). 비슷한 현상은 침팬지 집단에서도 관찰되었다. 드 발의 관찰에 의하면, 먹이를 주기 전 A라는 침팬지가 B라는 침팬지에게 두 시간까지 털 고르기를 해주면, B는 A에게 (털 고르기를 하지 않았을 때보다) 먹이를 나누어 주려는 경향이 강화되었다(de Waal, 1997). 흥미롭게도 B는 A가 털 고르기를 하든 말든, A로부터 자신이 준 것과 동일한 양의 먹이를 나중에 다시 가져가려고 하였다. 드 발은 이러한 관찰을 바탕으로, 털 고르기는 나중에 돌려받는 서비스의 일종이라고 주장하였다.

일반적으로 호혜적 이타성은 수요의 차이, 그리고 수요를 충족시키는 능력의 차이가 두 집단에 존재할 때 잘 일어난다. 호혜적 이타성이 서로 다른 두 종에서 더 많이 관찰되는 이유이다(다른 두 종 간에는 불균형이 더 심하다). 따라서 도킨스의 지적처럼, 꽃은 수분(受粉)이 필요하지만 날아다닐 수 없으므로 꿀을 벌에게 '지불'한다. 꿀잡이새(honeyguide)는 벌집의 위치를 알지만, 이를 부술 힘이 없다. 벌꿀 오소리(Honey badgers)는 벌집을 부술 힘이 있지만, 어디에 벌집이 있는지 모른다. 해결책은? 꿀잡이새가 오소리를 벌집으로 안내하여, 같이 잔치를 벌이는 것이다(Dawkins, 2006).

위에서 언급한 예에도 불구하고, 서로에게 상호적인 이득을 보장하는 같은 종 안의 이타적 호혜주의는 인간이 아닌 다른 동물에서는 그리 폭넓게 관찰되는 현상이 아니다. 사실 호혜적 이타성을 가장 잘 활용하는 동물은 인간이다. 오늘날 관공서나 회사의 일은 모두 호혜적 이타성 행동이라고 할 수 있다. 우리는 노동력을 제공하고, 대가로 매달 급여를 받는다. 호혜적 이타성이 아니라면 문명인의 삶은 존재할 수 없다. 호혜적 이타성은 인간 사회의 거래와 물물 교환을 가능하게 만드는 기반이다. 초기 인류도 먼 지역의 다른 집단과 석기를 거래한 것으로 알려져 있다. 똑같은 다른 석기와 교환했을 리 없다. 아무 이득이 없기 때문이다. 아마도 다른 자원을 제공하거나 혹은 석기를 날카롭게 가공하는 기술을 주고, 자신들이 쉽게 얻기 어려운 음식이나 가죽을 받는 식으로 거래했을 것이다.

호혜적 이타성은 엄청난 문제를 가지고 있다. 누군가에게 제공한 호의를 나중에 돌려받을 수 있다고 어떻게 확신할 수 있는가? 이러한 문제는 게임 이론을 통해서 모델링할 수 있는데, 이를 좀 더 살펴보자.

2) 게임 이론과 죄수의 딜레마

초기 복제자는 전적으로 이기적이었을 것이라고 생각하는 것이 편리하다.[06] 이 초기 상태로부터 친족 지향성 이타성까지는 아주 짧은 길이다. 아마 곧 일어났을 것이다. 직접적인 자손을 돌보는 행위는 이내 친족의 자손을 돌보는 행위로 발전했고, 곧 포괄적합도의 이득을 통해 이런 행위가 보상받았을 것이다. 호혜적 이타성이 기존의 두 집단에 어떤 이득을 주었을지 상상하는 것도 어려운 일이 아니다. 작은 비용을 들여서 누군가에게 호의를 베풀면 호의가 되돌아온다는 것을 알게 되었을 것이다. 이를 위해서는 호의를 베풀어준 자가 누구인지 식별하는 능력, 개인적으로 자주 만날 확률이라는 조건만 맞으면 된다. 충분히 있을 법한 상황이다. 그러나 협력적 행위의 기원을 밝히는 데 가장 큰 장애물은 바로 이 최초의 관계이다. 즉 이기적인 개체가 가득한 세상에서 누가 처음으로 베풀 생각을 하게 된 것일까? 진화적으로 협력이 출현하기 어렵다는

---

06 유전자를 담은 생물.

문제점은 인간 사회에서도 마찬가지이다. 인간은 협력에 많은 시간을 들이고도, 이에 대한 보상을 한참 기다려야만 한다. 이제 협력이 적합도 최대화 전략이 될 수 있다는 몇몇 모델을 살펴보도록 하겠다. 만약 이 모델이 옳다면, 자연은 나쁘고 문화는 좋다는 식의 단순한 이분법은 틀렸다고 할 수 있다. 왜냐하면 우리는 생물학적인 면에서 이미 도덕적으로 따뜻한 창조물일 테니 말이다.

죄수의 딜레마

현실 세계의 여러 상황에서, 가장 최선의 행동(보상이 많은 행동)은 다른 사람이 어떤 행동을 하는지에 따라 좌우되고는 한다. 문제는 다른 사람이 어떻게 행동할지 항상 알 수는 없다는 것이다. 이러한 상황을 게임 이론으로 모델링할 수 있다(Axelrod and Hamilton, 1981). 행동의 도덕적 기초를 탐구하기 위한 시작점은 바로 죄수의 딜레마라고 알려진 게임이다.

'죄수'라는 용어는 이 게임의 논리가 적용되는 맥락과 깊은 관련이 있다. 두 명의 용의자가 범죄 현장에서 체포되었다. 경찰은 이들을 분리 수감한 후에 따로 심문하기로 하였다. 경찰이 가진 물증은 충분하지 않았기 때문에, 기소를 하려면 범죄자의 자백이 반드시 필요했다. 만약 한 명이 확실한 물증을 제공하면, 경찰은 증거를 제공한 용의자에게 아주 약한 구형을 하겠다고 약속하였다. 그러나 둘 다 확실한 물증을 제공하면, 두 용의자는 최고형에 처해질 수밖에 없다. 만약 둘다 서로에 대한 신뢰를 깨지 않는다면, 증거 부족으로 인해서 최고형을 구형할 수는 없다.

죄수의 딜레마에서는 숫자가 높을수록 더 높은 형량이지만, 일반적인 게임 이론에서는 더 높은 숫자가 더 많은 보상을 의미한다. 그림 11.8에 이 시나리오를 페이오프 매트릭스로 만들어 나타냈다. 정치경제학자 로버트 액셀로드가 제안한 값을 제시했는데, 핵심은 이렇다. 협력은 중간 수준의 보상을 가져온다. 상대는 협력하고 내가 배신하면 보다 큰 보상을 얻는다. 그러나 모두 배

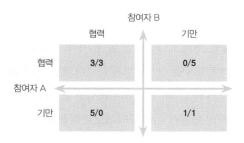

그림 11.8 협력과 배신에 대한 죄수의 딜레마. 각 참여자가 얻는 값. R=보상(reward), T=유혹 혹은 배신(temptation or defect), P=처벌(punishment), S=속은 참여자의 페이오프(sucker's payoff). 여기서 R=B, T=5, P=1, S=0.

신하면 가장 낮은 수준의 보상을 얻는다는 것이다.

이 게임은 완전히 가상적인 것이다. 그러나 '합리적 행동', 즉 개인에게 가장 큰 이득을 가져오는 행위가 최악의 결과를 가져올 수 있다는 것을 잘 보여주고 있다. 만약 두 용의자가 모두 자백을 한다면, 둘은 모두 큰 손해를 볼 것이다. 상대방은 신의를 지키는데, 자신만 배신하는 경우가 가장 최선이다. 하지만 상대가 어떤 결정을 내릴지는 알 도리가 없다. 이러한 시스템에서는 협력이 진화하기 어렵다. 물론 용의자들은 범죄를 저지르기 전에 미리 상의해서 서로 협력하자고 약속할 수도 있다. 하지만 그렇다고 해도 그들이 협력을 해야 하는 이유가 생기는 것은 아니다. 죄수의 딜레마는 1950년 플러드와 드레셔, 터커(Flood, Dresher and Tucker)가 처음 고안했다(Ridley, 1993). 이러한 상황은 우리의 삶에 폭넓게 적용될 수 있다. 리들리는 죄수의 딜레마가 열대 우림의 거대한 나무에도 적용된다고 지적했다. 즉 숲 속의 모든 나무가 8미터까지만 자라자고 합의를 볼 수 있다면, 나무들은 너무 높게 자라려고 에너지를 낭비할 필요가 없다. 여분의 에너지를 다른 곳에 쓸 수 있을 것이다. 그러나 그런 합의는 불가능했고, 더 높게 자라려고 서로 경쟁하다가 결국 믿을 수 없이 거대한 나무가 진화한 것이다. 인간의 어리석은 행동도 종종 죄수의 딜레마 결과로 나타난다. 냉전 시대 미국과 소련이라는 슈퍼 파워 간의 군비 경쟁은 결국 양쪽 모두에게 큰 피해를 입혔다. 즉 각자 죄수의 딜레마 속, 죄수의 입장에 처했던 것이다. 청소부 물고기도 이러한 예 중 하나다. 이 작은 물고기는 큰 물고기의 입에 들어가서 치아를 청소하고 음식 부스러기나 체외 기생충을 먹으며 산다. 청소부 물고기는 차라리 큰 물고기를 한 입 베어먹고 달아나는 편이 더 좋을지도 모른다. 또한 큰 물고기는 청소를 그만 받고, 청소부 물고기를 삼켜버릴 수도 있을 것이다.

게임 이론의 언어로 말하면, 참여자 둘이 서로 협력하면 이른바 파레토 최적(pareto optimum)을 얻게 된다. 다른 참여자에게 손해를 입히지 않는 한, 각자의 보상을 더 이상 늘릴 수 없는 상태다. 그러나 내쉬 균형(Nash equilibrium)은 좀 다르다. 이는 어떤 참여자도 홀로 자신의 결정을 바꿈으로써 더 이상의 이익을 얻을 수 없는 상태를 말한다. 죄수의 딜레마 상황은 바로 파레토 최적과 내쉬 균형이 서로 다르다는 것이다. 왜냐하면 각 참여자는 상대방의 선택과 상관없이, 무조건 배신하는 것이 이익이기 때문이다.

과거 조상이 접했던 수많은 인간 관계는 이러한 죄수의 딜레마 형태를 하고 있었을 것이다. 따라서 긴 진화적 시간 동안 자연선택을 통해서 이러한 문제를 해결할 수 있는 해결책이 나타났을 것이다. 그러면 해결책, 즉 진화적 안정 전략(evolutionary stable strategy, ESS)에 대해서 이야기해 보자. ESS란 집단 내에서 다른 대안적 전략으로 대치되기 어려운 전략을 말한다. 이 딜레마와 관련해서 한걸음이라도 더 나아가려면, 일단 사회생활에서는 죄수의 딜레마와 같은 상황이 단 한 번 일어나는 것이 아니라 계속 반복되어 일어난다는 점을 이해해야만 한다. 따라서 게임이 계속 반복될 때, 각 개인이 추구해야 할 전략을 찾는 것으로 방향을 바꾸어 보자. 이런 식으로 접근해 나가면, 자백, 즉 배신이 항상 최선의 방책이 될 수는 없음을 깨달을 것이다.

팃포탯

일상생활에서 비슷한 상황에 부닥친다면, 우리는 다양한 선택지 중 하나를 고를 수 있다. 일단 우리는 더 온화하고 온순한 전략, 즉 항상 협력하는 방법을 택할 수 있다. 상대가 자백해도 '왼쪽 뺨을 돌려 대는 전략', 즉 최후의 순간까지 협력을 유지할 수도 있다. 반대로 '매파' 전략을 취할 수도 있는데, 즉 무조건 배신하는 것이다. 시간이 지나면 각 전략이 어떻게 되는지 비교하기 위해서, 단 한 번만 접촉하는 개인으로 이루어진 집단을 가정해보자. '항상 협력하는' 전략은 '항상 배신하는' 전략에 의해서 쉽게 대치된다. 협력자들로 가득한 집단에 단 한 명의 배신자만 들어와도, 집단은 와해되고 사라진다. 배신자를 상대하는 협력자들은 이내 모든 것을 잃게 되기 때문이다. 물론 배신자들은 제대로 된 집단을 만들 수 없지만, 선택은 집단의 이득을 위해 작용하지 않는다. 심지어 이러한 배신 전략은 종 전체를 멸종으로 이끌 수도 있다. 모든 구성원이 전부 배신자라면, 그것이 ESS이다. 협력적 전략이 도입될 가능성, 즉 협력자가 들어와서 살아남을 가능성이 없다.

그림을 이용해서 B가 어떤 행동을 하는지에 따라서 A가 어떤 결정을 내릴 수 있는지 의사 결정 분지도(decision tree)를 그려보자(그림 11.9). 이 분지도에 의하면 A에게 가장 최선의 행동은 배신하는 것이다. 하지만 B도 마찬가지다. 이 부분이 딜레마의 핵심이다. 각 개인의 합리적 행동은 서로 합쳐지면 재앙을 낳을 수 있다

1970년대 존 메이너드 스미스는 게임 이론을 통해 동물의 갈등을 설명할 수 있다는 사실을 깨달았다(Maynard Smith, 1974). '매와 비둘기 전략'이라는 그의 생각은 죄수의 딜레마에 이미 적용되었지만, 죄수의 딜레마는 원래 경제학에서 다뤄지던 개념이었고, 메이너드 스미스는 생물학자였다. 경제학자와 생물학자들은 서로 대화를 자주 할 일이 없었다. 사실 메이너드 스미스의 전략 중 하나인 '보복자(the retaliator)' 전략은 이후 죄수의 딜레마 토너먼트에서 우

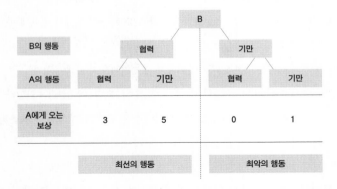

B의 행동	협력		기만	
A의 행동	협력	기만	협력	기만
A에게 오는 보상	3	5	0	1
	최선의 행동		최악의 행동	

그림 11.9 죄수의 딜레마 시나리오의 의사 결정 분지도. 미리 B의 결정에 대해서 알 수 없다면, A가 내릴 수 있는 최고의 행동은 배신이다

승한 '팃포탯(tit for tat)' 전략과 비슷하다. 비슷한 생각의 수렴은 1971년 로버트 트리버스가 호혜적 이타성에 대한 연구를 시작할 때도 일어났다.

1979년 로버트 액설로드는 단 한 번만 게임을 진행하면, 가장 합리적인 전략은 반드시 배신이라는 사실을 깨달았다. 하지만 액설로드는 죄수의 딜레마 게임의 참여자가 반복적으로 만난다면, 협력이 진화할 수 있다고 주장했다. 반복적인 만남을 통해서, 협력이 보다 큰 보상을 가져온다는 사실을 배우게 된다는 것이다. 액설로드는 죄수의 딜레마 전략을 여러 번 시행할 경우 가장 우수한 전략이 무엇인지 겨루는 토너먼트를 개최했다. 반복되는 라운드를 통해서, 가장 강력한 전략을 제시해 달라고 전 세계의 학자를 토너먼트에 초대했다.[07] 총 62개의 프로그램이 출전하여 액설로드의 컴퓨터에서 경주를 펼쳤다. 이 최초의 토너먼트의 중요한 규칙은 다음과 같다.

---

07 실제로 경기장에 모인 것은 아니다.

- 각 전략은 서로 만날 가능성이 아주 높다. 다시 말해서 미래에 마주칠 수도 있다.
- 각 전략은 다른 전략뿐 아니라 같은 전략과도 대적해야 한다.
- 점수표는 다음과 같다. R=3, T=5, S=0, P=1. 즉 R>(T+S)/2라는 규칙이 적용되었다. 이는 상호 간의 협력이 주는 보상이, '배신자'와 '속은자'의 페이오프를 합하여 나눈 것보다 더 크다는 것이다.

토너먼트에서는 게임 이론을 군비 경쟁에 적용하는 연구를 하던 캐나다의 아나톨 라파포트(Anatol Rapaport)가 우승했다. 그의 전략은 단순했는데, 팃포탯이라고 불린다. 다음과 같다.

- 처음에는 협력한다.
- 절대 먼저 배신하지 않는다.
- 배신을 당하면, 다음 차례에 보복한다. 그러나 상대가 협력으로 돌아오면, 다시 협력한다.

팃포탯 전략이 전체 토너먼트에서는 이겼지만, 일회 경기에서는 절대 이기지 못했을 것이다. 이유는 간단하다. 팃포탯 전략은 상대방의 행동에 따라 결정되는 전략이기 때문이다. 배신을 당하면 일단 점수를 잃고, 나중에 만회하는 식이다. 절대 먼저 배신하지 않기 때문에 우위를 점할 길이 없는 것이다. 결국 팃포탯 전략이 승리할 수 있었던 이유는 한 번 배신을 당하더라도 추가적인 실점을 허용하지 않았기 때문이다. '약삭빠른' 전략이 승리할 수 없는 이유는 이 경기가 일대일로 이루어지기 때문이다. 상대를 계속 배신하면, 결국 보상 총액도 줄어드는 식이다. 이렇게 보면 팃포탯 전략은 도덕적 행동의 모델이 될 수 있을 것처럼 보인다. 즉 협력은 결국 보답을 받는다는 것이다. 팃포탯 전략은 토너먼트에서 승리했지만, 이기적 배신자가 가득한 낯선 집단에도 퍼질 수 있을까? 만약 일부 팃포탯 전략을 구사하는 행위자가 서로 만날 수만 있다면, 가능한 일이다. 그래서 한때 팃포탯 전략은 인간 도덕의 진화를 설명해줄 수 있을 것처럼 보였다. 착한 사람이 번성한다는 것이다.

팃포탯 전략의 문제점

이 모델은 인간과 동물의 행동을 모델링하는 데 큰 희망을 제시할 수 있을 것 같았다. 그러나 액설로드의 책, 『협력의 진화』(1984)가 출판된 이후, 비판이 쇄도하기 시작했다. 일단 팃포탯은 ESS가 아니었으며, 단지 액설로드가 설정한 조건을 잘 만족시키는 전략에 불과했다. 다시 말해서 팃포탯 전략을 격파할 수 있는 전략이 가능하다는 것이다. 사실 원래 토너먼트에서는 더 양보를 많이 하는 전략, 즉 두 번의 탯과 한 번의 팃(두 번 배신해야 한 번 벌 주는 것)이 더 나은 결과를 보였다. 조앤 아마트레이딩(Joan Armatrading)의 '분노는 천천히, 용서는 즉시'라는 말과 같은 전략이다.[08] 사실 이 전략은 액설로드가 자신의 토너먼트를 홍보할 때, 예로 제시한 전략이었다. 이상한 일이지만 이 전략을 제출한 참가자는 아무도 없었다. 아마 참가자들은 자신의 전략이 더 우수할 것이라고 생각했는지도 모른다. 토너먼트 전에 예선전을 치렀다면 팃포탯 전략은 바로 탈락했을 것이다.

또 다른 문제가 있다. 팃포탯 전략은 실수에 취약하다는 것이다. 상대가 이전에 배신을 했는지 혹은 협력을 했는지에 대한 정보가 행동을 결정하는 요인이다. 컴퓨터 토너먼트라는 사이버 세상과 달리, 실제 세계에서는 정보가 왜곡되기도 하고 종종 실수도 일어난다. 잘못된 정보의 가능성이 1%라면, 팃포탯이 여전히 가장 좋은 전략이다. 가능성이 10%까지 올라가면, 팃포탯은 더 이

---

08 조앤 아마트레이딩은 영국 출신의 흑인 여성 가수로, 그의 노래 'Peace in Mind'에 위와 같은 가사가 있다.

상 챔피언의 자리를 유지할 수 없다. 이런 경우라면 두 번의 탯과 한 번의 틧, 즉 관대한 틧포탯(GTT) 전략이 더 우수해진다. 두 번의 배신을 할 때까지 봐주는 것이다. 이 전략은 지속적인 맞대응으로 이어질 수 있는 실수나 오해를 막는 기능을 한다. 하지만 이 전략도 문제가 있다. 즉 GTT 전략이 계속 가동되면 협력자들의 수가 늘어나게 되는데, 이들의 숫자가 다수를 차지하게 되면 상황이 바뀌게 된다. 배신 전략이 먹히게 되는 것이다. 배신자가 협력자에게서 이익을 취하게 되고, 협력자의 수는 다시 줄어든다. 충분한 수의 GTT 협력자가 남지 못하면 인구 집단은 온통 배신자로 넘쳐나게 된다. 따라서 정확한 의사 소통이 가능하다면 틧포탯 전략이 배신자들을 일소할 수 있지만, 실수가 있는 상황이라면 GTT 전략이 더 번성하게 된다. GTT 전략은 집단에 협력자가 많아지게 하여, 다시 집단은 배신자가 살기 좋은 세상이 된다.

이러한 게임이 공통적으로 가지는 문제점은 집단 안에 누가 있든지 간에 늘 승리하는 전략을 설계하는 것이 아주 어렵다는 점이다. 집단 안에 어떤 행위자가 있는지 알고 있다면 승리 전략을 짜기 쉽다. 하지만 다른 행위자의 전략을 미리 알게 되는 일은 현실에서 있을 수 없다. 많은 이가 죄수의 딜레마와 같은 게임을 이용하여 이기적 행동이 지배하는 초기 인구 집단에서 이타성이 번성할 수 있는 이론적 설명을 할 수 있을 것으로 생각했다. 그러나 예상대로 흘러가지는 않았다(Hagen and Hammerstein, 2006).

3) 게임 이론의 적용

게임 이론은 인간과 동물의 행동을 모델링하는 데 광범위하게 적용되는데, 특히 성적 전략, 경제적 의사 결정 및 정치적 판단에 많이 응용된다(Barash, 2003). 상리공생의 예를 들어보는 것이 좋겠다.

상리공생은 협력의 보상이 배반의 이득을 초과하는 경우다(예를 들어 R>T, R: 상리공생의 보상, T: 배신자의 이익). 그러나 여기서는 S와 P의 값에 따라서 두 가지

		협력	기만(부산물 상리공생)	기만(시너지성 상리공생)
경기자 A (자신)	협력	4,4	2,2	2,2
	기만	2,2	1,1	3,3

그림 11.10 두 종류의 상리공생의 페이오프: 부산물 상리공생과 시너지성 상리공생

다른 경우가 가능하다(S: 속은 참여자의 이익, P: 서로 배신했을 경우의 이익). 이를 흔히 '부산물(by-product) 상리공생'과 '시너지성 상리공생'이라고 한다. 후자는 종종 '보장(assurance) 게임'이라고 한다.

그림 11.10에서 알 수 있듯이, 부산물 상리공생의 경우 참여자 A(자신)는 상대가 어떤 결정을 내리든 협력하는 편이 유리하다. 일방적인 협력이 상호 기만보다 더 큰 페이오프를 가지기 때문이다. 예를 들면 자신의 농작물 수확량을 높이기 위해서 관개 수로를 만드는 경우다. 수로의 이익을 보는 다른 사람이 건설에 협력하면 좋겠지만, 도움을 주지 않아도 상관없다. '부산물'이라는 용어는 어쨌든 스스로 하려고 했었던 행동에 의해 타인이 도움을 얻기 때문이다. 사냥도 비슷한 사례다. 사냥을 아예 하지 않는 것보다는 사냥해서 얻은 사냥감을 타인과 나누는 편이 그래도 이익이다. 그림 11.10에 제시된 다른 형태의 상리공생은 시너지 효과에 의해서 일어난다. R>T, 즉 협력자와는 협력하는 편이 기만하는 것보다 유리하고, P>S, 즉 배신자에게는 기만하는 편이 협력하는 것보다는 유리하다. 또한 전반적으로 상호 협력이 상호 기만보다 유리하다(R>P). 이런 경우에는 두 개의 내쉬 균형이 발생한다. 상호 협력과 상호 기만이다. 이러한 두 상황에서 다른 선택을 하면 무조건 손해가 발생하기 때문이다. 그러나 파레토 최적은 단 하나, 상호 협력이다.

알바드와 놀린은 이런 흥미로운 현상을 인간의 협력 행동에 적용해 보았다 (Alvard and Nolin, 2002). 인도네시아 라마레라(Lamalera)섬 주민의 포경 활동이

표 11.3 라마레라섬의 고래 사냥과 물고기 낚시의 보상 구조

	다른 사람이 고래를 사냥	다른 사람이 물고기를 낚시
자신이 고래를 사냥	R>0.39kg/hr	S=0
자신이 물고기를 낚시	T=0.32kg/hr	P=0.32kg/hr

전형적인 사례였다. 섬 주민의 행동을 일련의 선택으로 모델링했는데, 섬에 사는 남자들은 고래 사냥에 협조할 수도 있고, 개별적으로 나가 물고기를 잡을 수도 있다. 고래 사냥에 나서는 사람이 충분히 많으면(8명을 넘으면), 고래 사냥의 보상이 충분히 높아졌다. 알바드와 놀린은 일 년 동안 섬에 살면서 이들이 단위 활동 시간당 고래 고기 및 생선을 얼마나 획득하는지를 계산하였다. 표 11.3에 결과를 요약했다.

분명 혼자서 고래를 사냥하는 것은 불가능하다. 따라서 S는 0이다. 이 연구는 상리공생의 흥미로운 사례를 잘 보여주고 있을 뿐 아니라, 협력 시스템을 유지하는 데 필수적인 사회적 규칙이나 제도(수확의 공유에 관한 규칙 등)에 대해서도 설명해줄 수 있다. 에릭 스미스는 이러한 종류의 시나리오에서 의사 소통이 중요하다는 사실을 밝혔다. 그는 언어의 일차적인 기능 중 하나가 문제를 명확하게 하고, 규칙과 규준, 처벌을 정하고, 약속을 맺는 것이라고 하였다. 이를 통해서 집단 행동 문제에 대한 해결책 수립을 촉진할 수 있다는 것이다.

환경 문제와 죄수의 딜레마

모든 인간관계를 죄수의 딜레마로 해결할 수 있다고 생각한다면, 어리석은 일이다. 하지만 이 모델이 적용될 수 있는 사례는 놀랍도록 많다. 개인의 이득을 위해서 환경을 파괴하는 현상도 바로 이러한 예이다.

1968년 생물학자 개럿 하딘(Garrett Hardin)은 공유지의 비극(tragedy of

commons)이라는 말로 수많은 환경 문제를 은유적으로 설명했다(Hardin, 1968). 하딘은 중세 유럽에 흔하던 공유 목초지 개념을 활용해서 개인이 자신의 이익을 최대화하려고 하면 어떤 결과가 나타나는지 설명했다. 세 명의 목동이 각자 소 떼를 이끌고 공유지에서 풀을 뜯게 한다고 생각해보자. 그들은 모두 공유지를 이용할 권리가 있다. 풀이 자라고 토양이 생성되는 속도는 방목으로 인해 풀과 토양이 상하는 속도와 균형을 이루게 된다. 특정한 수준의 방목까지는 안정적인 균형이 유지되고 소 떼는 비가역적인 환경 파괴 없이 평화롭게 살찌게 된다. 그러나 야생의 육식 동물 하나가 나타나자 문제가 생긴다. 목동들은 소가 줄어들까 걱정에 빠진다. 그래서 소를 더 불리기로 결정한다. 그러나 이로 인한 손해가 소 떼를 불려서 얻는 이득보다 더 크다. 목동들은 소 떼를 키우려고 하다가, 결국 생태계를 망가뜨린다.

하딘의 논문이 나오고 30년이 지난 후, 이 공유지의 비극이 사실 죄수의 딜레마의 다른 형태라는 것을 알게 되었다. 개인의 이윤을 최대화하기 위해 각 목동은 실질적으로 서로를 배신하는 것이다. 모두 배신하면, 결국 모두 망한다. 하딘의 생각은 실제 중세 시대에 공유지가 어떻게 관리되었는지 설명한다는 의미보다는 20세기 환경 문제와 관련하여 일어나고 있는 일을 설명하는 은유로서 가치가 더 크다. 오랫동안 바다는 누구의 소유도 아닌 것으로 취급되었고, 따라서 수많은 오염 물질을 자유롭게 투기했다. 일부 바다에서는 남획으로 인해서 어족자원이 말라가고 있다. 비슷한 식으로 우리는 화석 연료를 태우면서 그 이득을 취하고, 비용은 인류가 모두 공유하는 공유지에 전가하고 있다. 경제학적으로 보면 오염을 일으킨 사람은 자신이 유발한 손해의 일부만을 지불하고, 나머지를 외부로 전가하는 것(외부 효과)이다. 피어스 등은 우리가 외부효과를 내부로 끌어 들어야 한다고 주장했다(Pearce et al., 1989). 게임 이론에서 얻은 지혜를 토대로, 사람이나 기업, 국가가 배신보다는 협력을 택하도록 보상과 처벌을 조정할 수 있을 것이다. 예를 들어 이산화탄소 배출 혹은 자동차 사용 등에 대해서 무거운 세금을 물리면, 배신에 대한 유혹(환경 오염)이 줄어들 것이다.

죄수의 딜레마와 사회적 딜레마 상황의 차이점

배신의 비용(탈세, 목초지 남용, 물고기 남획, 이산화탄소 배출) 등이 집단에 만연한 상황을 흔히 '사회적 딜레마'라고 부르고는 한다. 그러나 사회적 딜레마와 죄수의 딜레마는 비슷해 보이지만, 분명히 다르다. 죄수의 딜레마에서는 비용이 한 참여자에게 귀속된다. 그러나 사회적 딜레마에서는 비용이 참여자를 포함한 모두에게 분담된다. 게다가 죄수의 딜레마에서는 배신과 협력 여부가 잘 드러난다. 당신의 행동은 다른 참여자에게 관찰되고, 평판이라는 기록으로 남는다. 일견 사회적 딜레마는 죄수의 딜레마에 비해서 협력을 촉진하는 효과가 떨어진다. 따라서 집단의 이익에 따라 행동해 달라는 대중 대상의 설득이 필요하다. 알고 있는 사람 앞이라면, 대부분의 사람은 훌륭한 호혜적 이타성 행위자가 될 수 있다. 그러나 익명의 사람 앞에서도 그런 행동을 유도하려면 더 강제적인 방법이 필요하다. 예를 들면 탈세에 벌금을 부과하고, 어획량의 쿼터를 정하는 식이다. 정치인들은 시민들에게 공동의 선에 대해서 반복적으로 상기시킨다. 실제로 케네디(J. F. Kennedy)는 1961년 취임사에서 '나의 동료 미국인이여, 국가가 당신에게 무엇을 해줄 수 있는지 묻지 말고, 당신이 국가를 위해서 무엇을 할 수 있는지 물으십시오'라고 하기도 했다.

리들리는 게임 이론을 환경 문제에 적용하며 다음과 같은 생각을 (그의 말에 따르면 '돌연 느닷없이') 떠올렸다. 죄수의 딜레마 문제의 해결책으로 공유지의 소유권을 개인 혹은 집단에 부여하면 된다는 것이다. 소유권, 그리고 소유 집단의 효과적인 의사소통을 통해서 개인적 이득보다는 협력을 위한 인센티브가 발생한다는 얘기였다(Ridley, 1996). 생물학적 게임 이론을 자유 시장 정치 경제에 적용한 리들리의 이러한 추론이 모든 사람의 입맛에 잘 맞은 것은 아니었다. 그러나 보다 큰 선을 위해서 개인적 이해를 어떻게 활용할 것인지에 대한 문제에 큰 기여를 한 것은 사실이다.

좀 더 일반화해보자. 공유지의 비극에 대한 사람들의 의견은 자신의 정치적 입장에 따라서 다르게 나타날 수 있을까? 리들리와 같이 자유 시장의 옹호자들은 사유화가 필요하다고 주장했다. 즉 목동이 공유지의 일부를 소유하게 되면, 당장의 이익에 휘둘리지 않고 더 적절하게 공유지를 관리할 것이라는 생각이다. 반면에 진보주의자들은 공동의 선에 해를 끼치는 과다한 개인적 이해를 통제하는 중앙 조절 기구가 필요하다고 주장한다.

4) 간접적 호혜성과 평판

리들리는 협력을 촉진하기 위해서 효과적인 의사 소통이 중요하다는 점을 강조했다. 호혜적 이타성에 대한 최근의 연구에서는 더 새로운 방식으로 이런 점을 재확인하고 있다. 호혜적 이타성은 다시 접촉할 가능성이 많은 개체 사이에서 가장 잘 작동한다. 작은 군락에 동물이 모여 사는 경우다. 초기 인류 집단의 삶이 이와 비슷했다. 그러나 호혜적 이타성 모델에 대한 가장 흔한 비판도 바로 이에 관한 것이다. 즉 현실에서는 각 개체가 다시 만나는 일이 그리 자주 벌어지지 않는다는 것이다. 과연 호혜적 이타성이 다시 만날 일이 없는 개체 사이에서도 작동할 수 있을까?

노왁과 지그문트는 그럴 수 있다고 생각했다(Nowak and Sigmund, 1998). 그들은 컴퓨터 시뮬레이션을 통해서 이타성이 자주 만날 일이 없는 사이에서도 일어날 수 있다는 것을 밝혔다. 이전에 수혜자가 다른 사람을 도운 것을 본 적이 있다면, 공여자가 수혜자를 돕는 것으로 설정하였다. 공여자가 다른 사람을 도운 적이 있는 수혜자를 돕는 것은 공여자도 자신의 도움이 간접적으로 다시 보상받을 수 있다고 가정하기 때문이라는 것이다. 이타적 행위를 하면 집단 구성원들이 그 개체에 대해 가지는 이미지 점수가 높아져서 장차 집단 내 관찰자들로부터 과거의 선행을 보상 받을 가능성이 높아진다. 그런데 문제는 집단이 커지면 구성원의 일부에 대해서만 이미지 점수를 알 수 있게 된다는 것이다. 간단한 추정을 통해서 노왁과 지그문트는 재미있는 관계를 만들어냈다. 마지막 접촉에서 도움을 준 것이 관찰된 참여자는 +1점을, 배신을 한 참여자는 0점을 얻었다. 다음 접촉에서 참여자들은 0점을 가진 참여자에게는 배신을 했고, +1점을 가진 참여자에게는 협력하였다. 만약 집단 내에서 특정 참여자의 이미지 값을 알고 있는 사람의 비율(q)과 수혜자의 이익(b), 공여자의 비용(c)을 알 수 있다면, q>c/b일 때 협력적 행동이 발생할 것이다. 즉 다음과 같다.

$$\text{다른 사람의 이미지 값을 알고 있을 확률} > \frac{\text{공여자의 비용}}{\text{수혜자의 이익}}$$

흥미롭게도 해밀턴의 원칙과 비슷하지만, 우연의 일치일 뿐이다. 분명히 인간의 협력 성향은(그런 것이 있다면), 마지막에 만났을 때의 기억 말고도 더 미묘한 것에 의해서 좌우된다. 아무튼 이 연구는 두 당사자 간의 반복적인 거래가 없다고 하더라도, 충분한 정보의 흐름만 전제된다면 호혜적 이타성이 가능하다는 것을 보여주었다는 점에서 중요하다(3장).

5) 게임 이론과 도덕적 열정

호혜적 이타성이 번성할 수 있는 상황(서로 자주 마주치고, 조력자와 사기꾼을 식별할 수 있는 충분한 인지적 능력)이라면, 인간 집단 내에서 호혜적 이타성과 간접적 호혜성이 자주 일어날 것이다. 아마 초기 호미닌 사회에서는 호혜적인 이타성 협력자도 많고, 팃포탯 같은 전략도 흥했을 것이다. 따라서 이러한 관계성이 인간의 정신적 삶에 자리잡아 감정에 의해서 좌우되는 확실한 모듈을 형성했을 수도 있다. 만약 그렇다면 인간이 협력을 강하게 선호하고, 사기꾼을 처벌하려는 경향이 있을 것으로 추정할 수 있다. 또한 우리는 호의를 베풀어준 사람을 잘 기억하고, 배신한 사람을 절대 잊지 않을 것이다. 우리의 마음속에 사기꾼을 탐지하는 모듈이 있다는 이야기는 9장에서 이미 다룬 바 있다. 여기 서는 좀 더 나아가 정말 호혜적인 사회적 교환의 삶에 적합한 발달적인 유전 알고리즘이 우리 마음속에 '설치'되어 있는지 알아보자.

트리버스는 호혜적 이타성이 인간의 정서 시스템과 연결되면서 인간의 진 화에 중요한 역할을 했다고 주장했다(Trivers, 1985). 인간은 끊임없이 수많은 사람과 선행과 도움을 주고받는다. 그 비용과 이득을 계산하고, 어떻게 행동할 지 결정하려면 복합한 인지적 그리고 심리적 기전이 필요할 것이다. 트리버스 는 사회적 삶에 대한 인간 감정의 여러 특징이 호혜적 교환의 계산과 관련되 며, 인간의 감정 반응은 개체의 이득을 위해서 이런 시스템을 공고하게 빚어 낸다고 주장했다. 이러한 분석에 잘 들어맞는 감정으로는 죄책감, 도덕적 공격 성, 회한, 공감 등이 있다. 더욱이 인간은 공정한 게임을 보장할 수 있도록 고 도로 성문화된 법률 시스템도 만들었다.[09]

인간은 이타적 행동이 보상받지 못하면 도덕적 분노를 경험하고, 이를 응징 하려고 한다. 기만 행위의 발생을 억압하기 위해, 기만 행위가 발견되면 분노 하도록 선택되었을지도 모른다. 당신이 호혜적 거래에서 사기를 치면, 즉 당신 의 의무를 다하지 않거나 호의를 되돌려주지 않으면, 이익이 될 수도 있는 장 래의 거래 행위에서 배제될 것이다. 따라서 이러한 잘못을 보상하고, 다시 호 혜적 관계를 재개할 수 있도록 유인하기 위해서 죄책감이라는 감정이 진화했 을 수도 있다. 이런 측면에서 죄책감은 죄수의 딜레마에서 배신 행위를 막는 기능을 한다. 또한 호혜성을 강화하기 위해서 공감이라는 감정이 발달했을 수

---

09 문명화된 사회의 특징 중 하나는 바로 독립적이고 객관적인 사법 시스템이다. 도덕 철학자 존 롤스는 설령 자신이 사회의 최하층이라고 해도 수긍할 수 있다면 정의로운 세상이라고 했다. 우리에게는 공정한 혜택과 처 벌을 바라는 마음이 있다. 존 롤스의 『정의론』은 자신의 조건에 대해서 모르는 상태에서도 동의할 수 있는 시스 템이 공정한 시스템이라는 주장으로 요약될 수 있다. 이를 무지의 베일 원칙이라고 한다.

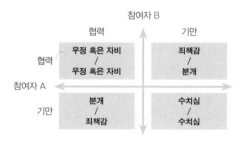

참여자 B

	협력	기만
협력	우정 혹은 자비 / 우정 혹은 자비	죄책감 / 분개
기만	분개 / 죄책감	수치심 / 수치심

참여자 A

그림 11.11 죄수의 딜레마의 각 행동에 대한 각 참여자의 감정 반응. 예를 들어 배신 행위를 고려할 때 드는 죄책감은 해당 참여자가 결국 협력을 선택하도록 해주는 효과가 있다.

도 있다. 공감 능력은 개인이 이타적 행동을 하도록 해주고, 공여 받은 호의에 감사하는 마음을 가지게 한다. 빚을 갚아야 하고 호의를 되돌려 주어야 한다는 마음인 것이다. 그림 11.11은 죄수의 딜레마의 여러 행동과 관련될 것으로 추정되는 감정적 반응에 대한 매트릭스이다. 이 주제는 21장에서 다시 자세히 다루도록 하겠다.

기만 탐지가 진화적 사회 환경에서 그렇게 중요했다면, 마음 기관의 다른 부분도 기만 행위 탐지를 위해서 조율되었을지도 모른다. 밀리 등은 안면에 대한 기억이 사기꾼에 대해서 더 강화되는지를 조사했다(Mealey et al., 1996). 연구진은 124명의 대학생에게 36명의 코카서스 인종 남성의 얼굴 사진을 보여주었다. 각 사진에는 짧은 설명이 붙어 있었는데, 사회적 지위와 과거의 기만 행위 혹은 신뢰 행위에 대한 것이었다. 12명은 신뢰할 만한 사람, 12명은 기만의 위험이 큰 사람, 12명은 중립이었다. 일주일 후에 피험자들에게 다시 사진을 보여주고(일부는 새 사진으로 바꾸었다), 얼굴을 기억할 수 있는지 물었다. 남성과 여성 모두 사기꾼으로 분류된 얼굴을 더 잘 기억했다. 성별과 무관하게 이러한 효과가 나타났지만, 특히 남성에서 더 두드러졌다(p=0.0261). 이 연구를 통해서 보면, 지각 기관은 더 효율적으로 사기꾼을 재인할 수 있도록 진화한 것으로 보인다. 그러나 수수께끼가 다 풀린 것은 아니다. 같은 연구에서 높은 사회적 지위를 가진 남성 사진이 사기꾼으로 사용되었을 때는 사기꾼에 대한 향상된 재인 능력이 남성에게서는 사라지고 여성에게서는 오히려 다른 범주로 분류된 얼굴보다 재인 능력이 약해지는 현상을 발견했다. 하지만 높은 지위를 가진 사람이 신뢰할 만한 경우에는 여전히 잘 찾아낼 수 있었다.

6) 평판: 누군가 보고 있다.

그림 11.11에서 볼 수 있듯이, 부끄러움이나 죄책감의 감정은 다른 누군가가 자신에게 관대하게 행동했는데도 불구하고 이기적으로 행동했을 때 일어난다. 게다가 중요한 것은 두 당사자가 이를 모두 알고 있다는 것이다. 이기적인 행동을 한 사람은 심지어 자신이 누군지 타인이 알 수 없는 경우에도 수치심을 느낄 수 있다. 신상이 알려진다면 더 큰 타격을 입는다. 그렇다면 평판을 늘 마음에 두고 있다면, 즉 누군가 자신을 늘 지켜본다고 생각하면 협력적인 행동이 늘어날까? 이에 대한 실험실 기반의 경제학적 게임 연구에 의하면, 대답은 '예'다. 피험자는 자신이 관찰되고 있다는 것을 의식할 때, 보다 더 협조적으로 행동한다. 게임에서 더 관대한 결정을 내리는 것이다(Hayley and Fessler, 2005). 한 연구에서는 심지어 전혀 사람처럼 보이지도 않는 로봇(이름은 키스멧이었다)이 쳐다보고 있을 때도 이런 효과가 나타났다. 단지 볼록한 눈만 두 개 있는 로봇이었다(Burnham and Hare, 2007). 멜리사 베이트슨 등은 깔끔하게 설계된 실생활 기반의 연구를 고안했다. 커피와 차를 제공하는 무인판매대를 설치하고 심리학과 동료의 반응을 평가한 것이다(Melissa Bateson et al., 2006). 돈을 넣는 상자 위에는 지불하는 방법에 대한 지시 사항과 함께, 꽃 혹은 사람의 눈 사진을 매주 번갈아서 붙였다. 특정한 사진이 가진 효과를 배제하기 위해 다양한 눈과 다양한 꽃 사진을 붙였다. 그리고 매주 벌어들이는 수입(차와 커피가 얼마나 팔렸는지는 소비된 우유의 양으로 측정했다)을 평가하고 이를 당시에 붙인 사진과 나란히 연결해보았다(그림 11.12).

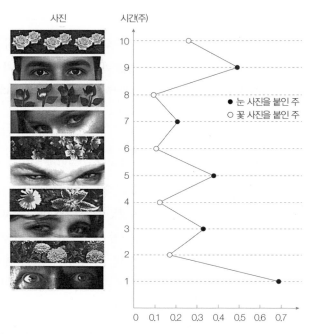

그림 11.12 작은 규모의 무인 판매대를 이용한 참여자는 자신이 마신 커피나 차 값을 상자에 넣어야 한다. 상자 위에는 사람의 눈 사진과 꽃 사진(중립적인 이미지로 사용)을 번갈아 붙였다. 출처: Bateson et al. (2006), Figure 1, p. 413.

　실험 결과 눈 사진을 붙인 경우 꽃 사진을 붙인 경우보다 단위 판매량당 약 2.76배의 수입을 올릴 수 있었다. 인간은 누군가 자신을 지켜보고 있다는 시각적 단서에 깊은 잠재의식 수준에서 반응하는 것으로 보인다. 이런 잠재의식이 우리가 평판에 대한 고려 때문에 친사회적으로 행동하도록 하는 강력한 힘을 가지고 있다는 뜻이다.

　물론 실험에 대해 다른 해석을 할 수도 있다. 눈 사진을 붙이면, 이유야 어쨌든 지시 사항을 더 잘 읽기 때문에 돈을 더 잘 지불한다는 것이다. 이를 명확하게 확인하기 위해서 두 개의 후속 실험이 시행되었다. 학생 식당으로 들어가는 복도에 눈 그림을 붙였다. 그리고 두 가지 서면 지시 사항을 번갈아 붙였다. 하나는 '먹은 후 식판과 음식 쓰레기를 치우시오'였고, 다른 하나는 음식과는 무관한 중립적인 지시 사항이었다. 그런데 눈 그림을 복도에서 보고, 식당에 들어온 경우에 더 친사회적인 행동(식판 치우기)을 많이 하는 것으로 나타났다 (Ernest-Jones et al., 2011). 이런 효과는 아주 강력해 보인다. 보다 최근의 실험에서는 슈퍼마켓 계산대 앞에 자선 냄비를 놓았는데, 절반에는 중립적인 별 사진을 붙였고, 다른 절반에는 눈 사진을 붙였다. 사람들은 눈 사진이 붙여진 자선 냄비에 대략 48%의 돈을 더 기부했다(그림 11.13). 흥미롭게도 이러한 효과는 슈퍼마켓이 한가할 때 더 두드러졌다(Powell et al., 2012).

적잖은 영국이나 미국의 지방 정부에서 범죄를 줄이기 위해 상점 내에 경찰관의 사진을 붙인 판지를 세워 두곤 한다(그림11.14).

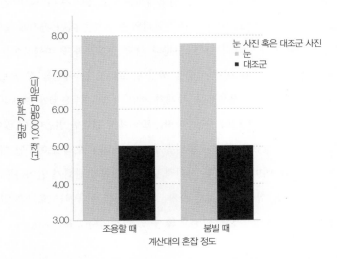

그림 11.13 슈퍼마켓 계산대에 놓인 자선 냄비에 기부하는 정도. 중립적인 상징이 붙은 냄비보다 눈이 그려진 자선 냄비에 더 많은 돈을 기부했다. 이러한 효과는 슈퍼마켓이 한가할 때 더 두드러졌다. 이런 결과는 자신이 관찰되고 있다는 느낌이 들 때, 사진의 눈이 더 강력한 효과를 낸다는 주장과 일맥상통한다. 출처: Powell et al. (2012), Figure 3.

어떤 의미에서 실험에 사용된 눈 사진은 실제 눈이 아니므로 잘못된 사회 적 단서다. 그런데도 불구하고 인간이 반응한다고 해서 그리 놀랄 일은 아니 다. 예를 들어 포르노 사진은 2차원적 이미지에 불과하지만 성적 흥분을 유발 한다. 하지만 눈 사진을 이용한 어떤 실험에서는 별로 효과가 나타나지 않았다 (Raihani and Bshary, 2012). 이러한 연구 결과의 불일치는 아마 판지에 붙인 눈 을 보는 시간에 따라 달라지는지도 모른다. 애덤 스파크와 팻 바클레이는 188 명의 학부생을 대상으로 경제 실험을 하였다. 그리고 눈 사진을 잠간 보여주 면, 전혀 보여주지 않는 경우보다 '독재자 게임'(독재자 게임은 참여자에게 돈을 주 고, 자신의 마음대로 타인에게 돈을 나누도록 하는 게임)에서 관대한 반응이 더 많이 나 온다는 사실을 확인했다. 그러나 흥미롭게도 눈을 너무 오래 보여주면 이러한 효과가 사라졌다. 아마도 잘못된 사회적 단서에 대한 습관화가 일어나는 것인 지도 모른다. 이는 상점에 배치된 가짜 경찰 사진이 처음에는 효과가 있다가 다시 절도가 일어나는 현상을 설명해 줄 수 있을 것이다(그림 11.14).

7) 이타성과 비싼 신호

비싼 신호 현상은 원래 자하비가 구애 행동을 설명하기 위해서 처음 제안하였다(Zahavi, 1975, 4장 참조). 이 개념은 이타적 행동을 설명할 때도 사용될 수 있다. 기본적으로는 이타적 행동이 다른 이득(짝을 유혹하는 등)을 가져오기 때문에 공여자에게 적응적 이득을 제공한다는 것이다. 심지어 공여자와 수혜자 간에 친족 관계가 없고, 향후 기대되는 호혜성이 없는 경우에도 말이다. 간단히 말해서 이타주의는 섹시한 형질일 수 있다. 이를 확인하는 기발한 실험이 수행되었다(Wendy Iredale, Mark van Vugt and Robin Dunbar, 2008). 이성 혹은 동성의 관찰자가 있거나 혹은 없는 상황에서 자선 행위가 어떻게 달라지는지 확인한 것이다. 남성은 동성의 관찰자가 있거나 관찰자가 전혀 없는 경우보다 이성 관찰자가 있을 때 더 많이 기부하는 것으로 나타났다. 하지만 여성의 경우에는 큰 차이가 없었다(그림 11.15).

그렇다면 이런 비싼 신호를 내는 사람은 도대체 무엇을 광고하려는 것일까? 그리고 무슨 이득이 있는 것일까? 보통 두 가지 가능성을 생각할 수 있다. 첫째, 비싼 신호는 자신의 협력적 본성을 광고하여 다른 협력자를 유혹하고,

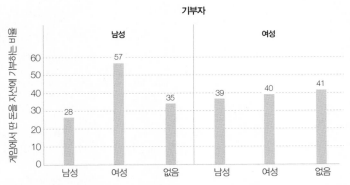

그림 11.15 기부자와 관찰자의 성에 따라서 자선에 기부하는 정도. 남성은 여성이 보고 있을 때, 더 많이 기부했다. $F_{(2,42)}=4.60$, $p=0.01$, $\eta^2=0.18$; for women $F_{(2,42)}=0.03$, $p=0.97$, $\eta^2=0.00$. 출처: Iredale, van Vught and Dunbar (2008).

이를 통해서 협력 행동의 이익을 서로 향유하게 된다는 것이다. 둘째, 비싼 신호는 축적된 혹은 '낭비'할 수 있는 돈이나 기술이 있다는 것을 광고하려 한다는 것이다. 마이클 프라이스는 첫 번째 신호를 '자동 신호(auto-signaling)'라고 하였고, 두 번째 신호를 '다른 신호(other signaling)'라고 하였다(Price, 2011).

갈등과 범죄

PART 12

> 내가 저지르려고 하는 악이 무엇인지 잘 알고 있도다.
> 그러나 나의 때늦은 생각보다 무서운 것은 바로 나의 분노
> 분노는 언젠가 죽게 될 운명의 인간이 저지를 수 있는 가장 큰 죄악이로다.
> 에우리피데스, 『메데이아』, 431 BC(추정)

그리스인들은 가족 내에서 일어나는 갈등에 대해서 이미 어느 정도 잘 알고 있었다. 그러니 프로이트가 인간의 정신적 문제에 대해서 그리스 신화나 전설에 나오는 이름을 가져다 붙인 것도 무리는 아닐 것이다. 예를 들면 남성이 무의식적으로 자신의 어머니와 동침하기 위해서 아버지의 죽음을 바라는 소망에 대해서 오이디푸스 콤플렉스(Oedipus complex), 반대로 아버지에 대한 딸의 은밀한 욕망에 대해서는 엘렉트라 콤플렉스(Electra complex)라고 이름을 붙인 것이다. 그러나 진화심리학자들은 이러한 주장에 대해서 석연치 않은 반응을 보인다. 있을 법하지 않을 뿐 아니라, 오해의 소지도 많다는 것이다. 그러나 인간의 행동 중 많은 것들은(특히 갈등을 포함해서) 역기능적이다. 『메데이아』에서 이아손은 다른 신부[01]와 결혼하기 위해서 자신의 아내인 메데이아를 버

---

01 다른 신부는 글라우케(Glauke)다.

린다. 분노에 찬 메데이아는 글라우케와 글라우케의 아버지, 그리고 이아손과의 사이에서 낳은 자신의 자식마저 죽인다. 메데이아는 여성의 빗나간 분노와 악, 그리고 인간 본성의 불가해한 비이성적 측면을 상징한다. 물론 메데이아는 지어낸 이야기이지만, 실제 비슷한 일이 비일비재하게 일어난다. 그렇다고 메데이아 콤플렉스라는 말을 만들 필요는 없겠지만. 예상했겠지만 이미 살인과 영아 살해에 대해서 다원주의적 연구가 많이 이루어지고 있다.

이 장에서는 진화적 이론을 통해서 부모와 자녀, 형제자매, 배우자 간의 관계 및 갈등에 대해서 다루고자 한다. 이에 대한 이론적 배경에 대해서는 이미 앞에서 설명하였다. 앞서 3장에서 이타성은 다원주의에서 잘 풀리지 않는 숙제였으며, 해밀턴의 포괄적합도를 이용해야 이를 해결할 수 있다는 언급을 하였다. 포괄적합도는 유전적으로 관련된 개인 사이의 갈등을 이해하는 데 큰 도움을 준다. 사실 자신의 유전자를 가진 자녀에 대해서 부모가 가지는 관심과 돌봄은 당연한 일이다. 그러나 부모는 현재의 자녀에게 최선을 다할 수도 있고, 혹은 자녀를 더 낳기 위해서 건강에 보다 신경을 쓸 수도 있다. 따라서 개개의 자녀가 원하는 돌봄의 수준은 부모가 해당 자녀에게 투자하려는 돌봄의 정도보다 높을 수밖에 없다. 즉 이타성과 갈등이 혼재되어 나타나는 것이다. 이뿐만 아니다. 성적 파트너 사이에도 상이한 이해관계와 전략이 존재하며, 이런 것들이 부부 간의 불화와 폭력의 원인이 될 수 있다.

인간 갈등의 가장 극단적인 형태가 바로 살인이다. 연구자의 입장에서 살인은 좋은 연구 주제인데, 구할 수 있는 통계적 정보가 아주 많기 때문이다. 두 명의 미국 심리학자, 마고 윌슨(Margo Wilson)과 마틴 데일리(Martin Daly)는 진화적 가설을 검증하기 위해서 살인 사건에 대한 통계자료를 분석했다. 이 장에서도 이들의 연구가 많이 등장할 것이다.

1. 부모 자식 관계: 기본 이론

1) 부모의 이타성

동물의 세계에서 부모가 자식을 위해 엄청난 희생을 한다는 것을 잘 알고 있을 것이다. 부모가 자식을 위해 희생하는 가장 극단적인 형태는 일부 거미 종에서 관찰되는데, 어린 거미는 양육의 끝 무렵에 어머니를 먹는다. 소셜 벨벳 스파이더(*Stegodyphus mimosarum*)는 사실 서로 먹지도 않고 심지어 다른 종의 거미도 먹지 않는다. 그러나 자신의 어머니는 걸신들린 듯이 맛있게 먹는다. 이러한 '부모 포식(gerontophagy)'은 어머니가 자식에게 주는 마지막 양육 행위로 보인다. 다윈주의적 관점에서 보면, 부모는 자신의 포괄적합도를 향상시키는 자식을 아낄 수밖에 없다. 반대로 부모도 자녀의 사랑을 받는다. 왜냐하면 부모가 자식의 적합도를 향상시켜 주기 때문이다. 물론 더 많은 자식을 낳아 현재 자녀의 포괄적합도를 향상시킬 수 있으므로, 부모가 자식에게 받는 사랑은 그 반대보다 조금 약할 것이다. 그러면 해밀턴의 포괄적합도 이론을 이용해서 부모와 자식의 이타성에 관해 확인해보자. 부모가 주는 도움을 b라고 하고 비용은 c라고 하면 다음의 식이 성립하는 한 부모는 자식을 도울 것이다.

$$\frac{b}{c} > \frac{1}{r}$$

여기서 r은 부모와 자식의 근연도이다. 이배수성 이계 교배로 태어난 자식 (즉 아버지와 어머니의 근연도가 없을 때)의 경우 r=0.5이다.

2) 부모 자식 갈등 이론

생물학자들은 부모의 양육은 널리 관찰되는 현상이며, 생물학적 기능도 명백하므로 부모 자식 갈등이 생물학적 근거가 있다는 사실을 오랫동안 외면해 왔다. 1974년 트리버스가 진화 이론을 통해서 부모 자식 갈등이 진화론적으로 가능하다는 사실을 발표할 때까지 이와 관련된 연구는 거의 없었다(Trivers, 1974). 트리버스의 주장은 모체-태아 갈등을 설명하는 데 아주 유용한 실마리를 제공했다.

트리버스의 주장에 의하면, 어머니(부모 중 하나)는 매 산란기마다 한 명의 자식을 낳아 키우고, 그 자식은 양육을 통해서 이익을 얻는다. 부모는 언제 양육을 중단할 것인지에 대한 고민에 빠지게 된다. 이론적으로 부모의 양육이 부모 P와 자식 A에게 주는 이득과 손해를 계산해볼 수 있다. 그림 12.1은 r값이 부모와 자녀 사이에서 어떤 식으로 할당되는지를 보여주고 있다.

자식 A가 생존하여 번식할 가능성이 주는 이득, 그리고 다른 자식 D가 생존하여 번식할 가능성 감소에 따른 비용을 감안해보자. A가 점점 성숙함에 따라서 A에게 투자하는 비용이 주는 이득은 점점 감소한다(체감의 법칙). 따라서 부모 P는 A에 대한 투자를 철회하고 이제 그 투자를 D에게 할당하려고 할 것이다. 궁극적으로 P가 A와 D에게 할당하려는 투자의 양은 동일하다. 하지만 A에게는 D보다 본인에게 부모 P의 투자가 더 집중되는 편이 이득이다. A와 D의 근연도는 0.5지만, A와 A의 근연도는 당연히 1이기 때문이다. 비슷한 이유로 A는 D의 자식보다는 자신의 자식에게 더 많은 관심을 가지게 된다. 이러한

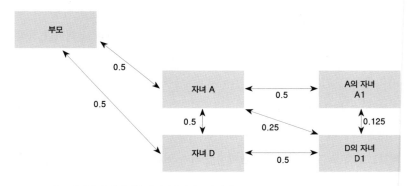

그림 12.1 부모와 자녀, 동기 및 사촌 사이의 유전적 근연도(r값)

결과로 인해서 A와 P 사이의 갈등이 일어나게 된다. A는 P가 의도하는 것보다 더 많은 돌봄을 요구하는 것이다(처음에는 이 둘이 비슷하지만, 어느 연령에 도달하면 불일치가 일어나게 된다).

트리버스의 이론에 대해서 비용과 이득을 계량화하여 증명하는 것은 아주 어려운 일이다. 그러나 대략적으로 이론적 예측에 잘 들어맞는 질적 증거는 있다. 갈등 이론에 의하면 자식들은(특히 어린 나이에는) 다른 형제를 낳는 것보다는 자기에게 직접적인 투자를 해주기 원할 것이다. 젊은 부부들은 흔히 '아이들이 최고의 피임 방법'이라는 농담을 하고는 한다. 실제로 침팬지 연구에 의하면, 이는 사실이다. 튜틴은 어린 침팬지가 종종 어미나 아비의 교미를 방해한다는 사실을 밝혔다(Tutin, 1979).

트리버스는 이유(weaning) 갈등을 들어, 이러한 자신의 주장을 설명했다. 어머니가 모유 수유를 한다는 것은 미래의 자손에게 할당할 자원을 대가로, 현재의 아기에게 자원을 공급하고 있는 것이다. 더욱이 모유를 주면 수정이 억제되므로 미래의 자식이 주는 이득 외에도 미래의 투자도 지연시키는 셈이다. 부모와 영아는 자원의 최적 할당 수준에 대해 서로 다른 의견을 가지고 있다. 따라서 수유를 중단하고 이유를 시작하는 시기를 놓고 갈등이 발생하게 된다. 그러나 지금까지 영장류의 이유 시기를 연구한 결과는 다소 애매한데, 일부는 지지하는 증거를 제시하지만 일부는 그렇지 않다(Maestripieri and Pelka, 2002). 그러나 부모 자식 갈등 이론(Parent-offspring conflict theory, POCT)과 관련하여 잘 확립된 하나의 현상이 있다. 바로 이행 시점에 갈등이 격화된다는 것이다. 암컷 영장류가 발정 신호를 재개하면, 이는 새끼 입장에서는 어미가 다시 번식을 시작하겠다는 신호로 읽힌다. 이 시기에 새끼가 어미의 젖꼭지에 더 맹렬하게 매달리는 현상이 여러 영장류에서 관찰되었다(Pave et al., 2010; Zhao et al., 2008). 인간은 다른 연령을 가진 여럿의 의존적 자녀를 동시에 양육한다는 점에서 예외적인 포유류다. 이는 이미 태어난 형제자매간 경쟁 및 현재 출생을 마친 동기들과 미래에 출생할 동기들과의 경쟁의 복잡한 양상을 암시한다. 많은 전산업화 사회에서 새로운 임신은 기존 아이를 떼어내는 시점에서 되었다는 점은 중요하다. 예를 들어 케냐 지역의 투르카나 목축 부족의 가장 흔한 이유의 원인은 바로 임신이었다. 실제로 이 부족에 대한 연구에 의하면, 어머니가 남편과 성관계를 재개하려고 할 때, 모자 갈등이 심해졌다. 이는 어머니의 투자가 육아에서 짝짓기로 바뀌는 중대한 전환점이기 때문이다(Gray, 1996).

부모의 나이가 증가하여 생식 종결 시점이 다가오면, 더 이상의 자식을 낳을 가능성이 감소한다. 따라서 기존의 자식을 돌보는 비용이 감소하게 된다. 즉 나이가 많은 부모는 나이가 어린 부모보다 기존 자녀에게 더 많은 것을 투자할 것이다. 어머니의 나이가 들면서 임신 중절률이 감소하는 것은 이런 식으로 설명할 수 있을 것이다. 물론 다른 요인도 작용할 수 있다(Tullberg and Lummaa, 2001).

일반 모델을 향해서

부모 자식 갈등은 다양한 이론적 관점을 결합하면 더 잘 이해할 수 있다. 다음과 같은 것이다. 친족 선택에 관한 해밀턴의 주장, 트리버스의 부모 자식 갈등 이론, 그리고 생애사 이론이다. 생애사 이론에 따르면 두 가지 트레이드오프를 상정할 수 있는데, 현재 자식과 미래의 자식, 그리고 양과 질의 트레이드오프다. 이러한 두 가지 결정의 결과는 모두 부모 자식 갈등의 형태와 강도에 영향을 미친다. 근본적으로 보면 갈등과 경쟁은 부모와 자식이 투자의 최적 수준에 대한 비대칭적 기대를 하기 때문이다. 최적 수준이 각기 다르므로 경쟁과 갈등이 생기는 것이다. 결정을 내리기 위해서 부모의 나이, 환경적 자원의 안정성과 밀도, 짝짓기 시스템, 현재 자손과 부모의 상태 등을 고려해야 한다(그림 12.2). 이러한 요인이 갈등에 미치는 영향을 살펴보자.

환경적 자원

자원이 부족하거나 획득하기 어려울 경우 혹은 변동이 심한 환경이나 높은 수준의 위험에 노출된 경우에는 어떤 자식에게 부모 투자를 하더라도 그 이득은 급격하게 감소하게 된다. 한 부모가 하나의 자식에게 자원을 많이 제공하면, 그 모든 것이 수포로 돌아갈 가능성이 있다. 왜냐하면 자식은 폭력이나 질병과 같은 외부 원인에 의해 죽을 가능성이 높기 때문이다. 이런 상황이라면 질보다는 양을 택해야 한다. 따라서 자손은 가용 자원을 두고 부모 혹은 다른 형제자매와 경쟁을 벌이게 된다. 결과적으로 부모가 자식을 방임하며, 가혹한 태도를 취하고, 낮은 수준의 자원을 제공한다고 오해할 수도 있다. 이러한 질과 양의 트레이드오프는 여러 서구 사회에서 관찰되는데, 대가족의 아이가 더 낮은 부모 지원과 양육을 받는 것이다(Lawson and Mace, 2009). 전통 사회에서도 가족의 크기는 자식의 느린 성장 속도 및 낮은 생존율과 관련된다(Hagen et al. 2006).

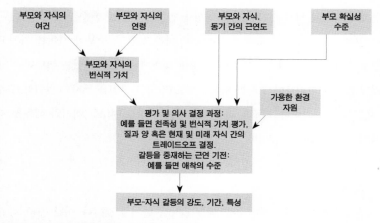

그림 12.2 부모 자식 갈등의 진화적 이해를 위한 일반화된 모델.

부모와 자식의 상태

부모는 현재 자녀의 상태 및 적합도를 추정하여, 의사 결정을 내릴 때 반영해야만 한다. 기본적으로 부모는 자식에 대한 투자를, 그러한 투자를 통해서 얻을 수 있는 해당 자녀의 적합도가 다른 자식이나 미래의 자식에게 동일한 투자를 했을 때 얻을 수 있는 잠재적인 적합도 수준에 이를 때까지 계속 증가시킨다. 다소 냉혹한 것처럼 들리지만, 만약 자식의 생존 가능성이나 향후 번식할 가능성이 낮다면, 해당 자녀에 대한 투자를 중단해야만 한다. 물론 이런 결정을 거부하는 것이 사회문화적인 감정과 규준, 윤리적 코드, 공감적 태도에 부합하지만 말이다. 그럼에도 불구하고 모든 문화권에서 장애 아동이 학대나 방임을 더 많이 경험한다는 증거가 있다(Bugental and Happaney, 2004). 60개의 전산업사회에 대한 조사에 따르면, 영아 살해의 가장 큰 두 가지 이유는 아이를 키울 수 있는 전망이 어둡거나(다양한 종류의 부모 자원이 부족할 때), 혹은 영아가 심각한 장애나 질병을 앓고 있을 경우였다(Daly and Wilson, 1988a). 부모와 현재 자식의 상태가 투자 결정에 영향을 미치는 현상을 종종 '차별적 부모 내리 양육(discriminating parental solicitude)'이라고 한다. 충분한 자원을 가지고 있고, 충분한 양육 기술이 있으며, 풍족한 자원에 접근할 수 있는 어머니는 그렇지 않은 어머니보다 고위험 자식에게도 더 많은 자원을 투자할 것이라고 예측할 수 있을 것이다. 미국의 라틴계 어린이에 대한 연구는 이러한 예측을 지지했다(Bugental et al., 2010).

부모의 연령

부모의 연령이 증가하면 부모 자식 갈등은 줄어들 것이다. 이를 종종 '종말 투자 가설(terminal investment hypothesis)'이라고 한다. 즉 나이가 들수록 미래의 잠재적 번식 가능성이 줄어들기 때문에 현재의 자녀에게 더 많은 투자를 제공하는 현상이다. 미래의 자식을 기대하기 어려운 시점이 오면, 최소한 이미 출생한 자식과 앞으로 출생할 자식 간의 경쟁은 종결된다. 이러한 주장을 지지하는 몇몇 연구가 있다. 한 연구에 의하면 나이가 많은 어머니는 요구가 많은 자식에게 더 많은 자원을 제공하는 것으로 나타났다(Beaulieu and Bugental, 2008). 다른 연구에서 나이가 많은 어머니는 젊은 어머니보다 자녀에게 더 많은 칭찬과 관심을 보여주는 것으로 드러났다(Bornstein and Putnick, 2007). 물론 이러한 연구는 제한점이 있는데, 나이가 많아지면 일반적으로 양육 기술도 향상된다는 것이다. 하지만 미국 내 10개 지역 13,604가족을 대상으로 한 대규모 연구에서 이러한 혼란 변수를 보정한 후에도 여전히 나이가 많은 어머니는 짝짓기보다는 양육에 더 많은 노력을 기울였다(Schlomer and Belsky, 2012). 게다가 높은 수준의 모성 투자와 노력은 낮은 부모 자식 갈등 수준과 깊은 연관성이 있었다.

근연도와 부성 확실성 평가

부모와 자식의 근연도가 낮으면 부모는 자식에게 보다 낮은 투자를 할 것으로 예측된다. 아버지의 자식에 대한 반응이 해당 자식의 얼굴이 자신의 얼굴과 얼마나 비슷한지에 따라서 좌우된다는 연구에서 이를 지지하는 증거가 도출되었다. 11장에서 언급한 것처럼, 남성은 자신과 닮은 자식을 더 편애한다. 다른 연구도 있다. 레베카 버치와 고든 갤럽은 55명의 남성을 대상으로 배우자 학대에 관한 연구를 진행했다(Burch and Gallup, 2000). 여성이 입은 신체적 손상의 정도는 아버지와 자식의 유사성과 역상관관계를 보였다. 흥미롭게도 입양아를 둔 가정에서 여성의 부상이 가장 심했지만, 막상 아버지와 입양아의 외모 유사성과 부상 수준은 별 관련이 없었다. 버치와 갤럽은 부성 유사성이 아내의 정절과 부모 확실성에 대한 신호로 작용한다고 결론 내렸다.

임신한 파트너에 대한 남성의 폭력성은 부성 확실성을 시사하는 단서와 관련된다는 증거도 있다. 예를 들어 파트너에 의해 복부를 맞은 임신부의 사례는 신체의 다른 부위를 맞은 임신부보다 성적인 질투와 관련된 갈등이 더 많았다(Kevan and Archer, 2011). 복부를 가격한 것은 자신의 자식이 아니라고 생각하는 아이를 해치려는 무의식적 시도인지도 모른다. 끝으로 데일리와 윌슨의 연구를 언급하고자 한다. 이들은 60개의 전산업 사회에 대해 조사했는데, 영아 살해가 발견된 사회는 35개였다. 이 중 20개 사례가 친자식이 아니거나 아니라고 의심되는 경우와 관련된 영아 살해였다(Daly and Wilson, 1988a).

인간성의 위대한 점은 수많은 의붓 부모가 다윈주의적 예측을 무너뜨리며 훌륭하게 자식을 키워낸다는 것이다. 그럼에도 불구하고 큰 통계적 표본을 보면 아이에 대한 부모의 학대는 생물학적 부모와 비교해서 의붓 부모에서 더 높게 나타난다. 이 중요한 주제는 아래에서 다시 다룰 것이다.

부모 자식 갈등 이론은 그간 문제라고 생각하지 않았던 행동을 신선한 시각으로 바라볼 수 있게 도와준다. 예를 들어 임신 중에는 부모와 태아의 이해관계가 일치할 것이라고 생각하기 쉽다. 즉 임부가 태아에게 제공하는 엄청난 투자는 친족 지향적 이타성의 전형적인 예라는 것이다. 그러나 다음 절에서 살펴볼 헤이그 및 다른 연구자의 연구에 의하면, 실제 상황은 예상보다 훨씬 복잡하다. 물론 갈등 이론을 검증하는 유용한 방법이기도 하지만.

3) 모체-태아 갈등

자연의 세계에서 가장 친밀한 관계 중 하나는 분명 모체와 태아의 관계일 것이다. 모체는 태아의 생명 전체를 지탱해주고 있다. 어머니가 숨 쉬는 매 순간의 호흡 그리고 매 끼 식사에서 산소와 영양분이 할당되어 태아에게 흘러간다. 그래서 언뜻 생각하면 모체와 태아의 이해관계가 일치할 것만 같다. 모자 갈등은 출생 이후에나 발생하는 문제로 생각하기 쉽다. 하지만 유전자 수준에서 생각하면 절대 그렇지 않다. 하버드 대학의 생물학자였던 데이비드 헤이그는 POCT를 적용하여 임신 중 유전적 갈등 이론을 제안하였다(David Haig,

1993). 헤이그의 연구에서 가장 핵심적인 부분은 모체와 태아가 동일한 유전자를 공유하는 것이 아니라는 점이다. 태아 유전자의 절반은 아버지에게서 유래하기 때문이다. 설령 특정 유전자가 어머니로부터 유래했다고 해도, 어머니의 다른 자녀에게서 같은 유전자가 있을 가능성은 절반에 불과하다. 따라서 태아의 유전자가 가능한 한 모체로부터 많은 자원을 가져가려 할 것은 분명하다. 현재 혹은 미래의 자녀에게 적절하게 자원을 배분하려는 어머니 입장을 고려하지 않고, 심지어 어머니의 건강을 해치는 한이 있더라도 말이다. 헤이그의 이론과 POCT가 경험적으로 적용되는 사례가 바로 태아에 대한 당 공급을 둘러싼 모체-태아 갈등(Maternal-fetal conflict)이다.

당 공급을 둘러싼 갈등

임신하지 않은 여성이 탄수화물을 많이 먹으면 혈당이 급격하게 올라간다. 그러나 인슐린이 분비되면서 다시 혈당은 내려가고, 포도당은 간으로 이동하여 글리코겐의 형태로 저장된다. 이와 달리 임신 중에는 같은 양의 음식을 먹어도 모체의 혈당이 더 높이 올라간다. 그리고 시간이 지나서 인슐린이 분비되어도 혈당은 잘 내려가지 않는다. 실제로 인슐린 농도는 전보다 더 올라간다. 임부의 몸이 인슐린에 덜 민감하도록 바뀌기 때문에, 인슐린 수준이 올라가도 역부족이 되는 것이다. 왜 임부의 몸은 인슐린에 둔감해지도록 변하는 것일까?

유전적 갈등에 대한 헤이그의 이론이 그 답을 줄 수 있다. 태아는 어머니 입장에서의 최적 수준보다 더 많은 포도당을 흡수하려고 한다. 어머니는 출산 이후의 삶도 염두에 두어야 하고, 또한 기존의 자식이나 미래의 잠재적 자식도 고려해야만 한다. 그래서 갈등이 일어난다. 모체가 태반을 통해 태아에게 신호를 보내듯이, 태아도 반대 방향으로 모체에게 신호를 보낼 수 있다. 헤이그는 임신 후반 태반에서 분비되는 이종 분비 호르몬이 모체의 인슐린 민감성을 떨어뜨린다는 사실을 발견했다. 혈당을 태아의 입맛에 맞도록 올리는 것이다. 물

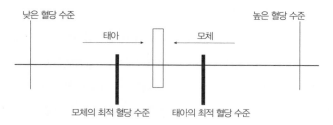

낮은 혈당 수준   높은 혈당 수준

　　　　　태아　　　　　　　　모체

모체의 최적 혈당 수준　　　태아의 최적 혈당 수준

그림 12.3 모체와 태아의 각기 다른 최적 혈당 수준이 유발하는 경쟁의 모식도. 어머니와 태아의 줄다리기 승부의 결과에 따라 최종적인 혈당 수준이 결정된다.

론 어머니도 가만히 있지는 않는다. 체내의 인슐린 수준을 올리면서 줄다리기가 시작된다. 하지만 태아도 가만 있지 않는다. 태반에 있는 인슐린 수용체가 상승된 인슐린 수준에 반응해서 인슐린을 분해한다. 모체와 태아의 경쟁 속에서 혈당과 인슐린이 동반 상승하게 되는 것이다. 각자 포도당을 자신에게 유리하게 끌어오려고 치열하게 싸우는 것이다(그림 12.3).

당 공급과 관련한 이러한 갈등은 잠재적인 부작용의 가능성이 있다. 태반에 의해서 유도된 모성 인슐린 저항성은 생애 후반기에 당뇨에 걸릴 위험을 높인다. 실제로 선진국에서 일어나는 임신 중 7%가 임신성 당뇨로 이어진다(Feig et al., 2008). 그러나 임신성 당뇨를 보이는 임부는 더 큰 아기를 가지는 경향이 있다. 즉 태반과 태아가 보다 많은 자원을 어머니로부터 끌어오기 위해서 인위적으로 고혈당 상태를 유도하는 것이다.

2. 동기간 갈등

자신 혹은 자신의 자식, 그리고 자신의 형제자매나 조카 중 누구에게 더 많은 돌봄을 제공할 것인지 결정하는 것은 오로지 유전적 근연도의 장난이다. 극단적인 경우에 이러한 불균형은 동기 살해(siblicide)로 이어진다.[02] 사실 자연의 세계에서는 아주 흔한 현상이다. 일부 독수리 종의 경우 정상적인 산란 수는 2개이다. 하지만 대개 한 마리만 살아남는다. 어미 새가 두 번째 알을 낳는 것은 순전히 보험이다. 첫 번째 알이 수정되지 않았을 가능성에 대비하는 것이다. 둘 다 부화하면, 먼저 태어난 새끼가 동생을 죽인다(Mock and Parker, 1997).

트리버스가 주장한 아이디어는 부모 자식 갈등과 동기간 경쟁을 설명하는 데 도움이 되었다. 후자의 경우, 자식들은 부모의 자원을 다른 형제나 자매보다는 가능한 한 자기 쪽으로 끌어오려고 한다는 것이다. 영아의 떼쓰기(tantrum)는 개코원숭이나 침팬지, 얼룩말 등 여러 종에서 관찰되는 현상이다. 모두 자원을 더 끌어오려는 명백한 시도다(Barrett and Dunbar, 1994). 프랭크 설로웨이는 이러한 생각을 발전시켜서, 출생 순서에 따라 성격이 좌우된다는 이론을 만들었다(Sulloway, 1996). 그는 부모 투자를 둘러싼 동기간 경쟁으로 인해, 각자는 자신의 요구를 충족시키기 위해 서로 다른 성격적 적소를 구축하게 된다고 주장했다(7장). 예를 들어 맏이는 초기의 유리한 고지를 지키기 위해 부모와 연합하려고 한다. 그리고 권위와 나이를 이용해서 동생들을 제압하려고 한다. 따라서 맏이는 부모의 가치를 받아들이는 보다 보수적이고 순응적인, 그리고 책임감이 강한 성격이 된다고 주장했다. 반대로 나중에 태어난 아이는 기존의 형제 혹은 자매가 가진 기득권을 깨고 자원에 접근해야 한다. 따라서 더 유연하고 상상력이 풍부해지며, 덜 보수적이고 덜 순응적인 경향, 특히 다소 반항적인 성격이 된다고 하였다.

이 연구와 맥을 같이하는 수많은 연구가 발표되었는데, 일부는 설로웨이의 주장을 지지했고(Davis, 1997; Saroglou and Fiasse, 2003), 일부는 그렇지 않았다

---

02 동기(sibling)는 형제와 자매를 모두 포함한다. 그러나 문맥상 어색한 경우가 있어, 그때그때 다르게 옮겼다. 특별히 언급된 경우가 아니라면, 형제 살해, 형제 갈등은 남자 형제 간의 문제만을 이야기하는 것이 아니라, 성별과 무관하게 동기 간에 벌어지는 일을 모두 칭한다.

(Jefferson et al., 1998; Beer and Horn, 2000). 이 연구들의 문제는 수많은 혼란 변수, 즉 사회경제적 수준이나 지위, 인종을 통제하지 못했다는 것이다. 최근에 힐리와 일리스는 가족 내 방법론(within-family methodology)을 사용하여 첫째와 둘째 아이의 성격 차이가 설로웨이의 모델에 부합한다는 것을 밝힌 바 있다(Healey and Ellis, 2007).

대체로 동기 간의 폭력에 대한 진화적 연구는 방법론적으로 볼 때 곤란한 점이 적지 않다. 포괄적합도라는 측면에서 보면 형제자매는 전혀 관계가 없는 경우에 비해 갈등이 더 적게 일어나야 한다(전자의 근연도는 0.25~0.5, 후자의 근연도는 0이다). 그러나 다른 한편으로 동기는 서로 경쟁하는 대상(예를 들면 부모의 자원을 둔 경쟁)인 데다가 같이 보내는 시간도 길다. 결과적으로 앞서 언급했듯이 동기간 갈등은 아주 흔한 일이며 비인간 동물의 경우에는 종종 죽음에 이르기도 한다. 만약 그렇다면 검증하기 쉬운 가설을 하나 세울 수 있을 것이다. 어머니 혹은 아버지가 다른 반 동기나 혹은 유전적으로 전혀 무관한 의붓 동기 간의 갈등이 일반적인 동기 간보다 깊은 갈등을 보일 것이라는 추정이다.[03] 실제로 칸과 쿠크의 연구에 의하면, 의붓 형제자매가 같이 사는 상황은 동기 폭력 발생을 강력하게 예측하는 요인이었다(Khan and Cooke, 2008). 혼란 변수로 인해서 어려운 점이 있긴 하지만, 앞으로 좋은 연구 성과가 기대되는 주제다.

3. 인간의 폭력과 살인

가족 내 갈등에 대한 적응주의적 관점은 마틴 데일리와 마고 윌슨에 의해서 1980년대 처음 시작되었다. 데일리와 윌슨은 1970년대 초반에 동물 행동을 연구해 박사 학위를 받았는데, 윌슨의 『사회생물학』에 영감을 얻어 진화 이

---

03 근연도는 낮은데, 자원을 둘러싼 이해관계는 동일하므로.

론을 의붓 가족에 적용하려 했다. 이후에 살인의 형태로 나타나는 인간 갈등에 대한 수많은 논문과 책을 펴냈다.

그들의 작업을 들여다보기 전에, 적응적 추론이 이 분야에서 어떻게 적용되고 있는지 일단 살펴보자. 현대 사회에서 살인은 대개 개인의 적합도를 손상시킨다. 살인자는 대체로 검거되어 투옥되거나 혹은 처형된다. 더욱이 대개의 살인은 친족 간에 일어나기 때문에 적합도는 더욱 많이 손상된다. 설상가상으로 상당수의 살인은 자살을 동반한다. 살인이 적합도를 향상시키는 일은 상상하기 어려운 것이다. 적응주의자가 설 자리가 없는 버려진 영역이다. 그래서 그동안 살인은 타고난 인간의 사악함 혹은 사회적 양육의 실패, 병리적 상태 등으로 간주되어 왔다. 데일리와 윌슨의 연구가 훌륭한 점은 이런 다른 원인에도 불구하고, 살인자의 심리적 기전을 선택주의자의 용어로 풀어낸 점이다.

살인은 섬뜩한 일이지만, 범죄에 대한 통계를 조사하면 살인은 다른 종류의 폭력보다 더 일관성 있는 패턴을 보여준다. 살인 통계의 패턴은 진화심리학적 예측을 검증하는 데 적합하다.

1) 영아 살해

영아 살해(infanticide)는 동물의 세계에서 드문 현상이 아니다. 사자나 여우 원숭이 수컷은 자신과 관련이 없는 새끼를 죽여서 다시 암컷을 발정기로 돌려놓고는 한다. 척추동물 중에는 주로 수컷이 영아를 살해하지만, 수컷이 제한 자원인 경우에는 상황이 반전된다. 자서나(Jacana)라고 불리는 습지 새의 일종은 흔히 일처다부제를 이루고 살기 때문에 성 역할이 반전된다. 넓은 영토를 가진 암컷은 여러 개의 둥지에 자신의 알을 낳는다. 그리고 각각의 둥지는 수컷들이 보살핀다. 만약 어떤 암컷이 기존의 다른 암컷을 물리치고 하렘을 점령하게 되면, 각 둥지에 있는 알을 하나하나 다 깨뜨려버린다. 이러한 예로 보아 영아 살해는 살해자의 적합도를 향상시키는 수단으로 보인다.

동물의 예를 보고 끔찍하다고 생각하겠지만, 인간의 영아 살해는 더 무시무시하다. 대부분의 나라에서 영아 살해는 불법이다(태아 살해에 대해서는 논란이 많지만). 그러나 초기 호미닌의 삶에서는 영아 살해가 적응적 전략일 수도 있었을 것이다. 현대의 수렵채집인의 삶을 통해서 과거 인류의 번식적 경험을 추정한다면, 아이를 키운다는 것이 엄청난 수준의 희생을 통해 이루어진다는 것을 알 수 있다. 영아 사망률은 높고, 수유를 오래 해서 출산율은 낮을 것이다. 사실 수렵채집 여성이 바랄 수 있는 것은 고된 일생을 마칠 무렵, 2~3명의 자식을 가질 수 있으면 좋겠다는 정도였을 것이다. 이러한 상황에서 결함이 있는 아기나 성적으로 성숙할 가능성이 낮은 아기, 혹은 남편이나 가까운 가족으로부터의 도움이 거절된 아기를 키운다는 결정은 엄청난 부담을 전제로 한 것이었다. 여성의 번식적 이득에 반하는 일이다. 순수하게 실용적인 차원에서, 영아 살해는 여성의 생애 전체의 번식적 가치를 최대화하기 위한 최선의 전략일 수도 있다. 아기의 아버지로부터 지원이 중단되는 현상을 '메데이아 효과(Medea effect)'라고 한다.

영아 살해가 미래의 번식적 가치를 보존하기 위한 전략이라면(일부 문화에서는 여전히 그렇듯이), 모성 연령이 높아짐에 따라서 영아 살해율이 감소할 것이다. 어머니의 나이가 많아지면, 앞으로 낳을 수 있는 자식의 숫자가 떨어진다. 따라서 하나하나의 자식이 점점 소중해진다. 데일리와 윌슨은 아요레오(Ayoreo)족 인디언과 현대 캐나다인에 대한 연구를 통해서 이러한 효과가 실제로 있다는 것을 밝혔다(Daly and Wilson, 1988a). 그림 12.4는 생물학적 어머니의 나이에 따른 영아 살해의 감소 경향을 잘 보여준다.

그림 12.4의 결과는 예측과 일치하지만, 다른 효과가 개재되었을 가능성도 배제할 수는 없다. 여성은 나이가 들면 점점 더 좋은 어머니가 될 수도 있고, 경험을 통한 학습이 원인일 수도 있다. 젊은 여성의 사회적 스트레스가 더 높기도 하다. 따라서 이러한 현상은 사회적으로 학습된 기술이나 문화 특이적 스

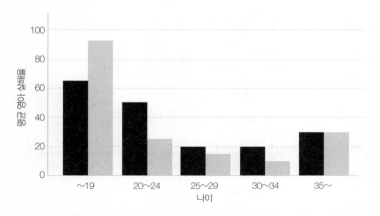

그림 12.4 생물학적 어머니의 연령 증가에 따라 감소하는 영아 살해율. 진한 색은 아요레오족(백 명당), 밝은 색은 캐나다인(백만 명당). 출처: Daly, M. and Wilson, M. (1988a) Homicide, New York, Aldine De Cruyter.

트레스 요인에 의한 것일지도 모른다.

자식의 재생산 가치와 영아 살해

위의 분석처럼 데일리와 윌슨은 부모의 재생산 가치(reproductive value)가 연령에 따라 좌우된다고 예측했다. 그런데 자식들도 부모의 유전자를 가지고 있고, 손주를 낳을 수 있으므로 이들도 역시 재생산 가치를 가진다. 이러한 점을 고려해서 몇 가지 예측을 도출했다.

유전자 중심의 관점에서 보면, 자식은 부모의 가치의 일부다. 자식은 또 다른 자식을 낳아 자신의 유전자를 미래 세대로 전달하는 역할을 한다. 냉정하게 생각해보면, 자식의 재생산 가치는 사춘기에 접어들 무렵에 최대이며 번식 가능 연령의 막바지에 다다를수록 점점 떨어지게 된다. 예를 들어 10세 소녀가 16세(수렵채집 사회의 전형적인 초경 연령)에 도달할 가능성은 2세 여아가 동일한 연령에 도달할 가능성보다 높을 것이다. 10세 소녀는 이미 10년간 부모의 양육을 받았고, 이제 6년만 버티면 된다. 그러나 2세 여아는 14년을 더 투자해야

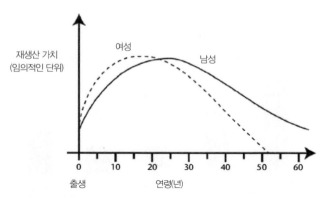

여성

남성

재생산 가치
(임의적인 단위)

0 10 20 30 40 50 60

출생   연령(년)

그림 12.5 나이 변화에 따른 대략적인 재생산 가치(reproductive value, RV) 변화 양상. 재생산 가치는 해당 연령에서 미래에 생산할 수 있는 인당 자손의 숫자라고 생각할 수 있다. 재생산 가치는 출생 시에는 상당히 낮은데, 이는 영아 사망을 감안한 것이다. 그러나 이후에는 점점 높아져서 성적으로 성숙하는 시기에 최고조에 이른다. 여성의 경우 잔여 재생산 가치는 초경 혹은 초경 직후에 가장 높은데, 수태 가능성은 그보다 좀 이후에 정점을 이룬다. 재생산 가치는 나이가 들면 점점 낮아지고, 여성의 경우 폐경에 이르면 0에 도달한다(할머니의 적합도상의 가치는 고려하지 않은 것이다). 남성의 경우는 출생 직후 재생산 가치가 여성보다 낮은데, 이는 조기 사망률이 더 높기 때문이다. 남성의 재생산 가치는 여성보다 더 늦게 정점에 도달한다. 남성은 보다 늦게 성숙할 뿐 아니라 자신보다 다소 어린 여성과 결혼하는 경향이 있기 때문이다. 남성의 재생산 값 감소는 여성처럼 가파르지 않은데, 이는 중년 이후에도 수태가 여전히 가능하기 때문이다.

한다(그림 12.5). 이러한 가치의 변이는 높은 영아 사망률을 보이는 문화에서 더욱 두드러질 수밖에 없다. 하지만 지난 100년간 영아 사망률이 극적으로 떨어진 산업화된 국가에서도 여전히 비슷한 효과가 관찰된다.

자녀의 재생산 가치가 나이에 따라 상이하다는 점에 착안하여, 데일리와 윌슨은 다음과 같은 예측을 제안했다(Daly and Wilson, 1988a).

* 갈등 상황에서, 부모는 자녀의 번식적 이득에 따라서 공격적인 행동의 수위를 조절할 것이다. 0세에서 사춘기로 자녀의 연령이 증가함에 따라서 자식 살해(filicide)율은 감소할 것이다.
* 진화적 적응 환경하에서 적응적 가치가 생애 첫 일 년 사이에 가장 많이 증가할 것이다. 자식 살해율은 생후 일 년 이후에는 급격히 감소할 것이다.

• 비친족에 의한 자식 살인은 나이와 별로 상관없이 일어날 것이다. 다른 부모
  의 자녀는 가해자의 번식적 이득과 별 관련이 없기 때문이다.

그림 12.6은 1974년부터 1983년 사이의 캐나다 소아 살인 관련 통계이다.
결과는 데일리와 윌슨의 예측과 일치했지만, 다른 해석을 배제한 것은 아니다.
예를 들어 어떤 연구자는 이른바 '짜증 요인(irritation factor)'을 제안했다. 아버
지에 의한 영아 살해율이 낮은 이유는 아버지가 아기와 접촉하는 시간이 적어
서 그렇다는 것이다. 그리고 아이가 나이를 먹어가면서 육아의 어려움이 감소
하므로 살해율도 떨어진다고 반박했다. 이 이론에 의하면 사춘기에는 살해율
이 더 높아져야 한다. 사춘기 무렵에는 부모 자식 간의 갈등이 심화되기 때문
이다. 그러나 사춘기 무렵의 자식은 죽이는 것이 전처럼 용이하지는 않다는 점
도 고려해야 한다. 연령에 따른 소아 살해의 감소는 계부에 의한 살해에도 여전
히 나타난다. 그런데 계부는 자신의 의붓자식의 번식적 이득에 대한 이해관계가
없다. 이는 또 다른 요인이 작용할 수 있다는 것을 시사한다.
데일리와 윌슨이 관찰한 경향은 수많은 후속 연구에서 재입증되었다. 존 아처

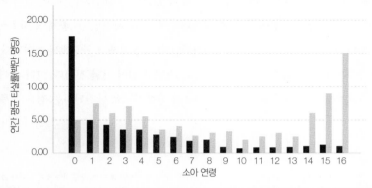

그림 12.6 어린아이가 살해당할 위험. 검은색은 아버지 혹은 어머니에 의한 살해, 회색은 비친족에 의한 살해.
출처: Daly, M. and Wilson, M. (1988a) Homicide. New York, Aldine De Cruyter.

표 12.1 소아 연령과 학대, 살해 간의 관련성에 대한 13개의 연구 리뷰

변수	상관계수	관련 연구의 수
소아 학대와 연령	모두 음의 관계: −0.42 ~ −0.97	9
살해와 연령	모두 음의 관계: −0.68 ~ −0.76	4

데일리와 윌슨의 재생산 값 모델에서 예측한 대로 소아에 대한 폭력의 위험성은 연령이 증가하면서 감소했다.

는 소아 학대의 상대 위험도와 영아 살해가 아이의 연령에 따라서 어떻게 변화하는지에 대한 메타 연구를 시행한 바 있다. 이들은 아이의 연령과 학대 및 영아 살해의 위험성이 음의 상관관계를 가질 것이라고 예측했다.[04] 연구 결과 예측이 들어맞았는데, 이를 표 12.1에 요약했다.

2) 영아 살해와 의붓 부모: 신데렐라 증후군

많은 문화권에서 어린 시절에 사악한 의붓 부모 때문에 고생하는 전래 이야기가 있다. 서구 사회에서는 신데렐라 이야기가 있다. 신데렐라의 생물학적 어머니는 사망했고, 아버지는 재혼했다. 신데렐라는 새어머니가 키웠는데, 이 계모에게는 이전 결혼을 통해서 낳은 두 딸이 있었다. 신데렐라는 '추한 언니들'보다 아주 예뻤기 때문에 구박을 당했다(그림 12.7). 하지만 운 좋게도 데우스 엑스 마키나(deus ex machina)[05]인 매력적인 왕자에 의해서 곤경에서 벗어난다. 이 동화에 대해 과학적 분석을 하는 것은 적절한 일이 아닐 것이다. 그러나 이러한 비슷한 이야기가 전 세계 문화권에서 공통적으로 발견된다는 점은 주목

---

04 영아 살해(infanticide)에서 말하는 영아는 의학적인 기준의 영아(12개월 이하)를 뜻하는 것은 아니다. 소아 연령에서 일어나는 살해도 흔히 영아 살해라고 칭한다.

05 이야기의 플롯과 무관하게 갑자기 나타난 전능한 인물이 모든 상황을 종결시키는 연극적 장치.

할 만하다.[06] 이 이야기의 핵심은 의 붓 부모는 사악하며, 신뢰할 수 없 다는 교훈이다. 하지만 이를 증명할 수 있을까? 이런 종류의 이야기는 공통의 원시적 원형에서 유래하는 것이기 때문에, 현대 사회에서 증명 되지 않을 수도 있다. 전래 동화에 서 묘사하는 의붓 부모에 대한 나쁜 이미지는 높은 이혼율과 재혼율을 자랑하는 현대 서구사회에서는 좀 더 긍정적인 쪽으로 바뀔 필요가 있 을지도 모른다.

그림 12.7   신데렐라. 출처: Illustrated Punch, 2/4/1892, p. 162.

어쨌든 이 이야기는 비유전적 부모에 의한 양육이라는 인간 본성의 핵심적 부분을 잘 반영하고 있다. 부모 중 한쪽이 죽거나 떠나면, 계부 혹은 계모가 아 이를 키워야 하는 상황이 일어난다. 유구한 인류 역사에서 끊임없이 일어난 일 이다. 양육에 대한 선택주의자적 입장에 의하면, 부모의 배려는 자식이 제공하 는 번식적 이해관계에 따라 좌우된다. 의붓 가족에서 부모는 자신의 생물학적 자식에게 보다 큰 보호를 제공할 것이다. 물론 동화를 근거로 이러한 예측을 증명할 수는 없다. 데일리와 윌슨은 다양한 횡문화적 통계 자료를 통해서 의 붓 가정의 아이들이 더 많이 죽거나 다친다는 사실을 밝혔다(Daly and Wilson, 1988a, p. 7). 데일리와 윌슨의 말을 들어보자.

    의붓 가정은 지금까지 밝혀진 모든 요인 중에서 심각한 아동 학대의 가장 강

---

06   콩쥐팥쥐 이야기

력한 역학적 위험인자이다.

1976년 미국 기준으로, 하나 혹은 둘의 의붓 부모와 같이 사는 아이는 같은 나이의 일반 가정 아이보다 치명적 학대를 당할 확률이 100배에 달했다. 그림 12.8에 나타낸 캐나다 데이터(1973~1984)에서도 같은 결과가 관찰된다. 문헌 메타 분석에 의하면, 9개의 소아 학대 연구 중 8개, 10개의 살해 연구 중 9개에서 유전적 부모에 비해 계부모에 의해 더 폭력이 일어난다고 한다(Archer, 2013).

충격적이고 믿기 힘든 결과이다. 그래서 이 연구가 틀렸다는 것을 입증하려는 수많은 시도가 있었다. 가장 강력한 반박은 의붓 가정은 그 자체로 일반적인 가정을 반영할 수 없다는 주장이다. 의붓 부모라는 상황 자체가 이미 발생한 가족 붕괴의 결과이므로, 가정 폭력이 많이 발생하는 것은 결과가 아니라 원인이라는 것이다. 부모 중 하나가 이미 폭력적이라서 의붓 가정이 되었을지도 모르는 일이다. 예를 들어 템린 등의 연구에 의하면 의붓 가정은 부모 중 어느 하나가 이미 폭력적인 경향을 가질 가능성이 높으므로, 의붓 자식에 대한

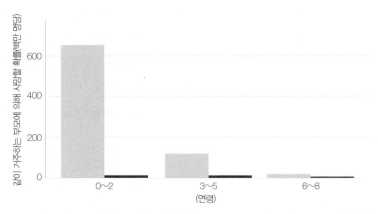

그림 12.8 생물학적 부모 및 의붓 부모에 의해서 살해당할 위험률 비교. 회색 막대는 의붓 부모에 의한 살해. 검은색은 생물학적 부모에 의한 살해. 출처: Daly, M. and Wilson, M. (1988a) Homicide. New York, Aldine De Gruyter.

폭력이 일어나는 것이며, 부모 자식의 낮은 유전적 관련성은 폭력과 별로 관련이 없다고 주장했다(Temrin et al., 2011). 진화적 입장에서 '차별적 내리 양육 가설'은 의붓 가정의 폭력 경향과 일맥상통하지만, 대안적인 '반사회성 가설(antisocial hypothesis)'의 가능성도 배제할 수 없다. 힐튼 등은 이 두 가설을 비교하는 연구를 고안했다(Hilton et al., 2015). 첫째, 가정 폭력이 단지 공격적인 부모의 반사회성에서 기인한 것이라면, 폭력은 유전적 자식이나 의붓 자식에게 동일하게 가해져야 한다. 둘째, 의붓 자식에 대한 폭력에서 관찰되는 편향이 반사회적 인격 효과에 의한 것이라면, 의붓 자식이 경험한 학대율과 유전적 자식이 경험한 학대율 간의 차이는 독립적으로 평가한 의붓 부모의 공격성이 줄어들수록 같이 줄어들어야 한다(반사회적 인격 가설에 의하면, 의붓 가정은 공격성을 가진 부모를 과도하게 대표하기 때문이다). 이러한 예측을 검증하기 위해서 연구진은 387명의 남성 피험자를 모집했다. 피험자는 모두 유전적 자식 혹은 의붓 자식을 가진 아버지였고, 아이에 대한 폭력적인 공격을 저지른 전과가 있었다. 수사 기록이나 범죄의 과거력을 토대로 (아동학대와는 별개로) 각 아버지의 '반사회성'을 평가했다. 연구 결과 같은 가정에서도 의붓 자식은 유전적 자식보다 더 높은 학대의 위험에 노출되어 있었다. 아버지의 성격에 따라서 어떤 자식이나 똑같이 학대를 받을 것이라는 반사회성 가설과는 배치되는 결과였다. 게다가 가해자의 반사회적 인격 경향과는 무관하게 의붓 자식의 높은 학대 위험성은 지속되었다(그림 12.9).

폭력성의 친족 모델로부터 다른 예측을 할 수 있을 것이다. 의붓 자식 살해는 적대적 공격성의 결과임에 반해서, 유전적 자식을 살해하는 것은 도구적 합리성(예를 들면 낮은 재생산 가치)에 의한 결정일 것이라는 예측이다.[07] 따라서 살해 방법의 차이를 보일 것이다. 그런데 이를 지지하는 증거가 데일리와 윌슨의

---

07 도구적 합리성 혹은 도구적 이성(instrumental reason)은 짧게 설명하기 어려운 개념이지만, 간단히 말하면 윤리적 가치가 배제되고 효율성을 기준으로 판단을 내리는 것을 말한다. 즉 장애가 있는 아이를 살해하는 것은 분명 윤리적인 판단은 아니지만, 도구적 이성의 관점에서 보면 합리적인 판단일 수 있다.

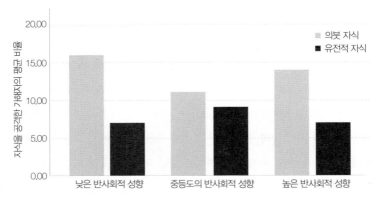

그림 12.9 의붓 자식 혹은 유전적 자식을 공격한 의붓 아버지의 성격 경향과 학대율. 연구 대상은 의붓 자식 혹은 유전적 자식을 가진 118명의 범죄자였다. 아버지의 성격이 어떻든 의붓 자식은 더 많은 학대를 받았다. 이는 반사회적 인격에 기초한 설명을 배제하는 결과다. 의붓자식의 보다 높은 위험은 반사회적 인격 경향이 줄어들어도, 여전히 줄어들지 않았다. 이는 친족성이 학대를 예측하는 주된 요인이며, 차별적 내리 양육 모델에 더 합당한 결과다. 성격에 대한 평가는 범죄 기록에 기반해서 추정되었다. 출처: Hilton, N. Z., G. T. Harris and M. E. Rice (2015). 'The step-father effect in child abuse: comparing discriminative parental solicitude and antisociality.' Psychology of Violence 5(1), Figure 2, p. 8, copyright © 2015 by the American Psychological Association. Adapted with permission.

연구(Daly and Wilson, 1994) 및 해리스 등의 연구(Harris et al., 2007)에서 제시되었다. 의붓 자식은 구타로 죽는 경우가 흔하지만, 유전적 자식은 질식이나 익사, 교살로 죽는 경우가 더 많았다. 하지만 이는 반사회적 인격 가설을 지지하는 증거일 수도 있다. 폭력적인 부모는 의붓 가정을 꾸리게 되는 경우가 더 흔하기 때문이다.

정리하면 가정 폭력에 대한 차별적 내리 양육 모델 및 친족 모델은 의붓 가정의 폭력에 대한 데이터에 의해서 지지된다. 궁극 원인을 들자면 유전적 연관성이 원인이겠지만, 근접 기전을 들자면 의붓 부모와 의붓 자식 간의 약한 애착 수준을 들 수 있다. 그러나 이러한 설명에는 몇 가지 난점이 있다. 입양 아동이 학대를 받을 가능성은 일반 아동과 별반 다르지 않았다. 이는 아마도 서구 사회에서 입양 부모를 엄격하게 심사하기 때문인지도 모른다. 이는 당연한 일이지만, 가족내 범죄에 관한 데이터를 해석할 때는 어려움을 주는 요인이다.

물론 모든 의붓 가정을 싸잡아 비난하거나, 의붓 가정이라면 폭력이 용인될 수 있다는 말은 아니다. 다행히도 살인은 아주 드물게 일어난다. 선택주의자의 입장에서 보면, 사실 왜 이리 많은 의붓 가정이 화목하게 잘 유지되고, 수많은 아이들이 피 한 방울 섞이지 않은 부모로부터 사랑과 보살핌을 받는지는 정말 풀기 어려운 숙제다. 범죄 통계만 보면 좀 낙심할 것이다. 하지만 반다윈주의적 행동(혹은 최소한 명백하게 선택되지는 않은 행동)조차도 역시 인간의 본성의 한 부분이다.

갈등이 늘 유전적 연관성의 주변에서 일어나는 것은 아니다. 폭력은 자원에 대한 경쟁 혹은 짝짓기 전략의 차이에서 일어날 수도 있다. 다음 두 절에서는 이러한 요인에 대해서 살펴보도록 하자.

4. 행실이 나쁜 젊은 남자: 연령 특이적 폭력과 범죄

> 열여섯부터 스물세 살까지는 나이랄 게 없어. 그 나이 때에는 그저 잠이나 내내 자는 게 나아. 그 시절에 하는 일이라곤 젊은 처자를 꾀어 임신시키고, 노인에게 대들고, 도둑질하고, 싸우는 것이 전부일 뿐이니까.
>
> 셰익스피어, 『겨울 이야기』, 3막 3장.

1983년 트래비스 허쉬와 마이클 고트프레드슨은 범죄율이 범죄자의 나이에 따라 어떻게 달라지는지에 대한 획기적인 논문을 발표했다(Hirschi and Gottfredson, 1983). 때와 장소, 문화에 상관없이 아주 일정한 곡선이 만들어졌다. 일반적으로 대인 혹은 대물 범죄는 초기 청소년기에 급증하기 시작하여 20세경에 정점을 찍고 이후 천천히 감소했다. 남성과 여성의 곡선은 비슷한

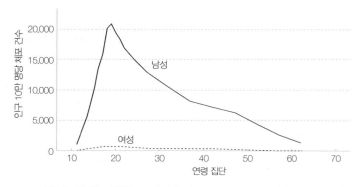

그림 12.10 연령에 따른 체포 건수(인구 10만 명당). 미국 2010년. 남성의 범죄율은 모든 연령대에서 여성보다 훨씬 높았다. 범죄율은 청소년기에 급격하게 증가하여 18~20세경에 정점을 찍고 내려왔다. 대부분의 서구 사회에서 이와 비슷한 경향이 관찰된다. 출처: Tables 4 and 5 in Snyder (2012).

모양이었지만, 전 연령에서 남성의 범죄율이 여성보다 몇 배 이상 높았다. 어떻게 이러한 곡선이 나타날 수 있는지에 대해서 기존의 범죄학 이론으로는 도저히 설명할 수 없었다. 최초의 연령-범죄 곡선이 발표된 이후, 다양한 산업 사회에서도 이와 비슷한 경향이 관찰된다는 사실이 속속 보고되었다(Ellis and Walsh, 2000). 그림 12.10에 2010년 미국의 연령-범죄 곡선을 나타냈다.

연령-범죄 곡선을 설명하는 것은 대단히 어려운 일이었다(Walsh and Beaver, 2009). 남성과 여성의 불균형에 관해서는 남성은 원래 짝을 유혹하기 위해서 자원과 지위를 추구하도록 진화했으며, 이에 따라 전 세계적으로 광범위한 종류의 범죄가 주로 남성에 의해 일어난다는 설명이 제기되었다(Kanazawa, 2009). 여성도 범죄를 저지르지만, 남성에 비해서 보다 다양한 이유로 다양한 종류의 범죄를 저지르는 경향을 보인다(Anne Campbell, 2009). 남성 범죄는 신체적 주도성, 과시, 지위, 자원 획득 등과 관련되는데, 여성 범죄는 위험 회피(아무튼 여성은 의존적인 자식을 가지고 있을 수 있다)와 더 많이 관련되는데, 이는 음식이나 집세 등 직접적인 필요에 의해 행해지는 경우가 흔하다.

만약 남성 범죄의 궁극적인 원인 중 하나가 짝짓기 행동의 맥락에서 지위와 자원, 부의 획득을 위한 충동에서 시작된다고 가정하면, 앞서 말한 곡선을 설명할 수 있을 것이다. 즉 범죄율은 남성의 성적 성숙이 일어나면서 증가할 것이고, 범죄를 통해 향상된 지위는 번식 적합도로 이어질 것이다. 가나자와와 스틸은 20~25세 이후 범죄율이 급감하는 이유를 설명하기 위해서 간단하고 깔끔한 설명을 제시했다(Kanazawa and Still, 2000). 즉 경쟁적이고 위험한 행동(범죄의 특징)의 이득과 손해가 십대 시기에 급격히 증가하지만, 그 둘은 약간 다른 방향으로 일어난다는 것이다. 사춘기 전에는 경쟁을 해도 얻는 번식적 이득이 없다. 당연한 일이다. 그러나 선조들이 살던 예전 환경에서는 일단 번식이 가능한 나이가 되기만 하면 경쟁의 이득이 급격하게 증가했을 것이다(종종 폭력이나 절도로 나타날 것이다). 그리고 이러한 이익은 후기 성인기에 이르기까지 계속 지속된다. 이에 따르는 비용(보복이나 처벌 등)도 비슷한 식으로 변하지만, 약 몇 년의 격차를 두고 발생하게 된다. 남성의 번식 적합도에 미치는 손해는 첫 아이를 낳은 후 급속히 증가하게 된다. 왜냐하면 행동에 대한 비용이 자식의 복리에 잠재적인 영향을 미치기 시작하기 때문이다. 따라서 비용 곡선은 남성이 성적 활동을 시작하고 몇 년 지나서 아버지가 된 이후에야 상승하게 된다. 더 일반적으로 말하면 남성이 자신의 에너지를 짝짓기에서 양육으로 재할당하는 과정의 일부라고 할 수 있다(8장). 흥미롭게도 일부 연구에 의하면 테스토스테론(남성의 공격성, 위험 추구, 경쟁성과 관련된 호르몬)은 기혼 남성보다 미혼 남성에서 더 높았다(Mazur and Michalek, 1998). 피터 그레이는 자신의 논문에서 이를 두고 '번식적 유대 가설(reproductive bonding theory)'이라고 이름 붙였다(Peter Gray, 2003).

이득에서 비용을 뺀 값을 순 적합도라고 하면, 이 값을 이용해서 곡선을 그릴 수 있다. 이 곡선은 연령 특이적 범죄율 및 폭력 곡선과 상당히 비슷하다(그림 12.10과 12.11을 비교해보자). 가나자와와 스틸의 연구 결과를 자식의 유무에

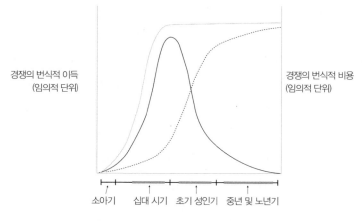

경쟁의 번식적 이득
(임의적 단위)

경쟁의 번식적 비용
(임의적 단위)

소아기　십대 시기　초기 성인기　중년 및 노년기

그림 12.11 가나자와와 스틸의 연구(2000)에서 추정한 남성 범죄의 이득과 비용에 관한 가상의 곡선. 번식적 이익은 청소년기에 급격히 높아져서 성인기 내내 유지된다(남성은 중년 이후에도 여전히 임신이 가능하다). 비용도 급격하게 증가하지만, 이익 곡선에 비해서는 몇 년의 시차를 두고 높아진다(이유는 본문에 설명). 순 이득 곡선(이득에서 손해를 빼서 계산)은 실제 연령–범죄 곡선처럼 급격하게 증가했다가 이내 감소하는 패턴을 보인다(그림 12.10). 긴 점선: 번식적 이득, 짧은 점선: 번식적 비용, 실선: 순 이익=번식적 이득–번식적 비용. 출처: Kanazawa, S. and M. C. Still (2000). 'Why men commit crimes (and why they desist),' Sociological Theory 18(3), 434–47.

따라서 다시 분석해볼 수 있다. 물론 과거 환경에서는 젊은 나이에 아버지가 될 확률이 아주 높았겠지만, 그럼에도 불구하고 자식이 있는지 없는지에 대한 남성의 실제 인식이 중요한 역할을 할 것이라고 보는 것이 합당하다. 따라서 아버지가 아닌 남성의 경우에는 범죄 곡선이 보다 가파르게 상승하고, 더 천천히 내려갈 것이라고 예측할 수 있다.

　가나자와는 이러한 연구 결과를 확장하여 일련의 예측을 제안했다. 그런데 그중 일부는 이미 범죄학에서 잘 알려진 경향과 일치하였다(Kanazawa, 2009).

　　* 범죄와 사회 계층 간에는 음의 상관성이 있을 것이다. 만약 부와 자원, 지위가 모두 짝을 유인하는 요인이라면, 이러한 자원이 부족한 낮은 계층의 남성은 범죄를 통해서 이를 확보하려는 유인이 평균적으로 더 클 것이다.

- 여성은 키가 큰 남성을 더 매력적으로 생각하므로 키가 작은 남성은 이를 보상하기 위해서 불법적인 부와 지위를 축적하려는 유인을 받을 것이다.
- 바로 앞에 지적한 예측과 비슷한 이유로, 범죄는 매력적인 남성보다는 매력적이지 않은 남성에서 보다 많이 일어날 것이다.
- 만약 지능이 새로운 현상을 다루는 방법이라고 간주한다면, 낮은 지능을 가진 사람은 현대 사회의 범죄 수사나 처벌에 대한 새로운 방법(과거 조상의 환경과 비교하여)을 제대로 이해하지 못할 것이다(예를 들면 카메라, 법의학 증거, 형사 사법 제도 등). 따라서 낮은 지능을 가진 사람은 높은 지능을 가진 사람보다 더 많은 범죄를 저지를 것이다. 물론 높은 지능을 가진 사람은 발각될 가능성도 훨씬 낮을 것이다.

가나자와와 스틸의 모델은 설득력이 있지만, 왜 여성 범죄율도 남성 범죄율처럼 연령에 따라 높아지다가 낮아지는지는 잘 설명하지 못한다. 아마도 여성은 남성에 비해서 범죄를 통한 번식적 이익을 별로 얻지 못할 것이다(여성의 번식적 결과는 생물학적 요인으로 인해서 어느 정도 이상 높아지기 어렵다). 또한 자녀를 가진 여성의 경우 범죄에 따른 비용이 더 높고, 계속 높게 유지될 것이다, 왜냐하면 아이들은 주로 여성의 양육과 보호에 크게 의존하기 때문이다. 또한 여성 범죄의 이득 곡선은 폐경을 겪으면서 변화할 가능성도 있다.

최근 범죄학 영역에서 생물학이나 진화학 개념을 적용하려는 시도가 이루어지고 있다(Walsh and Beaver, 2009). 윌슨과 데일리, 가나자와, 스틸 등의 연구는 그 방향을 알려주고 있지만, 범죄와 같은 사회 구조적 문제를 풀기 위해서는 앞으로 아주 혁신적인 연구가 필요하며, 또한 다른 방법으로 잘 설명할 수 없는 진화적 가설을 검증하는 방법도 고안되어야 한다. 인간행동생태학에서 예측하듯이 연령-범죄 곡선과 관련된 이득과 비용이 현재의 환경에 의해서도 영향을 받을 수 있는지를 확인하는 것도 향후 좋은 연구 방향 중 하나가 될 것이다.

5. 인간의 성적 갈등

1) 성선택에 기인한 갈등

다윈은 원래 두 가지 성선택을 상정했다. 성내 선택과 성간 선택이다. 일반적으로, 최소한 포유류에서는 수컷이 암컷을 두고 경쟁한다. 그리고 암컷은 까다롭게 짝을 고른다. 그러나 이러한 주장을 담은 다윈의 책 제목은 『인간의 유래와 성과 관련된 선택』이다. 즉 '성과 관련된 선택'이라는 문구는 성적 행동과 관련된 다른 선택압이 있음을 시사한다. 아마도 성선택의 세 번째 범주에는 상이한 이해 관계 및 의사 결정으로 인해 양성 사이에서 발생하는 갈등을 넣어야 할 것이다. 번식의 시기, 자손의 수, 짝 결합의 기간, 다른 짝의 숫자, 실제 성관계를 맺는 것이 적어도 손해보는 것은 아닌지 여부에 대한 갈등이다. 행동 생태학에서 이러한 관점은 흔히 성적 갈등 이론으로 알려져 있다. 이 이론은 수컷과 암컷에게 선택의 힘이 서로 다른 방향으로 작동하는 성 길항적 선택에 관한 이론이다. 이 이론에 의하면, 최소한 비인간 영장류의 경우 수컷은 암컷을 강압하여 다른 수컷과 교미하지 못하도록 적응이 일어날 것이다. 강압적 교미, 배우자 감시, 교미 마개 등이 바로 이러한 행동의 예다. 심지어 빈대(bed bug)는 피하 생식기를 이용하여 암컷의 배를 뚫고 정자를 집어넣는 경우도 있다. 결과적으로 암컷은 이러한 전략에 저항하고, 자신의 이득을 지키기 위한 대응적응(counter-adaptation)을 할 것이다. 인간에게 나타나는 배란 은폐가 바로 이러한 성적 대응적응의 좋은 예라고 할 수 있다.

따라서 그림 12.12에 제시된 성선택의 네 가지 요소를 이야기해보는 것이 좋겠다. 결과적인 이해 상충은 다양한 방향으로 나타난다. 진화심리학에서는 성적 갈등에 대한 이러한 주장을 전략적 간섭 이론(strategic interference theory, SIT)이라는 간판 아래에 두는 경향이 있다. 바로 이번 절에서 다룰 내용이다.

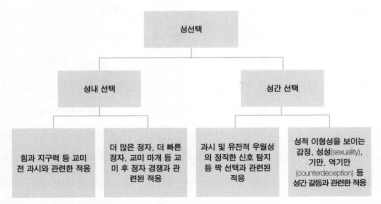

성선택

성내 선택 　　　　　　　　　 성간 선택

| 힘과 지구력 등 교미 전 과시와 관련한 적응 | 더 많은 정자, 더 빠른 정자, 교미 마개 등 교미 후 정자 경쟁과 관련된 적응 | 과시 및 유전적 우월성의 정직한 신호 탐지 등 짝 선택과 관련된 적응 | 성적 이형성을 보이는 감정, 성성(sexuality), 기만, 역기만 (counterdeception) 등 성간 갈등과 관련한 적응 |

그림 12.12　서로 다른 생리 및 이해 관계를 가진 두 성의 존재로 인해 성선택에 속하는 다양한 현상이 일어나게 된다.

2) 전략적 간섭 이론

앞서 언급한 대로 남녀의 갈등은 서로 다른 짝짓기 전략에서 기인한다. 그 중 하나가 바로 남성과 여성의 사회성적(sociosexual) 지수가 다르다는 것이다. 남성은 여성보다 주어진 기간 동안 가급적 많은 짝을 만나려고 하고, 데이트에서 성관계까지 가급적 신속하게 진행하기를 원할 것이다. 이렇게 상이한 전략은 앞서 4장에서 언급한 생물학적 여건의 성차를 반영하는 것이다. 그리고 두 전략은 종종 충돌하는데, 바로 전략적 간섭 이론에서 다루는 현상이다(그림 12.13).

전략적 간섭 이론(SIT)은 데이비드 버스 등에 의해서, 남성과 여성의 전략 간에 보이는 불화의 결과를 이해하기 위한 방법으로 제안되었다(Buss, 1989a). 다른 성의 전략이 성공하는 것을 방해할 때 생기는 갈등의 결과를 다루는 이론이다. 예를 들어 여성은 친절하면서 부유하고 야심 있는 남성을 원할 수 있다. 이러한 여성의 선호를 깨달은 남성은 친절과 부, 야심을 실제보다 과장할 것이다. 이로 인해 여성은 자신이 원하는 수준에 미달하는 광고만 그럴듯한 짝을 만날 수도 있다. 전략적 간섭 이론의 또 다른 요소는 남성과 여성 모두가 기만 당할 가능성에 대비하여, 스스로에게 경고하고 교정된 행동을 유발하는 일련의 적응(분노나 질투 등의 감정)을 가지고 있다고 추정하는 것이다(그림 12.13).

그림 12.13에서 볼 수 있듯이, 전략의 충돌이 기만, 성희롱, 공격성과 같이 다른 형태의 갈등으로 귀결될 수 있다. 남성의 사회성적 경향이 더 강할수록 남성은 성적인 목적을 위해 여성을 희롱할 것이다. 몇몇 연구에 의하면 직장 내 성희롱은 여성이 더 많이 경험하는 것으로 나타났다(Ouliano and Schwab, 2000). 그리고 주된 희생자는 독신이거나 이혼, 별거 중인 여성, 그리고 35세 이하인 경우였다(Studd and Gattiker, 1991). 그러나 성희롱의 방향에 대한 이러한 연구는 방법론적인 문제를 가지고 있다. 일단 성희롱을 정의 내리는 것이 어렵고, 남성과 여성은 같은 상황을 다르게 경험하므로 보고율의 차이가 나타난다는 것이다. 흥미롭게도 전략적 간섭 이론에 의하면 여성은 남성보다 성희롱에 의해서 더 큰 고통을 받을 것으로 추정할 수 있다(왜냐하면 성희롱은 낮은 헌신을 전제하는 성적 관계를 위한 남성의 성적 전략을 표현하는 것이라서 지위와 자원, 헌신을 보여주기 원하는 여성의 전형적인 전략에 대한 위협이기 때문이다). 따라서 여성은 남성보다 성적 괴롭힘을 더 많이 보고할 것으로 추정할 수 있다. 이러한 상황은 가해자와 피해자의 사회적 지위나 집단 내 위치에 따라서 더 복잡하게 나타난다. 전략적 간섭 이론에 의하면 여성은 장래의 파트너의 자질로 지위에 높은 가치를 두기 때문에, 낮은 지위의 남성에게 희롱을 당하는 것은 높은 지위의 남성에게 희롱을 당하는 것보다 덜 호의적으로 받아들일 것이다. 그러나 이러한 불만이 보고되는 상황에 미치는 다양한 요인을 검증하는 것은 대단히 어려운 일이다. 따라서 전략적 간섭 효과와 관련된 복잡한 상황을 놓고 상반되는 연구 결과가 나오는 일이 별로 놀라운 것은 아니다(Browne, 2006).

3) 번식적 계약으로서의 결혼과 여성의 성에 대한 통제
결혼 의례나 혼인법은 문화마다 서로 다르지만, 결혼은 횡문화적인 현상이

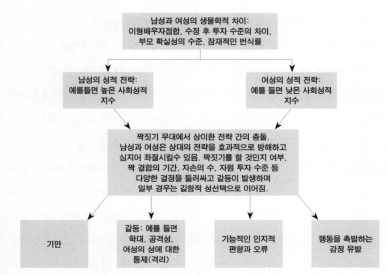

그림 12.13 성적 갈등 이론과 성적 간섭 이론에 의거하여 예측된, 남녀 간의 상이한 성적 전략의 기원과 결과.

다. 모든 문화에서 공통적으로 발견되는 혼인 관련 특징은 다음과 같다. 남편과 아내 사이의 상호의무, 항상 그렇지는 않지만, 통상적으로 허용되는 배타적인 성적 접근권, 자녀의 법적 지위 등이다.

다윈주의의 눈으로 보면 결혼은 번식적 계약이다. 따라서 아내가 외도를 하는 등의 계약 위반에 대한 두려움이 있는 것은 당연한 일이다. 번식적 차원에서 보면 외도는 여성보다 남성에게 더 큰 타격을 준다. 남성은 자기 자식도 아닌데 양육 투자를 제공해야 하는 위험에 처하게 되기 때문이다. 이러한 남성의 불리한 조건은 외도를 목격한 남성이 저지른 폭력에 대한 법원의 판단에도 잘 반영되어 있다. 미국에서 아내와 외도를 한 남성을 살해한 경우, 살인이 아니라 과실치사로 취급된다. 이러한 경향은 여러 나라에서 관찰된다. 자신의 아내가 다른 남자와 바람피우는 적나라한 현장을 목격한 남성이 저지르는 폭력에 대해서는 보다 관대한 판결이 내려진다. 즉 그런 상황이라면 이성적인 남성이라고 해도 행동에 대한 유책성이 경감된다고 판단하는 것이다.

바람을 피운 배우자에 대한 폭력은 더 이상의 외도를 못 하도록 위협하거나, 혹은 아내의 관심이 다른 곳을 향하지 못하도록 고삐를 당기는 효과가 있을 것이다. 그러나 바람을 피우기 전에도 많은 종의 수컷은 자신의 배우자를 지키려고 한다. 동물 연구에 의하면, 부모 투자가 보편적인 종의 수컷은 외도를 막는 전략을 가진 것으로 보인다. 예를 들어 수컷 제비는 가임기 동안 짝 옆에 찰싹 붙어 다닌다. 그러나 포란이 시작되면 배우자 방어는 중단되고, 수컷은 이웃에 있는 암컷을 쫓아다니기 시작한다. 그런데 짝이 바람을 피웠을 가능성이 크다고 느끼면(실험적으로 둘을 잠시 분리해 보았다), 수컷은 짝과의 교미 횟수를 늘려서 이를 보상하려고 하였다. 사실 수컷 제비가 걱정하는 것도 무리는 아니다. 몰러의 연구에 의하면 공동 생활을 하는 제비가 낳은 알의 25%는 외도의 결과로 인한 것이었다(Moller, 1987).

군락 생활을 하며, 표면적으로는 일부일처제를 유지하고, 부모가 모두 양육에 기여하는 조류 종의 뇌에서 이러한 외도 차단 전략이 진화했다면, 인간의 마음에도 비슷한 기전이 진화하지 않았을까? 이에 대한 대답은 아마도 '그렇다'일 것이다. 수많은 문화적 관습이 부성 확실성에 대한 불안을 반영하는 것으로 보인다. 예를 들면 베일, 샤프롱, 퍼다, 감금, 전족, 그리고 여성 성기 훼손(female genital mutilation)이라는 불쾌한 풍습 등이다.[08]

---

08 샤프롱(chaperon)은 젊은 여성이 사교장에 나갈 때 동반하는 보호자, 베일(veil)은 얼굴이나 몸을 가리는 천, 퍼다(purdah)는 젊은 여성을 집 밖으로 나가지 못하게 하는 것이다. 사실 『코란』에는 여성이 단정하게 입어야 한다고 쓰여 있지만, 공공장소에서 허잡을 써야 한다고 명시되어 있지는 않다. 전족은 여성의 발을 꽁꽁 묶어 작게 만드는 중국의 풍습이다. 여성의 성기 훼손은 성적 쾌감을 줄이려는 목적으로 고안된 것으로, 부분적으로 음핵을 자르는 수준(clitoridectomy)에서 음문을 봉쇄하는 수준(infibulation)까지 다양하다.

4) 질투와 폭력

아편도, 만드라고라도[09]
아니 그 세상의 어떤 약을 사용해도
다시는 어제와 같은 편안한 잠을 잘 수 없을 거야
셰익스피어, 『오셀로』, 3.3.333

이아고(Iago)는 셰익스피어가 만들어 낸 인물 중 단연 가장 악독한 인물이다. 아이고는 인간의 마음에 미치는 질투의 힘을 알고 있었다. 그의 이간질에 속아 괴로워하던 오셀로(Othello)는 자신의 아내 데스데모나(Desdemona)를 죽이고, 자신도 목숨을 끊는다. 선택주의적 시각으로 보면, 남성의 질투는 과거와 미래에 '엉뚱한 아이'에게 제공되었거나 제공될 투자를 차단하는 기능이 있다. 자신이 어머니인지 아닌지 확실히 알 수 있는 여성에게 질투는 어떤 기능이 있을까? 여성에게 질투는 배우자가 자신이나 자신의 아이 외의 다른 곳에 자원을 투자하지 못하도록 감시하는 기능이 있다. 물론 아내가 바람을 피우면, 남편 입장에서도 자신의 자식을 위해 투자될 아내의 모성 투자를 빼앗기게 된다. 따라서 남성이 훨씬 불리하다. 양성에서 질투의 정도와 그 결과가 비대칭적일 것이라고 예상할 수 있다. 약 200종의 영장류 중에서 인간의 부성 투자가 가장 높은 편이다. 따라서 남성의 질투 감정이 유독 강할 것으로 추정된다. 준일부다처제를 가진 인간의 특성상, 남성이 여성보다 잃을 것이 더 많다.

질투 경험에 대한 성적 차이를 검증하기 위해서, 버스 등은 미시간 대학의 학부생을 대상으로 애인이 성적 혹은 정서적으로 불륜을 저지를 경우 느끼는

---

09 만드라고라(mandragora)는 중세 시대에 많이 사용되었던 약초인데, 현재는 멘드레이크(mandrake)로 불린다. 뿌리가 인간의 하반신과 비슷한 모양을 하고 있는데, 흔히 마법의 약이나 사랑의 묘약으로 알려져 있다. 진정 효과가 있어서 우울증이나 불면증에 쓰이기도 했다.

감정적 고통에 대한 연구를 하였다(Buss et al., 1992). 결과적으로 남학생들은 정서적 불륜보다는 성적 불륜에 대해서 더 고통스러워 했다.

피험자에게 '각종 선을 연결하고', 파트너가 성적 혹은 정서적 불륜을 저질 렀다고 느낄 때 일어나는 생리적 반응을 조사한 연구에서도 비슷한 결과가 확인되었다. 여성들은 성적인 불륜과 정서적 불륜, 각각에 대해서 느끼는 심리적 고통의 차이가 분명하지 않았지만, 남성은 확실히 성적인 불륜에 대해서 훨씬 힘들어하였다.

사실 감정에 대한 진화적 모델을 이용하면, 이는 쉽게 예견할 수 있는 결과 다. 남성은 배우자의 성적 활동에 더 많은 관심을 가진다. 혼외 관계를 통해서 남성의 투자가 크게 위협받을 수 있기 때문이다. 반면에 여성은 육체적 관계 자체보다는 그녀에 대한 남성의 투자가 철회되는 것에 더 큰 관심을 가진다.

버스 등은 인간의 질투에 대한 성적인 차이에 대한 증거는 주로 다음과 같은 세 가지 형태의 연구를 통해서 도출되고 있다고 지적했다.

* 남성과 여성에게 부득이하게 성적 불륜 혹은 정서적 불륜을 저질러야 하는 상황을 제시하고, 어느 경우에 더 힘들어하는지 확인하는 선택 강요 연구.
* 여러 종류의 질투 유발 시나리오를 상상하게 한 후, 생리학적 변수(맥박, 혈압, 손바닥의 발한) 등을 모니터링하는 방법.
* 연속 평가 척도 질문지를 이용해서 질투를 일으키는 상황에 대한 피험자의 반응을 기록하게 하는 방법.

해리스 등은 이러한 연구를 리뷰하면서, 이들이 정말 데이비드 버스 등이 제시한 진화심리학적 예측을 지지하고 있는지에 대한 의문을 제기했다(Harris, 2003). 해리스는 이런 연구들에서 관찰되는 남녀의 차이가 크지 않거나 혹은 반대인 경우도 있다고 결론을 내렸다. 최근에 로버트 피트르자크 등은 기존 문헌에서 보이는 이러한 애매함은 서로 다른 피험자를 대상으로 다른 시간에 다른 종류의 검사를 했기 때문에 일어난다고 주장했다(Robert Pietrzak et al., 2002). 그래서 이들은 같은 집단을 대상으로 위의 세 가지 연구를 모두 진행하였다. 세 가지 연구의 결과는 동일했다. 선택 강요 실험(forced choice experiment)의 경우 남성은 짝이 성적인 불륜을 저지를 때 가장 힘들어했다. 반면 여성은 정서적 불륜에 대한 상상을 할 때 더 힘들어했다. 같은 집단에 맥박, 피부 전도도, 피부의 온도 및 얼굴 찌푸리기 반응을 평가했다. 중립적 자극을 제시했을 때에 비해서, 성적 불륜을 상상하는 동안 남성의 맥박, 피부 전도도, 찌푸리기 반응의 변화가 여성보다 더 크게 나타났다. 반면에 여성은 감정적 불륜을 상상할 때, 모든 측정 변수에서 더 큰 변화가 나타났다. 그림 12.14는 연속 측정 척도 평가의 네 가지 측정값(분노, 격노, 불안, 배신감)을 제시한 것이다.

이러한 연구 결과들은 내적 정합성이 있을 뿐 아니라 진화적 예측과도 부합하지만, 연구자가 너무 좁은 범위의 피험자를 사용했다는 단점도 있다. 주로 미국에 사는 중산층 대학 학부생이 동원되었기 때문이다. 이러한 이유로 질투 및 질투에 관한 핵심적 가설에 대한 다원주의적 접근, 즉 남성과 여성이 겪는 상이한 문제에 관한 성적 이형성 감정 반응에 대한 연구는 갖가지 공격을 받고 있다. 이러한 연구가 잘못되었다는 비난도 받고, 대안적 고려가 더 우월하다는 주장도 있다. 아무튼 이 주제는 수많은 양의 다양한 문헌이 넘쳐나는 분야다. 대표적인 리뷰 문헌을 들자면 다음의 두 논문을 주목할 만하다. 하나는 크리스틴 해리스의 논문으로 진화적 설명을 공격하는 다양한 문헌을 요약했다(Harris, 2003). 다른 하나는 버스의 논문으로 진화적 설명을 지지하는 26개의 연구를 정리했다(Buss, 2014). 이 두 논문의 결론은 서로 완전히 다르기 때문에 사실 말끔한 공감대를 형성할 길은 요원해 보인다. 진화적 접근법의 이점 중 하나는 새로운 검증 가능성을 제시해준다는 것이다. 예를 들어 이스턴 등은 병적 질투로 진단받은 환자들의 정신과 기록을 보았다. 그저 시나리오를 상

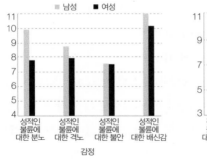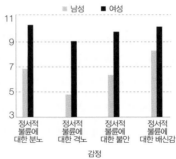

그림 12.14와 그림 12.15 성적, 정서적 불륜 시나리오에서 남성과 여성의 감정적 반응 차이. 좌측은 성적 불륜에 대한 반응. 우측은 정서적 불륜에 대한 반응. 각각의 경우 분노, 격노, 불안, 배신감의 반응으로 나누어 표시했다. 출처: Pietrzak et al. (2002) 'Sex differences in human jealousy: a coordinated study of forced-choice, continuous rating-scale, and physiological responses on the same subjects.' Evolution and Human Behaviour 23(2): 83–95. Notes (a) For sexual infidelity, differences (M>F) were significant for anger (p<0.001), rage (p<0.001) and betrayal (p<0.01). (b) For emotional infidelity, differences (F>M) were significant for anger (p<0.01) and anxiety (p<0.02).

상하게 하고 기분을 묻는 기존의 연구보다는 개선된 방법이었다(Easton et al., 2007). 이스턴은 외도의 대상이 보다 높은 지위와 많은 자원을 제공할 경우, 여성보다 남성이 더 큰 질투를 느낄 것이라고 예측했다. 반대로 외도의 대상이 보다 젊고 매력적인 경우, 남성보다 여성이 더 큰 질투를 느낄 것이라고 예측했다. 이 두 가지 예측은 모두 지지되었다. 하지만 질투와 관련된 살인의 경우에는 좀 애매한 결과가 나왔다. 질투로 인한 살인은 여성보다 남성에게 더 많지만(Daly and Wilson, 1998), 사실 원래 살인은 남자가 더 많이 저지른다. 해리스는 20개의 연구를 검토한 끝에, 기저 살인율을 고려하면 남성과 여성의 질투 관련 살인율은 차이가 없다고 결론지었다(Harris, 2003). 비슷한 연구는 또 있다. 펠슨은 총 317건의 살인 사건을 연구했는데, 질투 관련 살인의 경우에는 남성과 여성의 차이가 없었다고 말했다(Felson, 1997). 아마도 남성과 여성의 치정 관련 살인의 원인에 대한 조사가 필요할 것으로 보인다. 예를 들면 살인 사건과 관련된 경우, 신체적 외도 혹은 정서적 외도의 성차가 있는지에 대한 것이다. 보다 최근에 사가린 등은 40개의 개별적 연구를 메타 분석하면서, 질투는 양성에서 서로 다른 성적 관심사에 의한 성적 이형성을 보이는 감정이라고 결론을 내렸다.

성적 이형성을 보이는 '질투 효과'에 대한 연구 대부분이 주로 산업 국가의 대학생을 대상으로 시행되었다. 하지만 예외가 하나 있는데, 최근 브룩 스켈자는 작은 '자연 생식(natural fertility)' 인구 집단을 대상으로 연구를 시행했다 (Scelza, 2013). 나미비아의 힘바 지역의 인구 집단이었다. 그런데 다른 연구와 마찬가지로 남성은 정서적 외도보다는 성적 외도에 더 많은 신경을 썼으며, 그 차이도 상당했다. 흥미롭게도 여성도 성적인 외도를 더 신경 쓰긴 했지만, 그럼에도 불구하고 남성보다 정서적 외도에 대한 걱정을 더 많이 했다.

이러한 연구가 가지는 인위적인 측면에 대한 비판이 있긴 하지만(대부분 실험실 상황 혹은 시나리오를 주고 상상하는 방식으로 이루어졌다), 연구가 주는 메시지는 아주 분명하다.

5) 기만과 신호

> 사랑하는 그녀가 나에게 진실을 맹세하니, 나는 거짓임을 알면서도 그 말을 믿어준다네.
> 그녀가 나를 보고 순진한 청년으로 생각해주기를 바라면서.
> 거짓으로 가득한 세상을 아직 겪어보지 못한 그런 젊은이로 말이지.
> 내 나이가 이미 한창때를 지난 것을 그녀도 이미 알고 있건만,
> 그래도 나는 그녀의 거짓을 말하는 혀를 믿는다네.
> 그녀와 나, 우리는 서로에게 뻔한 진실을 감추고 있다네.
>
> 셰익스피어, 『소네트』, 118

특유의 예리함과 간결함으로, 셰익스피어는 인간의 성 정치를 특징짓는 기만과 역기만(counter-deception)을 예리하게 잡아내고 있다. 남자는 사랑하는 여자의 거짓말을 믿고 있는 체하면서, 여자가 자신을 때 묻지 않은 순수한 남자로 생각해주기를 바라지만, 사실 여자가 그런 속임에 넘어가지 않으리라는 것을 이미 알고 있다. 하지만 그럼에도 불구하고 두 연인은 기만과 역기만의 상호 게임을 계속해 나간다.

사백 년이 지난 지금에도 우리는 여전히 비슷한 상황이다. 거짓의 신호는 예전이나 지금이나 여전히 중요하다. 인간은 동류 교배를 하는 경향이 있다(교배가 무작위로 일어나는 것이 아니라, 양질의 형질은 다른 양질의 형질과 서로 만나는 경향이 있다는 것이다). 따라서 개인이 확인해야 하는 짝의 자질은 개인이 가진 자질에 대한 정보를 실어 나르는 신호에 따라 좌우된다. 이런 상황에서는 실제보다 더 과장된 신호(즉 거짓된 신호)를 보이도록 선택이 일어날 것이라고 예상할 수 있을 것이다. 또한 우리는 신호의 수신자인 동시에 송신자이므로, 신뢰할 수 없는 신호와 신뢰할 만한 신호를 구분하는 적응이 일어났을 것이다. 정직과 부정직 신호의 진화에 대한 수많은 문헌이 발표되었는데, 한 가지 일치된 결론은 다음과 같다. 비싼 형질일수록 보다 믿을 만한 신호라는 것이다. 그런데 여기서 상황이 복잡해지기 시작한다. 일단 남성은 높은 자질을 신호하는 비싼 형질을 과시하려 할 것이고, 여성은 이를 근거로 짝을 고를 것이다. 하지만 꼭 비싼 값을 치러야 할까? 남성은 공짜로, 즉 실제로 가지지 못한 형질을 과시하도록 진화할 것이고, 이는 곧 여성의 적합도 상실로 이어질 것이다. 여기서 새로운 선택압이 발생한다. 여성은 보다 정직한 신호를 보내는 형질, 즉 (기만의 가능성이 낮은) 새로운 형질에 기반하여 짝을 고르려고 할 것이다. 이러한 순환은 계속된다. 비슷한 일은 다른 곳에서도 일어난다. 남성은 여성의 번식 행동을 통제할 수 있는 능력이 선택될 것이고, 반면 여성은 그러한 통제를 피하는 형질이 동시에 선택될 것이다.

남녀가 서로를 어떻게 다른 방식으로 기만하는지에 대한 연구가 쏟아지고 있다(Mulder and Rauch, 2009). 예를 들어 투케와 카미레가 대학생을 대상으로 한 연구에 의하면, 남성은 자신의 직업적 전망과 여성에 대한 헌신을 더 과장하는 경향이 있었고, 여성은 신체적 외모에 대한 잘못된 신호를 보내려는 경향이 있었다(Tooke and Camire, 1991). 이후 연구에 의하면, 여성은 남성이 재정적 자산과 미래의 전망을 과장하며 자신을 기만할 것이라고 이미 짐작하는 경향이 있었다(Keenan et al., 1997). 보다 최근에 이루어진 아만다 존슨 등의 연구에 의하면 기만 능력은 자기 인식과 관련되어 있었다(Amanda Johnson et al., 2005). 존슨은 초보 연기자를 모집해 자신의 특징을 속이는, 예를 들면 재정이나 신체적 적합도를 과장하는 짧은 연기를 시키고 이를 비디오로 촬영했다. 그리고 연기자에게 자기 인식과 관련된 설문지를 작성하도록 주문했다. 또한 다른 독립적인 참여자를 모집하여, 연기자의 연기 실력, 즉 얼마나 그들의 연기가 믿을 만한지 물었다. 연구 결과 개인적인 자기 인식과 타인을 기만하는 능력 간에는 의미있는 양적 상관관계가 발견되었다(Johnson, 2005). 이러한 결과는 성적 갈등 이론을 넘어서는 파문을 일으켰다. 혹시 의식과 마음 이론은 성적 파트너를 기만하고, 동시에 기만당하지 않으려는 적응적 해결책으로 나타난 것일까? 수많은 가설을 제시할 수 있는 아주 유망한 연구 분야라고 할 수 있다. 예를 들어 여성은 남성보다 짝짓기 맥락에서 기만을 더 잘 탐지하도록 진화했을 것이다. 잘못된 선택으로 인해 여성이 잃을 것이 더 많기 때문이다.

자신이 속았다고 느낄 때 남성과 여성이 경험하는 감정도 역시 다를 것이다. 왜냐하면 서로 다른 종류의 기만은 양성에서 서로 다른 적합도 결과를 낳을 것이기 때문이다. 이를 검증하기 위해서, 헤이즐턴 등은 217명의 대학생을 대상으로 설문조사를 하였다. 데이트 중인 애인으로부터 특정한 방법으로 기만을 당했을 때 느껴질 고통을 1~7점 척도로 응답하도록 하였다. 표 12.2는 연구의 예측 일부 및 관련된 진화적 가설, 그리고 응답 결과를 요약한 것이다.

표 12.2 전략적 간섭 이론을 검증한 연구 결과

기만의 종류	적응적 추론	예측되는 고통의 수준	남성이 느끼는 고통의 수준 (± 표준편차)	여성이 느끼는 고통의 수준 (± 표준편차)	p값 (지지 여부)
자원에 관한 기만. 실제보다 더 많은 자원을 가지고 있다고 말함	여성은 남성보다 자원에 더 높은 가치를 부여할 것이다(14장 3절 참조). 따라서 자원 수준에 관한 기만에 더 분노할 것이다.	여성> 남성	3.17 (1.40)	4.38 (1.42)	< 0.01 (지지됨)
성관계 전, 감정의 깊이에 대한 기만. 실제보다 더 깊은 감정을 느낀다고 말함	여성은 남성보다 장기간의 관계에 대한 약속을 더 원할 것이다.	여성> 남성	4.35 (1.82)	6.74 (0.75)	< 0.01 (지지됨)
성적 접근에 대한 성관계 전 신호	남성은 단기간의 짝짓기 기회를 더 원할 것이며, 더 높은 사회성적 지수를 보일 것이다.	남성> 여성	4.69 (1.68)	3.24 (1.52)	< 0.01 (지지됨)

남성과 여성은 자신의 성적 전략에 대한 기만 수준에 따라서 서로 상이한 수준의 고통을 보고하였다.
출처: Haselton et al. (2005), Table 2, p. 7

연구 결과는 전략적 간섭 이론을 지지하였다. 그러나 이는 예측되는 기분을 묻는 방식으로 진행된 연구라서, 앞으로 어렵더라도 실제 맥락에서 느껴지는 실제 행동과 심리적 고통을 측정하면 바람직할 것이다. 또한 남성과 여성이 주로 예상하는 기만의 종류에 대해서, 이를 탐지하는 적응의 성차가 존재하는지 연구해보는 것도 재미있을 것이다.

정직과 기만의 진흙탕 속에서도 인간은 여전히 짝을 찾아야 한다. 다음 장에서는 이에 대한, 어쩔 수 없이 제법 긴 이야기를 해보자.

7부

짝짓기와 짝 선택

Evolution
and
Human Behaviour

인간의 성적 행동

인류학적 견해

> 고귀한 자질, 가장 천한 사람도 가리지 않는 동정심, 인간뿐 아니라 심지어 가장
> 보잘것없는 생물에게도 향하는 박애심, 태양계의 움직임과 구조를 꿰뚫는 신적인
> 지능. 이 모든 탁월한 능력에도 불구하고 우리는 이 점을 반드시 알고 있어야 한다.
> 인간의 몸에는 미천한 출신이라는 지울 수 없는 낙인이 새겨져 있다는 것을.
> 다윈, 1883, p. 619

이 장의 첫 부분에는 다윈이 말한 '지울 수 없는 낙인'에 초점을 맞추어 생물인류학과 체질인류학에서 찾아낸 인간의 성에 대한 신체적, 역사적 증거에 대해서 다루도록 하겠다. 인간 남성과 여성이 사용하는 종 특이적 짝짓기 전략을 이야기하는 것이 목표이다. 이미 3장에서 언급한 것처럼, 남성과 여성은 기본적인 생물학적 차이를 가지고 있다. 그래서 이해관계도 다르다. 짝짓기 전략의 차이를 보이는 것도 놀랄 일이 아니다.

1. 동시대의 전통 사회 및 산업화 이전 사회의 짝짓기 시스템의 문화적 분포

오늘날 산업화된 선진국의 삶은 인간의 유전형이 만들어지던 환경과는 사뭇 다른 환경에서 이루어지고 있다. 게다가 문화의 많은 부분은 이데올로기나

믿음 체계(유대교, 기독교 혹은 이슬람교)에 큰 영향을 받는다. 그리고 이러한 믿음 체계나 이데올로기는 혼인 시스템과도 깊은 관련이 있다(유대교나 기독교, 이슬람교는 일처다부제를 금지하고 있고, 기독교와 대부분의 유대교는 일부다처제를 금하고 있다. 이슬람교는 일부다처제를 허용한다). 산업화 혹은 엄격한 종교적, 혹은 정치적 이데올로기에 의해서 인간의 정신이 영향을 받기 전 인간의 성적 행동이 어땠는지 확인하려면, 서구의 영향을 별로 받지 않은 동시대의 전통 수렵채집 문화를 연구하는 것이 필요하다. 물론 이들의 문화가 원시적이다든가 혹은 나름의 이데올로기가 없다는 뜻은 아니다. 하지만 이러한 문화는 서구 사회의 국가나 교회의 집단 신념 체계의 영향을 받지 않았다는 장점이 있다.

여러 인간 사회를 훑어보면, 서구 문화에서 (최소한 법적으로) 주장하는 일부일처제와 다른 형태의 짝짓기 양상이 흔하게 관찰된다는 것을 알 수 있다(그림 13.1).

동시대의 수렵채집 사회에 대한 연구는 또 다른 이점이 있다. 이들은 지난 10만 년간 우리의 조상이 겪은 것과 비슷한 생태학적 문제를 지금도 겪고 있다. 수렵채집인의 척박한 삶은 종종 이들이 사회적 발전을 이루지 못한 원인으로 지목된다. 따라서 이들의 혼인 관련 행위들은 생존을 위한 최적화된 전략을 짐작하게 해줄 수 있다.

인간의 짝 결속

포유류 대부분이 일부다처제를 이루고 있다. 인간의 강한 짝 결속은 상당히 예외적인 경우다. 사실 인간의 짝 결속은 자연스러운 상태로 보인다. 대부분의 사회에서 대부분의 사람(90% 정도)은 일생에 한 번 이상 결혼을 하게 된다(Fisher, 2012). 앞에서 언급한 대로 일부다처제는 대략 80%에 달하는 인간 사회에서 허용된다. 하지만 겉으로 일부다처제를 허용하는 사회에서도 고작 5~10%의 남성만이 동시에 여러 명의 아내를 가진다(Frayser, 1985). 게다가 일부다처제는 지위나 지배 계급, 축적된 부와 관련이 있는데, 신석기 시대 이전 사회는 상대적으로 계층화되지 않았을 뿐 아니라 자본재의 축적도 일어나지 않았다. 즉 일부일처제가 대부분의 남성과 여성에게 가장 보편적인 혼인 시스템이었다.

추정이기는 하지만, 두발걷기는 초기 호미닌이 보다 일부일처제에 가깝게 살도록 압력을 주었을 것이다. 우리 조상이 나무 위를 떠나 개활지로 이동을 한 이후, 두 발로 걷는 여성은 아기를 양팔에 안아야 했을 것이다. 이전에 네발걷기를 하던 조상의 경우에는 등에 매달려 털을 쥐고 있었겠지만, 이제는 그런 운반이 불가능해졌다. 따라서 아기를 보호하면서 동시에 식량을 채집하는 것이 더욱 어려워졌다. 단 한 명의 아내를 선호하는 남자의 보호와 관심을 독점하는 것으로 이 문제를 해결할 수 있었을 것이다.

그림 13.1에서 나타낸 것처럼, 수수께끼가 모두 풀린 것은 아니다. 인류학적 기록에 의하면 80%가 넘는 문화에서 여러 명의 아내를 허용하고 있다. 그러나 선진국 대부분에서 일부일처제를 더 장려하고 있다. 전통 사회에서 다수의 부인을 얻는 것은 부나 지위와 직결된 문제다. 신석기 혁명 이후 부의 불평

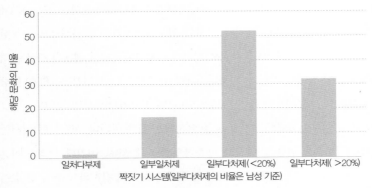

그림 13.1 서구의 영향을 받지 않은 186개 전통 사회의 혼인 시스템. 출처: Murdock, C. P. and White, D. R. (1969) 'cross-cultural sample.' Ethnology 9: 329–69.

등이 심화하면서 일부다처제는 지배 계층이 독점하는 하렘, 즉 극단적인 일부다처제로 치달았다. 그러나 부의 불평등이 여전히 심각한 현대 사회에서도 일부일처제는 바람직한 규준으로 인정된다. 여기서 의문이 제기된다. 일부다처제가 긴 인류 진화사의 일부분이었으며, 심지어 부의 불평등에 의해 촉진되기도 했다. 그런데 왜 성공을 구가하는 수많은 현대 문명 사회에서 일부일처제를 올바른 제도로 인정하는 것일까?

헨리히 등이 이에 대해서 설득력 있는 대답을 제시했다. 현대 문화에서 일부일처제는 사회적으로 부여된 규범이며, 문화적 진화를 통해서 촉진되었다는 것이다(Henrich et al., 2012). 이들은 일부다처제가 높은 수준의 남성 간 성내 경쟁을 촉발하여 내적 갈등을 유발할 위험이 크다고 지적했다(4장). 지위가 낮은 남성은 아내를 얻기 어려우므로 유전적 소멸에 직면하게 되고, 따라서 짝과 자원을 쟁취하기 위해서 고위험 전략을 채택하게 된다는 이야기다. 이렇게 보면 일부일처제 사회에 비해 일부다처제 사회에서 절도, 강간, 살인, 성 노예, 매춘 등이 더 많이 일어날 것이다. 연구할 만한 가치가 있는 주제다. 반면에 일부일처제 사회에서는 결혼한 남성의 숫자가 많아지는데, 따라서 범죄는 감소하고 남성은 자신의 자녀에 보다 많은 투자를 하게 된다. 즉 해당 문화 전체의 부가 증가하게 된다는 것이다. 이 모델에 의하면 일부일처제 문화는 일부다처제 문화를 능가하므로, 일부다처제 사회는 일부일처제라는 문화적으로 성공한 관습을 모방하게 된다. 서구 사회를 제외하고 일부일처제의 세계적 확산은 비교적 최근에 일어난 일이다. 일부다처제를 금지하는 법은 일본은 1880년, 중국은 1953년, 인도는 1955년, 네팔은 1963년이 되어서야 도입되었다.

하지만 일부일처제가 평생토록 늘 유지되는 것은 아니다. 서구 사회에서는 법적으로 이혼이 쉬울 뿐 아니라, 사회적으로도 잘 받아들여진다. 그리고 이혼율은 점점 높아지고 있다. 예를 들어 영국의 경우 전체 결혼의 42%가 결국 이혼으로 끝을 맺었다(Office of National Statistics, 2013). 인간의 일부일처제, 즉 혼인 관계는 영원하지 않다. 어느 정도 불륜의 가능성이 있는데, 미국에서 이루어진 몇몇 조사에 의하면 남성의 20~40%, 그리고 여성의 20~30%가 외도, 간통, 혼외정사를 벌인다는 보고도 있다(Kinsey et al., 1953; Fisher, 1992). 혼외정사는 다른 사회에서도 상당히 많이 일어난다(Fisher, 1992). 심지어 일부일처제를 이루며 사는 것으로 알려진 다른 종, 예를 들면 일부 조류나 여우 등에서도 꽤 많이 일어난다(Mock and Fujioka, 1990).

2. 인간과 다른 영장류의 신체적 비교

아마 영장류의 다음 종이 발견된다면, 우리는 고환의 크기와 체구 및 송곳니의 성적 이형성을 통해서 그들의 사회적 행동을 추론해낼 수 있을 것이다 (Raynolds and Harvey, 1994, p. 66).

정말 멋진 주장이다. 복잡한 사회적 특징을 단순한 변수 하나로 추정할 수 있다니. 만약 이 주장이 옳다면 같은 방법을 사용해서 인간이 다른 영장류와 갈라진 이후 성적인 행동이 어떻게 진화했는지도 추정할 수 있을 것이다. 그러면 우리도 이를 이용해서 영장류와 인간의 성적 행동에 대해서 알아보자.

1) 무기 혹은 장식? 성선택 연구가 주는 통찰

4장에서 우리는 유효 성비나 암컷과 수컷의 상대적인 번식률, 상대적인 부모 투자 등과 같은 요인이 모두 성선택의 강도와 방향을 결정한다고 이야기했다. 인간의 경우 번식 및 양육과 관련된 남성의 투자는 여성의 투자 수준보다 낮기 때문에, 성공적인 수정을 한 이후에는 원칙적으로 여성보다는 남성이 다시 짝짓기 시장에 재진입할 것이다. 그런데 다시 경쟁에 나선 남성은 상대적으로 여성의 숫자가 부족하다는 사실에 직면하게 된다. 이유는 두 가지다. 첫째,

남성은 여성보다 번식 기간이 더 길다. 둘째, 어느 집단이나 일정한 수의 여성은 임신 혹은 수유 중이라서 번식을 할 수 없는 상태다. 따라서 인간 집단의 유효 성비는 남성 편향으로 기울게 된다(남성/여성>1). 전쟁이나 선택적 이주와 같은 요인에 의해서 남성의 숫자가 줄어드는 경우도 있다. 하지만 이런 예외적인 경우가 아니라면, 남성은 늘 다른 남성과 경쟁해야 한다. 또한 여성은 (허용만 된다면) 짝을 고르는 입장에 서게 된다. 그러나 동물의 왕국에는 이와 반대되는 경우도 종종 일어난다. 암컷이 번식을 위한 자원을 두고 서로 경쟁하는 경우(예를 들면 둥지를 만들려는 자리다툼) 수컷이 많은 양의 부성 투자를 제공하는 경우 혹은 다양한 파트너와 교미를 하는 것이 암컷의 번식 성공률을 높이는 경우 등이라면 암컷이 서로 경쟁하기도 한다. 예를 들어 올리브개코원숭이 (Olive baboon)는 발정기 동안 암컷의 성기가 부풀어 오르는데, 이는 번식적 가치에 대한 정직한 신호로 기능한다(Domb and Pagel, 2001). 보다 크게 부풀어 오르는 암컷이 더 일찍 첫 임신에 성공하고, 더 많은 새끼를 낳으며, 더 많은 수의 자식이 살아남는다. 의미심장하게도 크게 부풀어 오른 암컷의 성기는 더 많은 수컷을 흥분시키고, 수컷 간의 경쟁을 촉발한다.

성선택의 기본적인 세 가지 기전, 즉 짝에게 접근하고 독점하기 위한 동성 간의 경쟁(성내 선택)과 차별적인 짝 선택(성간 선택), 교미 후 정자 경쟁 등의 상대적 중요성을 예측하는 것은 아주 어려운 일이다. 성선택의 결과는 다음 몇 가지 방향으로 나타나기 때문에 이는 아주 중요한 문제다. 첫째, 경쟁자를 힘으로 몰아내기 위한 강건한 몸이나 공격성, 둘째, 상대 성에게 어필하기 위한 장식이나 과시, 셋째, 정자 경쟁의 성공을 위한 정자 생산 등이다. 물론 몇 가지 방법을 같이 구사할 수도 있다(그림 13.2).

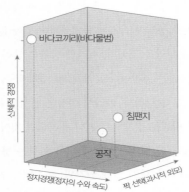

그림 13.2 수컷의 성선택 효과. 세 종을 비교해 보자. 하나는 단일 수컷, 복수 암컷 시스템을 가진 바다코끼리 (elephant seal)다. 바다코끼리는 강력한 수컷 간의 신체적 경쟁을 벌이지만, 암컷은 별 선택권이 없다. 그저 승리한 수컷과 교미할 뿐이다. 결과적으로 정자 경쟁이나 짝 선택 요인은 그리 중요하지 않다. 오로지 신체적 경쟁만이 중요하다. 다른 하나는 공작(peafowl)이다. 수컷은 암컷 앞에서 자신을 과시하는데, 암컷은 그중 일부의 수컷에게만 교미를 허락한다. 정자 경쟁과 신체적 경쟁은 별로 중요하지 않으며, 암컷의 선택을 받기 위한 성적 과시 장식을 발달시키는 것이 가장 중요하다. 마지막 경우는 난교를 하는 침팬지의 경우다. 수컷 간의 지배적 위치를 둘러싼 신체적 공격이 일어나지만, 동시에 암컷도 짝 선택을 할 수 있으며, 교미 후 정자 경쟁도 일어난다 (암컷이 여럿의 수컷과 교미하기 때문이다). 따라서 성선택의 모든 측면이 다 유의미하게 작동한다(Stumpf and Boesch, 2005; Puts, 2010).

성선택의 각 차원에 영향을 미치는 요인들

다양한 생태학적 요인 및 그에 상응하는 신체적 요인이 그림 13.2에 제시된 3차원 그래프에서 각 종의 수컷이 어디에 위치하는지를 결정하는 중요한 요인이다. 암컷이 작은 집단을 형성하는 경우에는 수컷 한 마리가 이를 쉽게 방어할 수 있다. 따라서 기술과 힘을 통해서 수컷 간의 싸움을 벌이는 쪽을 택하게 된다. 정자 경쟁이나 짝 선택의 중요성은 감소한다. 그러나 짝짓기가 이루어지는 환경도 무시할 수 없다. 예를 들어 조류는 이동성이 아주 높으며, 3차원적 공간 전부를 이용하여 살아간다. 따라서 짝을 방어하기가 어렵다. 결과적으로 공격적인 수컷 싸움의 빈도는 높지 않다. 대신 수컷은 암컷의 선호를 만족시키는 방향으로 형질을 진화시킨다. 극단적인 경우가 바로 집단구애(Lek)를 하는 종이다(4장 참조). 인간은 주로 2차원적인 이동성만을 가진다. 그리고 초기 호미닌은 아마 비교적 작은 복수 남성, 복수 여성 집단(100~150명 수준)을 이루고 살았을 것이다. 여성의 번식기는 동기화되어 있지 않으므로 각 여성이 서로 다른 번식 시점을 보였을 것이다. 이러한 상황은 남성 간의 싸움과 여성 독점 현상이 발생할 수 있는 조건이다(일부다처제). 생태적 혹은 성적 이유가 어떻든 간에 남성은 여성보다 강하다. 따라서 여성은 남성을 독점하는 전략보다는 남성에게 매력적인 형질로 경쟁하는 편이 유리해질 것이다. 말하자면 남성을 확보하기 위한 여성 간의 신체적 싸움에 대한 연구는 별로 좋은 결과를 낳을 것 같지 않다는 이야기다. 다시 말해 인간의 짝 선택을 연구하려면, 남성을 유혹하는 여성의 자질에 관한 적응론적 연구가 더 나은 이론적 발판을 가지고 있다는 것이다.

사실 현대 문화와 전통문화에 관한 피상적인 조사만 해도 남성과 여성은 신체적 자질이나 그 외 여러 자질을 과시하려고 한다는 것을 알 수 있다. 특히 남성은 여성의 성적 매력에 관한 신체적 신호에 극도로 민감하다. 야한 깃털로

표 13.1   짝짓기 과시와 성 특이적 까다로움에 미치는 요인들

사회생태학적 조건과 인구학적 변수	과시하는 쪽	선택하는 쪽
생식 세포에 대한 수컷의 낮은 투자 수준(이형배우자접합)	수컷	암컷
수컷의 부모 투자 수준이 암컷보다 낮음	수컷	암컷
수컷의 번식률이 암컷의 번식률보다 높음	수컷	암컷
수컷 편향의 유효 성비(수컷이 더 많음)	수컷	암컷
암컷 편향의 유효 성비(암컷이 더 많음)	암컷	수컷
번식 성공률을 높이는 자원에 대한 암컷 간의 경쟁	암컷	수컷
수컷 자질의 높은 분산	수컷	암컷
암컷 자질 및 수태력의 높은 분산(예를 들면 연령)	암컷	수컷
높은 대면 빈도	양성	양성
양성으로부터 높은 부모 투자	양성	양성
양성 모두에게서 나타나는 짝 가치의 높은 분산	양성	양성

집단 구애를 하는 수컷 공작과 밋밋한 암컷 공작이나 엄청난 수준의 성적 이형성을 보이는 일부다처제 바다코끼리는 인간의 짝짓기를 이해하는 좋은 모델이라고 할 수 없다. 인간 사회의 과시와 선택을 이해하는 하나의 방법은 여성의 생물학적 수태력이 개별 여성에 따라서 상이하다는 것이다. 즉 장기간의 관계를 추구하려는 여성 입장에서는 젊음과 수태력의 신호를 과시할 필요가 있다. 이는 인간의 성적 과시 및 짝 선택을 이해하려면, 성비, 부모 양육, 배우자 질의 변이, 탐색 비용과 대면 확률 등 다양한 요인을 모두 고려해야 한다는 것을 뜻한다(Waynforth, 2011). 표 13.1은 과시와 선택이 이러한 핵심적 요인에 따라서 어떻게 달라지는지 요약하고 있다. 14장에서 이에 대해 더 자세히 다룰 것이다.

신체 크기의 이형성

4장에서 논의한 것처럼 성내 선택은 동성간 싸움을 돕는 형질, 예를 들면 큰 체구 등의 진화를 촉발한다. 그림 13.3에 의하면 신체 크기의 이형성(수컷의 성인체중을 암컷의 성인체중으로 나눈 값)은 영장류의 번식 시스템에 따라서 좌우된다. 이는 일부다처제(단수 수컷 집단)일 경우에는 암컷을 두고 수컷이 경쟁을 치

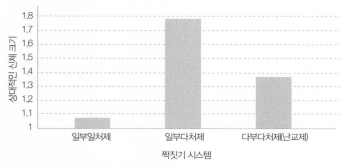

그림 13.3 신체 크기 이형성(상체 수컷의 체중을 상체 암컷의 체중으로 나눈 값)
출처: Heavey and Bradbury (1991); and Smith and Cheverud (2002), Table 1, p. 1998

열하게 한 나머지, 수컷의 몸집이 점점 커진다는 이론에 근거하고 있다. 심지어 복수 수컷 집단도 어느 정도 지배적 위계를 놓고 벌이는 경쟁이 나타난다. 이는 인간에게 나타나는 체구의 성적 이형성이 원시의 짝짓기 시스템의 증거라는 점을 뜻한다. 이에 대해서는 이 장 후반에서 다시 다루도록 하겠다.

2) 고환의 크기

고환의 크기는 정자 경쟁의 정도를 반영하기 때문에 중요하다(4장 참조). 1970년 무렵 생물학자 R. V. 쇼트는 영장류의 고환 크기는 정자 경쟁의 치열함과 관련된다고 주장했다(Short, 1979).[01] 정확한 계산을 위해서는 고환의 크기를 체중으로 나누어야 한다. 체구가 큰 포유류는 고환도 크기 때문이다. 또한 큰 체구에 필요한 혈액을 생산하려면 테스토스테론이 충분히 있어야 할 뿐

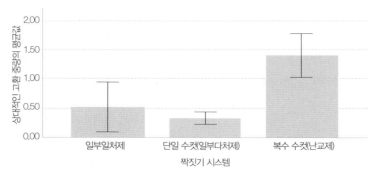

그림 13.4 29종의 영장류가 가진 짝짓기 시스템과 상대적인 고환의 크기. y축은 체중 대비 고환의 상대적인 크기가 평균에서 벗어난 정도를 의미한다. 따라서 1이라는 값은 해당 영장류의 체중에 대한 평균적인 고환 크기를 가지고 있다는 뜻이다. 1보다 큰 값은 예상보다 고환이 크다는 뜻이다. 체중과 고환 크기에 대한 상대 성장 방정식을 구하면 $T=0.035 \, B^{0.72}$다. 여기서 T는 고환의 중량, B는 체중(그램 단위)을 말한다. 일부일처제를 이루는 영장류와 단일 수컷 일부다처제를 이루고 사는 영장류의 차이는 별로 크지 않다. 그런데 복수 수컷 다부다처제를 이루고 사는 영장류의 경우는 큰 차이를 보인다. 출처: Harcourt et al. (1981), Table 1, p. 56.

---

01 정자 경쟁이란 복수의 수컷이 비슷한 시기에 같은 암컷과 교미한 경우, 암컷의 생식 기관 내에서 여러 개체의 정자가 벌이는 경쟁을 말한다.

만 아니라, 암컷의 큰 번식 기관에 대응하려면 많은 양의 정액을 사정할 필요도 있기 때문이다.

그림 13.4에서 체중 대비 고환의 크기를 비교해 보았다. 쇼트의 주장처럼 큰 고환은 정자 경쟁이 치열한 복수 수컷 집단에서 관찰되었다. 하렘을 가진 단수 수컷 집단의 수컷은 정자를 많이 만들 필요가 없기 때문에, 고환이 작았다. 이미 몸집이나 송곳니 등 신체적 능력을 통해서 경쟁은 끝난 상태이므로, 경쟁자의 정자가 위협스러울 일이 없는 것이다. 반대로 난잡한 복수 수컷 집단을 이루는 침팬지는 발정기(Oestrus)의 암컷이 하루에도 여러 마리의 수컷과 교미를 한다. 성기 팽창 등으로 암컷은 자신이 발정기라는 사실을 널리 알리기 때문에 수많은 수컷이 달려들게 된다. 이로 인해 정자 경쟁이 일어나는 것이다. 암컷 입장에서도 가장 우수한 정자 경쟁 능력을 가진 아들을 낳으려면, 잠재적 아버지들 사이의 경쟁을 일으켜 최고의 정자를 얻을 필요가 있다.

3) 고환의 크기와 신체 이형성: 인간의 경우

다이아몬드는 고환 크기와 정자 경쟁 이론을 '현대 체질인류학의 승리'라고 칭했다(Diamond, 1991, p. 62). 이 이론은 강력한 설명력을 가지고 있는데, 이를 인간에 적용해보자.

표 13.2는 대형 유인원의 고환의 크기와 신체 이형성에 대한 핵심적인 데이터를 보여주고 있다. 여성보다 큰 남성의 체구는 진화적 선조의 여러 특징이 반영된 것이다. 사바나의 개활지에서 남성의 보호 기능일 수도 있고, 사냥에 특화된 남성의 식량 획득 전략에 힘입은 것일 수도 있다. 혹은 단수 남성 및 복수 남성 집단에서 여성을 두고 벌인 경쟁의 결과일 수도 있다. 그러나 고릴라에 비하면, 인간의 이형성 정도는 작은 편이다. 호모 사피엔스가 단수 남성 하의 하렘 시스템에서 진화한 것이 아니기 때문이다.

표 13.2 짝짓기와 번식 관련된 대형 유인원과 인간의 신체적 특징

종	수컷 체중 (kg)	암컷 체중 (kg)	이형성 (M/F)	짝짓기 시스템	고환 무게 (g)	체중 대비 고환 중량(%)	매 사정당 정자 수 (×10⁷)	개체 수
인간	70	63	1.1	일부일처제 및 일부다처제	25~50	0.04~0.08	25	60억 명
일반 침팬지 (Pan troglodytes)	40	30	1.3	난잡한 복수 수컷 집단	120	0.3	60	11만 마리 이하
오랑우탄 (Pongo pygmaeus)	84	38	2.2	단수 수컷 일시적 결합	35	0.05	7	25,000 마리 이하
고릴라 (Gorilla gorilla)	160	89	1.8	단수 수컷 일부다처제	30	0.02	5	12만 마리 이하

대부분의 영장류는 현재 멸종 위기다. 출처: Harcourt et al. (1981); Foley (1989); and Warner et al. (1974).

아마 초기 인류가 여성을 두고 일상적인 경쟁을 했다면, 체구의 이형성도 보다 커졌을 것이고 고환은 더 작아졌을 것이다. 고릴라의 고환은 인간에 비하면 (체중 대비) 절반 크기에 불과하다. 반면에 초기 인류가 복수 수컷 집단의 침팬지 같은 생활 양식을 보였다면, 고환이 더 커졌을 것이다. 사실 인간의 고환이 침팬지만큼 커졌다면, 인간의 체중을 고려하면 테니스공 크기가 되었을 것이다. 그림 13.5는 인간과 고릴라, 오랑우탄, 침팬지의 상대적인 모식도이다. 큰 원은 암컷(여성)에 대한 상대적인 신체 이형성을 뜻한다. 화살표의 길이와 두 개의 검은 원은 수컷(남성)의 성기와 고환의 상대적 크기다. 한 가지 풀리지 않는 수수께끼는 유독 큰 인간의 성기다.

인간의 고환 크기를 다른 영장류와 비교한 연구를 통해서, 쇼트는 인간이 '타고난 일부일처제 동물은 아니지만, 복수 남성에 의한 난잡한 짝짓기 시스템을 가진 것도 아니다'라고 결론 내렸다(Short, 1994, p. 13). 그의 입장은 '인간은 기본적으로 연속 단혼제(serial monogamy)라는 형태로 일부다처제를 유지하는 동물'이라는 것이다. 인간은 (고릴라에 비해서) 상대적으로 큰 고환을 가지고

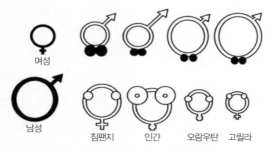

그림 13.5 성적 이형성: 대형 영장류의 암컷과 수컷 원의 크기는 체구의 이형성을 뜻한다. 예를 들어 맨 위 줄 좌측에 검은색으로 그려진 암컷과 비교하여, 우측 네 종의 수컷의 체구를 비교해야 한다. 아래 줄도 마찬가지다. 암컷에 그려진 작은 원은 유방의 상대적인 크기다. 화살표의 크기는 수컷 성기의 크기를 말한다. 인간은 다른 영장류보다 성기와 유방이 유독 큰 편이다. 이러한 특징에 대한 학문적 공감대는 아직 정립되어 있지 않다.
출처: Short and Balban (eds.) (1994); Foley (1989); Warner et al. (1974); and Dixson (1987).

있다. 이는 과거 어느 때에 우리 조상들이 정자 경쟁을 벌였다는 증거다. 손바닥도 마주쳐야 소리가 나듯이, 이는 여성들도 여러 남성과 동시에 성관계를 맺었다는 증거, 즉 일처다부제적 성적 행동이 있었다는 증거이다. 그러나 5장과 6장에서 살펴본 것처럼 유아는 양쪽 부모의 양육이 필요하며, 부부 간의 결속이 강력할수록 더 큰 이익을 본다. 이러한 것을 종합해보면, 원시 시대 인류의 짝짓기 시스템은 표면적으로는 일부일처제였지만 은밀한 혼외 관계와 간통이 빈번했을 것으로 추정된다. 사실 현대 사회도 마찬가지다.

4) 정자의 유영 속도와 형태

속도

정자 경쟁이 심한 종에서는 수컷이 더 많은 정자를 생산하도록 선택압이 가해진다. 양이 많을수록 수정의 기회가 많아지기 때문이다. 양을 늘리는 것이 하나의 전략이 될 수 있다. 그런데 만약 생식관 내에 여러 수컷의 정자가 경쟁하고 있다면 더 빠른 정자가 더 유리하지 않을까? 무엇보다도 난자에 도달하는 단 하나의 정자만이 이득을 독차지하기 때문이다. 나시멘토 등은 네 종의 영장류의 정자 유영 속도를 비교했다(침팬지, 붉은털원숭이, 서부 저지대 고릴라 및 인간이다). 그림 13.6에 결과를 나타냈다. 침팬지와 붉은털원숭이는 복수 수컷, 복수 암컷 시스템이다. 즉 암컷은 며칠 안에도 여럿의 수컷과 교미를 한다. 정자 경쟁 이론에 의하면 이들 종의 정자는 가장 빠를 것이다. 고릴라는 단일 수컷, 복수 암컷 시스템을 가지고 있다. 따라서 정자 경쟁이 거의 일어나지 않는다. 인간은 이 두 종의 중간 정도다. 즉 인간에게 정자 경쟁은 아직 사라지지 않았다.

형태

정자는 중편(midpiece)에 들어찬 미토콘드리아에서 나온 에너지로 움직인다(그림 13.7). 정자의 크기는 포유류 전반에서 큰 차이가 없으며, 체구나 짝짓기 시스템에 따른 차이도 없는 것으로 보인다. 그러나 중편이 보다 크다면 유영 속도가 더 빠르다고 추정할 수 있다. 퍼먼과 사이먼스는 집쥐 정자를 이용한 실험을 통해서 이를 입증했다(Firman and Simmons, 2010). 정자의 운동성은 짝짓

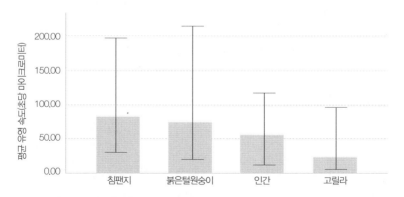

그림 13.6 영장류 네 종의 정자 유영 속도. 막대의 높이는 정자 속도의 중윗값이며, 막대는 범위를 뜻한다. 높은 속도는 높은 수준의 정자 경쟁을 의미한다. 네 종의 정자 유영 속도는 모두 유의한 차이가 있었다.
출처: Nascimento et al. (2008), Figure 1a, p. 300.

머리　　중편

그림 13.7　정자의 모양. 머리와 꼬리 사이에 있는 중편을 볼 수 있다.

기 체계와 관련되므로 중편의 크기 역시 해당 종의 짝짓기 체계와 관련될 것이다. 앤더슨과 딕슨은 31종의 영장류 정자의 중편 용적을 측정하여, 중편의 용적과 고환의 크기가 강한 상관관계가 있다는 사실을 밝혔다. 즉 정자 경쟁이 심할수록 중편의 크기가 커지는 것이다(Anderson and Dixson. 2002). 연구자는 암컷이 단일 파트너를 만나는지 혹은 복수의 파트너를 만나는지에 따라 중편의 용적이 달라지는지 검증했다. 그런데 유의한 결과가 나왔다. 복수의 파트너와 교미하는 종(정자 경쟁을 촉발하는 상황)의 경우에는 수컷 정자의 중편이 더 큰 경향을 보였다. 이러한 연구 결과로 미루어보면 남성은 복수 파트너 집단보다는 단일파트너 집단에 보다 가까운 것으로 보인다(그림 13.8).

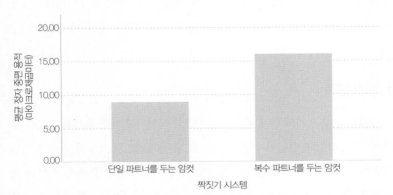

그림 13.8　정자 중편의 용적과 짝짓기 전략. 중편의 용적은 암컷이 복수 파트너를 만나는지 혹은 단일 파트너를 만나는지에 따라서 유의하게 달라졌다(F=3.46, p<0.05). N=각 집단에 속하는 종의 숫자. 출처: Anderson and Dixson (2002), Figure 1, p. 1701

정자의 운명과 관련된 한 가지 미스터리가 있다면, 정자의 수명이다. 난자의 수명은 24시간에 불과하지만, 정자는 48시간 동안 생존할 수 있다. 이는 난소 주기상 최적 가임 기간을 넘어서는 수준이다. 정자 생산의 효율성 측면에서 이상한 일일 뿐 아니라, 만약 오래된 정자가 신선한 난자와 만나면(물론 그 반대도 마찬가지다) 유전적 손상의 위험성이 높아진다는 측면에서도 설명하기 어려운 현상이다. 아마도 이러한 위험은 효과적인 필터링 기전에 의해서 감소하는 것으로 보인다.

5) 면역학의 증거

최근의 면역학적 연구는 초기 인류의 짝짓기 시스템에 대해서 많은 것을 알려주고 있다. 넌 등은 비인간 영장류 41종의 백혈구 숫자를 비교하여, 암컷이 많은 수의 짝을 가지면 백혈구의 수가 늘어난다는 것을 밝혔다(Nunn et al., 2000). 이들 연구자는 '난잡한' 종일수록 성 전파성 질환에 취약하므로, 보다 복잡한 면역 시스템이 진화했을 것으로 생각했다. 그리고 인간의 면역 시스템은 침팬지보다는 일부다처제의 고릴라나 일부일처제의 긴팔원숭이(Hylobates lar)와 비슷하다고 지적했다. 이는 인간의 짝짓기 시스템은 일부다처제(단일 수컷, 복수 암컷)과 일부일처제(단일 수컷, 단일 암컷)의 경계에 위치한다는 뜻이다.

3. 배란 은폐

남성의 고환 크기와 신체 이형성은 인간의 짝짓기에 대한 유용한 정보를 알려 주었다. 그런데 여성의 신체도 초기 호모 사피엔스의 짝짓기 패턴에 대한 중요한 힌트를 알려준다. 인간의 여성이 가지는 성적 특성 중 가장 특이한 것은 난소 주기(ovarian cycle) 중 언제라도 성관계할 수 있다는 것이다. 또 다른 특징은 배란(ovulation) 시기를 남성뿐 아니라, 심지어 여성 자신도 모른다는 것이다. 이는 분명 피임약 회사나 배란 키트 회사에는 멋진 사업기회를 제공했을 것이다. 사실 배란 은폐는 그리 흔한 현상이 아니다. 포유류 대부분은 아주 분명한 방식으로 자신의 발정기를 알린다. 예를 들어 개코원숭이의 경우 질 주변의 피부가 부풀어오르면서 붉은색으로 변하게 된다. 그리고 독특한 냄새를 풍기면서 마음에 드는 수컷을 볼 때마다 궁둥이를 가져다 댄다.

배란 은폐는 인간 외에도 32종의 영장류가 공유하는 특징이지만, 반대로 다른 18종의 영장류의 경우에는 배란 여부가 분명하고 확실하게 드러난다. 배란 은폐나 배란 선전은 모두 적응적인 의미를 가지고 있는데, 이에 대한 여러 흥미로운 가설이 제시되어 왔다. 특히 인간의 배란 은폐(성적 은폐, sexual crypsis)에 대해서는 수많은 이론들이 제기되고 있다. 사실 배란 은폐는 성적 활동을 보다 비효율적으로 만드는 결과를 낳기 때문에, 풀기 쉬운 문제는 아니다. 성적 활동, 즉 교미는 상당히 비싼 행동이다(에너지나 시간, 그리고 질병의 전파, 포식자의 공격 등). 따라서 임신이 가능한 시기를 위장하는 것은 그만큼 충분한 이득이 없다면 진화하기 어려운 형질이다. 그래서 배란 은폐는 여성의 짝짓기 전략의 하나로 추정되고 있다.

지금까지 다음과 같은 여러 이론이 제안되었다.

* '음식과 성을 맞바꾸기(Sex for food)' 가설. 이 주장은 역사적으로 늘 매춘부가 존재했다는 사실에서 착안한 힐의 주장이다(Hill, 1982). 성적 은폐는 초기 호미닌 여성이 성과 음식을 맞바꿀 수 있도록 도와주었다는 주장이다. 배란이 분명하게 드러난다면, 남성은 배란 중인 여성에게만 일종의 선물을 주고 관계하려고 했을 것이다. 배란 은폐를 통해서 여성은 항상 성과 자원을 교환할 수 있는 유리한 입장을 가지게 되었다는 이야기다. 힐은 민족지적 문헌을 통해서 인간의 남성이 고기와 같은 자원과 여성의 성을 맞바꾸는 경향이 있다고 주장했다. 여성은 음식을 얻을 수 있을 뿐 아니라, 집단 내의 우수

한 남성, 즉 식량을 충분히 가진 남성과 관계할 수 있는 기회를 얻었다는 말이다. 실제로 수렵채집 사회에서는 여성들이 사냥을 마치고 돌아오는 최고의 사냥꾼과 자신의 성을 교환하고는 한다(Hill and Kaplan, 1988).

* 위의 가설을 반박하는 '피임 억제 가설(anticontraceptive hypothesis)'. 벌리는 성적 은폐가 여성이 성관계와 임신의 관련성에 대한 인지적 능력을 갖춘후, 즉 관계를 하면 아기가 생긴다는 사실을 알게 된 후 진화했다고 주장했다(Burley, 1979). 배란을 인지한 여성이 임신을 막기 위해서 성관계를 회피했다면, 이 여성들은 배란을 인지할 수 없어서 원치 않는 임신을 한 여성보다 더 적은 수의 자손을 남겼을 것이다. 따라서 배란 은폐는 유전자가 인간의 의식을 뛰어넘어 승리한 결과라는 이야기다.

* 벤쇼프와 손힐은 여성이 자신의 표면적인 일부일처적 배우자의 감시를 피해서 (보다 나은 자질을 갖춘) 다른 남성과 짝짓기하는 방법이 바로 배란 은폐였다고 주장했다(Benshoof and Thornhill, 1979). 다시 말해 여성은 무의식적으로 자신의 배란을 '알고' 있으며, 이를 통해서 자신의 혼외 관계가 보상을 받을 수 있을지 판단하는 데 도움을 받는다는 것이다. 즉 배란 은폐는 더 나은 유전적 자원을 가진 남성의 아기를 가지면서, 동시에 남편이 그 아이를 자신의 자식이라고 믿게 만들어 지속적인 양육 투자를 보장받는 효과를 가지고 있다. 여성은 사실 자신의 아이가 정확히 누구의 아이인지 모르지만, 그럼에도 불구하고 현재의 남편으로부터 자원을 계속 공급받으려면 남편뿐 아니라 자신도 정확한 아이의 아버지를 '의식적으로' 모르는 편이 더 유리하다는 주장이다.

* 미시간 대학의 리처드 알렉산더와 캐서린 누넌은 성적 은폐를 여성이 낮은 수준의 양육 투자와 경쟁적 일부다처제 전략을 추구하는 남성과 높은 수준의 양육 투자 및 일부일처제를 추구하는 남성을 식별하려는 전략의 일환이었다고 주장했다. 부성 확실성을 분명하게 보장받으려면, 남성은 긴 시간 동

안 자신의 배우자 곁에 머무르는 수밖에 없다. 다른 여성과 관계하기 위해서 돌아다닐 시간이 없는 것이다. 더욱이 배란 여부가 확실하게 드러난다면, 배란하지 않은 여성은 다른 바람둥이 남성의 관심을 받을 수 없다. 그러면 안심하고 다른 여성을 찾아 나설 수 있을 것이다(일단 내 아이를 임신한 것이 확실하므로). 따라서 배란 여부를 알 수 없으면 어쩔 수 없이 집에서 배우자를 지키고 있어야 한다. 이를 흔히 '아빠 집 밖으로 못 나가게 하기(Daddy at home)' 가설이라고 한다(Alexander and Noonan, 1979).

• 어미가 다시 발정기를 가지게 하려고 수컷이 자신의 자식이 아닌 새끼를 죽이는 일은 영장류에서 흔히 관찰된다. 그래서 이에 대해 암컷의 대응 전략도 진화했다. 회색랑구르원숭이(*Presbytis entellus*)와 붉은콜로부스원숭이(*Colobus badiu*)는 이른바 '수태 후 발정기(postconception oestrus)'라는 현상을 보인다. 즉 임신을 한 이후에도, 여전히 발정기에 준하는 특징이 지속되는 것이다. 이를 통해서 수컷을 혼란스럽게 한다. 이는 암컷이 수컷에게 자신의 번식적 상태에 대한 '부정직한 신호'를 보내는 예이다. 이에 대해서 허디는 성적 은폐가 초기 호미닌의 부성 확실성을 애매하게 만들어 영아 살해를 막는 효과가 있었다고 주장했다(Hrdy, 1979). 자신이 아이의 유전적 아버지가 아니라는 것을 확신한다면, 영아 살해가 더 광범위하게 일어났을 것이다. 이는 흔히 '착한 아빠(nice daddy)' 이론으로 불린다.

확실히 배란 은폐에 대한 가설은 너무 많고, 또 이를 다 검증하기도 어렵다. 영장류의 성적 행동을 슬쩍 훑어보기만 해도 다양한 짝짓기 시스템에서 배란 은폐가 폭넓게 관찰된다. 예를 들어 일부일처제를 가진 올빼미원숭이(night monkey), 일부다처제의 랑구르원숭이, 복수 수컷 집단의 버빗원숭이(vervet) 등이다. 그러나 이 여러 가설이 서로 배타적인 것은 아니다. '착한 아빠' 가설은 배란 은폐의 기원을 설명할 수 있으며, '아빠 집 밖으로 못 나가게 하기' 가설은 배란 은폐가 유지된 이유를 설명할 수 있을 것이다. 두 명의 스웨덴 생물학자 비르깃타 실렌-툴베르그와 안데르스 몰러는 이러한 혼란스러운 수많은 주장들을 해결하는 데 큰 진전을 이루어 냈다(Birgitta Sillen-Tullberg and Anders Moller, 1993). 그들은 유인원 영장류의 계통수를 조사하면 다양한 가설들을 검증해 낼 수 있다고 주장했다.

물론 가장 중요한 궁금증은 언제 처음으로 배란 은폐가 일어났는지에 관한 것이다. 복잡한 원시적 파생 형질과 수렴 형질을 풀어나가면서, 실렌-툴베르그와 몰러는 배란의 시각적 신호 변화에 대한 계통수를 그렸다. 그러면서 모든 영장류의 원시적 공통 조상이 약한 배란의 신호를 보였을 것으로 추정했다. 배란 은폐는 아마도 영장류 내에서 8~10회에 걸쳐서 독립적으로 진화했을 것이라고 주장했다(모델링에 사용된 추정에 따라서 약간 다르다).

실렌-툴베르그와 몰러는 다음과 같은 세 가지 결론을 이끌어 냈다.

1. 배란 신호는 일부일처제가 아닌 경우에 더 많이 사라졌다. 이는 허디의 영아 살해 가설을 지지한다.
2. 일단 일부일처제가 확립되면, 배란 은폐가 항상 진화하지는 않는다. 즉 알렉산더와 누넌의 '아빠 집에 머무르게 하기' 가설은 지지하기 어렵다.
3. 일부일처제는 배란 신호가 없는 계통에서 여러 번 진화하였다. 즉 배란 은폐는 일부일처제가 출현하기 위한 중요한 전제 조건이다.

요약하면 배란 은폐는 변화할 수 있고, 실제로 영장류 진화 중에 그 기능이 역전되기도 했다는 주장이다. 아마 최초의 배란 은폐는 여러 남성과 관계를 한 호미닌 여성이 부성 확실성을 애매하게 만들어 영아 살해를 막으려는 목적으로 진화했을 것이다. 배란 은폐는 여성이 보다 많은 자원을 가지고 있으며 양육 투자에 호의적인 남성을 선택하고, 그 남성이 자신의 곁에 머무르게 하는 기능을 하였다. 여성은 지속적인 성적 활동성을 유지했고, 남성은 이에 따라서 여성이 지속적으로 가치가 있다고 생각했다. 비록 배란의 증거가 없다고 해도 말이다. 이는 아주 흥미로운 주장이다. 즉 인간에게서 관찰되는 여성의 지속적인 성적 수용성, 특히 번식을 전제하지 않은 성적 행동은 여성이 남성의 허를 찌른 전략이었다는 것이다.[02] 원시 시대의 남성은 자신의 부성 확실성에 대해서 늘 불안했을 것이다. 따라서 여럿의 여성을 다른 남성의 성적 접근으로부터 차단할 여유가 없었다. 대신 일부일처제 관계에 집중하면서 배우자에게 보살핌을 제공하고, 배우자의 성적 정절과 자녀에 대한 부성 확실성을 보장받으려고 했다는 이야기다. 이는 남성의 심리가 왜 여성의 불륜에 특히 민감하며, 불륜에 의해 정서적으로 큰 충격을 받는지 잘 설명해준다. 오늘날 성적 질투가 이토록 강력하게 나타나는 것은 인간 갈등에 대한 좋은 예라고 할 수 있을 것이다(12장). 최근의 몇몇 증거에 따르면 배란은 완벽하게 은폐되는 것이 아닌지도 모른다. 이에 대해서는 14장에서 이야기하도록 하겠다.

이 장에서 언급한 증거에 의하면, 인간의 짝짓기는 단순한 체계에 잘 들어맞지 않는 복잡한 양상을 보인다. 사실 인간의 성적 행동이 원래 일부일처제인지, 일부다처제인지 혹은 다부일처제인지 묻는 것은 마치 물이 원래 고체인지, 액체인지 혹은 기체인지 묻는 것과 비슷하다. 이것은 물의 문제가 아니라 결합 구조의 화학 및 물리적 특성에 관한 문제다. 인간의 성적 행동에서도 다양한 짝짓기 체계는 우리가 우리를 위해 창조한 환경에서 자신의 적합도를 향상시키는 방식으로 행동을 적응시킬 수 있었던 인간의 능력에서 기인하는 것인지도 모른다. 그럼 다음 장에서는 현대 사회에서 나타나는 인간의 성적 행동에 대해 알아보도록 하자.

---

02 남성의 전략이 아니라.

인간의 짝 선택

성적 욕망의 진화적 논리

> 우리에게 주어진 시간과 공간이 충분하다면,
> 여인이여, 당신의 수줍음은 죄가 아니겠지요.
> 우리는 나란히 앉아 어느 길로 걸어갈지 생각하면서,
> 긴 사랑의 나날을 보낼 수도 있겠지요.
> 앤드류 마벨, "수줍은 여인에게"(To His Coy Mistress), 1650년경

성적 욕망은 인간의 삶을 지배하는 원동력이다. 유럽 문학은 온통 카르페 디엠 류의 시로 가득하다. 오늘을 놓치지 말자고, 다시 말해서 잠자리를 같이 하자면서 남성이 여성을 웅변조로 설득하는 것이다.[01] 성적 욕망의 가장 큰 특징은 바로 고도의 차별성이다. 말하자면 우리는 누구를 단기적으로 사랑하고 누구와 장기적으로 사랑, 즉 혼인할지에 대하여 각자의 강력한 선호에 따라서 결정한다. 게다가 인간은 배우자로서의 적합도에 대해서 수입, 직업, 지능, 나이, 그리고 무엇보다도 외모에 대한 다양한 고정적 기준을 가지고 있다. 비록 로맨틱한 사랑을 이상화하기는 하지만, 부정할 수 없는 현실이다. 신체적 외모는 우리에게 수많은 정보를 알려주고 인간의 문화 전체에 강력한 영향을 미치

---

01 카르페 디엠(carpe diem)은 라틴어 경구인데, 오늘을 잡아라, 즉 당장의 현재를 즐기라는 의미를 가지고 있다. 옥타비아누스가 오랜 전쟁 끝에 로마의 평화를 가져오자, 당시의 시인 호라티우스가 로마 시민을 위로하기 위해 지은 시에서 유래한 말이다.

고 있다. 고대 그리스에서 르네상스를 거쳐오면서 서양의 예술은 인체의 아름다움과 우아함, 상징적 의미에 대해서 찬미해왔다. 우리는 같은 종의 다른 개체가 가진 외모에 사로잡히고 매혹된다. 인체의 미에 대한 보편적이고 횡문화적인 기준이 있는지 여부는 논란이 분분하지만, 최소한 서구 문화에서는 이상적인 몸을 만들고 노화를 감추기 위한 엄청난 규모의 산업이 흥하고 있다. 상품을 광고하는 기업들은 오래전부터 잘생긴 모델과 상품을 연관시키는 것이 물건을 파는 가장 좋은 방법 중 하나라는 것을 알고 있었다. 자연적인 외모가 부족하면, 외과 의사의 칼이 동원된다. 미용 수술에 관한 통계를 보면 서구 사회의 강박에 가까운 신체적 미에 대한 집착을 잘 알 수 있다. 그림 14.1에 2013년 영국에서 남성 및 여성에게 가장 많이 시행된 10종류의 미용 수술에 대해서 요약하였다.

이러한 미적 감각은 어디서 유래한 것일까? 놀랍게도 찰스 다윈 자신이 이에 대한 의견을 제시한 바 있다. 다양한 문화의 기준을 훑어본 다윈은 인체의 아름다움에 대한 보편적 기준은 없다고 결론 내렸다. 이러한 문제에 대한 일반적인 반응은 바로 '제 눈에 안경'이다. 그러나 이는 진실의 일부만을 설명해주

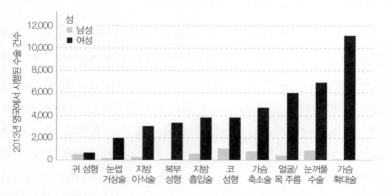

그림 14.1 2013년 영국에서 시행된 상위 10개의 미용 수술. 남성과 여성의 수술 건수는 대략 1:10 수준이다. 출처: British Association of Aesthetic Surgeons (2014).

고 있을 뿐이다. 만약 미의 기준이 완전히 제각각이라면, 누구나 패션 모델이될 수 있어야 한다. 그러나 우리는 어떤 외모가 많은 사람에게 매력적으로 보일지에 대해서 이미 상식선에서 잘 알고 있다. 게다가 매력에 대한 문헌을 메타 분석한 최근 연구에 의하면, 문화와 상관없이 매력에 대한 광범위한 공감대가 있는 것으로 보인다(Langlois et al., 2000). 미는 제 눈에 안경도 아니고, 문화적으로 유도된 규준에 대한 단순한 반응도 아니다.

다윈은 이 문제에 접근하는 방법이 아주 간단하다고 생각했다. 우리의 감각기관은 적합도에 대해 정직한 신호를 보이는 형질에 보다 긍정적으로 반응하도록 설계되어 있다는 것이다. 따라서 아름다운 것은 번식적 잠재력이 높다는말과 같은 뜻이다. 우리는 배우자를 까다롭게 고른 선조들의 후손이다. 따라서우리의 욕망과 선호도 조상으로부터 물려받았다. 우리가 짝을 선택하는 기준은 적합도를 향상시키는 그 기준이다. 이 장에서는 이 주제에 대해서 다룰 것이다. 남성과 여성은 성적 파트너를 선택할 때 어떤 의사 결정 기준을 사용하고, 미적 판단은 어떻게 작동하는 것일까?

1. 진화와 성적 욕망: 몇몇 예측과 접근방법들

다윈주의에서는 매력을 대상 간의, 즉 관찰자와 추상적인 플라톤적 형태 간의 관계로 보기보다는 번식적 적합도라는 개념을 사용해 바라본다. 잠재적 짝의 번식 적합도에 대한 긍정적 신호는 남녀 모두에게 아름답게 보인다. 이러한의미에서 미는 피부 한 꺼풀보다는 더 깊은 곳에 있는 것 같다(서양에는 '미인은단지 피부 한 꺼풀에 불과하다'는 속담이 있다). 다시 말해 미는 '유전자'의 눈이 판단하는 것이다. 13장에서 언급한 것처럼, 인류는 약한 수준의 일부다처제를 보이지만, 극단적인 수준의 일부다처제는 거의 없다. 즉 대부분의 관계에서 남성과 여성은 비슷한 수준의 시간과 에너지를 투자한다. 결과적으로 양성은 모두 미래의 짝에 대한 까다로운 기준을 가지고 있다. 물론 그 기준은 다르지만.

　잠재적인 짝을 평가하는 기준 중에서, 특히 두 가지 기준에 대해서는 남녀의 차이가 확연하게 나타난다. 이는 신체적 매력과 남성의 지위이다. 남성의 지위에 대해서는 이미 4장과 13장에서 다룬 바 있다. 여성은 어린아이를 키우기 위해서 막대한 투자를 해야 한다. 따라서 여성은 충분한 자원을 공급해 줄 수 있는 남성을 선호하게 된다. 이러한 능력은 집단 내에서 남성의 지배력과 지위에 의해서 좌우된다. 지배성은 남성끼리의 경쟁에서 의해서 성내 선택되지만, 또한 여성이 지배적인 남성을 선호하므로 성간 선택이 일어나기도 한다. 지배성의 대략적인 신호는 바로 크기인데, 잘 알다시피 인간은 약한 성적 이형성을 보인다. 그러나 크기 이외에도 힘, 지능, 동맹, 자원 확보 능력, 식량 공급 능력 등도 초기의 복잡한 인류 집단에서 중요한 기준으로 작용했다. 이들은 모두 남성의 사회적 지위와 관련된다. 일부 기준은 미묘하며, 또한 맥락 의존적이므로 여성은 맥락 특이적 신호를 사용해서 남성의 지위와 서열을 추정하는 능력이 진화하였다.

　만약 잠재적인 식량 공급 능력이나 지위에 여성이 반응한다면, 반대로 남성은 신체적으로 아이를 낳아 키울 수 있는 여성에게 매력을 느낄 것이다. 여성의 가임 기간은 대략 13~45세 사이인데, 이는 남성의 13~65세에 비해 짧은 기간이다. 따라서 양성에게 더 매력적으로 보이는 연령대가 다를 수밖에 없다. 남성은 여성의 나이를 더욱 많이 따지고, 특히 젊음이나 수태력과 관련된 신체적 특징에 높은 중요성을 둔다. 사실 남성이나 여성 모두 나이가 들면 매력이 떨어지지만, 여성의 경우에 더 급격하게 떨어지는 경향을 보인다(McLellan and McKelvie, 1993). 이는 일종의 이중 기준이지만 한편으로는 깊은 진화적 연원을 가진 현상이다. 즉 젊은 여성을 선호하는 것은 단지 젊은 여성이 현재 더 높은 수태력을 가지기 때문은 아니다. (폐경 전까지) 더 오랫동안 수태력을 유지할 수 있기 때문이다.

이러한 예측을 검증하기 위해 우리는 다양한 연구로부터 끌어낸 자료를 이용하여 인간의 선호에 대해 조사할 수 있을 것이다.

- 선호하는 매력적 특징에 대한 설문조사
- 짝을 찾는 구애 광고에서 무엇에 중점을 두는지에 대한 연구
- 실제로 매력적인 신체적 특징이 건강 혹은 수태력과 관련되어 있는지에 대한 의학적 증거 조사
- 체형이나 얼굴에 대한 정보를 담은 자극 그림(선으로 그린 그림이나 사진)을 이용한 연구

그렇다면 이러한 방식의 연구들에 대해서 살펴보자.

2. 설문조사

1) 횡문화적 비교

동일 문화 내에서 성적 욕망에 대한 설문조사 연구는 보편적인 인간의 본성보다는 사회화된 규준이나 문화적 관습을 확인하는 것에 불과하다는 비판이 있다. 이러한 문제를 해결하기 위해서 데이비드 버스는 아프리카, 유럽, 북미, 오세아니아, 남미 등에서 다양한 종교, 인종, 민족 및 경제적 집단을 포함하는 37개 다른 문화의 남성과 여성에 대한 설문조사를 시행한 바 있다(Buss, 1989). 쉽게 예상할 수 있는 것처럼, 데이터 수집은 아주 많은 문제에 봉착하기도 했다. 하지만 문화적 변이에 따라서 짝 선호가 어떻게 변하는지 검증하려고 시도했다는 것만으로도 버스의 공을 인정할 만하다. 버스는 다음과 같은 몇 가지 가설을 검증하려고 하였다(표 14.1). 결과적으로 모든 가설이 어느 정도 혹은 강하게 지지되었다.

표 14.1 횡문화적 짝 선택 선호에 대한 예측

예측	번식적 성공 관련 적응적 의미
여성은 남성보다 잠재적인 수입에 더 큰 의미를 둘 것이다	자식의 생존과 건강은 여성 및 여성의 자식에게 얼마나 자원을 할당할 수 있는지에 달려 있다
남성은 여성보다 신체적 매력에 더 높은 가치를 둘 것이다	여성의 적합도와 번식적 가치는 연령에 많이 좌우된다. 매력은 연령과 번식 능력의 강력한 척도이다
전반적으로 남성은 자신보다 어린 여성을 선호할 것이다	남성은 여성보다 더 늦게 성적 성숙에 도달한다. 그 외 위와 동일
남성은 여성의 순결에 더 큰 가치를 둘 것이다	'엄마는 맞지만, 아빠는 글쎄?' 친자가 아닐 경우, 남성의 번식적 적합도는 크게 손상된다
여성은 장래 배우자의 야심과 추진력에 높은 가치를 매긴다	남성의 야심과 추진력은 자원을 안정적으로 공급하고 보호를 제공하는 능력과 관련된다. 이 모두는 여성의 적합도를 향상시키는 효과가 있다.

출처: Buss, D. M. (1989) 'Sex differences in human mate preferences: evolutionary hypotheses tested in 37 cultures.' Behavioural and Brain Sciences 12: 1–49.

짝 선호에 대한 보다 최근의 연구는 이와 같은 기존 연구가 몇 가지 문제를 가지고 있다고 지적한다(Schwarz and Hassebrauck, 2012). 첫째, 상대적으로 적은 수의 선호 선택지(보통 18개)에 의존했다는 것이다. 둘째, 피험자의 나이대가 너무 좁았는데(주로 대학생), 짝 선호 기준이 나이에 따라 어떻게 달라지는지에 대해서 조사하지 않았으며, 셋째, 현재 관계 상태(짝이 없는 상태 혹은 만나는 사람이 있는 상태)가 적절하게 고려되지 않았다는 것이다. 이러한 문제를 극복하기 위해서 연구진은 무려 82개의 선택 기준을 포함하는 설문지를 제시하여 18세부터 65세 사이의 독일인 21,245명(현재 가까운 관계를 맺고 있지 않은)을 대상으로 연구를 시행하였다. 그런데도 다른 연구 결과와 마찬가지로 여성은 남성보다 더 많은 종류의 짝 선택 기준을 가지고 있었다. 여성이 남성보다 더 중요하게 여긴 기준은 다음과 같다. 재력, 관대함, 지능, 우월성, 사회성, 신뢰성, 유머감각. 남성이 여성보다 더 중요하게 여긴 기준은 단 두 개였는데, 신체적 매력과 '창조성 및 가정적인 태도'였다. 흥미롭게도 연령과 교육 수준은 선호 패턴

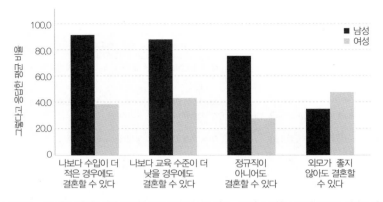

그림 14.2 짝 선호 기준에 대한 독일인 대상의 대규모 연구(18~65세). 여성은 남성에 비해서 신체적 매력을 제외하고는 모든 항목에서 더 중요하다고 응답했다. 나이에 따른 차이는 거의 없었다. 출처: Schwarz and Hassebrauck (2012).

에 별로 영향을 미치지 못했다. 이는 상대 성에 기대하는 자질이 일생을 통해 아주 안정적으로 유지된다는 것을 시사한다(그림 14.2).

2) 나이 차이 선호

앞서 언급한 버스의 연구를 이용하면 짝 선택과 관련된 연령 선호 경향의 평균값을 계산할 수 있다. 연령의 차이에 대한 데이터에 의하면, 평균적으로 남성은 24.83세의 여성과 결혼하고 싶어했다. 그러나 남성 스스로는 평균 27.49세에 결혼하고 싶어했는데, 여성보다 2.66세 많은 나이였다. 반면에 여성은 자신보다 3.42세 많은 남성을 선호했다. 흥미롭게도 33개국 중 27개국에서 실제 결혼 연령에 대한 데이터를 구할 수 있었는데, 남녀의 결혼 연령 차이는 2.99세였다. 다시 말해 적어도 연령에서는 선호하는 나이차와 실제 나이차가 비슷하다는 것을 보여주었다. 다른 연구에서도 여성이 자신보다 몇 살 많은 남성을 더 선호한다는 결과가 나왔다(Waynforth and Dunbar, 1995).

여러 연구 결과에 의하면 남성은 자신보다 어리면 어릴수록 여성에게 낭만적 관심을 보다 더 많이 표하는 경향이 있었다(Kenrick and Keefe, 1992). 이러한 효과를 진화적으로 설명하는 것은 아주 간단하다. 어느 연령의 남성이나 수태력이 높고, 번식적 가치가 우수한 여성을 찾도록 적응했을 것이다. 왜냐하면 남성의 생식력은 여성이 폐경을 맞는 나이 이후에도 지속되기 때문이다. 나이가 많은 남성이라고 해도 여전히 젊고 임신이 가능한 나이대의 여성에게 끌릴 수밖에 없다.

여성의 연령 선호 경향은 이보다 덜 분명하지만, 아마도 나이가 많은 남성이 보호와 자원을 제공할 수 있는 보다 강한 위치에 있기 때문으로 추정된다. 50세 여성이 20세 남성과 짝을 맺고 싶다고 해도 생물학적으로 어떤 의미있는 결과를 낳지는 못한다. 여성의 연령 관련 매력은 두 가지 중요한 생물학적 요인이 복잡하게 얽혀 나타난다. 첫째, 잔여 번식 가치, 즉 미래에 임신을 하고 아기를 키울 가능성이다. 둘째, 수태력, 즉 성관계가 임신으로 이어질 가능성이다. 이 두 가지 요인은 서로 다른 최적치를 가진다. 서구 사회에서 잔여 번식 가치는 12.5세, 즉 초경을 할 무렵에 최고조에 이른다(8장 3절 및 그림 12.5). 반면에 수태력은 20대 중반에 정점을 찍는다(Wood, 1989; Dunson et al., 2002). 여성에 대한 남성의 연령 관련 성적 관심은 이 두 최적치 간의 타협을 통해서 결정될 것이다.

최근 얀 안트폴크는 연령 관련 성적 선호를 확인하기 위해서 18~43세 남녀의 욕구와 행동을 조사하였는데, 흥미롭게도 이상적인 선호(다른 제한 요인이 없을 경우의 선호)와 실제 성적 행동(원래 선호하던 연령이 경쟁에 의해 제한된 타협치)이 다를 것이라고 가정했다(Jan Antfolk et al., 2015). 연구진은 다음과 같은 예측을 내세웠다.

1. 자원과 지위, 보호 등의 이유로 여성은 자신보다 다소 많은 연령의 남성을 선호할 것이다.

2. 남성은 자신의 연령과 무관하게, 25세 이전의 여성에게 성적인 관심을 보이는 경향이 있다.

3. 실제 파트너의 연령과 표명된 선호 간의 차이가 있는 경우는 여성이 남성보다 선택적인 제한 자원이므로(4장), 여성의 선호가 남성보다 더 많이 실현된다.

이러한 예측을 바탕으로 총 12,656명의 핀란드 남녀의 반응을 조사했다. 표 14.2에 몇몇 데이터를 요약했다.

흥미로운 결과가 도출되었다. '남자는 자신보다 어린 여성을 선호한다'는 단순한 경험칙과 달리, 18세 남성은 실제로 20~22세 여성을 선호했다. 수태력 가설에 부합하는 결과였다. 물론 25세 이상의 남성은 다른 연구 결과처럼, 자신보다 어린 여성을 좋아했다. 그러나 여성 선택의 영향력이 더 강했는데, 즉 선호하는 연령과 실제 만난 이성의 연령 차이는 여성의 경우에 더 작았다.

25세 이상 남성은 자신보다 젊은 여성을 선호한다는 사실(남성의 나이가 많아질수록, 선호하는 여성의 나이와 점점 차이가 벌어졌다)은 잔여 번식 가치와 수태력 최적치가 짝 선택에 영향을 미친다는 가설을 지지한다. 그러나 다른 연구의 결과에 의하면, 다른 요인이 작용할 가능성도 있다. 남성이 선호하는 연령이 늘 20대 초반에 고정된 것은 아니기 때문이다.[02] 이는 여성 선택이나 (20대 남성의) 남성 경쟁, 사회적 기대 등 다른 요인이 작동한다는 것을 말한다. 예를 들어 40대 남성이 실현 가능성이 없는 22세의 여성을 찾아 헤매는 것은 무익한 에너지 낭비라는 것이다. 물론 어떤 남자는 이런 사실은 끝내 배우지 못하는 것 같지만.

하지만 '사회구성주의자'의 대안적 설명도 있다. 남녀가 선호하는 연령은 사회문화적 기대 혹은 경제적, 정치적 여건에 따라 전략적으로 결정된다는 것이다. 이러한 접근을 지지하는 현상이 바로 최근 증가하고 있는 '장난감 소년

---

02 50대 남성도 여전히 20대 초반 여성을 선호하는 것은 아니다.

표 14.2 12,656명의 핀란드 남녀 집단의 실제 성적 파트너의 연령과 선호하는 이성의 연령 비교

응답자의 연령	남성(95% 신뢰 구간)		여성(95% 신뢰 구간)	
	선호 연령	실제 파트너의 연령	선호 연령	실제 파트너의 연령
18	20~22	17.5~18.5	21~22	20~21
25	25~26	24~25	27~28	27~28
35	28~31	31~33	35~37	36~37
40	32~35	36~38	40~42	40~42

(toy boy)' 교제다. 부유한 여성(종종 유명인)이 훨씬 어린 남성과 교제하는 현상을 말한다.[03]

두 가지 접근방법을 평가하기 위해서, 마이클 던 등은 온라인 데이트 사이트를 통해서 남성과 여성의 선호 연령 차이에 대한 데이터를 수집했다. 총 14개국의 데이터를 모았는데, 크게 두 종교권(기독교와 무슬림)으로 나눌 수 있었다. 그런데 남녀의 선호 연령의 차이는 종교와 문화에 무관하게 비슷한 양상을 보였다(그림 14.3). 연구에 포함된 집단은 다양한 경제 시스템과 경제적 수준, 발전 수준을 포괄했기 때문에, 이러한 결과는 사회문화적 원인보다 생물학적 원인이 더 중요하다는 것을 시사한다. '장난감 소년' 효과의 증거는 거의 찾을 수 없었다. 아마 이러한 전략은 부유한 엘리트 여성에 국한된 것으로 생각된다. 앞으로 비슷한 문화권에서 부유층 여성을 대상으로 한 연구를 진행해도 좋을 것이다. 그림 14.3에 의하면 연령 선호가 단지 생식 등의 생물학적 원인

---

03 이를 버스와 바네스는 이른바 '구조적 무기력과 성 역할 사회화(structural power-lessness and sex role socialization)' 가설이라고 하였다. 가부장적인 사회에서 여성에게 부여되는 권력과 부가 남성보다 더 적었고, 따라서 여성이 부와 권력을 쥐는 가장 좋은 방법은 결혼을 통해 사회적 사다리, 즉 앙혼(hypergamy, 더 높은 계급의 사람과 혼인하는 것)을 통해서 외모와 지위를 맞바꾸는 방법 뿐이었다는 것이다. 그러나 이 가설은 이미 부와 지위가 높은 여성이 여전히 높은 지위의 남성을 원하는 현상을 설명하지 못한다.

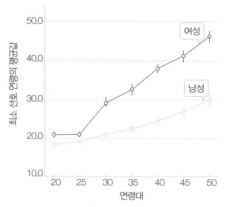

그림 14.3 14개국 22,400명의 남녀를 대상으로 온라인 데이트 사이트에서 수집된 각 성의 선호 연령. x축은 남성과 여성의 나이이며, y축은 잠재적인 짝으로 받아들일 수 있는 최소 나이. 전 연령에서 남성은 여성에 비해서 낮은 연령의 이성을 선호했는데, 이러한 차이는 연령이 증가하면서 더욱 벌어졌다. 출처: Dunn et al. (2010), Table 1, p. 387. Data points are means (n＝14) of the mean of responses from each of 14 countries, error bars show 95 per cent confidence intervals (CI).

에 의해 일어나는 것이 아님을 보여주고 있다. 왜냐하면 남성의 연령이 증가함에 따라서 선호 연령도 같이 증가했고, 50세 남성의 경우에는 여성이 최소 30세는 되어야 한다고 했기 때문이다. 물론 이는 남성이 사회적으로 받아들여질 수 있는 여성의 연령 혹은 짝짓기 시장의 논리를 감안하여 선호 연령을 양보한 결과인지도 모른다.

물론 질문지에 기반을 둔 연구는 분명한 제한점이 있다. 특히 비선택적인 표본을 사용하는 경우는 더욱 그렇다. 연구를 보다 보면 미국 대학생은 성 생활에 대한 인터뷰를 끊임없이 요청 받는 것 같은 인상을 받는다. 그럼에도 불구하고, 이러한 결과는 진화적 예측과 일맥상통하는 편이다. 만약 사회과학자의 비판처럼 이러한 반응이 사회적 규준에 의해 빚어지는 것이라면, 왜 이러한 사회적 규준이 진화적 예측과 일치하는지에 대한 설명을 해야 할 것이다.

3. 구애 광고 연구

짝 선호에 관한 정보를 수집하는 흥미로운 방법 중 하나는 바로 신문이나 잡지에 흔히 나오는 '구애 광고(lonely hearts)'의 내용을 확인하는 것이다.[04] 전형적인 광고는 다음과 같다.

> 독신, 교수, 남성, 38세, 대학원 졸, 비흡연자, 우정과 낭만을 나눌 젊고 날씬한 여성 구함.

이러한 광고는 광고를 낸 사람에 대한 정보뿐 아니라, 원하는 짝에 대한 선호 정보도 담고 있다. 이런 정보는 설문조사 연구보다 장점이 많다. 일단 설문조사에 좀 거슬리는 문항을 넣어야 하는 문제가 없고, 연구자의 기대에 맞추고자 하는 설문조사 응답자의 경향에서도 자유로운 편이다. 더욱이 이렇게 구한 데이터는 '진실'된 데이터이다. 어쨌든 광고를 낸 사람은 실제로 짝을 찾고자 하는 의도가 있기 때문이다. 물론 데이터가 너무 선택적이며, 모든 인구 집단을 반영할 수 없다는 단점도 분명히 있다. 그린리스와 맥그루는 《프라이빗 아이(Private Eye)》라는 잡지에 실린 1,599개의 광고를 분석하였다(Greenless and McGrew, 1994). 신체적 외모와 재정적 안정성에 대한 결과를 그림 14.4에 제시하였다.

광고 연구의 결과는 데이비드 버스 등이 진행한 설문조사 연구 결과와 일치하였다. 그리고 다음과 같은 가설을 지지하는 결과가 도출되었다.

1. 여성은 남성보다 재정적 안정성을 더 중요하게 여길 것이다.
2. 남성은 여성보다 재정적 안정성에 대해서 더 많이 어필할 것이다.

---

04 서양에는 이러한 형태의 광고가 큰 인기가 있다.

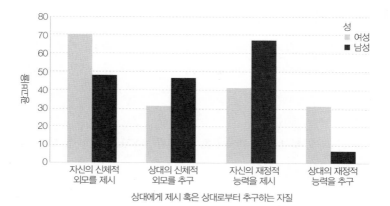

그림 14.4 광고를 낸 사람이 찾는, 그리고 제시하는 신체적 매력과 재정적 안정성에 대한 비교. 출처: Greenless, I. A. and McGrew, W. C. (1994) 'Sex and age differences in preferences and tactics of mate attraction: analysis of published advertisements.' Ethology and Sociobiology 15: 59–72.

3. 여성은 남성보다 자신의 신체적 매력에 대해서 더 많이 어필할 것이다.

4. 남성은 여성보다 신체적 매력을 더 중요하게 여길 것이다.

높은 지위를 가진 남성은 높은 번식적 가치를 가진 여성을 유혹할 수 있는 것으로 보인다. 비록 일화적인 수준에 불과하지만, 나이가 지긋한 록스타나 연예인이 한참 어린 여성과 결혼하는 일은 아주 흔하다. 독일의 컴퓨터 연애 서비스 회사에 대한 연구에서, 그라머는 남성의 수입과 그들이 찾는 여성(보다 어린)과의 나이 차이 사이의 양의 상관관계가 있다는 것으로 알아냈다(Grammer, 1992).[05]

---

05 이러한 경향은 60~69세 연령군에서는 반전되었는데, 왜냐하면 이 연령에서는 생존해 있는 남성이 여성보다 더 적어지기 때문이다. 즉 노인 군에서는 이미 번식은 중요한 문제가 아니며, 따라서 수적으로 적은 남성이 더 까다롭게 재산이 많은 여성을 고르게 된다. 게다가 이 연령군의 여성은 이미 재정적 자원과 거래할 만한 수태력을 잃은 상태이기도 하다.

광고하는 자질과 찾고 있는 자질

연구를 조금 변형해 보았다. 드 바커 등은 남녀가 스스로 광고하려는 것과 짝에게서 기대하는 것이 일치하는지 조사하였다(De Backer et al., 2008). 다시 말해서 남녀는 서로가 서로에게 원하는 것을 잘 알고 있는지 여부다. 2000년 부터 2001년 사이에 발행된 몇몇 벨기에 신문에 게재된 800건의 광고를 수집하였다. 그림 14.5에서 결과를 요약하였다.

전반적으로 보면 제법 높은 상관관계를 보인다. 하지만 몇 가지 주목할 부분이 있는데, 여성은 남성이 원하는 것 이상으로 자신의 재산이나 지능을 광고했다는 것이다. 또한 남성은 여성이 원하는 것 이상으로 자주 신체적 매력과 날씬함 등을 광고했다. 왜 이런 편향이 생기는지, 양성의 짝 선호에 대한 서로의 몰이해에서 비롯한 것인지 아니면 단지 광고 과정상의 오류에 의한 것인지에 대해 추가적인 연구가 필요할 것으로 보인다.

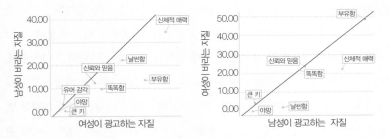

그림 14.5 몇몇 벨기에 신문에 게재된 800건의 개인 광고를 대상으로 수집된, 남녀가 서로 찾고 있는 파트너의 자질과 스스로 광고하려는 자질 간의 상관관계에 대한 그래프. x와 y축은 해당 자질이 광고에 나타난 비율. Spearman rho=0.881, p=0.004 (two tailed). 출처: De Backer et al. (2008), Table 3.1, p. 89, and Table 3.2, p. 90

4. 체형 선호를 밝히기 위한 자극 그림 연구

1) 허리 엉덩이 비율: 남성의 여성 평가

남성이 예쁜 여자를 좋아하는 것은 분명하다. 그러나 구체적으로 어떤 외모를 선호하는 것일까? 문화별로 시공간에 따라 미의 기준에 대한 엄청난 수준의 변이가 있다는 믿음은 보편적이고 적응적인 미의 기준을 찾으려는 과학적 노력에 찬물을 끼얹고는 한다. 예를 들어 티치아노(Titian)와 루벤스(Rubens)의 누드화에 나오는 여성의 모습은 현대 사회의 모델이 강조하는 매력과는 상당한 차이가 있다(물론 이 예술가들이 이상적인 매력을 가진 여성을 그리려고 했는지는 알 수 없지만). 그러나 1993년 텍사스 대학의 심리학자 드벤드라 싱은 양성이 매력적으로 느끼는 보편적 외모가 있다는 연구를 발표하였다(Devendra Singh, 1993). 싱은 보편적 이상형이 갖추어야 할 두 가지 조건을 제시했다. 첫째, 매력은 번식적 적합도의 일부분을 조절하는 생리적 기전과 상당한 관련이 있어야 한다. 따라서 매력의 변이는 번식적 잠재력의 변이와 상관관계를 가진다. 즉 매력은 곧 적합도이다. 둘째, 남성은 그러한 미적 특성을 평가하는 기전을 가지고 있어야 한다. 이 기전은 매력을 고도로 잘 평가할 수 있어야 한다.

싱은 허리와 엉덩이의 체지방 분포가 이러한 기준을 만족한다고 주장했다. 보다 구체적으로 허리 엉덩이 비율(waist to hip ratios, WHRs)이 적합도와 매력의 중요한 지표라고 제안했다(Singh, 1993). 허리 엉덩이 비율은 허리 둘레를 엉덩이 둘레로 나눈 값인데, 건강한 여성의 경우 대략 0.67에서 0.80 사이에 위치한다. 남성은 대개 0.85에서 0.95 사이이다. 비만하면 이 값이 높아지는데, 놀랍게도 비만한 여성의 건강 상태를 예측하기 위해서는 허리 엉덩이 비율이 아주 중요하다.[06] 싱은 이 비율이 0.85 이하인 여성은 비율이 0.85 이상인 여성보다 심장 질환, 당뇨, 담낭 질환 및 일부 악성 종양의 위험성이 낮아진다는

---

06 비만은 건강에 좋지 않다. 하지만 허리 엉덩이 비율이 낮은 경우에는 해당 비율이 높은 동일한 체중의 여성보다 위험성이 상당히 낮아진다.

것을 알아냈다. 싱의 논문이 나온 이후, WHR이 여성의 건강과 직결된다는 의학 연구들이 나오기 시작했다. 표 14.3은 이러한 허리 엉덩이 비율 관련 연구 및 여성의 매력을 나타내는 또 다른 요인인 체질량지수(body mass index, BMI)에 대한 연구를 요약한 것이다.

만약에 WHR이 적응적 의미가 있다면, 유행에 따라서 이리저리 기준이 바뀌지는 않을 것이다. 이를 검증하기 위해, 싱은 미스 아메리카 우승자와 성인 잡지《플레이보이》의 표지 모델에 대한 통계 분석을 하였다.

싱의 연구 결과 많은 사람이 의심한 대로, 지난 60년 동안 패션모델의 체중

표 14.3 허리 엉덩이 비율(WHRs) 및 체질량지수(BMI)와 관련된 번식 및 건강 상의 특징에 대한 연구들

여성의 WHR과 관련된 건강 및 번식상의 효과	참고 문헌
건강한 폐경 전 여성의 WHR은 0.67~0.80 사이에 위치한다.	Lanska et al., 1985
폐경 이후에는 WHR이 남성과 비슷하게 변한다.	Arechiga et al., 2001
높은 WHR은 심혈관 장애, 성인 당뇨, 고혈압, 암, 난소암, 유방암, 담낭 질환의 위험인자이다.	Huang et al., 1999, Misra and Vikram, 2003
높은 WHR을 보이는 여성은 더 불규칙한 월경 주기를 보인다.	van Hoof et al., 2000
인공수정 프로그램에 참여하는 여성 중, WHR이 0.8 이상일 경우 낮은 임신율을 보인다(연령과 BMI를 보정한 후에도).	Zaadstra et al., 1993
에스트로겐 분비 장애로 인해 다낭성 난소 증후군을 앓는 여성은 보다 높은 WHR을 보인다. 에스트로겐-프로게스테론 복합제제로로 치료를 받으면, WHR이 점점 낮아진다.	Pasquali et al., 1999
여성 체질량지수(BMI)와 관련된 건강 및 번식상의 효과	**참고 문헌**
높은 BMI, 즉 비만은 임신 합병증, 월경 불순 및 불임과 관련된다.	National Heart, Lung and Blood Institute, 1998
낮은 BMI는 월경 곤란 및 무배란과 관련된다.	DeSouza and Metzger, 1991
아주 낮은 BMI(거식증)는 높은 자연 유산, 높은 조산율 및 높은 저체중출생률과 관련된다.	Bulik et al., 1994

이 점점 감소했다. 그러나 허리 엉덩이 비율은 일정한 값을 계속 유지했다. 이는 체중은 매력의 요인으로서 어느 정도 유행을 타는 경향이 있지만, WHR은 안정적인 매력 요인이라는 것을 의미한다. WHR은 여성의 보편적 미의 기준일까? 매력적으로 여겨지는 여성들의 WHR이 일정하다면, 아마 신체적 건강이나 임신 가능성과 관련이 있을 것이다. 그렇다면 다음으로 확인할 것은 이것이 미의 평가 기준인지 여부이다.

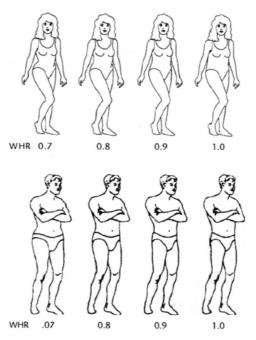

그림 14.6 싱의 연구에 제시된 자극 그림. 네 장의 사진을 다음의 세 가지 분류군으로 나누어 제시했다. 저체중, 정상, 과체중. 여기 제시된 네 장의 사진은 정상 체중 군이다. 출처: Singh, D. (1993) 'Adaptive significance of female attractiveness,' Journal of Personality and Social Psychology 65: 293–307. copyright © 1993 by the American Psychological Association. Adapted with permission. Singh, D. (1995a) 'Female judgement of male attractiveness and desirability for relationships: role of waist-to-hip ratios and financial status,' Journal of Personality and Social Psychology 69(6): 1089–101; copyright © 1995 by the American Psychological Association. Adapted with permission.

체중과 WHR에 관련하여 매력을 느끼는지를 확인하기 위해, 싱은 그림 14.6에 제시된 식으로 그림을 제시하였다(Singh, 1993). 그리고 매력도를 표시하도록 하였다. 결과는 확실했다. 체중과 무관하게 가장 낮은 WHR이 가장 매력적이었다. 게다가 낮은 WHR을 보이는 과체중 여성이 높은 WHR을 보이는 날씬한 여성보다 더 매력적으로 평가되었다. 이는 매력이 체중 자체보다는 체지방 분포와 깊은 관련이 있다는 증거다.

2) 허리 엉덩이 비율(WHRs): 여성의 남성 평가

벌거벗은 여성이 표지를 장식하는 수많은 잡지를 보면, 남성은 여성보다 시각적 자극에 더 쉽게 끌리는 것으로 보인다. 물론 남성을 표지 모델로 쓰는 잡지들도 있지만, 대개는 여성보다는 동성애 시장을 겨냥한 잡지다. 그러나 여성이 남성의 신체에 무감각하다는 뜻은 아니다. 싱은 앞서 연구한 것과 비슷한 방법으로 남성의 매력에 대한 여성의 평가에 대해 조사하였다. 인간의 체지방 분포는 성적 이형성을 보이는데, 이는 호미닌 중에 인간에게만 나타나는 독특한 특성이다. 사춘기 이후 여성의 지방은 엉덩이와 허벅지에 집중적으로 축적된다. 반면에 남성은 상체, 특히 복부와 어깨, 목 뒤쪽에 주로 축적된다. 이러한 여성적 혹은 남성적 체형은 놀랍게도 기후나 인종과 무관하게 일정한 양상을 띤다. 싱은 WHR이 인체 생리의 한 부분, 즉 건강이나 호르몬 수준을 반영한다고 생각했다(그림 14.7).

싱은 여성들에게 선으로 그린 남성의 체형을 보여주고 매력도를 평가하도록 하였다. 모든 체중군에서, 여성과 비슷한 체형, 즉 낮은 WHR을 가진 체형이 가장 덜 매력적으로 평가되었다. 가장 매력적인 그림은 정상 체중군에서 WHR 0.9인 경우였다(그림 14.6). 흥미롭게도 건강, 야심, 지능과 같은 자질에 대해서 물었을 때, 여성들은 높은 WHR을 가진 남성이 더 건강하고, 야심적이며 똑똑할 것이라고 대답했다. WHR 0.9를 보인 남성은 단지 멋져 보인 것이

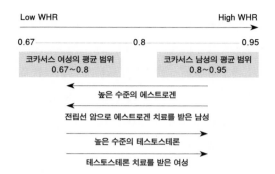

그림 14.7 성과 호르몬 수치에 따른 WHR의 분포. 낮은 WHR은 높은 에스트로겐 수준의 지표이며, 높은 WHR 은 높은 테스토스테론의 지표이다. 출처: Singh, D. (1995) 'Female judgement of male attractiveness and desirability for relationships: role of waist-to-hip ratios and financial status.' Journal of Personality and Social Psychology 69(6): 1089–101.

아니라 더 똑똑하고 건강할 것으로 추정되었던 것이다.

싱의 초기 연구, 즉 남성의 여성에 대한 평가는 코카서스 남성을 대상으로 수행되었다. 다른 문화에서는 어떤 결과가 보이는지 확인하기 위해, 싱과 루이스는 미국에 최근에 입국한 인도네시아 남성(94%는 중국계였다)과 아프리카계 미국인 집단을 대상으로 비슷한 연구를 수행하였다(Singh and Luis, 1995). 결과는 기존 연구와 동일했다. 정상 체중군이 가장 매력적이었지만, WHR 0.7인 여성이 가장 매력적으로 조사되었다. 여성을 대상으로 한 남성의 매력 연구의 결과도 이전 연구와 비슷한 결과를 보였다. 싱은 민족이나 성별에 상관없이 WHR와 관련된 매력에 보편성이 있다는 결론을 내렸다.

3) 매력 판정의 문화적 변이

매스미디어로부터의 학습

싱의 연구는 많은 관심을 받았지만, 논란도 많았다. 남성들은 매스미디어에서 홍수처럼 쏟아지는 여성의 이미지에 노출되기 때문에, 문화적으로 선호가 결정된다는 반박이 있었다. 사실 많은 남성이 다른 남성의 행동을 통해서 매력적으로 간주되는 이상적인 여성의 몸에 대한 신호를 학습하고 미디어가 만들어낸 스타나 우상의 모습에 긍정적으로 반응할 가능성이 있다.

설령 이상적인 WHR이 특정 문화에서 지속적으로 유지된다고 해도 신체의 다른 부분에 대한 매력도는 개인차가 큰 것으로 보인다. 스와미와 퍼넘은 여성의 이상적 체형은 동일한 문화 내에서도 시간에 따라 변화한다는 것을 밝혔다(Swami and Furnham, 2007). 제1차 세계대전 이후 이상적인 여성의 몸매는 보다 중성성을 강조하는 형태로 변화했다(허리와 가슴에 대한 강조가 줄어들었다). 이는 여성이 자신의 몸의 남성성을 강조하면서 성 평등을 주장하던 사회적 분위기에 의한 것으로 보인다(1918년에야 영국에서 30세 이상의 여성에 한해 투표권이 인정되었고 미국에서는 1920년 대통령 선거 전에는 모든 여성이 투표권을 보장받았던 적이 없었다). 이러한 경향은 1920년대 미스 아메리카 우승자의 몸매가 32-25-35였다는 점에서도 잘 드러난다. 흥미롭게도 이 신체 치수는 WHR 0.71에 해당한다. 하지만 1950년대 우승자에 비하면 가슴은 훨씬 작은 편이다. 1950년대 여성미의 아이콘인 마릴린 먼로의 모래 시계 체형은 1920년대 이상적인 여성의 몸매보다 더욱 곡선이 두드러진 편이다. 1960년대 무렵 미스 아메리카 우승자의 키가 점점 커지고, 체중은 점점 줄어들었다. 1980년대 미스 아메리카 우승자의 대부분은 BMI가 18.5 미만이었는데, 이는 임상적인 의미에서 저체중 상태에 속한다.

수렵채집 문화에서 WHR 선호 경향

남성의 WHR 선호가 0.7에 고정되어 있으며 문화적 영향을 받지 않는다는 주장을 확인하기 위해서, 말로위와 웨츠먼은 하드자(Hadza)족 남성에게 비슷한 그림을 보여주었다(Marlowe and Wetsman, 2001). 하드자족은 탄자니아에 사는 수렵채집인이다. 이들은 성적으로 분업화된 노동을 하는데, 여성은 주로 덩이줄기를 캐거나 야생 딸기와 과일을 채집하고 남성은 꿀을 채집하거나 사냥을 한다. 말로위와 웨츠먼은 기존 자극 그림 연구가 가진 문제점에 주목했다. 높은 WHR은 높은 BMI를 시사하며, 전반적으로 더 뚱뚱하다는 인상을 준다. 하드자족 남성은 미국인에 비해서 보다 높은 WHR의 그림이 더 매력적이라고 하였다(그림 14.8). 이러한 연구 결과에는 몇 가지 고려할 점이 있다. 첫째, 수렵채집 부족에서 여성은 상당히 에너지가 많이 드는 노동을 하기 때문에 날씬함은 기생충 감염이나 질병에 의한 불량한 건강을 시사하는 경우가 많다. 다시 말해 날씬한 여성은 식량 채집과 양육에 불리하다는 신호일 수 있다. 둘째, 모든 문화에서 높은 WHR은 임신을 연상시키며, 따라서 바람직한 배우자감으로 선호되지 않을 수 있다. 그러나 임신 관련한 효과는 각 문화의 총 가임률(혹은 합계출산율, total fertility rate, TFR)로 보정할 수 있다. 미국의 총 가임률(TFR)은 2이다(평균적인 여성은 두 명의 자식을 키운다는 뜻). 그러나 하드자족의 TFR은 6.2에 달한다. TFR이 낮을수록 임신 여부에 대한 신호가 더 중요하게 작용할 것이다. 즉 미국에서는 이미 임신을 한 여성이라면, 이제 아이 한 명의 여

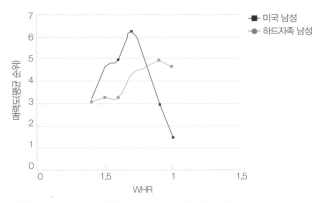

그림 14.8 미국 남성 및 하드자족 남성이 평가한 WHR 관련 여성의 신체적 매력도. 출처: Marlowe, F. W. and Wetsman, A. (2001) 'Preferred waist-to-hip ratio and ecology.' Personality and Individual Differences BO: 481-9, p. 483.

분이 남은 셈이다. 하지만 하드자족에게는 아직 5.2명의 가능성이 더 남아 있다. 말로위와 웨츠먼은 이러한 효과로 인해서 높은 WHR이 미국 남성에게 잠재적 번식 가능성에서 더 심각한 위협으로 느껴진다고 주장했다(Marlowe and Wetsman, 2001). 따라서 미국인은 높은 WHR을 가진 여성에 대해서 덜 매력적으로 보는 경향이 하드자족 남성에 비해서 보다 뚜렷하다는 것이다.

최근의 연구에서 말로위 등은 하드자족 원주민 여성과 전형적인 미국 여성의 체형 차이를 조사했다. 코카서스 여성보다 하드자족 여성은 분명하게 보다 튀어나온 엉덩이를 가지고 있었다. 이는 중요한 소견인데, 정면에서 보았을 때 WHR의 추정치가 서로 동일하다고 해도 실제 줄자로 재면 그 값이 서로 다를 수 있다는 것이다. 그래서 말로위 등은 정면 사진과 함께 측면 사진도 같이 제시하였다. 그 결과를 표 14.4에 요약했다(Marlowe et al., 2005).

여기서 주목할 점은 미국 여성과 하드자족 여성의 최적 수준의 매력적 WHR이 각각 0.68과 0.79로 다르지만,[07] 이전 연구에서 드러난 것에 비하면 그 차이가 작다는 것이다(Marlowe and Wetsman, 2001). 표 14.4를 보면 하드자족 남성은 미국 남성보다 더 작은 측면 WHR을 선호했다. 이는 하드자족 여성이 미국 여성과 다른 체형(더 두드러진 엉덩이)을 가지고 있기 때문으로 보인다.

표 14.4 미국 남성과 하드자족 남성이 선호하는 정면 및 측면 WHR 비교

	미국 여성	하드자족 여성
정면 WHR	0.70	0.90
측면 WHR	0.65	0.63
가중 평균, 즉 전반적인 WHR	0.68	0.79

출처: Marlowe et al. (2005).

---

[07] 남성의 선호 측면에서 다르다는 뜻이다.

표 14.5 미국 여성과 하드자족 여성의 평균 WHR 비교

인구 집단	연령 (범위)	평균 WHR (±1 표준편차)
하드자 여성	17~82	0.83 ± 0.06
하드자 여성	17~24	0.79 ± 0.04
젊은 미국 학생	18~23	0.73 ± 0.04
미국 간호사	23~50	0.74 ± 0.08

출처: Marlowe et al. (2005).

이 연구에서는 다른 중요한 사실도 확인할 수 있었는데, 하드자족 여성의 평균 WHR이 미국 여성의 평균 WHR보다 높다는 사실이다(표 14.5).

아마 유전적 원인으로 인해 미국 여성과 하드자족 여성의 WHR의 차이가 발생하는 것으로 보인다. 다시 말해 서로 다른 환경에서 서로 다른 WHR이 적응적 결과일 수 있다는 것이다. 말로위 등은 하드자족 여성의 WHR이 더 높은 이유가 보다 긴 위장관을 통해 섬유질이 많은 덩이줄기 식물, 즉 하드자족의 주식을 소화시켜야 했기 때문이라고 추정했다. 혹은 보다 먼 거리를 이동하기 위한 적응으로 골반이 작아진 하드자족 여성은 보다 남성형의 WHR을 가지게 되었을 것으로 추정했다. 기저 원인이 무엇이든 간에, 미국 남성과 하드자족 남성이 선호하는 여성의 체형이 각각 자신의 인구 집단 내 젊은 여성의 평균 WHR에 가깝다는 것은 흥미로운 사실이다(표 14.4와 표 14.5 비교). 말로위는 이러한 결과에 대해서 고정된 WHR 선호라는 인류 보편의 기준은 없으며, 단지 남성은 지역적인 생태적 환경에 따라서 이상적인 WHR에 대한 기준을 가지게 된다고 주장했다. 즉 지역에 거주하는 여성의 평균값에 부합하는 체형을 이상적 체형으로 인식하는 단순 평균 추적 프로그램이 있다는 것이다. 이러한 기전은 얼굴이나 신체의 다른 부분에 대한 비슷한 연구에서도 일관되게 입증되고 있다(Halberstadt and Rhodes, 2000).

WHR과 BMI: 교란 효과와 문화적 변이

싱의 연구에 대한 비판 중 하나는 매력에 대한 평가에 미치는 BMI의 영향을 간과했다는 주장이다. BMI는 체중(kg)을 키(m)의 제곱으로 나눈 값이다.

BMI는 건강 수준을 예측하는 요인이자, 매력에도 영향을 미친다. 서유럽이나 미국의 코카서스 여성의 경우, 이상적인 BMI(건강 측면에서)는 $19\sim20kg/m^2$ 이다(Tovee and Cornelissen, 2001). '정상' BMI는 $18.5\sim30kg/m^2$이며, 이를 통해서 과체중 혹은 저체중 여부를 판정한다. 30이 넘어가면 보통 비만으로 간주한다.

WHR와 BMI가 매력에 미치는 상대적 영향에 관한 초기 연구에 대해서는 논란이 상당하다. 싱이 연구에 사용한 그림은 다양한 WHR을 염두에 두고 그린 것이지만, 실제로는 BMI 차이도 있다는 비판이 있다. 예를 들어 싱의 과체중군 그림에서 허리의 폭을 조절하면 BMI도 분명하게 변하게 된다. 따라서 상대적인 매력의 차이가 WHR에 의한 것인지 BMI에 의한 것인지 구분하기 어려워지는 것이다(Tovee and Comelissen, 1999).

로렌스 스기야마는 싱의 원래 그림에서 WHR와 BMI의 효과를 분리할 수 있도록 그림을 조정하여, 이를 아마존 상류 에콰도르의 쉬위아르(Shiwiar)족에게 제시했다(Laurence Sugiyama, 2004). 쉬위아르족 남성은 그 지역의 평균 BMI보다 더 높은 BMI 값을 가지는 여성을 선호했다. 즉 WHR과 BMI의 효과를 구분하지 않으면, 사실은 높은 BMI를 가진 여성을 선호하는 것인데 마치 높은 WHR을 가진 여성을 선호하는 것으로 오해할 수 있다. 체중의 차이를 보정하면, 쉬위아르족 남성은 지역의 평균적인 WHR보다 더 낮은 WHR값을 보이는 여성을 선호했다.

스트리터와 맥버니는 체중과 WHR의 효과를 분리할 수 있도록 연구를 설계했다(Streeter and McBurney, 2003). 이들은 엉덩이, 허리, 가슴의 비율을 조절한 여러 장의 여성 사진을 만들어, 피험자에게 여성의 체중을 가늠하도록 주문했다. 연구 결과 체중은 전체 매력치 변이의 66%를 설명할 수 있었지만, 그럼에도 불구하고 WHR이 매력치에 미치는 영향은 아주 분명했다. 남성과 여성 모두에게, 가장 매력적인 사진은 WHR 0.7에 해당하는 사진이었다. 위든과 사비니는 서구 문화의 매력에 관한 문헌을 검토한 결과, BMI와 WHR 모두가 여성의 매력에 영향을 미치는 독립 요인이지만, BMI가 보다 중요한 요인이라고 결론지었다(Weeden and Sabini, 2005). 또한 여성의 매력은 전형적인 여성 BMI와 WHR의 최저 값 부근, 즉 0.7에 가까운 WHR과 20에 가까운 BMI 부근에서 최대화 된다고 주장했다.

다른 연구도 뒤를 이었다. 마틴 토비 등은 BMI의 변이를 보여주는 연구에서 네 개의 남성 집단을 대상으로 WHR과 BMI에 대한 선호도를 조사했다(Tovee et al., 2006). 100명의 영국의 코카서스인, 35명의 줄루(Zulus)족, 52명의 줄루족 영국 이민자, 60명의 아프리카계 영국인이었다. 민족 집단에 따른 매력도 인지와 BMI 간의 흥미로운 결과가 관찰되었다(그림 14.9).

그림에서 볼 수 있듯이 영국계 코카서스인이 평가하는 매력은 BMI 20.85 kg/m²에서 정점을 찍고 내려가는 경향을 보였다. 말하자면 가장 건강하며 생식력도 왕성한 BMI 수치다. 줄루족의 경우에는 BMI가 26.52kg/m²에서 정점을 찍었다. 하지만 아프리카계 영국인은 영국의 코카서스인과 비슷한 경향을 보였고, 최근에 이민 온 줄루족의 경우는 줄루족 원주민과 영국인의 중간 정도의 경향을 보였다. 아마도 영국의 규준에 부합하는 선호로 점점 맞춰가는 과정으로 추정된다.

같은 그림의 하단에는 높은 BMI(32kg/m²), 즉 영국에서는 비만으로 간주되는 체중에 대한 각 집단의 선호도 차이를 실었다. 토비 등은 남아프리카 줄루족이 높은 BMI를 선호하는 이유에 대해서, 영국과 남아프리카에서 BMI가 서로 다른 건강 상태와 관련되기 때문이라고 주장했다(표 14.6). 간단히 말해서 남아프리카에서는 높은 BMI가 건강의 척도지만, 영국에서는 그 반대라는 것

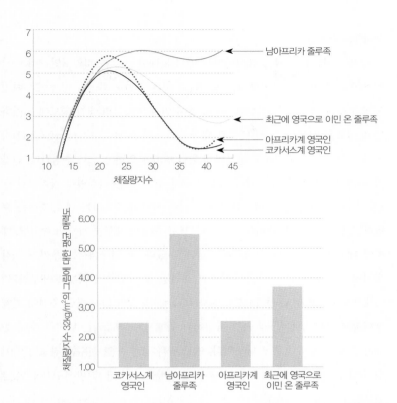

그림 14.9 서로 다른 네 집단에서 BMI에 따른 매력도 평가. 위의 그림에서 각 점은 특정 BMI에 해당하는 체형에 대한 매력도의 평균값이다. 위에서부터 남아프리카 줄루족, 영국으로 최근에 이민 온 줄루족, 아프리카계 영국인, 코카서스계 영국인. 아래 그림은 BMI가 32kg/m^2일 경우에 각 집단에서 평가한 매력 수준이다(9점 리커트 척도로 평가). 일반적으로 성인의 경우 BMI가 25~29.9인 경우 과체중으로, 30~39.9인 경우는 비만으로 간주된다. 40이 넘으면 고도 비만이다. 출처: Tovee et al. (2006).

표 14.6 두 문화에서 BMI와 사회경제적 수준(SocioEconomic Status, SES)과의 관련성(추정)

	영국	남아프리카 시골
높은 BMI	낮은 SES, 빈곤, 불량한 식이와 관련	높은 SES와 관련
낮은 BMI	낮은 암 발병률, 높은 SES 및 여성의 장기적 건강과 관련	질병 혹은 기생충 감염의 신호

이다(Tovee et al., 2006).

토비는 이러한 결과를 제시하면서 매력에 대한 선호는 지역적인 상황이나 건강 조건에 따라서 유연하게 조정된다고 결론지었다. 최근에 영국으로 이민 온 줄루족의 매력 선호 경향이 줄루족 원주민과 영국인의 중간 정도에 자리하는 흥미로운 현상을 볼 때 매력에 대한 선호도가 유전적 표류(genetic drift)가 아니라 체형에 대한 인지적 평가의 표현형 변화에 의한 것으로 추정된다. 인간의 뇌는 지역적 인구 집단에서 어떤 상태가 정상, 혹은 최적인지 알아차릴 수 있는 능력이 있다. 물론 이주한 지역의 다른 사람이 좋아하는 선호 경향을 모방하는 것도 그 방법 중 하나일 것이다. 또한 특정한 체형에 자주 노출되면, 매력에 대한 판단 기준이 달라진다는 증거도 있다. 한 연구에서는 우리가 지각 경험에 기초하여 인구 집단의 전형적 표현형 틀을 만들어 이를 매력 판별의 기준으로 사용한다고 주장했다(Krzysztof Koscinski, 2012). 이러한 추정이 실제 생태학적 맥락에서 적용되는지 확인하기 위해서, 코친스키는 남자를 수영 선수와 그렇지 않은 경우로 나누었다. 연구 결과 남성 수영 선수는 전형적인 여성 수영 선수의 몸매(넓은 어깨, 좁은 골반, 평균 이상의 팔뚝)를 수영 선수가 아닌 남성보다 확연히 더 선호했다.

우리의 선호가 과거 환경 조건에 적응되어 결정된다고 주장하는 진화심리학의 완고한 선천주의자(nativist)에게는 남성과 여성의 이상적인 체형에 대한 문화적 변이 현상이 정말 풀기 어려운 숙제라고 할 수 있다. 정신적 기전은 국소적 맥락에 맞추어 적응적으로 반응할 수 있다. 아마도 맥락 민감성 기전이 진화한 이유는 구석기 시대에도 환경과 식량 가용도가 상당히 큰 변이를 보였기 때문인지도 모른다.

WHR이나 BMI가 인간의 매력 평가에 미치는 상대적인 영향에 대해서는 이러한 형질이 선택의 대역폭을 줄이는 필터로서 역할을 했거나 상대의 자질에 대한 다양한 신호 집합 위계의 한 부분으로 기능했을 것이라고 볼 수 있다.

다시 말해 WHR이라는 필터를 통해서 일단 남성을 걸러내고, 임신부를 걸러 내고, 나이든 여성을 걸러내는 것이다. BMI도 역시 건강과 영양 상태에 대한 맥락 특이적 정보를 제공할 수 있을 것이다. 다른 해석도 가능하다. 마음은 지 각적 경험칙 체계를 이용한다는 것이다. 예를 들어 스기야마의 연구에 의하면, 연구 대부분에서 낮은 건강 수준과 낮은 수태력, 높은 WHR은 서로 양의 상관 관계를 보였다. 이는 가장 간단한 경험칙, '집단의 평균보다 낮은 매력적 WHR 을 찾으라'는 뜻이다. 아마존 상류에 사는 에콰도르 쉬이아르족에 대한 연구가 바로 이런 경험칙을 지지하고 있다.

일부에서는 과연 이러한 신체적 매력 규칙이 적응의 결과인지에 대해 의문 을 제기했다. 예를 들어 그레이 등은 규준 의존적인 선호가 단지 일반 감각 편 향(generic sensory biases)의 산물일 수도 있다고 주장했다(Gray et al., 2003). 일반적으로 여성의 WHR은 남성보다 낮기 때문에, 보다 낮은 WHR은 수많 은 동물 행동에서 관찰되는 것처럼 단지 초정상 자극에 불과할 수 있다는 것 이다(Eibl-Eibesfeldt, 1970). 그러나 인구 집단의 평균 WHR에 대한 시각적 관 찰에서 비롯한 단순한 경험칙 혹은 평균보다 낮은 WHR이 초정상 자극으로 기능한다는 주장은 카레만스 등의 연구에 의해서 반박되었다. 태어날 때부 터 앞을 보지 못하는 남자도 여전히 낮은 WHR을 가진 여성을 선호한 것이다 (Karremans et al., 2010). 물론 시각장애인도 다양한 비시각적 방법을 통해서 지 역의 여성 평균 WHR 수치에 대한 정보를 얻을 수 있으므로, 완벽한 반박이라 고 하기는 어렵다. 초정상 자극 주장도 여전히 유효한데, 상자 14.1에 하이힐 이 주는 성적 매력에 대해 요약했다.

상자 14.1 하이힐, 생물리학적 걸음걸이와 초정상 자극

초정상 자극은 정상적인 자극에 비해서 보다 격렬한 지각 반응을 일으키는 자극을 말한다. 이러한 현상은 콘라트 로렌츠가 발견했다. 로렌츠는 검은머리물떼새(Oystercatcher)처럼 땅에 둥지를 만드는 새의 둥지 바로 옆에 과도하게 큰 알을 두었다. 그랬더니 어미새는 정상 알은 놔두고, 과도하게 큰 가짜 알을 둥지에 넣으려고 하였다. 틴베르헌도 이후에 비슷한 관찰을 하였다. 작은 파란색 알을 낳는 어미 새가 파란색으로 칠한 우스꽝스럽게 큰 가짜 알을 품으려는 헛된 시도를 하는 것이었다. 이러한 이상한 행동에 대해서, 어미 새가 '가장 큰 알을 선호하라'라는 단순한 결정 규칙에 따르고 있을 가능성이 제기되었다. 보통은 큰 알이 더 부화할 가능성이 크기 때문이다. 이러한 주장은 다양한 동물 행동에 적용되었다(Barrett, 2010). 인간도 마찬가지다. 인공적으로 부풀린 유방이나 하이힐이 초정상 자극으로 기능한다는 주장이 제기되었다(Doyle, 2009; Doyle and Pazhooli, 2012).

그림 14.10 하이힐과 큰 알. 이들은 모두 초정상 자극일까?

서양 사회의 신발 문화를 자세하게 조사해보면, 많은 여성이 하이힐을 신으며 종종 하이힐 착용은 성적 과시와 관련된다는 사실을 알 수 있다. 역사적으로 보면 남성이 하이힐을 신은 적도 있었다(1960년대 비틀즈가 신은 쿠바 부츠가 그 예다). 그러나 높은 뾰족구두 즉, 스틸레토 힐(stiletto heel)은 거의 여성의 전유물이다. 하이힐은 섹슈얼리티와 관련되기 때문에, 페미니스트 제르맨 그리어(Germaine Greer)는 하이힐을 여성을 성적 대상화하는 남성 억압의 상징이라며 비난하기도 했다. 분명 패션 트렌드, 그리고 여성과 성에 대한 사회적 태도는 유행을 따르는 측면이 있지만, 혹시 이러한 관습 뒤에는 진화적 요인도 같이 작용하는 것은 아닐까?

다음과 같은 추측을 쉽게 해볼 수 있다. 일단 하이힐은 신장이 더 큰 것처럼 보이게 한다. 그리고 발은 더 작고, 다리는 더 길어 보인다. 또한 자세가 바뀌기 때문에 가슴은

앞으로 나오고, 엉덩이는 뒤로 나오며, 종아리는 단단히 당겨진다. 이러한 현상은 매력과 관련된 적합도 신호 향상과 관련될 수 있지만, 체계적인 경험 증거는 부족하다. 또한 일부 연구자가 관심을 가진 부분은 남성과 여성의 걸음걸이 차이가 하이힐에 의해 더 두드러질 수 있다는 것이다. 남녀의 해부학적 차이는 걸음걸이의 차이를 유발했는데, 이는 물론 하이힐을 신지 않아도 나타나는 현상이다. 연구자는 남성과 여성의 몸에 반짝거리는 표식을 붙이고, 걷는 모습을 촬영했다. 물론 성에 대한 다른 신호를 제거하고 단지 걷는 패턴만 드러나도록 조작했다.

이렇게 움직이는 점만으로 구성된 이미지를 보여주었는데, 피험자가 남성 혹은 여성 여부를 올바르게 맞힐 가능성은 70%에 달했다(Pollick et al., 2005). 이미지 분석 결과 여성은 남성보다 엉덩이를 더 많이 흔들고 무릎은 덜 굽히는 것으로 나타났다. 반면에 남성은 걸음의 크기가 더 크고, 여성보다 상체를 더 많이 흔들었다.

아주 대충 이야기하자면, 이성애를 가진 남성과 여성은 남성과 여성을 구분시켜주는 상대 성의 성적 이형성 형질, 즉 WHR, 턱(chin)의 크기, 상체의 힘, 어깨의 넓이와 유방 등의 신체적 특징에 매력을 느낄 것이라고 추측할 수 있다. 그래서 폴 모리스 등은 다음의 두 가지 궁금증을 풀어보려고 했다(Paul Morris et al., 2013). 첫째, 하이힐을 신으면 남녀 구분이 더 쉬워지는 효과가 있는지(물론 보행자의 성에 대한 다른 신호는 가렸다), 둘째, 하이힐이 여성성과 매력을 증진시키는지 여부였다.

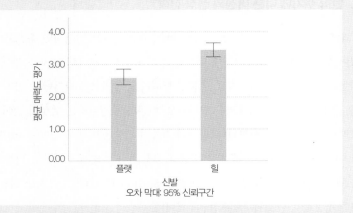

그림 14.11 힐을 신은 경우와 신지 않은 경우, 12명의 여성 보행자의 매력 평가(오직 밝은 점의 움직임만으로 평가). 하이힐을 신을 때 매력도가 유의하게 상승했다(p<0.001). 출처: Morris et al. (2013), Fig. 2, p. 178.

12명의 여성의 몸에 밝은 점을 붙였는데, 그래서 관찰자는 오직 점의 움직임만 볼 수 있었다. 그리고 이들이 하이힐을 신고 걸을 때와 신지 않고 걸을 때의 영상을 찍어, 어떤 경우에 더 매력적으로 보이는지 피험자에게 물었다. 다음 웹사이트에서 영상을 볼 수 있다(www.biomotionlab.ca/Demos/BMLwalker.html). 연구 결과 하이힐을 신고 걷는 것이 모두 매력도를 높이는 것으로 나타났다. 피험자가 남성이든 여성이든 상관없었다(그림 14.11). 피험자를 나누어 영상에 나오는 사람이 남성인지 여성인지 물었다(사실 모두 여성이었지만, 알려주지 않았다). 하이힐을 신고 걸을 경우에는 응답 오류율이 감소했다. 힐을 신을 때 오직 17%의 여성만이 남성으로 분류되었지만, 힐을 신지 않은 경우에는 이 비율이 28%까지 올라갔다.

이러한 결과는 하이힐의 착용을 통해 여성 특유의 자연적인 걸음걸이가 과장되며, 이것이 초정상 자극 혹은 (로렌츠와 틴베르헌의 개념을 빌리자면) 해발인(releaser)으로 기능하여 남성을 흥분시킨다는 것이다. 연구자는 하이힐이 복잡한 문화적 의미, 예를 들면 소녀가 사춘기에 접어들었다는 통과 의례로서 종종 기능한다고 지적했다.

5. 번식 주기에 따른 여성의 성적 전략

남성은 성적 성숙기에 접어들면, 초당 3,000개라는 경이적인 속도로 끊임없이 정자를 생산한다. 반면에 여성은 주기 한 번에 하나씩 난자를 생산한다. 배란은 자궁 벽이 두꺼워지고, 충분한 혈류가 공급되어야 일어난다. 만약 임신이 일어나지 않으면 자궁벽은 탈락하고, 이른바 월경이라는 현상이 일어난다. 그리고 다음 주기가 시작된다. 월경의 적응적 기능은 아직 수수께끼다(8장). 인간 여성은 서로 얽힌 두 주기를 경험하는데, 하나는 월경 주기이고 다른 하나는 난소 주기다. 두 주기는 모두 대략 28일마다 일어난다. 그림 14.12는 기본적인 생물학적 난소 주기를 나타낸 것이다.

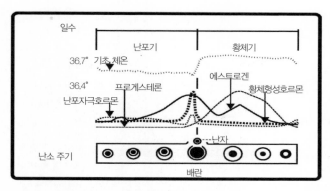

그림 14.12 난소 주기. 황체형성호르몬 상승 이후 약 하루가 지나면 배란이 일어난다. 난소의 벽이 터지면서 난자가 배출되는 것이다. 이때부터 기초 체온이 약간 상승한다.

1) 성적 관심의 증가

13장에서 인간 여성의 배란은 다른 영장류에 비해서 고도로 은폐되어 있다고 지적했다. 아마도 이러한 배란 은폐는 일부일처제와 관련이 있을 것으로 보인다. 그러나 여성의 행동이 난소 주기에 따라서 변화한다는 증거도 점점 많아지고 있다. 다시 말해 가임 가능성이 가장 높은 시점이 남성 및 여성으로부터 완벽하게 은폐되지는 않는다는 것이다.

여성의 번식 생물학에 관한 놀라운 사실 중 하나는 매달 일어나는 주기 중에 임신이 가능한 시기가 아주 짧아서 고작 하루 정도에 불과하다는 것이다. 여성의 번식관에 들어간 정자는 고작 3~5일 정도 생존할 수 있으므로, 한달의 주기 동안 임신이 가능한 성관계 기간은 전체의 20%에 지나지 않는다. 성관계에 따른 임신 가능성이 높지 않기 때문에, 마음에 드는 (즉 높은 적합도를 가진) 파트너와의 임신 가능성을 높이기 위한 행동상의 적응이 일어났을 것으로 추정하는 것도 무리는 아니다. 이러한 추정을 지지하는 증거가 제법 있다. 배란 무렵에 성욕이 증가한다는 연구가 몇몇 있으며(Regan, 1996), 난소 주기 중반에 시각적 자극에 더 흥분한다는 연구도 있다(Slob et al., 1996). 윌콕스 등은

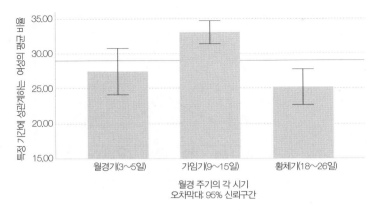

그림 14.13 월경 주기의 특정 기간에 일어나는 성관계의 분율(각 기간의 길이에 따라 보정). 막대는 세 시기에 일어나는 성관계의 평균 횟수를 말한다(ANOVA 상 p<0.001). 가로 선은 월경하지 않는 기간 동안의 평균 성관계 빈도를 표시하고 있다(29%). 즉 임신이 가능한 시기에 더 많은 성관계가 일어난다는 뜻이다. 출처: Wilcox et al. (2004), Figure 1, p. 1540.

자궁 내 피임 장치를 사용하거나 영구적인 난관 결찰술을 시행한, 즉 화학적인 방법의 출산 조절을 하지 않은 68명의 여성을 대상으로 연구를 시행했다(Wilcox et al., 2004). 연구에 따르면 난포기에 성관계가 유의하게 많이 일어났고, 배란 무렵에 정점을 찍은 후 감소했다(그림 14.13). 하지만 이들은 모두 피임을 하고 있으므로 임신이 가능한 시점에 더 많은 성관계를 할 동기가 전혀 없었다.

성적 활동의 증감과 관련된 다양한 근연 기전이 있을 수 있다. 여성의 리비도가 주기적인 증감을 보일 수도 있고, 배란에 맞춰서 기능적 동기화가 일어날 수도 있다. 혹은 배란 무렵에 여성이 보다 매력적으로 보이므로 남성이 이러한 미묘한 행동 혹은 유혹적 신호에 반응할 수도 있을 것이다. 반대로 빈번한 성관계가 배란을 촉진할 수도, 즉 원인과 결과가 반대인지도 모른다. 골치 아프게도 이러한 각각의 가능성을 지지하는 연구가 모두 있다(Gangestad et al., 2005; and Wilcox et al., 2004). 여기서 브레위스와 메이어의 연구를 언급하는 것이 좋겠다. 이들은 13개국 20,000명이 넘는 (배란하는) 여성을 대상으로 성적 행동에 대한 자기 보고 설문조사를 하였다(Brewis and Meyer, 2005). 그런데 배란 전, 배란 중, 배란 후 시기에서 성관계의 빈도가 변한다는 증거를 찾아내지 못했다.

하지만 임신이 가능한 시기에 여성의 욕구가 증가한다는 증거가 발표되었다(Gueguen, 2009b). 연구에서는 매력적인 남성을 모집하여, 프랑스에 있는 반(Vannes)이라는 도시의 한 거리에서 만나는 18~25세 연령의 여성 아무에게나 고백을 하도록 하였다. 매력남은 길에서 만난 여성에게 첫눈에 반했다고 말하고는 나중에 만날 수 있도록 전화번호를 달라고 요청했다. 이들이 헤어지고 1분 후에 여성 보조 연구자가 나타나서, 실험이었음을 밝히고 월경 주기와 경구 피임약 사용 여부를 물었다. 즉 남성의 구혼 요청에 대한 여성의 수용성이 월경 주기에 따라 달라지는지를 확인하려 한 것이다. 많은 여성에게 실망을 안겨줄 것이 분명한데도 불구하고, 실험은 윤리 위원회의 심사를 통과했다. 연

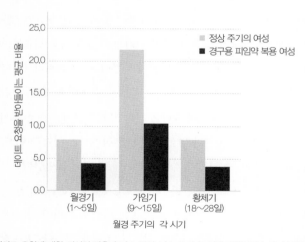

그림 14.14 데이트 요청에 대한 여성의 반응과 난소 주기. 난소 주기 중 가장 가임성이 높은 시기에 있는 여성일수록, 매력적인 남성의 데이트 요청을 수락하고 전화번호를 건네줄 가능성이 높았다. 출처: Gueguen (2009b), Table 1.

구의 결과에 따르면 난소 주기의 가임 기간에 있는 여성일수록 데이트 신청에 응하면서 전화번호를 알려줄 가능성이 더 높았다(그림 14.14).

2) 혼외정사 이론

혼외정사(Extra pair copulation, EPC) 이론이란, 암컷이 배란 은폐를 통해서 자신의 일차적 파트너가 아닌 수컷과 교미할 수 있도록 적응했다는 주장이다. 이를 통해서 주된 파트너보다 더 우수한 유전자(예를 들면 주요 조직 적합도 부위 등)를 확보하려 했다는 것이다. 난소 주기의 맥락에서 보면, EPC 이론은 왜 주기 중반에 리비도의 일반적인 증가가 실험적으로 잘 드러나지 않는지를 설명해줄 수 있다. 브레위스와 메이어의 연구처럼, 배란 여부는 여성과 여성의 배우자(pair-bonded partner)와의 성관계 빈도와 별로 관련이 없었던 것이다.

갱에스테드와 손힐, 가버-아프가 등은 EPC 이론에서 나온 예측을 이익과 위험의 변동 가치라는 관점에서 바라봐야 한다고 주장했다(Gangestad, Thornhill and Garver-Apgar, 2005). 예전에는 높은 유전적 적합도를 의미하는 자질을 가진 남성과의 EPC를 통해서 자녀의 유전적 적합도를 높이는 이익을 얻었을 것이다. 그러나 EPC에는 비용이 따른다. 주된 파트너로부터의 투자를 잃을 잠재적 가능성이 있고, 신체적 폭력을 당할 위험도 있다. 그런데 이러한 비용 이득 비율은 배란 주기에 따라서 변화한다. 임신이 어려운 시기에는 비용만 있고 이득은 없다. 하지만 임신이 가능한 시기에는 이득과 비용이 모두 발생한다. 따라서 EPC는 임신이 가능한 시기에 더 많이 일어난다는 것이다(과거에는 최소한 일부 여성에게는 이익이 비용을 초과하는 경우가 있었을 것이다).

만약 임신이 가능한 시기에 여성이 높은 적합도를 가진 남성(체취나 대칭성 등)을 더 선호한다면, 이러한 가설을 지지할 수 있을 것이다. 개인 간의 대칭성 차이, 그리고 한 개인이 평생 경험하는 대칭성 변화는 그다지 크지 않다. 그러나 대칭성이나 비대칭성이 적합도의 지표이며(15장), 대칭성이 체취와 같은 다른 지표와 관련되어 있을 가능성이 있다. 체취는 보다 쉽게 전달되고 식별된다. 갱에스테드와 손힐은 80명의 남성의 대칭성을 측정하고 그들에게 이틀 밤 동안 티셔츠를 입게 한 뒤, 82명의 여성에게 티셔츠의 냄새를 맡고 매력도를 측정하도록 주문했다(Gangestad and Thornhill, 1998). 그리고 체취의 매력도와 해당하는 남성의 대칭성을 비교한 후, 이를 연구에 참여한 여성의 임신 가능성과 다시 비교하였다(임신 가능성은 월경 주기에 대한 여성 본인의 응답으로 추정하였다). 연구 결과 높은 대칭성과 관련된 체취에 대한 선호와 임신 가능성 간에 유의한 상관관계가 있었다.

3) 배란의 징후: 진화된 신호 혹은 발각된 단서

그림 14.12에 의하면 배란은 약간의 기초 체온 상승을 동반한다. 그래서 배란 시기를 알고 싶은 여성은 자신의 체온을 측정하여 이를 짐작할 수 있다. 그러나 다른 사람이 탐지할 수 있는 다른 신호가 있을까? 배란이 미묘한 방식으로 남성 혹은 여성의 행동에 영향을 미치는지 여부에 대한 연구가 제법 많이 이루어졌다. 예를 들어 하블리체크 등은 여성 체취의 매력에 관한 연구를 통해서, 인간의 임신 가능 시기는 '은폐된다기보다는 널리 광고 되지 않는 것'으로 보아야 한다고 결론 내렸다(Havlicek et al., 2006). 표 14.7에 몇 가지 최근 연구를 요약했다.

다양한 연구 결과가 넘쳐나고 있지만, 중요한 질문은 여전히 오리무중이다. 즉 배란의 징후가 여성의 임신 상태를 광고하려는 목적으로 선택된 것인지 혹은 단지 '발각된 단서', 즉 숨기려고 했지만 그럼에도 불구하고 남성이 찾아내는 것인지에 관한 질문이다. 만약 전자가 옳다면, 여성이 자신의 배란 징후를 알려서 얻는 이익이 무엇인지에 대한 모델을 세워야 한다. 특히 왜 다른 영장류처럼 보다 분명한 징후를 보이지 않는지 설명해야만 한다. 게다가 이득이 있

표 14.7 최근에 발표된 배란 징후에 대한 몇몇 연구 결과

연구 영역	결과	참고 문헌
랩 댄스	앨버커기에 있는 한 클럽의 여성 랩 댄서들은 임신 가능 시기에는 5시간 근무당 약 335달러를 벌었고, 다른 시기에는 약 260달러를 벌었다(상자 14.2).	Miller, Tybur and Jordan (2007)
추파 행동	무도회장에서 남성이 춤을 같이 추지 않겠냐고 청할 경우, 임신 가능 시기 여성이 그렇지 않은 여성에 비해서 보다 더 많이 '좋아요'라고 말했다(남성은 연구진 중 일부였다).	Guergen, N. (2009)
보행과 걸음걸이	몇몇 연구에 의하면, 임신 가능 시기 여성이 보다 매력적이고 여성스럽게 걷는 것처럼 보인다고 응답했다.	Grammer et al. (2003) Provost et al. (2008)
복장의 매력도	높은 임신 가능성을 보이는 시기에 촬영한 여성의 사진을 다른 독립적 피험자에게 보여주었을 경우, '매력적으로 보이려고 노력한다'는 질문에 보다 높은 점수를 주었다.	Haselton et al. (2007)
체취의 호감도	남성 피험자에게 임신 가능 시기의 여성이 입은 티셔츠 혹은 겨드랑이에 붙이고 있던 패드 냄새를 맡게 했을 때 그렇지 않은 경우에 비해서 보다 '섹시'하고 매력적이며 냄새가 좋다고 응답했다.	Singh and Bronstad (2001) Thornhill et al. (2003) Havlicek et al. (2006)
배우자 단속과 질투	여성들은 높은 임신 가능성을 보이는 시기에, 파트너가 보다 예민하고 자신을 독점 소유하려는 경향이 더 높았다고 보고했다.	Gangestad et al. (2002) Haselton and Gangestad (2006)
보다 높은 목소리	브라이언트와 헤이즐턴은 69명의 여대생을 대상으로 '안녕하세요. 저는 UCLA 학생입니다'라는 단순한 문장을 낭독하게 하였다. 임신 가능 시기에는 211Hz의 목소리를 보였는데, 그렇지 않은 시기에는 206Hz를 보였다(p=0.02).	Bryant and Haselton (2009)
얼굴의 매력도	월경 주기에 따라서 피부 상태와 얼굴 모양이 바뀐다는 증거가 있다. 게다가 임신 가능 시기의 얼굴 모양이 가장 매력적인 것으로 평가되었다.	S. C. Roberts et al. (2004) Oberzaucher et al. (2012)

다고 하더라도 여기에는 남성의 원치 않는 관심을 유발하고, 여성이 스스로 짝 선택을 할 수 있는 기회를 박탈하는 명백한 비용이 있을 것이다. 반면에 남성이 여성의 배란 징후를 탐지해내는 것은 보다 명백한 이득이 있다. 임신이 가능한 시기에 여성과 짝짓기하는 것은 그렇지 않은 시기에 하는 것보다 더 높은 번식 성공률을 보장하기 때문이다.

배란 중인 여성 랩 댄서는 더 많은 팁을 받는다

밀러 등은 뉴멕시코 앨버커키 지역에서 일하는 18명의 전문적인 랩 댄서를 대상으로 데이터를 수집했다. 난소 주기의 각 시기마다 하룻밤에 얼마나 많은 수입을 올리는지를 조사했다(Miller et al., 2007). 랩 댄서는 주로 남성 고객으로부터 받는 팁으로 수입을 올린다. 만약 어떤 남성 고객이 댄서를 마음에 들어 할 경우, 팁을 더 많이 주면 고객에게 개별적으로 추가적인 춤을 춰주기도 한다. 이는 은밀하지만 법적으로 허용된 성 노동의 하나인데, 댄서는 남성 고객을 춤으로 설득시켜 더 많은 팁을 유도하려고 한다. 춤뿐 아니라 다양한 자극, 즉 시각, 촉각, 후각적 자극을 총동원한다. 연구 결과 배란기

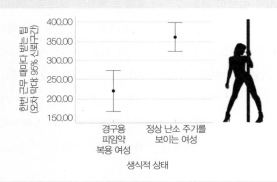

그림 14.15 정상적인 주기를 보이는 댄서와 경구용 피임약을 복용하는 댄서의 배란기 동안의 수입 차이. 그림은 난소 주기 중 임신 가능 시기에 올리는 수입을 보여주고 있다. 막대는 95% 신뢰 구간을 의미한다. 정상적인 주기를 보이는 댄서가 더 많은 팁을 받았다. 이러한 결과는 배란의 단서가 전달되며, 남성 고객이 이를 알아차린다는 것을 의미한다. 출처: Miller et al., 2007.

동안에 여성은 가장 높은 수입을 올렸다. 하지만 경구용 피임약을 복용하는 경우에는 그렇지 않았다. 그림 14.15는 정상적인 주기를 보이는 여성과 경구용 피임약을 복용하는 여성이 임신 가능 시기에 올리는 수입을 비교한 것이다.

다른 가능성도 있다. 배란 징후는 정직한 신호로서 작동한다는 것이다. 다시 말해 여성의 전반적인 자질을 광고할 뿐이며, 구체적인 임신 가능 시기를 알리려는 목적이 아니라는 이야기다. 레아 돔브와 마크 페이즐의 야생 개코원

숭이 연구에 의하면, 배란 중 생식기가 부풀어 오르는 것은 전반적인 수태력 및 해당 암컷에 대한 수컷의 짝짓기 노력 모두를 예측하는 요인이라고 하였다 (Leah Domb and Mark Pagel, 2001). 이 모델을 적용하면, 배란 신호는 암컷의 적합도와 연동된 형질이 일시적으로 향상된 것이다. 예를 들어 에스트로겐 수치는 암컷의 자질과 관련되며, 목소리의 높이와 체취에 영향을 미친다. 따라서 배란기 동안의 에스트로겐 상승은 이러한 기본적 신호를 강화하는 것이라는 주장이다.

배란은 남성과 여성의 행동 모두에 영향을 미치는 것으로 보인다. 이는 복잡한 요인들, 특히 남녀의 서로 다른 이득과 손해 간의 균형적 결과라고 할 수 있다. 예를 들면 배란을 은폐하려는 여성과 이를 탐지하려는 남성 간의 군비 경쟁의 결과인지도 모른다. 특히 이러한 연구가 흥미로운 것은 배란 은폐 현상이 문화적 영향에서 자유로운 신체적 변화에 대한 연구, 말하자면 체질인류학적 연구라는 점이다. 이들 연구는 현대인의 사회적 행동에 대한 진화적 토대를 세우는 데 중요한 통찰을 제공해줄 수 있을 것이다(Haselton and Gildersleeve, 2011).

이번 장에는 신체상에 기반을 둔 짝 선택에 대해서 다루었다. 다음 장에서는 얼굴의 매력에 대해서 다뤄보자.

얼굴의 매력 PART 15

> 내 눈을 들여다보지 마세요, 두려워요
> 내가 보는 것이 그대로 드러날까봐,
> 거기에 당신의 얼굴이 너무 똑똑히 보일까봐
> 나처럼 그 얼굴을 사랑하고 거기 빠져버릴까봐
> 알프레드 E. 하우스먼, 『슈롭셔의 젊은이』, 15장

인간의 얼굴은 정보의 보고다. 또한 다른 사람의 얼굴을 볼 때 느껴지는 강력한 반응을 보면, 얼굴은 자연선택의 대상이었다는 것을 부인할 수 없다. 이번 장에서는 매력과 관련된 특징이 무엇인지, 그리고 매력적인 얼굴이 알려주는 적합도 정보가 무엇인지 알아보도록 하자.

1. 대칭성과 변동 비대칭

거울로 얼굴의 반을 가리면, 아마 당신의 얼굴이 (엄청난 미남, 미녀가 아니라면) 완전히 대칭적이지 않다는 사실을 알게 될 것이다. 그런데 정말 대칭성이 매력도를 증가시킬까? 이에 대한 초기 연구는 애매한 점이 많았다. 단지 한쪽 얼굴의 거울 상을 서로 맞붙여 놓은 사진을 이용했기 때문에, 그림자 효과 등에 의해서 대칭적 얼굴에 대해 부정적 평가가 내려지고는 했었다. 보다 정교한 기

법을 사용하면 대칭성은 매력도를 확실히 향상시킨다(Grammer and Thornhill, 1994; Mealey et al., 1999; Perrett et al., 1999; Scheib et al., 1999). 더욱이 대칭성은 얼굴에 국한된 것이 아니다. 갱에스테드와 손힐은 발 길이, 귀의 길이, 손의 너비 등 다양한 측정치를 사용해서 남성 신체의 대칭성이 매력과 관련된다는 사실을 확인했다(Gangestad and Thornhill, 1994). 우리가 대칭적인 몸을 좋아한다고 하면, 도대체 왜 그런 것일까? 가장 그럴듯한 설명은 건강한 대사와 잘 조절되는 생리적 기능을 통해서 정확하게 대칭적인 신체가 성장할 수 있다는 것이다. 발, 날개, 지느러미 등 양측에 존재하는 기관의 발달은 다양한 스트레스 상황에 처하면, 비대칭적으로 자라게 된다. 이러한 측면에서 보면 대칭성의 정보는 표현형 및 유전적 질을 반영하는 정직한 신호일 것이다.

대칭성의 중요성에 대한 연구는 흔히 변동 비대칭(fluctuating asymmetry, FA)이라는 개념을 사용한다. 변동 비대칭이란 인구 집단의 평균적 비대칭성을 0으로 간주했을 때 나타나는 대칭성의 변이를 말한다. 사실 평균적인 변이는 거의 정상이라고 할 수 있다. 이러한 수준의 비대칭성은 유전적 영향에 의한 것이 아니므로, 세대를 이어 내려갈 수도 없다. 따라서 변동 비대칭은 이두박근의 둘레보다는 양 귀의 길이를 재는 식으로 평가하는 것이 바람직하다. 왜냐

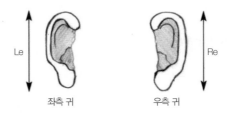

절대 변동 비대칭=Re－Le
상대 변동 비대칭=(Re－Le) / 0.5(Re＋Le)

그림 15.1 변동 비대칭의 절댓값과 상댓값. 상대적 변동 비대칭이란 우측 귀와 좌측 귀의 상대적 차이의 상대적 값을 말한다.

하면 오른손잡이는 후천적으로 오른 팔의 이두박근이 약간 더 두껍지만, 양 귀의 크기가 차이 날 이유는 없기 때문이다. 변동 비대칭이 유전적 돌연변이, 기생충 감염, 환경 스트레스 등에 의해서 증가한다는 보고는 무수히 많다. 따라서 변동 비대칭은 표현형의 자질에 대한 부정적 지표라고 할 수 있다(Manning et al., 1996). 변동 비대칭의 절댓값과 상댓값은 그림 15.1에 제시했다.

매닝 등은 대칭성을 유지하려면 대사 에너지가 필요하며, 그렇기 때문에 '에너지 절약 유전자'를 가진 남성이 보다 낮은 변동 비대칭 값을 보일 것이라고 주장했다(Manning et al., 1997). 높은 기저 대사율을 가진 남성은 대칭성 유지에 필요한 에너지를 빼서 써야 하므로, 대칭성이 떨어질 것이라는 주장이다. 30명의 남성을 대상으로 한 예비적 연구의 결과는 이 예측을 지지하는 것으로 보인다. 높은 변동 비대칭성이 낮은 매력도와 관련된다는 증거는 아주 많다(Little et al., 2000).

지난 25년 동안 얼굴의 매력과 인간의 건강, 수태력 등의 관계에 대한 방대한 양의 연구가 진행되었다. 반 동겐과 갱에스테드는 이에 대한 메타 분석을 시행하여 몇 가지 결론을 얻었다. 그중 하나는 변동 비대칭과 건강, 수태력의 관계가 실재하며, 유의미한 결과를 보인 연구만이 주로 출판되는 현실을 고려해도, 상당히 강력하다는 것이다. 다른 하나는 변동 비대칭과 건강, 수태력 간의 '효과 크기'가 상당히 작아서 대략 0.1~1.15 수준이라는 것이다(Van Dongen and Gangestad, 2011).

2. 평균성

1883년 갈톤은 특정한 집단이 독특한 얼굴 형태를 가지는지 확인하는 연구를 했다. 그래서 두 집단, 즉 범죄자와 채식주의자의 사진을 찍었다. 왜 하필 채식주의자였을까? 아무튼 갈톤은 사진 판을 겹쳐서 현상하는 방법으로 각 집단을 대표하는 합성 사진을 만들었다. 그러나 이러한 연구는 별다른 성과를 거두지 못했다. 두 집단의 차이를 찾아낼 수 없었던 것이다. 그러나 갈톤은 합성 사진, 즉 '평균화'된 사진이 더 매력적이라는 사실을 알게 되었다. 지난 20년 동안 컴퓨터를 이용하여 이 분야의 연구가 급속도로 진행되었다. 얼굴을 합성하는 컴퓨터 기법을 이용하여 랑글루아와 로그먼은 여러 얼굴을 조합한 합성 얼굴이 개별적인 얼굴보다 더 매력적일 뿐 아니라, 더 많은 얼굴을 합성할수록 더 매력적인 얼굴이 된다는 사실을 발견했다(Langlois and Roggman, 1990). 예를 들어 32개의 얼굴을 합성하면, 두 개의 얼굴을 합성한 것보다 더 매력적이다.

그런데 왜 합성된 얼굴이 더 매력적일까? 사이먼스는 평균이 특정 형질의 최적치이기 때문에 평균적 얼굴이 더 매력적이라고 주장했다. 다시 말해 널리 분포한 형질의 평균값이야말로 적응적 문제에 대한 최선의 해결책이라는 것이다(Symons, 1979). 손힐과 갱에스테드는 단백질 이형접합성이 연속 분포를 이루는 유전적 형질의 평균적 발현도를 가진 개체에서 가장 많이 나타난다고 주장했다(Thornhill and Gangestad, 1993). 즉 대칭적인 얼굴이 매력적인 이유는 평균적 얼굴이 기생충에 대한 저항력의 지표이기 때문이라는 것이다. 이유는 이렇다. 모든 개체군에서 병원체의 대부분은 숙주의 가장 흔한 생화학적 경로에 적응하는 경향이 있다. 성은 이를 극복하는 방어 중 하나다. 다른 개체와의 교배를 통해서 부모는 자신과 다른 자식을 낳을 수 있다. 부모에게는 성공적으로 기생했던 병원체가 자식에게는 그렇지 못한다는 것이다. 왜냐하면 자식은 완전히 새로운 단백질 배열을 가질 뿐 아니라 다른 방어 시스템을 가지게 되기 때문이다.

집단 수준에서 유전적 다형성이 커질수록, 즉 종이 가진 게놈의 해당 좌위에 더 많은 대립유전자가 존재할수록, 적어도 일부 개체는 기생충보다 앞서 나갈 수 있게 된다. 만약 유전적 변이가 인구 집단에 적합도를 더한다면, 비슷한 일은 개체 수준에서도 일어날 수 있다. 게놈에 더 많은 변이가 관찰될수록 더 다양한 단백질을 합성할 수 있고, 따라서 기생충은 숙주를 자기 마음대로 이용하기 어렵게 된다.

그러나 이러한 연구가 가지는 문제점은 대칭성과 평균성을 구분하기 어렵다는 것이다. 합성한 얼굴은 평균적인 얼굴이지만, 또한 보다 대칭적이다. 앞서 말한 대로, 대칭성은 생리적 적합도에 대한 신뢰할 만한 신호이기 때문이다. 다른 요인도 있다. 대칭적인 얼굴은 비대칭적인 얼굴보다 더 매력적이지만, 컴퓨터를 이용하여 만든 완벽하게 대칭적인 얼굴에 대해서는 자연스러운 얼굴보다 매력도가 반감되는 현상이 일어났다(Perrett et al., 1994). 현재는 평균성과 대칭성이 서로 독립적으로 매력도에 영향을 미친다고 간주되고 있다 (Rhodes, 2006).

3. 매력과 건강

얼굴의 매력에 대한 연구는 남녀의 어떤 부분이 상대에게 매력적으로 보이는지 명료하게 제시하고 있다. 또한 평균성, 유형성(앞으로 다룰 예정이다), 호르몬 마커, 변동 비대칭 등이 번식 적합도에 어떤 영향을 미치는지에 대한 이론적 설명과 추론에 대한 연구도 많이 이루어졌다. 그러나 매력과 건강 및 평생 번식 적합도(수명과 자녀의 수로 계산) 간의 관계에 대한 경험적 증거는 찾기 어렵다. 이는 아마도 보건 데이터에서 수태력이나 건강 상태에 대한 데이터를 수집하기 어렵고, 피임도 많이 하기 때문일 것이다. 최근 이러한 공백을 채우는 연구가 발표되었다. 연구진은 오스트리아 산간 시골 마을에 사는 88명의 여성을 대상으로 얼굴의 매력과 번식 결과에 대한 데이터를 수집했다(Lena Pfluger et al., 2012). 임신 횟수와 자녀의 수로 번식 성공률을 계산했으며, 젊은 시절 (19~23세)과 생애 후반(폐경 이후)의 사진을 이용해서 얼굴에 대한 이미지를 확보했다. 빈 대학의 남학생들이 젊은 시절 및 노년기의 얼굴에 대한 매력을

0~100점 척도로 평가했다. 분석 결과 매력과 자식의 숫자 및 임신 횟수의 유의미한 상관관계가 도출되었다(경구용 피임약을 사용하지 않은 경우만 상관관계가 있었고, 사용한 경우에는 상관관계가 없었다). 이러한 양의 상관관계는 경제적 수입(남편과 아내 모두)이나 결혼 햇수를 보정해도 여전히 유지되었다.

4. 테스토스테론: 지배성과 매력, 면역적합도 가설

1) 부정적 핸디캡으로서의 테스토스테론

성간 선택과 암컷의 선택이 지배적인 곳에서 수컷은 자신의 적합도를 드러내는 이차적인 성적 특징을 과시하는 것이 유리할 것이다(4장). 그리고 이러한 신호는 오직 일부 높은 적합도를 가진 수컷만 감당할 수 있는 핸디캡의 형태로 나타날 수도 있다.

이러한 논리 뒤에는 폴스태드와 카터가 제안한 면역적합도 가설이 있다(Folstad and Karter, 1992). 이들은 테스토스테론이 일종의 핸디캡으로 작동한다고 지적했다. 테스토스테론은 면역 체계를 억제하기 때문에 잘 적응한 수컷

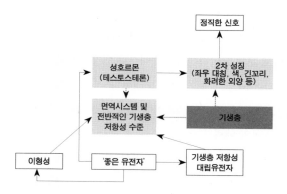

그림 15.2 기생충 저항성과 이차 성징, 정직한 신호 간의 관계. 점선은 억제 효과, 실선은 유발 효과. 이 가설은 초기에 상당한 각광을 받았지만, 최근 증거에 의하면 핸디캡 효과는 그리 높지 않은 것으로 보인다.

만이 높은 수준의 테스토스테론을 감당할 수 있다. 더욱이 테스토스테론이 있으면 이차적인 성적 형질의 과시도 가능해진다. 이런 경우라면 기만 행위가 뚫고 들어올 여지가 없다. 면역적합도가 감소하면서 기만 행위를 하는 수컷의 적합도가 감소하기 때문이다. 그림 15.2에 어떻게 이러한 시스템이 작동하는지 도해했다.

이러한 가설을 지지하는 동물 연구가 있다. 사이노 등이 수행한 제비 연구에 의하면, 제비의 꼬리 길이는 테스토스테론에 대한 정직한 신호로 보인다. 짧은 꼬리를 가진 수컷이 잃는 손해는 단지 암컷에게 매력적이지 않다는 것뿐이다. 그런데 긴 꼬리를 가진 제비와 짧은 꼬리를 가진 제비에 테스토스테론을 주사하면, 짧은 꼬리를 가진 제비의 사망률이 더 많이 증가한다. 그림 15.2에서 제시한 것처럼 대칭성은 좋은 유전자를 보유했다는 신호일 수 있다(Saino et al. 1997). 그러나 결정적인 연구를 찾기는 어렵다. M. L. 로버츠 등의 문헌 조사에 의하면 비인간 동물의 경우 테스토스테론이 면역 체계를 약화시킨다는 증거는 아무리 봐도 그리 강하지 않았다(M. L. Roberts et al., 2004).

인간의 경우에는 보다 애매하다. 확실히 테스토스테론은 다양한 효과를 가진 강력한 호르몬이다. 발달 과정 중 얼굴이 남성화(예를 들면 튀어나온 턱끝뼈, 강한 광대뼈, 각진 턱)되어, 다른 남녀에게 이를 알리는 역할을 한다. 남녀 공히 테스토스테론은 에너지를 근육으로 보다 많이 할당하는데, 특히 가슴과 상완, 어깨 등에 이런 효과가 집중된다(8장). 남성의 상체 근육은 성내 선택압으로 인해 진화한 것으로 보이는데, 물론 여성에게 경쟁 능력을 과시하는 효과도 있다. 테스토스테론은 또한 지위 추구나 공격성 등 경쟁성과 관련된 행동을 촉진한다. 일반적으로 호르몬은 신체적 영역(즉 회복)과 짝짓기 영역 간의 생애사적 자원 할당을 주도하는 역할을 한다. 그러나 테스토스테론이 성선택의 측면에서 부정적인 핸디캡으로 작동한다면, 다음과 같은 다섯 가지 추론이 성립해야 한다.

1. 테스토스테론은 남성성과 관련된 얼굴 특징에 영향을 미친다.
2. 테스토스테론은 에너지 대사의 측면에서 비용을 유발하고, 면역 기능을 억제한다.
3. 양질의 면역 체계를 가진 남성만 높은 수준의 테스토스테론을 감내할 수 있다.
4. 자질이 뛰어난 남성은 자질이 뛰어난 자식을 낳을 것이다(즉 면역적합도는 유전된다).
5. 여성은, 최소한 어떤 조건에서는 남성적인 형질을 선호한다.

테스토스테론에 관한 핸디캡 가설이 작동하려면 위의 다섯 전제로 이루어진 고리가 빠짐없이 작동해야 한다. 그런데 스콧 등은 그러한 증거가 미약하다고 지적한다(Scott et al., 2013). 첫 번째 전제는 명확하다. 테스토스테론은 청소년기에 증가하며, 근육을 발달시킨다. 또한 이를 지지하는 실험적 증거도 있다. 이언 펜튼-보크와 제니 첸은 50명의 코카서스 남성의 사진을 사용한 연구를 하였는데, 이 50명의 테스토스테론 수준(타액을 통해 측정)을 이용해서 각각 25명씩 높은 군과 낮은 군으로 분류하였다. 그리고 각 집단의 얼굴을 합성하여 각각 하나의 대표적 평균 얼굴을 만들었다. 피험자들은 두 사진 중에서 높은 테스토스테론 집단 남성의 합성 사진이 보다 남성적이라고 답했다(Ian Penton-Voak and Jennie Chen, 2004). 얼굴 모양에 대한 객관적 지표와 테스토스테론 수준을 비교한 몇 안 되는 연구 중 하나에 의하면(주관적인 인상이나 매력을 측정한 연구는 많지만, 객관적 지표를 가지고 수행된 연구는 드물다), 남성성과 테스토스테론 수준은 0.36의 상관도를 보였다(Nicholas Pound et al., 2009). 만약 이러한 수준의 상관도가 위에서 언급한 다섯 고리마다 비슷하게 유지된다면, 전체적인 효과는 보다 작게 나올 수밖에 없다(Bussiere, 2013). 0.36^5는 약 0.006에 불과하기 때문이다. 광범위한 종을 포괄하는 문헌 조사를 통해서 이사벨 스콧 등은 테스토스테론과 유전적으로 중개되는 면역성, 건강 수준 간에 직접적이고 일반적인 관계가 있다고 하기는 어렵다고 결론지었다(Isabel Scott et al., 2013).

2) 얼굴의 이형성과 매력에 관한 연구

얼굴 모양에는 성적 이형성이 있으므로 턱이나 광대뼈의 융기를 조절하여 얼굴 사진의 여성성이나 남성성을 강조하는 것은 어렵지 않다. 페렛 등은 이러한 방법을 통해서 매력을 인식할 때, 남성성과 여성성이 어떻게 효과를 미치는지 조사하였다(Perrett et al., 1998). 연구 결과, 보다 여성적인 얼굴을 가진 여성이 더 매력적인 것으로 평가되었다. 이는 평균성 가설에 반하는 결과이다. 여성의 경우 평균보다 여성적인 경향이 강할수록 보다 매력적으로 인식되었기 때문이다. 놀랍게도 남성의 얼굴에서도 비슷한 결과가 나왔다. 즉 여성적인 얼굴을 가진 남성이 더 매력적인 것으로 평가받았던 것이다. 후속 연구에 의하면 남성 얼굴의 변화에 따라서 여성의 선호가 보다 미묘하게 바뀐다는 사실이 밝혀졌다. 최근 들어 남성 얼굴의 남성성 혹은 여성성이 가지는 매력 지각의 변화에 대한 연구가 활발히 진행되고 있다.

얼굴 이미지를 변화시키는 전형적인 방법은 연령과 인종, 젠더에 따라서 변

그림 15.3 보다 남성적(좌) 혹은 여성적(우)으로 변형한 얼굴의 예. 출처: Dr Lisa DeBruine, Institute of Neuroscience and Psychology, University of Glasgow.

화시키는 것이다(Tiddeman et al., 2001). 예를 들어 얼굴을 남성화 혹은 여성화하기 위해서, 비슷한 나이와 인종을 가진 여러 명의 남녀 얼굴로부터 특징을 조합하여 합성된 얼굴을 만드는 식이다. 전형적인 남성과 여성의 얼굴 차이는 얼굴의 여러 측정값을 통해서 계산할 수 있다(예를 들면 안와융기나 턱끝의 크기, 코의 너비 등). 이러한 데이터는 개별적인 얼굴 이미지를 보다 남성적으로 혹은 여성적으로 변형하는 데 사용된다(그림 15.3).

3) 트레이드오프 가설

여성은 짝을 찾을 때 어떤 자질을 기대할까? 이론적으로 여성은 다음과 같은 특징을 가진 짝을 찾을 것이다.

* 자신을 돌봐 주고, 협력하며, 정직하며, 충실한 짝이자 좋은 부모가 될 수 있는 남성(좋은 아빠).
* 좋은 면역 시스템을 가진 남성(대칭성과 높은 테스토스테론), 이를 통해 아이에게도 양호한 유전자를 물려줄 수 있는 남성. 높은 수준의 테스토스테론은 효과적인 면역 시스템을 갖춘 남성만 감당할 수 있다(나쁜 남자).

문제는 이 두 가지 조건이 서로 상충한다는 것이다. 높은 테스토스테론은 좋은 면역시스템을 알려주는 지표지만, 공격성과 같은 반사회적 자질과 관련되기도 한다. 하지만 진화 과정을 거치며 소위 '탑재성 호르몬-중개성 변동 반응 매력성 식별 유니트(onboard hormone-influenced variable response attractiveness detection unit)'라는 기전을 통해 이 문제를 해결했다는 가설이 있다.

몇몇 연구에 의하면 남성의 얼굴 특징에 대한 여성의 선호는 이득과 손해의 트레이드오프 최적화에 의해서 결정된다(Jones et al., 2008; DeBruine et al.,

2010a). 만약 이득과 손해의 균형이 맥락적 요인, 즉 임신 가능성, 추구하는 관계의 종류(장기적 관계 혹은 단기적 관계), 환경에 의한 일반적인 건강상의 위험 등에 따라 달라진다면, 가설을 지지할 수 있을 것이다. 그렇다면 이득 손해 분석의 결과를 통해서, 어떤 경우에 어떤 얼굴을 선호하는지도 예측할 수 있을 것이다.

임신 가능성

펜튼-보크와 페렛은 다섯 명의 남성을 골라 이들의 얼굴 사진에 다양한 수준으로 남성성과 여성성을 덧입혀 영국의 한 잡지에 실었다(Penton-Voak and Perrett, 2000). 그리고 여성들에게 어떤 얼굴이 가장 매력적인지 물었다. 또한 여성 참여자들의 월경 주기도 조사했다. 반응은 다음의 두 범주로 나누었다. 임신 가능성이 낮은 군(난소 주기 0~5일 및 15~28일)과 임신 가능성이 큰 군(난포기 6~14일). 그림 15.4에 결과를 요약했다.

약간의 모호한 점이 있었지만('가장 매력적인'이라는 말은 장기적 배우자로서의 자질일 수도 있고, 단기적 파트너의 자질일 수도 있다), 연구 결과 여성의 선호는 난소 주

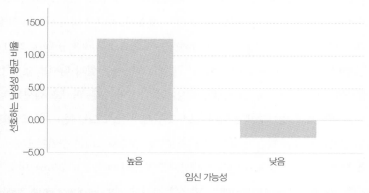

그림 15.4 여성의 임신 가능성에 따른, 가장 매력적으로 보이는 남성 얼굴의 남성성 수준. 임신 가능성이 높을 경우에는 12.5% 더 남성적인 얼굴을 선호했다. 그렇지 않은 경우에는 2.5% 덜 남성적인 얼굴(즉 다소 여성적인 얼굴)을 선호했다. 출처: Penton-Voak and Perrett (2000).

기에 따라서 달라졌다. 임신 가능성이 큰 군은 높은 테스토스테론 및 유전적 면역 능력과 관련이 있는 남성의 얼굴을 더 매력적이라고 대답하는 경향이 있었다.

이는 여성의 조건부 짝 선택 전략에 대한 다른 연구의 결과와 맥을 같이 한다. 빅터 존스턴 등은 남성의 얼굴에서 여성의 얼굴로 점점 변하는 짧은 동영상을 사용한 창의적 연구를 진행한 바 있다. 화면이 돌아가면서 여성 참가자에게 각각의 얼굴에 대한 신체적 매력, 지능, 감성 등에 대해 예상하게 하였다. 역시 임신 가능성이 높은 시기의 여성들은 보다 남성적인 얼굴에 호의적인 반응을 보였다(Johnston et al., 2001).

만약 이 연구가 옳다면, 원시 시대의 여성들은 임신이 가능할 무렵에는 면역 기능이 우수한 '나쁜 남자'를 원하고, 그 외의 시간에는 따뜻한 '좋은 아빠' 스타일의 남성을 원했다는 것이다. 이러한 내적 기전은 성적 은폐와 함께 작용하여, 원시를 살던 여성은 두 종류의 남성의 장점만 취할 수 있었을 것이다.

이상의 연구가 발표된 후 여성이 자신의 월경 주기에 따라서 남성성에 대한 선호가 달라진다는 주장이 큰 관심을 끌고 있다(DeBruine et al., 2010b). 일반적으로는 이러한 주장을 지지하는 연구가 많지만, 모두 그렇지는 않다. 해리스가 시행한 연구에서는 비슷한 결과를 얻지 못했다. 게다가 다른 남성적 특징에 대한 여성의 선호는 난포기에 더 강해지는 것으로 조사되었다(Harris, 2011). 최근 랜디 손힐 등은 14장에서 언급한 '갱에스테드와 손힐의 티셔츠 실험'을 변형하여, 비슷한 연구를 진행했다. 여성에게 남성이 입은 티셔츠 냄새를 맡게 하고 매력도를 평가하게 하였다. 그리고 남성의 테스토스테론 수준도 측정했다. 그런데 냄새를 맡은 여성의 임신 가능성은 테스토스테론 수치가 높은 남성의 체취에 대한 선호도와 양의 상관관계를 보였다(r=0.32, p=0.016). 비슷한 효과를 지지하는 연구는 이외에도 많다. 목소리 높낮이(Feinberg et al., 2006), 지배적 지위를 가진 남성의 체취(Havlicek et al., 2005), 남성적인 신체 움직임

(Provost et al., 2008), 남성적인 체형(Little et al., 2007) 등에 관한 연구다.

관계의 종류

만약 여성이 오직 단기간의 관계만을 염두에 둔다면, 향후 투자를 적게 하든 그렇지 않든 간에 남성적인 남자를 찾을 것이다. 즉 남성적 특징에 대한 선호는 짧은 기간의 파트너를 고를 때 더 높게 나타날 것이다. 리틀 등의 연구에 의하면 이미 파트너가 있거나 단기간의 관계를 찾는 여성은 보다 남성적인 얼굴을 선호했다(Little et al., 2002). 이러한 경향은 경구용 피임약을 먹는 여성에게는 나타나지 않았는데, 즉 이러한 효과는 호르몬이 중개한다는 것을 시사한다.

환경적인 건강상의 위험

트레이드오프 이론을 고려하면, 환경이 열악할수록 여성은 보다 남성적인 얼굴을 선호할 것으로 추정할 수 있다. 이를테면 병원체가 많고 사망률이 높은 환경이다. 왜냐하면 남성적인 남성은 (최소한 이론적으로는) 보다 생존 확률이 높은 건강한 자식의 아버지가 될 가능성이 크기 때문이다. 실제로 30개국 약 4,000명의 백인 여성의 선호도를 온라인 설문조사를 통해서 수집하였는데, 국가의 사회적 환경적 건강 수준이 낮을수록 여성은 보다 남성적인 자질을 선호하는 경향이 있었다(Lisa DeBruine et al., 2010a). 그러나 연구진은 이러한 관계를 달리 해석할 수도 있다고 지적했다. 건강 수준이 낮은 국가는 주로 범죄율이 높고 성 평등 수준이 낮다는 것이다. 따라서 이러한 나라에서 남성성을 더 선호하는 것은 건강한 자식을 기대하기 때문이 아니라 자신을 보호해줄 수 있는 보다 강한 파트너를 찾기 때문이라는 이야기다.

성간 경쟁과 관련된 또 다른 가능성도 있다. 브룩 등은 국가의 소득 불평등과 살인율이 여성의 얼굴 선호 경향과 어떤 관련이 있는지 조사했다(Brooks et al., 2011). 연구진은 기존 연구에서 수집된 데이터를 이용해 살인율과 소득 불평등이 건강 요인보다도 남성적 얼굴 선호 경향을 더 잘 예측해준다고 주장했다(DeBruine et al., 2010a). 연구진은 이를 성간 선택의 결과라고 추정했다. 남성 간의 경쟁적인 공격성이 남성의 부와 지위에 크게 영향을 미치는 환경에서는 남성적인 얼굴이 지배성을 시사하는 신호로 읽힌다는 것이다.

아직 불확실한 부분이 많다. 면역적합도 가설과 관련해서는 일관되지 않은 증거가 나오고 있고, 잘해야 약한 수준의 증거만 있는 것으로 보인다. 하지만 여성의 선호도는 월경 주기에 따라서 등락을 반복하며, 관계의 종류나 맥락적 요인과도 관련된다는 강력한 증거가 있다. 다음 절에서는 남성적 특징을 건강 및 유전적 가치의 지표로 간주하는 가설과 지배성 및 힘의 지표로 간주하는 가설 사이의 경합을 관한 연구에 대해 이야기해보자.

4) 미녀 혹은 야수? 여성의 선택과 남성의 지배성

여성의 짝 선택과 남성의 테스토스테론 간의 관련성에 대한 불확실한 증거로 인해, 몇몇 권위 있는 연구자는 테스토스테론 및 관련된 얼굴의 남성성이 면역적합도가 아니라 남성의 경쟁적 능력의 지표라고 제안하기 시작했다. 풋츠의 지적대로, 현대 사회의 자유로운 짝 선택 경향은 매력 판별 기준 및 남녀의 짝 선택에 관한 왜곡 현상을 일으킬지도 모른다(Puts, 2010). 과거 사회에서는 남성 간의 경쟁이 짝짓기 성공 여부를 가르는 가장 중요한 요인이었을 것이다.

만약 이러한 불균형을 해결하면 보다 생산적인 연구 결과를 얻을 수 있을 것이다. 단지 면역 체계의 질을 반영하는 남성성 선호를 확인하는 것에서 더 나아가, 난소 주기에 따른 여성의 얼굴 선호 경향의 변화 양상을 조사하면, 경쟁적 환경에서 다양한 타입의 남성을 선택할 때 따르는 비용과 이득의 비에 맞춰 보정한 선호 수준을 알아낼 수 있다. 마찬가지로 얼굴 선호에 관한 횡문화적 변이는 소득 불평등, 남성과 여성의 역할, 사회의 계층화 수준에 따라 달라진다. 따라서 남성 간의 경쟁이 심한 사회에서는 남성의 경쟁력을 시사하는 지표(예를 들면 테스토스테론의 영향을 받은 남성화된 얼굴)가 여성에게 더 중요하다는 가설을 검증해 볼 수 있을 것이다.

신체적 증거에 의하면 남성 간의 싸움은 (적어도 과거에는) 상당히 중요했던 것으로 보인다. 남성은 여성보다 크고, 강하고, 빠르고, 신체적으로 더 공격적이다. 예를 들어 평균적인 남성은 99.9%의 여성보다 강하다(Lassek and Gaulin, 2009). 표 13.2는 가까운 영장류 친척과 인간 체중의 성적 이형성을 나타낸 것이다. 인간의 남녀 체중비(1.1)가 침팬지(1.3)나 오랑우탄(2.2)보다 확실히 작다는 것을 한눈에 알 수 있다. 하지만 이러한 수치는 신체적 경쟁과 관련된 다른 성적 이형성을 과소평가하게 만든다. 인간의 여성은 암컷 영장류보다 체지방이 더 많다. 아마 자식을 위한 에너지 보관소일 수도 있고, 성적인 과시를 위한 것일 수도 있다(예를 들어 체지방은 주로 가슴과 허벅지, 엉덩이에 많이 몰려 있다). 체지방을 제외한다면, 남녀의 체중비는 1.4까지 상승한다. 체중의 신체적 분포 양상도 중요하다. 남성은 여성보다 총 근육량이 60% 더 많고, 팔 근육은 80%, 상체의 강도는 90% 더 강하다(Lassek and Gaulin, 2009).

이러한 차이를 보면 남성 간의 치열한 진화사를 짐작할 수 있다. 근대 사회 이후 남녀가 향유하고 있는 성적 자율성으로 인한 착시 효과가 있다는 것이다. 사실 오늘날에도 세계 어디에서나 동성 살인의 95%는 남성이 저지른다(Daly and Wilson, 1988a). 12장에서 살펴본 대로, 수컷의 폭력성은 번식기에 고조된다. 인간은 물론 사슴 뿔이나 고릴라의 송곳니와 같은 싸움용 '무기'는 가지고 있지 않지만, 몽둥이나 창, 활 등 무기를 직접 만들어 쓸 수 있다. 그래서 이러한 무기도 남성 표현형의 일부로 간주해야 한다는 주장이 있다(Puts, 2010). 더욱이 남성이 가지고 있는 몇몇 특징들, 예를 들면 턱수염이나 저음의 목소리는 여성의 선호가 그리 분명하지 않았다. 아마도 다른 남성에 대한 지배성의 신호로 보는 것이 옳을지도 모른다.

남성의 여러 형질이 다른 남성과의 싸움을 위해서 빚어졌고, 이러한 선택압이 성적 이형성의 주요한 원인이라면 이런 의문이 들 것이다. 현실에서 신체적 우월성이나 지배성이 추가적인 짝짓기로 이어질 수 있을까? 암컷의 발정 신호가 명확하지 않으면, 단기간의 성적 접근을 위한 수컷 간의 싸움은 무의미해진다. 힘들여 싸워서 교미해도 임신으로 이어진다는 보장이 없기 때문이다. 그렇다면 남성은 자신의 힘과 지배적인 지위를 이용해서 장기간의 성적 파트너를 지배하고, 자신의 파트너를 노리는 다른 남성의 도전을 제압할 수 있었던 것인지도 모른다.

물론 남성 간의 경쟁이나 공격성과 관련한 형질이 여성에 의해서 선호되었을 수도 있다. 즉 성간 선택의 결과라는 주장인데, 이 주장은 아직 보다 많은 증거가 필요하다. 게다가 턱수염이나 낮은 목소리, 남성적 얼굴 등 남성적 특징에 대한 여성의 선호를 다룬 연구는 서로 배치되는 결과를 보이는 경우가 흔하다. 앞에서 언급한 대로 배란을 전후해서 여성은 보다 남성적인 형질을 선호하는 경향이 있다. 그러나 문헌 조사에 의하면, 남성성 자체가 아니라 그러한 형질을 지배성의 자질로 지각하는 효과가 더 큰 것으로 보인다(표 15.1).

표 15.1 남성의 수염, 목소리, 얼굴 형태, 체형 등에서 증가하는 남성성이 매력 및 지배성 지각에 미치는 효과

남성적 형질 A와 B가 매력 혹은 지배성에 미치는 효과		매력에 미치는 효과 크기 (Cohen's d)	지배성에 미치는 효과 크기 (Cohen's d)	참고 문헌
A	B			
무성한 턱수염	깔끔한 면도	−0.25	1.6	Neave and Shields, 2008
남성적 목소리	여성적 목소리	0.25	2.4	Puts et al., 2006
남성적 얼굴	여성적 얼굴	1.25	4.25	DeBruine et al. 2006
남성적 체형	일반적 체형	1.5	2.6	Frederick and Haselton, 2007

제시한 연구 모두에서 지배성 효과가 더 강했다. 이는 남성적 특징이 사실 성적 장식을 위한 것이 아니라, 남성 간 경쟁의 맥락에서 진화했다는 뜻이다. 코언 d값은 효과 크기를 보는 표준 방법이며, 두 집단의 평균 차이의 상대적 크기를 뜻한다. 즉 (a의 평균−b의 평균)/가중 표준 편차. 출처: Puts, D. A. (2010). 'Beauty and the beast: mechanisms of sexual selection in humans.' Evolution and Human Behavior 31 (3), 157–75.

남성의 힘이나 지배성이 짝짓기에 미치는 영향에 대한 다른 방향의 증거도 있다. 수많은 사회에서 남성은 여성의 성을 통제해왔고, 지금도 여전히 그런 경우가 많다. 예를 들면 결혼 파트너를 가족이 결정한다든가 여성 족외혼(심지어 서구 사회에서도 결혼식에서 신부 아버지는 신랑에게 딸을 '건네준다'), 배우자 단속, 여성의 행동이나 외모에 대한 엄격한 규칙 등이다.

전반적인 신체적 성적 이형성의 중요성에 대한 또 다른 증거도 있다. 홀츠라이트너 등은 얼굴 형태와 체구의 관련성에 대한 연구를 하였는데, 40명의 코카서스인 남녀의 신체 측정치를 기초로 얼굴 형태와 BMI 간의 관련성을 확인하였다(Holzleitner et al., 2014). 즉 얼굴이 BMI나 신장의 변이와 특징적인 관련성을 가진다는 것인데, 물론 체형의 남성성과도 관련된다. 아마도 얼굴 형태가 체형에 대한 신호로 기능할 수도 있을 것이다. 연구진은 20명의 코카서스

그림 15.5 납치당하는 사빈느의 여인들(The Abduction of the Sabine Women). 니콜라 푸생(Nicolas Poussin, 1594~1665)의 그림. 여성을 강제로 납치(신부 납치)하는 것은 아직도 많은 부족 사회의 풍습이다. 미토콘드리아 DNA의 다양성이 핵 DNA의 다양성보다 큰 이유는 아마도 초기 인간 사회에서 여성 납치가 빈번하게 일어났기 때문인지도 모른다(5장 4절 참조). 사빈느 여성의 납치와 겁탈은 고대 로마의 한 전설에서 시작한다. 강간(rape)이라는 단어의 어원은 라틴어 'raptio'인데, 납치(abduction)라는 뜻이다. 물론 현대 사회에서는 강제적인 성관계를 뜻하는 것으로 바뀌었다. 리비우스(Livy)의 이야기에 의하면, 기원전 8세기경 초기 로마인들은 신붓감을 원하고 있었다. 협상이 잘 안 되자 이웃 사빈느 부족으로 쳐들어가서 여자를 납치했다. 그리고 로마인 남편을 받아들이고, 로마 시민이 되라며 이들을 설득했다. 이 이야기는 인류 진화사 동안 빈번하게 일어난 사건을 묘사한 것이다. 남성의 신체적 힘은 여성 즉 짝을 확보하는 데 이용되었던 것이다. 출처: Bonhams.

인 여성에게 얼굴의 남성성을 평가하도록 하였다. 그런데 남성적으로 평가된 얼굴일수록, 실제로 보다 키가 크고 무거운 남성인 경향이 강했다. 즉 얼굴 모양이 체구와 체형의 남성성에 대한 단서를 제공한다는 것이다.

5. 유형성숙

유형성숙(neoteny)은 새끼 무렵의 특징을 그 이후에도 유지, 과시하는 현상을 말한다. 종종 이러한 특징은 매력이나 귀여움으로 인식된다. 이 현상은 콘라트 로렌츠가 처음 이론화 했는데, 아기의 얼굴을 보고 느껴지는 어른의 애착을 고정 행위 패턴으로 설명하려고 했다(Lorenz, 1943). 즉 큰 이마, 큰 눈, 작은 턱 끝, 봉긋한 볼 등이 사회적 해발인(social releaser)으로서 작동하여 양육과 애착 행동을 활성화시키는 생득적 해발기구(生得的解發機構, innate releasing mechanism)라는 것이다(로렌츠는 이를 the Kindchenschema라고 불렀는데, 영어로 옮기면 '유아 도해(baby schema)'라는 의미다). 이러한 주장은 왜 인간이 아기 같은 얼굴을 좋아하는지, 심지어 어린 동물이나 테디 베어 같은 장난감에도 매료되는지 어느 정도 설명해준다. 로렌츠의 생각은 실험 연구를 통해 어느 정도 입증되었다(Eibl-Eibesfeldt, 1989; Archer, 1992). 스턴글란즈(Sternglanz) 등은 1977

년에 미국 대학생을 대상으로 아기 얼굴의 각 부분을 변화시켜가면서 매력적으로 느끼는 정도를 평가했다. 결과는 로렌츠의 가설을 입증해 주었는데, 큰 눈과 큰 이마 그리고 작은 턱을 더 선호하는 것으로 나타났다(그림 15.6).

아이블-아이베스펠트는 남성이 작고 오뚝한 코, 큰 눈, 작은 턱 등 '유아적' 특징을 가진 여성을 선호한다고 지적했다(Eibl-Eibesfeldt, 1989). 이러한 특

그림 15.6 매력적인 특징을 보여주는 유아의 얼굴 그림: 높은 이마, 큰 눈, 작은 코, 작은 턱 끝.

징은 다른 동물의 새끼에서도 발견되는데, 남녀 모두 이러한 특징에 대해서 '귀엽다'고 여긴다. 어린아이에 대해서 느끼는 보호 본능을 자극하기 위해서, 여성들에게 이러한 특징이 나타나게 되었는지도 모른다. 그렇다면 여성의 얼굴은 남성의 뇌에서 지각 오류를 일으키고 있다고 할 수 있다. 아니면 여성의 얼굴에서 젊음과 수태력의 증거를 찾으려는 남성에게 유형성숙의 특징이 젊음의 신호로 작동하는지도 모른다. 이러한 효과를 흔히 '과일반화(overgeneralizing)'라고 하는데, 아이를 돌볼 때 돌봄의 본능을 활성화시키기 위해 디자인된 신호가 다른 맥락에서도 통용되는 현상을 말한다.

젊음의 특징과 유형성숙한 얼굴의 중요성은 여러 연구에서 입증되었다 (Cunningham, 1986). 그리고 횡문화적으로 일반적인 현상이라는 것이 확인되었다. 예를 들어 커닝엄 등은 얼굴의 매력 판별 지표, 특히 유형성숙의 효과가 광범위한 문화적 배경(미국 백인, 일본인, 대만인, 한국인 및 미국 흑인)에서 일관되게 나타난다는 사실을 알아냈다. 최근에는 인간 및 다른 동물의 유아적 특징에 대한 선호가 3~6세경부터 나타난다는 연구도 있었다(Borgi et al., 2014).

유형성숙의 효과는 만화 캐릭터의 얼굴 특징을 설명하는 데도 응용할 수 있다. 스티븐 제이 굴드는 자신의 유명한 에세이집에서, 1930년대부터 80년대에 이르면서 미키마우스의 얼굴이 점점 유형화되고 있다고 주장했다. 이는 몸 길이보다 머리가 점점 커지고, 머리 길이에 비해서 눈이 점점 커지는 현대적 현상이라는 것이다(Gould, 1982). 상자 15.1은 1902년 미국에서 처음 등장한

그림 15.7 개 얼굴 이미지 비교. 어떤 얼굴이 더 매력적인가? 아마도 오른쪽을 짚을 것이다. 왜냐하면 오른쪽 개가 보다 유형화(큰 눈, 높은 이마)되어 있기 때문이다.

낡은 테디 베어에게 점점 유형성숙이 진화했다는 주장을 옮긴 것이다. 인간이 다른 동물(특히 반려 동물)에게 느끼는 애착은 부분적으로 유형화 반응에 의한 것이다(그림 15.7). 대부분의 반려동물(특히 개나 고양이)은 행동학적으로나 형태학적으로 유아적인 특징을 보인다. 그리고 성체가 되어도 이런 특징이 지속된다. 이들의 유형성숙된 형질은 아마도 가축화 과정에서 나타난 것으로 보인다.

상자 15.1 테디 베어의 진화

테디 베어는 어린이가 아주 좋아하는 부드러운 장난감이다. 테디 베어라는 이름은 미국 대통령 시어도어 루스벨트(Theodore Roosevelt)에서 따온 것이다. 그의 별명이 테디였다. 1902년 루스벨트는 다른 사냥꾼과 함께 사냥을 나갔다. 여행 도중 루스벨트는 다른 사냥꾼이 나무에 묶어 놓은 곰을 차마 쏘지 못했다. 사냥은 실패했지만, 대통령 입장에서는 성공적인 여행이었다. 이 사건은 〈워싱턴포스트〉 만평으로 실렸는데, 이를 본 모리스 미첨(Morris Michtom)은 장난감을 만들어 팔 생각을 하게 되었다. 문화적 인공물인 테디 베어는 문화적 진화가 일어난다는 아주 흥미로운 사례이기도 하다.

초기 테디 베어는 실제 미국흑곰과 비슷했다. 작은 눈과 큰 코를 가지고 있었다. 하지만 점점 이러한 특징이 부드러워졌다. 1980년대 초반 영국의 케임브리지 민속 박물관(the Cambridge Folk Museum)에서 테디 베어의 역사에 대한 전시회가 열렸다. 두 명의 동물생태학자, 로버트 힌데(Robert Hinde)와 L. A. 바든(L. A. Barden)에게는 절호의 기회였다. 이들은 시간에 따라서 테디 베어의 특징이 어떻게 변화해갔는지 조사했다.

두 가지 측정치를 사용했는데, 눈부터 정수리까지 길이를 눈부터 머리 바닥까지의 길이로 나눈 값과 코부터 뒤통수까지의 길이를 정수리부터 머리 바닥까지의 길이로 나눈 값이었다(그림 15.8). 앞의 값이 높을수록(즉 높은 이마를 가질수록), 그리고 뒤의 값이 낮을수록(즉 얼굴이 납작할수록) 보다 아기 같은 얼굴이라고 할 수 있다. 결과를 그림 15.9에 나타냈다. 1902년 이후 테디 베어의 유형화가 점점 가속되고 있음을 알 수 있을 것이다. 이 연구는 물론 적은 수의 표본을 사용했고, 전시회에 출품된 테디 베어가 해당 시기의 테디 베어를 모두 대표한다는 가정에 기반하고 있다는 제한점이 있다. 보다 많은 표본을 사용한 체계적인 조사는 아직 진행되지 않았다.

여기서 짚고 넘어갈 문제가 있다. 무엇이 이러한 진화적 과정을 추동했느냐는 것이다. 어린아이들이 보다 아기 같은 특징을 보이는 곰 인형을 좋아했을 수 있고, 이것이 선택압으로 작용하여 보다 유형화된 테디 베어가 더 많이 팔리고, 그래서 그런 특징을 가진

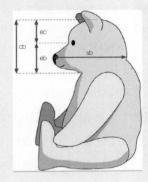

그림 15.8 테디 베어 계측. 유형화는 1번 값이 높고 2번 값이 낮은 경우를 의미한다. 각각 높은 이마와 낮은 코 혹은 납작한 얼굴을 뜻한다. 1번 값 ec/eb, 2번 값 sb/cb

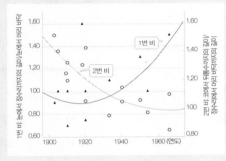

그림 15.9 1903년부터 66년까지 테디 베어 머리 모양의 변화. 1902년 테디 베어가 처음 등장한 이후, 1번 값(검은 삼각형, 실선)은 증가하고, 2번 값(흰 원, 점선)은 감소했다. 이는 테디 베어가 점점 유형성숙했다는 뜻이다. 출처: Hinde and Barden, 1985, Fig 1 A and B, p. 1372.

테디 베어가 더 많이 생산되었을 것이다. 다른 가능성도 있다. 구매를 결정하는 어른의 눈에 보다 유형화된 곰이 보살펴주고 싶은 느낌을 주었기 때문인지도 모른다. 이 문제에 대해서 모리스 등은 다양한 종류의 테디 베어 표본을 모아 4세 및 6세, 8세 소년소녀에게 보여주었다(Morrist et al., 1995). 흥미롭게도 6세와 8세 어린이만 아기 얼굴의 테디 베어를 선호했다. 4세 어린이도 아기 얼굴 테디 베어를 약간 더 좋아했지만, 통계적인 차이는 없었다. 아마도 4세 유아는 돌봄과 보살핌을 제공할 일이 없으므로, 유형화에 대한 반응이 작동하지 않거나 미발달한 상태인지도 모른다. 아무튼 테디 베어의 진화는 5세 이하의 어린이가 보인 선호에 의한 것이 아니라, 실제로 지갑을 여는 어른의 선호에 따른 것으로 추정된다.

이 흥미로운 사례는 생물학적 진화를 검증하는 그리고 동시에 반박하는 사례라고 할 수 있다. 분명 테디 베어는 스스로 번식하지 못한다. 그러나 번식 시스템을 통해서 그들은 탄생하고, 시장이라는 적소 안에서 서로 경쟁한다. 즉 다원주의적 진화의 핵심 요아기 같은 얼굴에 대한 선호는 남녀 모두에게 나타난다. 2007년 어른 얼굴과 아기 얼굴이 보는 사람의 주의를 끄는 정도에 대한 연구가 발표되었다(Brosch, Sander and Scherer, 2007). 연구에 의하면 아기 얼굴은 주의를 끄는 힘이 더 강했는데, 남녀의 차이는 관찰되지 않았다. 그러나 최근 얼굴 사진을 생성하여 미세하게 조정하는 컴퓨터 소프트웨어가 개발되었다. 예를 들어 독립적인 관찰자가 '귀여운' 것으로 판단한 얼굴의 특징을 정한 후, 실제 얼굴의 모양을 조정하여 더 귀엽게 혹은 덜 귀엽게 만들 수 있는 프로그램이다. 이 기법을 사용한 연구에서, 19~26세 여성은 같은 연령대의 남성보다 귀여움의 차이를 더 잘 알아채는 것으로 드러났다(Sprengelmeyer et al., 2009). 그런데 폐경 후 여성의 경우에는 남성(19~26세 군이든 53~60세 군이든 상관없이)과 귀여움 민감성의 유의한 차이가 없었다. 경구용 피임약(에스트로겐과 프로게스테론 수준을 올리는)을 복용하는 폐경 전 여성의 경우에는 그렇지 않은 여성보다 귀여움에 더 민감하게 반응했다. 이러한 점을 종합하면 귀여운 특징에 대한 반응은 에스트로겐과 프로게스테론 같은 호르몬이 중개하는 것으로 보인다.

롭마이어 등의 연구에서는 실제 아기의 얼굴을 합성하여 두 가지 이미지를 만들었다(Lobmaier et al., 2010). 귀여운 이미지와 덜 귀여운 이미지였는데, 이를 귀여움의 스펙트럼을 만들기 위한 초안으로 활용했다(그림 15.10).

피험자에게는 짝을 지은 사진들(서로 귀여움의 수준이 다른)을 보여주고, 어느 쪽이 더 귀여운지 물었다. 연구 결과 여성이 귀여운 얼굴을 보다 잘 찾아냈다.

아기 얼굴에 대한 주의력의 성차는 다른 실험에서도 비슷하게 나타났다. 30명의 남성과 같은 수의 여성에게 어른의 얼굴(남성과 여성) 및 아기의 얼굴(남아

그림 15.10 귀여움 수준에 따라 합성한 아기의 얼굴. 아기 사진을 합성하여 두 가지 극단적인 아기 얼굴의 초안을 만들었다. 가장 귀여운 얼굴과 가장 귀엽지 않은 얼굴의 기하학적 차이를 이용하여 귀여움의 수준을 마음대로 조정하여 실험에 사용했다. 우측 사진은 좌측 사진에 비해서 귀여움을 100%까지 끌어올린 것이다. 출처: Professor Janez Lobmaier (University of Bern, personal communication, 2015).

와 여아)을 보여 주었다(Rodrigo Cardenas et al., 2013). 피험자가 사진을 보고 있는 동안, 눈의 움직임을 추적하여 어떤 사진을 특히 많이 보는지 확인했다. 그런데 여성은 성인 여성의 얼굴이나 성인 남성의 얼굴과 짝을 지어 제시할 경우, 아기의 얼굴을 더 오랫동안 쳐다보았다. 남성의 경우에는 성인 남성의 얼굴과 짝을 지은 경우에만 아기의 얼굴을 더 오랫동안 쳐다보았다. 성인 여성의 얼굴과 짝을 지어 제시하면, 여성의 얼굴을 더 오랫동안 보았다.

유형성숙적 특징을 지닌 성인 얼굴이 돌봄 반응을 유발한다는 연구도 발표되었다. 백인 성인 남녀의 얼굴 사진과 흑인 성인 남녀의 얼굴 사진을 조작하여, 덜 유형화된 사진과 더 유형화된 사진을 합성했다. 그리고 합성된 사진을 이력서에 붙였다. 우표를 붙인 봉투에 이력서를 넣어서 미국의 몇몇 마을에 '잃어버렸다.' 연구는 얼굴 사진의 유형성숙 수준에 따라 봉투를 습득한 사람이 이를 우체통에 넣는 수고를 하는 정도가 달라질 것이라는 예측에 근거한 것이었다(Keating et al., 2003). 연구 결과 흑인 성인의 경우를 제외하고는 보다 어리게 보이는 얼굴 사진이 들어간 봉투가 더 많이 회수되었다.

6. 유사성과 차이

1) MHC와 얼굴의 매력

앞서 언급한 대로 매력적인 얼굴은 건강의 징후나 기생충 저항성 대립유전자와 관련된다. 또한 주요 조직적합도 복합체(major histocompatibility complex, MHC)의 이형성은 효율적인 면역 체계의 지표로 간주된다. 따라서 개체는 자신과 다른 MHC 체계를 가진 파트너를 찾으려고 할 것이다(상자 15.2). 그런데 이런 일이 어떻게 이루어질 수 있을까?

인간과 쥐는 모두 자신과 다른 MHC를 가진 잠재적 짝의 냄새에 끌린다는 증거가 있다(17장). 과연 비슷한 MHC를 가진 사람의 얼굴과 상이한 MHC를 가진 사람의 얼굴에 대해서 서로 다른 매력을 느끼게 될까? MHC가 체취에 영향을 미친다는 가설도 입증이 상당히 어렵기 때문에, MHC가 얼굴에 미치는 영향에 대한 주장도 금방 해결되기는 어려울 것이다. 그러나 몇몇 연구가 가능성을 제시했다. 로버트 등은 여성에게 자신과 비슷한 MHC를 가진 남성과 자신과 다른 MHC를 가진 남성의 얼굴을 보고 매력도를 평가하도록 주문했다(Roberts et al., 2005a). 그런데 놀랍게도 비슷한 MHC를 가진 남성이 더 매력적이라고 응답했다. 다른 연구에서 로버트 등은 50명의 여성의 의견을 모아 남성 얼굴의 매력도를 평가하고, 이를 남성의 MHC 유전자의 다형성(세 좌위를 선택)과 비교했다(Roberts et al. 2005b). 세 좌위 모두에서 이형성을 보이는 남성이 다른 남성보다 더 매력적이라는 평가를 받았다. 최근 라이에 등은 77명의 남성과 77명의 여성의 MHC 다형성을 평가하고, 다른 염색체의 마커도 확인하는 연구를 하였다(Lie et al., 2008). 그리고 각 대상의 얼굴을 상대에게 보여주고 매력도를 확인했다. 연구 결과 남성의 매력도는 MHC 다형성과 관련되었지만, 다른 염색체의 다형성과는 무관했다. 그런데 이런 효과는 여성에게는 나타나지 않았다.

이와 관련하여 여성은 많은 남성을 조사하면서 가장 면역 능력이 적합한 남

인간은 매우 복잡한 면역 체계를 통해서 기생충이나 다른 감염원의 끊임없는 침입 시
도를 막아내고 있다. 따라서 자손이 효율적인 면역 체계를 구축하는 데 도움이 되는
유전자를 가진 대상을 만나는 것이 바람직할 것이다. 이러한 배경에서 지난 20년간 인
간의 짝짓기에 MHC가 미치는 영향에 대한 수많은 연구가 시행되었다. MHC는 세포
표면에 있는 일군의 단백질 생산물이다. 척추동물의 면역 반응에 핵심적인 역할을 하
는 단백질이다. 표면 단백질을 코딩하는 MHC 유전자는 염색체 6번에 위치하고 있는
데, 약 400만 개의 염기로 이루어진 대략 180개의 유전자로 구성되어 있다. MHC 유전
자는 T세포(백혈구)의 수용체를 활성화시키는 펩타이드를 코딩하여, 이물질을 식별 파
괴한다.

이 유전자 세트의 흥미로운 점은 바로 고도의 다형성이다. 수백에서 수천 개의 서로 다
른 대립유전자가 존재한다. 해당 게놈 부위에 존재하는 뉴클레오타이드 다양성은 게놈
의 다른 영역에 비하면 최소 100배에 달한다. MHC 유전자의 모범형은 아예 존재하지
않는 것으로 보인다.

왜 이렇게 엄청난 다양성이 존재하는지 여러 주장과 추론이 제기되어 왔다.

- 다형성이 이형접합체 유리 현상에 의해 유지된다는 주장이다. MHC 유전자의
  발현은 '공우성(co-dominance)'을 보이는데, 이는 이배체의 각 유전자 쌍이
  각각 단백질을 생산한다는 것이다. 따라서 이형접합체는 동형접합체보다 더 많
  은 MHC 단백질을 합성할 수 있다. 더 많은 종류의 단백질이 합성되면, 더 넓은
  범위의 이물에 대해서 T세포를 활성화시킬 수 있다.
- 또 다른 가설은 MHC 다형성이 면역 체계와 병원체의 유전적 군비 경쟁에 의
  해 발생한 빈도 의존성 선택의 결과로 유지된다는 것이다. 이 모델에 의하면 병
  원체는 MHC 시스템에 의해 생산되는 변이와 비슷한 펩타이드를 얼른 자신의
  몸에서 제거하는 돌연변이를 만들어낸다. 따라서 면역 체계의 탐지를 피해 몸
  으로 침입하고 급속도로 퍼져나갈 수 있다. 저항력이 있는 드문 MHC 대립유전
  자를 가진 개체를 만나면 전파는 중단된다. 그러면 드문 대립유전자가 보다 많
  아지게 된다. 이러한 방식으로 영원히 안정화되지 않으면서 엄청난 수의 MHC
  변이 유전자가 항상 공존하게 되는 것이다. 더불어 병원체의 종류와 강도는 시
  공간적인 변동을 보이기 때문에 다른 종의 병원체를 만날 때마다 인간의 MHC
  다양성은 더욱 늘어나게 된다.
- 다른 주장에 의하면, MHC 다형성은 성선택에 의해서 일어난다. 각 성에 속한

> 개체는 자신과 다른 MHC 유전형을 가진 파트너를 선호하게 된다. 따라서 위에서 언급한 대로 자손의 이형접합성은 늘어나게 되고, 이는 면역 반응을 증진시킨다(Penn et al., 2002). 본질적으로 부모는 자신과 다른 MHC 유전형을 가진 자손을 생산하고, 이러한 현상은 부모의 유전형에 적응했을지도 모르는 병원체를 막아내는 데 도움이 될 것이다. 약간 주제가 다르지만, 근친상간 회피는 자신과 다른 MHC 유전자를 가진 파트너를 선호하는 경향과 관련될 것이다(17장 참조).
> • MHC 다양성은 태반 내 태아 선택에 의해서 유지된다는 주장이다. 낮은 수준의 MHC 다형성을 보이는 태아는 부적합하고 취약하기 때문에 사산되는데, 이는 선택압이 모체의 질 관리 기전이라는 뜻이다.
>
> 이러한 여러 주장은 서로 배타적이지 않다. MHC 유전자 다형성은 처음에는 병원체와의 경쟁을 통해서 나타나고 유지되었을 것이지만, 성선택이나 근친상간 회피 등의 기전을 통해서도 유지되었을 것이다(Havlicek and Roberts, 2009).

성을 찾아낼 것이라는 흥미로운 가설이 제기되었다. 자궁에 정자가 들어갈 때, 숙주 반응이 일어나고 여성의 몸은 정자를 이물로 인식하여 백혈구를 동원, 공격을 감행한다는 사실은 익히 알려져 있다(Barrett et al., 2009). 즉 여성의 생식 체계는 정자의 건강 상태 및 MHC 유전자의 적합도을 일종의 화학적 신호를 통해서 판단할 수 있으며, 건강하고 적합한 정자만이 면역 반응 장벽을 통과하도록 한다는 것이다. 만약 이런 주장이 옳다면, 인간의 여성은 많은 남성을 만나도 별로 얻는 것이 없다는 기존의 상식을 바꿔야 할지도 모른다.

만약 어떤 기전(신체적 외모, 체취, 정자 질 관리 등)에 의해서 남성과 여성이 서로 다른 MHC를 가진 개체에게 끌린다면, 부부간의 MHC 유사성은 일반 인구 집단에서 무작위로 추출한 두 명의 남녀보다 낮을 것이다. 그러나 여러 연구에도 불구하고, 이러한 현상이 일어나는지는 명확하지 않다(Havlicek and Craig Roberts, 2009). MHC 연구의 결과를 종합해보면, 아마도 짝 선택에 어떤 역할을 하는 것으로 추정되지만, 아직은 그 전모가 밝혀진 것은 아니다. 서로 충돌하는 연구 결과는 아마 짝 선택에 보다 강한 영향을 주는 다른 혼란 요인 때문이거나 연구 간의 방법론적인 차이에서 기인하는 것으로 보인다.

이 모든 연구를 다 종합하는 것은 어려운 일이다. 만약 각 연구를 모두 신뢰한다면, MHC 관련 얼굴 선호도는 동류성(assoritiveness)이 더 강하다는 느낌을 받는다. 즉 자신과 비슷한 MHC를 가진 사람의 얼굴을 더 좋아한다는 것이다. 이는 체취 선호 연구의 결과와는 상반된 것이다. 흥미롭게도 인간의 동류교배 현상이 적지 않게 보고된 바 있다. 인간은 자신과 비슷한 체구나 사회적, 심리적 형질을 가진 이성을 만나는 경향이 있다(Swami and Furnham, 2008, 7장). 이 주제는 다음 절에서 다루는 것이 좋겠다.

2) 각인

각인은 유전적으로 일어나는 학습 과정이다. 일반적으로 유기체의 발달 초기, 상대적으로 짧은 민감한 단계로 이루어진다. 이 단계에서 습득한 학습 경험은 오래 지속되는데, 종종 완전히 돌이킬 수 없기도 하다. 부모 각인(filial imprinting)과 성적 각인(sexual imprinting)으로 나눌 수 있다(그림 15.11).

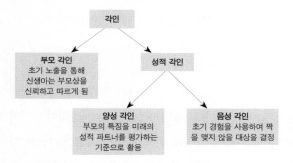

그림 15.11 각인의 종류

부모 각인

각인의 가장 초기 형태 중 하나가 바로 부모 각인이다. 새로 태어난 동물이 처음 본 사물에 각인되는 현상이다. 이는 영국의 아마추어 생물학자 더글러스 스팰딩(Douglas Spalding, 1841~1877)이 처음 보고했으며, 동물행동학자 오스카 하인로스(Oskar Heinroth)에 의해서 재발견되었다. 그리고 콘라트 로렌츠가 자세하게 연구하면서 대중적인 관심을 받게 되었다. 로렌츠는 새로 알을 깨고 나온 거위 새끼가 자신(혹은 아마도 더 유력하게는 로렌츠의 장화)에게 각인되는 현상을 보았다. 친어미도 무시하고 그만 졸졸 따라다녔던 것이다. 이런 기전은 자연환경에서는 명백한 이득이 있다. 대부분의 어린 새끼가 처음 보는 대상은 자신의 어미다. 따라서 일차적인 양육자와 가깝게 지내는 성향은 적응적일 수밖에 없다. 어떤 의미에서 가족 각인은 생애 초기에 누구를 신뢰하는 것이 좋은지에 대한 신속한 경험칙이라고 할 수 있다.

로렌츠의 새끼 거위는 땅에서 졸졸 따라다녔지만, 이런 현상을 이용해서 새가 비행 물체를 따라 날도록 유도한 사람도 있었다. 1993년 캐나다의 발명가이자 경비행기 애호가였던 빌 리쉬만(Bill Lishman)은 각인을 이용해서 캐나다 거위 무리를 온타리오에서 북 버지니아까지 이끌고 날았다. 이 장관은 〈아름다운 비행(Fly Away Home)〉으로 영화화되었고, 프랑스 영화 〈위대한 비상(Winged Migration)〉에도 기술적 영감을 주었다.

성적 각인

성적 각인 현상도 잘 연구되어 있다. 이는 두 종류로 나뉘는데, 양성 각인, 즉 어린 동물이 부모 중 하나의 관찰된 표현형을 사용하여 미래의 성적 파트너를 평가하는 현상(ten Cate et al., 2006)과 음성 각인, 즉 어린아이가 같이 자란 어른이나 동기와의 성관계에 대해 혐오를 보이는 현상이다.

양성 성적 각인

많은 동물에게 양성 각인의 명백한 이점 중 하나는 종을 인식하고 교잡을 피하는 것이다. 유사한 종(최근 갈라졌거나 분화가 일어난 경우) 사이에서 자신과 같은 종에 속하는 짝을 만나 교미하여, 잡종의 자식을 낳지 않는 것은 아주 중요한 일이다. 잡종은 보통 적합도가 떨어지기 때문이다. 그래서 다양한 문헌에 양성 잡종의 사례가 등장하는지도 모른다. 빅토리아 호수와 말라위 호수와 같은 일부 아프리카 호수에는 여러 종류의 시클리드(cichlid)가 살고 있다. 이들은 가까운 근연도를 가지고 있는데, 색깔로 서로를 구분할 수 있지만 행동생태학적 특징이나 체형은 아주 비슷하다. 어떻게 이들이 생식적 고립(교잡 회피)을 이룰 수 있는지 의아할 것이다. 한 연구진의 연구에 의하면 양성 성적 각인이 일어나는 것으로 보인다(Verzijden and ten Cate, 2007). 두 유사종(*Pundamilia pundamilia*와 *Pundamilia nyererei*)의 교차 양육 실험을 통해서, 젊은 암컷은 자신의 수양 어미와 같은 종에 속하는 수컷에게 성적 선호를 보인다는 사실을 밝혔다. 물론 수양 어미는 다른 종이었다.

포유류에 대해서도 비슷한 실험이 진행되었다. 어미 양(*Ovis aries*)이 대신 키운 수컷 염소(*Capra aegagrus hircus*)의 경우, 나중에 암양과 교미하려는 경향을 보였다(Kendrick et al., 1998). 마찬가지로 어미 염소가 키운 숫양은 나중에 암염소와 짝짓기를 하려는 경향이 있었다. 이러한 경향은 암컷 염소와 암양에서도 관찰되었다. 하지만 이런 현상이 보편적인 것은 아니다. 뻐꾸기처럼 다른 새에 기생하여 양육되는 종(brood parasite)은 나중에 수양 어미와 같은 종이 아니라, 뻐꾸기와 짝을 맺었다.

종 식별이 인간에게 나타나는 양성 각인의 중요한 원인인지는 확실하지 않다. 네안데르탈인이 35,000년 전 멸종한 후, 현대인은 비슷한 호미닌 종과 가깝게 지내본 일이 없다. 그러나 아마 흔적 형질로 살아남아 있을 것이다.

동질혼

　사람은 자신과 비슷한 사람과 결혼할까? 동류 교배, 즉 동질혼(homogamy) 이라고 부르는 현상은 외혼(outbreeding)을 최적화하는 방법이라는 주장이 있다. 너무 많이 내혼(inbreeding)을 하면 동형의 열성 유전자가 축적되어 적합도가 떨어진다(그래서 근친상간 회피, 아마도 MHC가 다른 체취를 선호하는 경향이 나타났을 것이다). 그러나 과도한 외혼도 마냥 좋은 것은 아니다(잡종 교배가 바로 극단적인 외혼의 예다. 종간 교잡을 통해 태어난 자식은 흔히 불임이다). 따라서 표현형 합치를 통해서 외혼을 줄이는 것은 유전자를 안정적으로 유지하는 방법일 수 있다(Jaffe, 2001). 비슷한 얼굴을 선호하는 것은 또한 성적 각인의 결과인지도 모른다. 만약 부모의 얼굴이 아이에게 각인된다면, 어른이 된 자식은 자신과 비슷한 얼굴을 가진 이성을 좋아할 것이다. 자신의 얼굴이야말로 부모의 얼굴을 닮았기 때문이다. 실제로 여성의 얼굴은 장기간의 파트너 얼굴과 비슷하다는 여러 건의 연구가 있다(Penton-Voak and Perrett, 2000a; Bereczkei et al., 2002; Little et al., 2003). 이러한 결과를 양성 성적 각인의 증거로 보고 싶을 것이다. 남녀는 모두 자신의 부모를 닮고, 부모의 얼굴에 대한 경험을 통해서 매력의 기준을 정하기 때문에 이런 종류의 동류 교배(자신과 닮은 사람에게 끌리는 현상)가 일어난다는 것이다. 그러나 다른 설명도 가능하다. 만약에 성적 경쟁으로 인해서 매력적인 사람은 매력적인 사람과 만나고, 덜 매력적인 사람은 덜 매력적인 사람과 만난다고 해보자. 그런데 매력과 관련된 일부 형질(안면 대칭성이나 도드라진 턱끝 등)은 보편적으로 매력적이기 때문에, 매력적인 사람은 점점 서로 비슷해질 것이다. 이는 각인과 배치되는 표현형 합치(phenotypic matching)의 예다. 이러한 동류 교배는 얼굴 형태에 대한 선호 및 그러한 형태 모두가 유전되어야만 일어날 수 있다. 예를 들어 특정한 코 모양을 선호하는 여성이 있다고 하자. 이런 선호는 부모로부터 물려받은 것이다. 따라서 여성은 특정한 코를 가진 남성을 선택할 것이고, 이 여성의 딸 역시 비슷한 코 모양에 대한 선호를 모두 가지고 태어날 것이다. 그리고 딸이 그런 코를 가진 파트너를 찾는다면, 사실 이는 자신과 닮은 이성을 찾는 것이나 다름없다. 하지만 한 연구에 의하면, 잠재적인 파트너의 얼굴 매력이 비슷하다고 가정해도 동류 교배 현상이 여전히 지속되었다(Alvarez and Jaffe, 2004).

양성 성적 각인을 인간 행동 생태의 부분으로 인정하기 위해서는 넘어야 할 방법론적, 이론적 장벽이 많다. 인간의 짝짓기 행동에 대한 다윈주의적 전제는 신체적 매력이 유전적 혹은 표현형적 자질에 대한 신호라는 것이다. 그러나 각인은 불량한 유전적 혹은 표현형적 자질을 가진 부모로부터 태어난 자식에게도 일어난다. 따라서 나중에 낮은 자질을 가진 파트너를 구하게 될 것이다. 그렇다면 다른 경쟁자에 비해 불리해질 것이고, 양성 성적 각인을 통해 얻는 것이 없게 된다. 그냥 보편적인 기준에 따라서 잠재적 배우자를 고르는 편이 더 유리하다. 따라서 양성 성적 각인을 유발하는 유전자는 제거된다. 물론 가능성이 전혀 없는 것은 아니다. 만약 자식을 낳는 것만으로도 성공이라고 할 수 있는 환경이라면, 즉 너무 거친 환경이어서 일단 부모가 되는 것만으로도 평균 이상은 되는 상황이라면 양성 성적 각인이 일어날 수도 있을 것이다.

이게 전부가 아니다. 양성 각인은 반대 성을 가진 남매나 다른 친척에 대한 매력을 향상시키므로 내혼의 위험성을 높이게 된다. 물론 매력을 좌우하는 다양한 기전은 서로 배타적인 것이 아니다. 아마도 양성 성적 각인은 일차적인 성긴 필터로 작동할지도 모른다. 즉 같은 종에 속하는 이성과 짝을 짓도록 하는 수준이다. 그리고 음성 각인이 공동 사회화를 거친 개체와의 짝짓기를 억제하는 역할을 할지도 모른다. 그리고 이런 필터를 거친 후, 유전적 적합도의 요인에 대한 민감도를 반영하는 정교한 필터나 알고리즘이 작동할 수도 있다. 란탈라와 마르친코브스카의 연구에 의하면 인간의 경우 양성 성적 각인의 존재 여부는 명확하지 않았다(Rantala and Marcinkowska, 2011). 따라서 각인과 유전적 영향이라는 얽힌 실타래를 풀어줄 연구가 필요할 것이다(Bereczkei et al.,

2004). 또한 양성 각인과 음성 각인이 서로를 무효화시키는 것이 아니라는 점도 알아두어야 한다. 사실 이 두 기전은 서로 보조를 맞추어서 최적의 외혼을 촉진시키는 동반자다. 양성 성적 각인은 개체가 같은 종의 파트너와 만나서 같이 힘을 합쳐 주어진 환경에 적응하는 역할을 하고, 음성 성적 각인은 너무 가까운 친족과 짝을 짓지 못하게 하는 역할을 한다. 특정 환경에서 두 기전이 외혼의 수준을 어느 정도로 결정하는지, 그리고 두 기전의 균형은 어느 수준에서 수렴하는지 여부에 대한 연구가 필요할 것이다(Rantala and Marcinkowska, 2011). 양성 성적 각인의 증거는 아직 잠정적인 주장에 불과하지만, 음성 성적 각인의 증거는 보다 분명하다. 이는 17장에서 자세히 다룰 것이다. 이보다 더 어려운 문제가 있다. 사실 동성과 짝짓기하는 현상이야말로 진화 이론의 난제라고 할 수 있다. 이들은 자식을 낳을 수 없기 때문이다. 이에 대해서는 다음 장에서 알아보도록 하겠다.

동성애의 역설 PART **16**

아, 팔목에 수갑을 찬 저 젊은 죄수는 누구인가?
그가 무슨 짓을 했기에 사람들이 욕을 하며 주먹을 흔든단 말인가?
그가 그토록 양심의 가책에 짓눌려 보이는 이유는 무엇 때문이란 말인가?
아, 그들은 머리 색이 마음에 들지 않는다며 남자를 감옥에 집어넣으려 하는구나.
알프레드. E. 하우스먼, 『추가 시집』, XVIII

　알프레드 E. 하우스먼(Alfred Edward Housman)은[01] 1895년, 오스카 와일드
의 재판과 구속 사태를 보면서 이 시를 썼다. 와일드와 마찬가지로 하우스먼은
게이였다. 물론 그 사실을 공개적으로 밝힌 적은 한 번도 없었다. 심지어 이 시
도 그가 죽은 후에야 출판되었다. 흥미롭게도 하우스먼에게는 여섯 명의 형제
자매가 있었는데, 다른 한 명의 형제와 누이도 역시 동성애자였다. 시에 등장
하는 '머리 색'은 성적 선호를 상징하는 것으로 보이는데, 그의 성적 지향이 생
물학적 근원을 가지고 있다는 것을 암시한다.
　성적 지향은 생물학, 심리학, 철학, 인류학에서 뜨겁게 다루고 있는 논란
이 분분한 주제다. 사실 이성애, 동성애, 양성애, 무성애라는 말만 들으면, 도
대체 뭐가 문제일까 싶다. 하지만 맥락을 잘 고려하지 않거나, 자기 정체성

---

01 영국의 고전학자, 시인

의 관점을 무시하고 이런 말을 언급하면 종종 상대를 공격하는 결과를 낳는다. 미국 소설가 고어 비달(Gore Vidal)은 동성애적(homosexual) 혹은 이성애적(heterosexual)이라는 말이 명사가 아니라 형용사라는 유명한 말을 남겼다.[02] 동성애에 대한 예민한 반응은 성적 행동을 둘러싼 긴 편견과 오해의 역사를 감안하면 당연한 일인지도 모른다. 이 문제에 대해서 깊은 철학적 논쟁을 할 수는 없지만, 몇 가지 중요한 개념적 특징은 언급하는 것이 좋겠다. 예를 들어 성적 지향(sexual orientation)과 성적 선호(sexual preference)는 같은 뜻이 아니다. 보통 '성적 지향'이라는 말은 선택권을 암시하지 않는다. 반면 성적 선호라는 말은 선택의 여지가 있다는 뜻이다. 자신과 타인의 관계에서 비롯하는 성적 지향은 성적 정체성과 구분해야 한다. 성적 지향, 성적 행동, 성적 정체성이 서로 맞지 않을 수 있다. 예를 들어 다른 남성에게 매력을 느끼는 남성이 있다고 해보자. 그러나 그 남성은 오직 여성과 성적 관계를 가질 뿐이라면 성적 지향(동성애)과 성적 행동(이성애)이 서로 일치하지 않는 것이다. 이러한 불일치 상태를 겪는 사람을 흔히 '비밀 동성애자(closeted)'라고 칭하기도 한다.

성적 지향과 성적 정체성을 혼동하지 않으려면, 이성애적, 동성애적, 양성애적이라는 말을 특정 타입에 대한 명사가 아닌 행동을 기술하는 형용사로 언급하는 것이 좋다(Diamond, 2010). 다시 말해서 개인의 정체성은 단지 성적 지향으로만 정의될 수 없다는 것이다. 다른 방법도 있다. 남성애(androphilia)와 여성애(gynephilia)라는 용어를 쓰는 것이다. 이 용어는 정체성보다는 원하는 대상의 행동을 규정하는 말이다. 이러한 용어는 비서구 문화를 기술할 때 흔히 쓰이는데, 동성애와 이성애의 의미가 문화에 따라 상이하기 때문이다. 이는 행위자의 성별을 아예 고려하지 않는 것인데, 예를 들어 남성애가 유전자에 의한 형질이라면 이는 남성 혹은 여성 누구에게나 나타날 수 있다는 식이다.

---

02 adjective는 형용사라는 뜻과 부수적이라는 뜻을 모두 가지고 있다.

동성애, 이성애, 양성애, 트랜스젠더 그리고 잘 쓰이지는 않지만 무성애 등 성적 지향에 대한 전통적 분류 방법에 대해서는 논란이 좀 있다. 1948년 알프 레드 킨제이(Alfred Kinsey)는 동성애부터 이성애에 이르는 7점 척도를 고안했 다. 이 척도는 남성성이 줄어들면 여성성이 늘어난다는 식으로, 트레이드오프 개념을 적용한 것이다. 하지만 한 사람이 아주 남성적이면서, 동시에 아주 여 성적일 수 있다는 반박이 등장했다(Shively and DeCecco, 1977). 더욱이 미셸 푸 코(Michael Foucault)는 성적 지향이라는 범주 자체가 '자연적'인 것이 아니라 사회에서 구성한 것이라고 주장했다(Stein, 1998; Kirby, 2003).

이 치열한 영역에는 아직 많은 논쟁이 지속되고 있다. 그러나 성적 지향이 유전자와 호르몬, 환경적 영향의 합으로 나타난다는 과학적 사실에 대해서는 대체로 동의하고 있다. 동성애는 잘못된 양육의 결과이거나 불우한 가정환경, 부 정적인 생애 사건 때문에 일어난다는 주장은 대개 인정하지 않는다. 또한 성적 지향은 의식적으로 선택할 수 있는 문제는 아닌 것으로 보인다. 하지만 성적 행 동은 선택할 수 있다. 예를 들어 이성애 여성은 수녀가 되기로 결심하고, 무성애 적 행동을 할 수 있다. 편의상 동성애 혹은 이성애라고 말하지만, 사실 동성애적 혹은 이성애적이라는 단어는 특정한 성적 행동을 형용하는 것 뿐이다. 이 장의 논의 대부분은 남성의 동성애에 대해 다루고 있는데, 지금까지 다윈주의적 프 레임에 따른 연구가 주로 남성의 동성 관계에 대해 많이 이루어졌기 때문이다.

동성애의 발생률이나 출현율(prevalence)은 정확하게 알기가 어렵다. 설문 조사에서 응답자는 솔직하게 대답하지 않는 경향이 있는데, 이는 응답자의 또 래 집단이나 문화에 영향을 많이 받기 때문이다. 게다가 동성애와 이성애의 비 율은 유동적이다. 예를 들어 2011년 영국 센서스에서 전 인구의 1.1%가 자 신을 게이 혹은 레즈비언이라고 밝혔고, 0.4%가 양성애자라고 하였다. 2012 년 미국 갤럽 조사에서는 미국 성인의 3.4%가 자신을 레즈비언, 게이, 양성애 자 혹은 트랜스젠더(Lesbian, Gay, Bisexual, Transgender, LGBT)라고 밝혔는데,

18~29세의 젊은 연령에서는 65세 이상 연령에 비해서 LGBT의 비율이 무려 세 배(각각 6.4%와 1.9%)에 달했다(Gates and Newport, 2012).

동성애가 부분적으로라도 유전적 원인에 의한 것이라면, 이는 다윈주의로 설명하기 어려운 미스터리다. 이성 파트너를 완벽하게 배제시키는 동성애 남성 혹은 여성은 전혀 번식할 수 없다. 물론 많은 연구에 의하면 동성애자들도 일시적으로 이성애적 관계를 통해서 자식을 낳곤 한다. 하지만 이성애자보다는 적은 수의 자손을 가지는 경향이 있다(Bell and Weinberg, 1978; Iemmola and Camperio-Ciani, 2009). 다윈주의에 의하면 생식력과 번식 적합도를 떨어뜨리는 유전자는 시간이 가면서 자연선택에 의해 제거된다. 그러나 동성애가 환경이나 생애 사건에 의해 일어나는 현상이라면 별로 문제될 것이 없다(물론 왜 그런 표현형이 나타나는지를 설명해야 하긴 하지만). 따라서 다음과 같은 두 가지 질문으로 요약해보자. '동성애는 유전적 기반을 가지고 있는가?' 그리고 '만약 그렇다면, 어떻게 이러한 다윈주의적 역설을 풀 수 있는가?'

1. 동성애의 유전적 기반

유전적 요인을 알아보는 첩경은 쌍둥이 연구다. 특히 일란성 쌍둥이와 이란성 쌍둥이의 비교 연구가 효과적이다. 표 16.1은 이와 관련된 몇몇 연구를 요약하였다.

표를 보면 연구별로 결과의 차이가 꽤 있지만, 이는 다른 연구 방법과 피험자 수에 기인한다. 랭스트롬 등의 연구가 가장 대규모로 진행된 최신 연구인데 성적 지향에 대해 무려 2,320명의 일란성 쌍둥이와 1,506명의 이란성 쌍둥이를 모집하였다. 일란성 쌍둥이에서 이란성 쌍둥이보다 높은 일치율을 보였는데, 이는 유전적 요인이 있다는 의미다. 물론 멘델식 유전에 따른다는 의미는 아니다 (Langstrom et al., 2010, Mustanski et al., 2003).

표 16.1 다양한 동기 쌍에서의 일치율

관계	동성애의 일치율 연구			
	Bailey and Pillard (1991)	King and McDonald (1992)	Whitam et al. (1993)	Langstrom et al. (2010)
일란성 남성 쌍둥이	52%	10%	65%	18%
이란성 남성 쌍둥이	22%	8%	28%	11%
남성 형제	9.2%			
입양 형제	11%			
일란성 여성 쌍둥이			75%	22%
이란성 여성 쌍둥이				17%

일치율은 한쪽이 한 조건을 만족할 때, 다른 한쪽도 같은 조건일 가능성으로 계산했다. 예를 들어 랭스트롬의 연구에서, 남성 일란성 쌍둥이 한쪽이 동성애일 경우 다른 쪽도 동성애일 확률은 18%다.

동성애와 관련된 게놈 위치를 찾으려는 연구는 조금씩 성과를 보고 있다. 모계 유전이 된다는 증거 때문에, 초기에는 X염색체에서 유전자를 찾으려고 하였다. 남성의 X염색체는 모두 어머니에게서 오기 때문이다. 미국 국립 암 센터에서 진행한 연구에 의하면, 40명의 동성애 형제들은 Xq28 좌위(약 8메가바이트의 정보를 담고 있는 X염색체 장완)의 다섯 개 마커를 공유하고 있었다(Dean Hamer et al., 1993). 몇 년 후에 다른 피험자를 대상으로 비슷한 연구를 했는데, 역시 결과는 유사했다(Hu et al., 1995). 게다가 두 번째 연구에서는 Xq28 좌위가 남성 동성애하고만 관련되고, 여성 동성애와는 무관하다는 사실도 밝혔다. 하지만 캐나다 게이 남성을 대상으로 한 연구에서는 관련성을 찾지 못했다(Rice et al., 1999). 이 연구는 상당한 반향을 낳았는데, 미국과 영국의 언론은 서로 다른 반응을 보이기도 했다.[03]

---

03 미국 언론은 과학적 성취라는 긍정적 입장에서 연구를 조명했고, 영국 언론은 게이 유전자의 위험성이라는 부정적 입장이 더 우세했다. 자세한 것은 Conrad and Markens, 2001 참조.

몇 년 후 두 명 이상의 게이 형제가 있는 146가족, 456명의 피험자를 대상으로 유전체 전장 스캔이 시행되었다(Mustanski, 2005). 연구 결과 앞서 보고된 연관성은 미약하였으며, 새로 7번 염색체의 7q36 좌위가 관련된다는 사실을 밝혔다.

정리하면 유전적 요인에 대한 쌍둥이 연구는 아직 초기 단계에 머무르는 수준이다. 그럼 다음 질문으로 넘어가 보자. 동성애의 적합도 손해는 어떻게 극복된 것일까?

2. 친족 선택 모델

이미 우리는 3장에서 혈연을 향한 이타적 행동은 해밀턴의 법칙을 만족할 경우, 유전자 수준에서 선택될 수 있다는 것을 밝혔다. 따라서 남성애를 가진 남성이 혈연을 향한 이타적 행동을 보일 경우, 포괄적합도가 향상될 것이며 친족의 직접적 적합도가 높아질 것이다(Wilson, 1975). 이 예측이 옳다면 남성애 남성은 여성애 남성보다 친족에 대해서 보다 자애롭고 이타적일 것이다.

그러나 이러한 예측을 입증하는 증거는 충분하지 않다. 미국 일리노이주에 사는 57명의 이성애 남성과 66명의 동성애 남성을 대상으로 이타적 경향을 조사한 연구에 의하면, 두 집단에서 자애로움, 친밀감 혹은 친근한 삼촌 경향(avuncular tendency)의 차이는 없었다. 오히려 동성애 남성이 자신의 형제자매에게 금전적 선물을 덜 하려는 경향이 드러났다. 또한 아버지나 손위 동기와 정서적으로 소원하다는 반응이 더 높았다(Bobrow and Bailey, 2001). 영국에서 이루어진 비슷한 연구에서는 60명의 런던 거주 이성애 남성과 동성애 남성이 참여했는데, 역시 두 집단의 차이는 관찰되지 않았다(Rahman and Hull, 2005).

이러한 결과로 미루어보아 친족 선택(kin selection) 이론에 의한 혈연 지향성 이타성 상승효과는 없는 것으로 보인다. 그러나 미국과 영국의 문화는 최초로 남성의 남성애 경향이 진화했던 환경과는 상이할 수 있다. 예전보다는 나아졌지만 여전히 동성애 혐오 경향은 지속되고 있으며, 게이 남성은 가족으로부터 유리되어 이타적 경향이 억압되었을 수도 있다. 그래서 폴리네시아의 사모아에서 남성애 남성과 여성애 남성에 대한 비슷한 연구가 진행되었다(Vasey et al., 2007). 여기서 남성애 남성은 파파핀(fa'afafine, '여성적 행동의'라는 뜻)으로 불린다. 물론 이 연구에서도 전반적인 자애로움, 가까운 친족에게 공여하는 자원 양 등은 역시 차이가 없었다. 하지만 파파핀의 좋은 삼촌 경향(조카에게 주는 돈이나 아기를 봐주는 빈도로 평가)은 보다 높았다. 한 파파핀은 "내 누이는 딸 하나와 갓난아기 하나가 있죠. 곧 누이는 다시 일해야 하고, 나는 엄마가 될 거예요"라고 말하기도 했다. 하지만 연구의 혼란 변수가 있는데, 파파핀 중 자신의 아이를 가진 경우는 전혀 없었다는 것이다. 따라서 남성애 남성은 이성애 남성보다 더 많은 시간을 조카와 보낼 수 있었기 때문에, 보다 친근한 삼촌 경향을 보인 것인지도 모른다.

친족 선택 이론의 결과는 일관되지 않다. 이 이론의 보다 큰 문제는 형제자매의 자녀에 대한 이타성이 왜 사회적 곤충 같은 무성애가 아니라 동성애와 관련되어야 하는지에 대한 것이다.

3. 성적 길항 선택과 '아기 잘 낳는 여성' 가설

여기서 말하는 성적 길항(sexual antagonistic)이란, 한 성에서 적합도를 떨어뜨리는 유전적 형질이 다른 성에서는 적합도를 높이는 현상을 말한다. 예를 들어 X염색체의 일부 유전자의 발현은 동성애 경향을 높일 수도 있다. 일단 동성애 행동을 촉진하는 유전자가 X염색체에 있다고 해보자. 이는 해당 유전자를 가진 남성의 적합도를 떨어뜨리고, 반면에 같은 유전자를 가진 여성의 적합도를 높일 것이다. 북부 이탈리아의 안드레아 캄페리오-치아니(Andrea

Camperio-Ciani)는 이와 관련된 몇 가지 연구를 진행했다. 이에 따르면 동성애 남성의 외가 쪽은 친가 쪽에 비해서 보다 아기를 많이 낳는 경향을 보였다(Camperio-Ciani et al., 2004). 게이 남성의 어머니는 2.7명의 아기를 낳았는데, 이는 일반 남성의 어머니가 낳은 2.3명보다 많은 것이다(p=0.02). 동성애 유전자가 X염색체에 있다는 가정하에서, 게이 남성의 아버지는 아들과 동일한 X염색체를 가질 수 없다(그림 16.2 참조). 게다가 외가 쪽의 동성애 남성의 숫자가 친가 쪽의 동성애 남성의 숫자보다 더 많았다(그림 16.1 참조).

몇 년 뒤 더 많은 대상을 모아 두 번째 연구를 진행했다(Lemmola and Camperio-Ciani, 2009). 152명의 동성애 남성과 98명의 이성애 남성을 모집했다. 물론 예상대로 동성애 남성이 보다 적은 아이를 가졌다(각각 평균 0.012명과 0.91명). 또한 동성애 남성의 외가 쪽 여성 친척은 친가 쪽 여성 친척보다 더 많은 아기를 가진 경향을 보였다(그림 16.3).

이는 여성에게 발현될 경우 수태력을 증대시키는 대립유전자가 있다는 강력한 증거다. 물론 같은 대립유전자는 남성에게서 동성애 경향을 일으킨다는

그림 16.1 대상자의 친가 및 외가의 동성애 빈도. 연구 대상자의 외가 쪽 남성은 동일한 X염색체를 가지고 있을 가능성이 크다. 이 연구에서는 외삼촌의 아들, 즉 남자 외사촌은 포함하지 않았는데, 이들은 동일한 X염색체를 공유하지 않기 때문이다. 그래서 그림에서는 친가 쪽 남성 친척의 숫자가 훨씬 많은 것처럼 보인다(x^2=8.92, df=1, p<0.005). 출처: Camperio-Ciani et al. 2004, Table 1, p. 2218.

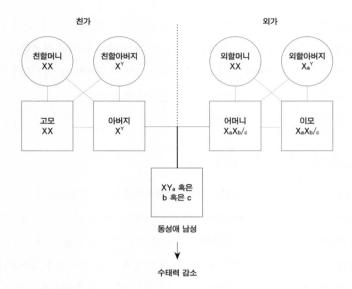

그림 16.2 X염색체가 전달되는 방법. 생식력이 저하된 동성애 남성은 어머니로부터 X염색체를 받는다. X염색체에는 수태 능력, 즉 수태력을 향상시키는 유전자가 있는 것으로 보인다(어머니와 이모). 물론 이 그림은 염색체 교차 현상을 고려하지 않은 것이다.

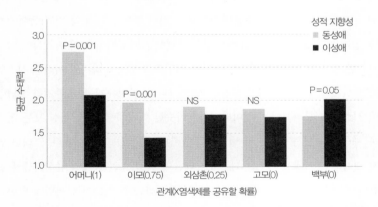

그림 16.3 동성애 남성과 이성애 남성의 친족 수태력. 동성애 남성의 외가(어머니와 이모) 친척은 이성애 남성의 외가 친척에 비해서 보다 높은 수태력을 가지는 것으로 보인다

것이다. 하지만 그렇게 간단하게 결정론적 시각으로 볼 수는 없다. 남성의 전체 성적 지향성 중에서 X염색체가 설명할 수 있는 것은 14%에 불과했다. 7%는 뒤에 설명할 '손위 형제 효과'였고, 나머지 79%의 분산은 개인의 생애 경험 혹은 아직 모르는 생물학적 효과에 의한 것으로 추정되었다.

4. 균형 다형성과 이형접합체 우세

18장에서 다시 논하겠지만 적합도를 떨어뜨리는 대립유전자가 존재하는 이유는 이형접합체 우세 현상으로 설명할 수 있다. 예를 들어 특정 유전자가 동형접합체일 때 동성애를 유발한다고 가정하자. 그런데 해당 유전자가 이형접합체로 존재하면 적합도를 향상시킬 수 있을지도 모른다. 이는 1950년대 후반 허친슨이 제안했다(Hutchinson, 1959). 최근에는 맥나이트가 비슷한 주장을 했는데, 동형접합체 상태에서 동성애를 유발하는 유전자가 다형발현을 보일 수 있다는 것이다. 즉 이형접합체 상태에서는 해당 유전자가 예민함이나 공감, 의사소통 능력 등 여성에게 더 매력 요인이 되는 형질을 발현시킨다(McKnight, 1997). 이러한 주장은 에드워드 밀러 등에 의해서 좀 더 다듬어지는데, 밀러는 동성애 남성이 다른 남성을 탐색하는 과정에서 이미 존재하는 아주 정교한 성 인지 및 식별 시스템이 작동한다고 하였다. 말하자면 이러한 시스템은 동성애 남성에서 새롭게 진화한 것이 아니라, 여성에게 이미 존재하는 남성애 시스템에 불과하다는 것이다. 이와 비슷한 맥락에서 보면, 사실 모든 인간은 자궁 내에서는 여성으로 발달한다. 남성도 유두가 있는 이유다. 그러나 남자 태아의 성기에서 나오는 테스토스테론이 발달 중인 남아의 남성화를 유발한다. 즉 다양한 다형발현 대립유전자가 존재하는데, 이들이 한꺼번에 발현하면 웅성화가 부분적으로 억제되어 남성에게 동성애를 유발한다는 것이다. 하지만 일부 대립유전자만 받으면 상냥함과 공감, 민감성 등이 높은 이성애 남성이 되는데, 이는 여성에게 매력 요인으로 간주되기 때문에 번식 적합도가 향상된다는 주장이다(Miller, 2000).

하지만 정말 그럴까? 호주 쌍둥이 4,904명을 대상으로 한 대규모 연구 (1,824명의 남성과 3,080명의 여성)가 시행되었다(Zietsch et al., 2008). 7점 킨제이 척도(0점='나는 여성에게만 끌린다', 6점='나는 남성에게만 끌린다')를 사용했다. 총 11%의 남성과 13%의 여성이, 동성에 더 끌린다고 응답했는데, 연구진은 이들을 비이성애(nonheterosexual)로 분류했다. 그리고 심리적인 자기 정체성 및 평생 만난 성적 파트너의 숫자로 번식 성공률을 평가했다. 그 결과 성과 젠더가 일치하지 않는 경우 (남녀 공히) 더 많은 성적 파트너를 가진 것으로 조사되었다. 다시 말해서 이성애적 성적 지향을 가진 '보통' 남성과 여성 중 심리적으로는 반대 성의 형질을 가진 사람들이[04] 더 성적으로 성공적이었다는 것이다. 만약 밀러의 주장이 옳다면, 동성애 형제를 가진 이성애 남성(HeHo)이 이성애 형제를 가진 이성애 남성(HeHe)보다 성적으로 성공적일 것이다. 왜냐면 동성

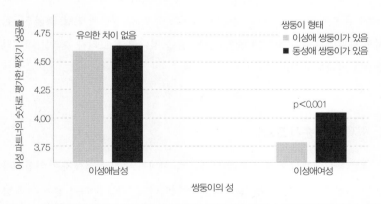

그림 16.4 이성애 및 동성애 쌍둥이 동기를 가진 이성애 남성과 여성의 짝짓기 성공률. 동성애 쌍둥이 자매를 가진 이성애 여성은 이성애 쌍둥이를 가진 경우보다 보다 높은 짝짓기 성공률을 보였다. 그러나 남성에서는 이런 차이가 나타나지 않았다. 출처: Zietsch et al. (2008) Table 4, p. 431.

---

04 보다 여성적인 이성애 남성과 보다 남성적인 이성애 여성을 말한다.

표 16.2 이성애 쌍둥이(HeHe)와 동성애 쌍둥이(HeHo)를 가진 이성애 남성의 짝짓기 성공률

	HeHe 평균 (표준편차)	HeHo 평균 (표준편차)	유의성
자식의 숫자	0.79 (0.03)	0.83 (0.11)	없음
첫 성관계의 나이	18.20 (0.10)	18.17 (0.31)	없음
최근 5년간 성적 파트너의 숫자	2.95 (0.15)	2.66 (0.60)	없음

출처: Santtila et al. (2009), Table 2, p. 62.

애가 다형발현 유전자가 많아서 생기는 것이므로, 이성애 형제나 누이는 그 유전자 중 일부만을 가질 가능성이 크기 때문이다. 또한 동성애 쌍둥이를 가진 이성애 남성 혹은 여성의 경우, 이성애 쌍둥이를 가진 경우에 비해서 보다 많은 성적 파트너를 가질 것이다. 그러나 이러한 효과는 오직 여성에서만 관찰되었다(그림 16.4).

밀러의 주장에 대해서 2009년 산틸라 등은 총 1,827명의 남성(그중 160명은 남성애)을 대상으로 연구를 진행했다. 자식의 숫자, 첫 성관계 연령, 최근 5년간 성적 파트너의 숫자 등으로 짝짓기 성공률을 평가했다. 그러나 결과는 밀러의 주장을 지지하지 않았다(표 16.2).

5. 형제 출생 순서 효과

남성 동성애에서 가장 두드러진 사실 중 하나는 남성 동성애자는 이성애자보다 더 많은 수의 손위 형제를 가진다는 것이다. 즉 아들을 여럿 낳은 후에 낳은 자식은 동성애 지향성을 가질 확률이 높아진다(Blanchard, 1997). 이러한 데이터는 주의 깊게 보아야 한다. 손위 형제가 많은 경우, 보통 손위 누이도 많다. 따라서 이 두 효과를 분리하기가 쉽지 않다. 블랭차드는 동성애 남성의 손

위 및 손아래 형제와 누이의 성 비율을 분석했다(Blanchard, 2004). 데이터에 사용된 국가의 평균 성비는 106이었다. 따라서 동성애 남성이 이 성비를 넘는 수준의 손위 형제를 가지는지 여부로 가설을 검증할 수 있을 것이다. 그림 16.5에 결과를 나타냈다.

이러한 현상을 어떻게 설명할 수 있을까? 이른바 '모성 면역 가설(maternal immunity hypothesis)'에 의하면, 태아의 세포 혹은 세포 조각이 모체의 순환계에 유입되어 면역 반응을 일으킨다. 일부 분자는 남성 뇌의 웅성화와 관련될 것이다. 그런데 모체가 이 분자에 면역을 가지게 되면 이후 모성 유래의 '항-남성' 항체(anti-male antibody)가 태반을 건너 태아 뇌의 남성화를 억제할 것이다. 따라서 여성에 대해 성적으로 끌리는 성향이 제거되는 것이다. 만약 이 가설이 맞다면, 효과는 아들을 낳을 때마다 점점 더 높아질 것이다(모체의 면역계는 기존 항체를 기억한다). 따라서 점점 더 남성애적 경향이 강해질 것이다. 손위 형제 효과는 분명하다(Iemmola and Camperio Ciani, 2009). 그러나 정확한 생화학적 기전은 아직 모르고 있다. 또 다른 문제가 있다. 면역 반응의 부산물로 인해 일어나는 현상이라면, 다윈주의적 역설의 답이라고 할 수는 없다는 것이다.

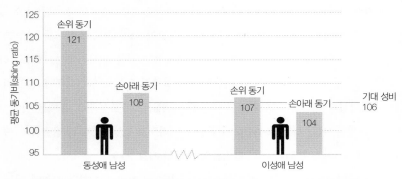

그림 16.5 동성애 남성과 이성애 남성의 손위 및 손아래 동기의 성비. 수평으로 그어진 참고 선(106)은 100명의 여아 출생당 106명의 남아가 출생하는 기대 성비를 말한다. 동성애 남성의 손위 동기는 남성이 더 많다(p = 0.015). 출처: Blanchard, 2004.

만약 이런 효과가 호미닌 진화과정에서 지속적으로 일어났다면 자연선택을 통해서 이러한 효과가 줄어들도록 다른 기전이 진화했을 것이다. 한 가지 가능한 가설이 있다. 1980년대 말 마이클 루스가 제안한 주장인데, 동성애는 형제자매의 자녀를 돌보도록 조작하여, 결국 조부모의 총 생식력을 높이려는 기전이라는 것이다. 이는 기본적으로 친족 선택에 기반을 둔 주장이지만, 동성애 자녀가 자신의 유전적 미래보다는 조작을 당해 부모의 이익을 높이려고 한다는 관점에서 조금 다르다(Ruse, 1988). 이 주장을 끌어들이면, 항-남성화 효과는 어머니에게 손해가 아니라 이득이다. 결국 막내 아들로 갈수록 동성애 경향이 늘어나는데, 이는 최종적으로 손주의 숫자를 늘리기 때문이다. 더욱이 밀러는 출생 순서 효과로 인해 형제들이 서로 다른 성격을 가지게 되어, 서로 다른 생태학적 적소를 차지하도록 돕고 동기간 갈등을 줄이는 효과도 있다고 주장했다(Miller, 2000).

6. 유전적 인과성이 정말 중요한가?

물론 세계가 작동하는 방식과 우리의 삶을 형성하는 과정에 대한 지식은 아주 소중하다. 그러한 행동의 기저 원인을 찾는 것도 필요하다. 그러나 동성애 현상에 어떤 유전적 원인을 귀속시키는 것이 게이 시민권 문제를 다루는 데 있어서 중요한 문제일까? 이 문제에 대해서는 철학적 견지에서, 그리고 경험적 견지에서 답할 수 있을 것이다. 일단 철학적으로 보면 선택과 표현의 자유, 도덕성에 대한 믿음과 관련된 복잡한 논쟁들, 그리고 인권의 문제를 이야기할 수 있다. 이는 정책을 수립하기 위한 윤리적으로 건강한 프레임을 만들려는 것이다. 자세한 논의는 책의 범위를 벗어난다(21장 참조).

윤리적 판단에 대한 경험적 접근은 어떨까? 성적 지향성의 원인에 대한 믿음은 게이의 시민권에 어떤 영향을 미칠까? 도널드 하이더마르켈과 마크 조슬린 등은 '인간과 언론을 위한 퓨 연구소(The Pew Research Center for the People and the Press)'에서 수행된 1,515명의 설문조사 결과를 바탕으로 연구를 수행했다(Donald Haider Markel and Mark Joslyn, 2008; Pew Research Center, 2003). 연구에 따르면 성적 행동의 통제가능성에 대한 많은 사람의 입장은 그들의 태도에 의해 크게 좌우되었다. 동성애가 스스로 통제할 수 있는 문제이며, 개인적 선택이나 양육에 의한 결과라고 보는 집단은 게이나 게이 권리에 대해서 부정적인 태도를 보였다. 동성애는 통제하기 어려운 문제로, 생물학적 원인이 있다고 보는 집단은 게이에 대해서 보다 우호적인 태도를 보였다. 정치적 성향이나 이념도 상당한 영향을 주었는데, 자유주의자는 생물학적 설명론을 잘 받아들였지만, 보수주의자나 종교적 믿음이 강한 사람은 환경의 영향이나 개인적 선택이라고 생각하는 편이었다(개인의 선택이 아니라면, 죄악이 될 수도 없다). 표 16.3에서는 이러한 경향을 로지스틱 회귀분석을 통해 제시하였다.

표 16.3 게이 권리에 대한 태도와 동성애의 생물학적 원인에 대한 믿음, 그리고 응답자의 여러 성향과의 로지스틱 부분 회귀계수 값

응답자의 성향 혹은 특징의 정도	유전적/생물학적 기여도에 대한 회귀계수(상관도)	게이 시민권 지지 여부 회귀계수(상관도)
교육	+0.280 (p<0.01)	+0.285 (p<0.01)
자유주의	+0.312 (p<0.1)	+0.802 (p<0.01)
게이 친구가 있는지 여부	+0.754 (p<0.01)	+0.64 (p<0.01)
보수주의	−0.452 (p<0.01)	−0.581 (p<0.01)
종교성	−0.144 (p<0.01)	−0.399 (p<0.01)

양의 값은 두 변수가 서로 같이 가는 경향이 있으며, 음의 값은 그 반대를 말한다. 예를 들어 높은 교육 수준과 생물학적 원인에 동의하는 여부, 그리고 게이 시민권 지지 여부는 서로 같은 방향을 가진다. 반대로 종교를 열심히 믿는 사람은 생물학적 원인론을 잘 받아들이지 않으며, 게이 시민권에도 반대한다. 출처: Haider-Markel and Joslyn, 2008.

그림 16.6 게이 결혼식. 2001년 네덜란드는 동성 결혼을 처음으로 허용한 국가가 되었다. 이후 현재까지 14개국에서 동성 결혼을 허용했다. 아프리카에서는 남아프리카공화국이 유일하며, 아시아 국가 중에는 전무하다. 전통적으로 성적 관계에 대한 진화적 접근은 이성 커플에 집중되어 있다. 그러나 최근 동성 관계의 적응적인 생물학적 기반에 대한 증거가 제시되고 있다. 출처: www.fotosearch.com. Reproduced with permission.

동성애의 유전적 원인을 강조하면 마치 동성애가 '자연적'인 것이며 열악한 환경의 산물이거나 도덕적으로 문제가 있는 삶의 방식을 선택한 것이 아니라는 쪽으로 생각하게 된다. 유전적 원인에 관한 사실은 물론 신뢰할 만한 과학적 연구에 의해 도출된 것이다. 그러나 여전히 환경적 원인도 존재한다는 사실을 간과하면 안 된다. 또한 유전적 원인을 밝혔다고 해서 성적 소수자 치료에 대한 윤리적 문제가 해결되는 것도 아니다. 동성애의 유전적 원인이 확실하게 밝혀진다면, 수십 년 내에 동성애를 치료하는 유전자 요법을 옹호하는 사회적 반응이 생길 수도 있을 것이다(물론 나의 틀린 예상이겠지만). 하지만 이는 설득력 있는 논리적 귀착이라고 할 수 없다. LGBT의 권리와 평등이라는 칭찬받아 마땅한 목표는 특정한 과학적 사실을 침소봉대하거나 호도하는 식으로 이루어져서도 안되지만, 또한 편향된 과학적 사실로 무너뜨리려고 해서도 곤란하다.

PART

근친상간 회피와
웨스터마크 효과

아, 이 눈에

더는 빛을 비추지 마시오, 불멸의 하늘이시여

내 죄를 알고 있군요! 이 몸은 태어나 숨을 쉬는 것으로 죄를 지었고

여자와 함께 있는 것으로 죄를 지었소. 죽음으로써 죄를 지었소.

소포클레스, 『오이디푸스 왕』, 기원전 428년

위의 인용문은 소포클레스의 희곡에서 오이디푸스 왕이 하는 말이다. 그는 자신도 모르는 사이에 어머니 이오카스테(Jocasta)와 결혼했으며, 여러 자녀까지 낳았다는 사실을 깨닫게 된다. 이오카스테는 스스로 목숨을 끊었고, 오이디푸스는 자신의 눈을 뽑아버린다. 대부분의 문화권에서도 마찬가지지만 고대 그리스에서 근친상간은 자연 질서에 반하는 범죄였으며, 이를 금지하는 강력한 사회적 규칙이 있었다.

근친상간 및 근친상간 회피를 지배하는 규범이 어떻게 생겨났는지에 관한 문제는 아직도 상당한 생물학적 그리고 문화인류학적 논란을 야기하는 문제다(Leavitt, 1990). 이 현상을 설명할 수 있는 수많은 이론과 패러다임이 있으며, 다양한 경쟁 이론이 경합할 수 있을 것이다. 게다가 이러한 설명은 각 학문 분야의 핵심적 원칙과 관련되기 때문에 논란은 아주 치열한 편이다. 진화생물학자들은 근친상간 회피를 생물학적으로 적합도를 떨어뜨리는 근친번식을 피하

려고 설계된 형질이라고 생각한다. 인류학자들은 이를 가족을 안정화하거나 가족 연합을 형성하기 위해 만들어진 문화적 현상으로 간주한다. 즉 근친상간 회피와 함께 인간이 자연적 존재에서 문화적 존재로 발돋움했다는 것이다. 프로이트 학파 정신분석가들은 유아 성욕의 오이디푸스기라는 개념을 사용해서 이를 다루려고 한다. 사회학자는 근친상간 회피를 결혼 규칙의 하나로 보며, 부와 권력을 유지하는 방편으로서 문화에 따라 달라질 수 있는 현상으로 간주한다. 이 장에서는 이러한 경쟁 가설에 대해서 다루고, 진화적인 설명에 대해서 좀 더 자세히 접근해 볼 것이다.

근친상간(incest)과 근친번식(inbreeding)의 차이점에 대해서 먼저 정리하는 것이 좋겠다. 근친상간적 관계란 문화적으로 허용되는 기준보다 더 가까운 생물학적 친족 간에 일어나는 성적 결합을 말한다. 한 문화에서는 근친상간적 관계지만, 다른 문화에서는 그렇지 않을 수도 있다. 근친번식은 보다 가치 중립적인 생물학적 용어이다. 가까운 개체 간의 번식을 말한다. 근친상간은 주로 인간에게만 사용되는 개념이며, 근친번식은 인간뿐 아니라 다른 동물에게도 사용된다.

1. 근친번식과 근친상간 금기에 대한 초기 견해

19세기 후반 무렵에는 인간이든 동물이든 근친번식이 좋지 않은 생물학적 효과를 낳는 것은 아니라는 믿음이 팽배했다. 1948년 문화인류학자 레슬리 화이트(Leslie White)는 심지어 근친번식이 퇴화를 유발하지 않으며, '생물학자의 증언'이 이를 '입증'한다고 주장하기도 했다(White, 1948). 1910~1960년 사이에 근친상간에 대한 일반적인 입장은 생물학적 근거는 없으며 단지 문화적 제한에 불과하다는 식이었다.

그러나 근친상간 금기가 생물학적 원인을 기저에 깔고 있지 않다면, 도대체 그런 금기가 생긴 이유가 무엇일까? 클로드 레비스트로스는 근친상간 금기

그림 17.1 지그문트 프로이트(1856~1939)의 1922년 사진. 프로이트는 정신분석학의 아버지로 불린다. 그는 다양한 단계를 성공적으로 거쳐야 정상적인 성인의 기능을 할 수 있다고 생각했다. 여러 발달적 단계 중의 하나가 바로 남자아이가 겪는 오이디푸스 시기라는 것이다. 프로이트는 근친상간 금기가 자연적인 성적 욕망을 제한하는 역할을 한다고 생각했다. 따라서 그는 웨스터마크의 다윈주의적 입장에 대해서 맹렬하게 공격했다. 출처: Max Halberstadt (https:/ l com mons. wiki media .org/wiki/File: Sigmund_Freud_LIFE.jpg).

가 족외혼을 촉진하려는 방법이며, 여러 가족 간의 사회적 결속을 다지기 위해서 만들어진 관습이라고 주장했다(Claude Levi-Strauss, 1956). 프로이트는 『토템과 터부』(1913)라는 책에서, 금기의 또 다른 기능에 대해서 언급하고 있다(그림 17.1). 딸은 자신의 아버지를 원하고(엘렉트라 콤플렉스) 아들은 자신의 어머니를 원하는데(오이디푸스 콤플렉스), 이러한 본능적 갈등을 그냥 두면 가족의 삶이 이루어질 수 없다는 것이다. 따라서 그러한 욕망을 억눌러 포기하는 것 외에는 방법이 없다고 주장했다.

2. 또 다른 주장: 웨스터마크가 제시한 다윈주의적 설명

화이트나 레비스트로스, 프로이트의 주장은 상당한 영향력이 있었지만, 또 다른 주장이 없었던 것은 아니다. 이들 주장과는 완전히 다른 입장인 다윈주의적 관점으로 근친상간의 문제에 접근한 인물이 바로 에드워드 웨스터마크(Edward Westermarck, 1862~1939)이다. 헬싱키에서 태어난 웨스터마크는 다윈이나 모건, 러벅의 책을 원문으로 읽기 위해서 25세에 영어공부를 시작했다(그림 17.2). 1887년 런던의 영국박물관으로 간 웨스터마크는 인간의 혼인에

대한 박사 논문을 썼다. 그의 첫 번째 글은 1891년 『인간 혼인의 역사(The History of Human Marriage)』라는 제목으로 출판되었는데, 1922년에 세 권짜리 책으로 확장되었다.

웨스터마크는 남성이 어머니나 누이와 결혼하지 않는 이유는 단지 성적으로 끌리지 않기 때문이라고 생각했다. 인간은 (무의식적으로) 누가 자신의 혈연인지 결정하는 간단한 규칙을 가지고 있다는 것이다. 어린 시절에 같이 자란 대상과 혼인을 꺼린다면, 가까운 친척과 짝을 지을 일이 없어진다. 따라서 같이 자란 아이들은 서로에게 성적 매력을 느끼지 못하는 부정적 각인을 겪게 된다. 웨스터마크는 문화적 수준에서 이러한 본능적 경향이 근친상간에 대한 의식적 금기로 변화했다고 주장했다.

물론 프로이트는 웨스터마크의 주장에 대해서 강력하게 반발했다. 그도 그럴 것이 웨스터마크의 주장은 정신분석학적 이론의 주요 토대 중 하나인 오이디푸스 콤플렉스와 배치되는 이론이었기 때문이다. 그런데 다른 인류학자나 심리학자도 웨스터마크의 주장을 무시했다. 예를 들어 제임스 프레이저(James Frazer)는 『토테미즘과 족외혼』(1910)에서 근친번식 회피가 인간의 깊은 본능이라면 굳이 터부가 발생할 이유가 없다고 주장했다.

3. 웨스터마크 가설의 검증

여러 면에서 웨스터마크 주장의 운명은 심리학의 영역에서 진화적 개념이 20세기 동안 겪었던 운명과 같은 길을 걸었다. 처음 다윈과 그의 추종자들에 의해서 인간의 마음에 대한 진화적 연구가 시작되었지만, 이내 수그러들어

1960년대 후반까지 빛을 보지 못했던 역사와 비슷하다. 1970년에 들어서야 웨스터마크 효과(Westermarck effect)는 비로소 제대로 된 관심을 받기 시작했다. 근친상간 회피에 대한 그의 첫 번째 논문에는 다음과 같은 가설들이 나열되어 있다.

1. 근친번식은 자식에게 해를 입힌다(근교 약세).
2. 초기 경험의 공유는 혐오를 통해서 근친번식을 억제하는 효과가 있다.
3. 이러한 혐오는 근교 약세의 위험을 줄이기 위한 진화적 적응이다.
4. 이러한 혐오는 문화적 수준에서 근친상간 금기로 발전하였다.

이러한 가설에 대해서 순서대로 좀 더 자세히 살펴보자.

1) 근친번식은 자식에게 해를 입힌다(근교 약세)

1960년대 초반 인간의 유전자 풀에 수많은 열성 그리고 위험한 대립유전자가 있으며, 따라서 근친번식은 생물학적으로 불리한 결과를 낳는다는 증거가 쌓이기 시작했다. 현재까지의 연구에 의하면 각 개인이 두 개에서 세 개의 치명적 열성 대립유전자를 가지고 있는 것으로 보인다. 근친번식, 즉 근친교배(근교)의 위험은 근교 계수(coefficient of inbreeding, F)를 사용해서 계산할 수 있다.

근교 계수

근교 계수(F)는 근친번식을 통해서 나온 자식의 유전자 좌위에 존재하는 동형접합체의 비율이 일반 인구 집단의 동형접합체 기저 수준을 초과하는 정도를 수치로 나타낸 것이다. 다시 말해서 F값은 개체가 가진 특정 유전자 좌위에 대한 대립유전자가 동일할 확률(즉 양쪽 부모에게 똑같은 유전자를 물려받았을 확률)

이다. 예를 들어 서로 사촌지간인 두 명의 남녀가 있다고 생각해보자. 각 사촌이 공통의 조상으로부터 동일한 특정 유전자를 물려받았을 확률은 0.125, 즉 8분의 1이다(8장 참조). 이들이 짝을 이루어 자식을 낳으면, 자식이 동일 유전자를 가질 확률은 0.5이다. 즉 근교 계수, F값은 $0.125 \times 0.5 = 0.0625$가 될 것이다. 근교 계수를 구하는 간단한 원칙은 이렇다. 자식의 근교 계수는 부모 간의 유전적 연관 계수(r, 3장 참조)의 절반이라는 것이다. 물론 정확한 것은 아니다. 실제 F값은 계산 값보다 더 높을 수 있다. 왜냐하면 모든 사람은 어느 정도 근친 관계일 수 있기 때문이다. 예를 들어 남매가 자식을 낳을 경우 F값은 0.25보다 높을 수 있는데, 특히 남매의 부모가 서로 관련이 있을 경우다. 이러

표 17.1 인간의 근친상간 결과에 대한 연구 요약

결과 요약	관련 연구
혈연 집단 간의 높은 혼인율, 특히 육촌혼 (F>0.0156)	Couples in India and Pakistan (Bittles, 1995)
일차 사촌혼에 의한 자식의 사망률은 그렇지 않은 경우보다 1~4% 높음	Review (Bittles and Makov, 1988)
일차 사촌혼의 평균 초과 사망률은 약 4.4%	Review of combined data from Europe, Asia, Africa, Middle East and South America (Bittles and Neele, 1994)
일차 사촌혼에 의한 자녀의 치명적 혹은 만성 장애의 발병률은 약 10%(사촌보다 먼 친척간 혼인의 경우 3%). 유럽의 일차 사촌혼 집단의 경우, 자녀의 발병률은 약 5%	Five-year study of Pakistani community in Birmingham, UK (Bundey and Alam, 1993)
엘리스 반 크레벨트(Ellis-van Creveld) 증후군의 발병률은 60,000명당 300명, 일반 인구 집단(미국)의 발병률은 60,000명당 1명.	Study of the highly inbred, isolated Amish community in Lancaster County, Pennsylvania (McKusick et al., 1964; McKusick, 2000)
스위스 산간 지역 외딴 마을 주민의 번식 성공률에 관한 조사. 근친 관계의 부모가 정상 규모의 가족을 이룰 경우, 그들의 딸은 자식을 적게 낳음.	the breeding success of couples living in two isolated villages (Cavergno and Bignasco) in the Swiss Alps (Postma et al., 2010)

한 경우에는 보정된 공식을 적용할 수 있다(Bittles, 2004). 말하자면 파키스탄인의 사촌 결혼에 의한 유전적 질병의 발생률은 영국인의 사촌 결혼에 의한 유전적 질병의 발생률보다 높다. 파키스탄은 오랜 사촌 결혼의 전통을 가지고 있기 때문이다(표 17.1).

인간 근친상간의 생물학적 결과를 연구하는 것은 아주 어렵다. 근친 결혼에 대한 강력한 사회적 반감 때문에 데이터를 구하기도 어렵고, 부성 확실성 문제를 해결하기도 어렵기 때문이다. 대조군을 구하는 것은 더 어려운데, 근친상간은 흔히 이른 결혼, 정신 이상, 낮은 사회경제적 수준과 관련되기 때문이다. 이러한 난점에도 불구하고 근친 교배는 사촌 결혼에서도 자식의 건강에 해가 된다는 명백한 증거가 있다. 표 17.1에 이에 대한 일부 연구 결과를 제시했다.

표 17.1에 나타나는 분명한 단점에도 불구하고, 이차 사촌 내의 결혼은 더 높은 생식력을 보인다. 어떻게 이럴 수 있을까? 이는 사촌혼이 다른 결혼보다 보통 일찍 일어나서 총 번식 기간이 늘어나기 때문이다. 전반적으로 볼 때, 일차 사촌혼의 경우부터 건강상의 문제가 생긴다고 할 수 있다.[01]

사촌혼은 전 세계적으로 꽤 흔한 관습이다. 전체 결혼의 10%가 사촌혼이다. 하지만 그 빈도는 문화에 따라서 매우 상이하다. 특히 사촌혼에 대해서는 종교에 따라 입장이 천차만별이다. 힌두 결혼법(1955년 인도 의회가 제정한 법)에 의하면, 일차 사촌혼은 원칙적으로 금지하지만 지역의 풍습에 따라서 예외적으로 허용할 수 있다. 반면에 『코란』은 일차 사촌혼을 허용하는데, 무슬림 문화에서 일차 사촌혼은 아주 흔한 일이다. 예를 들어 파키스탄계 영국인의 결혼 중 55%가 일차 사촌혼이었다. 영국의 세속법 및 개신교 교리는 사촌혼을 허

---

01 일차 사촌(first cousin)은 부모의 형제자매의 자식을 말한다. 한국식으로 하면 종형제(백부의 자식)나 내종형제(고모의 자식, 고종 사촌), 이종사촌(이모의 자식), 외종사촌(외삼촌의 자식)이다. 이차 사촌(second cousin)은 사실 정확히 말하면 사촌이 아니라 육촌이다. 큰할아버지의 손주인 재종형제나 고모할머니의 손주인 내재종형제(고종형제) 등이다. 증조할아버지까지 올라가는 경우는 삼차 사촌(third cousin)이라고 한다. 사실상 팔촌이다. 서양에서는 사촌 조카, 즉 오촌의 경우는 first cousin once removed로, 육촌 조카, 즉 칠촌의 경우는 second cousin once removed로 부르는데, 모두 넓은 의미의 사촌이다.

용하지만 종종 사촌혼을 통한 자식의 건강에 대한 우려가 제기되곤 한다(Dyer, 2005). 서구 사회 중에서는 사촌혼을 금지하는 유일한 국가가 바로 미국인데, 31개 주에서 사촌혼을 현재 금지하고 있다. 남북 전쟁 이전에는 모든 주에서 사촌혼이 합법이었지만, 전쟁 직후 사촌혼이 신체적 혹은 정신적 퇴보를 낳는 근친 결합이라는 보고가 쏟아지기 시작했다. 사실 전쟁 전, S. M. 베미스(S. M. Bemiss)가 미국 의사 협회에 이러한 요지의 보고서를 제출하기도 했다. 기형을 유발하는 효과가 작다는 연구가 발표되기도 했지만(George Darwin, 1875; George Louis Arner, 1908), 점점 사촌혼을 금지하는 주가 늘어나서 1920년대까지 급격히 늘어났다(Ottenheimer, 1996).

흥미롭게도 다윈은 아내 엠마 웨지우드(Emma Wedgwood)와 사촌지간이었다. 그래서 다윈은 자식들이 아프면 혹시 근친 결혼 때문은 아닌지 걱정하며 노심초사했다. 심지어 다윈은 지역 의사와 친구 존 러벅의 영향을 받아 1871년 사촌 결혼에 대한 영국 센서스 자료를 조사하기도 했다. 사촌혼을 통해 태어난 자식의 숫자를 통해서 자녀의 건강을 확인하려고 했던 것이었지만, 별로 성공적인 결론을 얻지는 못했다(상자 17.1).

왕족은 흔히 근친 결혼을 한다. 현재 영국 여왕인 엘리자베스 2세는 남편 필립 공과 팔촌지간이다. 말하자면 둘 다 빅토리아 여왕의 고손주다. 필립 공의 어머니도 근친인데(F=0.0703), 엘리자베스 여왕의 할머니와 필립 공의 증조할머니가 자매였기 때문이다(즉 빅토리아 여왕과 그의 남편 알버트 공 사이에서 난 딸들이었다).

합스부르크 왕가는 유럽에서 가장 영향력 있는 왕실 중 하나라고 할 수 있다. 그런데 합스부르크 왕가의 역사는 근친상간의 위험성에 대해서도 잘 알려주고 있다. 펠리페 I세가 현재의 스페인 지역[02]을 승계한 후, 뒤를 이은 다섯

---

02 당시 카스티아 왕국.

명의 왕은 모두 후사를 얻지 못했다. 여섯 번째로 왕위에 오른 카를로스 II세 (Charles II, 1661~1700)도 불임이었다. 합스부르크 왕가의 여섯 왕은 모두 열한 번의 결혼을 했는데, 그중 아홉 번이 삼차 사촌보다 가까운 사이의 근친상간 이었다. 두 건은 삼촌과 조카딸의 결혼이었고, 한 건은 이중 일차 사촌 결혼이 었다.[03] 왕가 내의 결혼이 계속되면서, 대를 거듭할수록 근교 계수가 높아졌다. 연구에 따르면 카를로스 II세의 근교 계수(F)는 0.254에 달했다(Alvarez et al., 2009). 이는 상염색체 게놈의 25.4%가 동형접합이라는 뜻이다. 거의 남매혼 에서나 관찰될 수 있는 수준이다. 카를로스 II세는 아주 병약했고, 기형도 많이 가지고 있었다. 다양한 정신적, 신체적 질병에 시달렸다. 두 번의 결혼에도 불 구하고 카를로스 II세는 후사를 얻지 못하고, 서른아홉에 사망했다. 게놈의 높 은 동형접합률에서 기인한 열성 유전질환을 앓았던 것이 거의 확실하다.

상자 17.1 다윈과 사촌혼

1839년 1월 29일 찰스 다윈은 사촌인 엠마 웨지우드와 결혼했다. 결혼 이후 다윈은 늘 자신의 약한 체질이 자식에게 전해질까 우려했다. 사실 그러한 불안은 근거가 전혀 없 는 것이 아니었다. 다윈은 총 10명의 자식을 낳았는데, 셋은 소아기에 죽었다. 일곱 자 식 중 여섯은 오랜 결혼 생활을 누릴 만큼 살았지만, 셋은 자식이 없었다. 다윈은 이 미 식물과 동물을 타교잡(outcrossing)시킬 때, 더 튼튼해지는 사실을 잘 알고 있었다. '가축화되고 있는 동물과 식물의 변이(The Variation of Animals and Plants under Domestication, 1868)'라는 논문에서 다윈은 '동물과 식물을 가깝지 않은 다른 동물 혹은 식물과 교잡시키는 것은 아주 유익하며, 심지어 필수적이다. 여러 세대에 걸친 근 친번식은 아주 위험하다'라고 하였다(Kuper, 2009, p. 1439). 그는 인간에게도 이런 현 상이 일어나는지 확인하기 위해 자신의 과학계 친구이자 의회 의원이었던 존 러복(John Lubbock)을 설득하여, 1870년에 예정된 새로운 인구 센서스에 부부가 사촌인지 아닌지 여부에 대한 항목을 넣어 달라고 로비했다(Desmond and Moore, 1991). 러복은 이 제

---

03 이중 사촌이란 신랑 입장에서 장모가 이모이며, 장인이 백부인 경우다. 신부 입장에서는 시어머니가 이모 이며, 시아버지가 백부다.

안을 하원에 제출했지만, 찰스의 아들 조지(George)의 증언에 따르면, '경멸적인 웃음이 쏟아지는 가운데, 철학자의 괴상한 호기심을 만족시켜줄 수는 없다'는 이유로 기각되었다(Kuper, 2010, p. 95).

이러한 부정적인 반응에 직면한 다윈은 아들 조지에게 개인적인 연구를 하도록 독려했다. 조지 다윈(1845~1912)은 수학자이자, 아마추어 지질학자였고, 사촌 프랜시스 갈튼이 제안한 우생학의 지지자였다. 다윈은 아들에게 다음과 같은 연구 계획을 제안했다. 정신병원 환자 집단과 일반적인 (건강한) 인구 집단의 사촌혼 비율을 조사해서 전자가 더 높다면 근친상간의 위험성을 입증할 수 있다고 제안한 것이다.

기발한 방법(사촌혼을 판별하기 위해서 성을 맞춰보는 방법)을 이용해서, 조지는 연구를 실제로 수행했다. 이는 사회적 문제에 통계를 적용한 최초의 사례로 알려져 있다. 사회적 계층에 따라서 사촌혼 비율이 달라진다는 사실을 밝혔는데, 귀족 계층은 4.5%, 상류 지주 계층과 중상류 계층(찰스 다윈의 계층)은 3.5%, 농부나 장인 계층은 2%였다. 정신병원 데이터는 아주 흥미로운데, 4%의 환자가 일차 사촌 결혼을 통해 태어난 환자였다. 이는 당시 영국의 평균적인 사촌혼 비율에 비해 별로 높지 않은 수치였다. 찰스와 조지는 사촌 결혼의 효과는 최소한 정신장애에 있어서는 약한 영향만을 가진다고 결론지었다(Kuper, 2010). 조지 다윈과 칼 피어슨(Carl Pearson)은 이후에 다시 분석을 해보았지만, 역시 약한 효과만을 확인할 수 있었다. 조지는 상류 계층에서 사촌혼이 더 자주 이루어진다는 사실에 신경을 쓰면서도, 그러한 나쁜 효과가 최상의 가족 환경에 의해서 완화되거나 제거될 수 있다고 결론지었다. 아마 영국의 귀족은 이런 결론에 안심하고는 두 발 뻗고 편히 잘 수 있었을 것이다.

다윈과 웨지우드의 아이는 근친상간의 영향을 받았을까?

그림 17.3 엠마 다윈과 아들 레너드. 1853년에 찍은 사진이다. 엠마 나이 45세였고, 레너드는 3세였다. 레너드는 엠마의 열 번째 아이였는데, 밑으로 두 명의 동생이 있었다. 이 무렵 엠마가 낳은 자식 중 둘은 이미 사망한 상태였다. 레너드는 이후 영국 우생학회의 회장(1911~1928)이 되었다. 출처: John van Wyhe (ed.) 2002. The Complete Work of Charles Darwin Online (http://darwin-online.org.uk/).

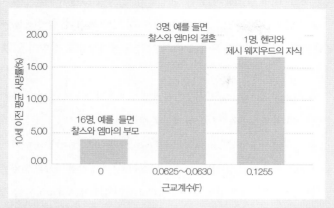

그림 17.4 다윈과 웨지우드의 집안 삼대(대략 1807~1874년)의 근교 계수(F)와 사망률 비교. 근교 계수에 따라서 소아 사망률이 유의하게 증가했다(N=20, Spearman rho=0.537, p=0.007 (one tailed)). 출처: Berra et al. (2010), Table 1, p. 379.

찰스와 엠마의 아이들은 0.0630의 근교 계수를 가지고 있었는데, 이는 일차 사촌의 근교 계수 0.0625보다 약간 높은 수준이다. 다윈의 외조부 조시아(Josiah)와 외조모 사라 웨지우드(Sarah Wedgewood)가 삼차 사촌이었기 때문이다. 이는 다윈의 아이들이 상염색체 게놈 중 6.3%가 동형접합을 보인다는 의미다. 사실 웨지우드–다윈 가계도를 보면 사촌혼이 제법 많이 있었다. 엠마 다윈의 오빠나 남동생 중 셋이 친척과 결혼했다. 조시아 3세는 자신의 일차 사촌인 캐롤린 다윈(Caroline Darwin)과 결혼했는데, 찰스의 누이였다. 헨슬레이(Hensleigh)는 일차 사촌인 프랜시스 맥킨토시(Frances Mackintosh)와 결혼했고, 헨리(Henry)는 이중 일차 사촌인 조시 웨지우드(Jossie Wedgewood)와 결혼했다. 팀 베라 등은 19세기에 있었던 다윈 가문과 웨지우드 가문의 결혼을 연구하였다(Berra et al., 2010). 연구진은 이들의 근친상간이 자손의 건강에 부정적인 영향을 미쳤다는 통계적 증거를 제시했다(그림 17.4).

2) 초기 경험의 공유를 통한 혐오 형성과 근친번식 억제 효과

같이 성장한 이성 간에는 성공적인 짝 결합이 어렵다는 사실을 보여주는 여러 증거가 있다. 특히 아서 울프는 중국과 대만의 대규모 데이터베이스(약

14,000건의 혼인 사례에 대한)를 이용한 연구를 수행한 바 있다(Arthur Wolf, 1993). 1930년대 초반까지의 대만, 그리고 1940년대 중반까지의 중국(본토)에서는 다음과 같은 두 가지 문화적 관습에 따라 아들을 장가보내는 경향이 있었다.

- 주혼(major marriage): 사춘기에 도달한 아들과 젊은 여성의 혼인. 여성은 남편의 집에 들어와서 며느리 생활을 한다.
- 부혼(동양시(童養媳), minor marriage): 어린 소녀를 입양하여 미래의 며느리로 키우는 것. 민며느리제와 비슷하다. 나이가 차면 아들과 입양한 소녀를 혼인시킨다. 타이완에서는 이 소녀를 흔히 심푸아(sim-pua), 즉 '민며느리'라고 부른다.[04]

주혼과 부혼의 풍습을 통해서 짝짓기 억제의 효과에 대한 귀중한 자료를 얻을 수 있다. 양쪽 모두 이미 결혼할 상대가 어린 시절부터 정해지지만, 결혼 성공률은 상이할 수 있다. 이를 비교하기 위해서 울프는 이혼율과 외도 빈도 및 자녀의 숫자를 고려한 숫자 지표를 고안했다. 연구 결과 부혼은 주혼에 비해서 성공적인 결혼 생활로 이어지지 못하는 경우가 훨씬 많았다(표 17.2).

울프의 연구가 주는 시사점은 아주 분명하지만, 이러한 데이터에 대한 다른 설명도 있다. 예를 들어 부모가 입양한 민며느리를 자신의 생물학적 아들보다 덜 예뻐했을 수도 있다. 이는 미래의 신부가 (원한을 품고) 복수하도록 했을지도 모른다. 혹은 너무 어린 나이에 민며느리로 들어간 경험이 트라우마로 이어져서 이후 임신 성공률이 떨어졌을 수도 있다. 보다 널리 받아들여지는 주장으로는 부혼 여성이 보통 4~8명의 아이를 낳았는데, 이는 분명 주혼보다는 낮은

---

04 주혼과 부혼은 인류학자 아서 울프(Arthur Wolf)가 제안한 용어이다. 우리 문화의 일반혼과 민며느리혼으로 생각하면 비슷하다. 심푸아는 신부(新婦)의 중국식 발음인데, 중국 남부에서는 우리와 달리 민며느리에 대해서만 이 용어를 사용한다.

표 17.2 울프의 연구에 포함된 대만 내 결혼(1900~1925), 즉 주혼과 부혼이 성공적인
결혼으로 이어지는 정도

	부혼	주혼
이혼율	24.2 (N=132)	1.2 (N=171)
결혼한 여성이 외도할 확률	33.1 (N=127)	11.3 (N=159)
결혼 후 5년 이내 낳은 아이의 평균 숫자(어머니 1인당)	0.89 (N=132)	1.49 (N=171)

다양한 지표에서 부혼은 주혼보다 성공적인 결혼 생활로 이어지지 못하는 경우가 훨씬 더 많았다. 출처: Wolf
(1970), Tables 3, 4 and 1 O; and Wolf (2004), Figure 4.1, p. 80.

숫자지만, 그렇다고 해도 남편과 아내가 성적으로 혐오했다면 어떻게 이렇게
많은 아이를 낳을 수 있었겠느냐는 것이다.

울프의 주장을 지지하는 다른 연구도 있다. 알렉스 월터와 스티븐 뷔스케는
모로코 가족에 대한 연구를 수행했다(Walter and Buyske, 2003). 이들이 연구한
모로코 문화에 의하면, 부계 평행 사촌(아버지의 형제의 딸)을 종종 신부로 선호
하곤 하였다. 주거 여건에 따라서 사촌(미래의 남편과 그의 사촌, 즉 미래의 아내)이
어린 시절 오랫동안 한집, 심지어는 한방에서 자는 경우도 있었고, 아예 다른
집에 사는 경우도 있었다. 인터뷰를 통해서 어린 시절에 높은 수준의 공동 사
회화를 거친 경우에 서로에 대한 성적 관심이 줄어드는 현상이 나타났다(여성
에게게만). 연구진은 근교 약세의 비용이 여성에게 더 무겁기 때문에 이런 차이
가 발생한다고 주장했다. 왜냐하면 남성은 잠재적으로 여성보다 더 많은 자식
을 낳을 가능성이 있기 때문이다.

또 다른 증거도 있다. 셰퍼는 키부츠(Kibbutz)에서 성장한 2세대의 짝 선택
에 대한 연구를 하였다(Shepher, 1971). 키부츠에서는 공동생활을 하기 때문에
친족이 아닌 양성의 아이들이 출생 후부터 4세까지 같이 사회화 과정을 겪게
된다. 6~7세부터 18세까지는 최대 2세 단위로 집단이 이루어지게 된다. 아이

들은 늘 서로 같이 접촉하며 지내고, 낮 동안은 부모와 떨어져서 지낸다(물론 오후에 부모를 만나는 시간이 있기는 하다). 셰퍼는 같은 키부츠에서 성장한 아이들 간의 결혼이나 혼전 관계가 얼마나 빈번하게 일어나는지 조사했다. 전체 키부츠 집단에서 이루어진 2,769건의 결혼 중 또래 집단 내의 결혼은 전혀 없었다. 6세 전에 동일한 또래 집단에서 성장한 아이들 중, 오직 5건의 성적 커플이 탄생했는데 이들은 최소 2년 이상 서로 떨어져 지낸 적이 있었다. 셰퍼는 이러한 결과가 웨스터마크 효과에 부합하는 부정적 각인의 증거라고 결론지었다.

그러나 셰퍼의 연구가 1983년 책으로 출간되자 곧 따가운 비판이 이어졌다. 특히 존 하르퉁은 이 연구에 대해서 "마가렛 미드의 『사모아에서의 성년(Coming of Age in Samoa)』 이래 실증주의에 가해진 가장 지독하고 끈질긴 모독"이라고 혹평했다(John Hartung, 1985a, p. 171). 하르퉁의 비판은 주로 키부츠에서 성장한 개체 간의 혼인이 얼마나 성사되었는지 제대로 계산하지 못했다는 것이었다. 셰퍼의 연구에 의하면 같은 또래 집단 내 커플 간에는 혼인이 일어나지 않았다. 그러나 하르퉁은 여성이 남성보다 더 일찍 성숙하며, 동일한 나이 또래에서 배우자를 찾는 일이 별로 없다고 비판했다.

셰퍼의 연구를 비판하는 연구는 또 있다. 예를 들어 쇼와와 심차이는 키부츠에서 자란 60명의 성인을 대상으로 서로에 대해 성적인 매력을 느끼는지 혹은 성적 혐오를 느끼는지 확인하기 위한 인터뷰를 하였다. 비록 실제 성관계는 아주 드물게 있었지만, 같이 자란 이성에 대해서 성적 혐오를 느끼는 경우는 아주 적었고, 상당수는 성적으로 매력을 느낀다고 답했다. 이러한 상반된 결과를 감안하면, 결혼 관련 데이터와 인터뷰의 반응을 모두 조화롭게 고려해야 할 것으로 보인다.

친족성과 이타성의 신호

3장에서 인간은 이른바 '친족 추정' 모듈 혹은 신경 회로를 가지고 이타성과 성적 흥미를 조정한다는 리버만 등의 주장을 언급한 바 있다(Lieberman et al., 2007). 물론 친족 이타성은 친족을 향한 것이지만, 친족에 대한 성적 흥미는 그 반대다. 이는 제삼자의 도덕적 믿음에도 영향을 미칠 수 있을지 모른다. 따라서 키부츠에서 가깝게 자랐다면, 친족 추정 모듈이 활성화되었을 것이다. 과거 사회에서 어린 시절에 같이 자란다는 것은 서로가 한 가족이라는 의미이기 때문이다. 즉 믿음직한 근연도 추정 지표라는 것이다. 이타적 경향과 성적 관심과 관련된 흥미로운 연구 결과가 제시되었다.

- 같이 자란 기간이 길수록 서로를 향한 이타성의 수준이 더 높아졌다(r = 0.16, p<0.001).
- 같이 자란 기간이 길수록 키부츠 동료 간의 성관계를 떠올릴 때 느껴지는 도덕적 혐오감이 더 높아졌다(r=-0.34, p=0.036, 여기서 1점은 '아주 그릇된 일이다'이고, 10점은 '전혀 그릇된 일이 아니다'를 뜻한다. 따라서 음의 상관관계를 보였다).

3) 공동 사회화를 통한 혐오와 진화적 적응

지금까지의 증거에 의하면 웨스터마크 효과는 적응의 결과로 추정된다. 즉 모든 정상적인 소아에게 발현되며, 실제로 유전적 친족인지 그렇지 않은지는 중요하지 않았다. 그리고 이러한 기전이 작동하지 않을 경우 발생하는 비용도 확실하다. 그러나 웨스터마크의 주장에 대한 초기 반론, 즉 왜 다른 영장류에서는 회피 기전이 작동하지 않는지에 대해 어떻게 답을 할 수 있을까? 만약 이 이유도 밝힐 수 있다면, 웨스터마크의 주장이 프로이트나 레비스트로스의 주장에 대해 확실한 승기를 잡을 수 있다. 다시 말해 근친상간에 대한 회피는 프로이트식의 문화적 터부도 아니고, 문명화에 의한 결과도 아니라고 할 수 있을 것이다.

영장류의 근친번식 회피

영장류도 어느 정도는 근친번식을 회피한다는 증거가 아주 많이 발표되고 있다. 야생에서 이런 현상이 일어나는 이유는 바로 성 편향성 분포 때문이다. 올리브개코원숭이(olive baboons), 여러 종의 붉은털원숭이(macaque), 카푸친(capuchin) 원숭이, 몇몇 여우원숭이(lemur), 거미원숭이(spider monkey), 양털거미원숭이(muriquis, 남미 원숭이)에서 수컷 족외혼(수컷이 집단을 떠나 짝을 찾는 행동)이 관찰된다. 이는 집단의 크기를 줄여 자원에 대한 경쟁을 줄이려는 기전일 수도 있지만, 그렇다면 왜 수컷만 떠나는지 잘 설명이 안 된다. 퓨지는 문헌 분석을 통해서 다음과 같은 결론을 내렸다(Pusey, 2004, p. 71). "비인간 영장류도 가까운 성체와의 성적 행동을 억제한다는 충분한 증거가 있다."

근친상간 회피 기전

웨스터마크 효과에 대한 경험적 증거에도 불구하고, 정확히 어떤 기전이 작동하는지는 불확실하다. 웨스터마크 자신은 근연 기전에 대해서 제안하지 않았다. 울프는 볼비의 애착 이론을 적용하여 아내의 가임 연령과 결혼 성공도의 효과를 설명하려고 하였다(Wolf, 2004, 8장 참조). 젊은 여성은 가족 내의 나이 많은 구성원에게 애착을 느끼는데, 자원과 돌봄을 얻으려는 목적이다. 반대로 나이가 많은 개체는 양육 본능을 느끼게 된다. 이런 식으로 애착은 가족 구성원을 정서적, 신체적으로 더 가깝게 해주는 역할을 한다. 웨스터마크 효과는 이러한 친밀함이 성적으로 발전하지 않도록 해주는 것이다. 그래서 울프는 애착과 웨스터마크 효과가 같이 진화했다고 주장했다(Wolf, 2004). 아내가 어릴수록 애착은 더 강력해지고, 양성 모두에서 웨스터마크 효과도 역시 더 강해진다는 것이다.

종종 프로이트주의자들은 진화심리학이 자신들의 주장을 곡해하고 프로이트를 평가절하한다고 믿는다. 예를 들어 로버트 폴과 데이비드 스페인은 손힐의 연구에 대해 다음과 같이 비판했다(Robert Paul, 1991; David Spain, 1991). 프로이트는 실제로 성인이 근친상간적 짝짓기를 욕망한다고 주장한 적이 없으며, 이런 주장은 생물학적으로 있을 수 없는 추정이라는 것이다. 근친상간적인 성애는 주로 4~6세 사이의 소아에게 나타나는 첫 번째 형태의 성적인 사랑이므로 그 자체로 짝짓기로 이어지지 않는다는 이야기였다. 프로이트 이론에 의하면 7~8세경 초자아의 발달이 뒤이어 일어나면서 이러한 욕망을 억제하게 된다. 정상적으로 초자아가 발달한 경우에는 근친상간에 대한 의식적인 혐오를 웨스터마크 효과와 구분할 수 없다는 것이다. 물론 여기서 정신분석학적 이론을 모두 논할 수는 없다. 그러나 프로이트 이론보다 경험적으로 검증하기 쉬운 기전이 있는데, 바로 후각 신호에 관한 것이다.

MHC와 체취

최근의 연구에 의하면 인간(그리고 쥐)은 짝을 고르거나 친족을 식별할 때 후각 신호를 이용한다. 주요 조직적합도 하플로타입(MHC haplotypes)의 차이가 체취의 차이를 유발하기 때문인데, 이로 인해 자신과 다른 체취를 가진 이성을 더 선호하는 경향이 있다(Wedekind et al., 1995). 후속 연구에서 베데킨트와 퓨리는 연구 참여자의 티셔츠 냄새를 맡는 방식의 실험을 통해서, 체취를 제공한 남성의 MHC와 그 체취를 좋아한 여성의 MHC가 보다 큰 차이를 보인다고 밝혔다(Wedekind and Furi, 1997).

베데킨트의 선구적 업적 이후에 이와 비슷한 후속 확대 연구가 수없이 이루어졌다. 그런데 결과는 그리 일관적이지 않다. 산토스 등의 연구에 의하면 자신과 다른 MHC를 가진 남성의 체취를 여성이 선호하였다(Santos et al., 2005). 그러나 다른 두 연구에 의하면 MHC가 유사한 남성과 상이한 남성의 체취에 대한 여성의 선호도는 별 차이를 보이지 않았다(Thornhill et al., 2003 and Roberts et al., 2008). 하블리체크와 크레이그 로버트는 전반적인 MHC 체취 효과가 약하며, 이는 진화사를 통해서 인간의 후각이 점점 약해졌기 때문이라고 주장했다(Havlicek and Craig Roberts, 2009). 따라서 이러한 효과를 찾는 연구는 연구 방법에 따라 크게 좌우될 수밖에 없다는 것이다.

작은 효과로 인해 일어나는 재현성의 문제와 더불어 MHC 유전자가 과연 체취에 영향을 줄 수 있는지에 대한 논란도 여전하다. MHC 분자는 땀이나 침, 소변에 바로 나타날 수도 있고, 휘발성 화합물에 결합하여 아포크린샘(땀샘이지만 체취의 원인이 되기도 한다)을 통해 나올 수도 있다. 혹은 피부에 공생하는 유기체에 영향을 줄 수도 있는데, 이러한 유기체가 간접적으로 체취를 뿜을 수도 있다.

체취와 MHC가 무의식적인 매력 판단의 기전으로 밝혀진다고 해서 이런 결과 자체가 어려서 가까이 자람으로써 생기는 웨스터마크식 근친교배 억제 효과가 존재한다는 증거는 아니다. 체취는 유전적 기반이 있는 친족 식별 기전의 일부일 수 있기 때문이다. 일본 메추라기(Japanese quail)를 사용한 베이트슨의 실험에 의하면, 근연도보다는 초기 친밀감이 짝짓기를 막는 요인으로 조사된 적도 있었다(Bateson, 1980, 1982). 교차 양육을 통한 쥐 실험에 의하면 짝짓기 상대에 대한 회피는 근연도보다는 친밀도에 의해 좌우되는 것 같다. 실제로 친근한 체취는 근연도에 대한 대용물로 활용되는 것으로 보인다. 연구에 의하면 같이 자란 (그러나 MHC 형은 다른) 암컷을 따로 자란 (그러나 MHC 형은 동일한) 암컷보다 더 선호하는 것으로 나타났다(Yamazaki et al., 1988). 말하자면 최소한 쥐의 경우에는 후각 신호를 통한 기전이 웨스터마크 효과와 비슷한 양상으로 나타나는 것이다. MHC 유사성에 대한 유전자 기반의 식별 기전이 있는 것이 아니라, 상대의 체취에 대한 학습을 통해 근연 번식 회피가 일어난다는 말이다. 문헌 조사에 의하면 인간의 웨스터마크 효과는 후각 신호에 상당히 의존하는 것으로 추정된다(Schneider and Hendrix, 2000). 흥미롭게도 후각을 상실한 사람은 같이 사회화된 이성과도 성적인 만남을 추구하는 데 별로 거리낌을 느끼지 않았다. 후각능 상실이 많은 인구 집단이 있다면, 근친상간이 더 많이 일어날지도 모른다.

4) 근교 약세와 문화적 관습: 대표성 문제

근친상간과 관련된 다양한 법률

웨스터마크 효과와 관련한 마지막 가설을 다루어 보자. 설령 근친번식이 인간 집단에 악영향을 미친다고 하고, 각 개체는 소아기에 같이 자란 이성에 대해 욕구를 느끼지 못하도록 되어 있다고 해도, 이러한 본능적이고 전언어적인 혐오가 어떻게 사회적 규준이나 규칙, 법과 같은 강제성을 띠며 성문화될 수 있는 것일까? 게다가 어린 시절에 같이 사회화된 이성에 대한 생물학적인 혐오는 친족과의 결혼을 직접적으로 금지하는 문화적 기준과는 다소 차이가 있다. 법이나 규준은 어린 시절에 같이 성장했는지를 따지는 것이 아니라 근연도를 따진다. 근교 계수가 0.25인 경우(즉 모자, 부녀, 남매), 어느 문화권에서나 예외없이 근친상간을 금하고 있다. 사촌 결혼에 대해서는 다양한 관습과 관행이 있는데, 일부 문화에서는 금하고 일부 문화에서는 오히려 장려한다(표 17.3). 사실 근친상간과 관련된 법적 프레임은 종교적 계율과 유전적 지식이 혼합된 결과다(Ottenheimer, 1996).

혐오에서 관습까지

분명 친족과의 성관계에 대한 혐오는 자연선택의 결과일 것이다. 물론 아무런 혈연관계가 없이 같은 집에서 자란 이성에게도 성적 관심이 떨어지는 '단점'은 있었지만, 근친번식을 막는 이득이 훨씬 컸을 것이다. 그러나 인류는 언제 어떻게 이러한 자연적 혐오감에 더하여, 혼인 금지라는 방법을 사용하면 더 효과적이라는 사실을 알게 되었을까? 심리학자 로저 버튼은 이 난관을 돌파할

표 17.3 근친상간을 규제하는 다양한 규칙들

종교적 권위			
권위의 주체	규칙	성적 관계	자녀의 근교 계수(F)
로마 가톨릭 교회	교구의 허락 필요	사촌	0.0625
개신교	허용	사촌	0.0625
인도 남부의 드라비다 힌두교	적극 장려	사촌혼(외삼촌의 딸)	0.0625
레위기(성경)	금지	모자, 부녀	0.25
		백모나 숙모(아버지 형제의 아내)	0
		처형 혹은 처제(아내의 자매)	0
		형수 혹은 제수(형제의 아내)	0
코란	금지	숙질(삼촌과 조카딸)	0.125
코란	허용	이중 사촌(double first cousin)	0.125
민법적 권위			
권위의 주체	규칙	성적 관계	자녀의 근교 계수(F)
영국 1956년 성범죄법	형사상 범죄	자신의 손녀, 딸, 누이나 누이동생, 의붓 누이 혹은 어머니와의 성관계	0.125~0.25
	허용	사촌 혹은 그 이상의 관계	0.0625
미국 31개 주	불법 결혼	사촌혼	0.0625
미국 19개 주	허용	사촌혼	0.0625
중국 1981년 결혼법	금지	사촌 혹은 그보다 가까운 관계	0.0625

방법을 찾았다. 그는 웨스터마크 효과로 인해서 초기 인류 집단에서 근친번식의 빈도가 감소했을 것이라고 주장했다(Burton, 1973). 그러나 이러한 기전으로 인해서 집단 내에 도리어 열성 대립유전자가 (이형접합체 형태로) 누적되는(발현은 안 되지만) 현상이 일어났을 것이다. 따라서 근친번식이 (드물게라도) 일어나면, 그 부정적 효과가 확 나타났을 것이다. 이렇게 인류는 점점 문화적 수준에

서 근친 간의 번식이 부정적인 결과를 초래한다는 것을 깨닫게 되었다. 점점 근친상간이 자연과 도덕의 원리를 깨뜨리는 일이라고 보기 시작했고, 결국 문화적 의미에서 이를 벌하게 되었다는 말이다. 초기 문화에서는 주로 종교적인 형태로 근친상간을 금지했다. 〈레위기〉 18장에는 하느님이 모세에게 근친상간을 금하는 계율을 내린다. 문제는 이러한 인지적 각성('근친상간은 위험하구나') 이 어떻게 감정적인 수준('근친상간이라니!')까지 발전했는지에 대한 것이다. 어떤 면에서 보면 웨스터마크가 처음 책에서 주장한 내용이 옳은 것으로 보인다. 웨스터마크는 우리가 말하는 도덕적 규준은 정서적 반응의 반영이라고 주장했다. 즉 '도덕적 정서(moral emotions)'라는 것이다. 이에 대해서 좀 더 살펴보자.

도덕적 비난, 그리고 형제자매와의 유년 시절

개인적 수준에서의 근친상간 회피와 문화적 수준에서의 금지를 연결하려면, 근친상간에 대한 제삼자의 도덕적 비난이 일어날 수 있어야 한다. 그런데 제삼자는 개인적 혐오감 때문에 도덕적 비난을 하는 것일까? 만약 그렇다면 이성의 남매와 같이 성장한 사람이 그렇지 않은 경우보다 근친상간에 대해서 더 강력한 도덕적 비난을 퍼부을 것이다. 그러나 도덕성이 (문화 구성주의자의 주장처럼) 사회화 과정을 통해서 체득되는 것이라면, 차이는 관찰되지 않을 것이다. 이 주장은 리버만 등이 제안한 것인데, 그들은 186명의 캘리포니아 지역 학부생을 대상으로 가족 배경과 도덕적 의견에 대한 연구를 하였다(Lieberman et al., 2003). 연구자들은 근친상간에 대한 반감이 이성과 같이 자란 소아기 경험과 관련된다는 사실을 밝혔다. 표 17.4에 이를 요약했다.

표 17.4에 제시된 것처럼, 동기와 같이 자란 기간이 길수록 근친상간에 대한 도덕적 비난이 더 높아지는 경향이 있었다. 가족의 구성이나 크기, 성적 지향성, 성적 행동에 대한 부모의 태도와 같은 도덕적 정서에 영향을 주는 다른

표 17.4 소아기 경험과 관련한 제삼자의 도덕적 혐오감

소아기를 공유한 동기 관계	같이 산 기간	같이 산 기간과 제삼자의 근친상간에 대한 '도덕적 부당함'의 표현 수준	유의도
누나 혹은 누이 동생과 같이 자란 남성	0~10	0.29	0.05
	0~18	0.40	0.01
오빠나 남동생과 같이 자란 여성	0~10	0.23	0.05
	0~18	0.23	0.05
유전적 관계는 없는 이성과 같이 자란 경우	0~18	0.61	0.014

출처: Lieberman et al. (2003).

변인을 통제하기 위해서 엄청난 공을 들인 연구였다. 이러한 변수를 모두 보정한 후에도 여전히 이성의 동기와 같이 성장한 경우와 도덕적 비난의 수준은 (심지어 이성의 동기와의 유전적 관련이 없다고 해도) 유의한 상관이 있었다.

이 연구는 울프의 주장을 지지하는 결과를 냈지만, 한 가지 면에서 차이가 있다. 울프는 생후 6세 무렵까지 웨스터마크 효과가 일어난다고 생각했다. 그러나 이 연구에 의하면, 남성의 경우 도덕적 혐오가 18세까지 계속 상승했다 (표 17.4). 이에 대해서 리버만은 근친 관계를 맺을 경우 여성의 비용이 훨씬 크기 때문에 여성은 비교적 조기에, 즉 같이 사회화된 기간이 짧아도 회피 기전이 작동한다고 추정했다. 하지만 남성의 경우에는 실수를 저질러도 비용이 비교적 적기 때문에, 최대한 판단을 유보하려고 한다는 것이다.

근친상간의 불균등한 비용

근친상간의 비용이 여성에게 더 높으므로 여성은 보다 예민한 회피 기전을 진화시켰을 것이다. 리버만의 연구도 있었지만, 대니얼 페슬러와 데이비드 나

바레테는 18~39세의 학부생 250명을 대상으로 이에 대한 연구를 진행했다 (Fessler and Navarrete, 2004). 이들은 11점으로 세분화한 척도를 사용해서 근친상간에 대한 태도를 평가했고, 다음과 같은 결론을 도출했다.

- 남자 형제(오빠 혹은 남동생)와 같이 자란 여성은 그렇지 않은 경우에 비해, 근친상간에 대해서 더 높은 혐오를 보였다.
- 여자 형제(누나 혹은 누이동생)와 같이 자란 남성은 그렇지 않은 경우에 비해, 근친상간에 대해서 더 높은 혐오를 보였다.
- 여성은 남매간의 근친상간에 대해서 보다 높은 혐오를 보였다.
- 이러한 경향은 같이 자란 동기와의 근연도와 무관했으며, 친남매나 의붓 남매에서 동일하게 나타났다.

물론 연구자들도 언급했지만, 다른 가능성도 있다. 이성과 같이 자랐을 경우, 부모가 남매에게 무엇이 적절한 성적 행동인지 대해서 보다 엄격하게 교육했을 가능성을 배제할 수는 없다.

혐오는 이러한 맥락에서 보면 강력한 기능적 감정인 것 같다. 얀 안트폴크는 다양한 시나리오를 적용하여 제삼자 근친상간에 대한 혐오 표현을 조사했다. 435명의 핀란드 대학생을 대상으로 연구를 시행하였고, 혐오감은 1점부터 5점까지의 리커트 척도로 평가하였다(1점은 전혀 역겹지 않음, 5점은 매우 역겨움). 앞선 연구와 맥을 같이 하는 결과를 얻었는데, 여성이 남성보다 더 높은 수준의 혐오감을 보고하였다(중간값은 각각 4.06와 3.65였다. 카이 제곱 값은 19.89, p<0.001).

4. 근친상간과 도덕

웨스터마크 효과는 어떻게 기능적 이유로 진화한 자연적인 기질이 문화적으로 변용, 전달되어 도덕적 코드로 자리잡는지, 그리고 사회의 구성원이 준수해야 하는 관습이 되어가는지에 대해 연구할 수 있는 흥미로운 사례라고 할 수 있다. 비록 리버만의 연구나 페슬러와 나바레테의 연구는 경험과 도덕적 혐오 표현 사이의 관계에 대한 근거를 제시했으나(Lieberman et al., 2003; Fessler and Navarrete, 2004), 왜 아무도 그럴 의사가 없는 행동을 금지하는 관습이 존재하는지 시원스러운 대답을 하지 못하고 있다. 물론 버튼이 이에 대한 설명을 시도한 바 있지만, 웨스터마크 자신은 타인을 우리 자신인 것처럼 느끼면서 타인의 행동을 경험하는 인간 능력의 결과로 터부가 발생한다고 주장했다. 페슬러와 나바레테는 이러한 기질을 '자기중심적 공감능(egocentric empathy)'이라고 표현했다(Fessler and Navarrete, 2004). 평소에 아주 싫어하는 음식을 먹고 있는 사람을 볼 때, 혹은 그런 생각을 할 때 구역질이 나는 경험을 해본 적이 있을 것이다.

도덕성과 생물학의 관련성을 제안한 점을 고려하면, 웨스터마크는 선험주의자보다는 자연주의자 진영에 속한다고 보는 것이 좋을 것이다(21장). 자연주의자 진영에는 아리스토텔레스, 토머스 아퀴나스, 흄, 애덤 스미스, 다윈, 그리고 최근 에드워드 윌슨과 아른하르트 등이 있다. 선험주의자 진영에는 토머스 홉스, 칸트, 프로이트, 존 스튜어트 밀, 그리고 존 롤스 등이 있다. 앞으로 웨스터마크 효과가 계속 경험적인 증거를 쌓아 나간다면, 윤리에 대한 자연 과학적 접근이 어떤 것인지 알려주는 이정표의 역할을 하게 될 것이다.

8부

건강과 질병

Evolution
and
Human Behaviour

다윈 의학

건강과 질병에 대한 진화적 관점

PART 18

> 자연의 서툴고 낭비적이며 어리석고도 무시무시하게 잔혹한 업적에 관해
> 악마의 사제가 적어 내려간 책일세.
> 찰스 다윈이 조셉 달턴 후커에게 보낸 편지. 1858

이 장에서는 진화 이론이 불량한 건강 및 질병의 이해에 어떻게 적용될 수 있는지를 살펴보도록 하자. 가장 흔하게 사용되는 용어는 '다윈 의학(Darwinian medicine)'이지만, 살짝 오해를 줄 수도 있는 용어다. 의학이라는 용어가 임상 의학을 연상시키는 데다 불량한 건강 상태에 국한된 것이라는 뉘앙스를 주기 때문이다. 아무튼 용어의 주창자가 이미 정의내렸다시피, 다윈 의학은 진화적 아이디어를 이용하여 왜 인간이 질병에 취약한지에 관해 밝히려는 학문 분야라고 할 수 있다. 일차적으로 궁극 원인에 집중하며, 예방이나 치료적 개입 방법에 대해서는 오직 잠정적인 수준에서만 다루고 있다. 사실 지금까지 다윈 의학은 처방을 내리는 것보다는 설명하는 데 더 성공적이었다고 말하는 것이 옳을 것이다. 최근까지의 성과를 보면, 이는 피할 수 없는 비판이다. 하지만 그럼에도 불구하고 진화적 사고를 의학 교육이나 공공 보건에 통합하고, 이러한 접근법을 치료의 영역까지 확장시켜야 한다는 요구도 끊임없이 제

기되고 있다(Nesse and Stearns, 2008; Omenn, 2010; Gluckman et al., 2011).

1991년 윌리엄과 네스는 '다윈 의학의 새벽(the Dawn of Darwinian Medicine)'이라는 논문에서 건강과 질병을 이해하기 위해 현대 진화 이론을 적용해야 한다는 주장을 처음 제기했다(Williams and Nesse, 1991). 시금석이 될 만한 이 논문이 90년대에 들어서야 처음 등장한 이유는 당시 있었던 사회생물학의 부상 및 진화심리학의 발흥과 관련지어 생각하는 것이 좋을 것이다. 해밀턴과 도킨스의 작업에 의해 윤곽이 잡힌, 철학적 그리고 실험적인 경험칙으로서의 유전자 선택론(gene selectivism)이 널리 성공을 거두었다. 그 결과 진화는 종의 생존과 무관하며, 심지어는 개체의 건강이나 행복과도 관련이 없다는 사실에 주목하게 되었다. 오직 중요한 것은 유전자 빈도였다. 이 시기를 거치면서 생물학과 정신의학을 지배하던 '본질주의'가 서서히 퇴조하기 시작했다. 즉 질병은 객관적인 존재론적 지위를 가진 것이 아니라, 어느 정도는 사회적 혹은 생태적으로 구성된다는 것이다. 예를 들어 유당 불내성의 경우 '장애(disorder)'는 오직 우유를 마시는 문화에서만 인정될 수 있다. 사실 세계적으로 훨씬 많은 인구가 유당 불내성을 가지고 있다. 적응이란 불완전한 타협일 뿐이며, 형질은 이득과 손해를 동시에 가진다는 진화적 사고에 잘 부합하는 사례라고 할 수 있다. 또한 길항적 다면발현과 노화에 관한 조지 윌리엄스의 언급도 진화 의학의 초창기를 장식한 중요한 업적이라고 할 수 있다. HIV나 돼지독감, 조류독감 등의 유행도 바이러스 및 여타 병원체의 진화적 생태학에 대한 관심을 집중시킨 계기였다.

사실 이전에도 수많은 선구자적 연구자의 노력이 있었다(노화에 대한 윌리엄스의 논문이 출판된 것은 무려 1957년으로 거슬러 올라간다). 1975년 영국의 내과의사 존 하퍼(John Harper)는 『질병의 진화적 기원(The Evolutionary Origins of Disease)』을 펴냈고, 80년대와 90년대에는 워싱턴 대학의 폴 이왈드(Paul Ewald)가 감염성 질환의 진화에 대한 몇 편의 논문을 펴냈다(Ewald, 1991,

1994). 또한 비슷한 시기에 마지 프로펫(Margie Profet)은 월경과 알레르기, 입덧의 적응적 기능에 대한 다윈주의적 연구를 발표했다(Profet, 1988, 1993). 안타깝게도 1991년 이후부터는 오히려 다윈 의학적 연구가 침체기를 겪기도 했다. 심지어 지금도 진화적 사고는 의과대학 교육 과정에 별로 편입되지 못하고 있다. 영국 내 의과대학에 대한 연구에 의하면, 교육 과정에 선택과목이라도 진화 관련 수업이 있는 경우는 소수에(37%) 불과했다. 우려스럽게도 10%의 학생은 자연선택에 의한 진화론을 믿지 않는다고 했는데, 대개는 종교적 이유였다(Downie, 2004). 네스와 스턴스도 미국 의대에 대한 분석을 통해서 비슷한 결과를 발표했다(Ness and Stearns, 2008). 진화 의학에 대한 이러한 경시는 다른 신흥 의학 분과에 대한 경우와 극명한 대조를 보인다고 할 수 있다.

좀 더 긍정적인 면을 보자. 최근 학문의 한 분과로서의 다윈 의학은 상당한 속도로 확장되고 있으며,《진화, 의학 그리고 공공보건(Evolution, Medicine and Public Health)》이나《진화 의학 저널(Journal of Evolutionary Medicine)》,《진화 및 의학 편람(The evolution and Medicine Review)》등 여러 종의 학술지가 발간되고 있다.

1. 다윈 의학 분류하기

건강과 질병에 대한 진화적 연구의 가치를 평가해보고 싶다면, 일단 분류학적 접근을 해보는 것이 좋겠다. 네스와 윌리엄스, 글럭먼, 스턴스와 에버트 등 이미 여러 권위자가 비슷한 작업을 한 적이 있다(Nesse and Williams, 1995, Gluckman et al. 2011, Stearns and Ebert, 2001). 여기서도 선구적인 연구를 뒤따라, 핵심 원리와 응용, 알기 쉬운 예로 나누어 다음과 같이 분류해보자(표 18.1).

표 18.1 건강과 질병에 대한 진화적 견해

핵심 원리	응용	예
인간, 문화, 병원체 등 여러 유관 영역의 불균등한 진화적 변화율. 문화적, 환경적 변화 혹은 병원체의 진화 속도에 비해 더 느린 인간의 진화적 변화율.	현재 환경과 유전형의 불일치. 종종 '에덴 밖으로(out of Eden)', 게놈 지연 혹은 진화적 불일치 가설(evolutionary discordance hypothesis)로 불림.	후기 신석기 식이에 의한 생활습관 질병. 예를 들면 높은 당지수(glycemic index)를 가진 탄수화물, 포화 지방, 과도한 소금 섭취에 의한 질병.
	준비화 이론: 계통적으로 관련된 자극에 대한 반응.	거미나 뱀 공포증
	박테리아나 바이러스, 기생충은 짧은 세대 간격을 가지므로 빠른 속도로 돌연변이가 일어나 숙주의 방어 기전에 맞추어 선택될 수 있음. 다시 말해서 끊임없는 유전적 군비 경쟁이 발생.	항생제 저항성의 진화 및 MRSA (메티실린 저항성 포도상구균) 등 슈퍼 박테리아의 출현.
	적응적 발달적 가소성 및 예기치 못한 환경 변화.	후성유전학 및 태아 발달 과정에 대한 증거에 의하면, 아기는 향후 예측되는 특정한 환경에 미리 맞춰서 발달한다. 만약 예상했던 것과 다른 환경을 만나게 되면, 비만이나 당뇨병 등 질병이 발생할 수 있다.
정해진 반복 과정으로서의 자연선택: 진화적 제약의 직면 및 타협.	생애사 이론과 설계적 타협(design compromise). 짧은 시점에서 보면 부적응적으로 보이는 형질이 전체 생애의 관점에서 보면 적응적일 수 있음. 일부 형질은 부정적 효과와 긍정적 효과의 트레이드오프에 의한 결과일 수 있음.	생애 후반 노년기에 비용을 치르더라도 생애 초반에 번식에 보다 많은 투자를 함.
	구조적 타협	두발걷기와 큰 뇌 간의 타협, 낮은 후두와 질식의 위험성
	경로 제한성(pathway constraints). 자연선택은 이미 있는 상태에서만 새로 쌓아 올려질 수 있음. 적응적 지형도 개념에 의하면 한번 적응적 경사를 따라 내려간 경우에는 보다 높은 다른 적응적 정점에 도달할 수 없음.	인간의 눈: 연체동물처럼 안과 밖이 바뀌는 것이 보다 합리적이다.[1] 두발걷기와 척추[2]
건강에 대한 주관적 인식과 최적 번식 적합도 간의 불일치.	균형 선택, 길항적 다면발현: 질병 감수성이라는 비용을 감수하고 번식 성공률을 높이는 유전자. 또한 이배체성 유기체는 이형접합체 유리 현상을 보이므로, 불리한 열성 유전자가 유전자 풀 안에 유지될 수 있음.	낭포성 섬유증, 겸상적혈구성 빈혈, 헌팅턴씨 병(표 18.4)
	성선택. 예를 들어 테스토스테론 수준과 같은 형질을 통한 번식적 최적화는 건강 및 안녕의 최적화를 달성하지 못할 수 있음.	성선택에 의한 젊은 남성의 높은 테스토스테론 수준은 위험 추구나 면역 수준 저하 등을 유발.

자연선택과 성선택은 건강 수준 혹은 수명을 최적화하지 않을 수 있음. 포괄적합도를 높이는 방향으로만 작동.	유전적 갈등	각인은 모성 및 부성, 자식의 이해관계가 일치하지 않는 현상을 반영. 모자 갈등에 대한 헤이그의 이론 참조.
	선택 각축 현상(selection arena phenomena)	난모 세포의 소실 혹은 자연 유산은 선택적 선별 기전(selective filtering mechanism)에 의해 일어날 수 있음.
	불량한 건강 상태로 오인된 방어 기전	입덧(독소 회피), 기침과 구토(병원체 및 독소 배출), 고열(박테리아 퇴치를 위한 체온 증가), 불안(화재 경보장치 이론).

이 장의 나머지 부분은 표 18.1에 제시된 다윈 의학의 분류 군을 다음과 같이 셋으로 나누어 제시할 것이다.

* 1부: 인간, 문화, 병원체 등 여러 유관 영역의 불균등한 진화적 변화율.
* 2부: 정해진 반복 과정으로서의 자연선택: 진화적 제약의 직면 및 타협.
* 3부: 건강에 대한 주관적 인식과 최적 번식 적합도 간의 불일치.

제1부
인간, 문화, 병원체 등 여러 유관 영역의 불균등한 진화적 변화율

7장에서 언급한 것처럼, 자연선택은 수천 년 이상의 시간이 소요되는 아주 느린 유전적 변화 과정이다. 물론 느리다는 개념은 상대적인 것이다. 여기서는

---

01 인간의 눈은 망막 앞에 시신경이 위치하므로, 시신경이 망막의 일부를 통과하여 뇌로 이동한다. 따라서 망막을 통과하는 지점에는 빛을 감지하지 못하는 맹점이 존재하게 된다. 연체동물은 망막이 시신경의 앞에 존재하므로 맹점이 없다.

02 두발걷기의 진화로 인해 척추, 특히 요추에 상반신의 체중이 모두 실리게 되었다. 이는 추간판탈출증 등 다양한 요추 질환의 원인이다.

문화적 변화나 환경적 변화, 병원체나 기생충의 생활 주기에 비해서 상대적으로 느리다는 뜻으로 이해하면 좋겠다. 각각의 영역이 서로 겹치지 않는다면 아무 문제가 되지 않는다. 그러나 문화적 진화는 인간의 몸과 생활습관에 끊임없는 영향을 미치며, 병원체는 그 속성상 고등 동물에 자기 자신을 침범시켜 복제하려는 경향이 있다. 이에 대해서는 질병을 일으키는 병원체와 항생제의 진화를 들어 설명해보자. 물론 보다 일반적인 건강 및 질병 패러다임에 대해서도 다룰 것이다. 식이도 역시 대표적인 사례이긴 하지만, 다음 장에서 따로 다루는 것이 좋겠다.

2. 미생물

1) 편리공생균, 유익균 및 병원균

인간은 미생물이 많은 환경을 극복하도록 진화했다. 박테리아는 우리 피부에도 있고, 머리카락에도 있고, 몸 안에도 있다. 일부 박테리아는 편리공생(commensalism)을 한다. 인간의 몸에서 이익을 취하지만 해를 입히지는 않는다. 예를 들어 우리 살갗에는 150여 종의 박테리아가 살고 있다. 피부 세포나 분비물을 먹고 살지만, 인간이 입는 해는 없다. 다른 박테리아는 상리공생(mutualism)을 보이는데, 이득을 주고 받는다. 흔히 유익균(probiotics)로 불린다. 예를 들어 우리의 장에는 약 백조 개의 미생물이 산다(인간의 체세포보다 열 배 많은 수다). 대부분은 소화를 돕고, 비타민을 만들며, 다른 해로운 박테리아의 성장을 막는 유익이 있다(상자 18.1). 하지만 이게 다는 아니다. 매년 수백만 명의 사람이 해로운 병원체나 기생충에 감염되어 목숨을 잃는다.

모유의 성분은 종종 고개를 갸웃하게 만드는데, 장내 유익균의 중요성이 이때 빛을 발한다. 그림 18.1에 의하면 인간의 모유 중 약 11%가 복합 올리고당(단당 분자가 여러 개 붙은 긴 사슬 형태의 당)으로 구성된다는 사실을 알 수 있을 것이다. 그런데 올리고당은 잘 소화되지 않는다. 왜 인간의 몸은 어떤 효소로도 소화시키기 어려운 모유를 만드는 것일까? 그동안 풀리지 않던 수수께끼는 장내 유익균의 존재를 알게 되면서 해결되었다. 건강한 장내 세균총의 상당 부분은 비피더스균(bifidobacterial)인데, 이 균이 올리고당을 분해할 수 있다(Zivkovic et al., 2011). 게다가 비피더스균은 다른 해로운 박테리아의 성장도 억제하는 기능을 한다. 다시 말해서 모유는 장내 프로바이오틱스에 맞추어 선택된 것이다.

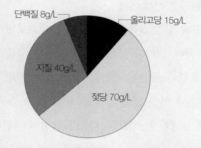

단백질 8g/L

올리고당 15g/L

지질 40g/L

젖당 70g/L

그림 18.1 모유의 성분. 적지 않은 부분이 올리고당이다. 하지만 인간은 올리고당을 분해하는 효소가 없다. 이러한 수수께끼는 모유가 장내 유익균의 성장을 촉진한다는 사실이 알려지면서 풀렸다. 출처: Zivkovic et al., 2011; Morrow et al., 2004.

모유의 성분에 대한 진화적 이해는 모유 수유 및 영아 동반 수면에 대한 건강 정책을 수립하는 데 참고가 될 수 있다. 이미 모유의 이점은 널리 알려져 있고, 적극적으로 장려되고 있다. 하지만 아기와 엄마가 같이 자는 것이 좋은지 여부에 대해서는 아직 의료계의 입장이 양분되어 있다. 반대하는 측에서는 동반 수면이 영아 급사 증후군(SIDS, sudden infant death syndrome)을 증가시킬 수 있다고 우려한다. 하지만 역학적 증거는 아직 불충분하다. 게다가 따로 아기를 재워야 독립심이 길러진다는 통념도 아직 공고한 편이다. 이는 사실 1930년대 존 왓슨이 주장한 행동주의적 심리학에서 기인한 것인데, 여전히 대중에게 큰 영향력을 행사하고 있다.

진화적인 측면에서 보면 어떨까? 헬렌 볼과 크리스틴 클린가먼은 인간의 젖이 다른 포유류보다 지방은 적고 당은 많다는 데 주목했다(Helen Ball and Kristin Klingaman, 2008). 그들은 인간이 자주 젖을 빠는 동물이며, 아기가 젖을 자주 빨수록 어머니의 젖이 더 많이 나온다고 하였다. 즉 인간은 모유 수유를 위해서라도 가까운 모자 접촉을 유지하도록 적응했다. 너무 긴 시간 떨어져 있으면 곤란하다. 이러한 적응을 통해서 아기는 충분한 영양과 면역 성분을 공급받는다. 또한 모유 수유는 옥시토신을 분비시키는데, 이는 어머니와 아기 모두의 숙면을 돕는다. 따라서 동반 수면은 보다 잦은 모유 수유로 이어진다고 예측할 수 있을 것이다. 막 아기를 낳은 61명의 어머니와 아기를 대상으로 한 영국 연구에 의하면, 이러한 예측이 들어맞았다. 게다가 동반 수면을 하는 경우, 더 오랫동안 모유 수유를 하게 되는 것으로 드러났다.

2) 신석기 혁명과 병원체 전파

인간은 긴 포유류 및 영장류의 계보를 따라 내려오면서 기생충에 대한 방어 기전을 진화시켜왔다. 그러나 신석기 혁명 이후 가축을 사육하게 되면서 전에는 없던 문제가 생겼다. 동물에서 인간 숙주로 치명적인 미생물이 건너오게 된 것이다. 이를 이른바 인수 공통 감염병(zoonotic disease)이라고 한다. 연구에 의하면 인간에게 유해한 것으로 알려진 1,451종의 병원체(바이러스, 박테리아, 프리온, 진균, 기생충, 흡충 등) 중, 약 61%가 인수 공통 감염에 의한 것이다. 대표적인 예가 홍역(measle)과 천연두(smallpox)인데, 아마도 소에서 건너온 것으로 보인다. 인플루엔자는 새와 돼지에서 건너왔고, HIV는 영장류에서 옮겨 왔다. 가장 심각했던 두 사례를 들자면, 1918년 전 세계에서 무려 오천만 명의 생명을 앗아간 스페인 독감 바이러스와 1980년대에 유행해서 삼천오백만 명의 사망자를 낸 후천성 면역 결핍 증후군(AIDS)이다. 데이터를 보면, 새로 생겨난 감염성 질환은 상당수가 인수 공통 바이러스로 보인다(표 18.2). 이는 아마도 바이러스의 RNA가 높은 수준의 뉴클레오타이드 치환율을 가지고 있어서 급속한 진화가 가능하기 때문으로 추정된다.

표 18.2 몇몇 최근 발생한 인수 공통 감염병

인간 병원체 혹은 질병	원 숙주	인간에게서 발견된 연도
에볼라(Ebola)	박쥐, 영장류, 영양(antelope)	1977
HIV1	침팬지	1983
H5N1 인플루엔자	닭	1997
대장균 O157: H7	염소 혹은/그리고 양	2000
SARS(severe acute respiratory syndrome) 코로나바이러스(coronavirus)	박쥐, 사향고양이	2003

출처: Woodhouse and Antia (2008), Table 16. 1, p. 219; and Warshawsky et al. (2002).

신석기 혁명과 감염병의 관련성에 대해서는 다음과 같이 요약할 수 있다.

* 높은 인구 밀도가 미생물의 전파를 촉진.
* 배설물 쓰레기로 인한 분변-경구 전파(특히 설사성 질환).
* 장시간 건물 안에 머무르게 되면서(특히 식량 생산에 직접 종사하지 않는 사람), 일광에 의해 쉽게 파괴되는 인플루엔자 바이러스 등에 노출됨.
* 벼룩이나 쥐 등 해충이나 해서가 들끓으면서 감염.
* 정주 습관은 매개체에 의한 질병 전파를 촉진하고, 지역 환경에 병원체가 지속하게 됨(예를 들면 민물에 사는 주혈흡충).
* 가축과의 근접성으로 인한 인수 공통 감염.

3) 병원성 및 발병력, 병원체 진화

진화적으로 사고를 하면, 미생물의 병원성(pathogenicity)과 발병력(virulence, 혹은 독력)을 쉽게 이해할 수 있다. 바이러스에 의해 전파되는 치명적인 감염병인 광견병(rabies)을 예로 들어보자. 감염 후 몇 주 지나 증상이 시작되면, 대부분 사망한다. 운 좋게 증상이 시작되기 전에 백신을 맞으면 목숨을

구할 수 있다. 하지만 단순포진 바이러스(Herpes simplex)는 다르다. 치료 방법이 없다. 한번 감염되면 평생 나을 수 없다. 그러나 운 좋게도 단순포진 바이러스의 증상은 경미하며, 이로 인해 사망하는 경우는 극히 드물다. 물론 주기적으로 입술에 발진이 생긴다. 전자는 사람을 죽이고, 후자는 좀 짜증날 뿐이다. 이러한 차이를 병원성과 발병력이라고 한다. 병원성이란 미생물이 질병을 일으키는 능력을 뜻한다. 예를 들어 편리공생하는 박테리아의 경우에는 병원성이 0이다. 병을 일으키지 않기 때문이다. 발병력은 숙주에 손상(즉 질병)을 일으키는 상대적인 수준을 말한다. 이를테면 광견병은 높은 발병력과 높은 병원성을 가지고 있고, 단순포진 바이러스는 낮은 발병력과 낮은 병원성을 가지고 있다. 그런데 광견병은 동물 매개체를 통해서 인간에게 전파되고, 단순포진은 직접적인 대인 접촉을 통해 전파된다. 이는 아주 중요한 차이점인데, 아래에서 좀 더 자세하게 다뤄보자.

1990년대 초까지 학계의 정설은 숙주와 병원체가 긴 세월 동안 공진화를 하면서 평화로운 공존 상태 혹은 편리공생의 길을 걸었다고 보았다. 따라서 발병력은 낮게 유지된다는 것이다. 대표적인 사례가 호주 토끼의 점액종(myxomatosis)이다. 1950년대에 처음 등장한 바이러스인데, 단 이틀 만에 주변의 토끼를 몰살시켰다. 그리고 불과 2년 만에 호주 토끼의 80%가 죽었다. 그러나 곧 상황은 반전되었다. 얼마 지나지 않아 저항성을 가진 토끼 집단이 나타났다. 기존의 바이러스는 고작 50%의 치명률을 가질 뿐이다. 인간에게도 이러한 현상을 적용할 수 있다. 숙주를 죽이는 병원체는 적합도상의 손해에 직면하게 된다. 숙주가 죽으면 더 이상 병원체를 전파시킬 수 없기 때문이다. 병원체 입장에서는 가급적 숙주를 살려두고, 계속 움직이게 하면서 다른 숙주에게 감염시키는 것이 유리하다. 이를 이른바 병원성 균형 이론(theory of balanced pathogenicity)이라고 한다. 병원체는 낮은 발병력을 향해 진화하고, 숙주는 면역성을 향해 진화한다는 것이다.

하지만 폴 이왈드가 이러한 기존 주장에 도전했다(Ewald, 1991, 1994). 병원체의 전파 및 발병력에 대한 깊은 진화적 고민을 통해 몇 가지 예측을 내놓았는데, 각각을 좀 더 자세하게 다루어 보자.

직접 접촉 감염과 매개체 감염의 상대 발병력

말라리아는 혈류에 원충이 감염되어 생기는 치명적 질환이다. 매년 63만 명이 말라리아에 감염되어 사망한다. 세계보건기구(WHO)에 의하면, 아프리카에서는 1분에 1명꼴로 말라리아에 의해 어린이가 사망한다. 반면에 감기는 바이러스에 의한 질병인데, 아주 흔하지만 대부분의 사람은 일주일 안에 회복된다. 감기로 죽는 사람은 아주 드물다. 이 두 질병의 차이가 뭘까? 말라리아는 매개체에 의한 감염이고, 감기는 직접 감염이다. 그동안 질병은 편리공생을 향해 진화해왔다고 믿었지만, 사실 그러한 진화는 직접 접촉에 의한 감염의 경우에만 가능하다. 직접 접촉으로 전파되는 병원체는 숙주를 살려줘야 하기 때문이다. 그러나 매개체 감염은 오히려 높은 발병력을 가지도록 진화할 수 있다.

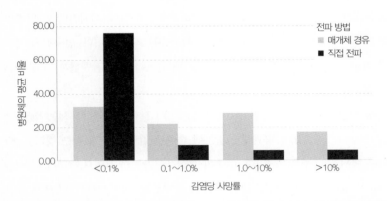

그림 18.2 매개체 감염병과 직접 접촉 감염병의 사망률 비교. 매개체에 의한 감염병이 직접 접촉에 의한 감염병보다 높은 사망률을 보였다($p < 0.01$, 카이제곱검정). 직접 접촉에 의한 병원체는 낮은 사망률(0.1% 이하)을 보인 경우가 많았는데, 이는 자신의 전파를 위해서 숙주가 필요하기 때문이다. 그래프는 100명의 치료받지 않은 감염 중 사망한 환자의 수를 나타낸 것이다. 출처: Ewald (1994), Fig. 3. 1, p. 38.

숙주가 움직일 수 없게 되어도 별 상관이 없기 때문이다. 사실 숙주가 더 많이 아플수록 유리하다. 기진맥진한 환자는 모기를 잡을 수도 없을 테니 말이다. 이왈드가 제안한 첫 번째 예측에 의하면, 매개체 감염병은 직접 접촉 감염병보다 더 높은 발병력을 보인다. 이러한 예측은 들어맞았다(그림 18.2).

'앉아서 기다리기' 전략: 발병력과 생존력

이왈드의 첫 번째 예측은 미생물 간의 발병력 차이를 잘 설명해준다. 하지만 다른 요인도 관여할 수 있다. 천연두 바이러스와 결핵균은 모두 직접 접촉에 의해 전파된다. 물이나 동물 매개체 등은 관여하지 않는다. 그런데도 두 감염병은 모두 치명적이다. 1979년 WHO는 천연두 박멸을 공식 선언했지만 결핵은 여전히 지속되고 있다. 왜 이들 질병은 직접 접촉에 의해 감염되면서도 치명적일까? 발터와 이왈드는 이를 '앉아서 기다리기(sit and wait)' 전략으로 설명했다(Walther and Ewald, 2004). 높은 발병력을 가지고 있으면서도 전파 방법이 제한된다면, 병원체는 외부 환경에서 오랫동안 살아남는 전략을 취하게 된다. 따라서 숙주가 쓰러지거나 심지어 죽더라도, 병원체는 외부 환경에서 오랫동안 살아남으면서 새로운 숙주가 접근하기를 기다린다. 이에 따르면 발병력과 숙주 밖 생존력(durability)은 양의 상관관계를 가질 것이다. 연구진은 이러한 가설을 인간에게 감염되는 호흡기 감염병을 대상으로 검증했다. 그림 18.3에 결과를 나타냈다.

폴 이왈드의 연구는 아주 설득력이 있었다. 그러나 이에 대해서는 몇몇 다른 가설도 있다. 첫째, 병원체가 잘못된 숙주에 감염될 수 있다는 것이다. 즉 일부 병원체의 높은 발병력은 일종의 부산물이라는 주장이다. 개회충(*Toxocara canis*)은 일종의 장내 기생충인데, 주로 개에 감염되지만 어쩌다 사람에게 감염되면 실명을 일으킨다. 하지만 인간에게 일어나는 결과는 분명 숙주의 진화적 결과는 아니다. 또 다른 주장에 의하면 높은 발병력은 각 숙주 내에서 병원체

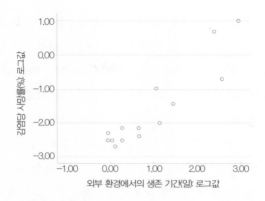

그림 18.3 15개 종의 인간 호흡기 감염 병원체의 발병력 및 병원체 생존력 간의 관계. 제시된 값은 로그 값이다. 그래프에 따르면 생존력이 증가할수록 높은 발병력을 보였다. 이는 발병력의 '앉아서 기다리기' 가설을 지지한다. 출처: Walther and Ewald (2004), Table 3, p. 858.

집단이 벌인 '근시안적인' 진화의 결과일 수도 있다. 여러 균주가 경쟁을 하면 가장 빨리 늘어나는 쪽이 승리하게 되지만, 덕분에 숙주가 사망하고 낮은 전파력이라는 대가를 치르게 된다는 주장이다.

미생물은 빠르게 진화하지만, 신석기 혁명 이후 인간의 면역계도 이런 미생물에 맞추어 진화했다는 증거가 적지 않다. 그래서 유럽 식민지가 북미나 남미에 건설된 이후, 수많은 원주민이 천연두에 감염되어 떼죽음을 당하게 된 것이다. 유럽인 정착민의 상당수는 천연두에 저항성을 가지고 있었다. 게다가 항생제의 개발도 어떤 의미에서는 인지적 진화의 결과라고 보아야 할 것이다.

항생제

1930년대 이후 인류는 항생제를 통해서 스스로 면역계를 보강하기 시작했다. 그러나 항생제 내성이 생겨나면서 문제가 복잡해지고 있다. 항생제 내성의 진화는 자연선택이 일어난다는 결정적인 증거다. 박테리아는 해로운 화학물질에 대한 저항성을 신속하게 획득할 수 있다. 세대 간격이 짧고, 빠르게 증식할 수 있기 때문이다. 또한 미생물은 다른 방법으로 내성을 획득하기도 한다. 스스로 항생제를 만들어내는 것이다. 사실 인류가 개발한 항생제의 상당수는 이미 자연에 존재하던 항생제. 페니실린은 최초로 추출되어 대량 생산에 성공한 항생제인데, 원래 곰팡이에서 자연 발견되는 물질이다. 박테리아에 의한 감염을 막기 위해 곰팡이가 만들어낸 것이다. 미생물은 서로 수억 년 이상 경쟁해왔다. 포유류가 등장하기 훨씬 전부터 수백 종의 항생제를 만들어 서로의 공격을 막는 데 사용했다. 특히 박테리아는 종간 DNA 교환을 할 수 있는데(플라스미드 교환), 그래서 새로운 항생제에 대한 내성이 빠른 속도로 진화할 수 있다. 1940년대 후반 페니실린이 널리 보급된 지 몇 년 되지 않아서 내성이 관찰되기 시작했다. 알고 보니 페니실린 내성 박테리아는 인간이 페니실린을 개발하기도 전에 이미 자연계에 존재하고 있었다. 토양에서 관찰되는 평균적인 박테리아 균주는 대략 일곱 개의 항생제에 대한 저항성을 가지고 있다(D'Costa et al., 2006). 그래서 토양 박테리아의 내성이 인간 감염 박테리아에 옮겨갈 가능성에 대한 우려가 제기된다. 오늘날 새로운 항생제가 등장할 때마다 대략 4년이 지나면 해당 신약에 대한 임상적으로 의미있는 수준의 내성이 진화한다(표 18.3 및 상자 18.2).

상자 18.2 항생제 내성의 진화

표 18.3에서 항생제 내성이 얼마나 빨리 진화하는지 한눈에 볼 수 있을 것이다. 항생제 내성은 21세기 공공 보건의 가장 중요한 관심사다. 이미 자연계에는 다양한 종류의 항생제 내성 균주가 존재하지만, 사람과 동물의 질병을 치료하기 위한 항생제 사용은 내성 균주를 크게 늘리고 있다.

항생제 사용과 내성의 출현 간의 관계를 밝히기 위해 구센스 등은 26개 유럽 국가를 대상으로 외래 항생제 사용 실태를 조사했다(Goossens et al., 2005). 연구에 의하면 항생제 처방률은 국가에 따라 큰 차이가 있었다. 네덜란드의 경우는 천 명당 10DDD

를 보였지만, 프랑스의 경우는 32.2DDD를 보였다(DDD는 defined daily dose, 즉 일 용량의 약자). 그러나 일반적으로 보면 남유럽이나 동유럽 국가가 보다 많은 항생제를 처방하는 경향이 있었다. 연구진은 또한 항생제 내성 폐렴 연쇄상구균(Streptococcus pneumoniae)의 빈도도 조사했다. 연구 결과 항생제 처방률과 항생제 내성률은 명백한 상관관계를 보였다. 다른 기관의 연구에서도 비슷한 결과가 나왔다(Cars et al., 2001). 결과를 그림 18.4에 나타냈다.

표 18.3	항생제 내성의 진화			
항생제	개발 연도	도입 연도	내성 발견 연도
프론토실(설폰아마이드)	1931	1935	1942
페니실린	1928	1941	1945
스트렙토마이신	1943	1946	1946
클로람페니콜	1946	1949	1950
에리스로마이신	1948	1952	1955
메티실린	1959	1960	1962
테트라사이클린	1944	1948	1968
리파마이신	1957	1960년경	1962
반코마이신	1953	1956	2002
리네졸리드	1955	2000	2001
답토마이신	1986	2003	2005
티게마이신	1999	2005	?

내성은 약물이 개발되어 도입된 이후 몇 년이 지나지 않아 발견되는 편이다. 일반적으로 약물이 개발된 후, 임상에 사용되는 데는 몇 년의 시간이 걸린다. 내성균주가 발견되었다고 해서 더 이상 약물을 사용할 수 없는 것은 아니다. 대부분의 경우 이후에도 유용하게 처방된다. 출차: Lubelcheck and Weinstein, 2008; Lewis, 2013 등.

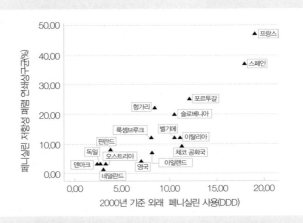

그림 18.4 유럽 16개국의 항생제 사용 및 내성 빈도. 천 명당 DDD, 즉 천 명의 주민이 하루에 먹는 양으로 계산. 페니실린 비감수성 폐렴 연쇄상구균 빈도는 유럽 항생제 내성 감시 체계(the European Antimicrobial Resistance Surveillance System, EARSS) 프로젝트에서 제공했다. EARSS 프로젝트는 1997년부터 2000년까지 폐렴구균 동정물(혈액이나 뇌척수액에서 동정)의 항생제 감수성을 조사했다. 출처: Goossens et al. (2005). Data on penicillin doses from Cars et al., 2001. N=16, Spearman's rho=0.868, p<0.001.

우려스러운 것은 박테리아가 점점 앞서나가고 있다는 것이다. 한두 건을 제외하면, 지난 30년간 임상적으로 유용한 새로운 계열의 항생제가 거의 개발되지 못했다. 항생제 시장에 대한 제약회사의 관심도 줄어들고 있다. 미국 감염 학회에 따르면 미국 내 원내 감염의 70%가 하나 혹은 둘 이상의 항생제 내성을 보였다(Clatworthy et al., 2007). 이에 대한 진화적 대책으로 아예 병원균을 죽이는 항생제가 아니라 발병력을 낮추는 수준, 즉 사망률과 발병률을 낮추는 약한 약을 개발해야 한다는 주장도 있다(Clatworthy et al., 2007).

4) 위생 가설

인류는 항생제를 개발하기 이전부터, 감염병을 효과적으로 막는 일련의 방법을 진행하고 있었다. 바로 식수와 하수의 효과적 처리를 포함한 공공 보건 및 위생의 개선이었다. 그런데 깨끗한 것은 무조건 좋은 것일까? 현대 사회는 혹시 너무 깨끗한 것은 아닐까? 1999년 항생제와 백신을 자주 투여받은 깨끗한 환경에서 자란 어린이가 덜 깨끗하고 항생제와 백신도 많이 쓰지 않은 어린이보다 알레르기에 보다 취약할 것이라는 주장이 제기되었다(Bengt Bjorksten, 1999). 이를 '위생 가설(hygiene hypothesis)'이라고 한다. 너무 위생적인 환경에서는 인간의 면역 시스템이 미생물 상대를 공격하는 훈련을 제대로 하지 못해 도리어 자기 자신의 조직을 향해 공격을 하게 된다는 것이다. 면역 시스템이 자신의 폐를 공격하면 천식, 관절을 공격하면 관절염, 장을 공격하면 크론병(Crohn's disease), 췌장을 공격하면 제I형 소아 당뇨병에 걸린다. 특히 이런 병은 주로 도시에서 많이 발병한다. 이후 발표된 여러 연구의 결과는 다소 상반되지만, 연구진은 10년간의 연구 결과를 종합하여 편리공생적 미생물에 일찍 노출되는 것은 효과적인 면역 반응을 촉진하는 요인이라는 결론을 내렸다. 물론 위생 가설보다는 '미생물 결핍 가설(microbial deprivation hypothesis)'이 더 적합한 용어라고 제안했다.[03]

최근에 몰리 폭스 등은 알츠하이머씨 병에서 나타나는 염증 반응이 자가 면역 질환과 유사하다고 주장했다(Molly Fox et al., 2013). 생애 초기에 병원체에 노출되면 면역조절능력이 향상되어 알츠하이머씨 병의 발병률이 낮아지는지 조사했다. WHO 데이터를 이용하여, 소아기 기생충 감염률과 알츠하이머씨 병 발병률을 비교했는데, 음의 상관관계를 보였다. 위생 가설을 지지하는 결과다.

---

03 위생 가설은 마치 위생적인 환경보다 더러운 환경이 더 좋다는 오해를 낳을 수 있다. 어쨌든 깨끗한 환경의 이점이 훨씬 크다.

3. 발달적 가소성과 예측할 수 없는 환경

이미 8장에서 유기체는 향후에 예측되는 환경에 맞추어 적응하는 발달적 가소성이 있다고 하였다. 그러나 그런 예측이 잘못된 것이라면 결과적인 표현형은 주변 환경에 잘 맞지 않을 것이며, 불량한 건강 상태로 이어지게 될 것이다. 유전자가 빠른 환경 변화에 발맞추지 못한 것이 아니라, 후성유전학적 기전이 더욱 빠른 현대 문화의 변화에 발맞추지 못했다고 하는 편이 옳을 것이다.

이러한 주장과 관련하여 피터 글럭먼과 마크 핸슨, 앨런 비들은 이른바 '건강과 질병 패러다임의 발달적 기원(the developmental origins of health and disease paradigm, DOHaD)'이라는 도구적 개념을 도입했다(Gluckman, Hanson and Beedle, 2007). 후성유전학적 기전을 통해서 발달중인 태아가 자궁 내 신호를 탐지하여 적응적인 발달을 달성한다는 주장이다. 그러나 예상한 환경과 실제 성체가 된 후 접하는 환경이 불일치할 경우, 해당 형질은 다양한 질병을 유발할 수 있다(그림 18.5).

DOHaD 패러다임은 급격한 환경 변화를 겪는 인구 집단이 불량한 건강 상태에 시달리는 현상을 잘 설명해준다. 식민지 시절을 겪다가 늦은 발전을 이룬 국가의 원주민이 종종 겪는 건강 문제다. 애리조나주의 피마(Pima) 인디언이 대표적인 사례다. 19세기 후반 이들의 전통적 삶의 방식은 농경에 종사하는 외래 이주민 및 관개 시설의 보급으로 인해서 완전히 파괴되었다. 이들의 전통적인 식단은 미국 정부에서 제공하는 비계나 밀가루에 자리를 내주었다. 오늘날 35세 이상 성인의 60%가 제II형 당뇨병과 비만을 앓고 있다(Knowler et al., 1990). 그런데 멕시코에 살고 있는 피마 인디언은 아직 전통적인 방식으로 살아가고 있다. 이들의 비만 및 당뇨병 유병률은 훨씬 낮다(Ravussin et al., 1994). 이러한 결과를 어떻게 해석할 수 있을까? 세대 간의 급격한 환경 변화로 인해 배아 상태에서 예측한 환경과 실제 환경의 불일치가 발생한 것이다. 쉽게 말하

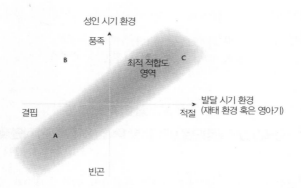

그림 18.5 가상의 세 가지 표현형 상태. A는 향후에 불량한 생존 환경에 대한 자궁내 신호를 탐지한다. 생존 위주의 적응적 발달은 낮은 출산율과 이른 사춘기로 이어진다. 만약 정말로 생존 환경이 열악하다면 이러한 표현형은 좋은 성과를 거두게 된다. C는 향후 풍족하고 여유 있는 생존 환경에 대한 자궁내 신호를 탐지한다. 높은 출생 체중, 강한 골격과 근력 발달, 늦은 사춘기, 회복과 성장에 보다 많은 자원의 할당 등 적합도를 최대화하는 전략을 취하게 된다. 예측이 들어맞는다면 역시 좋은 성과를 거두게 된다. 하지만 B는 열악한 성인기 생존 환경에 대한 예측을 탐지하여 그에 맞는 발달을 하게 된다. 낮은 출생 체중, 높은 인슐린 저항성 및 에너지를 가급적 지방으로 저장하려는 경향 등이다. 그런데 예측이 빗나가서 풍족한 환경에서 살아가게 된다면, B는 비만, 심혈관 질환, 제형 당뇨병 등을 앓게 된다. 출처: Gluckman, P. D., M. A. Hanson, and A. S. Beedle (2007). 'Feature article. Early life events and their consequences for later disease: a life history and evolutionary perspective.' American Journal of Human Biology 19, 1–19.

면 고지방, 고당분 식이를 하고, 보다 정주하는 형태의 삶을 살아갈 것으로 예상하지 못한 것이다. 그래서 같은 식이를 하는 코카서스 백인 미국인에 비해서 더 높은 수준의 서구 생활습관 질병을 앓게 되었다.

최적의 건강은 태아가 발달하는 동안 경험한 환경과 실제 환경이 일치할 때 달성된다는 주장을 '예측적 적응 반응 가설(predictive adaptive response hypothesis)'이라고 한다. 피마 인디언의 사례 등이 이를 지지해주고 있지만, 실제 가능한 모든 조합을 검증하는 것은 아주 어려운 일이다. 예를 들면 태아기 열악·성인기 풍족, 태아기 풍족·성인기 열악, 태아기 열악·성인기 열악, 태아기 풍족·성인기 풍족이라는 네 가지 경우의 수가 있을 것이다. 하지만 최근에 이런 엄청난 연구가 시도되었다. 핀란드 지역사회 네 군데에 있는 1,750개

병원 의무기록을 통해서 생존, 가임률, 번식 등 127년간의 통계 자료를 모아 분석을 시도했다(Ada Hayward and Virpi Lummaa, 2013).

제2부
정해진 반복 과정으로서의 자연선택: 진화적 제약의 직면 및 타협

자연선택은 이미 존재하는 상태에 기반하여, 반복적 과정을 통해 끊임없이 상태를 개선하는 과정이다. 이로 인해서 종종 진화적 제약이 발생한다. 모든 상황을 다 고려하여 처음부터 최종적인 '설계'를 염두에 두고 진화가 일어날 수는 없다. 중간 단계에서 적합도가 떨어진다면, 선택 제거되기 때문이다. 따라서 자연선택은 공장과 다르다. 모델을 수정하거나 때로 아예 처음부터 설계도를 다시 만들어 완전히 새로운 제품을 만들어내는 일은 불가능하다. 그보다는 항해 중인 선박에 동승한 기술자에 가깝다. 기술자는 배를 개선해 나가려고

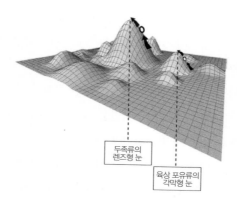

두족류의
렌즈형 눈

육상 포유류의
각막형 눈

그림 18.6 눈의 적응적 지형도. 생물 진화사를 통틀어 눈은 여러 번 독립 진화했다. 육상 포유류의 눈은 적응적 언덕을 거슬러 올랐지만, 두족류의 눈처럼 보다 나은 설계를 향해서 나아갈 방법이 없다. 그러기 위해서는 다시 계곡을 지나야 하는데, 그러는 도중에 적합도를 상실하기 때문이다. 즉 두 가지 종류의 눈은 모두 적응적 지형도에 의해 제약을 받는다.

끊임없이 시도하지만, 이는 배가 운항을 계속하여 목적지에 도착하는 목적을 거스르지 않는 범위에서만 가능하다. 이러한 '운항 중 설계'를 적응적 지형도(adaptive landscape)로 비유해보자. 1932년 미국의 생물학자 시웰 라이트(Sewall Wright)가 국제 유전학회에 발표한 개념이다. 그림 18.6에 나타낸 대로 유기체나 형질이 언덕을 한번 올라가면 다시 내려오기 어려운 현상을 말한다.

대표적인 예가 인간의 눈이다. 인간의 눈은 아주 특이한데, 눈으로 들어온 빛은 망막의 광수용세포에 도달하기 전에 시신경 층을 지나야 한다. 광수용세포는 신호를 시신경으로 보내고, 이는 뇌로 전달된다. 그런데 독립 진화한 두족류(문어 등)의 눈은 다르다. 인간의 눈보다 더욱 우아한 방법으로 영상을 잡고 정보를 수집할 수 있다(상자 18.3).

상자 18.3 인간의 눈: 바보 같은 설계?

그림 18.7은 인간의 눈(육상 포유류의 눈)의 신경이 어떤 경로로 시각 정보를 전달하는지 보여주고 있다. 망막에서 시각 정보를 받은 신경은 맹점을 통해서 망막을 뚫고, 눈 뒤로 들어간다. 그러나 문어의 눈은 보다 합리적이다. 시신경이 아예 망막 뒤에 위치하기 때문이다. 최적화되지 않은 인간의 눈은 다양한 문제를 야기한다. 대표적인 경우가 맹점(blind spot)이다. 물론 맹점에서 보지 못하는 시각 정보는 다른 부분에서 보상하므로 맹점을 인식하지는 못한다. 더 큰 문제는 망막 세포에 영양을 공급하는 혈관이 망막의 앞을 지난다는 것이다. 즉 빛은 모세혈관의 얇은 막을 통과하여 망막에 도달하게 된다. 따라서 망막 세포에 도달하는 빛의 양이 약간 줄어들게 된다. 빛이 약간 줄어드는 정도라면 괜찮지만, 혈관에 문제가 생기면 아예 빛이 통과하지 못하게 된다. 당뇨병성 망막병증이 바로 이런 경우다. 혈관이 과다하게 증식하여 시야가 흐려진다.

또 다른 문제는 바로 망막 박리다. 외상이나 노화에 의해서 광수용세포층과 그 뒤에 있는 망막색소세포층이 떨어지는 것이다. 오늘날에는 레이저로 다시 유합할 수 있지만, 치료를 받지 않으면 시력이 급격히 떨어지게 된다. 두족류의 눈에는 이러한 문제가 없다. 왜냐하면 망막이 망막 아래의 조직을 지나서 뇌로 시각 신호를 전달하는 액손

(axon, 신경 다발)에 의해서 아래층과 단단히 붙어 있기 때문이다. 이는 황반 변성과 같은 설계상의 결함에 의한 질병으로 이어진다(Novella, 2008).

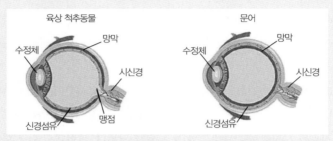

그림 18.7 육상 척추동물(인간)의 눈과 문어의 눈 비교. 척추동물의 경우에는 망막으로부터 시각 정보를 받는 시신경과 망막에 혈액을 공급하는 혈관이 망막의 앞부분에 자리하고 있다. 신경이 망막을 뚫고 뇌로 가야 하므로 맹점이 생기고, 망막도 눈에 단단히 고정되지 못하는 결과를 낳는다.

국교회 목사였던 윌리엄 페일리(William Paley)는 자신의 책 『자연신학』에서 '눈을 보고 있노라면 무신론이 치유될 것이다'라고 했다.[04] 그러나 사실 눈을 보고 있노라면, 불완전한 설계가 너무 많이 보인다. 프랭크 진들러(Frank Zindler)는 이렇게 말했다.

> 신체 기관이 우연하게 비틀린 진화적 과정의 반복을 통해 빚어진 것이라면, 인간의 불완전한 눈도 받아들일 수 있을 것이다. 하지만 전지전능한 신이 창조한 것이라면, 도무지 받아들일 수 없는 설계다(Zindler, 1986, quoted in Novella, 2008, p. 497).

하지만 자연선택이 엉성한 날림 공사를 남발했다고 하면서 이러한 사례를 단지 창조론자의 공격을 반격하기 위한 탄약으로 활용하려는 유혹에 빠져서는 곤란하다. 우선 다른 맥락에서 보면 자연선택의 결과가 최적의 해결책인지도 모른다. 엉망진창처럼 보이는 설계가 사실 아직 드러나지 않은 문제를 해결하기 위한 기발한 타협의 결과라면, 오히려 창조론자에게 반격의 빌미를 제공하는 것일 수도 있다. 실제로 척추동물의 눈은 몇 가지 숨겨진 장점이 있다. 일단 망막과의 연결 부위(혈관이나 신경)를 눈 안

---

04 눈처럼 복잡한 설계가 우연의 결과로 빚어질 수 없을 테니, 곧 창조주의 능력을 인정하게 될 것이라는 뜻.

에 배치하는 것은 공간을 절약하는 이점이 있다(Kroger and Biehlmaier, 2009). 이는 물고기처럼 작은 척추동물에겐 아주 중요한 일이다. 게다가 일부 연구에 의하면 척추동물의 눈은 단지 영상을 수집하는 장치, 즉 카메라의 필름이 아니다(Gollisch and Meister, 2010). 망막에는 약 50종에 달하는 세포가 있는데, 일부 세포의 기능은 아직 미스터리지만, 이들이 시신경으로 정보를 전달하기 전 일종의 연산 기능을 수행한다는 증거가 있다. 이러한 정보 처리과정은 색깔 신호를 지각하는 데 아주 중요하다. 물론 문어의 눈에는 이런 기능이 필요 없다. 문어의 눈은 흑백으로 세상을 보기 때문이다.

4. 신체 자세의 타협

포유류는 무려 6,000만 년 동안 지구에서 살아왔다. 그런데 네발걷기가 두발걷기로 진화한 것은 불과 400만 년에 지나지 않는다. 비교적 최근이다. 인간의 척추는 기본적으로 네발걷기에 적합하게 설계되어 있다. 적응을 위해서 요추 전만(lumbar lordosis)이 일어났는데, 이는 허리 부분의 척추가 앞으로 휘는 현상을 말한다. 이를 통해서 수직적 균형을 잡고, 추간판(intervertebral disc)과 천장 관절(sacroiliac joint)이 체중을 지탱할 수 있게 되었다. 추간판은 척추 뼈 사이에 있는 연골을 뜻하며, 천장 관절은 척추의 무게를 지탱하는 천골(sacrum)과 골반의 양쪽 장골(ilium)을 연결하는 관절을 말한다. 무게를 이기지 못한 추간판이 옆으로 삐져 나오면 통증을 느끼게 된다. 요통을 일으키는 아주 흔한 원인이다. 임신부는 이런 문제에 더 취약한데, 몸의 앞부분에 아기를 담고 있어야 하기 때문이다(네발걷기를 하면 몸의 아래에 아기를 담기 때문에 큰 문제가 되지 않는다). 척추 관절염은 선사시대 수렵채집인도 앓았기 때문에 현대적인 생활 습관에 의한 병은 아니다. 네발걷기가 두발걷기로 진화하고 척추의 아래 부분이 상체 무게를 감당하면서 생긴 문제다. 오늘날 전 세계적으로 수많은 사람이 허리 통증으로 인해서 직장 생활 및 일상생활에 큰 제약을 받고 있다. 생애 후반기에는 무릎 관절도 역시 말썽을 일으키는데, 네 다리가 지탱하던 체중을 두 다리가 전담하면서 발생한 문제다.

그러나 너무 일반화해서는 곤란하다. 만약 400백 만 년 전에 진화한 두발걷기의 문제가 아직도 남아서 우리를 괴롭히고 있다면, 과연 우리 조상의 진화를 적응으로 볼 수 있느냐는 의문이 들 것이다. 도리는 없다. 당시 두발걷기를 선택한 것이 오류라고 하거나, 두발걷기로 야기된 문제에 왜 아직도 적응하지 못했냐고 따지는 것보다는 진화사 동안 어떤 타협적 결과가 선택되었는지 찾아보는 편이 나을 것이다.

이를 자세히 살피기 위해서 킴벌리 플롬프 등의 연구를 참고해보자. 플롬프 등은 인간의 가장 가까운 친척인 침팬지가 네발걷기를 하며 인간은 네발걷기 조상에서 진화했기 때문에, 인간은 네발걷기에 적합한 침팬지의 척추와 두발걷기에 적합한 척추의 특징을 모두 가지고 있다고 주장했다(Plomp et al., 2015). 또한 인간의 척추 모양은 개체간의 변이가 있다. 따라서 침팬지 척추와 더 유사한 척추를 가진 사람일수록 추간판 탈출증에 더 취약할 것이다. 추간판 탈출증은 쉬모를 결절(Schomorl's node)이라 불리는 추간판 표면의 침하 현상으로 진단할 수 있다. 연구진은 71명의 중세 유럽인의 척추와 36마리의 침팬지, 15마리의 오랑우탄 척추를 비교하였다. 원시 척추 가설(ancestral shape hypothesis)의 예측대로 건강한 인간의 요추는 침팬지나 오랑우탄의 요추와 상당히 달랐다. 걷기 방식이 다르니 당연한 일이다. 그런데 흥미롭게도 추간판 탈출증이 있는 인간의 척추는 침팬지의 척추에 더 가까운 경향을 보였다. 침팬지 및 추간판 탈출증을 가진 인간의 첫 번째 요추 모양은 (통계적으로) 거의 차이가 없었다. 요추 문제는 두발걷기의 빠른 진화에 의해 발생한다는 가설을 지지하는 직접적인 증거다.

5. 진화적 산과학

다른 영장류에 비하면 인간의 출산은 길고 고통스럽고 위험하다. 신생아의 머리가 골반강에 꽉 끼기 때문이다(그림 18.8). 오늘날 출산 중 사망하는 여성의 약 12%가 바로 난산에 의한 것으로 추정된다. 매년 일어나는 사산 중 백만 건이 난산에 의한 것이다(Wells et al., 2012). 큰 뇌를 가지는 이득과 두발걷기에 적합한 좁은 골반을 가지는 이득 간의 빡빡한 타협점에 대한 다양한 진화적 설명이 제기되어 왔다. 이를 산과적 딜레마 가설(obstetrical dilemma hypothesis, OD)이라고 하는데, 최근 이러한 의학적 문제에 대해 신선한 주장이 제기되고 있다.

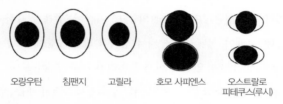

오랑우탄　　침팬지　　고릴라　　호모 사피엔스　　오스트랄로
　　　　　　　　　　　　　　　　　　　　　　　피테쿠스(루시)

그림 18.8　몇몇 영장류의 평균적인 신생아 머리와 골반 입구 크기. 침팬지와 고릴라, 오랑우탄의 경우는 수평 직경을 똑같도록 하여 그렸다. 출처: Rosenberg and Trevathan (2002); and Schultz (1969).

1) 산과적 딜레마 가설

인간 영아의 두드러진 특징 중 하나는 뇌가 출생 후에도 빠른 속도로 계속 자란다는 것이다. 포트만은 이런 이상한 현상을 언급하면서, 뇌 발달이라는 기준으로 보면 인간의 재태 기간은 9개월이 아니라 21개월이어야 한다고 주장했다(Portmann, 1969). 즉 머리가 골반보다 커지기 전에 출산해야 하므로 재태 기간이 줄어들었다는 것이다. 하지만 몸 크기로 보면 신생아는 다른 영장류의 새끼에 비해서 그리 작은 편은 아니다.

이러한 아이디어는 곧 산과적 딜레마 가설로 이어졌다. 두 가지 선택압, 즉 큰 뇌와 두발걷기가 진화적 줄다리기를 한다는 주장이다. 머리가 큰 아기를 낳으려면 골반이 커야 한다. 그런데 골반이 커지면 두발걷기를 하기 어렵다. 두발걷기를 하려면 좁은 골반을 가지는 것이 유리하다. 산과적 딜레마 가설은 이두 가지 진화적 압력 사이의 쉽지 않은 타협을 설명하는 방법이다. 또한 왜 지금도 산부와 태아가 출산 과정 중에 그렇게 많이 사망하는지 그리고 왜 신생아는 이렇게 신체적으로 미숙한 상태에서 태어나는지에 관한 진화적 궁극 원인을 설명하는 가설이라고 할 수 있다.

OD 가설은 인간의 재태 기간이 원래 필요한 것보다 짧다는 추정에 근거하고 있다. 그런데 과연 '원래 필요한' 재태 기간이 있는가? 물론 재태 기간과 인간의 뇌 용적 증가에 대한 그래프를 그려보면, 마치 인간이 아기를 조산하는 것처럼 보인다. 포트만은 18~21개월의 재태 기간이 '원래 필요한' 기간이라고 주장했는데, 그래야 침팬지 수준의 신경학적 발달 수준에 도달할 수 있기 때문이다(Portmann, 1969). 인간의 신생아 머리가 다른 영장류보다 큰 것은 사실이다. 그래서 비좁은 산도를 지날 때 머리를 회전해가면서 애를 써야만 겨우 세상의 빛을 볼 수 있는 것이다(그림 18.8).

하지만 뇌 성장 대부분은 출생 후에 일어나기 때문에, 성인 뇌 용적을 이용해서 비교하는 것이 적합한지에 대한 의문이 제기된다. 다른 식으로도 비교해보자. 우선 신생아의 체중과 다른 영장류의 체중을 비교해 볼 수 있다. 이에 따르면 같은 체구를 가졌다고 가정할 때, 인간의 재태 기간은 다른 영장류보다 오히려 37일 더 길다. 이런 결과는 출산을 촉진하기 위해서 태아에 대한 대사적 자원 제공이 조기에 중단된다는 기존 가설에 배치되는 결과다. 인간은 신체적인 만숙성을 보이기 때문에 태아 성장의 한계를 어디까지로 봐야 하느냐는 의문도 여전히 남는다.

2) 재태 및 성장의 에너지학 가설

최근 홀리 던스워스 등은 두 가지 약점을 들어 기존의 OD 가설을 비판했다

(Dunsworth et al., 2012). 첫째, 기계적 혹은 에너지적 측면에서 골반 직경이 증가하면 달리기나 걷기에 취약해진다는 가정이 과연 근거가 있는지 물었다. 둘째, 태아에 대한 대사적 투자의 제약이 과연 존재하는지에 대한 의문을 제기했다.

만약 넓은 골반이 이동 능력을 제한하며, 이를 막기 위해 에너지 투자를 철회하는 방법으로 태아의 성장을 조기에 중단시킨다고 한다면, 아마 여성은 걷기와 달리기에 있어서 남성보다 덜 효율적이어야 할 것이다. 여성의 골반이 남성의 골반보다 넓기 때문이다. 그러나 문헌 연구를 통해서 던스워스는 이러한 통념이 사실이 아니라고 주장했다(Dunsworth et al., 2012). 대신 '재태 및 성장 에너지학(The energetics of gestation and growth, EGG) 가설'을 제안하였다. 이는 일찍이 엘리슨이 제안한 '대사적 교차 가설(metabolic crossover hypothesis)'과 상당히 비슷한 면이 있다(Ellison, 2001). 성장하는 태아의 대사적 요구를 맞춰주는 모체의 대사 능력에 주목한 가설이다. 즉 출산은 태아가 모체로부터 요구하는 대사량이 모체가 태반을 통해 태아에게 제공할 수 있는 대사량을 초과하는 시점에 일어난다는 주장이다.

인체는 일반적으로 기초 대사량의 두 배에서 두 배 반 정도의 대사량을 몇 주 동안 감당할 수 있다. 임신 중 모체의 기초 대사량은 약 두 배로 뛰어오른다. 갓난아기의 에너지 요구량은 지속적으로 늘어나는데도 불구하고, 약 두 배 정도로 증가된 기초대사량은 출산 이후 몇 달까지 유지된다. 즉 아홉 달 이후에 아기가 세상으로 나오는 것은 어머니가 감당할 수 없는 에너지 요구량을 다른 외부에서 충당하기 위한 것일 수도 있다.

최근 포유류 뇌 크기와 양육에 대한 한 연구 결과는 EGG 가설을 지지하였는데, 연구진은 인간의 경우 집단의 다른 구성원들이 어머니와 아기에게 양질의 음식을 공여해주는 특징이 있다고 주장했다(Isler and van Schaick, 2012a). 재태 기간 및 수유 기간 동안 양질의 음식을 제공받기 때문에 신생아는 출생 이후에 높은 속도의 뇌 발달을 감당할 수 있는 것이다. 이런 면에서 보면 인간은 식량 공급 및 안전 제공 등을 양성의 집단 구성원(예를 들면 번식기가 끝난 친족 혹은 손위 동기 등)의 도움에 의존하는 협력적 번식 전략을 취하고 있다.

OD 가설과 EGG 가설은 서로 다른 주장이다. OD 가설에 의하면 두발걷기에 적합한 골반의 크기가 출산 시점을 결정하는 중요한 요인이다. EGG 가설에 의하면 골반 크기는 원인이 아니라 결과다. 즉 외부 자원이 필요한 시점에 출산이 일어나고, 그 시점의 아기 머리 크기에 따라 골반 크기가 적응한 것이다.

하지만 그렇다면 EGG 가설은 왜 어머니의 골반과 신생아의 머리가 그토록 꽉 끼는 정도로 수렴했는지 설명할 수 있어야 한다. 두발걷기가 원인이 아니라면, 골반이 좀더 여유있게 커졌어도 상관없는 일 아닐까? 다양한 아이디어가 제시되고 있다. 골반이 커지려면 전체 체구도 커져야 하는데, 이는 생태적으로 제한된다는 주장(Gaulin and Sailer, 1985), 과거에는 신생아가 작았기 때문에 별 문제가 안되었는데 최근에 모성 영양 공급이 넉넉해지면서 태아의 크기가 커져서 생긴 문제라는 주장(Roy, 2003), 출산 시점은 출생 후 인지 및 운동 신경 발달의 관점에서 최적 시점으로 수렴하여 일어난 부수적 현상이라는 주장(Neubauer and Hublin, 2012) 등이다. EGG 가설이 설득력을 얻으려면 인간의 출산은 왜 이렇게 힘든 과정인지에 대한 설명이 있어야 한다. 따라서 입장을 바꾸어서 큰 골반이 가져오는 단점이 무엇인지 살펴보는 것이 좋을 것이다.

3) 생태 환경에 따라 좌우되는 딜레마?

웰스 등의 연구에 의하면 OD 가설이나 EGG 가설의 몇몇 문제는 모성 및 태아 발달 가소성이 어긋나기 때문에 발생한다(Wells et al., 2012).

연구진은 신장과 골반 직경이 약 30,000년을 주기로 오르락내리락했다고 주장했다. 1975년에 발표된 한 오래된 연구에 의하면, 구석기 후기 및 신석기 초반 인간의 신장은 농경의 영향을 받아 약 12cm 작아졌다(Angel, 1975). 19세기에 들어설 때까지 천천히 증가하다가, 200년 전부터 구석기 시대의 신장으로 급격히 돌아왔다. 논지의 핵심은 신생아의 체구 비율, 골반 크기, 모성 신장 등 세 요인이 모두 동시에 변하지 않았다는 것이다. 기후나 식이의 변화에 따른 적응적 변화가 아주 느리게 일어난다면, 앞의 세 요인은 천천히 적응하므로 산과적 딜레마가 악화 혹은 호전되는 일은 생기지 않는다. 그러나 10~15년이라는 짧은 기간 동안 영양 공급 개선이 일어나면, 골반 크기와 출생 체중 사이의 괴리가 발생하게 된다. 출생 체중은 금방 늘지만, 모성 체형의 변화는 그렇게 금방 변할 수 없다. 게다가 이러한 골반 아두 불균형은 질병이나 영양 결핍에 의해서도 일어날 수 있다. 북반구에 사는 사람은 자외선 노출 부족으로 인한 비타민 D 결핍으로 구루병에 종종 걸리는데, 이는 골반의 성장을 저해하는 요인이다.

산과적 딜레마가 악화된 요인 중 하나는 신석기 이후 식이가 변화했기 때문이다. 이전 수렵채집인은 단백질과 섬유질이 풍부하고, 당지수는 낮은 탄수화물을 주로 먹었다. 그런데 신석기 이후 당지수가 높은 탄수화물을 더 많이 먹게 되었다. 단백질은 소아기 성장을 촉진하기 때문에 탄수화물 위주의 식사를 하면 신장이 작아진다. 반면에 높은 당지수를 가진 탄수화물은 빠른 속도로 혈류에 당을 공급할 수 있으므로 태아의 급격한 성장을 촉진한다. 이러한 가설은 초기 농경인이 수렵채집인에 비해서 더 높은 주산기 사망률을 보였다는 주장과 일맥상통한다(Wells et al., 2012).

만약 이러한 설명이 옳다면, 상당히 우려스러운 결과가 아닐 수 없다. 서구 식이 습관이 널리 퍼지면서 많은 인구 집단이 높은 탄수화물 식이를 하고 있으며, 모성 비만율도 점점 높아지고 있으므로 이러한 문제가 점점 악화될 가능성이 높다.

6. 흔적 기관: 사랑니와 충수돌기

흔적 기관이란 이전 진화의 유물이자, 지금의 환경에서는 더 이상 기능하지 못하는 오직 진화사적인 유산이다. 자연선택은 현재 존재하는 것으로부터만 작동이 가능하며, 완전히 새로운 설계를 구상하는 능력이 없다는 것을 잘 보여준다. 다윈은 『인간의 유래』에서 미골(꼬리뼈), 귀 근육, 사랑니, 충수돌기, 체모, 기모 반응[05] 등 다양한 흔적 기관을 제시한 바 있다. 그런데 별 기능이 없어 보이는 형질이 건강 문제를 일으킬 수 있을까? 여기서는 대표적으로 사랑니와 충수돌기의 예를 들어보자. 아마 예상보다 훨씬 복잡한 문제임을 알 수 있을 것이다.

사랑니에 관해서는 이런 주장이 있다. 인류가 불을 사용하면서, 양질의 식이를 하게 되었고, 고기를 찢고 음식을 갈아 먹는 데 필요한 큰 턱이 더 이상 소용 없어졌으며, 턱이 점점 작아지면서 32개의 치아가 제대로 배치되기 어려워졌다는 주장이다. 사랑니는 마지막으로 나는 치아인데, 일부 사람은 아예 나지 않는다. 물론 일부에서는 잠복니로 존재하는데, 수술로 제거해야 한다 (Biswas et al., 2010). 화석 기록에 의하면 턱의 크기가 점점 작아진 것이 사실이다. 현대인의 턱 크기도 상당한 변이가 있다. 인류학자 노린 폰 크라몬-타바우델은 현대 수렵채집인과 농경인의 턱 크기 변이를 조사했다. 11개 지역에서 300개가 넘는 두개골을 조사했는데, 농경을 통한 정주 생활이 보다 씹기 쉬운 음식으로 이어지면서 작고 넓은 턱(하악)을 가지게 되었다고 결론지었다. 그러나 이는 유전적 적응이 아니라 발달적 변화로 보아야 한다. 어린 시절에 먹는 음식은 턱 근육 및 골 조직에 스트레스를 주어 턱 모양을 변화시킨다. 부드러운 음식을 먹으면 턱이 작아지고, 거친 음식을 먹으면 턱이 커진다. 작은 턱을 가지게 되면 나중에 세 번째 어금니, 즉 사랑니로 인한 어려움을 겪을 가능성

---

05 기모(起毛)반응(arrector pili response)은 털이 곤두서는 반응으로 흔히 닭살이 돋는다고 표현한다.

이 커지는 것이다(von Cramon-Taubadel, 2011).

충수돌기는 영장류나 설치류 등 여러 포유류에서 관찰되는 기관이다. 인간의 경우 약 11cm 정도의 길이에, 0.8cm 정도의 직경을 가지고 있다. 소장과 대장 사이에 위치한다. 다윈은 1871년 충수돌기가 과거의 진화적 잔재라고 주장했다. 예전에는 지금보다 크기도 크고 소화를 돕는 유용한 기능을 했다는 것이다. 다윈은 이러한 현상이 호미노이드에서만 일어난다고 생각했는데(나중에 잘못된 생각으로 밝혀졌다), 충수돌기는 훨씬 크기가 컸던 맹장(많은 포유류의 대장 기시부에 존재하는 주머니 모양의 구조)이 퇴화된 흔적이라는 것이다. 주로 과일을 먹던 인류의 선조(소화를 위해서 긴 맹장이 필요하다)가 고기를 비롯한 잡식성으로 진화하면서 길고 큰 맹장을 가질 필요가 없어졌고, 그래서 맹장의 일부가 충수돌기로 변했다는 주장이었다.

다윈의 주장 이후 충수돌기는 흔적 기관, 즉 인류의 진화적 과거의 고유한 유산으로 오랫동안 간주되어 왔다. 그러나 최근의 연구에 따르면 꼭 그런 것은 아닌 것 같다. 헤더 스미스 등은 361종의 포유류 계통수를 보면서 언제 충수돌기가 나타났다 사라졌는지 조사해보았다(Heather Smith et al., 2013). 그런데 충수돌기의 크기는 맹장의 크기와 양의 상관관계를 가지고 있었고, 식이나 소화 전략의 변화는 충수돌기의 진화 및 퇴화와 별 관련이 없었다. 게다가 충수돌기는 최소한 32번에 걸쳐서 독립적으로 출현했고, 오직 7번만 퇴화하여 사라졌다. 이는 충수돌기가 여전히 인간에게 어떤 이득을 주고 있으리라는 추정으로 이어졌다.

충수돌기의 기능에 대한 주장 중 하나는 충수돌기가 유익균의 '은신처' 역할을 한다는 것이다(그림 18.9). 설사를 하면 장관이 깨끗이 비워진다. 그런데 충수돌기의 모양을 고려하면 설사로부터 유익균이 모조리 쓸려 나가는 것을 막을 수 있다(Bollinger et al., 2007). 충수돌기의 기능은 설사 질환이 흔한 개발도상국에서 특히 중요할 것이다. 선진국의 경우 설령 충수돌기가 제거되어도

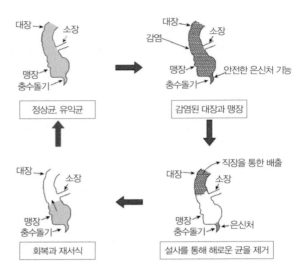

그림 18.9 충수돌기의 기능에 대한 '은신처' 가설. 설사로 인해 장이 완전히 비워지면, 유익균도 사라진다. 그러나 충수돌기에 남아 있던 유익균이 다시 장을 건강하게 만들 수 있다. Laurin et al., 2011.

큰 위험은 없다. 영양 상태가 좋고, 현대 의학의 도움을 받을 수 있으며, 깨끗한 물을 마실 수 있기 때문이다.

충수돌기염은 치명적인 결과를 낳을 수 있는 심각한 문제다. 최근 발병률이 약간 감소하고 있지만, 여전히 유럽과 미국에서 가장 흔한 외과적 응급 질환 중 하나다. 초기 성인기에 가장 많이 일어나는데, 따라서 이러한 손해를 감안하면 그에 상응하는 상당한 선택압이 있을 것으로 보인다. 아마 충수돌기에 의한 손해는 유용한 기능과 균형을 이루고 있거나 혹은 과거에는 드문 질환이었던 충수돌기염이 현대적 식이와 생활 습관으로 인해 늘어난 것인지도 모른다.

제 3 부
건강에 대한 주관적 인식과 최적 번식 적합도 간의 불일치

자연선택에 의해 빚어지는 많은 형질은 부적합한 것처럼 보인다. 그러나 이는 무엇이 적응인지에 대한 인간 중심의 판단에 의한 착각인지도 모른다 (Nesse, 2005). 객관적으로 말해서 우리가 알 수 있는 자연선택의 이득은 오직 포괄적합도로만 수치화될 수 있다. 물론 건강이나 행복에 대한 주관적인 경험은 포괄적합도와 밀접한 관련이 있다. 자연선택을 통해서 포괄적합도를 향상시키는 활동에 행복감을 느끼도록 진화했기 때문이다. 하지만 무조건 그런 것은 아니다. 유전자 빈도의 관점에서 적합도를 증가시키기만 하면 해당 유전자는 설령 개체의 건강이나 행복, 수명을 해치는 한이 있어도 퍼져나가게 된다. 자연이 우리에게 늘 친절할 것으로 생각해서는 곤란하다. 도킨스는 이렇게 말했다.

> 만약 세상이 근본적으로 설계도 없고, 목적도 없고, 악도 없고, 덕도 없고, 오직 동정심 없는 무관심만 존재한다면 어떻게 될까? 그것이 바로 우리가 지금 보고 있는 우주의 모습 그 자체다(Dawkins, 1996, p. 85).

이번 절에서는 마치 생물학적으로 무의미한 것처럼 보이고, 심지어 혐오스러운 느낌마저 드는 경험을 자연선택과 성선택의 관점에서 재조명해보자.

7. 길항적 다면발현과 이형접합체 유리 현상

인간의 게놈은 고작 23,000개의 유전자를 가지고 있다. 따라서 한 유전자가 여러 기능을 해야만 한다. 어떤 유전자에 돌연변이가 일어나면 기능 중 하나는 적합도를 향상시킬 수 있지만, 다른 기능은 반대로 적합도를 떨어뜨릴 수

표 18.4 길항적 다면발현의 예

질병명	유전자	유전 방식	질병을 일으키는 변이	발병률	표현형적 증상	보인자의 추정 이득(이형접합체 열성이라면) 혹은 환자의 추정 이득
헌팅턴씨 병	HTT	상염색체 우성	CAG 서열 반복	1/20,000(서유럽 인구 집단 기준)	인지적 결함, 운동 장애	생식력 증가, 암 발병 감소(추정)
낭포성 섬유증 (cystic fibrosis)	CFTR	상염색체 열성	과오돌연변이 (missense, 단일 뉴클레오타이드 변화로 다른 아미노산이 합성)	1/2,400 (영국 기준)	폐 감염, 성장 저하	생식력 증가, 장티푸스, 콜레라, 결핵에 대한 저항력.
겸상적혈구성 빈혈	HBB	상염색체 열성	다양한 단일 뉴클레오타이드 돌연변이	1/700(아프리카계 미국인) 1/160,000(유럽계 미국인)	빈혈, 감염 취약성, 시력 상실	이형접합체 상태에서 말라리아 저항성
6-인산 포도당 탈수소효소 결핍증	G6PD	X염색체 열성	다양한 과오돌연변이	1/15(세계 평균), 그러나 지역적 변이가 심함. 아프리카와 중동에서 많이 발병.	신생아 황달, 적혈구 손상	말라리아 저항성
베타 지중해성 빈혈	HB	상염색체 열성	다양한 단일 뉴클레오타이드 돌연변이	1/100,000(세계 평균), 그러나 지역적 변이가 있음. 키프로스의 경우 1/250.	빈혈	이형접합체 상태에서 말라리아 저항성

질병유전자의 추정이득은 증상이 없는 보인자에게 이득이 발생하거나(예를 들어 상염색체 열성 질환), 혹은 유전자가 질병을 일으키기 이전에 이미 충분한 생식력 증가를 유발하는 경우에 발생할 수 있다(예를 들면 헌팅턴씨 병). 출처: Carter and Nguyen (2011), Table 1 and Jobling et al. (2014), Table 16.1, p. 519.

있다. 사실 이는 인간이 만든 인공물에서도 흔히 나타나는 현상이다. 빠른 자동차는 연료를 많이 먹는다. 안전하게 만들면 차체가 무거워지거나 가격이 비싸진다. 다른 곳에 영향을 주지 않고 변화를 주기는 어려운 일이다. 어떤 유전자에 돌연변이가 일어나 전체적인 적합도가 향상된다면 그 유전자는 퍼져나가게 된다. 따라서 이해하기 어려운 부정적 효과도 같이 퍼져나가게 된다. 유전자가 다양한 기능을 가지는 현상을 다면발현(pleiotropy)이라고 한다. 조지 윌리엄스가 처음 제안한 주장인데, 그는 길항적 다면발현 가설(antagonistic pleiotropy hypothesis)을 통해 노화를 유전적으로 설명하려고 하였다. 간단히 말해서 젊을 때는 긍정적인 효과를 보이지만 나이가 들면 부정적인 효과를 보일 수 있다는 것이다. 이에 대해서는 8장에서 생애사 이론을 설명하며 다룬 바 있다.

이와 비슷한 개념으로 '이형접합체 유리 현상(heterozygote advantage)'이 있다. 흔히 '초우성(overdominance)'이라고 한다. Aa 이형접합체가 AA 동형접합체보다 적합도 향상에 유리한 현상이다. 이는 왜 특정한 유전자가 유전자 풀에 지속될 경우 부정적 효과를 유발하는지 잘 설명해준다. 표 18.4는 이러한 주장의 연속선 상에서 설명할 수 있는 유전 질환의 예를 들고 있다. 몇몇은 아래에서 좀 더 자세히 다루도록 하자.

1) 겸상적혈구증

DNA의 염기 서열의 단순한 변화로도 겸상적혈구성 빈혈(sickle-cell anemia)이 유발될 수 있다. 글루타민(glutamine)을 발린(valine)으로 치환하는 단 하나의 아미노산 변화만으로도 적혈구의 모양이 낫처럼 변화하며, 이는 산소 운반능력의 감소를 가져온다. 양쪽 염색체가 모두 손상된 유전자를 가지게 되면(동형접합자) 낫 모양의 적혈구가 생성되어 신체의 일부분은 산소 결핍증을 겪게 된다. 빈혈, 신체적 쇠약, 주요 장기의 손상, 대뇌 손상 및 심부전에 이르는 여러 신체적 증상이 유발된다. 치료 방법은 없으며, 매년 십만 명 이상이 사망한다. 겸상적혈구성 빈혈은 아프리카계 미국인에서 가장 흔한 유전 장애이며, 미국에서 태어나는 아프리카계 미국인 700명 중 1명꼴로 이환된다. 인구 집단 내에서 보이는 높은 빈도에도 불구하고 자연선택은 이 질환을 제거하지 못했다(실제로 많은 수가 생식 연령에 도달하지 못하고 사망한다). 이는 겸상적혈구성 빈혈 유발 유전자를 하나만 가지고 있는 경우 말라리아에 저항력을 가지기 때문일 수 있다. 문제가 되는 유전자가 하나라면 정상적인 헤모글로빈이 형성되지만, 두 개가 모두 문제라면 겸상적혈구성 빈혈이 되며 일찍 사망한다. 하나의 유전자만이 문제가 되는 경우는 겸상적혈구형질(sickle-cell trait)이라고 부르는데, 이 경우 일부 적혈구의 모양만이 이상하게 변한다(Hbs). 그리고 이는 말라리아를 막아주는 역할을 한다. 말라리아 원충(Plasmodium)이 이상한 모양의 적혈구에서 충분히 (생애사를 마칠 만큼) 성숙하지 못하기 때문이다. 아프리카 국가에서 보이는 높은 말라리아 유병률은 왜 이 부적응적인 유전자가 아직 유전자 풀에서 살아남아 있고, 또 아프리카계 미국인에서 높은 비율을 보이는지 잘 설명해 준다.

2) 6 - 인산 포도당 탈수소효소 결핍증

말라리아 위험성과 관련된 또 다른 변이가 있다. 바로 6-인산 포도당 탈수소효소 결핍증(glucose-6-phosphate dehydrogenase deficiency, G6PD 결핍증)이다. 이는 모든 사람이 가지고 있는 효소인데, X염색체 장완에 위치한 유전자가 지정한다. 몇몇 변이가 일어나면 G6PD 결핍증이 발병한다. 전체 인구의 약 6%가 해당 변이 중 하나를 가지고 있는데, 전 세계적으로 매년 4,000명이 죽는다(Lozano et al., 2013). 필수적인 생화학적 과정이 원활하게 일어나지 못하여 적혈구가 파괴된다. 특정 약물이나 잠두콩은 증상을 악화시킨다. 주된 발병 지역은 아프리카, 아시아, 지중해다. 잠재적으로 치명적일 수 있는 효과를 가진 유전자가 제거되지 않는 이유에 대해서는 대개 이 '질병'이 열대열 말라리아 원충(Plasmodium falciparum)에 저항성을 보이기 때문이다. 열대열 말라리아는 모든 말라리아 중에서 가장 치명적이다.[06] 해당 유전자는 열성이며 X염색체에 있으므로 여성보다는 남성이 더 많이 이환된다.

---

06 흔히 악성 말라리아라고 한다.

3) 헌팅턴씨 병

헌팅턴씨 병(Huntington's disease)은 생식력이 가장 높은 시기를 지나서 발병한다. 대개 30~45세 무렵에 발병한다. 따라서 선택압이 약하게 작용한다. 불안정한 보행과 정동 변화가 초기 증상이다. 점점 신체의 운동을 조율하지 못하게 되는데, 이를 흔히 헌팅턴씨 무도병이라고 한다. 마치 춤을 추듯이 움직이기 때문이다. 그리고 인지 기능이 점점 떨어지며 결국 치매가 찾아온다. 치료 방법은 아직 없으며, 증상이 처음 시작된 이후 대략 20년 후에 사망한다. 이 병은 헌팅턴 단백질(Huntingtin)을 지시하는 헌팅턴 유전자(HTT)의 변이에 의해 발병한다. DNA에 세 염기(CAG)의 반복 서열(예를 들면 CAGCAGCAGCAGCAG)이 존재하는데, 이러한 서열의 반복이 36회 이상 나타나면 헌팅턴씨 병이 발병한다. 과도하게 생산된 단백질이 뉴런을 손상시키기 때문이다.

질병 보인자가 생애 초기에 생식적 이득을 얻는다는 보고가 있다. 157명의 헌팅턴씨 환자와 170명의 일반인을 대상으로 한 캐나다 연구에 의하면, 헌팅턴씨 병 환자는 병이 없는 친척에 비해서 39% 많은 자식을 가졌고, 일반 집단에 비해서는 18% 많은 자식을 가졌다(Shokeir, 1975). 몇 년 뒤 영국 사우스 웨일즈 지방의 환자를 대상으로 한 연구에서도 비슷한 결과가 보고되었다(Walker et al., 1983).

HTT 대립유전자에서 높은 수준의 CAG 반복이 일어날 경우 P53이라는 종양억제단백질이 많이 합성된다는 증거도 있다. 이는 헌팅턴씨 병 환자가 일반 인구에 비해서 낮은 암 발병률을 보이는 현상에 부합하는 연구 결과다(Smensen et al., 1999).

4) 낭포성 섬유증

유전자 풀에서 부적응적인 유전자가 살아남는 데 필요한 이득은 매우 작은 편이다. 낭포성 섬유증(cystic fibrosis, CF)은 양 부모에게서 해당 유전자를 받아야 발현된다. 하나의 유전자만을 가지고 있는 경우는 보인자(carrier)라고 한다. 보인자는 전혀 증상이 없으며 건강하다. 다른 보인자를 가진 배우자를 만나기 전까지는 이러한 사실도 모르는 경우가 많다. 25명의 코카서스인 중 1명꼴로 보인자를 가지고 있다. 따라서 두 명의 보인자가 만날 가능성은 $(1/25)^2$, 즉 625명 중의 한 명 혹은 0.0016%다. 이러한 부모가 낳은 아기 중에 두 개의 열성 유전자를 모두 받을 확률은 4분의 1이기 때문에, 아이에게 낭포성 섬유증이 유발될 가능성은 0.0004% 혹은 2,500명 중의 한 명꼴이다. 따라서 낭포성 섬유증을 가진 사람이 일찍 사망해도 유전자 풀에서 대립유전자는 제거되지 않는 것이다. 사실 이형접합 상태의 개인이 일반인보다 단지 2.3% 이상의 이득만 가지고 있다면 열성 대립유전자는 영원히 지속된다(Strachan and Read, 1996).

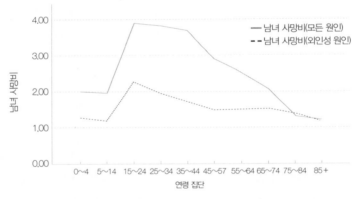

그림 18.10 남성과 여성의 연령별 사망률 비교(외인성 원인 및 모든 원인). 사망률의 남녀비는 여성 천 명당 사망 수 대비 남성 천 명당 사망 수로 구함(동일 연령대). 모든 연령대에서 남성이 여성보다 더 많이 죽는다(남녀비가 1이 넘음). 외인성 원인에 의한 사망은 전 연령에 걸쳐 줄곧 남성이 여성보다 높지만, 15~35세에서 특히 두드러진다. 이에 대한 근연 설명을 들자면, 남성은 여성보다 심혈관 질환이나 암을 많이 앓고, 교통사고나 폭력, 범죄에 의한 사망도 더 많다는 것이다. 진화적 궁극 설명으로는 남성이 신체의 회복이나 유지에 보다 적은 자원을 할당하기 때문이다. 위험 추구 행동은 남성 간의 경쟁이나 여성을 억압하기 위한 행동에서 비롯한다. 결과적으로 남성은 더 높은 사망률과 질병 이환율이라는 비용을 치르는 대신, 짝짓기에 더 많은 자원을 할애한다. 출처: Office for National Statistics licensed under the Open Government Licence v.3.0. For a similar treatment of US data see Kruger and Nesse (2006).

CF의 보인자가 가진 선택적 이득에 대한 다양한 가설이 제시되었다. 콜레라, 장티푸스, 결핵에 대한 저항성이 보고된 바 있다(Poolman and Galvani, 2007). 생식력이 증가된다는 증거도 있는데, 한 연구에 의하면 CF 환자의 할아버지가 평균 4.34명의 자식을 가진 것으로 조사되었다(대조군은 3.43명, p<0.01, Knudson et al., 1967).

인간의 질병에 미치는 길항적 다면발현에 대한 학계의 의견은 양분되어 있다. 한 진영에서는 이러한 현상이 아주 흔하므로 유전자 치료를 고려할 때는 해당 유전자의 이득이 사라지지 않도록 주의해야 한다고 주장한다(Carter and Nguyen, 2011). 다른 한 진영에서는 겸상적혈구 모델의 성공에 들떠서 너무 과도하게 다른 질환에서도 비슷한 현상이 일어날 것으로 간주해서는 안 된다고 주장한다. 사실 겸상적혈구증과 G6PD 결핍증을 제외하면, 다른 질환에서는 균형적 이득의 그림이 지리적 분포와 관련해서 잘 그려지지 않는다. 예를 들어 CF의 경우 동아시아나 인도에서는 장티푸스와 콜레라가 오랫동안 풍토병으로 지속되었지만 막상 CF를 일으키는 대립 유전자의 빈도는 상당히 낮은 편이다.

8. 성선택의 위험

4장과 15장에서 논의한 것처럼, 성선택은 생태적 환경에 최적화된 수준을 넘어서 형질을 빚어내는 힘을 가지고 있다. 다시 말해서 최적의 번식 적합도를 달성하는 형질의 수준은 개체의 생존이나 안녕의 최적화를 달성하는 형질의 수준과 다르다는 것이다. 따라서 그러한 형질은 개체의 입장에서는 부정적인 건강 상태를 유발할 수도 있을 것이다.

대략적으로 보면 다른 포유류와 마찬가지로 인간의 여성은 양육 투자에 더 많은 자원을 할당한다. 반면에 남성은 짝짓기에 더 많은 자원을 할당한다. 여성은 남성보다 잠재적인 생식률이 낮기 때문에, 남성은 마음에 드는 여성에 접근하기 위해 경쟁하게 되고(성내 선택), 여성은 유전적 혹은 표현형적 자질을 보고 짝을 고르게 된다(성간 선택). 생물학적으로 결정된 성적 전략은 사회적 관습이나 제도에 의해서 조절되고 완화된다. 그러나 질병에 대한 취약성이나 위험 추구 등 기저에 흐르는 성선택의 힘은 여전히 강력하다.

대부분의 서구 남성은 태어나는 날부터 죽는 날까지 여성보다 더 높은 사망 위험률을 보인다(그림 18.10). 이러한 초과 위험의 일부는 기저 유전자 불균형에 의한 것이다. 예를 들어 X염색체에 안 좋은 유전자가 있을 경우, 남성은 단한 벌의 X염색체를 가지고 있으므로 여성에 비해서 보다 취약하다. 그러나 심혈관 질환 등 상당수의 장애는 유전자 자체의 문제가 아니라, 성장 및 짝짓기, 양육 등 생애사적 견지에서 남성과 여성의 투자 할당 수준이 상이하기 때문에 발생한다. 남성은 여성보다 회복과 유지에 보다 낮은 수준의 자원을 투자한다(그림 18.11).

이러한 성간 전략의 차이가 남녀의 상이한 사망률의 기저 원인이다(Kruger and Nesse, 2006). 게다가 남성은 여성보다 외인성 원인에 의한 사망률이 더 높

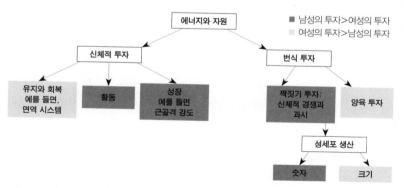

그림 18.11 남성과 여성의 생애사적 전략 비교. 성선택 이론과 생애사 이론을 적용하면, 남성은 성장과 짝짓기에 더 많은 에너지를 투입할 것으로 예측할 수 있다. 모든 사회에서 남성의 활동 수준은 여성보다 더 높다(남성은 하루에 3,015kcal를 소비하지만, 여성은 2,294kcal를 소비한다). 남성은 건강 유지나 회복과 관련된 영역에 에너지를 별로 할당하지 않는다.

은데, 주로 교통사고나 폭력 등이다. 위험을 추구하는 삶의 방식이 몰고 온 결과다. 특히 이러한 원인에 의한 사망은 19~30세에 높다. 아마도 테스토스테론이 궁극 원인(성선택)과 위험하고 공격적인 행동 사이를 중개하는 것으로 보인다. 만약 여성이 이러한 형질을 선호한다면 테스토스테론에 의한 비용(비싼 핸디캡)과 상쇄될 것이다. 즉 수명을 지불하고 여성의 환심을 사는 것이다.

9. 불량한 건강 상태로 오인된 방어 기전

유기체는 삶 전체를 통해서 끊임없는 위협 세례를 받고 있다. 따라서 자연선택은 이러한 위협을 다루기 위한 적응 반응을 진화시켰다. 네스와 윌리엄스는 현대 의학이 마치 마차를 말 앞에 둔 것 같다고 비판하면서, "기전의 정상적인 기능에 대한 이해 없이 질병의 원인을 찾으려 한다"고 지적한다(Nesse and Williams, 1995, p. 230). 간단히 말해서 구토처럼 질병의 증상으로 알고 있는 현상이 사실은 자연적인 방어 기전의 활동일 수 있다는 것이다.

물론 신체의 방어 기전이 늘 바람직하게 작동하는 것은 아니다. 여기서 두 종류의 장애를 생각해보자. 하나는 정상적으로 작동하는 방어 기전인데, 불쾌하기 때문에 관습적으로 장애라고 이름이 붙은 경우, 다른 하나는 방어 기전이 고장 났거나 제대로 작동하지 못하는 경우다. 전자의 예를 들자면 고열이나 불안, 질투, 통증 등이다. 후자의 예로는 자가면역질환, 불안 장애 등이다. 전자는 방어 기전이 제대로 작동하는 경우다. 예를 들어 불안은 위협에 대처하는 데 적절한 행동 변화를 유발한다. 맥박과 혈당, 혈액 응고, 발한, 호흡이 모두 증가한다. 싸움 혹은 도주를 위한 반응이다. 원시 환경에서는 이러한 반응이 필요한 상황이 적지 않았을 것이다. 날개가 있는 새는 고소공포증을 앓지 않는다.

기침이나 오심, 구토, 설사, 통증은 일반적으로 불쾌한 느낌을 주지만, 대개는 기능적인 반응이다. 그러한 반응을 일으키는 상황을 피하도록 도와준다

(Williams and Nesse, 1991). 물론 보다 정교한 반응을 위해서 고전적 조건화와 조작적 조건화 반응도 진화했다. 조작적 조건화에 의해서 보상을 받는 행동은 늘어나고, 처벌이나 고통을 수반하는 행동은 줄어든다. 여러 방어 반응은 고전적 조건화의 산물이다. 익히 알다시피 전에 먹고 탈이 났던 음식을 보거나 냄새를 맡으면, 이내 회피 반응이 일어난다.

하지만 방어 반응이 정말 건강에 도움이 되는지 확인하는 것은 쉬운 일이 아니다. 예를 들어 감염은 종종 나른함과 고열을 유발한다. 나른함(malaise)은 신체 활동을 줄이고 에너지 소모를 감소시켜서 대사적 자원을 면역 시스템에 집중시키는 역할을 한다. 고열(pyrexia)은 좀 논란이 있다. 체온 상승을 통해서 박테리아의 성장을 억제한다는 주장이 있는데, 문제는 박테리아의 세대 간격이 짧기 때문에 1~3도 정도의 온도 상승에 금세 적응하는 것은 그리 어렵지 않다. 최근에는 정상 체온보다 높은 온도에 노출된 세포가 생산하는 열 충격 단백질(heat shock protein)이 체내를 순환하면서 면역 반응을 촉진한다는 주장이 제기되었다. 아무튼 고열은 종종 부적응적인 결과를 낳기 때문에, 고열의 기능에 대해서는 여전히 논란이 계속 되고 있다(Kluger et al. 1998; and Blatteis, 2003).

10. 방어 기전으로서의 입덧

여성의 건강과 관련하여 모든 문화권에서 동일하게 관찰되는 현상이 있다. 바로 임신 첫 3개월(0~3개월) 동안 모체는 '입덧'을 경험한다는 것이다. 구토와 오심, 음식 회피 등의 증상을 보인다. 프로펫은 임신성 오심이 독소를 포함한 음식을 피하려는 적응이라고 주장했다(Profet, 1992). 이러한 가설에 부합하는 여러 증가가 있다. 입덧은 첫 3개월에 주로 나타나는데, 이때는 태아의 주요 기관이 발달하는 시기다. 약물(탈리도마이드 등)이나 질병 스트레스(풍진 등)도 임신 초기에 더 큰 영향을 미친다.

프로펫의 주장은 폴 셔먼(Paul Sherman)과 새무얼 플랙스먼(Samuel Flaxman)에 의해서 더 발전했는데, 이들은 오심과 구토가 기형을 유발하는 화학물질을 회피하려는 것이 아니라 자연적인 병원체(박테리아, 진균, 바이러스, 기생충 등)를 피하려는 것이라고 지적했다. 또한 임신 중에는 면역 반응이 저하되는데, 태아를 이물질로 인식하지 않으려는 적응적 현상이다. 이러한 일시적인 면역 억제는 배아에 대한 거부 반응을 줄여주는 효과가 있지만 감염에 취약해지는 문제를 낳게 된다. 셔먼과 플랙스먼은 몇 가지 예측을 내놓았다. 일단 배아가 감염원에 가장 예민하고, 모체가 가장 취약한 시기에 오심과 구토가 가장 심할 것이라고 주장했다. 이 시기는 임신 첫 3개월(특히 5~18주)인데, 이때 오심과 구토가 심하게 일어난다는 것은 잘 알려져 있다(Flaxman and Sherman 2000).

임신은 종종 음식 갈망과 음식 혐오와 동반되어 나타난다. 음식 혐오는 해로운 물질이나 감염원을 피하려는 적응이므로 첫 3개월에 가장 많이 일어날 것이다. 연구에 의하면 음식 갈망과 혐오는 임신 기간 내내 일어나지만, 혐오는 특히 첫 3개월에 유의하게 많이 일어나는 것으로 조사되었다(Rodin and Radke-Sharpe, 1991).

다른 예측도 있다. 직관에는 반하는 일이지만, 불쾌한 증상은 자연적 방어의 일환이며, 오심과 구토는 보다 성공적인 임신 결과로 이어질 것이라는 주장이다. 입덧이 없는 경우에는 보호 기능이 작동하지 않은 것이기 때문이다. 로널드와 마거릿 웨이겔은 11건의 연구 데이터를 메타 분석한 결과 입덧의 증상과 유산 간에는 음의 상관관계가 있다는 사실을 알아냈다(Ronald and Margaret Weigel, 1989). 그림 18.12에 연구 결과를 나타냈다.

마지막으로 만약 입덧이나 음식 갈망이 적응적인 기능을 한다면, 모체가 꺼리는 음식은 병원체나 독소를 가지고 있을 가능성이 클 것이다. 반면에 갈망하는 음식은 그 반대일 것이다. 음식 거부를 보인 5,000명의 여성과 음식 갈망을 보인 6,000명의 여성 데이터를 분석한 결과 이러한 예측과 부합하는 결과를

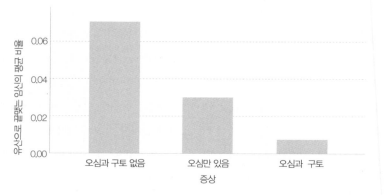

그림 18.12 임신 중 유산은 입덧과 음의 상관관계를 보였다 (p<0.001). 이는 입덧의 적응적 기능을 시사한다.
출처: Weigel and Weigel (1989).

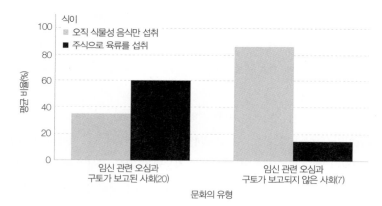

그림 18.13 임신 관련 오심과 구토가 보고되지 않은 문화와 보고된 문화의 식이 비교. 식물성 음식을 많이 먹는 문화에서는 입덧이 잘 보고되지 않았다. 반대로 입덧이 많이 보고된 문화의 주식은 주로 육류였다(p<0.05).
출처: Sherman, P. W. and S. M. Flaxman (2002). 'Nausea and vomiting of pregnancy in an evolutionary perspective.' American Journal of Obstetrics and Gynecology 186(5), S190–S197.

얻을 수 있었다. 육류는 주로 회피의 대상이었고, 과일은 주로 갈망의 대상이었다. 즉 음식 회피는 병원체를 피하려는 적응적 설계의 결과라는 뜻이다.

연구진은 다른 주장을 제기했는데, 병원체가 많은 음식이 별로 없는 문화권은 입덧이 드물고 육류 등 잠재적으로 위험한 음식을 많이 먹는 문화권에서는 입덧이 많이 일어날 것이라는 주장이었다. 인간 관계 지역 파일(the Human Relations Area Files, HRAF)[07]의 자료를 이용하여 총 27개의 전통 사회의 식이에 관해 조사한 결과 예측은 들어맞았다(그림 18.13).

만약 이러한 주장이 입증된다면 아주 흥미로운 결론에 도달하게 된다. 입덧은 질병이 아니라 정상적인 임신의 징후라는 이야기다. 따라서 의학적인 방법으로 입덧을 줄이려는 시도는 자연적인 예방 시스템을 무너뜨리는 결과를 가져온다는 것이다.

11. 과도한 반응

9장에서 네스의 화재경보기 원칙과 오류 관리 이론에 대해서 설명했다. 왜 많은 방어 반응이 잘못된 경고를 양산하는지를 진화적으로 설명했는데, 이 원칙이 작동하려면 방어 기전(defensive mechanism, CD)의 비용이 실질적인 위험으로 인한 비용(the cost of damage from a real threat, CH)을 하회하여야 한다. 그런데 임신성 오심에서는 종종 이러한 원칙에 위배되는 역설적 현상이 일어난다. 구토는 종종 탈수로 인해 죽음에 이르는 심각한 결과를 낳는다. 즉 CD>CH다. 물론 이는 일부 극단적인 경우에 한정되며, 대부분의 어머니는 입덧으로 인한 이득을 향유할 것이다. 그러나 단지 극단적인 일부 경우에 한정된 일일까? 종종 CD가 CH를 넘는 현상이 발생하는 원인에 관한 다른 주장도 있다. 폴 이왈드의 대안적 가설에 의하면, 감염원은 숙주에 심각한 손상을 일으키는 기능적 방어 시스템을 교란시킬 수 있다(Ewald, 1994). 예를 들어 설사는 병

---

07 예일대에서 운영하는 400개 이상의 문화에 관한 데이터베이스.

원체를 배출하는 효과적인 방법이다. 따라서 많은 경우 설사는 회복을 촉진한다. 그러나 비브리오 콜레라(*Vibrio Cholerae*)에 감염된 경우(흔히 아는 콜레라), 설사가 너무 과도하게 일어난다. 흔히 탈수로 사망한다. 이는 아주 이상한 방어 반응으로 보인다. 콜레라 균은 성공적으로 배출되었지만, 환자는 결국 죽는 것이다. 그런데 사실 비브리오 콜레라 박테리아는 장벽에 찰싹 붙어 있을 수 있는 데다 편모를 가지고 있어서 설사를 이기고 장내로 거슬러 헤엄쳐 갈 수도 있다. 설사를 하면 오히려 다른 균만 배출이 되기 때문에 콜레라 균 입장에서는 경쟁자가 제거되는 셈이다. 즉 병원체가 숙주의 방어 반응을 오히려 고조시켜서 이득을 취하는 것이다. 숙주는 죽지만 박테리아는 하천이나 호수를 통해서 다른 숙주로 이동할 수 있다. 이런 점을 고려할 때 질병의 증상을 진화적으로 해석할 때는 신중을 기해야 한다. 이왈드는 극심한 임신성 오심이 헬리코박터 파이로리(Helicobacter pylori) 감염에 의해 구토 반응이 교란되어 나타난다고 제안하기도 했다.

진화와 건강에 대한 세 개의 증례 연구

식이, 암, 정신장애

> 육체의 질병은 비참한 우리 인생에 매겨진 세금이다.
> 어떤 사람은 많은 세금을 내고, 어떤 사람은 적은 세금을 내지만,
> 세금을 내지 않는 사람은 아무도 없다.
> 로드 체스터필드가 Dr. R.C.에게 보낸 편지, 1757년 11월 22일

바로 앞 장에서 진화적 시각으로 건강과 질병을 바라보는 방법에 대해 이야기했다. 이번 장에서는 진화 의학이 제법 성과를 거둔 세 분야에 대해 논의할 것이다. 본격적인 논의에 앞서, 지구적 수준에서 인류가 겪고 있는 질병에 의한 부담이 얼마나 되는지 간단히 살펴보는 것이 좋겠다.

1. 질병의 전 지구적 부담

전 세계 인구를 대상으로 질병의 파급 효과 및 이환율, 사망률을 통계적으로 확인하는 몇 가지 방법이 있다. 질병으로 인한 부담을 평가하는 표준 방법 중 하나가 바로 장애 보정 수명(disability-adjusted life years, DALYs)이다. DALYs는 질병으로 인해 짧아진 수명과 질병의 심각도로 보정한 이환 햇수를 통해 계산한다. 그림 19.1에 이환율과 사망률에 영향을 미치는 20가지 질병의

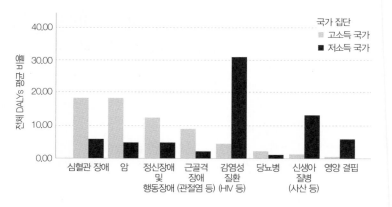

그림 19.1 2011년 기준 고소득 국가와 저소득 국가의 DALYs 기준 상위 20개 질병. (출처: http://www.who.int/healthinfo/global_burden_disease/estimates/en/)

상대적인 장애 보정 수명을 고소득 국가와 저소득 국가로 나누어 나타냈다.

고소득 국가는 퇴행성 장애와 '문명의 질병'이 주된 문제였는데, 심혈관 장애, 관절염, 당뇨병, 암 등이다. 대부분은 생활 습관 및 식이와 관련된 것이다. 저소득 국가는 여전히 감염성 질환(특히 HIV)이나 출산 합병증, 영양 결핍 등 빈곤과 불량한 의료 체계와 관련된 문제가 많았다. 놀라운 것은 정신장애(단극성 우울증과 양극성 장애, 조현병, 불안 장애 등)가 양 진영에서 모두 큰 문제였다는 것이다. DALYs를 깎아먹는 상위 열 개의 질환 중 정신장애와 행동장애는 고소득 국가에서 5위, 저소득 국가에서 6위를 차지했다.

이 장에서는 진화 이론을 통해 세가지 증례 연구를 하고자 한다. 식이, 암, 정신장애다.

2. 증례 연구 I: 진화적 견지에서 본 식이와 건강

게놈 지연 개념을 극명하게 드러내 주는 현상이 바로 인류의 식이 변화다.

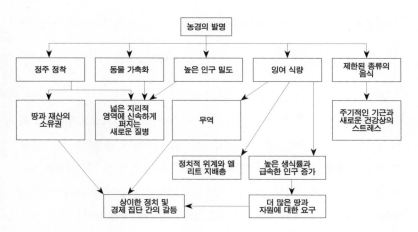

그림 19.2 신석기 혁명의 몇몇 결과.

구석기 식이가 신석기 이후 식이로 변해가면서 어떤 질병, 특히 현대적인 생활 습관과 관련된 질병이 많아졌는지 알아보자. 일단 신석기 혁명에 대한 최근의 주장을 다시 살펴보는 것이 좋겠다. 신석기 혁명이 인간을 불행과 수고로움에서 해방시켰다는 기존의 견해와 달리, 오히려 인간의 조건이 더 악화되었다는 주장이다(그림 19.2). 재레드 다이아몬드(Jared Diamond)는 이렇게 말했다.

> 특히 최근의 발견에 따르면, 그동안 우리를 보다 나은 삶으로 이끈 결정적 단계로 믿어졌던 농업의 도입이 사실은 여러 면에서 도무지 회복이 불가능한 수준의 재앙적 선택이었다는 것을 시사하고 있다. 농업으로 인해 인간의 존재 자체를 위협하는 엄청난 사회적, 성적 불평등과 질병, 전제주의가 발생한 것이다(Diamond, 1987, p. 64).

1) 주요한 식이 변화

지난 700만 년간 우리 인류는 다양한 식이를 해오면서 지금의 식이 습관으로 변천해왔다. 크게 보면 대략 세 시기로 나눌 수 있다. 플라이오세, 플라이스토세, 신석기 이후 시대다.

플라이오세와 초기 인류: 700~260만 년 전

약 500~700만 년 전, 침팬지와 분화가 일어나고 오스트랄로피테쿠스 속이 등장한 후 초기 호미닌의 식이는 잡식성으로 바뀌었다. 침팬지는 과일을 주로 먹지만 매일 65g의 고기도 먹는다(Stanford, 1996). 과거 선조의 식이는 어떻게 파악할 수 있을까? 여러 음식의 자연적인 C13/C12 비율이 다르다는 점에 착안하여 화석 뼈의 탄소 동위 원소 분석을 통해 주된 식이 구성을 확인할 수 있다. 오스트랄로피테쿠스 아프리카누스, 오스트랄로피테쿠스 로부스투스, 초기 호모 에르가스터 화석 분석을 통해서, 이들이 잡식성이었다는 사실을 알 수 있었다. 하지만 현대인에 비해서 고기는 적게 먹은 것으로 추정된다(Lee-Thorp, 2008).

플라이스토세와 호모 속 및 호모 사피엔스의 출현: 260만 년~11,000년 전

플라이스토세로 알려진 지질학적 시기는 호미닌 식이 변화와 대략 일치한다. 약 260만 년 전 석기가 사용되면서 뼈에서 골수를 꺼내거나 고기를 자르는 데 이용되었다. 좀 더 육식 위주의 식이로 변화한 것이다. 이는 인간이 아프리카를 빠져나올 수 있도록 도와주었는데, 북반구의 추운 지방에는 식물성 음식이 부족하기 때문이다. 이 시기 동안 육류 위주의 식이가 시작되었고, 위장은 작아지고, 뇌는 커졌다(6장 참조). 특히 생화학적인 면에서 보면, 인간은 사실상 육식 동물에 가깝다. 우리는 식물성 지방에서 흔히 관찰되는 18개의 탄소 원자로 된 지방산을 이용하여, 더 긴 20개 혹은 22개의 탄소로 된 지방산을 만드는 능력이 없다. 예를 들면 아라키돈산(arachidonic acid)은 $C_{20}H_{32}O_2$이고, 도코사헥사노익산(docosahexaenoic acid, DHA)은 $C_{22}H_{32}O_2$다. 그런데 인간은 이런 필수 지방산을 만드는 능력이 없으므로 반드시 동물성 음식을 섭취하는 방법으로 보충해야 한다.

　이 시기에 실제로 육류를 통해서 얼마나 많은 열량을 섭취했는지 확인하는 것은 쉬운 일이 아니다. 분석하기도 어렵지만, 지역적인 생태 환경에 따라 다를 수밖에 없다. 현대 수렵채집인의 민족지적 데이터 조사에 의하면, 식물성 식량에서 절반 이상의 열량을 섭취하는 문화는 14%에 지나지 않았다. 73%의 사회가 절반 이상의 열량을 사냥 혹은 어로 활동을 통해 잡은 육류로 충당했다(Cordain et al., 2000).

신석기 및 신석기 이후의 문화: 11,000년 전부터 현재까지

　신석기 혁명은 약 11,000년 전에 시작되었다. 그리고 식량 생산 기술의 변화가 일어났다. 다양한 종의 동식물을 기르게 되었다. 세계의 여러 지역에서 독립적으로 일어났는데, 최초로 근동의 비옥한 초승달(the Fertile Crescent)에

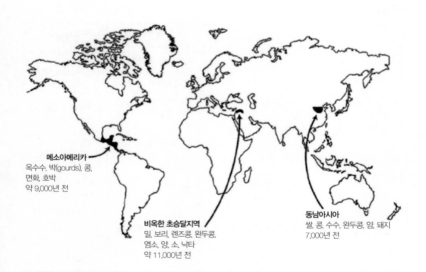

그림 19.3 세계 여러 지역에서 독립적으로 나타난 농경과 목축의 시작.

서 시작했다. 이후 메소아메리카 지역 및 동남아시아 지역에서도 시작되었다
(그림 19.3). 이는 문화의 수렴 진화의 전형적인 사례라고 할 수 있다. 농경의 시
작으로 인해 인류는 이동 생활을 버리고 정주 생활을 시작하게 되었다. 사람들
은 부락으로, 마을로, 도시로 모여들었다. 농경으로 인해 지역 환경의 급격한 변
화가 일어났고, 인구가 급증했으며, 문화적 발전(글쓰기와 건축 등)이 일어났다. 정
치적 질서와 관료적 위계도 나타났다. 사람들은 같은 장소에서 매년 살았으며,
공동 소유에 근거한 문화는 땅이나 자원에 대한 개인 소유권으로 이어졌다. 땅
은 사고 팔리고 또 상속되었다. 어디까지가 내 땅이고 어디부터 이웃의 땅인지
가 중요해졌다. 식량이 풍부해지고 생산력이 높아지면서 인구가 증가했고, 늘
어난 사람들은 더 많은 땅과 자원을 원했다. 결국 이웃과의 갈등이 시작되었
다. 그림 19.3에 이러한 관계의 일부를 나타냈다.

이러한 변화는 인간이 먹는 식이에 큰 변화를 가져왔다. 야생 동물은 길들

표 19.1 동물의 가축화

가축화	야생 선조	가축화 시기 및 장소(추정)	참고문헌
개 (Canis familiaris)	회색 늑대(Grey Wolf) (Canis lupus)	11,500년 전 레반트 (현재의 이스라엘과 팔레스타인 지역)	Larson et al., 2010
소 (Bos Taurus and Bos indicus)	오로크스(Aurochs, 야생 소)-멸종 (Bos primigenius).	10,300~10,800년 전 비옥한 초승달 지역	Bovine Hapmap Consortium, 2009
양 (Ovis aries)	무플런(Mouflon, 야생 양)(Ovis orientalis)	10,000~11,000년 전 비옥한 초승달 지역	Kijas et al., 2012
돼지 (Sus scrofa)	야생 돼지(wild boar) (Sus scrofa)	9,000년 전 근동	Larson et al., 2005 Larson et al., 2010
닭 (Gallus gallus domesticus)	적색야계(Red jungle fowl) (Gallus gallus)	8,000년 전 중국 10,000년 전 북중국	Sawai et al., 2010 Xiang, H. et al., 2014
염소 (Capra hircus)	산양(Bezoar) (Capra aegagrus)	11,000년 전 남동아 나톨리아 지역	Driscoll et al., 2009

출처: Jobling et al., Table 12.5, p. 400; Larson et al. (2010); Xiang et al. (2014) and Driscoll et al. (2009)

표 19.2   신석기 혁명 이후 주요 식이

음식	도입 시기
신석기 음식	
가축화된 포유류 고기(양, 염소, 젖소, 돼지)	기원전 11,000~9,000년 전
닭	기원전 8,000년 전
유제품: 우유, 치즈, 요거트	기원전 6,100~5,500년 전
곡물(밀, 옥수수, 쌀, 보리)	기원전 10,000~9,000년 전
포도주	기원전 7,100~7,400년 전
소금	기원전 5,600~6,200년 전
맥주	기원전 6,000년 전
역사 시대 및 산업혁명 이후의 음식	
정제 알코올	800~1300년
남미에서 유럽으로 감자 도입	1570년
정제 설탕의 보급	약 1800년
핫도그 발명	1867년
정제 곡물	1880년
코카콜라	1886년
경화된 식물성 지방	1897년
켈로그 콘플레이크	1906년
식물성 유지 보급	1910년
켄터키 프라이드 치킨	1952년
과당이 많은 옥수수 시럽	1970년

여겼고 인간을 위해서 가축으로 변모했다(표 19.1). 사실 18세기 산업 혁명 이후 동식물의 선택적 개량 교배 및 음식 가공 기술의 발달은 이미 신석기 혁명 무렵에 시작된 일을 보다 가속화한 것에 지나지 않는다. 서구 선진국에서 소비하는 음식의 대부분은 신석기 혁명 이후에 등장한 것이다. 예를 들면 유제품, 곡류, 정제 설탕, 가공된 식물성 유지 등이다(표 19.2). 신석기 이전의 식단 중

지금도 남아 있는 것은 일부에 지나지 않는다(Cordain, 2007).

2) 구석기 식이

구석기에서 신석기로 넘어가면서 상황이 좋아진 것인지 혹은 나빠진 것인지에 대한 의문이 들 것이다. 1980년대 초반만 해도 일반적으로 농업의 발명으로 인해서 인간의 영양 상태가 좋아졌다는 것이 중론이었다. 1977년 미국 인류학자 마크 코언(Mark Cohen)은 『선사 시대의 식량 위기(the Food Crisis in Prehistory)』에서 플라이스토세의 제한된 식량 공급으로 인해서 인류는 농경을 하게 되었고 신석기 혁명이 나타났다고 주장했다. 그러나 고고학적 증거에 따르면 이는 사실과 다르다. 신석기 혁명 이전 화석에는 영양실조의 증거가 나타나지 않다가 신석기 이후부터 나타나기 시작한다. 즉 원인과 결과가 반대라는 것이다. 다양한 증거에 의하면 농경의 도입은 몇몇 해로운 결과를 유발했다. 전염병이 유행하기 시작했는데, 이는 인구 밀도의 증가 및 가축화에 따른 것이다. 또한 주기적으로 기아가 찾아왔는데 이는 주식을 일부 곡류에 의존했기 때문이다.

원시 및 현대의 식이를 비교한 기념비적인 연구가 바로 이튼과 코너의 1985년 논문, '구석기 영양(Palaeolithic nutrition)'이다(Eaton and Konner, 1985). 이들은 원시의 식이와 현대의 식이를 비교하면서 선진 산업 사회의 질병 패턴이 식이 변화에 기인한다고 주장했다. 이후 몇몇 연구 성과를 통해서 이들의 연구가 점점 지지를 얻었다. 2010년 연구진은 현대인의 식사를 보다 원시의 식단에 가깝게 바꾸어야 한다는 통념에 반하는 주장을 내세우기에 이르렀다. 표 19.3은 이들의 연구 결과 및 다른 관련 연구의 결과를 통해서 원시 식단과 현대 식단의 일부를 비교한 것이다.

표 19.3 구석기 식단과 '표준 미국인 식단'의 비교 및 권장 섭취량

식이 성분	후기 구석기 시대 추정 섭취량	현대 미국인 표준 식단에 따른 섭취량	권장 섭취량 (2010년 기준)
총 섭취 열량 중 단백질의 분율(%)	20~35	15	10~35
총 섭취 열량 중 탄수화물의 분율(%)	35~40	50	45~65
총 섭취 열량 중 지방의 분율(%)	20~35	33	25~35
포화 지방에서 섭취하는 최대 열량(%)	7.5~12	11	<10
섬유질(g/day)	>70	15.2	여성 25, 남성 38
비타민 C(mg/day)	500	87	여성 75, 남성 90
정제 설탕(g/day)	0	120	<32
나트륨(g/day)	0.67	3.27	<2.0
칼륨(g/day)	11.10	2.62	>3.51

권장 섭취량은 발표 기관에 따라 다소 다를 수 있음.

전반적으로 말해서 현대 서구인의 식이는 단백질과 섬유질이 부족하고 탄수화물이 과다하다. 물론 구석기 식이에 비교할 경우에 한한다. 지방에서 얻는 열량은 조금 다른 문제인데, 현대인이 섭취하는 지방과 구석기인이 섭취하던 지방은 종류가 좀 다르다. 이는 뒤에서 다시 다루도록 하자. 현대인이 주로 먹는 곡물이나 술, 정제 설탕 등을 고려하면, 열량을 얻는 분율의 차이는 사실 당연한 일이다. 현대인의 식이는 일부 음식에 크게 의존하고 있다. 몇 종류의 곡류와 몇몇 단백질원과 지방원에 한정되어 있다. 그러나 파라과이 동부에 살고 있는 수렵채집인, 아체족의 경우는 다르다. 이들은 21종의 파충류와 양서류를 먹고, 78종의 포유류, 150종의 새, 다양한 종류의 식물성 음식을 섭취한다(Kaplan et al., 2000).

3) 현대 식이의 결과

인슐린 저항성과 당부하

포도당은 우리 조직의 주요 에너지원이다. 혈당을 일정한 수준으로 유지하는 것(항상성)은 아주 중요하다. 음식을 먹으면 혈당은 혈류로 들어가고, 곧 인슐린이 분비된다. 인슐린의 자극을 받으면 세포는 포도당을 흡수하는데, 특히 간세포는 포도당을 글리코겐으로 전환시킨다. 또한 인슐린은 세포로 하여금 포도당을 에너지원으로 쓰도록 하거나, 지방이나 단백질을 합성하도록 지시한다. 세포가 이러한 지시를 잘 따르지 못하면 제II형 당뇨병이 발병한다(인슐린 민감성의 감소). 혈당이 오르면서 고혈당증(hyperglycemia)이 발생한다. 미국 내 당뇨 환자의 약 90%가 바로 이런 상태다. 대개 40대 이후에 발생하며, 상당수는 비만과 관련된다. 인슐린 민감성이 떨어지면 이에 대응하여 인슐린의 혈중 농도가 올라가게 된다. 즉 고인슐린증(hyperinsulinemia)이 생기는데, 이는 제II형 당뇨병의 한 증상이다.

음식이 혈당을 얼마나 올리는지는 당지수(glycemic index, GI)와 당부하(glycemic load)로 평가할 수 있다. 당지수는 1981년에 처음 도입된 개념인데, 탄수화물이 얼마나 빨리 소화되어 혈류로 포도당을 유리하는지를 말한다. 보통 포도당의 당지수를 100으로 두고, 1g의 탄수화물이 1g의 포도당에 비해서 얼마나 빨리 혈당을 올리는지로 평가한다. 낮은 당지수를 보이는 음식(55 이하)은 주로 통곡물이나 콩, 채소 등이다. 77 이상의 높은 당지수를 보이는 음식은 흰빵이나 아침식사용 가공 시리얼 등이다. 식이가 건강에 미치는 영향을 평가하는 더 나은 지표는 당부하다. 이는 당지수를 매 끼니 섭취하는 탄수화물의 양으로 곱한 것이다. 질과 양을 모두 고려한 것이다(표19.4).

신석기 이전의 선조들이 주로 먹던 야생의 음식은 낮은 당지수와 낮은 당부하를 가진 음식이었다(Thorburn et al., 1987). 전형적인 서구형 식사의 경우 약

표 19.4 여러 현대 식이의 당부하

음식 종류	당부하(당지수×음식 100g당 탄수화물)
라이스 크리스피	72.0
콘 플레이크	70.1
마르스 바	50~61
흰 빵	40.4
구운 감자	34.7
바나나	21.4
당근	10~11
과일(포도, 키위, 파인애플, 사과, 배, 멜론, 오렌지)	5.0~11.9

정제 설탕이나 가공 시리얼은 우리 선조들의 식탁에 오르지 못했던 음식이다. 그런데 이들이 현대 서구형 식사의 40%를 차지하고 있다. 과일이나 채소에 비해서 높은 당부하를 가진 음식들은 인슐린 저항성을 유발할 수 있다. 출차: Cordain et al., 2005. Table 2, p. 346; and Holt et al., 1997.

30~40%의 에너지가 높은 당지수를 가진 음식물, 즉 설탕과 탄수화물로 구성된다(Cordain, 2007). 대부분은 신석기 이전 선조들이 맛보기 어려운 음식이었다. 널리 보급된 것은 불과 250년도 되지 않는다.

당부하가 높은 음식은 고혈당증과 고인슐린혈증을 유발할 수 있고, 이는 인슐린 저항성의 원인이 된다. 인슐린 저항성은 그 자체로 심각한 문제일 뿐 아니라, 다양한 질병의 원인이 된다. 그래서 흔히 '문명의 질병'으로 불린다 (Reaven, 1995). 예를 들면 비만, 심장 질환, 제II형 당뇨병, 고혈압, 콜레스테롤 문제(저밀도 지질단백질 콜레스테롤, 즉 LDL의 상승과 고밀도 지질단백질 콜레스테롤, 즉 HDL의 감소) 등이다. 현생 수렵채집 사회에는 인슐린 저항성 질병이 아주 드물다는 것은 주목할 만한 사실이다.

식이 지방

식이를 통해 흡수된 지방 대부분은 중성지방(triacylglyceride)의 형태로 저장된다. 이는 세 개의 지방산 분자가 하나의 글리세롤 분자와 에스테르 결합에 의해 붙은 형태의 지방이다. 영양사는 포화지방산(saturated fatty acids, SFA)과 단가불포화지방산(monounsaturated fatty acids, MUFA), 다가불포화지방산(polyunsaturated fatty acids, PUFA), 트랜스 및 시스지방(trans fatty acids, cis fatty acid)을 구분해서 다룬다. 트랜스 지방은 동물성 지방과 같은 자연적인 음식에는 아주 낮은 수준으로만 존재한다. 그러나 액상의 식물성 기름에 수소가 붙으면, 즉 포화되면 상온에서 보다 더 딱딱해지는데 이 과정에서 트랜스 지방이 나온다. 버터와 비슷한 성상의 수프레드를 만드는 경우다. PUFA는 탄소 이중결합의 위치에 따라, n-6PUFA나 n-3PUFA로 나뉘는데, 각각 오메가-6 혹은 오메가-3로 불린다.

수렵채집인에게 식이성 지방의 원천은 주로 육류다. 현생 수렵채집인들의 식이에서 육류가 차지하는 비율은 천차만별이다. 그위족이나 !쿵산족의 경우 20~30%에 불과하지만, 에스키모나 누나미우트(Nunamiut)족의 경우에는 90~95%에 달한다(Kaplan et al., 2000). 물론 이들이 섭취하는 육류에는 포화지방이 적다. 그러나 서구형 식이는 기름기가 많은 고기, 치즈, 우유, 버터, 마가린, 구운 요리에서 나오는 포화지방(파이나 비스킷) 등으로 인해서 SFA가 넘친다. 야생 동물의 고기는 가축의 고기보다 MUFA와 PUFA의 비율이 높다(그림 19.4). 오메가-6나 오메가-3 다가불포화지방산의 비율도 역시 다르다. 전형적인 수렵채집인의 식이에서 오메가-6와 오메가-3의 비율은 대략 2:1에서 3:1수준이다. 그러나 현대 서구형 식이에는 이 비율이 무려 10:1에 이른다(Cordain et al., 2002). 이는 곡물 사료를 먹여서 키운 소의 오메가-6 다가불포화지방산 비율이 높기 때문이다. 또한 포화된 식물성 기름도 한 원인이다.

포화지방산과 트랜스 지방을 많이 먹으면, 지질단백질 콜레스테롤이 높아

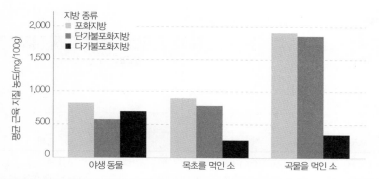

그림 19.4 포유류 근육의 세 가지 다른 지방 종류. 야생 동물은 엘크, 사슴, 영양 등을 평균낸 것이다. 플라이스 토세 조상이 먹던 육류 일부를 반영한다. 현대에 곡물을 먹이는 소는 포화지방이 많고 다가불포화지방은 적다. 식이성 포화지방은 혈중 LDL콜레스테롤을 높이는 요인이다. 출처: Cordain et al. (2002), Table 7, p. 188

져서 심혈관계 질환의 위험성이 커진다. 특히 저밀도 지질단백질 콜레스테롤이 문제다. 오메가-6와 오메가-3 다가불포화지방산의 균형을 잡는 것이 건강을 유지하는 데 중요하다는 증거가 많다. 약 6:1이 최적인데, 이는 현대인의 식이보다 낮은 수치다(Wijendran and Hayes, 2004). 많은 국가에서 식품에 포함되는 트랜스 지방의 수준을 제한하는 정책을 시행하고 있다(Brownell and Pomeranz, 2014).

미량영양소, 소금, 섬유질

신석기 혁명 이후 유제품과 곡물을 많이 먹게 되며 식이에 포함된 미량영양소의 비중이 낮아졌다. 야생 동물이나 해산물, 과일, 채소 등 야생 음식보다 필수비타민이나 미네랄이 적은 편이다. 산업 시대에 접어들면서 상황은 더 악화되었다. 곡물은 정제 과정에서 눈이 제거되었고, 열량은 높으나 미량영양소는 적은 정제 설탕과 식물성 지방의 섭취가 늘어났다.

전형적인 서구 식단의 90%는 조리 과정에서 소금이 추가된다. 게다가 현대인의 식이에는 과일과 채소의 비중이 줄어들었는데, 따라서 이런 음식에 많은 칼

표 19.5 식이에 포함된 나트륨과 칼륨

문화	나트륨(g/day)	칼륨(g/day)	나트륨/칼륨 비
미국	3.27	2.62	1.25
영국	2.43 ·	2.84	0.86
구석기 식이	0.67	11.10	0.06
미국인 권장 섭취량	<2.3	4.7	<0.49
영국인 권장 섭취량	1.6	3.5	0.46

구석기 선조에 비하면 나트륨의 섭취가 늘었고, 칼륨의 섭취가 줄었다. Cordain (2007); Guidelines for Americans from US Department of Health and Human Services (2005). Dietary Guidelines for Americans, 2005; Frassetto et al. (2001); UK guidelines from the Office for National Statistics (www.gov.uk/government/ uploads/system/uploads/attachment_data/file/384775/familyfood-method-rmi-11 dec l4.pdf, accessed September 2015).

륨의 섭취도 줄어들었다. 그리고 칼륨이 적은 유제품이나 곡물을 더 많이 먹게 되었다. 결과적으로 식이에 포함된 나트륨과 칼륨의 비가 반전된 것이다(표 19.5).

나트륨이나 칼륨은 사람의 몸에 꼭 필요한 원소다. 그러나 나트륨과 칼륨의 비가 반전되면 고혈압, 뇌졸중, 신결석, 골다공증 등 다양한 문제가 생길 수 있다(Cordain, 2007; and Frassetto et al., 2001).

영국인은 하루에 평균 13g의 섬유질을 먹고, 미국인은 15.1g의 섬유질을 먹는다(Cordain, 2007). 이런 수준은 권장량 20~30g에 비하면 상당히 낮은 수준이다(Lichtenstein, 2006). 현대인은 주로 정제된 설탕과 탄수화물, 유제품에서 많은 열량을 섭취하므로 정제 과정에서 물리적인 방법으로 섬유질이 많이 깎여 나간 음식을 먹는다. 하지만 구석기인은 덩이줄기나 채소, 씨앗 등 섬유질이 많은 음식을 하루에 약 100g 정도 먹었다.

섬유질이 적은 음식을 먹으면 변비나 충수돌기염, 치질, 정맥류 등이 생기기 쉽다. 게다가 식이에 포함된 섬유질은 혈압을 낮추고 혈중 콜레스테롤 수준도 저하시킬 뿐 아니라 심장 질환, 뇌졸중, 당뇨병, 비만의 위험도 낮춘다(Anderson et al., 2009). 섬유질은 포만감을 높여서 과식도 줄여준다. 여러 연구

상자 19.1　비타민 D 결핍: 유전형–환경 불일치 증례 연구

피부암이 늘어나는 이유가 무엇일까? 이는 아마도 타고난 피부색을 통한 자외선 차단 효과와 실제 자외선 노출량이 불일치하기 때문인지도 모른다. 다시 말해서 코카서스인이 남쪽으로 여행을 떠나기 때문이라는 것이다. 인류의 이동으로 인해서 자외선이 적은 지역에 정착한 집단은 비타민 D 결핍에 시달리게 되었다(Davies and Shaw, 2010). 예를 들어 영국에서 진행된 한 연구에 의하면, 여름이 끝나갈 무렵 버밍엄 시내에 거주하는 사람 중 백인은 여덟 중 하나, 아프리카계 카리브 지역 이민자는 넷 중 하나, 아시아 지역 이민자는 셋 중 하나꼴로 비타민 D 결핍이 있었다(Ford et al., 2006). 맨체스터 시내 및 인근에 사는 14명의 백인 청소년기 소녀와 37명의 비백인 청소년기 소녀를 대상으로 한 다른 연구에 의하면 비타민 D 결핍은 비백인에게 유의하게 높게 나타났다. 이러한 결과는 식이의 차이로 설명할 수 없었다. 아마도 문화적 혹은 종교적 차이로 인해 피부를 더 많이 가리는 옷차림을 하거나 야외 활동을 많이 하지 않기 때문에 일어난 현상으로 보인다(표 19.6). 비백인의 피부는 보다 더 짙기 때문에 비타민 D 합성에 불리하다.

표 19.6　청소년기 두 소녀집단의 비타민 D 섭취와 합성 비교

코호트	식이에 포함된 비타민 D	일일 일광 노출 시간	노출된 피부의 분율	250HD 값(nmol/l)[01]
백인 소녀(14명)	1.2	60	19	37.3
비백인 소녀(37명)	1.5	34	9	14.8
P value from Mann–Whitney U test	0.6	0.003	0.001	<0.001

비백인 집단의 비타민 D 수준의 저하는 아마도 제한된 일광 노출에 의한 것으로 추정된다. 출처: Das, G., S. Crocombe, M. McGrath, J. L. Berry and M. Z. Mughal (2006). 'Hypovitaminosis D among healthy adolescent girls attending an inner city school.' Archives of Disease in Childhood 91 (7), 569–72.

독일 원주민과 이민자 집단의 소아 및 청소년을 대상으로 한 비슷한 연구에 의하면, 식이를 통한 비타민 D 섭취는 자외선 노출 효과에 비하면 효과가 낮은 편이다(Hintzpeter et al., 2008). 터키와 아랍 이민자 소년소녀 및 아시아와 아프리카 이민자 소녀가 가장 결핍에 취약했다. 베일을 둘러쓴 정도는 평가하지 않았지만 비타민 D 수준과 문화적 통합의 수준은 관계가 있었다. 즉 전통 복장은 비타민 D 수준을 낮추는

01　25-hydroxychole calciferol: 비타민 D 수준을 나타내는 지표. 소아에서 30보다 낮을 경우에는 비타민 D 결핍으로 간주한다.

효과가 있었다. 두 연구 결과를 볼 때, 경구 비타민 D 보충제 등 문화 감수성을 가진 공공 보건 정책이 필요하다.

에 의하면 섬유질이 많은 음식이 장 건강 및 다이어트에 효과적이며, 섬유질을 적게 먹으면 대장암의 위험이 커지는 것으로 나타났다(Bingham et al., 2003).

4) 현대 수렵채집인의 식이와 건강

현대인은 현재의 식단에 유전적으로 적응하지 못했다. 따라서 다양한 현대 질환 및 불량한 건강 상태는 이러한 진화적 불일치 혹은 게놈 지연을 통해서 일어나는 것인지도 모른다. 그러면 플라이스토세 선조와 비슷한 식이 습관을 가진 현대 수렵채집인은 식이 관련 질환에서 보다 자유로울까? 실제로 수렵채집인이 문명 사회의 현대인보다 건강하다는 연구 결과는 아주 많다(Carrera-Bastos et al., 2011). 그중 몇 가지를 자세하게 다뤄보자.

혈압(고혈압)

수렵채집 사회의 남녀는 전형적인 서구 사회의 남녀에 비해 혈압이 낮다. 아마존 우림 지역의 야노마뫼족은 주로 사냥과 어로, 원시 농경을 통해 살아가는데, 인류학적 연구가 많이 이루어진 집단이다. 이들의 데이터를 조사하면 흥미로운 결과를 얻을 수 있다(표 19.7). 혈압은 수축기 혈압과 이완기 혈압으로 나뉘는데, 맥박이 뛸 때마다 나타나는 가장 높은 혈압과 가장 낮은 혈압을 말한다. 보통은 상완 동맥에서 측정한다.

게다가 서구 국가에서는 연령에 따라 혈압이 증가하는 데 반해 야노마뫼족의 경우는 그런 경향이 없었다(그림 19.5).

서구 사회의 기준으로 120/80과 139/89 사이의 혈압은 전고혈압 단계

표 19.7　수렵채집인과 영국 성인의 혈압 비교

집단	수축기 혈압		이완기 혈압	
	남성	여성	남성	여성
야노마뫼족	104	102	65	63
영국 성인	130	122	73	68
권장 수치	<120		<80	

출처: Ruston et al. (2004); for Yanomamo: Carrera-Bastos et al. (2011).

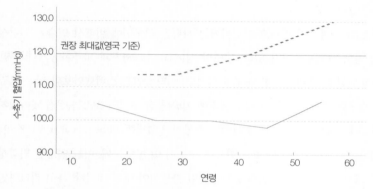

그림 19.5　두 집단에서 연령에 따른 수축기 혈압의 변화(수렵채집 사회 및 서구 산업 사회). 서구 문화권에서는 연령에 따라 혈압이 증가하는 경향을 보였지만, 수렵채집 사회에서는 그렇지 않았다. 아마도 식이가 중요한 역할을 하는 것으로 보인다. 점선은 영국 여성, 실선은 야노마뫼족 여성. 출처: Ruston et al. (2011), Table 3.1; Yanomamo data from Oliver et al. (1975).

로 간주하며, 140/90이 넘으면 고혈압으로 진단한다. 미국인의 고혈압은 아주 심각한 수준인데, 2006년 기준으로 34%의 성인이 고혈압을 앓고 있다 (Goldstein et al., 2011). 영국의 상황도 점점 악화되고 있다. 최근 연구에 의하면 66%의 영국 성인이 고혈압 혹은 전고혈압 단계에 속했다(Joffres et al., 2013). 흥미롭게도 다양한 보건 기관이 권장하는 혈압 관리 지침은 구석기 생활 습관과 비슷한 측면이 있다. 예를 들면 다음과 같다.

- 체질량지수를 조절하기(서구인의 BMI는 수렵채집인보다 높다)
- 칼륨을 더 많이 섭취하고 나트륨 섭취를 줄이기(19장 2절 참조)
- 더 많은 운동
- 절주
- 과일과 채소 섭취(현대 서구인의 식이는 수렵채집인에 비해서 과일과 채소가 적다)

인슐린 민감성

보다 전통적인 방식으로 살아가는 사람은 서구인에 비해서 인슐린 민감성이 양호하다는 증거가 있다. 키타바 섬(Kitava island)[02]과 파푸아뉴기니 주민, 스웨덴인을 대상으로 한 연구에 의하면, 키타바인은 스웨덴인보다 낮은 체질량지수를 보였는데, 특히 서른 이후에 키타바 섬 주민의 BMI는 점점 낮아졌지만 스웨덴인은 반대로 더 높아지는 경향이 있었다(Lindeberg et al., 1997, 1999). 키타바 섬 주민은 공복 혈중 인슐린 수준이 더 낮았는데, 이는 인슐린 민감성이 더 높다는 뜻이다. 즉 당뇨병에 걸릴 가능성이 낮은 것이다. 특히 키타바인의 경우에는 뇌졸중이나 심장 질환이 거의 없었다. 이들의 식단은 수렵채집인과 비슷했다. 코코넛을 많이 먹기 때문에 포화지방 섭취량은 높았지만, 전체 지방 섭취량은 낮았고 염분도 적게 먹었다. 식단의 n-3/n-6 지방산 비율도 낮았고, 높은 영양 밀도 및 낮은 당지수를 가진 음식을 많이 먹었다.

볼프강 코프는 문헌 조사를 통해서 현대인의 고탄수화물 식이가 진화적 대사 시스템과 잘 맞지 않기 때문에 인슐린 민감성이 떨어지고 인슐린 수치가 높아지며, 동맥경화의 위험이 높아진다고 주장했다(Wolfgang Kopp, 2006). 소위 서구 생활 습관 질환이라고 불리는 제II형 당뇨병, 비만, 심혈관 질환, 암은

---

02 키타바 섬은 파푸아뉴기니에 속하는 남태평양의 섬이다.

수렵채집 사회에서는 드문 질병이다(Carrera-Bastos et al., 2011). 수렵채집인은 서구인보다 일반적으로 낮은 체질량지수를 가지고 있다(Lindeberg, 2010).

에너지 소모량, 식이, 체질량지수

현대 산업 사회로 접어들면서 신체적 활동량과 에너지 소모량이 줄어들고 있다. 이는 체질량지수를 통해서 알 수 있는데, 체질량지수란 체중을 신장의 제곱으로 나눈 값이다. 영양 상태를 평가하는 지표로 사용된다.

몇몇 인구 집단에 대한 연구에 의하면 현대 사회의 남녀는 더 높은 체질량 지수를 보인다. 그림 19.6에서 알 수 있듯이 생존 수준 집단(subsistence-level populations)의 일반적인 체질량지수는 대개 건강한 범위에 속하지만, 산업 사회의 경우에는 과체중(BMI>25kg/m²)에 속하는 사람이 많다. 미국인의 경우 약 30%의 남녀가 비만(BMI>30kg/m²)에 해당한다(Wang et al., 2011).

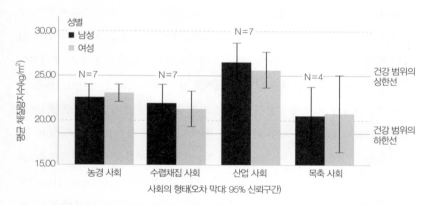

그림 19.6 서로 다른 네 종류의 인구 집단의 BMI 결과. 전통 사회나 비산업화 사회에 사는 대부분의 사람은 건강한 BMI 범위(18.5~25kg/m²)에 속한다. 그러나 산업 사회에 사는 많은 사람은 이 범위를 넘어 과체중 혹은 비만 범위에 속한다. 숫자는 해당하는 사회의 숫자를 뜻한다. 산업화된 사회는 미국과 호주, 캐나다, 독일, 스웨덴, 러시아, 일본이다. 출처: Katzmarzyk and Leonard(1998); Leonard(2007).

5) 몇몇 의문점

수렵채집인처럼 먹는 것이 건강에 좋다는 주장에 대한 반박도 있다. 가장 강력한 반론은 아무리 그래도 수렵채집인의 수명이 서구인의 수명보다 짧다는 것이다. 키타바 섬 주민의 평균 수명은 45세 수준인 데 반해서, 유럽인이나 미국인은 보통 70~80세를 향유한다. 하지만 이는 좀 자세히 들여다볼 필요가 있다. 평균 수명은 신생아가 앞으로 누릴 것으로 예상되는 기대 여명을 뜻하기 때문이다. 구석기인의 기대 수명이 45년이라고 하는 것은 마치 그들의 기대 신장이 3피트[03]라고 하는 것과 비슷한 말이다(Ryan and Jetha, 2010). 이는 구석기인의 전형적인 수명이 45세라거나 혹은 전형적인 신장이 1미터에도 미치지 않았다는 뜻이 아니다. 현재 전 세계 평균 기대 수명은 약 66세다. 잠비아가 39세로 가장 낮고, 일본이 82세로 가장 높다. 이런 기준에 따르면 수렵채집인의 기대 여명은 21~37세에 불과하다. 그렇다고 수렵채집인 대부분이 37세에 도달하기 전에 사망했다는 뜻이 아니다. 출생 이후의 기대 수명을 모두 합하여 나눈 것이기 때문에, 영아사망률과 소아사망률이 높으면 기대 여명이 낮아질 수밖에 없다. 물론 영아사망률과 소아사망률은 식이 습관과 별 관련이 없다. 현대 의학은 영아 및 소아사망률을 극적으로 낮추었기 때문에 기대 여명이 엄청나게 높아지는 결과를 낳았다. 실제로 수렵채집 사회의 영아사망률은 미국이나 영국의 30배에 달한다. 따라서 가장 많은 사람이 사망하는 연령, 즉 최빈값으로 비교를 하는 것이 적당하다. 이에 따르면 수렵채집인은 대략 68~78세를 향유했다(Gurven and Kaplan, 2007). 서구 선진국의 수명 최빈값은 2008년 기준으로 남성은 평균 77세, 여성은 평균 82세다(Canudas-Romo, 2008). 게다가 서구 문명의 경제적 발전과 의학의 발달은 위생, 사회적 안정성, 백신, 항생제, 건강 관리 등 다양한 혁신을 통해서 기대 여명을 늘리는 결과를 낳았다.

---

03 3피트는 91.44cm

수렵채집인의 기대 여명은 높은 소아기 사망률, 감염, 사고와 폭력으로 인한 외상에 의해서 상당히 깎인 것으로 보아야 한다.

우리의 몸이 신석기 이후의 식단에 잘 맞지 않고, 구석기 식단에 더 잘 맞는 다는 주장은 여전히 의심스러운 부분이 있다. 농경이 시작된 지 11,000년이 지났는데, 인간은 왜 새로운 식단에 적응하지 못한 것일까? 물론 적응의 속도 는 선택압의 강도, 발달적 가소성, 표현형 변이 등 다양한 요인에 의해 영향을 받는다. 하지만 20장에서 살펴보겠지만, 일부 인구 집단은 가축을 도입한 이 후 불과 수천 년 만에 유당을 분해할 수 있도록 진화했다. 게다가 녹말을 많이 먹는 인구 집단의 경우 아밀라아제를 만들어내는 유전자 복제수가 증가하기 도 했다(20장). 물론 이런 종류의 적응은 쉽게 달성할 수 있다는 반론도 나오긴 한다. 아밀라아제는 이미 이전부터 만들어 낼 수 있었는데, 그 양이 늘어난 것 에 불과하며, 유당 분해효소는 이전에도 영아기에는 만들어 낼 수 있었다는 것 이다. 따라서 작은 변화(예를 들면 단 하나의 염기 변화)로도 적응적 이득을 달성할 수 있었다는 주장이다.

만약 농경이 시작된 이후에 상당한 유전적 변이가 일어났다면, 중국인처럼 수천 년 전부터 새로운 식이를 도입한 인구 집단과 수백만 년 동안의 식이를 계속 유지한 호주 애버리지니나 파라과이의 아체족의 유전자는 상당히 다를 것이다. 그러나 유당 내성이나 아밀라아제 유전자 복제수 변이 등 일부 차이를 제외하면, 모든 인류의 유전자는 아주 비슷하다. 유전적 분산은 상대적으로 낮 은 편이다.

식이 불일치 가설을 지지하는 증거는 또 있다. 호모 사피엔스가 14만 년 전 에 등장한 이후, 지금까지 수렵채집인으로 약 6,000~7,000세대를 지냈다(호 모 에렉투스까지 포함하면 더 길다). 그러나 신석기 혁명 이후로는 고작 400~500 세대가 지났을 뿐이다. 11,000년은 140,000년에 비하면 적응이 일어나기에 짧은 기간이다. 물론 이는 신석기 이전 조상이 특정한 식이만 고집했다는 전제를 깔고 있다. 구석기의 환경은 기후 변화 등에 의해서 자주 변했고, 인류는 다양한 지리적 환경에서 살았기 때문에 인류는 비싼 뇌 조직을 감당할 수만 있다면, 다양한 식이에 적응하도록 진화했을 수도 있다. 그에 더해서 신석기 농경인의 식이와 생활 습관이 구석기 시대에 적합한 유전자와 잘 맞지 않았다면, 변화와 적응을 위한 선택압이 발생했을 것으로 추정할 수 있다(유당 내성이 전형적인 예다).

사실 신석기 혁명은 인구 수의 관점에서 보면 엄청난 성공이었다. 약 1만년 전 중동에서 신석기 혁명이 일어난 이후, 매년 1km의 속도로 농경이 방사상으로 전파되었다(Menozzi et al., 1978; CavalliSforza, 1993). 게다가 여러 증거에 의하면 이러한 전진은 '소집단 확산(demic diffusion)'을 통해서 일어났다. 즉 농경인과 수렵채집인 사이의 혼인을 통해서 농경 문화가 퍼져나갔다(Sokal et al., 1991). 신석기 혁명 이후 불량한 건강 상태에 대해 연구한 스트라스만과 던바는 다음과 같은 결론을 내렸다.

> 농경으로의 전환 과정을 연구한 결과, 적응과 부적응 간의 분수령이 있었다는 증거는 찾을 수 없었다(Strassman and Dunbar, 1999, p. 101).

농업 혁명 직후에 생식력은 증가되었을지 몰라도 건강은 향상되지 않았다는 것이다. 그럼에도 불구하고 게놈 지연 가설의 지지자들은 왜 부적응적인 유전자를 가진 인류가 지금까지 성공적으로 번식할 수 있었는지 답변을 해야만 할 것이다.

제II형 당뇨병이나 심혈관 장애, 비만은 대개 생애 후반에 문제가 된다. 따라서 식이 변화에 따른 건강 악화는 생식 연령 이후에 영향을 미치기 때문에 높은 선택압으로 작용하지 않았을 수 있다.

특히 인간이 건강하게 살기 위해서는 식이를 바꾸어야 한다는 주장에 이르면, 구석기 식이 가설에 대한 비판이 쏟아진다. 가벼운 유행 바람이 잠시도 잠잠해지지 않는 분야가 바로 식이 카운셀링 산업이다. 석기 시대 식이의 이점을 홍보하는 셀 수 없이 많은 책이 출간되고 있다. 『날씬한 네안데르탈인: 혈거인처럼 먹고 날씬하고 강하고 건강한 몸을 만드세요(Neander Thin: Eat Like a Caveman to Achieve a Lean, Strong, Healthy Body)』(2000)나 『대사적 인간: 에덴에서 쫓겨난 지 1만 년(Metabolic Man: Ten Thousand Years from Eden)』(2001)이 대표적인 예다. 이러한 책은 솔직히 너무 나갔다. 아직 우리의 선조가 무엇을 먹고 살았는지도 잘 모르고, 우리가 특정한 식이 습관에 완고한 적응을 한 것인지도 확실하지 않다. 더 큰 문제가 있다. 60억 명이 넘는 현대의 인구는 곡물 식이를 유지할 때만 감당할 수 있다. 설령 서구식 현대 식단이 우리 선조의 식단보다 좋지 않다는 결론이 내려진다 해도 우리 대부분은 지금처럼 먹고 살아야 한다.[04]

그럼에도 불구하고 현대인의 식이 습관이 건강에 좋지 않은 것은 사실이다. 하지만 그렇다고 해서 구석기 시절의 식단을 더 좋은 것으로 가정하고, 그대로 따라 하는 것이 답은 아니다(Katherine Milton, 2002). 정주 생활을 하는 현대인의 생활 방식에 비해서 너무 영양분이 과다한 고열량의 음식을 먹고 있는 것은 사실이지만, 그렇다고 빈약한 음식을 먹는 것이 답일까? 이는 진화적으로 보면 일종의 후퇴다. 에너지 섭취량과 신체적 활동량이 불일치한다고 하여 에너지를 줄이는 것이 유일한 답이 되는 것은 아니다.

3. 증례 연구 II: 진화적 견지에서 본 암

암의 기원

암의 기원은 최초의 다세포 유기체가 출현하던 수십억 년 전으로 거슬러 올라간다. 여러 세포를 가지게 되면서 두 가지 문제가 생겼다. 첫째는 세포 분

---

04 현재의 인구가 구석기 시대의 식단으로 돌아간다면, 육류 및 해산물, 덩이 줄기 식물, 꿀, 채소, 과일 등의 소비량을 감당할 방법이 없다.

화다. 어떻게 하나의 생식 세포에서 다양한 기능을 하는 여러 세포가 만들어질 수 있을까? 두 번째는 각 세포의 번식 경향을 조절하는 문제다. 만약 분화된 세포가 단세포 생물처럼 독자적인 분열을 감행하면 어떻게 될까? 이러한 문제는 세포가 줄기세포(stem cell)나 간세포(progenitor cell)로 분화하지 못하게 하면 해결할 수 있다. 간세포는 죽기 전에 제한된 횟수만큼 분열할 수 있는 세포를 말하고, 줄기세포는 사멸하지 않으면서 다양한 조직을 유지, 회복하는 데 필요한 여분의 세포를 만들어내는 세포를 말한다. 하지만 줄기세포나 간세포의 유연성은 생애 후반에 종양으로 발전할 위험성을 내포하고 있다(Werbowetski Ogilvie et al., 2012).

특히 인간은 암에 취약하다. 세 명 중 한 명꼴로 암에 걸린다. 이는 다른 동물보다 훨씬 높은 비율이다. 심지어 코끼리나 다른 유인원처럼 오래 사는 동물에 비해서도, 암에 너무 많이 걸린다(흥미롭게도 가축화된 종은 근연 야생종보다 암에 더 걸리는 경향이 있다). 최근 수십 년 동안 역학자, 종양학자, 유전학자 등은 암의 근연 원인을 찾아내는 데 큰 성과를 거두었다. 화학적 발암물질, 전리 방사선, 취약 유전자 등이다. 그러나 궁극 원인, 즉 우리는 왜 암에 취약한지에 대한 진화생물학적 해답은 아직 오리무중이다.

세포 수준 진화의 신속성

18장에서 빠르게 분열하며 변이를 일으키는 미생물이 인간의 건강에 대한 영원한 위협이라고 이야기한 바 있다. 최근 암을 마치 미생물에 의한 감염과 비슷하게 간주하려는 시도가 있다. 다만 암은 숙주가 가진 세포에서 시작한다는 점이 다를 뿐이다. 1976년 피터 노웰이 발표한 일련의 논문은 이제 암 연구의 이정표로 인정받고 있는데, 그는 논문에서 암을 진화적인 관점에서 바라봐야 한다고 주장했다. 노웰은 클론 복제의 과정을 성공적으로 설명, 예측했을 뿐 아니라, 의학적 치료에 대한 개인적인 반응 차이 및 치료 저항성의 진화

등에 대해서도 설명했다(Nowell, 1976). 이후 수십 년 동안 수많은 연구가 그의 주장을 지지하고 있다.

신생물의 보편적 특징 중 하나는 유전적 불안정성과 변이성이다. 주변 세포보다 적합도가 높은 체세포가 등장하면, 이 세포는 급속도로 분열하며 자손을 남기게 된다. 그래서 임상적으로 조기 발견과 조기 치료가 중요한 것이다. 초기에는 종양 이질성(heterogeneity)이 낮기 때문에 치료 저항성 클론이 있을 가능성도 낮다. 마치 항생제 내성 균주의 경우처럼, 돌연변이를 일으킨 클론은 항암 치료에 저항성을 보일 수 있다(Merlo et al., 2006). 또한 이런 이유로 각각의 환자는 개별화된 치료를 받아야 하는 것이다. 암에 관한 진화적 이해의 장점이 점점 널리 알려지고 있다. 메를로 등은 "종양 생물학자나 종양내과 의사에게 진화생물학이 반드시 필요하다"라고 주장하기도 했다(Merlo et al., 2006, p. 933).

제약과 타협

약 1%의 엑손 유전자(350개 이상)가 암세포의 출현에 기여하는 것으로 알려져 있다. 세포 분열이 한 번 일어날 때마다 DNA 복제의 오류가 생길 수 있다. 이는 DNA 처리 효소의 타고난 문제에 의해 일어날 수도 있고, 돌연변이원(mutagen)에 의해서 일어날 수도 있다. 단일 염기 변화의 돌연변이율은 체세포 기준으로 각 세대 각 염기당, 약 1.8×10^{-8}에서 2.5×10^{-8} 사이다(Nachman and Crowell, 2000; Kondrashov, 2003). 자연선택을 통해서 세포는 오류를 찾아내서 바로 잡는 기전을 진화시켰다. 하지만 이러한 과정이 완벽한 것은 아니다. 자연선택을 통해서 돌연변이율은 이득과 비용 간의 타협점에서 결정되었다고 볼 수 있을 것이다. 돌연변이가 좀 일어나면 다음과 같은 두 가지 이득이 있다. 첫째, 돌연변이는 진화적 변화의 재료다. 보다 유용한 적응이 일어나 자손에게 전달될 수 있다. 둘째, 과할 정도로 정밀한 복제에 드는 비용을 절감할

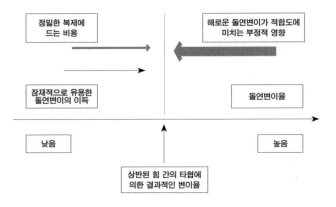

그림 19.7   세포의 변이율은 다른 방향을 향하는 두 힘의 타협에 의한 결과. 돌연변이를 완전히 배제하려면 비용이 많이 든다(큰 화살표). 게다가 약간의 돌연변이는 잠재적인 이득을 제공한다(작은 화살표). 이는 돌연변이가 누적될 경우 발생하는 적합도 감소에 의해서 균형을 이룬다(큰 화살표를 좌측으로 밀고 감). 출처: Sniegowski et al. (2000), Figure 1, p. 1056.

수 있다. 스니에코프스키 등에 의하면 두 번째 이익이 더 중요한데, 성적 재조합으로 인해 변이율 조절자(mutation-rate modifiers)의 효율이 떨어지기 때문이다(Sniegowski et al., 2000). 이에 대해서는 그림 19.7에 알기 쉽게 나타냈다.

 이러한 적응적 타협 및 세포 진화의 신속성에 의해 암이 생기게 된다. 신체는 두 가지 어려운 문제를 풀어내야 한다. 세포는 계속 분열하여 손상된 세포를 대체해야 하지만, 동시에 이런 과정에서 암을 일으키는 돌연변이의 위험성이 높아지게 된다. 이를 해결하기 위한 첫 번째 방법은 세포의 노화다. 즉 여러 번 복제된 세포는 예정된 죽음을 맞게 된다. 물론 이 방법을 사용하면 유기체 전체가 늙게 되고, 빠른 노화는 적합도를 떨어뜨리는 요인이 된다. 대안적 방법으로 세포 분열이 일어날 수 있다. 세포가 완전히 분화하기 이전에는 세포 분열을 많이 할 수 있도록 허용하는 것이다. 즉 줄기세포를 저장해 두는 것이다. 줄기세포는 미분화세포인데, 주로 골수에서 많이 발견된다. 회복과 보충을 위한 세포의 원천이다. 하지만 스스로 분열하는 세포를 몸 안에 저장해 둔다는

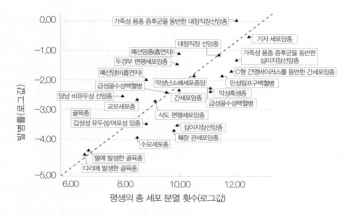

그림 19.8 평생의 줄기세포 분열 횟수와 해당 조직에서 암이 발생할 평생 확률. 상관관계는 log (y)=0.54 log (x) -7.747을 따랐다. 즉 R=1.8×10⁻⁶(N)⁰·⁵⁴인데, 여기서 R은 평생 위험률, N은 세포 분열의 횟수다. 출처: Tomasetti and Vogelstein (2015), Table 51.

것은 돌연변이의 위험성을 늘 안고 있는 것이나 다름없다. 상당수의 악성 종양 은 정상적인 줄기 세포의 분열 중에 시작된다(Beachy et al., 2004).

  빠르게 분열하는 줄기세포는 돌연변이에 취약하므로, 특정한 암에 걸릴 위험성은 암이 발생한 조직에서 줄기세포가 분열한 횟수와 상관관계를 이룰 것으로 추측할 수 있다. 토마세티와 보겔스타인의 연구에 의하면, 실제로 이 둘은 상관관계가 있었다(Tomasetti and Vogelstein, 2015). 일생 동안 특정 암이 발생할 위험성을 관련 조직에 있는 줄기세포의 평생 분열 횟수(줄기세포의 숫자와 연간 분열률을 곱하고 80년을 다시 곱했다)와 비교했다(그림 19.8). 상관계수(r)는 0.804였고, r²값은 0.65였다. 즉 약 65%의 암은 단지 확률적인 돌연변이에 의해서 발생하고, 오직 35%의 암만이 생활 습관이나 유전적 요인에 의해 발병한다는 것이다. 흥미롭게도 흡연자 중 폐암의 발병률은 일반적인 경향에서 기대되는 것보다 높았다(그림 19.8). 이는 흡연 습관이 폐암의 기저 발병률에 더해서 발암 가능성을 상당히 높인다는 뜻이다. 하지만 췌장암이나 소장암은 환경적 요인의 영향이 별로 없으며, 확률적으로 발병하는 경향이 더 높았다. 그래프의 위에 있는 폐암(흡연), 대장직장암, 기저암(피부암)은 정상적인 줄기세포 분열 동안 일어나는 무작위적인 돌연변이에서 예상되는 수준에 비해 더 높은 발병률을 보였는데, 이는 흡연과 식이, 자외선 노출의 발암 효과를 시사한다.

4. 증례 연구 Ⅲ: 정신장애

다른 장애와 마찬가지로, 자폐증이나 조현병, 다양한 우울장애 등의 정신장애는 가족성을 보인다. 이러한 현상을 개념화하기 위해서는 상대 위험도를 보는 것이 좋다. 가장 흔한 방법이 바로 람다(Lamda) s값을 구하는 것인데 다음과 같다.

람다 s=이환된 사람의 형제 혹은 자매에서 같은 장애의 발병률 혹은 위험도/ 일반 인구에서의 발병률 혹은 위험도

표 19.8에 몇몇 장애의 람다 s값을 나타냈다.

당뇨병은 물론 정신장애가 아니지만 특정한 상태가 유전적 경향을 가진다는 것을 보여주기 위해서 포함했다. 표를 보면 제I형 당뇨병이 제II형 당뇨병보다 더 높은 유전적 경향을 보인다는 것을 알 수 있다.

주의를 기울여서 통계치를 다루어야 한다. 당신의 형제가 조현병을 앓고 있을 때, 당신이 조현병에 이환될 가능성이 10배라고 해서 해당 질병이 명백한 유전성을 가진다는 의미는 아니다. 단지 당신의 형제와 비슷한 환경에 노출되었기 때문일 수도 있다. 혹은 환경적 자극에 특정 방식으로 반응하는 유전적 경향이 원인일지도 모른다. 그러나 유전적 요인이 있다는 것은 확실하다. 티에나리는 조현병에 이환된 어머니의 아이가 입양된 경우와 일반 어머니의 아이가 입양된 경우를 비교해보았다(Tienari, 1991). 각각 155명을 모아서 비교했는

장애	대략적인 위험률(람다 s)
자폐증	>75
제I형 당뇨병	20
조현병	10
양극성 장애	10
공황장애	5~10
제II형 당뇨병	3.5
공포 장애	3
주요 우울장애	2~3

출처: Smoller, J. W. and Tsuang, M. T. (1998) 'Panic and phobic anxiety : defining phenotypes for genetic studies/ American Journal of Psychiatry 155(9): 1152–62.; Maki, P., J. Veijola, P. B. Jones, G. K. Murray, H. Koponen, P. Tienari, and M. Isohanni (2005). 'Predictors of schizophrenia – a review.' British Medical Bulletin 73(1), 1–15.

데, 전자의 경우 10.3%의 아이가 조현병을 앓았지만, 후자의 경우 고작 1.1%에 불과했다.

1) 정신장애의 유전율

다양한 정신장애에 대해서, 일란성 쌍둥이, 이란성 쌍둥이, 형제자매 등 가족에서 발병이 얼마나 일치하는지에 대한 연구가 시행되었다(3장 참조). 높은 유전율 값은 환자와 일반인의 차이가 유전적 차이에서 기인한다는 것을 뜻한다.

바로 이것이 정신유전학의 미스터리다. 익히 알려진 여러 정신장애의 유전율은 상당히 높은데, 발병 연령을 고려하면 생식률은 상당히 떨어질 수밖에 없다. 어떻게 명백하게 해로운 대립유전자가 유전자 풀 안에서 유지될 수 있을까? 표 19.9는 일부 흔한 정신장애에 대한 여러 연구 결과를 요약한 것이다.

표 19.9의 데이터에 의하면 정신장애는 높은 사망률 그리고 낮은 생식률과 관련된다. 또한 일부 장애는 분명 높은 유전적 요인에 의해 발병한다. 조현병

표 19.9 몇몇 정신장애와 관련된 역학적 통계 값

장애	유병률 (%)	발병 연령 (중간 값)	사망률 (일반 인구 집단 대비)	생식률 (1 = 일 반인구 집단의 생식률)	유전율	부성 연령 효과 (아버지의 연령이 30세 이상일 경우, 10년 증가분에 해당하는 위험률)
자폐장애	0.3	1	2.0	0.05	0.90	1.4
신경성 식욕 부진증	0.6	15	6.2	0.33	0.56	–
조현병	0.70	22	2.6	0.40	0.81	1.4
양극성 정동장애	1.25	25	2.0	0.65	0.85	1.2
단극성 우울증	10.22	32	1.8	0.90	0.37	1

사망률과 생식률을 보면 해당 질병이 직접적인 번식적 적합도에 미치는 영향을 짐작할 수 있다. 유전율은 유전적 요인이 해당 질병의 발병에 얼마나 기여하는지를 말한다. 부성 연령 효과(paternal age effect)는 정자에서 발생하는 새로운 돌연변이의 효과를 말한다. 출처: a review by Uher (2009); and Cross-Disorder Group of the Psychiatric Genomics Consortium (2013).

이나 우울장애가 적응적이라는 주장은 이러한 데이터와 배치될 수밖에 없다. 조현병은 보통 사람보다 자식을 적게 낳는다(Avila et al., 2001). 양극성 장애와 조현병 환자의 친족이 높은 생식률을 보일 것이라는 주장도 있었으나, 실제로는 그렇지 않았다(Haukka et al., 2003). 게다가 정신장애인의 자식도 높은 이환율과 낮은 생식률을 보인다(Webb et al., 2006). 우울장애는 타인으로부터 도움을 유발하는 효과가 있다는 이른바 적응형 설명(adaptive-style explanation)이 제시된 적이 있으나, 실제로는 관계를 손상시킬 뿐 외부의 도움을 증대시키지는 못했다(Reich, 2003).

진화적 정신유전학의 핵심 문제는 정신장애의 높은 발병률과 높은 유전율, 낮은 적합도를 어떻게 설명할 수 있을지에 관한 것이다. 자연선택에 의해서 높은 적합도를 보이는 대립유전자의 빈도가 점점 늘어날 수밖에 없기 때문이다. 따라서 시간이 지나면 대부분의 좌위에는 특정한 대립유전자가 고정된다. 거의 단일한 종류의 대립유전자가 전체 유전자 풀에 확산되는 것이다. 1930년 대 피셔는 자연선택에 대한 연구에서 다음의 사실을 밝혔다. 적합도와 관련 된 형질의 유전적 변이는 낮아지는 경향을 보이며, 선택이 강할수록 유전적 변 이는 더욱 감소한다. 고정된 대립유전자의 집합은 종 특이적인 인간 게놈, 그 리고 다양한 환경에서 게놈의 발현 양상을 결정한다. 말하자면 인간의 본성이 다. 이러한 논리에 따르면 만약 정신장애를 유발하는 유전자가 역균형적 이익 (counterbalancing advantage)을 지닌다면, 모든 사람에게 나타나야 마땅하다. 만약 신경성 식욕부진증을 유발하는 유전자가 우리 선조들이 기아에 시달리 던 시기를 견딜 수 있게 해주었다면, 왜 유전율의 변이가 관찰되는지 설명할 수 없다. 모든 사람이 신경성 식욕부진증의 소인을 가지고 있다면, 유전율은 0 에 수렴해야만 하기 때문이다.

인간은 비교적 적은 수의 유전자(약 25,000개)를 가지고 있다. 여러 형질이 같은 유전자에 의해서 좌우되는 것이다. 유전자의 수가 적기 때문에 한 유전 자가 여러 형질을 결정하는 다면발현이 꼭 필요하다. 사실 필요한 정도가 아 니라, 보편적인 현상이다. 따라서 한 유전자가 한 형질에서는 적합도에 긍정적 효과를 보이지만, 다른 형질에서는 부정적 효과를 보이는 현상, 즉 길항적 다 면발현은 흔한 일이다. 그러나 시간이 흐르면 가장 높은 포괄적 적합도 효과 (전체를 가감한 최종 적합도)를 보이는 대립유전자가 정상형으로 고정된다. 다면 발현으로 정신장애를 설명하려면, 낮은 유전율이 전제되어야 한다. 그러나 정 신장애의 유전율은 상당히 높다.

정신장애의 보상적 이익에 대한 연구를 계속하고 싶다면, 일단 분명한 유전 적 장애와 외상을 연구한 결과부터 훑어보는 것이 좋겠다. 삼염색체 유전장애 (한 염색체가 세 벌 존재하는 장애)를 앓는 사람은 자폐장애나 조현병, 양극성 장애 의 증상을 많이 보인다. 또한 뇌 손상도 조현병이나 불안, 우울증 등과 비슷한 증상을 유발할 수 있다. 하지만 이러한 유전장애나 외상이 이득을 가지고 있으므로, 자연선택되었다고 할 수 있을까? 적응은 복잡하게 조율된 체계의 산물이다, 따라서 손상은 그러한 적응적 표현형을 감소시킬 수밖에 없다(컴퓨터를 십자드라이버로 마구 찍으면, 성능이 향상되기보다는 고장 날 확률이 훨씬 높을 것이다).

혹시 이형접합체 이득 현상이 이 딜레마를 해결할 수 있을까? 그렇지 않다. 만약 이형접합체 선호 현상이 광범위하게 일어나며, 아주 오랜 진화적 과거부터 존재했다면, 점점 동형접합체의 손해를 억제하도록 선택이 일어나기 때문이다. 예를 들어 유전자 교차를 통해 같은 염색체의 같은 팔에 대립유전자 A와 a가 자리를 잡는 식이다. 그러면 동형접합이 일어나도 여전히 서로 다른 이형접합체에 속하던 유전자를 안정적으로 물려줄 수 있다. 이렇듯 적응형 설명이 만족스럽지 않기 때문에, 최근 연구의 관심은 돌연변이의 역할에 집중되는 경향이다.

2) 돌연변이와 다유전자성 변이 선택 균형

돌연변이는 부모의 생식 계열 세포에서 새롭게(de novo) 나타난다. 거의 대부분의 돌연변이는 해로우며, 음성 선택을 통해서 제거된다. 이는 다음과 같다.

- m: 돌연변이율(mutation rate). 즉 한 세대에서 한 사람의 한 유전자에서 돌연변이가 나타날 확률.
- p: p는 변이형 대립유전자의 인구 집단 내 빈도
- s: 선택 계수(selection coefficient). 만약 s가 0이라면 적합도의 변화는 없음. 1이라면 돌연변이는 치명적이고, 전혀 자손을 가지지 못함. 예를 들어 0.3이라면 새로 변이가 일어난 유전형의 적합도 감소는 30%.

만약 돌연변이가 자연적으로 끊임없이 생겨난다면, 선택되거나 제거될 것이다. 유전자 풀 안에는 늘 제거될 돌연변이 유전자가 상존하게 된다. 결국 변이 대립유전자의 빈도 p는 안정적인 균형에 도달하게 된다(Keller and Miller, 2006).

$$p = m/s \text{ (변이가 우성일 경우)}$$
$$p = \sqrt{m}/s \text{ (변이가 열성일 경우)}$$

　모든 멘델 장애, 즉 돌연변이에 의한 장애의 누적적 빈도는 (일반 유전 장애에 비해서) 상당히 높은 편이다. 빈도는 약 2%에 이른다. 하지만 이렇게 높은 빈도는 유전자가 수가 25,000개에 달하기 때문이다. 만약 유병률, 즉 멘델 장애의 빈도가 5,000명당 1명에 불과하다면, 이는 변이 선택 균형(p=m/s)으로 설명할 수 있다. 정신장애의 역설이란 있을 수 없고, 적응적 설명이나 보상적 이익을 고려할 필요도 없다. 단지 질병은 변이율, 그리고 제거 속도의 균형에 의해 일어나는 현상이다. 이러한 과정은 왜 많은 멘델 장애(즉 단일 유전자에 의한)가 아주 드물게 발생하는지 잘 말해준다. 변이율은 아주 낮고, 어쩌다가 새롭게 나타난 해로운 변이는 유전자 풀 안에서 신속하게 제거된다. 따라서 켈러와 밀러의 주장대로 다윈주의적 접근을 하려면 특정 질병이 단일 유전자 변이 선택 균형(single-gene mutation-selection balance)에 의해 예상되는 것보다 더 흔한지 여부를 먼저 확인해야 한다(Keller and Miller, 2006). 그런데 단순한 멘델 장애와 비교하면 일부 정신장애는 무려 수백 배 이상 흔하게 나타난다(표 19.10). 즉 정신장애의 높은 유병률과 적합도 손실, 높은 유전율을 감안하면, 정신유전학적 미스터리는 여전히 풀리지 않는다.

　균형 선택은 양극성 장애나 조현병 등의 흔한 정신장애의 원인이 되기 어렵다. 이러한 정신장애에 걸린 사람은 개체의 적합도 손해가 막심하므로 길항적 이득이 있었다면 분명 쉽게 확인할 수 있을 것이다. 그러나 보상적 효과의

표 19.10 일부 흔한 정신장애와 멘델 장애의 비교

질병형	유전적 원인	미국 내 유병률
멘델 장애		
연골무형성난장이증 (chondroplastic dwarfism)	염색체 4번의 우성 돌연변이	0.002~0.003
아페르트 증후군 (Apert's syndrome)	염색체 10번의 우성 돌연변이	<0.001
흔한 정신장애		
조현병	불확실, 유전율은 약 0.8	0.7~1.0
양극성 장애	불확실, 유전율은 약 0.6~0.85	0.8~1.25

잘 알려진 멘델 장애의 유병률을 잘 알려진 정신장애와 비교하였다. 멘델 장애의 낮은 유병률은 단순한 변이–균형 모델(mutation–balance model)을 따르기 때문이다. 그러나 일부 정신장애의 유병률은 몇 배 이상 높은데, 진화유전학적인 수수께끼다.

경험적 증거는 거의 없다. 친족으로 범위를 넓혀도 마찬가지다. 그러나 대안적 이론이 켈러와 밀러에 의해 제안되었는데, 바로 '다유전자성 변이-선택 균형'이다(Keller and Miller, 2006). 이 모델에 의하면 정신장애는 최근 드물게 발생한 다수의 변이 클러스터에 의해서 유발된다. 보통 한 사람이 대략 500개의 돌연변이를 가지고 있는데, 상당수는 뇌 기능에 영향을 미친다. 개별적인 대립유전자 기능 부전은 아마 길항적 이득이 없을 테지만, 또한 선택압도 약해서 잘 제거되지도 않는다. 다시 말해서 정신장애는 늘 역기능적이었고, 어떤 긍정적인 측면도 없었다는 것이다. 장애의 양상은 연속선 상에 위치하게 되고, 전형적인 멘델 장애의 유전 방식을 따르지도 않는다. 연구자들에 의하면 정신장애는 단일한 범주가 아니다. 진단적 편의나 역사적, 사회적 전통에 따라서 여러 상태가 하나의 장애로 뭉뚱그려지고, 꼬리표를 붙이려는 이의 인지적 편향이 더해지며, 더욱이 실제 존재하는 다양한 취약성 대립유전자의 혼합이 합쳐진 것이라고 주장한다. 이런 측면에서 보면 정신장애는 명확한 '자연적 상태'

가 아니라 일부 공통점을 공유하는 표현형을 모두 포괄하는 애매한 우산 개념 (umbrella concept)이다.

조현병을 유발하는 유전적 요인이 드문 변이에 의한 것인지, 혹은 흔한 변이에 의한 것인지, 아니면 이 둘의 혼합적 결과인지에 대한 유전학자 사이의 학문적 논쟁이 최근 뜨거워지고 있다. 국제 조현병 컨소시엄에서 주관한, 8,008명의 조현병 환자와 19,177명의 비조현병 일반인을 대상으로 한 대규모 연구에 의하면, 조현병과 양극성 장애는 수천 개의 흔한 대립유전자가 관여하는 다유전자성 장애다. 각각의 대립유전자는 아주 작은 효과만을 가지고 있다(Purcell et al., 2009). 이러한 대립유전자의 대부분은 SNPs이지만, 일부 큰 효과를 가진 드문 변이가 발병에 관여하기도 한다.

다유전자 모델을 지지하는 다른 증거도 있다. 양극성 장애와 조현병, 그리고 자폐성 장애와 단극성 장애는 서로서로 높은 수준의 동반 이환율을 보인다. 이러한 관련성은 각각의 장애가 다양하게 중첩된 대립유전자 결함에 의해 일어나기 때문이다. 다른 모델로는 설명하기가 어려운 현상이다.

3) 새로운 변이와 부성 연령 효과

표 19.9에 의하면 부성 연령이 증가할수록 유전적 질환이 늘어나는 것을 알 수 있다. 이는 유전적 변이 혹은 돌연변이가 최근에 일어난 것인지 아니면 오래전에 일어난 것인지를 예측하게 해주는 중요한 데이터다. 물론 그 자체로 특정 유전자의 진화적 의미를 짐작하게 해줄 수도 있다. 만약 특정 유전자의 유래를 고대로 거슬러 올라갈 수 있다면 자연선택의 탈선택 효과에 대한 어느 정도의 저항성을 가지고 있다는 뜻이다. 즉 어떤 역균형적 이득을 가지고 있을 것이다. 예를 들면 길항적 다면발현이나 이형접합체 이득 모델 등이다. 그러나 어떤 변이가 비교적 최근에 생겨난 것이라면, 아마도 일정한 속도의 새로운 변이가 인간의 유전자 풀에 들어오고 있다는 이야기다. 궁극적으로 바람직하

지 못한 대립유전자의 제거 속도가 생성 속도와 같아지면, 인간 게놈에는 중등도의 해로운 변이가 늘 어느 정도 지속될 것이다. 그러면 부성 연령 효과로 변이가 최근에 발생한 것인지 혹은 오래전에 발생한 것인지 도대체 어떻게 추정할 수 있는 것일까? 답은 세포 분열에 동반하는 변이율(rate of mutation)에 있다. 사춘기에 이르면 여성의 생식 세포는 더 이상 분열하지 않는다. 여성은 약 500개의 난자를 가지고 앞으로의 생식을 준비한다. 그러나 남성의 생식 세포는 매년 23번의 분열을 거듭하며 매초마다 1,000~3,000개의 정자를 생산한다. 분열을 할 때마다 돌연변이가 나타날 가능성이 있다. 따라서 변이의 위험성은 아버지의 나이에 따라서 점점 증가한다(Crow, 2003, 2006). 즉 아버지 나이 증가에 따라서 새로운 변이가 증가하는 정도를 추정하여 유전 장애의 발생 빈도를 예측할 수 있는 것이다. 이를 표 19.9에 요약했다.

부성 연령 효과는 사실 1912년에 처음 발견되었다. 독일의 산부인과 의사였던 빌헬름 바인베르크(Wilhelm Weinberg)는 무연골증을 유발하는 환아가 주로 나이가 많은 부모의 자녀라는 사실을 눈치챘다. 빌헬름 바인베르크는 하디-바인베르크 법칙의 바인베르크와 동일 인물이다. 심지어 바인베르크는 무연골성 소인증이 새로 일어난 돌연변이라고 주장하는 천재성을 보였는데, 당시는 유전 이론이 제대로 정립되지도 않은 시기였다. 1955년 라이오넬 펜로즈(Lionel Penrose)는 부성 연령이 무연골증과 상관관계를 가진다는 사실을 입증했다(Harris, 1974). 오늘날 정자에 돌연변이가 누적되는 기전이 잘 밝혀졌다. 그래서 많은 나라에서 정자 공여자는 41세 이하로 제한하고 있다.

정자의 돌연변이 취약성은 왜 미토콘드리아가 오직 여성 생식 세포를 통해서만 내려가는지도 설명해준다(그림 5.8). 여성의 난자는 출생 시에 형성된 이후, 지속적인 분열을 겪지 않는다. 미토콘드리아는 총 13개의 유전자를 가지고 있는데, 유성생식을 통해서 변이가 제거되거나 보완될 방법이 없다. 따라서 미토콘드리아는 돌연변이에 아주 취약하다. 고작 13개의 '중요하지 않은' 유전자만을 가진 이유일 것이다. 중요한 유전자는 이미 핵으로 합입되었다고 추정한다. 정자를 만드는 생식 세포의 유전자는 지속적으로 분열하면서 심각한 수준의 돌연변이가 유발될 것이다. 그래서 정자의 미토콘드리아는 제거되어, 수정란 안으로 들어가지 못한다(Lane, 2015).

여기서 표 19.9로 돌아가보자. 자폐증과 조현병의 강력한 부성 연령 효과를 볼 때 아마도 새로 발생하는 변이가 주요한 원인인지도 모른다. 그러나 단극성 우울장애의 부성 연령 효과는 낮은 것으로 보아, 우울장애는 좀 다른 원인 기전을 가졌을 것으로 추정할 수 있다. 또한 관여하는 대립유전자의 숫자도 중요하다. 만약 예를 들어 정신장애가 작은 효과를 갖는 새로 나타난 수많은 결합 대립유전자에 의해 유발된다면 아주 작은 선택 효과만을 가질 것이다. 따라서 해당 장애가 지속되는 이유는 양성 효과와는 무관할 가능성이 높다. 시포스 등은 조현병의 약 15~25%가 부성 연령 효과에 의해 일어난다고 추정했다(Sipos et al., 2004).

다양한 정신장애에 미치는 부성 연령 효과는 우허 등이 잘 정리했고, 표 19.9에 요약된 결과는 아이슬란드의 78가족을 대상으로 한 연구에서도 지지 받고 있다(Uher, 2009, Kong et al., 2012). 공 박사 등은 아버지, 어머니, 자식의 삼각 집단에 초점을 맞추어, 새로운 점 돌연변이(SNP)의 발생률을 평가했다. 무려 219명의 게놈 서열을 모두 조사한 엄청난 연구였다. 78명의 아이에게서 총 4,933개의 새로운 돌연변이를 찾아냈는데, 여기서 '새로운'이라는 기준은 부모에게 없고 자식에게만 나타난 염기 서열을 말한다. 한 명당 평균 63개의 새 돌연변이가 생긴 셈이다. 모집된 연구 대상자의 상당수는 자폐증이나 조현병을 앓고 있는 아이를 가졌지만, 가족력은 없는 경우였다. 30세 아버지의 평균 돌연변이율은 대략 각 세대에서, 각 뉴클레오타이드당 1.2×10^{-8}개다(상자 3.1). 게다가 돌연변이의 숫자는 부성 연령의 증가에 따라 선형으로 증가한다(표 19.9). 이러한 경향을 해석할 때는 주의가 필요한데, 왜냐면 아버지

의 나이가 증가하면 보통 어머니의 나이도 증가하기 때문이다(이 연구에서는 r =
0.89였다). 어머니도 새로운 돌연변이의 발생에 기여할 수 있다. 그러나 다중 회
귀 분석을 시행한 결과 모성 연령과 돌연변이 빈도의 상관도는 유의하지 않았
고(p=0.49), 부성 연령과 돌연변이의 빈도만 높은 수준의 상관도를 보였다(p
<0.001).

　　연구진은 특히 변이가 아버지 혹은 어머니 쪽인지 확인하는 것을 허용한 다
섯 가족을 따로 조사했다. 환자에게 발생한 돌연변이 중 평균 55개가 아버지
로부터 유래했고, 14개가 어머니에게서 온 것이었다. 더욱이 아버지 유래의
돌연변이는 연령에 따라 증가했지만, 어머니 유래의 돌연변이는 상대적으로
일정하게 유지되었다(그림 19.9).

　　그림 19.10에 1964년부터 1976년까지 예루살렘에서 태어난 87,907명을
대상으로 한 대규모 연구 결과를 요약했다(Malaspina et al., 2001). 연구에 따르
면 오직 부성 연령만이 자식의 조현병 위험률의 유의한 예측 인자였다. 다른
인구 집단에 대한 후속연구에서 이러한 연령 효과는 조현병의 가족력과는 무
관했다. 다시 말해서 조현병의 가족력이 있는 경우, 결혼을 미루는 경향과는
상관없었고, 산발적 발병과 연결되는 것으로 나타났다. 즉 부성 연령 효과는
점 돌연변이와 관련된다는 이야기였다.

　　변이율과 부성 연령의 강한 상관관계로 보아 유전적 원인이 의심되는 질병
의 발병이 점점 높아지는 추세도 설명할 수 있을 것으로 보인다. 물론 장애의
발병은 다양한 변수의 영향을 받는 복잡한 현상이다. 그러나 변이율에 관한 연
구로 보아 최근 서구 국가에서 유전적 요소가 작용하는 일부 질환이 증가하는
경향은 부모의 연령이 점점 증가하기 때문인지도 모른다. 서구 국가에서 첫째
아이를 낳는 연령은 점점 높아지고 있다.

　　다유전자 모델(polygenic model)은 행동에 대한 팡글로스식 접근, 즉 어떤
이상한 행동 패턴이 사실은 양성 선택의 산물이라는 식의 억지 해석을 피하게

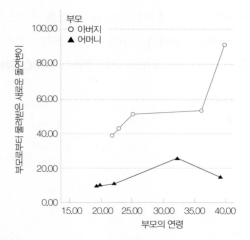

그림 19.9 아이슬란드의 다섯 가족을 대상으로 한 부모 나이와 부모 유래의 돌연변이 비율. 출처: Kong et al., 2012.

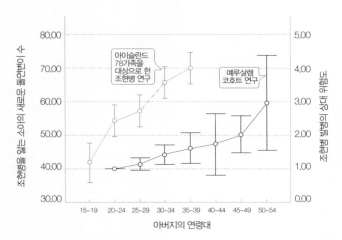

그림 19.10 조현병 발병에 미치는 강력한 부성 연령 효과에 대한 두 가지 연구. 좌측의 y축은 부성 연령에 대한 자식의 새로운 점 돌연변이의 숫자를 말한다. 아이슬란드에 사는 78가족에서 조현병을 진단받은 21명의 아이를 대상으로 하였다. 우측 y축은 예루살렘의 연구 결과에서 자녀의 상대적 위험성이 부성 연령에 따라 얼마나 증가하는 것인지를 본 것이다(20~24세 연령 집단의 위험성을 1로 잡았다). 오차 막대는 95% 신뢰 구간을 말한다. 출처: 좌측 그래프— Kong et al., 2012의 그림 2, 우측 그래프— Malaspina et al., 2001의 표 1의 데이터.

해준다. 사실 우리는 모두 크건 작건 어느 정도 돌연변이를 가지고 있다. 이러한 돌연변이가 모이는 정도에 따라 부적응적 행동의 심각도가 스펙트럼 상에 배열되는 것이다. 임상적인 기준을 넘는 순간, 우리는 장애를 '앓는다'고 말한다.

9부

더 넓은 맥락

Evolution
and
Human Behaviour

문화의 진화

PART 20

유전자와 밈

이 세상 모든 사람은
언젠가는 죽어야 한다.
그렇다면 이 두려운 운명에 맞서 싸우는 것보다
더 의미 있게 죽는 방법은 없다.
아버지의 유골과 신들의 전당을 위해서.
토머스 매클레이, 『고대 로마의 민요: 호라티우스』, 1842년

매클레이의 유명한 문장은 우리에게 알려준다. 인간은 자신의 신앙과 전통에 큰 의미를 부여하는 존재다. 간단히 말해서 문화는 개인을 집단에 결속시키고, 우리 집단을 다른 집단과 분리시키는 힘이 있다. 또한 인간을 영웅으로도 만들고, 악마로도 만드는 원동력이다. 분명한 사실은 인간이 이룩한 주요한 성취 대부분은 고작 지난 만 년 사이에 일어났다는 점이다. 인간을 동물과 구분해주는 이러한 성취는 생물학적 진화에 의한 것이 아니라, 문화에 의해 이루어졌다는 것도 사실이다. 사실 우리의 유전자는 구석기 시대를 살던 조상들의 유전자와 크게 다르지 않다. 하지만 우리의 문화는 믿을 수 없을 정도로 진보했다. 이 둘의 변화 양상은 아주 달랐다. 문화적 변화의 복잡성으로 인해, 문화적 진화와 유전적 진화 간의 관계를 정립하는 것은 그리 쉬운 일이 아니다. 수많은 모델을 동원해서 복잡하게 얽힌 관계를 조금씩 풀어가고 있을 뿐이다. 이 장에서는 이 문제에 대해서 간략하게 짚어보고자 한다.

1. 문화의 모델

진화심리학이 인간의 문화에 대해서 뭔가 할 말이 있다면, 일단 문화가 무엇인지부터 정의하는 것이 필요하다. 문제는 문화라는 용어가 너무 많은 의미를 담고 있다는 것이다. 예술과 문학을 다루는 역사가에게 문화는 도덕적으로 개선되어 전진해가는 그 무엇을 표상한다. 인류학자에게 문화는 사회에서 공통적으로 발견되는 믿음과 가치의 구조이다. 생물학자에게 문화는 사회적 학습을 통해 전해 내려가는 그 무엇이다. 이 책에서 말하는 문화(culture)의 정의는 인간의 게놈에 저장되어 다음 세대로 내려가는 것, 즉 유전자와는 다른 정보(지식, 이념, 믿음, 가치)를 말한다. 그렇다고 해서 문화에 대한 진화적 접근이 처음부터 불가능하다는 뜻은 아니다. 문화의 세세한 부분은 분명 게놈에 의해 좌우되지 않는다. 하지만 우리가 만드는 문화의 형태나 문화가 제공하는 기능은 원칙적으로, 우리의 유전자에 의해 좌우된다. 물론 이러한 입장에 대해서는 성대한 반박이 넘쳐나며, 어느 것도 쉽게 무시하고 지나칠 수 없는 반박이다. 사실 문화에 대한 어떤 정의도 모두를 만족시킬 수는 없다. 아이언즈 등 다윈인류학자들은 좀 더 현상학적인 입장을 취하면서, 문화를 정신적 구성물이 아니라 행동을 통해서 접근하려고 한다. 이런 접근법은 관습이나 믿음과 같은 정신적 구성물은 오직 행동으로 발현될 때만 생물학적 의미를 가질 수 있다는 논리에서 시작한다(Irons, 1979). 물론 이 정의는 문화를 설명하기 위해 고안된 다양한 종류의 진화적 모델에 좀 더 잘 들어맞는다. 하여간에 행동도 사회적 학습을 통해서 전해질 수 있다.

문화와 진화의 관계를 고찰할 때는 몇 가지 핵심적 질문이 있다. 문화 유전의 단위가 무엇인지, 어떤 과정이 문화적 전파와 진화에 개입하는지, 그리고 문화적 진화와 생물학적 진화는 어떤 관계를 맺는지에 대한 질문이다.

이러한 질문에 답하기 위해 수없이 많은 모델이 제안되었다. 지나친 단순화라는 위험을 무릅쓰고, 지금까지 제안된 모델을 다섯 개의 범주로 나누어 논의하도록 하겠다. 이 다섯 개의 범주는 긴 스펙트럼 상에서 서로 다른 위치를 차지하고 있다(그림 20.1). 문화의 자율성을 강조하는 모델은 우측에, 그리고 문화적 진화와 유전적 진화의 강한 연결성을 강조하는 모델은 좌측에 놓여 있다. 문화는 완전히 자율적이라는 주장을 제외하면, 다른 모델은 서로 어느 정도 겹치는 부분이 있으며, 각 범주의 본질적인 차이는 각각의 모델이 강조하는 특징이나 과정의 차이에 불과하다.

강한 유전자 – 문화 관련성 ◀━━━━━━━━━━━━━━━━━━━━━▶ 약한 유전자 – 문화 관련성

확장된 표현형 모델	유전자-문화 공진화	이중 유전 모델	밈의 진화로서의 문화	자율적 문화
문화는 생물학의 확장이다.	유전자와 문화는 같이 진화한다. 종종 문화는 유전적 선택을 유발하며, 반대로 유전자가 문화의 변화를 유발하기도 한다.	문화는 유전자의 전달과 비슷한 방식으로, 그러나 독립적으로 진화된다. 심리학적 경향이 유전되며, 이를 통해서 사회적 혹은 생물학적 세계에 대한 적응적 해결책을 마련한다.	문화적 정보 및 인공물의 단위가 자연선택된다. 밈은 정적 생물학적 효과를 유발할 수도 있지만, 효과가 없거나 혹은 부적 효과가 일어날 수도 있다.	문화는 생물학적 분석의 대상이 될 수 없다. 문화가 생물학과 관련되는 경우는 문화가 인간 본성에 영향을 미치는 경우뿐이다.

그림 20.1 유전자-문화 상호관계 모델의 스펙트럼

2. 문화는 자율적이다

이 모델은 지난 1만 년간 유전적 변화가 거의 일어나지 않았음에도 불구하고, 문화에는 엄청난 변화가 일어났다는 사실에 기초하고 있다. 또한 전 세계적으로 엄청나게 많은 종류의 문화와 행동 양식이 분포하고 있지만, 유전적 차이는 거의 없다는 사실로 이러한 주장을 뒷받침한다(현대 유전학 연구 결과에 따르면 인간의 유전적 다양성은 침팬지보다 낮은 수준이다). 생물학적 진화와 문화적 진화 간에는 어떤 연결점도 없다는 것이다. 문화는 자체의 발전 법칙이 있으며, 이 법칙은 아직 잘 밝혀지지 않았지만, 인문학과 사회 과학을 통해 가장 잘 다뤄

질 수 있다고 주장한다. 즉 진화생물학자는 이 분야에서 정중하게 물러나, 한 세대의 문화적 성취가 다음 세대로 전달되어가는 라마르크식 문화의 진화를 지켜보라고 지적한다. 문화에 대한 초기의 정의에 따르면, 문화는 게놈 안에 있는 것이 아니다. 여러 문화적 변화는 적합도와 무관하며, 예를 들어 패션이나 스타일의 변화 등은 문화 이론을 사용하여 사회적으로 접근할 때 가장 잘 이해할 수 있다는 이야기다. 게다가 일부 문화적 관습은 부적응적이다. 수사나 수녀의 순결이 적합도를 향상시킨다고 보기는 어렵다. 그런데 어떻게 문화가 인간 본성의 보편성을 반영할 수 있겠냐는 것이다.

이 입장을 지지하는 이들은 종종 문화가 인간 본성과 행동의 일차적 결정 요인이라고 주장한다(투비와 코스미데스는 이를 표준 사회 과학 모델이라고 하였다. 1장 및 2장). 우리는 양육에 의해서 빚어지고, 우리의 행동은 우리 주변의 문화적 규준을 반영한다. 이러한 접근은 프랑스의 사회학자 에밀 뒤르켐(Emile Durkheim, 1858~1917)이 주창했는데, 그는 범죄나 자살과 같은 사회적 현상을 개인 심리와 구분하려고 노력했다. 뒤르켐의 유명한 말에 따르면, 사회적 사실은 다른 사회적 사실을 통해서만 설명될 수 있다.

그러나 이 모델은 진화적 사고의 힘을 너무 무시했다. 문화는 인간의 마음에 의해 만들어지며, 인간의 마음은 선택에 의해 빚어진다. 인간은 복잡한 문화 속에서 (최소한 인구 기준으로 보면) 유례없이 번성하고 있으며, 그런 점에서 문화는 적합도를 향상시키는 것으로 보인다. 게다가 하나의 사회적 사실은 다른 사회적 사실로만 설명할 수 있다는 뒤르켐의 주장은 순환논리이다. 이런 논리라면 처음에 사회적 사실이 어떻게 생겨났는지 설명할 길이 없다. 경험이 우리의 행동을 빚는 것은 분명한 사실이지만, 무작위적으로 일어나지는 않는다. 경험은 생물학적 매질(뇌나 신체) 위에서 작동하며, 뇌는 기본적으로 사회적 소프트웨어라기보다 생물학적 하드웨어라고 할 수 있다. 신체 반응에 대한 비유를 들어보자. 운동을 하면 근육이 커진다. 작아지는 일은 일어나지 않는다. 역시

적응적인 이유에서 근육이 발달한다. 근육을 많이 쓰면, 발달이 촉진되는 것이다. 여기서 중요한 것은 경험의 효과가 조건에 따른 반응이라는 점이다. 조건화와 연합을 통해서 경험으로부터 학습하는 방법은 계통학적으로 타당한 지역적 생태에 적응할 수 있도록 설계된 타고난 능력이다. 이 능력을 가지고 우리는 경험을 하면서 적절한 행동적 조율을 이루어 내는 것이다. 1장에서 언급한 것처럼, 우리는 경험이 일어나기 전부터 이미 타고난 학습 편향과 경향성을 가지고 있다.

이러한 비판에 더해서, 인간은 환경적 혹은 문화적 신호에 반응하여 행동의 미세하고 신속한 조절을 이루는 능력을 가지고 있다는 점도 다시 분명히 해두자(7장, 8장).

3. 자연선택된 밈으로서의 문화적 진화

1) 밈

모든 모델 중에서 가장 혁명적인 모델이다. 유전자 같은 물질적 수단 없이 (문화의 산물인) 생각의 세계가 다윈주의적 방식으로 진화한다는 것이다. 이 모델의 논리를 이해하려면, 다윈주의적 선택 및 진화가 작동할 수 있는 몇 가지 최소 조건에 대해 고려해야 한다.

1. 세상에 자기 복제가 가능한 독립체가 존재한다.
2. 복제 과정은 완벽하지 않으며, 오류와 변형이 발생한다. 복제본은 원본과 완전히 동일하지 않을 수 있다.
3. 독립체의 복사본의 수는 독립체의 구조 및 외부 세계와의 상호관계 방식에 따라 결정된다.
4. 한정된 자원, 공간의 부족 등으로 인해서 각 독립체는 상이한 번식 성공률을 보인다.

이 네 가지 조건이 성립하면, 다윈식 진화가 일어날 수 있다. 여기서 말하는 독립체는 물론 DNA 가닥이 아니다. 우리 행성에 존재하는 분자적 구조물과는 완전히 다르다. 놀랍게도 이 독립체는 사실상 물리적 실체도 없다. 바로 뇌 사이를 이동하며 존재하는 생각(idea)이다.

도킨스가 이런 생각을 처음 한 것은 아니다. 그러나 도킨스는 이러한 생각을 선택주의자의 용어를 사용하여 강력하게 밀고 나갔고 인간의 뇌 안에서 복제되는 문화 혹은 생각의 단위에 밈(meme)이라는 이름을 붙였다. 비유를 들면 밈에 대해서 잘 이해할 수 있을 것이다. 일단 밈은 숙주 사이를 이동하는 기생체처럼 뇌 사이를 이동한다. 우리는 밈을 부모로부터 수직적으로 물려받고, 다른 사람에게 수평적으로 전달할 수 있다. 부모로부터 받은 훈육이나 또래 사이의 유행이 그 예이다(상자 20.1). 일부 밈은 정말 기생적이다. 숙주나 숙주의 유전자 생존에 악영향을 미치기도 한다. 순결이나 독신주의, 고귀한 이념을 위한 자기 희생 등은 모두 숙주의 생물학적 성공을 방해하는 밈이다. 밈만 생존할 수 있다면, 숙주의 생존 따위는 밈의 관심사가 아니다. 만약 자기 희생이 의로운 행동으로 기려지게 되면, 다른 사람이 이 밈에 영향을 받게 된다. 밈은 생존할 수 있다. 그러나 많은 밈은 상리공생적이다. 숙주의 이익을 돕는 방법으로 자신의 복제를 보장받으려고 한다. 대표적인 예가 위생에 대한 기본적 원칙이나 패션 소품의 사용법, 질병 회피 등이다. 근친상간 회피는 유전자와 밈의 목적이(웨스터마크 효과가 유전적 발달 프로그램에 기반하고 있다면) 동일한 경우다. 근친상간에 대한 터부는 유전자 기반의 근친상간 회피 기전을 강화하는 밈이다.

밈은 단독으로 존재할 수 없다. 예를 들어 이타성 밈은 다른 밈, 즉 밈에 이득을 주는 밈과 연결된다. 수전 블랙모어는 밈의 조합을 '밈복합체(memeplex)'라고 하였다(Susan Blackmore, 1999). 도킨스 등이 이야기한 종교 시스템은 밈복합체라고 할 수 있다. 밈복합체에는 엄격한 복종 규칙이 있으며, 이들은 촉진자(enhancer)와 위협(threat) 전략을 병행하여 이용한다. 예를 들어 촉진자는

밈의 전파

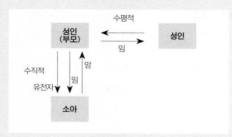

밈(m)은 부모로부터 수직적으로 전달될 수도 있고, 다른 사람에게 수평적으로 전달될
수도 있다.

- 수직적 전파: 세대 간 전파가 일어날 때, 밈은 유전자(g)를 동반한다. 초기 전통문
  화에서는 밈과 유전자가 서로 협력해서 시너지 효과를 냈는데, 이는 현대에도 지속
  되고 있다. 피임하지 말고, 자녀를 믿음 속에서 키우라는 가톨릭 신앙과 관련된 밈
  은 밈뿐 아니라 밈이 소속된 유전자의 전파도 돕는다. 즉 사회생물학적 설명과 밈
  적 설명이 동일한 결과를 낳는 경우다.
- 수평적 전파: 수평적 전파에서는 유전자가 밈을 동반하지 않는다. 생물학적 측면
  에서는 밈이 적합도를 떨어뜨리는 경우도 있다. 직업이 아이보다 중요하다는 밈
  은 생물학적 적합도를 떨어뜨릴 것이다. 그러나 모방을 통해서 이러한 밈은 번성
  할 수 있다. 순결에 대한 열렬한 헌신은 아주 성공적일 수 있다. 비록 유전자 복제
  에는 실패하지만, 모든 생물학적 에너지를 순결이라는 밈의 복제를 위해서 사용
  하기 때문이다.

생물학적으로 무관한 개인 간의 수평적 전파 및 부모와 자식 간의 수직적 전파가 있다
는 것을 알 수 있다. 밈에 대한 연구는 주로 어떻게 부모로부터 문화적 가치를 전수받
는지, 그리고 집단의 구성원 간의 사회적 기술과 언어 등의 형질이 어떻게 전파되는지
를 밝히려는 것이다(Mesoudi et al., 2004).

덕목을 어필하여 밈을 널리 퍼트리는 것이다. '자비한 자는 행복하다. 그들이 자비를 입을 것이다(마태오 5장 7절)'와 같은 것이다. 광고 슬로건은 촉진자와 관련된 밈으로 가득하다. '하루 한 개의 마스 초콜릿은 당신의 즐거운 일과 휴식을 보장합니다(Mars a day helps you work, rest and play)'라는 성공적인 슬로건은 마스 초콜릿을 먹어서 얻는 이득을 홍보할 뿐 아니라, 리듬과 각운을 사용해서 우리의 신경 회로에 잘 들어오도록 고안되어 있다.[01]

2) 자연선택과 인공물

생물학적 변이체의 경쟁은 주로 제한 자원을 두고 일어난다. 먹이, 공간, 영토, 짝 등이다. 비유를 들면 단일한 인간의 뇌(혹은 문화적인 물리적 객체가 머무는 집)는 모든 문화적 변이체를 다 담을 수 없다. 생각이나 음악, 가치, 단어, 지식 등 무형의 객체는 마치 가재도구나 가전제품과 같은 물리적 객체가 집안 내의 공간을 차지하기 위해 경쟁하듯이, 서로 뇌 안에서 자리를 잡으려고 경쟁한다. 따라서 경쟁에서 살아남은 것은 더 잘 적응한 것이라고 말할 수 있다. 흡연과 같은 문화적 인공물과 관습은 유기체의 관점에서 보면 부적응적이다(흡연은 조기 사망을 유발한다). 그러나 이러한 관행은 지속되고 수평적, 수직적으로 전파된다. 담배의 입장에서 보면, 스스로 구입되고, 사용되고, 교체되는 일을 보장하는 효과적인 전략을 가지고 있다고 해야 할 것이다. 마치 바이러스와 비슷하다. 자신의 전파를 이용해서 숙주를 조작하는 것이다.

그러나 앞에서 언급한 것처럼 여러 문화적 변형은 생물학적인 측면 및 문화적 측면에서 적응적 가치를 가지고 있다. 밈이라는 개념은 럼스덴과 윌슨이 제시한 '문화유전자(culturegen)'와 비슷한 면이 있다(Lumsden and Wilson, 1981). 이들은 일부 문화유전자가 음식 금기나 음식 처리 기법 등과 관련되어 생물학

---

01 마스(Mars)는 인기있는 초콜릿바 브랜드

적 적합도를 향상시켜주는 기능이 있다고 주장했다. 만약 어떤 동물이 사람에게 기생충을 옮길 가능성이 있다면, 그 동물이 부정하다는 믿음은 위생적인 차원에서 건전한 것이다. 또한 음식을 가공하는 특별한 기법은 기생충 감염에서 보호해주는 효과가 있을지도 모른다. 예를 들어 박테리아가 잘 자랄 수 있는 더운 지방에서 매운 음식이 널리 퍼진 것은 우연의 일치가 아니다. 마늘이나 고추와 같은 향신료는 항균 기능이 있다. 셔먼과 빌링은 36개국 4,578종의 육류 요리법을 조사해보았다. 연평균기온이 올라갈수록 항균 효과를 가진 향신료가 들어가는 전통 음식의 비율이 높아졌다(Sherman and Billing, 1999). 셔먼과 빌링은 채소 요리에는 이런 경향이 두드러지지 않을 것으로 예상했다. 세균과 곰팡이는 죽은 식물보다는 죽은 동물에서 더 잘 번식하기 때문이다. 그래서 후속 연구를 통해 36개국 2,219종의 채소 요리법을 조사하였다. 더운 지방에서 향신료의 사용이 증가하기는 했지만, 육류 요리보다는 덜 두드러지는 경향을 보였다. 그리고 채소 요리에 사용되는 향신료는 육류 요리에 비해 덜 매운 종류가 주로 쓰인다는 것을 밝혀냈다(Sherman and Billing, 2001).

하지만 밈은 기발하고 재미있는 비유에 불과한 것은 아닐까? 문화의 진화를 이해할 수 있도록 도와주는 검증 가능한 가설을 제시할 수 있는 개념일까? DNA와의 유비적 설명도 완전한 것은 아니다. 분명하게 구분되며 서로 섞이지 않는 유전이 가능해야 자연선택이 일어날 수 있다. 게놈에 일어난 새로운 변화가 다른 유전자와 그냥 섞여버린다면, 참신한 돌연변이는 금세 사라지고 진화는 중단된다. 그러나 밈은 DNA에 담긴 정보와 달리 서로 섞이고 융합된다. 유전자가 보편적 언어를 가지고 있는 것과 달리, 뇌 안의 밈은 같은 언어를 사용하지 않는다.

다른 심각한 문제가 있다. 왜 일부 밈은 성공적으로 복제되는데, 일부 밈은 잊혀질까? 위장색과 같은 자연적 형질에서는 왜 특정한 유전자가 선택될 수밖에 없는지 쉽게 알 수 있다. 그러나 밈의 선택은 그렇게 분명하게 드러나지 않는다. 왜 1970년대 초반 나팔바지 밈이 확 늘어났다가 80년대에 퇴조하고, 다시 90년대 후반 부분적으로 부활한 것일까? 이러한 현상은 모방 편향을 이해하면 더 확실하게 드러난다. 이에 대해서는 다음 절에서 이야기할 다른 모델로 더 잘 설명할 수 있을 것이다.

4. 이중 유전 이론

이중 유전 이론(Dual inheritance theory)에 의하면, 진화적 설계는 두 가지 형태의 과정으로 나눌 수 있다. 유전자에 작용하는 자연선택(혹은 성선택), 그리고 문화적으로 전달되는 변이형에 작용하는 보다 광범위한 종류의 선택적 과정이다. 이중 유전 이론 모델에 속하는 가장 영향력 있는 이론은 리처슨과 보이드의 이론이다(Richerson and Boyd, 2005). 이 주장에 의하면 문화의 심리적 기초(자연선택되어 유전적으로 고정된 학습 기전과 편향) 및 전달되는 생각의 풀(pool)은 초기 호미닌이 직면했던 급격한 환경 변화에 대응하기 위한 적응이었다. 즉 인간이 개체 수준에서 문화를 흡수, 선택, 변형하는 방법은 인구 집단 수준에서 적응적인 문화적 진화를 유발했다고 주장한다. 이러한 측면에서 문화는 유전적 진화와 발맞추며, 개인 사이에 전해지는 유용한 (종종 부적응적인) 지식과 기술이 담겨 있는 유동적인 저수지와 같다고 말한다. 이 모델은 어떤 면에서는 미메틱스(mimetics) 이론과 비슷하지만, 문화가 어떻게 빚어지고 유전되는지에 대해서 더 정확한 견해를 제시하고 있다.

1) 모방과 편향

문화는 모방과 사회적 학습을 통해서 전파된다. 사실 인간의 신생아는 아주 훌륭한 모방꾼이다. 다른 영장류의 새끼와는 비교조차 할 수 없다. 그러나 모방을 통한 문화적 전파라는 개념에는 역설적인 문제점이 있다(Roger, 1989).

모방은 문화적 지식과 기술을 습득하는 신속하고 값싼 방법이다. 새로운 해결책을 창안하는 것보다 훨씬 빠르다. 그러나 (모방이 주는 적합도상의 이득으로 인해) 모방꾼의 수가 많아지면, 점점 창의적인 개체가 줄어들게 된다. 모든 사람이 모방만 하려고 하면, 문화는 정체될 것이다. 그리고 새로운 문제가 발생하면, 모든 개체의 적합도가 떨어진다. 교착 상태에 빠지는 것이다. 수학적인 모델링에 의하면, 소위 혁신꾼(innovator)이 새로운 지식을 생산하는 비용과 모방꾼(imitator)이 치르는 비용(철 지난 해결책을 모방하여 발생하는 비용)이 균형을 이룰 때까지, 집단 내에 모방꾼의 수가 늘어난다. 인구 집단은 혁신꾼과 모방꾼이 혼합된 상태가 되는데, 놀랍게도 이 집단에 속한 혁신꾼과 모방꾼의 적합도 수준은 혁신꾼으로만 구성된 집단의 각 개체의 적합도와 동일하다(Boyd and Richerson, 1995). 그렇다면 궁금증이 생긴다. 문화가 생태적 혹은 사회적으로 유용한 지식을 신속하고 값싸게 전파하는 목적을 가지고 있다면, 이러한 과정이 사실 새로운 것을 학습하는 것보다 더 나을 것도 없는데 어떻게 진화할 수 있었을까?

리처슨과 보이드는 혁신꾼의 창의적 해결책에 든 비용을 보상하기 위해 모방꾼이 특별한 혜택을 제공하면 문화가 발전할 수 있다고 주장한다. 게다가 모방꾼은 아무것이나 닥치는 대로 모방하는 것이 아니다. 지역 집단에서 가장 성공한 개체를 선택적으로 모방한다. 가장 성공한 개체라면 지위를 얻기 위해 (그 행동이 현명한 모방이든 창의적 발견이든 간에) 가장 합당한 행동을 했을 것이기 때문이다. 바로 현대 문명에서 벌어지고 있는 일이다. 진짜로 창의적인 혁신꾼은 문화적 우상으로 떠오른다. 우리는 혁신꾼에게 후한 보상을 하고 또 모방을 한다. 광고 회사에서는 상품을 홍보하는 유명인에게 엄청난 돈을 지불한다. 이러한 방법이 판촉에 효과적이라는 것을 알고 있기 때문이다. '성공한 자를 모방하라'라는 간단한 원칙은 문화적 동화와 전파, 진화를 돕는 다양한 학습적 경험칙 중 하나다(상자 20.2).

상자 20.2 문화를 획득하는 신속하고 저렴한 경험칙

인지적 경험칙에 대한 기거렌처의 전통을 따라서 리처슨과 보이드는 사회적 학습의 효율성을 증진시키고 비용을 절약하는 몇 가지 경험칙을 제안했다(Richerson and Boyd, 2005). 필요한 문화적 해결책을 스스로 창안할 만큼 개체들 모두가 똑똑한 것은 아니므로 경험칙이 필요하다. 간단한 경험칙은 자연선택의 힘과 비슷하게, 수많은 사람이 오랜 세월 사용하면 훌륭한 적응적 해결책을 만들어 낼 수 있다. 이러한 적응에는 두 가지가 있는데, 하나는 순응 편향이고 다른 하나는 명성 편향이다

- 순응 편향(conformist bias): 빈도 의존성 편향이다. 특정 행동의 내용이나 행위자와 무관하게 행동의 빈도가 높으면 더 많은 주목을 받아 모방되는 현상이다. 순응 편향의 전략은 가장 흔한 행동을 따라 하는 것이다. 이 편향은 가장 흔한 행동이 가장 큰 이익을 주는 경우 효과적인 해결책일 수 있다. 수많은 사회 심리학적 증거에 의하면, 인간은 다수의 입장과 믿음을 받아들이는 강력한 경향을 가지고 있다(Myers, 1993).
- 명성 편향(prestige bias): 모델 기반의 편향이다. 행동의 빈도나 내용보다 행동한 사람의 특성에 좌우된 행동 전략이다. 이 전략은 해당 지역에서 성공한 사람이 하는 행동은 아마 그의 성공을 도운 행동일 것이라는 논리에 기반하고 있다. 즉 그들이 한 행동을 따라 하면 뭔가 얻는 것이 있을 것이다.

2) 부적응적인 문화적 변이

문화적 적응의 시스템(그리고 적응을 유발하는 특정 학습 기전)은 상당한 비용을 유발한다. 예를 들어 몇 명의 아내 혹은 남편을 둘 것인가 혹은 가족의 삶을 어떤 식으로 만들어갈 것인가 등의 문제는 미리 '시험'해 볼 수가 없다. 여러 선택지를 하나씩 적용해볼 수 없는 것이다. 따라서 우리는 전통과 관습이 오랜 시간에 걸쳐서 최적의 해결책을 제시했을 것이라는 희망을 품고 이에 의존하여 결정을 내린다. 그러나 이는 맹신일 수도 있다. 우리는 적합도 향상에 전혀 도움이 되지 않는 믿음이나 가치를 받아들이기도 한다. 사실 유전자와 밈이 한 뜻을 가지고 있을 이유는 없다. 성선택과 자연선택이 서로 반대 방향으로 작용

할 수 있듯이, 문화적 진화와 유전적 진화도 상충될 수 있다. 궁금한 것은 생물학적 적합도를 깎아먹는 문화적 혹은 밈의 진화가 어디까지 진행할 수 있는지이다. 아마도 그 답은 '꽤 멀리 진행할 수 있다'일 것이다. 문화적 독립체는 유전자의 이득과는 별개로, 수직 혹은 수평적으로 빠르게 전파될 수 있다. 이러한 전파 속도가 아주 신속하다면, 숙주의 생물학적 적합도를 떨어뜨린다 하더라도 번성할 수 있을 것이다. 이는 감염성 질환이 대유행하는 것과 비슷하다. 미처 숙주가 면역력을 가지기 전에 감염균이 급속도로 전염된다면, 더 이상 새로 감염시킬 숙주가 없어질 때까지 퍼져 나갈 수 있다.

부적응적인 문화도 아마 오래전에는 실질적 이득을 제공했기 때문에 생겨났을 수 있다. 예를 들어 명성 편향의 경우 유명한 역할 모델(롤 모델)을 모방하게 된다. 심지어 유명인의 이상한 행동, 예를 들어 너무 말랐거나 혹은 마약을 하는 등의 행동도 모방된다. 문화적 오류를 유발하는 또 다른 자연적 편향이 있다. 바로 확증 편향(confirmation bias)이다. 사람은 기존 믿음을 기각할 수 있는 증거를 탐구하는 카를 포퍼 식의 행동 대신 자신의 믿음을 지지하는 증거만을 선택적으로 취합하는 경향이 있다. 파스칼 보이어는 초자연적인 믿음이 널리 받아들여지는 이유가 바로 '귀추적 추론(abductive reasoning)' 때문이라고 주장한 바 있다(Pascal Boyer, 1994). 철학자들이 종종 '후건 긍정의 오류(fallacy of affirming the consequent)'라고 부르는 귀추적 추론이란, 전제에 들어맞는 사례가 발견되는 한 전제가 옳다고 받아들이는 것을 말한다.[02] 당신이 토속 신의 치유 능력을 믿고 있다고 가정해보자. 기도했는데, 병이 나았다. 그러면 당신의 전제, 즉 토속 신의 존재와 그의 은총이라는 전제가 옳은 것인가? 반드시 그런 것은 아니다. 그냥 병이 나았을 수도 있다.

---

02 귀추법은 귀납법과 비슷한 추리방법이다. 특수한 사실로부터 빈도나 확률적으로 결론을 추정하는 것이 귀납법이라면 귀추법은 사실에서 추론할 수 있는 여러 설명 중 가장 그럴듯한 설명을 골라내는 것이다. 귀납법과 귀추법은 모두 오류 가능성이 있다.

3) 환경 변화와 사회적 학습

보이드와 리처슨의 모델에 의하면, 환경의 공간적 다양성이 커질수록 누적적인 문화적 적응이 선호될 것이다. 인류는 상이한 기후와 지리적 조건을 보이는 지구 표면에서 늘 이동하며 살아왔다. 비슷한 유전자를 가진 유기체(즉 같은 종)가 유전적 변이에 의존하지 않고, 다양한 공간적 환경 조건에 적응해야만 한다. 즉 인류가 지구에 적응하여 번성한 것과 동일한 상황이다. 알래스카나 그린란드의 극지방에 사는 이누이트(Inuit)족의 환경은 케냐의 열대 지방에 사는 마사이(Masai)족의 환경과 아주 다르다. 흥미롭게도 이 두 지역 사람은 생물학적인 차이를 보인다. 이누이트 족은 짧고 둥근 체형을 가지고 있는데, 체열 손실을 막아주는 효과가 있다. 반대로 마사이족의 몸은 길고 날씬한데, 이는 체열 발산을 도와준다. 이러한 신체적 차이는 주목할 만하지만, 주어진 환경에 대한 적응 과정에 주된 역할을 한 것은 아니다. 지역적인 생태 환경에 잘 조율되어 최적의 문화적 해결책을 제시하는 부족들의 문화가 가장 주요한 역할을 했다. 이러한 문화적 지식은 자식에게 전달되고, 다른 구성원에게 전파되었다. 오래된 아프리카 속담에 '한 아이를 키우려면 마을 하나가 필요하다'라는 말이 있다. 아이의 양육은 단지 생물학적 부모에 국한된 임무가 아니라, 더 넓은 지역사회의 공동 작업이라는 뜻이다. 이를 공동 양육(alloparenting)이라고 한다. 환경 조건의 공간적 변이에 적응하는 능력이 생기면서 약 200,000년 전 인류는 아프리카를 떠나 전 세계로 뻗어 나갈 수 있었다.

문화적 적응이 효과적인 또 다른 환경 조건이 있다. 적당한 속도로 변화하는 환경이다. 환경이 너무 느리게 변화하면 유기체적 진화가 이를 따라잡을 수 있다. 말하자면 생물학적으로 적응하는 것이다. 만약 환경이 너무 급격하게 변화하면 문화적 지식은 곧 구식이 되어 쓸모없게 된다. 이런 경우에는 개별적인 학습이 사회문화적 학습보다 유리해진다.

보이드와 리처슨은 플라이스토세 후반에 일어난 환경 변화가 문화의 진화에 가장 적당한 속도로 진행되었다고 주장했다(Boyd and Richerson, 1995). 그러면서 왜 복잡한 문화가 단 한 번만 출현했는지에 대해서 다음과 같이 설명했다. 후기 플라이스토세는 지구상에 큰 뇌를 가진 유기체(즉 호미닌)가 있었던 유일한 시기였다. 그리고 그 유기체는 변이에 딱 맞는 속도로 변화하는 기후 환경에 노출되었다. 5장에서 언급한 것처럼 지난 500만 년 동안 여러 번의 빙하기가 있었다. 이는 호미닌의 두발걷기가 진화한 요인이 되었다. 이러한 주기적인 빙기는 약 23,000년, 41,000년, 10만 년 간격의 밀란코비치 순환에 의해서 일어난다. 그러나 이렇게 긴 주기는 문화적 적응을 촉발하지 못한다. 생물학적 진화 혹은 거주지를 이동하는 방법으로 적응할 수 있기 때문이다. 그러나 그린란드의 빙핵(ice core) 연구에 의하면, 지난 80,000년 사이에 빠르고 작은 규모의 기후 변동이 있었던 것으로 보인다. 대략 100,000년 전부터 10,000년 사이에 지구의 기후는 빙하기와 간빙기를 넘나들며 약 1,000년마다 변화했다. 짧은 주기는 100년에 불과한 경우도 있었다. 이러한 급격한 변화는 지역의 동식물 식생에 변화를 유발했고, 추위로부터 지켜줄 의복과 따뜻한 주거지가 필요한 시기가 겨우 몇 세대 간격으로 찾아왔다. 말하자면 이런 변화를 극복하기 위해서 문화적 전파가 유리했을 것이라는 가설이다(Boyd and Richerson, 1995). 문화적 진화는 유전적 진화보다 더 빠르고 복잡한 적응을 가능하게 해준다. 따라서 변화무쌍한 플라이스토세의 기후에 가장 적합한 전략이었다.

일단 시공간적인 기후 변동을 통해서 문화적으로 조정된 행동적 가소성이 우선권을 얻게 되면, 문화적 기술과 지식을 습득할 충분한 시간, 즉 청소년기가 중요하게 된다. 집단에서 효과적으로 기능하기 위해서는 학습이 필요한 것이다. 이는 보다 긴 청소년기를 유발하게 되고, 이는 다시 번식 연령을 늦추게 한다. 점점 K선택의 경향이 강해진다(8장). 연장된 청소년기가 문화적 적응을 획득하는 데 필요하다면, 결국 문화적 변화(즉 문화의 전체적인 가치)가 유전적 변화(성적 성숙의 지연)를 유발했다는 흥미로운 결론을 얻게 된다. 이것이 사실이라면 유전자-문화 공진화의 사례라고 할 수 있다. 이는 다음 절에서 바로 다루도록 하겠다.

5. 유전자 - 문화 공진화

이 모델에 따르면 문화는 유전자로부터 어느 정도의 자율성을 가지고 있지만, 동시에 문화와 유전자는 '탄력적인' 끈으로 서로 묶여 있다. 다시 말해 문화적 변화는 유전적 변화로부터 어느 정도 달아날 수 있지만, 유전자의 이득을 해칠 정도로 멀어지면 다시 원래 자리로 돌아온다는 것이다. 이 모델은 아주 복잡한 수학적 모델을 필요로 한다. 럼스텐과 윌슨의 초기 모델에 의하면, 문화는 개체 행동의 결과이지만 개체의 행동은 기존의 문화 및 개별적인 '후성유전학적' 발달에 영향을 받는다. 개체가 문화나 문화유전자, 즉 간단히 말해서 밈의 폭격을 받으며 발달하는 상황을 생각해보자. 이미 유전적으로 어떤 문화유전자를 수용하고 어떤 것을 거부할 것이지 어느 정도 정해져 있다. 즉 문화와 유전자는 동시에 작용하여 성인기의 행동에 영향을 미친다. 게다가 각 개인은 스스로 문화의 재창조에 기여하기도 한다. 문화적 변화와 유전적 변화는 함께 일어나는데, 왜냐하면 문화는 환경을 규정하고, 환경은 후성유전학적 과정을 통해서 특정 유전자의 발현을 조절하기 때문이다. 이렇게 문화와 유전은 서로 뒤엉켜 있다(Feldman and Laland, 1996).

이 모델로 설명할 수 있는 현상은 무수히 많지만, 두 사례를 소개하고자 한다. 얌 경작과 유당 불내성 현상이다.

1) 유당 불내성

젖에 들어 있는 자연당을 유당이라고 하는데, 이 유당은 유당 분해효소가 있어야 소화시킬 수 있다. 이 효소는 소장의 상피세포에서 생산하는데, 유당을 더 작은 당인 포도당이나 갈락토스로 바꾸어 혈류가 흡수할 수 있도록 해준다.

포유류 대부분은 어미의 젖을 떼면, 유당 분해효소의 생산을 중단한다. 그래서 어린 포유류는 곧 유당을 소화시키지 못한다. 사실 당연한 일이다. 불필요한 유당 분해효소를 계속 만들어내는 데 에너지를 쓰는 것은 무의미하기 때문이다. 그런데 소나 다른 동물의 젖은 약 6,000년 전부터 일부 집단의 중요한 영양원이 되었다. 낙농을 하는 집단이 늘어나면서 어머니의 젖을 뗀 후에도 유당 분해효소를 계속 합성하는 편이 유리해졌다. 하지만 그 이전, 즉 수렵채집인이 성인기까지 유당 분해효소를 만들었을 것 같지는 않다. 서구 사회에서는 우유가 기본적인 식생활을 구성하는 중요한 음식이지만, 다른 지역에서 사는 대부분의 현대인은 유당을 분해하지 못한다. 따라서 섭취된 유당은 효소가 아니라 장내에 서식하는 박테리아에 의해 발효되는데, 이는 방귀와 설사를 유발한다.

영양학적 연구가 문화적으로 상당히 편중되어 있었기 때문에, 이러한 사실은 1960년대에 들어서야 알려졌다. 따라서 그 이전에는 유당을 소화시키는 것이 당연하다고 생각했다. 하지만 이제는 유당의 소화가 일부 인구 집단에서 일어난 돌연변이의 결과라는 사실이 의학적으로 잘 알려져 있다. 전 세계적으로 65%의 성인은 유당을 소화시키지 못한다. 하지만 오랜 습관은 잘 없어지지 않는다. 안드레아 윌리에 의하면 유당 불내성을 '질병' 혹은 '결핍'으로 간주하는 의학적 관행은 여전하다(Andrea Wiley, 2008). 일종의 '생-민족중심주의(bio-ethnocentrism)'라고 할 수 있을 것이다.

아시아와 아프리카에 사는 사람은 대개 포유류 특유의 성인 유당 불흡수(lactose malabsorption, LM) 패턴을 따른다. 그러나 북부 유럽과 스칸디나비아인들은 유당 분해효소가 있다. 그래서 그들은 평생토록 소나 다른 동물의 젖을 마실 수 있다.

유전적 차이의 지리적 분포를 이해하려면, 유제품이 선택압에 어떤 영향을 미쳤는지 살펴보아야 한다. 아마도 영양 부족에 시달리던 집단에서 변이에 의해 유당 분해효소를 합성하는 유전자가 퍼지며 적합도가 향상되었을 수 있다. 있을 법한 일이지만, 이것으로는 석연치 않다(Durham, 1991).

유당은 비타민 D와 마찬가지로 위장관에서 칼슘의 흡수를 촉진한다. 비타민 D는 자외선을 쬔 피부에서 합성된다. 비타민 D가 부족하면 칼슘 흡수가 잘 안 되는데, 이는 일조량이 적은 고위도 지방의 사람에게 큰 위협이다. 고위도 지방 사람이 유당을 소화할 수 있다면, 칼로리뿐 아니라 필수적인 칼슘의 흡수에도 도움을 받게 되는 것이다. 즉 문화적 변화 — 농경과 가축화 — 가 인구 집단의 유전적 변화를 일으킨 사례라고 할 수 있다(Simoons, 2001).

그러면 왜 어떤 지역에서는 유당 내성(lactose absorption, LA) 유전자가 나타나지 않은 것일까? 가브리엘 블룸과 폴 셔먼은 LM 유전자와 LA 유전자의 빈도, 기온, 기후 그리고 소의 질병에 대한 방대한 데이터를 분석하였다(Bloom and Sherman, 2005). 분석 결과 LM은 위도와는 음의 상관관계, 기온과는 양의 상관관계가 있었다. 다시 말해 적도에서 멀어질수록 유당 불내성 유전자의 빈

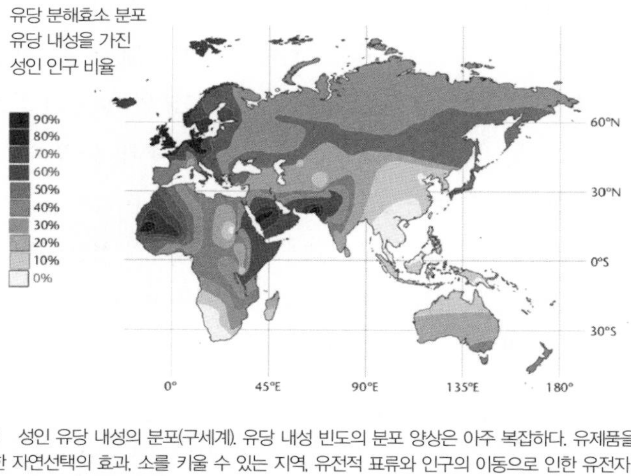

그림 20.2 성인 유당 내성의 분포(구세계). 유당 내성 빈도의 분포 양상은 아주 복잡하다. 유제품을 먹는 관행과 관련한 자연선택의 효과, 소를 키울 수 있는 지역, 유전적 표류와 인구의 이동으로 인한 유전자 흐름 등 여러 요인이 작용하기 때문이다. 출처: Ingram et al. (2009), Figure 1, p. 581; Curry (2013), p. 21; Bloom and Sherman (2005), Figure 2, p. 306.

도가 감소하고, 기온이 올라가면 증가했다. 또한 LM은 소가 걸리는 가축성 질병의 빈도와도 양의 상관관계가 있었다. 가축을 키우기 좋은 고위도 지방, 낮은 기온, 낮은 질병 상황에서 유당 내성 유전자가 많이 나타났다는 이야기였다. LA가 선택된 이유는 명확하지만, 전 지구적인 분포 경향을 설명하려면 인구의 이동과 같은 추가적인 요인도 감안해야 한다(그림 20.2).

수렴 진화로서의 유당 내성

인구 집단내 유당 내성의 유전적 기초는 진화적 수렴의 좋은 예라고 할 수 있다. 왜냐하면 서로 다른 인구 집단에서 서로 다른 돌연변이가 발견되기 때문이다. 말하자면 각각의 유당 내성이 독립적으로 진화한 것이다. 유당 분해효소 유전자(흔히 LCT라고 한다)는 2q21, 즉 두 번째 염색체 21번 위치에 있다. 약 1억3천5백8십만 개의 염기로 구성되어 있다.

표 20.1에서 지리적 위치에 따른 다양한 변이의 좌위를 나타냈다. 주목할 것은 모든 돌연변이가 단일 뉴클레오타이드 다형성(single nucleotide polymorphism, SNP)이라는 것이다. 돌연변이는 LCT 자체에서 일어난 것이 아니라, 상부의 조절 부위에서 일어났다. 돌연변이가 일어나면 LCT 유전자의 활성이 종결되지 않고 지속한다. 유럽 지역에 흔한 돌연변이는 약 11,000년 전

표 20.1 다양한 인구 집단에서 관찰되는 유당 분해효소의 합성을 지속시키는 돌연변이의 위치

지역	유럽	에티오피아/수단	사우디아라비아	케냐/탄자니아
유당 분해효소 유전자 상부 SNP의 위치	13,910	13,907	13,915	14,010
침팬지와 비교했을 때, 염기 치환 양상(예전 염기→현대 염기)	C–T	C–G	T–G	G–C

다양한 위치에서 다양한 돌연변이가 있다는 것은 같은 문제를 해결하기 위한 진화적 수렴이 일어났다는 뜻이다. 출처: Ingram et al. (2009), Table 1, p. 585.

에 지금의 터키 지역에서 처음 발생한 것으로 보인다(Curry, 2013).

유제품의 섭취 양상을 보면 어떻게 인간이 유전적 적응과 문화적 적응을 통해서 선택압을 극복했는지 알 수 있다. 소아기 이후에도 유당 분해효소를 계속 분해할 수 있으면, 유제품 소화에 도움을 줄 수 있다. 그런데 몽골족이나 수단의 누어족, 딩카족은 유제품을 많이 섭취하지만, 성인기에는 유당을 잘 소화하지 못한다. 이들은 문화적인 방식으로 문제를 해결했는데, 유당이 제거된 음식, 즉 치즈나 요거트를 만들어 먹는다. 치즈를 만들 때 생기는 부산물인 유청에 유당이 남게 된다. 또한 요거트를 만들면 유당이 유산으로 바뀌게 된다. 소말리아 목축인은 또 다른 방식으로 이를 극복했다. 소장의 박테리아가 유당을 소화시킬 수 있도록 진화한 것이다(Imgram et al., 2009).

지난 40년 동안의 연구를 통해서 유당 불내성은 우리 조상이 오랫동안 간직하고 있던 형질이라는 것을 알게 되었다. 그런데 같은 기간 동안 전 지구적인 우유 생산과 소비가 점점 증가하고 있다. 1980년부터 2007년 사이 세계 우유 생산량은 약 30% 증가했다. 현재 유럽연합은 최대 우유 생산자의 자리를 차지하고 있지만, 개발도상국의 우유 생산량이 급격하게 늘고 있다. 유럽연합이나 미국, 캐나다의 우유 소비량은 거의 비슷한 수준으로 유지되고 있는데, 지난 40년간 중국의 우유 소비량은 무려 15배나 증가했고, 태국은 7배 증가했다. 이는 경제적 윤택과 더불어 서구식 생활습관이 도입되었기 때문이다(Wiley, 2007). 유당 불내성이 높은 지역에서 우유 소비가 급증하는 현상은 앞으로 잠재적인 공공 보건 이슈가 될 수도 있다. 물론 이러한 위험은 요거트를 만들어 먹는 방법으로 해결할 수도 있다. 하지만 상황을 예의주시하는 것이 필요하다.

2) 녹말 섭취를 위한 적응

세계 각지의 식이 습관은 잘 바뀌지 않는다. 예를 들어 탄자니아의 하드자족은 당과 녹말이 풍부한 음식을 주로 먹는다. 채집을 통해서 주로 꿀이나 덩이줄기 식물을 먹기 때문이다. 반대로 그린란드의 이누이트족은 수천 년 동안 고래나 물개의 지방이나 생선을 주로 먹었다. 유당 내성의 경우처럼 식이에 따른 적응이 일어나기에 충분한 시간이 흐른 것일까? 녹말에 대한 연구는 몇 가지 흥미로운 가능성을 제시해준다.

신석기 시대에 세계 각지에서 일어난 농업 혁명으로 인해 탄수화물의 섭취가 증가했다. 예를 들어보자. 고고학적 증거에 의하면 중국 양쯔강 이남에서 약 7,000년 전부터 쌀을 경작하기 시작하면서 쌀의 소비가 크게 늘었다. 1960년대에 이르기까지 쌀은 중국인과 일본인이 섭취하는 전체 열량의 40%를 차지했다. 쌀의 80%는 녹말이다. 녹말은 수많은 포도당이 축합 반응을 일으키면서 길게 연결되어 만들어지는 다당류인데, 마치 긴 줄에 구슬이 매달린 것처럼 열 개에서 수천 개에 이르는 포도당 단위의 결합 구조를 이룬다. 이러한 다당류는 아밀로스(amylose)로 알려져 있는데, 인간은 아밀라아제를 사용하여 소화시킬 수 있다. 아밀라아제는 침에서도 나오고, 소장에서도 분비된다. 포도당으로 분해된 아밀로스는 혈류로 들어가서 각 세포에 에너지를 공급한다.

타액 내 아밀라아제를 합성하는 유전자는 AMY1로 알려져 있다. 흥미롭게도 이 유전자의 복제수(copies)는 개인에 따라 두 개부터 열 개까지로 상이하다. 물론 복제수가 더 높을수록 더 많은 아밀라아제가 분비된다. 조지 페리 등의 연구에 의하면 이 유전자의 복제수는 과거와 현재의 식이 습관에 의해 좌우된다(Perry et al., 2007). 페리는 녹말 소비량에 따라서 총 일곱 개의 인구 집단을 상정했다. AMY1의 복제수는 녹말을 많이 섭취하는 집단에서 더 높았다. 그런데 침팬지는 어떨까? 침팬지는 주로 과일을 많이 먹고 녹말은 상대적으로 적게 먹는다. 또한 침팬지는 예전이나 지금이나 비슷한 환경에서 계속 살고 있으므로, 급격한 식이 변화를 겪지 않았다. 따라서 예상할 수 있듯이, 연구진이

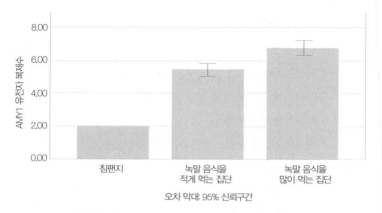

그림 20.3 녹말 식이의 수준에 따른 AMY1 유전자 복제수의 차이. 녹말이 많은 음식을 먹는 사람은 더 많은 복제수의 아밀라아제 유전자를 가지고 있다. 녹말을 많이 먹는 집단은 하드자족, 일본인, 유럽인, 미국인 등이다. 반면 녹말을 많이 먹지 않는 사람은 다톡족, 음부티족, 비아카족, 야쿠트족 등이다. 오차 막대는 95% 신뢰구간을 의미한다. 출처: Perry (2007), Supplementary Table 1.

조사한 15마리의 침팬지는 인간보다 적은 수의 AMY1 복제수를 가지고 있었고 개체간의 의미있는 변이도 없었다(그림 20.3). 아마도 침팬지가 그렇듯이 우리의 조상도 두 개의 게놈당 각각 하나의 AMY1을 가지고 있었을 것이다. 인간이 지구 각지로 퍼져나가면서 유전자 중복(gene duplication)을 일으키는 돌연변이가 일어나서 녹말을 많이 먹는 인구 집단, 즉 일본인은 대략 6~7복제수를 가지게 되었을 것이고, 녹말을 적게 먹는 시베리아의 야쿠트족(주로 생선과 육류, 유제품을 많이 먹는다)의 경우에는 4~5복제수를 가지게 되었을 것이다.

유전자 – 문화 공진화의 중요성

문화적 변화가 중대한 유전적 변화를 가져온 사례는 몇 개 더 있다. 호미닌의 체격, 턱 크기 그리고 언어 등이다. 현생 호모 사피엔스는 일반적으로 초기 호미닌보다 더 유약하다. 고인류학자들은 그 이유에 대해서 사냥에 사용하는 투사형 무기(문화적 진화)가 나타난 것을 들고 있다. 원거리에서 창이나 날카로운 석기로 동물을 죽일 수 있게 된 후에는 강한 체격(그러나 에너지가 많이 드는)이 더 이상 필요하지 않았다. 불로 요리를 하면서 턱의 크기나 치아 크기도 작아졌다. 요리를 이용해서 고기의 섬유질을 끊을 수 있게 되자 고기를 찢어 씹는 강건한 턱의 효용이 없어졌다. 언어가 진화하면서 인간의 성도(vocal tract)에 선택압을 가했고, 인간의 성도는 음성 언어에 적합하게 진화했다는 것이다.

따라서 체구, 치열, 털 없음, 소화 과정 및 관련 효소, 손재주, 특정 질병에 대한 저항성 등 많은 신체적 형질의 진화를 이해하기 위해서는 난방이나 요리를 위한 불의 사용, 의복 제작, 농경, 도구 제작과 같은 활동의 문화적 전달에 대한 고려가 반드시 필요하다. 많은 연구에서 드러나듯이 문화가 신체적 형질의 진화 방향을 설정할 수 있다면, 인지 또한 문화적으로 추동된 선택을 보여줄 수 있는 유력한 후보라고 할 수 있다. 그러나 아직 남녀의 인지적 차이에 대한 연구를 제외하면, 진화심리학은 이러한 영역에 큰 관심을 두고 있지 않다(Henrich et al., 2008). 문화가 인간 게놈에 어떤 영향을 미쳤는지는 랠런드의 연구를 참고하는 것이 좋겠다(Laland et al., 2010).

6. 유전형의 결과로서의 문화: 확장된 표현형으로서의 문화

1) 확장된 표현형

확장된 표현형이라는 말은 리처드 도킨스가 처음 제안한 용어이다. 그는 1982년 동명의 책의 부제를 '유전자의 긴 팔(The Long Reach of the Gene)'이라고 달았는데, 유전자의 효과가 운반체, 즉 몸을 벗어날 수 있다는 핵심적 주장을 함축한 것이었다. 도킨스는 유전자의 효과를 단백질 합성이나 행동에 국한하지 않았다. 유전자는 몸 밖의 세계를 변화시킬 수 있다. 예를 들면 탑을 쌓는 흰개미, 댐을 만드는 비버, 바우어(나무 그늘)를 만드는 바우어 새 등이다(9장 5절 참조).

인간의 유전체에 의해서 세세한 문화적 현상이 일어난다는 것이 아니다. 유전자가 발달 과정을 조정하여 특정 방향으로 문화를 형성하도록 인간을 만들어내는 역할을 할 수 있다는 이야기다. 이는 『사회생물학: 새로운 종합』에서 윌슨이 주장한 내용과 동일하다(Wilson, 1975). 윌슨은 문화적 형태는 유전적인 생존 가치가 있다고 제안했다. 예를 들어 종교 체계는 종종 음식, 협력, 성 등에 대한 행동을 규제하는 역할을 한다. 근친상간 터부는 열성 대립유전자의 동형접합을 피하려는 본능적 기전이 반영된 것인지도 모른다. 윤리적 규준은 유전자가 자신의 이익을 위해 우리를 설득하는 장치일 수도 있다(21장 참조).

2) 과학과 인문학: 통섭

에드워드 윌슨은 『바이오필리아(biophilia)』에서 인간 본성의 생물학적 기초에 대한 자기 생각을 아름다움의 적응적 가치를 확인하는 데 응용하였다. 윌슨은 아름다운 사상이 시인의 것이든 과학자의 것이든 간에 문제에 대한 우아하고 비용 효과적인 해결책을 제공해준다고 주장했다.

> 제한된 지적 능력을 물려받은 종으로서 우리 인간이, 그래도 삶을 살아가기 위해 고안한 장치가 바로 수학과 아름다움이다(Wilson, 1984, p. 61).

하지만 예술과 과학 간의 대화라는 미래를 위한 비전을 보다 깊게 제시한 책은 바로 『통섭』(1988)이다. 윌슨은 예술과 과학 사이의 연결 고리를 개념화하기 위해서 영국의 과학철학자 윌리엄 휴웰(William Whewell)이 처음 사용한 통섭이란 단어를 부활시켰다. 대략적으로 설명하면 사상과 지식을 찾아내는 공통의 연속적 틀을 사용한다는 뜻이다. 휴웰은 케임브리지 트리니티 칼리지의 교사이자 박식한 학자였는데, 1834년에 과학자(scientist)라는 말을 만들어내기도 했다. 아이러니하게도 통섭에 관한 휴웰의 업적은 딱 거기까지였다. 그는 트리니티 칼리지 도서관이 다윈의 『종의 기원』을 소장하는 것을 반대했는데, 『종의 기원』이야말로 뉴턴의 『프린키피아(Principia)』와 더불어 통섭적 사고의 힘을 보여준 작품이라는 점에서 참 이상한 일이 아닐 수 없다.

월슨은 조잡한 환원주의자라는 비판을 받기도 했지만(Menand, 2005), 사실 그는 예술을 생물학으로 환원시키려는 것이 아니었다. 진화론과 신경생리학, 유전적 정신 회로를 연결하는 일관적인 실마리를 찾으려는 것이었다. 그리고 뇌의 구조와 타고난 본성에 대한 이해를 통해서, 인간이 만들어낸 문화의 기능과 형태를 더 잘 이해할 수 있다고 믿었다. 또한 역으로 위대한 예술과 그것을 창조한 인간의 뇌 간의 독특하고 유일무이한 공명 현상에 대해 더 깊이 탐구하며 감탄할 수 있을 것이라고 주장했다. 월슨은 이런 종류의 환원주의가 '전체로서의 무결성을 훼손하지 않을 것'이라고 지적했다. 월슨의 말을 들어보자.

> 인문학자는 환원주의에 씐 저주를 풀어내야 한다. 과학자는 잉카의 보물을 녹여 금괴로 만든 정복자가 아니다(Wilson, 1998, p. 211).

월슨이 말하고자 한 핵심은 예술과 인문학, 인간 생물학 모두가 진화한 인간 본성이라는 공통의 기반 위에 있다는 것이었다.

> 모든 사람에게 다양한 정도로 나타나는 예술적 영감은 인간 본성 안에 존재하는 예술적 우물에서 샘솟는 것이다. … 따라서 가장 위대한 예술이라도 이 예술작품을 빚어낸 생물학적으로 진화한 후성유전학적 규칙이라는 지식을 통해서 그에 대한 근본적 이해에 이를 수 있다(Wilson, 1998, p. 213).

이런 관점에서 보면 월슨은 예술을 복잡하고 급변하는 환경에서 고도로 지적인 유기체가 적응하기 위해 선택한 방식이라고 간주하고 있다. 예술은 우리에게 살아가야 할 인생, 그리고 삶이 가진 다채로운 경험을 미리 준비시키는 역할을 한다. 삶의 대리물로 작동하여, 현실의 모델을 만들어 시뮬레이션하고 사회적 학습을 통해서 이를 전달한다. 이렇게 보면 예술의 진실과 아름다움이란 '인간 본성을 정확히 고수하는 데' 있는 것이다(Wilson, 1998, p. 226). 예를 들어 문학의 원형으로서의 구비 전승은 알고 보면 물리적 환경, 그리고 사교적 동물에게 특히 중요한 사회적 환경에 잘 적응하는 데 필요한 실질적인 지식을 세대를 거쳐 전승시키려는 것이다. 스티븐 핑커도 비슷한 주장을 한 바 있다.

> 허구의 기법을 통해서 동굴 혹은 소파, 극장 좌석에 앉은 청중은 삶에 대한 일종의 시뮬레이션을 제공받을 수 있다. … 허구적 서사는 우리가 언젠가 맞닥뜨릴 수도 있는 치명적 수수께끼의 정신적 목록을 제시하며, 이를 극복하기 위한 가용 전략의 결과물을 미리 보여주려는 것이다(Pinker, 1996, p. 543).

윌슨이 『통섭』을 출판한 이래, 미학과 문학을 진화적으로 이해하려는 움직임이 크게 일었다. 입장에 따라 이름이 조금씩 다른데, 생시학(生詩學, biopoetics)이라고도 하고, 다윈주의적 문학 연구(Darwinian literature studies)라고도 한다. 그러나 기본적인 목표는 동일하다. 윌슨의 제안처럼, 문학을 진화적 인간 본성의 산물로 보려는 것이다. 문화는 진화적 인간 본성의 표현일 뿐 아니라 복잡한 생태적 혹은 사회적 환경 내에서 인간이 번성하도록 돕는 적응적 기능도 맡고 있다. 이 새롭고 흥미진진한 분야에 대해 더 언급하는 것은 이 책의 범위를 넘는 일이다. 하지만 확장된 표현형이라는 말은 바로 이러한 문화의 속성을 잘 대변하고 있다. 예술은 세계를 더 잘 이해할 수 있도록, 생물학적으로 생성된 문화의 일부분이며, 반복적인 생태적 혹은 사회적 문제를 해결하기 위한 수단이자 성장과 생존, 번식이라는 생물학적 명제를 실현시키는 방법이다. 더 궁금한 독자는 이 책 말미에 제시된 '더 읽을거리'를 참조하는 것이 좋겠다.

7. 사례 연구: 종교

1) 종교적 믿음의 문제

행동과 문화에 대한 진화적 견해는 종교적 믿음과 관습이라는 현상을 만나면 큰 난관에 봉착한다. 자연선택을 통해 우리는 세상에 대한 믿을 만한 정신적 지도를 만들어, 세계에 대해 생각하고 학습함으로써 분명한 생존 상의 이익을 얻었다고 볼 수 있다. 하지만 동시에 잘못된 신념과 편향된 인지적 체계라도 번식적 이익을 제공하기만 하면, 자연선택에 의해서 진화할 수 있다는 균형 잡힌 통찰도 할 수 있을 것이다. 자연선택은 진리가 아니라, 번식 성공률에 따라 좌우되기 때문이다(9장). 그러나 이러한 타협적 입장을 취한다고 하더라도 세상에 존재하는 종교 교리 대부분은 너무 쉽게 받아들여지는 것처럼 보인다. 하늘의 신, 내세, 천국과 지옥, 동정녀 잉태, 자연 법칙을 거스르는 기적 등에 대한 믿음은 과학적 입장에서 보면, 정말 말도 안 되는 일이다. 아마도 과거에는 이런 이상한 믿음과 관련된 경향이 있어도 적합도상의 손해가 크게 발생하지 않았는지도 모른다. 하지만 오늘날에도 일어나는 종교적 관습, 예를 들면 독신주의나 할례, 순교, 비합리적인 음식 금기 등은(이런 것들은 아주 긴 역사를 가진 관습이다) 도무지 적합도를 향상시킬 것 같지 않다.

그런데도 불구하고 세상 어느 곳에나 종교가 있다는 사실은 참 아리송하다. 종교가 없는 곳이 없으니, 종교를 배제한 문화 연구도 불가능하다. 물론 서구 유럽 국가(영국과 독일, 핀란드, 덴마크 등)에서는 세속적 가치가 상대적으로 큰 힘을 발휘하고 있지만, 이것을 전 세계적인 현상이라고 하기는 어렵다. 2008년 유럽 가치 연구(European Value Study)에 의하면, 대다수의 유럽 국가 20~29세 젊은이는 부모 세대보다 종교성이 낮았다. 하지만 여전히 젊은 연령층에서

표 20.2 종교적 믿음에 대한 진화적 설명 분류

인지적 설명(근연 기전). 종종 진화심리학적 설명과 관련됨.	다윈주의적 설명(궁극 기전). 종종 인간행동생태학적 설명과 관련됨.	유전자-문화 공진화 혹은 이중 유전 이론
· 애착의 확장 · 의인화적 투사 · 과활성화된 행위자 탐지 장치 · 이원론적 인지 편향 · 스팬드럴 은유 (the spandrels metaphor)	· 흔적 형질 · 성선택에 의한 과시 및 비싼 신호 · 검열의 내재화 및 협력적 행동의 촉진 · 개체에 실질적인 적합도 이득으로 보상	· 미메틱 병원체 (memetic pathogen) · 미메틱 공생체 (memetic symbiont) · 번식상의 적합도 이득이 반드시 필요한 것은 아님.

출처: Schloss and Murray (2009), p. 16.

도 신을 믿는 사람이 많다. 프랑스와 독일, 체코 등 오직 3개국에서만 유신론자의 비율이 40% 미만이었다. 평균적으로 보면, 미국은 유럽 국가보다 신앙심이 더 깊다. 90%가 넘는 국민이 신을 믿는다고 하였고, 40%의 국민이 향후 50년 내에 예수가 재림할 것이라고 믿었다(Appiah, 2006).

진화론적 관점에서 종교를 이해하려는 수많은 시도가 있었다(Bulbulia, 2004; Boyer and Bergstrom, 2008; Wolpert, 2009; Wilson, 2010). 슐로스와 머레이 등은 종교적 믿음에 대한 진화적 설명의 유용한 모델을 제시했는데 크게 세 범주로 나뉜다(Schloss and Murray, 2009). 인지주의적 설명, 다윈주의적 설명, 유전자-문화 공진화적 설명. 이에 대해서 차례대로 살펴보자(표 20.2).

2) 인지적 설명

인지적 설명은 기본적으로 근연 원인에 관한 것이다. 종교적 믿음을 받아들이는 능력은 그 자체로 진화적 적응은 아니라고 주장한다(다시 말해 더 종교적이었던 조상이 그렇지 않은 조상보다 자식을 많이 낳은 것은 아니라는 것이다). 대신 생존 상의 가치가 있는 다른 인지적 능력의 부산물로 종교적 믿음이 나타났다고 지적한다. 간단히 말해서 종교는 진화적 사고(accident)다. 비슷한 주장은 음악이나

예술, 심지어 약물 남용에 대한 취약성 등의 현상에도 적용될 수 있다. 진화적 적응 환경에서는 접하지 못했던 상황이기 때문이다. 다른 목적으로 선택된 신경 시스템에 그냥 '올라탄' 것이다.

스티븐 제이 굴드와 리처드 르원틴은 이러한 현상을 '스팬드럴(spandrel)'이라는 건축 용어를 사용해서 설명했다. 스팬드럴은 둥근 지붕과 직사각형의 보가 만나면서 생기는 건축물 상의 공간을 말한다. 스팬드럴은 건축상으로 목적을 가지며 특별한 기능을 하는 것은 아니지만, 일단 만들어지면 장식을 붙이는 등 제법 역할을 할 수도 있다. 이렇게 보면 종교는 애착을 희구하는 인간 본성의 부산물 혹은 사회적 세계를 설명하는 데 유용한 의인화적 인지 경향이 뜻하지 않게 적용된 부산물일 수 있다.

이런 주장은 이후 '과활성화된 행위자 탐지 기구(hypersensitive agency detection device, HADD)'라는 주장으로 확장되었다. 9장에서 다룬 오류 관리 이론의 맥락으로 보면, 오류의 가능성이 있더라도 동물이나 인간 행위자를 탐지하는 이득이 오류의 비용을 초과하면 시스템은 진화하고 우리에게 기여한다. 오류 관리 이론은 인간이 눈에 보이지 않는 초자연적 존재를 믿는 이유를 완벽하게 설명해준다.

어린이가 직관적 믿음을 가지는 현상에 대한 몇몇 설명이 있다. 어린이의 직관적 믿음은 종교적 견해를 수용하는 토양이 된다. 마거릿 에반스는 아이들이 동물의 기원에 대한 창조론적 견해를 선호하는 현상이 있다고 말한다. 심지어 세속적 가정, 즉 종교가 없는 가정에서 자라는 경우에도 말이다. 에반스에 따르면 창조론은 어린 아이의 마음에 설치된 일종의 자연적 초기값이다(Evans, 2001). 데버러 케레먼은 어린이의 세계관에 '마구잡이 목적론(promiscuous teleology)'이 있다고 주장한다. 그녀가 만든 말이다. 예를 들어 왜 어떤 바위는 뾰족한지 어린이에게 물어보면, '그래야 가려운 아이가 그 돌로 긁을 수 있으니까요'라고 답하면서 물리적인 설명을 회피한다는 것이다

(Kelemen, 1999). 후속 연구에 의하면, 어른도 빠른 판단을 내려야 하는 상황에 놓이면 이러한 경향이 생기는 것으로 보인다. 예를 들면 '지렁이는 공기 순환을 돕기 위해서 땅에 굴을 파고 다닌다'라는 식의 목적론적 설명을 받아들이는 것이다(Kelemen and Rosset, 2009).

비슷한 입장에서 블룸은 자연적인 인지적 편향이 이미 어린이의 마음속에 존재한다고 본다. 그는 기본적으로 타고나는 두 가지 사고 경향이 종교적 믿음의 창발과 지속에 영향을 미친다고 주장했다. 바로 행위성(agency)과 이원론(dualism)이다(bloom, 2007). 블룸은 행위성에 대해 설명하기 위해서 인류학자 스튜어트 거스리의 책, 『구름 속의 얼굴(face in the clouds)』을 언급한다. 거스리는 이 책에서 인간이 순수한 자연적인 현상이나 물리적 대상에 인간적 속성을 부여하고 그 안에 어떤 계획이 있는 것처럼 가정하는 경향이 있다는 여러 증거를 제시한 바 있다(Guthrie, 1993, p. 5). 이는 자연적 현상이 계속 안정적으로 일어날 때 두드러지는데, 거스리는 이를 '임금님 없는 옷(the clothes have no emperor)'이라고 알기 쉽게 비유한 바 있다.[03] 또한 블룸은 이원론을 설명하면서, 어린이는 두 가지 상이한 인지 시스템을 가지고 있는데 각각 사람과 물질적 대상을 다룬다고 보았다(Bloom, 2009). 일반적으로 살아있는 생물은 의도, 목표, 마음 혹은 조금 과하게 말하면 영혼까지도 가지고 있겠지만, 사물은 그렇지 않다. 일단 이러한 인지 시스템들이 자리 잡게 되면(물론 사람과 사물에 관한 상이한 논리 개념을 가지는 것이 적응적인지 논란이 있지만), 영혼이 없는 사물이라는 개념을 머릿속에 상정할 수 있게 된다. 이는 다시 물리적 실체가 없는 영혼이라는 보완적 사유도 역시 가능하게 해준다. 따라서 직관적인 이원론은 사후 세계의 가능성, 비물질적인 선조의 영혼, 눈에 보이는 물리적 존재성이 없는 창조주 등 다양한

---

03 안데르센의 동화 『벌거벗은 임금님(the Emperor's New Clothes)』을 반전시켜, '임금님 없는 옷'으로 비유한 것이다. 원작에 의하면 어리석은 사람에게는 옷이 보이지 않는다는 사기꾼의 말에 속아 모든 백성은 아름다운 옷이 보인다고 하였다. 거스리는 옷(자연적 현상이나 물리적 실체)만 있고 임금님(행위자)은 없는 상황에서도, 임금님이 있다고 믿는 인지적 경향을 설명하고 있다.

종교적 개념으로 가득한 세상을 우리 마음속에 열어 주는 것이다.

이러한 접근 방법은 인간이 왜 정신적 존재나 초자연적 행위자를 믿는 인지적 경향을 가지고 있는지 설명해 주지만, 종교의 사회적 성질에 대해서는 거의 설명하지 못한다는 단점이 있다. 예를 들면 종교 집단을 하나로 묶어주고 다른 종교를 가진 집단과 상종할 수 없는 장벽을 만드는 집단적인 의례와 관습 등이다. 사실 종교적 현상에 대한 생물학적 분석은 종교가 인간에 미치는 세 가지 영향을 반드시 밝혀내야 한다. 다시 말해 우리는 무엇을 경험하는지, 우리는 무엇을 믿는지 그리고 어떤 행동(종교적인 동기를 가진)을 하는지에 관한 연구다.

3) 다원주의적 관점

다원주의적 관점에서 보면 종교의 탄생에 관해 다양한 설명이 가능하다. 종교적 믿음에 대한 경향은 타고난 흔적 형질일 수 있다. 즉 과거 사회에는 적응적이었지만, 이제는 아닐 수 있다는 이야기다. 만약 그렇다면 종교적 믿음이 보편적인 인간 본성인지, 그리고 과거에는 어떤 진화적 기능이 있었는데 지금은 제대로 기능하지 못하는지를 탐구하는 것이 좋을 것이다. 할 일이 많다.

비싼 신호 이론에 의하면 왜 종교가 신자에게 단순한 믿음 외에 비싼 비용의 의례를 강요하는지 설명할 수 있다. 종교적 교리를 지키려면 시간과 노력, 그리고 종종 자원이 필요하다. 아마 종교는 상호 협력의 이익과 도움을 구성원에게 선사하는지도 모른다. 하지만 종교 체계는 무임승차에 취약하다. 즉 일시적인 이익을 추구하고, 다른 종교로 바꿔버릴 수도 있는 것이다. 그러나 신자에게 진정성의 증거를 요구하면 문제를 해결할 수 있다. 따라서 신앙의 증거는 비싸야 하며, 쉽게 얻을 수 없어야 한다. 그렇지 않으면 무임승차자가 쉽게 악용할 수 있을 것이다. 이러한 입장에서 보면 통과 의례, 시간이 오래 걸리는 의식 등 종교적 의무는 무임승차자를 걸러내려는 역할을 할 것이다(Sosis and Alcorta, 2003). 집단의 성공을 위한 비싼 신호 효과를 검증하기 위해서, 리처드

소시스와 에릭 브레슬러는 종교적 집단이나 공동체의 수명이 해당 종교가 구성원에게 가하는 요구나 제한의 수준과 양의 상관관계를 가질 것으로 생각했다(Sosis and Bressler, 2003). 대략 이런 논리다. 신자에게 보다 비싼 신호를 요구할수록 집단은 보다 높은 생존율을 보일 것이다. 연구진은 총 83개의 공동체를 선정하여 데이터를 수집하였다. 19세기 미국에서 생겨난 공동체를 대상으로 했으며, 종교적 공동체와 세속적 공동체를 망라했다.

공동체의 규칙과 관습을 조사하여, 공동체 구성원에게 부여되는 제한과 요구를 양적으로 평가했다. 예를 들면 술이나 차, 커피, 특정 음식의 회피와 같은 소비 관련 규칙, 물질적 소유, 복장, 외부 세계와의 교류 등의 관습이었다. 그림 20.4에 연구 결과를 제시했다. 종교적 집단의 경우에는 비싼 신호 가설이 적용되었지만, 세속적 집단에서는 적용되지 않았다. 어떻게 이런 상이한 결과가 나왔을까? 종교적 의례 및 규칙 준수는 객관적인 진리를 가진 초자연적 존재에 대한 믿음을 강화하고 초월적으로 생성된 규칙을 제시하면서 소속감을 더 튼튼

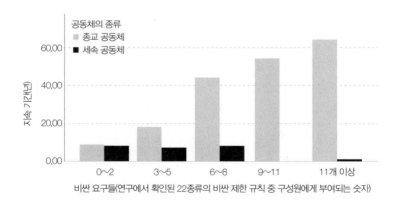

그림 20.4 19세기 미국에 있었던 30개의 종교 공동체와 53개의 세속 공동체의 지속 기간 및 구성원에게 부여한 비싼 요구 간의 상관관계. 결과에 따르면 요구 수준과 종교적 집단의 지속 기간은 강한 상관관계를 보였다(r2＝0.3697, p＜0.001). 그러나 세속적 집단의 경우에는 그렇지 않았다(r2＝0.0198, p＝0.31). 이는 종교적 결속에 대한 비싼 신호 가설을 일부 지지하는 결과다. 출처: Sosis and Bressler (2003); and Sosis and Alcorta (2003).

하게 강화시킬 가능성이 있다. 또한 성가나 찬송, 율동, 합동 기도 등 종교적 활동은 개인을 심리적으로 집단에 결속시키는 역할을 하여 내집단 연대를 증진시키고 이기적 행동을 감소시킬 가능성도 있다. 연구 결과를 신뢰할 수 있다면, 집단의 성공을 예측하기에는 비싼 신호만으로는 충분하지 않다. 종교적 교리의 준수 및 실천이라는 의례적 부분과 신앙 자체를 이론적으로 통합해야 할 것이다.

4) 유전자-문화 공진화 및 이중 유전 이론

종교적 사상과 신앙은 독립적으로 진화했을 수도 있다. 아직 잘 알지 못하는 문화적 진화의 과정을 통해서 일어났을 수도 있고 혹은 몇 가지 가능한 방법을 통해서 생물학적 진화와 발맞추어 진화했을 수도 있다. 종교적 믿음은 숙주 사이를 옮겨 다니면서 인간의 생물학적 이익을 침해하는 바이러스처럼, 마음에 기생하는 '밈'으로 작동할 수 있다. 리처드 도킨스는 "신앙은 세상에서 가장 큰 악마다. 하지만 천연두보다도 박멸하는 것이 어렵다"고 했다 (Dawkins, 1997, p. 26). 물론 종교의 문화적 진화와 인간 사이에 오직 나쁜 해악의 관계만 있는 것은 아니다. 종교적 관념은 (생물학적 적합도를 높이는 관습을 통해서) 인간의 번성을 돕는 유익한 공생체(symbiont)가 될 수도 있고, 그냥 인간의 생물학적 여건 및 인지적 기구에 편승하지만 특별한 이득은 없는 편리공생 (commensalism)일 수도 있다.

앞에서 설명한 다양한 모델은 여러 공통점을 가지고 있다. 그러나 인간의 문화는 여전히 매우 애매하고 복잡한 현상이라는 느낌을 준다. 데닛은 다윈주의를 모든 것을 녹여버릴 수 있는 '만능 산(universal acid)'이라고 하면서, 모든 것이 녹아버린 뒤에는 '인류의 중요한 사상 중 보다 건전한 것만 남게 될 것'이라고 하였다. 다음 장에서 오랫동안 다양한 이론이 경합하던 문화적 현상, 즉 윤리와 도덕적 감수성 및 윤리 규범을 다윈의 만능 산이 어떻게 녹여내는지 살펴보자.

윤리

PART

21

비록 그들이 찬탄하는 대상이 아주 다르긴 하지만, 다양한 동물들은 나름의 미적 감각을 지니고 있다. 이와 마찬가지로, 동물들은 옳고 그름에 대한 나름의 생각이 있을 것이다. 그리고 그들 나름의 판단에 따른 행동은 우리와는 아주 다를 것이다. 극단적인 예를 들어보자. 만약 인간이 꿀벌과 완전히 똑같은 환경에서 키워진다면, 일벌들이 그러하듯이 미혼 여성이 자신의 오빠나 남동생을 죽이는 것을 신성한 의무로 생각할 것이다. 어머니가 수태력을 가진 자신의 딸을 죽이는 것도 당연하게 받아들여질 것이다. 아무도 이에 대해서 방해하려 하지 않을 것이다.
다윈, 『인간의 유래』, 1871, 제1권, p. 73

　도덕적 가치의 지위는 영원한 논쟁거리라고 할 수 있다. 어떤 전통에 따르면 도덕적 가치는 신의 마음속에 있다. 그러나 어떤 사람은 논리적 반추를 통해 깨달을 수 있는 영원한 진리라고 한다. 마치 수학적 진리와 비슷하다는 것이다. 다른 사람은 도덕이 단지 사회적 관습에 불과하다고 한다. 혹은 인간 본성의 지속적 형질 중 하나일 뿐이라고 하기도 한다. 이 문제에 대한 진화심리학적 접근의 역사는 아주 파란만장하다. 진화적 과정을 통해서 도덕적 원칙을 이끌어 내려던 사회 다윈주의자의 시도는 도덕 철학자의 강력한 비판에 부딪히기도 했다. 이로 인해 한 세대가 넘는 기간 동안, 도덕 철학자들은 진화적 사상이나 신경과학을 가까이하지 않으려고 했다. 반면에 과학자들은 도덕적 정서의 진화에 대한 발견을 하기 시작했고, 뇌 안에 존재하는 도덕 및 동기 중추에 대해서도 많이 알게 되었다. 하지만 자연주의의 오류를 저지를까 두려웠기 때문에 이러한 연구 결과를 윤리적 문제에 적용하지 못하고 머뭇거리고 있었다. 무엇보다도 기본적인 논리적 실수를 저지른 사람으로 취급되고 싶지 않았던 것이다. 그러나 최근 들어 분위기가 바뀌고 있다. 이 장에서는 다원주의적 관점에서 윤리를 어떻게 바라볼 수 있을지 이야기해보도록 하겠다.

1. 자연주의적 윤리학의 가능성

1) 자연주의의 오류

자연적 사실과 가치를 연결하려는 시도는 항상 무참하게 실패했지만, 그렇다고 자연주의의 오류가 무조건 옳은 것으로 단정할 수는 없다. 흄은 『본성론』에서 사실 명제로부터 가치 명제를 유추할 수 없다면서 이 둘은 서로 구분해야 한다고 주장했다. 그리고 이러한 주장은 현재 큰 공감대를 형성하고 있다(Walter, 2006). 하지만 흄의 원래 의도는 도덕적 정서가 이미 인간의 본성에 내재된 사실(is)이며, 따라서 인간의 마음속에 정(情)으로 자리잡고 있다는 것이었다. 다시 말해 어떻게 논리 혼자서 존재(is)와 가치(ought)의 관계를 만드는지 알 수 없다는 이야기였다. 흄은 대중이 자신의 주장을 오해하는 것에 대해서 분노했다. 자신의 입장을 명확히 하기 위해 1752년에 쓴 책 『도덕원리에 관한 연구(An Enquiry Concerning the Principles of Morals)』에서 흄은 이렇게 썼다.

> 우리가 주장하는 가설은 간단하다. 도덕은 정서에 의해서 결정된다는 것이다. 어떠한 정신적 활동이나 질이든지 그것이 관찰자에게 칭찬하고픈 즐거운 감정을 느끼게 해준다면 덕목이라고 정의할 수 있다. 악덕은 그 반대이다(quoted in Walter, 2006, p. 36).

자연주의에서 윤리를 멀리 떨어뜨리려 했을 것이라는 기대와는 달리 흄은 경험주의적 입장을 견지하고 있었다. 즉 도덕이 어떤 순수한 추론이나 이성을 통해서 얻어지는 초월적인 진실이라는 식의 주장과는 정반대의 입장이었다. 흄에게 있어서 도덕적 진리는 인간 본성에 관한 생득적 사실이었다.

2) 흄의 주장에 대한 다윈주의적 갱신

흔히 다윈주의자들은 진화와 인간의 윤리 간의 관계에 대한 흄의 업적에 대해 높게 평가한다(Curry, 2005). 다윈주의적 관점에서 흄의 공로는 우리가 '가치'라고 부르는 개념을 명확하게 정립했고, 사실로 가득한 세상에서 어떻게 가치가 존재할 수 있는지 밝혔다는 점이다. 흄의 입장에서 인간의 가치는 정(情)의 산물이었고, 그 정이란 사랑, 증오, 분노, 적의, 관용, 너그러움 등을 포함하는 개념이었다. 이러한 욕정 혹은 정서는 생득적인 인간의 본성이며, '도덕적 욕정'은 공동의 선을 촉진할 수 있다는 것이다. 다윈주의적 세계관에서 동물은 적응을 통해서 목적, 즉 먹이로의 이동, 포식자로부터의 회피, 짝 탐색, 경쟁자와의 싸움 등의 목적을 달성하려고 한다. 이러한 목적들은 자연선택을 통한 적응을 거쳐, 유기체의 가치 혹은 목적을 향한 욕망이 되어간다. 인간의 가치는 적응을 통해 다듬어진 정서가 추구하는 목적이며, 그중 도덕적 가치는 공동의 선을 제공하는 기능을 한다.

이러한 면에서 도덕적 가치가 주관적인지 혹은 객관적인지, 즉 주정론(主情論)이 옳은지 혹은 실재론(實在論)이 옳은지 여부는 아주 흥미로운 문제이다. 도덕적 가치는 주관적이다. 우리의 마음속에 있는 도덕적 가치는 주관적이다. 그러나 모두에게 공통적으로 나타난다는 면에서(정상적인 사람이라면) 객관적이다. 즉 색깔에 대한 인식이나 공작의 꼬리처럼 객관적 사실이다(Curry, 2005).

이렇게 보면 도덕성은 제한된 자원, 제한된 공간, 개인적 다양성 및 경쟁적 본능이라는 조건에서 협력의 과실을 생성하고 공평한 분배를 가능하게 하는 절차적 집합이라고 할 수 있다. 기만하고자 하는 충동으로부터 배의 키를 돌려잡고, 상리공생, 호혜적 이타성 및 협력적 관계의 이득을 추구할 수 있도록 하는 감정과 성향에 대해서 도덕성이라는 이름을 붙인 것이다. 공감, 동정심, 연민과 같은 감정을 통해서 우리는 다른 사람의 입장을 이해할 수 있고, 공동체를 만들어 결속할 수 있다. 중요한 점은 애초에 이러한 경향은 차갑고 가차 없는 자연선택의 논리에 의해서 발생했다는 것이다. 즉 이런 성향을 가진 사람의 유전자의 복제에 도움을 주었기 때문이다. 하지만 지금의 우리는 수많은 상황에서 이러한 감정을 넘치도록 느끼고 있고, 다른 사람에 대한 동정이나 연민으로 인해 도움의 손길을 보내준다고 해도 그 도움을 (간접적으로도) 돌려받기 어렵다는 것을 잘 '알고' 있다.

도덕 이론은 그동안 이 책에서 다룬 인간 혹은 다른 동물의 심리적 경향과 밀접한 경향이 있다.

- 가족과 친족에 대한 돌봄
- 타인에 대한 동정
- 호혜성
- 사기에 대한 처벌

상호 이익을 제공하는 호혜성은 아주 중요하다(죄수의 딜레마가 그중 하나다. 11장). 수많은 도덕 철학자가 천착하는 신뢰, 약속, 처벌, 죄책감, 용서 등과 관련된 정서 혹은 느낌이 호혜성과 맺는 관계만 봐도 잘 알 수 있을 것이다.

도덕적 사고와 행동의 기원이 우리 본성 깊은 곳에 내재되어 있는 것을 보면 공리주의(utilitarianism)에 대한 비판이 어느 정도 타당한지도 모른다. 주류 도덕 철학계 내에서 공리주의는 쉽게 접근할 수 있는 튼튼한 신념 체계이다. 공리주의의 원칙이 비용-이득 분석이나 의료 자원의 할당과 같은 문제에 광범위하게 적용될 수 있다는 것은 의심할 여지가 없는 사실이다. 공리주의에는 여러 종류가 있지만, 기저의 논리는 동일하다. 즉 옳은 행동이란 최대 다수에게 최대의 선(쾌락 혹은 행복)을 제공해 줄 수 있는 행동이라는 것이다. 이는 유용한 철학이지만 결점이 없지는 않다. 하나의 예로서 윌리엄 고드윈(Willliam Godwin, 여권주의자 메리 울스톤크래프트(Mary Wollstonecraft)의 남편)의 저작 『정치적 정의(Political Justice)』(1794)에 대해서 이야기하는 것이 좋겠다. 고드윈은 흄과 달리 도덕성이 논리의 산물이라고 생각했다. 예를 들어 불타고 있는 건물에 두 명의 사람이 갇혀 있다고 가정해보자. 한 명은 모든 인류에게 혜택을 주는 유명한 작가(암 치료법을 거의 개발한 과학자라고 해도 좋다)이고, 한 명은 당신의 아내 혹은 어머니의 시중을 드는 하녀다. 한 명만 구할 수 있다면, 누구를 구해야 할까? 고드윈은 당연히 인류에게 도움을 주는 작가라고 생각했다. 미래에 더 큰 선을 제공할 수 있기 때문이다. 설령 하녀가 당신과 아주 잘 아는 사이라고 해도 상관없다. 고드윈의 말을 들어보자. "공정한 진리의 결정이 '나의(my)'라고 하는 대명사가 부리는 마법에 의해 얼마나 영향을 받고 있는가?" 아마 이책을 읽는 독자들도 쉽게 결정을 내리지 못할 것이다. 분명 자신이나 아내, 어머니를 시중드는 하녀에 대한 의무감을 느낄 것이다. 아마 다윈주의자는 이렇게 답할 수 있을 것이다. '나의'라는 마법은 수천 세대 동안 친족 선택을 통해서 인간의 뇌에 자리잡은 감각이자 인간성을 규정하는 산물이며, 이는 도덕성을 쾌락과 고통의 계산이라는 냉정한 차원으로 격하시키려는 시도를 반드시 좌절시킬 것이라고.

2. 게임 이론과 도덕 철학

향후 자연주의적 윤리학 연구의 미래는 게임 이론과 도덕적 추론을 어떻게 잘 연결하는지에 달려 있다. 전통적인 도덕 이론의 입장에서 죄수의 딜레마를 다시 들여다보는 것도 유익할 것이다. 그림 21.1은 전형적인 죄수의 딜레마 페이오프 행렬이다.

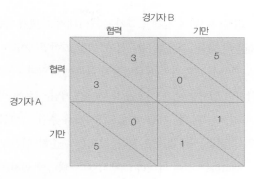

경기자 B

협력   기만

경기자 A

협력

기만

그림 21.1 전형적인 죄수의 딜레마 페이오프 값

잘 알다시피 죄수의 딜레마 상황의 문제는 개인이 장기적인 이익을 위해서 어떻게 협력하는지에 대한 것이다. 이에 대해서 라포포트와 차마는 두 종류의 논리, 즉 개별 논리와 집합 논리를 적용해 보았다(Rapoport and Chammah, 1965). 개별 논리는 각 개인의 보상을 최대로 하려는 것이고, 집합 논리는 모두 어떤 결정을 따를 때 개별 논리가 주는 이익보다 더 많은 것을 얻게 되는 것이다. 11장에서 다룬 것처럼, 각 상황에 대한 우리의 정서적 반응은 전체의 선을 위한 협력과 호혜성을 촉진하는 경향이 있다.

집합 논리를 강화하려면 중앙의 권위를 통해서 각 참여자가 선을 위해 행동하도록 종용해야 한다고 생각한 학자가 있었다. 『리바이어던』(1651)을 쓴 토머스 홉스(Thomas Hobbes)가 대표적이다. 홉스는 자연 상태에서 사람은 아주 이기적이며 경쟁적이라고 하였다. 따라서 이를 제한하는 중앙 권력(군주제든 혹은 의회주의든)이 있어야 시민 사회가 번성할 수 있다고 주장했다. 안타깝게도 이는 게임 이론에 적용하기 어렵다. 집행자 및 상응하는 처벌을 추가하면 게임 이론의 성질이 바뀌고, 새로운 페이오프가 발생하기 때문이다(기만 행위에 대한 처벌을 가하면, 발각의 가능성에 비례해서 기만의 보상이 적어지게 된다). 또한 홉스의 방법은 죄수의 딜레마에 대한 생물학적 접근에도 별로 도움을 주지 않는다. 아

직 자연의 세계에서 리바이어던과 같은 집행자는 찾아내지 못했기 때문이다.[01]
또한 정부가 없는 인간의 삶을 '외롭고, 빈곤하고, 더럽고 야만적이며 짧은' 삶
으로 본 홉스의 생각은 사실 초기 수렵채집인들의 삶과는 상당한 거리가 있다.

다른 위대한 철학자인 임마누엘 칸트의 윤리 체계를 게임 이론에 비추어 살
펴보는 것이 좋겠다. 칸트는 『실천 이성 비판』(1788)에서 주관적 경험과 무관
한, 도덕성의 보편적 기초를 찾아내려고 했다. 칸트는 단순히 인간의 욕구와
성향 속에 도덕성이 자리하는 것은 아니라고 생각했다. 왜냐면 인간의 욕동과
성향은 각자 다 다르기 때문이다. 칸트는 이성이야말로 인간의 특유한 능력이
며, 모든 사람이 가지고 있으므로, 보편적 도덕 법칙을 찾아내려면 이성을 이
용해야 한다고 믿었다. 따라서 이성적으로 추론한 도덕 법칙이 어떤 것인지,
그 법칙이 잘 작동하는지 연구했다. 칸트는 『도덕형이상학의 기초』(1795)에서
"나는 나의 준칙이 보편적 법칙이 될 수 있도록 하겠으며 다른 식으로는 행동
하지 않겠다"라고 말했다. 버트런드 러셀(Bertrand Russell)은 이에 대해서 "다
른 이가 너에게 해 주길 바라는 것처럼, 네가 다른 사람에게 행하여라"라는 말
을 '잔뜩 어렵게' 표현한 것에 불과하다고 지적했다.[02]

하지만 러셀의 평은 좀 부당한 면이 있다. 칸트는 이러한 준칙(혹은 정언 명
령)이 논리적 자기모순에서 자유로워야 한다고 생각했다. '나는 종종 지키지
못할 약속을 하고는 한다'라는 말은 논리적으로 잘못된 것이다. 만약 모든 사
람이 이 법칙에 따라서 행동한다면, 약속은 더 이상 약속이 될 수 없고 규칙은
스스로 무너져버리게 된다.[03] 기본적으로 칸트의 입장은 불멸의 영혼을 가진
합리적 존재를 고려해서 가정된 것이다. 칸트의 주장에 의하면 우리는 이성이

---

01 리바이어던은 국가나 정부와 같은 강력한 힘을 가진 바다 괴물을 뜻하는데, 물론 상상 속의 존재다.

02 칸트의 말은 흔히 제1 정언 명령이라고 하는데, 러셀이 이야기한 성경의 황금률과 꽤 비슷하다

03 약속은 반드시 지켜져야 하는데, 사실 그럴 수 없기 때문에 정언 명령을 어기지 않으려면 약속을 아예 할
수 없게 된다는 뜻. 물론 약속을 안 하기로 마음 먹으면, 정언 명령을 지키겠다는 약속도 할 수 없다.

우리 자신에게 명령하는 계율을 따라야 할 의무가 있다. 즉 도덕적 문제에 직면했을 때, 우리의 판단을 흐리게 하는 감정적 느낌을 신뢰해서는 안 되는 것이다.

게임 이론과 관련해서 정언 명령을 '다른 사람들이 선택하면 너에게 가장 큰 이득을 주는 전략을 네가 선택하여라'로 바꾸어 볼 수 있다. 이는 사람을 수단이 아닌, 목적으로 대하라는 칸트의 주장과 일맥상통한다. 즉 자기모순이 없다면 자신의 준칙이 보편적 법칙과 일치하도록 해야 한다는 그의 권고와 동일하다. '협력'은 이러한 준칙일 것이고, '기만'은 그렇지 않을 것이다. 모든 사람이 기만 전략을 사용한다면, 모든 사람이 협력할 때보다 상황이 악화될 것이다. 칸트의 정언 명령은 실제로 황금률의 다른 버전이다. 『성경』에는 "너희는 남에게서 바라는 대로 남에게 해주어라"라는 말이 있다(루가의 복음서 6:31, 공동번역). 칸트는 추론을 통해서 이러한 결론에 이르렀고, 이성적 존재로서의 인간은 이 명령을 따를 의무가 있다고 믿었다. 사실 칸트는 이성의 힘에 대해 낙관적인 태도를 가지고 있었는데, 심지어 타고난 악인을 위한 사회적 방책을 취하는 데도 해답을 줄 수 있다고 생각했다.

> 국가를 조직하는 것은 아주 어려운 일처럼 보이지만, 만약 그들이 지능을 가지고만 있다면 설령 모든 국민이 악마의 종족이라고 해도 그 해결책을 찾아낼 수 있다(Kant, quoted in Barash, 2003, p. 132).

하지만 칸트는 협력의 동기가 무엇인지는 말하지 않았다. 개별 이성에 따른다면, 우리는 사기를 치고 달아나는 것도 방법이 될 수 있다. 협력을 위해서는 인지 능력이 아닌 정동 능력에서 유래하는 덕이 필요하다.

흥미롭게도 규범 공리주의자들도 비슷한 결론, 즉 '협력'이 최선의 방책이라는 결론을 도출했다. 공리주의자들은 최대 다수의 최대 행복을 추구한다. 따라서 각각의 행위는 이득(행복의 창출)과 손해(불행의 창출)에 따라 판단해야 한다. 행복의 창출은 헤돈(hedon), 불행의 창출을 도론(dolon)라는 단위로 표현하기도 한다. 즉 협력이 가장 큰 헤돈과 가장 작은 도론를 창출하면, 협력할 것이다. 규범 공리주의(rule utilitarianism)에서는 우리가 매 행동마다 헤돈과 도론을 계산하는 것이 불가능하므로, 만약 모든 사람이 하나의 규칙을 따르면 결국 최대 행복을 얻을 수 있다고 주장한다. 그리고 그 규칙이 '협력'이라는 것은 자명하다.

3. 트롤리 문제

고드윈의 논쟁적인 사고 실험 이후 가상적인 도덕 딜레마는 도덕적 추론의 심리를 연구하는 일반적인 방법이 되었다. 이러한 연구의 참여자는 특정한 시나리오하에서 가장 바람직한 결정을 내리도록 주문받는다. 가장 유명한 딜레마가 바로 '트롤리 문제(trolley problem)'이다.

달리는 트롤리(혹은 기차) 문제는 윤리학의 사고 실험이다. 영국의 철학자 필리파 풋(Philippa Foot)이 처음 만들었는데, 여러 사람을 살릴 수 있지만 한 사람을 희생시켜야 하는 딜레마의 일부로 제시되었다. 풋의 원래 시나리오가 제안된 이후 심리학자, 철학자, 신경과학자 등이 수많은 변형 시나리오를 만들어 실험했고, 이제는 트롤리학(trolleyology)이라는 별명도 붙었다.

시나리오의 기본적인 구조는 다음과 같다. 통제를 벗어나 질주하는 기차가 있다(그림 21.2). 철로의 앞에는 다섯 명의 사람이 묶여 있다. 기차가 그대로 직진하면 모두 죽을 것이다. 당신은 선로 조정기 앞에 서 있는데, 만약 레버를 당기면 다섯 명 대신 한 명이 죽는 것으로 상황을 바꿀 수 있다. 그렇게 할 것인가? 다른 변형 형태도 있다. 미국 철학자 주디스 톰슨(Judith Thompson)이 제안한 '육교 위 뚱뚱한 남자' 문제인데, 여기서는 레버를 당기는 것이 아니라 육교에 서 있는 뚱뚱한 남자를 밀어 떨어뜨려서 기차를 멈출 수 있다는 것이다. 당신은 남자를 밀겠는가?

대부분의 사람은 레버를 당긴다고 했지만, 뚱뚱한 사람을 밀어 떨어뜨린다고 하지는 않았다(Cushman et al., 2006). 공리적 관점에서 보면 결과는 동일하다. 다섯이 살고 하나가 죽는 것이다. 그런데도 사람들은 서로 상이한 반응을 보였다. 이 역설은 수십 년간 철학자들을 괴롭혀왔다. 좋은 일을 하기 위해서 나쁜 부작용을 감수해야 하지만 반드시 그렇게 해야 하는 것은 아닐 때, 우리는 무의식적으로 이른바 '이중 효과 원칙(doctrine of double effect)'에 빠진다는 주장이 있다. 결과론적 입장에서 보면 둘 사이에 차이는 없다. 하지만 우리 마음속에는 이러한 원칙이 작동하므로 다른 결정을 내린다는 것이다.

왜 사람들이 다른 결정을 내리는지 알아보기 위해 그리니와 하이트는 뇌영상기법(fMRI)을 사용하여 두 문제를 고민할 때 피험자의 뇌 어떤 부분이 주로 활성화되는지 조사하였다(Greene and Haidt, 2002). 육교 문제(연구자는 '업 클로즈 앤 퍼스널(up close and personal)'이라고 불렀다)의 경우, 응답자는 신속하게 결론

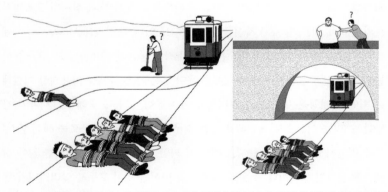

그림 21.2 질주하는 트롤리 사고 실험의 두 가지 버전. 첫 번째 시나리오에 의하면 당신은 레버를 당겨서 다섯 명의 목숨을 구하고, 대신 한 명의 목숨을 희생시킬 수 있다. 두 번째 시나리오에 의하면 당신은 비만한 남자를 육교에서 떨어뜨려서 트롤리를 멈추고 다섯 명의 목숨을 구할 수 있다. 물론 뚱뚱한 남자는 죽는다. 어떻게 할 것인가?

에 도달했다. 의무론적 추론을 하는 경우가 많았다. 다른 이를 구하기 위해서 어떤 사람을 희생시키는 것은 옳지 않다는 것이다. 더불어 감정 및 사회적 정보를 처리하는 뇌의 부분(예를 들면 내측 전전두엽)이 활성화되었다. 레버를 당기는 문제에서는 좀 더 오랫동안 고민하는 경향이었다. 더불어 배외측 전전두엽이 주로 활성화되었는데, 이 부위는 작동 기억을 주로 담당하는 곳이다. 결론적으로 말하면 인간은 뇌의 서로 다른 부분을 사용하여 도덕적 판단을 내린다는 이야기다. 의무론적 추론에 의거한 신속한 감정 기반의 의사 결정 혹은 공리적 추론에 의거한 보다 인지적이고 느린 의사 결정이다.

결과론과 칸트주의

아마도 두 시스템은 진화적 과정을 통해서 빚어졌을 것이다. 이를 편의상 결과론자(공리주의가 가장 대표적이다)와 칸트주의자(의무론이 대표적이다)로 나누어 부르자. 결과론자 시스템은 최소한 친척이나 친구에 관한 의사 결정의 경우에는 설명이 어렵지 않다. 실제로 친족 지향성 이타성을 가진 동물은 원도덕(protomorality)이 있다고 말할 수 있다. 11장에서 이야기했듯이 동물은 친족 지향성 이타성을 가지고 있으며, 자신의 친족을 더 편애한다. 심지어 포괄적합도의 논리에 맞으면, 자기 자신을 희생할 수도 있다. 송장벌레(*Nicrophorus*)의 예를 들어보자. 송장벌레라는 이름은 이들이 작은 동물의 사체를 묻는 행동을 하는 것에 착안해 붙여졌다. 송장벌레는 묻어 놓은 썩은 사체를 이용해서 애벌레를 먹인다. 보통은 두 부모가 자녀를 같이 돌본다. 그런데 구해놓은 사체가 감당할 수 있는 이상으로 애벌레를 낳는 경우가 있다. 그러면 부모는 새끼 중 일부를 먹어서 다시 토해 놓는다. 그것으로 다른 새끼를 먹인다. 이러한 영아 살해는 적응적인 행동이다. 소수의 자식을 잘 먹이는 것이 모두를 살리려다가 영양실조로 다 죽는 것보다는 현명한 일이다. 즉 송장벌레는 공리주의적 계산(3장에서 언급한 해밀턴의 이타성 논리)을 적용한다. 전체의 이익을 위해서 소수의 자

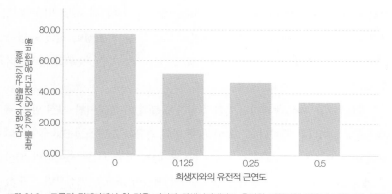

그림 21.3 트롤리 딜레마에서 한 명을 기꺼이 희생시키겠다고 응답한 피험자의 비율과 피험자와 희생자의 유전적 근연도의 관계. 출처: Bleske-Rechek, A., L. A. Nelson, J. P. Baker, M. W. Remiker, M. W and S. J. Brandt (2010). 'Evolution and the trolley problem: people save five over one unless the one is young, genetically related, or a romantic partner.' Journal of Social, Evolutionary, and Cultural Psychology 4(3), 115. Copyright © 2010 by the American Psychological Association. Adapted with permission.

식을 희생시키는 것에 조금도 거리낌이 없는 것이다.

트롤리 문제를 포괄적합도로 풀 수 있는지에 대한 연구가 있었다. 블레스케-레첵 등은 선로에 묶인 희생자와의 유전적 근연도에 따라서 레버를 당기는 경향이 달라지는지 조사했다(Bleske-Rechek et al., 2010). 희생당하는 사람과 피험자가 유전적으로 가까울수록 친족 선택이나 포괄적합도 추론에 의해서 가급적 희생시키지 않는 방향으로 응답할 것이라고 예상했다. 미국의 한 교외 지역에 거주하는 423명의 여성과 239명의 남성을 대상으로 연구가 진행되었는데, 예상대로 포괄적합도 가설에 부합하는 결과가 나왔다(그림 21.3).

그러나 결과보다는 원칙을 따지는 칸트주의적 시스템에 관해서는 다른 설명이 필요하다. 이득과 손해를 고려하지 않는다면, 어떻게 이러한 원칙이 진화할 수 있었을까? 이에 대한 한 가지 설명은 집단적 상황에서 긴 시간 동안 개인적 이익과 복리를 평균적으로 증진시키는 단순하고 빠른 경험칙이 바로 의무론적 체계라는 것이다(Gigerenzer, 2010). 매번 공리주의적 이득-비용 분석을 하는 것은 너무 어렵다. 따라서 감정에 기반을 둔 시스템이 신속한 답을 내려준다는 것이다. 이런 답이 항상 정확하지는 않겠지만, '충분히 만족스러운' 해결책이라는 주장이다(9장).

'트롤리학'은 세상과 괴리된 학문적 담론에 불과한 것 같지만, 사실 현실 세계에서도 일어나는 일이다. 1950년대 두 명의 과학자 조너스 소크(Jonas Salk)와 앨버트 브루스 사빈(Albert Bruce Sabin)은 각각 독립적으로 소아마비 백신을 개발했다. 일반적인 면에서 보면, 사빈의 백신이 소크의 백신보다 우수했다. 하지만 사빈의 백신은 드물게 소아마비를 일으키는 부작용이 있었다. 물론 전체적으로 보면 사빈의 백신이 더 많은 생명을 구할 수 있었다. 어떤 백신을 사용하는 것이 옳을까? 공리주의적 입장에 따르면 사빈의 백신을 선택하는 것이 옳다. 실제로 1999년까지 미국 연방 자문 위원회는 사빈의 백신을 추천했다. 손해보다 이익이 크다는 것이다. 미래에는 기계에 어느 정도의 윤리적 프로그램을 장착해야 할지도 모른다. 예를 들어 무인자동차가 피할 수 없는 비상 상황에 처할 경우, 다양한 희생자를 감안한 다양한 시나리오가 가능할 것이다. 만약 누군가를 불가피하게 희생시켜야 한다면, 유모차를 밀고 있는 어머니 혹은 길을 건너는 할아버지 중 누구를 희생시키는 프로그램을 장착해야 할까?

4. 도덕적 발달에 대한 진화적, 정서적 접근

삼중뇌

주류 심리학에서는 발달 과정의 어린이와 성숙한 성인의 도덕적 발달에 관해 오랫동안 관심을 가져왔다. 유력한 패러다임에 의하면 어린이는 인지적 단계를 거치는데, 이에 따라서 분명한 도덕 발달 단계도 동반하여 나타난다. 그러나 장 피아제(Jean Piaget)나 로렌스 콜버그(Lawrence Kohlberg) 등이 제안한 도덕 심리학의 주요 이론은 신경과학적 관찰 결과와 일치하지 않는다는 단점이 있다. 다시 말해 윤리적 의사 결정 체계와 관련된 신체 부위를 찾을 수 없다는 것이다. 이런 문제는 다양한 추론이나 사고를 할 때 활성화되는 뇌의 국소 부위를 찾아내는 신경 영상 연구를 통해서 해결할 수 있을지도 모른다. 이론적 차원에서 이러한 주장을 삼중 윤리 이론(tribune ethics theory, TET)이라고 하는데, 이는 강한 규범적 명령(예를 들면, 여타 가치 판단을 빈번히 압도하는 옳고 그름에 대한 느낌)에 대한 경험은 맥린이 제안한 삼중뇌 모델로 설명할 수 있다는 것이다 (Narvaez, 2008, 표 21.1). TET는 강력한 설명력을 가진 흥미로운 주장이다. 예를 들어 피아제나 콜버그가 제안한 도덕적 판단의 단계적 발달은 뇌의 각 부위가 생애 첫 20년 동안 다른 속도로 발달해서 나타나는 현상인지도 모른다. 따라서 콜버그가 말한 '후기 인습적 추론(post conventional reasoning)'은 전전두엽이 충분히 발달하기 전에는 작동할 수가 없다. 이 이론은 왜 어떤 윤리적 직관이 합리적 사고에 위배되거나 혹은 사후 합리화라는 고통스러운 과정을 거쳐야 하는지 잘 설명해준다. 그러한 윤리적 본성은 신피질이 통제하지 못하는 뇌의 부위에서 시작하는 것이기 때문이다. 물론 제한점이 없는 것은 아니다. 대담한 경험칙으로서 이 이론이 가지는 장점이 있지만, 정말 윤리가 세 가지 범주로 분류될 수 있는지에 대한 연구가 필요하다. 또한 뇌 영상 연구를 통해서 다양한 윤리적 판단에 개입하는 뇌의 각 부위가 어디인지 (문자 그대로) 밝혀지고 있다. 그런데 뇌 영상 연구에 따르면, 삼중 윤리 이론은 잘 맞지 않는 것으로 보인다.

표 21.1　나르바에스(Narvaez)가 제안한 삼중 윤리 이론

뇌 영역	윤리의 종류
파충류 뇌 혹은 R 복합체(R-complex)	안전(security)에 관한 윤리 안전 및 신체적 생존과 관련된 의사 결정. 자기 이익과 주로 관련된다. 다른 시스템이 작동하지 않을 경우, 이 시스템이 윤리적 판단을 주도한다. 편협하고 완고하다.
변연계 및 관련된 중뇌 구조물	관계(engagement)의 윤리 공감과 열정. 타인에 대한 배려, 사회성, 친족 지향적 이타성 등과 관련된다. 순응주의적이며, 강력한 감정의 원천이다.
신피질	상상(imagination)의 윤리 문제 해결, 합리적 사고, 뇌의 하위 영역에서 올라오는 의사결정과 정서를 통합한 추론. 관계의 윤리나 안전의 윤리로부터 정보를 받아 조율하고 통합한다. 때때로 보다 원시적인 충동을 억제하여 고귀한 행동을 하도록 해준다. 속도가 느리며 우유부단하다.

윤리 이론의 역설

　프로이트주의나 행동주의가 퇴조하면서 정보 처리에 방점을 둔 인지 및 발달 이론이 윤리심리학의 대세가 되었지만, 그렇다고 심리학자가 오직 이 이론에만 관심이 있었다는 말은 아니다. 1975년 윌슨은『사회생물학』에서 윤리는 '생물학화(biologized)'되어야 한다고 말했다. 지금 돌이켜보면 대단한 선견지명이 아닐 수 없다. 이후 도덕적 추론과 관련된 신경과학적 성과와 수많은 실험적 성과를 보면, 우리는 종종 왜 그런 결론에 이르렀는지 의식도 하지 못한 상태에서 이미 도덕적 판단에 도달하는 경향이 있는 것으로 보인다. 안토니오 다마지오 등의 신경과학자나 프란스 드 발(Frans de Wall) 등의 영장류학자, 그리고 조너선 하이트(Jonathan Haidt) 등은 도덕 발달과 판단의 사회적 직관 모델(social intuitionist model, SIM)을 제안했다. 윌슨의 제창에 부응한 모델이라고 할 수 있다(Haidt, 2008). 이 입장에 따르면 도덕적 판단은 종종 신속하고 자동적이다. 정서를 담당하는 뇌의 특정 부위(변연계)에서 시작한다. 하이트는 우리는 어떤 도덕적 판단, 결정, 행동을 내린 후에야 이를 정당화하는 논리를 살핀다고 말한다.

우리는 최초의 도덕적 직관을 지지하는 증거를 모으기 위해서 도덕적 추론을 사용한다. 물론 다양한 직관이 갈등하는 드물고 어려운 문제를 해결하기 위해서 도덕적 추론을 사용하기도 한다(Haidt, 2008, p. 69).

흥미롭게도, 비즈니스의 세계에서 윤리 이론의 유용성을 연구한 존 칼러도 비슷한 결론에 도달했다(Kaler, 1999). 칼러의 연구는 말하자면 윤리적 문제를 해결하기 위해 설계된 추론 기반의 철학적 시스템에 관한 연구라 할 수 있다. 칼러는 윤리 이론이 사실상 완전히 무용하다고 결론지었다. 왜냐하면 공리주의나 의무론에 입각한 시스템은 때로 윤리적 이슈에 대한 받아들이기 어려운 답을 내놓기 때문이다. 예를 들어 공리주의는 공공의 이익을 위해서 무고한 사람의 이익을 희생시킬 수 있다. 의무론은 결과가 시궁창이더라도 의무와 원칙을 따르라고 할 수 있다. 칼러는 인간이 각 이론을 적용할 경우 파생되는 부정적인 결과를 이미 어느정도 '알고', 다시 서둘러 이론적 경로를 거슬러 올라가서 정답을 내놓을 수 있도록 수정을 가한다고 지적한다. 따라서 '윤리 이론은 우리가 이미 알고 있는 것에 기반하여, 우리가 이미 알고 있는 것을 말해주고 있으며, 우리가 이미 알고 있는 것과 비슷한 답을 내놓도록 되어 있다'는 것이다(Kaler, 1999, p. 210). 칼러가 입증한 윤리 이론의 역설은 뇌의 직관 및 감정 중추에 의존하여 신속한 의사 결정을 내리는 인간 도덕성의 생물학적 경향을 고려하면 쉽게 이해할 수 있다. 이러한 주장은 도덕 판단과 관련한 실험적 연구에 의해서 입증되고 있다.

5. 도덕 기반 이론

1) 도덕 범주의 확장

도덕 심리학의 경험적 연구는 윤리적 딜레마를 담고 있는 질문지를 제시하는 방법으로 흔히 이루어진다. 상당수의 연구는 도덕 발달에 관한 콜버그의 주장, 즉 정의와 공정성 개념의 발달에 대한 주장에 근거하여 진행된다. 그런데 콜버그의 주장을 비판한 캐럴 길리건은 서로를 돌보려고 하는 경향을 강조하면서 콜버그 이론의 확장판을 내놓았다(Gilligan, 1982). 더 최근에는 행동 경제학자나 신경과학자가 도덕적 의사결정 과정에 관심을 가지게 되면서 트롤리 딜레마를 다시 들여다보기 시작했다. 경제학자들은 이미 다양한 보상 수준을 제시했을 때, 피험자가 공정하게 혹은 불공정하게 서로 협력하고 또 속이는 금전 기반 게임 연구에 익숙해 있었다. 사실 콜버크의 이론이든 질주하는 트롤리 문제든 간에 핵심 이슈는 동일하다. 이익이 충돌할 때 발생하는 옳음과 공정, 복리, 도덕적 곤란에 대해 밝히려는 것이다.

아마 이러한 어려운 딜레마를 공정하고 따뜻하게, 타인의 권리와 자율성을 존중하면서, 또한 자신의 권리와 자율성도 존중받으면서 해결해 나가려는 것이 바로 도덕성의 전부라고 믿고 싶을 것이다. 이러한 개념은 정말 그럴듯해 보인다. 칸트나 벤담, 밀, 보다 최근에는 존 롤스 등이 이야기한 계몽적 사상의 핵심 주장이다. 그러나 조너선 하이트 등의 최근 연구에 의하면 도덕적 범주에 관한 이러한 개념은 너무 편협한 것이다. 많은 사람은 이를 넘어서서, 공동체, 권위, 존엄, 순결 등의 이슈와 관련된 도덕적 대답을 원하고 있다(Greene and Haidt, 2002; Haidt and Joseph, 2004; Graham et al., 2011).

하이트는 도덕성에 관한 심리학적 연구에 적용해야 할 네 가지 원칙적 가이드라인을 제시했다(Haidt, 2007b).

* '감정의 번득임'은 거의 모든 인간 경험과 동반하여 일어난다. 이는 신속한 판단(도덕적 판단을 포함하여)의 기저를 이루고 있다. 이성은 사후에 정당화하기 위해서 동원된다. 이성은 정서적 직관을 거역할 수 있지만, 이는 쉽지 않은 일이며 드물게 나타난다.

- 도덕적 사유는 개인적 이득이 되는 사회적 행동을 돕는다. 우리의 뇌, 즉 우리의 도덕적 판단은 궁극적인 진실을 알려주도록 진화한 것이 아니라, 각자의 이득을 향한 마키아벨리적 과제를 수행하도록 진화했다.

- 도덕의 일차적 기능 중 하나는 사람을 서로 뭉치게 하는 친사회적 행동에 보상하고, 사기를 치거나 나태한 자를 벌하도록 하는 것이다.

- 우리는 도덕에 관한 두 가지 기본적 입장을 뛰어넘어야 한다. 1980년대에 유행한 주장으로 인간의 도덕이 두 가지 기본적 방향, 즉 정의와 공정함 및 약자와 장애인에 대한 배려를 향하고 있다는 것이다. 전통문화에 대한 연구에 의하면, 우리가 관심을 가지는 도덕적 주제는 이보다 넓다. 존경, 충성, 음식 금기 및 혐오 등을 포함한다.

도덕적 주제를 확장하기 위해서, 하이트와 조지프는 진화심리학과 인류학 문헌을 조사했다(Haidt and Joseph, 2004). 다양한 문화권에서 나타나는 도덕적 관심과 가치를 클러스터로 묶었는데, 이를 통해서 모든 문화권에서 공통적으로 발견되는 도덕적 이슈를 포괄하는 다섯 개의 '기초' 혹은 범주를 찾아냈다. 그레이엄 등은 이러한 주장을 이른바 도덕 기반 이론(Moral Foundations Theory)이라고 명명했는데, 다섯 개의 기반을 다음과 같이 새로 이름 붙였다(Graham et al., 2007). 위해와 돌봄(harm and care), 공정성과 호혜성(fairness and reciprocity), 내집단 충성(in-group loyalty), 권위와 존경(authority and respect), 정결과 신성함(purity and sanctity). 이후 모델이 계속 검증되면서, 이른바 도덕 기반 설문지가 만들어졌다. 설문지의 네 번째 버전은 총 34,476명의 성인을 대상으로 그 유효성을 평가했는데, 결과는 아주 분명했다(Graham et al., 2011). 연구진의 주장에 따르면, 이러한 도덕적 기반은 진화 및 발달적 경험을 통해 생겨나는 도덕적 취향과 밀접한 관련이 있었다. 모든 (정상적인) 아기는 다섯 가지 기반을 발달시킬 잠재력을 가지고 있는데, 이는 원시 시대의 기나긴 적응적 진화 과정을 통해서 빚어진 것이다. 그러나 현대인의 삶은 우리가 가지고 있는 심리적 토대가 만들어진 원시인의 삶과 너무 동떨어져 있으므로, 어떤 것은 더 이상 유효하지 않거나 혹은 적응적인 이득을 주지 못하는 반응을 유발할 수도 있다. 표 21.2는 도덕 기반 이론의 핵심 주장을 요약한 것이다. 주목할 것은 우리의 도덕적 열정이나 옳고 그름에 대한 느낌은 과거 진화하던 당시에는 예상할 수 없었던 현대적 삶의 다양한 요인에 의해서 촉발될 수 있다는 점이다.

표 21.2 하이트와 조지프가 제안한 도덕성 이론의 다섯 가지 도덕 범주

	다섯 가지 도덕적 범주				
	위해와 돌봄	공정성과 호혜성	집단에 대한 충성	권위에 대한 존경	정결함과 신성함
해당하는 적응적 문제	아이와 장애인, 특히 친족에 대한 보호	상호주의와 호혜적 이타성으로부터의 이익 추구	집단생활의 이득(예를 들면 보호)	사회적 지배성이라는 사슬에서 자신의 위치를 높이고, 위계를 다루는 것	기생충이나 병원체 등 감염원 회피. 직관적인 타고난 미생물학적 개념
진화적 적응 환경 내 촉발 요인과 적절한 범주	친족의 고통이나 친족을 향한 위협	교환과 협력자 및 사기꾼 탐지	집단의 힘과 결속을 강화하는 것	복종과 지배의 신호를 인식하는 것	병자와 오염된 음식, 쓰레기를 피하는 것
신석기 이후의 새로운 문화적 환경 내 촉발 요인	죄 없는 동물을 학대하는 것, 그림에 그려진 인물에 대한 공감	돈만 먹는 고장난 자동판매기	토너먼트 경기에서 자국 팀을 응원하는 것	권위상, 계급 의식	터부, 외국인 혐오, 종교적 상징이나 텍스트의 신성함
활성화되는 감정	정, 공감	분노, 고마움, 죄책감	자부심, 소속감	존경, 두려움	혐오
전형적인 덕목	공감, 친절, 배려	신뢰성, 진실성, 정직	충성심, 애국심, '모두를 위한 하나'	존경심, 경의	경건, 절제
전형적인 악덕	잔인함, 냉혹함	부정직	비겁함, 반역	무례함	신성모독, 이단

이 이론은 도덕 관련 상황에서 활성화되는 다섯 가지 본능적 도덕 범주를 제시하고 있다. 각각의 범주는 적응적 목적을 달성하기 위한 자연선택의 과정에 의해 빚어졌다. 그런데 지금은 과거 환경과 다른 촉발 요인에 의해서 활성화되기도 한다. 출처: Haidt, J. (2007b).

2) 도덕 기반 이론의 적용

타고난 보편적 도덕 문법이라는 주장은 왜 우리가 다양한 상황을 접할 때 강렬한 느낌을 받는지 잘 설명해준다. 스티븐 핑커는 이러한 도덕 체계를 켜고 끌 수 있는 스위치에 비유했다(Pinker, 2008). 스위치가 한번 켜지면 우리는 활성화된 스위치에 따라 반응한다. 그리고 우리의 행동과 느낌을 정당화하기 위해 이러한 '정의로운 분노'를 어떻게든 사후 합리화하려고 노력한다.

직접 실험을 해보자. 다음 네 가지 시나리오 중에서 3과 4는 실제 사건에 기반을 둔 것이다. 일부는 문화적으로 독특한 상황이라서 아마 강한 도덕적 느낌을 받지 않을 수도 있다. 마음속에서 어떤 느낌이 드는지 주목해서 읽어보자.

1. 스티브와 줄리는 몇 년 동안 좋은 친구이자 동료로 지냈다. 둘은 휴일 동안 합의 하에 성관계를 맺기로 계획을 세웠다. 스티브는 최근에 정관 수술을 받았고, 줄리는 경구용 피임약을 먹고 있다. 성적인 관계는 몇 달 동안 계속되었는데, 그러다가 이제 그만하기로 결정했다. 여전히 이들은 좋은 친구이며, 자주 만난다. 사실 스티브와 줄리는 오누이이다.

2. 채식주의자인 당신은 저녁 파티에 초청을 받았다. 파티 호스트는 당신을 위해서 채소 수프를 준비했고, 다른 손님을 위해서는 소고기 수프를 준비했다. 집주인은 다른 사람에게 소고기 수프를 퍼준 다음 같은 국자를 이용해서 당신에게 채소 수프를 덜어 주었다.

3. 수단의 수도 카르툼에서 일하는 영국 교사는 자신의 학생에게 테디 베어를 모하메드(이슬람교의 창시자)라고 부를 수 있도록 허락했다.

4. 2011년과 2012년 영국에서 철 가격이 뛰어오르자 영국 각지의 전쟁 기념관에 있는 전몰 용사의 이름이 새겨진 청동판을 훔쳐 파는 절도가 발생했다.

첫 번째 경우 당신은 아마도 근친상간이라는 것을 깨닫는 순간, 이러한 행동이 도덕적으로 용인될 수 없는 행동이라고 여기고 심지어는 역겨움도 느낄 것이다. 이런 행동이 왜 잘못된 것이냐고 질문을 하면 아마 불법적 행위라고 답할 수도 있을 것이다. 그러나 왜 불법 행위라고 해서 도덕적으로 잘못된 것이냐고 물으면 대답하기가 쉽지 않다. 대신 근친상간을 금하는 종교적 교리를 들을 수 있을 것이다. 즉 도덕성의 '신명론(神命論, divine command theory)'을 이야기하는 것이다. 하지만 신명론 자체도 철학적 문제를 안고 있다. 결과주의적 입장에서는 비록 합의 하에 이루어졌다고는 하나 근친상간이 유전적 이상을 가진 아이를 낳거나 혹은 근친상간을 한 사람에게 심리적 충격을 준다고 말할 수 있다. 그러나 이 경우에는 아기가 태어날 가능성이 없고, 남매는 합의 하에 관계를 맺었으며 심리적인 충격을 입었다는 증거도 없다. 이런 대답에도 불구하고, 당신은 여전히 이건 옳은 일이 아니라고 하는 내면의 소리를 억누를 수 없을 것이다. 도덕 기반 이론에 의하면 이는 정결·신성 범주와 관련된 도덕 반응이다. 즉 정결함을 위반했기 때문에 잘못되었다는 것이다. 내면에 있는 도덕적 가책의 힘이 작동하는 것이다. 이러한 신속한 경험칙 및 정서적 반응을 경험하고 난 이후에야 우리는 그와 같은 반응을 정당화하는 이유를 찾기 시작한다.

두 번째 경우 만약 채식주의자라면 비슷한 경험을 해본 적이 있을 것이고, 그렇지 않더라도 비슷한 상황을 본 적은 있을 것이다. 상당수의 채식주의자는 조금이라도 육류 제품을 먹는다고 상상하면 바로 구역감을 느낀다. 하지만 구역감 때문에 채식주의자가 되는 것은 아니다. 고기를 피하는 것은 생태계나 건강 혹은 고통받는 가축에 대한 지적 판단에서 주로 기인한다. 따라서 두 번째 시나리오처럼 약간의 고기가 국자에 묻어오는 것은 사실 아무런 문제가 되지 않아야 한다. 그렇다고 해서 가축이 더 고통받는다든가 생태계가 더 파괴되거나 눈에 띌 정도로 건강에 악영향을 미치는 것이 아니기 때문이다. 그런데도 불편한 감정은 강력한 현실이고, 파티 호스트는 이를 존중해주어야 한다. 도덕 기반 이론에 의하면 이는 정결함·신성함 범주에 대한 위반이라고 할 수 있다.

세 번째 경우는 실제로 일어났던 사건이다. 대중들의 격렬한 반응과 함께 교사는 15일 구류형을 선고받았다. 약 10,000명에 이르는 시위대가 하르툼 시내를 점거하고 사형을 요구했다. 사실 모하메드라는 이름을 원한 것은 어린 학생이었지만 이를 허락한 교사의 행동은 종교적, 도덕적 예민함에 불을 붙이는 행위였다. 도덕 기반 이론에 의하면 이는 권위에 대한 존중 의무를 깨트린 것이다.

네 번째 경우 절도범의 행동은 엄청난 비난을 받았다. 다른 절도범의 소행에 비해 아주 강력한 반응을 유발했는데, 이는 여러 종류의 도덕적 범주를 건드렸기 때문이다. 도덕 기반 이론에 의하면 공정성과 상호성 범주(다른 사람의 재산을 훔친 것이다)를 위반했고, 집단에 대한 충성(청동판에는 조국을 위해 목숨을 바친 사람의 이름이 새겨져 있었는데, 일종의 국가 유산이라고 할 수 있다)도 위반했다. 또한, 권위에 대한 존중(공공 기념물이다)도 위반했다. 게다가 정결함과 신성함의 범주(국립묘지는 종종 종교적 상징물에 비견된다)도 깨트렸다. 국회의원 노먼 베이커가 절도범을 두고 '도덕적으로 혐오스럽다'고 한 것은 당연한 반응이다 (Milward, 2011).

3) 도덕성: 보편적인가 혹은 문화 상대적인가?

도덕 이론에 대한 진화적 설명이 직면하고 있는 가장 강력한 도전은 어떻게 타고난 도덕관념이 보편적(우리는 단일 종이다)이면서 동시에 (다들 경험으로 알다시피) 문화적으로 다를 수 있느냐는 것이다. 여기에 대해서는 문화가 성, 식이, 관계 등과 같은 개인적, 사회적 삶에서 어떤 부분이 다섯 가지 기반과 같은 도덕의 영역에 속하게 되는지를 결정한다고 답할 수 있다. 또한, 문화는 상충하는 도덕적 주장의 상대적 중요성을 정해주는 역할을 한다. 힌두교인과 정통 유대교인은 엄격한 식이 규칙을 가지고 있다. 예를 들면 아주 소량의 쇠고기 혹은 돼지고기라도 절대 먹지 않는다. 외부인의 입장에서는 의아한 일이지만, 정결함 개념을 적용하면 이해할 만한 일이다. 서구의 관습은 공정함이라는 명목하에 전제주의를 몰아내고 동등한 기회의 제공을 덕목으로 여긴다. 하지만 세계의 다른 곳, 특히 아시아 국가는 다르다. 외부인보다 친척을 아끼는 것이 미덕이다. 이는 친족 보호 및 집단에 대한 충성과 관련된다. 비슷한 이유로 무슬림의 상당수는 자신들의 선지자가 모욕을 받으면 몹시 분개한다. 사려 깊지 않은 행동으로 인해 권위에 대한 존경과 관련된 도덕 범주가 위반된 것이기 때문이다.

한 문화 내에서 차이가 발생하는 이유는 서로 다른 문화적 이데올로기를 가진 집단들이 더 중요하게 생각하는 도덕 영역이 다르기 때문이라고 해석할 수 있다. 하이트와 그레이엄은 미국 및 영국 사람을 대상으로 한 연구에서 자유주의자들은 위해와 공정을 더 강조하지만, 보수주의자는 내집단 충성과 정결을 더 중시한다는 사실을 알아냈다(Haidt and Graham, 2007). 도덕 기반 설문지(MFQ)에 대한 37,476명의 온라인 응답을 기초로 한 연구에서(www.yourmorals.org), 그레이엄 등은 이러한 자유주의-보수주의 이분법이 많은 문화권에서 아주 분명하게 나타난다고 주장한다(Graham et al., 2011). 연구진은 또한 서양 사회(미국, 캐나다, 영국, 서유럽)와 동양 사회(남아시아, 동아시아, 동남아시아)의 응답 중 가장 큰 차이를 보인 범주는 바로 집단의 도덕(내집단·충성) 범주 및 정결이라고 하였다. 물론 동양 사회의 응답자가 이를 보다 중요하게 여겼다. 하지만 권위에 대한 충성 범주는 약간의 차이만이 있었는데, 이는 많은 동양 사회의 사회적 위계를 고려하면 놀라운 결과였다. 이 연구는 흥미로운 남녀의 차이도 보여주었다. 여성은 위해와 돌봄, 공정, 정결에 더 큰 가치를 두었고, 남성은 권위와 내집단 충성에 여성보다 살짝 높은 가치를 부여했다. 이러한 차이는 정치적 신념 요인을 보정해도 여전히 유지되었다. 젠더 간의 차이 정도는 동서양의 차이보다 더 강력했다.

이는 완고한 도덕적 입장과 타협 불가능한 차이의 뿌리를 알아낼 수 있는 아주 흥미진진한 연구라고 할 수 있다. 그러나 성급하게 결론을 내리기엔 이르다. 일단 표본의 크기가 상당히 크긴 하지만, 완전한 대표성을 갖춘 것은 아니다. 연구의 참여자는 인터넷에 접속할 수 있는 영어 사용자에 국한되었다. 수집된 자료는 전적으로 자기 보고에 의한 것이었다. 각각의 응답과 도덕성이 어떤 관련성을 가지는지, 그리고 각 범주로 어떻게 분류될 수 있는지 여부도 명확하지 않다. 물론 우리의 도덕적 관념이 인지적 발달 과정에 따라서 선형으로 발달해 결국 정의나 공경과 같은 추상적 도덕 원칙에 이른다는 기존의 주장으로부터, 각각의 도덕적 개념이 서로 떨어져 있으면서 종종 경쟁하는 범주에 속한다는 생각으로 나간 것은 상당한 진전이라고 할 수 있다. 또한 인간의 도덕적 열정의 생물학적 뿌리를 찾는 시도라고 할 수 있다. 다음 절에서는 어떻게 병원체의 분포와 같은 지역적 생태 변수가 도덕적 반응에 영향을 미치는지 알아보자.

4) 도덕성과 병원체 분포, 행동적 면역 시스템

도덕적 감정이나 심리적 기전은 모두 인간의 생존과 번식을 돕는 것이다. 상호주의와 비제로섬 게임에서 협력을 통한 이득을 얻게 해주고, 사기꾼을 벌주는 역할을 한다. 또한 개인적으로 수확할 수 있는 수준을 뛰어넘는 집단적 재화를 생산할 수 있도록 해주기도 한다. 해로운 길에 들어서지 않도록, 특히 외적 요인에 의한 해를 입지 않도록 돕는지도 모른다. 도덕 기반 이론에 의해 확인된 다섯 가지 도덕 범주 중 두 가지는 '개인화'와 관련된 것(위해·돌봄과 공정·호혜성)이다. 즉 개인이 다른 이와 어떻게 상호 작용하는지에 관한 것이다. 다른 세 가지는 '결속'에 관한 것(내집단·충성과 권위·존경, 정결·신성)이다. 말하자면 사람을 큰 사회적 집단으로 뭉치게 한다. 플로리안 판 레이우엔 등은 집단 지향의 도덕 관념과 지역적 기생충 스트레스가 서로 횡문화적 관련성을 가지는지 조사했다(Florian van Leeuwen et al., 2012). 논리는 이렇다. 인간은 환경

내 병원체로부터의 지속적인 위협을 이겨내기 위해서 두 가지 종류의 방어 시스템을 진화시켰다. 물론 첫 번째 시스템은 다른 척추동물과 공유하고 있는 복잡한 면역 시스템이다. 두 번째 시스템은 바로 '행동 면역 체계(behavioural immune system, BIS)'이다. 이 용어는 심리학자 마크 샬러가 처음 제안했다 (Shaller and Park, 2011). 샬러는 다음의 세 가지 기능을 하는 심리학적 적응의 전체 모음을 제안했다. 첫째, 병원체의 존재를 시사하는 신호를 탐지, 둘째, 정서 및 인지적 반응을 촉발, 셋째, 병원체 감염의 위험을 줄이기 위해서 회피 행동을 유발. 이러한 시스템은 비용 효과적인 방어의 최전선이라고 할 수 있다. 오염과 감염을 처음부터 피하는 것이 몸 안에 들어온 병원체와 싸우는 것보다 저렴하기 때문이다. BIS의 일차적 요소는 혐오 감정인 것으로 보인다. 회피 행동을 피하는 데 유리한 정서다. 혐오는 극단적 감정이며, 불쾌한 물질을 조금이라도 먹거나 접촉하면 바로 활성화된다. 미생물은 아주 작기 때문이다. 일종의 타고난 미생물학이라고 할 수 있을 것이다. 상한 음식을 맛보거나 대변이나 토사물의 냄새를 맡으면, 혹은 아픈 사람이 눈에 보이거나 심지어는 이상한 옷차림의 낯선 이를 보기만 해도 활성화된다.

판 레이우엔 등은 병원체가 많이 있는 문화에서 결속과 관련된 문화적 원칙이 강화될 것이라고 주장하였다. 집단 충성(그리고 외부인 경계), 권위와 전통에 대한 존중, 자민족 중심주의, 정결·신성 등이다. 이러한 범주의 도덕은 집단 내 및 집단 간 병원체의 전파를 막는 기능을 할 수 있다는 것이다. 앞서 말한 웹사이트(www.yourmorals.org)에서 MFQ와 국적 등 120,778명의 응답과 정보를 수집하였다. 해당 국가의 병원체 분포 수준은 역사적 데이터와 관련된 기존 연구(Murray and Schaller, 2010) 및 동시대 데이터(Fincher et al., 2008)를 사용하였다. 그리고 도덕 기반 이론의 다섯 가지 범주와 병원체 유병률 간의 상관도를 구하였는데, 앞서 말한 '결속' 관련 요인과 과거의 병원체 유병률 간에는 유의한 상관관계가 나타났고 동시대의 병원체 유병률 수준 간에는 덜 강한 관계가

표 21.3 도덕적 관심과 병원체 유병률 간의 상관관계

도덕 기반 범주	역사적인 병원체 유병률		동시대 병원체 유병률	
	상관도(r)	p	상관도(r)	p
위해	0.05	0.632	0.05	0.653
공정성	0.03	0.799	0.07	0.545
내집단	0.37	0.001	0.15	0.207
권위	0.48	<0.001	0.21	0.062
정결	0.42	<0.001	0.21	0.068

역사적인 병원체 유병률은 결속과 관련된 세 가지 도덕 범주와 강한 상관관계가 있었다. 이는 도덕 체계가 행동 면역 체계의 일부로 작동한다는 주장을 지지하는 것이다. 출처: van Leeuwen et al. (2012), Table 2, p. 434.

나타났다(표 21.3). 이런 결과는 가치와 환경 간의 관계에 일종의 문화적 관성이 있어서 나타난 것일 수도 있다. 양 연구에서 추정치는 GDP로 보정하였는데, GDP가 낮을수록 병원체 스트레스가 심하다는 것이 잘 알려져 있기 때문이었다.

연구 결과에 드러난 상관관계의 수준은 아주 높은 편이다. 아마 병원체 유병률이 정결·신성 범주(위생과 관련될 것이다)뿐 아니라, 내집단 충성 및 권위에 대한 존경 범주와도 관련될 수 있는지 의아할 것이다. 도덕 기반 이론의 일부 주창자는 이러한 세 가지 범주가 서로 다른 적응 문제를 해결하기 위해 진화했다고 주장한다(표 21.3). 그러나 이를 빚어낸 적응적 문제의 종류나 작동하는 심리적 기전이 중첩될 가능성이 있다. 이러한 주장을 지지라도 하듯이, 임신부를 대상으로 한 연구에 의하면 외집단에 대한 부정적인 태도가 질병 취약성에 따라서 증가하는 경향이 있었다(Navarrete et al., 2007).

또 다른 연구에서 머레이와 샬러는 감염에 대한 인지된 위협 수준이 보수적인 태도 및 행동과 양의 상관관계를 보일 것이라는 주장을 검증하는 연구를 진행했다(Murray and Schaller, 2012). 연구진은 총 217명의 대학생을 세 집단으

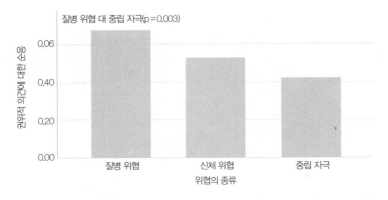

그림 21.4 다수 의견에 대한 순응은 질병 위협 맥락에서 더 높아졌다. 보수성은 행정부 변경에 대해 동의하는 지를 물어서 확인하였다. 높은 점수일수록 더 보수적인 경향을 뜻한다. 출처: Murray and Schaller, 2012.

로 나누어, 각각 질병 위협, 다른 종류의 위협(예를 들면 신체적 위해), 중립 등 세 군으로 나누었다. 피험자에게 각각 질병에 걸렸을 때(질병 위협 집단), 신체적 안 전의 두려움을 느꼈을 때(신체적 위협 집단)를 떠올리거나 전날 있었던 일을 단 순히 회상(중립 진단)하도록 주문했다. 그런 다음 바로 보수적 입장에 대한 선호 수준을 물었다. 예를 들면 권위에 대한 복종이나 다수 의견에 대한 존중 등의 가치였는데, 모든 경우에 보수적 가치에 대한 선호는 질병 위협 집단에서 보다 높았다. 하지만 통계적 유의성($p < 0.05$)은 다수 의견에 대한 존중 항목에서만 확인되었다(그림 21.4).

존 터리치 등은 질병 위험과 보수성 간의 관계를 좀 더 광범위한 견지에서 보기 위해, 행동 면역 체계의 강도(오염에 대한 두려움과 혐오 민감성 등)와 사회적 인 보수적 가치(정치적 보수성, 자민족 중심주의, 종교적 원리주의, 우익 권위주의 등) 간 의 양의 상관관계를 시사한 24개의 기존 연구를 모아 메타 분석을 시도했다 (John Terrizzi et al., 2013). 연구 결과 중등도의 전반적인 양의 상관관계가 확인 되었다. 감염성 질병에 걸릴 것 같다는 우려가 보수적 가치의 유일한 원천은 분명 아니다. 그러나 이러한 연구를 통해서 생태학과 진화 이론, 문화의 관계에 대한 흥미로운 지평을 열 수 있을 것이다. 행동 면역 체계(BIS)는 아주 흥미로운 현상임이 틀림없다.

6. 그런데 이것이 옳은가?

아직 핵심적 질문의 변죽만 울리고 있다는 것을 눈치챘을 것이다. 바로 '도덕에 대한 이런 입장을 통해서, 어떤 행위가 도덕적으로 옳은지 판단할 수 있는 충분한 근거를 제공할 수 있을까?'라는 중심적 문제 말이다.

도덕에는 적어도 두 층위가 있다. 하나는 도덕적 행위의 현상이다. 아마 다원주의를 통해서 이에 대해 그럴듯한 설명을 할 수 있을 것이다. 다시 말해서 왜 인간은 규범을 만들고 그 규범에 따라 살며, 어떻게 그러한 규범이 주어진 환경에서의 적합도 문제와 관련되는지에 대한 것이다. 다른 층위는 바로 이런 규범이나 규칙이 옳은지에 관한 것이다. 토머스 헉슬리(T. H. Huxley)를 포함한 수많은 학자가 윤리는 자연을 초월하는 개념이며 진화적 사고를 통해서 윤리적 전제를 도출하려는 시도는 실패할 것이라며 열변을 토했다. 지금은 하버드 대학의 생물학자 스티븐 제이 굴드가 이러한 입장의 주창자이다. 굴드는 인간의 본성에 대한 연구에 깔린 성차별주의와 인종차별주의를 폭로하기 위해서 많은 노력을 한 학자이다. 그는 "일반적인 진화(그리고 특히 자연선택)에 대한 이론으로 특정한 도덕적 혹은 사회적 철학을 뒷받침하는 것은 불가능하다"고 주장했다(Gould, 1998, p. 21).

이러한 논쟁에는 여러 가지 이슈가 얽혀 있다. 첫째는 도덕적 가치의 존재론적 입장, 즉 선이 어디에 있느냐는 질문이다. 둘째는 존재론적 입장에서 어떻게 도덕적 가치의 '옳음'을 증명할 수 있느냐는 문제다. 셋째는 이러한 지식을 사용해서 어떻게 도덕적 문제나 갈등을 해결할 수 있느냐는 것이다. 다윈주의적 접근의 어려움은 설령 첫 번째 질문에 대답할 수 있다고 해도 두 번째, 세 번째 질문에는 제대로 된 답을 하기 어렵다는 데 있다. 다윈주의적 견해에 의하면, 도덕적 감각은 자연선택을 통해 빚어진 감성(공정성, 옳은 행동 혹은 정의에 대한 감각)에 자리잡고 있다. 여기서 명심해야 할 것이 있다. 가치의 옳음을 찾는 과정 중, 어느 지점에 이르면 반드시 멈추어야 한다. 그렇지 않으면 우리는 정당화에 대한 논쟁(그것이 무엇이든)이 과연 정당화될 수 있는지에 대해서 영원히 질문해야만 할 것이다(Curry, 2005). 신학자들은 신의 명령이라는 지점에서 질문을 멈추고, 칸트주의자들은 반박할 수 없는 일반적 원칙이라는 선에서 더이상 질문하지 않는다. 상대주의자들은 이러한 가치가 횡문화적으로 정당화할 수 없는 사회적 관습이라고 결론짓고, 그 이상은 묻지 않는다. 공리주의자들은 쾌락이나 행복 방정식을 선과 동일시하면서 묻기를 그만둔다. 다윈주의는 심리학적 수준, 즉 우리의 심리적 적응으로 인해서 우리는 선과 악과 같은 것을 인지할 수 있게 되었다는 정도에서 발길을 돌려야 한다. 이에 대해서 래리 아른하르트는 이렇게 말했다.

> 옳은 도덕적 판단은 특정한 상황에서의 종 특이적 도덕 정서의 패턴에 대한 사실적 판단이다(Arnhart, 2005, p. 208).

그렇다면 도덕성은 단지 어떤 객관적 기반도 없는 주관적 경험에 불과한 것일까? 우리가 (아마도 대부분은) 잘 익은 과일을 좋아하고, 배설물을 혐오하는 이유는 우리의 신경계가 적합도를 향상시키는 방향으로 진화했기 때문이다. 과일이 본질적으로 맛있거나 배설물이 본질적으로 역겨운 것은 아니다. 과일을 싫어하고 배설물을 좋아하는 생물체도 많다. 도덕성도 이런 것일까? 그러면 인종 학살과 노예제는 단지 종 특이적 관습의 차원에서만 그릇된 것일까? 도덕성은 어떤 객관적 기초도 가질 수 없는 것일까?

스티븐 핑커는 사회적 동물이 직면해야 하는 현실 세계의 특징을 언급하면서 도덕적 리얼리즘의 보다 부드러운 형태를 받아들여야 한다고 주장했다 (Pinker, 2008). 이러한 특징 중 하나가 바로 비제로섬 게임의 분포다. 세계는 구조화되어 있으므로, 적합도 관련 과업(식량 확보 등) 등에서 두 집단은 이기적 행동이나 기만보다는 협력을 통해서 더 많은 것을 얻을 수 있다(11장). 당신은 창을 잘 만들지만, 투창 실력은 형편없을 수도 있다. 당신의 이웃은 투창을 잘하지만, 창 제작에 대해서는 젬병일 수도 있다. 그러면 당신은 투창을 연습하는 것보다는 이웃을 만나서 창을 주고 고기를 받아오는 게 더 좋을 것이다.

이는 인간종에만 나타나는 특이한 현상이 아니라 물리적 세계가 작동하는 방식을 반영하는 것이다. 핑커는 우리가 의존할 수 있는 또 다른 지주는 바로 추론의 본질이라고 말한다. 어떤 개인도 다른 개인보다 본질적으로 우월하지 않다는 전제를 추론할 수 있다면, 당신의 이익을 지키기 위해서 다른 사람이 따라야 하는 규칙을 당신 스스로도 따라야 한다는 결론에 도달한다. 당신의 물건을 훔칠 수 없다면, 당신도 남의 물건을 훔칠 수 없는 것이다. 이러한 주장은 역사를 통해서 수많은 윤리 사상가가 반복적으로 이야기했다. 황금률(네가 당하고 싶은 대로 다른 사람에게 행하여라)이나 칸트의 정언 명령, 존 롤스의 무지의 베일(veil of ignorance) 등이다. 좀 투박한 속담을 들자면, '암거위 요리와 잘 맞는 소스는 수거위 요리와도 잘 맞는다"고 할 수 있다.

도덕성은 우리의 진화적 본성에 뿌리를 내리고 있으며, 사회적 종으로 진화하는 길고 긴 과정을 통해서 빚어진 산물이지만, 그것보다는 더 큰 무엇이라고 보는 것이 합당하다. 자연선택의 산물이 물리적 한계나 논리적 조건을 뛰어넘을 수는 없다. 어느 정도까지는 가능하겠지만, 완전히 임의적인 도덕성이란 있을 수 없다.

7. 도덕적 문제의 해결

X라는 행동이 잘못되었다는 것은 과연 무슨 의미일까? 이는 X라는 행위의 실천이 합의된 결과에 이를 수 없다는 의미인지도 모른다. 예를 들면 간통죄에 사형 선고를 내리는 것은 도덕적으로 옳지 못한데, 왜냐하면 사형 선고는 행복한 결혼 생활 및 가족의 안정성을 보장하는 최고의 방법은 아니기 때문이라는 식이다. 혹은 X라는 행위가 자연적인 도덕적 정서에 부합하지 않는다는 뜻일 수도 있다. 우리는 '도덕적'이라는 말을 언제 사용할까? 작은 실수를 저지른 라이벌을 죽여 버리고 싶다는 충동은 일부에게는 '자연스러운' 유혹이다. 그러나 도덕적으로 옳을 수는 없다. 왜냐하면 일반적 선을 촉진하는 일이 아니기 때문이다.

도덕의 지위와 도덕 발달에 관한 진화적 입장의 긍정적인 면이 하나 있다면, 당신과 다른 도덕적 입장을 가진 누군가는 사실 부도덕한 것이 아니라, 서로 다른 환경에 맞는 다른 도덕적 범주를 따르는 것에 불과하다고 수용할 수 있다는 점이다(사이코패스라면 예외겠지만). 그러니 죄책감을 느끼지 않는 상대를 보면서도 이제 놀라지 않을 수 있다. 예를 들어 특정 직업군에 소수 인종의 비율을 늘리는 정적 차별(positive discrimination)에 반대하는 사람은 인종 차별이라는 입장에서 항의할 것이 아니라 공정성이라는 가치에 방점을 두고 주장을 펼 수 있다. 반대로 정적 차별을 지지하는 사람은 집단의 도덕적인 위기에 근거하여 주장할 수도 있다.[04]

도덕에 대한 진화적 방식의 사유를 통해 얻을 수 있는 흥미로운 이득이 있다. 마치 다른 감각이 그렇듯 도덕적 감각도 단지 환상이나 착각에 불과할 수도 있음을 깨닫는 것이다. 침착하고 이성적이며 실질적인 대응이 적합한 데도 불구하고 도덕성과 관련된 이슈는 맹렬한 열정으로 가득한 도덕적 감각[05]을

---

04 집단 결속을 위해서 이런 조치가 필요하다는 주장.

05 환상이나 착각일 수도 있다.

불타오르게 하는 경향이 있다. 이에 대해 스티븐 핑커는 "현실적인 이슈에 도덕적인 십자군 운동이라는 새로운 프레임을 입히고, 문제를 징벌적인 공격을 통해 해결하려는 경향이 쉽게 나타난다. 이러한 프레임이 한번 형성되면, 다른 주장은 논의조차 못하게 만드는 일종의 금기가 형성된다"고 말한 바 있다 (Pinker, 2008, p. 32). 맥락에 맞지 않는 정결이라는 도덕적 가치가 잘못 활성화되는 현상이 발생하기도 한다. 예를 들어 1960년대 이전의 미국이나 1991년 이전 남아프리카 공화국의 분리 정책으로 인해 백인과 흑인은 각기 다른 수영장에서 수영하고 다른 음수대의 물을 마셔야 했다. 나치당은 유대 '인종'과 아리아 '인종' 간의 결혼을 금지했다. 현재도 많은 국가에서 동성 성인 간의 결혼은 금지되어 있다. 하지만 긍정적인 면을 보자. 우리 안에서 정결이라는 도덕적 버튼을 작동시키는 관습도 도덕 판단의 대상에서 벗어나 현대적 삶의 일부로 탈바꿈할 수 있다. 예를 들어 사체 해부와 수혈, 인공 수정이나 장기 이식 등이다. 과거에는 받아들여질 수 없었던 도덕적으로 역겨운 관습이었지만 이제는 널리 수용되고 있다.

후자의 사례를 보면, 석기 시대의 도덕성을 가지고 21세기를 맞이 하지 않을 수 있다는 희망이 보인다. 우리는 이성을 사용하여, 즉 게임 이론이나 계약적 접근을 통해서 어떻게 이득을 최대화하고 이를 확산시킬 수 있을지 고민할 수도 있다. 하지만 내적인 도덕적 감수성을 통해서 급한 문제를 해결하고 특정한 도덕적 결론에 이를 수도 있다. 죄수의 딜레마를 통해 알 수 있듯이, 개인의 수준에서 합리적인 행동은 모두의 입장에서는 파국적 결과로 치달을 수도 있다. 이런 의미에서 도덕적 정서는 개인적 합리성에 의한 실패를 방지하는 기능을 제공하였다. 하지만 정반대의 논리도 성립할 수 있다. 합리성은 도덕적 정서에 의한 실패를 방지할 수 있다. 과거의 환경에 맞게 진화한 도덕적 열정이 지금 우리가 겪고 있는 전 지구적 문제를 해결하는 데 적합하게 작동하리라고 믿을 이유는 없다. 현대인의 삶의 많은 부분은 풀기 어려운 딜레마와 폴리레마(polylemmas)로 가득하다. 조상으로부터 물려받은 가치는 현대적 삶에 적용하기가 어렵기 때문이다. 배아 복제와 낙태에 대한 도덕성 논란이 전형적인 예다. 지구 온난화도 마찬가지다. 산업 개발을 통해 모두가 이익을 얻을 수 있지만, 미래에는 문제를 야기할 수도 있다. 도무지 의사 결정의 요인에 넣기 어려운 긴 시간적 단위이기 때문이다. 혹은 너무 추상적이라서 인간이 가진 가치 체계로는 이해하기 어려운 문제도 있다.

유전자 변형 식품에 대한 반대의 사례처럼, 단지 '우웩 요인'에 기반을 둔 도덕적 판단은 책임 있는 결정으로 이끌 믿을 만한 지침을 제공하기 어렵다. 그리니의 언급처럼(Greene, 2007), 계통발생학적 차원에서 우발적으로 나타나 정서적 반응에 의존하는 도덕적 직관이라는 한계를 뛰어넘으면서도 진정한 인간성을 해치지 않는 해결책을 찾는 것은 앞으로 아주 까다로운 과제로 남을 것이다.

감사의 글

3판 집필을 제안하고 그 과정에서 현명한 조언을 해준 팔그레이브 출판사의 폴 스티븐스에게 고마움을 전한다. 사실 폴의 온건한 주장에 따라 원본 원고의 분량을 현저하게 줄였다. 그러면서 독자의 이해도가 한결 높아졌다. 책이 얇아지고 부록이 대신 늘어난 이유다. 저작권 처리 및 출판 승인과 관련된 험난한 여정을 통과하는 과정에서 길을 안내해 준 팔그레이브 출판사의 이사벨 베르위크와 캐시 스콧, 편집 과정에서 친절하고 효과적인 의사소통을 해준 인테그라 소프트웨어 서비스사의 프로젝트 매니저 스리지스 고빈든에게 감사드린다. 또한 초고에 대해 통찰적이고 긍정적인 평가를 해준 두 분의 리뷰어에게도 감사드린다. 이 책의 그림 작업을 도와준 체스터 대학교의 그래픽서비스부의 안젤라 벨과 개리 마틴에게도 진심을 담아 감사드린다.

마지막으로 수많은 오자와 문장의 오류, 볼품없는 흐름을 세심하게 교정해 준 편집자 캐시 팅글에게 모자라도 벗어서 인사를 드리고 싶은 마음이다. 물론 남아 있는 오류나 실수 부분은 전적으로 저자의 책임이다.

끝으로 저자와 출판사는 이 책에서 해당 이미지와 그림의 사용을 허락해준 다음의 기관이나 개인에게 고마움을 전한다.

그림 1.1, 그림 1.2, 그림 8.6, 그림 17.1 위키미디어 커먼즈 제공; 그림 1.2 리카르도 드라기-로렌츠 제공; 그림 1.3 베스 메이어 영과 에드워드 윌슨 제공; 그림 1.6 SAGE 출판사 제공, Cornwell, R. E., Palmer, C., Guinther, P. M., & Davis, H. P. (2005). 'Introductory psychology texts as a view of sociobiology/evolutionary psychology's role in psychology', *Evolutionary Psychology*, 3 : 355-74에서 발췌; 그림 2.3 미국심리학회 제공, Geary, Male, Female, copyright ⓒ 2010, 미국심리학회의 승인을 얻어 수정; 표 8.2 Ellis, B.J., Del Giudice, T.J,Dishion, A.J.Figueredo, P.Gray, V.Griskevicius, P.H. Hawley, W.J. Jacobs, J.James, A.A. Volk and D.S Wilson (2012), 'The evolutionary basis of risky adolescent behavior: implications for science, policy, and practice', *Developmental Psychology*, 48(3): 598-623, copyright ⓒ 2012, 미국심리학회의 승인을 얻어 발췌; 그림 12.9 Hilton, N. Z., Harris, G. T., & Rice, M. E. (2015). 'The step-father effect in child abuse: Comparing discriminative parental solicitude and antisociality.' Psychology of Violence, 5(1), copyright ⓒ 2015, 미국심리학회의 승인을 얻어 수정; 그림 14.6(a) Singh, D. (1993). 'Adaptive significance of female attractiveness', *Journal of personality and social psychology*, 65 : 293-307, copyright ⓒ 1993, 미국심리학회의 승인을 얻어 발췌; 그림 14.6(b), Singh, D. (1995). 'Female judgment of male attractiveness and desirability for relationships: Role of waist-to-hip ratio and financial status', Journal of personality and social psychology, 69(6), 1089-101, copyright ⓒ 1995, 미국심리학회의 승인을 얻어 발췌; 그림 21.3 Bleske-Rechek, A., Nelson, L. A., Baker, J. P., Remiker, M. W., & Brandt, S. J. (2010). 'Evolution and the trolley problem: People save five over one unless the one is young, genetically related, or a romantic partner', *Journal of Social, Evolutionary, and Cultural Psychology*, 4(3), 115, copyright ⓒ 2010, 미국심리학회의 승인을 얻어 발췌; 그림 7.2 케임브리지대학교 출판사 제공, Frisancho, A.R. (2010), 'The study of human adaptation' in M.P. Muehlenbein(ed.),

*Human Evolutionary Biology*에서 발췌; 그림 7.8, 그림 8.12, 그림 10.3, 그림 11.3, 그림 14.10, 그림 14.12, 그림 15.1, 그림 15.7, 그림 15.8, 그림 15.9, 그림 18.6, 그림 18.7, 그림 19.3, 그림 20.2, 그림 21.2 개리 마틴 제공; 그림 7.12 왕립학회 제공, Faurie and Raymond (2005), 'Handedness, homicide and negative frequency-dependent selection', *proceedings* B 272에서 발췌; 그림 11.12 Bateson et al. (2006), 'Cues of being watched enhance cooperation in a real-world setting', *Biology Letters*에서 발췌; 상자 9.1 의 세 번째 그림 Springer 제공, Silverman, I., Choi, J., & Peters, M. (2007). 'The hunter-gatherer theory of sex differences in spatial abilities: Data from 40 countries', *Archives of sexual behavior*, 36(2), 261-8에서 발췌; 그림 11.7 Patricia Wynne 제공, Wilkinson, G. S. (1990). 'Food sharing in vampire bats', *Scientific American*, 262(2), 76-82에서 발췌; 그림 11.13 Wiley 제공, Powell, K. L., Roberts, G., & Nettle, D. (2012), 'Eye images increase charitable donations: Evidence from an opportunistic field experiment in a supermarket', *Ethology*에서 발췌; 그림 11.14 Cavendish Press(Manchester) Ltd. 제공; 그림 12.11 미국 사회학회 및 사토시 카나자와 제공, Kanazawa,S and M.C Still (2000), 'Why men commit crimes(and why they desist)', *Sociological Theory*, 18(3): 434-47에서 승인을 얻어 수정; 그림 15.3 리사 디브루인 박사 제공; 그림 15.11 야네즈 롭마이어 교수 제공; 그림 16.6 www.fotoserach.com 제공 © Fotoserch.com; 그림 17.2 런던 정경대학교 제공, LSE library's collections, IMAGELIBRARY/265; 그림 17.3 존 밴 와이헤 제공, John van Wyhe(ed.) 2002~. The Complete Work of Charles Darwin Online(http://darwin-online.org.uk/).

옮긴이의 말

이미 한국에서는 인간의 마음에 관한 진화 관련 도서가 여럿 출간되어 있습니다. 고전의 반열에 오른 유명인의 저서도 있고, 기본적인 내용을 알기 쉽게 설명한 입문서도 있습니다. 특정 주제에 대해서 깊이 파고든 책들도 있으며, 관련된 학자의 삶이나 역사적 이야기 등을 재미있게 다룬 책들도 있습니다. 하지만 좀 더 깊이 공부하고 싶은 독자에게는 딱히 추천할 만한 책이 없습니다. 전체를 조망할 수 있으면서도 여러 입장을 균형 있게 다룬 책이 의외로 드뭅니다.

미국 신경과학회에 참석했다가 학회장에 마련된 임시 서점에서 우연히 이 책을 보게 되었습니다. 책을 몇 장 넘기자마자 주저없이 지갑을 열었습니다. 여러 번 읽으며 아주 즐거운 시간을 보냈습니다. 얼른 번역하여 한국에 소개하고 싶은 마음이 굴뚝같았지만, 말처럼 쉬운 일은 아니었습니다. 옮길 시간도 여의치 않아 여유가 나는 대로 2판을 옮기던 중, 3판이 나오는 등 우여곡절이 있었습니다. 하마터면 역서 출간을 포기할 뻔 하다가, 몇몇 해프닝을 겪으면서 소기의 결실을 보게 되었습니다.

저자 존 카트라이트는 진화학계에서 아주 유명한 학자는 아닙니다. 진화학 외에도, 철학과 역사학, 과학 커뮤니케이션을 전공한 학자이며, 현재는 영국 체스터 대학에서 인간의 진화, 과학사, 과학과 인문학 등에 대해 가르치고 있습니다. 저자의 이런 다양한 경력 때문인지 몰라도, 이 책은 특정 학파의 주장에 편중되어 있지 않습니다. 균형 잡힌 입장에서 생물체의 진화와 관련된 여러 기본 개념 및 인류의 몸과 마음의 진화 과정을 충실하게 개괄하고 있습니다. 인지와 감정의 진화 및 짝 선택과 친족 선택, 사회적 협력과 갈등에 대해 충분히 다루고 있으며, 정신 장애에 관한 진화 의학적 입장에 관해서도 알기 쉽게 이야기해줍니다. 인간의 윤리와 도덕, 종교에 관한 진화적 접근이 가지는 함의에 이르기까지 수많은 이슈를 잘 정리하고 있습니다. 책 전체에 걸쳐서 진화심리학, 동물행동학, 유전학, 신경과학, 진화생물학, 진화 생태학, 진화 인류학, 진화 의학, 진화 정신의학, 진화 윤리학, 진화 종교학 등 다양한 영역을 포괄하면서도, 각각의 내용을 깊이 있게 다루고 있습니다.

이 책은 정신의 진화에 대해 보다 균형 잡힌 시각으로 심도 있게 공부하고 싶을 때, 읽기 좋은 '자습서' 같은 책입니다. 마음의 진화에 대해 공부하고 싶은 일반 독자께 권하고 싶은 책입니다. 진화 관련 수업을 듣는 대학생에게도 유용한 책이며, 관련 분야를 공부하는 초보 연구자에게도 좋은 지침서라고 생각합니다. 특히 진화주의의 다양한 측면을 고루 접하고 싶을 때 적합한 책입니다.

역서에 적지 않은 실수와 오류가 있을 것으로 생각합니다. 책의 성격상 의역을 별로 하지 못했습니다. 그렇다고 직역을 하면 오히려 뜻이 안 통하는 부분이 많았습니다. 술술 잘 읽히면서도 내용의 왜곡이 없는 번역을 하려고 했는데, 오히려 두 마리 토끼를 다 놓친 것은 아닌지 걱정입니다. 번역에 잘못이 있다면 모두 옮긴이의 탓입니다.

많은 도움을 받았습니다. 수백 쪽이 넘는 책 전반에 걸친 세심한 감수와 따뜻한 교정, 그리고 전문 용어에 관한 지혜로운 조언을 해주신 서울대학교 인류학과 박순영 교수님께 감사의 마음을 드립니다. 또한 연구실을 같이 지키고 있는 인지종교학 전공의 구형찬 선생님은 종교의 진화 부분에 대한 귀한 조언을 해주었습니다. 그리고 진화인류학 연구실 김태호 선생님, 배희정 선생님, 응용생물화학부 김성빈 학생은 오타를 교정해주었습니다. 책의 저자, 존 카트라이트는 무엇으로도 대신할 수 없는 다양한 자료를 제공해 주었습니다. 그리고 늘 낑낑대는 모습을 옆에서 바라보고 있는 아내, 자신의 발달적 과정을 열심히 수행하고 있는 사언, 수언에게 사랑을 전합니다. 처음 이 책을 접했을 때 경험한 즐거움을 국내의 독자 여러분과 같이 누릴 수 있기를 희망합니다.

더 읽을거리

| 1장 |

Degler, C. N. (1991). *In Search of Human Nature: The Decline and Revival of Darwinism in American Social Thought*. Oxford, Oxford University Press.

Gangestad, S. W. and J. A. Simpson (2007). *The Evolution of Mind*. London, U K, The Guildford Press.

Plotkin, H. (2004). *Evolutionary Thought in Psychology. A Brief History*. Oxford, Blackwell.

Richards, R. J. (1987). *Darwin and the Emergence of Evolutionary Theories of Mind and Behaviour*. Chicago, University of Chicago Press.

Segerstrale, U. (2000). *Defenders of the Truth: The Battle for Science in the Sociobiology Debate and Beyond*. Oxford, Oxford University Press.

Thorpe, W. (1979). *The Origins and Rise of Ethology*. New York, Praeger.

Workman, L. (2013). *Charles Darwin: The Shaping of Evolutionary Thinking*. Basingstoke, UK, Palgrave Macmillan.

| 2장 |

Barkow, J. H., L. Cosmides and J. Tooby (1992). *The Adapted Mind*. Oxford, Oxford University Press.

Buss, D. M. (2005). *The Handbook of Evolutionary Psychology*. Hoboken, NJ, John Wiley and Sons.

Laland, K. N. and G. R. Brown (2002). *Sense and Nonsense: Evolutionary Perspectives on Human Behaviour*. Oxford, Oxford University Press.

Gangestad, S.W. and J. A. Simpson (2007). *The Evolution of Mind*. London, UK, The Guildford Press.

Miller, A. S. and S. Kanazawa (2007). *Why Beautiful People Have More Daughters: From Dating, Shopping, and Praying to Going to War and Becoming a Billionaire: Two Evolutionary Psychologists Explain Why We Do What We Do*. London, U K, Penguin.

Whitehouse, H. (ed.) (2001). *The Debated Mind.* Oxford, UK, Oxford University Press.

Workman, L. (2014). *Darwin: The Shaping of Evolutionary Thinking.* Basingstoke, UK, Palgrave.

| 3장 |

Cronin, H. (1991). *The Ant and the Peacock.* Cambridge, Cambridge University Press.

Ridley, M. (1993). *Evolution.* Oxford, Blackwell Scientific.

Dawkins, R. (1976). *The Selfish Gene.* Oxford, Oxford University Press.

Dawkins, R. (1982). *The Extended Phenotype.* Oxford, W. H. Freeman.

Dugatkin, L. A. (1997). *Cooperation Among Animals.* Oxford, Oxford University Press.

| 4장 |

Alcock, J. (2013). *Animal Behaviour: An Evolutionary Approach.* 10th edition. Sunderland, MA, Sinauer Associates.

Short, R. V. and E. Balaban (1994). *The Differences Between the Sexes.* Cambridge, Cambridge University Press.

Geary, D. C. (2010). *Male, Female: The Evolution of Human Sex Differences.* 2nd edition. Washington, DC, American Psychological Association.

Ridley, M. (1993). *The Red Queen.* London, Viking.

Ryan, C. and C. Jetha (2010). *Sex at Dawn.* New York, NY, Harper.

| 5장 |

Crawford, M. H. and B. C. Campbell (eds.) (2012). *Causes and Consequences of Human Migration: An Evolutionary Perspective.* Cambridge, UK, Cambridge University Press.

Lewin, R. and R. Foley (2004). *Principles of Human Evolution.* 2nd edition. Oxford, UK, Blackwell Science.

Muehlenbein, M. P. (ed.) (2010). *Human Evolutionary Biology.* Cambridge, UK,

Cambridge University Press.

| 6장 |

Byrne, R. (1995). *The Thinking Ape*. Oxford, Oxford University Press.

Deacon, T. (1997). *The Symbolic Species*. London, Penguin.

Dunbar, R. I. M. (1996). *Grooming, Gossip and the Evolution of Language*. London, Faber and Faber.

Grove, M. (2012). 'Orbital dynamics, environmental heterogeneity, and the evolution of the human brain.' *Intelligence* 40(5): 404-18.

Jones, S., M. Robert and D. Pilbeam (eds.) (1992). *The Cambridge Encyclopedia of Human Evolution*. Cambridge, Cambridge University Press.

Rizzolatti, G., L. Fogassi and V. Gallese (2006). 'Mirrors in the Mind.' *Scientific American* 295(5): 30-7.

Shultz, S. and M. Maslin (2013). 'Early human speciation, brain expansion and dispersal influenced by African climate pulses.' *PLOS one* 8(10): e76750.

Shultz, S., E. Nelson and R. I. Dunbar (2012). 'Hominin cognitive evolution: Identifying patterns and processes in the fossil and archaeological record.' *Philosophical Transactions of the Royal Society* 8: *Biological Sciences* 367(1599): 2130-40.

| 7장 |

Armstrong, L. (2014). *Epigenetics*. New York, NY, Garland Science.

Danchin, E. (2013). 'Avatars of information: towards an inclusive evolutionary synthesis.' *Trends in Ecology and Evolution* 28(6), 351-8.

Buss, D. M. and P. H. Hawley (eds.) (2010). *The Evolution of Personality and Individual Differences*. Oxford, UK, Oxford University Press.

| 8장 |

Hawkes, K. and R. R. Paine (eds.) (2006). *The Evolution of Human Life History*. Oxford, UK, James Currey Publishers.

Bogin, B. (1999). *Patterns of Human Growth*. Cambridge, UK, Cambridge University

Press.

Bribiescas, R. G. (2006). *Men: Evolutionary and Life History*. Cambridge, MA, Harvard University Press.

| 9장 |

Barkow, J. H., L. Cosmides and J. Tooby (1995). *The Adapted Mind*. Oxford, Oxford University Press.

Gigerenzer, G. and R. Selten (2001). *Bounded Rationality: The Adaptive Toolbox*. Cambridge, MA, MIT Press.

Halpern, D. (2000). *Sex Differences in Cognitive Abilities*. Mahwah, NJ, Lawrence Erlbaum Associates.

Hamilton, C. (2008). *Cognition and Sex Differences*. Basingstoke, UK, Palgrave Macmillan.

Kimura, D. (1999). *Sex and Cognition*. Cambridge, MA, MIT Press.

Kurzban, R. (2012). *Why Everyone (Else) is a Hypocrite: Evolution and the Modular Mind*. Princeton University Press.

| 10장 |

Oatley, K. (2004). *Emotions. A Brief History*. Oxford, Blackwell.

Damasio, A. (2000). *The Feeling of What Happens*. London, Vintage.

Nesse, R. M. and P. C. Ellsworth (2009). 'Evolution, emotions, and emotional disorders.' *American Psychologist* 64(2), 129.

| 11장 |

Barash, D. P. (2003). *The Survival Game*. New York, Henry Holt.

Ridley, M. (1996). *The Origins of Virtue*. Viking, London.

Davies, N. B., J. R. Krebs and S. A. West (2012). *An Introduction to Behavioural Ecology*. 4th edition. Chichester, UK, Wiley-Blackwell.

| 12장 |

Daly, M. and M. Wilson (1988a). *Homicide*. New York, Aldine de Gruyter.

Daly, M. and M. Wilson (1998). *The Truth About Cinderella*. London, Orion.

Walsh, A. and K. M. Beaver (2009). *Biosocial Criminology*. New York, Routledge.

Salmo, C. A. and T. K. Shackelford (eds.) (2008). *Family Relationships: An Evolutionary Perspective*. New York, NY, Oxford University Press.

Shackelford, T. K. and V. A. Weekes-Shackelford (eds.) (2012). *The Oxford Handbook of Evolutionary Perspectives on Violence, Homicide, and War*. New York, NY, Oxford University Press.

| 13장 |

Baker, R. R. and M. A. Bellis (1995). *Human Sperm Competition*. London, Chapman & Hall.

Betzig, L. (ed.) (1997). *Human Nature: A Critical Reader*. Oxford, Oxford University Press.

Gray, P. B. and J. R. Garcia (2013). *Evolution and Human Sexual Behavior*. Cambridge, MA, Harvard University Press.

Ridley, M. (1993). The Red Queen. London, Viking.

Short, R. and M. Potts (1999). *Ever Since Adam and Eve: The Evolution of Human Sexuality*. Cambridge, Cambridge University Press.

Ryan, C. and C. Jetha (2010). *Sex at Dawn*. New York, NY, Harper.

| 14장 |

Buss, D. M. (1994). *The Evolution of Desire*. New York, HarperCollins.

Rhodes, G. (2006). 'The evolutionary psychology of facial beauty.' *Annual Review of Psychology* 57: 199-226.

Rhodes, G. and L. A. Zebrowitz (eds.) (2002). *Facial Attractiveness*, Westport, CT, Ablex Publishing.

Swami, V. and A. Furnham (2007). *The Psychology of Physical Attraction*. London, Psychology Press.

Geher, G. and G. Miller (eds.) (2012). *Mating Intelligence: Sex, Relationships, and the*

Mind's Reproductive System. London, UK, Psychology Press.

| 15장 |

Rhodes, G. and L. A. Zebrowitz (2002). *Facial Attractiveness: Evolutionary, Cognitive, and Social Perspectives* (Vol. 1). Ablex Publishing Corporation.

Perrett, D. (2010). *In Your Face: The New Science of Human Attraction.* Palgrave Macmillan.

| 16장 |

McKnight, J. (1997). *Straight Science?: Homosexuality, Evolution and Adaptation.* Psychology Press.

Peters, N. J. (2006). *Conundrum: The Evolution of Homosexuality.* Author House.

| 17장 |

Berra, T. M., G. Alvarez and F. C. Ceballos (2010). 'Was the Darwin/ Wedgwood dynasty adversely affected by consanguinity?' *BioScience* 60(5), 376-83.

Fessler, D. M. T. and C. D. Navarrete (2004). 'Third-party attitudes towards sibling incest: evidence for Westermarck's hypotheses.' *Evolution and Human Behaviour* 25: 277-94.

| 18장 |

Stearns, S. C. and J. C. Koella (eds.) (2008). *Evolution in Health and Disease,* 2nd eds. Oxford, UK, Oxford University Press.

Trevathan, W. R., E. O. Smith and J. J. McKenna (eds.) (2008). *Evolutionary Medicine and Health.* Oxford, UK, Oxford University Press.

Taylor, J. (2015). *Body by Darwin.* London, UK, University of Chicago Press.

| 19장 |

Brock, K. G. and G. M. Diggs (2013). *The Hunter-Gatherer Within: Health and the Natural Human Diet.* Fort Worth, Texas, BRIT Press.

Jamison, K. R. (1994). *Touched with Fire: Manic Depressive Illness and the Artistic Temperament.* New York, Free Press.

McGuire, M. and A. Troisi (1998). *Darwinian Psychiatry.* Oxford, Oxford University Press.

Keller, M. C. and G. Miller (2006). 'Resolving the paradox of common, harmful, heritable mental disorders: which evolutionary genetic models work best?' *Behavioral and Brain Sciences* 29(04), 385-404.

Murphy, D. and S. Stich (2000). Darwin in the madhouse. In P. Caruthers and A. Chamberlain (eds.), *Evolution and the Human Mind.* Cambridge, Cambridge University Press.

Nesse, M. and C. Williams (1995). *Evolution and Healing: The New Science of Darwinian Medicine.* London, Weidenfield & Nicolson.

Wakefield, J. C. (1992). 'The concept of mental disorder: on the boundary between biological facts and social values.' *American Psychologist* 47: 3733-88.

| 20장 |

Barkow, J. H., L. Cosmides and J. Tooby (1992). *The Adapted Mind.* Oxford University Press, Oxford.

Blackmore, S. (1999). *The Meme Machine.* Oxford, Oxford University Press.

Boyd, B., J. Carroll and J. Gottschall (eds.) (2010). *Evolution, Literature, and Film: A Reader.* New York, NY, Columbia University Press.

Carroll, J . (2004). *Literary Darwinism: Evolution, Human Nature, and Literature.* New York, NY, Routledge.

Dunbar, R. I. M., and L. Barret (2007). *The Oxford Handbook of Evolutionary Psychology.* Oxford, Oxford University Press.

Gangestad, S. W. and J. A. Simpson (eds.) (2007). *The Evolution of Mind: Fundamental Questions and Controversies.* New York, NY, Guilford Press.

Linquist, S. P. (2010). *The Evolution of Culture.* Farnham, UK, Ashgate.

Richerson, P. J. and R. Boyd (2005). *Not by Genes Alone.* Chicago, University of Chicago Press.

Schloss, J., and M. Murray (eds.) (2009). *The Believing Primate: Scientific, Philosophical, and Theological Reflections on the Origin of Religion.* Oxford University Press.

Stewart-Williams, S. (2010). *Darwin, God and the Meaning of Life: How Evolutionary Theory Undermines Everything You Thought You Knew.* Cambridge, UK, Cambridge University Press.

| 21장 |

Arnhart, L. (1998). *Darwinian Natural Right: The Biological Ethics of Human Nature.* New York, State University of New York Press.

Ridley, M. (1996). *The Origins of Virtue.* London, Viking.

Ruse, M. (2012). *The Philosophy of Human Evolution.* Cambridge, UK, Cambridge University Press.

Schaller, M. and J. H. Park (2011). 'The behavioral immune system(and why it matters).' *Current Directions in Psychological Science* 20(2), 99-103.

Stewart-Williams, S. (2010). *Darwin, God and the Meaning of Life: How Evolutionary Theory Undermines Everything You Thought You Knew.* Cambridge, UK, Cambridge University Press.

Wilson, E. 0. (1998). *Consilience: The Unity of Knowledge.* New York, Knopf.

Wright, R. (1994). *The Moral Animal.* London, Little, Brown.

참고문헌

Abbot, P., J. Abe, J. Alcock et al. (2011). 'Inclusive fitness theory and eusociality.' *Nature* 471(7339): E1-E4.

Aggleton, J. P., R. W. Kentridge and N. I. Neave (1993). 'Evidence for longevity differences between left handed and right-handed men: an archival study of cricketers.' *Journal of Epidemiology and Community Health* 47: 206-9.

Aiello, L. C. and P. Wheeler (1995). 'The expensive tissue hypothesis: the brain and the digestive system in human primate evolution.' *Current Anthropology* 36: 199-221.

Aiello, L. C., N. Bates and T. Joffe (2001). In defence of the expensive tissue hypothesis. In D. Falk and K. R. Gibson (eds.), *Evolutionary Anatomy of the Primate Cerebral Cortex*. Cambridge, Cambridge University Press.

Alba, D. M. (2010). 'Cognitive inferences in fossil apes (Primates, Hominoidea): does encephalization reflect intelligence?' *J Anthropol Sci* 88: 11-48.

Alexander, R. and K. Noonan (1979). Concealment of ovulation, parental care and human social evolution. In N. I. A. Chagnon and W. Irons (eds.), *Evolutionary Biology and Human Social Behavior: An Anthropological Perspective*. North Scituate, MA, Duxbury.

Altmann, J. (2001). *Baboon Mothers and Infants*. Chicago, University of Chicago Press.

Altmann, J. and S. C. Alberts (2003). Variability in reproductive success viewed from a life-history perspective in baboons. *American Journal of Human Biology* 15(3): 401-9.

Almond, D. and L. Edlund (2007). 'Trivers Willard at birth and one year: evidence from US natality data 1983-2001. Proceedings of the Royal Society B: *Biological Sciences* 274(1624): 2491-6.

Alvard, M. S. and D. A. Nolin (2002). 'Rousseau's Whale Hunt?' *Current Anthropology* 43(4): 533-59.

Alvarez, G., F. C. Ceballos and C. Quinteiro (2009). 'The role of inbreeding in the extinction of a European royal dynasty.' *PLoS One* 4(4): e5 174.

Alvarez, L. and K. Jaffe (2004). 'Narcissism guides mate selection: humans mate assortatively, as revealed by facial resemblance, following an algorithm of "self-seeking like".' *Evolutionary Psychology* 2: 177-94.

Anderson, K. (2006). 'How well does paternity confidence match actual paternity?' *Current Anthropology* 47(3): 5 13-20.

Anderson, J. W., P. Baird, R. H. Davis, S. Ferreri, M. Knudtson, A. Koraym, and C. L.

Williams (2009). 'Health benefits of dietary fiber.' *Nutrition Reviews* 67(4): 188-205.

Anderson, M. J. and A. F. Dixson (2002). 'Sperm competition: motility and the midpiece in primates.' *Nature* 4 16(6880): 496.

Angel, J. L. (1975). Paleoecology, paleodemography and health. In S. Polgar (ed.), *Population, Ecology and Social Evolution*. The Hague, Moulton Publishers, pp. 167-90.

Annett, M. (1964). 'A model of the inheritance of handedness and cerebral dominance.' *Nature* 204: 59-60.

Antfolk, I., M. Karlsson, A. Backstrom and P. Santtila (2012). 'Disgust elicited by third-party incest: the roles of biological relatedness, co-residence, and family relationship.' *Evolution and Human Behavior* 3 3 (3): 217-23.

Antfolk, J., B. Salo, K. Alanko, E. Bergen, J. Corander, N. K. Sandnabba and P. Santtila (2015). 'Women's and men's sexual preferences and activities with respect to the partner's age: evidence for female choice.' *Evolution and Human Behavior* 36(1):73-9.

Apicella, C. L. and F. W. Marlowe (2004). 'Perceived mate fidelity and paternal investment resemblance predicts men's investment in children.' *Evolution and Human Behavior* 25(6): 37 1-9.

Appiah, K. A. (2006). *Cosmopolitanism: Ethics in a World of Strangers* (Issues of Our Time). London, UK. WW Norton & Company.

Archer, J. (1992). Ethology and Human Development. Herne! Hempstead, Harvester Wheatsheaf. Archer, J. (2013). 'Can evolutionary principles explain patterns of family violence?' *Psychological Bulletin* 139(2): 403.

Arechiga, J., C. Prado, M. Canto and H. Carmenati (2001). 'Women in transition – menopause and body composition in different populations.' *Collective Anthropology* 25: 443-8.

Armstrong, E. (1983). 'Relative brain size and metabolism in mammals.' *Science* 220(4603): 1302-4.

Arner, G. B. L. (1908). *Consanguineous Marriages in the American Population*. Columbia University, Longmans, Green & Co., Agents.

Arnhart, L. (2005). Incest taboo as Darwinian natural right. In A. P. Wolf and W. H. Durham (eds.), Inbreeding, *Incest and the Incest Taboo*. Stanford, CA, Stanford University Press.

Ash, J. and G. Gallup (2007). Brain size, intelligence and paleoclimatic variation. In G. Geher and G. Millier (eds.), *Mating Intelligence*. New York, Psychology Press.

Ash, J. and G. G. Gallup Jr (2007). 'Paleoclimatic variation and brain expansion during human evolution.' *Human Nature* 18(2): 109-24.

Audette, R. (1995). *Neander Thin: Eat Like a Caveman to Achieve a Lean, Strong, Healthy Body*. Dallas, Paleolithic Press.

Austad, S. N. (1993). 'Retarded senescence in an insular population of Virginia opossums.'

Journal of Experimental Zoology 229: 695-708.

Austad, S. N. and K. E. Fisher (1991). 'Mammalian aging, metabolism and ecology: Evidence from bats and marsupials.' *Journal of Gerontology* 46: B47-53.

Avila, M., G. Thaker and H. Adami (200 1). 'Genetic epidemiology and schizophrenia: a study of reproductive fitness.' *Schizophrenia Research* 47(2): 233-4 1.

Axelrod, R. (1984). The Evolution of Cooperation. New York, Basic Books. Axelrod, R. and W. D. Hamilton (1981). 'The Evolution of Cooperation.' *Science* 2 11: 1390-6.

Badcock, C. (1991). *Evolution and Individual Behaviour: An Introduction to Human Sociobiology*. Oxford, Blackwell.

Badcock, C. (2013). Evolutionary Psychology: A Clinical Introduction. Cambridge, Blackwell. Bagatell, C. J. and W. J. Bremner (1990). 'Sperm counts and reproductive hormones in male marathoners and lean controls.' *Fertility and Sterility* 53: 688-92.

Bailey, D. H. and D. C. Geary (2009). 'Hominid brain evolution.' *Human Nature* 20(1): 67-79.

Bailey, J. M. (1998). Can behaviour genetics contribute to evolutionary behavioural science? In C. Crawford and D. L. Krebs (eds.), *Handbook of Evolutionary Psychology*. Mahwah, NJ, Lawrence Erlbaum Associates, Inc.

Bailey, J. M. and R. C. Pillard (1991). 'A genetic study of male sexual orientation.' *Archives of General Psychiatry* 48(12): 1089.

Baillargeon, R. (1987). 'Object Permanence in 3 1/2- and 4 1/2-Month-Old Infants.' *Developmental Psychology* 23: 655-64.

Baillargeon, R. and J. DeVos (1991). 'Object Permanence in Young Infants: Further Evidence.' *Development* 62: 1227-46.

Baillargeon, R., E. Spelke and S. Wasserman (1985). 'Object permanence in five-month-old infants.' *Cognition* 20: 19 1-208.

Baker, R. R. and M. A. Bellis (1989). 'Number of sperm in human ejaculates varies in accordance with sperm competition theory.' *Animal Behaviour* 37: 867-9.

Baker, R. R. and M. A. Bellis (1995). *Human Sperm Competition*. London, Chapman and Hall.

Ball, H. L. and K. Klingaman (2008). Breastfeeding and mother-infant sleep proximity. In Wenda R. Trevathan, E. O. Smith and James J. McKenna (eds.), *Evolutionary Medicine and Health: New Perspectives*. New York, Oxford University Press, pp. 226-4 1.

Barash, D. (1982). *Sociobiology and Behaviour*. New York, Elsevier.

Barash, D. (2003). *The Survival Game*. New York, NY, Times Books.

Barker, D. (2007). 'The origins of the developmental origins theory.' *Journal of Internal Medicine* 261: 412-7.

Barkow, J. (1989). *Darwin, Sex, and Status.* Toronto, University of Toronto Press.

Barkow, J. H., L. Cosmides and J. Tooby (1992). *The Adapted Mind.* Oxford, Oxford University Press.

Barratt, C., V. Kay and S. K. Oxenham (2009). 'The human spermatozoon - a stripped down but refined machine.' *Journal of Biology* 8(7): 63.

Barrett, D. (2010). *Supernormal Stimuli: How Primal Urges Overran Their Evolutionary Purpose.* WW Norton & Company.

Barrett, L. and R. I. M. Dunbar (1994). 'Not now dear, I'm busy.' *New Scientist* 142: 30-4.

Barton, S. C., M. A. Surani and M. L. Norris (1984). 'Role of paternal and maternal genomes in mouse development.' *Nature* 3 11(5984): 373-6.

Bateson, M., D. Nettle and G. Roberts (2006). 'Cues of being watched enhance cooperation in a real world setting.' *Biology Letters* 2(3): 4 12-4.

Bateson, P. (1980). 'Optimal outbreeding and the development of sexual preferences in Japanese quail.' *Zeitschri fur Tierpsychologie* 53: 321-49.

Bateson, P. (1982). 'Preferences for cousins in Japanese Quail.' *Nature* 295: 236-7.

Beachy, P. A., S. S. Karhadkar and D. M. Berman (2004). 'Tissue repair and stem cell renewal in carcinogenesis.' *Nature* 432(7015): 324-3 1.

Beaulieu, D. A. and D. Bugental (2008). 'Contingent parental investment: An evolutionary framework for understanding early interaction between mothers and children.' *Evolution and Human Behavior* 29(4): 249-5 5.

Beer, J. M. and J. M. Horn (2000). 'The influence of rearing order on personality development within two adoption cohorts.' *Journal of Personality* 68: 769-8 19.

Bell, A. P. and M. S. Weinberg (1978). *Homosexualities: A Study of Diversity Among Men and Women.* New York, Simon & Schuster.

Belsky, J., L. Steinberg and P. Draper (1991). 'Childhood experience, interpersonal development, and reproductive strategy: an evolutionary theory of socialization.' *Child Development* 62(4): 647-70.

Belt, T. (1874). The Naturalist in Nicaragua. London, Bumpus. Bennett, C. M., E. Boye and E. J. Neufeld (2008). 'Female monozygotic twins discordant for hemophilia A due to nonrandom X chromosome inactivation.' *American Journal of Hematology* 83(10): 778-80.

Benoit, D. and K. C. Parker (1994). 'Stability and transmission of attachment across three generations.' *Childhood Development* 6 5: 1444-56.

Benshoof, L. and R. Thornhill (1979). 'The evolution of monogamy and concealed ovulation in humans.' *Journal of Social and Biological Structures* 2: 95-106.

Bereczkei, T., P. Gyuris, P. Koves and L. Bernath (2002). 'Homogamy, genetic similarity, and imprinting; parental influence on mate choice preferences.' *Personality and Individual*

Differences 33(5): 677-90.

Bereczkei, T., P. Gyuris and G. E. Weisfeld (2004). 'Sexual imprinting in human mate choice.' Proceedings of the Royal Society of London, Series B: *Biological Sciences* 271(1544): 1129-34.

Berger, L. R., J. Hawks, D. J. de Ruiter, S. E. Churchill, P. Schmid, L. K. Delezene, T. L. Kivell, H. M. Garvin, S. A. Williams and J. M. DeSilva (2015). 'Homo naledi, a new species of the genus Homo from the Dinaledi Chamber, South Africa.' eLife 4: e09560.

Berra, T. M., G. Alvarez and F. C. Ceballos (2010). 'Was the Darwin/Wedgwood dynasty adversely affected by consanguinity?' *BioScience* 60(5): 376-83.

Betzig, L. (1998). Not whether to count babies, but which. In C. Crawford and D. L. Krebs (eds.), *Handbook of Evolutionary Psychology*. Mahwah, NJ, Lawrence Erlbaum.

Bingham, S. A., N. E. Day, R. Luben, P. Ferrari, N. Slimani, T. Norat, F. Clavel-Chapelon, E. Kesse, A. Nieters and H. Boeing (2003). 'Dietary fibre in food and protection against colorectal cancer in the European Prospective Investigation into Cancer and Nutrition (EPIC): an observational study.' *The Lancet* 361(9368): 1496-1501.

Bishop, G. D., A. L. Alva, L. Cantu and T. K. Rittiman (1991). 'Responses to persons with AIDS: fear of contagion or stigma?' *Journal of Applied Social Psychology* 21(23): 1877-88.

Biswas, G., P. Gupta and D. Das (2010). 'Wisdom teeth - a major problem in young generation, study on the basis of types and associated complications.' *Journal of College of Medical Sciences* - Nepal 6(3): 24-8.

Bittles, A. H. (1995). The influence of consanguineous marriage on reproductive behaviour in India and Pakistan. In C. G. N. Mascie-Taylor and A. J. Boyce (eds.), *Mating Patterns*. Cambridge, Cambridge University Press.

Bittles, A. H. (2004). Genetic aspects of inbreeding and incest. In A. P. Wolf and W. H. Durham (eds.), *Inbreeding, Incest and the Incest Taboo*. Stanford, CA, Stanford University Press.

Bittles, A. H. and U. Makov (1988). Inbreeding in human populations: assessment of the costs. In C. G. N. Mascie-Taylor and A. J. Boyce (eds.), *Mating Patterns*. Cambridge, Cambridge University Press.

Bittles, A. H. and J. V. Neel (1994). 'The costs of human inbreeding and their implications for variation at the DNA level.' *Nature Genetics* 8: 117-21.

Bjorksten, B. (1999). 'Allergy priming early in life.' *The Lancet* 353(9148): 167-8.

Bjorksten, B. (2009). 'The hygiene hypothesis: do we still believe in it?' *Nestle Nutr Ser Pediatr Program* 64: 11-8.

Blackmore, S. (1999). *The Meme Machine*. Oxford, Oxford University Press.

Blanchard, R. (1997). 'Birth order and sibling sex ratio in homosexual versus heterosexual males and females.' *Annual Review of Sex Research* 8: 27.

Blanchard, R. (2004). 'Quantitative and theoretical analyses of the relation between older brothers and homosexuality in men.' *Journal of Theoretical Biology* 230(2): 173-87.

Blanchard, R. and P. Klassen (1997). 'HY antigen and homosexuality in men.' *Journal of Theoretical Biology* 185(3): 373-8.

Blatteis, C. M. (2003). 'Fever: pathological or physiological, injurious or beneficial?' *Journal of Thermal Biology* 28(1): 1-13.

Bleske-Rechek, A., L. A. Nelson, J. P. Baker, M. W. Remiker and S. J. Brandt (2010). 'Evolution and the trolley problem: People save five over one unless the one is young, genetically related, or a romantic partner.' *Journal of Social, Evolutionary, and Cultural Psychology* 4(3): 115.

Bloom, G. and P. W. Sherman (2005). 'Dairying barriers affect the distribution of lactose malabsorption.' *Evolution and Human Behavior* 26(4): 301-13.

Bloom, P. (2007). 'Religion i s natural.' *Developmental Science* 10(1): 147-5 1.

Bloom, P. (2009). 'Religious belief a s an evolutionary accident.' In J. Schloss and M. J. Murray (eds.), *The Believing Primate: Scientific, Philosophical, and Theological Reflections on the Origin of Religion*. Oxford, Oxford University Press, pp. 118-27.

Blurton Jones, N. and R. M. Sibly (1978). Testing adaptiveness of culturally determined behaviour: do Bushman women maximize their reproductive success by spacing births widely and foraging seldom? In N. Blurton Jones and V. Reynolds (eds.), *Human Behaviour and Adaptation*. London, Taylor & Francis.

Blurton Jones, N., K. Hawkes and J. F. O'Connell (1999). Some current ideas about the evolution of the human life history. In P. C. Lee (ed.), *Comparative Primate Socioecology*. Cambridge, Cambridge University Press, pp. 140-66.

Boaz, N. T. and A. J. Almquist (1997). Biological Anthropology. Englewood Cliffs, NJ, Prentice Hall. Bobrow, D. and J. M. Bailey (2001). 'Is male homosexuality maintained via kin selection?' *Evolution and Human Behavior* 22(5): 361-8.

Bogin, B. (1999). *Patterns of Human Growth*. Cambridge, Cambridge University Press.

Bogin, B. (2010). Evolution of human growth. In M. P. Muehlenbein (ed.), *Human Evolutionary Biology*, Cambridge, Cambridge University Press, pp. 379-95.

Bolhuis, J. J., G. R. Brown, R. C. Richardson and K. N. Laland (2011). 'Darwin in mind: new opportunities for evolutionary psychology.' *PLoS Biology* 9(7): e1001109.

Bollinger, R. R., A. S. Barbas, E. L. Bush, S. S. Lin and W. Parker (2007). 'Biofilms in the large bowel suggest an apparent function of the human vermiform appendix.' *Journal of Theoretical Biology* 249(4): 826-31.

Borgi, M., I. Cogliati-Dezza, V. Brelsford, K. Meints and F. Cirulli (2014). 'Baby schema in human and animal faces induces cuteness perception and gaze allocation in children.' *Frontiers in Psychology* 5: 411.

Bornstein, M. H. and D. L. Putnick (2007). 'Chronological age, cognitions, and practices in European American mothers: a multivariate study of parenting.' *Developmental Psychology* 43(4): 850.

Bourke, A. (2011). 'The validity and value of inclusive fitness theory.' *Proceedings of the Royal Society, Series B* 278: 3 313-20.

Bovine HapMap Consortium (2009). 'Genome-wide survey of SNP variation uncovers the genetic structure of cattle breeds.' *Science* 324(5926): 5 28-32.

Bowlby, J. (1969). *Attachment Theory, Separation, Anxiety and Mourning*. New York, NY, Basic Books.

Bowlby, J. (1980). *Attachment and Loss*, vol 3. Loss: Sadness and Depression. New York, NY, Basic Books.

Boyd, R., and P. J. Richerson (1988). *Culture and the Evolutionary Process*. Chicago, University of Chicago Press.

Boyd, R. and P. J. Richerson (1995). 'Why does culture increase human adaptability?' *Ethology and Sociobiology* 16:125-43.

Boyer, P. (1994). *The Naturalness of Religious Ideas: A Cognitive Theory of Religion*. Berkeley and Los Angeles, University of California Press.

Boyer, P. and B. Bergstrom (2008). 'Evolutionary perspectives on religion.' *Annual Review of Anthropology* 37:111-30.

Bramble, D. M. and D. E. Lieberman (2004). 'Endurance running and the evolution of Homo.' *Nature* 432(7015): 345-52.

Brewer, M. B. (1979). 'In-group bias in the minimal intergroup situation: a cognitive-motivational analysis.' *Psychological Bulletin* 86(2): 307.

Brewis, A. and M. Meyer (2005). 'Demographic evidence that human ovulation is undetectable (at least in pair bonds).' *Current Anthropology* 46: 465-71.

British Association of Aesthetic Surgeons (2014). Britain Sucks. http://baaps.org.uk/about-us/pressreleases/ 1833-britain-sucks, accessed January 2015.

Brooks, R. (2011). "'Asia's missing women" a s a problem in applied evolutionary psychology?' *Evolutionary Psychology: An International Journal of Evolutionary Approaches to Psychology and Behavior* 10(5): 910-25.

Brooks, R., I. M. Scott, A. A. Maklakov, M. M. Kasumovic, A. P. Clark and I. S. Penton-Voak (2011). 'National income inequality predicts women's preferences for masculinized faces better than health does.' *Proceedings of the Royal Society of London B: Biological Sciences* 278(1707): 810-12.

Brosch, T., D. Sander and K. R. Scherer (2007). 'That baby caught my eye... attention capture by infant faces.' *Emotion* 7(3): 685-9.

Brown, G. R., K. N. Laland and M. B. Mulder (2009). 'Bateman's principles and human sex roles.' *Trends in Ecology & Evolution* 24(6): 297-304.

Brown, P., T. Sutikna, M. J. Morwood, R. P. Soejon, Jatmiko, E. Wayhu Saptomo and R. A. Due (2004). 'A new small-bodied hominin from the Late Pleistocene of Flores, Indonesia.' *Nature* 431:1055-61.

Browne, K. (2002). *Biology at Work: Rethinking Sexual Equality*. Rutgers University Press.

Browne, K. R. (2006). 'Sex, power, and dominance: the evolutionary psychology of sexual harassment.' *Managerial and Decision Economics* 27(2-3):145-58.

Brownell, K. D. and J. L. Pomeranz (2014). 'The trans-fat ban - food regulation and long-term health.' *New England Journal of Medicine* 370(19): 1773-5.

Bryant, G. A. and M. G. Haselton (2009). 'Vocal cues of ovulation in human females.' *Biology Letters* 5:12-15.

Bugental, D. B. and K. Happaney (2004). 'Predicting infant maltreatment in low-income families: the interactive effects of maternal attributions and child status at birth.' *Developmental Psychology* 40(2): 234.

Bugental, D. B., D. A. Beaulieu and A. Silbert-Geiger (2010). 'Increases in parental investment and child health as a result of an early intervention.' *Journal of Experimental Child Psychology* 106(1): 30-40.

Bulbulia, J. (2004). 'The cognitive and evolutionary psychology of religion.' *Biology and Philosophy* 19(5): 655-86.

Bulik, C. M., P. F. Sullivan, A. Pickering, A. Dawn and M. McCullan (1999). 'Fertility and reproduction in women with anorexia nervosa: a controlled study.' *Journal of Clinical Psychiatry* 60:130-5.

Bundey, S. and H. Alam (1993). 'A five-year prospective study of the health of children in different ethnic groups, with particular reference to the effect of inbreeding.' European Journal of Human Genetics 1: 206-19.

Burch, R. L. and G. G. Gallup (2000). 'Perceptions of paternal resemblance predict family violence.' *Evolution and Human Behavior* 21(6): 429-37.

Burkhardt, R. W. (1983). The development of an evolutionary ethology. In D. S. Bendall (ed.), *Evolution from Molecules to Men*. Cambridge, Cambridge University Press.

Burley, N. (1979). 'The evolution of concealed ovulation.' *American Naturalist* 114: 835-58.

Burnham, T. C. and B. Hare (2007). 'Engineering human cooperation.' *Human Nature* 18(2): 88-108.

Burton, R. (1973). 'Folk theory and the incest taboo.' Ethos 1: 504-16.

Buss, D. M. (1989a). 'Conflict between the sexes: strategic interference and the evocation of anger and upset.' *Journal of Personality and Social Psychology* 56(5):735.

Buss, D. M. (1989b). 'Sex differences in human mate preferences: evolutionary hypotheses tested in 37 cultures.' *Behavioural and Brain Sciences* 12:1-49.

Buss, D. M. (2009). 'How can evolutionary psychology successfully explain personality and individual differences?' *Perspectives on Psychological Science* 4(4): 359-66.

Buss, D. M. (2014). Evolutionary Psychology: The New Science of the Mind. Harlow, Pearson. Buss, D. M., R. J. Larsen, D. Westen and J. Semmelroth (1992). 'Sex differences in jealousy: evolution, physiology and psychology.' *Psychological Science* 3(4): 251-5.

Bussiere, L. F., M. C. Tinsley and A. T. Laugen (2013). 'Female preferences for facial masculinity are probably not adaptations for securing good immunocompetence genes.' *Behavioral Ecology* 24(3): 593-4.

Bygren L. O., G. Kaati and S. Edvinsson (2001). 'Longevity determined by ancestors' overnutrition during their slow growth period.' *Acta Biotheoretica* 49: 53-9.

Byrne, R. W. and A. Whiten (1988). *Machiavellian Intelligence: Social Expertise and the Evolution of Intellect in Monkeys, Apes and Humans*. Oxford, Clarendon Press.

Calvin, W. H. (1982). *The Throwing Madonna: Essays on the Brain*. New York, McGraw-Hill.

Cameron, N. and B. Bogin (2012). Human Growth and Development, Access online via Elsevier.

Campbell, A. (2009). Gender and crime. In A. Walsh and K. M. Beaver (eds.), *Biosocial Criminology: New Directions in Theory and Research*. New York, Routledge.

Campbell, D. (1974). Evolutionary epistemology. In P. A. Schilpp (ed.), *The Philosophy of Karl Popper*. LaSalle, IL, Open Court.

Camperio-Ciani, A., F. Corna and C. Capiluppi (2004). 'Evidence for maternally inherited factors favouring male homosexuality and promoting female fecundity.' *Proceedings of the Royal Society of London. Series B: Biological Sciences* 271(1554): 2217-21.

Cann, R. L., M. Stoneking and A. C. Wilson (1987). 'Mitochondrial DNA and human evolution.' *Nature* 325: 31-6.

Canudas-Romo, V. (2008). 'The modal age at death and the shifting mortality hypothesis.' *Demographic Research* 19:1179-1204.

Cardenas, R. A., L. J. Harris and M. W. Becker (2013). 'Sex differences in visual attention toward infant faces.' *Evolution and Human Behavior* 34(4): 280-7.

Cardno, A. G., F. V. Rijsdijk, P. C. Sham, R. M. Murray and P. McGuffin (2002). 'A twin study of genetic relationships between psychotic symptoms.' *American Journal of Psychiatry* 15 9 (4): 539-45.

Carrera-Bastos, P., M. Fontes-Villalba, J. H. O'Keefe, S. Lindeberg and L. Cordain (2011). 'The Western diet and lifestyle and diseases of civilization.' *Res Rep Clin Cardiol* 2:15-35.

Carroll, J. (2004). Literary Darwinism: Evolution, Human Nature, and Literature. New York, Routledge. Carruthers, P. (2006). *The Architecture of the Mind*. Oxford, Oxford University Press.

Cars, O., S. Molstad and A. Melander (2001). 'Variation in antibiotic use in the European Union.' *The Lancet* 357(9271):1851-53.

Carter, A. and A. Nguyen (2011). 'Antagonistic pleiotropy as a widespread mechanism for the maintenance of polymorphic disease alleles.' *BMC Medical Genetics* 12(1):160.

Carter, G. G. and G. S. Wilkinson (2013). 'Food sharing in vampire bats: reciprocal help predicts donations more than relatedness or harassment.' *Proceedings of the Royal Society B: Biological Sciences* 280(1753).

Cashdan, E. (1998). 'Adaptiveness of food learning and food aversions in children.' *Social Science Information* 37(4): 613-32.

Cashdan, E., F. W. Marlowe, A. Crittenden, C. Porter and B. M. Wood (2012). 'Sex differences in spatial cognition among Hadza foragers.' *Evolution and Human Behavior* 3 3 (4): 274-84.

Casscells, W., A. Schoenberger and T. Grayboys (1978). 'Interpretation by physicians of clinical laboratory results.' *New England Journal of Medicine* 299: 999-1000.

Cavalli-Sforza, L. L. and M. W. Feldman (1981). *Cultural Transmission and Evolution: A Quantitative Approach* (No.16). Princeton, NJ, Princeton University Press.

Cavalli-Sforza, L. L., P. Menozzi and A. Piazza (1993). 'Demic expansions and human evolution.' *Science* 259(5095): 639-46.

Chagnon, N. I. A. and W. Irons (1979). *Evolutionary Biology and Human Social Behavior: An Anthropological Perspective*. North Scituate, MA, Duxbury.

Champagne, F. A. (2008). 'Epigenetic mechanisms and the transgenerational effects of maternal care.' *Frontiers in Neuroendocrinology* 29: 386-97.

Chapman, D. and K. Scott (2001). 'The impact of intergenerational risk factors on adverse developmental outcomes.' *Developmental Review* 21: 305-25.

Chevalier-Skolnikoff, S. (1973). Facial expression of emotion in nonhuman primates. In P. Ekman (ed.), *Darwin and Facial Expression*. New York and London, Academic Press.

Chisholm, J. S. (1996). 'The evolutionary ecology of attachment organization.' *Human Nature* 7:1-38.

Chisholm, J. S., J. A. Quinlivan, R. W. Petersen and D. A. Coall (2005). 'Early stress predicts age at menarche and first birth, adult attachment, and expected lifespan.' *Human Nature* 16(3): 233-65.

Chomsky, N. (1959). 'A Review of B. F. Skinner's Verbal Behavior.' *Language* 35(1): 26-58.

Chung, W. and M. D. Gupta (2007). 'The decline of son preference in South Korea: The roles of development and public policy.' *Population and Development Review* 3 3 (4):757-83.

CIA (2010). *The World Factbook 2010*. Washington, DC, Central Intelligence Agency.

CIA (2013). *The World Factbook 2013-14*. Washington, DC, Central Intelligence Agency.

Civitello, L. (2011). *Cuisine and Culture: A History of Food and People*. Hoboken, John Wiley & Sons.

Clatworthy, A. E., E. Pierson and D. T. Hung (2007). 'Targeting virulence: a new paradigm for antimicrobial therapy.' *Nature Chemical Biology* 3(9): 541-8.

Clutton-Brock, T. (2009). 'Cooperation between non-kin in animal societies.' *Nature* 462(7269): 51-7.

Clutton-Brock, T. H. and A. C. Vincent (1991). 'Sexual selection and the potential reproductive rates of males and females.' *Nature* 3 51(6321): 58-60.

Collard (2002) "Grades and transitions in human evolution." *Proceedings of the British Academy*106, 61-100.

Conrad, P. and S. Markens (2001). 'Constructing the "gay gene" in the news: optimism and skepticism in the US and British Press. *Health* 5(3): 373-400.

Cordain, L. (2007). 'Implications of plio-pleistocene hominin diets for modern humans.' In P. Ungar (ed.), *Early Hominin Diets: The Known, The Unknown, and the Unknowable.* Oxford, Oxford University Press, pp. 363-83.##

Cordain, L., S. Eaton, J. Brand Miller, N. Mann and K. Hill (2002). 'Original communications - the paradoxical nature of hunter-gatherer diets: meat-based, yet non-atherogenic.' *European Journal of Clinical Nutrition* 56(1): S42.

Cordain, L., S. B. Eaton, A. Sebastian, N. Mann, S. Lindeberg, B. A. Watkins, J. H. O'Keefe and J. Brand Miller (2005). 'Origins and evolution of the Western diet: health implications for the 21st century.' *The American Journal of Clinical Nutrition* 81(2): 341-54.

Cordain, L., J. B. Miller, S. B. Eaton, N. Mann, S. H. Holt and J. D. Speth (2000). 'Plant-animal subsistence ratios and macronutrient energy estimations in worldwide hunter-gatherer diets.' *The American Journal of Clinical Nutrition*71(3): 682-92.

Cornwell, R. E., C. Palmer, P. M. Guinther and H. P. Davis (2005). 'Introductory psychology texts as a view of sociobiology/evolutionary psychology's role in psychology.' *Human Nature* 3: 3 5 5-74.

Cosmides, L. and J. Tooby (1992). Cognitive adaptations for social exchange. In J. H. Barkow, L. Cosmides and J. Tooby (eds.), *The Adapted Mind.* Oxford, Oxford University Press.

Cosmides, L. and J. Tooby (1996). 'Are humans good intuitive statisticians after all? Rethinking some conclusions from the literature on judgement under uncertainty.' *Cognition* 5 8:1-73.

Cosmides, L., H. C. Barrett and J. Tooby (2010). 'Adaptive specializations, social exchange, and the evolution of human intelligence.' *Proceedings of the National Academy of Sciences*107(Supplement 2): 9007-14.

Crawford, C. (1998a). Environments and adaptations: then and now. In C. Crawford and D. L. Krebs (eds.), *Handbook of Evolutionary Psychology.* Mahwah, NJ, Lawrence Erlbaum.

Crawford, C. (1998b). The theory of evolution in the study of human behavior. In C. Crawford and D. L. Krebs (eds.), *Handbook of Evolutionary Psychology.* Mahwah, NJ,

Lawrence Erlbaum.

Crivelli, C., P. Carrera and J. Fernadez-Dols (2015). 'Are smiles signs of happiness? Spontaneous expressions of judo winners.' *Evolution and Human Behavior* 36: 5 2-8.

Cronin, H. (1991). *The Ant and the Peacock*. Cambridge, Cambridge University Press.

Cross-Disorder Group of the Psychiatric Genomics Consortium (2013). 'Genetic relationship between five psychiatric disorders estimated from genomewide SNPs.' *Nature Genetics* 45(9): 984-94.

Crow, J. F. (2003). 'There's something curious about paternal-age effects.' *Science* 301(5633): 606-7.

Crow, J. F. (2006). 'Age and sex effects on human mutation rates: an old problem with new complexities.' *Journal of Radiation Research* 47(Suppl B): B75-82.

Cunnane, S. C. and M. A. Crawford (2003). 'Survival of the fattest: fat babies were the key to evolution of the large human brain.' *Comparative Biochemistry and Physiology Part A: Molecular & Integrative Physiology* 136(1):17-26.

Cunningham, M. R. (1986). 'Measuring the physical in physical attractiveness: quasi-experiments on the sociobiology of female facial beauty.' *Journal of Personality and Social Psychology* 50(5): 925.

Cunningham, M. R., A. R. Roberts, A. P. Barbee, P. B. Druen and C.-H. Wu (1995). '"Their ideas of beauty are, on the whole, the same as ours": consistency and variability in the cross-cultural perception of female physical attractiveness.' *Journal of Personality and Social Psychology* 68(2): 261.

Curley, J. P., F. Moshoodh and F. A. Champagne (2011). 'Epigenetics and the origins of paternal effects.' *Hormones and Behaviour* 59: 306-14.

Curry, A. (2013). 'The milk revolution.' *Nature* 500(7460): 20-2.

Curry, O. (2005). Morality as Natural History. PhD. University of London. Cutler, S. J., A. R. Fooks and W. H. van der Poel (2010). 'Public health threat of new, re-emerging, and neglected zoonoses in the industrialized world.' *Emerging Infectious Diseases*16(1):1.

Daly, M. (1997). Introduction. In G. Bock and G. Cardew (eds.), Characterizing Human Psychological Adaptations. New York, NY, John Wiley. Daly, M. and M. Wilson (1988a). *Homicide*. New York, Aldine De Gruyter.

Daly, M. and M. Wilson (1988b). 'Evolutionary Social Psychology and Family Homicide.' *Science* 242: 519-24.

Daly, M. and M. Wilson (1997). Evolutionary social psychology and family homicide. In S. Baron-Cohen (ed.), *The Maladapted Mind: Classic Readings in Evolutionary Psychopathology*. East Sussex, UK, Psychology Press, p.115.

Daly, M. and M. Wilson (1998). The Truth About Cinderella. London, Orion. Daly, M. and M. I. Wilson (1994). 'Some differential attributes of lethal assaults on small children by stepfathers versus genetic fathers.' *Ethology and Sociobiology* 15(4): 207-17.

Daly, M. and M. I. Wilson (1999). 'Human evolutionary psychology and animal behaviour.' *Animal Behaviour* 57: 509-519.

Daly, M., M. I. Wilson and S. J. Weghorst (1982). 'Male sexual jealousy.' *Ethology and Sociobiology* 3: 11-27.

Damasio, A. R. (2000). 'A neural basis for sociopathy.' *Archives of General Psychiatry* 57(2):128-9.

Danielsbacka, M., A. O. Tanskanen, M. Jokela and A. Rotkirch (2011). 'Grandparental child care in Europe: evidence for preferential investment in more certain kin. *Evolutionary Psychology* 9(1). doi: 147470491100900102.

Darwin, C. (1858). Letter to Charles Lyell 18th June 1858. In F. Burkhardt and S. Smith (eds.), *The Correspondence of Charles Darwin*. Cambridge, Cambridge University Press,1991.

Darwin, C. (1859a). Letter to Alfred Russell Wallace. In F. Burkhardt and S. Smith (eds.), *The Correspondence of Charles Darwin*. Cambridge, Cambridge University Press,1991.

Darwin, C. (1859b). On the Origin of Species by Means of Natural Selection. London, John Murray. Darwin, C. (1871/1981). *The Descent of Man and Selection in Relation to Sex*. Princeton, NJ, Princeton University Press.

Darwin, C. (1872). *The Expression of the Emotions in Man and Animals*. London, UK, John Murray.

Darwin, C. (1874). *The Descent of Man and Selection in Relation to Sex*, 2nd edition. London, John Murray.

Darwin, C. (1899). *The Descent of Man and Selection in Relation to Sex*. London, John Murray.

Darwin, G. H. (1875). 'Marriages between first cousins in England and their effects.' *Journal of the Statistical Society of London* 38(2):153-184.

Das, G., S. Crocombe, M. McGrath, J. L. Berry and M. Mughal (2006). 'Hypovitaminosis D among healthy adolescent girls attending an inner-city school' *Archives of Disease in Childhood* 91(7): 569-72.

Davies, J. H. and N. J. Shaw (2010). 'Preventable but no strategy: vitamin D deficiency in the UK.' *Archives of Diseases in Childhood* 96, 614-5.

Davis, J. N. (1997). 'Birth order, sibling size, and status in modem Canada.' *Human Nature* 8: 205-30.

Dawkins, R. (1976). *The Selfish Gene*. Oxford, Oxford University Press.

Dawkins, R. (1982). *The Extended Phenotype*. Oxford, W.H. Freeman.

Dawkins, R. (1986). *The Blind Watchmaker*. London, Longman.

Dawkins, R. (1989). *The Selfish Gene*. Oxford, Oxford University Press.

Dawkins, R. (1997). 'Is science a religion?' *The Humanist* 57(1): 26-29.

Dawkins, R. (2006). *The God Delusion*. London, Bantam Press.

Dawkins, R. (2012). 'The descent of Edward Wilson.' *Prospect* (June) 66-9.

D'Costa, V. M., K. M. McGrann, D. W. Hughes and G. D. Wright (2006). 'Sampling the antibiotic resistance.' *Science* 311(5759): 374-7.

De Backer, C., J. Braeckman and L. Farinpour (2008). Mating intelligence in personal ads. In G. Geher and G. Miller (eds.), *Mating Intelligence: Sex, Relationships, and the Mind's Reproductive System*. New York, Taylor & Francis, pp.77-101.

de Rooij, S. R., H. Wolters, J. E. Yonker, R. C. Painter and T. J. Roseboom (2010). 'Prenatal undernutrition and cognitive function in late adulthood.' *Proceedings of the National Academy of Sciences* 107(39):16881-6.

de Waal, F. B. M. (1997). 'The chimpanzee's service economy: food for grooming.' *Evolution and Human Behavior* 18: 375-86.

Deacon, T. (1997). The Symbolic Species. London, Penguin. DeBruine, L. M., B. C. Jones, J. R. Crawford, L. L. Welling and A. C. Little (2010a). 'The health of a nation predicts their mate preferences: cross-cultural variation in women's preferences for masculinized male faces.' *Proceedings of the Royal Society of London B: Biological Sciences* 277(1692): 2405-10.

De Bruine, L. M., B. C. Jones, D. A. Frederick, M. G. Haselton, I. S. Penton-Voak and D. I. Perrett (2010b). 'Evidence for menstrual cycle shifts in women's preferences for masculinity: a response to Harris (in press) "Menstrual Cycle and Facial Preferences Reconsidered".' *Evolutionary Psychology* 8(4):768-75.

DeBruine, L. M., B. C. Jones, A. C. Little, L. G. Boothroyd, D. I. Perrett, I. S. Penton-Voak, P. A. Cooper, L. Penke, D. R. Feinberg and B. P. Tiddeman (2006). 'Correlated preferences for facial masculinity and ideal or actual partner's masculinity.' *Proceedings of the Royal Society of London B: Biological Sciences* 273(1592):1355-60.

DeKay, W. T. (1995). 'Grandparental investment and the uncertainty of kinship.' Seventh Annual Meeting of the Human Behaviour and Evolution Society, Santa Barbara, CA.

Dennett, D. C. (1995). *Darwin's Dangerous Idea*. New York, Simon and Schuster.

Desmond, A. and J. Moore (1991). Darwin. London, Michael Joseph. Desouza, M. J. and D. A. Metzger (1991). 'Reproductive dysfunction in amenorrheic athletes and anorexic patients.' *Medicine and Science in Sports and Exercise* 56: 20-7.

Diamond, J. (1987). 'The worst mistake in the history of the human race.' *Discover* 8(5): 64-6.

Diamond, J. (1991). *The Rise and Fall of the Third Chimpanzee*. London, Vintage.

Diamond, M. (2010). Sexual orientation and gender identity. In I. B. Weiner and W. E. Craighead (eds.), *The Corsini Encyclopedia of Psychology*, Volume 4. New York, John Wiley and Sons.

Dias, B. G. and K. J. Ressler (2014). 'Parental olfactory experience influences behavior and neural structure in subsequent generations.' *Nature Neuroscience*17(1): 89-96.

Dixson, A. F. (1987). 'Baculum length and copulatory behavior in primates.' *American journal of Primatology*13(1): 51-60.

Dixson, B. J., A. F. Dixson, B. Li and M. J. Anderson (2007). 'Studies of human physique and sexual attractiveness: sexual preferences of men and women in China.' *American journal of Human Biology* 19(1): 88-95.

do Amaral, L. Q. (1996). 'Loss of body hair, bipedality and thermoregulation. Comments on recent papers in the Journal of Human Evolution.' *journal of Human Evolution* 30(4): 357-66.

Domb, L. G. and M. Pagel (2001). 'Sexual swellings advertise female quality in wild baboons.' *Nature* 410: 204-6.

Downie, J. (2004). 'Evolution in health and disease: the role of evolutionary biology in the medical curriculum.' *BioScience Education* (4). Doyle, J. F. (2009). 'A woman's walk: attractiveness in motion.' *Journal of Social, Evolutionary, and Cultural Psychology* 3(2): 81.

Doyle, J. F. and F. Pazhooli (2012). 'Natural and augmented breasts: is what is not natural most attractive?' *Human Ethology Bulletin* 27(4): 4-14.

Driscoll, C. A., D. W. Macdonald and S. J. O'Brien (2009). 'From wild animals to domestic pets, an evolutionary view of domestication.' *Proceedings of the National Academy of Sciences*106(Supplement 1): 9971-78.

Dunbar, R. (1980). 'Determinants and evolutionary consequences of dominance among female Gelada baboons.' *Behavioural Ecology and Sociobiology*7: 253-65.

Dunbar, R. I. and S. Shultz (2007). 'Evolution in the social brain.' *Science* 317(5843):1344-47.

Dunbar, R. I. M. (1993). 'Coevolution of neocortical size, group size and language in humans.' *Behavioural and Brain Sciences*16: 681-735.

Dunbar, R. I. M. (1996a). Determinants of group size in primates: a general model. In W. G. Runciman, J. Maynard Smith and R. I. M. Dunbar (eds.), *Evolution of Social Behaviour in Primates and Man*. Oxford, Oxford University Press.

Dunbar, R. I. M. (1996b). Grooming, *Gossip and the Evolution of Language*. London, Faber and Faber.

Dunn, M. J., S. Brinton and L. Clark (2010). 'Universal sex differences in online advertisers' age preferences: comparing data from14 cultures and 2 religious groups.' *Evolution and Human Behavior* 31(6): 383-93.

Dunson, D. B., B. Colombo and D. D. Baird (2002). 'Changes with age in the level and duration of fertility in the menstrual cycle.' *Human reproduction* 17(5):1399-1403.

Dunsworth, H., A. G. Warrener, T. Deacon, P. T. Ellison and H. Pontzer (2012). 'Metabolic hypothesis for human altriciality.' Proceedings of the National Academy of Sciences of America.

760 진화와 인간 행동

Durant, J. R. (1986). 'The making of ethology: the association for the study of animal behaviour,1936- 1986. *Animal Behaviour* 34:1601-16.

Durham, W. H. (1991). *Coevolution: Genes, Culture, and Human Diversity*. Stanford University Press.

Dyer, O. (2005). 'MP is criticised for saying that marriage of first cousins is a health problem.' *British Medical journal*, 331(7528):1292.

Easton, J. A., L. D. Schipper and T. K. Shackelford (2007). 'Morbid jealousy from an evolutionary psychological perspective.' *Evolution and Human Behavior* 28(6): 399-402.

Eaton, S. B., M. Konner and N. Paleolithic (1985). 'A consideration of its nature and current implications.' *New England journal of Medicine* 312(5): 283-89.

Eaton, S. B., M. Konner and M. Shostak (1988). 'Stone agers in the fast lane: chronic degenerative disease in evolutionary perspective.' *American journal of Medicine* 84:739-49.

Edlund, L., H. Li, J. Yi and J. Zhang (2013). Sex ratios and crime: Evidence from China. *Review of Economics and Statistics*, 95(5),15 20-1534.

Eibl-Eibesfeldt, I. (1970). *Ethology: The Biology of Behaviour*. New York, Holt, Rinehart and Winston.

Eibl-Eibesfeldt, I. (1989). *Human Ethology*. New York, Aldine de Gruyter.

Einon, D. (1998). 'How many children can one man have?' *Evolution and Human Behavior* 19: 413-26.

Ekman, P. (1973). Cross cultural studies of facial expressions. In P. Ekman (ed.), *Darwin and Facial Expression*. New York and London, Academic Press.

Elia, M. (1992). Organ and tissue contribution to metabolic rate. In J. M. Kinney and H. N. Tucker (eds.), *Energy Metabolism: Tissue Determinants and Cellular Corollaries*. New York, Raven Press, pp.19-60.

Ellis, B. J. and J. Garber (2000). 'Psychological antecedents of variation in girls' pubertal timing: maternal depression, stepfather presence, and marital and family stress.' *Child Development* 71: 485-501.

Ellis, B. J., M. Del Giudice, T. J. Dishion, A. J. Figueredo, P. Gray, V. Griskevicius, P. H. Hawley, W. J. Jacobs, J. James, A. A. Volk and D. S. Wilson (2012). 'The evolutionary basis of risky adolescent behavior: implications for science, policy, and practice.' *Developmental Psychology* 48(3): 598-623.

Ellis, L. and A. Walsh (2000). *Criminology: A Global Perspective*. Boston, Allyn & Bacon

Ellison, P. (2001). *On Fertile Ground: A Natural History of Human Reproduction*. Cambridge, MA, Harvard University Press.

Ernest-Jones, M., D. Nettle and M. Bateson (2011). 'Effects of eye images on everyday cooperative behavior: a field experiment.' *Evolution and Human Behavior* 32(3):172-78.

Euler, H. A. and B. Weitzel (1996). 'Discriminating grandparental solicitude as reproductive strategy.' *Human Nature*7: 39-59.

Evans, E. M. (2001). 'Cognitive and contextual factors in the emergence of diverse belief systems: creation versus evolution.' *Cognitive Psychology* 42(3): 217-66.

Ewald, P. W. (1991). 'Transmission modes and the evolution of virulence.' *Human Nature* 2(1):1-30.

Ewald, P. W. (1994). *Evolution of Infectious Disease*. New York, Oxford University Press.

Eysenck, M. (2004). *Psychology: An International Perspective*. Hove, East Sussex, Psychology Press.

Falk, D. (1983). 'Cerebral cortices of East African early hominids.' *Science* 221:1072-74.

Farris, C., T. A. Treat, R. J. Viken and R. M. McFall (2008). 'Sexual coercion and the misperception of sexual intent.' *Clinical Psychology Review* 28(1): 48-66.

Faulkner, J., M. Schaller, J. H. Park and L. A. Duncan (2004). 'Evolved disease-avoidance mechanisms and contemporary xenophobic attitudes.' *Group Processes & Intergroup Relations*7(4): 333-53.

Faurie, C., A. Alvergne, S. Bonenfant, M. Goldberg, S. Hercberg, M. Zins and M. Raymond (2006). 'Handedness and reproductive success in two large cohorts of French adults.' *Evolution and Human Behavior* 27(6): 457-72.

Faurie, C. and M. Raymond (2004). 'Handedness frequency over more than ten thousand years.' *Proceedings of the Royal Society*, London 271: 43-5.

Faurie, C. and M. Raymond (2005). 'Handedness, homicide and negative frequency-dependent selection.' *Proceedings of the Royal Society* B 272: 25-8.

Faurie, C., W. Schiefenhovel, S. le Bomin, S. Billiard and M. Raymond (2005). 'Variation in the frequency of left-handedness in traditional societies.' *Current Anthropology* 46(1):142-7.

Fehr, E. and S. Gaechter (2002). 'Altruistic punishment in humans.' *Nature*10:137-40.

Feig, D. S., B. Zinman, X. Wang and J. E. Hux (2008). 'Risk of development of diabetes mellitus after diagnosis of gestational diabetes.' *Canadian Medical Association Journal*179(3): 229-34.

Feinberg, D., B. Jones, M. Law Smith, F. R. Moore, L. DeBruine, R. Cornwell, S. Hillier and D. Perrett (2006). 'Menstrual cycle, trait estrogen level, and masculinity preferences in the human voice.' *Hormones and Behavior* 49(2): 215-22.

Feldman, M. W. and K. N. Laland (1996). 'Gene culture coevolutionary theory.' *Trends in Evolution and Ecology*11: 453-7.

Felson, R. B. (19 97). 'Anger, aggression, and violence in love triangles.' *Violence and Victims*12(4): 345-62.

Fernandez-Dols, J.-M. and C. Crivelli (2013). 'Emotion and expression: naturalistic studies.' *Emotion Review* 5(1): 24-9.

Fessler, D. M. T. and C. D. Navarrete (2004). 'Third-party attitudes towards sibling incest. Evidence for Westermarck's hypotheses.' *Evolution and Human Behavior* 25: 277-94.

Fessler, D. T. (2002). 'Reproductive immunosuppression and diet.' *Current Anthropology* 43(1):19-61.

Fifer, F. (1987). 'The adoption of bipedalism by the hominids: a new hypothesis.' *Human Evolution* 2(2): 135-47.

Finch, C. E. and R. M. Sapolsky (1999). 'The evolution of Alzheimer disease, the reproductive schedule, and apoE isoforms.' *Neurobiology and Aging* 20: 407-28.

Fincher, C. L., R. Thornhill, D. R. Murray and M. Schaller (2008). 'Pathogen prevalence predicts human cross-cultural variability in individualism/collectivism.' *Proceedings of the Royal Society B: Biological Sciences* 275(1640):1279-85.

Finlay, B. L., R. B. Darlington and N. Nicastro (2001). 'Developmental structure in brain evolution.' *Behavioral and Brain Sciences* 24(02): 263-78.

Firman, R. C. and L. W. Simmons (2010). 'Sperm midpiece length predicts sperm swimming velocity in house mice.' *Biology Letters* 6(4): 513-16.

Fischbein, S. (1980). 'IQ and social class.' *Intelligence* 4(1): 51-63.

Fisher, H. E. (1992). *Anatomy of Love*. New York, W.W. Norton.

Fisher, H. E. (2012). Serial monogamy and clandestine adultery: evolution and consequences of the dual human reproductive strategy. In S. Craig Roberts (ed.), *Applied Evolutionary Psychology*. Oxford, Oxford University Press.

Fisher, R. A. (1930). *The Genetical Theory of Natural Selection*. Oxford, Clarendon Press.

Fitzgerald, C. J. and M. B. Whitaker (2010). 'Examining the acceptance of and resistance to evolutionary psychology.' *Evolutionary Psychology* 8(2), 284-96.

Flaxman, S. M. and P. W. Sherman (2000). 'Morning sickness: a mechanism for protecting mother and embryo.' *Quarterly Review of Biology*:113-48.

Fodor, J. (1983). *The Modularity of Mind*. Cambridge, MA, MIT Press.

Foley, R. (1987). *Another Unique Species*. Harlow, Longman.

Foley, R. A. (1989). The evolution of hominid social behaviour. In V. Standen and R. A. Foley (eds.), *Comparative Socioecology*. Oxford, Blackwell Scientific.

Folstad, I. and A. J. Karter (1992). 'Parasites, bright males, and the immunocompetence handicap.' *American Naturalist*: 603-22.

Fonseca-Azevedo, K. and S. Herculano-Houzel (2012). 'Metabolic constraint imposes tradeoff between body size and number of brain neurons in human evolution.' *Proceedings of the National Academy of Sciences*109(45):18571-6.

Ford, L., V. Graham, A. Wall and J. Berg (2006). 'Vitamin D concentrations in an inner-city multicultural outpatient population.' *Annals of Clinical Biochemistry* 43: 469-73.

Foster, K. R., T. Wenseleers and F. L. W. Ratnieks (2001). 'Spite: Hamilton's unproven theory.' *Ann. Zool. Fennici* 38: 229-38.

Fox, M., L. A. Knapp, P. W. Andrews and C. L. Fincher (2013). 'Hygiene and the world distribution of Alzheimer's disease: epidemiological evidence for a relationship between microbial environment and age-adjusted disease burden.' *Evolution, Medicine, and Public Health* 2013(1):173-86.

Fraga, M. F., E. Ballestar, M. F. Paz, S. Ropero, F. Setien, M. L. Bailestar, D. Heine-Sufier, J. C. Cigudosa, M. Urioste and J. Benitez (2005). 'Epigenetic differences arise during the lifetime of monozygotic twins.' *Proceedings of the National Academy of Sciences of the United States of America* 102(30):10604-9.

Frank, R. (1988). *Passions within Reason: The Strategic Role of the Emotions.* New York, W.W. Norton.

Frassetto, L., R. Morris Jr, D. Sellmeyer, K. Todd and A. Sebastian (2001). 'Diet, evolution and aging.' *European Journal of Nutrition* 40(5): 200-13.

Frayser, S. (1985). *Varieties of sexual experience: an anthropological perspective of human sexuality.* New Haven, CT, HRAF Press.

Frazer, J. G. (1910). *Totemism and Exogamy: A Treatise on Certain Early Forms of Superstition and Society.* Macmillan and Co., Limited.

Frederick, D. A. and M. G. Haselton (2007). 'Why is muscularity sexy? Tests of the fitness indicator hypothesis.' *Personality and Social Psychology Bulletin* 33(8):1167-83.

Freud, S. (1913/1950). *Totem and Taboo.* New York, W.W. Norton.

Friday, A. E. (1992). Human evolution: the evidence from DNA sequencing. In S. Jones, R. Martin and D. Pilbeam (eds.), *The Cambridge Encyclopedia of Human Evolution.* Cambridge, Cambridge University Press.

Fridlund, A. J. (1994). *Human Facial Expression: An Evolutionary View.* Academic Press.

Friedman, D. (2005). *Economics and Evolutionary Psychology.* Emerald Group Publishing Limited.

Frisancho, A. R. (1993). *Human Adaptation and Accommodation.* Ann Arbor, University of Michigan Press.

Frisancho, A. R. (2010). The study of human adaptation. In M. P. Muehlenbein (ed.), *Human Evolutionary Biology.* Cambridge, Cambridge University Press.

Frisch, R. E. and R. Revelle (1970). 'Height and weight at menarche and a hypothesis of critical body weights and adolescent events.' *Science* 169(3943): 397-9.

Frisch, R. E. and R. Revelle (1971). 'Height and weight at menarche and a hypothesis of menarche.' *Archives of Disease in Childhood* 46(249): 695-701.

Gadgil, M. and W. H. Bossert (1970). 'Life historical consequences of natural selection.' *American Naturalist* 104:1-24.

Gagnon, A., K. R. Smith, M. Tremblay, H. Vezina, P. P. Pare and B. Desjardins (2009). 'Is there a tradeoff between fertility and longevity? A comparative study of women from three large historical databases accounting for mortality selection.' *American Journal of Human Biology* 21(4): 533-40.

Gangestad, S. W. and R. Thornhill (1994). 'Facial attractiveness, developmental stability and fluctuating asymmetry.' *Ethology and Sociobiology*15:73-85.

Gangestad, S. W. and R. Thornhill (1998). 'Menstrual cycle variation in women's preferences for the scent of symmetrical men.' *Proceedings of the Royal Society of London B: Biological Sciences* 265(1399): 927-33.

Gangestad, S. W., R. Thornhill and C. Garver (2002). 'Changes in women's sexual interests and their partner's mate-retention tactics across the menstrual cycle: evidence for shifting conflicts of interest.' *Proceedings of the Royal Society B* 269: 975-82.

Gangestad, S. W., R. Thornhill and C. Garver-Apgar (2005). Adaptations to ovulation. In D. Buss (ed.), *The Handbook of Evolutionary Psychology*. Hoboken, NJ, John Wiley and Sons Inc.

Gates, G. J. and F. Newport (2012). 'Special report: 3.4% of US adults identify as LGBT.' Washington: Gallup.

Gaulin, S. C. and D. Sailer (1985). 'Are females the ecological sex?' *American Anthropology* 87:111-9.

Gaulin, S. J. C. and H. A. Hoffman (1988). Evolution and development of sex differences in spatial ability. In L. Betzig, M. B. Mulder and P. Turke (eds.), *Human Reproductive Behaviour: A Darwinian Perspective*. Cambridge, Cambridge University Press.

Geary, D. C. (1998). *Male, Female. The Evolution of Human Sex Differences*. Washington, DC, American Psychological Association.

Geary, D. C. and K. J. Huffman (2002). 'Brain and cognitive evolution: forms of modularity and functions of mind.' *Psychological Bulletin*128(5): 667-98.

George, S. M. (2006). 'Millions of missing girls: from fetal sexing to high technology sex selection in India.' *Prenatal Diagnosis* 26(7): 604-9.

George, S. M. and R. S. Dahiya (1998). 'Female foeticide in rural Haryana.' *Economic and Political Weekly*: 2191-8.

Geschwind, N. (1984). 'Cerebral dominance in biological perspective.' *Neuropsychologia* 22: 675-83.

Gigerenzer, G. (1994). 'Why the distinction between single-event probabilities and frequencies is important for psychology (and vice versa).' *Subjective Probability*: 129-61.

Gigerenzer, G. (2000). *Adaptive Thinking*. New York, Oxford University Press.

Gigerenzer, G. (2001). The adaptive toolbox. In G. Gigerenzer and R. Selten (eds.), *Bounded*

Rationality. The Adaptive Toolbox. Cambridge, MA, MIT Press.

Gigerenzer, G. (2010). 'Moral satisficing: rethinking moral behavior as bounded rationality.' *Topics in Cognitive Science* 2(3): 528-54.

Gigerenzer, G. and U. Hoffrage (1995). 'How to improve Bayesian reasoning without instruction: frequency formats.' *Psychological Review* 102(4): 684.

Gigerenzer, G., P. M. Todd and the ABC Research Group (eds.) (1999). *Simple Heuristics That Make Us Smart.* New York, Oxford University Press.

Gilbert, S. F. and Z. Zevit (2001). 'Congenital human baculum deficiency: the generative bone of Genesis 2: 21-3. *American Journal of Medical Genetics* 101(3): 284-5.

Gilligan, C. (1982). *In a Different Voice.* Cambridge, MA, Harvard University Press.

Gluckman, P. and M. Hanson (2005). *The Fetal Matrix: Evolution, Development And Disease.* Cambridge, Cambridge University Press.

Gluckman, P. D. and M. A. Hanson (2006). 'Evolution, development and timing of puberty.' *Trends in Endocrinology & Metabolism* 17(1):7-12.

Gluckman, P. D., M. A. Hanson and A. S. Beedle (2007). 'Feature article early life events and their consequences for later disease: a life history and evolutionary perspective.' *American Journal of Human Biology* 19:1-19.

Gluckman, P. D., M. A. Hanson, T. Buklijas, F. M. Low and A. S. Beedle (2009). 'Epigenetic mechanisms that underpin metabolic and cardiovascular diseases.' *Nature Reviews Endocrinology* 5(7): 401-8.

Gluckman, P. D., F. M. Low, T. Buklijas, M. A. Hanson and A. S. Beedle (2011). 'How evolutionary principles improve the understanding of human health and disease.' *Evolutionary Applications* 4(2): 249-63.

Goldstein, L., C. D. Bushnell, R. J. Adams, L. J. Appel, L. T. Braun, S. Chaturvedi, M. Creager, A. Culebras, R. Eckel and R. Hard (2011). 'On behalf of the American Heart Association Stroke Council, Council on Cardiovascular Nursing, Council on Epidemiology and Prevention, Council for High Blood Pressure Research, and Council on Peripheral Vascular Disease, and Interdisciplinary Council on Quality of Care and Outcomes Research.' *Stroke* 42(2): 517-84.

Gollisch, T. and M. Meister (2010). 'Eye smarter than scientists believed: neural computations in circuits of the retina.' *Neuron* 65(2):150-64.

Gonzaga, G., M. G. Haselton, M. S. Davies, J. Smurda and J. C. Poore (2008). 'Love, desire, and the suppression of thoughts of romantic alternatives.' *Evolution and Human Behavior* 29: 119-126.

Goodman, A., I. Koupil and D. W. Lawson (2012). 'Low fertility increases descendant socioeconomic position but reduces long-term fitness in a modern post-industrial society.' *Proceedings of the Royal Society B: Biological Sciences* 279(17 46): 4342-51.

Goossens, H., M. Ferech, R. Vander Stichele and M. Elseviers (2005). 'Outpatient antibiotic use in Europe and association with resistance: a cross-national database study.' *The Lancet* 365(9459): 579-87.

Gopnik, M., J. Dalalakis, S. E. Fukuda, S. Fukuda and E Kehayia (1996). 'Genetic language impairment: unruly grammars.' *Proceedings of the British Academy* 88: 223-50.

Gottlieb, G. (1971). *Development of Species Identification in Birds*. Chicago, University of Chicago Press.

Gottschall, J. and D. S. Wilson (2005). *The Literary Animal: Evolution and the Nature of Narrative*. Northwestern University Press.

Gould, R. G. (2000). 'How many children could Moulay Ismail have had?' *Evolution and Human Behavior* 21(4): 295.

Gould, S. J. (1982). 'A biographical homage to Mickey Mouse.' *The Panda's Thumb*: 95-107.

Gould, S. J. (1998, 29 May). 'Let's leave Darwin out of it.' New York Times.

Gould, S. J. and R. C. Lewontin (1979) 'The spandrels of San Marco and the Panglossian paradigm: a critique of the adaptionist programme.' *Proceedings of the Royal Society of London* 205: 581-98.

Graham, J., B. A. Nosek, J. Haidt, R. Iyer, S. Koleva and P. H. Ditto (2011). 'Mapping the moral domain.' *Journal of Personality and Social Psychology* 101(2): 366.

Graham-Kevan, N. and J. Archer (2011). 'Violence during pregnancy: investigating infanticidal motives.' *journal of Family Violence* 26(6): 453-58.

Grainger, S. and J. Beise (2004). 'Menopause and post-generative longevity: testing the " stopping early" and "grandmother" hypotheses.' Max Planck Institute for Demographic Research Working Paper 2004: 3.

Grammer, K. (1992). 'Variations o n a theme: age dependent mate selection in humans.' *Behaviour and Brain Sciences* 15:100-2.

Grammer, K. and R. Thornhill (1994). 'Human facial attractiveness and sexual selection: the roles of averageness and symmetry.' *Journal of Comparative Psychology* 108: 233-42.

Gray, P. (2003). Marriage, parenting, and testosterone variation among Kenyan Swahili men. *American Journal of Physical Anthropology*, 122(3), 279-286.

Gray, P. B., S. M. Kahlenberg, E. S. Barrett and S. F. Lipson (2002). 'Marriage and fatherhood are associated with lower testosterone in males.' *Evolution and Human Behavior* 23:193-201.

Gray, R. D., M. Heaney and S. Fairhall (2003). Evolutionary psychology and the challenge of adaptive explanation. In J. F. K. Sterelny (ed.), *From Mating to Mentality: Evaluating Evolutionary Psychology* London, Psychology Press, pp. 247-68.

Gray, S. J. (1996). 'Ecology of weaning among nomadic Turkana pastoralists of Kenya: maternal thinking, maternal behavior, and human adaptive strategies.' *Human Biology*: 437-65.

Greene, J. D. (2007). The secret joke of Kant's soul. In W. Sinnott-Armstrong (ed.), *Moral Psychology*, Vol. 3: The Neuroscience of Morality: Emotion, Disease, and Development. Cambridge, MA, MIT Press, pp. 35-80.

Greene, J. and J. Haidt (2002). 'How (and where) does moral judgment work?' *Trends in Cognitive Sciences* 6 (12): 517-23.

Greenless, I. A. and W. C. McGrew (1994). 'Sex and age differences in preferences and tactics of mate attraction: analysis of published advertisements.' *Ethology and Sociobiology* 15: 59-72.

De Gregoria et al. (2005). Lesch-Nyhan disease in a female with a clinically normal monozygotic twin. *Molecular genetics and metabolism*, 8 5 (1),70-77.

Griffin, A. S. and S. A. West (2003). 'Kin discrimination and the benefit of helping in cooperatively breeding vertebrates.' *Science* 302(5645): 634-6.

Griffiths, P. E. (2001). From adaptive heuristic to phylogenetic perspective: some lessons from the evolutionary psychology of emotion. In H. R. Holcomb III (ed.), *Conceptual Challenges in Evolutionary Psychology*. Springer.

Griggs, R. C., W. Kingston, R. F. Jozefowicz, B. E. Herr, G. Forbes and D. Halliday (1989). 'Effect of testosterone on muscle mass and muscle protein synthesis.' *Journal of Applied Physiology* 66(1): 498-503.

Gross, C. G. (1993). 'Huxley versus Owen: the hippocampus minor and evolution.' *Trends in Neurosciences* 16(12): 493-8.

Grotto, D. and E. Zied (2010). 'The standard American diet and its relationship to the health status of Americans.' *Nutrition in Clinical Practice* 25(6): 603-12.

Grouios, G., H. Tsorbatzoudis, K. Alexandris and V. Barkoukis (2000). 'Do left-handed competitors have an innate superiority in sports?' *Perceptual and Motor Skills* 90(3c):1273-82.

Gruber, H. E. (1974). *Darwin on Man: A Psychological Study of Scientific Creativity*, Together with Darwin's Early and Unpublished Notebooks Transcribed and Annotated by Paul H. Barrett. London, Wildwood House.

Gueguen, N. (2009a). 'Menstrual cycle phases and female receptivity to a courtship solicitation: an evaluation in a nightclub.' *Evolution and Human Behavior* 30(5): 351-55.

Gueguen, N. (2009b). 'The receptivity of women to courtship solicitation across the menstrual cycle: a field experiment.' *Biological Psychology* 80: 321-4.

Gurven, M. and H. Kaplan (2007). 'Longevity among hunter-gatherers: a cross-cultural examination.' *Population and Development Review* 33(2): 321-65.

Guthrie, S. (1993). *Faces in the Clouds*. Oxford, Oxford University Press.

Guthrie, S. (2001). Why gods? A cognitive theory. In J. Andresen (ed.), *Religion in Mind: Cognitive Perspectives on Religious Belief, Ritual, and Experience*. Cambridge, Cambridge

University Press, p. 94.

Hage, P. and J. Marek (2003). 'Matrilineality and the Melanesian origin of Polynesian Y chromosomes.' *Current Anthropology* 44(s5):121-27.

Hagen, E. (1999). 'The functions of postpartum depression.' *Evolution and Human Behavior* 20: 325-59.

Hagen, E. H. and P. Hammerstein (2006). Game theory and human evolution: a critique of some recent interpretations of experimental games.' *Theoretical Population Biology* 69(3): 339-48.

Hagen, E. H., H. C. Barrett and M. E. Price (2006). 'Do human parents face a quantity-quality trade-off?: evidence from a Shuar community.' *American Journal of Physical Anthropology* 130(3): 405-18.

Haider-Markel, D. P. and M. R. Joslyn (2008). 'Beliefs about the origins of homosexuality and support for gay rights an empirical test of attribution theory.' *Public Opinion Quarterly* 72(2): 291-310.

Haidt, J. (2007a). 'Moral psychology and the misunderstanding of religion.' Edge: The Third Culture. www.edge.org.

Haidt, J. (2007b). 'The new synthesis in moral psychology.' *Science* 316(5827): 998-1002.

Haidt, J. (2008). 'Morality.' *Perspectives on Psychological Science* 3(1): 65-72.

Haidt, J. and J. Graham (2007). 'When morality opposes justice: conservatives have moral intuitions that liberals may not recognize.' *Social Justice Research* 20(1): 98-116.

Haidt, J. and C. Joseph (2004). 'Intuitive ethics: how innately prepared intuitions generate culturally variable virtues.' *Daedalus* 133(4): 55-66.

Haidt J. and C. Joseph (2007). The moral mind: how 5 sets of innate intuitions guide the development of many culture-specific virtues, and perhaps even modules. In P. Carruthers, S. Laurence and S. Stich (eds.), *The Innate Mind*. Vol. 3. New York, Oxford University Press, pp. 367-91.

Haig, D. (1993). 'Genetic Conflicts In Human Pregnancy.' *The Quarterly Review of Biology* 68(4): 495-532.

Haig, D. (2007). 'Weismann rules! OK? Epigenetics and the Lamarckian temptation.' *Biology & Philosophy* 22(3): 415-28.

Halberstadt, J. and G. Rhodes (2000). 'The attractiveness of nonface averages: implications for an evolutionary explanation of the attractiveness of average faces.' *Psychological Science* 11(4): 285-89.

Haldane, J. B. S. (1932). *The Causes of Evolution*. London, Longman, Green.

Haldane, J. B. S. (1955). Population genetics. In M. L. Johnson, M. Abercrombie and G. E. Fogg (eds.), *New Biology*. London, Penguin Books.

Haley, K. J. and D. M. Fessler (2005). 'Nobody's watching?: subtle cues affect generosity in an anonymous economic game.' *Evolution and Human Behavior* 26(3): 245-56.

Hamer, D. H., S. Hu, V. L. Magnuson, N. Hu and A. M. Pattatucci (1993). 'A linkage between DNA markers in the X chromosome and male sexual orientation.' *Science* 261: 321-7.

Hamilton, W. D. (1964). 'The genetical evolution of social behaviour.' *Journal of Theoretical Biology* 7: 1-16.

Hamilton, W. D. (1970). 'Selfish and spiteful behaviour in an evolutionary model.' *Nature* 228: 1218-20.

Harcourt, A. (2012). *Human Biogeography*. Berkeley and Los Angeles, University of California.

Harcourt, A. H. (1991). 'Sperm competition and the evolution of non-fertilizing sperm in mammals.' *Evolution* 45(2): 314-28.

Harcourt, A. H., P. H. Harvey, S. G. Larson and R. V. Short (1981). 'Testis weight, body weight and breeding system in primates.' *Nature* 293: 55-7.

Hardin, G. (1968). 'The tragedy of the commons.' *Science* 162:1243-8.

Harper R. M. J. (1975). *Evolutionary Origins of Disease*. Barnstaple, G. Mosdell.

Harris, C. R. (2003). 'A review of sex differences in sexual jealousy, including self-report data, psychophysiological responses, interpersonal violence, and morbid jealousy.' *Personality and Social Psychology Review* 7(2):102-28.

Harris, C. R. (2011). 'Menstrual cycle and facial preferences reconsidered.' *Sex Roles* 64(9-10): 669-81.

Harris, G. T., N. Z. Hilton, M. E. Rice and A. W. Eke (2007). 'Children killed by genetic parents versus stepparents.' *Evolution and Human Behavior* 28(2): 85-95.

Harris, H. (1974). 'Lionel Sharples Penrose (1898- 1972).' *Journal of Medical Genetics* 11(1):1.

Hartung, J. (1985). 'Review of Shepher's Incest. A biosocial view.' *American Journal of Physical Anthropology* 67(2):169-71.

Harvey, P. H. and J. W. Bradbury (1991). Sexual selection. In J. R. Krebs and N. B. Davies (eds.), *Behavioural Ecology*. Oxford, Blackwell Scientific.

Haselton, M. G. (2003). 'The sexual overperception bias: evidence of a systematic bias in men from a survey of naturally occurring events.' *Journal of Research in Personality* 37(1): 34-47.

Haselton, M. G. and D. M. Buss (2000). 'Error management theory: a new perspective on biases in cross-sex mind reading.' *Journal of Personality and Social Psychology* 78(1): 81.

Haselton, M. G. and S. W. Gangestad (2006). 'Conditional expression of women's desires and men's mate guarding across the ovulatory cycle.' *Hormones and Behavior* 49(4): 509-18.

Haselton, M. G. and K. Gildersleeve (2011). 'Can men detect ovulation?' *Current Directions in Psychological Science* 20(2): 87–92.

Haselton, M. G. and T. Ketelaar (2006). 'Irrational emotions or emotional wisdom? The evolutionary psychology of affect and social behavior.' *Affect in Social Thinking and Behavior* 8: 21.

Haselton, M. G. and D. Nettle (2006). 'The paranoid optimist: an integrative evolutionary model of cognitive biases.' *Personality and Social Psychology Review* 10(1): 47–66.

Haselton, M. G., D. M. Buss, V. Oubaid and A. Angleitner (2005). 'Sex, lies and strategic interference: the psychology of deception between the sexes.' *Personality and Social Psychology Bulletin* 31: 3–23.

Haselton, M. G., M. Mortezaie, E. G. Pilsworth, A. Bleske-Rechek and D. A. Frederick (2007). 'Ovulatory shifts in human female ornamentation: near ovulation women dress to in Press. *Hormones and Behaviour* 51: 40–5.

Hau, M. (2007). 'Regulation of male traits by testosterone: implications for the evolution of vertebrate life histories.' *BioEssays* 29(2):133–44.

Haukka, J., J. Suvisaari and J. Lonnqvist (2003). 'Fertility of patients with schizophrenia, their siblings, and the general population: a cohort study from 1950 to 1959 in Finland.' *American Journal of Psychiatry* 160(3): 460–3.

Havlicek, J. and S. Craig Roberts (2009). 'MHC correlated mate choice in humans: a review.' *Psychoneuroendocrinology* 3 4: 497–512.

Havlicek, J., S. C. Roberts and J. Flegr (2005). 'Women's preference for dominant male odour: effects of menstrual cycle and relationship status.' *Biology Letters* 1(3): 256–9.

Havlicek, J., R. Dvoi'akova, L. Bartos and J. Flegr (2006). 'Non-advertized does not mean concealed: body odour changes across the human menstrual cycle.' *Ethology* 112(1): 81–90.

Hawkes, K., J. F. O'Connell and N. G. B. Jones (2001). 'Hunting and nuclear families.' *Current Anthropology* 42(5): 681–709.

Hayward, A. D. and V. Lummaa (2013). 'Testing the evolutionary basis of the predictive adaptive response hypothesis in a preindustrial human population.' *Evolution, Medicine, and Public Health* 2013(1):106–17.

Healey, M. D. and B. J. Ellis (2007). 'Birth order, conscientiousness, and openness to experience: tests of the family-niche model of personality using a within-family methodology.' *Evolution and Human Behavior* 28(1): 55–9.

Heider, F. and M. Simmel (1944). 'An experimental study of apparent behavior.' *The American Journal of Psychology* 57(2): 243–59.

Heijmans, B. T., E. W. Tobi, A. D. Stein, H. Putter, G. J. Blauw, E. S. Susser, P. E. Slagboom and L. Lumey (2008). 'Persistent epigenetic differences associated with prenatal exposure to famine in humans.' *Proceedings of the National Academy of Sciences* 105(44):17046–9.

Helle, S., V. Lummaa and J. Jokela (2005). 'Are reproductive and somatic senescence coupled in humans? Late, but not early, reproduction correlated with longevity in historical Sarni women.' *Proceedings of the Royal Society B: Biological Sciences* 272(1558): 29-37.

Henrich, J. and R. Boyd (1998). 'The evolution of conformist transmission and the emergence of between-group differences.' *Evolution and Human Behavior*19(4): 215-41.

Henrich, J., R. Boyd and P. J. Richerson (2008). 'Five misunderstandings about cultural evolution.' *Human Nature*19 (2):119-37.

Henrich, J., R. Boyd and P. J. Richerson (2012). 'The puzzle of monogamous marriage.' *Philosophical Transactions of the Royal Society B: Biological Sciences* 367(1589): 657-69.

Henrich, J., P. Young, R. Boyd, K. McCabe, W. Albers, A. Ockenfels and G. Gigerenzer (2001). What is the role of culture in bounded rationality? In G. Gigerenzer and R. Selten (eds.), *Bounded Rationality. The Adaptive Toolbox.* Cambridge, MA, MIT Press.

Herculano-Houzel, S. (2009). 'The human brain in numbers: a linearly scaled-up primate brain.' *Frontiers in Human Neuroscience* 3.

Hertwig, R. and G. Gigerenzer (1999). 'The "conjunction fallacy revisited": how intelligent inferences look like reasoning errors.' *Journal of Behavioural Decision Making*12: 275-305.

Hesketh, T. and Z. W. Xing (2006). 'Abnormal sex ratios in human populations: causes and consequences.' *Proceedings of the National Academy of Sciences*103(36):13271-5.

Hesketh, T., L. Lu and Z. W. Xing (2011). 'The consequences of son preference and sex-selective abortion in China and other Asian countries.' *Canadian Medical Association Journal*183(12):1374-7.

Hill, K. (1982). 'Hunting and human evolution.' *Journal of Human Evolution*11: 521-44.

Hill, K. (1993). 'Life history theory and evolutionary anthropology.' *Evolutionary Anthropology* 2:78-88.

Hill, K. and A. M. Hurtado (1991). 'The evolution of premature reproductive senescence and menopause in human females.' *Human Nature* 2(4): 313-50.

Hill, K. and A. M. Hurtado (1997). The evolution of premature reproductive senescence and menopause in human females: an evaluation of the grandmother hypothesis. In L. Betzig (ed.), *Human Nature: a Critical Reader.* New York, Oxford University Press.

Hill, K. and H. Kaplan (1988). Tradeoffs in male and female reproductive strategies among the Ache. In L. Betzig, M. B. Mulder and P. Turke (eds.), *Human Reproductive Behaviour.* Cambridge, Cambridge University Press, pp. 277-89.

Hilton, N. Z., G. T. Harris and M. E. Rice (2015). 'The step-father effect in child abuse: comparing discriminative parental solicitude and antisociality.' *Psychology of Violence* 5(1): 8.

Hinde, R. A. (1982). *Ethology.* Oxford, Oxford University Press.

Hinde, R. A. and L. A. Barden (1985). 'The evolution of the teddy bear.' *Animal Behaviour*

33(4):1371-3.

Hintzpeter, B., C. Scheidt-Nave, M. J. Muller, L. Schenk and G. B. Mensink (2008). 'Higher prevalence of vitamin D deficiency is associated with immigrant background among children and adolescents in Germany.' *The Journal of Nutrition* 138(8):1482-90.

Hirschi, T. and M. Gottfredson (1983). 'Age and the explanation of crime.' *American Journal of Sociology*: 5 52-84.

Hoffman, E., K. A. McCabe and V. L. Smith (1998). 'Behavioral foundations of reciprocity: experimental economics and evolutionary psychology.' *Economic Inquiry* 36(3): 335-52.

Holloway, R. (1983). 'Human paleontological evidence relevant to language behaviour.' *Human Neurobiology* 2:105-14.

Holloway, R. L. (1975). 'The role of human social behavior in the evolution of the brain' Games Arthur lecture on the evolution of the human brain, no. 43,1973).

Holloway, R. L. (1996). Evolution of the human brain. In A. Lock and C. R. Peters (eds.), *Handbook of Human Symbolic Evolution*. New York, Oxford University Press, pp.74-116.

Holt, S., J. Miller and P. Petocz (1997). 'An insulin index of foods: the insulin demand generated by 1000-kJ portions of common foods.' *The American Journal of Clinical Nutrition* 66(5):1264-76.

Holzleitner, I. J., D. W. Hunter, B. P. Tiddeman, A. Seek, D. E. Re and D. I. Perrett (2014). 'Men's facial masculinity: when (body) size matters.' *Perception* 43:1191-1202.

Hopkins, W. D., K. A. Bard, A. B. Jones and S. L. Bales. (1993). 'Chimpanzee hand preference in throwing and infant cradling: implications for the origin of human handedness.' *Current Anthropology* 34(5):786-90.

Hrdy, S. B. (1979). 'Infanticide among animals: a review, classification and examination of the implications for the reproductive strategies of females.' *Ethology and Sociobiology* 1:13-40.

Hu, S., A. M. Pattatucci, L. L. Chavis Patterson, D. W. Fulker, S. S. Cherny, L. Kruglyak and D. H. Hamer (1995). 'Linkage between sexual orientation and chromosome Xq28 in males but not in females.' *Nature Genetics* 11(3): 248-5 6.

Huang, Z., W. C. Willet and G. A. Colditz (1999). 'Waist circumference, waist: hip ratio, and risk of breast cancer in the Nurses' Health Study.' *American Journal of Epidemiology* 150:1316-24.

Hume, D. (1739/1985). A Treatise of Human Nature. London, Penguin Classics. Humphreys, L. G. (1939). 'Acquisition and extinction of verbal expectations in a situation analogous to conditioning.' *Journal of Experimental Psychology* 25: 294-301.

Hurtado, A. M. and K. R. Hill (1992). 'Paternal effect on offspring survivorship among Ache and Hiwi hunter-gatherers: implications for modeling pairbond stability.' *Father-child Relations: Cultural and Biosocial Contexts*: 31-5 5.

Hutchinson, G. E. (1959). 'A speculative consideration of certain possible forms of sexual selection in man.' *American Naturalist*: 81-91.

Iemmola, F. and A. Camperio Ciani (2009). 'New evidence of genetic factors influencing sexual orientation in men: female fecundity increase in the maternal line.' *Archives of Sexual Behavior* 38(3): 393-9.

Ingman, M., H. Kaessmann, S. Paabo and U. Gyllensten (2000). 'Mitochondrial genome variation and the origin of modern humans.' *Nature* 408:708-13.

Ingram, C. J. E., C. A. Mulcare, Y. tan, M. G. Thomas and D. M. Swallow (2009). 'Lactose digestion and the evolutionary genetics of lactase persistence.' *Human Genetics* 124(6): 579-91.

Iredale, W., M. Van Vugt and R. I. M. Dunbar (2008). 'Showing off in humans: male generosity as a mating signal.' *Evolutionary Psychology* 6(3): 386-92.

Irons, W. (1983). Human female reproductive strategies. In S. K. Wasser (ed.), *Social Behavior of Female Vertebrates*. New York, Academic Press, pp.169-213.

Isbell, L. A. and T. P. Young (1996). 'The evolution of bipedalism in hominids and reduced group size in chimpanzees: alternative responses to decreasing resource availability.' *Journal of Human Evolution* 30(5): 389-97.

Isler, K. and C. van Schaik (2012a). 'Allomaternal care, life history and brain size evolution in mammals.' *Journal of Human Evolution* 63: 52-63.

Isler, K. and C. van Schaik (2012b). 'How our ancestors broke through the gray ceiling.' *Current Anthropology* 53(S6): S453-65.

Jablonka, E. and G. Raz (2009). 'Transgenerational epigenetic inheritance: prevalence, mechanisms and implications for the study of heredity and evolution.' *Quaternary Review of Biology* 84(2): 131-76.

Jablonski, N. G. (2004). 'The evolution of human skin and skin color.' *Annual Review of Anthropology*, 585-623.

Jablonski, N. G. and G. Chaplin (2000). 'The evolution of human skin coloration.' *Journal of Human Evolution* 39(1): 57-106.

Jaffe, K. (2001). 'On the relative importance of haplo-diploidy, assortative mating and social synergy on the evolutionary emergence of social behavior.' *Acta Biotheoretica* 49(1): 29-42.

James, W. (1884). 'II.-What is an emotion?' *Mind* 34:188-205.

James, W. H. (1987). 'The human sex ratio. Part 1: a review of the literature.' *Human Biology*:721-52.

Jamison, K. R. (1994). *Touched With Fire: Manic Depressive Illness and the Artistic Temperament*. New York, Free Press Paperbacks.

Jang, K. L., W. J. Livesley and P. A. Vernon (1996). 'Heritability of the big five personality dimensions and their facets: a twin study.' *Journal of Personality* 64(3): 577-92.

Jefferson, T., J. H. Herbst and R. R. McCrae (1998). 'Associations between birth order and personality traits: evidence from self-reports and observer ratings.' *Journal of Research in Personality* 32(4): 498-509.

Jerison, H. J. (1973). *Evolution of the Brain and Intelligence*. New York, Academic Press.

Jobling, M., E. Hollox, M. Hurles, T. Kivisild and C. Tyler-Smith (2014). *Human Evolutionary Genetics*. Garland Science.

Joffres, M., E. Falaschetti, C. Gillespie, C. Robitaille, F. Loustalot, N. Poulter, F. A. McAlister, H. Johansen, O. Badie and N. Campbell (2013). 'Hypertension prevalence, awareness, treatment and control in national surveys from England, the USA and Canada, and correlation with stroke and ischaemic heart disease mortality: a cross-sectional study.' *BMJ Open* 3(8): e003423.

Johnson, A. K., A. Barnacz, T. Yokkaichi, J. Rubio, C. Racioppi, T. K. Shackelford, M. L. Fisher and J. P. Keenan (2005). 'Me, myself, and lie: the role of self-awareness in deception.' *Personality and Individual Differences* 38(8):1847-53.

Johnson, D. D., D. T. Blumstein, J. H. Fowler and M. G. Haselton (2013). 'The evolution of error: error management, cognitive constraints, and adaptive decision-making biases.' *Trends in Ecology & Evolution* 28(8): 474-81.

Johnson-Laird, P. N. and K. Oatley (1992). 'Basic emotions, rationality, and folk theory.' *Cognition & Emotion* 6(3-4): 201-23.

Johnston, V. S., R. Hagel, M. Franklin, B. Fink and K. Grammer (2001). 'Male facial attractiveness. Evidence for hormone-mediated adaptive design.' *Evolution and Human Behavior* 2 2: 251-69.

Jones, B. C., L. M. DeBruine, D. I. Perrett, A. C. Little, D. R. Feinberg and M. J. L. Smith (2008). 'Effects of menstrual cycle phase on face preferences.' *Archives of Sexual Behavior* 37(1):78-84.

JOrgensen, A., J. Philip, W. Raskind, M. Matsushita, B. Christensen, V. Dreyer and A. Motulsky (1992). 'Different patterns of X inactivation in MZ twins discordant for red-green color-vision deficiency.' *American Journal of Human Genetics* 51(2): 291.

Juliano, A. and S. J. Schwab (2000). 'Sweep of sexual harassment cases.' *The Cornell Lit. Rev.* 86: 548.

Kaati, G., L. O. Bygren and S. Edvinsson (2002). 'Cardiovascular and diabetes mortality determined by nutrition during parents' and grandparents' slow growth period.' *European Journal of Human Genetics* 10(11): 682-8.

Kaati, G., L. O. Bygren, M. Pembrey, M. Sjostrom (2007). 'Transgenerational response to nutrition, early life circumstances and longevity.' *European Journal of Human Genetics* 15:784-90.

Kahneman, D. (2011). Thinking, Fast and Slow. New York, NY, Farrah, Straus & Gidoux.

Kahneman, D., P. Slovic and A. Tversky (eds.) (1982). *Judgement under Uncertainty*. Cambridge, Cambridge University Press.

Kaler, J. (1999). 'What's the good of ethical theory?' *Business Ethics: A European Review* 8(4): 206-13.

Kanazawa, S. (2001). 'Why father absence might precipitate early menarche: the role of polygyny.' *Evolution and Human Behavior* 22(5): 329-34.

Kanazawa, S. (2009). Evolutionary psychology and crime. In A. Walsh and K. M. Beaver (eds.), Biosocial Criminology. New York, Routledge.

Kanazawa, S. and M. C. Still (2000). 'Why men commit crimes (and why they desist).' *Sociological Theory*18(3): 434-47.

Kai'Ikova, S., J. Sulc, K. Nouzova, K. Fajfrlik, D. Frynta and J. Flegr (2007). 'Women infected with parasite Toxoplasma have more sons.' *Naturwissenschaften* 94(2):122-7.

Kaplan, H. S. and S. W. Gangestad (2004). Life history theory and evolutionary psychology. In D. Buss (ed.), *The Handbook of Evolutionary Psychology*. Hoboken, NJ, John Wiley and Sons.

Kaplan, H. S. and J. B. Lancaster (1999). Skills-based competitive labour markets, the demographic transition, and the interaction of fertility and parental human capital in the determination of child outcomes. In L. Cronk, W. Irons and N. Chagnon (eds.), *Human Behavior and Adaptation: An Anthropological Perspective*. New York, Aldine de Gruyter.

Kaplan, H. S., K. Hill, J. B. Lancaster and A. M. Hurtado (2000). 'A theory of human life history evolution: diet, intelligence, and longevity.' *Evolutionary Anthropology* 9:156-85.

Kaplan, H. S., J. B. Lancaster, J. A. Bock and S. E. Johnson (1995). 'Does observed fertility maximize fitness among New Mexican men? A test of an optimality model and a new theory of parental investment in the embodied capital of offspring.' *Human Nature* 6: 325-60.

Kaptijn, R., F. Thomese, A. C. Liefbroer and M. Silverstein (2013). 'Testing evolutionary theories of discriminative grandparental investment.' *Journal of Biosocial Science* 45(03): 289-310.

Karremans, J. C., W. E. Frankenhuis and S. Arons (2010). 'Blind men prefer a low waist-to-hip ratio.' *Evolution and Human Behavior* 31(3):182-6.

Katzmarzyk, P. T. and W. R. Leonard (1998). 'Climatic influences on human body size and proportions: ecological adaptations and secular trends.' *American Journal of Physical Anthropology* 106(4): 483-503.

Keating, C. F., D. W. Randall, T. Kendrick and K. A. Gutshall (2003). 'Do baby faced adults receive more help? The (cross-cultural) case of the lost resume.' *Journal of Nonverbal Behavior* 27(2): 89-109.

Keenan, J. P., G. G. Gallup Jr, N. Goulet and M. Kulkarni (1997). 'Attributions of deception in human mating strategies.' *Journal of Social Behavior & Personality*12(1): 45-52.

Kelemen, D. (1999). 'Why are rocks pointy? Children's preference for teleological explanations of the natural world.' *Developmental Psychology* 35(6):1440.

Kelemen, D. and E. Rosset (2009). 'The human function compunction: teleological explanation in adults.' *Cognition*111(1):138-43.

Keller, M. C. and G. Miller (2006). 'Resolving the paradox of common, harmful, heritable mental disorders: which evolutionary genetic models work best?' *Behavioral and Brain Sciences* 29(04): 385-404.

Keller, M. C., R. M. Nesse and S. Hofferth (2001). 'The Trivers-Willard hypothesis of parental investment: no effect in the contemporary United States.' *Evolution and Human Behavior* 22(5): 343-60.

Kendrick, K. M., M. R. Hinton, K. Atkins, M. A. Haupt and J. D. Skinner (1998). 'Mothers determine sexual preferences.' *Nature* 395(6699): 229-30.

Kenny, A. (1986). *Rationalism, Empiricism and Idealism*. Oxford, Oxford University Press.

Kenrick, D. T. and R. C. Keefe (1992). 'Age preferences in mates reflect sex differences in human reproductive strategies.' *Behavioral and Brain Sciences* 15(01):75-91.

Ketelaar, T. and W. T. Au (2003). 'The effects of guilty feelings on the behaviour of uncooperative individuals in repeated social bargaining games: an affect-as-information interpretation of the role of emotion in social interaction.' *Cognition and Emotion*17: 429-53.

Ketelaar, T. and A. S. Goodie (1998). 'The satisficing role of emotions in decision making.' *Psykhe: Revista de la Escuela de Psicologia*7: 63-77.

Ketterson, E. D. and V. Nolan Jr. (1999). 'Adaptation, exaptation, and constraint: a hormonal perspective.' *The American Naturalist* 154(SI): S4-25.

Keverne, E. B. and J. P. Curley (2008). Epigenetics, brain evolution and behaviour. *Frontiers in neuroendocrinology*, 29(3), 398-412.

Khan, R. and D. J. Cooke (2008). 'Risk factors for severe inter-sibling violence: a preliminary study of a youth forensic sample.' *Journal of Interpersonal Violence* 23(11):1513-30.

Kijas, J. W., J. A. Lenstra, B. Hayes, S. Boitard, L. R. P. Neto, M. San Cristobal, B. Servin, R. McCulloch, V. Whan and K. Gietzen (2012). 'Genome-wide analysis of the world's sheep breeds reveals high levels of historic mixture and strong recent selection.' *PLoS Biology*10(2): e1001258.

Killian, J. K., J. C. Byrd, J. V. Jirtle, B. L. Munday, M. K. Stoskopf, R. G. MacDonald and R. L. Jirtle (2000). 'Imprinting evolution in mammals.' *Molecular Cell* 5(4):707-16.

Kimura, D. (1999). *Sex and Cognition*. Cambridge, MA, MIT Press.

King, M. and E. McDonald (1992). 'Homosexuals who are twins. A study of 46 probands.' *The British Journal of Psychiatry*160(3): 407-9.

Kinsey, A. C., W. B. Pomeroy, C. E. Martin and P. Gebhard (1953). *Sexual Behaviour in the Human Female*. Philadelphia, PA, W.B. Saunders.

Kiple, K. F. (2000). *The Cambridge World History of Food*. Cambridge, Cambridge University Press.

Kipling, R. (1967). Just So Stories. London, Macmillan. Kirby, J. (2003). 'A new group-selection model for the evolution of homosexuality.' *Biology and Philosophy* 18(5): 683-94.

Kittler, R., M. Kayser and M. Stoneking (2003). 'Molecular evolution of Pediculus humanus and the origin of clothing.' *Current Biology* 13(16):1414-17.

Klinnert, M. D., J. Campos, J. Sorce, R. N. Emde and M. Svejda (1982). The development of social referencing in infancy. In R. Plutchik and H. Kellerman (eds.), *Emotion: Theory, Research and Experience, Vol. 2: Emotion in Early Development*. New York, Academic Press.

Kluger, M. J., W. Kozak, C. A. Conn, L. R. Leon and D. Soszynski (1998). 'Role of fever in disease.' *Annals of the New York Academy of Sciences* 856(1): 224-33.

Knowler, W. C., D. J. Pettitt, M. F. Saad and P. H. Bennett (1990). 'Diabetes mellitus in the Pima Indians: incidence, risk factors and pathogenesis.' *Diabetes/ Metabolism Reviews* 6(1):1-27.

Knudson, A. G., L. Wayne and W. Y. Hallett (1967). 'On the selective advantage of cystic fibrosis heterozygotes.' *American Journal of Human Genetics* 19(3 Pt 2): 388.

Kondrashov, A. S. (2003). 'Direct estimates of human per nucleotide mutation rates at 20 loci causing Mendelian diseases.' *Human Mutation* 21(1):12-27.

Kong, A., M. L. Frigge, G. Masson, S. Besenbacher, P. Sulem, G. Magnusson, S. A. Gudjonsson, A. Sigurdsson, A. Jonasdottir and A. Jonasdottir, et al. (2012). 'Rate of de novo mutations and the importance of father's age to disease risk.' *Nature* 488(7412): 471-45.

Kanner, M. and S. B. Eaton (2010). 'Paleolithic nutrition twenty-five years later.' *Nutrition in Clinical Practice* 25(6): 594-602.

Kopp, W. (2006). 'The atherogenic potential of dietary carbohydrate.' *Preventive Medicine* 42(5): 3 36-42.

Koscinski, K. (2012). 'Mere visual experience impacts preference for body shape: evidence from male competitive swimmers.' *Evolution and Human Behavior* 33(2):137-46.

Kramer, M. (2000). 'Balanced protein/energy supplementation in pregnancy.' *Cochrane Database Syst Rev* 2(2): CD000032.

Krasnow, M. M., D. Truxaw, S. J. Gaulin, J. New, H. Ozono, S. Uono, T. Ueno and K. Minemoto (2011). 'Cognitive adaptations for gathering-related navigation in humans.' *Evolution and Human Behavior* 32(1):1-12.

Krebs, J. R. and N. B. Davies (1991). Behavioural Ecology. Oxford, Blackwell Scientific.

Kroger, R. H. and O. Biehlmaier (2009). 'Space saving advantage of an inverted retina.' *Vision Research* 49(18): 2318-21.

Kruger, D. J. and R. M. Nesse (2006). 'An evolutionary life-history framework for understanding sex differences in human mortality rates.' *Human Nature* 17(1):74-97.

Kuhn, T. S. (1962). *The Structure of Scientific Revolutions*. Chicago, University of Chicago Press.

Kuper, A. (2009). 'Commentary: a Darwin family concern.' *International Journal of Epidemiology* 38(6): 1439-42.

Kuper, A. (2010). *Incest and Influence: The Private Life of Bourgeois England*. Harvard University Press.

Kuzawa, C. W. (1998). 'Adipose tissue in human infancy and childhood: an evolutionary perspective.' *American Journal of Physical Anthropology*107 (s 27):177-209.

Kuzawa, C. W. (2005). 'Fetal origins of developmental plasticity: are feta! cues reliable predictors of future nutritional environments?' *American Journal of Human Biology*17(1): 5-21.

Kuzawa, C. W. and E. A. Quinn (2009). 'Developmental origins of adult function and health: evolutionary hypotheses.' *Annual Review of Anthropology* 38:131-47.

Lack, D. (1943). The Life of the Robin. Witherby, London. Laham, S. M., K. Gonsalkorale and W. von Hippe! (2005). 'Darwinian grandparenting: preferential investment in more certain kin.' *Personality and Social Psychology Bulletin* 31(1): 63-72.

Laitman, J. T. (1984). 'The anatomy of human speech.' *Natural History* (August): 20-7.

Laland, K. N. and G. R. Brown (2002). *Sense and Nonsense: Evolutionary Perspectives on Human Behaviour*. Oxford, Oxford University Press.

Laland, K. N., J. Odling-Smee and S. Myles (2010). 'How culture shaped the human genome: bringing genetics and the human sciences together.' *Nature Reviews Genetics*11(2):137-48.

Laland, K. N., P. J. Richerson and R. Boyd (1996). Developing a theory of animal social learning. In C. M. Heyes and B. G. Galef (eds.), *Social Learning in Animals: The Roots of Culture*. New York, Academic Press.

Lancaster, J. B. (1997). An evolutionary history of human reproductive strategies and the status of women in relation to population growth and social stratification. In P. A. Gowaty (ed.), *Evolution and Feminism*. New York, Chapman Hall, pp. 466-88.

Lane, N. (2015). The Vital Question: Energy, Evolution, and the Origins of Complex Life. London, UK, WW Norton & Company. Langlois, J. H. and L. A. Roggmam (1990). 'Attractive faces are only average.' *Psychological Science*1: 115-21.

Langlois, J. H., L. E. Kalakanis, A. J. Rubenstein, A. D. Larson, M. J. Hallam and M. T. Snoot (2000). 'Maxims or myths of beauty: a meta-analytic and theoretical review.' *Psychological Bulletin*126: 390-423.

Langstrom, N., Q. Rahman, E. Carlstrom and P. Lichtenstein (2010). 'Genetic and environmental effects on same-sex sexual behavior: a population study of twins in Sweden.' *Archives of Sexual Behavior* 39(1):75-80.

Lanska, J. D., M. J. Lanska, A. J. Hartz and A. A. Rimm (1985). 'Factors influencing anatomical location of fat tissue in 52,953 women.' *International Journal of Obesity* 9: 29-38.

Larson, G., K. Dobney, U. Albarella, M. Fang, E. Matisoo-Smith, J. Robins, S. Lowden, H. Finlayson, T. Brand and E. Willerslev (2005). 'Worldwide phylogeography of wild boar reveals multiple centers of pig domestication.' *Science* 307(5715): 1618-21.

Larson, G., R. Liu, X. Zhao, J. Yuan, D. Fuller, L. Barton, K. Dobney, Q. Fan, Z. Gu and X.-H. Liu (2010). 'Patterns of East Asian pig domestication, migration, and turnover revealed by modern and ancient DNA.' *Proceedings of the National Academy of Sciences* 107(17):7686-91.

Lassek, W. D. and S. J. Gaulin (2009). 'Costs and benefits of fat-free muscle mass in men: relationship to mating success, dietary requirements, and native immunity.' *Evolution and Human Behavior* 30(5): 322-8.

Laurin, M., M. L. Everett and W. Parker (2011). 'The cecal appendix: one more immune component with a function disturbed by post-industrial culture.' *The Anatomical Record* 294(4): 567-79.

Law, R. (1979). 'Ecological determinants in the evolution of life histories.' *Population Dynamics*. Oxford: Blackwell Scientific Publications, pp. 81-103.

Lawson, D. W. and R. Mace (2009). 'Trade-offs in modern parenting: a longitudinal study of sibling competition for parental care.' *Evolution and Human Behavior* 30(3):170-83.

Leakey, R. (1994). The Origin of Humankind. London, Weidenfeld and Nicolson. Leavitt, G. (1990). 'Sociobiological explanations of incest avoidance: a critical review of evidential claims.' *American Anthropologist* 92: 971-93.

Lee, R. B. (1979). *The !Kung San: Men, Women, and Work in a Foraging Society*. Cambridge, Cambridge University Press.

Lee-Thorp, J. A. (2008). 'On Isotopes and Old Bones.' *Archaeometry* 50(6): 925-50.

Lehrman, D. S. (1953). 'A critique of Konrad Lorenz's theory of instinctive behaviour.' *Quarterly Review of Biology* 28: 3 37-63.

Lench, H. C., S. W. Bench, K. E. Darbor and M. Moore (2015). 'A functionalist manifesto: goal related emotions from an evolutionary perspective.' *Emotion Review* 7(1): 90-8.

Leonard, W. R. (2007). 'Lifestyle, diet, and disease: comparative perspectives on the determinants of chronic health risks.' *Evolution in Health and Disease*: 265-76.

Leslie, A. M. (1982). 'The perception of causality in infants.' *Perception* 11:173-86.

Leslie, A. M. (1984). 'Spatiotemporal continuity and the perception of causality in infants.' *Perception* 13: 287-305.

Levi-Strauss, C. (1956). *The Family. Man, Culture and Society.* H. L. Shapiro. London, Oxford University Press.

Lewin, R. (2005). Human Evolution: An Illustrated Introduction. Oxford, Blackwell. Lewis, K. (2013). 'Platforms for antibiotic discovery.' *Nat Rev Drug Discov* 12(5): 371-87.

Lichtenstein, A. H., L. J. Appel, M. Brands, M. Carnethon, S. Daniels, H. A. Franch, B. Franklin, P. Kris-Etherton, W. S. Harris and B. Howard (2006). 'Diet and lifestyle recommendations revision 2006. A scientific statement from the American Heart Association nutrition committee.' *Circulation* 114(1): 82-96.

Lie, H. C., G. Rhodes and L. W. Simmons (2008). 'Genetic diversity revealed in human faces.' *Evolution* 62(10): 2473-86.

Lieberman, D. and T. Lobel (2012). 'Kinship on the kibbutz: coresidence duration predicts altruism, personal sexual aversions and moral attitudes among communally reared peers.' *Evolution and Human Behavior* 33(1): 26-34.

Lieberman, D., J. Tooby, and L. Cosmides (2007). 'The architecture of human kin detection.' *Nature* 445:727-31.

Lieberman, D., J. Tooby and L. Cosmides (2003). 'Does morality have a biological basis? An empirical test of the factors governing moral sentiments relating to incest.' *Proceedings of the Royal Society of London. Series B* 270: 819-26.

Lindeberg S. (2010). *Food and Western Disease: Health and Nutrition from an Evolutionary Perspective.* Chichester, UK, Wiley-Blackwell.

Lindeberg, S., M. Eliasson, B. Lindahl and B. Ahren (1999). 'Low serum insulin in traditional Pacific Islanders - the Kitava study.' *Metabolism* 48(10):1216-9.

Lindeberg, S., E. Berntorp, P. Nilsson-Ehle, A. Terent and B. Vessby (1997). 'Age relations of cardiovascular risk factors in a traditional Melanesian society: the Kitava study.' *The American Journal of Clinical Nutrition* 66(4): 845-52.

Lishman, W. (1996). Father Goose. Canada, Little, Brown. Little, A., I. Penton-Voak, D. Burt and D. Perrett (2003). 'Investigating an imprinting-like phenomenon in humans: partners and opposite-sex parents have similar hair and eye colour.' *Evolution and Human Behavior* 24(1): 43-51.

Little, A. C., B. C. Jones and R. P. Burriss (2007). 'Preferences for masculinity in male bodies change across the menstrual cycle.' *Hormones and Behavior* 51(5): 633-39.

Little, A. C., I. S. Penton-Voak, D. M. Burt and D. I. Perrett (2000). Evolution and individual differences in the perception of attractiveness: how cyclic hormonal changes and self-perceived attractiveness influence female preferences for male faces. In G. Rhodes and L. Zebrowitz (eds.), *Facial Attractiveness.* Westport, Ablex Publishing.

Little, A. C., B. C. Jones, I. S. Penton-Voak, D. M. Burt and D. I. Perrett (2002). 'Partnership status and the temporal context of relationships influence human female preferences for sexual dimorphism in male face shape.' *Proceedings of the Royal Society of London B: Biological Sciences* 269(1496):1095-100.

Lobmaier, J. S., R. Sprengelmeyer, B. Wiffen and D. I. Perrett (2010). 'Female and male responses to cuteness, age and emotion in infant faces.' *Evolution and Human Behavior* 31(1):16-21.

Lorenz, K. (1943). 'Die angeborenen formen moglicher erfahrung.' *Zeitschrift (Ur Tierpsychologie* 5(2): 235-409.

Lorenz, K. (1953). King Solomon's Ring. London, The Reprint Society. Low, B. (1989). 'Cross-cultural patterns in the training of children: an evolutionary perspective.' *Journal of Comparative Psychology* 103(4): 311-9.

Lozano, R., M. Naghavi, K. Foreman, S. Lim, K. Shibuya, V. Aboyans, J. Abraham, T. Adair, R. Aggarwal and S. Y. Ahn (2013). 'Global and regional mortality from 235 causes of death for 20 age groups in 1990 and 2010: a systematic analysis for the Global Burden of Disease Study 2010.' *The Lancet* 380(9859): 2095-128.

Lubelchek, R. J. and R. A. Weinstein (2008). Antibiotic resistance and nosocomial infections. In K. H. Mayer and H. F. Pizer (eds.), *The Social Ecology of Infectious Diseases*. Massachusetts, Academic Press, pp. 241-74.

Lukaszewski, A. W. and J. R. Roney (2011). 'The origins of extraversion: joint effects of facultative calibration and genetic polymorphism.' *Personality and Social Psychology Bulletin* 37(3): 409-21.

Lumsden, C. J. and E. O. Wilson (1981). *Genes, Mind and Culture*. Cambridge, MA, Harvard University Press.

Luo, Z. C., K. Albertsson-Wikland and J. Karlberg (1998). 'Target height as predicted by parental heights in a population-based study.' *Pediatric Research* 44(4): S63-71.

Maestripieri, D. and S. Pelka (2002). 'Sex differences in interest in infants across the lifespan.' *Human Nature* 13(3): 327-44.

Magnus, P., H. Gjessing, A. Skrondal and R. Skjaerven (2001). 'Paternal contribution to birth weight.' *Journal of Epidemiology and Community Health* 55 (12): 873-7.

Magurran, A. E. (2005). *Evolutionary Ecology: The Trinidadian Guppy*. Oxford, Oxford University Press.

Mahoney, S. A. (1980). 'Cost of locomotion and heat balance during rest and running from 0 to 55 degrees C in a patas monkey.' *Journal of Applied Physiology* 49(S):789-800.

Maki, P., J. Veijola, P. B. Jones, G. K. Murray, H. Koponen, P. Tienari, J. Miettunen, P. Tanskanen, K.-E. Wahlberg and J. Koskinen (2005). 'Predictors of schizophrenia - a review.' *British Medical Bulletin* 73(1):1-15.

Malaspina, D., S. Harlap, S. Fennig, D. Heiman, D. Nahon, D. Feldman and E. S. Susser (2001). 'Advancing paternal age and the risk of schizophrenia.' *Archives of General Psychiatry* 58(4): 361-7.

Malaspina, D., C. Corcoran, C. Fahim, A. Berman, J. Harkavy-Friedman, S. Yale, D. Goetz,

R. Goetz, S. Harlap and J. Gorman (2002). 'Paternal age and sporadic schizophrenia: evidence for de novo mutations.' *American Journal of Medical Genetics* 114(3): 299-303.

Mann, G., B. M. Lippe, M. E. Geffner, T. J. Merimee, B. Hewlett, L. Cavalli-Sforza and J. Zapf (1987). 'The riddle of pygmy stature.' *New England Journal of Medicine* 317 (11):709-10.

Manning, J. T., K. Koukourakis and D. A. Brodie (1997). 'Fluctuating asymmetry, metabolic rate and sexual selection in human males.' *Evolution and Human Behavior* 18: 1S-21.

Manning, J. T., D. Scutt, G. H. Whitehouse, S. J. Leinster and J. M. Walton (1996). 'Asymmetry and the menstrual cycle in women.' *Ethology and Sociobiology* 17:129-43.

Marks, I. M. and R. M. Nesse (1994). 'Fear and fitness: an evolutionary analysis of anxiety disorders.' *Ethology and Sociobiology* 15: 247-61.

Marlowe, F. W. (2004). 'Marital residence among foragers.' *Current Anthropology* 45: 277-84.

Marlowe, F. W. (200S). 'Hunter-gatherers and human evolution.' *Evolutionary Anthropology: Issues, News, and Reviews* 14(2): S4-67.

Marlowe, F. W. and A. Wetsman (2001). 'Preferred waist-to-hip ratio and ecology.' *Personality and Individual Differences* 30: 481-9.

Marlowe, F. W., C. L. Apicella and D. Reed (200S). 'Men's preferences for women's profile waist-to-hip ratio in two societies.' *Evolution and Human Behavior* 26(6): 4S8-69.

Marr, D. (1982). Vision. New York, W. H. Freeman. Martin, R. D. (1981). 'Relative brain size and basal metabolic rate in terrestrial vertebrates.' *Nature* 293: S7-60.

Martin, R. D. (2007). 'The evolution of human reproduction: a primatological perspective.' *American Journal of Physical Anthropology* 134(S4S): S9-84.

Mascaro, J. S., P. D. Hackett and J. K. Rilling (2013). 'Testicular volume is inversely correlated with nurturing-related brain activity in human fathers.' *Proceedings of the National Academy of Sciences* 110(39):15746-51.

Masters, R. D. and M. Gruter (1992). The Sense of Justice: Biological Foundations of Law. Sage. Mathews, T. and B. E. Hamilton (200S). 'Trend analysis of the sex ratio at birth in the United States.' *National Vital Statistics Reports* 53(20):1-17.

Maynard Smith, J. (1974). 'The theory of games and the evolution of animal conflicts.' *Journal of Theoretical Biology* 47: 209-21.

Maynard Smith, J. (ed.) (1982). Evolution Now: A Century after Darwin. London, Macmillan. Maynard Smith, J. (1989). *Evolutionary Genetics*. Oxford, Oxford University Press.

Maynard Smith, J. and E. Szathmary (199S). *The Major Transitions in Evolution*. Oxford, Oxford University Press.

Mazur, A. and J. Michalek (1998). 'Marriage, divorce, and male testosterone.' *Social Forces* 77(1): 31S-30.

McGowan, P. O., A. Sasaki, A. C. D' Alessio, S. Dymov, B. Labonte, M. Szyf... and M. J. Meaney (2009). 'Epigenetic regulation of the glucocorticoid receptor in human brain associates with childhood abuse.' *Nature Neuroscience*12(3): 342-8.

McHenry (1991). Sexual dimorphism in Australopithecus afarensis. *Journal of Human Evolution*, 20(1), 21-32.

McKnight, J. (1997). Straight Science?: Homosexuality, Evolution and Adaptation. Routledge. McKusick, V. A. (2000). 'Ellis-van Creveld syndrome and the Amish.' *Nature Genetics* 24: 203-4.

McKusick, V. A., J. A. Egeland, R. Eldridge and D. E. Krusen (1964). 'Dwarfism in the Amish. The Ellis van Creveld syndrome.' *Bull. Johns Hopkins Hosp* 115: 306-36.

McLellan, B. and S. J. McKelvie (1993). 'Effects of age and gender on perceived facial attractiveness.' *Canadian Journal of Behavioural Science/Revue canadienne des sciences du comportement* 25(1):135.

Mealey, L., R. Bridgestock and G. Townsend (1999). 'Symmetry and perceived facial attractiveness.' *Journal of Personality and Social Psychology*76:151-8.

Mealey, L., C. Daood and M. Krage (1996). 'Enhanced memory for faces of cheaters.' *Ethology and Sociobiology*17:119-28.

Meiri, S. and T. Dayan (2003). 'On the validity of Bergmann's rule.' *Journal of Biogeography* 30(3): 331-51.

Menand, L. (2005). Dangers within and without. In R. G. Feal (ed.), *Profession 2005*. New York, Modern Language Association, pp.10-17.

Mendell, D. and J. Bigness (1998, 6 September). 'For clerks, smiles can go too far.' Chicago Tribune. Menozzi, P., A. Piazza and L. Cavalli-Sforza (1978). 'Synthetic maps of human gene frequencies in Europeans.' *Science* 201(4358):786-92.

Merlo, L. M., J. W. Pepper, B. J. Reid and C. C. Maley (2006). 'Cancer as an evolutionary and ecological process.' *Nature Reviews Cancer* 6(12): 924-35.

Mesoudi, A., A. Whiten and K. N. Laland (2004). 'Perspective: is human cultural evolution Darwinian? Evidence reviewed from the perspective of The Origin of Species.' *Evolution* 58(1):1-11.

Migliano, A. B., L. Vinicius and M. M. Lahr (2007). 'Life history trade-offs explain the evolution of human pygmies.' *Proceedings of the National Academy of Sciences*104(51): 20216-9.

Mildvan, A. S. and B. L. Strehler (1960). A critique of theories of mortality. In B. L. Strehler, J. D. Ebert, H. B. Glass and N. W. Shock (eds.), *The Biology of Aging*. Washington, DC, American Institute of Biological Sciences, pp. 216-35.

Miller, E. M. (2000). 'Homosexuality, birth order, and evolution: toward an equilibrium reproductive economics of homosexuality.' *Archives of Sexual Behavior* 29(1):1-34.

Miller, G. (2000). The Mating Mind. London, Heinemann/Doubleday. Miller, G., J. M.

Tybur and B. D. Jordan (2007). 'Ovulatory cycle effects on tip earnings by lap dancers: economic evidence for human estrus?' *Evolution and Human Behavior* 28(6): 375-81.

Millward, D. (2011, 31October). 'Rapid rise in thefts from war memorials.' The Telegraph Online http:// www.telegraph.co. uk/news/uknews/8858346/Rapidrise- in-thefts-from-war -memorials.html, accessed10 February 2016.

Milton, K. (1988). Foraging behaviour and the evolution of primate intelligence. In R. W. Byrne and A. Whiten (eds.), *Machiavellian Intelligence*. Oxford, Oxford University Press.

Misra, A. and N. Vikram (2003). 'Clinical and pathophysiological consequences of abdominal adiposity and abdominal adipose tissue deposits.' *Nutrition* 19: 456-7.

Mock, D. W. and M. Fujioka (1990). 'Monogamy and long-term pair bonding in vertebrates.' *Trends in Ecology & Evolution* 5(2): 39-43.

Mock, D. W. and G. A. Parker (1997). *The Evolution of Sibling Rivalry*. Oxford, Oxford University Press.

Moller, A. P. (1987). 'Behavioural aspects of sperm competition in swallows (Hirundo rustica).' *Behaviour* 100: 92-104.

Morris, D. (1967). *The Illustrated Naked Ape: A Zoologist's Study of the Human Animal*. Jonathan Cape.

Morris, P. H., V. Reddy and R. Bunting (1995). 'The survival of the cutest: who's responsible for the evolution of the teddy bear?' *Animal Behaviour* 50(6):1697-1700.

Morris, P. H., J. White, E. R. Morrison and K. Fisher (2013). 'High heels as supernormal stimuli: how wearing high heels affects judgements of female attractiveness.' *Evolution and Human Behavior* 34(3): 176-81.

Morrow, A. L., G. M. Ruiz-Palacios, M. Altaye, X. Jiang, M. L. Guerrero, J. K. Meinzen-Derr, T. Farkas, P. Chaturvedi, L. K. Pickering and D. S. Newburg (2004). 'Human milk oligosaccharides are associated with protection against diarrhea in breast-fed infants.' *The Journal of Pediatrics*145(3): 297-303.

Mount, L. E. and L. Mount (1979). *Adaptation to Thermal Environment: Man and His Productive Animals*. Edward Arnold, London.

Muehlenbein, M. P. (2010). *Human Evolutionary Biology*. Cambridge, Cambridge University Press.

Muehlenbein, M. P. and R. G. Bribiescas (2005). 'Testosterone-mediated immune functions and male life histories.' *American Journal of Human Biology* 17(5): 527-58.

Mulder, M. B. and K. L. Rauch (2009). 'Sexual conflict in humans: variations and solutions.' *Evolutionary Anthropology: Issues, News, and Reviews*18(5): 201-14.

Murdock, G. P. and C. Provost (1973). 'Factors in the division of labor by sex: a cross-cultural analysis.' *Ethnology*: 203-25.

Murdock, G. P. and D. R. White (1969). 'Standard cross-cultural sample.' *Ethnology* 9: 329-

69.

Murray, D. R. and M. Schaller (2010). 'Historical prevalence of infectious diseases within 230 geopolitical regions: a tool for investigating origins of culture.' *Journal of Cross-Cultural Psychology* 41(1): 99-108.

Murray, D. R. and M. Schaller (2012). 'Threat(s) and conformity deconstructed: perceived threat of infectious disease and its implications for conformist attitudes and behavior.' *European Journal of Social Psychology* 42(2):180-8.

Mustanski, B. S., M. L. Chivers and J. M. Bailey (2003). 'A critical review of recent biological research on human sexual orientation.' *Annual Review of Sex Research* 13: 89-140.

Mustanski, B. S., M. G. DuPree, C. M. Nievergelt, S. Bocklandt, N. J. Schork and D. H. Hamer (2005). 'A genomewide scan of male sexual orientation.' *Human Genetics* 116(4): 272-8.

Myers, D. G. (1993). Social Psychology. New York, McGraw-Hill Inc. Johnson-Laird, P. N. and K. Oatley (1992). 'Basic emotions, rationality, and folk theory.' *Cognition & Emotion* 6(3-4): 201-23.

Nachman, M. W. and S. L. Crowell (2000). 'Estimate of the mutation rate per nucleotide in humans.' *Genetics* 156(1): 297-304.

Narvaez, D. (2008). 'Triune ethics: the neurobiological roots of our multiple moralities.' *New Ideas in Psychology* 26(1): 95-119.

Nascimento, J. M., L. Z. Shi, S. Meyers, P. Gagneux, N. M. Loskutoff, E. L. Botvinick and M. W. Berns (2008). 'The use of optical tweezers to study sperm competition and motility in primates.' *Journal of the Royal Society Interface* 5(20): 297-302.

National Heart, Lung and Blood Institute (1998). *Clinical Guidelines on the Identification, Evaluation and Treatment of Overweight and Obesity in Adults: The Evidence Report.* Bethesda, MD, National Institute of Health.

Navarrete, A., C. P. van Schaik and K. Isler (2011). 'Energetics and the evolution of human brain size.' *Nature* 480(7375): 91-3.

Navarrete, C. D. and D. M. Fessler (2006). 'Disease avoidance and ethnocentrism: the effects of disease vulnerability and disgust sensitivity on intergroup attitudes.' *Evolution and Human Behavior* 27(4): 270-82.

Neave, N. and K. Shields (2008). 'The effects of facial hair manipulation on female perceptions of attractiveness, masculinity, and dominance in male faces.' *Personality and Individual Differences* 45(5): 373-7.

Neel, J. V. (1962). 'Diabetes Mellitus: a thrifty genotype rendered detrimental by "progress".' *American Journal of Human Genetics* 14(4): 353-62.

Nesse, R. and G. C. Williams (1995). *Why We Get Sick: The New Theory of Darwinian Medicine.* Random House, New York.

Nesse, R. M. (2001). Evolution and the Capacity for Commitment. New York, Russell Sage.

Nesse, R. M. (2005a). 'Maladaptation and natural selection.' *The Quarterly Review of Biology* 80(1): 62-70.

Nesse, R. M. (2005b). 'Natural selection and the regulation of defenses: a signal detection analysis of the smoke detector principle.' *Evolution and Human Behavior* 26(1): 88-105.

Nesse, R. M. and S. C. Stearns (2008). 'The great opportunity: evolutionary applications to medicine and public health.' *Evolutionary Applications* 1(1): 28-48.

Nettle, D. (2004a). Adaptive illusions: optimism, control and human rationality. In D. Evans and P. Cruse (eds.), *Emotion, Evolution and Rationality*. Oxford, Oxford University Press, pp.193-208.

Nettle, D. (2004b). 'Evolutionary origins of depression: a review and reformulation.' *Journal of Affective Disorders* 81: 91-102.

Nettle, D., T. E. Dickins, D. A. Coal! and P. de Mornay Davies (2013a). 'Patterns of physical and psychological development in future teenage mothers.' *Evolution, Medicine, and Public Health* (1): 187-96.

Nettle, D., M. A. Gibson, D. W. Lawson and R. Sear (2013b). 'Human behavioral ecology: current research and future prospects.' *Behavioral Ecology* 24(5):1031-40.

Neubauer S. and J. Hublin (2012). 'The evolution of human brain development.' *Evolutionary Biology* 39(4): 568-86.

Neuhoff, J. G. (2001). 'An adaptive bias in the perception of looming auditory motion.' *Ecological Psychology* 13(2): 87-110.

Neuhoff, J. G., R. Planisek and E. Seifritz (2009). 'Adaptive sex differences in auditory motion perception: looming sounds are special.' *Journal of Experimental Psychology: Human Perception and Performance* 35(1): 225.

Nicholson, N. (2000). Executive Instinct: Managing the Human Animal in the Information Age. Crown Business, New York. Niemitz, C. (2010). 'The evolution of the upright posture and gait – a review and a new synthesis.' *Naturwissenschaften* 97(3): 241-63.

Novella, S. (2008). 'Suboptimal optics: vision problems as scars of evolutionary history.' *Evolution: Education and Outreach* 1(4): 493-7.

Nowak, M. and K. Sigmund (1998). 'Evolution of indirect reciprocity by image scoring.' *Nature* 393: 573-6.

Nowak, M. A., C. E. Tarmita and E. O. Wilson (2010). 'The evolution of eusociality.' *Nature* 466: 1057-62.

Nowell, P. C. (1976). 'The clonal evolution of tumor cell populations.' *Science* 194(4260): 23-28.

Oakley, K. P. (1959). *Man the Toolmaker*. Chicago, University of Chicago Press.

Oberzaucher, E., S. Katina, S. F. Schmehl, I. J. Holzleitner, I. Mehu-Blantar and K. Grammer

(2012). 'The myth of hidden ovulation: shape and texture changes in the face during the menstrual cycle.' *Journal of Evolutionary Psychology* 10(4): 163-75.

Office for National Statistics (2012). Integrated Household Survey. http://www. ons.gov.uk/ ons/ dcp171778_280451. pdf, accessed 28 February 2013.

Office for National Statistics (2013). Divorces in England and Wales. http://www.ons.gov. uk/ons/rel/vsob1Idivorces-in-england-and-wales/2011I stbdivorces- 2011.html, accessed 8 February 2013.

Ohman, A. and S. Mineka (2001). 'Fears, phobias, and preparedness: toward an evolved module of fear and fear learning.' *Psychological Review* 108(3): 483-522.

Oliver, W. J., E. L. Cohen and J. V. Neel (1975). 'Blood pressure, sodium intake, and sodium related hormones in the Yanomamo Indians, a "no-salt" culture.' *Circulation* 52(1):146-51.

Omenn, G. S. (2010). 'Evolution and public health.' *Proceedings of the National Academy of Sciences* 107(suppl1):1702-9.

Oppenheimer, S. (2012). 'Out-of-Africa, the peopling of continents and islands: tracing uniparental gene trees across the map.' *Philosophical Transactions of the Royal Society B: Biological Sciences* 367(1590):770-84.

Ottenheimer, M. (1996). *Forbidden Relatives*. Urbana IL, University of Illinois Press.

Pagel, M. and W. Bodmer (2003). 'A naked ape would have fewer parasites.' *Proceedings of the Royal Society of London. Series B: Biological Sciences* 270 (Suppl1): S117-9.

Painter, R., C. Osmond, P. Gluckman, M. Hanson, D. Phillips and T. Roseboom (2008). 'Transgenerational effects of prenatal exposure to the Dutch famine on neonatal adiposity and health in later life.' *BJOG: An International Journal of Obstetrics & Gynaecology* 115 (10):1243-9.

Paley, W. (1836). The Works of William Paley. Philadelphia, J. J. Woodward.

Parent, A.-S., G. Teilmann, A. Juul, N. E. Skakkebaek, J. Toppari and J.-P. Bourguignon (2003). 'The timing of normal puberty and the age limits of sexual precocity: variations around the world, secular trends, and changes after migration.' *Endocrine Reviews* 24(5): 668-93.

Park, J. H. (2007). 'Persistent misunderstandings of inclusive fitness and kin selection: their ubiquitous appearance in social psychology textbooks.' *Evolutionary Psychology* 5 (4): 860-73.

Parker, G. A., R. R. Baker and V. G. F. Smith (1972). 'The origin and evolution of gamete dimorphism and the male-female phenomenon.' *Journal of Theoretical Biology* 36: 529-53.

Parkinson, B. (2005). 'Do facial movements express emotions or communicate motives?' *Personality and Social Psychology Review* 9(4): 278-311.

Pashos, A. (2000). 'Does paternal uncertainty explain discriminative grandparental solicitude?' *Evolution and Human Behavior* 21: 97-111.

Pasquali, R., A. Gambineri, B. Anconetani, V. Vicennati, D. Colitta, E. Caramelli, F. Casimirri and M. Morselli-Labali (1999). 'The natural history of the metabolic syndrome in young women with the polycystic ovary syndrome and the effect on long term oestrogen-progesterone treatment.' *Clinical Endocrinology* 50: 517-27.

Paul, R. A. (1991). 'Psychoanalytic theory and incest avoidance rules.' *Behavioral and Brain Sciences* 14(02): 276-7.

Pave, R., M. M. Kowalewski, S. M. Peker and G. E. Zunino (2010). 'Preliminary study of mother offspring conflict in black and gold howler monkeys (Alouatta caraya).' *Primates* 51(3): 221-6.

Pearce, D., A. Markandya and E. B. Barbier (1989). Blueprint for a Green Economy. London, Earthscan. Pembrey, M., L. O. Bygren, G. Kaati, et al. (2006). 'Sex-specific, male line transgenerational responses in humans.' *European Journal of Human Genetics* 14: 159-66.

Penn, D. J., K. Damj anovich and W. K. Potts (2002). 'MHC heterozygosity confers a selective advantage against multiple-strain infections.' *Proceedings of the National Academy of Sciences* 99(17):11260-4.

Pennington, R. (1992). 'Did food increase fertility? An evaluation of !Kung and Herera history.' *Human Biology* 64: 497-5 21.

Pennisi, E. (2001). 'Tracking the sexes by their genes.' Science 291(5509):1733.

Penton-Voak, I. and J. Chen (2004). 'High salivary testosterone is linked to masculine male facial appearance in humans.' *Evolution and Human Behavior* 25(4): 229-42.

Penton-Voak, I. S. and D. I. Perrett (2000a). 'Consistency and individual differences in facial attractiveness judgements: an evolutionary perspective.' *Social Research*: 219-44.

Penton-Voak, I. S. and D. I. Perrett (2000b). 'Female preference for male faces changes cyclically: further evidence.' *Evolution and Human Behavior* 21(1): 39-49.

Perrett, D. I., K. A. May and S. Yoshikawa (1994). 'Facial shape and judgements of female attractiveness.' *Nature* 368(17 March): 239-42.

Perrett, D. I., D. M. Burt, I. S. Penton-Voak, K. J. Lee and D. A. Rowland (1999). 'Symmetry and human facial attractiveness.' *Evolution and Human Behavior* 20: 295-307.

Perrett, D. I., K. J. Lee et al. (1998). 'Effects of sexual dimorphism on facial attractiveness.' *Nature* 394: 884-7.

Perry, G. H. and N. J. Dominy (2009). 'Evolution of the human pygmy phenotype.' *Trends in Ecology & Evolution* 24(4): 218-25.

Perry, G. H., N. J. Dominy, K. G. Claw et al. (2007). 'Diet and the evolution of human amylase gene copy number variation.' *Nature Genetics* 39:1256-60.

Perusse, D. (1993). 'Cultural and reproductive success in industrial societies: testing the relationship at the proximate and ultimate levels.' *Behavioural and Brain Sciences* 16:

267-323.

Pew Research Center (2003). Religious Beliefs Underpin Opposition to Homosexuality. www.people-press.org/2003/11/18/religious-beliefs-underpin-oppositionto-homosexuality, accessed 5 March 2013.

Pfluger, L. S., E. Oberzaucher, S. Katina, I. J. Holzleitner and K. Grammer (2012). 'Cues to fertility: perceived attractiveness and facial shape predict reproductive success.' *Evolution and Human Behavior* 33(6):708-14.

Pietrzak, R. H., J. D. Laird, D. A. Stevens and N. S. Thompson (2002). 'Sex differences in human jealousy: a coordinated study of forced-choice, continuous rating-scale, and physiological responses on the same subjects.' *Evolution and Human Behavior* 23(2): 83-95.

Pigliucci, M. (2007). 'Do we need an extended evolutionary synthesis?' *Evolution and Human Behavior* 61: 2743-9.

Pinker, S. (1994). *The Language Instinct*. London, Penguin.

Pinker, S. (1997). *How the Mind Works*. New York, Norton.

Pinker, S. (2008,13 January). 'The moral instinct.' *The New York Times*, p. 32 (magazine section).

Pinker, S. and P. Bloom (1990). 'Natural language and natural selection.' *Behavioural and Brain Sciences* 13:707-84.

Platek, S. M., R. L. Burch, I. S. Panyavin, B. H. Wasserman and G. G. Gallup Jr (2003). 'Reactions to children's faces: resemblance affects males more than females.' *Evolution and Human Behavior* 23:159-66.

Platek, S. M., D. M. Raines, G. G. Gallup Jr, F. B. Mohamed, J. W. Thomson, T. E. Myers, I. S. Panyavin, S. L. Levin, J. A. Davis, C. M. Fonteyn and D. R. Arigo (2004). 'Reactions to children's faces: males are more affected by resemblance than females are, and so are their brains.' *Evolution and Human Behavior* 25(6): 394-406.

Plomin, R. (1990). *Behavioral Genetics. A Primer*. New Yark, Freeman and Co.

Plomin, R., A. Caspi, L. Pervin and O. John (1999). 'Behavioral genetics and personality.' *Handbook of Personality: Theory and Research* 2: 251-76.

Pollick, F. E., J. W. Kay, K. Heim and R. Stringer (2005). Gender recognition from point-light walkers.' *Journal of Experimental Psychology: Human Perception and Performance* 31(6):1247.

Poolman, E. M. and A. P. Galvani (2007). 'Evaluating candidate agents of selective pressure for cystic fibrosis.' *Journal of the Royal Society Interface* 4 (12): 91-8.

Popper, K. R. (1963). *Conjectures and Refutations. The Growth of Scientific Knowledge* (Essays and Lectures). London, Routledge & Kegan Paul.

Portmann, A. (1969). *A Zoologist Looks A t Mankind* (trans. Schaefer, J.,1990). New York, Columbia University Press.

Postma, E., L. Martini and P. Martini (2010). 'Inbred women in a small and isolated Swiss village have fewer children.' *Journal of Evolutionary Biology* 23(7): 1468-74.

Poulsen, P., M. Esteller, A. Vaag and M. F. Fraga (2007). 'The epigenetic basis of twin discordance in age-related diseases.' *Pediatric Research* 61: 38R-42R.

Pound, N., I. S. Penton-Voak and A. K. Surridge (2009). 'Testosterone responses to competition in men are related to facial masculinity.' *Proceedings of the Royal Society of London B: Biological Sciences* 276(1654):153-9.

Powell, K. L., G. Roberts and D. Nettle (2012). 'Eye images increase charitable donations: evidence from an opportunistic field experiment in a supermarket.' *Ethology* 118 (11):1096-1101.

Prechtl, H. (1986). 'New perspectives In early human development.' *European Journal of Obstetrics & Gynecology and Reproductive Biology* 21(5): 3 47-5 5.

Preuschoft, S. (1992). 'Laughter and smile in Barbary macaques.' *Ethology* 91: 220-36.

Preuschoft, S. (2000). 'Primate faces and facial expressions.' *Social Research* 67: 245-71.

Previc, F. H. (2009). *The Dopaminergic Mind in Human Evolution and History.* Cambridge, Cambridge University Press.

Price, J., L. Sloman, R. Gardner, P. Gilbert and P. Rohde (1997). The social competition hypothesis of depression. In S. Baron-Cohen (ed.), *The Maladapted Mind.* Hove, Psychology Press.

Price, M. (2011). Cooperation as a classic problem in behavioural biology. In V. Swami (ed.), *Evolutionary Psychology.* Chichester, Blackwell, pp.73-107.

Profet, M. (1988). 'The evolution of pregnancy sickness as protection to the embryo against Pleistocene teratogens.' *Evolutionary Theory* 8(3):177-90.

Profet, M. (1992). Pregnancy sickness as adaptation: a deterrent to maternal ingestion of teratogens. In L. Cosmides, J. H. Barkow, J. Tooby (eds.), *The Adapted Mind: Evolutionary Psychology and the Generation of Culture.* New York, Oxford University Press.

Profet, M. (1993). 'Menstruation as a defense against pathogens transported by sperm.' *Quarterly Review of Biology* 68: 335-86.

Prokop, P., M. J. Rantala, M. Usak and I. Senay (2012). 'Is a woman's preference for chest hair in men influenced by parasite threat?' *Archives of Sexual Behavior*: 1-9.

Provost, M. P., V. L. Quinsey and N. F. Troje (2008). 'Differences in gait across the menstrual cycle and their attractiveness to men.' *Archives of Sexual Behavior* 37(4): 598-604.

Provost, M. P., N. F. Troje and V. L. Quinsey (2008). 'Short-term mating strategies and attraction to masculinity in point-light walkers.' *Evolution and Human Behavior* 29(1): 65-9.

Purcell, S. M., N. R. Wray, J. L. Stone, P. M. Visscher, M. C. O'Donovan, P. F. Sullivan, P. Sklar, D. M. Ruderfer, A. McQuillin and D. W. Morris (2009). 'Common polygenic variation contributes to risk of schizophrenia and bipolar disorder.' *Nature* 460(7256):748-52.

Pusey, A. (2004). Inbreeding avoidance in primates. In A. P. Wolf and W. H. Durham (eds.), *Inbreeding, Incest and the Incest Taboo.* Stanford, CA, Stanford University Press.

Puts, D. A. (2010). 'Beauty and the beast: mechanisms of sexual selection in humans.' *Evolution and Human Behavior* 31(3):157-75.

Puts, D. A., S. J. Gaulin and K. Verdolini (2006). 'Dominance and the evolution of sexual dimorphism in human voice pitch.' *Evolution and Human Behavior* 27(4): 283-96.

Quillian, L. and D. Pager (2001). 'Black neighbors, higher crime? The role of racial stereotypes in evaluations of neighborhood crime L.' *American Journal of Sociology*107(3):717-67.

Quinlan, R. J. (2007). 'Human parental effort and environmental risk.' *Proceedings of the Royal Society B: Biological Sciences* 274(1606):121-5.

Rahman, Q. and M. S. Hull (2005). 'An empirical test of the kin selection hypothesis for male homosexuality.' *Archives of Sexual Behavior* 34(4): 461-7.

Raihani, N. J. and R. Bshary (2012). 'A positive effect of flowers rather than eye images in a largescale, cross-cultural dictator game.' *Proceedings of the Royal Society B: Biological Sciences* 279(17 42): 3556-64.

Ramachandran, V. S. (1997). 'Why do gentlemen prefer blondes?' *Medical Hypotheses* 48(1):19-20.

Rantala, M. (2007). 'Evolution of nakedness in Homo sapiens.' *Journal of Zoology* 273(1):1-7.

Rantala, M. J. (1999). 'Human nakedness: adaptation against ectoparasites?' *International Journal for Parasitology* 29(12):1987-9.

Rantala, M. J. and U. M. Marcinkowska (2011). 'The role of sexual imprinting and the Westermarck effect in mate choice in humans.' *Behavioral Ecology and Sociobiology* 65(5): 859-73.

Rapoport, A. (1965). *Prisoner's Dilemma: A Study In Conflict and Cooperation.* University of Michigan Press.

Ravussin, E., M. E. Valencia, J. Esparza, P. H. Bennett and L. O. Schulz (1994). 'Effects of a traditional lifestyle on obesity in Pima Indians.' *Diabetes Care* 17(9):1067-74.

Reaven, G. M. (1995). 'Pathophysiology of insulin resistance in human disease.' *Physiological Reviews* 75(3): 473-86.

Reed, W., M. Clark, P. Parker, S. Raouf, N. Arguedas, D. Monk, E. Snajdr, V. Nolan Jr and E. Ketterson (2006). 'Physiological effects on demography: a longterm experimental study of testosterone's effects on fitness.' *The American Naturalist* 167(5): 667-83.

Regan, P. C. (1996). 'Rhythms of desire: the association between menstrual cycle phases and female sexual desire.' *Canadian Journal of Human Sexuality* 5:145-56.

Reich, G. (2003). 'Depression and couples relationship.' *Psychotherapeut* 48(1): 2-14.

Reiches, M. W., P. T. Ellison, S. F. Lipson, K. C. Sharrock, E. Gardiner and L. G. Duncan (2009). 'Pooled energy budget and human life history.' *American Journal of Human Biology* 21(4): 421-9.

Reisenzein, R., M. Studtmann and G. Horstmann (2013). 'Coherence between emotion and facial expression: evidence from laboratory experiments.' *Emotion Review* 5(1):16-23.

Reynolds, J. D. and P. H. Harvey (1994). Sexual selection and the evolution of sex differences. In R. V. Short and E. Balban (eds.), *The Differences Between the Sexes*. Cambridge, Cambridge University Press.

Rhodes, G. (2006). 'The evolutionary psychology of facial beauty.' *Annu. Rev. Psychol.* 57:199-226.

Rice, G., C. Anderson, N. Risch and G. Ebers (1999). 'Male homosexuality: absence of linkage to microsatellite markers at Xq28.' *Science* 284(5414): 665-7

Richards, C., S. Watkins, E. Hoffman, N. Schneider, I. Milsark, K. Katz, J. Cook, L. Kunkel and J. Cortada (1990). 'Skewed X inactivation in a female MZ twin results in Duchenne muscular dystrophy.' *American Journal of Human Genetics* 46(4): 672.

Richards, R. J. (1993). 'Birth, death, and resurrection of evolutionary ethics.' *Evolutionary ethics*:113-131.

Richerson, P. J. and R. Boyd (2005). *Not by Genes Alone*. Chicago, University of Chicago Press.

Ridley, M. (1993). The Red Queen. London, Viking. Ridley, M. (1996). The Origins of Virtue. London, Viking (Penguin Group). Roberts, D. F. (1953). 'Body weight, race and climate.' *American Journal of Physical Anthropology* 11(4): 533-58.

Roberts, D. F. and D. P. Kahlon (1976). 'Environmental correlations of skin colour.' *Annals of Human Biology* 3:11-22.

Roberts, M. L., K. L. Buchanan and M. Evans (2004). 'Testing the immunocompetence handicap hypothesis: a review of the evidence.' *Animal Behaviour* 68(2): 227-39.

Roberts, S. C., L. M. Gosling, V. Carter and M. Petrie (2008). 'MHC-correlated odour preferences in humans and the use of oral contraceptives.' *Proceedings of the Royal Society B: Biological Sciences* 275(1652): 2715-22.

Roberts, S. C., J. Havlicek, J. Flegr, M. Hruskova, A. C. Little, B. C. Jones, D. I. Perrett and M. Petrie (2004). 'Female facial attractiveness increases during the fertile phase of the menstrual cycle.' *Proceedings of the Royal Society of London B: Biological Sciences* 271(Suppl 5): S270-72.

Roberts, S. C., A. C. Little, L. M. Gosling, B. C. Jones, D. I. Perrett, V. Carter and M. Petrie (2005a). 'MHC assortative facial preferences in humans.' *Biology Letters*1(4): 400-3.

Roberts, S. C., A. C. Little, L. M. Gosling, D. I. Perrett, V. Carter, B. C. Jones, I. Penton-Voak and M. Petrie (2005b). 'MHC-heterozygosity and human facial attractiveness.' *Evolution and Human Behavior* 26(3): 213-26.

Robins, A. H. (1991). *Biological Perspectives on Human Skin Pigmentation*. Cambridge, Cambridge University Press.

Robson, S. L. and B. Wood (2008). 'Hominin life history: reconstruction and evolution.' *Journal of Anatomy* 212(4): 394-425.

Rodin, J. and N. Radke-Sharpe (1991). 'Changes in appetitive variables as a function of pregnancy.' *Chemical Senses*. Volume 4: *Appetite and Nutrition*: 325.

Rodman, P. S. and H. M. McHenry (1980). 'Bioenergetics of hominid bipedalism.' *Journal of Physical Anthropology* 52:103-6.

Rogers, A. (2004). 'Genetic Variation at the MC1R Locus and the time since loss of human body hair L.' *Current Anthropology* 45(1):105-8.

Rogers, A. R. (1989). 'Does biology constrain culture?' *American Anthropologist* 90: 819-31.

Roseboom, T. J., R. C. Painter, A. F. van Abeelen, M. V. Veenendaal and S. R. de Rooij (2011). 'Hungry in the womb: what are the consequences? Lessons from the Dutch famine.' *Maturitas* 70(2):141-5.

Rosenberg, K. and W. Trevathan (2002). 'Birth, obstetrics and human evolution.' *BJOG: An International Journal of Obstetrics & Gynaecology* 109 (11): 1199-1206.

Rosenfeld, C. S. and R. M. Roberts (2004). 'Maternal diet and other factors affecting offspring sex ratio: a review.' *Biology of Reproduction* 71(4):1063-70.

Roth, G. and U. Dicke (2005). 'Evolution of the brain and intelligence.' *Trends in Cognitive Science* 9(5): 250-7.

Roy, R. P. (2003). 'A Darwinian view of obstructed labor.' *Obstetrics and Gynecology* 101: 397-401.

Rozin, P. and A. E. Fallon (1987). 'A perspective on disgust.' *Psychological Review* 94(1): 23.

Rubin, P. H. (2002). *Darwinian Politics: The Evolutionary Origin of Freedom*. Rutgers University Press.

Rudski, J. (2001). 'Competition, superstition and the illusion of control.' *Current Psychology* 20(1): 68-84.

Rudski, J. (2004). 'The illusion of control, superstitious belief, and optimism.' *Current Psychology* 22(4): 306-315.

Rudski, J. M. and A. Edwards (2007). 'Malinowski goes to college: factors influencing students' use of ritual and superstition.' *The Journal of General Psychology* 134(4): 389-403.

Ruff, C. (2002). 'Variation in human body size and shape.' *Annual Review of Anthropology* 31: 211-32.

Ruse, M. (1988). *Homosexuality: A Philosophical Inquiry*. Oxford, UK, Blackwell.

Ruse, M. (1993). "The New Evolutionary Ethics" in Nitecki, D. and Nitecki, M. eds. *Evolutionary Ethics*. Albany, NY, SUNY Press.

Ruston, D. et al. (2004). *The National Diet & Nutrition Survey: Adults Aged19 to 64 Years*: Volume 4: Nutritional Status (Anthropometry and Blood Analytes), Blood Pressure and Physical Activity. TSO.

Ruvolo, M., D. Pan, S. Zehr, T. Goldberg, T. R. Disotell and M. von Dornum (1994). 'Gene trees and hominid phylogeny.' *Proceedings of the National Academy of Science* 91: 8900-4.

Ruxton, G. D. and D. M. Wilkinson (2011). 'Avoidance of overheating and selection for both hair loss and bipedality in hominins.' *Proceedings of the National Academy of Sciences*108(52): 20965-9.

Ryan, C. and C. Jetha (2010). *Sex at Dawn: The Prehistoric Origins of Modern Sexuality*. New York, NY, Harper.

Saal, F. E., C. B. Johnson and N. Weber (1989). 'Friendly or sexy?: it may depend on whom you ask.' *Psychology of Women Quarterly*13(3): 263-76.

Sabeti, P. C., P. Varilly, B. Fry, J. Lohmueller, E. Hostetter, C. Cotsapas, X. Xie, E. H. Byrne, S. A. Mccarroll and R. Gaudet (2007). 'Genome-wide detection and characterization of positive selection in human populations.' *Nature* 449(7164): 913-8.

Sacher, G. A. (1959). Relation of lifespan to brain weight and body weight in mammals. In G. E. W. Wolstenholme and M. O'Connor (eds.), *CIBA Foundation Colloquia on Ageing* 5:115-33.

Sagarin, B. J., A. L. Martin, S. A. Coutinho, J. E. Edlund, L. Patel, J. J. Skowronski and B. Zengel (2012). 'Sex differences in jealousy: a meta-analytic examination.' *Evolution and Human Behavior* 33(6): 595-614.

Saino, N., A. M. Bolzern and A. P. Moller (1997). 'Immunocompetence, ornamentation, and viability of male barn swallows (Hirundo rustica).' *Proceedings of the National Academy of Science*, USA 94: 549-52.

Salmon, C. A. (1999). 'On the impact of sex and birth order on contact with kin.' *Human Nature*10:183-97.

Sankararaman, S., S. Mallick, M. Dannemann, K. Priifer, J. Kelso, S. Paabo, N. Patterson and D. Reich (2014). 'The genomic landscape of Neanderthal ancestry in present-day humans.' *Nature* 507(7492): 354-7.

Santos, P. S. C., J. A. Schinemann, J. Gabardo and M. D. Bicalho (2005). 'New evidence that the MHC influences odor perception in humans: a study with 58 Southern Brazilian students.' *Hormones and Behaviour* 47(4): 384-8.

Santrock, J. W. (2008). Motor, sensory, and perceptual development. In M. Ryan (ed.), *A Topical Approach to Life-Span Development*. Boston, MA, McGraw-Hill Higher Education, pp.17 2-205.

Santtila, P., A.-L. Hogbacka, P. Jem, A. Johansson, M. Varjonen, K. Witting, B. Von Der Pahlen and N. K. Sandnabba (2009). 'Testing Miller's theory of alleles preventing androgenization as an evolutionary explanation for the genetic predisposition for male homosexuality.' *Evolution and Human Behavior* 30(1): 58-65.

Saroglou, V. and L. Fiasse (2003). 'Birth order, personality, and religion: a study among young adults from a three-sibling family.' *Personality and Individual Differences* 35:19-29.

Sawai, H., H. L. Kim, K. Kuno, S. Suzuki, H. Gotoh, M. Takada, N. Takahata, Y. Satta and F. Akishinonomiya (2010). 'The origin and genetic variation of domestic chickens with special reference to junglefowls Gallus g. gallus and G. varius.' *PloS One* 5(5): e10639.

Scelza, B. A. (2013). 'Jealousy in a small-scale, natural fertility population: the roles of paternity, investment and love in jealous response.' *Evolution and Human Behavior* 35(2):103-8.

Schaller, M. and J. H. Park (2011). 'The behavioral immune system (and why it matters).' *Current Directions in Psychological Science* 20(2): 99-103.

Scheib, J. E., S. W. Gangestad and R. Thornhill (1999). 'Facial attractiveness, symmetry and cues to good genes.' *Proceedings of the Royal Society of London, Series* B 266:1913-7.

Schlomer, G. L. and J. Belsky (2012). 'Maternal age, investment, and parent-child conflict: a mediational test of the terminal investment hypothesis.' *Journal of Family Psychology* 26(3): 443.

Schloss, J. and M. Murray (2009). *The Believing Primate: Scientific, Philosophical, and Theological Reflections on the Origin of Religion*. Oxford, Oxford University Press.

Schmidt J (1920). 'Racial investigations IV. The genetic behavior of a secondary sexual character.' *Comptes rendus des travaux du Laboratoire Carlsberg* 14(227).

Schmidt, K. L. and J. F. Cohn (2001). 'Human facial expressions as adaptations: evolutionary questions in facial expression research.' *Yearbook of Physical Anthropology* 44: 3-24.

Schneider, M. A. and L. Hendrix (2000). 'Olfactory sexual inhibition and the Westermarck effect.' *Human Nature*11(1): 65-91.

Schultz, A. (1969). *The Life of Primates*. London, Weidenfeld & Nicolson.

Schwarz, S. and M. Hassebrauck (2012). 'Sex and age differences in mate-selection preferences.' *Human Nature* 23(4): 447-66.

Scott, I. M., A. P. Clark, L. G. Boothroyd and I. S. Penton-Voak (2013). 'Do men's faces really signal heritable immunocompetence?' *Behavioral Ecology* 24(3): 579-89.

Scott-Phillips, T. C., T. E. Dickins and S. A. West (2011). 'Evolutionary theory and the ultimate proximate distinction in the human behavioral sciences.' *Perspectives on Psychological Science* 6(1): 38-47.

Sear, R. and R. Mace (2008). 'Who keeps children alive? A review of the effects of kin on child survival.' *Evolution and Human Behavior* 29(1):1-18.

Sear, R., R. Mace and I. A. McGregor (2000). 'Maternal grandmothers improve nutritional status and survival of children in rural Gambia.' *Proceedings of the Royal Society, London, B Series*. 267:1641-7.

Seligman, M. E. P. (1971). 'Phobias and preparedness.' *Behaviour Therapy* 2: 307-20.

Sharot, T. (2011). 'The optimism bias.' *Current Biology* 21(23): R941-5.

Shepard, R. N. and J. Metzler (1971). 'Mental rotation of three-dimensional objects.' *Science*171:701-3.

Shepher, J. (1971). 'Mate selection among second generation kibbutz adolescents and adults: incest avoidance and negative imprinting.' *Archives of Sexual Behavior*1(4): 293-307.

Sherman, P. W. and J. Billing (1999). 'Darwinian gastronomy: why we use spices.' *BioScience* 49: 453-63.

Sherman, P. W. and S. M. Flaxman (2002). 'Nausea and vomiting of pregnancy in an evolutionary perspective.' *American Journal of Obstetrics and Gynecology* 186(5): S190-7.

Sherman, P. W. and G. A. Hash (2001). 'Why vegetable recipes are not very spicy.' *Evolution and Human Behavior* 22(3):147-64.

Sherman, P. W. and H. K. Reeve (1997). Forward and backward: alternative approaches to studying human behaviour. In L. Betzig (ed.), *Human Nature*. Oxford, Oxford University Press.

Sherwood, C. C., F. Subiaul and T. W. Zawidzki (2008). 'A natural history of the human mind: tracing evolutionary changes in brain and cognition.' *Journal of Anatomy* 212(4): 426-54.

Shively, M. G. and J. P. De Cecco (1977). 'Components of sexual identity.' *Journal of Homosexuality* 3(1): 41-8.

Shokeir, M. (1975). 'Investigation on Huntington's disease in the Canadian Prairies.' *Clinical Genetics* 7(4): 349-53.

Shor, E. and D. Simchai (2009). 'Incest avoidance, the incest taboo, and social cohesion: revisiting Westermarck and the case of the Israeli Kibbutzim L.' *American Journal of Sociology*114(6):1803-42.

Short, R. V. (1979). 'Sexual selection and its component parts, somatic and genital selection, as illustrated by man and the great apes.' *Advances in the Study of Behavior* 9,131-58.

Short, R. V. (1994). Why sex? In R. V. Short and E. Balaban (eds.), *The Differences between the Sexes*. Cambridge, Cambridge University Press.

Short, R. V. and E. Balban (eds.) (1994). *The Differences Between the Sexes*. Cambridge, Cambridge University Press.

Shultz, S. and M. Maslin (2013). 'Early Human Speciation, Brain Expansion and Dispersal Influenced by African Climate Pulses.' *PloS One* 8(10): e76750.

Siegel, S. and L. G. Allan (1996). 'The widespread influence of the Rescorla-Wagner model.'

Psychonomic Bulletin & Review 3(3): 314-21.

Sillen-Tullberg, B. and A. Moller (1993). 'The relationship between concealed ovulation and mating systems in anthropoid primates: a phylogenetic analysis.' *The American Naturalist* 141:1-25.

Silventoinen, K. (2003). 'Determinants of variation in adult body height.' *Journal of Biosocial Science* 35(02): 263-85.

Silverman, I. and M. Eals (1992). Sex differences in spatial abilities: evolutionary theory and data. In J. H. Barkow, L. Cosmides and J. Tooby (eds.), *The Adapted Mind*. Oxford, Oxford University Press.

Silverman, I., J. Choi and M. Peters (2007). 'The hunter-gatherer theory of sex differences in spatial abilities: data from 40 countries.' *Archives of Sexual Behavior* 36(2): 261-8.

Silverman, I., J. Choi, A. Mackewn and M. Fisher (2000). 'Evolved mechanisms underlying wayfinding: further studies on the hunter-gatherer theory of spatial sex differences.' *Evolution and Human Behavior* 21(3): 201-15.

Simon, H. (1956). 'Rational choice and the structure of environments.' *Psychology Review* 63:129-38.

Simon, H. (1990). 'Invariants of human behaviour.' *Annual Review of Psychology* 41:1-19.

Simoons, F. J. (2001). 'Persistence of lactase activity among northern Europeans: a weighing of the evidence for the calcium absorption hypothesis.' *Ecology of Food and Nutrition* 40: 397-469.

Singh, D. (1993). 'Adaptive significance of female attractiveness.' *Journal of Personality and Social Psychology* 65: 293-307.

Singh, D. (1995). 'Female judgement of male attractiveness and desirability for relationships: role of waist-to-hip ratios and financial status.' *Journal of Personality and Social Psychology* 69(6): 1089-1101.

Singh, D. and P. M. Bronstad (2001). 'Female body odour is a potential cue to ovulation.' *Proceedings of the Royal Society of London B: Biological Sciences* 268(1469):797-801.

Singh, D. and S. Luis (1995). 'Ethnic and gender consensus for the effect of waist-to-hip ratio on judgement of women's attractiveness.' *Human Nature* 6(1): 51-65.

Sipos, A., F. Rasmussen, G. Harrison, P. Tynelius, G. Lewis, D. A. Leon and D. Gunnell (2004). 'Paternal age and schizophrenia: a population based cohort study.' *British Medical Journal* 329(7474):1070.

Skinner, B. F. (1948). '"Superstition" in the pigeon.' *Journal of Experimental Psychology* 38(2):168.

Skinner, B. F. (1974). Walden Two. Indianapolis, Hackett Publishing. Slob, A. K., C. M. Bax, H. W. C., D. L. Rowland and J. J. van der Werflen Bosch (1996). 'Sexual arousability and the menstrual cycle.' *Pychoneuroendocrinology* 21: 545-58.

Sloboda, D. M., R. Hart, D. A. Doherty, C. E. Pennell and M. Hickey (2007). 'Age at menarche: influences of prenatal and postnatal growth.' *Journal of Clinical Endocrinology & Metabolism* 92(1): 46-50.

Sloboda, D. M., G. J. Howie, A. Pleasants, P. D. Gluckman and M. H. Vickers (2009). 'Pre and postnatal nutritional histories influence reproductive maturation and ovarian function in the rat."' *PloS One* 4(8): e6744.

Smith, E. A. (2010). 'Communication and collective action: language and the evolution of human cooperation.' *Evolution and Human Behavior* 31(4): 231-45.

Smith, E. A. and R. L. Bliege Bird (2000). 'Turtle hunting and tombstone opening: public generosity as costly signaling.' *Evolution and Human Behavior* 21: 245-61.

Smith, H. F. , W. Parker, S. H. Kotze and M. Laurin (2013). 'Multiple independent appearances of the cecal appendix in mammalian evolution and an investigation of related ecological and anatomical factors.' *Comptes Rendus Palevol*,12(6): 339-54.

Smith, R. (1997). The Fontana History of the Human Sciences. London, Fontana. Smith, R. J. and J. M. Cheverud (2002). 'Scaling of sexual dimorphism in body mass: a phylogenetic analysis of Rensch's rule in primates.' *International Journal of Primatology* 23(5):1095-1135.

Smith, T. M., Z. Machanda, A. B. Bernard, R. M. Donovan, A. M. Papakyrikos, M. N. Muller and R. Wrangham (2013). 'First molar eruption, weaning, and life history in living wild chimpanzees.' *Proceedings of the National Academy of Sciences*110(8): 2787-91.

Smoller, J. W. and M. T. Tsuang (1998). 'Panic and phobic anxiety: defining phenotypes for genetic studies.' *American Journal of Psychiatry*15 5(9): 1152-62.

Sniegowski, P. D., P. J. Gerrish, T. Johnson and A. Shaver (2000). 'The evolution of mutation rates: separating causes from consequences.' *Bioessays* 22(12):1057-66.

Snyder, H. N. (2012). Arrest in the United States, 1990-2010. US Department of Justice, Office of Justice Programs, Bureau of Justice Statistics. Sokal, R. R., N. L. Oden and C. Wilson (1991). 'Genetic evidence for the spread of agriculture in Europe by demic diffusion.' *Nature* 3 51:143-5.

Sorensen, S. A., K. Fenger and J. H. Olsen (1999). 'Significantly lower incidence of cancer among patients with Huntington disease.' *Cancer* 86(7):1342-6.

Soronen, P., M. Laiti, S. Torn, P. Harkonen, L. Patrikainen, Y. Li, A. Pulkka, R. Kurkela, A. Herrala and H. Kaija (2004). 'Sex steroid hormone metabolism and prostate cancer.' *The Journal of Steroid Biochemistry and Molecular Biology* 92(4): 281.

Sosis, R. and C. Alcorta (2003). 'Signaling, solidarity, and the sacred: the evolution of religious behavior.' *Evolutionary Anthropology: Issues, News, and Reviews* 12(6): 264-74.

Sosis, R. and E. R. Bressler (2003). 'Cooperation and commune longevity: a test of the costly signaling theory of religion.' *Cross-Cultural Research* 37(2): 211-39.

Southam, L., N. Soranzo, S. B. Montgomery, T. M. Frayling, M. I. McCarthy, I. Barroso and E. Zeggini (2009). 'Is the thrifty genotype hypothesis supported by evidence based on confirmed type 2 diabetes- and obesity-susceptibility variants?' *Diabetologia*

52(9):1846-51.

Spain, D. H. (1991). 'Muddled theory and misinterpreted data: comments on yet another attempt to identify a so-called Westermarck effect and, in the process, to refute Freud.' *Behavioral and Brain Sciences*14(02): 278-9.

Sparks, A. and P. Barclay (2013). 'Eye images increase generosity, but not for long: the limited effect of a false cue.' *Evolution and Human Behavior* 34(5): 317-22.

Sprengelmeyer, R., D. Perrett, E. Fagan, R. Cornwell, J. Lobmaier, A. Sprengelmeyer, H. Aasheim, I. Black, L. Cameron and S. Crow (2009). 'The cutest little baby face: a hormonal link to sensitivity to cuteness in infant faces.' *Psychological Science* 20(2):149-54.

Stanford, C. B. (1996). 'The hunting ecology of wild chimpanzees: implications for the evolutionary ecology of Pliocene hominids.' *American Anthropologist* 98(1): 96-113.

Stearns, S. C. and D. Ebert (2001). 'Evolution in health and disease: work in progress.' *Quarterly Review of Biology*: 417-32.

Stein, T. S. (1998). 'Social constructionism and essentialism.' *Journal of Gay & Lesbian Psychotherapy* 2(4): 29-49.

Sternglanz, S. H., Gray, J. L. and Murakami, M. (1977). 'Adult preferences for infantile facial features: an ethological approach.' *Animal Behaviour* 25:108-15.

Stini, W. A. (1981). 'Body composition and nutrient reserves in evolutionary perspective.' *World Review of Nutrition and Dietetics* 37: 5 5.

Strachan, T. and A. P. Read (1996). Human Molecular Genetics. Oxford, Bios Scientific. Strassman, B. I. (1996a). 'Menstrual huts visits by Dogon women: a hormonal test distinguishes deceit from honest signaling.' *Behavioural Ecology*7(3): 304-15.

Strassmann, B. I. (1996b). 'Energy economy In the evolution of menstruation.' *Evolutionary Anthropology: Issues, News, and Reviews* 5(5):157-64.

Strassmann, B. I. and R. I. Dunbar (1999). 'Human evolution and disease: putting the Stone Age in perspective.' *Evolution in Health and Disease*: 91-101.

Streeter, S. A. and D. H. McBurney (2003). 'Waist hip ratio and attractiveness: new evidence and a critique of "a critical test".' *Evolution and Human Behavior* 24(2): 88-99.

Stringer, C. B. and P. Andrews (1988).' Genetic and fossil evidence for the origin of modern humans.' *Science* 239:1263-8.

Studd, M. V. and U. E. Gattiker (1991). 'The evolutionary psychology of sexual harassment in organizations.' *Ethology and Sociobiology*12(4): 249-90.

Stumpf, R. and C. Boesch (2005). 'Does promiscuous mating preclude female choice? Female sexual strategies in chimpanzees (Pan troglodytes verus) of the Tai: National Park, Cote d'Ivoire.' *Behavioral Ecology and Sociobiology* 57(5): 511-24.

Sugiyama, L. S. (2004). 'Is beauty in the context sensitive adaptations of the beholder?: Shiwiar use of waist-to-hip ratio in assessments of female mate value.' *Evolution and Human Behavior* 25(1): 51-62.

Sulloway, F. J. (1996). *Born to Rebel: Birth Order, Family Dynamics and Creative Lies*. New York, Pantheon.

Surbey, M. K. (1990). Family composition, stress, and the timing of human menarche. In T. E. Ziegler and F. B. Bercovitvch (eds.), *Socioendocrinology of Primate Reproduction*. New York, Wiley-Liss.

Swami, V. and A. Furnham (2007). *The Psychology of Physical Attraction*. London, Psychology Press.

Swami, V. and A. Furnham (2008). *The Psychology of Physical Attraction*. Routledge/Taylor & Francis Group.

Symons, D. (1979). *The Evolution of Human Sexuality*. Oxford, Oxford University Press.

Symons, D. (1992). On the use and misuse of Darwinism. In J. H. Barkow, L. Cosmides and J. Tooby (eds.), *The Adapted Mind*. Oxford, Oxford University Press.

Tang-Martinez, Z. (2010). 'Bateman's principles: original experiment and modern data for and against.' *Encyclopedia of Animal Behavior* I: 166-76.

Taylor, S. E. and J. D. Brown (1988). 'Illusion and well-being: a social psychological perspective on mental health.' *Psychological Bulletin* 103(2):193.

Taylor, L. H., S. M. Latham and E. J. Mark (2001). 'Risk factors for human disease emergence.' *Philosophical Transactions of the Royal Society of London B: Biological Sciences* 356(1411): 983-9.

Temrin, H., J. Nordlund, M. Rying and B. S. Tullberg (2011). 'Is the higher rate of parental child homicide in stepfamilies an effect of non-genetic relatedness?' *Current Zoology* 57(3).

ten Cate, C., M. N. Verzijden and E. Etman (2006). 'Sexual imprinting can induce sexual preferences for exaggerated parental traits.' *Current Biology* 16(11): 1128-32.

Terrizzi, J. A., Shook, N. J., & McDaniel, M. A. (2013). The behavioral immune system and social conservatism: A meta-analysis. *Evolution and Human Behavior*, 34(2), 99-108.

Thorburn, A. W., J. Brand and A. Truswell (1987). 'Slowly digested and absorbed carbohydrate in traditional bushfoods: a protective factor against diabetes?' *The American Journal of Clinical Nutrition* 45(1): 98-106.

Thornhill, R., J. F. Chapman and S. W. Gangestad (2013). 'Women's preferences for men's scents associated with testosterone and cortisol levels: patterns across the ovulatory cycle.' *Evolution and Human Behavior* 34(3): 216-21.

Thornhill, R. and S. W. Gangestad (1993).' Human facial beauty: averageness, symmetry and parasite resistance.' *Human Nature* 4: 237-69.

Thornhill, R. and S. W. Gangestad (1994). 'Human fluctuating asymmetry and sexual behaviour.' *Psychological Science* 5: 297-302.

Thornhill, R., S. W. Gangestad, R. Miller, G. Scheyd, J. McCullough and M. Franklin (2003). 'MHC, symmetry and body scent attractiveness in men and women.' *Behavioural Ecology* 14: 668-78.

Thorpe, S. K. and R. H. Crompton (2006). 'Orangutan positional behavior and the nature of arboreal locomotion in Hominoidea.' *American Journal of Physical Anthropology* 131(3): 384-401.

Thorpe, W. H. (1961). *Bird-Song: The Biology of Vocal Communication and Expression in Birds*. Cambridge University Press.

Tiddeman, B., M. Burt and D. Perrett (2001). 'Prototyping and transforming facial textures for perception research.' *Computer Graphics and Applications, IEEE* 21(5): 42-50.

Tienari, P. (1991). Interaction between genetic vulnerability and family environment: the Finnish adoptive family study of schizophrenia.' *Acta Psychiatrica Scandinavia* 84: 460-65.

Tiggemann, M. and S. Hodgson (2008). 'The hairlessness norm extended: reasons for and predictors of women's body hair removal at different body sites.' *Sex Roles* 59(11-12): 889-97.

Tiggemann, M. and C. Lewis (2004). 'Attitudes toward women's body hair: relationship with disgust sensitivity.' *Psychology of Women Quarterly* 28(4): 381-7.

Tinbergen, N. (1952). 'The Curious Behaviour of the Stickleback.' *Scientific American* 187(Dec): 22-6.

Tinbergen, N. (1963). 'On the aims and methods of ethology.' *Zeitschrift fur Tierpsychologie* 20: 410-33.

Todd, P. and G. Miller (1999). From pride and prejudice to persuasion. In G. Gigerenzer, P. Todd and T. A. R. Group (eds.), *Simple Heuristics that Make Us Smart*. Oxford, Oxford University Press.

Tomasello, M. and J. Call (1997). *Primate Cognition*. Oxford, Oxford University Press.

Tomasetti, C. and B. Vogelstein (2015). 'Variation in cancer risk among tissues can be explained by the number of stem cell divisions.' *Science* 347:78-81.

Tooby, J. and L. Cosmides (1990a). 'On the universality of human nature and the uniqueness of the individual: the role of genetics and adaptation.' *Journal of Personality* 58(1):17-67.

Tooby, J. and L. Cosmides (1990b). 'The past explains the present: adaptations and the structure of ancestral environments.' *Ethology and Sociobiology* 11: 375-424.

Tooby, J. and L. Cosmides (1992). The psychological foundations of culture. In J. H. Barkow, L. Cosmides and J. Tooby (eds.), *The Adapted Mind*. Oxford, Oxford University Press.

Tooby, J. and L. Cosmides (1996). Friendship and the banker's paradox. In W. G. Runciman, J. Maynard Smith and R. I. M. Dunbar (eds.), *Evolution of Social Behaviour Patterns in Primates and Man*. Oxford, Oxford University Press, pp.119-43.

Tooby, J. and L. Cosmides (2005). Conceptual foundations of evolutionary psychology. In D.

Buss (ed.), *The Handbook of Evolutionary Psychology*. Hoboken, John Wiley and Sons.

Tooke, W. and L. Camire (1991). 'Patterns of deception in intersexual and intrasexual mating strategies.' *Ethology and Sociobiology* 12(5): 345-64.

Tovee, M. J. and P. L. Cornelissen (1999). 'The mystery of human beauty.' *Nature* 339: 215-6.

Tovee, M. J. and P. L. Cornelissen (2001). 'Female and male perceptions of female attractiveness in front-view and profile.' *British Journal of Psychology* 92: 391-402.

Tovee, M. J., V. Swami, A. Furnham and R. Mangalparsad (2006). 'Changing perceptions of attractiveness as observers are exposed to a different culture.' *Evolution and Human Behavior* 27(6): 443-57.

Tracy, J. L. and D. Matsumoto (2008). 'The spontaneous expression of pride and shame: evidence for biologically innate nonverbal displays.' *Proceedings of the National Academy of Sciences* 105(33): 11655-60.

Trevathan, W., E. O. Smith and J. J. McKenna (eds.) (2008). *Evolutionary Medicine and Health: New Perspectives*. Oxford University Press, New York.

Trivers, R. (1985). *Social Evolution*. California, Benjamin-Cummings.

Trivers, R. L. (1971). 'The evolution of reciprocal altruism.' *Quarterly Review of Biology* 46: 35-57.

Trivers, R. L. (1972). Parental investment and sexual selection. In B. Campbell (ed.), *Sexual Selection and the Descent of Man*. Chicago, Al dine.

Trivers, R. L. (1974). 'Parent-offspring conflict.' *American Zoologist* 14: 249-64.

Trivers, R. L. and D. E. Willard (1973). 'Natural selection of parental ability to vary the sex ratio of offspring.' *Science* 179(4068): 90-2.

Tullberg, B. S. and V. Lummaa (2001).' Induced abortion ratio in Sweden falls with age, but rises again before menopause.' *Evolution and Human Behavior* 22:1-10.

Turke, P. W. (1989). 'Evolution and the demand for children.' *Popul. Dev. Rev.* 15: 61-90.

Turkheimer, E., A. Haley, M. Waldron, B. D'Onofrio and I. I. Gottesman (2003). 'Socioeconomic status modifies heritability of IQ in young children.' *Psychological Science* 14(6): 623-8.

Tutin, C. (1979). 'Responses of chimpanzees to copulation, with special reference to interference by immature individuals.' *Animal Behaviour* 27: 845854.

Tversky, A. and D. Kahneman (1983). 'Extensional versus intuitive reasoning: the conjunction fallacy in probability judgement.' *Psychological Review* 90: 293-315.

Uher, R. (2009). 'The role of genetic variation in the causation of mental illness: an evolution-informed framework.' *Molecular Psychiatry* 14(12):1072-82.

Underhill, P. A., G. Passarino, A. A. Lin, P. Shen, M. Mirazon Lahr, R. A. Foley, P. J. Oefner and L. L. Cavalli-Sforza (2001). 'The phylogeography of Y chromosome binary haplotypes and the origins of modern human populations.' *Annals of Human Genetics* 65(1): 43-62.

US Department of Health and Human Services (2005). *Dietary Guidelines for Americans, 2005.*

Valles, S. A. (2010). 'The mystery of the mystery of common genetic diseases.' *Biology & Philosophy* 25(2):183-201.

Van Dongen, S. and S. W. Gangestad (2011). 'Human fluctuating asymmetry in relation to health and quality: a meta-analysis.' *Evolution and Human Behavior* 32(6): 380-98.

Van Hooff, J. A. R. A. M. (1971). *Aspects of the Social Behavior and Communication in Human and Higher Non-human Primates.* Rotterdam, Bronderoffset.

Van Hooff, J. A. R. A. M. (1972). A comparative approach to the phylogeny of laughter and smiling. In R. A. Hinde (ed.), *Non-Verbal Communication.* Cambridge, Cambridge University Press.

Van Hooff, M. H., F. J. Voorhorst, M. B. Kaptein, R. A. Hirasing, C. Koppenaal and Schoemaker (2000). 'Insulin, androgen and gonadotrophin concentration, body mass index, and waist-to-hip ratio in the first years after menarche in girls with regular menstrual cycle, or oligomenorrhea.' *Journal of Clinical Endocrinology and Metabolism* 85:1394-1400.

van Leeuwen, F., J. H. Park, B. L. Koenig and J. Graham (2012). 'Regional variation in pathogen prevalence predicts endorsement of group-focused moral concerns.' *Evolution and Human Behavior* 33(5): 429-37.

van Oers, K. and D. L. Sinn (2011). *Toward a basis for the phenotypic gambit: advances in the evolutionary genetics of animal personality. In From Genes to Animal Behavior.* Toyko, Springer, pp.165-83.

Vasey, P. L., D. S. Pocock and D. P. Vander Laan (2007). 'Kin selection and male androphilia in Samoan fa'afafine.' *Evolution and Human Behavior* 28(3):159-67.

Verzijden, M. N. and C. ten Cate (2007). 'Early learning influences species assortative mating preferences in Lake Victoria cichlid fish.' *Biology Letters* 3(2):134-6.

Vick, S.-J., B. Waller, L. Parr, M. Smith-Pasqualini and K. Bard (2006). Chimp FACS: The Chimpanzee Facial Action Coding System. http://www.chimpfacs.com/ video_clips/ Manual2006.pdf, accessed February 2016.

Visscher, P. M., W. G. Hill and N. R. Wray (2008). 'Heritability in the genomics era - concepts and misconceptions.' *Nature Reviews Genetics* 9(4): 255-66.

Voland, E. (1990). 'Differential reproductive success within the Krummhorn population.' *Behavioural Ecology and Sociobiology* 26: 65-72.

Voland, E. and C. Engel (1989). Women's reproduction and longevity in a premodern population. In E. Rasa, C. Vogel and E. Voland (eds.), *The Sociobiology of Sexual and*

Reproductive Strategies. London, Chapman and Hall.

Voland, E. and K. Grammer (2003). *Evolutionary Aesthetics.* Berlin, Springer.

von Cramon-Taubadel, N. (2011). 'Global human mandibular variation reflects differences in agricultural and hunter-gatherer subsistence strategies.' *Proceedings of the National Academy of Sciences* 108(49):19546-51.

Walker, C. L. and S. M. H o (2012). 'Developmental reprogramming of cancer susceptibility.' *Nature Reviews Cancer*12 (7): 479-86.

Walker, D., P. Harper, R. Newcombe and K. Davies (1983). 'Huntington's chorea in South Wales: mutation, fertility, and genetic fitness.' *Journal of Medical Genetics* 20(1):12-17.

Walker, R., O. Burger, J. Wagner, and C. R. Von Rueden (2006a). 'Evolution of brain size and juvenile periods in primates.' *Journal of Human Evolution* 51: 480-9.

Walker, R., M. Gurven, K. Hill, A. Migliano, N. Chagnon, R. De Souza, G. Djurovic, R. Hames, A. M. Hurtado and H. Kaplan (2006b). 'Growth rates and life histories in twenty-two small-scale societies.' *American Journal of Human Biology*18(3): 295-311.

Wallace, A. R. (1905). My Life: A Record of Events and Opinions. London, Chapman & Hall. Waller, B. and R. I. M. Dunbar (2005). 'Differential behavioural effects of silent bared teeth display and relaxed open mouth display in chimpanzees (Pan Troglodytes).' *Ethology*111:129-42.

Walsh, A. and K. M. Beaver (2009). Biosocial Criminology. New York, Routledge. Walter, A. (2006). 'The anti-naturalistic fallacy: evolutionary moral psychology and the insistence of brute facts.' *Evolutionary Psychology* 4: 33-48.

Walter, A. and S. Buyske (2003). 'The Westermarck effect and early childhood co-socialization: sex differences in inbreeding-avoidance.' *British Journal of Developmental Psychology* 21(3): 353-65.

Walther, B. A. and P. W. Ewald (2004). 'Pathogen survival in the external environment and the evolution of virulence.' *Biological Reviews*79(4): 849-69.

Wang, Y. C., K. McPherson, T. Marsh, S. L. Gortmaker and M. Brown (2011). 'Health and economic burden of the projected obesity trends in the USA and the UK.' *The Lancet* 378(9793): 815-25.

Warner, H., D. E. Martin and M. E. Keeling (1974). 'Electroejaculation of the great apes.' *Annals of Biomedical Engineering* 2: 419-32.

Warshawsky, B., I. Gutmanis, B. Henry, J. Dow, J. Reffle, G. Pollett, R. Ahmed, J. Aldom, D. Alves and A. Chagla (2002). 'Outbreak of Escherichia coli 0157: H7 related to animal contact at a petting zoo.' *The Canadian Journal of Infectious Diseases* 13 (3):175.

Watson, J., R. Payne, A. Chamberlain, R. Jones and W. Sellers (2008). 'The energetic costs of load carrying and the evolution of bipedalism.' *Journal of Human Evolution* 54(5): 675-83.

Watson, J. B. (1930). Behaviourism. New York, Norton. Watson, P. J. and P. W. Andrews

(2002). 'Towards a revised evolutionary adaptationist analysis of depression: the social navigation hypothesis.' *Journal of Affective Disorders* 72:1-14.

Waynforth, D. (2011). Mate choice and sexual selection. In V. Swami (ed.), Evolutionary Psychology. A Critical Introduction. Chichester, Blackwell. Waynforth, D. and R. I. Dunbar (1995). 'Conditional mate choice strategies in humans: evidence from "Lonely Hearts" advertisements.' *Behaviour* 132(9): 755-79.

Webb, R., K. Abel, A. Pickles, L. Appleby, S. King Hele and P. Mortensen (2006). 'Mortality risk among offspring of psychiatric inpatients: a population based follow-up to early adulthood.' *American Journal of Psychiatry* 163(12): 2170-7.

Webster, G. D. (2007). 'Evolutionary theory in cognitive neuroscience: a 20-year quantitative review of publication trends.' *Evolutionary Psychology* 5(3): 520-30.

Wedekind, C. and S. Furi (1997). 'Body odour preferences in men and women: do they aim for specific MHC combinations or simply heterozygosity?' *Proceedings of the Royal Society of London Series B* 264: 1471-9.

Wedekind, C., T. Seebeck, F. Bettens and A. J. Paepke (1995). 'MHC-dependent mate preferences in humans.' *Proceedings of the Royal Society of London B: Biological Sciences* 260(1359): 245-9.

Weeden, J. and J. Sabini (2005). 'Physical attractiveness and health in Western societies: a review.' *Psychological Bulletin* 131(5): 635.

Weigel, R. M. and M. Weigel (1989). 'Nausea and vomiting of early pregnancy and pregnancy outcome. A meta-analytical review.' BJOG: An International Journal of Obstetrics & Gynaecology 96(11):1312-8.

Weiss, R. (2009). 'Apes, lice and prehistory.' *Journal of Biology* 8(2): 20.

Wells, J. C., J. M. Desilva and J. T. Stock (2012). 'The obstetric dilemma: an ancient game of Russian roulette, or a variable dilemma sensitive to ecology?' *American Journal of Physical Anthropology* 149(S55): 40-71.

Werbowetski-Ogilvie, T. E., L. C. Morrison, A. Fiebig Comyn and M. Bhatia (2012). 'In vivo generation of neural tumors from neoplastic pluripotent stem cells models early human pediatric brain tumor formation.' *Stem Cells* 30(3): 392-404.

West, S. A., C. El Mouden and A. Gardner (2011). 'Sixteen common misconceptions about the evolution of cooperation in humans.' *Evolution and Human Behavior* 32(4): 231-62.

West-Eberhard, M. J. (1975). 'The evolution of social behaviour by kin selection.' *Quarterly Review of Biology* 50:1-33.

Westermarck, E. A. (1891). The History of Human Marriage. New York, Macmillan. Wharton, C. H. (2001). *Metabolic Man: Ten Thousand Years from Eden*. Winmark Pub.

Wheeler, P. E. (1984). 'The evolution of bipedality and loss of functional body hair in hominids.' *Journal of Human Evolution* 13(1): 91-8.

Wheeler, P. E. (1991). 'The thermoregulatory advantages of hominid bipedalism in open equatorial environments: the contribution of increased convective heat loss and cutaneous evaporative cooling.' *Journal of Human Evolution* 21(2):107-15.

Whitam, F. L., M. Diamond and J. Martin (1993). 'Homosexual orientation in twins: a report on 61 pairs and three triplet sets.' *Archives of Sexual Behavior* 22(3):187-206.

White, C. R. and R. Seymour (2003). 'Mammalian basal metabolic rate is proportional to body mass, 2/3.' *Proceedings of the National Academy of Sciences* 100(7): 4046-9.

Whiten, A., R. A. Hinde, K. N. Laland and C. B. Stringer (2011). 'Culture evolves.' *Philosophical Transactions of the Royal Society of London B: Biological Sciences* 366(1567): 938-48.

Wierson, M., P. J. Long and R. L. Forehand (1993). 'Toward a new understanding of early menarche the role of environmental stress in pubertal timing.' *Adolescence* 23: 913-24.

Wijendran, V. and K. Hayes (2004). 'Dietary n-6 and n-3 fatty acid balance and cardiovascular health.' *Annu. Rev. Nutr* 24: 597-615.

Wilcox, A. J., D. D. Baird, D. B. Dunson, D. R. Mcconnaughey, J. S. Kesner and C. R. Weinberg (2004). 'On the frequency of intercourse around ovulation: evidence for biological influences.' *Human Reproduction* 19(7):1539-43.

Wiley, A. S. (2007). 'The globalization of cow's milk production and consumption: biocultural perspectives.' *Ecology of Food and Nutrition* 46(3-4): 281-312.

Wiley, A. S. (2008). Cow's milk consumption and health: an evolutionary perspective. In W. Trevathan, E. O. Smith and J. J. McKenna (eds.), *Evolutionary Medicine and Health: New Perspectives*. Oxford, UK, Oxford University Press, pp.116-33.

Wilkinson, G. (1984). 'Reciprocal food sharing in vampire bats.' *Nature* 308:181-4.

Wilkinson, G. S. (1990). 'Food sharing in vampire bats.' *Scientific American* 262:76-82.

Williams, G. (1957). 'Pleiotropy, natural selection and the evolution of senescence.' *Evolution* 11: 398-411.

Williams, G. C. (1966). *Adaptation and Natural Selection*. Princeton, Princeton University Press.

Williams, G. C. and R. M. Nesse (1991). 'The dawn of Darwinian medicine.' *Quarterly Review of Biology*:1-22.

Williams, M. A., S. H. Ambrose, S. van der Kaars, C. Ruehlemann, U. Chattopadhyaya, J. Pal and P. R. Chauhan (2009). 'Environmental impact of the 73ka Toba super-eruption in South Asia.' *Palaeogeography, Palaeoclimatology, Palaeoecology* 284(3): 295-314.

Williamson, S. H., M. J. Hubisz, A. G. Clark, B. A. Payseur, C. D. Bustamante and R. Nielsen (2007). 'Localizing recent adaptive evolution in the human genome.' *PLoS Genetics* 3(6): e90.

Wilson, D. S. (2010). *Darwin's Cathedral: Evolution, Religion, and the Nature of Society*. Chicago, University of Chicago Press.

Wilson, E. O. (1975). *Sociobiology: The New Synthesis*. Cambridge, MA, Harvard University

Press.

Wilson, E. O. (1998). *Consilience: The Unity of Knowledge*. London, Little, Brown and Co.

Wilson, E. O. (1984). *Biophilia*. Cambridge, MA, Harvard University Press.

Wilson, E. O. (2012). *The Social Conquest of Earth*. New York, WW Norton & Company.

Winchester, B., E. Young, S. Geddes, S. Genet, J. Hurst, H. Middelton-Price, N. Williams, M. Webb, A. Habel and S. Malcolm (1992). 'Female twin with hunter disease due to nonrandom inactivation of the X-chromosome: a consequence of twinning.' *American Journal of Medical Genetics* 44(6): 834-8.

Wirtz, P. (1997). 'Sperm selection by females.' *Trends in Ecology and Evolution* 12(5):172-3.

Wolf, A. (2004). Introduction. In A. P. Wolf and W. H. Durham (eds.), *Inbreeding, Incest and the Incest Taboo*. Stanford, CA, Stanford University Press.

Wolf, A. P. (1970). 'Childhood association and sexual attraction: a further test of the Westermarck hypothesis.' *American Anthropologist* 72(June): 503-15.

Wolf, A. P. (1993). 'Westermarck revisited.' *Annual Review of Anthropology* 22:157-75.

Wolpert, L. (2009). 'The relationship between science and religion.' In C. W. Du Toit (ed.), *The Evolutionary Roots of Religion: Cultivate, Mutate or Eliminate?* South African Science and Religion Forum. Volume 13. Pretoria, Research Institute for Theology and Religion, Unisa, pp. 35-51.

Wolpoff, M. H., X. Wu and A. G. Thorne (1984). Modern Homo sapiens origins: a general theory of hominid evolution involving the fossil evidence from East Asia. In F. Smith and F. Spencer (eds.), *The Origins of Modern Humans: A World Survey of the Fossil Evidence*. New York, Alan R. Liss.

Wong, A. H., I. I. Gottesman and A. Petronis (2005). 'Phenotypic differences in genetically identical organisms: the epigenetic perspective.' *Human Molecular Genetics* 14(suppl1): RI 1-8.

Wood, J. W. (1989). 'Fecundity and natural fertility in humans.' *Oxford Reviews Of Reproductive Biology* 11: 61-109.

Wood, J. W. (1990). 'Fertility in anthropological populations.' *Annual Review of Anthropology* 19: 211-42.

Woodhouse, M. and R. Antia (2008). Emergence of new infectious diseases. In S. C. Stearns and J. Koella (eds.), *Evolution In Health and Disease*. Oxford, Oxford University Press.

Workman, L. and W. Reader (2004). *Evolutionary Psychology*. Cambridge, Cambridge University Press.

Wright, R. (1994). *The Moral Animal: Evolutionary Psychology and Everyday Life*. London, Little, Brown and Co.

Wynn, T. (1988). Tools and the evolution of human intelligence. In R.W. Byrne and A. Whiten (eds.), *Machiavellian Intelligence*. Oxford, Oxford University Press.

Wynne-Edwards, V. C. (1962). Animal Dispersion in Relation to Social Behaviour. Edinburgh, Oliver and Boyd. Xiang, H., J. Gao, B. Yu, H. Zhou, D. Cai, Y. Zhang, X. Chen, X. Wang, M. Hofreiter and X. Zhao (2014). 'Early Holocene chicken domestication in northern China.' *Proceedings of the National Academy of Sciences* 111(49):17564-9.

Yamazaki, K., G. K. Beauchamp, D. Kupniewski, J. Bard, L. Thomas and E. A. Boyse (1988). 'Familial imprinting determines H-2 selective mating preferences.' *Science* 240:1331-2.

Yehuda, R., N. P. Daskalakis, L. M. Bierer, H. N. Bader, T. Klengel, F. Holsboer and E. B. Binder (2015). 'Holocaust exposure induced intergenerational effects on FKBP5 methylation.' *Biological Psychiatry*. doi: 10.1016/j. biopsych.2015.08.005.

Young, R. W. (2003). 'Evolution of the human hand: the role of throwing and clubbing.' *Journal of Anatomy* 202(1):165-74.

Zaadstra, B. M., J. C. Seidell, P. A. van HNoord, E. R. te Velde, J. D. F. Habbema, B. Vrieswijk and J. Karbaat (1993). 'Fat and female fecundity: prospective study of effect of body fat distribution on conception rates.' *British Medical Journal* 306: 484-7.

Zahavi, A. (1975). 'Mate selection - a selection for handicap.' *Journal of Theoretical Biology* 53: 205-14.

Zhao, Q., C. L. Tan and W. Pan (2008). 'Weaning age, infant care, and behavioral development in Trachypithecus leucocephalus.' *International Journal of Primatology* 29(3): 583-91.

Zietsch, B. P., K. I. Morley, S. N. Shekar, K. J. Verweij, M. C. Keller, S. Macgregor, M. J. Wright, J. M. Bailey and N. G. Martin (2008). 'Genetic factors predisposing to homosexuality may increase mating success in heterosexuals.' *Evolution and Human Behavior* 29(6): 424-33.

Zihlman, A. (1989). Woman the gatherer: the role of women in early hominid evolution. In S. Morgen (ed.), *Gender and Anthropology: Critical Reviews for Research and Teaching*. Washington, DC, APA, pp. 21-40.

Zihlman, A. L. (1982). The Human Evolution Colouring Book. Harper Resource. Zivkovic, A. M., J. B. German, C. B. Lebrilla and D. A. Mills (2011). 'Human milk glycobiome and its impact on the infant gastrointestinal microbiota.' *Proceedings of the National Academy of Sciences* 108(Supplement 1): 4653-8.

찾아보기

mutation-selection balance) 657
단일 파트너 집단 459
단자다웅(uni-male, multi-female) 110
단혼제(monogamy) 109
달음박질 효과(runaway effect) 131
당부하(glycemic load) 634
당지수(glycemic index, GI) 634
대공(foramen magnum) 148
대뇌화 지수(encephalization quotient, EQ)
    180
대니얼 네틀(Daniel Nettle) 266
대니얼 데닛(Daniel Dennett) 287
대니얼 카너먼(Daniel Kahnemann) 292
대량 모듈성 가설(massive modularity
    hypothesis) 320
대립유전자(allele) 90
대사적 교차 가설(metabolic crossover
    hypothesis) 605
대응적응(counter-adaptation) 430
대칭성 505
대표성 경험칙(representativeness heuristic)
    296
대행 부모 185
대형 유인원(Greater apes) 143
더 큰 호의주의(greater goodism) 95
데이비드 버스(David Buss) 306, 470
데이비드 헤이그(David Haig) 410
데이비드 흄(David Hume) 701
데즈먼드 모리스 172
도널드 요한슨(Donald Johanson) 149
도덕 700
도덕 기반 이론(Moral Foundations Theory)
    715, 717
도덕 철학 704
도덕성 703
도덕적 분노 393
도덕적 열정 392
도덕적 정서(moral emotions) 573
도론(dolon) 708
도린 기무라(Doreen Kimura) 323
돌연변이 58, 656
돌연변이 부하 234
동기 살해(siblicide) 413
동기 유발 효과 349

동기간 갈등 412
동남아시아 630
동류성(assoritiveness) 531
동물행동학(ethology) 33
『동물행동학의 목표와 방법에 관하여』 37
동성애 537
동질혼(homogamy) 534
동형 배우자 생식(isogamy) 111
두개내 주형(endocast) 180
두발걷기 167
뒤셴 드 블로뉴(Duchenne de Boulogne) 344
뒤셴 미소 344
드벤드라 싱(Devendra Singh) 480

ㄹ
라마르크주의 211
람다(Lamda) s값 652
랜돌프 네스(Randolf Ness) 310, 579
랜디 손힐(Randy Thornhill) 129
랩 댄서 503
레슬리 화이트(Leslie White) 554
레이먼드 다트(Raymond Dart) 148
레즈비언, 게이, 양성애자 혹은 트랜스젠더
    (Lesbian, Gay, Bisexual, Transgender,
    LGBT) 539
로렌스 콜버그(Lawrence Kohlberg) 713
로버트 라이트(Robert Wright) 49
로버트 액설로드(Robert Axelord) 379
로버트 트리버스(Roberts Trivers) 47, 392
로버트 힌데(Robert Hinde) 262
루시(Lucy) 149
르네 벨라르종(Rene Baillargeon) 288
『리바이어던』 705
리처드 알렉산더(Richard Alexander) 48
리처드 오언(Richard Owen) 176

ㅁ
마고 데일리(Margo Daly) 30
마고 윌슨(Margo Wilson) 402
마구잡이 목적론(promiscuous teleology) 199,
    695
마모셀(disposable soma) 271
마지 프로펫(Marge Profet) 257, 579, 580
마티 헤이즐턴(Martie Haselton) 306

지은이 **존 카트라이트**(John Cartwright)

영국 서식스대학교에서 생화학 및 역사, 철학을 전공했다. 체스터대학교에서 과학 커뮤니케이션과 다윈주의를 연구하여 박사학위를 받았다. 체스터대학교 생물과학부 선임 강사이자 교육 펠로우다. 주로 진화심리학, 유전학, 진화학, 동물행동학 등을 가르치고 있다.

옮긴이 **박한선**

정신과 의사이자 신경인류학자다. 경희대학교 의과대학을 졸업하고 분자생물학 전공으로 석사학위를 받았다. 호주국립대학교(ANU) 인문사회대에서 석사학위를 받았고, 서울대학교 인류학과에서 박사를 수료했다. 서울대학교 병원 신경정신과 강사, 서울대학교 의생명연구원 연구원, 성안드레아병원 과장 및 사회정신연구소 소장, 동화약품 연구개발본부 이사 등을 지냈다. 지금은 서울대학교 인류학과 강사 및 서울대학교 비교문화연구소 연구원으로 있다. 지은 책으로는 「재난과 정신 건강」 「정신과 사용설명서」 「내가 우울한 건 다 오스트랄로피테쿠스 때문이야」 「내 마음은 왜 이럴까?」 등이 있고, 옮긴 책으로는 「행복의 역습」 「여성의 진화」 등이 있다.

감수 **박순영**

생물인류학자다. 서울대학교 인류학과를 졸업하고, 뉴욕주립대학에서 인류학 박사학위를 받았다. 현재 서울대학교 인류학과 교수 및 비교문화연구소장으로 있다. 지은 책으로는 「21세기 다윈 혁명」 「시화호 사람들은 어떻게 되었을까」 등이 있고, 옮긴 책으로는 제인 구달의 「희망의 이유」 「제인 구달: 침팬지와 함께한 나의 인생」 「인류학과 인류학자들」 등이 있다.

진화와 인간 행동

2019년 3월 3일 초판 1쇄 발행
2019년 12월 12일 초판 2쇄 발행

지은이   **존 카트라이트**
옮긴이   **박한선**
감수자   **박순영**
펴낸이   **박래선**
펴낸곳   **에이도스출판사**
출판신고 **제25100-2011-000005호**

주소   **서울시 마포구 잔다리로 33 회산빌딩 402호**
전화   **02-355-3191**
팩스   **02-989-3191**
이메일   **eidospub.co@gmail.com**

표지 디자인 **공중정원 박진범**
본문 디자인 **김경주**

ISBN 979-11-85415-27-7   93470

이 도서의 국립중앙도서관 출판예정도서목록(CIP)은
서지정보유통지원시스템 홈페이지(http://seoji.nl.go.kr)와
국가자료공동목록시스템(http://www.nl.go.kr/kolisnet)에서
이용하실 수 있습니다.(CIP제어번호: CIP2019000914)